전력시스템 운용

전력시스템 운용

2018년 6월 25일 초판 인쇄
2018년 6월 28일 초판 발행

지은이 | 알렌 J. 우드 · 브루스 F. 월렌버그 · 제럴드 B. 셰블레
옮긴이 | 김영창
펴낸이 | 이찬규
펴낸곳 | 북코리아
등록번호 | 제03-01240호
주소 | 13209 경기도 성남시 중원구 사기막골로 45번길 14
우림2차 A동 1007호
전화 | 02-704-7840
팩스 | 02-704-7848
이메일 | sunhaksa@korea.com
홈페이지 | www.북코리아.kr
ISBN | 978-89-6324-548-5 (93560)

값 45,000원

전력시스템 운용

POWER GENERATION, OPERATION, and CONTROL

알렌 J. 우드
브루스 F. 월렌버그
제럴드 B. 셰블레 지음
김영창 옮김

북코리아

알렌 우드 박사는 이 책을 출판하기 위한 작업을 하는 동안 2011년 9월 10일 타계하였다. 알렌이 RPI의 전기공학과 교수로 있던 1966년에 나는 학생이었으며 1969년 알렌과 여러 엔지니어들이 뉴욕주의 스케넥터디에 PTI를 창설하였다. 나는 1974년에 PTI에 합류하였으며 알렌은 1979년에 PTI 강좌를 맡게 하였다. 강좌를 맡으면서 5년에 걸쳐 작성한 강의노트가 이 책의 초기 원고가 되었으며 John Wiley & Sons에 넘겨졌다. 알렌은 나의 교수이며 조언자, 친구였으며 이제 제3판을 그에게 봉헌한다.

브루스 F. 월렌버그

나는 이 책을 완성하도록 도와준 나의 가족, 부인 이벳트 셰블레와 아들 재이슨 셰블레, 딸 로라 셰블레, 손자 카이얀에게 바친다.

제럴드 B. 셰블레

역자 서문

이 번역본을 발간하게 된 동기는 역자가 《블랙아웃과 전력시스템 운용》을 저술하는 과정에서 전력시스템 운용에 관한 이론을 이해하는 데에 월렌버그(Wollenberg) 교수의 책으로부터 큰 도움을 얻었기에 이 내용을 전공자와 실무자들이 쉽게 이해할 수 있도록 소개하고자 함이다.

역자는 40여 년을 넘게 전력산업계에 종사하면서 전력시스템 해석 및 전력시스템의 운용에 대한 이해가 매우 중요함을 이제 다시 절감하고 있다. 발전기나 터빈의 전기적 특징, 송·변전 이론, 설비 확장계획, 전력시장 및 규제이론 등을 개별적으로 이해하는 것이 아니라 이를 전체적으로 통합하여 하나의 시스템으로 이해할 때 급전(dispatch)이 무엇인지, 무엇을 해야 전력시스템 붕괴(시스템 블랙아웃)라는 재앙을 막을 수 있는 것인지를 이해하게 된다. 그러나 우리 전력산업계는 부분 부분의 전문가는 넘쳐 나고 있는지 몰라도 이를 통합하여 이해할 수 있는 시스템 전문가가 오히려 희소해졌다는 생각이 들었다. 이러한 상황은 전력산업계의 발전을 가로막을 것이라는 역자의 절박감이 저자와 교신하며 이 책을 직접 번역하도록 하였는지도 모르겠다.

번역도 제2의 창작이기에 번역과정에서 설명이 불확실한 문장은 저자와 직접 의견교환을 하고, 오타가 있는 경우에는 이를 확인한 후에, 의미가 명확하도록 역자가 수정하였다. 특히 이 책의 수식과 원본의 그것이 다른 경우도 있는데 이것은 저자와 상의하여 올바르게 고친 결과이다. 아직 우리말로 정착되지 않은 용어나

'ISO, OPF, SCOPF' 등 굳이 한글로 번역하지 않아도 의미전달에 문제가 없는 용어는 원어를 그대로 사용하였다. 우리말로 옮기면 오히려 의미가 어색한 용어는 영문을 병기하여 약어집에 수록하였다. 특히 수학용어는 국내에서 출판된 용어사전을 참조하였으며, 전기공학도들이 널리 사용하고 있는 용어와 크게 어긋나지 않도록 하였다.

대학원 석·박사 과정의 독자 및 EMS를 개발하려는 엔지니어는 이 책을 읽기 전에 라그랑지 완화법 또는 쌍대최적화 이론에 대해 학습할 필요가 있다. 현장에서 시스템을 운용하는 엔지니어와 전기공학도들은 최적화 이론을 하나의 블랙박스로 취급해도 전력시스템 운용의 이론 및 EMS에 대한 내용을 파악하는 데 지장이 없을 것이다. 다만, 이 책을 읽는 독자들은 실시간 시스템 운용에 있어서 EMS가 발전기에게 출력조정신호를 생산하여 보내 주는 것이 급전이므로 최적화 이론을 이해하고 실시간 전력시스템 운용에서 각종 문제를 해결하는 데에 EMS가 중요한 역할을 한다는 것을 인지하기 바란다.

이 책은 경쟁시장의 거래에 대해서도 설명하는데, 우리에게 친숙하지 않은 내용 및 용어도 많으므로 처음 읽을 때는 이 부분을 생략해도 전력시스템 운용 전반에 관한 이해에는 지장을 주지 않는다고 판단된다.

원서로 공부하는 독자들 중에서 다소 원본과 번역본의 내용이 다른 곳을 발견하면 저자의 이메일[1]로 알려 주기 바란다. 번역에 오류가 있는 부분은 월렌버그 교수와의 토의를 통해 수정해 나갈 것이다.

《블랙아웃과 전력시스템 운용》을 같이 저술한 유재국 박사는 전체 문장을 조율하고 용어집을 정리하는 역할을 하였으며 한국전력공사 직원분들과 한석만 박사로부터 많은 도움을 받았다. 특히 제11장 전력시스템 상태추정을 번역하는 데 있어서는 서울대학교 통계학과 김우철 명예교수의 자문이 크게 도움이 되었다. 제12장 단기수요예측의 번역 및 각종 수식을 교정하여 준 한국전력공사 이상철 부장

1) waickim@hotmail.com

에게 고마움을 나타낸다. 마지막으로 번역 및 출판을 지원해 주신 북코리아 출판사 이찬규 사장님을 비롯한 직원 여러분께도 감사의 인사를 드린다.

무엇보다도 이 책을 공부하는 공학도 중에서 시스템을 보는 혜안을 가진 전문가들이 나와 전력산업을 이끌어 주기를 기대한다.

2018년 6월

김영창

한국어판 서문

전세계적으로 전력산업 전체는 전대미문의 변화를 겪고 있다. 수직으로 통합됐던 민간 및 정부 소유 전력회사가 공개된 시장 아래에서 상호 경쟁하는 발전, 송전, 배전 회사로 각각 분할됨에 따라 전력시스템의 운용과 스케줄링에 있어서 수많은 기술문제가 새롭게 나타나고 있다.

더욱이 다양한 신재생에너지 발전원이 전력시스템에 접속되면서 하루가 다르게 발전원의 구성이 변화되고 있어 새로운 시스템 운용 전략이 필요하다.

그럼에도 불구하고 우리가 배운 지식에 따르면, 엔지니어들이 전력시장과 신재생에너지 발전원이 현재 상태처럼 구성되고 운용되어야 하는가에 대한 연유를 알기 전에, 엔지니어들은 발전기 운전스케줄링과 송전시스템의 안전도 분석에 관한 기본지식을 이해해야 할 필요가 있다는 점이다. 앞의 예와 같은 변화는 여러 국가에서 일어나고 있으며 앞으로도 계속될 것이다. 그러므로 우리가 발간한 책이 한국의 공학도와 전력시스템 운용에 관련된 엔지니어가 사용할 수 있도록 한글로 번역된 것은 저자들에게 대단히 반가운 일이다.

한국의 엔지니어와 전기공학과 학생들이 번역본의 출간으로 혜택을 받기를 바라며 습득한 지식이 한국의 전력시스템에 도움이 되었으면 하는 것이 우리의 바람이다.

김영창 박사는 원본을 한글로 번역하는 과정에서 저자에게 많은 질문서를 보냈으며 다른 검토자들이 미처 발견하지 못한 오타 또는 표현의 오류를 발견하여 우리에게 크게 도움을 주었고 이것은 아주 중요한 경험이 되었다. 김영창 박사의 면밀한 검독과 내용에 대한 질의로 인하여 이번 판의 다음번 영문 인쇄본을 편집하는 데에 매우 큰 유익함이 있을 것으로 기대된다.

브루스 F. 월렌버그

제럴드 B. 셰블레

제3판 서문

이 책의 제2판이 출간된 이후 17년이 경과하였으며 초판이 출간된 이후로는 28년의 세월이 흘렀다. 그 이후로 상당한 변화와 진보가 있었다는 것을 고려하지 않을 수 없게 되었다. 이번 제3판을 준비하는 동안에 공저자인 알렌 우드가 타계하였으며 제럴드 셰블레 교수가 새로운 공저자로 참여하여 완성하였다. 셰블레 박사의 전공 분야는 저자의 분야와 겹치는 부분도 있으며 다루어지는 토픽에 신선함을 가져왔다.

제2판이 출간될 때에는 전력산업의 규제완화 또는 정확하게 말한다면 재규제가 미국 및 세계에서 진행되는 시기에 해당하였다. 우리에게 전력현물시장, 미국에서의 독립시스템 운용기관(ISO), 독립발전사업자, 배전회사 등의 용어가 익숙한 용어로 받아들여지고 있다. 전력시장이 확장됨에 따라 전력시스템 제어센터는 더욱 규모가 확대되었으며 더 넓은 지리적 면적을 담당한다. 미국 정부는 북미 신뢰도 기관과 합작하여 9·11 테러 사건 이후 전력시스템의 신뢰도 유지에 미치는 영향을 고려하여 전력회사의 시스템 운용 관행에 대한 거버넌스를 강화하기로 하였다.

저자들은 이 책의 교육적 목표와 공학적 가치를 넓히고 다루는 내용의 중요성이 커지는 것을 감안하여 몇 개의 장을 새로이 추가하였다. 셰블레와 월렌버그는 몇 개의 주요 대학에서 교수로서 강의하며 새로운 예제, 연습문제, 그리고 컴퓨터 프로그램을 개발하였다. 또한 두 저자는 컨설팅을 하고 있으며 전력산업계에서 전문가로서 증언(testimony)을 담당하고 있다. 이러한 경험이 이 책의 가치를 높였다고 생각하며 독자들에게 도움이 될 것이다.

요즈음의 학생들과 현장의 엔지니어들은 인터넷을 통하여 직접 정보를 찾고 획득할 수 있으며, 만약 IEEE의 회원이라면 가정 또는 회사의 컴퓨터를 통하여 IEEE 웹사이트에 접속할 수 있다. 그러므로 앞의 판에서와 같은 광범위한 참고문헌을 제시하지 않는 것이 좋다고 생각하였다.

저자들은 각종 연구과제를 우리의 지도 아래 수행하면서 컴퓨터 프로그램과 책의 저술에 대하여 도와준 미네소타 대학교의 모하마드 알사파, 안소니 지아코모니, 오번 대학교의 죠지 파드, 댄 리챠드, 토마스 스메드, 그리고 대이비드 월터스, 아이오와 주립대학교의 다윈 안와르, 솜지앗트 데크라장페츠, 카회 엉, 자얀트 쿠마르, 제임스 니콜레센, 척 리히터, 다글라스 웰치, 하오 우, 그리고 웨이구오 양, 포틀랜드 주립대학교의 친-추엔 테오, 메이 P. 청, 그리고 그레고리 빙햄, 그리고 사우스 웨일즈 대학교의 젠유 완 등에게 고마움을 나타낸다.

마지막으로, 저자들은 제3판의 후속으로서 확장된 옥션메커니즘과 신뢰도를 포함한 전력산업의 새로운 비즈니스 측면을 소개하는 책을 출간하려고 계획하고 있다.

브루스 F. 월렌버그

제럴드 B. 셰블레

제2판 서문

제1판이 출간된 후 11년이 경과하였다. 이 책이 다루는 전력시스템 운용의 여러 분야 및 오래된 문제를 해결하기 위한 기법에는 상당한 기술진보가 일어났다. 컴퓨터의 계산능력도 엄청나게 발달하여 과거에는 해결하기에 너무나 비경제적이고 해결할 수 없는 어려운 문제도 해결할 수 있게 되었다. 아마도 전력산업에서 발생한 가장 중요한 변화는 전력시스템 운용의 의사결정에서 역할이 커지고 있는 규제면제 시장참여자[1]의 등장이라고 판단된다.

저자들은 대학원 1학년 또는 2학년생을 대상으로 하여 이러한 분야에 대한 소개서를 제공하고자 한다. 저자들은 한 학기 또는 두 학기 과정의 교재로서 수년 동안 이 책의 내용을 사용하였다. 항상 강의에서 일어나는 어려운 일이지만 책의 내용에 대한 타협도 필요한 것이었다. 엔지니어들은 컴퓨터를 이용하여 문제를 푸는 데에는 익숙하지만 그 의미가 무엇이든 간에 "최적계획"을 개발하는 과정에서 경제적 요소와 인간적 요소의 상호작용에 대하여는 중요성을 작게 평가한다. 1995년에 학생들은 고등미적분과 전력조류계산 방정식을 푸는 기법에 대한 강좌를 동시에 수강하게 되었다. 여기에는 상호 조율과정이 필요하다. 이 과정을 통하여 저자들은 작전계획(OR)의 개념 및 해법에 대한 강의를 수강한 학생들이 별로 없다는 것을 알게 되었으며 최적화 기법에 대한 강의를 듣고 이것을 적용하는 역량을 키워

1) non-utility participant

주려고 노력하였다. 이 책의 주제는 중요한 산업시스템에 대하여 최적화 기법을 적용하는 것이다.

이 책의 여러 주제와 다루는 깊이는 제1판과 유사하지만 하나의 큰 변화가 있다. 손실공식(loss formula)에 대한 부분은 축소되었으며 최적조류계산을 다루는 새로운 장에서 조류계산에 의한 좀 더 완전한 해법을 설명하여 보완하였다. 이에 관한 장은 맨 마지막으로 옮겨졌다. 이 책을 사용하는 강사들은 원한다면 다른 강좌와 조율하기 위하여 이에 관한 내용을 앞에서 먼저 설명하여도 좋을 것이다(학생들이 전력조류계산 방정식을 이해하지 못한다면 OPF를 논의하기는 어려울 것이다).

라그랑지 완화법을 포함시키기 위하여 발전기 기동정지스케줄 작성문제의 설명은 확장되었다. 시스템 운용비 계산에 관한 장은 강조하는 내용을 변경하고 새로운 기법을 소개하였다. 세계적으로 전력거래에 대한 시장구조는 대단히 중요한 변혁을 거쳤다. 전력융통거래에 관한 장은 경쟁시장에 있어서 전기에너지의 생산에 수반하는 복잡성을 인지시키기 위하여 일종의 "진도보고서"처럼 작성한 것이다. 안전도 해석에 관한 절은 "경계짓기법"과 기타의 상정사고 선정법에 관한 소개 내용을 포함하기 위하여 확장되었다. 최적조류계산을 설명하는 제13장은 안전도-제약 최적조류계산(SCOPF)과 이를 안전도 제어에 적용하는 방법을 간략하게 다룬다.

저자들은 제1판을 사용하여 강의한 교수들과 우리 대학교의 학생들이 의견을 제시하여 준 것을 감사하게 생각한다(대부분의 건의내용은 채택되었으며 이 가운데 몇 개는 시간의 부족이나 저자의 역량의 부족으로 인하여 채택되지 못하였다). RPI 대학교와 미네소타 대학교의 학생들이 오타를 발견해 주고 숙제를 통하여 연습문제를 풀어 주고 과거의 예제를 검토하고 제2판의 새로운 예제를 개발하는 등으로 기여하였다. 1994년에 RPI 대학교의 학생들은 특별하고 명예로운 기여를 하였다. 이들은 제8장의 초안을 준비하고 내용을 교정하고 개정하는 데 있어서 지루하고 어려운 일을 담당하였다. 이들은 10~15년 동안 효력이 있는 오타찾기 작업을 훌륭하게 완수하였다(이와 같은 노력이 대학교에서 이 책으로 강의하는 교수들에게는 눈에 띄지 않지만 20여 명의 편집인이 담당하기에도 어려운 일이라고 생각된다).

제10장의 한계탁송비용에 관한 문제를 풀기 위한 컴퓨터 프로그램을 만드는 것을 도와준 PTI사의 쿠오 창에게 고마움을 표한다. 그리고 제13장의 최적조류계산 문제를 풀기 위하여 컴퓨터 프로그램을 개발하고 실행하도록 도와준 Power Computer Application사의 브라이언 스톳트에게도 고마움을 표하는 바이다.

알렌 J. 우드

브루스 F. 월렌버그

제1판 서문

이 책을 저술하는 가장 근본적인 목표는 전력사업의 계획, 운용, 발전시스템 및 송전시스템의 제어에 관련한 공학 및 경제학의 주제를 개발하기 위한 것이다. 이 책은 전기공학과의 대학원 1년차 학생을 대상으로 한 것이다. 정상 상태 전력회로이론 해석을 이해하는 대학교 학생들의 자습서로서도 이용될 수 있다고 생각한다.

이 책은 1966년부터 Rensselaer Polytechnic Institute(RPI)의 전기공학과에서 대학원 강좌를 열었을 때 사용한 교재에서 출발하였다. 이 책에 포함된 토픽은 대학원 학생들에게 전기공학의 실제 문제에 적용되는 수학 및 OR을 가르치기 위한 효과적인 방법으로 사용될 수 있다. 이 교재의 몇 개 분야는 발전시스템의 제어 및 운용에 적용되고 있는 기법에 대하여도 설명한다. 토픽의 선택은 저자의 관심 분야부터 출발하였다.

한 학기의 강좌로서 이 분야의 모든 토픽 및 현재 사용되고 있는 관행을 설명한다는 것은 불가능하다. 저자들이 할 수 있는 것은 일어나는 문제의 형태를 소개하고, 계산을 하기 위한 이론적이고 실행할 수 있는 접근방법을 소개하고, 학생들이 이러한 문제를 해결하기 위하여 필요한 정보 및 고등기법을 제공하여 옳은 방향을 찾도록 도와주는 것이다.

이 책에서 사용된 자료는 대학원 1학년 학생들의 두 번째 학기에 매년 사용되었다. 이 책을 읽기 위하여 고등미적분(예: 라그랑지 승수법)과 대학교 교과 수준의 제어이론이 필요하다. 최적화 이론을 필요한 장소에 소개하였으며 엄밀한 수학적 증명을 포함하지는 않았다. 이 책은 엔지니어링 코스를 위한 책이므로 수학적으로 엄밀하여야 한다는 것은 중요하지만 이 부분은 응용수학이나 이론수학의 분야에 속한다는 것을 강조한다. 제12장을 제외하고 필요한 수학적 기법은 사용되는 장에 포함하고 설명하였다. 상태추정을 소개한 제12장을 읽기 위해서는 이 책에서 제공되는 수준 이상의 통계학 및 확률론에 대한 이해가 필요하다.

이 책의 처음 7개의 장은 설명의 순서대로 구성하였으며 이어지는 장은 발전스케줄의 복잡한 이론 및 새로운 해법까지 소개한다. 제8장은 발전시스템 확장계획에 대하여 설명하고 시스템 운용비 및 연료비를 계산하는 확률적 기법에 대하여 설명한다. 제8장은 제7장을 읽은 이후에 순서에 관계없이 독립적으로 읽어도 좋다. 제9장은 발전기 출력제어에 대하여 설명하며 미국의 파워풀과 전력회사에서 사용되는 시스템 운용의 관행에 대하여 논한다. 저자들은 전력시스템 운용의 여러 부분이 어떻게 맞물려 돌아가는가에 대한 "큰 그림"을 제시하려고 하였다.

전력회사 사이에 발생하는 에너지 융통과 전력융통에 관한 토픽, 그리고 연계된 전력시스템의 경제운용을 조율하는 데 있어서 일어나는 경제운용 및 운용스케줄 문제는 제10장에서 다루어진다. 제11장과 제12장은 하나의 단위로 취급한다. 제11장은 전력시스템 운용의 안전도 유지 문제를 설명하며 안전도를 향상시킬 수 있는 해석적 구조를 개발한다. 전력시스템을 포함한 모든 것은 고장을 일으킬 수 있는 성향이 있다. 전력시스템 안전도 유지의 관행은 피할 수 없는 개별 구성요소의 사고의 영향이 최소화되도록 하기 위하여 방어적 자세로 전력시스템을 제어하고 운용하려고 노력하는 것이다. 마지막으로 제12장은 전력시스템의 상태추정 기법의 사용에 대하여 설명한다. 책을 설명하는 과정에서 자연적으로 정량적 계측 및 가중함수가 등장하므로 저자는 최대가능도 추정기법을 사용하기로 하였다.

각 장에는 연습문제가 주어지며 독자를 위하여 권장도서를 수록하였다. 디지털 컴퓨터를 이용하여 대부분의 문제를 풀어 보기를 권장한다. RPI에서는 학생들에게 전력조류계산 프로그램, 화력발전시스템의 운전스케줄 작성을 위한 컴퓨터 프로그램 등을 제공하였다. 오늘날의 이공계 학생들은 컴퓨터 프로그램이 주어지면 문제를 효율적으로 푸는 데 있어서 익숙하다. 실제의 전력시스템은 리처드 벨먼이 말하는 소위 "차원의 저주"라는 문제를 갖고 있다. 실제 규모의 전력시스템 문제를 푸는 데 있어서 컴퓨터를 사용하는 것은 필수적 요소이다.

저자들은 교재를 읽어 보고 검토의견 및 개선사항을 알려 준 케이 클리멘츠, 하비 햅, 하이드 메릴, 쵸크 팽, 엠 세이거, 그리고 제이 웨스콧 등에게 감사를 표한다. 클리멘츠 박사는 제1판의 초고를 사용하여 MIT와 우스터 대학교에서 전력회사 직원을 대상으로 강의하였다.

이 책의 대부분의 내용은 PTI사, GE사 그리고 Leeds & Northrup사의 과거 직원 및 현재 근무하는 직원의 업무내용에서 비롯하였다. IEEE에 발표된 논문의 상당수가 이 책의 원천으로서 사용되었으며 사용된 장소에 명기하였다. 어떤 그룹 또는 개인에게 중요하다고 생각되는 자료가 인용문에서 제외되었을지도 모른다. 누락된 사실에 대하여 모두 죄송하다고 말하기는 어려우며 참을성 있게 이 책을 읽어 주기 바란다. 관심 있는 독자들은 원천의 논문을 찾아 가면서 누락된 것을 확인할 수 있다고 생각한다.

이 책을 타이핑하는 데 있어서 수고를 아끼지 않은 리안 브라운 양과 보날린 맥클린 양에게 고맙다는 말을 전한다.

이 책을 저자를 지도하여 준 그로스 박사를 필두로 하여 모든 교수님께 봉헌한다.

알렌 J. 우드

브루스 F. 월렌버그

차례

제2장 산업조직, 관리경제 및 재무

제3장 화력발전시스템의 경제급전 및 최적해

제7장 전력시스템 안전도

제8장 최적조류계산

제10장 발전기출력의 제어

제11장 전력융통, 풀링, 중개, 옥션

약어집

ACE	Area Control Error
ACF	Autocorrelation Function
ACOPF	Alternating Current Optimal Power Flow
AEP	The American Electric Power Company
AF	Availability Factor
AFC	Available Flowgate Capability
AFCM	The Available Flowgate Capacity Methodology
AGC	Automatic Generation Control
AJM	Augmented Jacobian Matrix
ANN	Artificial Neural Networks
ARIMA	Auto-Regressive Integrated Moving Average
ARMA	Auto-Regressive Moving Average
ASTFC	Available Share of Total Flowgate Capability
ATC	Available Transfer Capability
ATC	Available Transmission/Transfer Capacity
BA	Balancing Authority
BA	Business Area
BAA	Balancing Authority Areas
BIC	Bus Incremental Cost
BPA	Bonneville Power Administration
Btu	British thermal unit
BWR	Boiling Water Reactor
CAES	Compressed Air Energy Storage
CBM	Capacity Benefit Margin
CFTC	The Commodities and Futures Trading Commission
CHP	Combined Heat and Power
CIM	Common Information Model
CMA	Centered Moving Average
COE	Conservation of Energy
COMED	Commonwealth Edison

CPS	Control Performance Standard
CRF	Capital Recovery Factor
CSP	Concentrated Solar Power
DCS	Disturbance Control Standard
DISTCO	Distribution Company
DRM	Demand Response Management
DSM	Demand Side Management
ED	Economic Dispatch
EHV	Extra High Voltage
EMA	The Energy Mercantile Association
EMCO	Energy Management Company
EMS	Energy Management System
EP	Evolutionary Programming
EPRI	Electric Power Research Institute
ESCO	Energy Service Company
EUE	Expected Unserved Energy
FACT	Flexible Alternating Current transmission
FERC	Federal Energy Commission (USA)
FP&L	Florida Power and Light
FTR	Financial Transmission Rights
GADS	Generating Availability Data System
GENCO	Generation Company
GPS	Global Positioning Satellite
HHV	Higher Heating Value
HRSG	Heat-Recovery Steam Generator
HVDC	High Voltage Direct Current
ICS	Iterative Constraint Search
IHR	Incremental Heat Rate
IOU	Independently Owned Utility, Investor-Owned Utility
IPP	Independent Power Producer
IRAG	Interconnection Reliability Assessment Group
IROL	Interconnection Reliability Operating Limit
ISO	Independent System Operator
JOU	Jointly Owned Units
KKT	Karush-Kuhn-Tucker
LBA	Local Balancing Authority
LCDF	Line Closure Distribution Factor
LHV	Lower Heating Value
LME	London Metal Exchange

LMP	Locational Marginal Price
LODF	Line Outage Distribution Factor
LOLP	Loss of Load Probability
LSE	Load Serving Entity
MAD	Mean Absolute Deviation
MILP	Mixed Integer Linear Programming
MISO	Midwest Independent System Operator
MLI	Maximum Likelihood
MMWG	Multi-regional Modeling Working Group
MSE	Mean-Squared Error
NAERO	North American Electric Reliability Organization
NERC	North American Electric Reliability Corporation
NPPA	Nebraska Public Power Authority
NUG	Non-Utility Generation
NYMEX	New York Mercantile Exchange
OTDF	Outage Transfer Distribution Factor
OTS	Obligation to Serve
PA	Phasor Analysis
PACF	Partial-Autocorrelation Function
PAR	Phase Angle Regulating
PDC	Phasor Data Concentrator
PDF	Probability Density Function
PDF	Probability Distribution Function
PG&E	Pacific Gas and Electric Co.
PJM	Pennsylvania New Jersey Maryland
PMG	Permanent Magnet Generator
PMN	Phasor Measurement Network
PMU	Phasor Measurement Unit
POD	Point of Delivery
POR	Point of Receipt
PTDF	Power Transfer Distribution Factor
PWR	Pressurized Water Reactor
QP	Quadratic Programming
RAS	Remedial Action System
ROCOF	Rate of Change of Frequency
ROI	Return on Investment
ROR	Rate of Return
RTO	Regional Transmission Operator
RTU	Remote Terminal Unit

SA	Situational Awareness
SCADA	Supervisory Control and Data Acquisition
SCOPF	Security-Constrained Optimal Power Flow
SCUC	Security-Constrained Unit Commitment
SMES	Superconducting Magnetic Energy Storage
SOL	System Operating Limit
SPUC	State Public Utilities Commission
SRMC	Short-Run Marginal Cost
SSE	Sum of Squared Errors
STFC	Share of Total Flowgate Capability
STLF	Short term Load Forecasting
TCUL	Tap Changing Under Load
TFC	Total Flowgate Capability
TRANSCO	Transmission Company
TRM	Transmission Reliability Margin
TSP	Transmission Service Provider
TSR	Transmission Service Request
TVA	Tennessee Valley Power Authority
UHV	Ultra High Voltage
USEIA	United States Energy Information Administration
WAPA	Western Area Power Authority
WECC	Western Electricity Coordinating Council

1

서론

1.1 과정의 목적

발전, 전력시스템 운용, 그리고 출력제어에 대한 대학원 1년차 1학기 과정에서의 학습목적은 다음과 같다.

1. 전기공학 전공자들에게 발전시스템, 이의 경제적 시스템 운용 그리고 발전기의 출력제어에 대한 이론을 제공한다.
2. 화력 및 수력발전시스템에 대한 중요한 말단특성[1]을 소개한다.
3. 최적화 기법을 소개하고 실제의 시스템 운용문제에 이를 적용한다.
4. 경제성 분석 및 네트워크 해석을 포함한 복잡한 문제의 해법을 소개하고 상대적으로 단순한 문제에 대하여 해법을 도식화한다.
5. 발전시스템에 대하여 현대 제어시스템에서 사용되고 있는 기법들을 소개한다.
6. "현재 진행 중이며 의미 있고 진화적인 변화를 겪고 있는 전력시스템 운용의 영역에 대한 최근 논제"를 소개한다. 이것은 예전의 문제를 해결할 수 있는 새로운 기법에 대한 논의와 더불어 전력시스템의 발달패턴과 규제구조 그리고 경제성의 변화로 인하여 새롭게 등장한 문제영역을 포함한다.

---

1) 역자 주: 말단특성(terminal characteristics)을 소개한다는 것은 전력시스템 운용을 위한 각종 계산에 전력시스템 구성요소의 말단의 정보(예를 들면 단자전압, 위상각, 전류 등)가 사용되기 때문이다.

1.2 과정의 범위

앞으로 논의될 주제는 다음과 같다.

1. 발전기의 특성
2. 상업적 행위로서의 전력산업
3. 경제급전 및 일반적 경제급전 문제
4. 화력발전시스템의 경제급전과 문제의 해법
5. 조건부최적화
6. 선형계획법, 동적계획법, 비선형최적화 기법, 정수계획법, 그리고 내부점법 등과 같은 최적화 기법
7. 송전시스템의 영향
    - 조류계산 방정식과 해법
    - 송전손실
    - 발전시스템의 운전스케줄에 미치는 영향
8. 발전기 기동정지스케줄 작성 문제와 해법
    - 동적계획법
    - 라그랑지 완화법
    - 정수계획법
9. 화력발전기와 수력발전기를 포함하고 에너지 공급제약이 존재하는 전력시스템에서 발전시스템의 운전스케줄의 작성기법과 파이프라인, 열차 수송망, 그리고 강 및 저수지 시스템 등의 에너지 수송설비의 필요성과 전력시스템의 안전도 유지 기법
10. 최적조류계산 기법
11. 전력시스템의 상태추정
12. 자동출력제어

13. 전력과 전력량의 융통, 풀(pool)과 옵션메커니즘, 그리고 현재의 전력시장

14. 전력수요예측 기법

많은 경우에 있어서, 이 책은 각 주제에 대한 소개를 하였을 뿐이라고 생각한다. 좀 더 중요하고 실제로 적용되는 문제로 대표되는 추가적 문제와 주제에 대하여서는 보다 많은 시간과 지면을 할애하지 못하였다. 또한, 경수로형 원자력발전기와 열병합발전기와 같은 기술에 대하여 확고한 기초를 자리매김하고자 한다면 몇 개의 장을 할애하여도 부족할 것이다. 시스템 문제의 토의를 위하여 필요한 정보만을 간략하게 소개하였을 뿐이다.

1.3 경제적 중요성

발전시스템의 효율적이고 최적인 경제급전과 운용계획은 전력산업에서 매우 중요한 위치를 항상 점유하고 있었다. 1973년 석유가격의 급격한 상승을 일으킨 석유위기가 발발하기 이전에는 미국의 전력회사들은 전력생산을 위하여 전체 매출의 20%에 해당하는 연료비를 지불하였다. 1980년에는, 전체 매출의 40% 이상으로 그 수치는 뛰어오른다. 1973년으로부터 5년이 지나는 동안 미국 전력회사의 연료비용은 복리로써 연평균 25%씩 급등하였다. 구매가능한 연료를 효율적으로 이용하는 것은 재무적 관점에서뿐만 아니라, 연료는 비가역적인 천연자원을 대표한다는 이유에서도 매우 중요한 현안이 되었다.

재무적 중요성을 살펴볼 때, 대규모 전력회사가 매년 구입하는 연료비에 해당하는 연간 운용비를 생각해 보면 절약되는 돈의 규모를 파악할 수 있다. 여기에서 중간 규모의 전력시스템에 대한 다음의 모수를 가정해 보자.

연간 최대부하: 10,000MW

연간 부하율: 60%

연료를 전력으로 전환하기 위한 연평균 열소비율: 10,500Btu/kWh[2)]

평균 연료비: 10^6Btu당 \$3.00(유가 18\$/배럴인 경우)

이러한 가정 아래 전력시스템의 총 연료비는 다음과 같다.

연간 전기에너지 생산량: 10^7kW × 8,760h/year × 0.60

= 5.256×10^{10}kWh

연간 연료 소비량: 10,500 Btu/kWh × 5.256×10^{10}kWh

= 55.188×10^{13}Btu

연간 연료비: 55.188×10^{13}Btu × 3 × 10^{-6}\$/Btu = \$$1.66 \times 10^9$

보다 장기적인 시각에서 보면 발전사업자가 연료비를 회수하기 위해서는 평균적으로 3.15cents/kWh의 비용을 소비자에게 부과해야 한다.

이와 같은 전력시스템을 운용하면서 절약할 수 있는 몇 %에 해당하는 부분은 소비되는 연료의 양뿐만 아니라 시스템 운용비의 상당한 절감을 나타낸다. 이 영역이 과거 여러 해에 걸쳐 엔지니어들로부터 주목을 받고 있는 것은 그리 놀라운 일이 아니다.

발전용 연료가격의 주기적인 변동은 문제를 더 어렵게 만들고 이에 경제적 중요성을 증가시킨다. 또한 인플레이션은 경제적 시스템 운용의 방법론, 해법, 그리고 예제를 개발하는 데 있어서 문제를 일으킨다.

1.4 탈규제: 수직에서 수평으로

1990년대에 정부 소유의 전력회사와 민간 소유의 발전회사를 불문하고 많은 전력

2) 역자 주: 1Btu ≒ 0.252kcal

회사들은 탈규제화되었다. 탈규제는 전력시스템 운용에 보다 중요한 영향을 미쳤다. 이 주제는 제2장에서 보다 상세히 다루어질 것이다.

1.5 새로운 문제와 과거의 문제

이 교재는 이미 변화가 일어났으며 계속하여 급격한 변화가 진행되고 있는 공학 분야의 하나의 진도보고서이다. 즉, 이 절에서는 이미 확립되어 있는 경제급전과 연계시스템의 제어 등의 분야에 대하여 중점적으로 설명한다. 화력발전시스템에서의 경제급전과 관련된 초기의 전통적인 문제는 다양한 방법에 의하여 수년 전에 해결되었다. 최근 응용수학 방법론 및 이를 풀기 위한 컴퓨터 해법의 급속한 발달로 인하여 더욱 복잡한 문제에 대한 해법이 성공적으로 개발되고 있다.

고전적 문제는 최소의 시스템 운용비를 달성하기 위한 화석연료연소 발전시스템의 경제급전에 대한 문제였다. 이러한 문제영역은 대중들의 환경문제에 대한 관심이 증가함에 따라 미묘하게 꼬이기 시작했는데, 바야흐로 "경제급전"은 최소비용을 달성할 뿐만 아니라 다양한 에너지보존 문제를 고려하고, 공해물질의 배출을 최소화하는 전력시스템의 운용문제를 포함하게 되었다. 게다가 전력시스템의 "안전도"를 확보해야 한다는 시스템 운용의 제약조건을 포함하는 제한적인 최적화 문제로 확대되었는데, 이 문제는 예측하지 못한 상황으로 인하여 발생할 수 있는 시스템 붕괴를 예방하는 것이다. 수화력 조율문제는 최근 관심의 대상이 되고 있는 또 다른 최적화 문제의 영역이다. 매우 신속하고 효율적인 컴퓨터 연산방법으로도 이론적으로 만족할 만한 수준의 해를 찾지 못하는 수화력 조율문제를 포함한 매우 어려운 문제들이 다수 존재한다.

2차 세계대전 후 미국에서는 에너지 저장시스템에 대한 관심으로 인하여 많은 양수발전기가 건설되었다. 에너지 저장시스템의 증가는 최적경제급전 문제에 또 다른 어려운 문제를 던졌다. 수력, 화력, 양수발전을 포함하는 전력시스템의 조율문제를 풀기 위한 새로운 방법론이 가능해졌다. 그런데, 경제급전 문제와 밀접하게 관련되어 있는 것은 모든 발전기 조합 가운데 예측된 부하를 '최적'의 방법으로 충족시키기 위하여 적당한 기동정지 조합을 선택하는 문제이다.

이 분야의 진보와 변화의 대부분은 1985~1995년의 10년 사이에 나타났으며, 이 시기에 발전기 기동정지스케줄 및 최적 예방보수스케줄 작성문제를 위한 새로운 방법론과 컴퓨터 프로그램이 개발되었다. 송전손실과 송전선로 용량제약은 경제급전 절차에 조류계산 방정식이 포함되는 방법론을 이용하여 경제급전 문제와 통합되었다. 이 과정을 통하여 전력시스템 구성요소가 과부하 상태로 되지 않든가 또는 모선전압크기가 허용범위를 벗어나지 않도록 하는 최적경제급전 상태를 유지할 수 있게 되었다. 이러한 "최적조류계산" 기법은 변압기와 이상변압기의 탭 위치의 설정뿐만 아니라 유효전력과 무효전력 공급원의 스케줄을 작성하는 문제의 해법으로 사용된다.

최근에는 많은 국가의 정치환경이 변화하였는데, 이는 민간사업자 소유의 발전기가 점점 더 많아지고 그만큼 정부 주도의 발전회사 및 송전회사가 감소하였다는 것을 의미한다. 몇몇 국가에서는 국가 전체로 운영되던 시스템이 민영화되기도 하였다. 민영화가 어느 정도 진척되었거나 전력회사가 다양한 기관(소비자, 전력회사의 주주 또는 정부기관 등)에 의해 소유된 미국과 같은 경우에 있어서도, 전력회사의 서비스 대상인 소비자에게도 에너지를 공급할 수 있는 민간 소유 발전회사 또는 대규모 열병합발전사업자를 도입하고자 하는 움직임이 있었다. 이러한 2개의 그룹은 독립발전사업자(IPP)로 지칭된다. 이와 같은 추세는 기타의 연계전력시스템의 전력회사뿐만 아니라 규제면제 발전사업자[3]에게도 송전망 접속권을 부여하자는 움직임과 결부되었다. IPP의 성장은 전력시스템 운용에 있어서 여러 가지 흥미로운 문제를 낳았다. 하나의 예는 산업체에 증기를 공급하고 전력시스템에 전기를 공급하는 대

---

3) 역자 주: 이 책에서 NUG(nonutility power generator)와 규제면제 도매발전사업자(EWG, exempt wholesale generator)를 모두 규제면제 발전사업자로 번역하였다.

용량 열병합발전소이다. 산업체의 증기수요의 스케줄에 따라 발전기의 운전패턴이 결정되고 이러한 산업체의 발전패턴을 도와주기 위하여 전력회사도 경제적 시스템 운용스케줄을 변경해야만 한다.

규제면제사업자(발전사업자뿐만 아니라 소비자도 포함)에 대한 송전망 접속은 새로운 시장구조와 전력융통의 패턴을 창출하였다. 무엇보다도 북미지역의 연계전력시스템 내의 주요한 전력시장의 참여자는 전력회사들이었다. 규제면제 발전사업자 또는 대규모 소비자가 관계된 곳에서 지역 전력회사들도 에이전트로서 전력시장에서 활동하였다. 이러한 패턴에 변화가 일어나고 있다. 규제면제사업자의 성장과 송전망 접속권의 요구가 증가하면서 전력시장에 경쟁을 도입하자는 주장이 거세지고 있다. 그러나 이것은 보편적으로 공유된 요구사항은 아니다. 많은 이해당사자들은 현상유지를 선호한다. 반대로 몇몇 전력회사의 경영진들은 규제면제 발전사업자가 발전기의 건설, 자금조달, 운영을 담당하는 것을 적극적으로 지지하였다.

규제면제사업자의 발전시장 진입은 기동정지스케줄과 경제급전 문제를 복잡하게 만들 수도 있다. 지역에서 발전시스템 및 송전시스템을 통합하여 운용하는 전력회사는 필요한 기술문제, 신뢰도, 안전도, 경제성 등의 제약조건을 관찰하면서 자신의 시스템 운용비를 최소화하는 운용스케줄을 설정할 수 있었다. 그러나 대규모 전력시스템[4]에서와 같이 다양한 참여자가 있는 시장에서는 새로운 계약형태가 필요하다. 모든 당사자들의 경제적 목적은 모두가 동일하다고 말할 수는 없으며 사실 직접적으로 반대되는 위치에 처할 수도 있다. 이러한 상황이 점진적으로 진화하여 전력시스템 운용이 지역마다 자신만의 패턴을 갖게 되었고 결과적으로 이는 (시스템 운용의 방법이) 서로 다른 운용지역이 생성되도록 만들었다. 어떤 지역은 전력회사가 우월적 지위에 있는 참여자로서 소비자에게 가장 저렴한 비용으로 시스템 운용을 하는 것을 기본으로 하여 계약과 스케줄 작성방식을 유지함으로써 과거

4) 역자 주: 미국에서 사용되는 'bulk power system'은 발전시스템과 송전시스템을 합쳐서 말할 때 사용하는 용어이며(NERC Glossary 참조), 이 책에서는 '대규모 전력시스템'이라고 하였다.

의 패턴이 지속되는 지역이 있기도 하였다. 중앙에서 급전되는 파워풀은 규제면제 사업자가 시장에 진입하여 대규모 소비자에게 직접 전력을 판매하는 시장의 형태로 진화할 수 있다. 어떤 지역은 전력회사와의 경쟁을 허락하고 촉진하는 공개시장 구조를 갖기도 하였다. 원거리 전력회사뿐만 아니라 지역 및 원거리 규제면제 사업자 모두가 대규모 산업용 수용가 또는 배전전담 전력회사(distribution utility)에게 전력을 공급하기 위하여 해당 지역의 전력회사와 경쟁을 벌일 수도 있다. 송전시스템은 별도의 회사로서 지역제어센터와 결합될 수도 있다. 송전네트워크는 법적으로 "공용운반자"의 자격을 가질 수 있으며, 어떤 유자격사업자(qualified party)가 송전망에 접속하여 자기 관할지역의 소비자에게 전력을 전달하는 데 있어서 송전망 접속권을 허락하도록 하였다. 이것이 현재 영국의 상황이다.

그렇다면 이 책에서 논의하는 주제와 어떤 관계가 있는가? 대단히 관계가 깊다. 앞서 언급한 극단적 사례에서 우리가 앞으로 논의해야 할 급전 및 운용스케줄 수립의 다양한 방법을 다시 한 번 생각할 필요가 있으며 아마도 기존의 고정관념이 크게 바뀔 것이다. 현재의 자동출력제어(AGC)는 연계시스템의 전력회사 사이에 체결되는 몇 개 안 되는 다소 고정된 전력융통계약에 의하여 전력시장이 아주 천천히 움직일 것이라는 암묵적인 가정에 기초한 전략이었다. 최적의 경제발전스케줄을 작성하기 위한 현재의 기법은 최소비용으로 자신들의 고객에게 전기를 공급하는 하나의 전력회사를 가정하여 만들어졌다. 연계전력시스템의 운용 또는 연계선을 통한 전력융통계약은 전력회사 사이의 합의의 결과이며 각각의 기관은 공통의 관심사를 공유한다. 송전망 운용회사가 전력회사와 규제면제사업자 등과 같은 여러 사업자에게 송전망 접속을 보장해 주어야 하는 지역에 있어서, 송전사업자는 신뢰도와 안전도를 유지하면서, 전력시스템의 물리적 제약조건 안에서 "최적"(아직까지는 정의가 완벽하지는 않지만)이라는 형식에 의하여 운용스케줄을 작성해야 하는 의무를 갖게 되었다. 이것이 모두 또는 몇 개라도 개발된다면, 전력산업에서 매우 고무적인 일이 될 것이다.

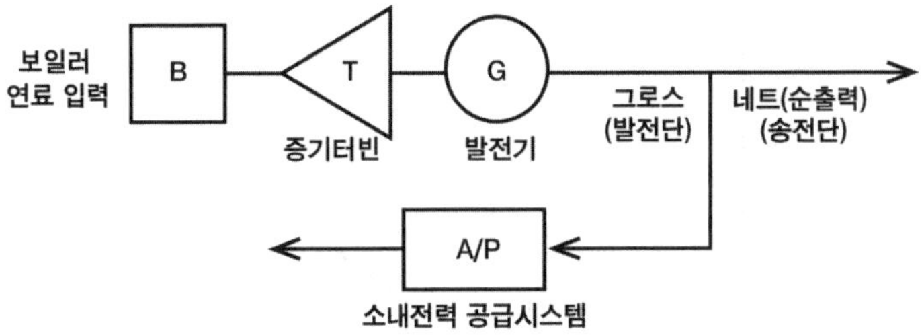

〈그림 1.1〉 보일러-터빈-발전기

1.6 화력발전기의 특징

전력시스템의 제어와 관련된 문제를 분석할 때, 관심을 가져야 할 모수들이 많다. 경제급전 문제의 기본을 이루는 것은 화력발전시스템의 입력-출력 특성의 집합에 대한 문제이다. 전형적인 보일터-터빈-발전기가 〈그림 1.1〉에 나타나 있다. 이 발전기는 단일 터빈-발전기에 보낼 증기를 생산하는 단일 보일러로 구성되어 있다. 이러한 조합의 전기적 출력은 전력시스템 및 발전소 내부의 소내전력 공급설비와 연결되어 있다. 일반적인 화력발전기는 보일러 급수펌프, 송풍기, 복수기의 순환수 펌프 등을 구동하기 위하여 필요한 소내소비전력으로 인하여 발전단 출력의 약 2~6%를 요구한다. 이러한 설비 특성을 정의할 때, 발전단 입력과 송전단 출력을 논해야 한다. 즉, 발전기에 입력되는 발전단 입력은 그 단위가 \$/h든지 t/h 또는 m^3/h든 간에 총입력이다. 송전단 출력은 송전망에 접속되는 지점에 나타나는 출력을 의미한다. 엔지니어는 그로스 입력-출력 특성을 자주 사용한다. 이러한 상황에서 데이터는 발전스케줄 작성 시에 보다 유용한 순출력(송전단 출력)으로 변환되어야 한다.

증기터빈 발전기의 특징을 정의할 때 다음의 용어가 일반적으로 사용된다.

H=시간당 발전기에 투입되는 열에너지(또는 MBtu/h)

F=연료가격에 H를 곱한 것으로 어떤 연료를 사용할 때 시간당 발전기에 투입되는 비용(\$/h)

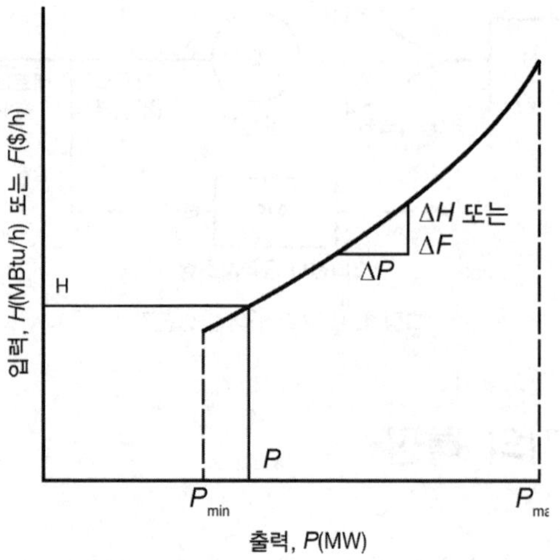

〈그림 1.2〉 증기터빈 발전기의 입력-출력 곡선

대체적으로 $/h의 단위를 갖는 발전기의 운전비는 출력에 비례하는 운전 및 유지보수비를 포함한다. 즉, 운전원 인건비는 이러한 비용이 발전기출력의 함수로 직접적으로 표현할 수 있다면 변동비의 일부로 포함될 수 있다. 발전기의 출력은 P로 표현되며 MW로 표현된 순출력이다. 〈그림 1.2〉는 이상적인 형태의 증기터빈 발전기의 입력-출력 특성을 보여 준다. 발전기에 대한 입력은 일반적으로 열에너지 요구량(백만 Btu/h) 또는 시간당 총비용($/h)으로 고칠 수 있다. 출력은 보통 발전기의 송전단 출력을 말한다. 이것이 이상적인 상황에서 나타나는 특성은 매끈하고 볼록한 곡선의 형태이다.

관련 데이터는 설계과정에서의 계산이나 열소비율 테스트로부터 얻을 수 있다. 열소비율 테스트에서 얻는 데이터의 포인트는 매끄러운 곡선으로 피팅되지 않는다는 것이 일반적이다. 증기터빈 발전기는 몇 가지 중요한 운전제약을 가지고 있다. 일반적으로 어떤 발전기의 운전을 위한 최소출력은 터빈보다는 보일러와 재생사이클에 의해 더 많은 영향을 받는다. 증기터빈에 대한 중요한 파라미터는 터빈덮개와 회전자의 금속 온도 차이, 배기구 온도, 그리고 회전자와 터빈덮개의 팽창이다. 일반적으로 최소출력이 제약을 받는 것은 연료의 연소안정성과 보일러의

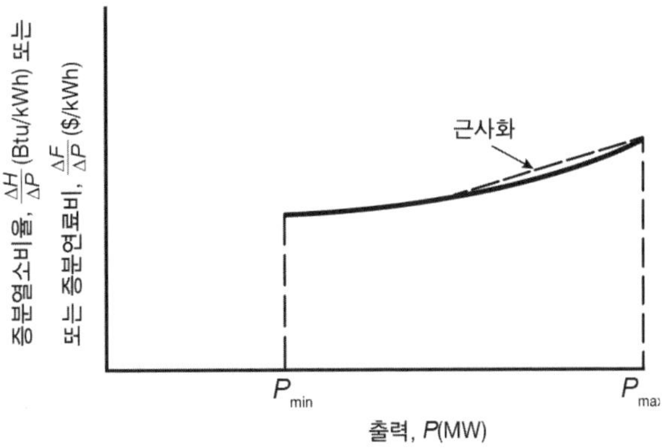

〈**그림 1.3**〉 증분열소비율 곡선의 특성

내재적인 설계상의 제약이 있기 때문이다. 예를 들면 대부분의 초임계보일러 발전기는 설계용량의 30% 이하에서는 운전할 수 없다. 30%의 최소 증기흐름이 요구되는 것은 보일러의 연소기에서 튜브를 적당하게 냉각하기 위함이다. 터빈은 내재적으로 과부하로 될 수 없도록 되어 있어, 이러한 커브가 보여 주는 데이터는 제작사가 설명하는 밸브-최대개방-출력[5]의 5%를 초과하여 연장되지 않는다.

이러한 종류의 발전기 증분열소비율 곡선이 〈그림 1.3〉에 나타나 있는데 이 곡선은 입력-출력 곡선의 기울기(도함수)의 특징을 갖는다($\Delta H/\Delta P$ 또는 $\Delta F/\Delta P$). 이 곡선이 보여 주는 데이터는 Btu/kWh(또는 $/kWh)와 MW를 사용하는 발전기의 순출력과의 관계이다. 이러한 특징은 발전시스템의 경제급전에 광범위하게 사용된다. 이것은 $/Btu로 표현되는 등가의 연료비에 Btu/kWh로 나타내는 증분열소비율을 곱함으로써 증분연료비용으로 전환될 수 있다. 자주, 이러한 특징으로 인하여 대략적으로 직선구간의 계열로써 근사화시킬 수 있다.

마지막으로, 화력발전기의 가장 중요한 특성은 순열소비율 특성이며 이는 〈그림 1.4〉에 나타나 있다. 이러한 특성은 H/P와 P의 관계이다. 어떤 기계에 대해 개발한 보통의 열소비율은 열효율의 역수에 비례한다. 발전기의 열소비율 곡선

---

5) valve-wide-open-capability

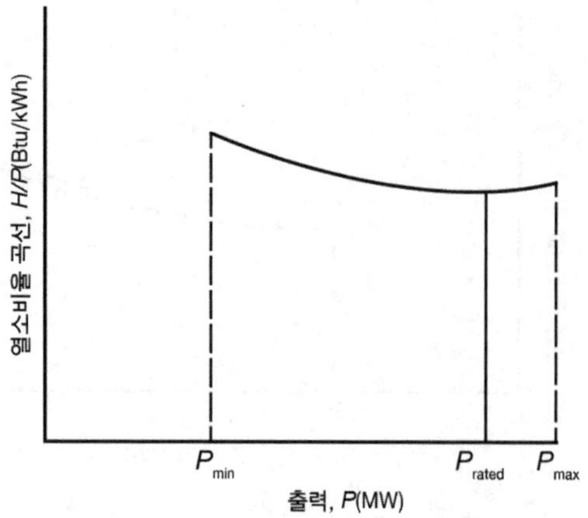

〈그림 1.4〉 증기터빈 발전기의 순열소비율의 특성

의 특성은 출력을 내기 위하여 kWh당 투입되는 열량과 발전기의 MW 출력을 의미한다. 전형적인 증기터빈 발전기는 30~35%의 효율을 지니는데, 이것은 열소비율이 11,400Btu/kWh에서 9,800Btu/kWh라는 것을 의미한다(1kWh는 약 3,412Btu와 등가이다[6]). 발전기의 열소비율 특성은 초기 증기조건, 재열 및 재열온도의 단계, 복수기 압력, 그리고 재생급수사이클의 복잡성과 같은 발전기 설계 파라미터의 함수이다. 이러한 것들은 발전기의 열소비율을 설정할 때 중요한 고려사항이다. 추정의 편의를 위하여 10,500Btu/kWh라는 열소비율은 대략적인 실제의 열소비율 특성으로서 보통 사용된다.

앞의 〈그림 1.2〉와 같은 특성곡선을 얻어 내기 위해서는 여러 가지 다양한 형태가 사용된다. 열소비율 테스트 또는 엔지니어의 설계 자료에 의하여 획득된 자료는 일반적으로 다항식 곡선에 의하여 피팅될 수 있다. 직선구간의 계열로 입력-출력 특성을 나타내기도 한다. 많은 경우에 이차식 곡선의 형태로 근사화된다. 물론 다른 형태의 곡선은 다른 증분열소비율 특성을 낳는다. 〈그림 1.5〉는 2개의 서로 다른 변형을 보여 준다. 굵은 실선은 입력에 대한 출력의 관계가 이차식 또는 연

6) 역자 주: 1kWh는 약 860kcal와 등가이다.

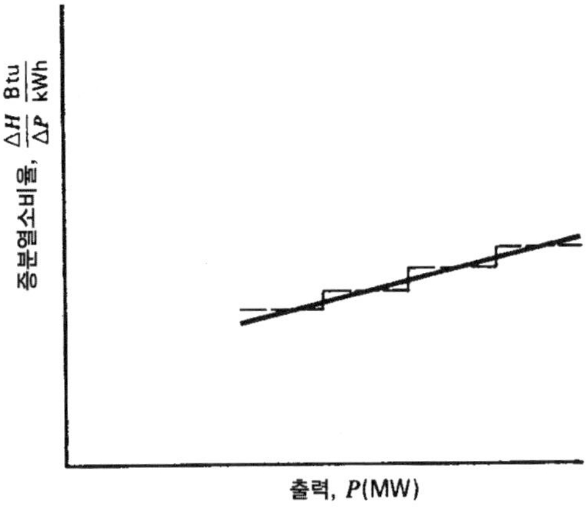

〈그림 1.5〉 증분열소비율 곡선의 근사식 표현

속적이고 부드러운 볼록함수일 때 증분열소비율 곡선의 특징이다. 반면에 〈그림 1.5〉의 점선은 어떤 발전기의 입력-출력 특성이 구간별로 선형일 때 증분열소비율 함수가 계단모양을 지니는 것이다. 이렇게 서로 다른 형태를 이용하는 것은 전력 시스템의 최적경제급전을 설정하기 위하여 서로 다른 스케줄 작성방법이 사용되기 때문이다. 두 가지 형태는 모두 유용하며, 모두 데이터에 근거하여 만들어진 대표적인 곡선이다. 먼저 실선은 연속적 해석함수로 표현되며 실선은 0이 아닌 도함수를 갖는다(즉, dF/DP가 상수이면, $d^2F/d^2P=0$이다).

지금부터 발전에 사용되는 화석연료의 발열량에 대해 간략하게 논의할 필요가 있다. 석탄, 석유 그리고 가스와 같은 연료의 발열량은 Btu/파운드 또는 Joules/kg으로 나타낸다. 측정은 '봄베 열량계(Bomb calorimeter)'를 이용한 특정 상태의 표준조건에서 실시된다.

아래에 기술된 두 가지 측정방법이 있다는 것만 제외하고는 위의 내용은 모두 옳은 것이다.

- 고위발열량(HHV)은 연소과정에서 수증기가 응축되므로 연소결과물에 기화의 잠열을 포함한다고 가정한다.
- 저위발열량(LHV)은 수증기 잠열이 포함되지 않은 발열량이다.

어떤 연료의 고위발열량과 저위발열량의 차이는 그 연료가 수소를 포함하고 있느냐의 차이이다. 수소의 함량이 적은 석탄의 경우에는 고위발열량과 저위발열량의 차이가 작다(유연탄에 대한 2개의 값의 일반적인 차이는 3% 내외이다. 고위발열량은 14,800Btu/파운드이고, 저위발열량은 14,400Btu/파운드이다). 가스와 석유는 수소의 함량이 높아서, 고위발열량과 저위발열량의 차이가 상대적으로 크며, 약 6%~10%의 차이가 있다. 이러한 차이로 발전기의 효율과 한 사이클에 대한 에너지밸런스를 고려할 때 혼돈을 가져올 수 있다(보다 자세한 논의는 El-Wakil[참고문헌-1]에서 논의된다).

모든 사람이 같은 발열량 표준을 사용하도록 하기 위하여 단일 표준을 채택하여 사용하여야 한다. 미국의 경우에는 연소터빈(예: 가스터빈)을 다루는 엔지니어링과 제조업 분야는 열소비율 또는 효율을 인용할 때 저위발열량을 사용하는데, 이 경우를 제외하고는 고위발열량을 표준으로 사용하고 있다. 유럽 각국의 관행을 보면 연료소비율과 발전기 효율을 말할 때에는 저위발열량이 사용되고 있다. 이 책에서는 발전기의 특성을 나타내는 데 있어서 고위발열량을 사용할 것이다. 연소터빈 데이터는 저위발열량 자료를 고위발열량 자료로 저자가 변환하여 사용하였는데, 10%의 차이를 일반적으로 사용하였다. 연료발열량 자료에 대하여 의문이 있다면 저자에게 물어보는 것이 제일 좋은 대책이다.

1.6.1 화력발전기 특성의 변화

화력발전기의 특성은 다양하다. 대용량 증기터빈 발전기에 대하여 〈그림 1.2〉에서 본 것과 같은 입력-출력 특성은 항상 매끈하게 나타나지 않는다. 대용량 화력발전기는 출력상승을 위하여 연속적으로 개방되는 복수의 증기진입밸브를 가지고 있다. 〈그림 1.6〉은 4개의 증기진입밸브를 갖는 발전기에 대한 입력-출력 특성과 증분열소비율 특성을 보여 준다. 발전기의 출력이 증가할수록, 발전기의 입력에너지가 증가하고 어느 2개의 밸브개방점 사이에서 증분열소비율은 감소하는 것을 보여 준다. 그런데, 밸브가 처음 열렸을 때에는 스로틀 손실이 급속하게 증가하고 증

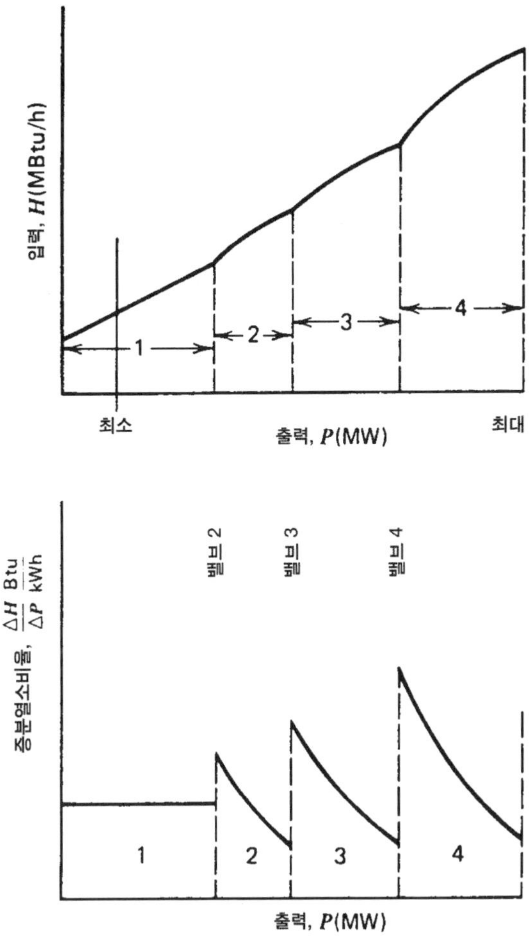

〈**그림 1.6**〉 4개의 진입밸브를 갖는 증기터빈 발전기의 특성

분열소비율도 갑자기 증가한다. 이로 인하여 〈그림 1.6〉에서 보는 바와 같이 증분열소비율 특성은 불연속적 형태를 갖게 된다. 비록 이것이 일상적으로 행해지지는 않지만, 화력발전기의 기동스케줄을 작성하기 위해서는 이러한 형태의 특성을 이용하는 것이 요구된다. 이러한 형태의 입력–출력 특성은 비–볼록 특성이다. 볼록 특성을 요구하는 최적화 기법은 약간의 희생을 감수하지 않고는 그대로 사용될 수 없다.

이와 대조되는 또 다른 형태의 증기터빈 발전기는 공통모관(common-header) 발

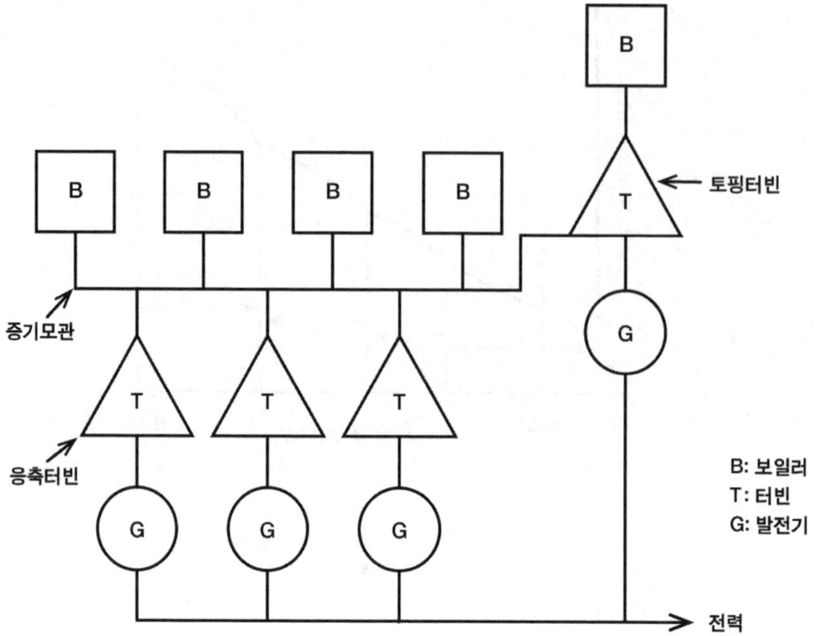

〈그림 1.7〉 공통모관 화력발전소

전소인데, 이것은 서로 다른 여러 개의 보일러가 공통모관이라는 공통증기공급모관에 연결되어 있는 것을 말한다. 〈그림 1.7〉은 공통모관발전기의 다소 복잡한 모양을 나타낸 것이다. 이 발전소에는 공통모관에 연결된 복수의 발전기와 터빈이 있을 뿐만 아니라, 공통모관에 연결된 "토핑터빈(topping turbine)"이 있다. 토핑터빈의 증기는 터빈으로부터 배출되어 복수기로 가지 않고 공통증기모관으로 간다.

공통모관 발전소는 모관에 연결된 보일러와 터빈의 서로 다른 조합에 따라서 복수의 서로 다른 입력-출력 특성을 갖는다. 슈타인버그와 스미스(참고문헌-2)는 이러한 형태의 발전소를 집중적으로 다루고 있다. 공통모관 발전소는 단일 발전기에서 대량의 전력을 제공할 뿐만 아니라 밀도가 높은 도시지역의 건물의 난방 및 냉방을 위한 증기를 공급하기 위하여 건설되었다. 2차 세계대전 후에 〈그림 1.7〉과 같은 열병합발전 터빈의 형태로 설치되면서 많은 발전소가 현대화되었다. 1960년대에는 이러한 공통모관 발전소가 사라지고 현대식의 고효율 발전기로 교체되었다. 그런데, 도시지역이 재개발되면서 많은 도시의 전력회사들은 증기에 대한 수요가 증가하고 공동모관 발전소를 폐지하는 것보다는 신규건물에 증기를 공급하도록 하는 것이 낫다고 판단하였다.

연소터빈(가스터빈)도 발전기를 구동하기 위하여 사용되었다. 어떤 발전기들은 항공기의 가스터빈으로부터, 또는 파이프라인의 펌프를 구동하는 데 사용하는 산업용 가스터빈으로부터 그 형태를 빌려 온 것도 있다. 그러한 가스터빈의 원래 용도는 서로 다른 운전의무사이클(duty cycle)을 갖는 두 가지 형태의 연소터빈이었다. 항공기엔진은 비행경로를 고려하여 출력 요구사항이 다양하고 상대적으로 짧은 운전의무사이클을 갖는다. 반면 파이프라인에서의 펌핑작업에 사용되는 가스터빈은 1년 내내 연속적으로 운전하기에 적합하도록 설계되었다. 발전기는 이러한 두 가지 형태의 운전의무사이클 모두를 요구하였다.

가스터빈은 단순사이클과 복합사이클에 적용된다. 단순사이클에서 입력공기는 회전압축기에서 압축되어 (일반적으로 10~12 또는 그 이상의 압축률까지) 연소실에서 다른 연료유나 가스와 혼합되어 연소된다. 터빈에서 이루어지는 고온가스의 팽창은 압축기, 터빈, 발전기를 구동시킨다. 몇몇 설계는 터빈과 압축기를 연결한 하나의 축을 이용하며 기어를 적절하게 조합하여 발전기를 회전시킨다. 용량이 큰 발전기에서는 기어가 없이 직접 구동된다. 단순사이클 가스터빈에서 배기가스는 대기로 방출된다. 복합발전사이클에서 배기가스는 배열회수 증기발생기(HRSG)에서 증기를 생산하는 데 사용된 후 대기에 방출된다.

2차 세계대전 후부터 1970년대까지 전력생산을 위하여 단순사이클의 가스터빈을 발전회사들이 도입한 것은 첨두부하에 대응하기 위한 것이었다. 발전회사들은 예측하지 못한 최대수요의 발생이나 발전기의 불시고장정지와 같은 때를 대비하여 적정 설비예비력을 확보하기 위하여, 그리고 비상상황 발생에 대비하기 위하여 다소 효율이 낮음에도 불구하고 이를 도입한 것이다. 최대출력에서의 순열소비율은 일반적으로 13,600Btu/kWh(고위발열량)이었다. 1980년대와 1990년대에 열소비율이 급속히 개선된 대용량, 신형 단순사이클 발전기가 보급되었다. 〈그림 1.8〉

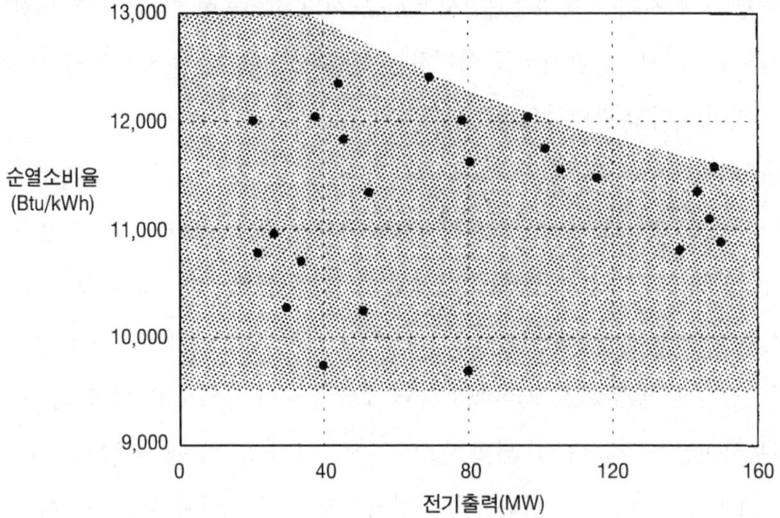

〈**그림 1.8**〉 단순사이클 가스터빈 발전기의 순열소비율의 근사치. 발전기는 천연가스를 연소하여 발전하며 주변 온도 15℃의 표준조건에서의 성능을 나타낸다(참고문헌-1의 열소비율 자료를 사용하고 고위발열량과 소내소비전력을 고려하여 13℃ 조건으로 수정함).

은 단순사이클 발전기의 열소비율의 범위를 보여 준다. 이 자료는 1990년부터 출간된 자료(참고문헌-3)에서 추출한 것이며, 발전기의 소내소비전력과 천연가스의 저위발열량과 고위발열량 사이에서 차이를 고려하여 일부 조정된 것이다. 이 자료를 보면 현대적 설계로 가스터빈의 효율이 엄청나게 개선되었다는 것을 알 수 있다.

1.6.2 복합화력발전기

복합화력발전기는 하나 또는 복수의 가스터빈으로부터 나오는 고열의 배기가스를 배열회수 증기발생기에 투입하여 증기를 발생시킴으로써 이 증기가 증기터빈 발전기를 구동하도록 한다. 복합화력발전방식은 배열에 따라 다양한 종류로 존재한다. 어떤 것은 추가적인 증기를 공급하도록 보조보일러를 사용하기도 한다. 복합화력발전의 장점은 효율이 높다는 데에 있다. 열소비율은, 가장 효율적인 발전기의 경우 약 6,600에서 9,000Btu/kWh 사이로 알려져 있다. 이 수치는 연료의 고위발열량을 사용하여 계산한 것이다(참고문헌-4). 효율이 50%인 어떤 발전기의 순열소비

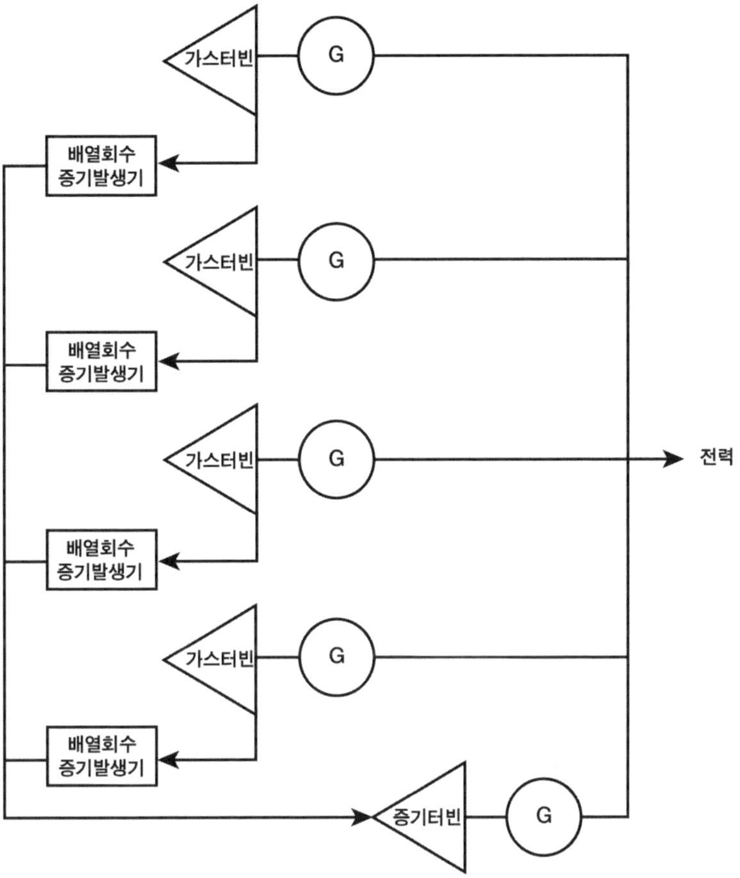

〈그림 1.9〉 4개의 가스터빈 발전기와 1개의 증기터빈 발전기를 가진 복합화력발전소

율은 6,825Btu/kWh에 육박한다. 성능 자료는 열역학사이클과 발전기 설계에 따라 다르다. 참고문헌-2는 지금까지 제안된 다양한 구성형태(configuration)에 대한 내용을 포함하고 있다.

복합화력발전기의 부분출력에 대한 열소비율 데이터는 현재까지의 가용한 정보를 갖고 판단하기 어렵다. 〈그림 1.9〉는 4개의 가스터빈과 배열회수 증기발생기 그리고 1개의 증기터빈 발전기를 가진 복합화력발전기를 나타낸 것이다. 발전기의 효율 특성은 운전 중인 가스터빈의 숫자에 달려 있다. 〈그림 1.10〉은 이것의 열소비율 곡선을 보여 주는 것이다. 증분열소비율의 특성은 증기터빈 발전기가 보여

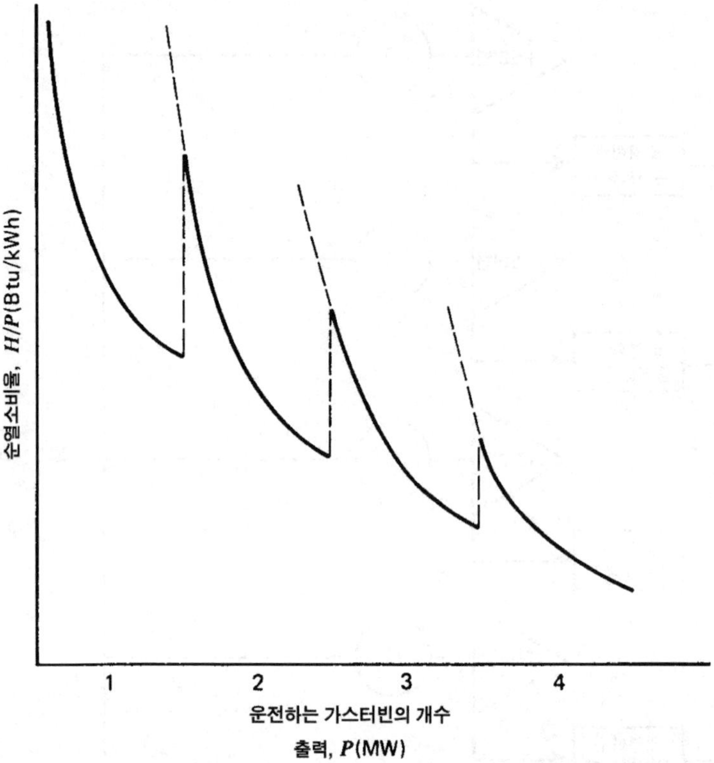

〈그림 1.10〉 복합화력발전기의 열소비율 특성

주는 일반적 곡선의 그것보다는 좀 더 평탄한 특성을 보여 준다.

1.6.3 열병합발전기

열병합발전기는 증기와 전기를 동시에 생산하도록 설계된 공통모관 화력발전소와 유사하다. "열병합발전"이라는 용어는 석유 정제과정과 같이 열을 생산하는 발전소를 지칭할 때 사용되어 왔으며 이것이 지역난방 발전소에서도 사용되었다. 미국에서 "지역난방"은 상업지역의 건물난방을 위한 증기를 공급하는 것을 의미하였다. 유럽에서 이 용어는 보통 대규모 아파트나 주택지역에 증기나 온수의 형태로 열을 공급하는 용어로 사용되었다.

경제적 또는 정치적인 다양한 이유로, 열병합은 미국의 전력시스템에서 커다

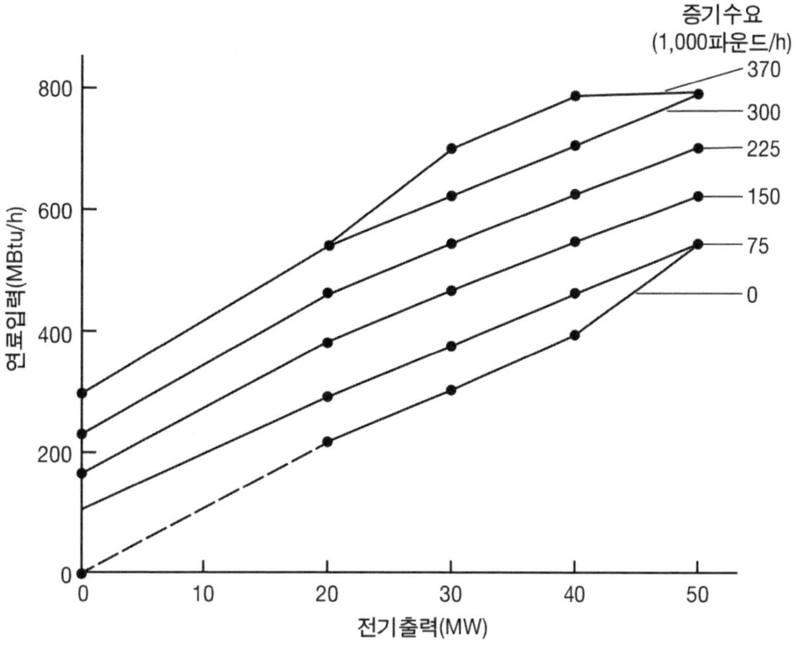

〈그림 1.11〉 단순 증기 추출용 터빈 발전기의 증기수요와 전기출력에 필요한 연료사용량

란 역할을 하는 것으로 보인다. 약 4,000Btu/kWh 이하의 열소비율에서 발전이 가능한 "토핑 사이클"의 고효율 발전기라는 점에서 경제적 이점이 있다. 열과 전력에 대한 요구량에 따라서, 산업체는 아주 효율적으로 생산되는 잉여전력을 판매할 수 있다. 최근의 정치, 규제 및 경제환경은 대규모 공장과 같은 규제면제 발전사업자가 연계전력시스템에 전력을 공급하는 것을 장려하고 있다. 공정용 열 및 증기에 대한 수요는 많은 산업 분야에 산재하고 있다. 정유 및 화학공장은 연속적으로 공정용 증기가 필요하다. 식품가공산업도 상시적인 열공급을 요구하고 있다. 이와 같이 단순 또는 복합사이클을 통해서 증기를 추출하면서 동시에 전기를 생산하는 열병합발전기가 다양한 산업체에서 사용된다.

2차 세계대전 전에, 열병합발전기는 소용량이었으며 발전기를 구동시키기 위하여 추기증기터빈을 사용하였다. 이 당시의 열병합발전기는 공장 내의 전기부하에 필요한 전력과 공정용 증기를 충분히 공급할 수 있는 정도의 규모였다. 백업용

스팀은 보일러에 의하여 공급되었고, 지역 전력회사에 연결된 송전선은 비상용 전원 역할을 하였다. 대규모 발전설비를 갖춘 사업자들은 잉여전력을 전력회사에 판매할 수 있는 계약을 맺기도 하였다. 〈그림 1.11〉은 50MW 급 단일 추기증기터빈 발전기에 대한 입력-출력 특성곡선이다. 이 자료는 공정용 증기수요와 전기출력의 조합에 필요한 열입력량을 보여 주고 있다. 이것은 증기를 370,000파운드/h까지 공급할 수 있는 형태의 발전기의 예이다.

현대적 열병합발전기는 별개의 연소보일러를 포함하는 발전기도 포함하는 복합 사이클로 설계되어 있다. 열역학사이클의 설계는 매우 복잡하며 열에너지에 대한 공장설비의 요구량에 맞추어진다(참고문헌-2를 참조). 규제면제 발전사업자가 소유한 발전기(IPP)에 의해 생산된 전력을 거래할 수 있는 시장이 있는 지역에서는, 산업체가 전력시스템에 전력을 전송할 발전기를 개발하려는 강력한 경제적 인센티브가 있기 마련이다. 이러한 현상은 미국에서 다양한 규제기관이 전력산업에 경쟁을 촉진하고자 한 이후에 발생하였다. 이것은 발전시스템과 송전시스템의 사용스케줄에서 매우 중요한 문제를 야기하였다. 산업체의 증기수요의 변동은 상당히 평탄하며 이를 위한 발전기출력을 다소 일정하게 유지할 수 있다. 반대로 지역의 발전회사의 소비자부하는 주기성이 매우 크다. 규제면제 발전사업자의 비중이 작다면 이것은 문제가 안 된다. 하지만 독립발전사업자의 발전출력이 전력회사가 공급해야 할 소비자부하의 상당량을 차지한다면 전력회사는 더욱 복잡한 스케줄 작성문제에 직면하게 된다.

1.6.4 경수로형 원자로

미국 전력회사는 경수로(LWR)를 표준형의 핵증기공급시스템(NSSS)으로서 채택하였다. 경수로에는 가압수형 원자로와 비등수형 원자로가 있으며, 약간 농축된 우라늄을 기본 에너지공급원으로 사용한다. 자연계에서 무게를 기준으로 우라늄 U^{235}는 천연우라늄의 약 0.7% 정도이다. 가압수형 원자로와 비등수형 원자로에서 우라늄을 사용하기 위해서는 천연우라늄을 농축하여 U^{235}의 함유량을 2~4%의 범위로 높여야 한다.

농축우라늄은 각종 제조공정을 거치면서 정련되어야만 연료다발이 된다. 연료다발이 원자로 노심에 장착될 때까지 해당 연료에 대한 상당한 투자가 이루어지는 것이다. 원자로 안에서 연료가 있고 열과 증기를 생산하는 동안에 전력이 발전기를 통해서 생산되며 노심에서 사용할 수 있는 핵분열 물질의 양은 점차 줄어든다. 어떤 시점에 이르면 노심은 적당한 수준의 전력을 생산할 수 없게 되는데 이때 노심은 제거되고 새로운 연료가 원자로에 재장착된다. 상업용 원자로에서는 보통 노심에 있는 1/3 또는 1/5의 연료를 재장착하는 동안에 교체한다.

이때에, 고준위 방사능을 품은 핵연료다발은 특별한 방법으로 취급되어야만 한다. 초기에는 상업용 발전소 내에서 핵연료다발을 재처리하고, 재처리된 노심의 핵연료다발로부터 상업적 가치가 있는 물질을 추출해 내려고 하였다. 미국의 원자로 제작업체들이 일반 대중이 수용할 수 있으며 경제적으로도 타당한 재처리시설을 개발하려고 하는 것인가에 대해서는 많은 의문이 있다. 만약 그렇지 않다면 방사능을 띤 핵연료다발을 사업자가 얼마일지도 모르는 기간 동안 발전소 내부에 저장해야 할 필요가 있는가? 또는 미국 정부가 저장 또는 최종처분을 위하여 이를 인계받아야 하는가에 대한 문제가 있다. 어떤 경우이든 핵연료를 재처리하거나 보관하는 추가적 비용이 일정 기간 동안 투자되어야 한다.

사용 후 핵연료의 처리비용을 포함한 "연료비"의 계산에는 경제적, 회계적 고려가 포함되어야 하며 이것이 정상적인 투자분석이다. 단순하게 말하면, 현재의 연료다발에 대해서도 총 투자비용이 발생한다. 이와 같은 투자비용에는 채광, 정광, 농축, 제조 그리고 운송비용이 포함되며, 여기에 노심에서 분리된 후의 재처리 및 저장비용도 추가된다. 이렇게 만들어진 연료다발은 연료에 포함된 에너지만큼만 발전을 할 것이다. 유사연료비용은 연료다발에 의해서 만들어지는 전력량으로 순투자비용을 나누면 얻을 수 있다. 물론 이렇게 단순히 계산된 것보다 정교하게 계산할 수도 있다. 예를 들면, 핵물리 차원의 계산에서는 원자로 운전단계에 따라 노

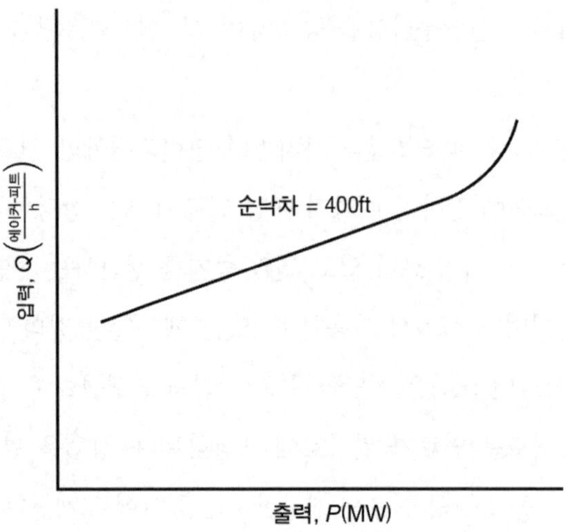

〈그림 1.12〉 수력발전기의 입력-출력 곡선

심의 연료다발 중에 특정 부분에 의하여 발생하는 전력량을 정확하게 계산해 낼 수 있다.

원자력발전기는 화석연료연소 발전기처럼 취급한다. 다양한 연료다발 내에 있어서 농축 수준과 정확한 연료재장진 스케줄을 고려하고 계산하는 것은 핵연료 주기 및 경제적인 관점을 동시에 자세히 이해해야 하는 원자력공학 과정의 배경을 요구하기 때문에 한 학기의 대학원 과정의 범위를 넘는 내용이다.

1.6.5 수력발전기

수력발전기도 증기터빈 발전기와 유사한 입력-출력 특성을 지닌다. 단위 시간당 물의 양으로 표현되는 입력과 전력이라는 출력을 갖는다. 〈그림 1.12〉는 순낙차가 일정한 지역의 전형적인 수력발전기의 입력-출력 곡선을 보여 준다. 이 특성곡선은 최소부하로부터 일정 부하까지는 출력이 증가함에 따라 출력의 함수로써 단위 시간당 투입되는 물의 요구량에 대한 곡선이 선형임을 보여 준다. 이러한 점에서 요구되는 물의 양이 많을수록 발전기의 효율은 떨어진다. 증분출수율(incremental water rate) 곡선이 〈그림 1.13〉에 나타난다. 2개 곡선에 나타난 물리 단위는 모두 영

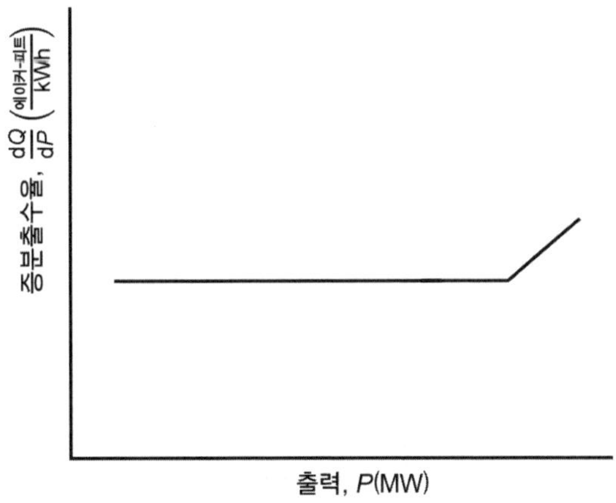

〈**그림 1.13**〉 수력발전기의 증분출수율 곡선

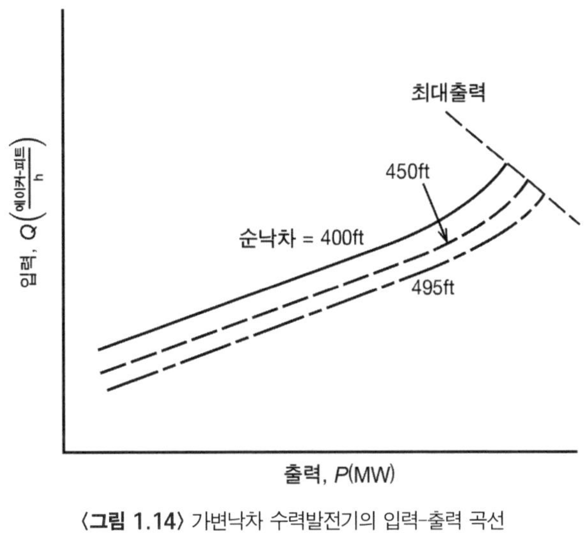

〈**그림 1.14**〉 가변낙차 수력발전기의 입력-출력 곡선

국 단위(English unit)를 사용하였다. 즉, 에이커-피트(acre-feet: 1피트 높이의 1에이커의 면적)인 체적 단위를 사용하였다. 필요하다면 순낙차는 1초당 1,000세제곱피트 단위(kft^3/sec)와 같은 피트 또는 미터의 단위도 사용할 수 있다.

〈그림 1.14〉는 가변낙차 수력발전기의 입력-출력 특성을 보여 주고 있다. 이와 같은 수력발전기의 특성은 저수지의 취수구 또는 방수구의 수위변동이 순낙차에서 차지하는 비중이 클 경우에 나타난다. 수두가 변하는 수력발전기의 스케줄

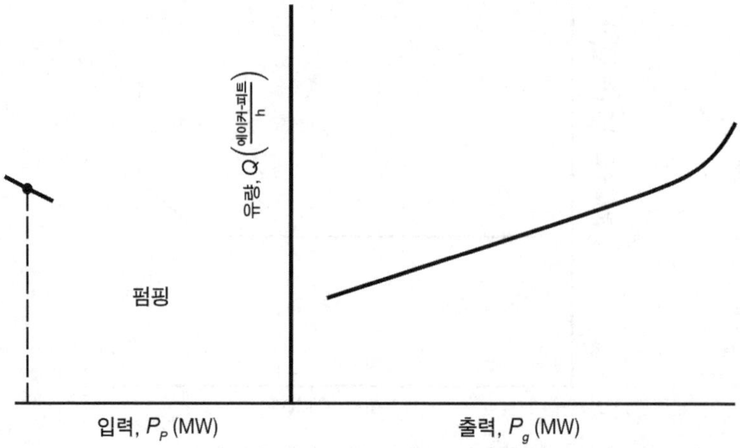

〈그림 1.15〉 고정낙차 양수발전기의 입력-출력 곡선

작성은 수두가 일정한 발전기의 스케줄 작성보다 어렵다. 이것은 고려해야 할 입력-출력 곡선이 여러 개인 것뿐만 아니라 발전기의 최대출력이 또한 수두에 의해서 변하기 때문이다. 〈그림 1.14〉에 나타나 있듯이 어떤 출력을 내기 위해 필요한 물의 양은 수두가 증가할수록 감소한다(즉, $dQ/dhead$ 또는 $dQ/dvolume$은 고정출력에서 음[−]의 값을 갖는다). 다음 절에서 가변낙차 특성을 갖는 수력발전시스템을 포함하는 최적스케줄을 작성하는 방법에 대해서 논의할 것이다.

〈그림 1.15〉는 양수발전기의 특징을 보여 준다. 양수발전기는 하부저수지에서 물을 펌핑하여 필요한 적당한 시간에 발전을 통하여 방류하기 위하여 상부저수지에 물을 저장하는 발전기이다. 초기에는 양수발전기에 수차와 펌프가 분리되어 설치되었다. 최근에는 가역 펌프-터빈이 사용된다. 가역 펌프-터빈은 터빈으로 사용될 때를 기준으로 일반적인 입력-출력 특성을 나타낸다. 그러나 펌핑모드에서 운전효율은 펌핑용량이 정격에서 벗어날 때 하락한다. 이러한 이유 때문에 대부분의 발전소 운전원들은 일정한 펌핑부하로써 펌핑운전을 하려고 한다. 터빈으로 사용될 때 증분수량 특성은 앞에서 보여 준 일반 수력터빈의 특성과 유사하다.

양수발전기의 운전스케줄 작성은 가변낙차를 고려하여야 하기 때문에 매우 복잡하다. 가변낙차에 의한 영향은 복수의 입력-출력 곡선이 있다는 것보다는 발전기의 최대출력이 변한다는 사실에서 더욱 크다. 양수발전기의 최대출력이 가변적인 것은 양수발전기가 일반적으로 순동예비력으로서 사용되기 때문에 전력시스템 운용에서 양수발전기의 용량을 선택하는 데에 중요한 영향을 미친다. 즉, 양수발전기는 화력발전시스템의 높은 변동비의 발전기가 운전되는 시간대에서 발전하여야 하는데, 다른 시간대에는 양수발전기는 운용예비력으로 즉시 사용할 수 있도록 준비되어 있어야 한다. 양수를 하고 있는 시간 동안에는 수요를 충족시키는 기능이 없이 발전 기능이 정지되어 있는 것이다. 또한 운전을 하고 있지 않는 시간에는 필요하면 즉시 기동될 수 있어야 한다. 이러한 경우에 사용할 수 있는 최대출력은 전체 전력시스템의 운용예비력을 충족시키기 위한 다른 발전기의 출력에도 영향을 미친다.

양수발전기 및 일반 수력발전기의 특성은 발전의 본래 목적과는 관계없는 물흐름의 유지에 대한 요구사항과 기존 수력발전기의 배치형태 등에 의해서 영향을 받는다. 이러한 특성은 단일 또는 독립된 발전기들의 문제이다. 대부분의 강에서 수문학적으로 수력발전기는 직렬 또는 병렬로서 서로 연속적으로 연결되어 있다. 이러한 경우에 상류발전기의 방류는 하류발전기의 유입량에 영향을 준다. 하류 댐과 상류에 있는 발전기 사이에 지류가 있을 수도 있으며 이로 인하여 하류의 수력발전기에 유입되는 수량이 변동하기도 한다. 이것은 양수발전기가 기존의 재래식 수력발전기와 연결하여 건설될 때 다소 복잡한 문제를 발생시킨다. 자원의 최적이용에 대한 문제는 최소비용으로 전력을 생산할 전력시스템 운용의 문제뿐만 아니라 물의 사용스케줄과 연결되면서 복잡한 문제를 포함하게 된다. 이 책에서 간략하게 이 문제를 취급할 것이며 주제에 관한 개론을 설명할 것이다. 왜냐하면 발전소 사이의 수문학적 결합은 매우 중요하고 어떤 2개의 수력시스템도 정확하게 일치하지 않는다고 보는 것이 안전하기 때문이다.

1.6.6 에너지 저장장치

송전시스템 수준에서 장기간 대규모의 전력에너지를 저장할 수 있는 저장장치는 매우 유용하다. 심야에서와 같이 전력가격이 낮을 때 전력을 구매하여 이를 가격이 비쌀 때 되파는 것은 매우 유용하다. 풍력과 같이 스케줄링을 할 수 없는 신재생에너지 발전기를 운용한다면 바람이 불 때 이를 저장해 두었다가 가장 필요할 때에 발전하여 전력시스템에 공급하는 것은 매우 유용하다. 무엇보다도 수력발전과 같이 계절적 차이가 있는 경우에 유량이 많은 때에 이를 저장하였다가 유량이 적은 때에 이를 사용하는 것이 바람직하다.

전기에너지 저장장치와 관련된 용어는 다음과 같다(참고문헌-5).

- 가용에너지 용량(W_{op}): 전기에너지로 다시 변환할 수 있는 저장에너지의 양
- 정격출력(P_{rated}): 전력에너지가 연속적으로 저장되거나 저장장치로부터 꺼내 쓸 수 있는 출력(율, rate)의 명판의 값으로서 kW 또는 MW로 표현된다. 또한 방전능력으로도 사용된다.
- 방전시간($t_{storage}$): 에너지 저장시스템이 정격출력으로 공급할 수 있는 지속시간을 나타내며 $t_{storage} = (W_{op}/P_{rated}, \text{Wh}/P_{rated})$로서 주어진다.
- 에너지 밀도: 단위 질량당 가용한 에너지의 크기이며 Wh/kg의 단위를 갖는다.
- 파워 밀도: 단위 질량당 정격출력으로서 W/kg의 단위를 갖는다.
- 왕복 사이클 효율($\eta_{round-trip}$): 전력망과 접속된 지점에서 저장에너지와 방전에너지에 대한 종합효율을 의미하며 교류-교류(AC-AC) 효율이라고도 알려져 있다. 왕복 사이클 효율은 전환 및 저장으로 인한 손실이 포함되며 충전효율과 방전효율로 다시 구분할 수 있다.

$$\eta_{round-trip} = \eta_{charge}\,\eta_{discharge} \cong \eta_{one-way}^2$$

- 사이클 수명(cycle life): 저장시스템이 정격출력을 낼 수 있는 최대의 사이클

의 개수를 나타낸다. 배터리의 실제 운전수명은 사이클 수명 또는 정격수명 가운데 짧은 것을 택한다.

전력에너지 저장장치로 사용되는 기술의 목록은 다음과 같다.

- 양수발전
- 압축공기 저장장치(CAES)
- 플라이휠(Flywheel)
- 초전도 자기에너지 저장장치(SMES)
- 납산 배터리(Lead-acid battery)
- 나트륨황 배터리(NaS battery)
- 리튬이온 배터리(Li-ion battery)
- 금속 공기 배터리(Metal-air battery)
- PSB 플로우 배터리
- VRB 플로우 배터리
- ZnBr 플로우 배터리
- 연료전지
- 고용량 커패시터(Ultra Capacitors)

저장용량과 반응시간에 따라 이를 분류하면 다음과 같다.

초단기	0~12초(1~4MW 또는 >20MW)	최종사용자 보호
단기	10분~2시간(2MW 이하)	최종사용의 운용예비력
장기	1~8시간(10MW 이상)	발전, 부하 평준화, 부하급증 추종
초장기	1~7일(1MW 이상)	계절별 변동 대비 및 비상상황 시 백업, 신재생에너지 발전의 백업

여기에서는, 대규모 송전시스템에 응용할 수 있는 마지막의 두 가지 종류에 대해서 관심을 갖기로 한다. 장기간 그리고 초장기간 에너지를 저장할 수 있는 종류의

기술은 양수발전, 압축공기 저장발전 그리고 몇몇 형태의 배터리이다. 그런데 이 책에서는 송전시스템 자체에서 사용가능한 대규모 설비로 알려진 양수발전기와 압축공기 저장발전기만을 살펴볼 것이다.

1.7 재생에너지

재생에너지는 태양빛, 바람, 강수, 그리고 지열과 같은 천연자원(natural resources)에서 얻어지는 에너지를 말하며, 이는 재생이 가능한(자연적으로 보충이 되는[7]) 것이다. 재생에너지원들은 생물학적이나 자연적 과정에 의해서 대체될 수 있는 능력이 있으며 시간이 경과함에 따라 에너지가 보충된다.[8]

신재생연료는 보일러-터빈-발전기, 가스터빈 발전기 그리고 디젤발전기와 같은 일반 발전기에서 연소된다.

유기식물매스는 바이오매스라고도 알려져 있으며 전력생산을 위하여 연소되거나, 가스화되거나, 발효되거나 또는 다른 공정을 거칠 수도 있다.[9]

지열에너지는 지구로부터 직접 증기를 얻는 것이며, 이를 이용하여 터빈-발전기를 회전한다.

해양에너지도 전력을 생산하는 데 사용되어 왔다. 조력뿐만 아니라 파도도 에너지로 사용될 수 있는데, 파력은 간만과 바람에 의해서 발생하는 것이다. 바람과 해수면의 가열공정을 연결한다는 측면에서 해류를 이용한 에너지는 태양에너지의 간접적 이용이라고 볼 수 있다. 이러한 경우에 비록 해양에서 에너지를 추출하기 위한 터빈의 모양이나 특성이 수력발전기의 그것과는 다르지만 해양에너지는 수력발전기의 수차를 돌리는 것과 같은 방식으로 직접 물이 터빈에 작용하여 에너지

---

7) http://en.wikipeida.org/wiki/Renewable_energy

8) http://www.en.wikipedia.org/wiki/Renewable_resource

9) http://www.acore.org/what-is-renewable-energy

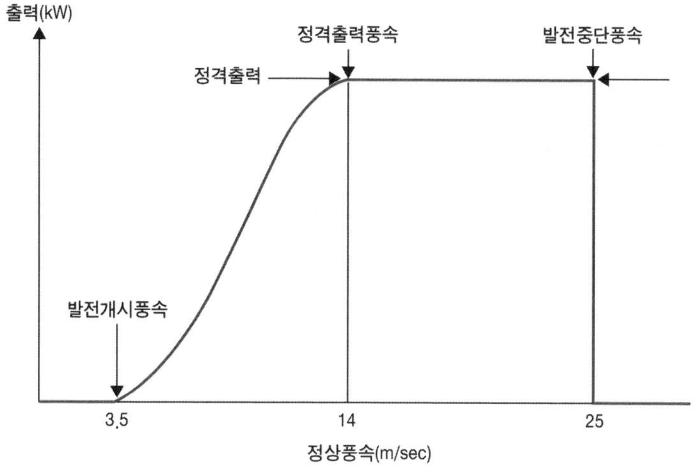

〈그림 1.16〉 정상풍속(steady wind speed)에 따른 전형적인 풍력발전기의 출력

를 변환하는 데에 사용된다.

1.7.1 풍력

지금까지 가장 친숙한 재생에너지는 풍력이다. 과거 10년에 걸쳐 풍력발전은 경제성이 어느 정도 확보되어 풍력단지라 불리는 풍력발전기의 집합이 다수 건설되어 경제성을 지니게 되었다. 게다가 풍력발전기는 바람이 항시 부는 근해에 건설되기 시작하였다.

〈그림 1.16〉은 정상(steady)풍속에 의한 풍력터빈의 출력변동을 보여 주고 있다(이 그림 및 관련 설명내용은 http://www.wind-power-program.com/turbine_cha racteristics.htm에서 얻은 공식으로 그린 것이다).

1.7.2 발전개시풍속

매우 느린 풍속에서는 터빈날개를 움직이게 하는 바람의 토크가 충분하지 못하다. 그런데, 풍속이 증가할수록, 풍력터빈이 회전하고 전력을 생산할 것이다. 터빈이 처음으로 회전을 시작하여 전력을 생산하기 시작할 때의 풍속을 발전개시풍속이라고 하며, 일반적으로 3~4m/sec이다.

1.7.3 정격출력과 정격출력풍속

발전개시풍속을 넘어 풍속이 증가할수록 출력도 급속히 증가한다. 그런데 12~17m/sec에서 출력을 낼 수 있는 한계점에 걸린다. 이러한 출력에 대한 한계점을 정격출력(rated output power)이라고 부르며 이때의 풍속을 정격출력풍속이라고 한다. 고속에서 터빈은 최대출력을 제한하여 더 이상의 출력을 내지 않도록 설계되어 있다. 이것은 터빈의 기종에 따라 조금씩 상이한데 출력이 큰 터빈은 출력이 일정하도록 블레이드의 각도를 조정하도록 설계되어 있다.

1.7.4 발전중단풍속(cut-out speed)

정격출력풍속보다 높은 풍속으로 증가할수록 터빈의 구조물에 가해지는 힘이 커진다. 이는 회전자를 훼손시킬 위험이 있다. 그래서 회전자를 정지시키기 위한 제동시스템이 설치되어 있다. 이때의 풍속을 발전중단풍속이라고 하며 약 25m/sec 정도가 된다.

1.7.5 풍력터빈의 효율 또는 출력계수

바람의 흐름에서 얻을 수 있는 출력에 대한 단면분석(cross-sectional analysis)을 하여 얻는 수식은 다음과 같다.

$$\text{가용출력}(watts) = \frac{1}{2}\rho U^3 \frac{\pi d^2}{4}$$

여기에서

U: 풍속(m/sec)

ρ: 공기밀도(kg/m^3)

d: 회전자(로터)의 직경(m)

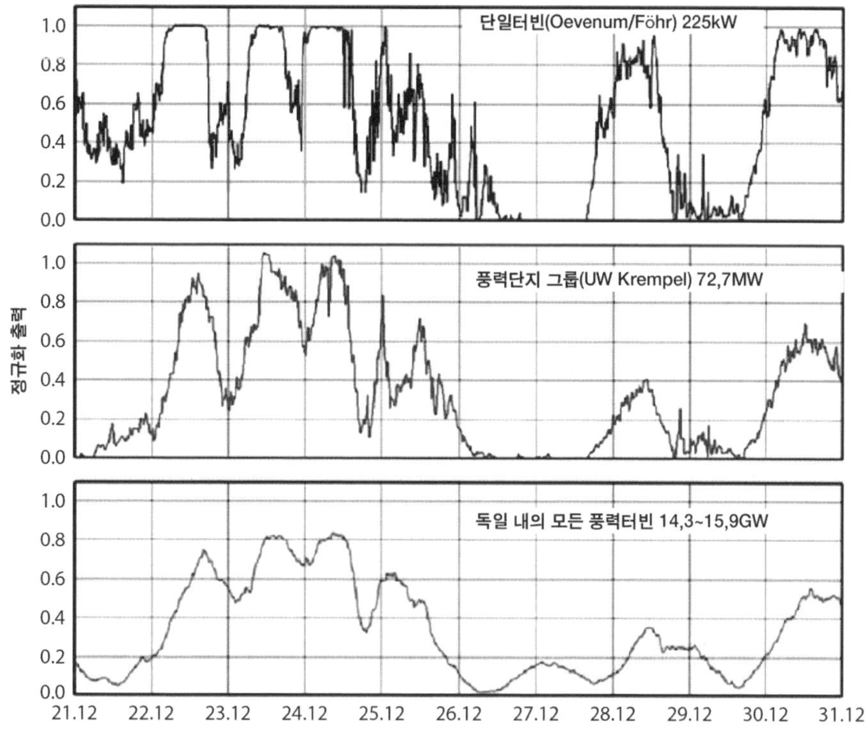

〈그림 1.17〉 정규화한 단일 풍력발전기출력의 시계열, 어떤 풍력발전기 그룹과 모든 풍력발전기의 출력을 합한 자료(21-31, 12, 2004), 참고문헌-6.

후속의 장에서는 풍력발전기의 출력이 바람의 존재 여부 및 강약에 따라 결정되고 인간이 이를 제어할 수 없다는 "급전불가능(nondispatchable)"[10]이라는 속성으로 인하여 나타나는 다양한 문제에 대하여 논의할 것이다. 이러한 결과는 풍속, 풍향, 위치 및 하루 중의 시간 등을 예측하기 위한 기상 자료를 이용한 예측 프로그램에 가장 큰 관심을 갖도록 한다.

뿐만 아니라 풍력발전기의 개수가 많아지면 단일 발전기에 비하여 출력의 패턴이 보다 평활해진다는 점이 뚜렷하게 나타나고 있다. 〈그림 1.17〉은 이것을 명확하게 보여 주고 있다.

---

10) 역자 주: 급전불가능이란 것은 출력의 조정이 시스템 운용 측면에서 불가능하며 운전 중인 급전대상 발전기(화력 및 원자력발전기)가 고장정지를 일으켰을 때 즉시 기동할 수 없는 상황을 의미한다.

이 그림은 참고문헌-6에서 얻은 것이며 단일 풍력발전기(맨 위)와 풍력단지(가운데), 그리고 독일 전체의 풍력발전의 출력(맨 아래)을 보여 주는 것이다. 확실히 풍력발전의 규모가 커질수록 예측불가능성의 문제와 단일 풍력발전기출력의 불확실성 문제는 상당히 극복될 수 있다.

1.7.6 태양력

태양력은 발전의 관점에서는 두 종류의 원천으로부터 오는데 하나는 태양광이며 다른 하나는 집적 태양력이다.

태양광발전은 입사하는 태양광을 직류의 전력으로 변환하기 위하여 광발전효과에 의존하는 셀을 이용한다. 이렇게 만들어진 직류전력은 전력전자변환장치에 의하여 시스템주파수의 교류전력으로 변환된다. 광소자(포토 셀)를 배열한 것을 지붕위에 설치하여 가정에 전력을 공급하거나 복수의 배열구조를 이용하여 넓은 들판에서 전력시스템에 직접 전력을 공급하도록 설계할 수도 있다.

집적태양열(CSP)[11] 시스템은 넓은 지역에서의 태양광과 태양열 에너지를 좁은 지역으로 집중하도록 하기 위하여 거울이나 렌즈를 이용한다. 전력은 집적태양열이 열로 전환될 때에 이것이 (열-엔진, 주로 증기터빈 형태의) 발전기[12]에 연결되어 전력을 생산한다.

확실히, 2개의 발전형태는 햇볕(sunlight)의 사용가능성에 따라서 변하고 풍력발전기도 풍력의 존재 여부에 따라 작동하므로 급전의 대상이 되기 어렵다. 그러나 집적태양열은 증기발생기에 열을 저장함으로써 태양이 진 후에도 약간의 전력을 생산할 수 있다.

---

11) CSP: concentrated solar power, concentrated thermal

12) http://en.wikipedia.org/wiki/Concentrated_solar_power

부록 1A: 일반적 발전 자료

1950년대까지 미국의 발전사업자는 100MW 이하의 용량을 갖는 발전기를 주로 건설하였다. 이러한 규모의 발전기는 상대적으로 매우 비효율적이었다(약 950psi의 증기압을 사용했고 재열사이클은 없었다). 1950년대 초반 동안 재열공정의 경제성 및 사용되는 소재가 개선되어 1,000°F의 온도와 1,450~2,150psi의 압력을 갖는 재열발전기가 설치되기 시작하였다. 새로운 재열발전기 용량도 약 225MW까지 증가하였으며 1950년대 후반 및 1960년대 초반에 최대 300MW 급의 발전기가 설치되기 시작하였다. 1960년대 후반에 미국의 발전회사는 용량이 크고 효율이 좋은 발전기(증기압 약 2,400psi의 단일 재열사이클을 갖는)를 설치하기 시작하였는데 발전기 용량도 700MW까지 증가하였다. 뿐만 아니라 1960년대 후반에 몇몇 발전회사들은 보다 효율이

〈표 1.1〉 대표적 화력발전기 열소비율

화력발전기 유형	정격용량 (MW)	100% 출력 (Btu/kWh)	80% 출력 (Btu/kWh)	60% 출력 (Btu/kWh)	40% 출력 (Btu/kWh)	25% 출력 (Btu/kWh)
유연탄	50	11,000	11,088	11,429	12,166	13,409*
중유	50	11,500	11,592	11,949	12,719	14,019*
가스	50	11,700	11,794	12,156	12,940	14,262*
유연탄	200	9,500	9,576	9,871	10,507	11,581*
중유	200	9,900	9,979	10,286	10,949	12,068*
가스	200	10,050	10,130	10,442	11,115	12,251*
유연탄	400	9,000	9,045	9,252	9,783	10,674*
중유	400	9,400	9,447	9,663	10,218	11,148*
가스	400	9,500	9,548	9,766	10,327	11,267*
유연탄	600	8,900	8,989	9,265	9,843	10,814*
중유	600	9,300	9,393	9,681	10,286	11,300*
가스	600	9,400	9,494	9,785	10,396	11,421*
유연탄	800~1,200	8,750	8,803	9,048	9,625*	
중유	800~1,200	9,100	9,155	9,409	10,010*	
가스	800~1,200	9,200	9,255	9,513	10,120*	

* 출력 이하에서는 운전하면 안 됨.

〈표 1.2〉 밸브-최적점 터빈의 열소비율에 대한 발전기의 열소비율 증가

용량(MW)	유연탄연소(%)	중유연소(%)	가스연소(%)
50	22	28	30
200	20	25	27
400	16	21	22
600	16	21	22
800~1,200	16	21	22

높은 초임계보일러 발전기(증기압 3,500psi의 재열사이클을 갖는 발전기)를 설치하였는데 큰 것은 1,300MW에 이르렀다. 보통은 500~900MW의 초임계보일러 발전기가 다량으로 설치되었다. 그런데, 최근의 초임계보일러 발전기는 1,150MW에서 1,300MW에 이른다. 최대용량의 크기는 경제성 및 재무, 시스템 신뢰도 등을 고려하여 이 정도에 머무르고 있다.

화석연료연소 발전기의 전형적인 열소비율 자료는 〈표 1.1〉에 있다. 이 자료는 미국 연방정부의 보고서와 기타 발전사업자들의 설계 자료[13]에 의한 것이다.

열소비율 곡선의 모양은 "밸브-최적점" 설계의 궤적에서 측정한 자료를 기반으로 한다. 터빈의 열소비율 곡선의 크기는 밸브루프, 보일러효율, 소내전력 공급설비의 평균사용전력을 조정하여 발전기 열소비율을 얻기 위하여 증가되었다. 다양한 규모 및 형식의 화석연료연소 발전기에 대하여 〈표 1.1〉의 발전기의 열소비율을 얻기 위하여 터빈 열소비율 설계치로부터 개략적으로 증가한 양은 〈표 1.2〉에 나타나 있다. 대표적인 경수로 원자력발전기의 열소비율 자료는 다음과 같다.

출력(%)	순열소비율(Btu/kWh)
100	10,400
75	10,442
50	10,951

13) "Heat Rates for General Electric Steam Turbine-Generators 1,000,000 kW and Larger," Large Steam Turbine Generator Department, G.E.

가압수형 경수로 및 비등수형 경수로 발전기의 대표적 값은 순열소비율의 값을 얻기 위하여 8%씩 증가하여 측정한 설계 밸브-최적점 자료를 사용하여 추정한다. 8%는 소내전력 공급설비가 요구하는 전력과 열손실을 고려한 것이다.

대용량 가스터빈의 열소비율 자료는 앞에서 논의되었다. 산업용 구형 가스터빈은 약 13,600Btu/kWh이다. 항공기용 제트엔진을 사용하는 구형 가스터빈의 열효율은 더 낮은데, 이는 최대출력에서 16,000Btu/kWh의 순열소비율의 값을 갖는다.

부록 1B: 화석연료 가격

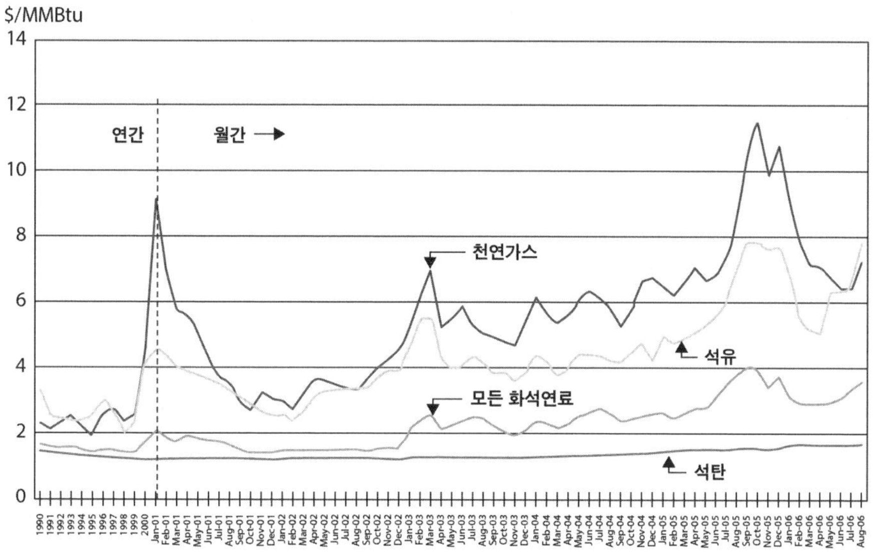

자료출처: DOE/EIA

〈그림 1.18〉 연료별 가격변동 추이

〈그림 1.18〉에서 볼 수 있듯이 석유 및 천연가스의 가격은 시간에 따라 변하며, 수개월의 짧은 기간 동안에 최대가격을 보인 적도 있다. 석탄가격은 상대적으로 과거 20여 년 동안에 걸쳐 안정적이었다.

부록 1C: 대표적 발전기 운전실적 자료

북아메리카의 경우, 전력회사들은 뉴저지주의 프린스턴에 있는 북미 신뢰도기관(NERC)에 회원으로서 가입한다. NERC는 각 발전기의 통계작성 지침을 발행할 뿐만 아니라 수집, 가공, 발간까지 하는 등 사업자들 간의 업무를 지원하는 일을 담당하고 있다. NERC는 25년간의 발전기 또는 이와 관련된 설비의 과거 운전실적에 대한 자료를 담은 GADS시스템을 관리하고 있다. 이 정보는 NERC의 직원에 의해 특별 보고서로 만들어져 특정한 기관에 배포되며, 매년 "발전기 운전실적 자료"[14)]를 발행하고 있다. 이 데이터는 발전기의 운전실적을 추적하고, 예방보수의 경향을 분석하고, 그리고 적정 설비예비력을 유지하는 데에 필요한 발전기 건설계획을 수립하는 목적으로서 매우 유용하다. GADS의 구조는 산업계가 발전기 운전실적을 기록하도록 지원하기 위하여 표준적 정의를 제공하고 있다. 신뢰도 분석이나 적정성 분석에 이용될 때에 이 통계가 매우 중요하다. 다른 유용한 신뢰도 분석과 예측구조는 다음의 세 가지 중요한 요소를 요구하고 있다.

- 해석적(통계 및 확률이론) 기법 및 모델
- 수행측도와 허용할 수 있는 표준
- 해석과 수행측도의 예측에 유용한 형태가 되는 통계자료

발전 분야에서만 보더라도 GADS는 매우 뛰어난 형태로 위의 두 번째와 세 번째 요소를 수행하고 있다. 다른 국가도 GADS에 기초한 기본구조를 사용하고 있다.

〈표 1.3〉은 1988~1992년 기간 동안 NERC의 발전기 운전통계 요약자료에서 추출한 등가고장정지율(equivalent forced outage rate), 가용률, 그리고 계획예방보수일수에 대한 발전기 데이터를 나타낸다.

14) "Generating Availability Report"

〈표 1.3〉 대표적인 예방보수 일수와 고장정지율 자료

발전기 유형	용량 범위 (MW)	예방보수 일수 (일/년)	등가고장정지율 (%)	가용률 (%)
원자력	모든 범위	67	18.3	72
가스터빈	모든 범위	22	--	91
화석연료 연소발전기	1-99	31	7.2	88
	100-199	42	8.0	85
	200-299	43	7.2	85
	300-399	52	9.5	82
	400-599	47	8.8	82
	600-799	45	7.6	84
	800-999	40	5.8	88
	≥ 1,000	44	9.0	82

출처: NERC, 1988-1992년 발전기 통계자료, 뉴저지주 프린스턴.

	유효고장정지율(%)		
	EFOR	EFOR′	서비스 인자 = 서비스 시간 ÷ 기간의 시간수(%)
모든 화력발전기	5.7	4.1	60.5
모든 가스터빈	55.5	3.4	2.6

등가고장정지율 = (고장정지시간 + 등가감소출력 운전시간)
÷ (고장정지시간 + 운전시간 + 예비력으로 인한 정지시간 중 감소출력 운전시간)

가용률(AF)[15] = 가용시간 ÷ 기간의 시간수

계획예방보수의 소요일수는 예방보수기간의 비율인 계획정지율을 이용하여 NERC의 자료로부터 추정되었다.

보고서에 따르면 최대부하 발생시간대에 가스터빈의 낮은 운전의무사이클 때문에 등가고장정지율의 값을 왜곡시킬 우려가 있기 때문에 가스터빈의 표준 등가고장정지율은 생략되었다. 초기에 표준적 정의를 이용하여 계산한 모든 용량의 가

15) AF: availability factor

스터빈의 유효고장정지율(effective forced outage rate)은 58.9%이다. 이것은 모든 화석연료연소 발전기의 약 8.4%와 비교된다. 앞서 언급한 유효고장정지율 대신, 표준적 정의와 비교하도록 간략화하기 위하여 "예비력으로 인한 정지(reserve shutdown)" 시간을 포함하되 출력을 감소시킨 시간을 무시한 다른 율(이를 EFOR′이라고 함)을 적용해 보겠다.

$$\text{EFOR} = \text{고장정지시간} \div (\text{고장정지시간} + \text{운전시간})$$

즉

$$\text{EFOR}' = \text{고장정지시간} \div (\text{고장정지시간} + \text{가용시간})$$

여기에서 가용시간은 예비력정지시간과 운전시간을 합한 시간이다. 짧은 운전 사이클에서의 이것의 효과는 NERC의 데이터를 사용하면 볼 수 있다.

몇몇 분석모델에 이것을 곧바로 사용하는 것은 적당하지 않을 수 있지만, 중요한 것은 NERC의 정의가 "틀린" 것이 아니라는 점이다. 게다가 더 중요한 것은 NERC의 보고서가 매우 다양한 분석모델에서 사용되는 과거 통계자료를 조정하기 위하여 충분한 자료와 세부사항을 제공한다는 점이다.

발전시스템의 참고문헌

1. El-Wakil, M. M., *Power Plant Technology*, McGraw-Hill, New York, 1984.
2. Steinberg, M. J., Smith, T. H., *Economy Loading of Power Plants and Electric Systems*, John Wiley & Sons, Inc., New York, 1943.
3. Performance Specs, *Gas Turbine World*, Vol. 11, Pequot Publications, Inc., Fairfield, CT, Oct. 1990.
4. Foster-Pegg, R. W., *Cogeneration—Interactions of Gas Turbine, Boiler and Steam Turbine*, ASMS paper 84-JPGC-GT-12, Joint Power Generation Conference, 1984.
5. Gantz, J. M., Optimal Implementation of Energy Storage Systems in Power Distribution Networks, MS Thesis, University of Minnesota, Minneapolis, MN, June 2012.
6. Design and operation of power systems with large amounts of wind power, Final report, IEA

WIND Task 25, Phase one 2006-008, VTT TIEDOTTEITA -RESEARCH NOTES 2493.
7. Rose, K., *The Impact of Fuel Costs on Electric Power Prices*, June 2007, http://www.kenrose.us.

권장 도서

다음의 도서는 이 책에서 다루는 일반적 주제에 대한 자료원이다. 이 책의 초판이 발행된 이후에 특정한 주제에 관한 교과서가 다양하게 출간되었지만 각 장에서 사용된 몇 개의 자료만을 싣는다.

발전소 관련

Anderson, P. M., *Modeling Thermal Power Plants for Dynamic Stability Studies*, Cyclone Copy Center, Ames, IA, 1974.

Cochran, R. G., Tsoulfanidis, N. M. I., *The Nuclear Fuel Cycle: Analysis and Management*, American Nuclear Society, La Grange Park, IL, 1990.

El-Wakil, M. M., *Power Plant Technology*, McGraw-Hill, New York, 1984.

Scherer, C. R., *Estimating Electric Power System Marginal Costs*, North-Holland Publishing Company, Amsterdam, 1977.

Steinberg, M. J., Smith, T. H., *Economy Loading of Power Plants and Electric Systems*, John Wiley & Sons, Inc., New York, 1943.

Vardi, J., Avi-Itzhak, B., *Electric Energy Generation, Economics, Reliability, and Rates*, The MIT Press, Cambridge, MA, 1981.

전력시스템 경제운용

El-Hawary, M. E., Christensen, G. S., *Optimal Economic Operation of Electric Power Systems*, Academic Press, New York, 1979.

Hano, I., *Operating Characteristics of Electric Power Systems*, Denki Shoin, Tokyo, 1967.

Kirchmayer, L. K., *Economic Operation of Power Systems*, John Wiley & Sons, Inc., New York, 1958.

____, *Economic Control of Interconnected Systems*, John Wiley & Sons, Inc., New York, 1959.

발전기 기동정지스케줄

Hobbs, Benjamin F., et al., (ed.), *The Next Generation of Electric Power Unit Commitment Models*, Kluwer Academic Publishers, Boston, MA, 2001.

송전시스템 모델링

Ajjarapu, V., *Computational Techniques for Voltage Stability Assessment and Control (Power Electronics and Power Systems)*, Springer, Boston, 2007.

Anderson, P. & Fouad A., *Power System Control and Stability*, Second Edition, Wiley-IEEE Press, Piscataway, 2002.

Arrillaga, J. & Arnold, C. P. & Harker, B. J., *Computer Modelling of Electrical Power Systems*, John Wiley & Sons, Inc., New York, 1983.

Bergen, A. R. & Vittal, V., *Power Systems Analysis*, Second Edition, Prentice Hall, Upper Saddle River, 1999.

Heydt, G. T., *Computer Analysis Methods for Power Systems*, Macmillan Pub Co, New York, 1986.

Kundar, P., *Power System Stability and Control*, McGraw-Hill, New York, 1994.

Saadat, H., *Power System Analysis*, McGraw Hill, Inc., Boston, 2002.

Sauer P. & Pai M., *Power System Dynamics and Stability*, Prentice Hall, Upper Saddle River, 1998.

Shahidehpour, M. & Wang, Y., *Electric Power Systems Communications and Control*, McGraw Hill Professional Engineering, London, 2002.

전압안정도

Taylor, C. W., *Power System Voltage Stability*, McGraw-Hill, Inc., New York, 1994.

Van Cutsem, T. & Vournas, C., *Voltage Stability of Electric Power Systems*, Kluwer Academic Publishers, Boston, MA, 1998.

상태추정

Abur, A., Expósito, A. G., *Power System State Estimation, Theory and Implementation*, CRC Press, Marcel Dekker, Inc., Boca Raton, FL 2004.

Monticelli, A., *State Estimation in Electric Power Systems: A Generalized Approach*, Kluwer Academic Publishers, Boston, MA, 1999.

발전기출력제어

Cohn, N., *Control of Generation and Power Flow on Interconnected Systems*, John Wiley & Sons, Inc., New York, 1961.

Cegrell, T., *Power System Control Technology*, Prentice Hall International, Englewood Cliffs, NJ, 1986.

Hano, I., *Operating Characteristics of Electric Power Systems*, Denki Shoin Publishing Company, Tokyo, 1967.

실시간 전력시스템 제어 및 EMS

Debs, A. S., *Modern Power Systems Control and Operation*, Kluwer, Norwell, MA, 1988.

Handschin, E. (ed.), *Real-Time Control of Electric Power Systems*, Elsevier, Amsterdam, 1972.

Handschin, E., Petroianu, A., *Energy Management Systems*, Springer-Verlag, Berlin, 1991.

Miller, R. H., Malinowski, J. H., *Power System Operation*, Third Edition, McGraw-Hill, New York, 1994.

Savulescu, S. C. (ed.), *Computerized Operation of Power Systems*, Elsevier, Amsterdam, 1976.

Sterling, M. J. H., *Power System Control*, Peregrinus, London, 1978.

전력시스템 확장계획

Stoll, H. G. (ed.), *Least-Cost Electric Utility Planning*, John Wiley & Sons, Inc., New York, 1989.

Sullivan, Robert L., *Power System Planning*, McGraw-Hill Inc., New York, 1977.

수학 및 최적화 이론

Bather, J. A., *Decision Theory: An Introduction to Dynamic Programming and Sequential Decisions*, First Edition, Wiley, Chichester, West Sussex, July 13, 2000.

Bazaraa, M. S., Sherali, H. D. & Shetty, C. M., *Nonlinear Programming: Theory and Algorithms*, Third Edition, Wiley-Interscience, Hoboken, NJ, May 5, 2006.

Bazaraa, M. S., Jarvis, J. J., Sherali, H. D., *Linear Programming and Network Flows*, Fourth Edition, Wiley, Hoboken, NJ, December 14, 2009.

Bellman, R. E., Dreyfus, S. E., *Applied Dynamic Programming*, Princeton University Press, Princeton, NJ, 1962.

Castillo, E., et al., *Building and Solving Mathematical Programming Models in Engineering and Science*, John Wiley & Sons, Inc., New York, 2002.

Chow, J. H., Wu, F. F. & Momoh, J. A., *Applied Mathematics for Restructured Electric Power Systems, Optimization, Control, and Computational Intelligence*, Springer, 2005.

Hillier, F. S., Lieberman, G. J., *Introduction to Operations Research*, Seventh Edition, McGraw-Hill Science/Engineering/Math, New York, March 22, 2002.

Larson, R. E., Costi, J. L., *Principles of Dynamic Programming*, M. Decker, New York, 1978-982.

Lasdon, L. S., *Optimization Theory for Large Systems*, Macmillan, New York, 1970.

Luenberger, D. G., Ye, Y., *Linear and Nonlinear Programming (International Series in Operations Research & Management Science)*, Third Edition, 2008 Edition, Springer, New York, November 19, 2010.

Song, Y.-H., *Modern Optimization Techniques in Power Systems*, Kluwer Academic Publishers, Boston, MA, 1999.

Strang, G., *An Introduction to Applied Mathematics*, Wellesley-Cambridge Press, Wellesley, MA, 1986.

규제완화/구조개편

Allen, E., Ilić, M., *Price-Based Commitment Decisions in the Electricity Market*, Springer, London, 1999.

Denny, F. I., Dismukes, D. E., *Power System Operations and Electricity Markets*, CRC Press, Boca Raton, FL, 2002.

Ilić, M., Galiana, F., Fink, L., *Power System Restructuring Engineering and Economics*, Kluwer Academic Publishers, Boston, MA, 1998.

Kirschen, D. S., Strbac, G., *Fundamentals of Power System Economics*, John Wiley & Sons, Inc., Hoboken, 2004.

Schweppe, F. C., Caramanis, M. C., Tabors, R. D., Bohn, R. E., *Spot Pricing of Electricity*, Kluwer Academic Publishers, Boston, MA, 1988.

Sheble, G. B., *Computational Auction Mechanisms for Restructured Power Industry Operation*, Kluwer Academic Publishers, Boston, MA, 1999.

Stoft, S., *Power System Economics: Designing Markets for Electricity*, IEEE Press & Wiley-Interscience, John Wiley & Sons Inc., New York, 2002.

Thompson, G. L., Thore, S., *Computational Economics: Economic Modeling with Optimization Software*, The Scientific Press, San Francisco, CA, 1991.

Vijay, K., *Auction Theory*, Second Edition, Academic Press, August 26, 2009.

Wangensteen, I., *Power System Economics: The Nordic Electricity Market*, Tapir Academic Press, Trondheim, 2007.

Zaccour, G. (ed.), *Deregulation of Electric Utilities*, Kluwer Academic Publishers, Boston, MA, 1998.

수요예측

Bowerman, B. L., O'Connell, R.T., Koehler, A.B., *Forecasting, Time Series, and Regression: An Applied Approach*, Fourth Edition, Thomson Brooks/Cole, Belmont, CA, 2005.

Box, G. E. P., Jenkins, G. M., *Time Series Analysis: Forecasting and Control*, Holden-Day, Oakland, CA, 1976.

Janacek, G., Swift, L., *Time Series: Forecasting, Simulation, Applications*, Ellis Horwood Limited, West Sussex, 1993.

Montgomery, D. C., Johnson, L. A., Gardiner, J. S., *Forecasting & Time Series Analysis*, Second Edition, McGraw-Hill, New York, 1990.

Schweppe, F. C., *Uncertain Dynamic Systems*, Prentice Hall, Englewood Cliffs, NJ, 1973.

옥션이론

Auctions: Theory and Practice (The Toulouse Lectures in Economics), by Paul Klemperer, Princeton University Press (March 8, 2004).

Auction Theory, Second Edition by Vijay Krishna, Academic Press, (August 26, 2009).

Computational Auction Mechanisms for Restructured Power Industry Operation (Power Electronics and Power Systems) [Hardcover], First Edition by Gerald B. Sheble, Springer (March 31, 1999).

PSERC 98-3 Report, Markets for Electric Power: Experimental Results for Alternative Auction Institutions, by John Bernard, Robert Ethier, Timothy Mount, William Schulze, Ray D.

Zimmerman, Deqiang Gan, Carlos Murillo-Sanchez, Robert J. Thomas, Richard Schuler, http://www.pserc.wisc.edu/documents/publications/papers/1998_general_publications/HICSS98_Mount.pdf. Accessed date July 22, 2013.

2

산업조직,
관리경제 및 재무

2.1 서론

산업체를 운영함에 있어서 관리경제에 대한 기본적 이해는 필수적이다. 이 장은 엔지니어를 위한 경제성의 기본 개념을 소개한다. 여기에서는 가격변동요인의 의미와 일괄하여 경영환경이라고 표현되는, 정책적 구조(political framework)에 대하여 소개하고자 한다. 이를 위하여 규제환경에서의 전력회사의 모델에서부터 경쟁시장에서의 전력회사모델까지 설명한다. 이를 이해하기 위한 기초지식으로서 생산품을 교환하는 기업 사이의 상호작용, 중간재와 최종재의 수송, 그리고 소비자모형을 소개한다.

제1절은 지금까지 규제환경에서의 수직통합전력회사와 가스회사에 대하여 개괄적으로 소개하고 경쟁시장구조 아래에서 수직적으로 분리된 전력산업을 약술한다. 제2절은 비용과 자원에 근거한 생산비계산을 포함하는 포괄적인 기업경제이론[1]을 설명한다. 제3절에서는 수직통합전력회사를 수평적으로 구성된 공급체인망으로 분할하여 그 효용을 산업 투입-산출 모형(다이내믹 레온티에프)으로 고찰하는 방법에 대하여 개관한다. 지금까지 수직통합 형태로 유지되어 오던 전력산업을 수평적 구조로 분할하는 것이 경쟁을 촉진하기 위한 하나의 방편이다. 그러나 수평분할된 전력시장에서는 옥션이 활성화되고 이를 설명할 수 있는 방법으로 시장지배력의 존재를 포함한 게임이론이 사용되게 되었다. 제4절에서는 전기라는 생산품

1) general economic theory of the firm

이 운영감시, 제어, 그리고 유지보수의 측면에서 어떻게 분리될 수 있는가에 대하여 설명한다. 제5절에서는 수직적으로 분리된 전력산업이 이전과 다른 규제과정을 거침에 따라 제기되는 다양한 경쟁적 경제상황[2]에 대하여 설명한다. 제6절은 발전, 송전, 배전설비의 소유자로서 규제환경에서 경쟁하는 회사에 대하여 단기 생산비용 계산방법을 설명한다. 제7장은 기회비용에 관하여 설명한 다음 일반적으로 사용되는 몇 가지 결정론적 근사화 기법에 관하여 예시한다. 제8절에서는 전통적인 옥션방법에 의한 시장운영 기법을 검토한다. 제9절에서는 불확실성에 대하여 소개하며 운용의 리스크와 설비투자의 리스크를 좀 더 정확하게 평가하는 기법을 소개한다. 제9절은 전력의 생산에 관련된 공급체인에 대하여 정의한다. 제10절은 경쟁전력시장을 모사하기 위해 사용되는 다이내믹 레온티에프 모형 또는 투입-산출 모형에 대하여 소개한다.

2.2 경영환경

이 책에서 사용되는 두 가지의 기본적인 조직모델은 미시적 규제와 거시적 규제이다.

미시적 규제란 주정부와 연방정부가 관리하는 전력회사에 대한 미시적 의사결정 수준에서의 규제를 말한다. 전력회사는 신규 프로젝트의 제안, 요금종별의 재분류, 요금변경 등에 대하여 주정부에 인가를 신청한다. 승인의 대상이 되는 항목은 전력회사가 투자비를 조달하기 위하여 정부로부터 허가받는 투자수익률[3]이다. 미국의 경우 일단 주정부가 어떤 프로젝트 또는 요금변경을 인가해 준다면 연방정부는 주의 경계를 넘어가는 에너지상품의 거래에 대하여 간섭하며 특히 환경보호

---

2) competitive economic condition

3) allowed ROI(return on investment): 적정 투자보수율

문제에 대하여는 연방법을 적용한다. 만약 정부규제기관이 엔지니어링과 재무에 관한 상세한 내용을 기술의 측면에서 검토한다면 전력회사의 운영과 계획에 대한 내용은 더욱 투명해질 것을 기대할 수 있다. 전력회사의 경영자와 엔지니어는 규제기관이 제시하는 질문에 대하여 답변하고 증언(testimony)하는 것이 일반적이다. 전력회사는, 왜 중요한 경영의사결정이 필요했는지, 왜 비용이 소요되는지에 등에 대하여 공식발표회(public forum)에서 선거에 의해 임명된 관리(주지사 또는 대통령)를 통하여 소비자에게 답변해야 한다. 이 과정은 공통조건을 준수해야 하는 일반적인 규제에 해당하는 것으로서 이를 미시적 규제라고 한다.

거시적으로 규제한다는 것은 구매, 선적, 매입 등과 같은 회사 간의 계약이 주요 규제대상으로 되는 환경을 말한다. 규제기관은 시장독점, 물류체증 그리고 기업에 의한 가격결정 통제 등을 완화하기 위하여 모든 상품계약, 물류계약, 공동투자 그리고 회사 간의 협약을 인가한다. 규제기관은 주로 시장지배력의 행사, 독점적 기업운영 또는 기획, 그리고 이익극대화를 위한 옥션게임 등에 관심을 집중한다. 거시적으로 규제한다는 것은 경쟁적 시장구조라고 말할 수 있다. 그러나 이것은 공급체인의 구조, 옥션메커니즘, 또는 시장청산규칙 등으로 인하여 경쟁시장이 결함을 가질 수 있다는 것을 인정하기 때문에 거시적 규제가 존재하는 것이다. 효율성을 향상하고 기업 간의 게임으로 인한 계약상의 혼란[4]을 제거하고, 독점적 행위가 없이 자연스럽게 청산하는 시장에 의한 효율적 자원배분 기능이 원활하도록 경쟁시장은 정부에 의하여 규제되어야 한다. 비록 그러한 시장이 인위적으로 설립되고 감독되므로 경쟁시장이 아닐 수 있지만 상기의 이유로 시장이 경쟁적으로 되도록 규제하는 거시적 규제는 필요하다.

---

4) contract confusion for gaming

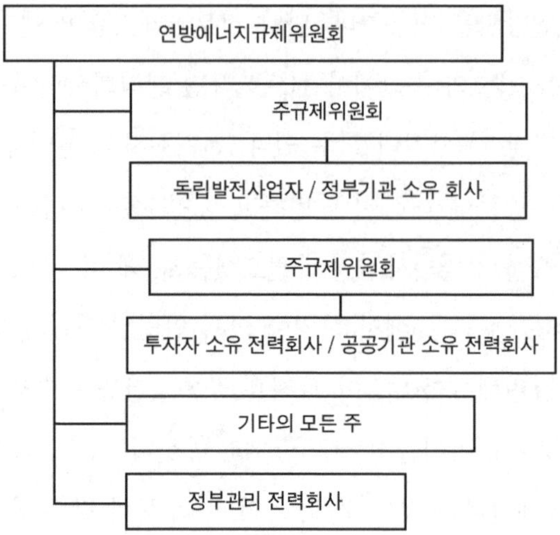

〈그림 2.1〉 규제받는 산업의 구조

2.2.1 규제받는 사업환경(Regulated Environment)

규제환경 아래에서의 전력회사 운영은 하나의 지역 내에서는 독점사업이라는 것이 인정되었다. 개별 전력회사는 역사적으로 특정지역 내에서 성장하여 왔기 때문에 미리 선정된 지역의 독점권을 부여받았다. 수직통합전력회사의 환경은 〈그림 2.1〉에 나타나 있는데 미국의 각 주와 연방 차원에서 본 규제기관의 구조가 나타나 있다. 다른 국가에 있어서도 이와 유사한 계층구조를 갖는 기관이 존재한다.

이 구조에 있어서 연방정부의 규제가 최상층에 존재한다. 미국에는 이와 유사한 정부기관이 많이 존재한다. 연방 수준의 기관은 연방에너지규제위원회(FERC)에 소속되어 있다. 각 주에 대응하는 '주규제위원회'가 존재한다. 북미 신뢰도기관은 연방에너지위원회의 승인과 감독 아래에서 미국 전체로 본 신뢰도를 정의하고 이를 표준화한다.

전력회사는 프로젝트의 인가, 소비자종별 요금, 투자수익률, 주주에 대한 배당금 (만약 있다면) 등에 대하여 연방정부와 주정부에 의하여 미시적 규제를 받는다.

규제기관은 모든 재무적 계약, 회계절차, 데이터베이스, 설비투자계획 및 운용에 관한 의사결정 과정, 투자위험 분석, 경영절차에 대하여 투명하게 파악하고 있어야 한다. 전기요금표는 일반적으로 1년에 한 번 검토과정을 거치는데 만약 전력회사의 요구수익이 변한다면 필요에 따라 검토되기도 한다. 회계상의 균형에 문제가 생기거나 경영에 잘못이 있지 않는 한, 전기요금이 인하되는 일은 거의 일어나지 않는다. 또한 만약 연료비가 예상보다 크게 하락하거나 디플레이션이 발생하면 전기요금을 인하할 수 있다. 이 책에서 전기요금의 설계 및 결정에 대하여는 다루지 않는다.

투자자 소유 전력회사(IOU)는 역사적으로 어느 지역의 독점권을 부여받고 영리를 추구하는 전력회사를 말한다. 미국의 경우 이와 같은 회사들은 대부분 '에디슨'이라는 단어를 회사 이름에 따라 붙인다. 정부 소유의 전력회사는 BPA, TVA, WAPA, NPPA 등이며 이들은 연방정부 또는 주정부의 소유이다. 이보다 작은 정부기관(즉 군이나 시)의 소유로서 운영되는 전력회사도 존재한다. 이러한 분류에 속한 것이 시영협업체[5] 또는 농촌협업체[6]이다.

2.2.2 경쟁적 시장환경

역사적으로 미국 연방정부와 주정부는 법이나 규칙의 진화과정을 통하여 도매전력 수준부터 소매전력 수준까지 경쟁을 도입할 것을 요구하여 왔다. 규제기관, 소비자, 그리고 전력공급자 모두에게 궁극적으로 혜택을 줄 것이라고 생각되는 바람직한 경영환경을 찾기 위하여 새로운 시장구조가 모색되었다. 이러한 접근방법 가운데 하나가 경쟁을 촉진하기 위하여 전력산업에 중개시스템을 도입하는 것이었다. 경쟁시장을 완성하기 위하여 수직통합전력회사는 분리되었다. 〈그림 2.2〉는 경쟁경영환경의 구조를 나타낸다(참고문헌-1).

정부의 규제는 이 구조의 최상층을 차지한다. 미국에는 이와 같은 정부의 위임을 받은 위원회가 많이 존재한다. 전통적으로 연방정부에 속하는 기구는 증권거래

---

5) Municipal cooperatives(Municipal co-ops)

6) farm cooperatives(farm co-ops)

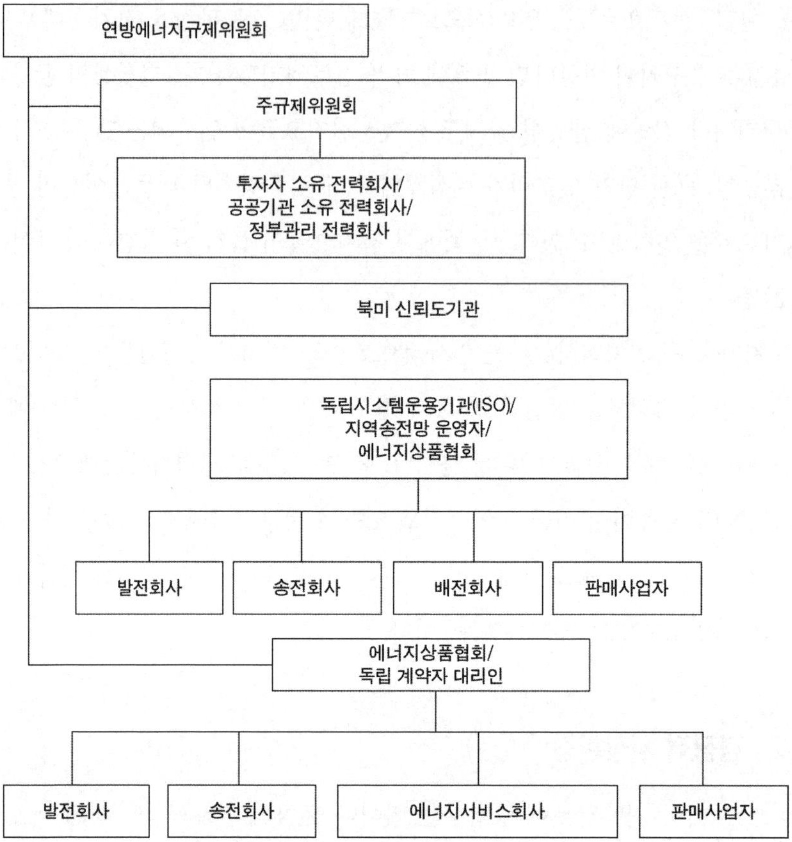

〈**그림 2.2**〉 미국 경쟁전력시장의 구조

감시위원회(SEC), 상품 및 선물거래감시위원회(CFTC), 그리고 연방에너지위원회(FERC)이다. 각 주는 이에 해당하는 위원회로서 전력회사를 감독하기 위하여 주규제위원회(SPUC)를 갖고 있다. 국가신뢰도 표준은 좀 더 중요한 의미를 가지므로 미국 전체의 수준에서 북미 신뢰도기구(NAERO)가 정의하고 표준화한다.

이러한 환경 아래에서 전력회사는 연방 및 주정부에 의하여 시장지배력 완화의 취지 아래 영업규약(프로토콜), 시장표준, 계약표준, 투명성 등의 수준에서 거시적 규제를 받는다. 소매전력시장이 재규제되려면 소비자종별 요금은 다시 책정되어야 하며 법률에 의한 표준영업지침에 의하여 보다 일반적인 수준에서 소매요금이 규제되어야 할 것이다. 이 경우, 규제기관은 재무적 계약, 회계절차, 데이터베이스,

계획과 운용에 관한 의사결정 과정, 리스크분석과 경영절차 등에 대한 투명한 정보를 얻는 데 있어서 한계가 있다. 만약 법과 규제에 의하여 금지된 내부자 거래 또는 독점권행사 등이 행해진다면 규제기관은 필요한 모든 자료를 검토할 권한을 갖는다. 현재 대부분의 국가에서 소수의 전력회사가 소매전력시장을 소유하고 있으므로 소매판매 사업자에 대한 재규제[7]는 실시되지 않고 있다. 계약, 시장, 일반영업 관련 사항 등에 대한 설명은 이 책의 범위를 벗어난다.

발전회사(GENCO)는 1차적으로 전력을 생산한다. 송전회사(TRANSCO)는 송전망을 소유하고 운영한다. 배전회사(DISTCO)는 배전망을 소유하고 운영한다. 이 책을 집필하고 있을 당시, 송전망회사와 배전망회사는 모두 규제받는 회사이므로 서로 매각하는 것을 강요받지 않아도 되었다. 에너지상품협회(EMA)는 전력거래를 위한 일반적인(generic) 재무 도메인의 명칭이다. 브로커는 영리를 위하여 전력을 사고판다. 에너지서비스회사(ESCO)는 소비자의 대리인의 역할로서 전력을 구매한다. 소비자풀링의 다른 명칭에는 에너지관리회사(EMCO)와 판매사업자(LSE)도 포함된다.

현재 미국에서 시행되고 있는 시장구조는 이보다 더 다양하므로 여기에서는 앞에서 언급한 시장구조를 사용하여 설명한다. 또한 기타의 시장구조도 동일한 경영환경을 달성하기 위하여 효과적으로 작용할 수 있다.

새로운 시장구조에서 최종소비자와 직접 거래하는 1차적 기관은 에너지서비스회사이다. 에너지서비스회사는 자신이 제공한 전기에너지 서비스와 품질유지서비스에 대하여 배전망에 접속된 소비자로부터 사용료를 징수한다. 에너지서비스회사는 옥션시장을 통하여 전기를 도매로 구입하고 이것을 다시 다른 에너지서비스회사 또는 발전회사 등에 재판매할 수도 있다. 목적에 부합하는 전기에너지를 구매하기 위하여 에너지서비스회사는 옥션시장, 직접구매계약 또는 미리 구입하여 놓은 비축용 에너지(energy reserve)를 이용하거나 부하관리 프로그램이나 발전기를 소유하는 방법을 택할 수 있다. 또한 송전망을 가로질러서 전기를 수송하기 위

7) 역자 주: reregulation, 경쟁시장에서의 규제

하여 모든 지원용 서비스(예: 부하추종용 또는 주파수조정용 운용예비력)를 구입하여야 한다.

재규제의 환경 내에서는 모든 소비자는 에너지서비스에 대하여 자유롭게 에너지서비스회사를 선택할 수 있다. 또한 전기에너지를 옥션시장에서 구매할 경우에는 시장가격 변동에 대한 리스크를 감수하여야 한다. 이와 같은 수요 관련 요소 또는 공급 관련 요소는 에너지서비스회사가 새로운 전력시장 내에서 감수하여야 할 리스크이다. 규제완화가 진행되면 정부의 (재무적) 보호장치가 작용하지 않으므로 위험관리와 평가도구가 충분히 고려되고 이를 적용하여야 한다.

개별 발전회사와 에너지서비스회사는 투자비지출과 운영비지출의 구성비에 따라 각자의 고정비와 변동비를 갖는다. 발전회사가 직면하는 수요곡선은 구매자(에너지서비스회사)에 의하여 창출된다. 그리고 연료공급회사가 직면하는 수요곡선은 발전회사가 창출하는 것이다. 에너지서비스회사가 직면하는 공급곡선은 발전회사의 영향을 받는다. 모든 소비자가 직면하는 공급곡선은 에너지서비스회사에 의해 창출된다. 이 절은 공급-수요 곡선에서의 해를 찾는 것을 예시하기 위하여 시장모형에서 출발한다. 그리고 기본적 비용의 구성요소를 공급-수요 곡선의 기본모형을 통해 생성한다. 시장의 공급곡선은 개별 발전회사의 공급곡선의 합이다. 발전회사는 공급자들의 풀(pool)이다. 시장의 수요곡선은 모든 수요자의 수요곡선을 합한 것이다. 에너지서비스회사는 구매자와 기타의 소비자를 대표하는 기관의 총합이다. 이러한 공급-수요 곡선에는 자본재(주식, 사채, 저당 등)의 사용계약에 따른 수익에 대하여 지불되는 비용이 반영된 것이라고 가정한다. 만약 소비자가 생산품에 대하여 차별화를 감지한다든가 생산자가 상품차별화를 실시한다면 이러한 수요곡선 및 공급곡선은 바뀔 것이다. 이에 대한 자세한 설명은 이 책의 범위를 벗어나는 것이므로 언급하지 않기로 한다.

여기에서의 설명은 발전회사 또는 에너지서비스회사에 적용하는 것을 목적으로 하여 전력회사가 기본적 운용평가 및 경제모형으로 사용할 수 있는 내용을 소개하는 것이다.

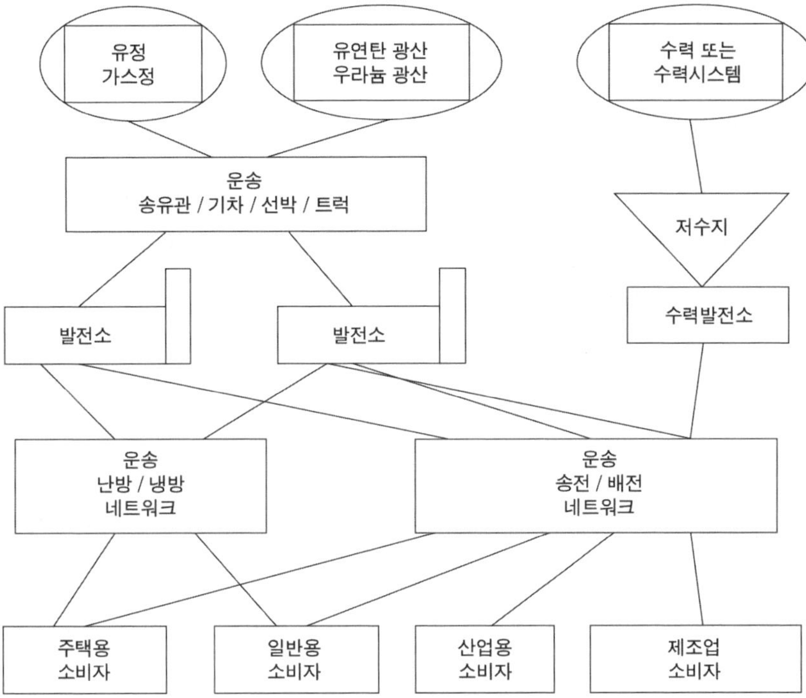

〈그림 2.3〉 수직통합전력회사의 공급체인

2.3 기업이론

개별 전력회사가 상품을 생산하고 수송하기 위하여 희소한 투자재원, 운영자원, 그리고 노동자원을 사용하는 문제는 다방면에 걸친 최적화 문제를 내포하고 있다. 〈그림 2.3〉에 나타난 바와 같이, 전력회사는 1차 자원(연료)을 획득하고, 이를 처리공장(정유소)으로 수송하고, 여기에서 만들어진 연료를 발전소(제조)로 수송한다. 연료를 연소하면서 생산된 전력은 송전시스템을 통하여 수송되며 배전시스템을 통하여 소비자에게 전달된다. 여기에서, 미국의 경우, 소비자는 가정용(가정과 아파트), 상업용(소매상점), 산업용(영업서비스, 유지보수), 그리고 제조용(제철소, 자동차 조립공장 등)으로 분류된다.

미국 내에서 수직통합전력회사는 유전, 가스전, 유연탄 광산 등을 소유하지 않았다. 석유는 석유산업에서 수요가 있고, 가스는 열공급이나 공정스팀의 공급을 위하여 직접 소비되고, 석탄은 제철소의 금속제조 및 가공을 위한 공정상의 자원으로서 사용되므로 위에서 말한 1차 자원과 전력회사 사이에는 또 다른 시장이 존재한다. 이와 같은 시장은 전력이 출현하기 이전에도 에너지기반 설비로서 존재하였다. 천연가스는 난방과 조명을 위하여 사용되었다. 최근에는 또 하나의 에너지원으로서 발전소에서 생산되는 스팀이나 열수가 열병합발전기의 자원으로서 부상하였다. 이것에 대한 사례가 뉴욕주의 뉴욕, 아이오와주의 에임스 등에서 발전기의 스팀을 사용한 예이다. 정부로부터 토지를 공여받은 대학교는 상업용 발전기로부터 먼 곳에 위치하여 에너지 자급자족을 위한 마이크로 그리드를 운용하였다.

이와 같은 하위시스템을 모델링 하기 위한 경제방정식은 1차 자원에서 출발한다. 설명을 단순화하기 위하여 하나의 생산설비에서 시작한다.

대부분의 생산품의 가격 특히 소비자에 대한 상품가치는 '마이클 포터의 파이브포스'에 의하여 결정된다는 것을 주목해야 한다. 또한 쌍대변수의 값과 가격이 동일하도록 하는 경제분석의 해를 통해서는 일반적으로 가격이 어떻게 결정되는지를 알 수 없다는 점도 주목해야 한다. 생산품의 가격은 본래 소비자의 수요에 의하여 결정된다. 생산품의 가격은 투자비, 세금 등의 모든 비용을 포함한 생산비용을 회수하여야 한다. 이와 같은 외생요소는 분석모델에 암묵적으로 포함되어 있는 것으로 한다. 대부분의 생산품은 주주에게 공개하는 모든 비용과 이익을 회수할 수 있도록 최소한의 평균비용으로 판매된다는 것도 알아야 한다. 가격의 변동성 또는 불확실성을 가격에 포함하기 위하여 실물옵션 분석이 뛰어난 하나의 방법이라고 판단된다.

2.4 경쟁시장의 해법

수평적으로 규제되는 환경에서는 수직적 조직으로부터 층을 분리하고 이들 사이에 중간시장을 설치한다. 이 절에서의 시장은 상설 거래장에서 거래되는 모든 계약부터 장외거래라고 알려진, 회사 간의 전화통화 또는 인터넷에 의하여 거래되는 모든 계약까지 포함한다.

기본적 거래에서 분화된 다양한 거래방식이 있다. 어떠한 분화가 일어나는가 하는 것은 지금까지의 변천과정과 정부에 의하여 채택된 규제완화 절차에 의해서도 영향을 받는다.

소비자에게 조명과 난방을 공급하겠다고 최초로 제시한 것은 가스산업이었다. 그러므로 이러한 서비스를 제안한 회사는 지역적 위치와 수송(파이프라인)문제로 인하여 전력사업에서 분화되었다. 이러한 분화는 미국에서 일어났다. 수력발전의 개발은 연방정부가 다목적 댐을 개발하여야만 타당성을 확인할 수 있는 거대한 자금조달 문제를 갖고 있다. 수력발전시스템은 전기를 생산하여 농촌지역에 전기를 공급하기 위한 것뿐만 아니라 비가 많이 오는 해에 홍수를 조절하기 위한 목적으로도 개발되었다. 미육군공병단은 홍수조절과 전력생산뿐만 아니라 선박운항과 물자수송을 위하여 미시시피강과 컬럼비아강을 개발하였다.

멀리 떨어진 도시와 주가 높은 가격을 제시하기 이전까지 원래의 유정개발회사는 인근의 도시와 주에 직접 석유를 공급하였으며 이것이 유정개발회사가 도시로부터 분리되는 계기가 되었다. 또한, 유정개발회사는 원래 리스크가 높은 석유시추회사이었으므로 하나의 시가 보증을 할 수 있는 수준이 되지 못하였다.

일단 에디슨과 웨스팅하우스사가 발전기를 개발한 이후, 시정부는 블록별로 가스를 사용하는 방식에서 전기를 사용하는 방식으로 하나씩 전환하였다. 몇몇 가스회사는 에너지산업에 전력이 끼어드는 것에 대하여 저항하였다. 또한 몇몇 가스회사는 독점적 지위를 유지하기 위하여 경쟁회사를 매입하였다. 이러한 사실은 미국 내의 여러 전력회사에서 그 예를 찾을 수 있으며 그 하나의 예가 캘리포니아 북부의 전력서비스를 담당하는 '퍼시픽 가스와 전기(PG&E)' 회사이다.

전력사업의 수익성에 대하여 의심이 갈 정도이거나 불확실할 경우, 많은 전력회사는 공공기관 소유의 시영전력회사로서 출발하였다. 아이오와주의 에임스라는

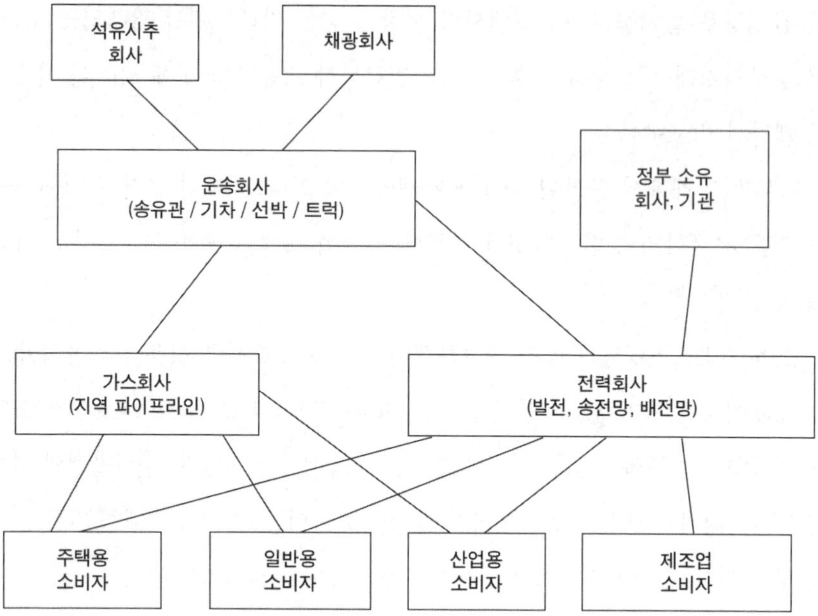

〈그림 2.4〉 초기의 수직조직의 분리

도시와 같이, 멀리 떨어진 곳에 하나의 도시가 형성되어 있을 경우 특히 그러하다.

농업과 목축업으로 주를 이루는 농촌지역은 연방법에 의하여 농어촌협동조합을 설립하여 전기를 공급받게 되었다. 네브래스카 전력공사는 아이오와주 법에 의하여 설립된 회사로서 농어촌협동조합이 운영하며 주 전체에 전력을 공급하는 대표적 예이었다. 최근의 전력사업 동향에 따른다면 당시의 고립된 전력회사는 마이크로 그리드라고 할 수도 있다.

미국에는 50여 개의 주가 있으므로, 주별로 역사적 배경 또는 당시의 정치적 문제상황에 따라 여러 가지의 다양한 형식의 회사가 설립되었다. 이에 관한 내용은 미국 에너지정보 관리기관의 웹사이트를 참조하면 된다.

이러한 배경 아래에서 이루어진 전력회사의 분화과정은 여러 층으로 구성된 공급체인라고 볼 수 있으며 〈그림 2.5〉에 나타난 바와 같이 자원획득, 장거리수송, 지역별 송배전 및 운송, 소비자 등의 층으로 설명할 수 있다. 이 그림을 보면 투입흐름은 공급자와 연결되어 있고 산출흐름은 각 회사의 구매자와 연결되어 있다.

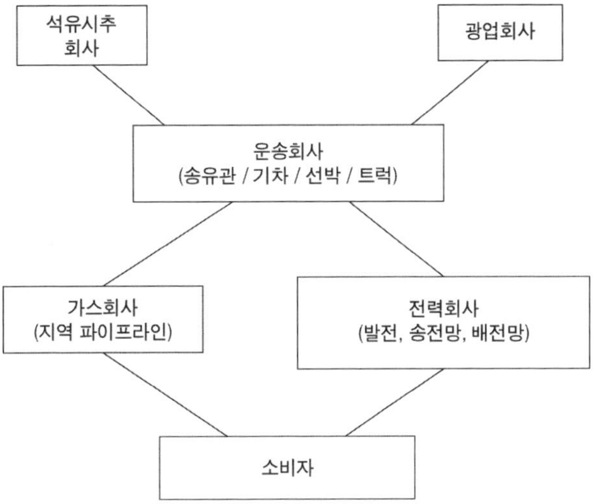

〈**그림 2.5**〉 에너지 공급체인

미국에서 초기에는 전력회사와 가스회사는 규제를 받지 않았다. 새뮤얼 인설 및 기타 인사가 로비활동을 하기 이전에는 미국 내의 주어진 지역에 대하여 가스 및 전력회사는 독점권을 부여받았다. 여러 주는 전력회사가 자연독점에 속한다는 견해 아래에서 연방정부의 한 부분으로서 전력회사를 설립하였다. 전력사업의 투자비가 대단히 큰 비중을 차지하므로 위의 내용은 아직까지도 논란의 대상이다. 대부분의 투자비는 배전망 투자와 소비자의 전기사용시설을 연결하기 위해서도 필요하다.

재규제는 수직통합전력회사를 발전, 송전, 배전의 3개의 종류로 분할하였다. 이 책을 집필하던 시점에서 이 절차는 완결된 상태도 아니고 안정화된 상태도 아니었다. 이 절차에 관하여 정의된 회사는 앞에서도 설명한 바와 같이 발전회사, 송전망 소유회사, 배전회사, 에너지서비스회사, 에너지관리회사, 판매사업자, 시스템 운용회사, 그리고 지역송전회사 등이었다.[8] 전력회사에 대한 분석은 회사가 처한 경영환경(규제 또는 경쟁 여부)에 좌우되지 않으며, 단지 가격책정의 주체가 경쟁적 시

---

8) GENCO, TRANSCO, DISTCO, ESCO, EMCO, LSE, ISO, RTO.

장이냐 혹은 정부이냐에 대하여만 차이가 날 뿐이다. 자료의 생산과정이 서로 다를 뿐 기본적 분석도구는 동일하다.

공급체인을 검토하는 데 있어서는 여러 가지의 견해가 있다. 첫 번째 견해는 공급자들을 각자 분리하여 공급자의 비용과 편익을 추정하는 것이다. 비록 상품교환이 사용되지 않더라도 이것은 이산옥션의 형태로서 행해진다. 공급자와 수요자가 생산에 필요한 원자원(raw resources)의 교환계약 성사에 이르도록 하는 정보를 교환할 때 필요한 수단을 설명하기 위하여 시장이라는 용어(term market)를 사용한다. 여기에서 말하는 수단이라는 것은 미국에 있어서 뉴욕 상품거래소(NYMEX)와 CYME 등과 같은 조직화된 교환을 포함할 수 있다. 여기의 수단이라는 것은 완전하게 장외거래를 통해 이루어지는 인터넷거래(e-Bay) 또는 완전한 거래메커니즘을 통하는 방법 등일 수도 있다. 이산옥션 분석은 제11장의 연계선 전력융통 분석(절 11.12)에서 소개한다. 부분균형분석은 또 다른 기법이다. 부분균형 분석에서는 정태적 해를 구하며 다중시장의 해 또는 시장의 시간대역분석(time domain analysis)의 반복해에 대하여 복잡하게 얽혀 있는 상황을 해석하지 못한다.

이러한 접근방법의 기본적 요소는 시장가격에 대한 예측이라는 것을 주목해야 한다. 시장가격에 대한 예측은 제12장에서 다룬다.

또 하나의 접근방법은 공급자를 활용하는 것이 좋은지 혹은 회사 내의 자원을 이용해서 제조하는 것이 좋은지에 대하여 판단하는 것이다. 이것은 아웃소싱을 고려할 경우에 모든 회사가 직면하는 문제이다. 구매 혹은 제조에 대한 의사결정의 예가 주요한 모형이다. 이러한 의사결정 문제는 제11장의 연계선을 통한 전력융통의 분석에서 설명한다.

경쟁시장에서 운영되고 있는 기업은 그 기업이 생산하고 있는 다양한 생산품에 대한 장점과 단점을 파악하여야만 한다. 생산요소에 대한 제한과 생산가능 곡선의 제한이 경제급전(제3장)과 기동정지스케줄 작성(제4장)에서 다루어지는 분석의 주요내용이다.

공급체인의 분석은 원자재를 공급자로부터 받고 생산품을 소비자에게 전달하는 기능을 하는 네트워크에 대한 다양한 분석에 집중한다. 수송네트워크를 이용하여 석유, 천연가스 그리고 유연탄 등의 상품을 수송하는 문제는 에너지제약이 존재하는 발전기의 운전스케줄을 설명하는 제5장에서 설명한다. 네트워크 내에서 상품의 흐름은 송전망에서 전력이 흐르는 것과 유사하지만 저장비용의 측면에서는 보다 저렴한 방법이 선택된다. 전력시스템의 운용과 병행하여 재고관리 문제를 다루는 것은 이러한 시스템의 주요개념이다.

규제받는 회사에 대한 기본적인 각종 비용계산을 실행하기 위해 수직통합회사의 생산활동을 이 절의 앞부분에서 설명하였다. 이를 근거로 다른 전력회사와 연계되지 않은 상태에서의 규제를 받는 회사의 개념을 보여 주기 위하여 단일 생산지역의 산업모형으로 확장하여 일반화하였다. 한 단계 더 나아가, 이것은 다른 전력회사와 지역적으로 연계되거나 독립발전사업자를 갖는 통합전력시스템의 해의 필요성을 입증하기 위하여 지역 전체에 걸친 공간적 네트워크를 갖는 산업모델링으로 확장하여 일반화된다. 연계선 전력융통에 관한 장에서는 규제받는 전력회사와 경쟁시장의 전력회사에서 행해지는 위의 내용과 관련한 각종 계약에 관한 설명을 계속한다.

이 장은 규제기관이 규제받는 전력회사와 경쟁시장의 전력회사의 운용 및 계획을 벤치마킹하기 위하여 사용하는 분석도구를 소개하기 위하여 기본적인 활동분석과 에너지모델링 문제에 대하여 설명한다.

또 다른 모델은 투입-산출 모형 또는 레온티에프 모형이다. 정태적 문제에 관해서는 후속 절에서 설명한다.

2.5 공급자 측의 해(SUPPLIER SOLUTIONS)

하나의 회사를 대상으로 하는 각종 비용계산은 그 회사의 영업(activity)과 관계없이 동일하다. 이 절은 규제받는 회사 또는 재규제의 대상이 되는 회사의 재무적, 경제적 계산에 대하여 설명한다.

완전경쟁시장의 환경에서 수요곡선이 알려져 있다고 가정한다. 그러면 개별 회사는 가격을 변경할 수 없으므로 시장이 가격(P)을 결정한다. 일단, 물량(Q)이 선택되면(알려지면) 생산비(PC)는 다음 식

$$PC = f(Q)|_{\text{정태적 균형}} \tag{2.1}$$

과 같이 된다. 이 식은 정태적 균형이므로 평가에 있어서 모든 다른 요소는 상수로서 취급한다. 거의 대부분의 시장은 동태적이다. 이러한 시장에 대한 동태적 분석은 이 책의 범위를 벗어난다. 다행하게도 대부분의 시장은 정태적 분석을 사용하여 충분하게 설명할 수 있다.

투자비와 운영비를 확보하기 위한 회사의 수익(R)은 다음 식

$$R = P \times Q \tag{2.2}$$

과 같이 쉽게 계산된다. 회사의 이익은 간단히 생산비와 수익과의 차액이며

$$\Pi = R - PC \tag{2.3}$$

이 식에서 Π는 이윤을 나타낸다.

2.5.1 공급자 비용

비용은 투자비(capital), 매출(revenue), 그리고 기타 비용(residual)의 세 가지로 분류된다. 투자비(K)는 생산설비의 설계 및 구매에 필요한 비용으로 구성된다. 이것은 설비의 사양서 작성, 설계, 개발, 제작 또는 구매, 설치, 운전 및 예방보수를 위한 훈련, 보수용 예비품의 구매 등에 소요되는 비용이다. 일단 이러한 지출이 이루어지면 기업은 소비자를 위한 상품을 생산할 수 있다. 그러나 이와 같은 지출은 이익에 미치는 영향과 자산의 신뢰도, 설비 유지보수의 가능성, 자산가용도(asset availability)와 같은 요소들에 대한 영향을 절충하여 결정된다. 생산요소는 생산품의 양, 품질, 자재의 사용, 노동력의 사용 등을 포함한다. 매출을 위한 비용지출(revenue cost, C_r)은

운용비와 유지보수비를 포함한다. 운용비(operation cost)는 직접재료비, 직접인건비 그리고 공통비용으로 구성된다. 운용비는 자재, 노동 그리고 설비공통비용도 포함한다. 그러나 이러한 지출은 이익에 미치는 영향과 절충하여 결정된다. 유지보수비는 예비품의 재고비용, 인건비, 설비 및 기기비용, 설비공통비용, 운전정지에 따르는 비용손실을 포함한다. 그러나 이와 같은 지출(유지보수비)은 이익에 미치는 영향과 절충하여 결정된다. 기타 비용은 처분가치와 처분비용이다. 그러나 이와 같은 지출은 생산요소에 미치는 영향과 절충하여 결정된다. 물론 각 비용요소에 대한 상세한 설명은 이 책의 범위를 벗어난다. 기타 비용은 투자비에 포함되어 있는 것으로 한다.

2.5.2 개별공급자 곡선

투자비(K)와 운용비가 주어졌을 경우, 생산비용(C_p)을 계산하기 위하여 생산량(P)의 함수로서 다음 식

$$C_P = g(K) + h(P_g) \tag{2.4}$$

을 사용한다. 대부분의 경제학개론서에서는 위 식의 함수를 선형화하여 사용한다. 좀 더 정밀하게 표현하고 싶은 경우에는 식 2.4를 구간별로 선형화하여 사용하면 좋다.

한계생산비용(MC_p)은 모든 비용요소를 포함한 생산함수의 일계도함수이며 다음 식

$$\mathrm{MC_p} = \frac{\mathrm{d}C_\mathrm{p}}{\mathrm{d}Q} \tag{2.5}$$

과 같다. 평균생산비용($\mathrm{AC_p}$)은 생산비용을 판매량으로 나누면 된다.

$$\mathrm{AC_p} = \frac{P}{Q} \tag{2.6}$$

총 생산비용은 앞에서 설명한 직접생산비용뿐만 아니라 간접비용(예를 들면 투자비)을 포함한다. 이 책에서는 총 생산비용을 말할 경우에 첨자 p를 생략한다.

기업의 이윤은 다음 식과 같이 수익에서 생산비용을 뺀 것이다.

$$\Pi = R - C_{\mathrm{p}} \tag{2.7}$$

한계비용은 단기(short-run)와 장기(long-run)의 성분으로 나뉜다. 평균비용은 장기와 단기의 성분으로 나뉜다. 단기한계비용은 일반적으로 투자비지출(capital expenditure)의 가능성을 고려하지 않는다. 장기한계비용은 효율개선을 위한 프로젝트 비용뿐만 아니라 투자비지출의 가능성을 고려한다.

2.5.3 경쟁시장 환경

완전경쟁시장의 환경에서는 생산비용이 가격을 결정하지 않는다는 점에 주목해야 한다. 그러므로 많은 기업이 왜 완전경쟁시장에서 사업을 하는 것을 원하지 않는가를 이해할 수 있다. 개별 기업이 동질적 상품을 생산하며 수요자와 공급자가 완전정보를 가지고 있고, 거래비용이 발생하지 않으며 또한, 진입과 퇴출이 자유로울 때, 다수의 수요자와 다수의 공급자가 거래함으로써 완전경쟁시장이 형성되는 것이다. 완전경쟁에서의 이윤극대화를 위한 필요조건은 수익의 일계도함수가 생산비용의 일계도함수와 같아야 한다는 것이다.

$$\mathrm{MR} = \mathrm{MC} = P \tag{2.8}$$

이것은 공급-수요 곡선을 보면 쉽게 알 수 있다. 완전경쟁의 가정 아래에서 두 곡선은 상호작용을 하지 않는다. 공급자잉여는 실제의 수요에 의하여 한정되는 공급곡선과 완전경쟁시장 가격선 사이의 면적이다. 소비자잉여는 실제의 수요에 의하여 한정되는 수요곡선과 완전경쟁시장 가격선 사이의 면적이다. 경쟁시장의 가격뿐만 아니라 두 가지의 잉여와 실제 가격이 〈그림 2.8〉에 나타나 있다.

실제의 가격이 경쟁시장의 가격에 접근함에 따라 공급자잉여가 0으로 감소하

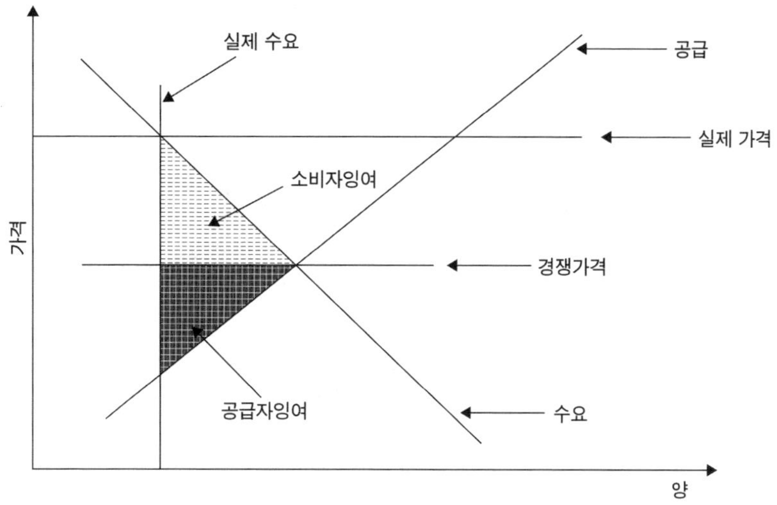

〈**그림 2.6**〉 공급-수요 곡선

는 것을 주목할 필요가 있다. 실제의 가격이 경쟁시장의 가격보다 높은 경우 공급자는 생산자의 잉여뿐만 아니라 소비자잉여까지도 가져가는 것이다. 또한 생산량은 사회 전체가 이상적으로 원하는 것보다 적다.

소비자는 다중시장(multimarket)을 통하여 어떤 상품을 대체함으로써 어떤 상품에 대한 수요곡선을 변경할 수도 있다. 전기를 사용하는 대신 가스를 사용하는 것이 대체에 관한 하나의 예이다. 이와 같은 대체로 인해 전기에너지와 같은 생산품 소비가 반드시 사라진다고 말하기는 어렵다. 그러나 곡선의 기울기가 극적으로 변동할 수 있다. 또한 예산의 제약에 의하여 수요곡선이 변동할 수도 있다(〈그림 2.6〉).

수요의 탄력성(elasticity)은 예산의 제약 또는 대체재의 존재 때문에 존재한다고 할 수 있다. 탄성치는 수요곡선의 도함수를 정규화(normalize)한 것이며 P와 Q의 변동량이 적을 때의 %변동량으로 표시된다. 수요의 탄력성은 다음 식

$$E_{\mathrm{d}} = -\frac{\mathrm{d}Q/Q}{\mathrm{d}P/P} \tag{2.9}$$

과 같이 나타난다. 만약 $E_{\mathrm{d}} > 1$이면, 수요는 탄력적이라고 말한다. 만약 $E_{\mathrm{d}} = 1$이

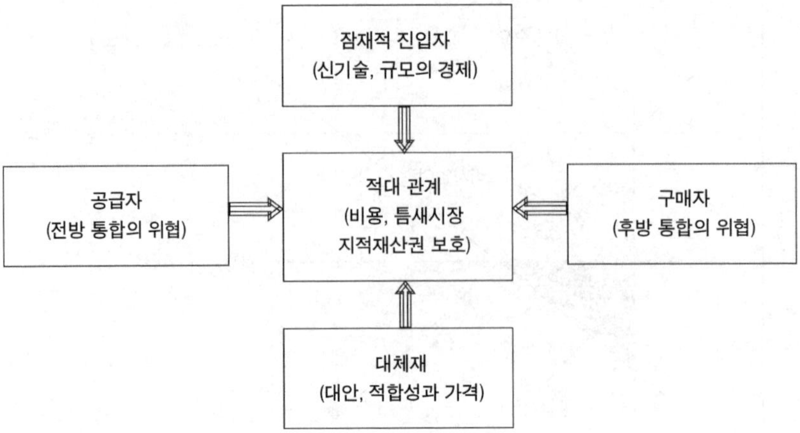

〈그림 2.7〉 마이클 포터의 파이브포스

면 수요는 일정하다. 만약 $E_d < 1$이면 수요는 비탄력적이다.

탄력성에 대신하여 무차별 곡선이 대체재의 사용을 모델링 하기 위하여 사용될 수도 있다. 앞 절에서 수직통합전력회사의 경우 가스는 전기의 대체재라고 말하였다. 분산적 환경을 고려한다면 신재생에너지 발전에 의한 전력도 대체재라고 말할 수 있다.

완전경쟁 아래에서 공급-수요 곡선의 해는 단순하게 2개의 곡선의 교차점이다.

일반적 경쟁시장에서의 경영환경의 구조는 앞에서 나타낸 바가 있다. 모든 전력회사가 사용하는 공통적 전략모형은 마이클 포터의 파이브포스 모델(〈그림 2.7〉)이라고 한다.

저자의 견해에 따르면 대부분의 상품의 가격, 특히 소비자에 대한 생산품의 가치는 마이클 포터의 파이브포스에 의하여 결정된다. 경제모형의 해를 통하여 얻는 가격은 쌍대변수의 값과 같다는 사실은 그 자체가 가격의 결정방법에 대한 답을 주는 것은 아니라는 점에 유념할 필요가 있다. 생산품의 가격은 무엇보다 먼저 소비자의 수요에 의하여 결정된다. 생산품의 가격은 투자비와 세금 등을 포함하여 생산에 필요한 모든 비용을 회수할 수 있도록 결정되어야 한다. 이러한 외생요소는 이 계산에 암묵적으로 포함되어 있다. 대부분의 상품은 주주에게 공개되는 모든 비용과 이윤을 최소한의 수준에서 회수할 수 있는 평균가격으로써 결정된다. 마이클 포터의 파이브포스는 일상의 경영활동에서 취해지는 주요한 전략적 방향을 망라한다.

잠재적 시장진입의 경쟁력[9]은 진입장벽과 관련이 있다. 이것은 규모의 경제, 학습곡선과 경험곡선의 영향, 상표에 대한 선호도, 그리고 소비자의 상품에 대한 충성도, 투자비의 소요액, 규모에 무관한 가격의 불리함, 유통망에 대한 접근성, 그리고 정부의 작용과 정책 등에 관련된다.

대체상품의 경쟁력은 각 생산품의 가격과 수용가능한 대체재의 존재 여부와 관련이 있다. 대체재의 경쟁력은 각 상품의 생산자가 부과할 수 있는 가격의 상한을 결정한다. 각 상품의 생산자가 품질을 향상할 수 있고 비용절감을 통하여 가격을 인하하거나 대체재와 차별화 전략을 개발하지 않으면, 대체재가 시장을 잠식하여 판매액과 이윤의 성장률을 하락시키는 리스크에 처할 수 있다. 대체재와의 경쟁은 구매자가 대체재로 얼마나 쉽게 전환할 수 있느냐에 따라서 영향을 받는다. 이때 가장 중요한 고려사항은 소비자가 현재의 상품 대신에 대체재를 사용하기 위하여 전환하는 비용, 즉 한 번만 발생하는 비용(일회비용)이다.

공급자의 경쟁력은 공급회사그룹이 협상력(담합력)을 발휘할 수 있느냐의 능력에 달려 있다.

- 투입요소가 구매자에게 중요한 경우
- 만약 공급자가 적당하게 안정적 시장을 확보하고 있으며 격렬하게 경쟁적인 조건에 처해 있지 않은 몇 개의 대형 생산자에 의하여 좌우될 경우
- 공급자의 개별 생산품이 적당히 차별화되어 있어서 구매자가 다른 공급자를 선택하기 어렵거나 비용이 많이 소요되는 경우
- 구매하는 회사가 공급자에게 중요한 고객이 아닌 경우
- 만약 하나 또는 그 이상의 공급자가 상당한 수준의 전방통합력을 보유하고

9) The competitive force of potential entry

있을 경우

소비자의 경제적 힘[10)]은 정책지렛대와 소비자의 협상력(담합력)이며 상대적으로 점점 커지게 된다.

- 소비자의 수는 적고 대량으로 상품을 구매할 경우
- 소비자의 구매금액이 판매회사의 총판매액의 상당한 비중을 차지할 경우
- 공급 측이 소량생산을 하는 다수의 회사로 구성되어 있을 경우
- 판매되는 상품이 충분히 공급자 사이에서 충분히 표준화되어 있고 소비자는 대체공급자를 쉽게 찾을 수 있을 뿐만 아니라 거의 비용을 들이지 않고 공급자를 교체할 수 있을 경우
- 소비자가 상당한 수준의 후방 통합의 위협을 제시할 경우
- 구매하는 상품이 중요한 소비자에게 중요한 투입이 아닌 경우
- 소비자가 하나가 아니고 복수의 공급자로부터 상품을 구매하는 것이 경제적으로 타당성이 있는 경우

기존의 산업에 있어서 경합의 경쟁력은 효율과 규모의 경제에 집중되어 있다. 경쟁자의 수가 증가함에 따라, 그리고 규모나 용량이 서로 균등하게 됨에 따라 경쟁은 치열해진다 상품에 대한 수요가 완만하게 상승하면 경쟁은 강화된다. 상품의 판매량을 증가시키기 위해 가격인하 조치 또는 다른 경쟁 무기를 사용하려는 산업의 환경에 의하여 경쟁회사가 자극을 받을 경우 경쟁은 가열된다. 경쟁하는 공급자와의 상품 및 서비스의 차별화가 별로 눈에 띄지 않아 소비자가 하나의 상표에서 다른 상표로 별반의 비용을 들이지 않고 전환할 수 있을 경우 경쟁은 강화된다. 성공적 전략을 취하여 수익이 증가함에 비례하여 경쟁은 증가한다. 기업이 시장에 남아서 경쟁을 하는 것보다 사업을 중지하는 것이 더 큰 비용이 소요되는 경우 경

---

10) economic power of customer

쟁은 가열된다. 기업의 전략, 경영자의 특성, 기업이 두는 우선순위, 사용하는 자원, 소속국가 등에 있어서 다양성이 존재할 때 경쟁은 심하게 변동하고 예측이 어렵게 된다. 산업의 외부에 있는 강력한 회사가 산업 내의 약한 기업을 인수하고 새로 인수한 기업을 주요 시장경쟁자로 육성하기 위하여 좋은 조건의 자금지원 아래 공격적 경영을 할 경우 경쟁은 강화된다.

2.5.4 불완전 경쟁

불완전하게 경쟁적인 시장환경은 완전경쟁시장의 경우보다 더 흔하게 발견된다. 유사한 대체재가 존재하지 않는 상품에 대하여 하나의 회사가 시장 전체를 대상으로 공급하는 것은 전형적인 독점시장이다. 규모의 경제, 범위의 경제, 비용상보성,[11] 특허권, 그리고 수입관세와 같은 법률적 장벽 등에 의해서도 독점력이 달성될 수 있다. 가격은 시장조건에 의해 결정되고 한계수익과 한계비용이 일치하는 수준에서 생산량이 결정되므로 공급곡선은 실제로(technically) 존재하지 않는다. 그러나 완전경쟁적 공급곡선을 상정한다면, 한계비용은 가격 수준까지 증가하고 이러한 상태에서 '독점지대'가 결정되는데 이러한 분석은 독점력의 영향을 분석하는 기본틀이다.

독점적 경쟁은 구매자와 판매자가 다수이고 각 기업은 차별화된 상품을 생산하고 진입/퇴출이 자유로운 상황에서 아주 흔하게 나타난다. 차별화된 상품은 실제로 생산되거나 개념상으로 존재할 수 있다. 여러 전력회사가 생산하는 전기에너지상품을 차별화하기 위하여 하루 중의 이용시간, 신뢰도, 품질 등에 따라 소비자가 선택할 수 있다. 전력회사는 가상으로 차별화하기 위하여 상표권리(brand equity), 틈새시장, 그리고 녹색에너지 홍보 등을 시행한다.

과점과 같은 기타의 시장형태는 별도의 분류에 의하여 정의된다. 단지 몇 개

---

11) 역자 주: 비용상보성(cost complementarities)이란 한 기업이 두 종류 이상의 상품을 생산할 경우, 한 종류 상품의 생산 증가가 다른 종류 상품 생산의 한계비용을 감소시키는 경우를 말한다.

의 기업이 상품을 공급하는 것이 과점시장이며 개별 기업은 전체 산업에 비하여 비중이 크다. 과점시장의 여러 형태는 문헌(쿠르노, 베르트랑, 슈타켈버그, 스위지 등)에서 발견할 수 있다. 이 책에서는 그러한 시장에 대하여 분석하지 않는다.

암묵적 공모(collusion) 또는 명시적 공모 때문에 과점시장에 대한 연구는 새로운 연구과제를 양산한다. 공모는 경쟁시장을 독점시장으로 만든다. 암묵적 공모는 공식적으로 공개된 정보가 충분히 많아서 기업이 성실하게 경쟁적 행동을 예측하거나 반응할 수 있을 경우에 발생한다. 2개 또는 그 이상의 기업이 가격을 결정할 경우 명시적 공모가 존재한다.

비용을 대신해 생산품의 효용과 같은 기타의 요소를 사용하여 분석하는 것은 이 책의 범위를 벗어난다.

기업경영에 있어서 연도별 또는 기간별 현금흐름의 파악이 대단히 중요한 경우에 시간의 경과에 따른 해법[12)]이 필요하다. 이러한 동태적 분석은 현대의 제어이론에서 상태변수를 사용하는 기법을 통하여 해결될 수 있으나 이 또한 이 책의 범위를 벗어난다.

공급과 수요가 급격하게 변하지 않으므로 단기에 있어서 공급곡선은 비탄력적이다. 만약 수요가 증가하면 새로운 균형이 이루어질 때까지 가격이 상승한다. 가격이 상승함에 따라, 증가하는 수요를 감당하기 위하여서는 더 많은 연료를 구매하여야 하며 시추비용도 증가한다. 가격이 상승하여 공급에 계속적으로 압박을 가할 경우 새로운 시장을 만족시키기 위하여 새로운 기업이 시장에 진입할 것이다. 이와 같은 새로운 시장진입은 바이오연료, 태양광, 풍력 그리고 수력자원 등을 포함한다. 단기반응은 설비개선, 확장, 증설 등이 이루어지지 못하는 상황을 가정한다. 장기반응은 새로운 설비가 추가되거나 생산효율 개선이 이루어진다고 가정한 상태에서 일어난다. 기술진보는 예측하기 어려운 기본적 생산기술의 변화이므로 일반적으로 장기반응에서는 고려되지 않는다.

---

12) time domain solution

경제학이론에 의하면 완전경쟁시장에서는 다음 식

$$SRMC = SRAC = LRMC = LRAC \tag{2.10}$$

과 같은 균형이 이루어진다.

이와 같은 조건에서, 다음과 같은 내용을 관찰할 수 있다는 것을 주목할 필요가 있다. 동일한 가격에서 모든 생산품이 동일하다면 상품에 대한 광고가 필요하지 않게 된다. 모든 상품의 품질이 동일하므로 어떤 기업도 제품을 차별화할 수 없다. 또한 이윤이 고정되어 있으므로 연구개발이 필요 없게 된다. 이와 같은 상황은 단기에 있어서 소비자에게는 이상적이다. 그러나 상품개량이 이루어지지 않는다면 이것은 사회 전체로 볼 때 항상 관심거리가 된다. 광고활동과 유전자를 이용한 변종상품의 개발이 생산품의 상표를 결정하기 이전에는 팝콘은 그러한 상품이었다. 요즈음 팝콘은 상당히 큰 이윤을 누리면서 극장에서 팔리고 있다는 것은 주목할 만하다.

2.5.5 기타의 요소

공급-수요 체인의 해를 상당히 변경시킬 수 있는 기타의 외생변수도 존재한다. 전력을 생산하는 과정은 생산품의 구매자와 판매자를 제외하고 사회 전체에 대하여 비용을 유발한다. 이와 같은 외부비용을 음(-)의 외부효과라고 한다. 공해는 하나의 음(-)의 외부효과의 예이다. 경제적으로 이러한 외부효과를 적절히 관리하기 위하여서는 직접적 또는 간접적으로 정부의 개입을 필요로 한다. 직접적으로 개입하는 것은 비용을 지불하도록 조치하거나 규제를 하는 것이다. 간접개입은 공해발생물질(이산화황, 산화질소, 탄소 등)의 배출허용량을 거래하는 것과 같은 다른 형태의 시장에 의한 해법을 의미한다. 그러면 공해발생물질을 배출하는 기업은 경영전략의 하나로서 공해로 인한 비용지불에 대하여 효율적 방안을 모색할 수 있다. 그러나 이러한 시장이 완전하고 효율적으로 기능하기 위하여 잘 정의된 특허권이 있어야 한다.

가격을 고정시키는 규제가 있다면 경제 문제의 해에 대하여 상한가격을 지정하는 것과 같다. 상한가격은 하나의 상품에 대하여 매길 수 있는 최고가격이다. 상한가격이 존재하면 생산품의 품귀현상이 일어난다. 결과적으로 가격이 상승한다. 상한가격이 효율적으로 기능하기 위하여 경쟁시장의 가격보다 낮아야 한다. 반면에, 규제를 통하여 하한가격이 도입될 수도 있다. 하한가격은 어떤 상품에 대하여 매길 수 있는 최소가격이다. 효율적으로 기능하기 위하여 하한가격은 경쟁시장의 가격보다 높아야 한다. 하한가격은 경쟁가격보다 높은 수준에서 책정되므로 경쟁가격 하에서 생산되었을 물량보다 생산량을 커지게 하므로 하한가격은 생산량을 증가시킨다. 이러한 과잉생산량은 규제기관(정부)이 구입하거나 저장하거나, 버리거나, 또는 폐기하여야 한다.

수입할당제도는 소비국가에 대하여 공급을 축소할 수 있으며 결과적으로 가격을 상승시키며 공급국가에 대해서는 공급을 축소할 수 있으며 결과적으로 가격을 상승시킨다. 독재자가 국경을 폐쇄하지 않는 한 에너지 시장과 지구 전체의 경제시스템을 분리하는 것은 불가능하다. 비록 국경을 폐쇄하더라도 높은 물가가 암시장을 형성하도록 하여 지구 전체의 경제시스템에서 어떤 국가 하나를 고립시키는 것은 어렵다는 것을 보여 준다.

항상 그러하였던 것과 같이 간접세는 생산비용을 증가시킨다. 공급곡선이 우측으로 이전하면서 그러한 세금은 생산량을 감소시킨다. 정액관세 또는 물품관세는 외국과의 경쟁을 제한하며 결과적으로 생산비용을 높인다. 공공재는 소비에 있어서 경합성과 배제성이 없는 재화의 전력생산을 통해 공급된다. 가로등이 흔한 예의 하나이다. 최근의 또 하나의 예는 실패한 호주의 이산화탄소 세제이다.

소비자의 전력서비스에 대한 개념 및 요구조건의 변동에 근거한 규제변동의 위협은 항상 전력산업에 있어서 고민거리가 된다. 규제완화라는 것은 사실상 재규제이다. 산업은 경쟁시장으로 내몰리고 있다. 다른 산업에 있어서 이러한 시장을 형성하는 데에는 수백 년의 기간이 필요했다. 정부는 전력에너지산업의 독특한 전달방법과 구조를 고려하고 경쟁 목적을 가장 잘 통합하기 위해 여러 방안을 강구하였다. 소비자는 산업용부터 가정용에 이르기까지 전력산업의 재규제를 요구하였다. 주정부규제기관이 전기요금을 결정하는 개념은 주마다 서로 다른 가격이 나타나게 하였다. 산업성장을 촉진하기 위한 주 사이의 경쟁은 다른 주 대신 자기 주에 유망한 기업을 유치할 수 있도록 교차보조를 제공하고 다양한 규제를 만들어내는 결과를 가져왔다. 전기요금은 미시적 규제를 하는 주에 있어서는 그 종류가 대단히 많다. 이 책을 집필할 당시 미국의 오리건주에는 200개가 넘는 전기요금이 존재하였다.

전력에너지 시장에 대해 상당한 영향을 미칠 수 있는 시장은 다양하다. 모든 연료시장(유연탄, 천연가스, 석유, 우라늄)은 운용비의 주요 요소를 좌우한다. 최근에는 엔지니어와 숙련공의 인력시장은 기업의 운영과 장기계획의 주요 구성요소로 되었다. 새로운 설비와 시스템에 투자하기 위하여 재무시장은 항상 계획과 운용의 주요한 고려요소이었다. 이와 같은 모든 시장의 상호작용은 직접 또는 간접적으로 전력요금의 설계에 영향을 미친다.

2.6 발전단가(kWh당 전력생산비용)

전력시스템 운용에 있어서 생산비(운용비)는 가장 중요한 구성요소이다. 여기의 설명에서는 정확한 비용에 대하여는 다루지 않지만 계산과정의 개요와 필요한 자료에 대하여 다음에 나타낸다.

〈표 2.1〉에 나타난 화력발전기의 특성 자료를 이용하여 발전단가(CE, $/kWh)를 계산한다.

〈표 2.1〉 발전단가 계산용 자료

건설비	$1,000/kW
고정회수비율(fixed charge rate)	20%
고정 운전유지비	$15/kW/year
가변 운전유지비	8mills/kWh
열소비율	10,000kJ/kWh(9,479Btu/kWh)
연료비	$1.30/GJ($1.37/MBtu)
이용률(capacity factor)	0.7퍼유닛
물가인상률	8%/year
할인율	12%/year
계획기간	30년

계산과정:

1. kWh당 고정비용을 찾음(주어진 자료 활용)

   연간 발전소 건설비용 $1,000 \times 0.20 = \$200/\mathrm{kW/year}$

   연간 운전시간 $8,760 \times 0.70 = 6,132\mathrm{h/year}$

   kWh당 고정비용 $200 \times 10^3/6,132 = 32.6\mathrm{mills/kWh}$.

2. 고정 운전유지비 계산

   $15 \times 10^3/6,132 = 2.4\mathrm{mills/kWh}$.

3. 균등화 연료비(변동비 단가)의 계산

   균등화 계수 $P = S/(1+i)^N$, 자본회수계수(CRF) = 0.12414

   따라서 연료비는 $(10,000)(1.3)(2.06 \times 10^{-3}) = 26.8\mathrm{mills/kWh}$.

4. 균등화 변동 운전유지비 찾음

   운전유지비 $= (8)(2.06) = 16.5\mathrm{mills/kWh}$.

5. 발전단가(Cost of Electricity) 결정

   스텝 1, 2, 3, 4의 비용구성요소를 합산함.

   발전단가 $= 32.6 + 2.4 + 26.8 + 16.5 = 78.3\mathrm{mills/kWh}$.

관련 계산: 위의 계산결과는 균등화 수치를 나타내며 이와 유사한 발전기의 대안과

비교하는 용도로만 사용되어야 한다. 이 값은 어떤 한 연도의 발전비용과 직접 비교하는 목적으로 사용될 수 없다는 것을 알아야 한다. 또한 리스크 요소(예: 발전기의 불시고장정지)는 계산에 적절하게 포함될 수 없다는 것을 주목해야 한다. 발전기의 신뢰도 유지를 위한 비용부담이 고려되지 않고 이상적인 상황에서 발전 측면에서 간략한 비교를 위하여 사용할 수는 있다.

발전기의 예상 수명기간에 걸쳐서 발전시스템의 경제적 조건이 변동하여 시스템 운용조건을 평가할 필요가 있는 경우에는 수명기간 전체로 본 비용계산이 필요하다. 수명기간 전체로 본 비용(life-cycle cost)계산은 $/kW/year의 단위로 계산하며 발전기의 수명기간 동안에 변하는 이용률뿐만 아니라 발전기의 용량, 신뢰도(불시고장정지율)의 차이를 고려할 수 있다. 수명기간이 계산에 포함되어야 하기 때문에 변동비 성분에 대하여 균등화 가치를 사용하는 것이 일반적이다.

발전기의 대안별로 이용률뿐만 아니라 유효 용량도 서로 다르다. 그러므로 시스템대체 용량과 시스템대체 에너지비용도 가정하여야 한다.

2.7 진화하는 시장

앞에서 소개한 원래의 경영환경은 가스와 전기를 공급하는 단일, 독점, 수직통합회사이었다. 몇 개의 국가에서 수직통합회사가 유연탄 광산 또는 가스전을 이용하여 소비자에게 서비스하였다. 에너지산업으로서는 천연가스회사가 출발점이었으므로 이와 같은 회사는 전력회사와 분리되어 운영되었다. 직류발전기가 발명되기 이전에는 천연가스회사가 조명과 동력을 공급하였다. 몇몇 천연가스회사는 전력사용에 대한 영향을 전망하고 '가스와 전력' 회사로 변신하였다. 전기난방의 경제적 대체재로서 가스난방이 존재하였으므로 여러 국가에서는 천연가스가 여전히 경쟁력 있는 대안으로 남아 있다.

미국의 천연가스회사는 가스공급회사의 가스전과 방사형으로 연결되어 있다.

그러므로 이와 같은 구조를 나타내기 위해 수평통합산업이라는 용어가 사용되었다. 천연가스산업이 재규제되기 전에도 상당한 기간 동안 천연가스가 시장을 통하여 판매되었다.

전력회사 또는 가스회사가 서로 연계하면 규모의 경제와 신뢰도 향상이라는 이점이 있다는 것을 확인하였으므로 수평통합산업이 자연적으로 성장하게 되었다. 이 책에서 보면 시장이라는 것은 판매자와 구매자의 단순한 인터페이스이다. 이러한 시장은 회사 간 또는 장외거래과정을 통하여 협상을 한다. 여러 종류의 장외시장이란 구매자와 판매자가 영업거래를 위하여 만날 수 있는 신문광고칼럼, 전자거래 사이트(대표적 예: e-Bay)와 같은 단순한 게시판이라고 할 수 있다. 시장의 가격변동이 심하다면 투기를 목적으로 하는 시장참여자가 증가한다. 투기적 시장참여자는 시장, 회사운영, 계획 등의 비효율성에 대하여 기존의 참여자보다 더 좋은 정보를 제공한다. 정부규제의 불확실성은 지구 전체로 본 거시경제의 작용을 이해하는 투기꾼을 양산한다. 불완전시장은 부패, 국가 간의 마찰 등으로 인하여 투기꾼을 양산할 수 있다.

원래의 시장이라는 것은 수천 년 전에 형성되었다. 기록에 의한 최초의 시장은 기원전 600년경이라고 알려져 있다. 원시시대의 시장은 밀과 올리브 등과 같은 농산품을 거래하였다. 많은 독자들은 수산물시장, 농산품시장, 화훼시장 등에 가본적이 있을 것이다. 이것이 이 책에서 사용하는 시장의 정의이다.

시장참여자의 수가 증가함에 따라 시장도 더욱 조직화되었다. 시장조직 아래에서 이루어지는 영업을 규제하고 거래를 수월하게 하기 위하여 시장은 옥션메커니즘을 표준화하였다. 옥션메커니즘은 경제학의 중요한 연구과제 가운데 하나이다. 이 책은 다섯 가지의 메커니즘을 소개한다. 오퍼(입찰)의 구조도 옥션에서 진행자의 역할과 같이 시장메커니즘의 중요한 정의 가운데 하나이다.

각각의 시장은 참여자에 의한 계약에 의하여 정의된다. 계약이라는 것은 매수희망가격(비드) 또는 매도희망가격(애스크)을 제시하는 규칙, 비드와 애스크의 짝짓기, 거래의 기록, 불일치가 일어날 경우의 정산, 배달된 상품의 품질, 배달시기, 배달된 상품의 수량 등을 명시하는 것이다. 실제의 계약은 뉴욕 상품거래소(NYMEX)의 웹사이트에 나타나 있다.

여기의 설명에서는 대부분의 산업에서 이용되는 단방향옥션을 가정한다. 단방향옥션에서 옥션진행자는 구매자 또는 판매자를 대리한다. 거래상대방은 구매자 또는 판매자를 대리하는 개인으로 각각 대표된다. 대부분의 전력현물시장에서와 같이 옥션진행자는 구매자를 대리하는 것으로 가정한다.

대부분의 상품에 대하여는 양방향시장이 주를 이루고 있다. 양방향시장은 재래식 수산물, 농산물시장과 같이, 중심이 되는 장소(거래장)에 구매자와 판매자가 존재하는 시장이다. 런던 금속거래소는 그러한 시장구조의 하나의 예이다. 미국의 상품거래소(commodity exchanges)는 이와 같은 시장의 또 다른 모델이다(영화 〈Trading Places〉). e-Bay는 구매자와 판매자가 자신의 상품을 오퍼할 수 있으므로 양방향시장이다. 전통적인 증권시장은 판매자로부터 상품을 구입하고 구매자에게 상품을 팔 때 그 시장에서 전문가인 중간거래인을 이용한다. 중간거래인은 시장가격이 오르거나 내림에 따라 이윤을 취하기 위하여 재고품을 보관할 수 있다. 만약 중매인이 미래 상품가격 예측을 하지 않으면 이득보다는 손실을 입게 된다.

상품의 배달은 서로 다른 시점에서 일어난다. 상품이 즉석에서 거래되는 시장을 현물시장이라고 한다. 수산물시장과 농산물시장에서는 전통적으로 상품이 즉시 거래되므로 전통적으로 현물시장이라고 한다.

그러므로 첫 번째 단계는 거래할 상품을 확인하는 것이다. 석유, 유연탄, 천연가스, 수소, 물(수력), 바이오연료 등은 고체, 액체, 기체의 형태로 수송되므로 물리적 형체가 있다.

전기를 쉽게 정의하기는 어렵다. 첫 번째 단계는 거래되는 전기에너지의 지속시간을 확인하는 것이다. 전통적으로 시간(dt)을 〈그림 2.8〉과 같이 세분하는 것이다. 기본적 전기에 대한 계약은 1시간이 하나의 블록처럼 취급되어 시간 단위에 대한 계약을 하는 것이다. 이것은 다음에 설명하겠지만 지금까지의 교환에 대한 견해이다. 에너지밸런스 또는 계약 이후의 전력수요는 〈그림 2.8〉에서 보면 시간에

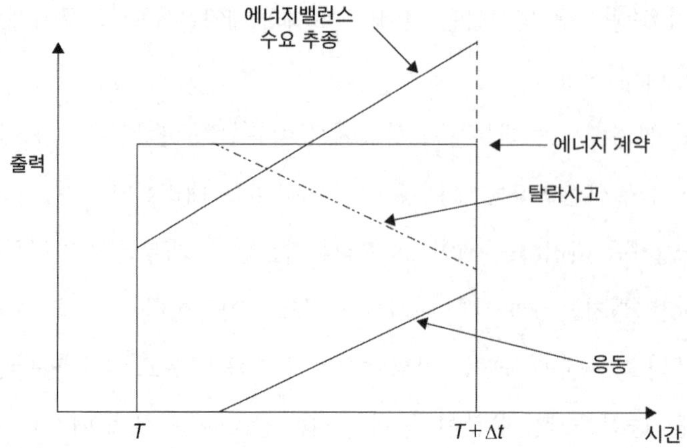

〈**그림 2.8**〉 에너지를 상품패키지로 분해함

걸쳐서 직선으로 상승하는 형태로서 1시간이 시작되는 시점에서 끝나는 시점까지의 전력수요의 변동이다. 공급 측의 고장이 일어나는 사고의 가능성은 사고대비계약에 의해 오프셋되며 이것의 첫 번째 예가 순동예비력이다. 그러나 실제로 가장 먼저 응동하는 것은 시스템의 관성이지만 이 책을 집필하는 시점에 있어서 이것은 거래의 대상은 아니었다. 또한 조속기의 응동도 터빈에 기계적 입력(축동력)을 증가하기 위하여 증기밸브 또는 수차의 밸브가 열림으로써 이루어지는 두 번째의 응동이다. 주파수 응동[13]은 자동출력제어시스템에 의하여 수행되는 다음 단계의 작용이다. 이와 같은 모든 품질유지서비스는 물리학의 법칙을 만족시키기 위하여 순시적으로(instantaneously) 요구되는 에너지밸런스를 유지하기 위한 것이다. 수요, 송전선로 이용가능성, 발전기 이용가능성 등의 변동 등에 대하여 전력시스템의 원천적

---

13) 역자 주: 주파수 응동(frequency response, primary control) ① 기기의 측면: 시스템주파수의 변동에 대해 저항하려고 시스템의 구성요소가 응동하는 것을 말함. ② 시스템 전체의 측면: 주파수가 변동할 때 부하와 발전기출력의 변동량의 합을 주파수 변동량으로 나눈 것을 말하며 주파수 0.1Hz당의 MW로 표현된다(MW/0.1Hertz).

- Use of Frequency Response Metrics to Assess the Planning and Operating Requirements for Reliable Integration of Variable Renewable Generation, "LBNL-4142E," Joseph Ito, Howard H. F. Illian, Ernest Orlando Lawrence Berkley National Laboratory.
- Illian, H. F. (2006), "Discussion of Technical Issues Required to Implement a Frequency Response Standard," NERC RS, November 15.

응동 기능을 유지하기 위하여 경쟁시장 내에서 거래되어야 한다. 전력시스템을 건전한 상태로 유지하기 위하여, 왜 이와 같은 시장이 필요한 것인가를 이해하기 위하여 이와 같은 상품에 대한 수요곡선을 여기에서 말하는 기능으로 분해할 필요가 있다.

전력전자시스템은 전력시스템으로부터 회전관성을 고립시키므로 풍력과 태양광발전의 용량이 증가하면 관성거래시장이 필요하게 된다. 순동예비력과 즉응예비력과 같은 신뢰도(안전도)의 유지를 위하여 사고대비계약이 필요하다. 사고대비계약을 하기 위해서는 정지형 커패시터 또는 회전형 설비뿐만 아니라 수요 측의 자원도 제공할 수 있다. 배터리와 플라이휠은 관성응동을 제공할 수 있는 가장 좋은 예이다. 열에너지 저장장치도 자원균형 유지를 위한 장치이다. 품질유지서비스 시장을 위한 여러 종류의 시스템이 존재한다.

2.7.1 에너지-플로우 다이어그램

가정의 전기스위치를 켜면 이에 대한 전력수요의 증가는 전력시스템 내의 회전체가 에너지를 변환함으로써 공급된다. 그러면 이것은 주파수를 하락시킨다. 주파수의 하락은 발전기의 조속기에 의하여 감지되며 발전기의 출력을 높이기 위하여 증기밸브가 좀 더 열린다. 조속기는 주파수 변동을 검출하기 위하여 현재 주파수와 규정 주파수를 비교한다. 밸브가 충분히 개방되면 총출력과 수요는 또다시 균형을 유지한다. 일단 전력시스템의 수요가 높아진 상태에서 발전기출력이 지정되어 있으면 시스템 전체를 관할하는 제어(자동출력제어)는 주파수를 정격치(60Hz)로 유지하기 위하여 조속기 지정값(출력기준점)을 조정한다. 출력기준점은 연료비, 변환비용, 송전망을 통한 송전비용을 고려하여 가장 효율적이고 경제적인 개별 발전기의 출력을 결정함으로써 지정된다. 조속기의 느린 응동은 회전관성(질량)의 빠른 응동에 의하여 감추어진다. 보일러의 느린 응동은 조속기의 더 빠른 응동에 의하여 감추어진다. 보일러의 느린 응동은 하루의 수요곡선의 변동이 주어진 경우에 전체 발전기의 최

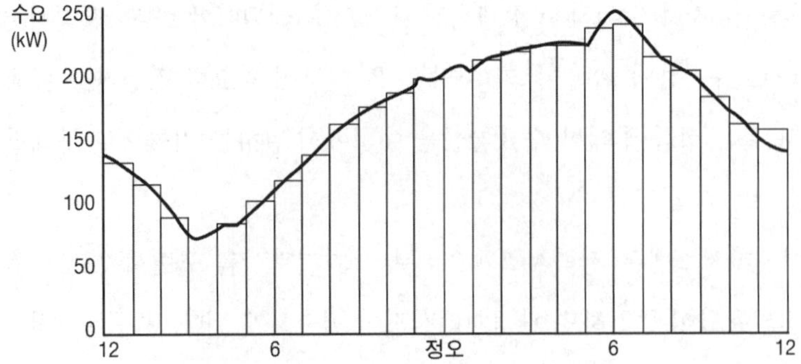

〈그림 2.9〉 수요곡선(참고문헌-1)

적운용스케줄에 따라 기동된 복수의 발전기 보일러의 작용에 의하여 숨겨진다.

일간수요곡선은 인간의 활동에 근거한 것이다. 사람들은 8시간 동안 잠을 자고, 8시간 일을 하고, 오락 또는 여가활동으로 4시간을 보내고 장소를 이동하는 데 약 4시간을 사용한다. 원천적 특성을 나타내는 시간대별 수요곡선이 〈그림 2.9〉에 나타나 있다.

여기에서 수요를 1시간의 시스템 운용을 나타내는 미세하고 거의 순시적인 부분으로 분리하여 본다. 그리고 생산된 전기는 거의 빛의 속도로 소비된다. 그러면 또다시 수요를 평활화해야 하는 문제에 부딪친다.

1. 첫 번째 과제는 발전기의 기동을 결정하기 위하여 시간대별 총 에너지를 결정하여야 한다. 발전기의 기동은 전력수요가 증가하거나 감소하거나 또는 일정하게 유지되는가의 여부에 따라 발전기의 출력이 응동할 수 있는가의 능력에 따른다. 또한 총출력은 시간에 따른 주기적 변동에 대하여도 응동해야 한다. 이와 같은 주기적 변동은 양수발전기가 발전모드에서 펌핑모드로 전환하는 데 필요한 시간보다 빠르게 일어난다. 그러므로 또 다른 형식의 발전기가 동원되어야 한다.
2. 지금까지 이와 같은 목적으로 사용되는 추가적인 자원은 화력발전기이다. 그러나 배터리와 플라이휠도 화력발전시스템의 운용비를 감소하려는 목적

으로 사용된다. 양수발전기의 발전출력은 물흐름의 동력학(water dynamics)으로 인하여 신속하게 변동하지 못하는 특성이 있다. 양수발전기는 시간대별로 펌핑모드 또는 발전모드로 운전된다. 펌핑동력이나 발전출력의 변동은 한정된 범위 내에서 화력발전기가 응동하는 것처럼 작용한다.

3. 배터리는 수명의 문제 때문에 방전 상태에서 충전 상태로 급격하게 전환하지 못한다. 배터리는 플라이휠보다 응동속도가 느리기 때문에 부하의 확률적 변동에 대하여 응동하지 못하고 주기적으로 출력(방전)을 변경할 수 있다.
4. 그러므로 수요는 2개의 주기적 성분과 확률적 성분으로 분류된다. 각 발전기의 회전질량이 속도의 조정을 통하여 에너지를 공급하듯이 플라이휠은 속도를 조정함으로써 에너지를 공급한다. 그러면 플라이휠은 급격하고 확률적인 변동에 대하여만 응동하며 발전기의 조속기는 최소한도의 조속기작용으로써 일정한 속도를 유지하도록 한다. 전압조정을 위하여 사용되는 동기조상기도 관성응동과 주파수조정용으로 사용될 수 있다. 그러므로 수명기간이 끝난 화력발전기의 본체 부분을 절대로 폐지하지 않으려는 유인이 존재하는 것이다.

위의 각 항목에 대한 내용은 경쟁시스템에 있어서 개별 자원을 보유한 시장참여자의 옵션을 통하여 미래의 시스템 운용스케줄 수립 시간 지평에 있어서 전력시스템을 안정적으로 운용하는 데 이용된다.

2.8 다기업 환경

2.8.1 레온티에프 모형: 투입-산출 경제학

투입-산출 경제학의 개념은 경제 전체에 있어서 여러 생산부문의 상호 연관관계를 나타내기 위하여 레온티에프가 고안한 것이다. 하나의 부문이라는 것은 하나의 산업 또는 유사한 산업의 그룹을 나타낸다. 투입-산출 모형은 자신의 생산품을 제조하기 위한 각 부문의 투입을 포함한다. 모든 부문의 산출에 대한 최종수요가 주어졌을 때, 다른 부문에서 일어나는 최종 및 중간단계의 수요를 충족시키기 위하여 필요한 총생산을 산출하는 것이 원하는 결과이다.

레온티에프 모형은 정부 지출 프로젝트와 같이 최종수요가 변동할 경우에 경제 전반에 미치는 파급효과를 계산하기 위하여 종종 사용된다. 최종수요의 증가를 충족시키는 과정에서 각 부문(생산자)은 상호의존적으로 연계하여 생산 유발에 기여한다. 총생산은 최종수요와 중간단계의 수요를 합한 것과 항상 같아야 한다는 것을 주목해야 한다. 에너지정보관리기관(USEIA)은 이와 같은 분석을 하는 미국의 정부기구이다. 이 기관의 웹사이트를 이용하면 많은 사례연구 결과를 얻을 수 있다.

2.8.2 희소한 연료자원

전통적 레온티에프 모형은 연료의 획득가능성과 가격이 변하지 않고 일정하다는 점을 가정하고 있다. 단기적으로는 에너지를 추출하는 방법의 한계가 있고 장기적으로는 매장 에너지양이 제한되어 있으므로 연료공급에는 항상 제약조건이 작용한다. 그러므로 궁극적으로 연료는 고갈된다. 연료비는 상승하기 시작하고 이에 따라 가격도 상승한다. 연료사용 제약과 같은 자원의 희소성을 고려하기 위해서 레온티에프 모형에 연료 공급곡선과 기타의 생산요소 공급곡선을 반영한다. 최종수요의 증가는 연료에 대한 수요상승을 유발하고 이와 관련된 상품의 가격상승을 초래할 것이다. 하나의 극단적인 예로 생산량의 증가 없이 연료가 고갈되는 경우를 생각할 수 있다. 최종생산품이 희소하게 되면 가격은 상당히 상승할 것이다. 〈그림 2.10〉에서는 현재의 설명내용을 보여 주고 있는 몇 개의 다중시장을 나타내는 레온티에프 모형이 나타나 있다.

〈그림 2.11〉에는 〈그림 2.10〉의 레온티에프 모형이 분리되어 접혀 있어서 그림의 윗부분은 발전과 송전에 대한 연료를 나타내고 아랫부분은 소매용, 상업용,

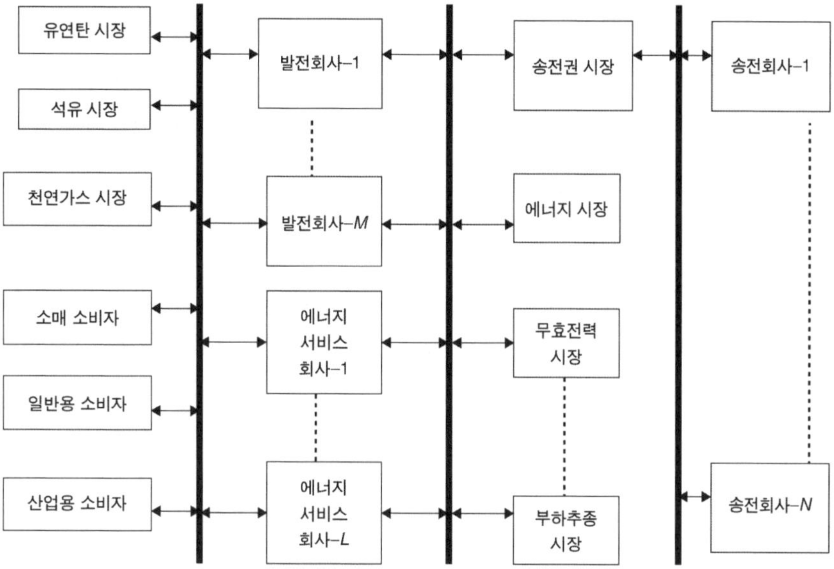

〈**그림 2.10**〉 다중시장의 레온티에프 모형

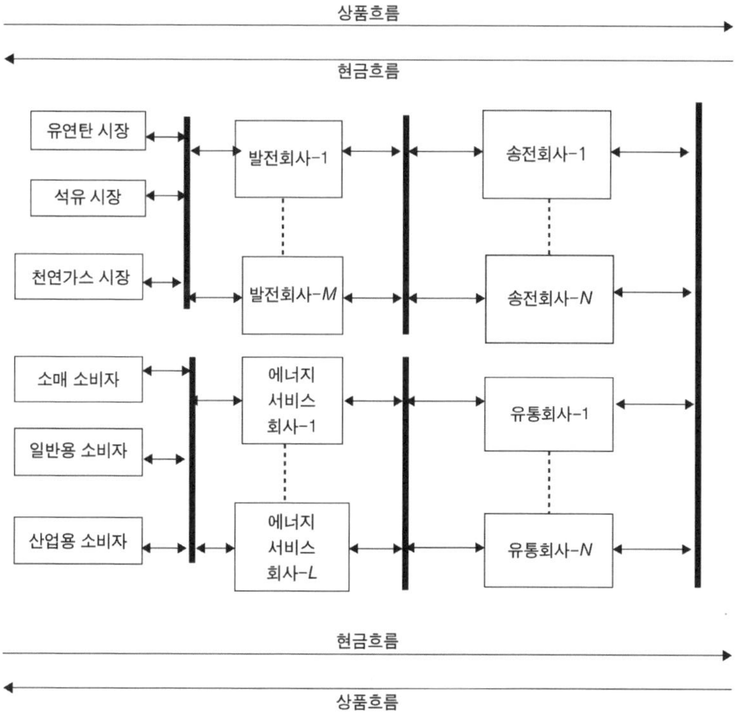

〈**그림 2.11**〉 공급체인으로서 공급자로부터 소비자까지의 현금과 상품의 흐름

그리고 산업용 소비자에 대한 송전 및 배전을 나타낸다. 〈그림 2.11〉의 윗부분은 제품의 흐름과 현금의 흐름을 나타내는 2개의 화살표를 볼 수 있으며 이것은 접힌 부분의 윗부분에 해당하는 것이며, 아랫부분에 있어서는 동일한 2개의 화살표가 나타나지만 방향이 반대이며 그림의 아랫부분에 적용된다.

공급체인은 자원의 관리에 있어서 중심적 역할을 한다. 공급체인의 관리는 현재와 미래의 자원비용이 주어졌을 경우, 최적 계약을 선택함으로써 리스크를 고려하면서 이윤을 극대화한다. 미래에 대한 동태적 시스템으로서 레온티에프 모형을 분석하는 것이 이러한 분석의 중심과제이다. 이에 대한 분석은 이 책에서 설명하는 운용최적화에 근거한 것이다. 운용 자료는 다이내믹 레온티에프 동태적 모형의 투입 자료이다. 연료자원과 시장가격(특히 연료가격)의 예측은 에너지 정책수립과 공급체인 분석에 있어서 투입 자료의 또 다른 중요한 부분을 차지한다. 시장의 가격결정은 이 책의 범위를 벗어나며 이 책의 후속 편에서 다룰 것이다.

2.9 불확실성과 신뢰도

전력회사를 경영하는 수행척도 가운데 중요한 것은 신뢰도이다. 소비자는 이 부분에 대한 이해도가 가장 낮다. 신뢰도라는 것은 총 시간 중에서 서비스가 가능한 시간의 점유율(%)을 나타내는 것이며 "천재지변"과 같이 불가항력적인 것은 고려하지 않는다. 신뢰도의 정의 및 사고사건의 완화 수준은 현재 검토단계에 있다. 여러 종류의 경쟁시장의 관계 및 산업 간의 상호관계로 인하여 위험관리도구를 필요로 하는 위험관리 포트폴리오가 필요하게 되므로 경쟁시장이 열림에 따라 신뢰도의 복잡성이 가중된다.

신뢰도는 중요한 논제이지만 차후의 책에서 다루기로 한다. 그러나 이것은 전력시스템의 운용뿐만 아니라 장기계획에서도 지침이 되는 주요논제이다. 대부분의 전력회사는 의무서비스규정(OTS)[14)] 아래에서 운영된다. 의무서비스규정 아래에서 모든 전력수요가 만족되어야 하지만 이러한 규제 아래에서는 가격이 지정되지 않는다. 발전기들은 서로 독립적이므로 전력시스템의 가용도는 발전기들이 병렬로 연결된 것처럼 하여 각 발전기의 가용도를 곱하여 계산된다. 이것은 일반적으로 채택되는 단순화의 가정이다. 발전기의 가용도는 과거의 운전기록에 의하여 발전기의 불시고장정지율에 의하여 결정된다. 가용도는 1.0에서 발전기의 불시고장정지율을 뺀 값이다. 신뢰도는 연구과제이지만 이 장의 범위를 벗어난다. 이 내용은 후편에서 다룰 예정이다.

문제

2.1 이 장에 대하여 흥미를 갖는 학생은 모든 활동에 따른 총수익은 모든 투입비용과 고정비용을 합한 것과 같아야 한다는 것을 나타내기 위하여 수직통합회사의 방정식을 다시 써보아야 한다. 항상 수익과 지출은 일치해야 한다.

2.2 흥미를 갖는 학생은 각 주의 규제에 관한 내용을 확인하기 바란다. 몇 개의 규제기관이 전력회사를 감독하는가? 몇 개의 연계전력시스템이 존재하는가? 어떤 연료가 사용되는가? 어떤 종류의 에너지 저장장치가 존재하는가? 몇 개의 시장이 존재하는가? 시장은 서로 어떻게 연결되어 있는가? 전력회사(예를 들면 발전회사)에는 어떠한 계약형태가 존재하는가? 소비자와의 계약형태는 어떠한가? 옵션계약이 존재하는가?

2.3 정부의 어느 기관이 미래 연료가격 또는 에너지 정책이 미치는 영향에 대하여 자료를 제공하는가?

2.4 톰슨과 토레의 교과서는 선형계획법을 사용한 정태적 분석에 대한 좋은 참고문헌이다. 이 교과서의 내용은 별도의 과정으로 에너지모델링을 강의하기 위한 중요한 모델이 많이 소개되어 있다.

---

14) Obligation to Serve rule

참고문헌

1. Lee Willis, H., *Power Distribution Planning Reference Book*, Second Edition Revised and Expanded, Marcel Dekker, Inc., 2004, p. 57.

3

화력발전시스템의 경제급전 및 최적해

이 장은 전력시스템 운용의 최적화에 대하여 설명한다. 최적화 문제를 이해하기 위하여 라그랑지 승수의 개념과 쿤-터커 조건을 설명한 부록을 참조하기 바란다.

3.1 경제급전 문제

〈그림 3.1〉은 이 절에서 설명할 화력발전시스템의 구성을 도식화한 것이다. 이 시스템은 전기적 부하 P_{load}를 공급하는 N개의 화력발전기가 하나의 모선에 연결되어 있는 것을 나타낸다. F_i라고 하는 각 발전기의 입력은 발전기의 비용함수[1]를 나타낸다. 각 발전기의 출력(P_i)은 전기적 출력을 나타낸다. 전체 발전기에 대한 비용은 각 발전기의 비용을 합한 것이다. 이 시스템을 운용하는 데 있어서의 가장 중요한 제약조건은 부하의 합이 발전기출력의 합과 같다는 것이다.

수학적으로 말한다면, 이 문제는 간결하게 표현될 수 있다. 즉, 목적함수 F_{T}는 나타난 수요를 충족하는 데 필요한 총 비용이다. 이 문제는 "각 발전기출력의 합이 주어진 수요와 같아야 한다"라는 제약조건 아래에서 목적함수 F_{T}를 최소화하는 것이다. 이 문제를 정식화함에 있어서 송전손실과 시스템 운용상의 제약을 명시적으로 나타내지 않았다. 이것을 수식으로 나타내면 다음 식과 같다.

---

1) 비용함수(cost rate): 발전기는 어떤 특정한 율(rate, 예를 들면 MBtu/h)로서 연료를 사용하며, 제1장에서 설명한 바와 같이 $/h로 변환될 수 있다. 이 책에서는 발전기의 비용(generating unit "cost")이라고 하는 경우 $/h를 의미하는 것으로 한다.

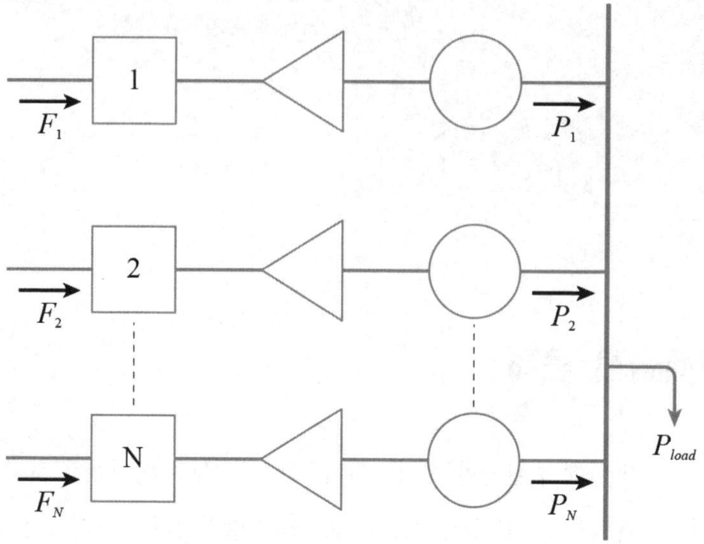

〈그림 3.1〉 부하 P_{load}를 공급하기 위한 N_{gen} 개의 화력발전기

$$F_T = F_1 + F_2 + F_3 + \dots + F_{Ngen} \tag{3.1}$$

$$F_T = \sum_{i=1}^{Ngen} F_i(P_i) \tag{3.2}$$

$$\phi = 0 = P_{load} - \sum_{i=1}^{Ngen} P_i \tag{3.3}$$

이것은 라그랑지 함수를 포함하는 고등미적분 문제로 풀 수 있는 조건부최적화 문제이다.

목적함수가 최솟값을 갖기 위한 필요조건을 세우기 위하여 제약조건 함수에 하나의 미정계수를 곱하여 이것을 목적함수에 더한다. 이것은 라그랑지 함수라고 하며 다음 식

$$\mathcal{L} = F_T + \lambda\phi \tag{3.4}$$

과 같다. 라그랑지 함수를 각각의 독립변수에 대하여 미분하여 1계(一階)도함수를 구한 다음, 0으로 놓으면 목적함수가 최솟값을 갖기 위한 필요조건이 얻어진다. 이

경우에 독립변수는 N개의 발전기의 출력 P_i와 하나의 결정되지 않은 라그랑지 승수로서 모두 $N+1$개이다. 라그랑지 함수를 미정계수 람다(λ)에 관하여 미분하면 원래의 제약조건식이 된다. 반면에 라그랑지 함수를 각 발전기의 출력에 대하여 하나씩 편미분하면 아래와 같은 식

$$\frac{\partial \mathcal{L}}{\partial P_i} = \frac{\mathrm{d}F_i(P_i)}{\mathrm{d}P_i} - \lambda = 0$$

또는 다음의 식

$$0 = \frac{\mathrm{d}F_i}{\mathrm{d}P_i} - \lambda \tag{3.5}$$

을 얻는다. 즉, 화력발전기로 구성된 발전시스템에 있어서 최소비용을 갖는 운전상태가 존재하기 위한 필요조건은 모든 발전기의 증분비용이 어떤 결정되지 않은 값 λ와 같다는 것이다. 물론 이와 같은 필요조건에 각 발전기출력의 합은 시스템수요와 같아야 한다는 제약조건이 추가되어야 한다. 또한 각 발전기별로 만족되어야 하는 2개의 부등식이 있다. 다시 말하면, 이 부등식은 "발전기의 출력이 최소출력보다 크거나 같아야 하고, 최대출력보다 작거나 같아야 한다"라는 조건이다.

이 조건과 부등식들은 다음 식을 구성하는 방정식의 집합으로 요약될 수 있다.

$$\begin{aligned} &\frac{\mathrm{d}F_i}{\mathrm{d}P_i} = \lambda && N_{gen}\text{개의 등식} \\ &P_{i,min} \le P_i \le P_{i,max} && 2N_{gen}\text{개의 부등식} \\ &\sum_{i=1}^{N} P_i = P_{load} && 1\text{개의 제약조건} \end{aligned} \tag{3.6}$$

부등식 제약조건을 고려하면, 필요조건은 다음 식

$$\frac{\mathrm{d}F_i}{\mathrm{d}P_i} = \lambda \qquad P_{i,min} < P_i < P_{i,max} \text{ 의 경우}$$

$$\frac{\mathrm{d}F_i}{\mathrm{d}P_i} \le \lambda \qquad P_i = P_{i,max} \text{의 경우} \tag{3.7}$$

$$\frac{\mathrm{d}F_i}{\mathrm{d}P_i} \ge \lambda \qquad P_i = P_{i,min} \text{의 경우}$$

을 구성하는 방정식의 집합과 같이 약간 확장될 수 있다. 이 장에 나타나는 여러 예제는 다음과 같이 3개의 발전기로 구성된 발전시스템을 사용한다.

발전기-1: 유연탄연소 화력발전기

최대출력 = 600MW

최소출력 = 150MW

입력-출력곡선:

$$H_1\left(\frac{\text{MBtu}}{\text{시간}}\right) = 510.0 + 7.2P_1 + 0.00142P_1^2$$

발전기-2: 중유연소 화력발전기

최대출력 = 400MW

최소출력 = 100MW

입력-출력곡선:

$$H_2\left(\frac{\text{MBtu}}{\text{시간}}\right) = 310.0 + 7.85P_2 + 0.00194P_2^2$$

발전기-3: 중유전소 화력발전기

최대출력 = 200MW

최소출력 = 50MW

입력-출력곡선:

$$H_3\left(\frac{\text{MBtu}}{\text{시간}}\right) = 78.0 + 7.97P_3 = 0.00482P_3^2$$

예제 3A 시스템 수요 850MW를 공급할 때 위의 3개 발전기의 경제적 출력(MW)을 구한다고 가정한다. 이 문제를 풀기 전에 각 발전기의 연료비를 결정해야 한다.

발전기-1: 연료비 = 1.1$/MBtu

발전기-2: 연료비 = 1.0$/MBtu

발전기-3: 연료비 = 1.0$/MBtu

그러면 비용함수는 다음의 식

$$F_1(P_1) = H_1(P_1) \times 1.1 = 561.0 + 7.92P_1 + 0.001562P_1^2 \ \$/\text{h}$$

$$F_2(P_2) = H_2(P_2) \times 1.0 = 310.0 + 7.85P_2 + 0.00194P_2^2 \ \$/\text{h}$$

$$F_3(P_3) = H_3(P_3) \times 1.0 = 78.0 + 7.97P_3 + 0.00482P_3^2 \ \$/\text{h}$$

과 같다. 식 3.5를 이용하면 최적급전이 되는 조건은 다음 식

$$\frac{dF_1}{dP_1} = 7.92 + 0.003124P_1 = \lambda$$

$$\frac{dF_2}{dP_2} = 7.85 + 0.00388P_2 = \lambda$$

$$\frac{dF_3}{dP_3} = 7.97 + 0.00964P_3 = \lambda$$

$$P_1 + P_2 + P_3 = 850\,\text{MW}$$

과 같이 된다. 람다에 대하여 풀면 다음 값

$$\lambda = 9.148\,\$/\text{MWh}$$

을 얻으며 이로부터 P_1, P_2, P_3를 구하면 아래와 같다.

$$P_1 = 393.2\,\text{MW}$$

$$P_2 = 334.6\,\text{MW}$$

$$P_3 = 122.2\,\text{MW}$$

위의 결과를 보면 모든 조건이 만족된다는 것을 알 수 있다. 즉, 각 발전기의 출력은 상한과 하한의 사이에 존재하고 각 발전기출력의 합은 제약조건식에서 원하는 850MW이다.

예제 3B 석탄가격이 0.9$/MBtu로 하락하였다고 가정한다. 그러면 발전기-1의 비용함수는 다음 식

$$F_1(P_1) = 459 + 6.48P_1 + 0.00128P_1^2$$

과 같이 출력에 따라 변한다. 앞에서 설명한 바와 같이 경제급전의 해를 구해 본다면

$$\lambda = 8.284\$/\mathrm{MWh}$$

가 되며 각 발전기의 출력은 다음과 같다.

$$P_1 = 704.6\mathrm{MW}$$

$$P_2 = 111.8\mathrm{MW}$$

$$P_3 = 32.6\mathrm{MW}$$

이렇게 구한 해는 발전기출력의 합이 시스템수요 850MW와 같다는 제약조건은 만족하지만 발전기-1과 발전기-3의 출력은 하한과 상한의 범위를 각각 벗어난다. 발전기출력의 상한과 하한의 제약조건을 만족하면서 경제급전의 해를 구하기 위하여 식 3.6을 이용한다.

발전기-1의 출력을 최대로 놓고 발전기-3의 출력을 최소로 놓는다고 가정해 본다. 그러면 급전의 결과는 다음의 값과 같이 된다.

$$P_1 = 600\mathrm{MW}$$

$$P_2 = 200\mathrm{MW}$$

$$P_3 = 50\mathrm{MW}$$

식 3.6에서, 발전기-2의 출력은 하한과 상한의 사이에 존재하므로 람다는 발전기의 증분비용과 같아야 한다는 것을 알 수 있다. 그러면

$$\lambda = \left.\frac{\mathrm{d}F_2}{\mathrm{d}P_2}\right|_{P_2 = 200} = 8.626\$/\mathrm{MWh}$$

이다. 다음으로 발전기-1과 발전기-3의 증분비용을 계산하여 이들이 식 3.6을 만

족시키는가를 확인할 필요가 있다.

$$\left.\frac{dF_1}{dP_1}\right|_{P_1=600} = 8.016\$/MWh$$

$$\left.\frac{dF_3}{dP_3}\right|_{P_3=50} = 8.452\$/MWh$$

발전기-1의 증분비용은 람다보다 작으므로 발전기-1의 출력은 상한값으로 되어야 한다. 그러나 발전기-3의 증분비용은 람다보다 작으므로 출력을 최솟값이 되도록 하면 안 된다. 그러므로 최적급전 상태를 찾아내기 위해 발전기-2와 발전기-3의 증분비용이 람다와 같게 되도록 다음 식

$$P_1 = 600MW$$

$$\frac{dF_2}{dP_2} = 7.85 + 0.00388P2 = \lambda$$

$$\frac{dF_3}{dP_3} = 7.97 + 0.00964P_3 = \lambda$$

$$P_2 + P_3 = 850 - P_1 = 250MW$$

과 같도록 하면, 람다는

$$\lambda = 8.576\$/MWh$$

과 같이 되고 출력은

$$P_2 = 187.1MW$$

$$P_3 = 62.9MW$$

으로 된다. 그러면 이 급전상황은

$$\left.\frac{dF_1}{dP_1}\right|_{P_1=600MW} = 8.016\$/MWh$$

이므로 식 3.6을 만족시키며, 이 값은 람다보다 작고 dF_2/dP_2와 dF_3/dP_3는 람다

와 같다.

3.2 구간별 선형비용함수를 이용한 경제급전

대부분의 전력회사는 단일 선형구간 또는 복수의 선형구간을 갖는 함수를 발전기의 비용함수로서 사용하고 있다. 〈그림 3.2〉는 이러한 형태의 비용함수를 나타낸다. 단일 구간을 갖는 비용함수에 대해 람다반복탐색법을 사용할 때에 람다값이 출력 P가 결정되지 못하는 점에서의 증분비용과 정확하게 일치하지 않는 한, 출력은 P_{max} 또는 P_{min}에서 결정된다. 이 문제를 해결하기 위하여 급전을 달리한다.

모든 발전기가 운전 중일 때 모든 발전기가 최소출력점 P_{min}에 있는 것에서 출발하여 증분비용이 가장 낮은 발전기의 출력을 증가하기 시작한다. 만약 이 발전기의 출력이 제약구간의 오른쪽에 부딪치면 또는 P_{max}에 부딪치면 다음으로 높

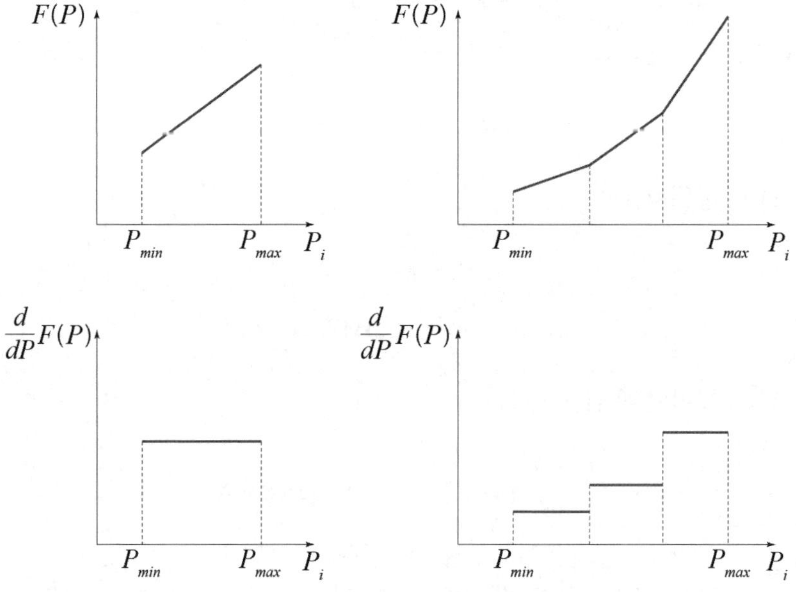

〈그림 3.2〉 구간별 선형비용함수

은 증분비용을 갖는 발전기를 찾아서 출력을 증가한다. 궁극적으로 발전기출력이 증가하여 모든 발전기의 출력의 합이 전체 수요 또는 전체 수요와 시스템 손실을 합한 값과 같아지는 상태에 도달한다. 이 상태에서 마지막으로 출력이 조정되는 발전기는 하나의 선형구간의 부분출력을 갖게 된다. 만약 어떤 2개의 발전기가 정확하게 동일한 증분비용을 갖는다면, 어떻게 출력을 할당하여도 무관하지만, 2개의 발전기의 출력을 동등하게 할당한다.

이 절차를 빨리 진행하기 위하여 각 발전기의 개별 선형구간에 대한 출력의 기여 부분(오른쪽 끝의 출력에서 왼쪽 출발점의 출력을 뺀 값)을 기록한 표를 작성하여 놓을 수 있다. 그러면 증분비용이 증가하는 순서대로 위의 표를 정렬한다. 표의 맨 위부터 차례로 아래로 탐색하여 가면, 다음으로 증분비용이 큰 새로운 선형구간을 찾을 때 다음의 선형구간을 찾을 필요가 없게 된다. 이것은 대단히 신속한 형태의 경제급전이다. 다음 절에서는 구간별 선형비용함수가 선형계획법 프로그램에서 사용되는가에 대한 설명을 한다.

3.3 선형계획법을 이용한 경제급전 방법

3.3.1 구간별 선형비용함수

풀어야 할 문제가 일반성을 잃지 않고 선형화될 수 있는 한, 선형계획법을 이용하면 부등식 제약조건을 갖는 문제를 풀기에 아주 적합하다.

아래에 제시하는 정식화에서 선형계획법이 어떻게 경제급전에 사용될 수 있는가를 설명한다. 먼저 비선형 입력-출력 곡선 또는 비용함수를 선형함수의 조합으로써 나타내는 방법을 살펴본다.

〈그림 3.3〉과 같은 비용함수에서 출발한다.

비선형 비용함수를 구간별 선형함수로 근사화하면 〈그림 3.4〉가 된다.

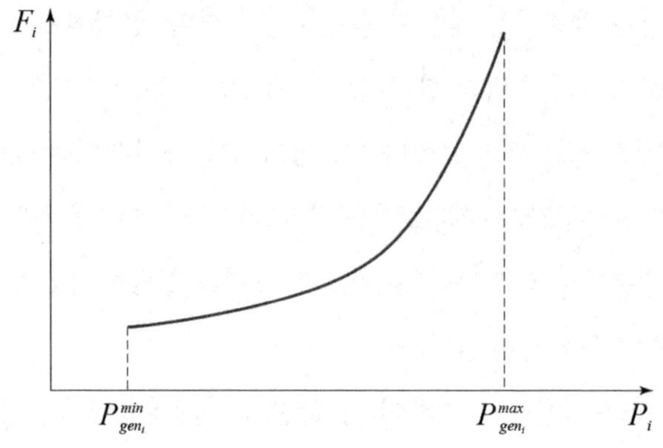

〈그림 3.3〉 비선형 비용함수의 특성

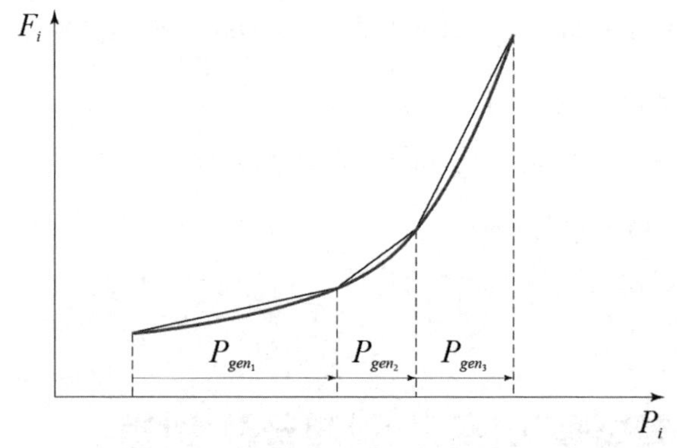

〈그림 3.4〉 구간별 선형함수로 근사화한 비선형 비용함수

발전기의 출력을 3개의 구간으로 나타내고 각각을 i_1, i_2, i_3라고 한다. 변수 P_i는 3개의 변수 $P_{gen_{i1}}$, $P_{gen_{i2}}$, $P_{gen_{i3}}$로 표현한다. 각각의 구간의 기울기는 s_{i1}, s_{i2}, $s_{i3}(s_{i1} < s_{i2} < s_{i3})$가 된다. 그러면 비용함수 자체는 $P_i^{\min}$에서의 비용과 각 구간의 기울기와 P_{ij}변수를 곱한 값인 각 구간의 선형비용의 합으로서 나타난다. 그러면 비용함수는 다음 식

$$F_i(P_{gen_i}) = F_i(P_{gen_i}^{min}) + s_{i1}P_{gen_{i1}} + s_{i2}P_{gen_{i2}} + s_{i3}P_{gen_{i3}}$$

여기에서

$$0 \leq P_{gen_{ik}} \leq P_{gen_{ik}}^{max}, \quad k = 1,\ 2,\ 3$$

과 같다. 마지막으로 다음 2개의 식

$$P_{gen_i} = P_{gen_i}^{min} + P_{gen_{i1}} + P_{gen_{i2}} + P_{gen_{i3}}$$

$$S_{ik} = \frac{F_i(P_{gen_{i(k+1)}}) - F_i(P_{gen_{ik}})}{(P_{gen_{i(k+1)}}) - (P_{gen_{ik}})}$$

이 성립한다. 비용함수는 3개의 변수 $P_{gen_{i1}}$, $P_{gen_{i2}}$, $P_{gen_{i3}}$의 1차 조합 또는 선형조합으로 표시된다.

그런데 기울기는 출력이 커짐에 따라 증가하므로 선형계획법 프로그램은 $P_{gen_{i(k+1)}}$이 0보다 더 커지기 전에 $P_{gen_{ik}}$가 $P_{gen_{ik}}^{max}$에 도달하도록 한다.

3.3.2 선형계획법을 이용한 경제급전 문제

경제급전을 위한 선형계획법 문제의 해는 다음 식

$$min \sum_{i=1}^{N_{gen}} (F_i(P_{gen_i}^{min}) + s_{i1} P_{gen_{i1}} + s_{i2} P_{gen_{i2}} + s_{i3} P_{gen_{i3}})$$

$$0 \leq P_{gen_{ik}} \leq {}_{ik} P_{gen_{ik}}^{max} \quad k = 1, 2, 3, \quad i = 1, \cdots, N_{gen}$$

과 같이 나타나며 마지막으로 다음 식이 성립한다.

$$P_i = P_i^{min} + P_{gen_{i1}} + P_{gen_{i2}} + P_{gen_{i3}}, \quad i = 1, \cdots, N_{gen}$$

$$\text{제약조건: } \sum_{i=1}^{N_{gen}} P_i = P_{load}$$

지금부터 예제 3A에 대하여 주어진 예를 사용하여 3개 발전기로 구성된 시스템의 경제급전 문제를 선형계획법을 이용하여 풀기로 한다. 선형계획법에 의한 해를 검토하기 전에 선형계획법이 변수를 어떻게 처리하는가에 대하여 알아본다. 여기에는 각 발전기가 3개의 선형구간을 갖고 있는 문제에 있어서, 3개의 발전기에 대한 모든 변수의 리스트가 나타나 있다.

발전기 변수:

$$P_{gen_1}, P_{gen_{11}}, P_{gen_{12}}, P_{gen_{13}}, P_{gen_2}, P_{gen_{21}}, P_{gen_{22}}, P_{gen_{23}}, P_{gen_3}, P_{gen_{31}}, P_{gen_{32}}, P_{gen_{33}}$$

3개의 선형비용함수와 더불어 각 구간별 출력의 함수로써 발전기의 출력값을 파악하기 위하여 출력 방정식이 주어진다. 즉 $P_{gen_i} = P_{gen_i}^{min} + P_{gen_{i1}} + P_{gen_{i2}} + P_{gen_{i3}}$ 와 같은 3개의 방정식이 주어지며 총출력(발전기출력의 합)이 시스템수요와 같다는 하나의 제약조건을 나타내는 방정식이 주어진다.

제8장은 이 선형계획법 문제에 대하여 여기의 예제를 이용하여 설명하며 이 문제에 어떻게 송전선 용량의 제약을 포함시킬 것인가도 설명한다.

예제 3C 선형계획법을 이용한 해법

예제 3A에 주어진 3개 발전기의 예를 또다시 싣는다. 각 발전기의 비용함수는 다음 식

$$F_1(P_{gen_1}) = 561.0 + 7.92P_{gen_1} + 0.00562P_{gen_1}^2$$

$$F_2(P_{gen_2}) = 310.0 + 7.85P_{gen_2} + 0.00194P_{gen_2}^2$$

$$F_3(P_{gen_3}) = 78.0 + 7.97P_{gen_3} + 0.00482P_{gen_3}^2$$

과 같으며 발전기출력의 상한과 하한은 다음의 표

발전기	P_{gen}^{min}	P_{gen}^{max}
1	150	600
2	100	400
3	50	200

와 같고 시스템부하는 850MW이며 이 상태에서 선형계획법 프로그램을 이용하여 경제급전(ED) 문제를 풀 수 있다. 단지 하나의 차이점은 구간의 개수가 얼마인가에 따라 람다반복법을 사용한 경우보다 해가 달라질 수 있다는 것이다. 다음의 표에서 1, 3, 5, 10, 그리고 50개의 구간을 사용한 예를 각각의 비용함수에 대하여 보여준다. 그러면 구간의 개수가 커짐에 따라 원래의 비용함수를 사용한 방법의 목적함수와의 차이가 줄어든다는 것을 알 수 있다.

구간의 수	발전기-1 MW	발전기-2 MW	발전기-3 MW	총비용 ($/h)
1	400	400	50	8,227.870
2	375	350	125	9,195.369
3	450	300	100	8,204.105
5	400	340	110	8,195.206
10	385	340	125	8,194.554
50	393	335	122	8,194.357
람다탐색법을 사용한 경우	393.2	334.6	122.2	8,194.356

구간의 개수를 늘린다고 하여 해가 정확한 해에 도달한다고 말할 수는 없다는 사실을 주목해야 한다. 구간의 개수가 2에서 3으로 바뀌면 총 비용 면에서 해가 약간 나빠지는 것을 알 수 있다. 이것은 3개의 구간으로 나타낼 경우 비용함수의 표현이 2개의 구간으로 할 경우의 해보다 총 비용에서 멀어진다는 것을 의미한다. 구간의 개수가 5, 10, 50 등으로 증가하면 정확한 해에 가까워진다.

3.4 람다반복법

〈그림 3.5〉는 화력발전기만으로 구성된 발전시스템에서 송전손실을 고려하지 않고 람다반복법에 의하여 경제급전의 해를 구하는 블록다이어그램이다. 먼저 그래프 기법을 사용하여 문제를 푸는 방법을 설명한 다음, 컴퓨터를 이용한 방법으로

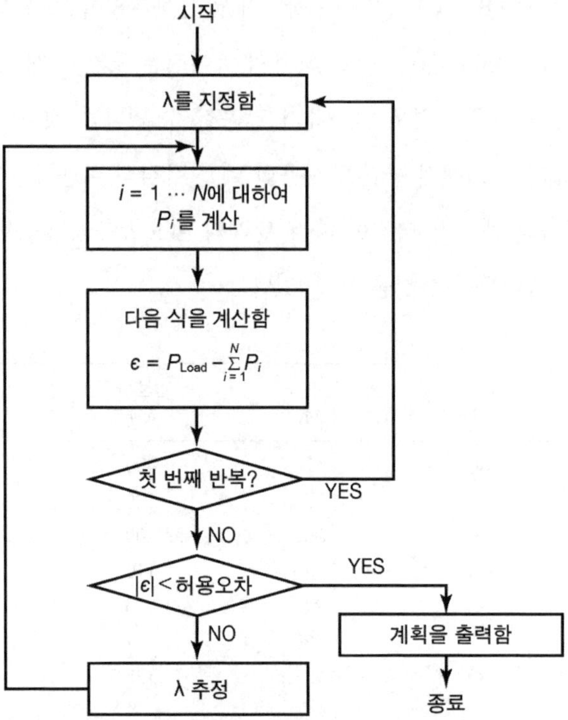

〈그림 3.5〉 람다반복법에 의한 경제급전

이동한다.

먼저 3개 발전기의 예를 갖고 경제급전의 최적해를 찾는 것으로 한다. 하나의 접근법은 〈그림 3.6〉과 같이 하나의 도면에 3개 발전기의 증분비용곡선을 그리는 것이다. 비용최소화 문제를 풀고 이와 동시에 수요를 충족시키는 3개 발전기의 운전점을 구하기 위하여 여기에 보여 주는 도면과 자(ruler)를 이용하면 된다. 다시 말하면 하나의 증분비용(람다)을 가정하고 이 값에 해당하는 발전기의 출력을 구하면 된다.

물론, 초기의 람다값은 부정확한 것이다. 현재의 람다값에 의한 발전기출력의 합이 너무 작다면 람다값을 증가하여 다른 해를 찾아야 한다. 2개의 람다값을 갖고 있다면 이 해를 외삽(또는 내삽)하여 총출력(발전기출력의 합)이 원하는 값에 접근하도록 하여야 한다(〈그림 3.7〉 참조).

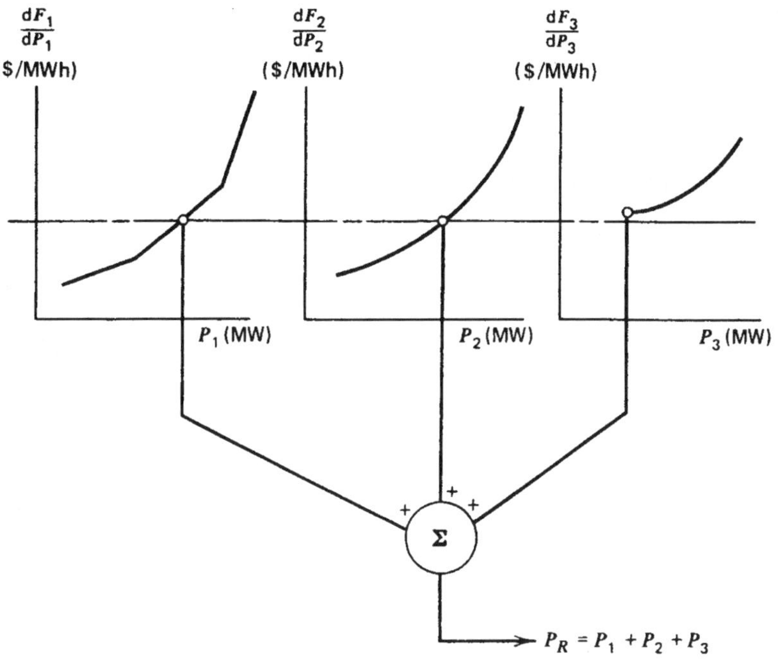

〈**그림 3.6**〉 경제급전의 도식해

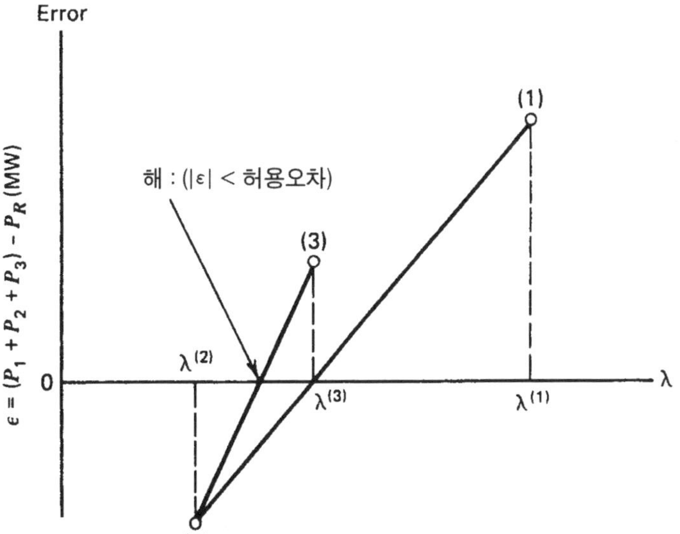

〈**그림 3.7**〉 람다값의 결정

총 수요와 증분비용의 관계를 추적해 가면 원하는 운전점을 찾아갈 수 있다. 서로 다른 증분비용 수준과 발전기출력의 조합에 대한 변동을 일련의 표로 작성할 수 있다.

이와 동일한 절차가 〈그림 3.5〉와 같이 컴퓨터 프로그램에 의하여 실행될 수 있다. 다시 말하면, 도면과 '자'를 이용한 방법과 동일한 방법으로 논리적 법칙을 만들어 동일한 목적을 달성할 수 있다. 발전기출력이 어떻게 증분비용함수에 의하여 결정되는가에 대한 자세한 정보는 중요하지 않다. 어떤 단계에서 증분비용과 발전기 출력자료를 컴퓨터 메모리에 보관하여 놓고 증분비용에 따르는 각 발전기의 출력을 내삽법에 의하여 계산할 수 있다. 또 다른 방법은 증분비용의 함수로써 발전기출력을 정의하여 놓고 컴퓨터 메모리에 비용함수의 계수를 보관하여 각 발전기의 출력을 계산하는 것이다.

이 절차는 반복계산 형태의 절차이며 종료규칙을 결정하여야 한다. 이에 관한 두 가지 종료규칙이 있다. 첫 번째는 〈그림 3.5〉에 나타난 바와 같이 적정한 허용범위 ε 이내에서 운전점이 결정되면 종료하는 것이다. 다른 하나는 최대 반복횟수를 지정하여 반복 루프를 허용한 만큼 반복하고 종료하는 것이다.

람다반복법은 여기에 제시한 최적화 문제와 같은 경우에는 대단히 빨리 수렴한다. 실제로 컴퓨터로써 실행하는 프로그램은 〈그림 3.5〉보다는 계산과정의 중간에 각 발전기출력의 상한과 하한에 관한 제약조건을 지켜야 하므로 좀 더 복잡하다. 뉴턴-랩슨법과 같이 잘 알려진 방법은 원하는 출력값과 계산된 출력값의 차이를 0으로 하기 위하여 사용될 수 있다.

예제 3D 발전기의 비용함수를 다음과 같이 3차함수로 나타낸다고 가정한다.

$$H(\mathrm{MBtu/h}) = A + BP + CP^2 + DP^3$$

다음과 같은 3개의 발전기에 대하여 람다반복법을 이용하여 최적해를 구한다.

	A	B	C	D
발전기-1	749.55	6.95	9.68×10^{-4}	1.27×10^{-7}
발전기-2	1,285.0	7.051	7.375×10^{-4}	6.453×10^{-8}
발전기-3	1,531.0	6.531	1.04×10^{-3}	9.98×10^{-8}

각 발전기의 연료가격은 1.0$/MBtu라고 가정하며 출력의 상한과 하한은 다음 식

$$320\text{MW} \leq P_1 \leq 800\text{MW}$$

$$300\text{MW} \leq P_2 \leq 1,200\text{MW}$$

$$275\text{MW} \leq P_3 \leq 1,100\text{MW}$$

과 같다. 〈그림 3.5〉를 이용한 2개의 계산예를 보여 준다. 이 계산예에서 두 번째 반복에 사용하는 람다값은 초기 람다값의 10% 범위 내에서 오차의 부호에 따라 결정되며 나머지 반복과정에서의 람다값은 〈그림 3.7〉에 나타나 있다.

첫 번째 예제는 람다값을 최적값 근처에서 출발하는 것의 이점을 보여 준다.

$$P_{load} = 2,500\text{MW}$$

$$\lambda_{start} = 8.0\$/\text{MWh}$$

반복	람다	총출력(MW)	P_1	P_2	P_3
1	8.0000	1,731.6	494.3	596.7	640.6
2	8.8000	2,795.0	800.0	1,043.0	952.0
3	8.5781	2,526.0	734.7	923.4	867.9
4	8.5566	2,497.5	726.1	911.7	859.7
5	8.5586	2,500.0	726.9	912.7	860.4

두 번째 예제는 람다반복법을 사용할 때 일어날 수도 있는 진동문제를 보여 준다.

$$P_{load} = 2,500\text{MW}$$

$$\lambda_{start} = 10.0\$/\text{MWh}$$

반복	람다	총출력(MW)	P_1	P_2	P_3
1	10.0000	3,100.0	800.0	1,200.0	1,100.0
2	9.0000	2,974.8	800.0	1,148.3	1,026.5
3	5.2068	895.0	320.0	300.0	275.0
4	8.1340	1,920.6	551.7	674.5	694.4
5	9.7878	3,100.0	800.0	1,200.0	1,100.0
6	8.9465	2,927.0	800.0	1,120.3	1,006.7
7	6.8692	895.0	302.0	300.0	275.0
8	8.5099	2,435.0	707.3	886.1	841.7
9	8.5791	2,527.4	735.1	924.0	868.3
10	8.5586	2,500.1	726.9	912.8	860.4

3.5 양분탐색법을 이용한 경제급전

양분탐색법[2)]이라고 말하는 람다반복법은 진동현상을 방지하는 아주 유용한 기법이며 경제급전의 최적해를 찾는 데 항상 성공한다. 먼저 사용자는 각 발전기의 최대출력 및 최소출력에서의 증분비용을 찾아야 한다. 그다음, 각 발전기의 최소출력점 P_{min}에서의 증분비용 중에서 가장 작은 값을 λ_{min}이라고 지정하고 각 발전기의 P_{max}에서의 증분비용 가운데 가장 큰 값을 λ_{max}라고 지정한다. 만약 $\lambda = \lambda_{min}$라면 람다 탐색알고리즘은 모든 발전기의 출력을 각각의 $P = P_{min}$으로써 결정하고, 만약 $\lambda = \lambda_{max}$라면 모든 발전기의 출력을 각각의 최대출력 $P = P_{max}$로써 결정한다. 양분탐색법은 다음 식에서 출발하며, 각 극한값의 중간이다.

$$\Delta\lambda = \frac{(\lambda_{max} - \lambda_{min})}{2}$$

$$\lambda_i = \lambda_{min} + \Delta\lambda$$

2) 양분탐색법과 경제급전에 대한 적용방법은 Walter Stadlin에 의하여 개발되었다.

이제 위의 증분비용에 해당하는 발전기출력을 계산한다. 만약 λ_i의 값이 출력 P_{min}에서의 증분비용보다 작다면 발전기출력을 P_{min}으로 지정한다. 또한 λ_i의 값이 P_{max}에서의 증분비용보다 크다면 발전기출력을 P_{max}로서 지정한다. 그렇지 않으면 증분비용함수에 의하여 출력 P의 값을 계산한다. 그리고 모든 발전기의 출력을 합산한다.

- 만약 $\sum_{i=1}^{N_{gen}} P_i > P_{load}$이라면, 람다값을 감소한다. 그러면 다음과 같다.

$$\Delta\lambda = \frac{\Delta\lambda}{2}$$

$$\lambda_{i+1} = \lambda_i - \Delta\lambda$$

- 만약 $\sum_{i=1}^{N_{gen}} P_i < P_{load}$이라면, 람다값을 증가한다. 그러면 다음과 같다.

$$\Delta\lambda = \frac{\Delta\lambda}{2}$$

$$\lambda_{i+1} = \lambda_i + \Delta\lambda$$

- 만약 절댓값 $\left|\sum_{i=1}^{N_{gen}} P_i - P_{load}\right|$가 허용오차보다 작다면 알고리즘을 종료한다.

$\Delta\lambda$의 값은 반복횟수마다 1/2로 감소한다. 양분탐색법은 다중선형 증분비용함수에서도 동일하게 사용될 수 있다. 비록 다중선형 증분비용함수가 선형구간 사이에서 점프하더라도 사용될 수 있다.

3.6 동적계획법을 이용한 경제급전

입력-출력 곡선(예를 들면 〈그림 1.6〉)에서 밸브점을 고려하는 경우, 제2장에서 본 바와 같이 정밀한 계산이 요구될 때 비-볼록곡선이 생성될 가능성이 고려되어야 한다. 만약 비-볼록 입력-출력 곡선이 사용되어야 한다면 어떤 주어진 증분비용에 대하여 출력값이 여러 개 존재할 수도 있으므로 등증분비용법을 사용할 수 없다.

그러한 경우, 동적계획법을 사용하면 이 문제를 피해서 경제급전의 해를 구할 수 있다. 동적계획법에 관한 지식이 필요한 독자는 이 장의 부록 3D를 참조하기 바란다.

동적계획법을 이용하여 경제급전의 해를 구하는 것은 이 장의 부록 3D에 주어진 바와 같이 할당문제에 해당한다. 이 방법을 이용할 경우, 시스템부하가 주어지면 하나의 최적해 조합을 구하기보다는 각 시스템부하에 대하여 출력의 조합을 생성한다.

예제 3E 시스템에 3개의 발전기가 있다고 가정한다. 이들의 입력-출력 곡선은 매끈하지도 않고 볼록하지도 않다(not smooth nor convex). 데이터는 다음 표에 주어져 있다.

출력수준	비용($/h)		
$P_1 = P_2 = P_3$	F_1	F_2	F_3
0	∞	∞	∞
50	810	750	806
75	1,355	1,155	1,108.57
100	1,460	1,360	1,411
125	1,772.5	1,655	1,704.5
150	2,085	1,950	1,998
175	2,427.5	∞	2,358
200	2,760	∞	∞
225	∞	∞	∞

시스템수요 D는 310MW이다. 이 수요는 발전기출력자료와 수요의 사이에서 정확하게 일치하지 않으므로 위의 표에서 얻을 수 있는 300MW와 325MW의 사

이에서 가장 가까운 자료로써 내삽하여야 한다.

발전기-1과 발전기-2를 이용하여 스케줄을 작성할 경우, 다음의 함수

$$f_2 = F_1(D - P_2) + F_2(P_2)$$

와 같은 최소비용을 발전기-2의 허용가능한 출력범위와 $100\text{MW} \le D \le 350\text{MW}$의 범위 내에서 찾아야 한다. 탐색 자료는 다음 표에 나타나 있다. 시스템수요 D를 공급하기 위한 최소비용과 각 수요수준에 대한 발전기-2의 출력수준을 기억(또는 저장)해 놓아야 한다.

		$P_2=0$	50	75	100	125	150(MW)		
		$F_2(P_2)=\infty$	750	1,155	1,360	1,655	1,950($/h)		
D (MW)	$F_1(D)$ ($/h)							f_2 ($/h)	P_2^* (MW)
0	∞	∞	∞	∞	∞	∞	∞	∞	
50	810	∞	∞	∞	∞	∞	∞	∞	
75	1,355	∞	∞	∞	∞	∞	∞	∞	
100	1,460	∞	1,560	∞	∞	∞	∞	1,560	50
125	1,772.5	∞	2,105	1,965	∞	∞	∞	1,965	75
150	2,085.5	∞	2,210	2,510	2,170	∞	∞	2,170	100
175	2,427.5	∞	3,177.6	2,615	2,715	2,465	∞	2,465	125
200	2,760	∞	3,510	2,927.5	2,820	3,010	2,760	2,760	150
225	∞	∞	∞	3,240	3,125	3,115	3,305	3,115	125
250	∞	∞	∞	3,582.5	3,445	3,427	3,410	3,410	150
275	∞	∞	∞	3,915	3,787.5	3,740	3,722.5	3,722.5	150
300	∞	∞	∞	∞	4,120	4,082.5	4,025	4,035	150
325	∞	∞	∞	∞	∞	4,415	4,377.5	4,377.5	150
350	∞	∞	∞	∞	∞	∞	4,710	4,710	150

그러면 다음의 표를 얻는다.

D	f_2	P_2^{*}
50	∞	
100	1,560	50
125	1,965	75
150	2,170	100
175	2,465	125
200	2,760	150
225	3,115	125
250	3,410	150
275	3,722.5	150
300	4,035	150
325	4,377.5	150
350	4,710	150
375	∞	

* 발전기-2의 출력은 최소비용의 수준으로 지정함.

다음으로, 50MW $\leq D \leq$ 175MW이며 시스템수요 D는 300MW와 325MW일 때 다음의 함수

$$f_3 = f_2(D - P_3) + F_3(P_3)$$

를 최소화한다. 2개의 다른 수요수준에 대하여 발전기-3 스케줄을 작성하는 데 있어서는 다음 표의 2개의 행(줄)만 필요하다.

	$P_1 = 0$	50	75	100	125	150	175	(MW)		
	$F_3(P_3) = \infty$	806	1,108.5	1,411	1,704.5	1,998	2,358	($/h)		
D(MW)	f_2 ($/h)								f_3	P_3^{*}
.			.							
.				.						
.					.					
300	4,035	∞	4,216	4,223.5	4,171	4,169.5	4,168	4,323	4,168	150
325	4,377.5	∞	4,528.5	4,518.5	4,526	4,464	4,463	4,528	4,463	150
.			.							
.				.						
.					.					

이 계산의 결과는 다음 표

D	비용	P_3^*	P_2^*	P_1^*
300	4,168	150	100	50
325	4,463	150	125	50

와 같으며 수요수준이 300MW와 325MW 사이에 있을 경우, 한계발전기는 발전기-2이다(다시 말하면 300MW와 325MW 사이로 수요가 증가하면 추가적 수요를 발전기-3이 담당한다는 것을 말한다). 그러므로 수요수준이 310MW이거나 또는 발전기-2의 출력수준이 110MW이라면 내삽법을 사용하여 비용을 찾아낼 수 있다. 수요수준이 310MW에 대한 급전의 결과는 다음과 같다.

$$P_1 = 50,\ P_2 = 110,\ \text{그리고}\ P_3 = 150\ \text{(총비용은 4,286\$/h에 대하여)}$$

동적계획법을 사용하는 경우의 일반적인 문제는 발전기출력의 제어가 잘 되지 않는다는 것이다. 출력제어의 문제는 제10장에서 자동출력제어(AGC)를 설명할 때 소개할 것이다. 발전기가 AGC시스템에 의하여 출력을 지정받을 경우 시스템부하가 약간 증가하면 AGC시스템은 어떤 발전기의 출력을 증가시켜 새로운 경제급전이 되는 상황으로 변경할 것이다. 이에 더하여, 발전기는 원하는 짧은 시간 이내에 새로운 출력기준점으로 이동하여야 한다. 그러나 만약 발전기의 형식이 대용량 증기터빈이라면 발전기의 출력이 미리 정해진 1분당의 최대출력 증가율 이상으로 변경하지 않아야 한다. 이 경우에 AGC 프로그램은 다른 발전기에게 출력변경을 지시하여 시스템수요의 변동을 발전기가 신속하게 대응하도록 한다.

비용함수가 비-볼록 함수이고 동적계획법을 이용하여 경제급전을 실행해야 하는 경우, 시스템수요의 변동량이 적을 경우에도 하나 또는 몇 개의 발전기가 출력을 크게 변동하고 다른 발전기가 출력을 크게 상승시켜야 하는 어려운 상황에 이를 수도 있다. 이 경우, 경제급전 측면에서는 동적계획법을 사용하는 것이 대단히 유리하지만 이러한 제어명령이 실행되기 어려울 수도 있고 여러 발전기의 출력

증가율의 한계를 위반할 수도 있다.

최소비용급전의 목표를 달성하면서 제어시스템에 적용할 수 있는 급전방법 가운데 유일한 것은 개별 발전기의 출력증가율에 관한 제약을 경제급전 문제의 제약조건에 포함시키는 것이다. 이러한 경우에는 단기수요예측과 발전기의 출력증가율에 대한 정보가 필요하다. 이 문제는 다음과 같이 정식화될 수 있다.

시간의 증분($t=1,\cdots,t_{max}$)에 따라 시스템수요의 수준 P_{load}^{t} 이 주어지고 N_{gen}개의 발전기가 수요를 충족하기 위해 운전 중이라고 가정한다.

$$\sum_{i=1}^{N_{gen}} P_i^t = P_{load}^t$$

각 발전기는 출력증가율의 한계에 따라 다음 2개의 식

$$P_i^{t+1} = P_i^t + \Delta P_i$$

$$-\Delta P_i^{max} \le \Delta P_i \le \Delta P_i^{max}$$

을 만족해야 한다. 그러면 각 시간대별로 수요를 공급하기 위한 비용을 최소화하기 위하여 발전기의 출력을 스케줄 작성하려면 다음 식

$$\text{최소화} \quad F^{total} = \sum_{t=1}^{T_{max}} \sum_{i=1}^{N_{gen}} F_i(P_i^t)$$

$$\text{제약조건} \quad \sum_{i=1}^{N_{gen}} P_i^t = P_{load}^t, \quad i=1,\cdots,t_{max}$$

$$P_i^{t+1} = P_i^t + \Delta P_i$$

$$-\Delta P_i^{max} \le \Delta P_i \le \Delta P_i^{max}$$

을 풀어 해를 구하여야 한다. 이 문제는 동적계획법을 사용하여 풀 수 있으며 출력증가율의 제약조건이 없는 동적계획법을 사용할 때보다 급전의 "제어수행능력"이 개선된다.

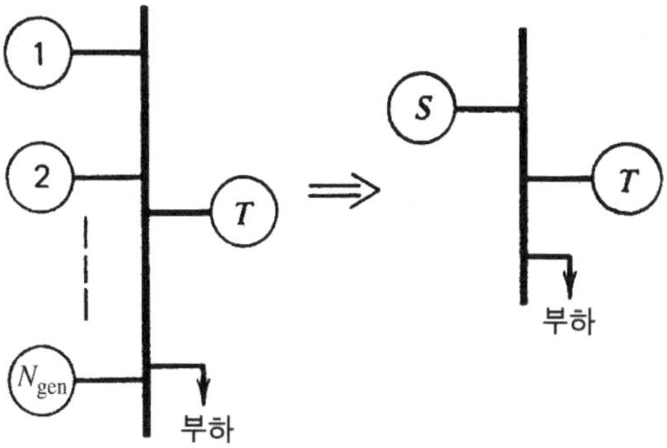

〈그림 3.8〉 합성발전기

3.7 합성발전기의 비용함수

이 절은 발전기가 많은 경우에 있어서 합성발전기의 비용함수를 쉽게 구하기 위한 유용한 기법을 소개한다. 예를 들어 〈그림 3.8〉과 같이 연료량의 제약이 있는 발전기-T(제5장 참조)와 N_{gen}개의 발전기를 고려하여 급전을 한다고 가정한다.

그러면 발전기 $1, 2, \cdots, N_{gen}$에 대한 합성비용함수를 다음 식

$$F_s(P_s) = F_1(P_1) + \cdots + F_{N_{gen}}\left(P_{N_{gen}}\right)$$

여기에서 $P_s = P_1 + \cdots + P_{N_{gen}}$

$$\frac{dF_1}{dP_1} = \frac{dF_2}{dP_2} = \cdots \frac{dF_{N_{gen}}}{dP_{N_{gen}}} = \lambda$$

과 같이 나타낼 수 있다. 만약 어느 발전기의 출력이 상한 또는 하한의 경계에 부딪치면 출력을 그 경계점의 값으로 고정한다.

$F_s(P_s)$를 생성하기 위한 단순한 절차는 λ_{min}부터 λ_{max}까지 λ를 주어진 증분만큼씩 증가해 가는 것이며 λ_{min}과 λ_{max}는 다음 식

$$\lambda^{min} = min\left(\frac{dF_i}{dP_i}, \quad i = 1, \cdots, N_{gen}\right)$$

$$\lambda^{max} = max\left(\frac{dF_i}{dP_i}, \quad i = 1, \cdots, N_{gen}\right)$$

과 같다. 각각의 증가단계에서 총 연료비를 계산하고 총출력(발전기출력의 합)을 구한다. 이 점들이 $F_s(P_s)$ 곡선을 구성한다. $F_s(P_s)$는 점과 점 사이의 부분에 대하여는 직선을 가정하거나 최소제곱법을 이용하여 곡선으로 만들 수도 있다고 가정하여, 이 점들의 집합으로 $F_s(P_s)$가 구성되면 직접 사용할 수 있다. 그러나 이렇게 작성한 매끈한 곡선이 비-볼록성과 같은 바람직하지 않은 특성을 가질 수 있다는 것을 유념하여야 한다. $F_s(P_s)$를 작성하는 과정이 〈그림 3.9〉에 나타나 있다.

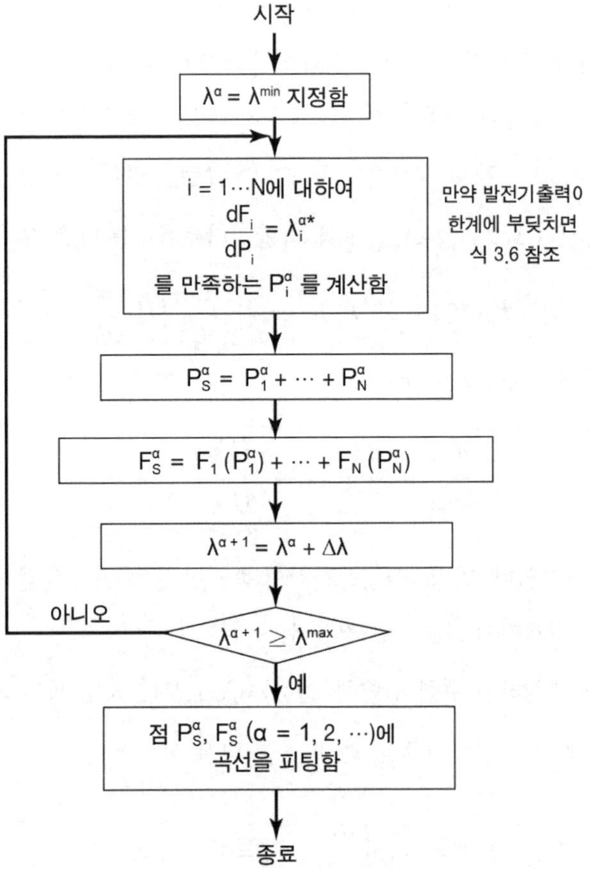

〈그림 3.9〉 합성비용곡선을 구하는 절차

예제 3F 예제 3A에서 사용한 3개의 발전기를 이용하여 하나의 합성발전기를 구성한다. 3개 발전기의 연료비는 다음과 같다.

발전기-1의 연료비: 1.1$/MBtu

발전기-2의 연료비: 1.4$/MBtu

발전기-3의 연료비: 1.5$/MBtu

〈그림 3.10〉은 8.3886부터 14.846$/MBtu 사이의 각 발전기의 증분비용을 보여준다. 〈그림 3.9〉의 플로우차트에 의하여 컴퓨터 프로그램이 구성되었고 람다값은 8.3886부터 14.846까지 계단식으로 증가하였다.

각각의 증가단계에서 동일한 람다에 대하여 출력과 발전비용이 더해져서 〈그림 3.9〉에 보인 바와 같이 합산되었다. 이 결과가 〈표 3.1〉에 나타나 있다. F_s의 근

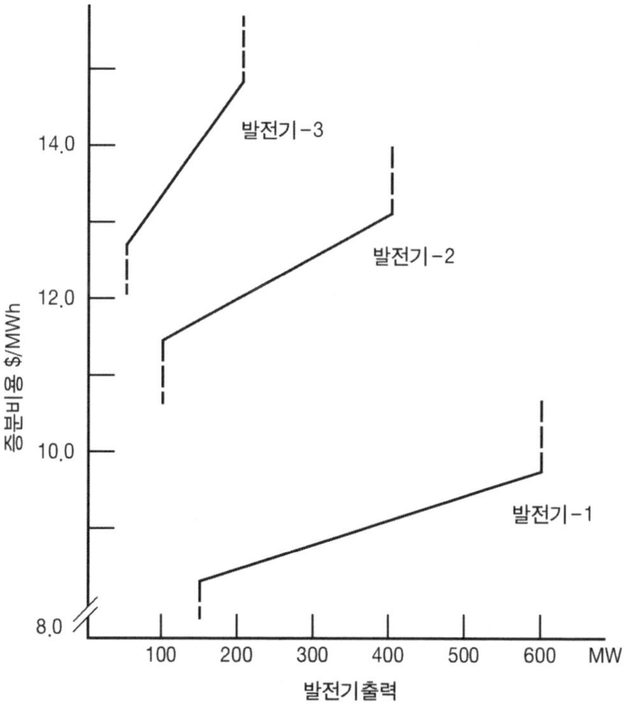

〈그림 3.10〉 발전기 증분비용

〈**표 3.1**〉 예제 3F의 합성비용함수를 작성하는 데 사용된 람다 스텝

스텝	λ	P_s	F_s	F_s 근삿값
1	8.8336	300.0	4,077.12	4,137.69
2	8.7115	403.4	4,960.92	4,924.39
3	9.0344	506.7	5,878.10	5,799.07
4	9.3574	610.1	6,828.66	6,761.72
5	9.6803	713.5	7,812.59	7,812.35
6	10.0032	750.0	8,168.30	8,204.68
7	11.6178	765.6	8,348.50	8,375.29
8	11.9407	825.0	9,048.83	9,044.86
9	12.2636	884.5	9,768.28	9,743.54
10	12.5866	943.9	10,506.92	10,471.31
11	12.9095	1,019.4	11,469.56	11,436.96
12	13.2324	1,088.4	12,369.40	12,360.58
13	13.5553	1,110.67	12,668.51	12,668.05
14	13.8782	1,133.00	12,974.84	12,979.63
15	14.2012	1,155.34	13,288.37	13,295.30
16	14.5241	1,177.67	13,609.12	13,615.09
17	14.8470	1,200.00	13,937.00	13,938.00

삿값이라고 하여 〈표 3.1〉과 〈그림 3.11〉에 나타난 결과치는 F_s의 점을 이차다항식에 의한 최소제곱법을 사용하여 회귀분석한 것이다. 등가비용함수는 다음 식

$$F_S\text{근삿값}(P_s) = 2,352.65 + 4.7175P_s + 0.0041168P_s^2$$
$$(\$/\mathrm{h}) \qquad\qquad 300\,\mathrm{MW} \le \mathrm{P_s} \le 1,200\,\mathrm{MW}$$

과 같다.

다항식 곡선으로써 점의 집합을 피팅할 때에 주의해야 할 사항은 여러 종류의 선택이 가능하다는 것이다. 앞에서 나타난 함수는 3개 발전기의 운전비(연료비)를 구하기 위한 피팅함수로서는 좋은 것이다. 증분비용뿐만 아니라 총 운용비까지 제대로 부합하는 것을 원한다면 이보다 고등기법의 곡선피팅법을 사용하여야 한다. 대안으로 사용되는 방법에 관하여 문제 6.2를 참고하기 바란다.

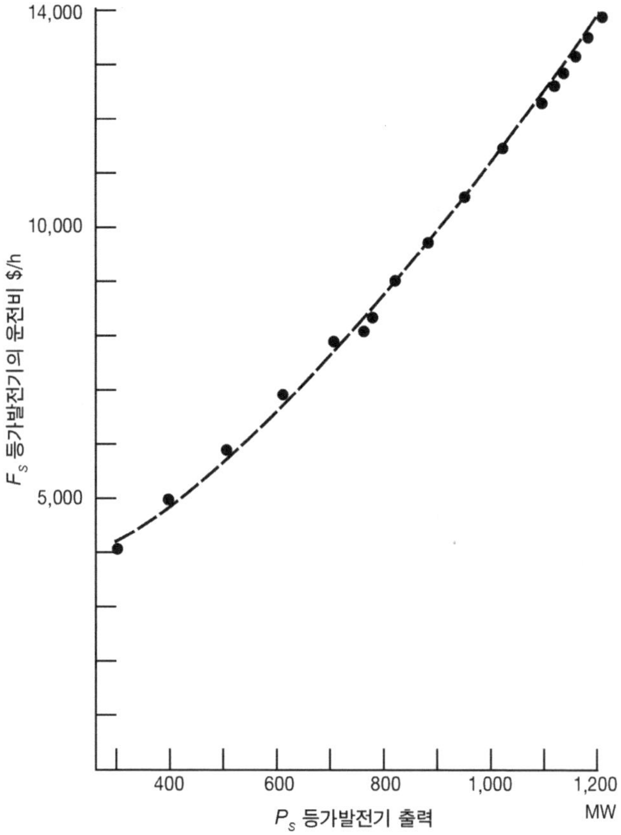

〈**그림 3.11**〉 등가발전기 입력-출력 곡선

3.8 출력기준점과 참여계수

참여계수를 이용하는 방법은 시스템수요의 변동량이 적을 때, 각 발전기를 경제급전의 출력기준점에서 다른 출력기준점으로 조금씩 이동시킴으로써 경제급전을 반복해 푼다고 가정하는 것이다. 먼저 각 발전기의 출력기준점이 지정되어 운전하고 있는 상태에서 출발한다. 다음에 시스템수요의 변동을 가정하고 이 수준에서 발전기가 가장 경제적인 출력기준점에서 운전되기 위해, 즉 시스템수요의 변동에 참여하기 위해 발전기의 출력기준점이 얼마만큼 이동되어야 하는가(즉, 수요의 변동에 대하여

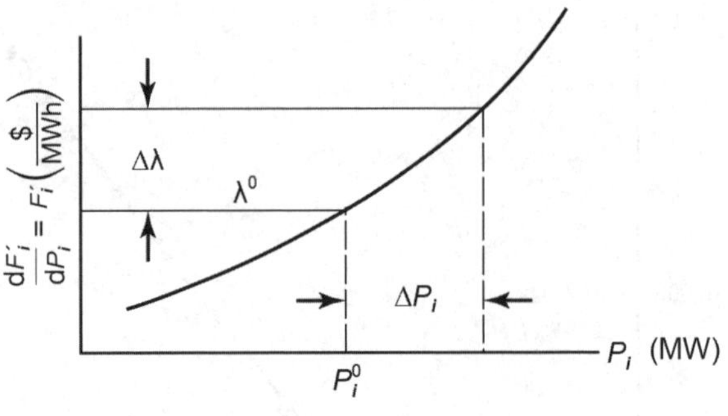

〈그림 3.12〉 $\Delta\lambda$와 ΔP_i의 관계

"참여"한다고 표현함)를 알아본다.

먼저 각 발전기출력에 따른 비용의 변동을 나타내는 비용함수의 1계 및 2계 미분계수가 주어졌다고 가정한다(즉 F_i'과 F_i''이 주어져 있다). 〈그림 3.12〉에는 i-번째 발전기의 증분비용곡선이 주어져 있다. 만약 출력이 ΔP_i 만큼 변동한다면 시스템의 증분비용이 $\lambda^0 + \Delta\lambda$로 변동한다. 이 하나의 발전기출력의 ΔP에 대해 다음 식

$$\Delta\lambda_i = \Delta\lambda \cong F_i'' \Delta P_i$$

이 성립한다. 이 식은 N개의 발전기에 대해서도 다음 식

$$\Delta P_1 = \frac{\Delta\lambda}{F_1''}$$

$$\Delta P_2 = \frac{\Delta\lambda}{F_2''}$$

$$\vdots$$

$$\Delta P_N = \frac{\Delta\lambda}{F_N''}$$

이 성립한다. 물론 출력변동의 합계(=시스템부하의 변동량)는 개별 발전기의 출력변동의 합과 같다. P_D를 전체 발전기가 담당하는 총 수요($P_D = P_{load} + P_{loss}$)라고 하자. 그러면 다음 식

$$\Delta P_D = \Delta P_1 + \Delta P_2 + \ldots + \Delta P_N$$

이 성립한다. 그러면 참여계수는 다음 식과 같다.

$$\left(\frac{\Delta P_i}{\Delta P_D}\right)=\frac{\left(1/F_i''\right)}{\sum_i\left(\frac{1}{F_i''}\right)} \tag{3.8}$$

이와 같은 컴퓨터 연산은 간단하다. 이것은 수요수준의 함수로써 F_i''의 표를 만들어 놓고 현재 시스템수요와 예상되는 수요증가를 합해 이 표를 보면서 참여계수를 계산하면 된다.

이보다는 못 하지만 그래도 활용할 수 있는 참여계수 계산법은 $P_D^0+\Delta P_0$에서 경제급전계산을 반복 실행하는 것이다. 경제급전을 위한 출력기준점을 새로 계산된 출력기준점에서 차감해 그 차이를 ΔP_D로 나누어 참여계수를 계산한다. 이 방법은 컴퓨터를 사용함으로써 쉽게 계산되고 계산시간이 짧으며, 발전기출력의 범위가 주어지고, 구간별 선형비용함수의 선분 사이의 꺾인 점을 통과하거나, 비용함수가 볼록함수가 아닌 경우에도 일관성이 있는 해를 제공한다.

예제 3G 예제 3A에서 찾은 경제급전의 최적해에서 출발하여 참여계수법을 사용하여 총수요가 900MW인 경우의 급전의 해를 구한다.

식 3.8을 사용하면 다음과 같은 해

$$\frac{\Delta P_1}{\Delta P_D}=\frac{(0.003124)^{-1}}{(0.003124)^{-1}+(0.00388)^{-1}+(0.00964)^{-1}}=\frac{320.10}{681.57}=0.47$$

를 얻는다. 유사한 방법으로 다음의 해

$$\frac{\Delta P_2}{\Delta P_D}=\frac{(0.00388)^{-1}}{681.57}=0.38$$

$$\frac{\Delta P_3}{\Delta P_D}=\frac{103.73}{681.57}=0.15$$

$$\Delta P_D=900-850=50$$

를 얻는다. 다음 식

$$P_{new_i} = P_{base_i} + \left(\frac{\Delta P_i}{\Delta P_D}\right)\Delta P_D,\ \ i = 1, 2, 3$$

을 사용하면 새로운 발전기출력을 얻는다. 위 식을 이용하여 각 발전기의 출력을 계산하면 다음의 값

$$P_{new_1} = 393.2 + (0.47)(50) = 416.7$$

$$P_{new_2} = 334.6 + (0.38)(50) = 353.6$$

$$P_{new_3} = 122.2 + (0.15)(50) = 129.7$$

을 얻는다.

3.9 송전손실을 고려한 화력발전시스템의 경제급전

〈그림 3.13〉은 송전망을 통하여 하나의 등가 부하모선에 접속된 화력발전시스템을 나타낸다. 이 시스템에 관련된 경제급전 문제는 앞 절에서 제시한 것보다 약간 복잡하다. 왜냐하면 제약조건식이 송전손실을 포함하고 있기 때문이다. 목적함수 F_T는 식 3.1과 같다. 그러나 식 3.2에 나타난 제약조건은 다음 식

$$P_{load} + P_{loss} - \sum_{i=1}^{N_{gen}} P_i = \phi = 0 \tag{3.9}$$

과 같이 확장되어야 한다. 비용최소화를 위한 각 발전기의 출력기준점을 구하기 위한 필요조건을 세우기 위해 앞의 절과 같은 절차를 택한다. 라그랑지 함수는 식 3.10에 주어져 있다. 각 발전기의 출력 P_i에 관한 라그랑지 함수의 도함수를 계산할 때, 송전손실 P_{loss}는 송전망의 임피던스 및 송전선에 흐르는 전류의 함수라는 것을 알아야 한다. 설명을 위하여, 전류는 독립변수 P_i와 부하 P_{load}만의 함수라고

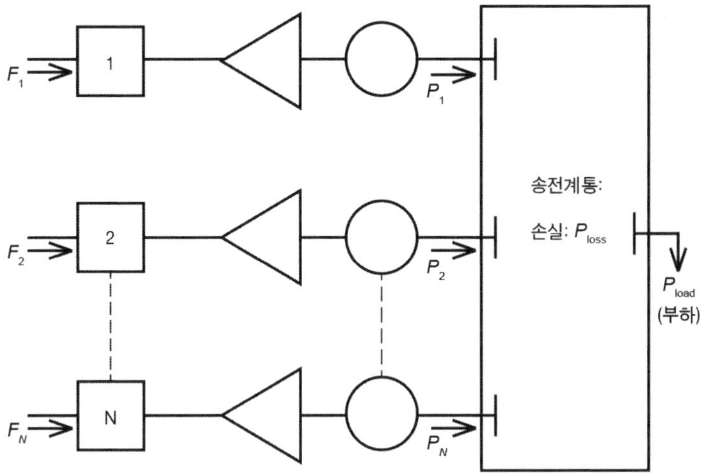

〈그림 3.13〉 송전망을 통하여 부하를 공급하는 N_{gen}개의 화력발전기

생각한다. N_{gen}개의 P_i 값 가운데 어떤 하나의 변수에 관하여 라그랑지 함수의 도함수를 구하면 식 3.11이 얻어진다. 이와 같은 N_{gen}개의 방정식과 함께 식 3.9에 주어진 제약조건식도 함께 만족되어야 한다. 다음 방정식의 집합

$$\mathcal{L} = F_{\mathrm{T}} + \lambda \phi \tag{3.10}$$

$$\frac{\partial \mathcal{L}}{\partial P_i} = \frac{dF_i}{dP_i} - \lambda \left(1 - \frac{\partial P_{loss}}{\partial P_i} \right) = 0 \tag{3.11}$$

또는

$$\frac{dF_i}{dP_i} + \lambda \frac{\partial P_{loss}}{\partial P_i} = \lambda$$

$$P_{load} + P_{loss} - \sum_{i=1}^{N_{gen}} P_i = 0$$

을 총괄하여 조율방정식(coordination equation)이라고 한다. 위의 식의 집합은 제약조건식을 만족시키는 데 있어서 해의 유효성을 수립하기 위하여 송전손실의 계산을 포함하고 있으므로 송전손실을 고려하지 않은 앞 절의 식보다 해를 구하는 것이 훨씬 어렵다. 이 문제의 해를 구하기 위한 두 가지의 방법이 있다. 첫째는 각 발전기

출력의 함수만으로써 송전손실을 표현하는 것이다. 이것은 제1장에서 소개한 커크마이어의 《전력시스템의 경제운용(Economic Operation of Power Systems, Kirchmeyer)》에 상세히 기술된 손실공식법이다(제1장 참고문헌 참조). 두 번째 기본적 방법은 전력조류계산 방정식을 필수적 제약조건으로서 조건부최적화 문제에 포함시키는 것이다. 이 방법을 최적조류계산이라고 한다.

예제 3H 예제 3A에 주어진 발전기와 연료비 자료를 그대로 사용하여 계산을 시작하고 간략 손실표현은 다음의 식

$$P_{loss} = 0.00003P_1^2 + 0.00009P_2^2 + 0.00012P_3^2$$

으로 나타낸다. 위와 같이 간략화한 손실공식은 송전송실이 고려되어야 하는 급전계산의 어려운 점을 보여 주기에 충분하다. 실제의 시스템 문제에 있어서 손실공식은 이보다 더욱 복잡하다.

조율방정식을 사용하면 다음 식

$$\frac{dF_1}{dP_1} = \lambda\left(1 - \frac{\partial P_{loss}}{\partial P_1}\right)$$

은 다음의 식

$$7.92 + 0.003124P_1 = \lambda[1 - 2(0.00003)P_1]$$

과 같이 된다. 이와 같이 P_2와 P_3에 대하여도 계산하면 다음 식

$$7.85 + 0.00388P_2 = \lambda[1 - 2(0.00009)P_2]$$

$$7.97 + 0.00964P_3 = \lambda[1 - 2(0.00012)P_3]$$

과 다음의 식

$$P_1 + P_2 + P_3 - 850 - P_{loss} = 0$$

이 성립한다. 위의 공식을 보면 예제 3A에서와 같은 선형방정식이 없다는 것을 알

수 있다. 그러므로 다음과 같이 좀 더 복잡한 스텝이 필요하다.

스텝-1. P_1, P_2와 P_3의 적절한 초깃값을 선택하여 합산하여 수요와 같도록 한다.

스텝-2. 손실 P_{loss}와 증분손실 $\frac{\partial P_{loss}}{\partial P_i}$를 계산한다. 총손실과 증분손실은 스텝-2에 다시 올 때까지 상수로서 고정한다.

스텝-3. P_1, P_2와 P_3의 합이 총 수요와 송전손실의 합과 같도록 하는 λ의 값을 계산한다. 공식이 선형이므로 이 계산은 예제 3A에서의 계산처럼 단순하다.

스텝-4. 스텝-3에서 계산된 P_1, P_2와 P_3의 값을 스텝-2의 초기에 사용된 값과 비교한다. 만약 이 값의 변동이 허용범위 내에 들어온다면 스텝-5로 가고 그렇지 않으면 스텝-2로 간다.

스텝-5. 종료

이 절차를 이용하면 다음의 결과를 얻는다.

스텝-1. P_1, P_2와 P_3의 초기치를 다음 값으로 취한다.

$$P_1 = 400\text{MW}$$

$$P_2 = 300\text{MW}$$

$$P_3 = 150\text{MW}$$

스텝-2. 증분손실은 다음 값

$$\frac{\partial P_{loss}}{\partial P_1} = 2(0.00003)400 = 0.0240$$

$$\frac{\partial P_{loss}}{\partial P_2} = 2(0.00009)300 = 0.0540$$

$$\frac{\partial P_{loss}}{\partial P_3} = 2(0.00012)150 = 0.0360$$

과 같으며 손실은 15.6MW이다.

스텝-3. 다음 식

$$7.92+0.003124P_1=\lambda(1-0.0240)=\lambda(0.9760)$$

$$7.85+0.00388P_2=\lambda(1-0.0540)=\lambda(0.9460)$$

$$7.97+0.00964P_3=\lambda(1-0.0360)=\lambda(0.9640)$$

과 다음 식

$$P_1+P_2+P_3-850-15.6=P_1+P_2+P_3-865.6=0$$

을 이용하여 람다의 값을 구할 수 있다. 현재로서 이 공식들은 선형이므로 λ를 직접 구할 수 있다. 이 결과치는

$$\lambda=9.5252\,\$/\mathrm{MWh}$$

이며 결과적인 발전기출력은 다음의 값과 같다.

$$P_1=440.68$$

$$P_2=299.12$$

$$P_3=125.77$$

스텝-4. 그러나 P_1, P_2와 P_3의 값은 초기치와 상당히 다르므로 스텝-2로 돌아간다.

스텝 2. 새로운 발전기출력의 값을 이용하여 증분손실을 계산하면 다음 계산

$$\frac{\partial P_{loss}}{\partial P_1}=2(0.00003)400.68=0.0264$$

$$\frac{\partial P_{loss}}{\partial P_2}=2(0.00009)300=0.0538$$

$$\frac{\partial P_{loss}}{\partial P_3}=2(0.00012)150=0.0301$$

과 같다. 손실은 15.78MW이다.

스텝-3: 증분손실과 총손실을 공식에 대입하고 λ와 P_1, P_2와 P_3의 새로운 값을 구하려면 다음 식을 풀면 된다.

$$7.92 + 0.003124P_1 = \lambda(1 - 0.0264) = \lambda(0.9736)$$

$$7.85 + 0.00388P_2 = \lambda(1 - 0.0538) = \lambda(0.9462)$$

$$7.97 + 0.00964P_3 = \lambda(1 - 0.0301) = \lambda(0.9699)$$

$$P_1 + P_2 + P_3 - 850 - 15.78 = P_1 + P_2 + P_3 - 865.78 = 0$$

위 식을 이용하여 람다를 계산하면 $\lambda = 9.5275\,\$/\mathrm{MWh}$이며 발전기별 출력은 다음과 같다.

$$P_1 = 433.94\mathrm{MW}$$

$$P_2 = 300.11\mathrm{MW}$$

$$P_3 = 131.74\mathrm{MW}$$

〈표 3.2〉는 이 문제를 풀기 위한 반복절차를 요약한 것이다.

〈표 3.2〉 예제 3H의 반복계산문제를 풀기 위한 절차

반복	P_1(MW)	P_2(MW)	P_3(MW)	손실 (MW)	람다 ($/MWh)
출발	400.00	300.00	150.00	15.60	9.5252
1	440.68	299.12	125.77	15.78	9.5275
2	433.94	300.12	131.74	15.84	9.5285
3	435.87	299.94	130.42	15.83	9.5283
4	435.13	299.99	130.71	15.83	9.5284

3.10 모선한계가격(LMP)의 개념

이 절은 모선한계가격이 무엇인가에 대하여 설명한다. 논의를 시작하기 위하여

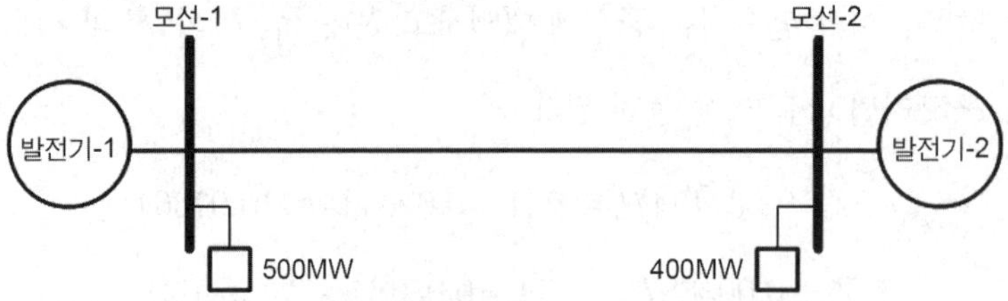

〈그림 3.14〉 2-모선 시스템

〈그림 3.14〉에 나타난 2-모선 시스템을 제시한다.

발전기의 비용함수는 경제급전계산을 쉽게 하기 위하여 구간별 선형이라고 가정한다.

비용함수 자료는 〈표 3.3〉에 주어져 있다.

비용함수는 〈그림 3.15〉에 나타나 있다.

〈표 3.3〉 발전기 비용함수의 선분별 자료

발전기-1	비드출력 (MW)	한계비용 ($/MWh)	발전기-2	비드출력 (MW)	한계비용 ($/MWh)
선분-A	400	5.00	선분-C	200	6.50
선분-B	800	7.50	선분-D	400	8.00

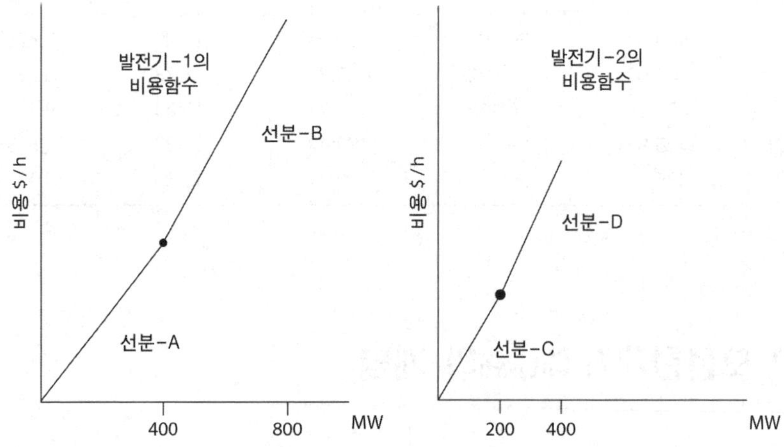

〈그림 3.15〉 발전기의 선형구간 비용함수

절 3.2에서 보인 바와 같이 구간별 선형비용함수를 갖는 발전시스템의 경제급전을 실행할 때 계산과정은 가장 낮은 한계비용(비용함수의 기울기)을 갖고 있는 구간에 속하는 발전기의 출력을 상한에 부딪칠 때까지 증가하는 것이다. 그러므로 선분-A에 해당하고 한계비용이 5.00인 발전기-1의 출력을 출력 상한 400MW에 부딪칠 때까지 증가한다. 그리고 그다음으로 한계비용이 큰 선분에 해당하는 발전기의 출력을 사용하기 시작하는데 이것이 6.5$/MWh의 선분-C이며 이에 해당하는 발전기의 출력 200MW를 모두 사용한다. 그러면 발전출력은 600MW뿐이며 300MW를 더 사용하여야 한다. 다음으로 큰 것은 선분-C이며 가격은 7.50$/MWh인데 400MW의 비드출력 가운데 300MW만을 사용한다.

그렇다면 급전계산의 결과는 다음과 같다.

발전기 급전

선분	MW	가격
A	400	5.00
C	200	6.50
B	300	7.50

최종값인 7.50은 청산가격이라고 한다. 왜냐하면 이 가격에서 모든 수요가 충족되기 때문이다. 결과적인 전력조류는 〈그림 3.16〉에 나타나 있다.

현재의 급전상태에서 1MW의 수요가 어느 모선에서라도 증가한다면 이 추가적인 수요는 선분-B에 해당하는 발전기에서 7.5$/MWh의 가격으로 공급될 것이라는 사실을 중요하게 관찰하여야 한다. 그러므로 어느 모선에서라도 추가적 수요를 충족하는 데 필요한 비용은 7.50$/MWh이거나 발전출력의 한계비용은 7.50$/MWh라는 것이다. 이러한 개념 아래에서 미국의 전력산업계는 모선한계가격(LMP)이라는 용어를 사용하기로 합의하였다.

단순경제급전법(ED)을 적용하여, 송전선의 용량한계를 고려하지 않고 계산된 발전기출력을 송전선이 수송하는 데 있어서 한계가 있을 경우에 모선한계가격의

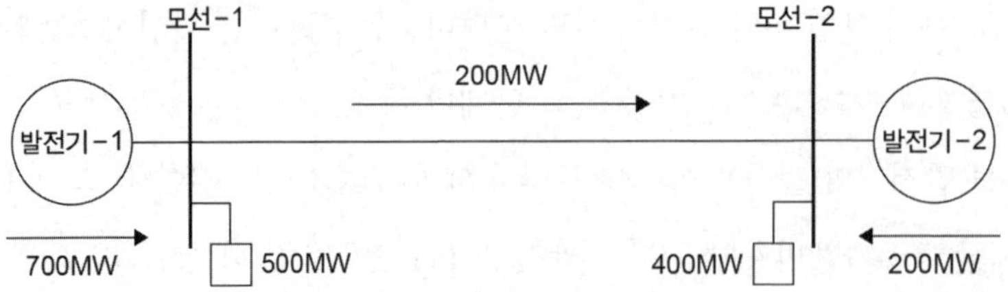

〈그림 3.16〉 기준 급전의 결과에 의한 전력조류

의미는 대단히 중요하게 된다. 2-모선 시스템을 사용하여 이 경우의 내용을 설명한다.

먼저, 모선-1과 모선-2 사이의 송전선의 용량한계는 전력이 어느 방향으로 흘러도 100MW라고 가정한다. 경제급전은 이와 같은 조류제약을 고려하여야 하며 2-모선 시스템에서는 쉽게 계산할 수 있다. 앞의 계산과 유사하게 증분비용이 가장 낮은 발전기-1의 선분-A를 이용하여 발전기출력을 400MW까지 증가한다. 여기에서는 모선-1에 있는 수요를 먼저 충족시키는 것으로 가정하여 선분-A의 400MW의 출력이 모선-1에 흘러가고 모선-1의 나머지 수요 100MW는 남겨 둔다.

그러면 두 번째로 높은 증분비용을 갖는 선분에 속한 출력이 사용되기 시작하는데 이것은 발전기-2의 선분-C의 출력을 사용하기 시작하는 것을 말한다. 그러면 선분-C의 200MW의 출력이 모선-2로 흘러간다. 그다음으로 선분-B에 해당하는 발전기-1의 출력을 높인다. 이때, 선분-B의 처음 100MW 부분은 모선 1의 수요를 만족시키는 데 사용되고 나머지 출력은 송전선을 통하여 모선-2로 흐른다. 그런데 이번에는 송전선의 최대용량이 100MW이므로 100MW밖에 흐르지 못한다. 선분-B는 200MW만 기여한다. 이렇게 함으로써 모선-1의 수요는 만족되고 100MW의 출력을 송전선을 통하여 모선-2에 보낸다. 모선-2의 수요 가운데 200MW는 선분-C에 해당하는 발전기-2가 담당하며 100MW 부분은 송전선을 통하여 받는다. 모선-2의 나머지 수요 100MW는 선분-D를 갖는 발전기-2를 이용하여 만족시킨다. 이 결과로 나타나는 급전계산은 다음의 표

발전기 급전

선분	MW	가격
A	400	5.00
B	200	6.50
C	200	7.50
D	100	8.00

와 같으며 〈그림 3.17〉에 전력조류가 나타나 있다.

여기에서 모선-1과 모선-2의 모선한계가격에 대하여 중점적으로 검토해 볼 필요가 있다.

모선-1: 만약 1MW를 모선-1에 추가하면 그것은 7.50$/MWh의 가격으로서 선분-B를 갖는 발전기-1에서 공급되어야 한다. 그러면 모선-1의 모선한계가격은 7.50$/MWh이다.

모선-2: 만약 1MW를 모선-2에 추가한다면, 송전선을 통하여 더 이상의 전력이 수송되지 않기 때문에 선분-D를 갖는 발전기-2로부터 공급되어야 한다. 그러므로 모선-2의 모선한계가격은 8.0$/MWh이다.

송전망손실을 무시한다면 (예: 제6장의 선형 또는 직류 전력조류계산) 다음과 같은 사실을 관찰할 수 있다.

- 모든 모선한계가격의 크기가 같다면 어떤 송전선에도 허용최대전력조류 이상의 전력이 흐르고 있지 않다는 것을 나타낸다.
- 여러 모선에서 모선한계가격의 크기가 서로 다르다면, 이는 몇 개의 송전

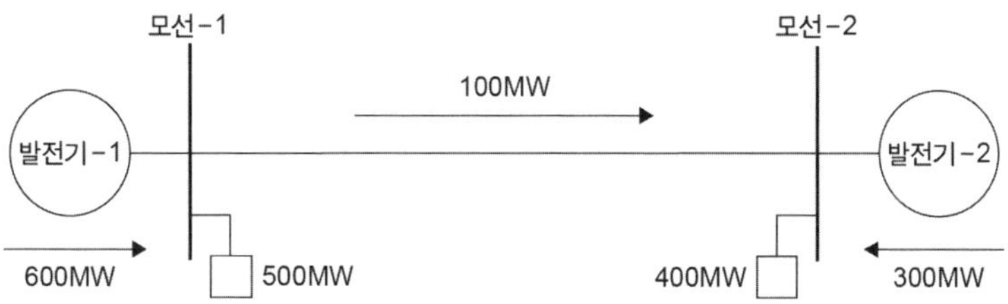

〈**그림 3.17**〉 송전용량의 한계가 있는 경우 전력조류와 발전기출력

선의 전력조류가 용량의 한계에 도달했기 때문이다.

송전손실이 존재하는 교류전력시스템에서 모선한계가격은 발전비용, 송전선의 증분손실, 그리고 송전선의 조류한계를 반영한다. 이에 관한 수식의 전개는 제8장에서 다룬다.

3.11 옥션메커니즘

3.11.1 그림으로 보는 PJM 전력회사의 증분가격 옥션

일반 시스템에 적용되는 첫 번째 Karush–Kuhu–Tucker(KKT) 조건을 다시 생각해 본다.

$$\frac{\partial F_i}{\partial P_i}=0 \quad \Rightarrow \quad \frac{\partial F_i(P_i)}{\partial P_i}-\lambda+\mu_i^- -\mu_i^+=0,\ i=1,\cdots,N_{gen}$$

만약 부등식 제약조건식의 경계에 도달한 부등식 제약조건이 등식 제약조건으로 변환되었다고 가정하여 해당하는 μ_i가 0이라고 하면, 위에 나타난 조건식은 다음 식

$$\frac{\partial F_i}{\partial P_i}=0 \quad \Rightarrow \quad \frac{\partial F_i(P_i)}{\partial P_i}-\lambda=0,\quad i=1,\cdots,N_{gen},\ i\notin B$$

과 같이 간략하게 나타낼 수 있다. 여기에서 B는 제약조건에 부딪치지 않은 발전기의 첨자의 집합이다. 이 공식이 의미하는 것은 발전기의 출력이 상한 또는 하한의 제약조건의 경계에 도달하지 않아 출력조정을 할 수 있을 때(출력조정 발전기) 각 발전기의 증분비용은 람다와 같다.

$$\frac{\partial F_1(P_1)}{\partial P_1}=\frac{\partial F_2(P_2)}{\partial P_2}=\cdots,\frac{\partial F_i(P_i)}{\partial P_i}=\lambda,\quad i=1,\cdots,N_{gen},\quad i\notin B$$

위 식과 같은 중요한 원칙은 도식해를 구하는 데 기본적으로 사용된다. 도식해는 <그림 3.6>에 나타나 있다(여기에서 "ICC"는 '증분비용곡선'3)을 의미함). 각 발전기별 자료가 제공될 때 하나의 람다값이 선택되면 '자(ruler)'를 이용하여 람다값에 따라 그래프

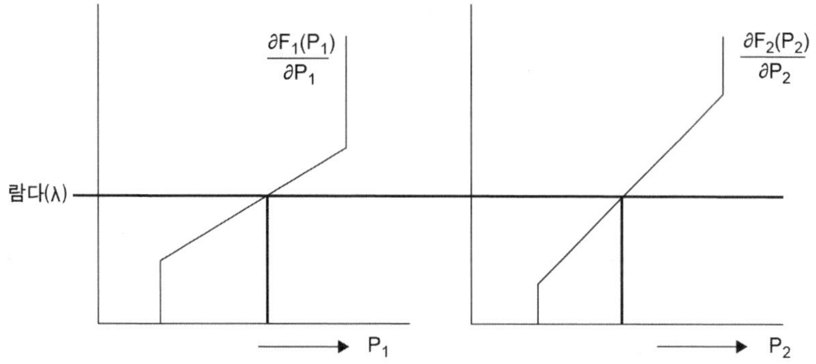

〈그림 3.18〉 경제급전의 도식해

에서 수평으로 이동하고 람다값에 해당하는 발전기의 출력을 합산한다. 만약 발전기출력의 합이 시스템수요 P_{T}과 같다면 최적해를 얻은 것이다.

그렇지 않으면 새로운 람다값을 선택하여 같은 절차를 반복한다. 각 발전기의 출력의 상한과 하한은 수직선으로 나타나며 상한과 하한에서 벗어난 출력은 채택하지 않는다(〈그림 3.18〉).

예제 3| 2개의 발전기가 있는 경우에 〈그림 3.19〉와 같은 도식해를 사용하여 경제급전 문제를 풀 수 있으며, 해를 판별하기 쉽게 하기 위하여 수치로써 나타내었다. 람다-축은 오른쪽에 있으며 최적해일 경우에 동일한 람다값을 갖도록 하기 위하여 이 값이 모든 발전기에 적용되도록 하였다. 주어진 람다의 값에 따라 '자'를 이용하여 읽으면 각 발전기의 출력을 알 수 있으며 이것은 그림의 양쪽에 있는 굵은 점을 연결하는 선을 따라 읽는 것과 같다. 람다의 함수로 주어지는 각 발전기의 출력을 알기 위하여 '자'를 상하로 이동하는 것이다. 이렇게 찾은 발전기의 출력을 합산하여 총출력을 알아낸다. 만약 총출력을 급전할 수 있다면 '자'의 위치가 최적해라는 것을 알려 주는 것이다. 그렇지 않고 총출력이 수요보다 작을 경우에는 '자'를 위로 이동하고 총출력이 수요보다 크다면 아래로 이동한다. 계산과정을 쉽게

3) incremental cost curve

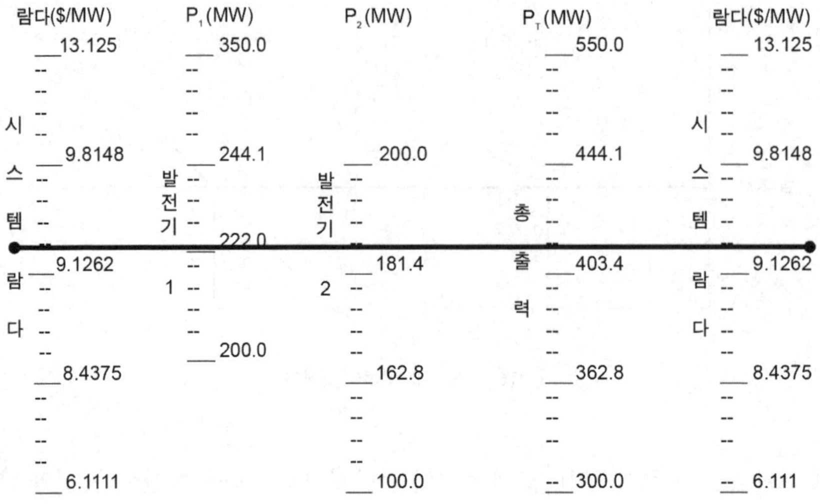

〈그림 3.19〉 경제급전의 도식해

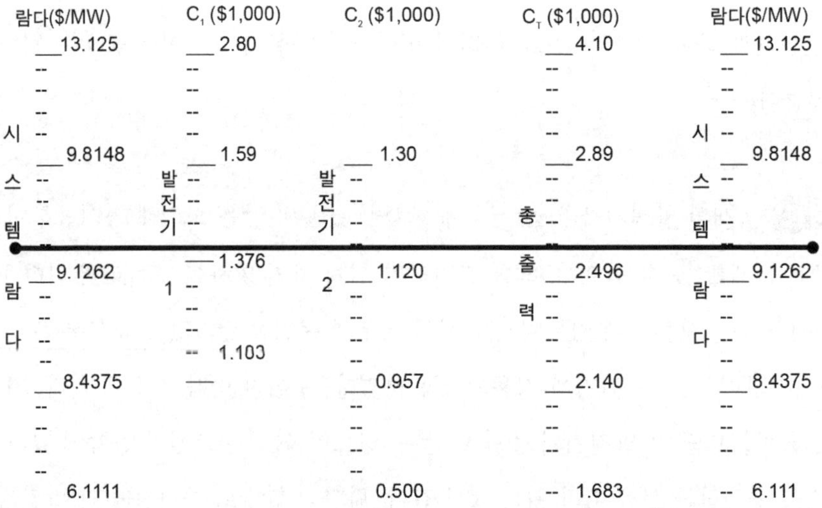

〈그림 3.20〉 운용비 계산 도해

하기 위하여 그림의 오른쪽에는 각각의 람다값에 해당하는 발전기출력의 합계를 제시하였다. 그리고 읽기에 용이하도록 람다-축을 좌우에 나타냈다. 〈그림 3.20〉에는 위의 그림에서 '자'를 이동하는 것과 같은 방법을 사용하여 발전비용을 알아볼 수 있게 하였다. 〈그림 3.19〉에 나타난 해에 의하면 총출력 P_T는 410MW, 람다값은 9.30$/MWh, $P_1 = 223$MW, 그리고 $P_2 = 187$MW이다. $P_T = 400$MW인 경우와 $P_T = 550$MW의 경우에 대하여도 답을 구할 수 있다.

이 방법은 19세기 초에 '존 자보르스키' 등에 의하여 사용되었다고 한다. 이 책의 저자[4]는 1976년까지도 몇몇 급전소에서 기계적 계산방법으로서 이를 적용했다고 한다. 이 방법은 '퍼시픽 가스 및 전기회사(PG&E)'에서 비상상황 발생 시에 사용되었다. 이것은 몇몇 EMS 시스템에서 적용되는 방법이다. 미국 동부의 피제이엠(PJM) 파워풀은 초창기에 이 방법을 사용하였다. 이 방법은 여러 개의 파워풀 회원 전력회사 간의 통신문제에 따른 요구사항을 최소화하기 위하여 실행되었다. 이 방법은 발전기의 출력상황만 필요한 것이며 상황의 변경이 있을 경우에만 수정하였다.

절차

PJM은 각 회원사의 합성증분비용곡선을 작성하였다. 그다음, 파워풀 전체의 합성비용곡선을 구성한다. 처음에는 연계지역 사이의 융통전력의 제약은 포함되지 않았다.

파워풀의 총수요는 각 발전기출력의 합과 해당 파워풀에서 연계선을 통하여 나가는 융통전력을 합산한 것이다. 그다음으로 시스템 증분비용을 파워풀의 데이터베이스에서 파악하기 위하여 총 파워풀 수요가 사용되었다. 그 이후에는 회원사에게 증분비용을 제공하기 위하여 파워풀에 속한 회원사 간의 전력조류의 제약을 고려하여 증분비용을 수정한다. 각각의 회원사는 자체 발전기의 급전을 위하여 증분비용을 사용한다. 이렇게 작성된 결정된 각 발전기의 출력은 회원사의 자동출력제어(AGC) 프로그램에 전달된다. 이렇게 실행되는 경제급전은 연계된 전력시스템의 모든 발전기가 하나의 전력회사에 속한 발전기처럼 운전되어 연료비를 절감하는 것으로 나타난다.

---

4) Prof. Bruce Wollenberg와 Prof. Gerald Sheblé

3.11.2 옥션이론의 소개

옥션은 전자파 스펙트럼의 판매, 인터넷 거래, 전력산업 규제완화 등의 논제가 등장하면서 가장 많이 연구되는 경제메커니즘이다. 옥션은 참여자의 자발적인 참여에 의한, 임의적 자원할당 문제라고 말한다. 공급자와 구매자에게는 이익을 최대화하려는 동기가 부여된다. 개인에 의한 이익의 극대화를 위한 판매메커니즘뿐만 아니라 구매메커니즘을 의미한다. 상품을 교환함에 있어서 공급자와 구매자 모두에게 옥션은 대단히 효율적인 메커니즘이다. 옥션에는 두 가지 종류가 있다. 옥션진행자와 가격을 비드하는 사람이 존재하는 것이 가장 흔한 경우이다. 옥션의 또 다른 형태는 동일한 옥션장(예를 들면, 시장에 모인 사람들의 거래장소, 농산물시장, 그리고 수산물시장 등)에서 시장공급자와 구매자가 하나의 공개된 장소에 모여서 큰 소리로 외치며 옥션하는 공개외침의 형태가 있다. 어느 것이라도 인터넷에서도 실행될 수 있다.

공급자의 풀(pool)이 존재하는 장소에서 옥션진행자가 주관하는 옥션은 상품에 대하여 경쟁하는 복수의 구매자에게 상품을 판매한다. 예를 들면 e-Bay에서는 개별 판매자에 대해 수천 개의 비드를 발생시켜 개별 판매자에게 파는 것이다. 역옥션이라는 것은 단일 구매자가 하나의 판매자가 되어 지금은 구매자인 복수의 판매자에게 재판매하는 것을 말한다. 과다재고의 상태가 된 상품은 역옥션에 의하여 처리된다. 역옥션에 있어서 원래의 옥션에서의 구매자는 이 옥션에 있어서도 구매자가 될 수 있다. 이 거래는 회사의 구매부서에서 널리 사용되는 기법이다. 옥션과 역옥션은 각도를 달리하여 본다면 동일한 이론이다. 옥션진행자는 공급자 체인을 통하여 아래로 상품을 판매한다. 역옥션은 공급자 체인을 거슬러서 위로 물건을 판매한다.

역사적으로 옥션은 수천 년 동안 지속되었다. 기록에 의하면 기원전 500년 바빌로니아에서 옥션이 행해졌다고 하며 그리스와 러시아 사이에 올리브유와 밀을 교환하는 거래가 이루어졌다. 기원후 130년, 로마제국의 근위대가 페르티낙스 황제를 죽이고 나서 제국을 옥션을 통하여 팔았다고 한다. 구매자가 또다시 근위대에 의하여 살해되었으므로 이것이 최초의 '승리자의 저주'라고 한다.

옥션은 다양한 상품, 예를 들면 금, 은, 백금, 석유, 천연가스, 돼지 내장, 오렌지 주스 등에 사용된다.

옥션은 사회의 여러 분야에서도 사용된다.

- 사람이 죽은 후 자산의 청산
- 호주 시드니의 주택
- 미국 정부 재무성의 옥션(채권, 증권 등)
- 공공부문에서 민간부문으로의 이전자산(transfer assets)
- 독점전력회사에서 경쟁시장의 발전사업자에게로 이전자산
- 석유채굴을 위한 토지사용권, 근해의 석유채굴권
- 전자파 스펙트럼 사용권
- 조달품의 배달[5)]을 의뢰하는 정부 및 민간기업
- 생산품을 판매하는 민간기업(꽃, 수산물, 가축, 보석류, 금속 등)
- e-Bay, QuiBids, 그리고 Overstocks.com 등과 같은 옥션

어느 시장에서라도 시장참여자에게 가장 중요한 의문점은 가치정보를 어떻게 풀 것인가의 문제이다. 판매자는 구매자의 가치평가에 대하여 완전정보를 갖지 못한다. 그렇지 않다면, 판매자는 구매자가 평가하는 최대가치를 그대로 가격으로 정하면 된다. 구매자와 판매자 양측의 공통적 문제는 불완전정보를 갖고 있는 상황에서 가격정책을 어떻게 만들 것인가에 관한 것이다. 현재의 옥션이 공급자의 이익최대화에 더 적합한 것인지? 어떤 형식의 옥션이 수익을 극대화하고 이익을 최대화하는 목표에 적합한 것인지? 구매자 측에서 볼 때, 어떤 비딩전략이 유리한 것인지? 시장참여자는 어떻게 공모를 발견할 수 있는지? 만약 허락된다면 참여자는 공모에 참여하여도 좋은지?

---

5) solicit delivery of supplies

옥션에 있어서 중요한 용어는 비드(bid)와 애스크(ask)의 조합이다. 비드는 구매자가 기꺼이 지불하려는 가격이다. 애스크는 판매자가 자기 상품에 대하여 기꺼이 받아들이는 가격이다. 만약 많은 증권시장에서처럼 중개인이 있다면 중개인들은 비드와 애스크의 차이 또는 매도와 매수의 차이에 근거하여 이익을 취할 것이다.

옥션 형식의 차이를 비교하는 판단기준은 영수한 수익, 자원을 획득하는 효율, 개인적 가치, 순수한 공통가치, 상관관계가 있는 가치, 그리고 효용성 등이다. 수익이라는 것은 판매가격에 대한 기대치이다. 상품의 가치를 가장 높게 평가하는 사람의 손에 상품이 간다면 효율은 달성되는 것으로 본다. 만약 상품이 사회 전체에 골고루 유포되지 않을 경우, 재판매는 효율을 개선하지 못한다. 어떠한 입찰자도 다른 입찰자의 가치평가를 알지 못할 때, 그리고 다른 입찰자의 가치평가에 대한 정보가 어떤 특정한 입찰자의 가치평가에 영향을 주지 못할 때 개인마다의 가치가 존재한다. 순수한 공통가치라는 것은, 모든 입찰자에게 동일하게 적용되는 실제의 가격을 말하지만, 입찰자에게 그 가치가 실질적으로 얼마인지에 관하여 개인이 갖고 있는 정보가 서로 다를 때의 가격을 말한다. 하나의 예가 유전의 옥션에 관한 것이다. 석유 매장량은 알고 있지 못하지만 서로 다른 입찰자는 지리적 위치에 관한 신호를 달리 갖고 있으며 다른 신호를 얻는다면 입찰자는 가치평가를 다르게 할 것이다. 다른 비더(bidder)는 생산품을 시장에 광고하고 판매할 전략을 세울 것이며 이로 인하여 이익이 변동하게 된다. 상관관계가 있는 가치[6]는 상품에 대한 중개인(agent)의 가치평가이며 이것은 해당 상품에 대한 중개인 자신의 선호도와 제3자의 가치평가에 부분적으로 의존한다.

이 절은 다음의 내용

- 단방향옥션(옥션진행자)
- 양방향옥션

---

6) correlated value

을 설명한다.

상품이 하나의 동일한 자원에 관련되는 상황에 있어서 복수 상품의 옥션은 다루지 않는다.

경제학 교과서의 서론에 나오는 바와 같이 각각의 경제체인 내에서 교환되는 계약에 따라 이루어지는 여러 가지의 서로 다른 종류의 시장이 있다.

현물계약은 방금 수확한 농산물을 현장에서 즉시 거래하는 것과 같이 상품을 즉시 거래하는 것이다. 현물시장은 수확이 끝난 후 주로 1시간 이내에 거래된다. 선도거래는 미래의 어느 시간에 상품의 거래가 실제로 발생하는 것일 수도 있고 또는 미래의 어떤 정해진 시간에 재무적 정산을 하기 위한 것이다. 이런 작업에서 선도계약은 다음 1시간 이후의 생산에 관한 것을 다룬다. 이것은 발전기 기동정지 스케줄 작성에서 다루는 것과 유사하다.

선물계약은 원래 뉴욕 상품거래소(NYMEX)가 정의한 바에 의하면 미래 18개월 동안에 걸친 에너지에 대한 계약을 말한다. 이러한 종류의 거래는 이 책의 범위를 벗어나므로 다루지 않기로 한다.

옵션은 앞에서 설명한 계약 중에서 파생된 하나의 계약형태이다. 옵션은 구매자에게 권한을 주지만 미래의 어떤 시점에서 계약을 행사할 의무를 갖는 것은 아니다. 이러한 종류의 계약도 이 책의 범위를 벗어난다.

3.11.3 옥션메커니즘

옥션은 단방향시장과 양방향시장으로 나누어진다. 단방향시장은 하나의 옥션진행자에 의한 공급자 또는 구매자를 나타낸다. 양방향시장은 규제된 옥션장소에 있는 구매자와 판매자로 구성된다. 〈Trading Place〉[7]라는 제목의 미국 영화는 상품에 대하여 흔하게 쓰이는 양방향 거래를 보여 준다. 런던 금속거래소(London Metal Exchange)는 수 세기 동안 사용된 양방향 거래시장의 또 다른 예이다. 미국의 에너지산업계

7) Cinema Group Ventures, Eddie Murphy Productions, 1983.

는 NYMEX, CBOT, CME, 그리고 COMEX 등의 거래소를 사용한다. 이 거래는 현재 CME가 포괄적으로 운영하고 있다.

단방향시장은 대부분이 생산품에 있어서 널리 사용되는 시장이다. 식료품 가게가 단방향시장의 흔한 예이다. 공급자는 주어진 선반에 물건을 진열하여 일반 대중에게 보여 주기 위하여 판매공간을 계약한다. 손님은 가게를 둘러보고 가격표, 대안이 될 수 있는 다른 상품, 그리고 상품의 수요를 보고 난 후에 구매할 만큼의 물건을 선택한다.

단방향옥션은 소비자를 대신하여 미국의 독립전력시스템 운용기관(ISO)이 운영하여 왔다. 단방향옥션에 대하여는 이 절의 처음에서 설명하였다. ISO는 가격과 물량의 비드를 보고 발전기의 기동정지스케줄을 작성하여 공급자를 선택한다.

처음 2개의 메커니즘은 각각 잉글리쉬 메커니즘과 덧치 메커니즘이다. 두 번째의 짝은 '첫째가격 실드 비드'와 '둘째가격 실드 비드'이다. 비드와 애스크의 구조도 역시 메커니즘의 일부분이다. 각자의 내용을 아래에서 설명한다.[8)]

'첫째가격 실드 비드(sealed bid)'와 '둘째가격 실드 비드'는 모든 입찰자가 옥션 진행자의 이해를 돕기 위하여 하나의 비드를 제시한다는 것을 제외하고는 잉글리쉬 메커니즘의 변형이다. 옥션주관자가 개봉하여 선택할 때까지 비드는 봉인되어 다른 입찰자가 내용을 알지 못한다. '첫째가격 실드 비드'는 가장 높은 가격을 제시한 비드에 주어진다. '둘째가격 실드 비드'는 두 번째로 높은 가격을 제시한 입찰자에게 주어진다. 대부분의 전력시장은 '첫째가격 실드 비드'를 사용한다.

양방향옥션은 에너지산업에서 대부분의 상품에 사용된다. 증권(예를 들면 증권, 선물계약, 옵션, 또는 currency pairs)을 위한 비드-오퍼 스프레드(비드-애스크 또는 판매-구매 스프레드 그리고 이와 등가인 것은 "-" 대신 "/"가 사용되기도 함)는 즉시 판매(offer) 및 즉시 구매(bid)를 위

---

8) 역자 주: 증권, 채권, 화폐 또는 기타의 담보(security)를 거래할 때 구매자와 판매자가 취급하는 가격은 약간 다르다. 비드가격(단순히 비드라고 함)은 구매자(비더)가 담보물에 대하여 지불할 의사가 있는 최대가격을 의미한다. 애스크가격(또는 오퍼가격, 애스킹가격, 오퍼, 애스크)은 판매자가 담보에 대하여 기꺼이 받아들이는 가격이다.
http://www.diffen.com/difference/Ask_Price_vs_Bid_Price

하여 시세를 매긴 가격(단일 시장 형성자 또는 한정 수량으로 주문된 도서)의 차이를 말한다. 증권거래에 있어서 비드-오퍼 스프레드의 크기는 시장의 유동성과 거래비용의 측도이다. 만약 차이가 0이라면 그것은 거래비용 없는(Frictionless) 자산이다.

양방향옥션은 관찰하기에 가장 흥미 있는 것이다. 런던 금속거래소(LME)는 다종 상품에 대하여 거래장을 흥미 있게 사용한다. 이 책의 저자는 교육계획을 수립하기 위하여 이러한 시장을 연구하였다. 각 금속은 고정된 시간(15분) 동안 거래된다. 거래기간이 시작될 때에는 그 금속의 거래자는 거래장에 모여서, 거래관행에 따라서 원의 형태로 둘러앉는다. 남은 시간을 세는 동안 좋은 거래를 성사시키지 못한 구매자가 기회를 잃음에 따라 활동이 증가한다. 이런 현상은 판매자에 있어서도 마찬가지이다. 그러므로 초기에 조용하게 시작했던 비드와 애스크는 남은 시간이 줄어듦에 따라 점차로 적극성을 띤다. 마지막 2분 동안에는 구매자가 상품을 구매하여 생산활동에 사용하려고 광분하며 판매자는 생산자의 수익을 위하여 상품을 배달해 주어야 한다. 이와 동일한 광란의 폐장은 인터넷 거래장에서도 같은 이유로 인하여 나타난다.

이 과정에서의 옥션은 단일 품목 옥션이다. 구체적으로 옥션 한 건당 하나의 생산품만 오퍼되는 조합옥션은 이 책의 범위를 벗어나므로 다루지 않기로 한다.

3.11.4 잉글리쉬 옥션(First-Price Open-Cry=Ascending)

알고리즘: 각각의 입찰자(bidder)는 비드를 자유롭게 올릴 수 있다. 더 높이려는 입찰자가 없을 경우, 옥션이 끝나고 가장 높은 가격을 제시한 입찰자가 자기가 제시한 비드의 가격으로 상품을 갖게 된다.

전략: 중개인의 사적 가치의 함수, 제3자의 가치판단에 관한 자신의 사전 기대치, 그리고 과거 비드값 등으로써 옥션을 진행한다. 마이클 포터의 파이브포스는 가능한 가격을 파악하는 데 사용된다.

최상의 전략: "개인별 가치판단에 따른 옥션(private value auction)"에서 입찰자의 가장 우세한 전략은 현재의 가장 높은 비드보다 조금만 높게 비드하고 개인별 가치판단에 의한 가격에 도달하면 중단하는 것이다.

변형된 형태:

상관가치옥션(correlated value auction)에서 옥션진행자는 자기가 적당하다고 생각하는 일정한 율로 가격을 상승한다(재패니즈 옥션).

'오픈 엑시트 배리에이션'은 재진입 가능성을 허용하지 않고 입찰자가 공개선언을 하도록 요구한다.

경제급전 알고리즘: 입찰자가 남아 있으며 원하는 물량이 판매될 때까지 가격을 올리는 형태의 알고리즘은 하나의 변형에 속한다.

예제 3J 4개의 발전기가 주어져 있다.

발전기	최소출력(MW)	최대출력(MW)
1	100	500
2	50	300
3	100	400
4	100	500
합계	350	1,700

발전기 비용함수는 다음 표에 주어져 있다.

입력-출력 변수	a ($)	b ($/MW)	c ($/MW2)	최소람다 ($/MW)	최대람다 ($/MW)
1	300	1.8	0.01	3.8	11.8
2	210	2.24	0.012	3.44	9.44
3	290	2.35	0.006	3.55	7.15
4	340	2.5	0.008	4.1	10.5

잉글리쉬 옥션은 람다의 초기치에서 출발하여 비용함수를 미분한 함수에서의 람다값을 사용하여 다음 식

$$F_i(P_i) = a_i + b_i P_i + c_i P_i^2$$

$$\frac{\partial F_i(P_i)}{\partial P_i} = b + 2c_i P_i = \lambda$$

$$P_i = \frac{\lambda - b_i}{2c_i}$$

과 같이 P_i를 구한다.

만약 P_i가 출력의 하한치보다 낮으면 하한값을 P_i로 지정하고, 이와 유사하게 만약 P_i가 상한값보다 높으면 상한값을 P_i로 지정한다.

이 절차는 모든 발전기에 대해 적용되며 오차를 구하기 위하여 $\sum_{i=1}^{N_{gen}} P_i$ 을 시스템수요에서 차감한다. 이 오차에 스텝의 크기를 곱하여 초기 람다값에 더한다. 앞의 단계에서의 오차의 부호가 바뀌지 않는 한, 스텝의 크기는 그대로 유지된다. 만약 오차의 부호가 바뀌면 단계의 크기는 10으로 나눈다(람다수정 알고리즘에 관하여는 부록 3E 참조 바람). 잉글리쉬 옥션에 의한 4개의 발전기에 대한 스텝은 다음 표와 같다.

	400			
수요(MW)	시작	스텝-1	스텝-2	스텝-3
잉글리쉬 옥션				
람다	3.3000	3.8000	3.9417	3.8885
P_1	100.0000	100.0000	107.0833	104.4271
P_2	50.0000	65.0000	70.9028	68.6892
P_3	100.0000	120.8333	132.6389	128.2118
P_4	100.0000	100.0000	100.0000	100.0000
P_i의 합	350.0000	385.8333	410.6250	401.3281
오차	50.0000	14.1667	−10.6250	−1.3281
스텝의 크기	0.0100	0.0100	0.0050	
$\Delta\lambda$	0.5000	0.1417	−0.0531	

잉글리쉬 옥션의 결과는 경제급전의 결과에 수렴한다.

3.11.5 덧치(하강순서)

알고리즘: 옥션진행자는 입찰자가 그 상태에서 물건을 택할 때까지 가격을 계속하여 낮춘다. 모든 옥션환경에서 첫째가격 실드 비드 알고리즘과 동일하다.

전략: 옥션참가자의 사적 가치와 과거의 다른 옥션참가자의 가치평가의 함수로써 비드한다.

최선의 전략: 우월전략은 존재하지 않는다. 게임이론을 통하여 속임수(하향 왜곡 비드)[9]와 투기방지가 나타날 수 있다.

다른 옥션참여자의 가치평가의 확률분포에 관한 공통정보가정(common knowledge assumption)을 통하여 내쉬-균형전략을 결정할 수 있다. 다른 옥션참가자의 비드를 평가하기 위하여 또다시 마이클 포터의 파이브포스가 사용될 수 있다.

이 메커니즘은, 초기의 가치가 다른 입찰자의 가치평가보다 더 높은 가격으로 되어야 하기 때문에, 현재의 가격을 공시하는 기회를 여러 번 가질 것을 요구한다.

예: 네덜란드의 화훼시장, 온타리오의 담배옥션, Filene's basement,[10] Waldenbooks.

경제급전 알고리즘: 모든 발전기가 발전에 참여하고 있으며, 아직 출력을 급전받지 않은 발전기는 덧치 알고리즘을 따라 실행한다. 챙(Tseng)에 의한 발전기 기동정지스케줄에서 운전을 정지하는 알고리즘이 덧치 알고리즘의 일반 형식이다.

예제 3K 앞에서와 동일한 발전기 조합을 사용하여, 아주 높은 람다값에서 출발하

9) down-biasing bids

10) 역자 주: 미국 매사추세츠주 보스턴(Boston)시의 백화점(wikipedia)

여 해에 수렴하는 것을 다음 표에 나타낸다.

수요(MW)	400			
	시작	스텝-1	스텝-2	스텝-3
덧치				
람다	4.0000	3.7917	3.8677	3.8793
P_1	110.0000	100.0000	103.3854	103.9648
P_2	73.3333	64.6528	67.8212	68.3040
P_3	137.5000	120.1389	126.4757	127.4414
P_4	100.0000	100.0000	100.0000	100.0000
ΣP_i의 합	420.8333	384.7917	397.6823	399.7103
오차	−20.8333	15.2083	2.3177	0.2897
스텝의 크기	0.0100	0.0050	0.0050	
$\Delta\lambda$	−0.2083	0.0760	0.0116	

덧치 알고리즘과 같이 람다값을 감소하여 가면 경제급전의 해에 수렴한다.

3.11.6 첫째가격 실드 비드

알고리즘: 각각의 입찰자는 다른 입찰자의 입찰가격에 대한 정보를 모르는 상태에서 하나의 가격을 입찰한다. 비드가격은 비드와 동시에 변경 없이 공개된다. 최고 비드가격을 제시한 입찰자가 자기의 비드값에 의하여 상품을 구매하게 되며 한 번의 비드로 종료된다.

전략: 입찰자의 다른 참가자에 대한 사전정보와 입찰자의 사적 가치의 함수로써 입찰을 계속한다. 여기에서도 다른 참가자의 입찰을 평가하기 위하여 마이클 포터의 파이브포스가 사용된다.

최선의 전략: 일반적으로 우월전략은 존재하지 않는다. 전략적 저가비드와 투기방지는 게임이론에 의해 유도될 수 있다. 가치평가를 알 수 있는 확률분포함수에 관한 공통지식가정[11)]을 통하여 내쉬-균형전략을 결정할 수 있다.

변형된 형태: 가장 높은 비드가격을 사용하지 않고 k-번째 높은 가격을 사용하는 것이다. 만약 가치가 $[0, 1]$의 구간에서 균등분포한다면 균형비드가격은 다음 식

$$(N-1)\times\frac{x}{N}$$

여기에서 x는 입찰자의 가치평가금액

N은 입찰자의 수

과 같다(증명은 독자가 하도록 남겨 두었음).

경제급전(ED) 알고리즘: 모든 발전기가 운전을 하고 있으며 비드 비용곡선(bid curve)을 제시하고 옥션진행자는 장을 열어, 입찰자는 증분 시스템급전(가격)의 순서대로 입찰한다. 결정되는 가격은 수요를 충족시키는 발전기 가운데 가장 높은 비드가격이다. 이 기법은 제11장에 나타나는 에너지 브로커가 사용하는 기법이다. 제11장에서 이에 관한 예제를 다루도록 한다.

3.11.7 빅크리(둘째가격 실드 비드)

알고리즘: '첫째가격 실드 비드'에서와 같이 각 입찰자는 다른 입찰자의 입찰가를 알지 못하는 상황에서 하나의 비드가격을 제시한다. 가장 높은 비드가격을 제시한 입찰자가 두 번째 높은 가격에 의하여 상품을 획득한다.

전략: 중개인(agent)의 사적 가치와 다른 옥션참가자의 가치평가에 대한 사전평가의 함수에 의하여 입찰한다. 여기에서도 다른 참가자의 비드를 평가하기 위하여 마이클 포터의 파이브포스가 사용된다.

최선의 전략: 위험중립인 사적 가치 옥션(private value auction)에서 빅크리는 전략적으로 잉글리쉬 메커니즘과 등가이다. 이러한 입찰환경에 있어서 우월전략은 입찰자

11) common knowledge assumptions

자신의 진실한 가치를 입찰가로서 사용하는 것이다.

이 메커니즘에 있어서는 투기방지전략이 보이지 않는다. 이 메커니즘은 다른 비드 참가자의 비드계획, 운영환경, 능력 등에 무관하다. 이 메커니즘은 컴퓨터에 의한 다중 중개인시스템[12]에서 선호(advocate)되므로 일회의 비딩으로서 자주 사용된다.

오래된 알고리즘은 유전자 알고리즘 또는 진화론적 프로그래밍과 같은 대리인기반 계산경제(agent-based computation economics)에서 적응적 대리인을 위하여 사용되지만 사람이 거래자인 옥션에서는 널리 사용되지 않는다.

폭로 원리: www.ebay.com, www.webauction.com, www.onsale.com에 나타나는 대리입찰자 중개인(proxy bidder agent)

경제급전(ED) 알고리즘: 모든 발전기가 운전을 하고 있으며 비드 비용곡선을 제시하고 옥션진행자는 장을 열어, 입찰자는 증분 시스템급전(가격)의 순서대로 입찰한다. 결정되는 가격은 수요를 만족시키는 발전기 가운데 두 번째로 높은 비드가격이다. 이 기법은 제11장에 나타나는 에너지 브로커가 사용하는 기법이다.

3.11.8 모든 참여자 지불(예: 로비 활동)

알고리즘: 각각의 비더는 자기의 비드가격을 마음대로 높일 수 있다. 더 높이려는 비더가 없을 때 옥션은 종료되고 최고의 비드가격을 제시한 비더가 상품을 구매한다. 모든 비더는 마지막 비드가격을 지불하여야 한다.

전략: 입찰자의 다른 참가자에 대한 사전정보와 입찰자의 사적 가치의 함수로써 입찰을 계속한다. 여기에서도 다른 비드를 평가하기 위하여 마이클 포터의 파이브포스가 사용된다.

---

12) computational multi-agent system

최선의 전략: 개인별 가치를 평가하는 과정에서 게임이론에 의한 최저비드가격이 계산된다. 그러나 이것은 상당히 긴 비딩과정이 될 수 있다.

변형된 형태: 모든 비더가 참여하므로 각 중개인은 가장 높은 비드가격의 일부분만을 지불한다. 중개인의 지불액은 모든 참가자의 가장 높은 비드가격일 수 있다. 이 변형의 목적은 잉글리쉬 메커니즘의 옥션과 거의 같은 수준의 금액을 지불하려는 것이다.

이 입찰은 정부의 정치적 행위와 관련되어 있다.

경제급전(ED) 알고리즘: 모든 발전기가 운전을 하고 있으며 비드곡선을 제시하고 옥션진행자는 거래의 장을 열고, 옥션참가자는 증가하는 증분 시스템급전(가격)의 순서대로 입찰한다. 결정되는 가격은 수요를 만족시키는 발전기 비드가격 가운데 두 번째로 높은 비드가격이다. 이 기법은 제11장에 나타나는 "반복에너지 브로커 알고리즘"[13)]은 이러한 형식의 메커니즘을 사용하는 알고리즘이다.

부록 3A: 조건부최적화

복수의 변수를 갖는 함수를 최소화 또는 최대화한다고 가정한다. 미적분학의 규칙을 사용하여 해를 구하는 것은 직접적인 방법이다. 먼저 각 변수에 대한 일계(一階) 도함수의 값이 0으로 되는 것을 만족하는 각 변수의 값의 조합을 구해야 한다. 또한 찾아낸 해가 최대점인가, 최소점인가, 아니면 안장점인가를 판정하기 위해 이차 도함수가 사용되어야 한다.

실제 생활에서의 문제를 최적화하는 데 있어서 최소화 또는 최대화할 목적함수뿐만 아니라 만족시켜야 하는 다양한 제약조건을 고려해야 한다. 부대제약이라

13) repeated energy broker algorithm

고도 하는 제약조건은 반드시 만족되어야 한다는 조건이 붙는 또 다른 함수이거나 변수 자체의 크기의 상한과 하한과 같은 단순한 조건일 수도 있다.

조건부최적화 문제에 관한 논의를 진행하기 이전에 먼저 몇 가지 정의가 필요하다. 수학적 함수를 최소화하거나 최대화하는 것이 목적이므로 이것을 목적함수라고 부른다. 제약조건의 함수와 변수의 변동가능범위를 지정하는 단순한 제약조건을 제약조건이라고 하여 하나로 통합하여 말한다. 제약조건식에 의하여 정의된 영역을 독립변수의 실행 가능 영역이라고 말한다. 만약 실행 가능 영역이 존재하지 않으면 즉, 제약조건식을 만족하는 독립변수의 값이 존재하지 않으면 이 문제는 실행불가능해를 갖는다고 말한다. 조건부최적화 문제의 최적해가 제약조건에 의해 정의된 실행 가능 영역의 경계에 발생한다면 해당 제약조건이 "구속하고 있다(binding)"라고 말한다. 최적해가 경계선에서 떨어져 있다면 이 제약조건은 '비-구속적(nonbinding)'이라고 말한다.

설명을 시작하기 위하여 다음 식과 같이 단순한 타원형의 목적함수

$$f(x_1, x_2) = 0.25x_1^2 + x_2^2 \tag{3A.1}$$

를 고려한다. 이것을 〈그림 3.21〉에 f의 값의 변동에 따라 나타냈다.

여기에서 f가 취할 수 있는 최솟값은 0이지만 유한한 크기의 최댓값을 갖지 않는다는 것을 유의해야 한다. 다음의 예는 조건부최적화 문제를 보여 준다.

$$\begin{aligned} \text{최소화: } & f(x_1, x_2) = 0.25x_1^2 + x_2^2 \\ \text{제약조건: } & \omega(x_1, x_2) = 0 \\ \text{여기에서: } & \omega(x_1, x_2) = 5 - x_1 - x_2 \end{aligned} \tag{3A.2}$$

위의 최적화 문제는 〈그림 3.22〉에 나타나 있다.

〈그림 3.22〉에 나타난 최적해는 목적함수 f의 최소치라는 것을 알 수 있으며 제약조건식 ω도 만족시킨다. 함수 f가 함수 ω와 접하는 곳에서 최적해가 존재하는 것을 알 수 있다. 이와 같은 관찰내용은 좀 더 정교하게 표현되어야 하며 이것이

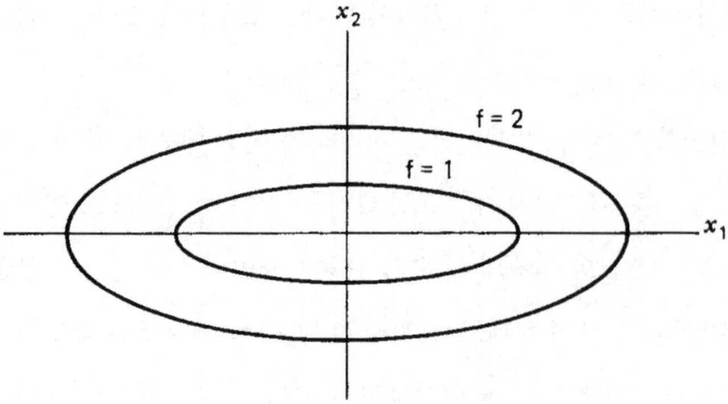

〈그림 3.21〉 타원형 목적함수

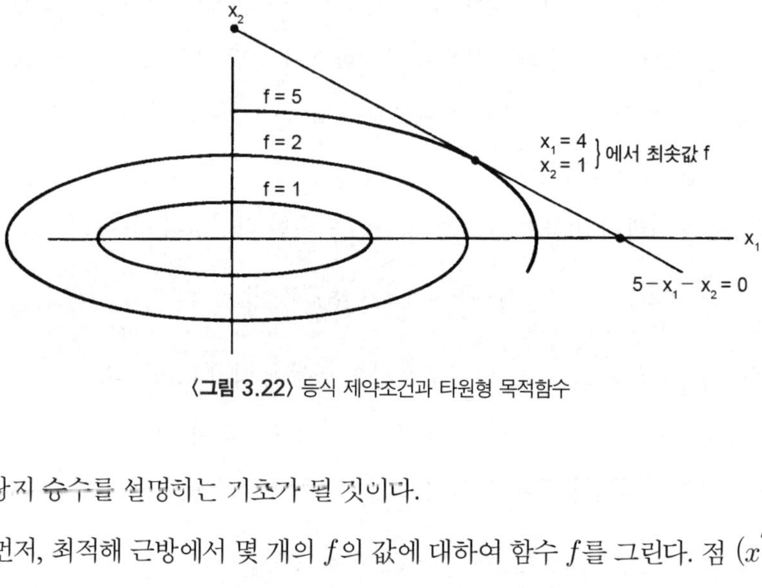

〈그림 3.22〉 등식 제약조건과 타원형 목적함수

라그랑지 승수를 설명하는 기초가 될 것이다.

먼저, 최적해 근방에서 몇 개의 f의 값에 대하여 함수 f를 그린다. 점 $(x_1^{'}, x_2^{'})$에서 f의 그레이디언트 벡터를 계산한다. 이것이 〈그림 3.23〉에서 $\nabla f(x_1^{'}, x_2^{'})$로 나타나 있다. 점 $(x_1^{'}, x_2^{'})$에서의 f의 그레이디언트는 f에 수직이지만 ω의 등고선에 대하여는 수직이 아니며 ω를 따라서 비-영 요소를 갖는다. 이와 유사하게 점 $(x_1^{''}, x_2^{''})$에서 f의 그레이디언트는 ω를 따라서 비-영 요소를 갖는다. 이러한 비-영 요소는 ω의 등고선을 따라서 비-영 요소를 갖는 벡터의 방향으로 조금 움직이면 목적함수의 값을 증가시킨다는 것을 알 수 있다. 그러므로 목적함수를 최소화

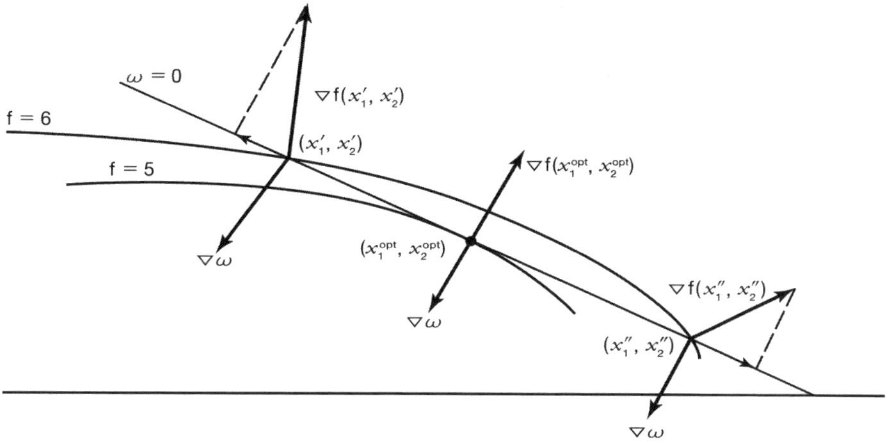

〈그림 3.23〉 조건부최적화의 최적해 근방에서의 그레이디언트

하기 위하여 이와는 반대방향으로 f의 그레이디언트가 ω의 등고선에 투영된 벡터의 방향을 따라서 움직여야 한다. 최적해가 발생하는 점에서 f의 그레이디언트는 ω의 등고선에 법선(normal)이어야 하며 이 점을 떠나서 다른 방향으로 이동하면 목적함수 f의 값이 개선되지 않는다. 이러한 최적해에서 수직이라는 수학적 특성을 이용하여 최적해를 구할 수 있다. f의 그레이디언트 벡터(즉 ∇f)가 ω의 등고선에 대하여 수직이어야 한다는 것을 보증하기 위하여 ∇f와 ω의 그레이디언트 벡터($\nabla\omega$)가 선형종속이면 된다. 선형종속인 벡터는 서로 크기가 다를지언정 서로 한 줄로 세울 수 있는 것이다(즉, 2개의 벡터는 서로 같은 방향으로 향하거나 반대방향으로 향할 수 있다). 수학적으로 나타낸다면 다음 식

$$\nabla f + \lambda \nabla \omega = 0 \tag{3A.3}$$

을 세울 수 있다. 다시 말하면 2개의 그레이디언트 벡터는 어느 하나가 절대치를 조정하여 서로 상쇄하는 방향으로 합쳐질 수 있다는 것이다. 이때 절대치의 크기를 조정하는 계수인 람다(λ)를 라그랑지 승수라고 한다. 식 3A.3과 같이 그레이디언트를 사용하는 대신에 다음 식

$$\mathcal{L}(x_1, x_2, \lambda) = f(x_1, x_2) + \lambda\omega(x_1, x_2) \tag{3A.4}$$

과 같이 관계를 나타낼 수 있다. 이 방정식을 라그랑지 방정식이라고 하며 x_1, x_2, λ의 3개 변수로 구성되어 있다. 만약 x_1, x_2에 대하여 최적해를 구한다면 자동적으로 λ의 값을 계산할 수 있다. 식 3A.3에 주어진 조건을 만족시키기 위하여 3개의 미지의 변수 x_1, x_2, λ에 관하여 $\mathcal{L}$의 편미분계수를 0이 되도록 하면 된다. 이것은 다음 식

$$
\text{최적해에서:}\ \frac{\partial \mathcal{L}}{\partial x_1}=0
$$

$$
\frac{\partial \mathcal{L}}{\partial x_2}=0 \tag{3A.5}
$$

$$
\frac{\partial \mathcal{L}}{\partial \lambda}=0
$$

에서와 같이 최적해에서 3개의 등식이 0이 되도록 하면 된다.

계산과정을 보여 주기 위하여 라그랑지법을 사용하여 예제문제의 최적해를 찾아가는 것을 풀어 보면 다음 식

$$
\mathcal{L}(x_1, x_2, \lambda)=0.25x_1^2+x_2^2+\lambda(5-x_1-x_2)
$$

$$
\frac{\partial \mathcal{L}}{\partial x_1}=0.5x_1-\lambda=0
$$

$$
\frac{\partial \mathcal{L}}{\partial x_2}=2x_2-\lambda=0 \tag{3A.6}
$$

$$
\frac{\partial \mathcal{L}}{\partial \lambda}=5-x_1-x_2=0
$$

과 같다. 식 3A.6에서 마지막 등식은 단순히 원문제의 제약조건식이다. 식 3A.6의 해는

$$
x_1=4
$$

$$
x_2=1 \tag{3A.7}
$$

$$\lambda = 2$$

이다. 하나 이상의 제약조건이 존재할 때에도 위의 방법과 유사하게 해를 구할 수 있다. 다음 식에서와 같이 만족시켜야 할 3개의 제약조건

$$\begin{aligned} \text{최소화: } & f(x_1, x_2) \\ \text{제약조건: } & \omega_1(x_1, x_2) = 0 \\ & \omega_2(x_1, x_2) = 0 \\ & \omega_3(x_1, x_2) = 0 \end{aligned} \tag{3A.8}$$

이 있다고 가정한다. 최적점에서 f의 그레이디언트 벡터와 ω_1, ω_2, ω_3의 각각의 그레이디언트 벡터는 선형종속이다. 즉 다음 식

$$\nabla f + \lambda_1 \nabla \omega_1 + \lambda_2 \nabla \omega_2 + \lambda_3 \nabla \omega_3 = 0 \tag{3A.9}$$

을 만족하는 것이다. 또다시 앞에서처럼 라그랑지 방정식을 세우면 다음 식

$$\mathcal{L} = f(x_1, x_2) + \lambda_1 \omega_1(x_1, x_2) + \lambda_2 \omega_2(x_1, x_2) + \lambda_3 \omega_3(x_1, x_2) \tag{3A.10}$$

과 같으며 최적해는 다음 식

$$\begin{aligned} & \frac{\partial \mathcal{L}}{\partial x_1} = 0 \quad \frac{\partial \mathcal{L}}{\partial x_2} = 0 \\ & \frac{\partial \mathcal{L}}{\partial \lambda_1} = 0 \quad \frac{\partial \mathcal{L}}{\partial \lambda_2} = 0 \quad \frac{\partial \mathcal{L}}{\partial \lambda_3} = 0 \end{aligned} \tag{3A.11}$$

을 만족하는 점에서 발생한다. 지금까지 최적화 문제의 모든 제약조건은 등식 제약조건이라고 가정하였다; 즉 $\omega(x_1, x_2) = 0$이었다. 그러나 일반적으로 최적화 문제는 등식 제약조건뿐만 아니라 $g(x_1, x_2, \cdots) \leq 0$과 같은 부등식 제약조건을 포함한다. 이러한 문제의 최적해는 모든 부등식 제약조건이 구속하는 제약조건이어야 한다고 요구할 필요가 없다. 구속하는(binding) 부등식 제약조건은 최적해를 알려 주는 점에서 $g(x_1, x_2, \cdots)=0$으로서 작용한다.

최적점에 도달했음을 나타내는 가장 기본적인 원칙은 쿤-터커의 논문(참고문헌-1)과 카루시의 석사학위 논문(참고문헌-2)에 나타나 있다. KKT 조건을 여기에 다시 옮겨 놓는다.

$$
\begin{aligned}
\text{최소화:}\ & f(\mathbf{x}) \\
\text{제약조건:}\ & \omega_i(\mathbf{x}) = 0 \quad i = 1, 2, \cdots N_\omega \\
& g_i(\mathbf{x}) \le 0 \quad i = 1, 2, \cdots, N_g \\
& \mathbf{x} = N\text{-차원의 실수 벡터}
\end{aligned}
$$

라그랑지안(또는 라그랑지 함수)을 작성하면 다음 식

$$\mathcal{L}(\mathbf{x}, \boldsymbol{\lambda}, \boldsymbol{\mu}) = f(\mathbf{x}) + \sum_{i=1}^{N_\omega} \lambda_i \omega_i(\mathbf{x}) + \sum_{i=1}^{N_g} \mu_i g_i(\mathbf{x})$$

이 된다. 점 $\mathbf{x}^0$, $\boldsymbol{\lambda}^0$, $\boldsymbol{\mu}^0$이 최적해가 되기 위한 조건은

1. $\dfrac{\partial \mathcal{L}}{\partial x_i}(\mathbf{x}^0, \boldsymbol{\lambda}^0, \boldsymbol{\mu}^0) = 0,\ i = 1, \cdots, N$

2. $\omega_i(\mathbf{x}^0) = 0,\ i = 1, \cdots, N_\omega$

3. $g_i(\mathbf{x}^0) \le 0,\ i = 1, \cdots, N_g$

4. $\begin{cases} \mu_i g_i(\mathbf{x}^0) = 0, \\ \mu_i^0 \ge 0, \end{cases} \quad i = 1, \cdots, N_g$

이다. 첫 번째 등식은 최적해에서 라그랑지 함수를 편미분한 값이 0이라야 한다는 것을 말하는 잘 알려진 식이다. 두 번째와 세 번째 조건은 문제의 제약조건식을 다시 나열한 것이다. 네 번째 조건식은 상보적 여유성 조건을 나타내는 것이며 이 조건식은 구속하는 제약조건식과 구속하지 않는 제약조건식의 문제를 처리하는 수학적 기법을 나타낸다. $\mu_i^o g_i(\mathbf{x}^o)$는 0이므로 μ_i^o가 0이거나 $g_i(\mathbf{x}^o)$가 0이거나 또는 2개 모두가 0일 수 있다. 만약 μ_i^o가 0이라면 $g_i(\mathbf{x}^o)$는 구속하는 제약조건이 되지

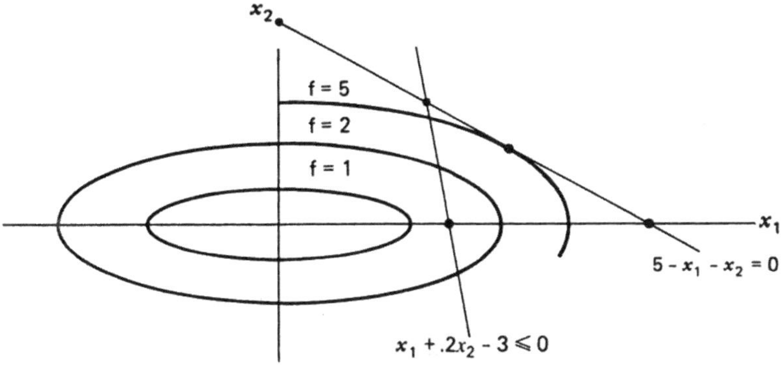

〈그림 3.24〉 부등식과 등식 제약조건을 갖는 타원형 목적함수

않는다. 만약 $\mu_i^o > 0$ 이라면 $g_i(\mathbf{x}^o)$는 무조건 0이라야 한다. 그러므로 μ_i^o를 보면, 제약조건식의 구속 여부를 확실히 알 수 있다.

쿤-터커 방정식이 사용되는 방법을 설명하기 위하여 부록에 나타난 식에 하나의 부등식 제약조건을 추가한다. 풀려고 하는 문제는 다음 식

$$\text{최소화: } f(x_1, x_2) = 0.25x_1^2 + x_2^2$$

$$\text{제약조건: } \omega(x_1, x_2) = 5 - x_1 - x_2 = 0$$

$$g(x_1, x_2) = x_1 + 0.2x_2 - 3 \le 0$$

과 같이 되며 이것은 〈그림 3.24〉에 나타나 있다.

첫 번째, 문제를 위한 라그랑지 함수를 다음 식

$$\begin{aligned}\mathcal{L} &= f(x_1, x_2) + \lambda[\omega(x_1, x_2)] + \mu[g(x_1, x_2)] \\ &= 0.25x_1^2 + x_2^2 + \lambda(5 - x_1 - x_2) + \mu(x_1 + 0.2x_2 - 3)\end{aligned}$$

과 같이 세운다.

첫 번째 조건은

$$\frac{\partial \mathcal{L}}{\partial x_1} = 0.5x_1 - \lambda + \mu = 0$$

$$\frac{\partial \mathcal{L}}{\partial x_2} = 2x_2 - \lambda + 0.2\mu = 0$$

이다. 두 번째 조건은

$$5 - x_1 - x_2 = 0$$

이다. 세 번째 조건은

$$x_1 + 0.2x_2 - 3 \le 0$$

이다. 네 번째 조건은

$$\mu(x_1 + 0.2x_2 - 3) = 0$$

$$\mu \ge 0$$

이다.

여기에서 쿤-터커 조건은 단지 최소화의 필요조건을 제시하는 것뿐이며 어떻게 하면 정밀하게 최적해에 도달하는가를 알려 주는 것이 아니라는 사실에 직면한다. 지금 제시한 문제를 풀기 위하여, 하나의 해가 4개의 조건을 만족한다는 것을 입증할 때까지 여러 가지 해를 이용하여 계산해 보아야 한다. 먼저 $\mu = 0$이라고 놓는다. 이것은 $g(x_1, x_2)$이 0보다 작거나 0이라는 것을 의미한다. 그러나 만약 $\mu = 0$이라면 첫 번째와 두 번째 제약조건이 앞에서 부등식 제약조건이 없는 문제와 같으므로 동일한 최적해를 생산한다. 그런데 앞에서의 문제는 이번 문제의 부등식 제약조건을 위반하므로 4개의 쿤-터커 조건식은 $\mu = 0$으로서는 성립하지 않는다. 요약하면 다음과 같다.

만약 $\mu=0$이라면, 조건-1과 조건-2에 의하여

$$x_1=4$$
$$x_2=1$$
$$\lambda=2$$

이지만 $x_1=4$, $x_2=1$에서 $g(x_1, x_2)$의 값은 다음 식

$$g(x_1, x_2)\Big|_{\substack{x_1=4 \\ x_2=1}} = 4+0.2(1)-3=1.2 \not\leq 0$$

에서 보는 바와 같이 0이 아니다.

여기에서는 $\mu>0$ 인 경우에 해를 찾아본다. 이 경우에, $g(x_1, x_2)$는 정확하게 0이 되어야 하며 $g(x_1, x_2)$와 $\omega(x_1, x_2)$의 교차점을 찾아서 문제의 해를 구할 수 있는데 이렇게 찾은 해가 $x_1=2.5$, $x_2=7.5$이다. 또한, 조건-1에 의하면 $\lambda=5.9375$, $\mu=4.6875$이며 4개의 쿤-터커 조건은 모두 만족된다.

요약하면 다음과 같다.

만약 $\mu>0$이라면, 조건-2와 조건-3에 의하여

$$x_1=2.5$$
$$x_2=2.5$$

이 되며 조건-1에 의하여

$$\lambda=5.9375$$
$$\mu=4.6875$$

이며

$$g(x_1, x_2)\big|_{x_1=x_2=2.5} = 2.5+0.2(2.5)-3=0$$

이 되어 모든 조건이 만족된다.

쿤-터커 조건을 사용하는 과정에서 여러 중요한 사항을 확인할 수 있다. 최적

화 문제를 정식화함으로써 이것이 전력시스템의 경제운용 문제를 반영할 수 있다는 통찰력을 갖게 되었다. 구체적으로 살펴보면 목적함수는 개별 비용함수의 합이며, 각각의 비용함수는 하나의 변수로만 구성되어 있다. 예를 들면, 다음 식

$$f(x_1, x_2) = C_1(x_1) + C_2(x_2)$$

이다. 또한 이 문제가 다음 식

$$\omega(x_1, x_2) = L - x_1 - x_2 = 0$$

과 같이 하나의 제약조건과 변숫값이 상한과 하한의 사이에 존재하도록 하는 부등식 제약조건의 집합으로 한정한다.

$$x_1^- \le x_1 \le x_1^+ \rightarrow \begin{cases} g_1(x_1) = x_1 - x_1^+ \le 0 \\ g_2(x_1) = x_1^- - x_1 \le 0 \end{cases}$$

$$x_2^- \le x_2 \le x_2^+ \rightarrow \begin{cases} g_3(x_2) = x_2 - x_2^+ \le 0 \\ g_4(x_2) = x_2^- - x_2 \le 0 \end{cases}$$

그러면 라그랑지 함수는 다음 식

$$\begin{aligned} &= f(x_1, x_2) + \lambda\omega(x_1, x_2) + \mu_1 g_1(x_1) + \mu_2 g_2(x_1) + \mu_3 g_3(x_2) + \mu_1 g_4(x_2) \\ &= C_1(x_1) + C_2(x_2) + \lambda(L - x_1 - x_2) + \mu_1(x_1 - x_1^+) + \mu_2(x_1^- - x_1) \\ &\quad + \mu_3(x_2 - x_2^+) + \mu_4(x_2^- - x_2) \end{aligned}$$

과 같이 된다.

조건-1에 의하면 다음 식이 성립한다.

$$C_1'(x_1) - \lambda + \mu_1 - \mu_2 = 0$$

$$C_2'(x_2) - \lambda + \mu_3 - \mu_4 = 0,$$

조건-2에 의하면 다음 식이 성립한다.

$$L - x_1 - x_2 = 0,$$

조건-3에 의하면 다음 식이 성립한다.

$$x_1 - x_1^+ \leq 0$$

$$x_1^- - x_1 \leq 0$$

$$x_2 - x_2^+ \leq 0$$

$$x_2^- - x_2 \leq 0,$$

조건-4에 의하면 다음 식이 성립한다.

$$\mu_1(x_1 - x_1^+) = 0, \quad \mu_1 \geq 0$$

$$\mu_2(x_1^- - x_1) = 0, \quad \mu_2 \geq 0$$

$$\mu_3(x_2 - x_2^+) = 0, \quad \mu_3 \geq 0$$

$$\mu_4(x_2^- - x_2) = 0, \quad \mu_4 \geq 0$$

케이스-1

만약 최적해가 각각의 제약조건식의 상한경계와 하한경계에 부딪치지 않는 x_1과 x_2에서 발생한다면, 모든 μ_i의 값은 0이며 다음의 식

$$C_1'(x_1) = C_2'(x_2) = \lambda$$

이 성립한다. 다시 말하면 각각의 변수에 관련한 증분비용은 같으며 그 값은 람다와 동일하다.

케이스-2

여기에서는 최적해에 있어서 x_1은 상한경계에 부딪치고(즉, $x_1 - x_1^+ = 0$), x_2는 상한 또는 하한의 경계에 부딪치지 않는 것으로 한다. 그러면 $\mu_1 \geq 0$ 이며 μ_2, μ_3, 그리고 μ_4는 0과 같을 것이다. 그러면 조건-1로부터

$$C_1'(x_1) = \lambda - \mu_1 \Rightarrow C_1'(x_1) \leq \lambda$$
$$C_2'(x_2) = \lambda$$

이다. 그러므로 상한경계에 부딪친 변수와 관련한 증분비용은 람다보다 작거나 같을 것이며, 경계에 부딪치지 않은 변수와 관련한 증분비용은 람다와 정확하게 같을 것이다.

케이스-3

여기에서는 케이스-2와 반대의 경우를 가정한다. 다시 말하면, 최적해에 있어서 x_1은 하한경계에 도달하고(즉, $x_1^- - x_1 = 0$), x_2는 하한 또는 상한 경계에 도달하지 않는 것으로 또 가정한다. 그러면

$$\mu_2 \geq 0$$

이며 μ_1, μ_3, 그리고 μ_4는 0과 같을 것이다. 그러면 조건-1로부터 다음의 식

$$C_1'(x_1) = \lambda + \mu_2 \Rightarrow C_1'(x_1) \geq \lambda$$
$$C_2'(x_2) = \lambda$$

이 성립한다. 그러므로 하한경계에 도달한 변수와 관련한 증분비용은 람다보다 크거나 같을 것이며, 또다시, 하한경계에 부딪치지 않은 변수와 관련한 증분비용은 람다와 같을 것이다.

케이스-4

만약 최적해에서 x_1과 x_2가 하한 또는 상한의 경계에 도달하고 등식 제약조건을 만족하고 있다면 λ와 0이 아닌 μ_i의 값은 결정할 수 없다. 예를 들어 최적해에서 다음의 식

$$x_1 - x_1^+ = 0 \text{ 과 } x_2 - x_2^+ = 0$$

이 성립한다면 다음의 식

$$\mu_1 \geq 0, \quad \mu_3 \geq 0, \quad \mu_2 = \mu_4 = 0$$

이 성립한다. 조건-1에 의하면 다음의 식

$$C_1'(x_1) = \lambda - \mu_1$$

$$C_2'(x_2) = \lambda - \mu_3$$

이 성립하며 λ, μ_1, 그리고 μ_3의 특정한 값은 결정될 수 없다. 아래는 이를 요약하여 설명하기 위하여 N개의 변수를 갖는 일반 문제

$$\text{최소화: } C_1(x_1) + C_2(x_2) + \cdots + C_N(x_N)$$

$$\text{제약조건: } L - x_1 - x_2 - \cdots - x_N = 0$$

$$\left.\begin{matrix} x_i - x_i^+ \leq 0 \\ x_i^- - x_i \leq 0 \end{matrix}\right\}, \quad i = 1, \cdots, N$$

를 나타낸다. $x_i = x_i^{opt}$ $(i = 1, \cdots, N)$에서 최적해가 존재하고 최소한 하나의 x_i^{opt}는 제약조건식의 경계에 도달하지 않는다고 가정한다.

그러면 다음 식

만약 $x_i^{opt} < x_i^+$ 이고 $x_i^{opt} > x_i^-$ 이면	$C_i(x_i^{opt}) = \lambda$
만약 $x_i^{opt} = x_i^+$ 이면	$C_i(x_i^{opt}) \leq \lambda$
만약 $x_i^{opt} = x_i^-$ 이면	$C_i(x_i^{opt}) \geq \lambda$

과 같은 조건이 발생한다.

여유변수의 정식화: 부등식 제약조건이 있는 최적화 문제를 푸는 또 다른 방법은

모든 제약조건을 등식 제약조건으로 변환하는 것이다. 이것은 다음과 같이

$$\text{만약: } g(x_1) = x_1 - x_1^+ \le 0$$

$$\text{그러면: } g(x_1, S_1) = x_1 - x_1^+ + S_1^2 = 0$$

여유변수를 도입하는 것이다. 위의 식에서 S_1를 사용하지 않고 S_1^2을 사용하였으므로 S_1는 부호에 대하여 제약을 받지 않는다.

모든 부등식 제약조건을 등식 제약조건으로 바꾼다면 쿤-터커 조건에서 조건-3과 조건-4를 제거할 수 있다. 그러나 다음의 설명에서 드러나듯이 결과는 동일하다. 앞에서의 2-변수 문제를 다시 사용한다.

$$\text{최소화: } f(x_1, x_2) = C_1(x_1) + C_2(x_2)$$

$$\text{제약조건: } \omega(x_1, x_2) = L - x_1 - x_2 = 0$$

$$g_1(x_1) = x_1 - x_1^+ \le 0 \text{ 또는 } g_1(x_1, S_1) = x_1 - x_1^+ + S_1^2 = 0$$

$$g_2(x_2) = x_1^- - x_1 \le 0 \text{ 또는 } g_2(x_1, S_2) = x_1^- - x_1 + S_2^2 = 0$$

$$g_3(x_2) = x_2 - x_2^+ \le 0 \text{ 또는 } g_3(x_2, S_3) = x_2 - x_2^+ + S_3^2 = 0$$

$$g_4(x_2) = x_2^- - x_2 \le 0 \text{ 또는 } g_4(x_2, S_4) = x_2^- - x_2 + S_4^2 = 0$$

위 식에서 도출되는 라그랑지 함수는

$$\mathcal{L} = f(x_1, x_2) + \lambda_0 \omega(x_1, x_2) + \lambda_1 g_1(x_1, S_1) + \lambda_2 g_2(x_1, S_2) + \lambda_3 g_3(x_2, S_3) + \lambda_4 g_4(x_2, S_4)$$

이다. 모든 제약조건이 등식 제약조건이므로 라그랑지 승수로서 λ만을 사용하였다는 것을 알 수 있다.

조건-1에 의하면 다음 식을 얻는다.

$$\frac{\partial \mathcal{L}}{\partial x_1} = C_1'(x_1) - \lambda_0 + \lambda_1 - \lambda_2 = 0$$

$$\frac{\partial \mathcal{L}}{\partial x_2} = C_2'(x_2) - \lambda_0 + \lambda_3 - \lambda_4 = 0$$

$$\frac{\partial \mathcal{L}}{\partial S_1} = 2\lambda_1 S_1 = 0$$

$$\frac{\partial \mathcal{L}}{\partial S_2} = 2\lambda_2 S_2 = 0$$

$$\frac{\partial \mathcal{L}}{\partial S_3} = 2\lambda_3 S_3 = 0$$

$$\frac{\partial \mathcal{L}}{\partial S_4} = 2\lambda_4 S_4 = 0$$

조건-2에 의하면 다음 식을 얻는다.

$$\mathcal{L} - x_1 - x_2 = 0$$

$$\left(x_1 - x_1^+ + S_1^2\right) = 0$$

$$\left(x_1^- - x_1 + S_2^2\right) = 0$$

$$\left(x_2 - x_2^+ + S_3^2\right) = 0$$

$$\left(x_2^- - x_2 + S_4^2\right) = 0$$

여유변수에 대하여 라그랑지 함수를 편미분한 식은 상보적 여유성 조건을 다시 고려한다는 것을 알 수 있다. 예를 들면, 만약 $2\lambda S_1 = 0$이면 $\lambda_1 = 0$이거나 S_1이 임의의 값을 취하는 경우, 또는 $S_1 = 0$ 이고 λ_1이 임의의 값을 취한다(또는 λ_1과 S_1이 동시에 0일 수 있다). 여유변수를 도입하여 등식 제약조건으로 할 것인가 아니면 부등식 제약조건의 형태를 사용하느냐에 관한 것은 문제의 변수의 개수가 대단히 많아지므로 별다른 이점이 없고 다만 독자의 개념이해에 도움이 될 뿐이다.

부록 3B: 선형계획법(LP, Linear Programming)

선형계획법은 지금까지 개발된 최적화 기법 중에서 가장 강력한 최적화 기법이다(참고문헌 3~6). 목적함수와 제약조건식이 순수하게 선형인 경우에 많은 문제의 해법에 사용될 수 있고 비록 목적함수와 제약조건식이 비선형일지라도 선형화하는 기법을 사용하여 선형화하고 선형계획법을 이용하여 해를 구할 수 있다. 선형계획법의 가장 강력한 특징은 등식과 부등식 제약조건을 취급할 수 있다는 것이다. 다음의 주제는 여기의 부록에서 다룰 것이다. 독자들은 이 책에서 사용되는 선형계획법이 경제급전 문제, 수화력스케줄 문제, 연료사용스케줄 작성문제, 최적조류계산 문제 등에 사용되는 것을 알 수 있을 것이다.

독자는 EXCEL 프로그램에 실린 선형계획법 프로그램을 통해서뿐만 아니라 MATLAB Optimization Toolbox에 있는 것도 이용하여 문제를 풀 수 있다.

여기에 선형계획법의 이론이 어떻게 사용되는가를 보여 주기 위하여 선형계획법의 대표적인 문제를 제시한다.

2개 발전소의 출력을 최대화함

x_1은 발전소-1의 출력

x_2는 발전소-2의 출력

발전소-1 생산품의 이익, $c_1 = 3$ [$/MWh]

발전소-2 생산품의 이익, $c_2 = 5$ [$/MWh]

목적함수는 최대화하려는 총이익($max\ 3x_1 + 5x_2$)임.

발전소의 최대출력 제약조건

발전소-1의 출력, $b_1 = 4$

발전소-2의 출력, $b_2 = 6$

발전소는 추가적으로 다음의 조건

$$3x_1 + 2x_2 \leq 18$$

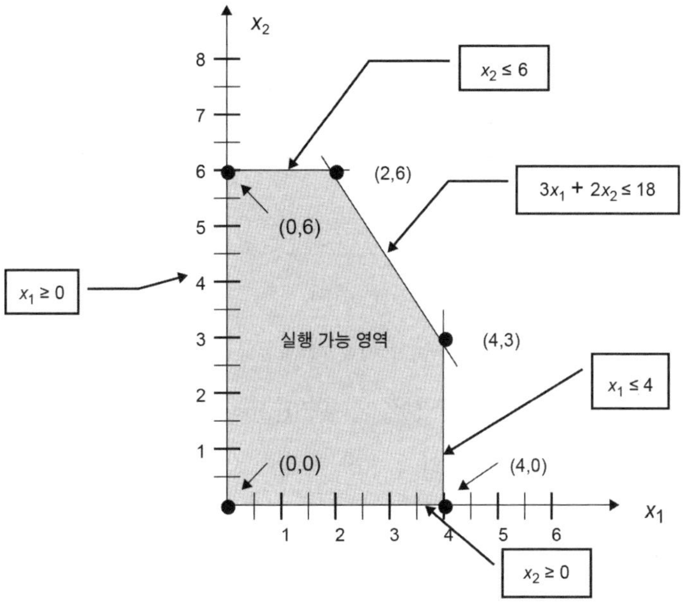

〈그림 3.25〉 제약조건과 실행 가능 영역을 나타내는 (x_1, x_2) 평면

을 만족하여야 한다. 수학적으로 이 문제는 다음 식

$$
\begin{aligned}
\text{최대화: } & 3x_1 + 5x_2 \\
\text{제약조건: } & x_1 \qquad\quad \leq 4 \\
& x_2 \qquad\quad \leq 6 \\
& 3x_1 + 2x_2 \leq 18 \\
& x_1 \qquad\quad \geq 0 \\
& x_2 \qquad\quad \geq 0
\end{aligned}
$$

과 같이 나타낼 수 있다. x_1, x_2 평면에 나타난 그림은 선형제약조건식에 의하여 둘러싸인 공간에 있어서 최적해를 찾는다는 것을 보여 준다. 빗금 친 공간 내의 어떤 점도 모든 제약조건을 만족시키므로 이 공간을 실행 가능 영역이라고 한다(〈그림 3.25〉).

선형계획법은 수학적으로 다음 식과 같이 요약될 수 있다.

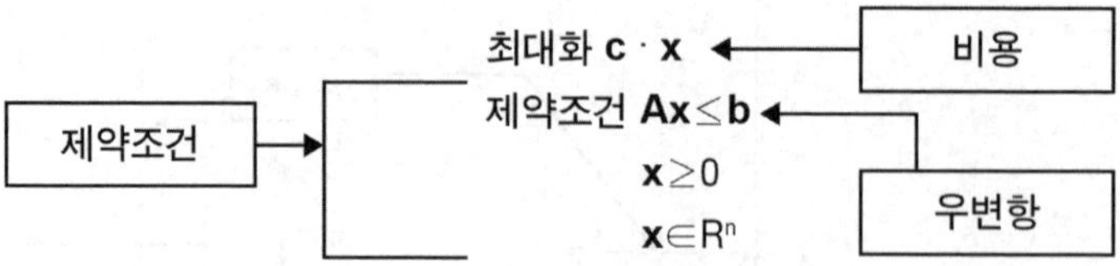

여기에서

x는 미지의 $n \times 1$ 벡터

c는 목적함수의 비용계수($n \times 1$ 벡터)

A는 제약조건식의 계수인 $m \times n$ 매트릭스

b는 $m \times 1$의 우변항 벡터

벡터 x에는 n개의 변수가 존재한다.

A 매트릭스에는 m개의 제약조건이 존재한다.

지금 (x_1, x_2) 평면에 목적함수를 포함시킬 수 있다. 이 그림에서 점선으로 표시된 직선은 선형함수를 나타낸다.

$$z = 3x_1 + 5x_2$$

여기에서 z는 총이득(benefit)

또한 각각의 직선은 서로 다른 z의 값을 나타낸다. $(4, 0)$을 통과하는 직선은 $z = 12$에 해당하는 것이고, $(4, 3)$을 통과하는 직선은 $z = 27$에 해당하는 것이며, $(2, 6)$을 통과하는 직선은 $z = 36$에 해당하는 것으로서 실행 가능 영역에서 가장 큰 값을 나타낸다. 선형계획법에서 최적해는 실행 가능 영역의 가장자리(edge)에서 발생하며, 2개 또는 그 이상의 제약조건식이 교차하는 점에서 발생하거나, 또는 목적함수의 비용계수와 제약조건식의 계수가 같을 경우, 제약조건의 경계에서 발생한다(이에 대하여는 다시 설명한다). 목적함수의 비용등고선(즉, z의 값의 등고선)은 x_1, x_2가 증가함에 따라서 값이 커진다. 〈그림 3.26〉은 x_1, x_2 평면에서 비용등고선을 보여 준다.

지금 위의 등식을 "표준형"으로 나타내기 위하여 변형한다. 표준형으로 나타

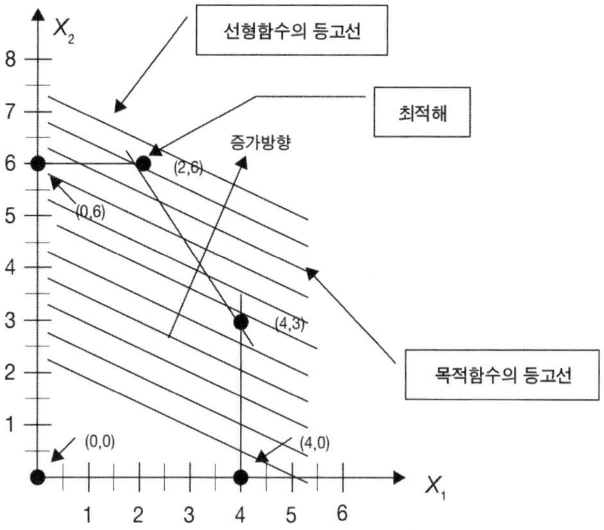

〈그림 3.26〉 등고선과 최적해

내면 대수적 연산에 의하여 계산하기가 용이하다.

스텝-1. 표준형은 선형계획법 알고리즘에서 목적함수를 최소화하는 것으로 지정되었다(최대화가 아님). 최대화 문제를 선형계획법 알고리즘을 사용하여 풀려면 목적함수의 부호를 바꾸면 된다. 표준형은 다음의 식과 같다.

$$\text{최소화}: -3x_1 + -5x_2$$

$$\begin{aligned} \text{제약조건}: x_1 & \le 4 \\ x_2 & \le 6 \\ 3x_1 + 2x_2 & \le 18 \\ x_1 & \ge 0 \\ x_2 & \ge 0 \end{aligned}$$

스텝-2. 이 단계에서는 "크거나 같다"의 제약조건(아래의 (a) 참조)을 새로운 변수인 "여유변수"를 빼서 등식 제약조건(아래의 (b) 참조)으로 변환한다.

(a) $\sum_j a_{ij} x_j \geq b_i$

(b) $\sum_j a_{ij} x_j - y_i = b_i ;\ y_i \geq 0$

여기에서 새로운 변수 y_i를 여유변수라고 말한다. 여유변수가 $y_i > 0$인 한, 원래의 "크거나 같다"라는 제약조건은 유효하다.

유사한 방법으로, '작거나 같다'라는 제약조건에 여유변수를 더함으로써 등식 제약조건으로 변환한다. 모든 y_i가 양(+)이라면 '작거나 같다'라는 제약조건은 유효하다.

(a) $\sum_j a_{ij} x_j \leq b_i$

(b) $\sum_j a_{ij} x_j + y_i \geq b_i;\ y_i \geq 0$

스텝-3. 만약 몇 개 또는 모든 변수 x_i가 $+\infty$ 또는 $-\infty$ 사이의 값을 갖는다면 여유변수를 다음의 식

(a) $-\infty < x_i < +\infty$

(b) $x_i = y_i - z_i ;\ y_i \geq 0,\ z_i \geq 0$

과 같이 추가할 수 있다.

여기에서 여유변수를 추가한 다음 식

$$
\begin{aligned}
\text{최대화: } z &= -3x_1 - 5x_2 \\
\text{제약조건: } & x_1 + x_3 = 4 \\
& x_2 + x_4 = 6 \\
& 3x_1 + 2x_2 + x_5 = 18 \\
& x_1 \geq 0,\ x_2 \geq 0,\ x_3 \geq 0,\ x_4 \geq 0,\ x_5 \geq 0
\end{aligned}
$$

을 나타낼 수 있으며 x_3, x_4와 x_5는 이 문제의 여유변수이다.

그다음, 벡터 $\mathbf{x}$와 $\mathbf{c}$를 기저변수와 비기저변수로 분할한다. 또한 A도 같은 식으로

분할한다. 그러면 결과는 다음 식

$$[B : N]$$

$$x \equiv \begin{bmatrix} x_B \\ x_N \end{bmatrix}$$

$$c \equiv \begin{bmatrix} c_B \\ c_N \end{bmatrix}$$

여기에서

B는 기저(basis)라고 하는 $n \times n$ 정칙 행렬

N는 A의 나머지 열을 나타내는 매트릭스

x_B는 기저변수 벡터: 기저변수는 기저에 속하는 변수

x_N는 비기저변수 벡터: 비기저변수는 기저에 포함되지 않는 변수

c_B는 기저변수에 대응하는 목적함수의 비용계수 벡터

c_N는 비기저변수에 대응하는 목적함수의 비용계수 벡터

과 같다.

해를 구하는 데 있어서는 다음의 방정식

$\{x: Ax = b$ 해(solution)

$\begin{cases} x: Ax = b \\ \quad x \geq 0 \end{cases}$ 실행가능해(feasible solution)

$\begin{cases} x: Ax = b \\ \quad x_B \geq 0 \\ \quad x_N = 0 \end{cases}$ 기저실행가능해(basic feasible solution)

을 사용한다. 아직까지는 최적해를 구하는 방법을 설명하지 않고 다만 기저실행가능해를 구하는 것만 보였다. 앞에서 제시한 기저실행가능해의 조건을 만족하는 어떠한 x 벡터도 최적해의 후보가 될 수 있으나, 여기에서는 알고리즘의 다른 부분을 사용하여 최적해를 구하는 과정을 설명한다.

최적해를 구하는 과정에서, 매트릭스 A를 분할함으로써 위에서 제시한 단계

를 다음 식

$$\begin{cases}[\mathrm{B\,N}]\begin{bmatrix}\mathrm{x_B}\\ \mathrm{x_N}\end{bmatrix}=\mathrm{b}\\ \mathrm{x_N}=0\end{cases}$$

$$\begin{cases}\mathrm{Bx_B}=\mathrm{b}\\ \mathrm{x_N}=0\end{cases}$$

$$\begin{cases}\mathrm{x_B}=\mathrm{B^{-1}b}\\ \mathrm{x_N}=0\end{cases}$$

과 같이 쓸 수 있다는 것을 알아야 한다. 여기에서는 A와 b를 이용하여 모든 기저 실행가능해의 조합을 찾아본다.

$$\mathrm{A}=\begin{bmatrix}1\,0\,1\,0\,0\\ 0\,1\,0\,1\,0\\ 3\,2\,0\,0\,1\end{bmatrix}\quad \mathrm{b}=\begin{bmatrix}4\\ 6\\ 18\end{bmatrix}$$

집합-1: $\begin{bmatrix}x_1\\ x_2\\ x_3\end{bmatrix}=\begin{bmatrix}1\,0\,1\\ 0\,1\,0\\ 3\,2\,0\end{bmatrix}^{-1}\begin{bmatrix}4\\ 6\\ 18\end{bmatrix}=\begin{bmatrix}2\\ 6\\ 2\end{bmatrix}\Rightarrow z=-36(*)\quad \begin{matrix}x_4=0\\ x_5=0\end{matrix}$

집합-2: $\begin{bmatrix}x_1\\ x_2\\ x_4\end{bmatrix}=\begin{bmatrix}1\,0\,0\\ 0\,1\,1\\ 3\,2\,0\end{bmatrix}^{-1}\begin{bmatrix}4\\ 6\\ 18\end{bmatrix}=\begin{bmatrix}4\\ 3\\ 3\end{bmatrix}\Rightarrow z=-27\quad \begin{matrix}x_3=0\\ x_5=0\end{matrix}$

집합-3: $\begin{bmatrix}x_1\\ x_2\\ x_5\end{bmatrix}=\begin{bmatrix}1\,0\,0\\ 0\,1\,0\\ 3\,2\,1\end{bmatrix}^{-1}\begin{bmatrix}4\\ 6\\ 18\end{bmatrix}=\begin{bmatrix}4\\ 6\\ -6\end{bmatrix}\Rightarrow$ 불합격 $\begin{matrix}x_3=0\\ x_4=0\end{matrix}$

($\mathbf{x}\geq 0$의 조건을 만족시키지 못함)

집합-4: $\begin{bmatrix}x_1\\ x_3\\ x_4\end{bmatrix}=\begin{bmatrix}1\;1\;0\\ 0\;0\;1\\ 3\;0\;0\end{bmatrix}^{-1}\begin{bmatrix}4\\ 6\\ 18\end{bmatrix}=\begin{bmatrix}6\\ -2\\ 6\end{bmatrix}\Rightarrow$ 불합격 $\begin{matrix}x_2=0\\ x_5=0\end{matrix}$

($\mathbf{x}\geq 0$의 조건을 만족시키지 못함)

$$\text{집합-5: } \begin{bmatrix} x_1 \\ x_3 \\ x_5 \end{bmatrix} = \begin{bmatrix} 1\,1\,0 \\ 0\,0\,0 \\ 3\,0\,1 \end{bmatrix}^{-1} \begin{bmatrix} 4 \\ 6 \\ 18 \end{bmatrix} = \begin{bmatrix} \infty \\ \infty \\ \infty \end{bmatrix} \Rightarrow \text{불합격} \quad \begin{matrix} x_2 = 0 \\ x_4 = 0 \end{matrix}$$

(매트릭스 A가 특이행렬임)

$$\text{집합-6: } \begin{bmatrix} x_1 \\ x_4 \\ x_5 \end{bmatrix} = \begin{bmatrix} 1\,0\,0 \\ 0\,1\,0 \\ 3\,0\,1 \end{bmatrix}^{-1} \begin{bmatrix} 4 \\ 6 \\ 18 \end{bmatrix} = \begin{bmatrix} 4 \\ 6 \\ 6 \end{bmatrix} \Rightarrow z = -12 \quad \begin{matrix} x_2 = 0 \\ x_3 = 0 \end{matrix}$$

$$\text{집합-7: } \begin{bmatrix} x_2 \\ x_3 \\ x_4 \end{bmatrix} = \begin{bmatrix} 0\,1\,0 \\ 1\,0\,1 \\ 2\,0\,0 \end{bmatrix}^{-1} \begin{bmatrix} 4 \\ 6 \\ 18 \end{bmatrix} = \begin{bmatrix} 9 \\ 14 \\ -3 \end{bmatrix} \Rightarrow \text{불합격} \quad \begin{matrix} x_1 = 0 \\ x_5 = 0 \end{matrix}$$

($\mathbf{x} \geq 0$의 조건을 만족시키지 못함)

$$\text{집합-8: } \begin{bmatrix} x_2 \\ x_3 \\ x_5 \end{bmatrix} = \begin{bmatrix} 0\,1\,0 \\ 1\,0\,1 \\ 2\,0\,0 \end{bmatrix}^{-1} \begin{bmatrix} 4 \\ 6 \\ 18 \end{bmatrix} = \begin{bmatrix} 6 \\ 4 \\ 6 \end{bmatrix} \Rightarrow z = -30 \quad \begin{matrix} x_1 = 0 \\ x_4 = 0 \end{matrix}$$

$$\text{집합-9: } \begin{bmatrix} x_2 \\ x_4 \\ x_5 \end{bmatrix} = \begin{bmatrix} 0\,0\,0 \\ 1\,1\,0 \\ 2\,0\,1 \end{bmatrix}^{-1} \begin{bmatrix} 4 \\ 6 \\ 18 \end{bmatrix} = \begin{bmatrix} \infty \\ \infty \\ \infty \end{bmatrix} \Rightarrow \text{불합격} \quad \begin{matrix} x_1 = 0 \\ x_3 = 0 \end{matrix}$$

(A가 특이행렬임)

$$\text{집합-10: } \begin{bmatrix} x_3 \\ x_4 \\ x_5 \end{bmatrix} = \begin{bmatrix} 1\,0\,0 \\ 0\,1\,0 \\ 0\,0\,1 \end{bmatrix}^{-1} \begin{bmatrix} 4 \\ 6 \\ 18 \end{bmatrix} = \begin{bmatrix} 4 \\ 6 \\ 18 \end{bmatrix} \Rightarrow z = 0 \quad \begin{matrix} x_1 = 0 \\ x_2 = 0 \end{matrix}$$

위의 내용은 최적해를 찾는 방법으로 사용될 수 있다.

- 만약 선형계획법 문제가 해를 갖는다면 이 해는 기저실행가능해이다.
- 모든 기저실행가능해를 조사한다.
- 모든 기저실행가능해에 대하여 목적함수를 평가한다.
- 기저실행가능해 가운데에서 목적함수의 값이 가장 작은 것을 선택한다.

그러나 기저실행가능해의 개수의 상한은 $\binom{n}{m} = \dfrac{n!}{m!(n-m)!}$ 이므로 모든 기저실행가능해에 대하여 단순하게 목적함수를 계산하는 것은 최적해를 찾는 데 있어서 좋은 방안이 아니다.

이에 대한 대안으로서 LP의 기본정리

만약 LP가 하나의 최적해를 갖는다면
그 해는 하나의 실행가능해이다.

를 사용하며 다음과 같은 심플렉스 메커니즘

목적함수의 값을 줄여 가면서 더 이상의 감소가 불가능할 때까지
하나의 모서리에서 다른 하나의 모서리로 이동한다. 더 이상의 개선이
없는 점에 도달하면 최적해에 도달한 것이다.

을 확인할 수 있다.

심플렉스법

먼저 다음과 같은 기본적인 선형계획법에서 출발한다.

$$\text{최대화 } z = \mathbf{c} \cdot \mathbf{x}$$
$$\text{제약조건 } A\mathbf{x} = \mathbf{b}$$
$$\mathbf{x} \geq 0$$

x와 c와 매트릭스 A를 다음 식

$$\text{최대화 } z = \mathbf{c}_B \cdot \mathbf{x}_B + \mathbf{c}_N \cdot \mathbf{x}_N$$
$$\text{제약조건 } B\mathbf{x}_B + N\mathbf{x}_N = \mathbf{b}$$
$$\mathbf{x}_B \geq 0$$
$$\mathbf{x}_N \geq 0$$

과 같이 기저 부분과 비기저 부분으로 분해한다. 마지막으로 다음 식

$$x_B = B^{-1}b - B^{-1}Nx_N$$

$$z = c_B^T B^{-1}b - c_B^T B^{-1}Nx_N + c_N^T x_N$$

과 같은 매트릭스의 곱셈연산을 실행한다. 그러면 다음과 같은 등식

$$\tilde{b} \equiv B^{-1}b$$

$$\lambda^T \equiv c_B^T B^{-1}$$

$$Y \equiv B^{-1}N$$

을 확인할 수 있으며 λ는 쌍대변수 벡터이다.

그러면 위의 식을 이용하여 선형계획법 문제의 표준형

$$\text{최소화 } z = c_B \cdot \tilde{b} - \left[\lambda^T N - c_N^T\right] \cdot x_N$$

$$\text{제약조건 } x_B = \tilde{b} - Y x_N$$

$$x_B \geq 0$$

$$x_N \geq 0$$

을 재구성할 수 있다. 위 식의 $d^T = \left[\lambda^T N - c_N^T\right]$라는 새로운 벡터를 도입하고 이것을 수정비용 벡터라고 명칭을 붙이면 위의 식은 다음 식

$$\text{최소화 } z = c_B \cdot \tilde{b} - d \cdot x_N$$

$$\text{제약조건 } x_B = \tilde{b} - Y x_N$$

$$x_B \geq 0$$

$$x_N \geq 0$$

과 같이 된다. 지금 위의 식의 형태를 보면 목적함수 z는 비기저변수의 함수이며 기저변수 x_B도 역시 비기저변수의 함수이다.

피버팅

피버팅은 다음의 형태와 같은 Y 매트릭스의 하나의 요소를 사용한다.

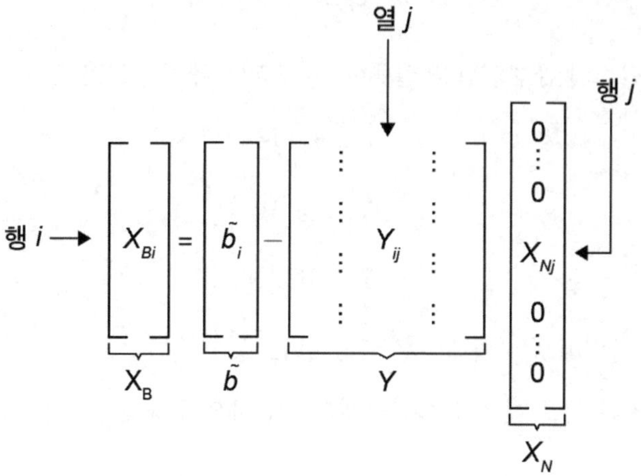

심플렉스 메커니즘

앞에서 설명한 방정식에 나오는 변수의 관계를 사용하여 아래와 같이 심플렉스 메커니즘을 설명할 수 있다.

- d_j가 양(+)인 경우, 만약 비기저변수 $x_{\mathrm{N}j}$가 0보다 크게 증가하면 목적함수의 값은 감소한다.
- 비기저변수 $x_{\mathrm{N}j}$가 0보다 크게 될 경우, 만약 Y_{ij}가 양(+)이라면, 기저변수 $x_{\mathrm{B}i}$ 의 값은 감소한다.
- 만약 몇 개의 Y_{ij}가 양(+)인 경우, 만약 $x_{\mathrm{N}j}$의 값이 0보다 크게 된다면 이에 상응하는 기저변수 $x_{\mathrm{B}i}$의 값은 감소한다.
- 기저변수 $x_{\mathrm{B}i}$ 가운데 어떤 하나의 요소가 먼저 처음으로 0에 도달할 때까지 비기저변수 $x_{\mathrm{N}j}$의 값을 증가시킬 수 있다. 다시 말하면 처음으로 0이 되는 기저변수(i번째 기저변수)에 대하여 $\tilde{b}_i - Y_{ij}\, x_{\mathrm{N}j}$가 0이 될 때까지 $x_{\mathrm{N}j}$의 값

을 증가시킬 수 있는 것이다.

- x_{Nj}의 값은 $\underset{1 \geq i \geq m}{Minimum}\left\{\frac{\tilde{b}_i}{Y_{ij}}: Y_{ij} > 0\right\}$으로 된다.
- x_{Bi}의 값은 0으로 된다.

심플렉스 알고리즘의 유사 코드

1. 실행가능해를 구한다.
2. 현재의 해가 최솟값인지에 대하여 확인한다. 만약 $d_j < 0$이라면 종료한다. 현재의 해가 최적해이다. 그렇지 않으면 계속하여 진행한다.
3. 어떤 비기저변수가 기저변수에 진입할 것인가에 대하여 확인한다(가장 크기가 큰 d_j를 찾음).
4. 어떤 기저변수가 기저해에서 퇴출(exit)할 것인가를 찾는다.

$$\underset{1 \geq i \geq m}{Minimum}\left\{\frac{\tilde{b}_i}{Y_{ij}}: Y_{ij} > 0\right\}$$

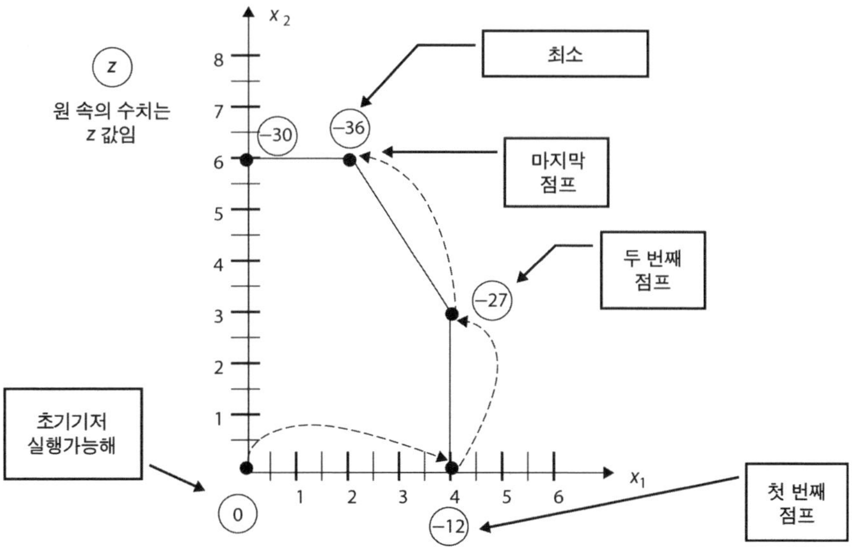

〈그림 3.27〉 초기 기저실행가능해에서 출발하여 목적함수 z를 최소화하는 심플렉스 알고리즘 스텝

5. 새로운 기저변수 조합을 구성한다.

6. 새로운 기저해를 구한다.

7. 스텝-2로 간다.

원래의 예제문제에 대하여 심플렉스 메커니즘을 사용한 예가 〈그림 3.27〉에 나타나 있다.

심플렉스 알고리즘은 기저실행가능해에서 출발하여 목적함수 z를 최소화하기 위하여 스텝을 하나씩 거친다.

초기 기저실행가능해

$$\begin{aligned} \text{최소화 } & \mathbf{c}\cdot\mathbf{x} \\ \text{제약조건 } & \mathbf{A}\mathbf{x}=\mathbf{b} \\ & \mathbf{x}\geq 0 \\ & \mathbf{x}\in\Re^n \end{aligned}$$

초기 기저실행가능해는 다음과 같은 선형계획법을 풀어서 얻을 수 있다.

$$\begin{aligned} \text{최대화 } & \sum_{i=1}^{m} y_i \\ \text{제약조건 } & \mathbf{A}\mathbf{x}+\mathbf{y}=\mathbf{b} \\ & \mathbf{x}\geq 0 \\ & \mathbf{y}\geq 0 \\ & \mathbf{x}\in\Re^n \\ & \mathbf{y}\in\Re^m \end{aligned}$$

여기에서 $\begin{bmatrix} y_1 \\ \vdots \\ y_m \end{bmatrix}$은 "인위변수"의 열벡터이다.

이것을 "Phase I"법이라고 한다.

위의 두 번째 문제는 $\mathbf{y} = \mathbf{b}$라는 자명한 기저실행가능해를 갖는다는 것을 주목해야 한다.

민감도 분석 및 선형계획법의 쌍대변수계산

만약 B가 최적해의 기저 매트릭스라고 하면 다음 식

$$\mathbf{x}_B^* = \mathbf{B}^{-1}\mathbf{b} \tag{3B.1}$$

$$z = \mathbf{c}_B \cdot \mathbf{x}_B^* \tag{3B.2}$$

이 성립한다. 그러면 벡터 $\boldsymbol{\lambda}$를 다음 식

$$\boldsymbol{\lambda}^{*\mathrm{T}} = \mathbf{c}_B^{\mathrm{T}} \mathbf{B}^{-1} \tag{3B.3}$$

에 의하여 계산할 수 있다. $\mathbf{b} \to \mathbf{b} + \Delta\mathbf{b}$로 하여도 기저변수 벡터가 바뀌지 않을 정도의 $\Delta\mathbf{b}$를 $\mathbf{b}$의 증분이라고 가정한다.

그러면 $\mathbf{x}_B^*$와 z^*는 각각

$$\mathbf{x}_B^* \to \mathbf{x}_B^* + \Delta\mathbf{x}_B$$

$$z^* \to z^* + \Delta z$$

로 변동하고, 앞에서 언급한 (1)과 (2)로부터 $\Delta\mathbf{x}_B = \mathbf{B}^{-1}\Delta\mathbf{b}$와 $\Delta z = \mathbf{c}_B^{\mathrm{T}}\Delta\mathbf{x}_B$을 얻는다. 이 2개의 식과 (3)의 식을 이용하여 $\Delta z = \mathbf{c}_B^{\mathrm{T}}\Delta\mathbf{x}_B = \mathbf{c}_B^{\mathrm{T}}\mathbf{B}^{-1}\Delta\mathbf{b} = \boldsymbol{\lambda}^{*\mathrm{T}}\Delta\mathbf{b}$을 얻으며 마지막으로 $\Delta z = \boldsymbol{\lambda}^{*\mathrm{T}}\Delta\mathbf{b}$을 얻는다. 이것은 다음 식

$$\lambda_j^* = \frac{\Delta z}{\Delta b_j}, \quad j = 1, \ 2, \cdots, \ m$$

과 같이 나타낼 수 있으며 λ_j^*는 제약조건-j의 우변항의 크기(한계)의 변동이 발생한 결과로 인하여 생긴 목적함수의 변동이다(물론 이 경우에 기저변수 벡터는 바뀌지 않는다고 가정한다). 부록 A에서 설명한 라그랑지 승수 벡터 $\boldsymbol{\lambda}$도 이것과 똑같은 정의를 갖는다. 경제급전이론에서 $\boldsymbol{\lambda}$는 총출력(total generation)과 시스템수요가 같아야 한다는 제

약조건식에서 시스템수요가 한 단위만큼 변동한다면 총비용이 얼마나 변하는가를 알려 주는 수치이다.

현재 사용가능한 상용 선형계획법 프로그램의 몇 가지 유용한 기능

상한과 하한의 경계 짓기: 현재 사용할 수 있는 다양한 LP 알고리즘(예를 들면 MATLAB 최적화 Toolbox의 LP)의 대부분은 각 변수의 상한과 하한의 제약조건식에 대하여 제약조건식에 명시적으로 지정하기보다는 알고리즘에서 상한과 하한을 고려한다. 전력시스템 운용에 있어서 대부분의 변수들은 상한과 하한의 제약을 갖고 있다.

민감도 분석: MATLAB 선형계획법 프로그램은 변수의 상한의 제약, 변수의 하한의 제약, 모든 선형제약조건식, 모든 비선형제약조건식 등의 모든 제약조건식의 람다값을 확인할 수 있게 한다.

변수의 초기치 발견: 몇 개의 프로그램은 변수의 초깃값을 알려 주기 위하여 추가적 계산시간을 요구한다. 별도로 지정하지 않으면 알고리즘은 초기의 기저변수 집합을 알려 준 다음 최적화를 시작한다.

부록 3C: 비선형계획법(Non-Linear Programming)

비선형계획법은 목적함수 또는 제약조건식 함수의 하나가 비선형이거나 2개 모두 비선형인 최적화 문제를 말한다. 목적함수가 비선형이고 제약조건이 선형인 문제를 푸는 방법이 이차계획법이다. 목적함수가 비선형이고 제약조건식도 비선형인 비선형계획법의 예가 내부점법이다. 이차계획법과 내부점법에 대하여 제8장에서 설명한다.

부록 3D: 동적계획법(DP, Dynamic Programming)

컴퓨터에 의한 디지털 기법의 적용으로 인하여 제어 및 동적 시스템의 최적화가 가능하게 되었고 1950년대에 리처드 벨먼 박사와 동료들은 동적계획법을 개발하였다. 이 덕분으로 최적궤적을 구하는 문제 및 제어전략을 찾아내는 데 있어서 계산상의 부담이 줄어들게 되었다.

변분법에 근거한 이론적이고 수학적 배경은 대단히 어렵다. 그러나 이를 응용하는 것은 동적계획법의 정식화에 사용되는 방법을 사용하면 어렵지 않다.

발전시스템의 운전스케줄 작성문제에 있어서 동적계획법은

- 화력발전시스템의 경제급전 문제
- 수력, 화력 시스템의 스케줄 작성 및 경제급전 문제
- 기동정지스케줄 문제의 실용적 해법

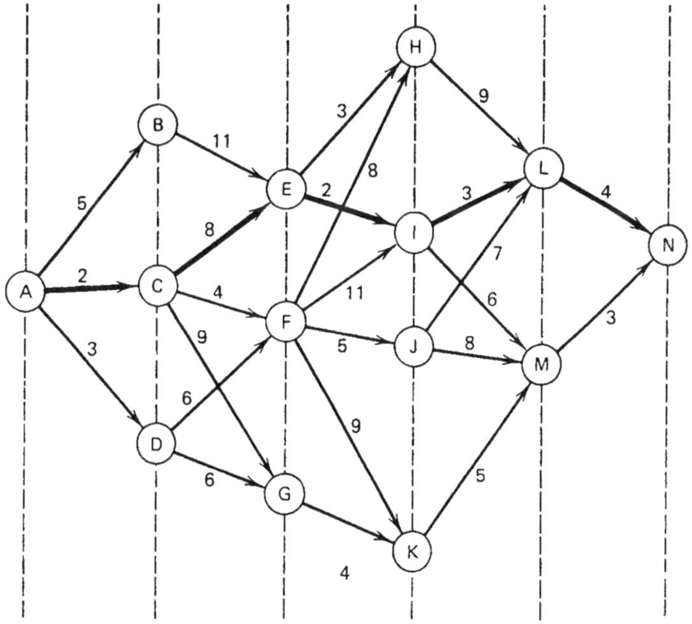

〈그림 3.28〉 동적계획법 예제

등에 사용된다. 이 장에서는 위의 3개 항목에 대하여 설명하도록 한다.

첫 번째, 1차원적 문제의 예를 들어서 예제에 적용하는 방법을 설명한다. 〈그림 3.28〉은 노드-A에서 노드-N으로 물건을 이동하는 데 필요한 비용을 나타낸다. 화살표 위의 숫자는 출발점에서 도착점에 이르는 수송비를 나타낸다. 여기의 문제는 A에서 N에 도달하는 최소비용의 경로를 찾아내는 것이다. 여기에 소개되는 방법이 동적계획법이다. 처음의 2개 예제는 참고문헌-8에서 가져온 것이며 저자의 허락을 받았다.

노드-A에서 출발하면 N에 도달하는 최소비용의 경로는 ACEILN이다.
노드-C에서 출발하면 N에 도달하는 최소비용의 경로는 CEILN이다.
노드-E에서 출발하면 N에 도달하는 최소비용의 경로는 EILN이다.
노드-I에서 출발하면 N에 도달하는 최소비용의 경로는 ILN이다.
노드-L에서 출발하면 N에 도달하는 최소비용의 경로는 LN이다.

위와 같은 내용은 노드-A에서 출발하여 노드-N에 도달하는 최대비용경로(ABEHLN)를 찾을 경우에도 사용될 수 있다.

경로의 선택은 순차적으로 이루어진다. 여러 스테이지(stage)를 경유하여야 한다. 이때 최적경로(optimum sequence)를 최적방책이라고 말하며, 어떠한 부분경로(subsequence)라도 하나의 부분방책이 된다. 이로부터, 최적방책(또는 최소비용경로)은 최적 부분방책만을 포함한다고 말할 수 있다. 이것을 "최적성의 정리"라고 한다.

최적방책은 최적 부분방책만을 포함하여야 한다.

벨먼과 드레이퍼스(참고문헌-7)가 이것을 "최적성의 원리"라고 하였다.

만약 어떤 하나의 스테이지에서, 직전 스테이지의 의사결정이 어떻게 행해졌는가에 관계없이, 앞에서 이미 취해진 결정의 결과가 포함될 때에 앞으로 취해야 할 결정이 최적방책이라면, 그러한 방책은 최적이라고 말한다.

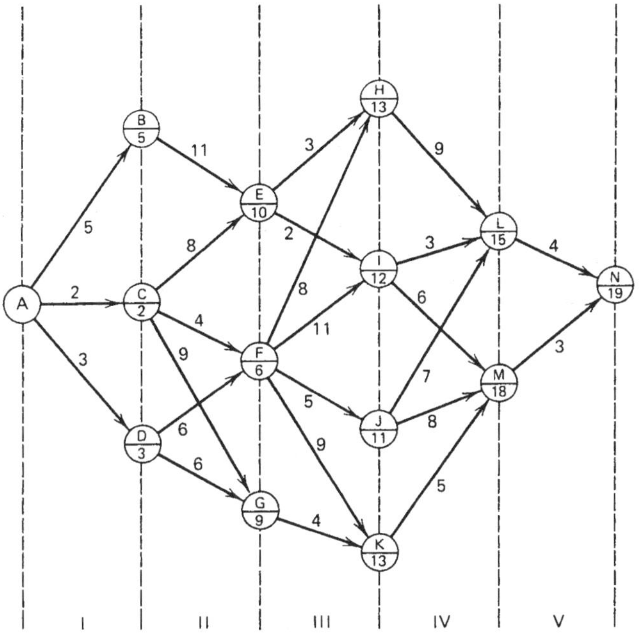

〈그림 3.29〉 각 노드의 최소비용을 나타내는 동적계획법의 예

동일한 예를 사용하여 설명한다. 여기에서는 최소비용경로를 찾는 것에 대하여 설명한다. 〈그림 3.29〉는 스테이지 I, II, III, IV, V를 보여 준다. 각 스테이지의 종료점에서는 선택해야 할 노드의 조합 $\{X_i\}$가 존재한다(예를 들면 $\{X_3\}=\{\mathrm{H, I, J, K}\}$이다). 기호 $\{V_a\}(X_i, X_{i+1})$는 스테이지-$a(=\mathrm{I}, \cdots, \mathrm{V})$를 지나가는 데 필요한 비용을 나타내고 이것은 집합 $\{X_i\}$와 집합 $\{X_{i+1}\}$에서 선택된 요소에 따라 변한다. 다시 말하면 비용 $\{V_a\}$는 출발노드와 종료노드에 따라 변한다. 마지막으로 $f_a(X_i)$는 스테이지-I(노드-A에서 출발함)에서 출발하여 스테이지-a를 거쳐서 스테이지-a의 종료노드 X_i에 도달하는 데 있어서의 최소비용을 나타낸다. 〈그림 3.29〉에서 노드는 원으로 나타나고 원 내의 수치는 이 노드에 도달하는 최소비용을 나타낸다.

$$\{X_0\}: \mathrm{A} \qquad \{X_2\}: \mathrm{E, F, G} \qquad \{X_4\}: \mathrm{L, M}$$
$$\{X_1\}: \mathrm{B, C, D} \qquad \{X_3\}: \mathrm{H, I, J, K} \qquad \{X_5\}: \mathrm{N}$$

$f_{\text{I}}(X_1)$: 첫 번째 스테이지에 이르는 최소비용은 한눈에 알 수 있다.

$$f_{\text{I}}(\text{B}) = V_1(\text{A, B}) = 5$$

$$f_{\text{I}}(\text{C}) = V_1(\text{A, C}) = 2$$

$$f_{\text{I}}(\text{D}) = V_1(\text{A, D}) = 3$$

$f_{\text{II}}(X_2)$: X_2의 함수로써 스테이지-I의 종료노드에서 스테이지-II의 노드에 도달하는 최소비용:

$$f_{\text{II}}(\text{E}) = \underset{\{X_1\}}{min}[f_1(X_1) + V_{\text{II}}(X_1, \text{E})]$$

$$= min[\underset{X_1 = D}{5+11}, \quad \underset{= C}{2+8}, \quad \underset{= D}{3+\infty}] = \underset{X_1 = C}{10}$$

노드-D에서 노드-E에 도달하는 경로는 존재하지 않으므로 이 경로의 비용은 무한대(∞)라고 정의한다.

$$f_{\text{II}}(F) = \underset{\{X_1\}}{min}[f_1(X_1) + V_{\text{II}}(X_1, F)] = min[\infty, 6, 9] = 6, \ \text{X}_1 = \text{C}$$

$$f_{\text{II}}(G) = \underset{\{X_1\}}{min}[f_1(X_1) + V_{\text{II}}(X_1, G)] = min[\infty, 11, 9] = 9, \ \text{X}_1 = \text{D}$$

그러므로 각 스테이지에서, 해당 스테이지에 도달하는 각각의 노드에 대하여, 최소비용경로를 달성하기 위하여 앞의 스테이지의 어떤 노드에서 출발한 것인가와 이에 관련한 최소비용과 경로를 기록해 놓아야 한다.

(X_2)	E	F	G
$f_{\text{II}}(X_2)$	10	6	9
경로 $X_0 X_1$	AC	AC	AD

$f_{\text{III}}(X_3)$: X_3의 함수로써 스테이지-I의 노드와 스테이지-II의 노드를 경유

하여 스테이지-III의 노드에 도달하는 최소비용:

$$f_{\text{III}}(X_3)=\underset{\{X_2\}}{min}[f_{\text{II}}(X_2)+V_{\text{III}}(X_2, H)]=min[13, 14, \infty]=13,\ X_2=E$$

일반적으로 다음 식

$$f_{\text{III}}(X_3)=\underset{\{X_2\}}{min}[f_{\text{II}}(X_2)+V_{\text{III}}(X_2, X_3)]$$

이 성립하며, 다음 표를 얻는다.

(X_3)	H	I	J	K
$f_{\text{II}}(X_2)$	13	12	11	13
경로 $X_0 X_1 X_2$	ACE	ACE	ACF	ADG

$f_{\text{IV}}(X_4)$: X_4의 함수로써 스테이지-I의 노드에서 출발하여 스테이지-IV의 노드에 도달하는 최소비용:

$$f_{\text{IV}}(X_4)=\underset{\{X_2\}}{min}[f_{\text{III}}(X_3)+V_{\text{IV}}(X_3, X_4)]$$

$$f_{\text{IV}}(L)=min[13+9,\ 12+3,\ 11+7,\ 13+\infty]=15,\ X_3=\text{I}$$

$$X_3=\text{H}=\text{I}=\text{J}=\text{K}$$

$$f_{\text{IV}}(M)=min[13+\infty,\ 12+6,\ 11+8,\ 13+5]=18,\ X_3=\text{I 또는 K}$$

$$X_3=\text{H}=\text{I}=\text{J}=\text{K}$$

$f_{\text{V}}(X_5)$: X_5의 함수로써 스테이지-I의 노드에서 출발하여 스테이지-V의 노드에 도달하는 최소비용:

$$f_{\text{V}}(N)=\underset{\{X_4\}}{min}[f_{\text{IV}}(X_4)+V_V(X_4, X_5)]$$

$$=min[15+4, 18+3]=19,\ X_4=\text{L}$$

$$X_4 = \mathrm{L} = \mathrm{M}$$

역으로 추적하면 최소비용경로는 다음 표와 같다.

스테이지	$[X_i]$	f_i
1	B, ⓒ, D	5, ②, 3
2	Ⓔ, F, G	⑩, 6, 9
3	B, Ⓘ, C, K	13, ⑫, 11, 13
4	Ⓛ, M	⑮, 18
5	Ⓝ	⑲

위의 절차를 거꾸로 수행하여도 동일한 결과를 얻는다.

〈표 3.4〉 이익과 투자액

투자금액	투자 이익			
	I	II	III	IV
0	0	0	0	0
1	0.28	0.25	0.15	0.20
2	0.45	0.41	0.25	0.33
3	0.65	0.55	0.40	0.42
4	0.78	0.65	0.50	0.48
5	0.90	0.75	0.65	0.53
6	1.02	0.80	0.73	0.56
7	1.13	0.85	0.82	0.58
8	1.23	0.88	0.90	0.60
9	1.32	0.90	0.96	0.60
10	1.38	0.90	1.00	0.60

할당문제. 〈표 3.4〉는 어느 투자기회에 있어서 투자액의 함수로써 4개 투자기회의 이득을 보여 준다. 투자에 할당할 자금에 제약이 있을 경우, 여기의 문제는 최적 투자비용 할당계획이다. 예를 들어, 10 단위만큼을 투자할 때, I에 3 단위, II에 1 단위, III에 5 단위, 그리고 IV에 1 단위를 할당하는 것으로 한다.

그러면 이득은 다음 식

$$\text{이익} = 0.65 + 0.25 + 0.65 + 0.20 = 1.75$$

과 같이 주어진다. 문제는 최대이득을 가져오는 할당계획을 찾는 것이다. 다음과 같이 가정한다.

X_1, X_2, X_3, X_4는 I부터 IV 까지의 투자기회에 대한 투자 단위의 개수이다.

$V_1(X_1),\ V_2(X_2),\ V_3(X_3),\ V_4(X_4)$는 이득을 나타낸다.

$X_1 + X_2 + X_3 + X_4 = 10$은 투자 단위의 개수에 대한 제약조건이며 10 단위가 꼭 투자되어야 한다는 것을 나타낸다.

이것을 복수의 스테이지에 대한 문제로 변환하기 위하여 다음과 같이 스테이지를 구성한다.

$$X_1,\ U_1,\ U_2,\ A$$

여기에서

$$U_1 = X_1 + X_2 \quad U_1 \le A \quad U_2 \le A$$

$$U_2 = U_1 + X_3 \quad \{A\} = 0, 1, 2, 3, \cdots, 10$$

$$A = U_2 + X_4$$

총이득은 다음 식

$$f(X_1, X_2 X_3, X_4) = V_1(X_1) + V_2(X_2) + V_3(X_3) + V_4(X_4)$$

과 같으며 다음 식

$$f(X_1, U_1 U_2, A) = V_1(X_1) + V_2(U_1 - X_1) + V_3(U_2 - U_1) + V_4(A - U_2)$$

과 같이 나타낼 수 있다. 두 번째 스테이지에서 다음 식

$$f_2(U_1) = \max_{X_1 = 0, 1, \cdots, U_1} [V_1(X_1) + V_2(U_1 - X_1)]$$

을 계산할 수 있다.

X_1, X_2, 또는 U_1	$V_1(X_1)$	$V_2(X_2)$	$f_2(U_1)$	I과 II에 대한 최적 부분방책
0	0	0	0	0, 0
1	0.28	0.25	0.28	1, 0
2	0.45	0.41	0.53	1, 1
3	0.65	0.55	0.70	2, 1
4	0.78	0.65	0.90	3, 1
5	0.90	0.75	1.06	3, 2
6	1.02	0.80	1.20	3, 3
7	1.13	0.85	1.33	4, 3
8	1.23	0.88	1.45	5, 3
9	1.32	0.90	1.57	6, 3
10	1.38	0.90	1.68	7, 3

다음으로, 세 번째 스테이지에서 다음 식

$$f_3(U_2) = \underset{U_1 = 0, 1, \cdots, U_2}{max} [f_2(U_1) + V_3(U_2 - U_1)]$$

을 계산할 수 있다.

U_1, U_2, 또는 X_2	$f_2(U_1)$	$V_3(X_3)$	$f_3(U_2)$	최적 부분방책	
				I과 II에 대하여	I과 II와 III에 대하여
0	0	0	0	0, 0	0, 0, 0
1	0.28	0.15	0.28	1, 0	1, 0, 0
2	0.53	0.25	0.53	1, 1	1, 1, 0
3	0.70	0.40	0.70	2, 1	2, 1, 0
4	0.90	0.50	0.90	3, 1	3, 1, 0
5	1.06	0.62	1.06	3, 2	3, 2, 0
6	1.20	0.73	1.21	3, 3	3, 2, 1
7	1.33	0.82	1.35	4, 3	3, 3, 1
8	1.45	0.90	1.48	5, 3	4, 3, 1
9	1.57	0.96	1.60	6, 3	5, 3, 1 또는 3, 3, 3
10	1.68	1.00	1.73	7, 3	4, 3, 3

마지막 스테이지에서는 다음 식

$$f_4(A) = \max_{U_2} [f_3(U_2) + V_4(A - U_2)]$$

을 계산할 수 있다.

U_2, A, 또는 X_4	$f_3(U_2)$	$V_4(X_4)$	$f_4(A)$	I과 II와 III에 대한 최적 부분방책	최적방책
0	0	0	0	0, 0, 0	0, 0, 0, 0
1	0.28	0.20	0.28	1, 0, 0	1, 0, 0, 0
2	0.53	0.33	0.53	1, 1, 0	1, 1, 0, 0
3	0.70	0.42	0.73	2, 1, 0	1, 1, 0, 1
4	0.90	0.48	0.90	3, 1, 0	3, 1, 0, 0 또는 2, 1, 0, 1
5	1.06	0.53	1.10	3, 2, 0	3, 1, 0, 1
6	1.21	0.56	1.26	3, 2, 1	3, 2, 0, 1
7	1.35	0.58	1.41	3, 3, 1	3, 2, 1, 1
8	1.48	0.60	1.55	4, 3, 1	3, 3, 1, 1
9	1.60	0.60	1.68	5, 3, 1 또는 3, 3, 3	4, 3, 1, 1 또는 3, 3, 1, 2
10	1.73	0.60	1.81	4, 3, 3	4, 3, 1, 2

계산절차와 해를 검토해 본다.

① 모든 가능해를 열거할 필요는 없다. 그 대신, 순서에 따라 스테이지별로 동일한 형태를 갖는 탐색을 한다.

② 집합 A의 $A=10$에 대하여만 찾은 것은 아니고 집합 A의 모든 요소 $A=\{0, 1, 2, \cdots, 10\}$에 대하여 해를 찾는다.

③ 최적방책은 최적 부분방책만을 포함한다. 예를 들면 $A=10, (4, 3, 1, 2)$는 최적방책이다. 스테이지 I, II, III, $U_2=8, (4, 3, 1)$은 최적 부분방책이다. I과 II, $U_1=7, (4, 3)$은 최적 부분방책이다. 스테이지 I에 있어서는 $X_1=4$로써 방책이 고정된다.

④ 또한 중간 결과를 저장함으로써 미리 계산하여 놓은 자료를 갖고 변형된 여러 종류의 문제를 풀 수 있다.

최적화 문제를 푸는 다른 방법 가운데 하나는 라그랑지 변수에 대하여 직접 풀고 다음으로 문제의 변수에 대하여 푸는 것이다. 이러한 정식화를 "쌍대해법"이라고 말하며 그 가운데 라그랑지 승수를 쌍대변수라고 말한다. 앞에서 풀어 본 문제를 갖고 쌍대해법을 설명한다.

지금까지는 식 3A.2와 같이 "원문제"라고 불리는 문제

$$\text{최소화: } f(x_1, x_2) = 0.25x_1^2 + x_2^2$$

$$\text{제약조건: } \omega(x_1, x_2) = 5 - x_1 - x_2 = 0$$

의 해법에 대하여 설명을 하였다. 그리고 이 문제의 라그랑지 함수는 다음 식

$$\mathcal{L}(x_1, x_2, \lambda) = 0.25x_1^2 + x_2^2 + \lambda(5 - x_1 - x_2)$$

과 같다. 만약 쌍대함수 $q(\lambda)$를 다음 식

$$q(\lambda) = \min_{x_1, x_2} \mathcal{L}(x_1, x_2, \lambda) \tag{3E.1}$$

이라고 정의하면 "쌍대문제"는 다음 식

$$q^*(\lambda) = \max_{\lambda \geq 0} q(\lambda) \tag{3E.2}$$

의 해를 구하는 것이다. 쌍대문제의 해를 구하는 것은 2개의 별도의 최적화 문제를 푸는 것이다. 먼저, x_1과 x_2의 초기치를 결정한 다음에 $q(\lambda)$를 최대화하는 λ의 값을 구한다. 그다음으로, 이 λ 값을 택하여 상수로 고정한 다음에 $\mathcal{L}(x_1, x_2, \lambda)$를 최소화하는 x_1과 x_2의 값을 구한다. 해를 구할 때까지 이 절차를 반복한다.

여기의 부록에서 제시된 예제처럼 목적함수가 볼록함수인 경우에는 앞에서의 원문제에서 얻은 목적함수의 최적값과 쌍대문제에서 얻는 것과 동일하다.

예제 3A.2의 문제의 경우에서 x_1과 x_2를 소거하여 $q(\lambda)$의 최대치를 직접 구함으로써 절차를 간략하게 할 수 있다. 만약 문제의 변수를 라그랑지 승수(또는 쌍대변수)에 관하여 나타내면 다음의 관계식

$$x_1 = 2\lambda$$

$$x_2 = \frac{\lambda}{2}$$

을 얻는다. 다음으로 라그랑지 함수에서 원래의 문제의 변수를 소거하면 다음 식

$$q(\lambda) = -\left(\frac{5}{4}\right)\lambda^2 + 5\lambda$$

을 얻는다. 쌍대변수를 사용하여 문제를 풀면 다음 식

$$\frac{\partial}{\partial\lambda} q(\lambda) = 0 = \left(\frac{5}{2}\right)\lambda - 5$$

과 같으며 $\lambda = 2$ 이다. 그러므로 쌍대함수 $q^*(\lambda)$의 값은 5이며 원문제의 변수의 값은 각각 $x_1 = 4$와 $x_2 = 1$이다.

이 장에서 취급하는 경제급전 문제에서는 비용함수가 구간별 선형함수이거나 복잡한 함수이므로 원문제의 변수를 쉽게 제거할 수 없다. 이 경우에는, 앞에서 설명한 쌍대최적화 알고리즘을 사용하여야 한다. 즉, λ에 관하여 최적화한 다음, 원문제의 변수에 관하여 최적화한 후, 다시 돌아가서 λ를 수정하는 등의 절차이다. 그런데 쌍대문제는 다음의 최적화 문제

$$q^*(\lambda) = \max_{\lambda \geq 0} q(\lambda)$$

에 대한 해를 구하도록 요구하며 λ에 관하여 양함수로 표현하지 않는다(이 책의 제2판에서도 그렇게 하였다). 그러므로 조금 다른 전략을 택하여야 한다. 원문제의 변수를 소거할 수 없는 여러 종류의 문제와 경제급전 문제의 경우에, 초기의 $q(\lambda)$의 값에서 더 큰 값으로 이동시키기 위하여 λ를 조정할 방법을 찾아야 한다. 이 가운데 가장

간단한 방법은 그레이디언트 조정법

$$\lambda^1 = \lambda^0 + \left[\frac{d}{d\lambda}q(\lambda)\right]\alpha$$

을 사용하는 것이며 α는 그레이디언트가 잘 작동하기 위한 것이다. 그레이디언트 조정법을 잘 사용하기 위한 유용한 방법 가운데 좀 더 나은 기법의 하나는 λ가 상승하고 있을 때 사용하는 율(rate)에 비하여, 하강하고 있을 때에 훨씬 낮은 율을 사용하는 것이다. 예를 들면 다음의 전략

$$\frac{d}{d\lambda}q(\lambda)\text{가 양이라면 } \alpha = 0.5 \ \text{ 그리고 } \ \frac{d}{d\lambda}q(\lambda)\text{가 음이라면 } \alpha = 0.1$$

을 택하는 것이다. 쌍대최적화 기법에 있어서 최종의 해가 얼마나 가까운가에 관한 것을 측정하는 방법은 쌍대함수와 원문제 사이의 간격의 상댓값을 계산하는 것이다. 원문제의 최적화 기법은 예제 3A.2에 제시한 문제의 경우처럼 직접 해를 구하는 것이며 쌍대함수의 최적값은 J^*라고 하며 다음 식

$$J^* = \text{최소화}\,\mathcal{L} \tag{3E.3}$$

과 같이 정의된다.

이 값을 쌍대함수의 값인 q^*와 비교한다. 2개의 값의 차이를 "쌍대간극"이라 한다. 상대적 쌍대간극이란 것은 최적해에 대한 근접도를 말하며 다음 식

$$\frac{J^* - q^*}{q^*} \tag{3E.4}$$

과 같이 나타낸다. 연속변수로 구성된 볼록 문제에 있어서 최종해에서의 쌍대간극은 0이다. 제4장의 쌍대최적화 기법을 다시 설명할 때 연속변수로 구성된 비-볼록 문제를 다룰 것이며 쌍대간극은 실제로 0으로 접근하지 않는다.

예제 3A.2에 주어진 문제의 쌍대최적화 문제를 사용하여 $\lambda = 0$에서 출발하면 〈표 3.5〉와 같은 결과를 얻는다. 이 표를 보면 알 수 있듯이 이 절차는 정확한 해

〈표 3.5〉 쌍대최적화

반복	λ	x_1	x_2	ω	J^*	q^*	$\frac{J^*-q^*}{q^*}$
1	0	0	0	5.0	5.0	0	–
2	2.5	5.0	1.25	−1.25	5.0	4.6875	0.0666
3	2.375	4.75	1.1875	−0.9375	5.0	4.8242	0.0364
4	2.2813	4.5625	1.1406	−0.7031	5.0	4.9011	0.0202
5	2.2109	4.4219	1.1055	−0.5273	5.0	4.9444	0.01124
⋮							
20	2.0028	4.0056	1.0014	−0.007	5.0	5.0	0

로 수렴한다.

람다탐색법에 대하여 주의할 점이 있다. 경제급전 문제에 쌍대최적화 기법이 적용되면 이 장의 앞에서 경제급전 문제를 풀기 위하여 사용한 람다탐색법의 결과와 동일한 해에 도달한다.

문제

3.1 발전기-1과 발전기-2가 운전 중이며 연료사용량은 시간당 MBtu로서 다음 식과 같다고 가정한다.

$$H_1 = 8P_1 + 0.0024P_1^2 + 80$$

$$H_2 = 6P_2 + 0.04P_2^2 + 120$$

여기에서

H_n: 연료 입력 MBtu/h

P_n: 발전기출력 MW

a. 발전기의 출력이 MW이고 입력이 MBtu/h인 경우 입력-출력 특성곡선을 그리시오. 각 발전기의 최소출력은 20MW이며 최대출력은 100MW라

고 가정하시오.

b. Btu/kWh의 단위로써 순열소비율을 계산하고 MW출력으로써 순열소비율을 나타내시오.

c. 연료가격은 1.5$/MBtu라고 가정하고, 각 발전기의 증분발전비용을 계산하고 출력에 따른 비용을 그리시오.

3.2 3개의 선형구간을 갖는 증분열소비율 함수

주어진 조건: 〈그림 3.30〉에 나타난 바와 같이 4개의 점으로 연결된 3개의 직선으로 구성된 2개의 발전기의 증분열소비율 곡선이 주어져 있다.

발전기-1:

점	출력	증분열소비율(Btu/kWh)
1	100	7,000
2	200	8,200
3	300	8,900
4	400	11,000
	발전기-1의 연료비 = 1.60$/MBtu	

발전기-2:

점	출력	증분열소비율(Btu/kWh)
1	150	7,500
2	275	7,700
3	390	8,100
4	450	8,500
	발전기-2의 연료비 = 2.10$/MBtu	

2개의 발전기는 모두 운전 중이다. 총출력이 주어져 있을 경우, 최적발전스케줄(즉, 각 발전기의 MW출력)을 계산하시오. 총출력이 다음과 같을 경우 각 발전기의 출력을 계산하시오.

300MW, 500MW, 700MW, 840MW

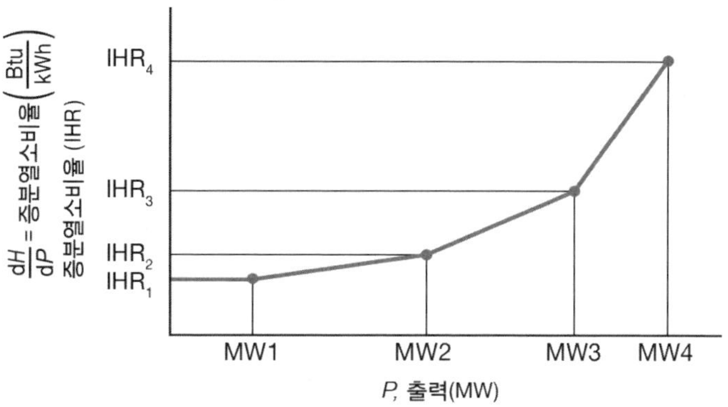

〈그림 3.30〉 문제 3.2의 구간별 선형증분열소비율 곡선

참고: 구간별 선형증분열소비율 곡선은 디지털 컴퓨터를 사용한 경제급전에 흔히 나타나는 곡선형태이다. 위의 문제는 탐색기법을 사용하면 쉽게 해를 구할 수 있다. 이러한 기법에서 증분비용이 주어지면 이 비용에 대한 발전기의 출력이 주어진다. 각 발전기의 출력이 구해지면 이를 합산하여 원하는 총출력과 비교한다. 차이에 따라서 발전기출력의 합이 이보다 작은가 또는 큰가를 확인한 후, 새로운 증분비용을 구하여 반복한다. 이것을 반복하여 정확하게 원하는 값이 구해질 때까지 계속한다. 이 전략은 반복횟수가 최소로 되도록 하는 기법을 사용하여 실행된다.

3.3 문제 3.1에서 2개의 발전기가 공급하는 시스템부하가 50MW부터 200MW까지 변동한다. 문제 3.1에 주어진 데이터에 대하여 시스템부하의 함수로써 발전기-1과 발전기-2의 출력을 나타내시오. 2개의 발전기는 운전 중이라고 가정한다.

3.4 연습으로서, 문제 3.1에 대하여 다음의 기법을 사용하여 2개의 발전기의 최적 출력을 구하시오. 2개의 발전기는 100MW의 부하를 공급하여야 한다. 2개의 발전기는 운전 중이며 출력을 내고 있다고 가정한다. 발전기출력이

변동하며 100MW의 부하를 공급하는 데 필요한 총 연료비를 그림으로 나타내시오. 최소운용비를 구하시오. 최적스케줄을 등증분비용에 의하여 구한 것과 비교하시오.

3.5 이 문제는 경제적으로 급전하여야 할 뿐만 아니라 발전기를 기동하여야 하는 문제에 내재된 복잡성을 입증한다. 이 문제는 제4장의 주요논제이다. 문제 3.1과 같은 2개의 발전기가 주어졌을 경우, 처음에는 모두 정지 중이었다고 가정한다. 또한 부하는 50MW에서 출발하여 200MW까지 증가한다고 가정한다. 변동하는 부하를 공급하기 위한 가장 경제적인 스케줄은 하나의 발전기를 먼저 기동하고 부하가 커지면 다음 발전기를 기동하는 것이다. 어떤 발전기를 먼저 기동할 것인가를 결정하고 나머지 발전기의 출력을 어떻게 결정할 것인가를 설명하시오. 발전기의 기동비용은 0이라고 가정하시오.

3.6 검토할 대상 시스템은 문제 3.1에서 설명한 2개의 발전기로 구성되어 있다. 일간 부하의 변동사이클은 다음 표와 같다.

시간대	부하(MW)
00:00~06:00	50
06:00~18:00	150
18:00~00:00	50

또한 발전기를 정지시키고 12시간이 경과한 후에 기동하려면 180$이 소요된다. 오전 6시부터 다음 날 오전 6시까지의 24시간의 시간대를 가정하시오.

a. 24시간 동안 2개의 발전기를 운전하는 것이 경제적인가 아니면 오후 6시부터 다음 날 오전 6시까지의 12시간 동안 하나의 발전기를 정지시키는 것이 더 경제적인가?

b. 오전 6시부터 오후 6시까지의 경제적 발전스케줄은 무엇인가(부하=150MW)?

c. 오후 6시부터 오전 6시까지의 경제적 발전스케줄은 무엇인가(부하=50MW)?

3.7 여러 해법을 이용한 경제급전 문제

다음에 나타낸 3개의 화력발전기가 모두 운전 중이라고 가정한다. 다음의 각 항의 조건에 따른 경제적 스케줄을 구하시오. 주어진 기동조건과 방법론을 사용하시오.

발전기 데이터	최소출력 (MW)	최대출력 (MW)	연료비 ($/MBtu)
$H_1=225+8.4P_1+0.0025P_1^2$	45	350	0.80
$H_2=729+6.3P_2+0.0081P_2^2$	45	350	1.02
$H_3=400+7.5P_3+0.0025P_3^2$	47.5	450	0.90

a. 람다반복법을 사용하여 총수요 450MW를 공급하는 경제급전스케줄을 구하시오.

b. 출력기준점과 참여계수법을 사용하여 496MW의 부하를 충족하는 경제급전을 구하시오. a에서 구한 경제급전스케줄에서 출발하시오.

c. 그레이디언트법을 사용하여 총수요 500MW를 공급하기 위한 경제급전스케줄을 구하시오. 3개의 발전기의 초기조건 또는 초기출력은 다음과 같다.

$$P_1=P_3=100\text{MW},\ \ P_2=300\text{MW}$$

각 부하수준에서 이것을 공급하기 위한 총비용과 각 발전기의 출력과 시간당 비용을 구하시오.

$\text{MBtu}=10^6\text{Btu}$;

$H_j=$ Btu/h 단위의 열 입력(heat input);

$P_i=$ 전기적 출력(MW); $i=1, 2, 3$.

3.8 입력-출력 곡선이 직선구간으로 구성된 화력발전기의 스케줄의 작성

다음의 데이터는 3개의 화력발전기에 관한 것이다. 입력-출력 특성곡선을 그리고 증분열소비율 곡선을 그리시오. 발전기의 입력-출력 곡선은 출력점 사이를 연결하는 직선으로 구성되어 있다.

발전기 번호	출력 (MW)	순열소비율 (Btu/kWh)
1	45	13,512.5
	300	9,900.0
	350	9,918.0
2	45	22,764.5
	200	11,465.0
	300	11,060.0
	350	11,117.9
3	47.5	16,039.8
	200	10,000.0
	300	9,583.3
	450	9,513.9

연료비는 다음 표와 같다.

발전기	연료비($/MBtu)
1	0.61
2	0.75
3	0.75

모든 발전기는 운전 중이라고 가정하고 시스템부하가 각각 300, 460, 500, 그리고 650MW인 경우의 경제급전을 구하시오. 시간당 총비용($)과 발전기 출력과 연료비($)를 구하시오.

3.9 환경급전

최근에 경제급전에 의한 출력결정이 환경적으로는 최선이 아니라는 논란이 있다. 경제급전이론을 조금만 확장하면 이 문제를 고려할 수 있다. 다음의 논의는 1973년 미국 중서부에서 실제로 발생한 상황에 근거한 것이다. 다른 케이스도 로스앤젤레스에서 "NOx" 배출과 관련하여 발생하였다. 2개의 화력발전기의 입력-출력 곡선은 다음과 같다.

$$H_1 = 400 + 5P_1 + 0.01P_1^2 \quad \text{MMBtu/h}, \ 20\text{MW} \le P_1 \le 200\text{MW}$$

$$H_2 = 600 + 4P_1 + 0.015P_1^2 \quad \text{MMBtu/h}, \ 20\text{MW} \le P_2 \le 200\text{MW}$$

발전기는 유연탄연소 화력발전기이며 열량이 11,500Btu/파운드이며 연료비는 $13.50/t이다. 발전기의 연소과정에서 무게로 11.75%의 유연탄이 연돌에서 비산회로서 날아간다.

a. 200MW의 출력에서 발전기의 순열소비율을 계산하시오.
b. 증분열소비율을 계산하고 시스템부하가 250MW이며 2개의 발전기가 운전 중일 때 경제급전 출력을 구하시오.
c. 이 부하를 공급하는 비용을 구하시오.
d. 이 경우에 있어서 비산회 제거장치가 가동하고 있지 않다고 가정하고 비산회의 배출률을 파운드/h의 단위로서 구하시오.
e. 발전기-1은 집진기가 있어서 85%의 비산회를 제거하며 발전기-2의 집진기는 89%의 비산회를 제거한다. 시스템부하가 250MW일 때 총 비산회 배출률을 최소화하는 발전기의 출력을 결정하시오.
f. 이 계획에 따른 비산회의 배출률과 250MW의 부하를 공급하기 위한 비용을 계산하시오. 비용의 페널티는 얼마인가?
g. 이렇게 발생한 비산회는 어디로 가는가?

3.10 예제 3A의 발전기 자료를 예로서 사용한다. 발전기출력의 상한과 하한을 무시하고 그레이디언트법과 뉴턴법을 사용하여 경제급전을 하시오. 이 경우 시스템부하 900MW에 대하여 문제를 푸시오.

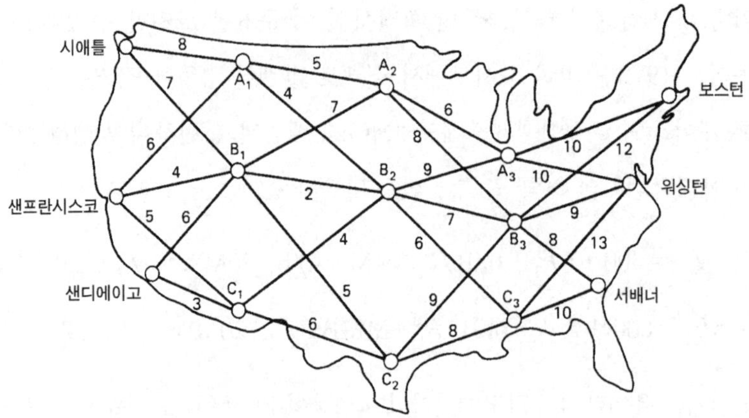

〈**그림 3.31**〉 문제 3.11의 가능한 파이프라인 경로

3.11 당신에게 미국의 서부해안에서 동부해안으로 송유관을 건설하라는 역할이 부여되었다. 당국에서 말하기를 3개의 서부해안 입지는 만족할 만하며 동부해안의 어떤 장소라도 좋다고 말하였다. 〈그림 3.31〉의 숫자는 상대적 비용을 $10^8$$의 단위로 나타낸 것이다. 서부해안에서 동부해안에 이르는 최소 비용의 송유관을 찾으시오.

3.12 **역마차 문제**

역마차로 위험한 서부를 여행해야 하는 어떤 전설적인 세일즈맨이 가장 안전한 경로를 고르기로 하였다. 그의 출발지와 도착지는 고정되어 있지만 중간 경로를 선택하는 데 있어서는 자유롭다. 〈그림 3.32〉에 가능한 역마차 운행경로가 나타나 있다. 잠시 생각한 후에 세일즈맨은 가장 안전한 경로를 선택하는 현명한 방안을 생각해 냈다. 생명보험이 여행객에게 제공되었으며 각 방책의 비용은 각 경로의 안전을 신중하게 고려하여 선정되었으므로 가장 안전한 경로는 가장 싼 방책이 되어야 한다고 말할 수 있다. 스테이트-i에서 스테이트-j에 도달하는 역마차 운행의 표준방책(standard policy)에 따르는 비용 C_{ij}는 〈그림 3.33〉에 나타나 있다. 가장 안전한 경로를 찾으시오.

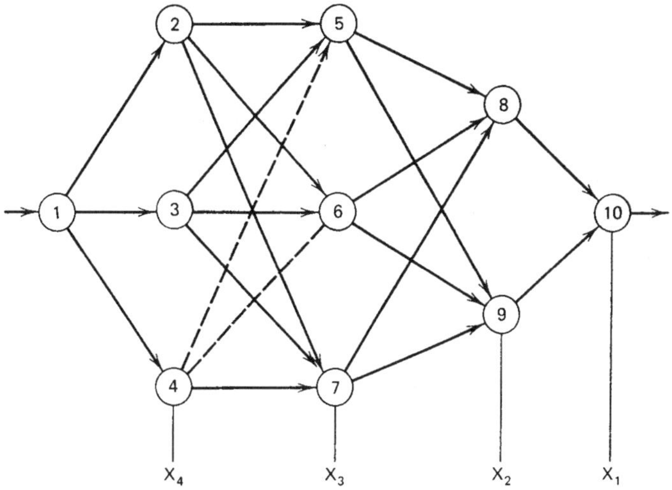

〈그림 3.32〉 문제 3.12의 가능한 역마차 경로

i \ j	1	2	3	4	5	6	7	8	9	10
= 1		2	4	3						
2					7	4	6			
3					3	2	4			
4					4	1	5			
5								1	4	
6								6	3	
7								3	2	
8										3
9										4
10										

〈그림 3.33〉 문제 3.12의 스테이트-i에서 스테이트-j에 도달하는 비용
(나타나지 않은 비용은 무한대를 의미함)

3.13 경제급전 문제

볼록함수의 입력-출력 곡선을 갖지 않는 3개의 발전기를 생각해 본다(이것은 급전문제에서 밸브-점 운전을 고려할 때 부딪치는 문제이다).

발전기-1:

$$H_1(P_1) = \begin{cases} 80 + 8P_1 + 0.024P_1^2 & 20\text{MW} \le 60\text{MW} \\ 196.4P_2 + 3P_1 + 0.075P_1^2 & 60\text{MW} \le P_1 \le 100\text{MW} \end{cases}$$

발전기출력의 상한과 하한은 $20\text{MW} \le P_1 \le 100\text{MW}$ 이다.

발전기-2:

$$H_2(P_2) = \begin{cases} 120 + 6P_2 + 0.04P_2^2 & 20\text{MW} \le P_2 \le 40\text{MW} \\ 157.335 + 3.3333P_2 + 0.08333P_2^2 & 40\text{MW} \le P_2 \le 100\text{MW} \end{cases}$$

발전기출력의 상한과 하한은 $20\text{MW} \le P_2 \le 100\text{MW}$ 이다.

발전기-3:

$$H_3(P_3) = \begin{cases} 100 + 4.6666P_3 + 0.13333P_3^2 & 20\text{MW} \le P_3 \le 50\text{MW} \\ 316.66 + 2P_3 0.1P_3^2 & 50\text{MW} \le P_3 \le 100\text{MW} \end{cases}$$

발전기출력의 상한과 하한은 $20\text{MW} \le P_3 \le 100\text{MW}$ 이다.

모든 발전기의 연료비는 1.5$/MBtu 이다.

a. 각 발전기의 비용함수를 구하시오(문제 3.1 참조).

b. 각 발전기의 증분비용함수를 구하시오.

c. 모든 발전기가 운전 중이라고 가정하고 다음의 총수요에 대한 경제급전의 해를 구하시오.

$$P_D = 100\text{MW}$$

$$P_D = 140\text{MW}$$

$$P_D = 180\text{MW}$$

$$P_D = 220\text{MW}$$

$$P_D = 260\text{MW}$$

여기에서

$$P_D = P_1 + P_2 + P_3$$

동적계획법을 사용하여 문제를 푸는 데 있어서 부하의 이산 스텝을 20MW 라고 하고 각 발전기의 출력을 20MW에서 100MW로 하여 해를 구하시오.

d. 위의 문제를 동적계획법이 없이 풀 수 있는가?
만약 그렇다면 $P_D = 100\text{MW}$에 대하여 해를 구하시오.

3.14 합성발전기 비용함수

3개의 발전기가 하나의 합성발전기로 합쳐진 예제 3F를 참조하시오. 예제를 반복하시오. 여기에 더하여 3개 발전기의 증분비용곡선만을 사용하여 등가증분비용곡선을 개발하시오. 합성증분비용곡선과 3개 발전기의 출력이 0인 점에서의 절편을 이용하여 총 비용함수의 특성을 구하시오(제안: 선형 근사화 곡선과 곡선피팅 알고리즘을 사용하여 합성증분비용곡선을 추정하시오).

3.15 직선구간의 계열로 구성된 3개의 발전기의 입력-출력 곡선을 참조하시오. 3개 발전기의 합성 입력-출력 곡선을 구하시오. 3개의 발전기는 운전 중이며 합성 입력-출력 곡선은 필요한 만큼의 선형구간을 갖고 있다고 가정하시오.

3.16 주어진 조건: 2개의 발전기는 구간별 선형비용곡선 $F(P)$을 갖는다.

발전기-1: $P_1^{min} = 25\text{MW}$, $P_1^{max} = 200\text{MW}$

P_1(MW)	$F_1(P_1)$($/h)
25	289.0
100	971.5
150	1,436.5
200	1,906.5

발전기-2: $P_2^{min} = 50\text{MW}$, $P_2^{max} = 400\text{MW}$

P_2(MW)	$F_2(P_2)$
50	3,800
100	4,230
200	5,120
400	6,960

시스템부하가 350MW인 경우의 최소비용의 해를 구하시오(2개의 발전기는 운전 중임).

3.17 **전제조건:** 2개의 발전기는 다음과 같이 구간별 선형비용함수를 갖는다.

발전기-1: $P_1^{min} = 100\text{MW}$, $P_1^{max} = 400\text{MW}$

P_1(MW)	$dF_1(P_1)/dP_1$ ($/MWh)
100	6.5
200	7.0
300	8.0
400	11.0

발전기 2. $P_2^{min} = 120\text{MW}$, $P_2^{max} = 300\text{MW}$

P_2(MW)	$dF_2(P_2)/dP_2$ ($/MWh)
120	8.0
150	8.3
200	9.0
300	12.5

총 시스템부하가 500MW인 경우의 경제급전의 해를 구하시오.

참고문헌

1. Kuhn, H. W., Tucker,, A. W., *Nonlinear Programming in Second Berkeley Symposium on Mathematical Programming Statistics and Probability, 1950*, University of California Press, Berkeley, Berkeley,, CA, 1951.

2. Karush., *Minima of Functions of Several Variables with Inequalities as Side Constraints*, MSc Dissertation, Department of Mathematics, University of Chicago, Chicago, IL, 1939.

3. Bazaara, M. S., Jarvis, J. J., Sherali, H. D., *Linear Programming and Network Flows*, Second Edition, John Wiley & Sons, New York, 1990.

4. Frederick, S. H., Lieberman, G. J., *(Introduction to) Operations Research*, Holden-Day, San Francisco, CA, c1974, etc. any edition.

5. Luenberger, D. G., *Introduction to Linear and Nonlinear Programming*, Second Edition, Addison-Wesley Publishing Company, Reading, MA.

6. Luenberger, D. G., *Linear and Nonlinear Programming*, Second Edition, Addison-Wesley Publishing Company, Reading, MA.

7. Bellman, R. E., Dreyfus, S. E., *Applied Dynamic Programming*, Princeton University Press, Princeton, NJ, 1962.

8. Kaufmann, A., *Graphs, Dynamic Programming and Markov Processes*, Wiley and Technology Press, New York, 1967.

4

발전기 기동정지스케줄

4.1 서론

사람들의 활동은 주기적이기 때문에 대규모 인구를 대상으로 서비스를 공급하는 대부분의 시스템도 주기를 경험하게 된다. 이와 같은 시스템에는 전력시스템뿐만 아니라 통신시스템, 수송시스템 등도 있다. 전력시스템의 경우, 전체 시스템의 부하는 조명용 부하와 산업용 부하를 많이 사용하는 주간과 초저녁에는 높고, 대부분의 사람들이 잠을 자는 늦은 저녁, 이른 아침 등의 시간에는 낮다. 또한, 전력수요는 주말에는 낮고 평일에는 높아서 1주일마다 주기적으로 변동한다. 그러면 이러한 현상이 전력시스템 운용에서 왜 문제가 되는가? 단순하게 최대부하를 만족시키기 위하여 충분하게 발전기를 기동하여 놓고 그 상태를 지속하면 되지 않는가? 발전기를 기동하는 것은 전기를 생산할 수 있는 상태로 하는 것(turn it on)이고, 다시 말하면 발전기의 회전속도를 시스템의 동기속도에 맞춘 다음에 차단기를 닫아서 시스템에 병입하고(synchronize), 전력망에 전력을 보낼 수 있도록 하는 것이다. "필요 이상으로 많은 발전기를 기동하고 켜놓은 상태(on-line)로 유지하는 것"은 경제성에 관한 문제의 하나이다. 예제 4A에서 보듯이 너무나 많은 발전기를 가동하여 놓는 것은 대단히 비용이 많이 드는 것이다. 발전기를 운전할 필요가 없는 시간대에 정지시켜 놓음으로써 비용을 상당히 절감할 수 있다.

4.1.1 경제급전과 기동정지스케줄

여기에서 기동정지스케줄과 경제급전의 문제에 대하여 중요한 차이점을 강조할 필요가 있다. 경제급전 문제는 N_{gen}개의 발전기가 이미 기동되어 있다고 가정하는 것이다. 경제급전 문제의 목적은 기동하여 운전 중인 N_{gen}개의 발전기의 최적 운용전략을 찾는 것이다. 이것이 이 교재에서 조사하려는 문제이다.

이와 반대로, 기동정지스케줄 문제는 좀 더 복잡하다. N_{gen}개의 발전기가 기동정지의 대상이 되고 앞으로의 시간대에 충족시켜야 할 수요에 대한 예측 자료가 주어졌다고 가정한다. 기동정지스케줄 문제에서 제기되는 의문은 다음과 같다.

N_{gen}개의 발전기의 집합 가운데 수요를 만족시킬 수 있는 수많은 부분집합이 주어졌다고 가정할 경우, 이 부분집합 가운데 어떤 것이 최소의 운용비를 가져오는 것인가?

기동정지스케줄 문제는 계산 대상기간을 24시간, 1주일 등으로 할 수 있다. 기동정지스케줄 문제의 해를 구하는 것은 훨씬 더 어려운 것이다. 문제를 풀어 가는 절차의 내부에 경제급전 문제를 부문제로서 포함한다. 다시 말하면 수요를 충족시키기 위하여 전체 발전기 가운데에서 기동되는 수많은 부분집합 각각은 경제급전을 통하여 최소비용을 구해야 한다는 것이지만 어떤 부분집합이 실제로 계산 내상기간 내에서 최소비용을 구현하는 대상이 될지는 알 수 없는 것이다.

이 장의 후반부에서 기동정지스케줄 작성문제를 좀 더 상세히 설명할 것이다. 이 문제가 수학적으로 복잡하고 어려운 이유는 변수가 정수(integer)인 경우가 있기 때문이다. 다시 말하면 발전기는 운전상태와 정지상태 가운데 어떤 하나의 것에 속하여야 한다. 스위치를 열어서 운전상태와 정지상태의 중간에 존재하도록 할 수는 없는 것이다.

예제 4A 3개 발전기의 기본 자료가 아래에 주어져 있다:

발전기-1: 최소출력=150MW

최대출력=600MW

$$H_1 = 510.0 + 7.2P_1 + 0.001422P_1^2 \text{ MBtu/h}$$

발전기-2: 최소출력=100MW

최대출력=400MW

$$H_2 = 310.0 + 7.85P_2 + 0.00194P_2^2 \text{ MBtu/h}$$

발전기-3: 최소출력=50MW

최대출력=200MW

$$H_1 = 78.0 + 7.97P_3 + 0.001482P_3^2 \text{ MBtu/h}$$

연료비 자료

발전기-1: 연료비 = 1.1$/MBtu

발전기-2: 연료비 = 1.0$/MBtu

발전기-3: 연료비 = 1.2$/MBtu

550MW의 수요를 공급한다고 가정할 경우, 어떤 발전기 또는 어떤 발전기들의 조합이 사용되어 경제적으로 수요를 공급할 것인가? 이 문제를 풀기 위하여 가장 단순하게 3개 발전기의 조합을 고려할 것인가? 어떤 조합은 기동한 발전기의 최대출력을 모두 합산하여도 수요보다 크기가 작든가 또는 기동한 발전기의 최소출력을 합산하면 수요보다 클 수도 있어서 실행불가능일 수도 있다. 조합 가운데 실행 가능한 것에 대하여 제3장에서 설명한 기법을 사용하여 발전기가 급전된다. 즉 출력이 결정된다. 이 결과가 〈표 4.1〉에 주어져 있다.

3개 발전기를 모두 기동하거나 2개의 발전기를 포함하는 조합을 사용한다고 하여도 수요를 공급하는 가장 비용이 적게 드는 방법이 아니라는 것을 주목해야

〈**표 4.1**〉 예제 4A의 수요가 550MW인 시스템의 기동정지 및 급전

발전기 -1	발전기 -2	발전기 -3	최대 출력	최소 출력	P_1	P_2	P_3	F_1	F_2	F_3	총 발전비용 $F_1+F_2+F_3$
off	off	off	0	0							실행불가능
off	off	on	200	50							실행불가능
on	on	off	400	100							실행불가능
off	on	on	600	150	0	400	150	0	3,760	1,658	5,418
on	off	off	600	150	550	0	0	5,389	0	0	5,389
on	off	on	800	200	500	0	50	4,911	0	586	5,497
on	on	off	1,000	250	295	255	0	3,030	2,440	0	5,471
on	on	on	1,200	300	267	233	50	2,787	2,244	586	5,617

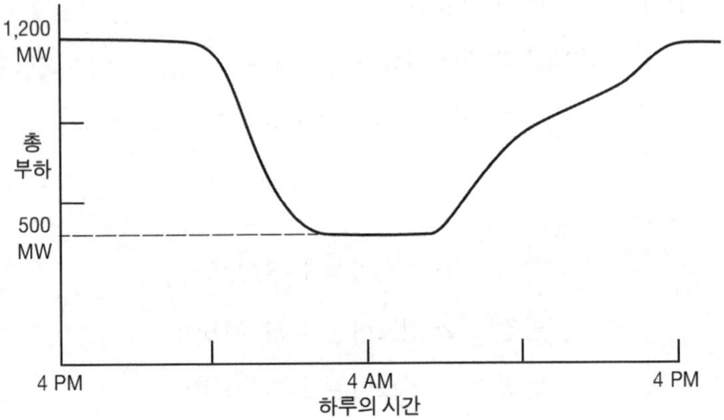

〈**그림 4.1**〉 단순한 정상-골짜기(최대-최소) 형태의 부하패턴

한다. 그보다는 가장 연료비가 싼 발전기-1만을 기동시키는 것이다. 가장 연료비가 낮은 발전기만을 운전함으로써 수요를 공급하는 발전기는 가장 효율이 높은 출력 부근에서 운전된다. 만약 다른 발전기가 추가적으로 기동되면 발전기-1과 기타의 발전기들은 최대효율을 내는 출력점에서 멀어지게 되어 발전기-1이 단독으로 운전될 경우보다 총비용이 높아진다.

소비자의 수요가 단순한 "정상-골짜기(peak-valley)" 패턴을 따라 변동한다고 가정해 본다. 시스템 운용이 최적화되어야 한다면 수요가 낮아질 경우, 일부의 발전기를 정지시키고 수요가 회복되면 다시 기동해야 한다. 급전원이 알고 싶어 하는

것은 어떤 발전기를 언제 정지시키는가에 대한 것이다. 앞으로 설명할 것이지만 이 문제는 실제로 발전기 기동정지 문제를 고려해 보면 가볍게 넘길 일이 아니다. 우선순위법을 사용하는 예제 4B에서 이 문제의 해를 찾는 접근법을 보여 준다.

예제 4B 시스템수요가 변함에 따라 어떤 발전기가 정지하여야 하는가를 알아야 한다고 가정해 본다. 전력수요는 최대 1,200MW에서 최소 500MW 사이에서 변하고 발전기 자료와 연료비는 예제 4A에 주어진 것과 같다고 가정한다. “정지규칙”을 얻기 위해 1,200MW부터 500MW 사이에서 50MW 계단의 크기로 수요의 값을 만들어 낸 다음 이 값에 대한 발전기의 모든 조합이 검토되는(예제 4A처럼) 억지기법(brute force)을 사용한다. 〈표 4.2〉는 이를 적용한 결과를 보여 준다. 이를 통하여 발견한 정지규칙은 대단히 단순하다.

- 수요의 크기가 1,000MW를 넘으면 3개 발전기를 모두 기동한다.
- 수요의 크기가 1,000MW와 600MW 사이일 경우에는 발전기-1과 발전기-2를 기동한다.
- 수요가 600MW 이하일 경우에는 발전기-1만을 기동한다.

〈그림 4.2〉는 〈그림 4.1〉의 부하곡선을 사용하여 작성한 기동정지스케줄을 보여 준다.

지금까지 간단한 제약만을 준수하는 것으로서 기동정지스케줄 문제를 설명하였다. 즉 부하를 공급하기 위하여 발전기를 충분히 기동한다는 제약조건이다. 만약 부하를 충족시키는 것만이 해결책이라면 지금까지 설명한 내용으로써 기동정지스케줄 문제는 해결된다고 말할 수 있다. 그러나 불행하게도 최적해를 찾기 위하여서는 다른 제약조건과 현상들을 고려하여야 한다. 다음 절에서 제약조건이 논의되고 해를 찾기 위해 현재 사용되고 있는 기법이 논의된다.

〈**표 4.2**〉 예제 4B의 정지규칙의 도출

수요	최적 조합		
	발전기-1	발전기-2	발전기-3
1,200	on	on	on
1,150	on	on	on
1,100	on	on	on
1,050	on	on	on
1,000	on	on	off
950	on	on	off
900	on	on	off
850	on	on	off
800	on	on	off
750	on	on	off
700	on	on	off
650	on	on	off
600	on	off	off
550	on	off	off
500	on	off	off

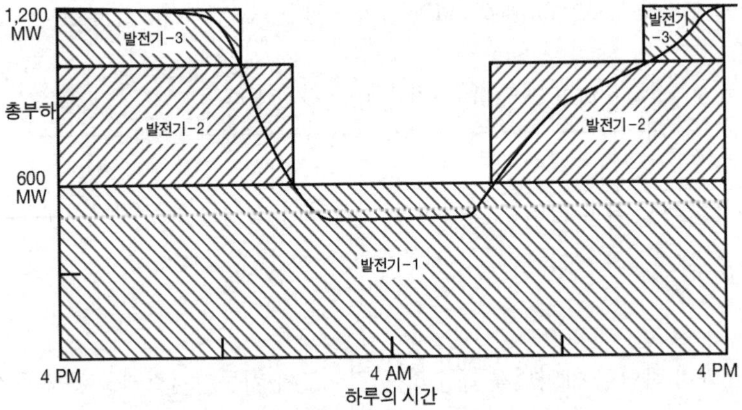

〈**그림 4.2**〉 정지규칙을 사용한 기동정지스케줄

4.1.2 기동정지스케줄 문제에서의 제약조건

여러 종류의 제약조건이 기동정지스케줄 문제에 적용될 수 있다. 여기에 제시되는 제약조건이 모든 것을 열거한 것은 아니다. 각각의 전력시스템, 파워풀, 신뢰도 협

의기관 등은 발전기 구성형태, 부하곡선의 형태 등에 따라 기동정지스케줄에 관한 여러 가지의 규칙을 제정하여 부과할 수 있다.

4.1.3 순동예비력

순동예비력이란 현재 동기운전 중(spinning)인 발전기의 정격출력을 합산한 것에서 소비자부하와 송전망 손실을 뺀 값을 말한다. 하나 또는 몇 개의 발전기가 불시에 고장정지를 일으켜 탈락하더라도 시스템주파수가 하락하지 않도록 하기 위하여 순동예비력은 확보되어야 한다(제10장 참조). 만약 하나의 발전기가 탈락한다면 이것을 보충하기 위하여 지정된 시간 이내에 사용될 수 있는 순동예비력이 충분히 확보되어 있어야 한다.

순동예비력을 어떻게 할당하는가에 관한 지역신뢰도기관(미국)의 몇 가지 규칙을 준수하기 위하여 순동예비력은 확보되어야 한다. 순동예비력은 최대수요의 몇 % 이상이어야 한다든가 아니면 운전 중인 발전기 가운데 가장 출력이 큰 발전기가 탈락할 경우 등에 대비하여 순동예비력이 지정된 시간 이내에 확보되어 탈락된 발전기의 출력만큼을 회복하여야 한다는 등의 규칙이 있다. 또 다른 기관은 수요를 만족시키지 못하게 될 확률을 계산하여 순동예비력의 확보량을 계산하기도 한다.

발전기의 불시고장정지에 대비하여 순동예비력이 충분히 확보되어야 할 뿐만 아니라 가장 응동이 빠른 발전기와 응동이 느린 발전기에 대하여도 출력이 서로 다르게 할당되어야 한다. 이렇게 할당함으로써 발전기가 탈락하였을 때 주파수를 조속히 회복하고 연계선의 전력조류를 계획한 수치로 회복하는 자동출력제어시스템(제10장 참조)이 작동할 수 있다.

기동정지스케줄 문제는 순동예비력의 확보뿐만 아니라 '계획 운용예비력' 또는 '대기 운용예비력'의 크기도 고려한다. 이에 해당하는 발전기는 시스템에 병입한 후 출력을 증가하여 최대출력에 도달하는 시간이 대단히 짧은 급속기동 디젤발전기, 가스터빈 발전기, 대부분의 수력발전기, 그리고 양수발전기 등이다. 이러한 발전기들은 최대출력에 도달하는 기간을 고려하여 전체적인 순동예비력 확보량을 계산할 경우에 고려된다.

순동예비력은 송전망의 각 송전선 전력조류의 한계를 고려하여 전력시스템 전체에 골고루 분포하여 출력을 조정할 수 있도록 하여야 한다. 이것을 '예비력 저장(bottling)'이라고 말하며 연계시스템에서 하나의 전력시스템이 고립될 경우에도 시스템 운용을 지속할 수 있도록 하기 위한 것이다.

예제 4C 전력시스템이 고립된 서부지역과 동부지역의 2개의 시스템으로 구성되었다고 가정한다. 〈그림 4.3〉에서 보듯이 5개의 발전기가 3,090MW의 부하를 공급하고 있다. 2개의 시스템은 연계선으로 연결되어 있으며 최대전달용량은 양방향으로 550MW이다. 이것이 〈그림 4.3〉에 나타나 있다. 이 경우에 대하여 순동예비력의 배치에 대하여 고려해 본다.

〈그림 4.3〉에 관한 자료가 〈표 4.3〉에 주어져 있다. 발전기-4를 예외로 하고 시스템 내의 어떤 발전기가 탈락하여도 나머지 발전기의 순동예비력에 의하여 주파수를 회복할 수 있다. 그러나 발전기-4에 관하여는 문제가 있다. 만약 발전기-4가 탈락하고 발전기-5가 최대출력 600MW로 운전 중이었다고 하면 동부지역은 지역 내의 부하를 공급하기 위하여 590MW의 출력을 필요로 할 것이다. 이때 590MW

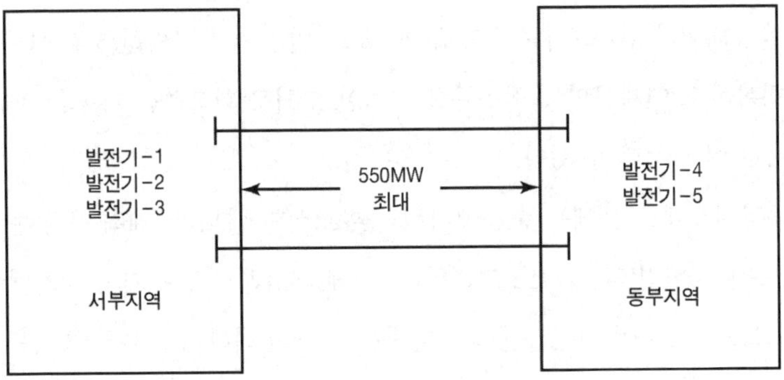

〈그림 4.3〉 2개의 제어지역으로 구성된 시스템

〈표 4.3〉 〈그림 4.3〉의 시스템 자료

제어지역	발전기	발전기 용량 (MW)	출력 (MW)	제어지역 출력 (MW)	순동예비력 (MW)	제어지역별 부하 (MW)	융통전력 (MW)
서부	1	1,000	900	1,740	100	1,900	160 들어옴
	2	800	420		380		
	3	800	420		380		
동부	4	1,200	1,040	1,350	160	1,190	160 나감
	5	600	310		290		
합계	1~5	4,400	3,090	3,090	1,310	3,090	

의 출력은 서부지역에서 공급되어야 하며 590MW를 쉽게 순동예비력을 사용하여 공급할 수 있다. 그러나 연계선의 최대용량은 550MW이다. 그러므로 비록 시스템 전체로 보아 순동예비력이 충분하다고 하여도 발전기-4의 탈락으로 인한 출력상실은 회복될 수 없다. 이 문제에 대한 해결책은 동부지역에서 더 많은 발전기를 기동하는 것이다.

4.1.4 화력발전기에 관한 제약

발전기를 운전하려면 운전원이 필요하게 되며 기동, 정지 시에는 더욱 중요하다. 화력발전기는 서서히 온도를 올려야 하며 이 제약으로 인하여 발전기를 기동하기 위하여 시간이 많이 필요하다. 화력발전기의 운전에 대한 제약으로 인하여 다음과 같은 여러 종류의 제약이 필요하게 된다.

- 최소운전시간: 일단 발전기가 운전 중이라면 일정 시간이 경과한 이후에 정지시켜야 한다.
- 최소정지시간: 일단 발전기가 정지 중이라면 일정 시간이 경과한 이후에 기동하여야 한다.
- 운전원 제약: 하나의 발전소에 여러 발전기가 있다면 2개 이상의 발전기를

동시에 기동하는 과정에서 운전원이 부족할 수 있으므로 2개 이상의 발전기를 동시에 기동할 수 없다.

또한 화력발전기 터빈의 온도와 압력은 서서히 변하여야 하기 때문에 발전기를 기동시키는 데 있어서는 일정량의 에너지가 어쩔 수 없이 낭비된다. 이러한 에너지는 발전기의 출력을 내는 데 사용되지 않으며 기동정지스케줄 문제에 있어서 '기동비용'이라고 말한다.

기동비용은 정지시간이 오래 경과된 이후에 기동하는 '냉간기동'의 경우에 비용이 가장 크고, 정지시킨 다음 시간이 얼마 경과하지 않아서 운전온도에 가까운 상태로써 다시 기동한다면 기동비용이 가장 작다. 발전기가 정지 중일 때 발전기를 취급하는 방법에는 두 가지가 있다. 첫 번째 경우는 보일러가 냉각되도록 하고 다시 기동할 때에 가열하는 것이며, 두 번째는 '뱅킹(banking)'이라는 방법으로써 에너지를 가하여 보일러가 운전온도를 유지하도록 하는 것이다. 두 가지 방법의 비용을 다음 식에 따라 비교하여 좋은 방안을 택할 수 있다.

- 냉간기동의 경우의 기동비용 $= C_c(1-e^{-t/\alpha})\times F + C_f$

  여기에서

  $C_c =$ 냉간기동 비용(MBtu)

  $F =$ 연료비

  $C_f =$ 고정비용(운전원 유지비, 운전유지비 등) ($)

  $\alpha =$ 발전기의 열 시정수

  $t =$ 발전기가 냉각 중이었던 시간

- 뱅킹의 경우의 기동비용 $= C_t \times t \times F + C_f$

  여기에서

  $C_t =$ 보일러를 운전온도로 유지하는 비용(MBtu/h)

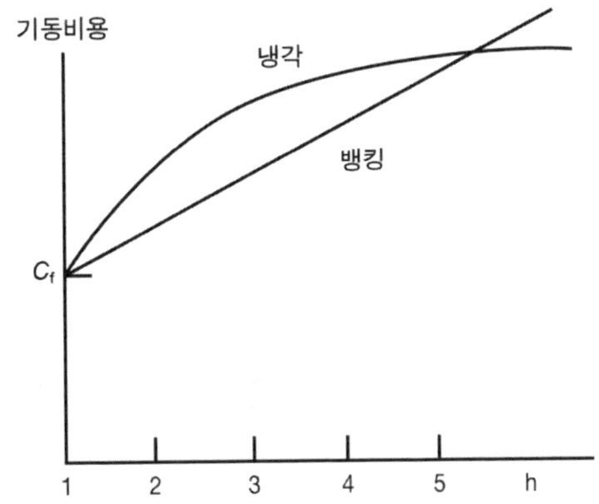

〈그림 4.4〉 시간에 따라 변동하는 기동비용

〈그림 4.4〉를 보면 일정 시간까지는 뱅킹법에 의한 비용이 냉간기동의 경우보다 작다.

마지막으로, 발전기의 최대출력은 예방보수, 기기의 불시고장정지 등으로 인하여 자주 바뀌므로 기동정지스케줄을 수립할 경우에는 이러한 사항들을 고려하여야 한다.

4.1.5 기타의 제약조건

4.1.5.1 의무운전. 어떤 발전기는 1년 중의 일정 시간 동안에 송전망의 전압지원 목적 또는 발전용이 아닌 다른 목적의 스팀공급 등을 위한 의무운전을 해야 할 경우가 있다.

4.1.5.2 연료제약. 제5장에서는 연료사용스케줄 문제를 다룬다. 연료공급량에 대한 제약이 있든가 어느 기간 동안은 지정한 종류의 연료를 사용하여야 한다는 제약이 있을 경우에는 기동정지스케줄 문제가 대단히 복잡하게 된다.

4.1.5.3 수력발전제약. 수력발전소의 운전스케줄과 기동정지스케줄은 불가분의

관계에 있다. 이 장에서는 기동정지스케줄과 수력발전소 운전스케줄은 분리할 수 있는 문제라고 가정한다. 그러므로 제4장에서의 설명이 항상 최적해를 가져온다고 말할 수는 없다.

4.2 기동정지스케줄 문제의 해법

기동정지스케줄 문제는 대단히 복잡해질 수도 있다. 이론의 연습으로서 다음과 같은 현상을 가정한다.

- M개의 구간에 대하여 부하패턴을 지정해야 한다.
- 기동하고 출력을 지정해야 할 발전기의 개수는 N_{gen}개이다.
- M개의 부하수준과 N_{gen}개의 발전기의 운전상의 제약이 존재하며 어떠한 발전기의 조합이라도 부하를 충족시킬 수 있다.

다음으로, 일일이 열거하는 (억지전략) 방법을 통하여 기동정지스케줄을 수립하여 본다. 각 구간별로 가능한 조합의 수는 다음 식

$$C(N_{gen}, 1) + C(N_{gen}, 2) + \cdots , C(N_{gen}, N_{gen} - 1) + C(N_{gen}, N_{gen}) = 2^{N_{gen}} - 1$$

과 같으며 여기에서 $C(N_{gen}, j)$는 한 번에 j개씩을 택할 경우에 있어서 조합의 개수이다. 다시 말하면 다음 식

$$C(N_{gen}, j) = \left[\frac{N_{gen}!}{(N_{gen} - j)!\, j!} \right]$$

$$j! = 1 \times 2 \times 3 \times \cdots \times j$$

과 같다. 계산구간의 수가 M일 경우 가능한 조합의 개수는 $(2^{N_{gen}} - 1)^M$이며 천문학적으로 큰 수이다.

예를 들어 24-시간의 구간이 존재하고(예를 들면 1시간 단위의 구간이 24개 있는 경우), 발전기가 각각 5개, 10개, 20개, 그리고 40개가 있는 경우를 대상으로 한다. 그러면 $(2^{N_{gen}-1})^{24}$ 의 크기는 다음 표와 같다.

N_{gen}	$(2^{N_{gen}-1})^{24}$
5	6.2×10^{35}
10	1.73×10^{72}
20	3.12×10^{144}
40	너무 큼($\approx \infty$)

너무나 열거할 개수가 많다는 것은 필요한 열거 개수의 상한으로 보면 된다. 다행하게도 발전기에 대한 제약조건과 시스템 전체로 본 시스템부하와 발전기 용량 사이의 관계식으로 인하여 이렇게 천문학적으로 많은 조합을 모두 고려할 필요는 없다. 그럼에도 불구하고 실제 기동정지스케줄 문제의 해법에서 장애가 되는 것은 해공간의 차원이 대단히 높다는 것이다.

자주 거론되는 기동정지스케줄 문제의 해법은 다음과 같다.

- 우선순위법
- 동적계획법(DP)
- 라그랑지 완화법(LR)
- 혼합정수 선형계획법(MILP)

4.2.1 우선순위법

가장 단순한 기동정지스케줄 작성방법은 발전기의 우선순위 목록을 작성하는 것이다. 예제 4B에서 보았듯이 종료규칙 또는 우선순위법은 각 부하수준별로 발전기의 조합을 빠짐없이 열거한 이후에 구할 수 있다. 예제 4B의 우선순위법은 각 발전기의 최대출력 평균운전비를 이용하여 간단하게 구할 수 있다. 최대출력 평균운전비는 최대출력에서의 순열소비율에 연료비를 곱하여 얻는다.

예제 4D 예제 4B에 주어진 발전기에 대하여 우선순위를 작성한다(예제 4.A와 동일한 연료비 자료를 사용한다). 먼저, 각 발전기의 최대출력 평균운전비를 계산하면 다음 표

발전기	최대출력 평균 운전비($/MWh)
1	9.79
2	0.48
3	11.188

와 같다. 평균운전비에 의하여 우선순위를 엄격히 지키면 다음 표

발전기	$/MWh	최소출력	최대출력
2	9.401	100	400
1	9.79	150	600
3	11.188	50	200

를 얻는다. 그러면 기동정지스케줄(최소 운전/정지시간과 기동비용을 무시함)은 다음과 같은 단순한 조합만을 이용한다.

	조합별 최소출력	조합별 최대출력
조합	조합	조합
2+1+3	300	1,200
2+1	250	1,000
2	100	400

발전기-2는 600MW 출력에서 발전기-1을 남겨 두고 정지하였는데 위의 기동정지스케줄의 조합은 예제 4B에 주어진 정지순서와 일치하지는 않는다. 우선순위법에서 보면 2개의 발전기는 부하가 400MW에 도달할 때까지 운전한 다음 발전기-1이 정지한다.

대부분의 우선순위법은 단순한 정지규칙을 사용하며 다음과 같이 작용한다.

- 시스템부하가 감소하는 시간에서 우선순위 목록 가운데 어떤 발전기를 정지하여 순동예비력을 확보하면서 충분히 발전출력을 확보할 수 있는가를 결정한다. 그렇지 않으면 이 상태를 유지한다. 아니면 다음 단계로 넘어간다.
- 발전기가 다시 필요할 때까지의 시간 수 H를 결정한다. 다시 말하면 지금 부하가 감소하고 있지만 몇 시간 후에는 다시 증가할 것이다.
- 만약 H가 발전기의 최소정지시간보다 작다면 현재의 스케줄을 유지하고 마지막 단계로 넘어간다. 그렇지 않으면 다음 단계로 간다.
- 두 종류의 비용을 계산한다. 첫 번째는 발전기를 켠 채로의 다음 H시간 동안의 시간별 운전비이다. 그리고 발전기를 정지한 후에 대하여 계산을 다시 하며 이때에 냉각비용 또는 뱅킹비용을 계산하여 낮은 쪽을 택한다. 만약 정지로 인한 비용절감이 있다면 이 발전기는 정지되어야 하며 그렇지 않으면 그 상태를 유지한다.
- 이와 같은 모든 절차를 우선순위에 있는 다음 발전기에 적용한다. 만약 이 발전기가 탈락되면 다음 발전기를 진행한다.

각종 제약조건이 준수되도록 발전기를 그루핑함으로써 우선순위법에 대한 기법을 개선할 수 있다. 동적계획법에 의한 기동정지스케줄의 작성에서도 탐색을 위하여 동일한 우선순위 목록을 작성하여 사용한다.

4.2.2 라그랑지 완화법

동적계획법을 이용하여 기동정지스케줄 문제의 해를 찾는 것은 발전기의 개수가 많은 대규모 시스템에서는 불리하다. 왜냐하면 동적계획법은 각 구간별로 검토할 기동정지스케줄 조합의 개수를 축소해 작은 범위만을 검토해야 하는 약점이 있다.

라그랑지 완화법은 동적계획법의 단점을 보완한다(그래도 몇 가지 약점은 남아 있고 앞으로 설명한다). 라그랑지 완화법은 제3장 부록 3E에서 소개한 쌍대최적화 기법에 의한 것이다. 제4장의 부록 4A에서도 쌍대최적화 기법을 좀 더 자세히 소개한다(독자는 부록 3E와 4A를 이해한 후에 다음으로 진행하기 바란다).

먼저 U_i^t 변수를 다음 식

$$U_i^t = 0 : \text{발전기-}i\text{가 기간 } t\text{에서 정지되어 있다.}$$
$$U_i^t = 1 : \text{발전기-}i\text{가 기간 } t\text{에서 기동된다.} \tag{4.1}$$

과 같이 정의한다. 다음으로 기동정지스케줄 문제의 목적함수와 여러 종류의 제약조건식을 정의한다.

1. 시스템부하와 발전기출력에 관한 제약조건식:

$$P_{load}^t - \sum_{i=1}^{N_{gen}} P_i^t U_i^t = 0,\ t = 1, \cdots, T \tag{4.2}$$

2. 발전기출력에 관한 제약조건식:

$$U_i^t P_i^{min} \le P_i^t \le U_i^t P_i^{max},\ i = 1, \cdots, N_{gen},\ t = 1, \cdots, T \tag{4.3}$$

3. 최소운전시간과 최소정지시간에 대한 제약조건식: 다른 제약조건식은 쉽게 정식화하여 기동정지스케줄 문제에 포함시킬 수 있다. 이러한 조건식은 송전망의 안전도 유지에 관한 제약조건식(제7장), 화력발전기의 연료사용에 관한 제약조건식, 화력발전기의 환경배출물 제약의 형태로 나타나는 환경오염에 관한 제약조건식, 그리고 순동예비력에 관한 제약조건식 등이다.
4. 목적함수는 다음 식

$$\sum_{t=1}^{T}\sum_{i=1}^{N_{gen}} \left[F_i(P_i^t) + start\text{-}up\ \text{cost}_{i,t} \right] U_i^t = F(P_i^t, U_i^t) \tag{4.4}$$

과 같이 정의된다.

앞의 식 4.2, 식 4.3, 그리고 식 4.4를 이용해 경제급전 문제에서 정의한 것과 같은 라그랑지 함수를 정의한다.

$$\mathcal{L}\,(\boldsymbol{P}, \boldsymbol{U}, \boldsymbol{\lambda}) = F(P_i^t,\, U_i^t) + \sum_{t=1}^{T} \lambda^t \,(P_{load}^t - \sum_{i=1}^{N_{gen}} P_i^t\ U_i^t) \tag{4.5}$$

여기에서 t: 시간구간

기동정지스케줄 문제는 위의 제약조건을 고려해 라그랑지 함수를 최소화하는 것이다. 이 문제를 라그랑지 완화법에 의해 풀 경우의 특징을 살펴보면 다음과 같다.

1. 비용함수, $F(P_i^t, U_i^t)$, 그리고 제약조건식-2와 제약조건식-3은 발전기 사이에 서로 분리할 수 있는 것이다. 다시 말하면 목적함수와 발전기출력의 상한 및 하한에 관한 제약식(제약조건식-2)과 최소운전시간 및 최소정지시간(제약조건식-3)에 관한 한, 하나의 발전기에 대한 조치가 다른 발전기의 운전비에 영향을 미치지 않는다는 것이다.
2. 제약조건식-1은 발전기에 대한 결합 제약조건이라고 말하며 이 제약조건을 만족시키려면 하나의 발전기에 대한 결정이 다른 발전기의 기동에 관한 결정에 영향을 미치는 것이다.

라그랑지 완화법의 계산과정은 결합 제약조건이 존재하지 않는 것처럼 하여 일시 무시하거나 완화하고 기동정지스케줄 문제를 푸는 것이다. 이것은 부록 4A에서 설명하는 것처럼 쌍대최적화 절차를 통하여 문제를 푸는 것이다. 쌍대최적화 절차는 다른 변수에 대해 최소화하는 한편으로 라그랑지 승수에 관해 라그랑지 함수를 최대화하는 것으로서 이 방법에 의하여 원문제인 제약 있는 최소화 문제를 푸는 것이다. 이것을 수식으로 나타내면 다음 식

$$q^*(\boldsymbol{\lambda}) = \underset{\lambda^t}{max}\ q(\boldsymbol{\lambda}) \tag{4.6}$$

$$\text{여기서, } q(\boldsymbol{\lambda}) = \underset{P_i^t,\ U_i^t}{min}\ \mathcal{L}\,(\boldsymbol{P}, \boldsymbol{U}, \boldsymbol{\lambda}) \tag{4.7}$$

t: 구간

과 같다. 이것은 다음의 2단계로써 처리된다.

스텝-1. $q(\boldsymbol{\lambda})$가 증가하는 방향으로 움직이는 각각의 λ^t에 대하여 하나의 값을 찾는다.

스텝-2. 스텝-1에서 찾은 λ^t가 고정되었다고 가정하고 P_i^t와 U_i^t를 조정하여 라그랑지 함수 $\mathcal{L}$를 최소화한다.

λ^t의 값을 조정하는 것은 이 절의 후반에서 다룬다. 먼저 모든 λ^t에 대하여 하나의 값이 선택되었다고 가정하고 이것은 고정값으로 취급한다. 다음으로 라그랑지안을 다음과 같이 최소화한다.

먼저, 라그랑지안을 다음 식

$$\mathcal{L} = \sum_{t=1}^{T}\sum_{i=1}^{N_{gen}}\left[F_i(P_i^t) + start\text{-}up\ \mathrm{cost}_{i,t}\right]U_i^t + \sum_{t=1}^{T}\lambda^t\left(P_{load}^t - \sum_{i=1}^{N_{gen}}P_i^t\,U_i^t\right) \tag{4.8}$$

과 같이 다시 작성한다. 위 식을 다시 쓰면 다음 식

$$\mathcal{L} = \sum_{t=1}^{T}\sum_{i=1}^{N_{gen}}\left[F_i(P_i^t) + start\text{-}up\ \mathrm{cost}_{i,t}\right]U_i^t + \sum_{t=1}^{T}\lambda^t P_{load}^t - \sum_{t=1}^{T}\sum_{i=1}^{N_{gen}}\lambda^t P_i^t\,U_i^t \tag{4.9}$$

과 같이 된다. 위 식의 두 번째 항은 상수이며 누락시켜도 좋다(왜냐하면 λ^t가 상수이므로). 마지막으로 라그랑지안 함수를 작성하면 다음 식

$$\mathcal{L} = \sum_{i=1}^{N_{gen}}\left(\sum_{t=1}^{T}\left\{\left[F_i(P_i^t) + start\text{-}up\ \mathrm{cost}_{i,t}\right]U_i^t - \lambda^t P_i^t\,U_i^t\right\}\right) \tag{4.10}$$

과 같이 된다. 여기에서 보면 발전기 사이의 결합 제약조건을 없애는 목표를 달성했음을 알 수 있다. 밖의 괄호의 내부에 있는 항, 즉 다음의 식

$$\sum_{t=1}^{T}\left\{\left[F_i(P_i^t)+start\text{-}up\ \mathrm{cost}_{i,t}\right]U_i^t-\lambda^t P_i^t\ U_i^t\right\}$$

은 각 발전기 사이에서 분리되어 다른 발전기에 어떤 결정이 내리는지에 관계없이 풀 수 있다. 라그랑지안의 최솟값은 모든 구간에 대하여 각 발전기에 관한 최솟값을 구함으로써 찾을 수 있다. 다시 말하면 다음 식

최소화 $q(\lambda)$

$$=\sum_{i=1}^{N_{gen}}\text{최소화}\sum_{t=1}^{T}\left\{\left[F_i(P_i^t)+start\text{-}up\ \mathrm{cost}_{i,t}\right]U_i^t-\lambda^t P_i^t\ U_i^t\right\} \quad (4.11)$$

제약조건 $U_i^t P_i^{min} \le P_i^t \le U_i^t P_i^{max},\ i=1,\cdots,T$

최소정지시간 제약조건식

최소운전시간 제약조건식

과 같은 최소화 문제를 풀이하는 것이다. 이것은 변수가 하나인 경우의 동적계획법을 사용하여 쉽게 풀 수 있다. 〈그림 4.5〉는 발전기가 2개의 스테이트만을 갖는 경우(즉 $U_i^t=0$ 또는 $U_i^t=1$)를 설명한 것이며 S_i는 발전기-i의 기동비용을 나타낸다.

$U_i^t=0$의 스테이트에서 최소화해야 할 함수의 값은 자명하게 0이며, $U_i^t=1$의 스테이트에서 최소화해야 할 함수는

$$\text{최소화}\ \left[F_i(P_i^t)-\lambda^t P_i^t\right] \quad (4.12)$$

이다(여기에서 최소화는 P_i^t에 대한 것이므로 기동비용은 제외되었다).

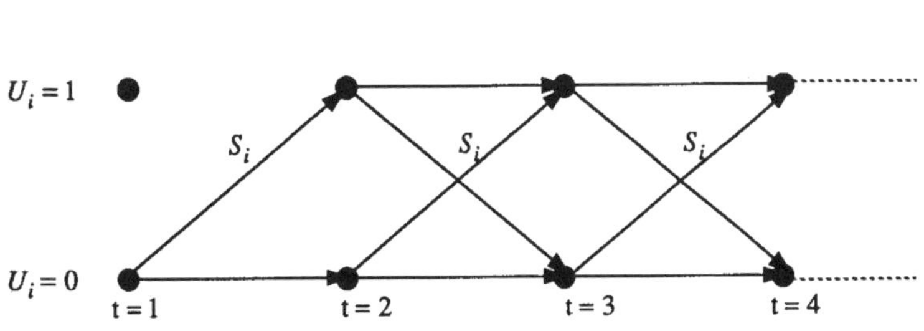

〈그림 4.5〉 하나의 발전기의 DP 스텝

이 함수의 최솟값은 P_i^t에 대한 일계도함수의 조건

$$\frac{d}{dP_i^t}\left[F_i(P_i^t)-\lambda^t P_i^t\right]=\frac{d}{dP_i^t}F_i(P_i^t)-\lambda^t=0 \tag{4.13}$$

을 만족하는 해를 구하여 얻는다. 이 식의 해는 다음 식

$$\frac{d}{dP_i^t}F_i(P_i^{opt})=\lambda^t \tag{4.14}$$

과 같다. 위 식에 있어서 P_i^{opt}와 발전기출력의 상한과 하한에 관련하여 3개의 경우가 존재한다.

1. 만약 $P_i^{opt} \le P_i^{min}$ 이라면

$$\text{최소화}\left[F_i(P_i^t)-\lambda^t P_i^t\right]=F_i(P_i^{min})-\lambda^t P_i^{min}$$

2. 만약 $P_i^{min} \le P_i^{opt} \le P_i^{max}$ 이라면

$$\text{최소화}\left[F_i(P_i^t)-\lambda^t P_i^t\right]=F_i(P_i^{opt})-\lambda^t P_i^{opt}$$

3. 만약 $P_i^{opt} \ge P_i^{max}$ 이라면

$$\text{최소화}\left[F_i(P_i^t)-\lambda^t P_i^t\right]=F_i(P_i^{max})-\lambda^t P_i^{max}$$

각 발전기에 대한 2-스테이트 동적계획법의 해를 찾는 것은 기동정지스케줄 문제의 전진 동적계획법의 해법과 같이 진행된다. 각 스테이지에서 $\left[F_i(P_i^t)-\lambda^t P_i^t\right]$를 최소화하여야 되며 $U_i^t=0$일 경우 이 값은 0이 된다. 그러면 이보다 작은 값을 찾는다는 것은 다음 식

$$\left[F_i(P_i^t)-\lambda^t P_i^t\right]<0 \tag{4.15}$$

을 만족하는 것을 찾는 것이다. 동적계획법 프로그램을 사용할 때 각 발전기의 최

소운전시간, 최소정지시간 뿐만 아니라 모든 기동비용 S_i를 고려하여야 한다. 그런데 모든 발전기에 대하여 독립적인 계산을 하므로 동적계획법의 적용에 있어서 차원이 커지는 문제를 피하였다.

4.2.2.1 람다의 조정. 지금까지는 λ^t를 고정한 상태에서 발전기의 기동정지스케줄을 작성하는 것을 설명하였다. 이 장의 부록 4A에서 설명하는 바와 같이 $q(\lambda)$를 최대화하기 위하여 λ^t를 신중하게 조정하여야 한다. 대부분의 라그랑지 완화법의 절차를 사용하는 논문에서는 그레이디언트 탐색법과 여러 종류의 발견적 기법을 사용하여 계산시간을 축소하는 것에 대하여 방법을 제시한다. 부록 4A의 λ와 달리, 여기에서 $\boldsymbol{\lambda}$는 벡터이며 각각 람다가 조정되어야 한다. 최근의 여러 연구결과를 보면 각 시간구간에 있어서 정확한 람다값을 빠르게 찾기 위한 방법이 모색되고 있다. 예제 4E에서는 부록에서 사용되는 것과 동일한 방법으로 람다를 조정한다. 그러나 예제 4E의 문제를 푸는 데 있어서 람다의 조정은 다음 식

$$\lambda^t = \lambda^t + \left[\frac{d}{d\lambda} q(\lambda)\right]\alpha \tag{4.16}$$

여기에서

$$\alpha = 0.01,\ \frac{d}{d\lambda} q(\lambda) > 0\text{일 때} \tag{4.17}$$

$$\alpha = 0.002,\ \frac{d}{d\lambda} q(\lambda) < 0\text{일 때} \tag{4.18}$$

과 같으며 약간의 차이가 있다. 각각의 λ^t는 별도로 취급된다. 전반적인 라그랑지 완화법은 〈그림 4.6〉에 나타나 있다.

찾은 해가 얼마나 최적해에 근접한가의 측도로서 상대적 쌍대간극이 $(J^* - q^*)/q^*$로 정의된다. 상대적 쌍대간극은 예제 4E에서 해의 근접도를 확인하기 위한 측도로서 사용된다. 각주의 논문[1)]은 기동정지스케줄 문제에 적용되는 쌍대최적화 기

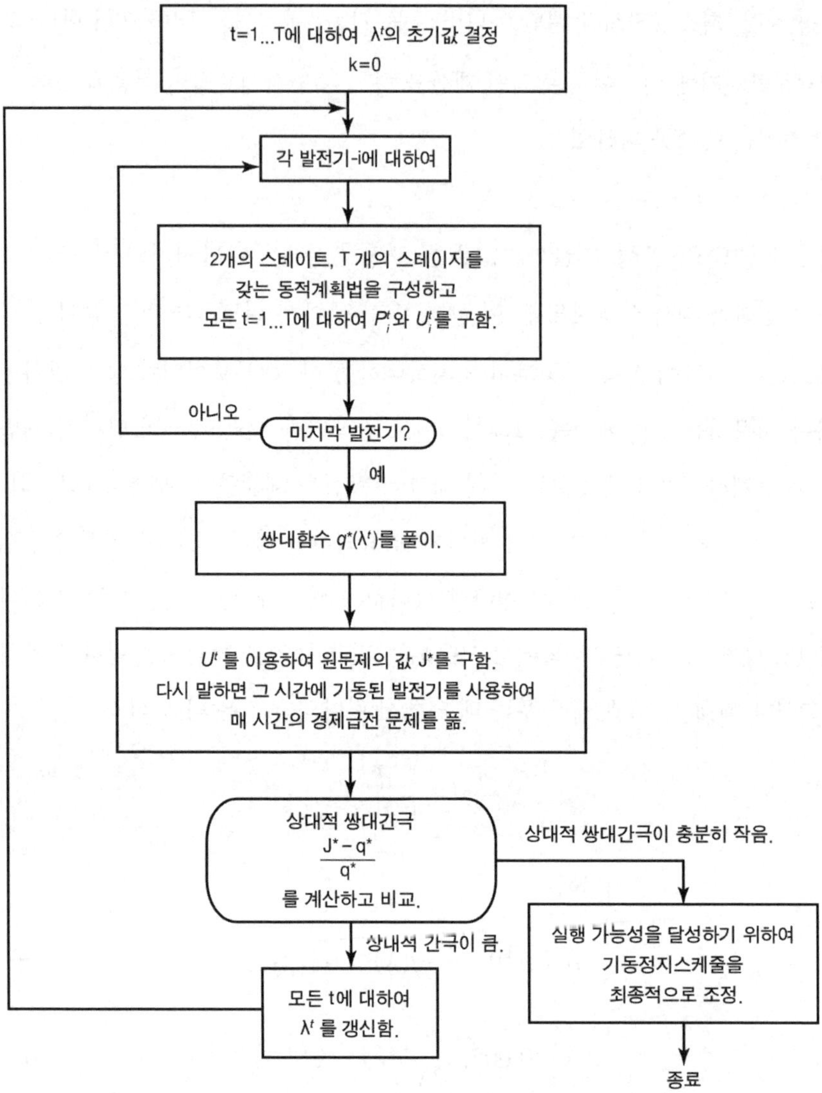

〈그림 4.6〉 기동정지스케줄 작성문제의 라그랑지 완화법

법에 관한 유익한 정보를 소개한다.

---

1) Bertsekas, D., Lauer, G. S., Sandell N. R., Posbergh, T. A., "Optimal Short-term Scheduling of Large-Scale Power Systems," IEEE Transactions on Automatic Control, Vol. AC-28, No. 1, January 1983, pp. 1-11.

1. 실제로 대규모 전력시스템의 기동정지스케줄 문제를 푸는 데 있어서 쌍대최적화 절차가 진행되는 동안 쌍대간극은 대단히 작게 되며 쌍대간극의 크기를 이용하여 종료 판단기준을 정할 수 있다. 문제의 크기가 커지면 즉 발전기의 개수가 많아질수록 쌍대간극은 작아진다.
2. 마지막 단계에 도달하면 수렴은 불안정하게 되는데, 이 경우 어떤 발전기는 기동과 정지를 반복하게 되고 절차가 종료되지 못한다.
3. 쌍대최적화가 종료된 경우에 실행 가능한 해에 도달할 것이다.

위의 사실은 예제 4E에서 입증된다. 쌍대간극은 초기단계에서는 크지만 반복계산이 진행되면서 점진적으로 작아진다. 발전기출력이 충분히 확보되기만 하면 찾은 해는 실행할 수 있는 스케줄이 되며 경제급전을 실행할 수 있는 것이며, 그 이상 진행한다고 하면 몇 개의 한계발전기들이 기동과 정지를 반복하는 상황이 된다. 마지막으로, 발전기출력의 합이 수요를 충족시켜야 한다는 기동정지스케줄 문제의 제약조건은 쌍대최적화 기법의 반복계산이 끝났을 경우 만족되기는 어렵다.

대부분의 라그랑지 완화법을 이용한 기동정지스케줄 작성 프로그램은 초기해를 찾기 위하여 동적계획법을 초기에 사용하고 다음으로 쌍대최적화 기법을 사용하며 마지막 종료단계에 와서는 발견적 기법을 이용하거나 제한적 동적계획법을 이용하여 최종해를 구한다. 결과적인 해는 동적계획법을 철저하게 적용하여 탐색창(search window)에서 찾는 것이라고 한정할 수는 없다.

예제 4E 이 예제에서는 3개의 발전기를 사용하여 4시간 동안에 대한 기동정지스케줄 문제를 푸는 것을 설명한다. 문제에 대한 자료는 아래에 주어져 있다. 3개 발전기 자료와 부하는 다음

$$F_1(P_1) = 500 + 10P_1 + 0.002P_1^2 \ , \ 100 \le P_1 \le 600$$

$$F_2(P_2) = 300 + 8P_2 + 0.0025P_2^2 \ , \ 100 \le P_2 \le 400$$

$$F_3(P_3) = 100 + 6P_3 + 0.005P_3^2 \ , \ 50 \le P_3 \le 200$$

부하

t	P_{load}^t (MW)
1	170
2	520
3	1,100
4	330

과 같으며 최소운전시간, 최소정지시간에 대한 제약은 없다.

라그랑지 완화법을 이용하여 예제를 풀었다. 다음에 실은 것은 모든 λ^t의 초깃값을 0으로 정하여 놓고 시작하여 여러 번의 반복과정을 실행한 결과이다. 해당 시간별로 발전기출력이 충분히 기동되었다고 가정하고 매시간 경제급전계산을 실행하였다. 만약 발전기출력이 충분히 확보되지 않았으면 그 시간에 대한 총비용은 10,000으로 지정하였다. 일단 매시간별로 발전기출력이 충분하게 기동되었다면 원문제의 목적함수의 값 J^*는 매시간 경제급전을 실행하여 계산한 발전비용을 모두 합한 값이다.

매시간에 $\lambda^t = 0$이라고 지정하여 놓고 동적계획법을 풀면 모든 발전기를 정지시키는 결과를 얻는다.

반복-1

시간	λ	μ_1	μ_2	μ_3	P_1	P_2	P_3	$P_{load}^t - \sum_{i=1}^{N} P_i^t U_i^t$	P_1^{edc}	P_2^{edc}	P_3^{edc}
1	0	0	0	0	0	0	0	170	0	0	0
2	0	0	0	0	0	0	0	520	0	0	0
3	0	0	0	0	0	0	0	1,100	0	0	0
4	0	0	0	0	0	0	0	330	0	0	0

$$q(\lambda) = 0.0\,,\ J^* = 40{,}000,\quad \frac{J^* - q^*}{q^*}:\ \text{정의되지 않음}$$

다음의 반복계산에 있어서, λ^t의 값은 증가하였다. 각 발전기의 기동정지스케줄을 수립하기 위하여 〈그림 4.7〉에서 발전기-3의 스테이지별 방책을 설명한다.

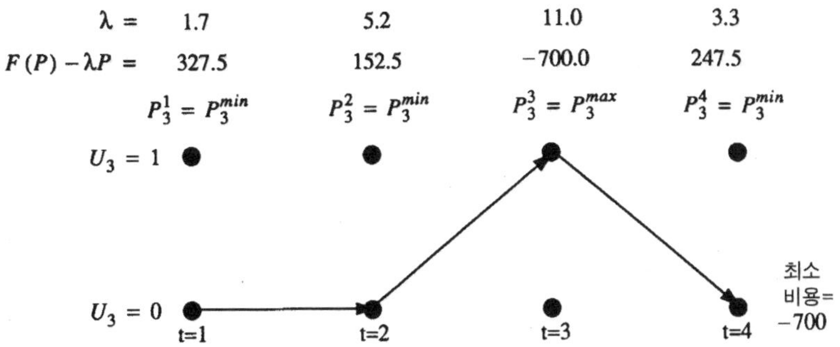

〈**그림 4.7**〉 발전기-3에 대한 동적계획법의 단계

이 결과를 보면 시간-1, 시간-2와 시간-4에 있어서 발전기를 정지시키고 시간-3에 있어서 발전기를 기동한다는 것을 알 수 있다. 또한 발전기-3은 시간-3에서 200MW의 출력을 내도록 스케줄링하고 있다. 모든 발전기에 대한 스케줄이 동적계획법에 의하여 작성되어 그 결과가 다음 표에 주어져 있다.

반복-2

시간	λ	μ_1	μ_2	μ_3	P_1	P_2	P_3	$P_{load}^t - \sum_{i=1}^{N} P_i^t U_i^t$	P_1^{edc}	P_2^{edc}	P_3^{edc}
1	1.7	0	0	0	0	0	0	170	0	0	0
2	5.2	0	0	0	0	0	0	520	0	0	0
3	11.0	0	1	1	0	400	200	500	0	0	0
4	3.3	0	0	0	0	0	0	350	0	0	0

$$q(\lambda) = 14.982\ ,\ J^* = 40{,}000,\ \text{그리고}\ \frac{J^* - q^*}{q^*} = 1.67$$

반복-3

시간	λ	μ_1	μ_2	μ_3	P_1	P_2	P_3	$P_{load}^t - \sum_{i=1}^{N} P_i^t U_i^t$	P_1^{edc}	P_2^{edc}	P_3^{edc}
1	3.4	0	0	0	0	0	0	170	0	0	0
2	10.4	0	1	1	0	400	200	-80	0	320	200
3	16.0	1	1	1	600	400	200	-100	500	400	200
4	6.6	0	0	0	0	0	0	330	0	0	0

$$q(\lambda) = 18.344\ ,\ J^* = 36{,}024,\ \text{그리고}\ \frac{J^* - q^*}{q^*} = 0.965$$

반복-4

시간	λ	μ_1	μ_2	μ_3	P_1	P_2	P_3	$P_{load}^t - \sum_{i=1}^{N} P_i^t U_i^t$	P_1^{edc}	P_2^{edc}	P_3^{edc}
1	5.1	0	0	0	0	0	0	170	0	0	0
2	10.24	0	1	1	0	400	200	-80	0	320	200
3	15.8	1	1	1	600	400	200	-100	500	400	200
4	9.9	0	1	1	0	380	200	-250	0	130	200

$$q(\lambda) = 19.214\ ,\ J^* = 28{,}906,\ \text{그리고}\ \frac{J^* - q^*}{q^*} = 0.502$$

반복-5

시간	λ	μ_1	μ_2	μ_3	P_1	P_1	P_1	$P_{load}^t - \sum_{i=1}^{N} P_i^t U_i^t$	P_1^{edc}	P_2^{edc}	P_3^{edc}
1	6.8	0	0	0	0	0	0	170	0	0	0
2	10.08	0	1	1	0	400	200	-80	0	320	0
3	15.8	1	1	1	600	400	200	-100	500	400	200
4	9.9	0	0	1	0	0	200	130	0	130	200

$$q(\lambda) = 19.532\ ,\ J^* = 36{,}024,\ \text{그리고}\ \frac{J^* - q^*}{q^*} = 0.844$$

반복-6

시간	λ	μ_1	μ_2	μ_3	P_1	P_1	P_1	$P_{load}^t - \sum_{i=1}^{N} P_i^t U_i^t$	P_1^{edc}	P_2^{edc}	P_3^{edc}
1	8.5	0	0	1	0	0	200	-30	0	0	170
2	9.92	0	1	1	0	384	200	-64	0	320	200
3	15.4	1	1	1	600	400	200	-100	500	400	200
4	10.7	0	1	1	0	400	200	-270	0	130	200

$$q(\lambda) = 19.442\ ,\ J^* = 20{,}170,\ \text{그리고}\ \frac{J^* - q^*}{q^*} = 0.037$$

계산결과를 보면 비록 안정적이라고 말할 수는 없지만 더 이상의 반복계산을 실행하여도 기동정지스케줄에는 큰 변동이 없다는 것을 알 수 있다. 위의 반복계산이 진행되면 쌍대간극의 값은 축소하지만 발전기-2는 기동과 정지의 경계선에서 최적해에 수렴하지도 않으면서 기동과 정지의 사이를 왕복한다. 10번의 반복계산 이후에 $q(\lambda)=19.486$, $J^*=20.017$ 그리고 $(J^*-q^*)/q^*=0.027$이라는 수치가 0으로 수렴하지도 않으며 수렴해도 최종값으로 정착하지 않는다. 그러므로 상대적 쌍대간극 $(J^*-q^*)/q^*$이 충분히 작다면(예를 들어, 이 예제의 경우 0.05) 알고리즘은 종료되어야 한다.

4.2.3 혼합정수계획법

라그랑지 완화법에 관하여 절 4.2.2의 전반부에서 제시한 수식으로 되돌아가서 검토해 본다면 1 또는 0의 값을 취하는 변수가 있다는 것을 알 수 있다.

U_i^t 변수를 다음

$U_i^t=0$: 발전기-i가 기간-t 동안에 정지된다.

$U_i^t=1$: 발전기-i가 기간-t 동안에 운전된다.

과 같이 정의하였다. 목적함수는 다음 식

$$\sum_{t=1}^{T}\sum_{i=1}^{N_{gen}}\left[(F_i(P_i^t)+start\text{-}up\ cost_{i,t}\right]U_i^t=F(P_i^t,\ U_i^t) \tag{4.19}$$

과 같다. 기동정지스케줄 문제의 제약조건식을 정의하면 다음 식

- 균형유지조건에 관한 제약조건식

$$P_{load}^t-\sum_{i=1}^{N_{gen}}P_i^tU_i^t=0,\ \ t=1,\cdots,T \tag{4.20}$$

- 발전기출력에 관한 제약조건식

$$U_i^tP_i^{min}\le P_i^t\le U_i^tP_i^{max},\ \ i=1,\cdots,N_{gen},t=1,\cdots,T \tag{4.21}$$

과 같다.

추가적으로 세울 수 있는 제약조건식은 다음과 같다.

- 최소운전시간과 최소정지시간에 대한 제약조건식
- 시스템 운용의 안전도 유지(제7장 참조)에 관한 제약조건식
- 순동예비력 제약조건식
- 발전기의 연료사용량의 제약과 화력발전기 환경배출물 제약의 형태로 주어지는 대기오염기준에 관한 제약

이 책의 제2판이 출간된 이래 정수계획법의 분야에 커다란 진보가 이루어졌다. 즉 정수의 변수를 직접 취급하여 최적해에 도달하는 것에 대하여 라그랑지 완화법보다 우수한 기법이 개발되었다는 것이다. 미국 내의 다수의 시스템 운용기관은 기동정지스케줄을 작성하기 위하여 정수계획법을 사용하는 컴퓨터 프로그램을 사용하고 있다.

4.3 안전도-제약 기동정지스케줄

기동정지스케줄 문제의 해에 따라 전력시스템을 운용한다면 기동정지스케줄 프로그램은 경제급전을 계산할 때 '안전도 유지를 위한 제약'을 포함하여야 한다. 발전기의 기동정지를 결정할 경우 송전선의 전력조류가 선로용량의 한계를 위반하여서는 안 되며 하나의 송전선이 사고로 인하여 탈락하더라도 나머지 송전선이 과부하 상태로 되어서는 안 된다는 추가적 제약조건을 고려하여야 한다. 이와 같은 제약조건은 시스템 안전도를 설명하는 제7장에서 논의되며 급전의 알고리즘에 이러한 제약조건을 추가하는 것은 제8장에서 다룬다. 오늘날 미국에 있어서 안전도-제약 기동정지스케줄 알고리즘이 사용되는 것은 흔한 일이며 특히 전력시장의 관할

지역이 넓어서 송전선의 집합이 대단히 큰 경우에 필요하다.

4.4 기동정지스케줄에 의한 일일 옥션

제11장에서 설명하는 전력시장에서는 시간대별로 발전기에 대한 비드를 제시하기 위하여 안전도-제약 기동정지스케줄 프로그램을 사용한다. 이 비드는 다중구간(절 3.2 참조)을 포함할 수도 있으며 24시간에 걸쳐서 실행된다.

부록 4A: 비-볼록 문제에 대한 쌍대최적화

부록 3E에서 쌍대최적화의 개념이 소개되었으며 최적화 대상인 함수가 볼록함수이고 변수는 연속변수라면 쌍대함수의 최대화는 원문제의 최소화와 동일한 결과를 가져온다는 것은 설명하였다. 기동정지스케줄 문제를 푸는 데 있어서도 쌍대최적화 기법이 사용된다. 그러나 기동정지스케줄 문제에 있어서는 1 또는 0의 값만을 가져야 하는 변수가 존재한다. 이러한 1-0 변수는 상당히 문제를 일으키며 기동정지스케줄 문제를 푸는 데 있어서 어려움이 발생하는 원인이 된다.

기동정지스케줄 문제에 대하여 쌍대최적화 기법을 적용하는 것을 라그랑지 완화법이라고 말하며 절 4.2.2에서 이 방법을 사용하여 기동정지스케줄 문제를 푸는 것을 설명하였다. 여기의 부록에서는 단순하게 기하학적 문제를 사용하여 라그랑지 완화법에 대하여 설명한다. 여기의 문제는 1-0 변수로 구성되어 있으며 이것이 문제를 비-볼록성으로 만든다.

예제의 문제가 다음과 같이 주어졌다. 다음에 예시하는 것은 기동정지스케줄 문제를 푸는 데 있어서 라그랑지 함수를 사용할 수 있다는 것이다. 다음의 식과 같다.

최소화 $J(x_1, x_2, u_1, u_2)$

$$= \text{최소화}\left\{(0.25x_1^2+15)u_1+(0.255x_2^2+15)u_2\right\} \quad (4A.1)$$

제약조건 $\omega=5-x_1u_1-x_2u_2=0$ (4A.2)

$$0 \le x_1 \le 10 \quad (4A.3)$$

$$0 \le x_2 \le 10 \quad (4A.4)$$

여기에서 x_1과 x_2는 실수의 연속변수

$$u_1=1 \text{ 또는 } 0$$

$$u_2=1 \text{ 또는 } 0$$

위의 식을 보면 x_1으로 구성된 함수와 x_2로 구성된 함수 2개가 존재한다는 것을 주목할 필요가 있다. 이것은 쌍대최적화 문제에 있어서 하나의 현상을 설명하기 위하여 선택되었다. 2개의 함수는 수치적으로 서로 근사하며 상수의 차이만큼 크기가 약간 다르다. 각각의 함수는 1-0 변수로써 곱한 형태를 가지며 이것을 합하여 하나의 목적함수로 구성하였다. 또한 x_1과 x_2를 1-0 변수와 결합하여 제약조건 식을 구성하였다. 그러면 네 가지의 경우가 존재한다.

1. 만약 u_1과 u_2가 모두 0이라면 등호제약조건이 만족되지 못하므로 해가 존재하지 않는다.
2. 만약 $u_1=1$이며 $u_2=0$이라면 $x_1=5$라는 자명한 해를 얻으며 x_2는 역할을 할 장소를 잃게 된다. 이때의 목적함수는 21.25이다.
3. 만약 $u_1=0$이며 $u_2=1$이라면 $x_2=5$라는 자명한 해를 얻으며 x_1이 역할을 할 장소가 없다. 이때의 목적함수는 21.375이다.
4. 만약 $u_1=1$이며 $u_2=1$이라면 다음 식

$$\mathcal{L}(x_1, x_2, \lambda)=(0.25x_1^2+15)+(0.255x_2^2+15)+\lambda(5-x_1-x_2) \quad (4A.5)$$

과 같은 단순한 라그랑지 함수가 얻어진다.

위의 식의 최적해를 구하면 $x_1 = 2.5248$, $x_2 = 2.4752$, 그리고 $\lambda = 1.2624$이며 목적함수의 값은 33.1559이다. 그러므로 위의 문제의 최적해는 $u_1 = 0$ 이며 $u_2 = 0$, 그리고 $x_1 = 5$인 경우에 발생한다.

위의 문제에 있어서 해법은 1-0 변수의 모든 가능한 조합을 열거하고, 연속변수에 대하여 최적해를 구하는 것이다. 몇 개의 1-0 변수가 존재하는 것이 아니고 더 많은 1-0 변수가 존재한다면 가능한 조합의 개수가 너무 많게 되어 위와 같은 단순한 방법으로는 문제를 풀 수 없다. 그러나 쌍대문제로 정식화하여 푼다면 체계적으로 풀 수 있는 방법이 있다.

라그랑지 완화법은 앞의 예제와 유사한 문제를 푸는 데 이용될 수 있다. 라그랑지 함수를 다음 식

$$\begin{aligned} &\mathcal{L}(x_1, x_2, u_1, u_2, \lambda) \\ &= (0.25x_1^2 + 15)u_1 + (0.255x_2^2 + 15)u_2 + \lambda(5 - x_1 u_1 - x_2 u_2) \end{aligned} \tag{4A.6}$$

과 같이 정의한다. 부록 3E에서 보인 것처럼 $q(\lambda)$를 다음 식

$$q(\lambda) = \min_{x_1, x_2, u_1, u_2} \mathcal{L}(x_1, x_2, u_1, u_2, \lambda) \tag{4A.7}$$

과 같이 정의한다. 여기에서 x_1, x_2, u_1, u_2는 상한과 하한, 그리고 1-0 변수의 조건을 만족한다. 쌍대문제는 다음 식

$$q^*(\lambda) = \max_{\lambda \geq 0} q(\lambda) \tag{4A.8}$$

의 해를 구하는 것이다. 이 문제는 1-0 변수를 포함하기 때문에 부록 3E에서 사용된 쌍대최적화 기법과는 서로 다르다. 1-0 변수가 존재하기 때문에 변수를 제거할 수 없다. 그러므로 모든 변수를 문제에서 유지하며 부록 3E에서의 방법처럼 스텝을 교대하면서 진행한다.

스텝-1. λ^k에 대하여 하나의 값을 택하고 고정된 것으로 한다. 그러면 라그랑지 함수가 최소화될 수 있다. 이것은 다음의 식

$$(0.25x_1^2+15)u_1+(0.255x_2^2+15)u_2+\lambda^k(5-x_1u_1-x_2u_2)$$

여기에서 λ^k의 값은 고정.

을 최소화하려는 것이기 때문에 앞의 경우보다 좀 더 단순하다.
위의 식을 정리하면 다음의 식과 같이 된다.

$$(0.25x_1^2+15-x_1\lambda^k)u_1+(0.255x_2^2+15-x_2\lambda^k)u_2+5\lambda^k$$

위의 식에서 마지막 항은 상수이므로 무시하면 된다. 나머지 항들을 위와 같이 정리하면 이 함수의 최적화는 상대적으로 쉬워진다. 위의 식을 관찰하면 2개의 함수에 대하여 최소화한다는 것을 알 수 있으며 각 항은 1–0 변수의 곱셈으로 되어 있다. 그런데 라그랑지 함수에서 2개의 항이 합해지므로 각 항을 독립적으로 최소화함으로써 전체 목적함수를 최소화할 수 있다. 그런데 각 항은 x_i와 λ(고정됨)의 함수의 곱의 형태로 되어 있고 이들이 모두 1–0 변수인 u_i가 곱해지도록 되어 있으므로 최솟값은 0이 되거나(즉 $u_i=0$) 또는 $u_i=1$로써 괄호 속의 항들이 음(−)이 되도록 x_i의 값이 결정될 수 있다. 첫 번째 항을 보면 x_1의 최적값을 다음 식

$$\frac{d}{dx_1}(0.25x_1^2+15-x_1\lambda^k)=0 \tag{4A.9}$$

에 의하여 구할 수 있다(당분간 u_1을 무시한다). 만약 앞에서 말한 내용을 x_1의 값이 만족시키는 값이 $0 \le x_1 \le 10$의 범위에서 벗어난다면 벗어나도록 허용한다. 만약 첫 번째 괄호 내에 있는 항

$$(0.25x_1^2+15-x_1\lambda^k)$$

이 양(+)의 값을 갖는다면 단순히 $u_1=0$ 으로 하고 라그랑지안을 최소화하면 된다. 그렇지 않으면 $u_1=1$로 한다.

두 번째 항을 보면 x_2의 최적해는 다음 식

$$\frac{d}{dx_2}(0.25x_2^2 + 15 - x_2\lambda^k) = 0 \tag{4A.10}$$

에 의하여 구할 수 있다(또다시 u_2를 무시한다). 만약 앞에서 말한 값을 만족하는 x_2의 값이 $0 \le x_2 \le 10$의 범위에서 벗어난다면 경곗값에 머물도록 지정한다. 앞에서와 같이 두 번째 괄호 내의 항

$$(0.255x_2^2 + 15 - x_2\lambda^k)$$

이 계산된다. 만약 이것이 0보다 크다면 $u_2 = 0$ 으로 놓고 라그랑지안을 최소화한다. 그렇지 않으면 $u_2 = 1$ 로 한다. 이와 같이 실행하여 λ^k의 값을 고정한 상태에서 라그랑지안 $\mathcal{L}$ 의 최솟값을 찾는다.

스텝-2. 스텝-1에서 찾은 x_1, x_2, u_1, u_2의 값을 고정한 채로 쌍대함수를 최대화하는 λ의 값을 찾는다. 이 경우에 $q(\lambda)$의 값은 λ가 커짐에 따라 ∞로 되므로 $q(\lambda)$의 최댓값을 구할 수 없다. 이에 대신하여 λ에 관한 $q(\lambda)$의 그레이디언트를 구한 다음, $q(\lambda)$가 증가하는 방향으로 λ를 조정한다. 다시 말하면 다음 식

$$\nabla q = \frac{dq}{d\lambda} \tag{4A.11}$$

으로 주어지는 그레이디언트를 계산하여 예제에 적용하면 다음 식

$$\frac{dq}{d\lambda} = 5 - x_1u_1 - x_2u_2 \tag{4A.12}$$

을 얻으며 다음 식

$$\lambda^{k+1} = \lambda^k + \frac{dq}{d\lambda}\alpha \tag{4A.13}$$

에 의하여 람다를 조정한다. 여기에서 α는 λ를 짧은 거리만큼 움직이도록 하기 위한 하나의 승수이다. 만약 u_1과 u_2가 모두 0이라면 그레이디언트는 5라는 양(+)의 값이며 λ를 증가시키라는 신호라는 것을 알아야 한다. 결과적으로 λ를 증가시키면 다음 식

$$(0.25x_1^2 + 15 - x_1\lambda^k)$$

이 음(−)으로 되거나 아니면 다음 식

$$(0.255x_2^2 + 15 - x_2\lambda^k)$$

이 음(−)으로 되거나 2개의 식이 모두 음으로 되며, 이것은 u_1 또는 u_2 아니면 양자 모두를 0이 되게 한다. 일단 λ의 값이 증가하면 스텝-1로 돌아가서 x_1, x_2, u_1, u_2의 새로운 값을 다시 구한다.

여기에서 실제적인 어려움은 λ를 너무 증가시키지 않는 것이다. 앞에서 제시한 예제에서 λ를 조정하기 위하여 다음과 같은 방안이 고려되었다.

- 만약 $\dfrac{dq}{d\lambda}$가 양(+)이라면 $\alpha = 0.2$로 한다.
- 만약 $\dfrac{dq}{d\lambda}$가 음(−)이라면 $\alpha = 0.005$로 한다.

이 방법은 λ가 최적해에 천천히 접근하도록 한다. 만약 지나치게 이동하면 아주 느리게 원상태로 복구한다. 이것은 그레이디언트법을 사용할 경우에 유의하여야 할 사항이다.

또 한 가지 주목해야 할 현상은 변수의 개수가 아주 적을 경우에 그리고 이 가운데 2개의 변수가 1-0 변수인 경우, λ의 값은 라그랑지안을 최소화하는 값으로 수렴하지 않는다. 사실상 등식 제약조건에 관하여 라그랑지 함수가 실행 가능하도

록 만드는 하나의 λ^k를 찾아내는 것은 거의 불가능하다. 그러나 어떤 반복계산 단계에서 u_1과 u_2를 찾아냈다면 부록 3E의 방법을 이용하여 다음 식

$$\left[(0.25x_1^2+15)u_1+(0.255x_2^2+15)u_2+\lambda(5-x_1u_1-x_2u_2)\right]$$

의 최솟값을 찾아냄으로써 $J(x_1, x_2, u_1, u_2)$의 최솟값을 계산할 수 있다(u_1과 u_2 변수의 값을 알고 있으므로).

위의 최소화 문제의 해는 $x_1 = \overline{x}_1$, $x_2 = \overline{x}_2$, $\lambda = \overline{\lambda}$ 이다. u_1과 u_2의 값이 모두 0인 경우에 있어서 최솟값을 임의로 아주 크게 지정한다(여기에서는 50). 이 값을 최솟값 $J^*(\overline{x}_1, \overline{x}_2, u_1, u_2)$라고 말하며 이 값이 큰 수치에서 출발하여 감소하는 반면, $q^*(\lambda)$의 값은 0의 값에서 출발하여 증가한다는 것을 관찰할 수 있다. 그러나 여기의 문제에서는 1–0 변수가 존재하므로 원문제의 함숫값은 쌍대함수의 값과 같아지지 않는다. $J^* - q^*$ 의 값은 쌍대간극이며 다음 식의 값

$$\frac{J^* - q^*}{q^*}$$

은 상대적 쌍대간극이다.

1–0 변수가 존재하므로, 하나 또는 그 이상의 1–0 변수가 1에서 0으로 그리고 0에서 1로 뒤바뀜(flip)에 따라 알고리즘이 최적해 근방에서 진동한다. 이러한 경우 라그랑지 완화법의 알고리즘은 상대적 쌍대간극의 값에 근거하여 종료되어야 한다.

〈표 4.4〉는 $\lambda = 0$ 에서 출발하는 반복계산 과정을 보여 준다. 표에 의하면 여덟 번의 반복계산이 필요하였으며 2개의 0–1 변수가 0에서 1로 뒤바뀜에 따라 λ는 역치에 천천히 접근하는 것을 나타낸다. 그리고 함수 ω는 음의 값으로 되며 λ는 감소하여야 한다. 궁극적으로 최적해에 도달하며 상대적 쌍대간극은 작아진다. 그러나 1–0 변수를 포함하는 쌍대최적화에 나타나는 특징인 것처럼 알고리즘은 불안정하고 더 반복계산을 진행하면 λ가 조정됨에 따라 1–0 변숫값의 변동이 계속하여 발생한다. q^*, J^*, 그리고 상대적 쌍대간극의 값이 〈표 4.4〉에 나타나 있다.

〈표 4.4〉 예제문제의 쌍대최적화

반복	λ	μ_1	μ_2	x_1	x_2	q^*	ω	$\bar{\lambda}$	$\bar{x}_1$	$\bar{x}_2$	J^*	$\frac{J^*-q^*}{q^*}$
1	0	0	0	0	0	0	5.0	–	–	–	50.0	–
2	1.0	0	0	2.0	1.9608	5.0	5.0	–	–	–	50.0	9.0
3	2.0	0	0	4.0	3.9216	10.0	5.0	–	–	–	50.0	4.0
4	3.0	0	0	6.0	5.8824	15.0	5.0	–	–	–	50.0	2.33
5	4.0	1	1	8.0	7.8431	18.3137	−10.8431	1.2624	2.5248	2.4752	33.1559	0.8104
6	3.9458	1	1	7.8916	7.7368	18.8958	−10.6284	1.2624	2.5248	2.4752	33.1559	0.7546
7	3.8926	1	0	7.7853	7.6326	19.3105	−2.7853	2.5	5.0	–	21.25	0.1004
8	3.8787	1	0	7.7574	7.6053	19.3491	−2.7574	2.5	5.0	–	21.25	0.0982

부록 4B: 동적계획법에 의한 기동정지스케줄 문제의 해

4B.1 서론

동적계획법은 열거법에 비하여 장점이 많으며 가장 큰 장점은 차원을 축소할 수 있다는 점이다. 4개의 발전기가 있으며 어떠한 조합에서도 시스템부하를 충족시킬 수 있다고 가정한다. 검사해 보아야 할 조합의 개수는 $2^4-1=15$이다. 그러나 만약 우선순위법을 적용한다면 시험해 볼 조합은 4개뿐이다.

순위-1 발전기

순위-1 발전기 + 순위-2 발전기

순위-1 발전기 + 순위-2 발전기 + 순위-3 발전기

순위-1 발전기 + 순위-2 발전기 + 순위-3 발전기 + 순위-4 발전기

최대출력 평균비용함수의 순서로 우선순위를 결정하는 것은 다음의 내용

1. 무부하비용은 0이다.
2. 입력-출력 곡선의 특성은 최소출력과 최대출력 사이에서 선형으로 변동한다.

3. 기타의 제약조건은 없다.
4. 기동비용은 고정(상수)이다.

을 적용할 경우 이론적으로 옳은 기동정지스케줄이 작성되는 결과를 가져오며 이론적으로 타당한 급전을 할 수 있게 한다.

동적계획법을 적용할 경우 다음의 내용을 가정한다.

1. 하나의 노드(스테이트)는 기동이 결정되어 있는 발전기와 정지가 결정되어 있는 발전기의 배열을 나타낸다.
2. 발전기의 기동비용은 정지되어 있던 시간에 관계없이 일정하다.
3. 발전기를 정지하는 데 필요한 비용은 없다고 가정한다.
4. 우선순위법을 철저히 준수하고 각 구간에는 최소한의 발전기 용량이 확보되어야 한다.

하나의 스테이트가 실행 가능한 발전기의 배열이라는 것은 수요를 충족시킬 수 있고 각 구간마다 최소한의 발전기 용량이 확보되어 있다는 것을 의미한다.

4B.2 전진 동적계획법

동적계획법의 알고리즘은 마지막 구간에서 출발하여 초기의 시간으로 추적하여 최적스케줄을 찾을 수 있다. 이와 반대로 처음 시간에서 출발하여 앞으로 전진하여 마지막 시간에 도달하는 최적스케줄을 찾을 수도 있다. 전진탐색법은 기동정지스케줄 문제를 푸는 데 있어서 뚜렷한 이점이 있다. 예를 들면 만약 기동비용이 정지되어 있던 시간의 함수이면(이것은 보일러의 온도유지 상태와 관계됨) 각 스테이지에서 지난 시간의 이력이 계산될 수 있기 때문에 전진탐색법이 더 효과적이다. 전진탐색법은 다른 측면에서도 실제로 적용하기에 유리한 점이 많다. 예를 들면 초기조건이 쉽게 정의되며 필요한 시간만큼 앞으로 진행하기에도 유리하다. 〈그림 4.8〉에

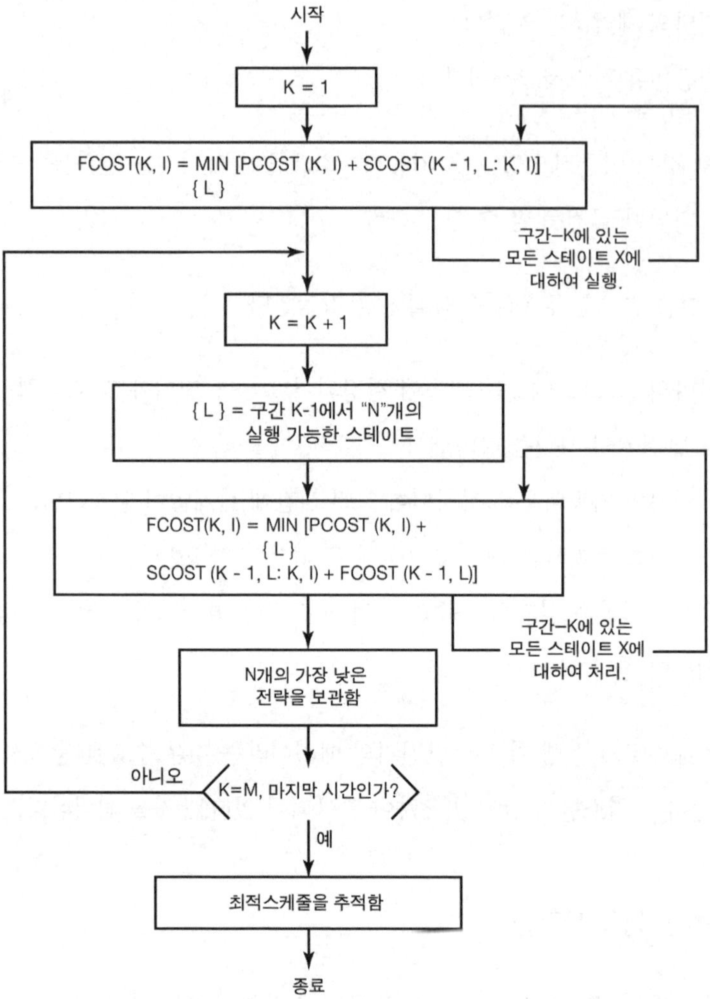

〈그림 4.8〉 전진 동적계획법에 의한 기동정지스케줄 문제의 해법

는 전진 동적계획법의 플로우차트가 나타나 있다.

구간-K에 있어서 조합-I를 사용하여 최소비용을 계산하는 반복(recursive) 알고리즘은 다음 식

$$F_{\text{cost}}(K, I) = \min_{\{L\}} \left[P_{\text{cost}}(K, I) + S_{\text{cost}}(K-1, L: K, I) + F_{\text{cost}}(K-1, L) \right] \quad (4B.1)$$

여기에서

$F_{cost}(K, I)$= 스테이트(K, I)에 도달하는 데 소요되는 총비용

$P_{cost}(K, I)$= 스테이트(K, I)에 대한 운용비

$S_{cost}(K-1, L : K, I)$= 스테이트$(K-1, L)$에서 스테이트(K, I)에 도달하는 천이비용

과 같다.

스테이트(K, I)는 구간-K에 있어서 I-번째 조합이다. 전진탐색법의 사용에 있어서 전략(strategy)은 주어진 구간의 하나의 스테이트에서 다음 구간의 하나의 스테이트로 진행하는 하나의 천이 또는 경로라고 정의한다.

〈그림 4.9〉에서는 X와 N이라는 새로운 변수

X= 각 구간에서 탐색하여야 할 스테이트의 개수

N= 각 구간에서 보관해 놓아야 할 전략 또는 경로의 개수

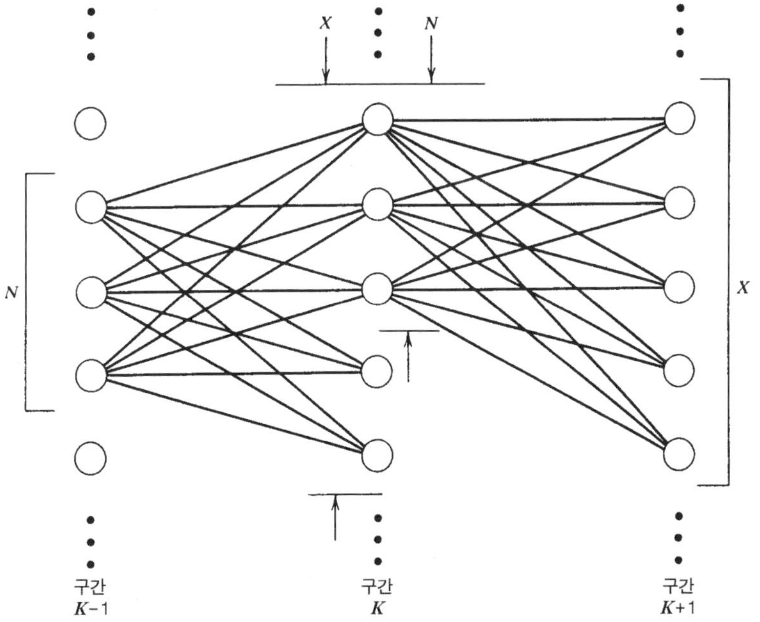

〈그림 4.9〉 $N=3$, $X=5$인 경우의 동적계획법의 제한된 탐색경로

가 등장하는 것을 알아야 한다. 이 변수는 계산시간을 제어하는 데 사용된다(〈그림 4.9〉). 모든 조합을 열거하는 데 있어서 X 또는 N의 최대치는 2^n-1이다.

예를 들어, 간단한 우선순위법에 의하면 X의 개수의 상한은 발전기의 개수인 n이다. N을 축소한다는 것은 각 구간에 대하여 가장 비용이 많이 소요되는 기동정지스케줄을 버리고 N개의 경로 또는 전략을 저장하는 것이다. 축소된 전략과 탐색범위를 이용하여 이론적으로 최적스케줄을 찾는다는 보장은 없다. 특정한 프로그램을 사용하여 실험을 해보면 X와 N의 개수를 상한 이하로 축소함으로 인하여 오차(error)가 발생할 가능성도 있다는 것을 알 수 있다.

예제 4F 이 예제에서는 모든 탐색범위가 사용될 것이며 3개의 케이스가 검토될 것이다. 첫 번째 케이스는 우선순위법에 의한 것이며 두 번째는 모든 탐색범위를 열거하는 것이다. 처음의 두 케이스는 열간기동비용 및 최소운전시간, 최소정지시간의 제약을 모두 무시한다. 세 번째 케이스는 최소운전시간, 최소정지시간의 제약뿐만 아니라 열간기동비용도 고려한다. 8시간에 걸친 부하에 대하여 4개의 발전기를 사용하여 기동정지스케줄을 작성한다. 〈표 4.5〉에는 발전기 자료와 부하패턴에 관한 자료가 나타나 있다.

계산을 효율적으로 하기 위하여 발전기 특성을 단순화한 자료가 사용되었다.

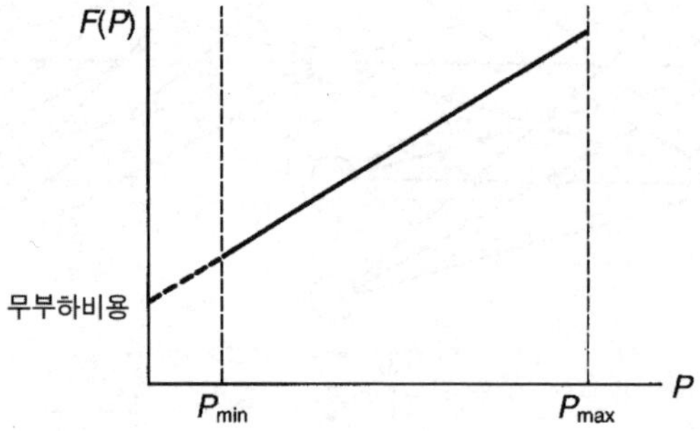

〈그림 4.10〉 예제에 사용된 단일스텝 비용함수

〈**표 4.5**〉 예제 4F를 위한 발전기 특성 자료, 부하패턴, 초기 상황

발전기	최대용량 (MW)	최소운전출력 (MW)	증분열소비율 (Btu/kWh)	무부하비용 ($/h)	최대출력 평균비용 ($/MWh)	최소시간 운전시간	최소시간 정지시간
1	80	25	10,440	213.00	23.54	4	2
2	250	60	9,000	585.62	20.34	5	3
3	300	75	8,730	684.74	19.74	5	4
4	60	20	11,900	252.00	28.00	1	1

주: 연료비=2.0$/MBtu

발전기	초기상태 정지시간(-) 또는 운전시간(+)	기동비용 열간기동($)	냉간기동($)	냉간기동(h)
1	−5	150	350	4
2	8	170	400	5
3	8	500	1,100	5
4	−6	0	0	0

부하패턴

시간	**부하(MW)**
1	450
2	530
3	600
4	540
5	400
6	280
7	290
8	500

예를 들면 〈그림 4.10〉과 같이 최소출력과 최대출력 사이에 하나의 계단만이 사용되었다. 실제로는 〈그림 4.11〉과 같이 2개 내지 3개의 계단이 사용된다.

이 예제의 발전기는 선형 $F(P)$ 함수를 갖는다.

$F(P)$ 함수는 다음 식과 같다.

$$F(P)\text{는 } F(P) = \textit{no-load}\ \text{cost} + (\textit{Inc cost}) \times P$$

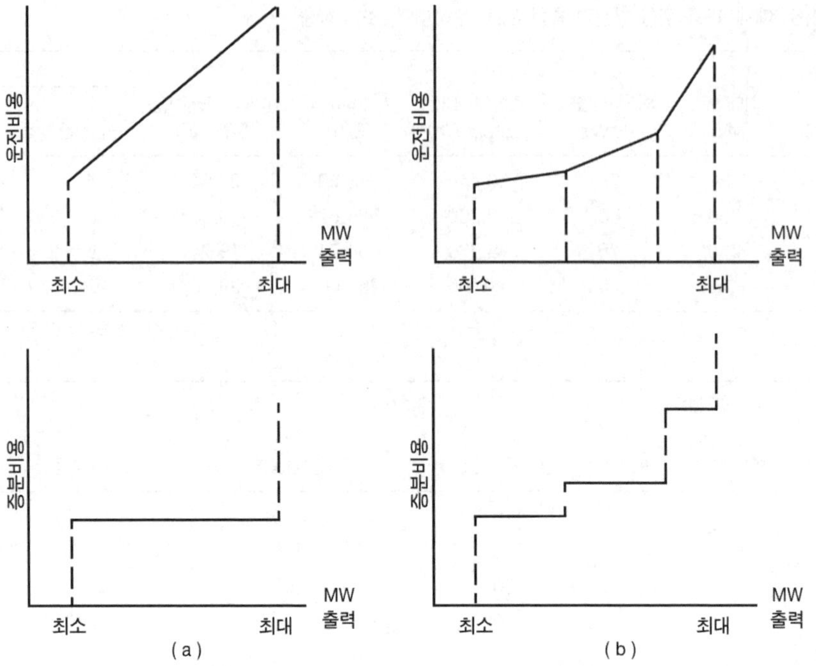

〈**그림 4.11**〉 단일스텝 증분비용함수와 다중스텝 증분비용함수

그러나 각 발전기는 하한출력과 상한출력 사이에서 운전된다는 것을 고려해야 한다. 2개의 발전기의 기동비용은 냉간기동을 기준으로 하였다. 예제에서 4개 발전기의 우선순위는 발전기-3, 발전기-2, 발전기-1, 발전기-4이다. 앞의 2개의 케이스에 대하여 최소운전시간과 최소정지시간은 모든 발전기에 대하여 1시간으로 하였다.

3개의 모든 케이스에 있어서 발전기출력의 순서를 정하였으며 이것은 〈표 4.6〉에 주어져 있으며, 여기에서 발전기의 조합이나 스테이트는 각 조합의 순최대출력의 순서로 정렬된 것이다.

〈**표 4.6**〉 발전기용량에 따른 정렬

스테이트		발전기 조합				출력 합계
15		1	1	1	1	690
14		1	1	1	0	630
13		0	1	1	1	610
12		0	1	1	0	550
11		1	0	1	1	440
10		1	1	0	1	390
9		1	0	1	0	380
8		0	0	1	1	360
7		1	1	0	0	330
6		0	1	0	1	310
5		0	0	1	0	300
4		0	1	0	0	250
3		1	0	0	1	140
2		1	0	0	0	80
1		0	0	0	1	60
0		0	0	0	0	0
	발전기=	1	2	3	4	

발전기 조합: 1 = 기동(발전기 운전 중). 0 = 기동되지 않음(발전기 정지).

케이스-1

케이스-1에서는 철저한 우선순위에 의하여 발전기의 기동정지스케줄이 작성되었다. 다시 말하면 수요가 충족될 때까지 발전기를 기동한다. 구간별 총비용은 8개의 급전비용과 기동하는 데 필요한 천이비용을 합산한 것이다. 첫 번째 케이스에서 24개의 급전이 고려되어야 한다.

케이스-1에 대하여 각 구간별로 검토하여 가능하다고 판단한 스테이트는 다음 표와 같다.

스테이트 번호	발전기 기동 여부	용량(MW)
5	0 0 1 0	300
12	0 1 1 0	550
14	1 1 1 0	630
15	1 1 1 1	690

위의 표는 우선순위법에 의한 것이다. 다시 말하면 스테이트-5는 발전기-3, 스테이트-12는 발전기-3과 2, 스테이트-14는 발전기-3, 2, 1이며, 스테이트-15는 발전기-3, 2, 1, 4이다. 처음 4시간 동안 마지막의 3개 스테이트가 관심의 대상이다. 예제를 위한 계산은 기법을 소개하기 위한 것이다. 모든 가능한 기동정지의 조합은 초기조건으로 주어진 스테이트-12부터 시작한다. 첫 번째 시간에 대하여 스테이트-12의 비용이 가장 작다. 우선순위에 의한 케이스는 다음 표와 같다.

시간	최소비용을 갖는 스테이트	직전 구간의 스테이트 알림
1	12(9,208)	12
2	12(19,857)	12
3	14(32,472)	12
4	12(43,300)	14
⋮	⋮	⋮

여기에서 순수한 우선순위법에 의하면 스테이트-13에는 도달할 수 없다는 것을 주목해야 한다.

케이스-1의 단순계산 예

$$F_{cost}(J,K)=\min_{\{L\}}\left[P_{cost}(J,K)+S_{cost}(J-1,L:J,K)+F_{cost}(J-1,L)\right]$$

허용할 수 있는 스테이트는

$$\{\bullet\}=\{0010,0110,1110,1111\}=\{5,12,14,15\}$$

이며, 시간 0에서 $\{L\}=\{12\}$은 초기조건이다.

$J=1$: **첫 번째 시간**

$$\frac{K}{15}F_{cost}(1,15)=P_{cost}(1,15)+S_{cost}(0,12:1,15)$$

$$= 9,861 + 350 = 10,211$$

$$14 \;\; F_{cost}(1, 14) = 9,493 + 350 = 9,843$$

$$12 \;\; F_{cost}(1, 12) = 9,208 + 0 = 9,208$$

$J = 2$: **두 번째 시간**

실행 가능한 스테이트는 $\{12, 14, 15\} = \{K\}$이며, 따라서 $X = 3$이다. 만약 2개의 전략이 각 스테이지에서 저장된다면, $N = 2$이며 $\{L\} = \{12, 14\}$

$$\frac{K}{15} F_{cost}(2, 15) = \underset{\{12,14\}}{min}\{P_{cost}(2, 15) + S_{cost}(1, L : 2, 15) + F_{cost}(1, L)\}$$

$$= 11,301 + min\begin{bmatrix}(350 + 9,208) \\ (0 + 9,803)\end{bmatrix} = 20,859$$

등이다.

케이스-2

케이스-2에서는 8시간 각각의 구간에 대하여 $(2^4 - 1) = 15$개의 급전 개수의 상한을 갖고 모든 것을 열거하여 이론적으로 $15^8 = 2.56 \times 10^9$개의 가능성이 검토되도록 한다. 다행히, 대부분의 열거 내용은 충분하게 수요를 만족시킬 수 없으므로 검토 없이 상당한 부분을 사전에 제거할 수 있다.

〈그림 4.12〉는 케이스-2에 대한 처음 4시간 동안의 계산절차를 나타낸다. 원 내의 숫자는 지시자(pointer)를 나타낸다. 즉 이 수치는 현재의 시간의 어떤 특정한 노드(스테이트)에 도달하기 위하여 이전 구간의 어느 노드에서 왔는가 하는 정보를 나타내는 것이다. 예를 들면 시간 2에서 노드-12, 노드-13, 노드-14, 노드-15에 대한 최소비용은 시간-1에서 노드-12를 경유하는 천이 때문에 발생한 것이다. 화살표로 연결된 곳에 나타나는 수치는 기동비용이다. 각 노드마다 나타나는 수치는 구간별 비용과 총비용이다.

케이스-2에서 진실로 최적인 기동정지스케줄이 발견된다. 다시 말하면 시간-3

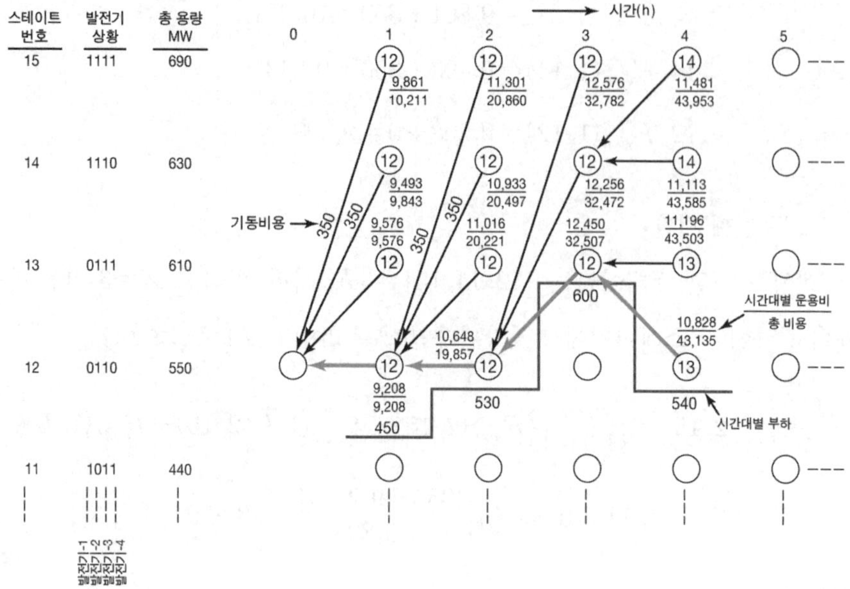

〈**그림 4.12**〉 예제 4F, 케이스-1과 2(처음 4시간 동안)

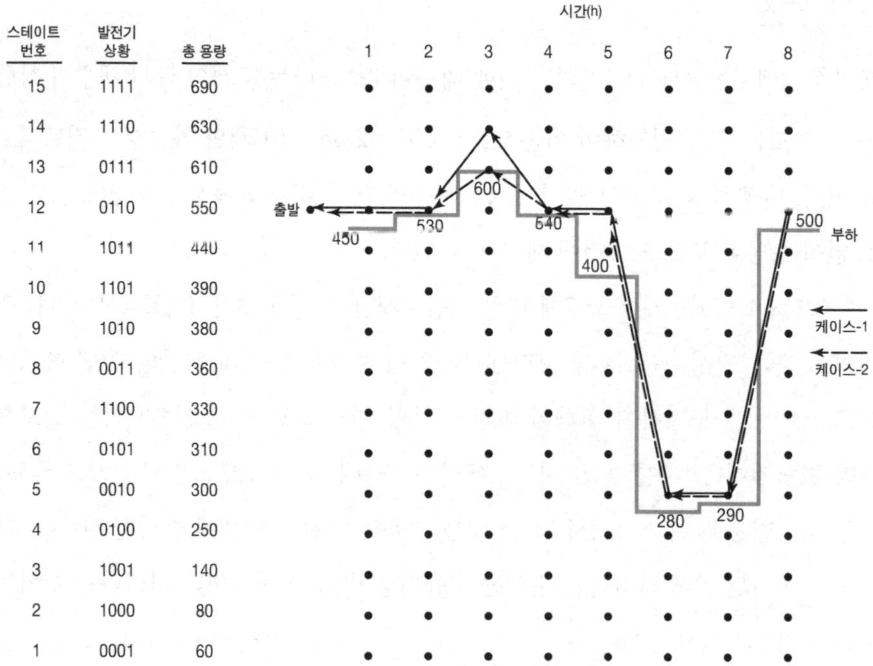

〈**그림 4.13**〉 예제 4F, 케이스-1과 2(모든 경로)

에 있어서 더 효율적인 발전기-1을 기동하는 것보다 효율이 더 낮은 첨두부하용 발전기를 기동하는 것이 비용이 적게 소요되는 방법이다. 시간-3에 있어서 총비용의 차이는 165$ 또는 $0.104/MWh이다. 이것은 순열소비율이 10,000Btu/kWh이며 연료비가 $2.00/MBtu인 평균적인 화력발전기의 연료비에 비하면 큰 수치는 아니다. 3시간마다 $165를 절약하는 것은 연간 $481,800/year의 비용절감과 등가이다.

케이스-1과 케이스-2에 대하여 총 8시간의 경로가 〈그림 4.13〉에 나타나 있다. 2개의 케이스에 있어서 발전기의 기동과 정지에 관한 제약조건을 무시하면 시간-6과 시간-7에 대하여 발전기-3을 제외하고 모든 발전기를 정지시킬 수 있다. 2개의 경로에 관한 단 하나의 차이는 시간-3에서 일어나며 이것은 앞의 단락에서 설명하였다.

케이스-3

케이스-3에서는 최소정지시간과 최소운전시간의 제약을 준수하기 위하여 원래의 자료를 사용하였다. 8시간 동안의 스케줄에 대하여 전진 동적계획법 알고리즘이 사용되었다. 모든 경로를 열거하였다. 다시 말하면 플로우차트에 나타난 X의 상한은 15이다. 각 스테이지에서 저장된 전략의 개수 N에 대한 3개의 서로 다른 값은 4, 8, 10으로 나타났다. 이 경로가 〈그림 4.14〉에 나타나 있다. 그러나 단지 4개의 전략만이 저장된다면, 시간-7에서의 최소비용전략은 최소정지시간의 제약 때문에 시간-8에 있어서 기동하지 못하는 발전기를 정지시키기 때문에 전진 동적계획법은 시간-8에서 실패한다(즉 실행 가능한 경로를 찾지 못한다).

〈그림 4.13〉에 나타난 방법에 있어서 이와 같은 결함을 보완하기 위한 실제적인 보완책은 수요가 낮은 시간대로 돌아가서 비용이 좀 더 높은 전략을 유지하는 것이다. 이 방법은 각 스테이지에서 전략의 개수를 늘려서 검토하는 것이다. 물론 다른 대안은 여기에서 채택하는 바와 같이 모든 시간에 대하여 더 많은 수의 전략을 저장하고 계획을 세우는 것이다.

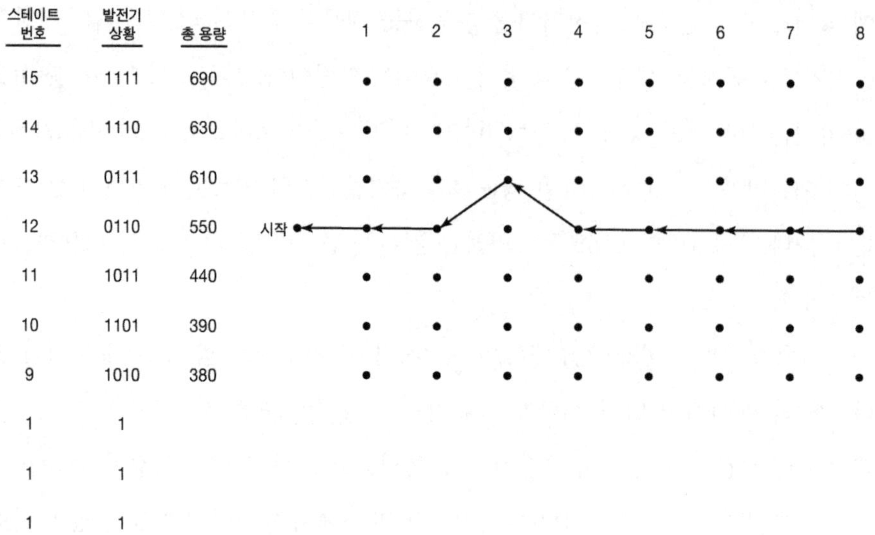

〈**그림 4.14**〉 예제 4F, 케이스-3

〈**표 4.7**〉 케이스-1, 2, 3의 요약

케이스	조건	총비용($)
1	- 우선순위법. - 최소정지시간, 최소운전시간 제약 무시	73,439
2	- 4개의 전략에 의한 열거법($X \leq 15$) - 최소정지시간, 최소운전시간의 제약 무시	73,274
3	- 4개의 전략에 의한 열거법($X \leq 15$) - 최소정지시간, 최소운전시간 제약 주수	
	$N=4$개의 전략	해 없음
	$N=8$	74,110
	$N=10$	74,110

〈표 4.7〉은 8시간에 대하여 총비용을 요약하여 나타내었다. 이러한 케이스는 전진 동적계획법을 설명하는 것이며 실제로 적용하는 데 있어서의 문제점을 지적한다.

문제

4.1 〈표 4.8〉과 〈표 4.9〉가 주어진 경우 동적계획법을 사용하여 8개의 시간구간에 대한 최적 기동정지스케줄을 구하시오. 〈표 4.9〉는 부하 데이터에 나

〈표 4.8〉 문제 4.1의 기동정지스케줄 데이터

발전기	최대출력 (MW)	최소출력 (MW)	증분열소비율 (Btu/kWh)	무부하운전 에너지 소요량 (MBtu/h)	기동용 에너지 (MBtu)
1	500	70	9,950	300	800
2	250	40	10,200	210	380
3	150	30	11,000	120	110
4	150	30	11,000	120	110

부하 자료 (모든 구간의 시간수=2)

시간구간	부하
1	600
2	800
3	700
4	950

기동정지 규칙

발전기	최소운전시간	최소정지시간
1	2	2
2	2	2
3	2	4
4	2	4

연료비: 1.00$/MBtu

〈표 4.9〉 문제 4.1의 발전기 조합과 운용비

					운용비			
조합	발전기-1	발전기-2	발전기-3	발전기-4	부하 600MW	부하 700MW	부하 800MW	부하 900MW
A	1	1	0	0	6,505	7,525	×	×
B	1	1	1	0	6,649	7,669	8,705	×
C	1	1	1	1	6,793	7,813	8,833	10,475

1 = 기동; 0 = 중지.

타난 부하에 대한 시스템 운용비뿐만 아니라 필요한 모든 조합을 나타낸다. "×"라는 표시는 이러한 조합은 부하를 충족할 수 없다는 것을 의미한다. 시작하는 조건은 다음과 같다. 즉 첫 번째 구간의 초기에 발전기-1과 발전기-2는 기동되어 있고 발전기-3과 발전기-4는 정지되어 있으며 8시간 동안 정지해 있었다.

4.2 〈표 4.10〉는 5개의 발전기가 있고 시간구간이 4개이며 문제의 발전기 특성과 부하패턴을 나타낸다. 각 시간구간의 길이는 2시간이다. 입력-출력 특성은 최소출력부터 최대출력까지 직선으로 근사화되어 있으며 증분열소비율은 상수이다. 무부하비용과 기동비용은 열에너지 소요량으로 주어졌다.

a. 위의 발전기의 우선순위 목록을 작성하고 최적 기동정지스케줄 문제의 해를 구하시오. 탐색범위를 3($X=3$)으로 하여 철저한 우선순위 목록을 사용하고 3개($N=3$) 이상의 전략을 저장하지 말아야 한다. 최소운전시간/최소정지시간의 제약을 무시하시오.

〈표 4.10〉 문제 4.2의 발전기 특성과 부하패턴

발전기	최대출력 (MW)	순최대출력 열소비율 (Btu/kWh)	증분 열소비율 (Btu/kWh)	최소출력 (MW)	무부하 비용 (MBtu/h)	기동비용 (MBtu)	최소 운전/정지시간 (h)
1	200	11,000	9,900	50	220	400	8
2	60	11,433	10,100	15	80	150	8
3	50	12,000	10,800	15	60	105	4
4	40	12,900	11,900	5	40	0	4
5	25	13,500	12,140	5	34	0	4

부하패턴

시간	부하(MW)	상황
1~2	250	1. 초기(시간-1의 이전)에, 발전기-1은 기동상태이었으며 4시간 동안 운전하고 있었음
2~4	320	
5~6	110	2. 송전손실, 순동예비력 등을 무시함. 하나의 조건은 발전기가 부하를 충족할 수 있어야 한다는 것임
7~8	75	3. 모든 발전기의 연료비는 1.40$/MBtu

b. a에서와 같이 $X=3$, $N=3$으로서 철저한 우선순위 목록법을 사용하여 동일한 기동정지스케줄 문제의 해를 구하시오. 다만, 최소운전시간/최소정지시간의 제약을 고려하여야 한다.

c. (선택사항임) 철저한 우선순위 목록법을 사용하여(즉, 모든 35개의 기동/정지 조합은 유효함). 최적 기동정지스케줄 문제의 해를 구하시오. 과다한 노력을 하지 않기 위하여 탐색범위를 축소하시오. 최소운전시간/최소정지시간의 제약을 지키시오.

최소운전시간/최소정지시간의 제약 아래에서 기동정지스케줄 문제의 해를 구하기 위하여 동적계획법을 사용할 때 각 스테이트 및 시간에서 추가적 정보를 저장하여야 한다. 이 정보는 단순히 어떤 발전기가 기동되어야 하는가 또는 정지되어야 하는가에 대한 정보를 알려 준다. 만약 어떤 발전기가 어떤 스테이트에서 존재하여 기동정지규칙을 위반하면서 다른 스테이트로 천이하려고 하면 이 경우의 천이비용은 무한대로 주어진다.

4.3 라그랑지 완화법 문제

3개의 발전기의 특성은 다음과 같다.

$$30+10P_1+0.002P_1^2, \quad 100\text{MW} \le P_1 \le 600\text{MW}$$

$$20+8P_2+0.0025P_2^2, \quad 100\text{MW} \le P_2 \le 400\text{MW}$$

$$10+6P_3+0.005P_3^2, \quad 50\text{MW} \le P_3 \le 200\text{MW}$$

부하:

t	P^t_{load}
1	300
2	500
3	1,100
4	400

기동비용은 무시한다(최소운전시간 또는 최소정지시간의 제약을 고려하지 않는다).

a. 일반적 동적계획법을 사용하여 기동정지스케줄 문제의 해를 구하시오.

b. 라그랑지 완화법으로 정식화하고 네 번의 반복계산을 실행하시오. λ^t의 초깃값은 $t=1\cdots 4$에 대하여 0으로 한다.

4.4 3개의 발전기가 주어져 있고 4개의 시간구간에 대하여 최적 기동정지스케줄 문제의 해를 구하여야 한다.

시간	부하(MW)
1	400
2	1,000
3	1,600
4	400

Gen 1: $F_1(P_1)=2,200+25P_1+0.025P_1^2$, $220\text{MW} \le P_1 \le 600\text{MW}$

Gen 2: $F_2(P_2)=1,500+11P_2+0.02P_2^2$, $350\text{MW} \le P_2 \le 800\text{MW}$

Gen 3: $F_3(P_3)=1,000+20P_3+0.015P_3^2$, $150\text{MW} \le P_3 \le 600\text{MW}$

각 발전기는 기동할 경우 기동비용이 필요하다. 비록 1시간 또는 2시간 동안 정지한 다음에 다시 기동하더라도 기동비용은 계산에 포함되어야 한다는 것을 가정하여야 한다.

발전기	기동비용
1	2,400
2	3,000
3	3,400

최적 기동정지스케줄 문제의 해를 구하시오.

5

에너지제약 발전

5.1 서론

이 장은 앞 장에서 설명하지 않았던 기동정지스케줄의 작성과 경제급전 문제에 대하여 연료사용량의 제약이 있는 경우를 설명한다. 또한 이 장에서는 수력발전소의 운전에 있어서 물의 제약이 있는 경우를 다룬다. 시장을 통하여 연료를 구매하는 것에는 물량이나 가격의 유동성에 의한 위험이 존재한다. 기타 여러 종류의 위험요소도 역시 존재한다. 연료공급자는 이러한 위험을 구매자에게 이전(전가)하기를 원하며 구매자는 이것을 공급자가 부담하기를 원한다. 대부분의 연료계약은 판매하는 측이 저장비용을 부담하지 않고 팔거나, 또는 이용할 수 있는 저장설비가 없다는 보장을 할 필요에 의하여 성립한다. 수력발전기는 저수지의 용량, 선박의 운항, 농업의 관개용수의 필요 또는 안전운항 규정상의 제약에 따라 수위를 유지해야 하는 제약을 받는다. 풍력발전이나 태양광발전은 자연력의 변화 및 기상조건에 의해 출력이 존재하지 않는 등의 직접적인 영향을 받는다. 따라서 이들은 연료를 획득하는 문제보다는 자연과 기상상태의 불확실성에 따라 더 큰 영향을 받는다. 양수발전기는 저장된 에너지를 사용하는 하나의 발전방식이며, 신재생에너지의 출력의 연속성을 확보하거나 서비스 품질을 높이기 위하여 풍력발전 및 태양광에너지 발전과도 관련된다.

연료사용량 또는 저수량에 제약이 있는 발전기의 기동정지스케줄을 작성할 때의 중요한 고려사항은 모든 대상기간에 있어서 연료의 제약이나 물의 제약으로 인하여 발전기가 최대출력으로 운전하지 못하는 것이다. 이러한 종류의 문제는 실제로 전력시스템을 운용할 때에 항상 발생할 수 있는 것이다. 또한 연료를 어떻게 사용하여 발전할 것인가에 대한 문제뿐만 아니라 연료의 저장, 철도로 연료를 수송할 것인가, 아니면 강이나 바다를 이용하여 연료를 수송하느냐 등의 내용에 관해서도 관심을 기울여야 한다. 또한 수력발전에 있어서는 저수지의 수위뿐만 아니라 하류의 각종 시설을 위하여 어떻게 물의 흐름을 유지해야 하는가에 대하여도 관심을 가져야 한다. 상류에 위치한 수력발전기에서 방출된 물이 하류에 위치한 수력발전기의 저수지로 흘러 들어갈 경우에 이 문제는 대단히 복잡하고 어려운 문제가 된다.

5.2 연료사용스케줄

전력시스템의 경제운용에 있어서는 전체 기간에 걸쳐서 연료비를 최소화하는 것이 중요하다. 어떤 화력발전기에 대하여도 연료공급의 제약이 없다면 경제급전 알고리즘에 현재의 제약조건만을 사용해 경제급전을 실행하면 된다. 이런 경우에 연료비는 단순하게 구입하는 연료가격에 따라 변동하며 연료처리비용 및 발전기의 운전유지비만 고려하면 된다.

어떤 특정한 발전기가 사용할 에너지(예를 들면, 유연탄, LNG, 가스, 물 또는 핵연료 등)의 양이 발전기 운전의 제약요인으로 된다면 전체 경제급전계산은 다르게 수행되어야 한다. 경제급전계산은 지금까지 어떤 일이 발생하였고 앞으로 어떤 일이 발생할 것인가를 고려하여야 한다.

이 장은 여러 시간에 걸친 급전문제에 대한 해를 구하는 것에서 출발한다. 여기에서 사용되는 기법은 라그랑지 승수법의 연장으로, 여유변수와 페널티 함수에 관련된 개념은 어떤 특정한 상태에서 해를 얻기 위하여 사용된다.

여기에서 설명을 시작하기 위한 예제는 연료공급량이 결정되어 있고 사용 여부와 관계없이 비용을 지불하여야 하는 사례이다. 먼저 "잉여"라고 선언되기 때문에 보일러 연료로서 꼭 사용되어야 하는 천연가스의 공급에 제약이 있는 경우부터 출발한다. "의무지불" 연료공급계약이 이러한 가능성이 있는 가장 단순한 예이다.

이에 대한 대안으로서 저장한 물을 공급받는 수력발전기 또는 증기터빈에 스팀을 공급하기 위한 경수로형 원자로를 고려한 경제급전 문제의 해를 직접 구하는 과정을 택할 수도 있다. 수력발전기의 운전스케줄은 물의 방류, 물의 저장 그리고 좀 더 복잡한 수력네트워크에 물을 공급하는 스케줄을 포함한다. 원자로의 연료교체스케줄은 이 장에서 설명하는 연료사용스케줄 또는 수력발전기 운전스케줄보다 좀 더 긴 기간을 요한다. 이러한 내용을 포함한 예방보수 스케줄은 예측한 수요가 어떻게 나타날 것인가에 대한 불확실성, 연료가격의 불확실성, 그리고 연계선을 통한 전력융통계약 등도 고려해야 한다. 이러한 사항을 모두 고려한다는 것은 이 책의 범위를 벗어난다.

5.3 의무지불 연료공급계약

여기에서는 정상적으로 연료가 공급되는 N개의 발전기와 '의무지불' 계약에 의하여 연료가 공급되는 하나의 가스터빈 발전기가 있다고 가정한다. 전력회사는 계약한 물량을 지정한 기간 내에 사용하며 최소의 비용을 지불한다는 내용으로 계약하며, 이 부분에서 최소의 비용이 의무지불의 '지불' 부분이다.

해당 발전기의 누적 연료소비량은 최소치 이하인 반면, 이 발전기를 포함한 발전시스템은 계약발전기의 기간당 연료사용량이 지정된 양을 만족시켜야 한다는 제약조건 아래에서 총 연료비를 최소화하도록 스케줄 되어야 한다. 일단 계약물량의 기간별 하한치를 달성하면 이 발전기는 일반적인 발전기처럼 스케줄이 작성 된다. 지금 하한치에 해당하는 물량이 최대치이기도 한 특별한 경우를 고려해 볼 경우, 시스템은 〈그림 5.1〉과 같다. 최대 시간대가 j_{max}인 시스템에 있어서 시간대-j $(j=1,\cdots j_{max})$에 관하여 시스템 운용을 검토해 본다. 각종 변수는

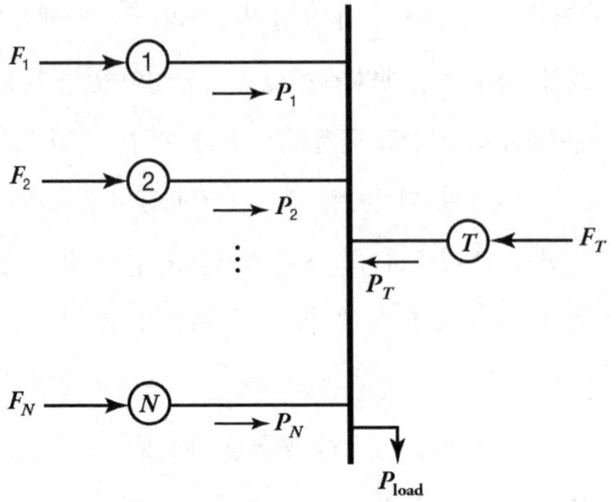

〈그림 5.1〉 $N+1$개의 발전기 가운데 발전기-T가 의무지불 연료공급계약을 갖는 발전시스템

$$P_{1j}, P_{2j}, \cdots, P_{\mathrm{T}j} \text{ (발전기출력)}$$

$$F_{1j}, F_{2j}, \cdots, F_{\mathrm{T}j} \text{ (연료비)}$$

$$q_{T1}, q_{T2}, \cdots, q_{\mathrm{T}j} \text{ (의무지불 연료)}$$

이며 여기에서 각종 변수의 내용은 다음과 같다.

$P_{ij} \triangleq j$번째 시간대에서 발전기-i의 출력

$F_{ij} \triangleq j$번째 시간대에서 발전기-i의 연료비(\$/h)

$q_{\mathrm{T}j} \triangleq j$번째 시간대에서 발전기-T의 연료 입력

$F_{\mathrm{T}j} \triangleq j$번째 시간대에서 발전기-T의 연료비(\$/h)

$P_{\mathrm{load}j} \triangleq j$번째 시간대에서 시스템부하

$n_j \triangleq j$번째 시간대에서 시간의 개수

수학적으로 이 프로그램은 다음 식

$$\text{최소화} \quad \sum_{j=1}^{j_{max}} \left(n_j \sum_{i=1}^{N} F_{ij} \right) + \sum_{j=1}^{j_{max}} n_j F_{\mathrm{T}j} \tag{5.1}$$

$$\text{제약조건 } \phi = \sum_{j=1}^{j_{max}} n_j q_{\mathrm{T}j} - q_{\mathrm{TOT}} = 0 \tag{5.2}$$

$$\Psi_j = P_{load_j} - \sum_{i=1}^{N} P_{ij} - P_{\mathrm{T}j} = 0, \ \ j = 1, \cdots, j_{max} \tag{5.3}$$

과 같이 나타난다. 이 식을 풀어서 쓰면 다음과 같다.

연료소비량이 계약된 양과 같다는 것을 보장하고 발전기출력은 각 시간대별로 상한과 하한의 범위 내에 속한다는 제약조건 아래에서 시스템 운용비를 최소화하는 것이 목적이다.

현재로서는 발전기의 출력의 하한과 상한 범위를 무시하고 있다. 발전기-T가 사용할 총 연료량은 고정되어 있기 때문에 다음과 같은 항

$$\sum_{j=1}^{j_{max}} n_j F_{\mathrm{T}j}$$

은 상수이다. 그러므로 해당 연료의 총비용은 상수이며 따라서 목적함수에서 이 항을 제거할 수 있다.

라그랑지안 함수는

$$\mathcal{L} = \sum_{j=1}^{j_{max}} n_j \sum_{i=1}^{N} F_{ij} + \sum_{j=1}^{j_{max}} \lambda_j \left(P_{load_j} - \sum_{i=1}^{N} P_{ij} - P_{\mathrm{T}j} \right) + \gamma \left(\sum_{j=1}^{j_{max}} n_j q_{\mathrm{T}j} - q_{\mathrm{TOT}} \right) \tag{5.4}$$

이다. $F_{ij} = F_i(P_{ij})$이며 $q_{\mathrm{T}j} = q_{\mathrm{T}}(P_{\mathrm{T}j})$이므로 위의 식에서 출력 P_{ij}와 $P_{\mathrm{T}j}$는 독립변수이다. 어떤 주어진 시간대 $j = k$에 있어서 다음의 식

$$\frac{\partial \mathcal{L}}{\partial P_{ik}} = 0 = n_k \frac{dF_{ik}}{dP_{ik}} - \lambda_k, \quad i = 1, \cdots, N \tag{5.5}$$

$$\frac{\partial \mathcal{L}}{\partial P_{\mathrm{T}k}} = -\lambda_k + \gamma n_k \frac{dq_{\mathrm{T}k}}{dP_{\mathrm{T}k}} = 0 \tag{5.6}$$

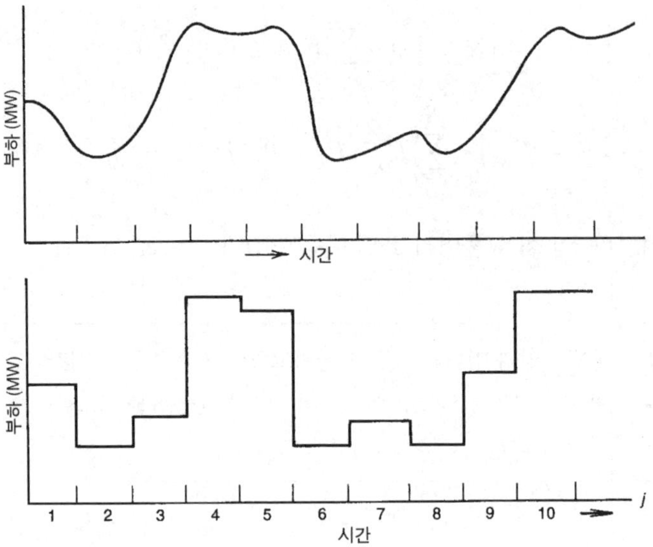

〈그림 5.2〉 각 시간대에 있어서 부하패턴을 이산부하로서 변환함

이 성립한다. 만약 γ의 차원을 분석해 본다면 이것은 단위 연료량당 \$(예를 들면, \$/ft^3, \$/배럴, \$/톤)이라는 것을 주목해야 한다. 그러므로 이 책에서 사용한 MBtu이라기보다 γ는 연료의 단위 부피 또는 단위 무게당의 가격이다. 위의 수식에서 나타난 의미로 보면 γ는 '유사가격' 또는 '잠재가격'이라고도 한다. 사실상, 여기의 분석에서 나타나는 것처럼, 실제 문제에 있어서 사용량에 대한 제약이 있는 연료가격을 조정함으로써 간단하게 연료제약 경제급전 문제를 풀 수 있다. 그러므로 유사가격 또는 잠재가격이라는 용어는 상당히 의미가 있다.

예제 5.6에 있어서 γ에는 아래첨자가 나타나지 않지만 모든 시간대에 걸쳐서 γ는 상숫값을 갖는다. 이것은 연료제약에 대한 제약이 연료저장량에 대한 제약에 의한 것이 아니라면 옳은 것이다. 이러한 문제는 이후에 다룰 수력발전기의 운전 스케줄 작성에서 나타날 것이다.

〈그림 5.2〉(윗부분)는 부하의 변동형태를 나타낸다. 연료제약 하에서의 급전문제의 해는 부하를 시간대별로 구분하고(〈그림 5.2〉의 아랫부분) 하나의 시간대 내에서 부하는 일정하다고 가정한다. 해당 시간대에 모든 발전기는 기동되어 있다고 가정

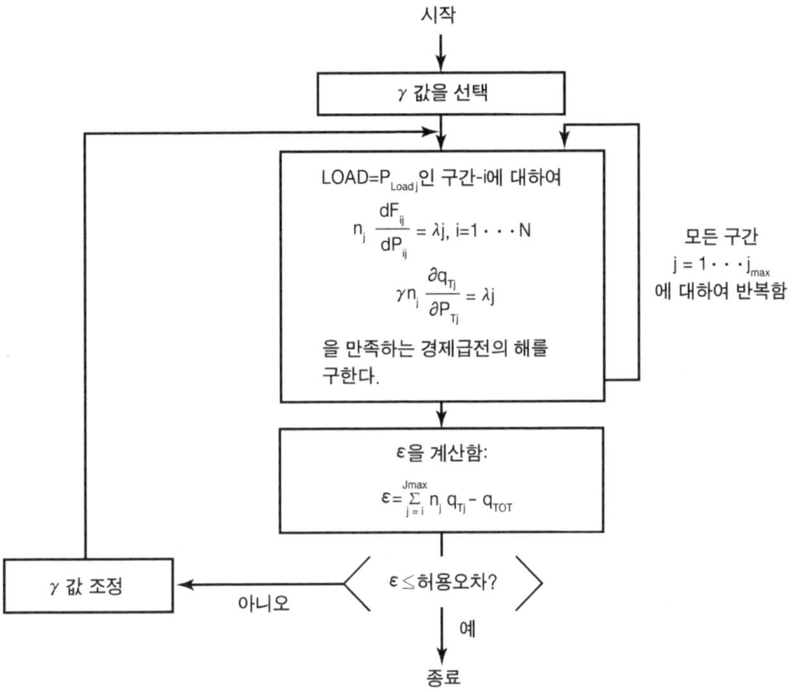

〈그림 5.3〉 γ-탐색법

하고, 최적급전은 γ에 대한 간단한 탐색절차를 사용하여 풀 수 있다. 〈그림 5.3〉에 나타난 절차는 어느 시간대에 있어서도 연료제약을 갖는 발전기가 상한 또는 하한에 부딪치지 않는다면 정상적으로 해를 제시할 것이다.

예제 5A 이 예제는 다음과 같은 자료가 주어졌을 때 가스연소 화력발전기의 최적급전스케줄을 찾는 것이다.

가스연소 화력발전기:

$$H_{\mathrm{T}}(P_{\mathrm{T}}) = 300 + 6.0P_{\mathrm{T}} + 0.0025P_{\mathrm{T}}^2 \mathrm{MBtu/h}$$

$$\text{가스가격} = 2.0\$/\mathrm{ccf}(1\,\mathrm{ccf} = 1{,}000ft^3)$$

$$\text{가스 열량} = 1{,}100\mathrm{Btu}/ft^3 \tag{5.7}$$

$$50 \le P_{\mathrm{T}} \le 400$$

나머지 화력발전기를 합성발전기로 나타낼 경우:

$$H_s(P_s) = 200 + 8.5P_s + 0.002P_s^2 \text{MBtu/h}$$

$$\text{등가 연료비} = 0.6\$/\text{MBtu} \tag{5.8}$$

$$50 \le P_{\text{T}} \le 500$$

가스연소 발전기는 $40 \times 10^6 ft^3$의 가스를 의무적으로 소비해야 한다. 부하형태는 〈표 5.1〉에 나타나 있다. 만약 가스에 대한 제약을 무시한다면 2개의 발전기에 대한 경제급전스케줄은 〈표 5.2〉에 나타난 바와 같다. 전체 24시간에 대한 합성발전기의 연료비는 52,128.03$이다. 총 가스소비량은 $21.8 \times 10^6 ft^3$이다. 가스연소 발전기는 $40 \times 10^6 ft^3$의 가스를 사용하여야 하며 비용은 $2.0\$/1{,}000 ft^3 \times 40.10^6 ft^3$, 즉 80,000$이다. 그러므로 총비용은 132,128.03$이다. 〈그림 5.3〉의 해를 구하는 데 있어서 0.500부터 0.875의 구간에 속한 γ 값을 사용하였다. γ의 최종값은

〈표 5.1〉 부하패턴

시간구간		부하
1	00:00~04:00	400MW
2	04:00~08:00	650MW
3	08:00~12:00	800MW
4	12:00~16:00	500MW
5	16:00~20:00	200MW
6	20:00~24:00	300MW

여기에서 $n_j = 4,\ j = 1 \cdots 6$

〈표 5.2〉 최적경제급전(가스사용량 제약 무시)

시간구간	P_s	P_T
1	350	50
2	500	150
3	500	300
4	450	50
5	150	50
6	250	50

〈표 5.3〉 최적경제급전(가스사용량 제약 고려)

시간구간	P_s	P_T
1	197.3	202.6
2	353.2	296.8
3	446.7	353.3
4	259.7	240.3
5	72.6	127.4
6	135.0	165.0

$0.8742\$/1,000ft^3$이며 최적스케줄은 〈표 5.3〉에 나타나 있다. 해에서 합성발전기의 연료비는 34,937.47$이다. 가스연소 발전기가 더 많이 사용되었으며 최적스케줄을 보면 하한값과 상한값에 부딪치지 않았다. 또한 총 연료비는

$$34,937.47\$ + 80,000\$ = 114,937.47\$$$

이며 가스연소 발전기의 스케줄을 적절히 조정함으로써 연료비를 절감하였다.

5.4 복잡한 의무지불 연료공급모델

5.4.1 경직된 한계와 여유변수

이 절은 의무지불 발전기의 경직된 한계를 고려한다. 한계(limit)는 다음 식과 같다.

$$P_{\mathrm{T}} \geq P_{\mathrm{Tmin}} \tag{5.09}$$

$$P_{\mathrm{T}} \leq P_{\mathrm{Tmax}} \tag{5.10}$$

위의 2개의 제약조건은 라그랑지안에 2개의 제약조건과 2개의 여유변수로써 추가될 수 있다(부록 3A 참조). 제약조건 함수는 다음 2개의 식이다.

$$\Psi_{1j} = P_{\mathrm{T}j} - P_{\mathrm{Tmax}} + S_{1j}^2 \tag{5.11}$$

$$\Psi_{2j} = P_{\mathrm{Tmin}} - P_{\mathrm{T}j} + S_{2j}^2 \tag{5.12}$$

여기에서 S_{1j}와 S_{2j}는 0을 포함한 어떤 실숫값을 취하는 여유변수이다.

새로운 라그랑지안은 다음 식

$$\mathcal{L}=\sum_{j=1}^{j_{max}} n_j \sum_{i=1}^{N} F_{ij}+\sum_{j=1}^{j_{max}} \lambda_j\left(P_{load_j}-\sum_{i=1}^{N} P_{ij}-P_{\mathrm{T}j}\right)+\gamma\left(\sum_{j=1}^{j_{max}} n_j q_{\mathrm{T}j}-q_{\mathrm{TOT}}\right)$$
$$+\sum_{j=1}^{j_{max}} \alpha_{1j}\left(P_{\mathrm{T}j}-P_{\mathrm{Tmax}}+S_{1j}^2\right)+\sum_{j=1}^{j_{max}} \alpha_{2j}\left(P_{\mathrm{Tmin}}-P_{\mathrm{T}j}+S_{2j}^2\right) \quad (5.13)$$

과 같이 된다. 여기에서 α_{1j}, α_{2j}는 라그랑지 승수이다. 여기에서 k번째 시간대에 대하여 일계편도함수를 구하면 다음 식과 같다.

$$\frac{\partial \mathcal{L}}{\partial P_{ik}}=0=n_k \frac{dF_{ik}}{dP_{ik}}-\lambda_2$$

$$\frac{\partial \mathcal{L}}{\partial P_{\mathrm{T}_k}}=-\lambda_2+\alpha_{1k}-\alpha_{2k}+\gamma n_k \frac{dq_{\mathrm{T}_k}}{dP_{\mathrm{T}_k}} \quad (5.14)$$

$$\frac{\partial \mathcal{L}}{\partial S_{1k}}=0=2\alpha_{1k}S_{1k}$$

$$\frac{\partial \mathcal{L}}{\partial S_{2k}}=0=2\alpha_{2k}S_{2k}$$

부록 3A에서 나타낸 것처럼 제약을 받는 변수(여기에서는 P_{T_k})가 범위 안에 존재한다면 새로운 라그랑지 승수 α_{1j}과 α_{2j}는 0이며 S_{1k}과 S_{2k}는 0이 아니다.

변수의 값이 하한과 상한의 경계에 부딪쳤다면 S_{1k} 또는 S_{2k}는 0으로 되며 이와 관련한 라그랑지 승수는 0이 아닌 값을 갖는다.

어떤 시간구간 k에 있어서 $P_{\mathrm{T}k}=P_{max}$이면 $S_{1k}=0$이며 $\alpha_{1k}\neq 0$이다. 그러므로

$$-\lambda_k+\alpha_{1k}+\gamma n_k \frac{dq_{\mathrm{T}_k}}{dP_{\mathrm{T}_k}}=0 \quad (5.15)$$

이며 만약

$$\lambda_k > \gamma n_k \frac{dq_{\mathrm{T}_k}}{dP_{\mathrm{T}_k}}$$

이라면 α_{1k}는 식 5.15의 등식이 만족되기 위한 충분한 값을 취할 것이다.

예제 5B P_{T}의 최대출력이 300MW로 축소된 경우에 대하여 예제 5A를 풀어 본다. 예제 5A의 최적스케줄은 세 번째 시간대에 있어서 $P_{\mathrm{T}} = 353.3$MW이었다. 최대출력이 300MW로 축소되면 $40 \times 10^3 ft^3$의 가스소비량의 제약조건을 만족시키기 위하여 각 시간대에 있어서 가스터빈 발전기가 연료를 더 많이 연소하여야 한다.

〈표 5.4〉는 최적스케줄을 나타내며 $\gamma = 0.8063$이고 총비용은 122,984.43$ 이다.

〈표 5.4〉 P_{Tmax}가 300MW인 경우의 최적스케줄

전체 시간대	P_{ij}	$P_{\mathrm{T}j}$	λ_j	$\gamma_{nj} \frac{\partial q_{\mathrm{T}k}}{\partial P_{\mathrm{T}j}}$	α_{1j}
1	183.4	216.6	5.54	5.54	0
2	350.0	300.0	5.94	5.86	0.08
3	500.0	300.0	6.3	5.86	0.44
4	245.4	254.6	5.69	5.69	0
5	59.5	140.5	5.24	5.24	0
6	121.4	178.6	5.39	5.39	0

5.5 선형계획법을 이용한 연료사용스케줄 문제

〈그림 5.4〉는 전기가 원연료의 공급자로부터 개별 소비자에게 공급되는 전달시스템과 이를 구성하는 연결고리의 요소들을 보여 준다. 연결고리의 기본 요소는 다음과 같다.

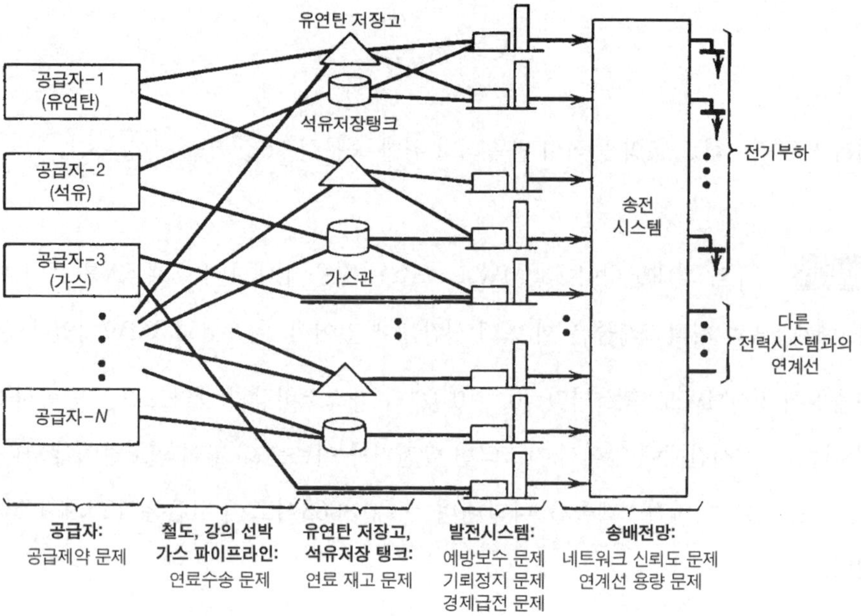

〈그림 5.4〉 에너지 공급체인

공급자: 연료를 확보하기 위하여 전력회사가 계약을 협상해야 하는 석탄공급회사, 유류공급회사, 가스회사 등을 나타낸다. 계약이라는 것은 일반적으로 장기간(1~20년)을 기준으로 작성되며 지정된 기간 동안의 공급연료 최소량 및 최대량과 같은 조항을 포함한다. 시간의 단위는 1년, 1개월, 1주일, 하루 또는 짧게는 몇 분일 수도 있다. 가격은 계약 규정에 따라 재협상에 의하여 변동될 수 있다.

운송: 철도, 단위 화물 칸(unit train), 해상 또는 강의 운송선박, 가스수송 파이프라인 회사 등이 있으며, 모두 연료운송스케줄에 대한 문제점을 갖고 있다.

재고(저장): 석탄저장고, 유류저장탱크, 지하 가스저장설비 등이 있으며, 전력수요가 예측한 것보다 높아지거나 공급자 또는 운송회사가 연료를 공급하지 못하여 연료 부족이 발생할 것에 대비하여 재고를 일정 수준으로 유지한다. 가격변동은 얼마의 재고가 남을 때 얼마의 물량을 추가할 것인가 또는 뺄 것인가에 대한 의사결정을 복잡하게 만든다.

시스템의 기타 부분(발전, 송전, 부하) 등은 다른 장에서 다룬다.

대규모 연료사용스케줄 문제를 푸는 데 있어서 가장 유용한 도구는 선형계획법이다. 만약 독자가 선형계획법에 대하여 친숙하지 않다면 부록 3B에서 설명한 내용을 참조하면 된다.

선형계획법이라는 것은 변수가 선형의 제약조건을 갖고 있는 선형목적함수를 최소화하는 최적화 절차이다. 이러한 제약으로 인하여 목적함수 또는 제약조건이 비선형인 경우에는 선형이나 구간별 선형함수로 변형하여야 한다.

연료사용스케줄 문제를 선형계획법으로 풀기 위해서는 〈그림 5.2〉와 앞 장에서 설명한 것과 같이 전체 시간구간을 이산형의 시간대로 나누어야 한다. 그러면 선형계획법의 해법은 선형 또는 구간별 선형목적함수를 갖게 되며 각각은 시간구간별로 하나 이상의 변수를 갖는 형태의 문제가 된다. 이때 몇 개의 제약조건은 각 시간대별로 구성되는 변수의 선형함수이고 다른 제약조건은 하나 이상의 시간구간에 걸치는 제약조건이다. 연료사용스케줄 문제를 선형계획법을 이용해 정식화하는 과정을 설명하기 위한 가장 좋은 방법은 예제를 들어 설명하는 것이다.

예제 5C 3주간 운전해야 하는 유연탄연소 발전기가 2개 존재하고, 2개의 발전기가 생산하는 출력으로 다음과 같은 수요를 공급한다고 가정한다(이때, 수요는 1주일 동안에 변하지 않는다고 가정한다).

주	수요(MW)
1	1,200
2	1,500
3	800

2개의 발전기는 하나의 석탄 공급회사로부터 1주일마다 40,000톤의 연료를 공급받으며, 발전소는 3주일 동안 초기에 기존의 재고물량을 갖고 있다. 풀어야 할 문제는 다음과 같다:

1. 각 발전기는 매주 어떻게 운전되어야 하는가?

2. 매주 석탄은 어떻게 수송되어야 하는가?

이 예제를 위한 자료는 아래와 같다:

석탄: 열량 = 11,500Btu/파운드 = 23MBtu/t (1t = 2,000파운드)

석탄의 총 배달물량이 40,000톤으로 충분하다면 발전소에 배달되거나 나누어서 각 발전기에 배달될 수 있다. 석탄가격은 30$/t 또는 1.3$/MBtu 이다.

재고물량: 발전소-1 초기 재고는 70,000톤이며 최종 재고에는 제한이 없다.
발전소-2 초기 재고는 70,000톤이며 최종 재고에는 제한이 없다.

2개의 발전소의 최대저장용량은 각각 200,000톤이다.

발전기: 입력-출력함수는 각 발전기별로 선형함수로 근사화한다.

$$H_1(P_1) = 380.0 + 8.267P_1$$

$$H_2(P_2) = 583.3 + 8.167P_2$$

발전기	최소출력(MW)	최대출력(MW)	최소출력에서 열소비량 (MBtu/h)	최대출력에서 열소비량 (MBtu/h)
1	150	600	1,620	5,340
2	400	1,000	3,850	8,750

발전기별 비용곡선은

$$F_1(P_1) = 1.3\$/\text{MBtu} \times H_1(P_1) = 495.65 + 10.78P_1(\$/\text{h})$$

$$F_2(P_2) = 1.3\$/\text{MBtu} \times H_2(P_2) = 760.8 + 10.65P_2(\$/\text{h})$$

각 발전기의 석탄소비량 q(t/h)은

$$q_1(P_1) = \frac{1}{23}\left(\frac{t}{\text{MBtu}}\right) \times H_1(P_1) = 16.52 + 0.3594P_1 \text{ t/h}$$

$$q_2(P_2) = \frac{1}{23}\left(\frac{t}{\text{MBtu}}\right) \times H_2(P_2) = 25.36 + 0.3551P_2 \text{ t/h}$$

이다. 이 문제를 선형계획법에 의하여 풀기 위하여, 발전기는 각 주별로 고정출력으로 운전하고 석탄의 배달은 각 주의 초에 이루어진다고 가정한다. 그러므로 1주일을 하나의 시간대로 정하고 발전기의 비용함수와 석탄사용량의 함수는 168배를 하여 1주일의 단위로 변환한다. 그러면 다음 식이 성립한다.

$$F_1(P_1) = 83{,}269.2 + 1{,}811\,P_1 \text{ \$/week}$$

$$F_2(P_2) = 127{,}814.4 + 1{,}789\,P_2 \text{ \$/week} \tag{5.16}$$

$$q_1(P_1) = 2{,}775.4 + 60.4P_1 \text{ t/week}$$

$$q_2(P_2) = 4{,}260.5 + 59.7P_2 \text{ t/week}$$

지금부터 선형계획법으로 문제를 풀기 위하여 목적함수와 제약조건을 정의한다.

목적함수: 3주일 동안의 운용비를 최소화하는 것이다. 목적함수는

$$\text{최소화 } Z = F_1[P_1(1)] + F_2[P_2(1)] + F_1[P_1(2)] + F_2[P_2(2)] + F_1[P_1(3)] + F_2[P_2(3)] \tag{5.17}$$

이다. 여기에서 $P_i(j)$는 j번째 기간($j=1, 2, 3$) 동안의 발전기-i의 출력이다.

제약조건: 각 기간 동안 발전기의 출력의 합은 공급하여야 할 부하와 같아야 한다. 그러면 다음 식

$$P_1(1) + P_2(1) = 1{,}200$$

$$P_1(2) + P_2(2) = 1{,}500 \tag{5.18}$$

$$P_1(3) + P_2(3) = 800$$

이 성립한다. 이와 유사하게 발전기-1과 발전기-2에 공급된 석탄량의 합은 매주

40,000톤이 되어야 한다. 따라서 다음 식

$$
\begin{aligned}
D_1(1)+D_2(1)&=40,000\\
D_1(2)+D_2(2)&=40,000\\
D_1(3)+D_2(3)&=40,000
\end{aligned}
\tag{5.19}
$$

주초의 각 발전소의 석탄재고량과 수송될 석탄량에서 사용된 석탄량을 빼면 다음 주초의 석탄재고량이 될 것이다. 각 석탄저장고의 주초의 재고를 각각 V_1과 V_2라고 하면 석탄저장고의 재고에 대한 방정식의 조합은 다음 식

$$
\begin{aligned}
V_1(1)+D_1(1)-q_1(1)&=V_1(2)\\
V_2(1)+D_2(1)-q_2(1)&=V_2(2)\\
V_1(2)+D_1(2)-q_1(2)&=V_1(3)\\
V_2(2)+D_2(2)-q_2(2)&=V_2(3)\\
V_1(3)+D_1(3)-q_1(3)&=V_1(4)\\
V_2(3)+D_2(3)-q_2(3)&=V_2(4)
\end{aligned}
\tag{5.20}
$$

과 같으며 여기에서 $V_i(j)$는 j번째 주에서 석탄저장고-i의 저장량이다.

이 등식을 선형계획법으로 풀기 위하여 식 5.16의 $q_1(P_1)$과 $q_2(P_2)$를 식 5.20에 치환한다. 또한 모든 상수항을 등호의 오른쪽에 놓으며 변수에 관련한 항은 왼쪽에 놓는다. 이것은 선형계획법의 제약조건을 표준형(standard form)으로 구성하는 것이다. 그러면 다음 식

$$
\begin{aligned}
D_1(1)-60.4P_1(1)-V_1(2)&=2,775.4-V_1(1)\\
D_2(1)-59.7P_2(1)-V_2(2)&=4,260.5-V_2(1)\\
V_1(2)+D_1(2)-60.4P_1(2)-V_1(3)&=2,775.4\\
V_2(2)+D_2(2)-59.7P_2(2)-V_2(3)&=4,260.5\\
V_1(3)+D_1(3)-60.4P_1(3)-V_1(4)&=2,775.4
\end{aligned}
\tag{5.21}
$$

$$V_2(3) + D_2(3) - 59.7\,P_2(3) - V_2(4) = 4,260.5$$

과 같은 결과를 얻는다($V_1(1)$과 $V_2(1)$은 선형계획법을 시작할 때 지정해야 하는 상수이다).

식 5.18, 5.10, 그리고 5.21의 제약조건은 매트릭스 형태로 구성되며 이것은 〈그림 5.5〉에 나타나 있다. 각 변수의 하한과 상한의 값이 주어지며 상한과 하한에 관한 벡터를 직접 취급하는 선형계획법 프로그램이 사용된다고 가정한다.[1] 변수 $P_1(t)$와 $P_2(t)$는 발전기의 출력 상한과 하한에 상응하는 제약을 각각 갖는다. $D_1(t)$와 $D_2(t)$는 40,000과 0의 상한값과 하한값을 가지며 $V_1(t)$와 $V_2(t)$는 200,000과 0의 상한값과 하한값을 갖는다.

시간구간	V_1	D_1	P_1	V_2	D_2	P_2
1	70,000.0	0.0	200	70,000.0	40,000.0	1,000
2	55,144.6	0.0	500	46,093.5	40,000.0	1,000
3	22,169.2	19,013.5	150	22,079.0	20,986.5	650
4	29,347.3					

최적 비용=6,913,450.8$

해: 이 문제를 푸는 데 있어서 변수의 하한과 상한을 직접 다루는 선형계획법 프로그램을 사용하였다. 첫 번째 문제는 첫 번째 주의 초에 석탄저장량을 다음

$$V_1(1) = 70,000\text{t}$$

$$V_2(1) = 70,000\text{t}$$

과 같이 지정하였다.

1) 역자 주: 변수의 상한과 하한을 제약조건식에 넣으면 매트릭스가 너무 커지므로 심플렉스 알고리즘의 내부에서 변수의 하한과 상한을 직접 고려하여 기저변수의 크기를 결정한다. 그러므로 매트릭스의 크기를 작게 할 수 있다.

변수	D1(1)	P1(1)	D2(1)	P2(1)	V1(2)	D1(2)	P1(2)	V2(2)	D2(2)	P2(2)	V1(3)	D1(3)	P1(3)	V2(3)	D2(3)	P2(3)	V1(4)	V2(4)	
LP 변수	X_1	X_2	X_3	X_4	X_5	X_6	X_7	X_8	X_9	X_{10}	X_{11}	X_{12}	X_{13}	X_{14}	X_{15}	X_{16}	X_{17}	X_{18}	제약된 발전기
제약조건식																			
1		1		1															1200
2	1		1																40000
3	1	− 60.4			−1														2775.4 − $V_1(1)$
4			1	−59.7				−1											4260.5 − $V_2(1)$
5							1			1									1500
6						1			1										40000
7					1	1	−60.4				−1								2775.4
8								1	1	−59.7				−1					4260.5
9													1			1			800
10												1			1				40000
11											1	1	−60.4				−1		2775.4
12														1	1	−59.7		−1	4260.5
변수의 하한	0	150	0	400	0	0	150	0	0	400	0	0	150	0	0	400	0	0	
	40000	600	40000	1000	200000	40000	600	200000	40000	1000	200000	40000	600	200000	40000	1000	200000	200000	
	주-1				주-2						주-3						최종조건		

〈**그림 5.5**〉 예제 5C의 선형계획법 제약조건 매트릭스

이 경우에 있어서 발전소로 석탄을 운송하는 데 있어서 제약조건이 없으므로 가장 비용이 낮은 해를 얻는다. 발전기-2의 증분비용이 더 낮으므로 가능한 한 최대출력으로 운전된다. 또한 세 번째 주의 마지막에 석탄저장고의 저장량에 대한 제약이 없으므로 석탄운송은 급전에 영향이 없이 발전기-2에서 발전기-1로 이전될 수 있다.

다음의 케이스에 있어서는 의도적으로 발전기-2의 연료가 부족한 상태를 만들어서 해를 구하였다. 발전기-2의 초기 재고물량은 50,000톤으로 지정되었고 세 번째 주말에 발전기-2의 저장고의 저장량은 8,000톤 이상으로 유지되어야 한다는 조건이 부과되었다. 이것은 제약조건의 우변항의 네 번째 조건을 $-65{,}739.5$ $(=4{,}260.5-70{,}000)$에서 $-45{,}739.5(=4{,}260.5-50{,}000)$로 변경하고 $V_2(4)$(즉 변수 X_{18})에 8,000의 하한 제약조건을 부과하는 것이다. 이에 대한 해는 다음 표와 같다.

시간구간	V_1	D_1	P_1	V_2	D_2	P_2
1	70,000.0	0.0	200	50,000.0	40,000.0	1,000
2	55,144.6	0.0	500	26,093.5	40,000.0	1,000
3	22,169.2	0.0	300.5276	2,079.0	40,000.0	499.4724
4	1,241.9307			8,000.0		

최적 비용=6,916,762.4$

이 해를 보면 발전기-2는 석탄저장고의 주말 재고 수준에 관한 제약조건을 만족시키기 위하여 발전을 중지하여야 한다는 것을 알 수 있다. 이 케이스에 있어서 총비용을 최소화하기 위하여 모든 석탄을 수송하여야 한다는 것을 알 수 있다.

최종 케이스는 석탄수송과 발전기의 경제급전의 상호관계를 보여 준다. 이 경우에 초기 석탄재고는 10,000톤과 150,000톤으로 각각 지정되었다. 또한 3번째 주의 말에 있어서 발전기-1의 석탄재고를 최소 30,000톤으로 하는 제약이 적용되었다.

3주 동안 2개 발전기의 가장 경제적인 급전스케줄을 세우기 위하여 2개의 발전기가 충분한 석탄을 확보할 수 있도록 조정한다. 이러한 스케줄은 우변항의 세 번째와 네 번째 제약조건을 $-7{,}224.6$과 $-145{,}739.5$로 각각 지정하고, $V_1(4)$(변수 X_{17})에 대하여 30,000의 하한을 지정하는 것이다. 최적해는 다음 표와 같다.

시간구간	V_1	D_1	P_1	V_2	D_2	P_2
1	10,000.0	4,855.4	200	150,000.0	35,144.6	1,000
2	0.0	40,000.0	500	121,184.1	0.0	1,000
3	7,024.6	40,000.0	150	57,223.6	0.0	650
4	35,181.2			14,158.1		

최적 비용= 6,913,450.8$

선형계획법은 석탄저장고에서 발전기로 공급되는 양의 제약을 만족시키면서 발전기-1에 대한 공급물량이 충분하도록 하고 가장 경제적인 급전을 할 수 있도록 하는 것이다. 실제로 발전기-1 석탄저장고의 재고가 바닥나는 경우는 발생하지 않아야 하며 이를 위해 물량에 대한 제약(즉 변수 X_5, X_8, X_{11}, X_{14}, X_{17}, 그리고 X_{18})을 지정하는 것이다.

위의 예제는 선형계획법을 이용하여 연료 재고관리 문제를 푸는 방법을 설명한 것이다. 수천 내지 수만 개의 제약조건과 이에 대등한 개수의 변수가 존재하는 대규모 문제를 풀 수 있는 중요한 요소는 선형계획법 컴퓨터 프로그램이 존재한다는 사실이다. 이러한 컴퓨터 프로그램을 사용함으로써 수년 동안에 걸친 정교한 연료사용스케줄 문제를 최적화할 수 있으며 이것이 전력회사의 연료관리에 관한 의사결정에 있어서 매우 중요한 요소이다.

5.6 수력-화력 조율문제-개관

수력발전기와 화력발전기가 동시에 존재하는 발전시스템의 운전조율은 화력발전기만 존재하는 발전시스템의 운용보다 더욱 복잡하다. 다시 말하면 수력발전기는 전기적으로 서로 결합되어 있고(즉 동일한 시스템부하에 대하여 전기를 공급하는 측면에서), 강의 유량에 있어서도 서로 연결되어 있어서 하나의 수력발전기에서 방류되는 물은 하류에 있는 수력발전기에 대한 유입량의 상당한 부분을 차지할 수도 있다.

세계에 존재하는 어느 수력발전소도 똑 같은 것은 존재하지 않는다. 모두 서로 다르다. 차이가 나는 이유는 유역에 관한 지리적인 차이, 인공저수지의 차이, 물의 흐름을 조절하는 데 관련한 방류규칙, 그리고 수력발전기의 운전에 있어서 수없이 많은, 서로 다른 자연의 제약조건, 또는 인위적인 제약조건이 존재하기 때문이다. 수력시스템은 거의 지류가 존재하지 않는 간단한 것(예를 들면 미국 동부의 코네티컷강)부터 강을 따라 직렬로 댐과 저수지가 존재하는 경우까지 있다. 강의 시스템은 수천만 평을 유역으로 가질 수도 있고, 여러 국가의 영토를 걸쳐 흐를 수도 있으며 수많은 지류와 복잡한 저수식 댐(예를 들면 미국 서부의 컬럼비아강의 유역)을 포함할 수도 있다.

저수지를 개발하는 데 있어서는 몇 개의 수위가 높은 댐을 설치하여 저수지 용량을 크게 할 수도 있다. 이에 비하여, 강을 개발할 경우 저수량이 적은 댐을 많이 건설하는 경우도 있다. 물을 방류할 경우, 의도적으로 산맥을 관통하는 장거리의 수로를 만들어 유역을 변경하거나 흐름을 다양하게 만들기도 한다(예: 호주의 Snowy Mountain 수력시스템). 유럽의 수력시스템에서는 보조 댐, 제어 댐, 갑문, 물을 펌핑하여 되돌리기 위한 별도의 시스템 등이 강에 설치되기도 한다.

그러나 수력발전기 운전의 조율문제를 다른 것과 다르게 특징짓는 하나의 측면은 개수가 많고 다양한 제약조건이 존재한다는 것이다. 대부분의 수력시스템에서는 전기를 생산하는 것은 홍수조절용, 또는 관개를 위한 계획방류 등에 비하여 부수적인 것이다. 저수지의 주변에 위락시설을 만들면 저수지 수위의 변동이 아주 작아야 한다는 제약조건이 생긴다. 항상 강의 선박운항을 위하여 방류는 적절하게 조절되어야 한다. 방류량을 갑자기 변경한다든가, 많은 양의 물을 갑자기 방류하게 되면 커다란 수파가 하류로 전달되어 치명적인 영향을 미칠 수도 있다. 물고기가 상류로 이동하기 위한 어도도 필요하다. 물의 방류는 국제조약을 따른다.
반복하면, 모든 수력시스템은 서로 다른 특성을 갖고 있다는 것이다.

5.6.1 장기 수력 스케줄

수력발전기 운전을 조정한다는 것은 물의 방류를 스케줄 작성하는 것이다. 장기 수력 스케줄은 미래의 장기간에 걸친 물의 사용가능량을 예측하고 저수지 용량을 감안하여 물의 방류를 계획하는 것이다.

장기계획이라는 것은 1주일에서 1년 또는 수년 동안에 대한 계획을 의미한다. 여러 계절에 걸쳐서 사용할 수 있는 물을 저장할 수 있는 저수지를 갖는 수력발전기에 대한 스케줄은 기상학 및 통계학을 이용한 자료분석을 필요로 한다.

장기보다 가까운 미래에 대한 유량의 유입에 대한 예측에는 눈이 녹아내리는 양에 대한 예측과 기상예측이 필요하다. 장기간에 걸친 방류스케줄을 수립하기 위하여 기본정책을 수립하여야 한다. 물을 사용하는 데 있어서 통계적 기대치(즉 평균치의 개념)에 의한 유량을 사용하거나 '최악 시나리오' 예측에 의한 유량 중 무엇을 사용할 것이냐 하는 것도 결정하여야 한다. 제일 첫째로 들 수 있는 것은 화력발전을 수력발전으로 대체함으로써 전력생산비용을 절감하는 것이다. 반면에, 만약 최악의 시나리오가 선택된다면 수력발전기 운전스케줄은 수위유지에 관한 제약조건을 위반하는 위험을 최소화하는 수준에서 수립될 것이다(예를 들어, 수위를 낮게 유지하면 선박이 운항하기 위한 충분한 유량이 없음). 아마도 그러한 계획은 최악의 시나리오에 따라 강우량이 부족해도 수력발전의 제약을 준수할 수 있도록 최대한으로 저수지에 물을 유보할 것이다.

장기 운전스케줄 수립은 전력수요, 물의 유입량, 그리고 발전기(수력 및 화력)의 사용가능성 등의 미지의 변수를 고려하여 최적정책을 구하는 것을 말한다. 이러한 변수들은 확률론적으로 처리되며 장기계획 수립은 통계학적 변수를 포함하는 최적화이다. 장기계획 수립을 위해 유용한 기법은 다음과 같다.

1. 동적계획법(DP): 주어진 조건 하에서 전 기간(예를 들면 1년)에 대한 운전스케줄을 수립하는 데에 사용함
2. 합성 수력발전기 시뮬레이션 모델

3. 확률론적 시스템 운용비 계산 모형

장기 수화력 조율스케줄 수립에 관한 문제와 해법은 이 책의 범위를 벗어나며, 다음으로는 단기 수력 스케줄에 대하여 설명한다.

5.6.2 단기 수력 스케줄

단기 수력 스케줄(하루부터 1주일 사이)은 주어진 기간 동안에 시스템 운용비를 최소화하기 위해 모든 발전기의 시간대별 운전스케줄을 작성하는 것을 포함한다. 이와 같은 스케줄 작성문제에 있어서 전력수요, 저수지의 유입량, 그리고 발전기의 사용 가능 여부가 알려져 있다고 가정한다. 초기조건(예를 들면 저수지 수위)은 주어진 것으로 하며 수력의 유량, 전력시스템의 제약을 고려하여 목적함수를 최소화하는 시간대별 최적스케줄을 찾는 것이다. 수력발전 관련 제약조건의 일부는 미리 수립한 장기 방류스케줄을 만족하기 위하여, 계획기간의 말기에 대한 조건을 만족하도록 하는 것도 포함한다.

5.7 수력발전기 모델

수력발전기의 운전에 관한 요구사항을 이해하기 위해서는 저장된 물의 위치에너지를 전기에너지로 전환하는 에너지변환의 특성뿐만 아니라 홍수조절, 선박운항, 어업, 위락시설, 용수공급, 그리고 저장된 물과 하천 등에 관련한 기타의 수요 등에 의해 발생하는 수력자원의 운선에 관한 세약사항을 이해하여야 한다. 저장된 물에서 얻을 수 있는 단위 부피(예를 들면 세제곱피트)당 에너지의 크기는 물의 무게(이 경우 62.4파운드)와 물이 떨어질 때의 낙차를 곱한 것이다. 1,000 ft^3의 물이 42.5 ft만큼 낙하하면 1kWh가 된다. 42.5 ft^3의 물이 1,000 ft만큼 낙하하면 1kWh가 된다.

〈그림 5.6〉에는 저수지와 수력발전기가 나타나 있다. 그림을 보면 저수지에서

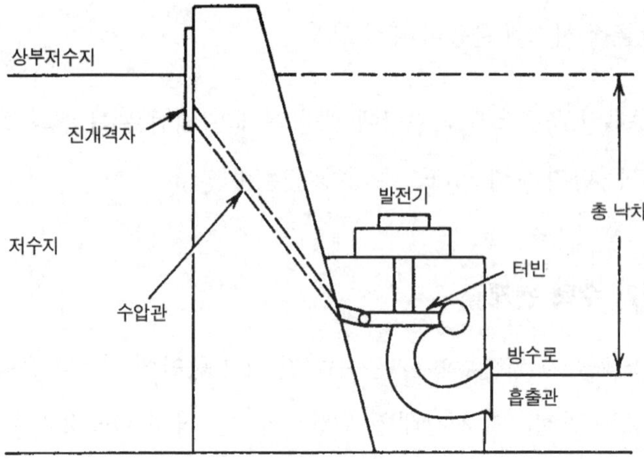

〈**그림 5.6**〉 수력발전기의 구성

취수구를 통과한 물은 수압관을 통과하고 입구변(inlet valve)을 지나 수차를 회전시킨 다음 흡출관을 통과하여 발전기의 출구에 있는 방수로로 나간다. 낙하하는 물이 낼 수 있는 출력은 물의 유량(ft^3/sec)과 순낙차를 반영한 전환계수를 곱한 것이다. 유량이 1 ft^3/sec이면 약 8.5kW의 출력에 해당된다. 만약 물의 유량에 의한 마찰손실이 5%(5피트의 손실낙차)라면 순낙차는 95피트이며 1 ft^3/sec의 흐름에 의한 출력은 약 8kW(8.5×95%)이다. 수차-발전기의 에너지 전환효율은 가장 효율적인 운전점에서 일반적으로 85~95%이므로 1 ft^3/sec의 물의 흐름이 생산하는 출력은 많아야 약 7kW이다.

〈그림 5.6〉의 수력발전기 그림으로 돌아간다. 수력발전소 프로젝트는 물을 가두어 두는 저수지, 수력발전소, 출구 터널, 그리고 하류 설비 등을 포함한다. 댐에 저장된 물을 사용하여 전기에너지로 전환하는 데 사용할 수 있는 에너지는 총낙차의 함수이다. 총낙차는 저수지 취수구의 수위에서 방수로의 수위를 뺀 것이다. 수차에 작용하는 낙차는 취수구, 수압관, 그리고 흡출관에서 발생하는 마찰손실 때문에 총낙차보다 약간 작다. 이것을 순낙차라고 말하며 총낙차에서 유손(flow loss, 낙차로써 나타냄)을 뺀 것이다. 저낙차(10~60피트), 또는 긴 압력관(수천 피트)의 경우, 수력발전기의 손실낙차는 출력에 영향을 많이 미친다. 방수로에서의 수위는 발전기의 방류

를 포함한 저수지에서 나오는 물의 흐름, 그리고 댐의 상부에서 흘리는 물, 또는 우회방수로를 경유하여 흐르는 물 등의 영향을 받는다. 봄에 물의 흐름이 많아지는 경우와 같은 홍수 상황에서, 방수로의 수위는 수력발전기의 출력 및 발전량에 악영향을 미친다.

수력발전기에서 사용되는 수차의 형식은 발전기의 설계에 따라 달라진다. 지금까지 대부분의 수력 프로젝트는 반동수차를 채택하고 있다. 가장 많이 상업용으로 사용되는 반동수차는 두 가지밖에 없다. 중간낙차(60~1,000피트)용으로는 프랜시스 수차가 거의 대부분 채택된다. 저낙차(10~60피트)에는 프로펠러 수차가 사용된다. 좀 더 현대적인 수차는 순낙차의 변동범위가 넓어도 높은 효율을 유지하기 위하여 가변날개 수차(카플란 수차)를 채택한다. 수차의 성능을 나타내는 효율은 수차의 입력 수문을 85%~90% 사이에서 열었을 경우의 수치를 말한다. 프랜시스 수차와 가변날개 카플란 수차는 정격낙차의 65~125%에서 운전되며 고정날개 프로펠러 수차는 90~110%의 낙차에서 운전된다.

수력발전기의 운전효율을 좌우하는 중요한 요소는 발전기출력이다. 발전기가 경부하 상태인 경우, 효율은 70% 이하(이 범위는 진동과 캐비테이션 현상 때문에 제한된다)로 떨어지며 최대출력에서는 85%까지 상승한다. 수력발전기를 효율적으로 사용하려면 최대효율에서 운전되도록 쪽문의 위치를 유지해야 하며 정격낙차에서 운전되도록 하여야 한다. 이것은 발전기의 출력과 취수구의 수위가 중요하다는 것을 의미한다. 발전기의 출력은 쪽문의 최대효율점에서 이루어지도록 하며 저수지 운영이 허락하는 한, 저수지로 유입하는 수량과 연계하여 수위를 되도록 높게 유지하여, 될 수 있으면 높은 낙차 아래에서 수차가 운전되도록 하여야 한다.

<그림 5.7>은 중낙차의 4개의 발전기가 설치된 남아메리카의 어떤 수력발전소의 발전기 성능을 보여 준다. 증분출수율은 에이커-피트/MWh로 나타낸다.[2)]

---

2) 에이커-피트는 물의 단위를 나타내는 일반적 단위이다. 이것은 1에이커의 면적에 1피트의 높이로 물이 덮는 것을 말한다($43.560 ft^3$). 이것은 우연하게도 24시간 동안 1세제곱피트의 물이 흐르는 양과 거의 같다. 1에이커-피트는 $1.2335 \times 10^3 m^3$이다.

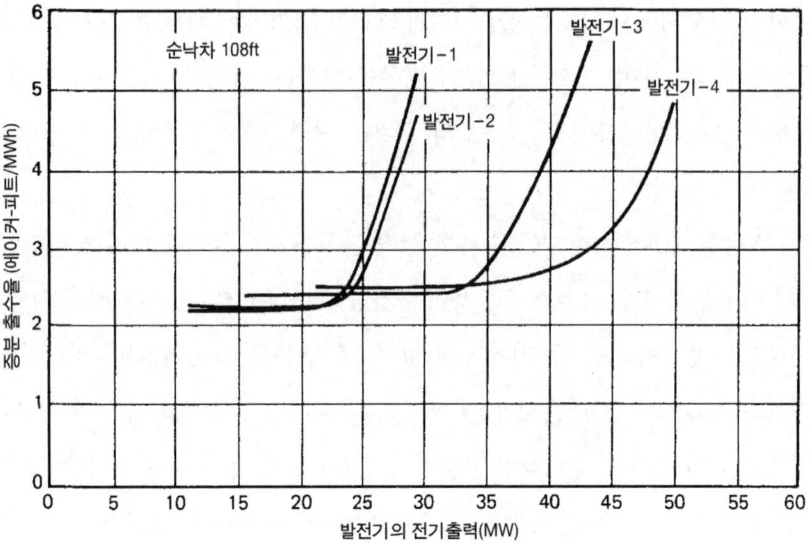

〈**그림 5.7**〉 증분출수율과 출력의 관계

출력을 한 단위 높일 때 증분출수율의 증가는 물의 흐름의 증가로 인한 수력손실 때문에 일어난다. 복수의 발전기로 구성된 수력발전소의 운전을 위한 합성곡선은 수력손실과 방수로 수위상승의 영향을 복합적으로 반영한다. 현재 발전소가 필요한 출력을 생산하기 위하여 몇 개의 발전기가 운전되는 것이 좋은가를 면밀하게 파악하여야 한다. 하나의 발전기가 최대효율점에서 운전하는 것이 2개의 발전기가 출력을 반씩 분납하여 발전하는 것보다 물의 사용량이 적어진다.

고낙차 발전기(낙차 1,000피트 이상)는 충동 수차 또는 펠턴 수차를 사용한다. 이러한 종류의 수차에서는 회전축의 외부에 위치한 하나 또는 2개 이상의 수류제트에 의하여 물이 숟가락처럼 생긴 수차날개에 부딪치도록 한다.

지금부터는 수차를 통과하는 물의 유량 q와 발전기출력 P(MW)의 관계를 나타내는 함수의 특성을 가정한다. 여기에서 q의 단위는 ft^3 또는 에이커-피트/h이다. 또한 어떤 수차가 사용되는가, 또는 저수지의 특성이 어떠한가에 대하여는 고려하지 않고 저수지의 수위와 저수량, 그리고 각종 물의 흐름에 대하여 관심을 갖는다.

5.8 스케줄 문제

5.8.1 스케줄 문제의 유형

수력발전시스템의 운용에 있어서는 세 종류의 문제점이 발생한다. 이것은 수력발전, 화력발전, 그리고 소비자부하 사이의 균형 문제에 의존한다.

화력발전기가 없는 시스템은 거의 존재하지 않는다. 화력발전기가 없는 시스템에서의 경제급전 문제는 수력발전에 관한 제약조건을 지키며 전력수요를 충족시키기 위하여 물의 방류를 결정하는 것이다. 몇 개의 수력발전기에 대하여 유사연료비를 지정함으로써, 수력과 화력이 존재하는 시스템의 운전스케줄을 위한 기법이 수력발전기만 존재하는 시스템에도 적용될 수 있다. 그러면 재래식 수화력발전기가 존재하는 시스템의 운용비를 최소화하는 기법에 의하여 발전스케줄을 수립할 수 있다. 수력발전만 존재하는 시스템에서의 스케줄은 수력시스템의 시뮬레이션을 하여, 가능한 한, 저수지의 수위를 높게 유지하도록 하는 수력 운전스케줄을 세우는 것이다. 지역이 광범위한 경우 시뮬레이션은 발전기 간에 물의 이동시간도 고려하여야 한다.

수력발전의 비중이 대단히 큰 수화력시스템의 운전스케줄은 화력발전시스템의 비용이 최소화되도록 계획하는 것이다. 이것은 에너지사용스케줄의 가장 기본적인 문제이다. 다음 절에는 예상되는 시스템수요를 만족시킬 만한 수력발전 에너지가 부족한 경우를 들어서 설명한다.

수화력 발전시스템은 수력과 화력의 비중이 비슷한 경우와 전체 발전설비 가운데 수력발전의 비중이 아주 작은 경우로 크게 두 종류로 나뉜다.

이러한 시스템에서는 여러 종류의 수력발전의 제약조건을 만족시키면서 화력발전시스템의 운용비를 최소화하도록 스케줄을 작성한다. 이 장에서 설명하는 내용은 이러한 종류의 시스템을 대상으로 한다.

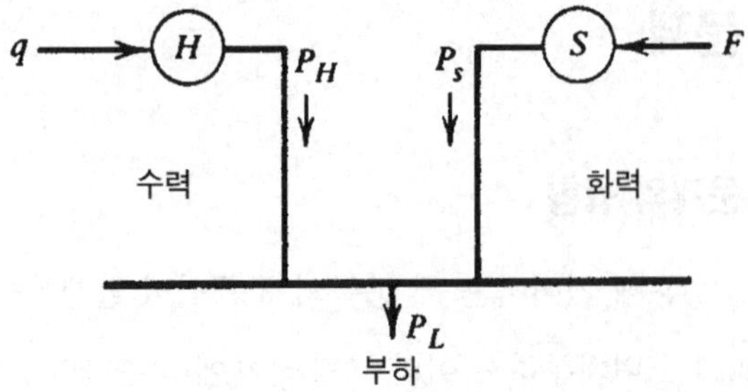

〈**그림 5.8**〉 2-기 수력발전시스템

5.8.2 에너지 사용 스케줄

〈그림 5.8〉에 나타난 것과 같이, 부하를 공급할 2개의 발전원이 있다고 가정한다. 수력발전기는 제한된 시간 동안만 부하를 공급할 수 있다. 다시 말하면, 어떤 주어진 시간대-j에 있어서 다음 식

$$P_{\mathrm{H}_j}^{max} \geq P_{\mathrm{load}_j} \quad j = 1, \cdots, j_{max} \tag{5.22}$$

을 만족한다. 그러나 수력발전기가 생산하는 전력은 부하를 만족시키기에 충분하지 않으며 다음 식

$$\sum_{j=1}^{j_{max}} P_{\mathrm{H}_j} n_j \leq \sum_{j=1}^{j_{max}} P_{\mathrm{load}_j} n_j, \;\; n_j = \text{시간대-}j\text{의 시간의 수} \tag{5.23}$$

$$\sum_{j=1}^{j_{max}} n_j = T_{max} = \text{전체 구간의 시간의 수}$$

과 같다. 화력발전시스템의 운용비를 최소화하도록 수력발전기가 생산하는 에너지를 모두 사용하는 것이 스케줄링의 목적이다. 화력발전기가 생산하여야 하는 에너지는 다음 식

$$\underbrace{\sum_{j=1}^{j_{max}} P_{\mathrm{load_j}} n_j}_{\text{부하}} - \underbrace{\sum_{j=1}^{j_{max}} P_{\mathrm{H_j}} n_j}_{\text{수력에너지}} = \underbrace{E}_{\text{화력에너지}} \tag{5.24}$$

의 값이다. 여기에서는 화력발전기가 전체 기간(T_{max}) 동안 운전하도록 지정하지 않는다. 그러므로 다음 조건식

$$\sum_{j=1}^{Ns} P_{sj} n_j = E, \ N_s = \text{화력발전기가 운전되는 시간대의 개수} \tag{5.25}$$

을 지정한다. 그러면 다음 식

$$\sum_{j=1}^{Ns} n_j \le T_{\max}$$

이 성립하며 스케줄 문제는 다음 식

$$\text{최소화 } F_{\mathrm{T}} = \sum_{j=1}^{Ns} F(P_{sj}) n_j \tag{5.26}$$

$$\text{제약조건 } \sum_{j=1}^{Ns} P_{sj} n_j - E = 0 \tag{5.27}$$

이며 라그랑지 함수는 다음 식

$$\mathcal{L} = \sum_{j=1}^{Ns} F(P_{sj}) n_j + \alpha \left(E - \sum_{j=1}^{N_s} P_{sj} n_j \right) \tag{5.28}$$

과 같이 된다. 그러면 다음 식

$$\frac{\partial \mathcal{L}}{\partial P_{sj}} = \frac{dF(P_{sj})}{dP_{sj}} - \alpha = 0, \ j = 1, \cdots, Ns \tag{5.29}$$

또는

$$\frac{dF(P_{sj})}{dP_{sj}} = \alpha, \ j = 1, \cdots, Ns$$

이 성립한다. 위의 식에 의하면 화력발전기는 일정한 증분비용을 갖는 출력에서 전체 기간 동안에 운전되어야 한다는 것을 알 수 있다. 화력발전기가 운전되는 시간대 전체에 걸쳐 동일한 값을 갖는 화력발전기출력의 최적값을 P_s^*라고 한다. 이

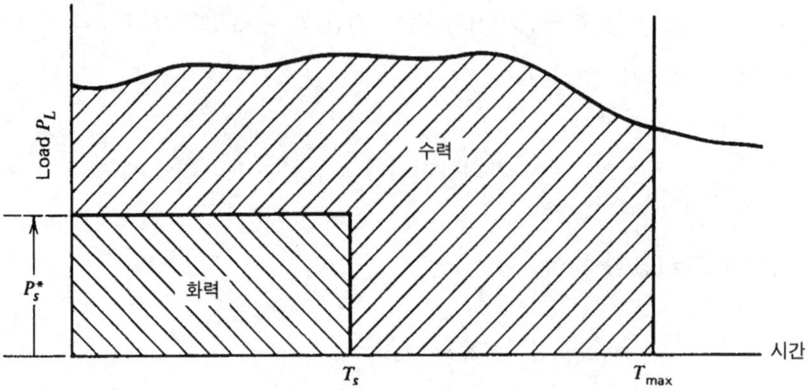

〈**그림 5.9**〉 결과적인 수화력 운전스케줄

러한 형태의 스케줄이 〈그림 5.9〉에 나타나 있다.

전체 기간에 대한 비용은 다음 식

$$F_T = \sum_{j=1}^{Ns} F(P_s^*) n_j = F(P_s^*) \sum_{j=1}^{N_j} n_j = F(P_s^*) T_s \tag{5.30}$$

여기에서

$$T_s = \sum_{j=1}^{Ns} n_j = \text{화력발전기의 총 운전시간}$$

과 같다. 화력발전시스템의 비용을 다음 식

$$F(P_s) = A + BP_s + CP_s^2 \tag{5.31}$$

과 같이 나타낸다면 다음 식

$$F_{\mathrm{T}} = (A + BP_s^* + CP_s^{*2}) T_s \tag{5.32}$$

이 성립하고 다음 식

$$\sum_{j=1}^{N_j} P_{sj} n_j = \sum_{j=1}^{N_j} P_s^* n_j = P_s^* T_s = E \tag{5.33}$$

을 확인한다. 그러면 다음 식

$$T = \frac{E}{P_s^*} \tag{5.34}$$

과 다음 식

$$F_{\mathrm{T}} = (A + BP_s^* + CP_s^{*2})\left(\frac{E}{P_s^*}\right) \tag{5.35}$$

이 성립한다. 그러면 F_{T}를 최소화함으로써 다음 식

$$\frac{dF_{\mathrm{T}}}{dP_s^*} = \frac{-AE}{P_s^{*2}} + CE = 0 \tag{5.36}$$

또는

$$P_s^* = \sqrt{\frac{A}{C}} \tag{5.37}$$

에 의하여 F_{T}를 최소화하는 P_s^*의 값을 결정할 수 있으며 이것은 필요한 에너지 E를 공급하기 위하여 충분히 긴 시간 동안 최대효율을 내는 출력에서 발전기가 운전되어야 한다는 것을 의미한다. 만약 전체 기간에 대한 비용에 다음 식

$$F(P_s) = A + BP_s^* + CP_s^2 = f_c \times H(P_s) \tag{5.38}$$

여기에서 f_c는 연료비

이 성립한다면 열소비율은 다음 식

$$H(P_s) = \frac{1}{f_c}\left(\frac{A}{P_s} + B + CP_s\right) \tag{5.39}$$

과 같으며, 다음 식

$$\frac{d}{dP_s}\left[\frac{H(P_s)}{P_s}\right] = 0 = \frac{-A}{P_s^2} + C \tag{5.40}$$

에 의하여 최대효율이 발생하는(열소비율이 최소인) 출력이 결정되며 다음 식의 출력

$$P_s = \sqrt{\frac{A}{C}} = P_s^* \tag{5.41}$$

에서 최대효율이 발생한다.

예제 5D 하나의 수력발전기와 하나의 화력발전기가 90MW의 부하를 1주일(168시간) 동안 공급한다고 가정한다. 발전기의 특성은 다음과 같다.

수력발전기:

$q = 300 + 15P_{\text{H}}$ 에이커-피트/h

$0\text{MW} \le P_{\text{H}} \le 100\text{MW}$

화력발전기:

$H = 53.25 + 11.27P + 0.0213P_s^2$

$12.5\text{MW} \le P_s \le 50\text{MW}$

예제 5D-1 수력발전기의 발전량이 10,000MWh로 제한되어 있다고 가정한다. 그리고 화력발전기의 운전시간 T_s^*를 계산한다. 수요는 $90 \times 168 = 15,120$MWh이며 화력발전기는 5,120MWh를 생산하여야 한다.

화력발전기의 최대효율 운전점은 $\sqrt{53.25/0.0213} = 50\text{MW}$이다. 그러므로 화력발전기는 5,120/50 또는 102.4시간 동안 운전하여야 한다. 결과적으로, 화력발전기는 50MW 출력에서 운전하여야 하며 수력발전기는 처음 102.4시간 동안에 40MW의 출력으로 운전하여야 하며, 나머지 시간에는 90MW로 운전하여야 한다.

예제 5D-2 화력발전기의 에너지 제약량을 지정하는 대신에 수력발전소의 저수지에서 1주일 동안에 사용할 수 있는 물의 양에 제약이 있다고 가정한다. 최대 취수량이 250,000에이커-피트라고 한다면 화력발전기는 몇 시간 동안 운전하여야 하는가?

이 문제를 풀기 위하여 발전기의 q와 P의 관계식의 특성을 고려하여야 한다. 수력발전기가 90MW의 출력일 때와 40MW일 경우의 물의 흐름은 다르다. 이 경우에 다음과 같은 관계식

$$q_1 = [300 + 15(40)] \times T_s \text{ 에이커-피트}$$

$$q_2 = [300 + 15(90)] \times (168 - T_s) \text{ 에이커-피트}$$

$$q_1 + q_2 = 250{,}000 \text{ 에이커-피트}$$

이 성립하며 이것을 T_s에 관하여 풀면 36.27시간을 얻는다.

5.9 수력-화력 운전스케줄 문제

5.9.1 저수량의 제약을 갖는 수력 운전스케줄

좀 더 일반적이고 기본적으로 대상기간이 짧은 수화력 운전스케줄 문제는 화력발전시스템의 운전비를 최소화하기 위하여, 주어진 수량이 모두 사용되도록 하는 것이다. 〈그림 5.10〉을 이용하여 이 문제를 정의한다.

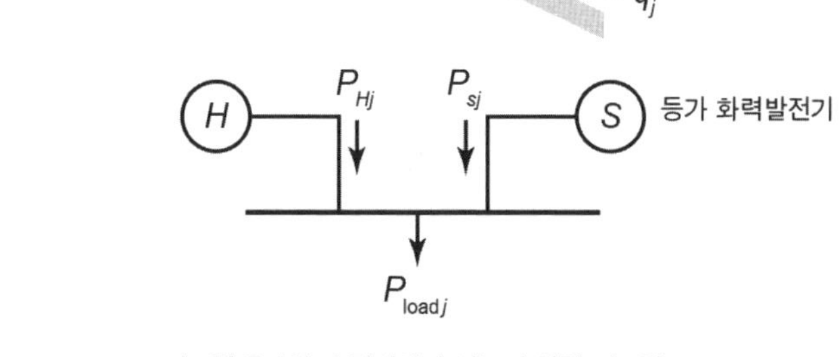

〈그림 5.10〉 수력제약이 있는 수화력 시스템

여기에서는 제3장에서처럼 화력발전기를 합성하여 하나의 등가발전기 P_s로 표현한 단기 수화력 운전스케줄 문제를 정의한다. 이 경우에, 하나의 수력발전기 P_{H}가 존재한다. 또한 수력발전기는 전체 기간 동안 모든 수요를 공급할 수 없으며 T_{max} 시간 동안에 사용될 수 있는 최대저수량이 존재한다고 가정한다.

이 문제와 다음에 나오는 예제를 정의하는 데 있어서 무효방류 s_j는 없다고 가정한다. 초기에 세우는 유일한 기타의 수력제약조건은 방류된 전체 수량이 정의된 것과 정확하게 같아야 한다는 것이다. 그러므로 수학적 수화력 운전스케줄 작성문제는 다음과 같다.

문제:

$$\text{최소화 } F_{\mathrm{T}} = \sum_{j=1}^{j_{max}} n_j F_j \tag{5.42}$$

제약조건

$$\sum_{j=1}^{j_{max}} n_j q_j = q_{\mathrm{TOT}} \text{ (총 방류량)}$$

$$P_{load_j} - P_{\mathrm{H}j} - P_{\mathrm{s}j} = 0,\ j = 1, \cdots, j_{max} \quad \text{수요와 총출력의 균형유지조건}$$

여기에서

$$n_j = \ j\text{-번째 구간의 시간 수}$$

$$\sum_{j=1}^{j_{max}} n_j = T_{max}$$

그리고 수요는 각 시간구간 동안 일정하다. 다른 제약조건은 다음 식

$$V_j\big|_{j=0} = V_s \qquad \text{초기 저수량}$$

$$V_j\big|_{j=j_{max}} = V_{\mathrm{E}} \qquad \text{말기 저수량}$$

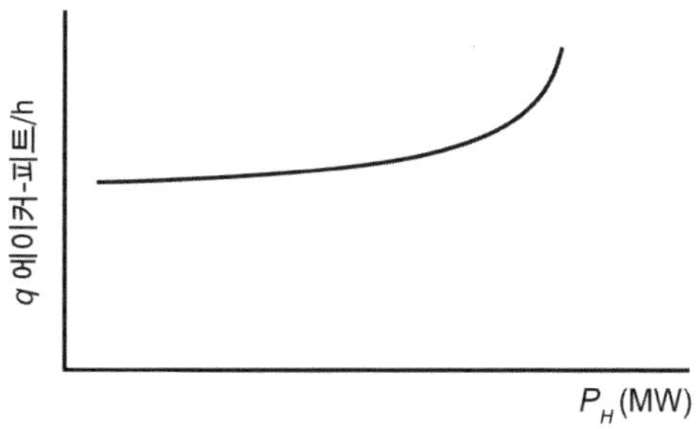

〈그림 5.11〉 일정 낙차에서 수력발전기의 입력-출력 특성

$q_{min} \leq q_j \leq q_{max}$ 물의 흐름의 제약($j=1, \cdots, j_{max}$ 에 대하여)

$q_j = Q_j$ 지정된 시간에서의 고정 방수량

과 같이 부가될 수 있다. 고정낙차 운전을 가정하고 〈그림 5.11〉에 나타난 q와 P의 관계식의 특성을 알고 있다고 가정하면 다음 식

$$q = q(P_{\mathrm{H}}) \tag{5.43}$$

이 성립한다. 그러면 여기에서는 의무지불 연료문제와 비슷한 문제를 갖는다. 라그랑지 함수는 다음 식

$$\mathcal{L} = \sum_{j=1}^{j_{max}} \left[n_j F(P_{sj}) + \lambda_j (P_{\mathrm{load}_j} - P_{\mathrm{H}j} - P_{sk}) \right] + \gamma \left[\sum_{j=1}^{j_{max}} n_j q_j (P_{\mathrm{H}j}) - q_{\mathrm{TOT}} \right] \tag{5.44}$$

과 같으며 어떤 특정한 구간 $j = k$ 에 대하여

$$\frac{\partial \mathcal{L}}{\partial P_{sk}} = 0$$

으로 놓으면 다음 식

$$\frac{n_k dF_{sk}}{dP_{sk}} = \lambda_k \tag{5.45}$$

을 얻으며, 다음 식

$$\frac{\partial \mathcal{L}}{\partial P_{\mathrm{H}k}} = 0$$

에 의하여 다음 식

$$\gamma n_k \frac{d_{q_k}}{dP_{\mathrm{H}k}} = \lambda_k \tag{5.46}$$

을 얻는다. 이 문제는 이 장의 앞에서 설명한 방법과 같이 하여 풀 수 있다.

이 문제에 대하여 송전손실 항을 추가한다고 가정한다. 그러면 매시간에 있어서 다음 식

$$P_{laod_j} + P_{loss_j} - P_{\mathrm{H}j} - P_{\mathrm{s}j} = 0 \tag{5.47}$$

이 성립하며 라그랑지 함수는 다음 식

$$\mathcal{L} = \sum_{j=1}^{j_{max}} \left[n_j F(P_{sj}) + \lambda_j (P_{load_j} + P_{loss_j} - P_{\mathrm{H}j} - P_{sj}) \right]$$

$$+ \gamma \left[\sum_{j=1}^{j_{max}} n_j q_j (P_{\mathrm{H}j}) - q_{\mathrm{TOT}} \right] \tag{5.48}$$

과 같이 되며 결과적인 조율방정식(시간 k)은 다음 식

$$n_k \frac{dF(P_{sk})}{dP_{sk}} + \lambda_k \frac{dP_{loosk}}{dP_{sk}} = \lambda_k \tag{5.49}$$

$$\gamma n_k \frac{dq(P_{\mathrm{H}k})}{dP_{\mathrm{H}k}} + \lambda_k \frac{dP_{lossk}}{dP_{\mathrm{H}k}} = \lambda_k \tag{5.50}$$

과 같다.

위의 식은 〈그림 5.12〉에 나타난 것처럼 3개의 루프를 요구하는 복잡한 스케줄 문제의 해를 제공한다. 이 해법의 절차에서 ε_1은 수요와 총출력의 균형에 대한 허용오차이고 ε_2는 방수량의 균형유지에 관한 허용오차이다.

여기에서 주목할 것은 이 문제는 사용수량과 시간대별 물의 방류율에 관한 제

약을 무시한다는 것이다. 결과적으로 발전기가 계획범위 안에서 운전되는 한 γ의 값은 전체 스케줄 기간에 있어서 상수를 유지할 것이다. 만약 제약조건(즉, $V_j = V_{max}$)에 부딪친다면 γ의 값은 변동할 것이다. 이것이 의미하는 것은 스케줄 수립 담당자가 이러한 제약을 받아들이고 γ를 조정하기 위하여 적절한 조치를 하여, 제약이 가해진 변수가 한계를 벗어나지 않도록 해야 한다는 것을 말한다.

예제 5E 다음에 주어진 하나의 수력발전기와 하나의 화력발전기가 부하를 공급한다.

등가 화력발전시스템:

$$H = 500 + 8.0P_s + 0.0016P_s^2 \quad (\text{MBtu/h})$$

연료비 = 1.15$/MBtu

$$150\text{MW} \le P_s \le 1{,}500\text{MW}$$

수력발전기:

$q = 330 + 4.97P_{\text{H}}$ 에이커-피트/h

$0\text{MW} \le P_{\text{H}} \le 1{,}000\text{MW}$

$q = 5{,}300 + 12(P_{\text{H}} - 1{,}000) + 0.05(P_{\text{H}} - 1{,}000)^2$ 에이커-피트/h

$1{,}000\text{MW} \le P_{\text{H}} \le 1{,}100\text{MW}$

수력발전기는 수요지에서 멀리 떨어져 있다고 가정한다. 이로 인한 손실은

$$P_{loss} = 0.0008P_{\text{H}}^2 \text{ MW}$$

이다. 공급해야 할 수요는 화력발전기에 가까운 곳에 접속되어 있으며 다음과 같은

$$24:00 \sim 12:00 = 1{,}200\text{MW}$$

$$12:00 \sim 24:00 = 1{,}500\text{MW}$$

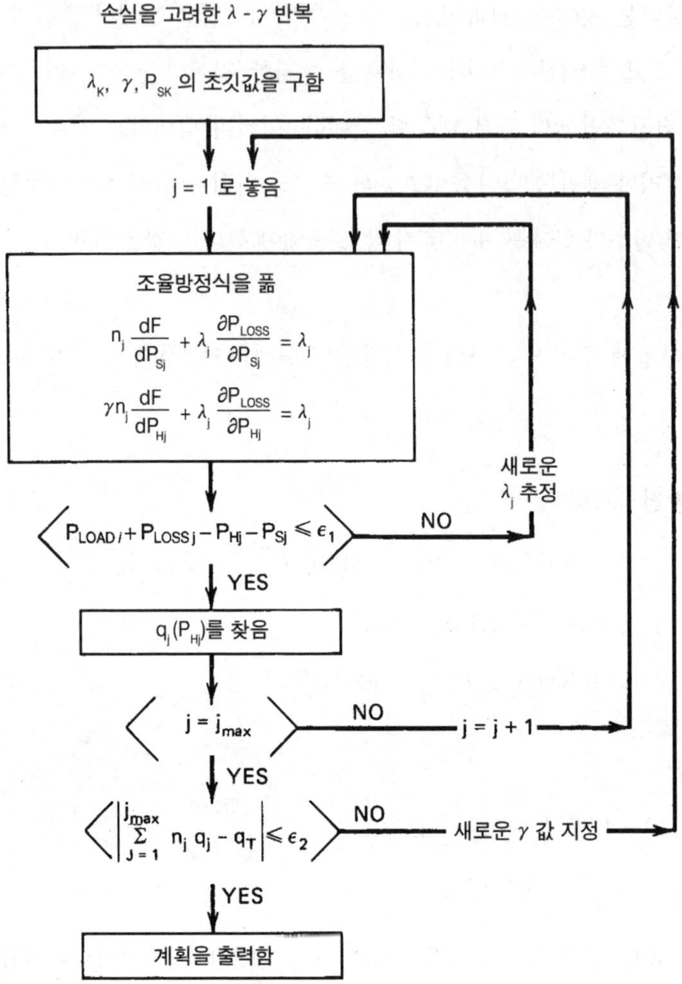

〈**그림 5.12**〉 수화력 운전스케줄 문제의 λ-γ 반복법

운전스케줄을 갖고 있다.

수력발전기의 저수지는 24시간 동안에 100,000에이커-피트의 수량을 사용하여야 한다는 제약이 있다. 그동안 저수지 유입량은 없는 것으로 한다. 〈그림 5.12〉의 알고리즘을 이용한 프로그램을 사용하여 최적스케줄을 작성하였으며 그 결과는 다음 표에 나타나 있다.

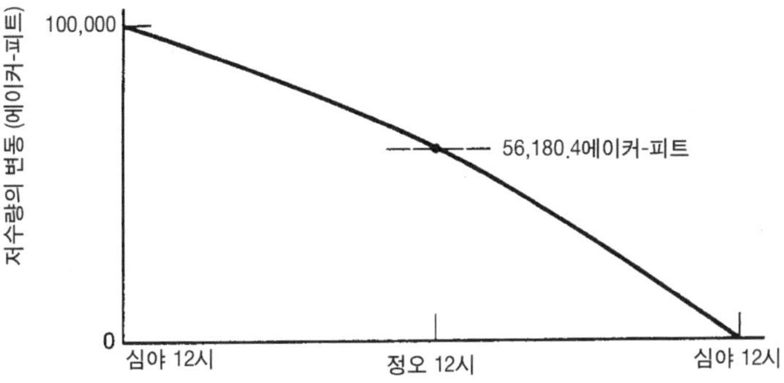

〈그림 5.13〉 예제 5E의 시간별 저수량의 변동

시간구간	화력 출력 P	수력 출력 P	수력 방수량(에이커-피트/h)
24:00~12:00	567.4	668.3	3,651.5
12:00~24:00	685.7	875.6	4,681.3

γ의 최적값은 2.028378\$/에이커-피트이다. 수력발전기 저수지의 저수량은 〈그림 5.13〉과 같이 낮아진다. 저수지로의 자연유입 및 무효방류는 없는 것으로 가정하였다.

5.9.2 직렬 수력발전(수력결합[hydrocoupling] 상황)

〈그림 5.14〉와 같이 3개의 저수지가 직렬로 연결된 수력시스템을 가정해 본다. 상부저수지에서 방류된 물은 시간지연 없이 바로 하류 저수지로 흘러간다고 가정한다. 수력 연속방정식은

$$V_{1j} = V_{1j-1} + (r_{1j} - s_{1j} - q_{1j})n_j$$

$$V_{2j} = V_{2j-1} + (q_{1j} + s_{1j} - s_{2j} - q_{2j})n_j$$

$$V_{3j} = V_{3j-1} + (q_{2j} + s_{2j} - s_{3j} - q_{3j})n_j$$

여기에서

$r_j =$ 유입량

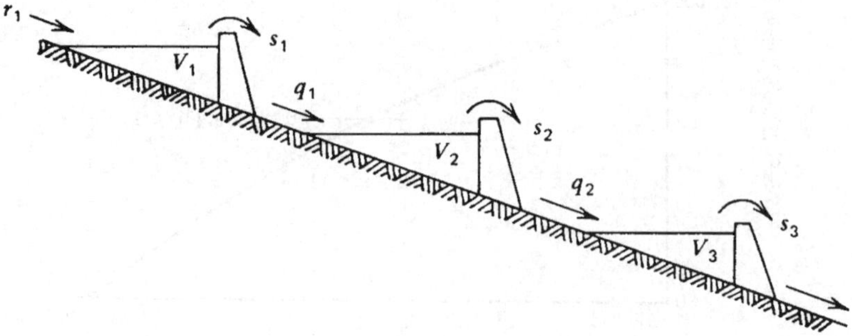

〈그림 5.14〉 직렬로 연결된 수력발전소

V_j= 저수지 저수량

s_j= 댐의 여수로를 통한 무효방류

q_j= 수력발전기 방류

n_j= 각 계획구간의 시간의 수

이다. 최소화하여야 할 목적함수는

$$\sum_{j=1}^{j_{max}} n_j F(P_{sj}) = \text{ 총비용} \tag{5.51}$$

이며 제약조건은

$$P_{load_j} - P_s - P_{\mathrm{H1}j} - P_{\mathrm{H2}j} - P_{\mathrm{H3}j} = 0$$

와 다음의 식

$$\begin{aligned} &V_{1j} - V_{1j-1} - (r_{1j} - s_{1j} - q_{1j})n_j = 0 \\ &V_{2j} - V_{2j-1} - (q_{1j} + s_{1j} - s_{2j} - q_{2j})n_j = 0 \\ &V_{3j} - V_{3j-1} - (q_{2j} + s_{2j} - s_{3j} - q_{3j})n_j = 0 \end{aligned} \tag{5.52}$$

이다. 식 5.52의 등식은 $j = 1, \cdots, j_{max}$ 에 대하여도 작용한다.

그러면 라그랑지 함수는 다음 식

$$
\begin{aligned}
\mathcal{L} = \sum_{j=1}^{j_{max}} \{ & [n_j F(P_{sj}) - \lambda_j (P_{loadj} - P_{sj} - P_{H1j} - P_{H2j} - P_{H3j})] \\
& + \gamma_{1j} [V_{1j} - V_{1j-1} - (r_{1j} - s_{1j} - q_{1j}) n_j] \\
& + \gamma_{2j} [V_{2j} - V_{2j-1} - (q_{1j} + s_{1j} - s_{2j} - q_{2j}) n_j] \\
& + \gamma_{3j} [V_{3j} - V_{3j-1} - (q_{2j} + s_{2j} - s_{3j} - q_{3j}) n_j] \}
\end{aligned}
$$

과 같이 나타난다. 저수지 저수량에 대한 제약조건, 말기 저수량 등에 대한 제약조건에 부딪쳤을 때에 KKT 조건이 작용하도록 하는 제약조건들을 추가할 수도 있었다.

여러 개의 수력발전기가 직렬로 연결된 시스템의 수력 운전스케줄을 수립하는 것은 대단히 어려운 과제이며 람다-감마 반복법 또는 그레이디언트법이 사용될 수 있으나 어느 것이든 최적해로 수렴하는 속도가 느리다. 이러한 이유 때문에 수화력 운전스케줄 문제를 푸는 데 있어서는 동적계획법(DP, 부록 5A) 또는 선형계획법(LP, 절 5.10)이 사용된다.

5.9.3 양수발전기

양수발전기는 연료비가 비싼 발전기가 이용되는 중부하 시간대의 연료비를 절약하기 위하여 수력에너지를 사용하고 부하가 낮은 시간대(연료비가 낮은 발전기가 운전되는 시간)에 물을 상부저수지에 펌핑하여 놓는 발전기이다. 이러한 발전기들은 개별로 설치된 펌프수차와 발전수차를 사용하였지만 근래에는 가역 펌프수차를 사용한다. 〈그림 5.15〉는 2개의 그래프를 사용하여 양수발전기의 운전을 설명한다. 첫 번째 그래프는 합성 화력발전기의 입력-출력 특성이며 두 번째 것은 부하의 주기이다.

양수발전기는 첨두부하 삭감운전으로 인한 화력발전기의 변동비가 양수발전기의 추가적 펌핑비용보다 낮아질 때까지 운전한다. 〈그림 5.15〉는 하루 단위의 주기적 운전을 나타낸다. 만약

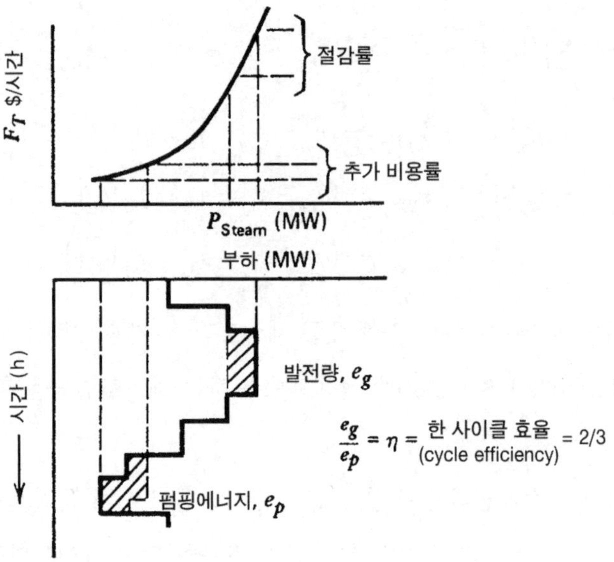

〈**그림 5.15**〉 화력발전기의 입력-출력 특성과 일간 부하곡선

$$\left.\begin{aligned} e_g &= \text{발전량}, & \text{MWh} \\ e_p &= \text{펌핑부하 사용량}, & \text{MWh} \end{aligned}\right\} \text{(동일한 물의 양에 대하여)}$$

이라고 하면 사이클(발전/펌핑) 효율[3]은

$$\eta = \frac{e_g}{e_p} \quad (\eta\text{는 일반적으로 0.67 근처})$$

이다. 양수발전기의 저수지는 저수량에 한계가 있으며 4~8시간 또는 10시간 정도 발전할 수 있는 물을 저장할 수 있다. 양수발전기는 주간 주기 또는 일간 주기로 운전된다. 1주일을 주기로 하여 운전할 경우에는 주의 첫째 날(미국에서는 월요일 아침)에 저수지가 만수위인 상황에서 운전을 개시하는 것으로 한다. 양수발전기는 1주일 동안 수요가 높은 시간대에 발전을 하면서 수요가 낮은 시간대 동안에는 펌핑을 하여 부분적으로 또는 완전히 상부저수지를 채운다.

흔히, 연계된 전력시스템에서는 협약을 통하여 다른 전력시스템의 수요가 낮

3) cycle efficiency

고 변동비가 낮을 때 전력을 구입하여 펌핑을 한다. 일부 전력시스템에서는 예비력 확보의 관점에서 매일 저수지를 채우기도 한다. 이런 경우에는 경제성은 신뢰도 유지보다 2차적인 문제이다.

5.9.3.1 람다–감마 반복법에 의한 양수발전기 운전스케줄

먼저 다음과 같은 내용을 가정한다.

1. 일정 낙차 수력발전기 운전
2. 입력–출력 곡선이 볼록곡선인 등가 화력발전시스템
3. 24시간에 대하여 1시간마다의 운전스케줄
4. 어떤 하나의 구간에서도 양수발전기는 펌핑 중, 발전 중, 또는 정지상태이다(정지 중이라는 것은 펌핑 또는 발전의 극한적 케이스이다).
5. 초기의 저수지 저수량과 말기의 저수량은 지정되어 있다.
6. 펌핑은 펌프수차의 용량 이내에서 연속적이다.
7. 펌핑용량 및 발전용량은 동일하다.
8. 사이클 효율은 η로서 상수라고 가정한다.

여기의 문제는 저수지 용량제약을 고려하지 않고 정식화한 것이며 일반 수력발전기와 같은 등식이 성립한다는 것을 보여 주기 위한 것이다. 〈그림 5.16〉은 물의 유량과 등가전력시스템을 나타낸다.

어떤 구간–j에 있어서 다음의 항목을 정의하였다.

$r_j =$ 유입률(에이커–피트/h)

$V_j =$ 구간 말의 저수량(에이커–피트)

$q_j =$ 발전할 경우의 방류율(에이커–피트/h)

$w_j =$ 펌핑할 경우의 펌핑률(에이커–피트/h)

그리고 하루를 2개의 구간

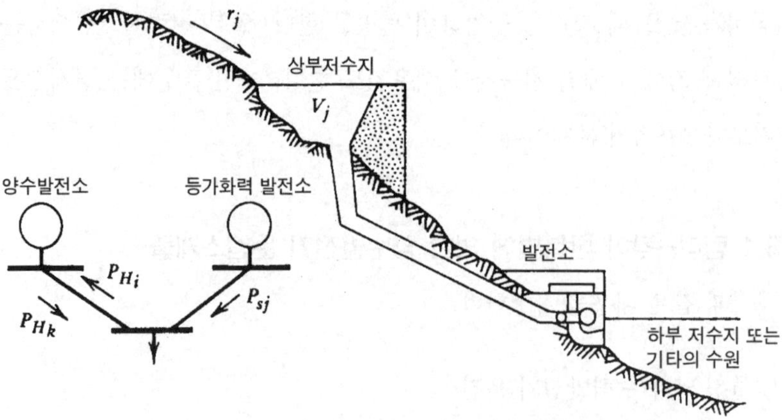

〈그림 5.16〉 양수발전소의 전력의 흐름과 물의 흐름

$$[k] = \text{발전구간}$$

$$[i] = \text{펌핑구간}$$

으로 나눈다. 저수지에 관한 제약조건은 계산과정에서 관찰되어야 한다.

초기와 말기의 저수량은

$$V_0 = V_s$$

$$V_{24} = V_e$$

이다. 스케줄의 문제는 하루에 있어서 제약조건을 관찰하면서 화력발전의 시간대별 비용의 합을 최소화하는 것이다. 하루의 총 연료비는 다음 식

$$F_{\mathrm{T}} = \sum_{j=1}^{24} F_j(P_{sj})$$

과 같으며 $n_j = 1$시간이므로 n_j는 위 식에서 누락되었다.

그리고 2개의 시간대 집합을 생각해 본다.

집합-1: $[k]$: **발전구간:** 전기적 제약과 수력의 제약은 다음 식

$$P_{loadk} + P_{lossk} - P_{sk} - P_{\mathrm{H}k} = 0$$

$$V_k - V_{k-1} - r_k + q_k = 0$$

과 같다. 이 제약식을 고려하여 발전하는 시간대(구간-k) 동안의 라그랑지 함수를 구성하면 다음 식

$$E_k = F_k + \lambda_k(P_{loadk} + P_{lossk} - P_{sk} - P_{\mathrm{H}k}) + \gamma_k(V_k - V_{k-1} - r_k + q_k) \quad (5.53)$$

과 같다.

집합-2: $[i]$: **펌핑구간:** 위의 방법과 유사하게, 특정한 펌핑구간 $-i$에 관하여 다음 식

$$P_{loadi} + P_{lossi} - P_{si} - P_{\mathrm{H}i} = 0$$
$$V_i - V_{i-1} - r_i + w_i = 0 \quad (5.54)$$
$$E_i = F_i + \lambda_i(P_{loadi} + P_{lossi} - P_{si} + P_{\mathrm{H}i}) + \gamma_i(V_i - V_{i-1} - r_i - q_i - w_i)$$

이 성립한다. 따라서 전체의 라그랑지 함수는 다음 식

$$E = \sum_{[k]} E_k + \sum_{[i]} + \varepsilon_s(V_0 - V_s) + \varepsilon_e(V_{24} - V_e) \quad (5.55)$$

과 같이 되며 여기에는 저수지의 말기조건이 추가되어 있다.

여기의 정식화에서, 펌핑이 행해지지 않는 시간에 대하여는 펌핑(또는 발전)구간이라고 간주하며 다음 식

$$P_{\mathrm{H}j} = P_{\mathrm{H}k} = 0$$

이 작용하는 구간으로 한다.

목적함수 $F_{\mathrm{T}} = \sum F_j$의 최솟값을 구하기 위하여 E에 관한 일계편도함수를 0으로 놓는다.

집합-1: $[k]$: **발전구간:**

$$\frac{\partial E}{\partial P_{sk}} = 0 = -\lambda_k \left[1 - \frac{\partial P_{loss}}{\partial P_{sk}}\right] + \frac{\partial F_k}{\partial P_{sk}}$$

$$\frac{\partial E}{\partial P_{\mathrm{H}k}} = 0 = -\lambda_k \left[1 - \frac{\partial P_{loss}}{\partial P_{\mathrm{H}k}}\right] + \gamma_k \frac{dq_k}{dP_{\mathrm{H}k}} \tag{5.56}$$

집합-2: $[k]$: **펌핑구간:**

$$\frac{\partial E}{\partial P_{si}} = 0 = -\lambda_i \left[1 - \frac{\partial P_{loss}}{\partial P_{si}}\right] + \frac{dF_i}{dP_{si}}$$

$$\frac{\partial E}{\partial P_{\mathrm{H}i}} = 0 = +\lambda_i \left[1 - \frac{\partial P_{loss}}{\partial P_{\mathrm{H}i}}\right] - \gamma_i \frac{dw_i}{dP_{\mathrm{H}i}} \tag{5.57}$$

$\frac{\partial E}{\partial V}$에 대하여 1시 또는 24시가 아닌, 하루 전체의 어떤 구간이라도 고려할 수 있다(예를 들면 ℓ번째 구간). 그러면

$$\frac{\partial E}{\partial V_\ell} = 0 = \gamma_\ell - \gamma_{\ell+1}$$

이며, $\ell = 0$와 $\ell = 24$에 대하여 다음 식

$$\frac{\partial E}{\partial V_0} = 0 = -\gamma_1 + \varepsilon_s \text{와} \quad \frac{\partial E}{\partial V_{24}} = 0 = \gamma_{24} + \varepsilon_e \tag{5.58}$$

이 성립한다. 여기에서 식 5.58을 보면 γ는 상수로 나타난다. 그러므로 양수발전기의 운전은 선택한 구간에 대하여 $\lambda - \gamma$ 반복기법으로 풀 수 있다. 이 계산과정에서 저수지 용량의 제약이 위반되는 것을 감시하거나 이 제약을 정식화에 포함시켜야 한다.

양수발전기의 운전스케줄 문제는 선형계획법을 이용하여 풀 수도 있다.

5.10 선형계획법을 이용한 수력발전기 운전스케줄 문제

대규모 수력발전시스템의 스케줄 문제를 풀기 위한 효율적인 방법은 선형계획법을 사용하는 것이다. 현대의 컴퓨터를 사용하여 선형계획법 컴퓨터 프로그램을 실행하는 것은 점차 효용성이 높아지고 있다. 이 절에서는 〈그림 5.10〉과 같이 하나의 저수지를 갖는 수력발전기와 하나의 화력발전기가 존재하는 시스템의 스케줄 문제를 선형계획법을 이용하여 정식화한다.

먼저 필요한 모델이 선형계획법에서 사용될 수 있는 선형모델로 어떻게 정식화되는가를 보인다. 변수의 표기는 아래와 같다.

$P_{sj}=$ 시간대-j에 있어서의 화력발전기의 순출력

$P_{\mathrm{H}j}=$ 시간대-j에 있어서의 수력발전기의 순출력

$q_j=$ 시간대-j에 있어서의 수차의 방수량

$s_j=$ 시간대-j에 있어서의 댐의 여수로를 통한 무효방류

$V_j=$ 시간대-j에 있어서의 저수지의 저수량

$r_j=$ 시간대-j에 있어서의 저수지의 유입량

$sf_k=$ 시간대-j에 있어서의 화력발전기의 구간별 선형비용함수의 기울기

$sh_k=$ 시간대-j에 있어서의 수력발전기의 방수량에 대한 수차의 구간별 선형 전기출력

$sd_k=$ 시간대-j에 있어서의 수력발전기의 선형 무효방수량의 함수

$P_{loadj}=$ 시간대-j에 있어서의 전기적 부하

화력발전기는 〈그림 5.17〉과 같이 구간별 선형비용함수, $F(P_j)$를 사용하여 정식화한다. 비용함수는 구간마다 출력 P_{sk}를 갖는 P_{sj1}, P_{sj2}, P_{sj3}의 3개의 선형구간으로 나타내며 P_{sk}는 k번째 구간이 시작되는 곳에서 0MW로 취급한다. 각 구간

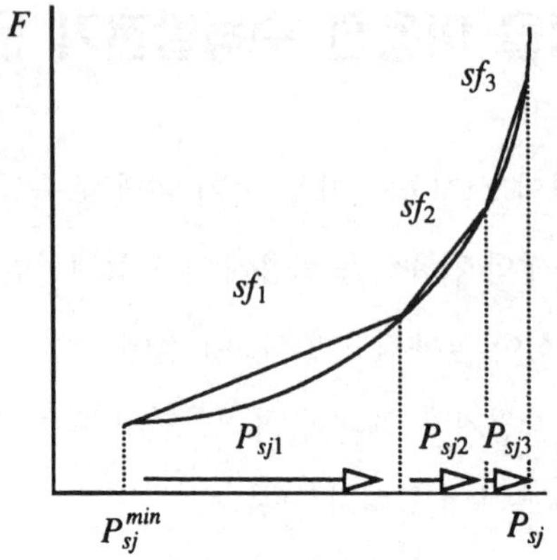

〈**그림 5.17**〉 화력발전기의 구간별 선형함수

은 sf_1, sf_2, sf_3의 기울기를 각각 가지며 비용함수는 다음 식

$$F(P_j) = F(P_s^{min}) + sf_1 P_{sj1} + sf_2 P_{sj2} + sf_3 P_{sj3} \tag{5.59}$$

과 같고 구간별 출력은 다음 식

$$0 < P_{sjk} < P_{sjk}^{max}, \ k = 1, 2, 3 \tag{5.60}$$

과 같다. 마지막으로 화력발전기출력은 다음 식

$$P_{sj} = P_s^{min} + P_{sj1} + P_{sj2} + P_{sj3} \tag{5.61}$$

과 같다. 수력발전기 수차의 방수량(에이커-피트/sec)과 순전기출력의 함수의 관계는 $P_{\rm H}(q)$로 정의하며 이것도 구간별 선형함수로서 나타낸다. 실제의 함수형태는 〈그림 5.18〉의 점선처럼 상당히 비선형이다. 수력발전기는 일반적으로 쪽문을 최대로 열어 놓은 상태에서 운전되기보다는 효율이 최대로 되는 쪽문의 위치에서 운전된다. 〈그림 5.18〉의 구간별 선형화 특성을 이용하여 발전기는 두 가지 상태의 어느 하나에서 운전되는 경향이 있다.

이 모델에서 순전기출력은 다음 식

$$P_{{\rm H}j} = sh_1 q_{j1} + sh_2 q_{j2} \tag{5.62}$$

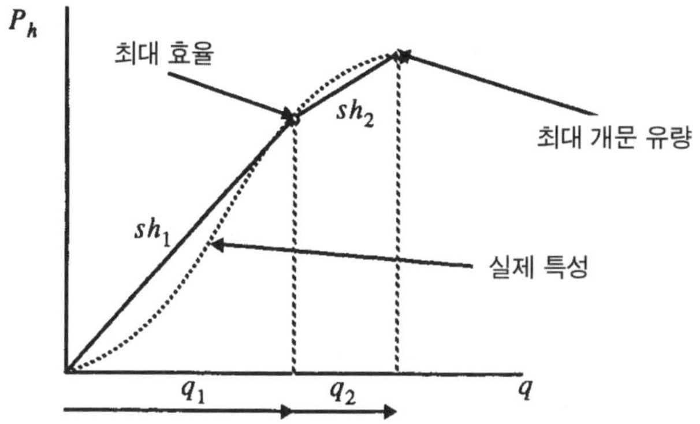

〈그림 5.18〉 수차의 특성

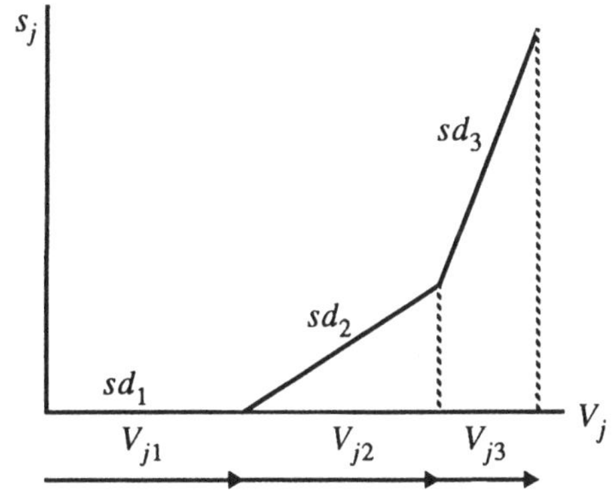

〈그림 5.19〉 무효방류 특성곡선

과 같이 선형 합계로 주어진다. 저수지의 여수로를 통한 무효방류는 저수량의 함수로 주어지며 저수지의 저수량이 주어진 한계보다 적다면 0으로 취급한다. 이것은 〈그림 5.19〉에서처럼 구간별 선형함수로써 정식화되며 첫 번째 저수량 구간의 저수량보다 저수량이 적다면 무효방류는 0이라는 제약조건을 둔다. 여기에서 무효방류량은 다음 식

$$s_j = sd_1 V_{j1} + sd_2 V_{j2} + sd_3 V_{j3} \tag{5.63}$$

으로 주어지며 구간별 저수량의 제약은 다음 식

$$0 \le V_{jk} \le V_{jk}^{max}, k=1,2,3 \tag{5.64}$$

으로 주어지며 저수지의 시간대-j의 저수량은 다음 식

$$V_j = V_{j1} + V_{j2} + V_{j3} \tag{5.65}$$

으로 나타난다.

수력 운전스케줄 문제를 선형계획법에 의하여 정식화하면 다음 식

$$\text{최소화} \sum_{j=1}^{j_{max}} F(P_j)$$

$$\text{제약조건 } V_j - V_{j-1} - (r_j - s_j - q_j) = 0,\ j = 1, \cdots, j_{max}$$

여기에서

$$P_{\mathrm{H}j} = P_{\mathrm{H}}(q_j)$$

$$s_j = s(V_j)$$

$$P_{sj} + P_{\mathrm{H}j} - P_{load\,j} = 0,\ j = 1, \cdots, j_{max}$$

과 같다. 여기의 이와 같이 간단한 수력 운전스케줄 문제는 다음과 같은 8개의 제약조건을 생성한다는 것을 주목해야 한다.

- 2개의 화력발전기에 관한 제약
- 2개의 수차에 관한 제약
- 2개의 무효방류에 관한 제약
- 1개의 저수량 연속성에 관한 제약
- 1개의 발전출력의 합과 시스템수요의 균형에 대한 제약

또한 각 시간구간마다 15개의 변수가 존재한다. 만약 1주일에 대하여 1시간 단위의 구간을 설정하여 선형계획법 프로그램을 실행한다면 변수가 2,520개이며, 1,344개의 제약조건을 수용해야 한다. 이것은 대단히 많아 보이지만 현대의 선형계

획법 프로그램으로 처리하는 데 있어서는 별 문제가 없다. 참고문헌-16은 10,000개의 제약조건과 35,000개의 변수를 갖는 수력 운전스케줄 문제를 풀이하는 것을 보고한 논문이다.

하나의 저수지로 여러 개의 강과 수로에서 유입되는 물이 있다면 추가적 변수가 많이 존재한다. 그럼에도 불구하고 선형계획법을 사용하면 문제를 쉽게 해결할 수 있다.

부록 5A: 수화력 운전스케줄 작성과 동적계획법

동적계획법은 수화력 운전스케줄 문제를 푸는 데 적용될 수 있다. 다수의 수력발전기가 수력학적으로 연결된 시스템의 해를 구하기 위하여 동적계획법을 사용하는 것은 상당히 어렵다. 여기에서는 하나의 수력발전기가 화력발전시스템과 같이 존재하는 경우에 동적계획법을 적용하여 문제를 푸는 것을 예시한다. 〈그림 5.20〉은 하나의 등가 화력발전기 p_S와 하나의 수력발전기 p_{H}가 하나의 부하 P_{L}를 공급하는 것을 보여 준다. 시간구간은 j로 나타내며 j는 1과 j_{max} 사이의 값을 갖는다.

그러면 다음과 같은 변수를 정의한다.

$r_j =$ 시간대-j에 있어서의 저수지의 순유입률

$V_j =$ 시간대-j의 말기에 있어서의 저수지의 저수량

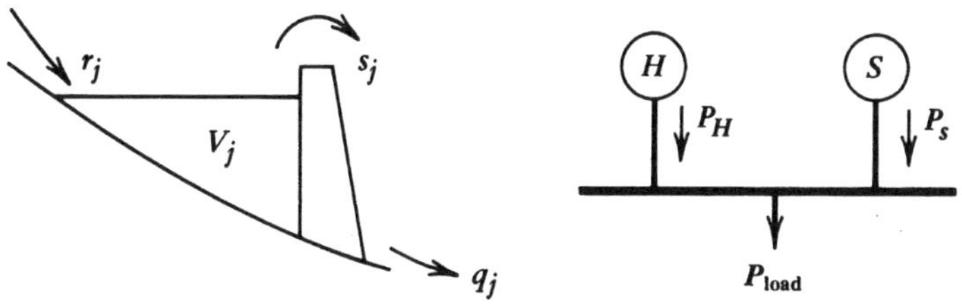

〈그림 5.20〉 동적계획법의 사용 예를 위한 수화력 시스템

$q_j =$ 시간대-j에 있어서의 수차의 출수율

$P_{Hj} =$ 시간대-j에 있어서의 수력발전기의 출력

$s_j =$ 시간대-j에 있어서의 댐의 여수로를 통한 무효방류율

$P_{sj} =$ 시간대-j에 있어서의 화력발전기의 출력

$P_{loadj} =$ 시간대-j에 있어서의 부하

$F_j =$ 시간대-j에 있어서의 화력발전기의 비용함수

초기의 저수량 V_0와 말기의 저수량 V_{jmax}가 구간의 부하처럼 주어졌다고 한다. 화력발전기는 전체 스케줄 기간 동안 운전되는 것으로 가정한다. 화력발전기의 입력-출력 특성은 다음 식

$$F_j = a + bP_{sj} + cP_{sj}^2 \ \$/\mathrm{h} \tag{5A.1}$$

과 같다. 수력발전기 출수율의 특성은 다음 식

$$\begin{aligned} q_j &= d + gP_{Hj} + hP_{Hj}^2, \ \text{에이커-피트/h}, \quad P_{Hj} > 0 \\ &= 0, \ (P_{Hj} = 0\text{에 대하여}) \end{aligned} \tag{5A.2}$$

과 같다. 계수 a부터 h까지는 상수이다. 출수율은 에이커-피트로 한다. 만약 구간-j의 시간의 수가 n_j이라면 저수량의 변동은 다음 식

$$V_j = V_{j-1} + n_j(r_j - q_j - s_j) \tag{5A.3}$$

과 같다. 무효방류는 허용하지 않는다(즉, $s_j = 0$).

만약 V_i 와 V_k가 서로 다른 저수량을 나타내며 다음 식

$$V_{j-1} = V_i$$

$$V_j = V_k$$

이 성립한다면, 구간-j에 해당하는 시간 동안에 수력발전기의 출수율은 다음 식

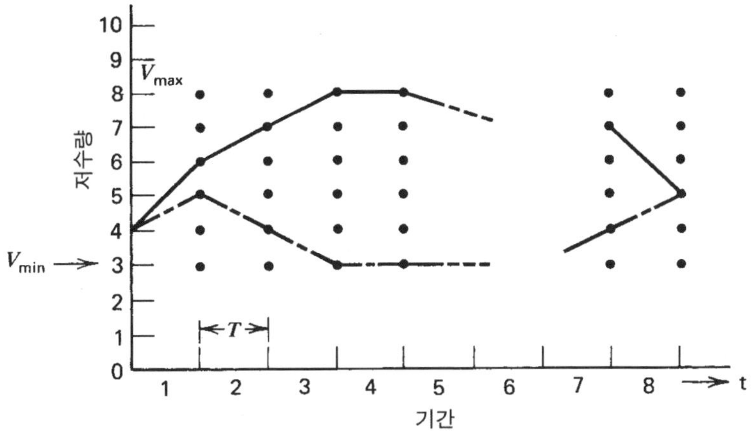

〈그림 5.21〉 수력발전기 운전의 궤적

$$q_j = \frac{(V_i - V_k)}{n_j} + r_j$$

으로 주어지며 $q_j > 0$이어야 하며 이것은 최대출수율 q_{max}보다 작아야 하며 또한 q_{max}는 수력발전기 최대출력에서의 출수율이다. 수력 운전스케줄 문제는 최소비용의 궤적(각 스테이지에서의 저수량)을 찾는 문제이다. 〈그림 5.21〉에 나타난 것처럼 여러 가지의 가능한 궤적이 존재할 수 있다.

동적계획법의 알고리즘은 비교적 단순하다. 다음의 변수를 정의한다.

$[i]=$ 시간대-j에 있어서의 저수지의 저수량의 스테이트

$[k]=$ 시간대-j의 말기에 있어서 스테이트

$TC_k(j)=$ 저수량의 스테이트 V_k에 대하여 계획기간 초기부터 시간대-j의 말까지의 총비용

$PC(i, j-1 : k, j)=$ 시간대-j에 있어서 초기 저수량 V_i에서 출발하여 말기 저수량 V_k에 도달하기 위한 비용

전진 동적계획법 알고리즘은

$$TC_k(0) = 0$$

$$TC_k(j) = \underset{[i]}{min}[TC_i(j-1) + P(i, j-1 : k, j)] \quad (5A.4)$$

과 같다. 위의 알고리즘을 실행하기 위하여 전력수요와 저수지의 자연유입량이 주어져야 한다. 수력발전기의 방류율은 초기의 저수량과 말기의 저수량에 의하여 고정되며 이에 따라 P_{H}와 P_i의 값이 각각 결정된다. 화력발전시스템의 운용비는 이에 따라 결정된다.

수력발전기의 운전의 한계 때문에 초기 저수량이 V_i인 스테이트에서 V_k의 조합에 있는 저수량의 스테이트에 도달하지 못하는 경우도 발생한다. 동적계획법에 포함시킬 수 있는 수력 관련 제약에는 많은 변형이 있을 수 있다. 예를 들면 어떤 시간구간에 있어서 어도에 물이 흐르도록 하기 위하여 또는 관개를 위한 농업용수를 공급하기 위하여 방류율이 고정되어야 할 수도 있다.

방류율은 출력의 크기를 결정하기 때문에 저수량을 스테이트의 내용을 나타내는 변수로 사용하면 각 시간구간에 결정되어야 하는 수력발전기출력수준은 제약을 받을 수 있다. 만약 가변낙차 수력발전기가 고려된다면, P_{H}의 값을 결정하기 위하여 평균낙차가 적용되어야 하기 때문에 문제가 대단히 복잡해질 수 있다. 그러나 이것은 쉽게 해결될 수 있다.

5A.1 동적계획법 예제

실제로 수치를 사용한 예를 들어 설명하는 것이 동적계획법의 응용을 일반적으로 소개하는 것보다 좋을 것이다. 〈그림 5.22〉와 같이 비용함수 $F = 700 + 4.8P_s + P_s^2/2{,}000$, (\$/h), $\dfrac{dF}{dP_s} = 4.8 + P_s/1{,}000$, \$/MWh의 증분비용함수, 그리고 $200\text{MW} \le P_s \le 1{,}200\text{MW}$의 제약조건을 갖는 화력발전기를 가정하며 수력발전기는 고정낙차이며 다음의 특성

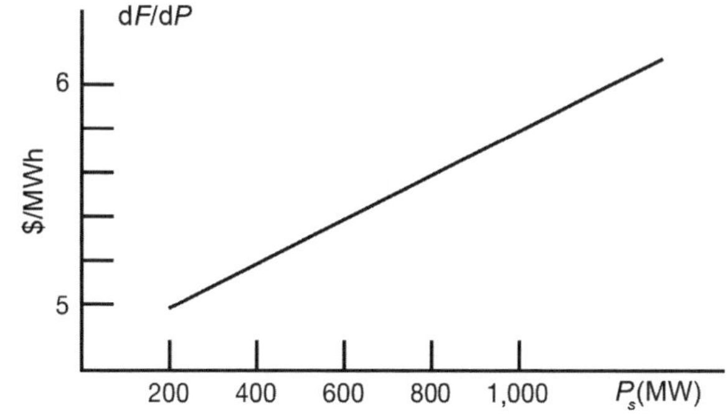

〈**그림 5.22**〉 화력발전기의 증분비용곡선

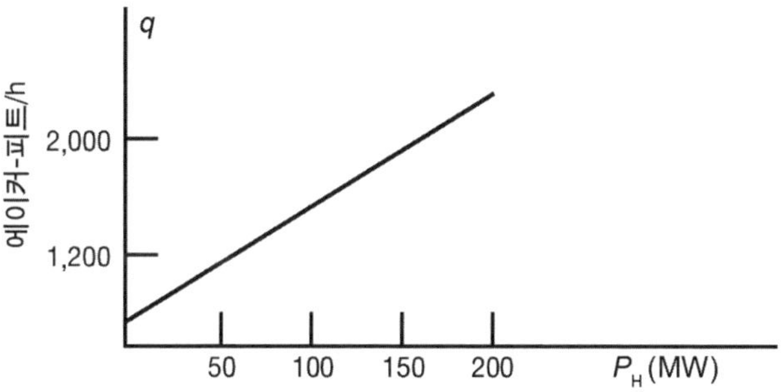

〈**그림 5.23**〉 수력발전기의 $q : P_{\mathrm{H}}$ 곡선

$$q = 260 + 10P_{\mathrm{H}},\ P_{\mathrm{H}} = 0\text{일 때,}$$

$$q = 0,\ P_{\mathrm{H}} = 0\text{일 때}$$

여기에서 P_{H}는 MW 단위이며, $0 \le P_{\mathrm{H}} \le 200$

을 갖는 것으로 한다. 방류율은 에이커-피트/sec이다. 여수로를 통한 무효방류는 없는 것으로 가정하며 초기 및 말기의 저수량은 10,000에이커-피트로 한다. 저수량의 하한은 6,000에이커-피트이며 상한은 18,000에이커-피트이다. 자연유입률은 1,000에이커-피트/h이다.

검토할 스케줄 문제는 하루 24시간에 대하여 4시간 간격의 시간구간$(n_j = 4)$으로 구분한다. 전력수요와 저수지 유입량은 다음 표와 같다.

시간구간	$P_{load\,j}$ (MW)	$r(j)$ (에이커-피트/h)
1	600	1,000
2	1,000	1,000
3	900	1,000
4	500	1,000
5	400	1,000
6	300	1,000

5A.1.1 절차

만약 이 문제가 실제 발생하는 스케줄 문제라면 시간구간과 저수량의 스테이트에 대하여 간격을 넓게 잡을 수도 있다. 처음에는 거칠게 스케줄을 수립한 다음에 최적 궤적 근처를 세분하여 세밀한 스케줄을 세울 수 있다. 이러한 케이스는 볼록함수 문제풀이에 적합하다. 여기의 예제에서는 시간구간을 4시간으로 하고 저수량의 스테이트를 2,000에이커-피트의 저수량 단위로 구성한다.

어느 시간구간에서도 수력발전기의 방류율은 다음의 식

$$q_j - \frac{(V_{j-1} - V_j)}{4} + 1{,}000 \tag{5A.5}$$

과 같다. 방류율은 0보다 커야 하며 2,260에이커-피트보다 작아야 한다. 이 문제에 있어서 발전기출력 P_{H}와 방류율 q 사이의 관계식을 사용할 수 있다. 좀 더 일반적인 경우에 있어서는 발전기출력 P_{H}, 방류율 q, 그리고 수력낙차를 연결하는 표를 사용해야 한다.

동적계획법의 절차는 처음의 2개의 시간구간을 갖고 설명할 수 있다. 저수지의 저수량의 스테이트를 6,000, 8,000, 10,000, ⋯, 18,000에이커-피트로 나눌 수 있다. 초기의 저수량은 10,000에이커-피트로 제약을 받는다(이 예제에서는 저수량을 1,000에이커-피트 단위로 사용한다). 요약표는 $j=1$에 대한 것이며 〈그림 5.24〉는 궤적을 나타낸다. 이보다 큰 저수량의 스테이트에 대한 경우에는 발전기를 정지하고 유입량을

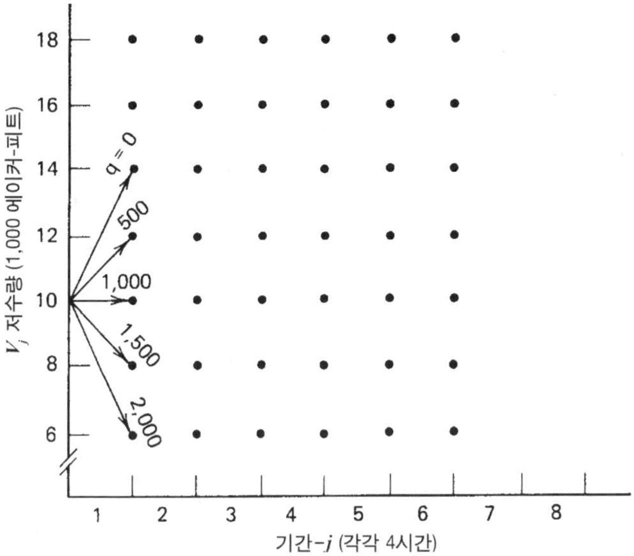

〈**그림 5.24**〉 동적계획법 예제의 초기 궤적

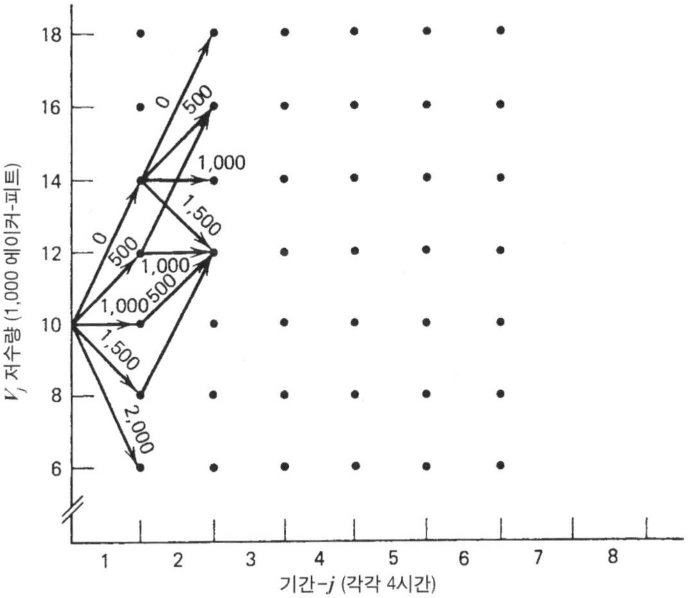

〈**그림 5.25**〉 동적계획법 예제의 두 번째 스테이지에 대한 궤적

기다리고 저수량이 증가하도록 두면 되기 때문에 자료를 계산할 필요가 없다.

	$j=1$	$P_L(1)=600$MW		$\{i\}=10$
V_k	q	P_H	P_s	$TC_k(j)(\$)$
14	0	0	600	15,400
12	500	24	576	14,523
10	1,000	74	526	13,453
8	1,500	124	476	12,392
6	2,000	174	426	11,342

초기 저수량에 관한 스테이트가 많기 때문에 두 번째 및 그 이후의 시간구간에 대한 표는 대단히 복잡하다. 다음 표에는 몇 개를 예시하며 〈그림 5.25〉에 최종 스테이지까지의 궤적이 나타나 있다.

$j=2$		$P_L=1,000$MW		$\{i\}=\{6, 8, 10, 12, 14\}$	
V_k	V_i	q	P_H	P_s	$TC_k(j)(\$)$
18	14	0	0	1,000	39,040*
16	14	500	24	976	38,484*
16	12	0	0	1,000	38,523
14	14	1,000	74	926	37,334*
14	12	500	24	976	37,967
14	10	0	0	1,000	37,453
12	14	1,500	124	876	36,194*
12	12	1,000	74	926	39,818
12	10	500	24	976	36,897
12	8	0	0	1,000	36,392
⋮		⋱			⋮
6	10	2,000	174	826	33,477*
6	8	1,500	124	876	33,546
6	6	1,000	74	926	33,636

* 는 최소비용 경로를 나타낸다.

마지막으로 마지막 시간구간에 있어서는 최종 저수량이 10으로 지정되어 있고 화력의 최소출력이 200MW이기 때문에 다음 표

$j=6$		$P_L=300$MW		{6, 8, 10, 12, 14}	
V_k	V_i	q	P_H	P_s	$TC_k(j)(\$)$
10	10	1,000	74	226	82,240.61
10	8	500	24	276	82,260.21
10	6	0	0	300	81,738.46

가 유일하게 가능한 조합이다.

마지막의 최소비용궤적은 〈그림 5.26〉에 나타나 있다. 이 궤적은 2,000에이커-피트의 저수량 단위로 성글게 되어 있기 때문에 세분하여 계산을 다시 할 수 있다.

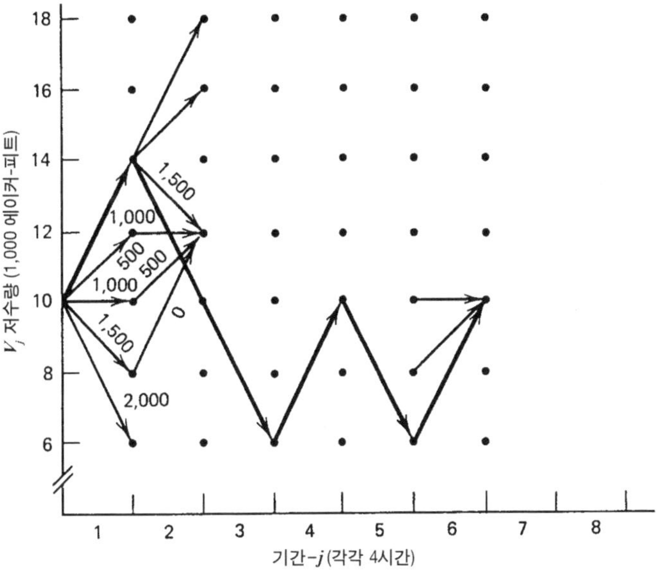

〈그림 5.26〉 예제의 수화력스케줄 문제의 최종 궤적

5A.1.2 다른 케이스로의 확장

동적계획법은 좀 더 복잡한 상황에서도 적용하기 용이하다. 시간구간을 길게 하면 저수지가 계열화되어 있는 경우에 계절적 규칙곡선(rule curve)을 계산하는 데 유용하다. 가변낙차의 경우도 처리될 수 있다.

〈그림 5.27〉은 가변낙차 수력발전기에서 흔히 나타나는 특성곡선이다. 이 경

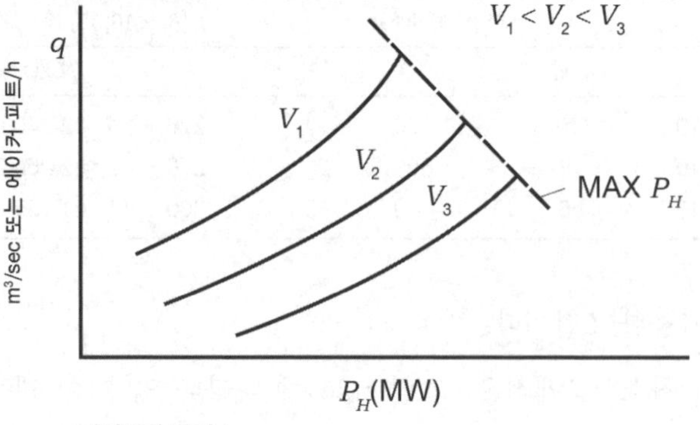

가변낙차 발전소

$q = q(P_H, \overline{V})$

$\overline{V}$ = 수력낙차를 나타내기 위한 평균 저수량

〈그림 5.27〉 가변낙차 수력발전기의 입력-출력 특성곡선

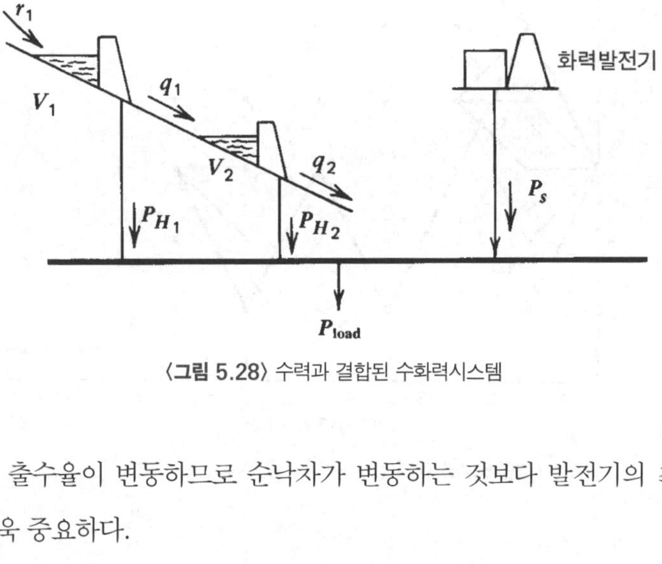

〈그림 5.28〉 수력과 결합된 수화력시스템

우를 보면 출수율이 변동하므로 순낙차가 변동하는 것보다 발전기의 최대출력의 변동이 더욱 중요하다.

5A.1.3 복수의 수력발전소의 운전스케줄 작성을 위한 동적계획법의 해

여기에서는 〈그림 5.28〉에 주어진 것과 같은 수력발전시스템이 주어졌다고 가정한다. 무효방류가 없다는 제약조건을 사용하면 다음 식

$$V_{1j} = V_{1j-1} + r_{1j} - q_{1j}$$

$$V_{2j} = V_{2j-1} + r_{1j} - q_{2j}$$

과 같은 수력등식과 출력등식

$$P_{H1}(q_{1j}) + P_{H2}(q_{2j}) + P_{sj} - P_{loadj} = 0$$

을 세울 수 있다. 이 문제를 동적계획법으로 정식화하는 데에는 여러 가지 방법이 있을 수 있다. 가장 적합한 방법은 V_1과 V_2를 상태변수로 하고 모든 가능한 조합에 대하여 실행하여 보는 것이다. 다시 말하면 V_1과 V_2를 각각 N개의 저수량 단계, $S_1, \cdots, S_2$로 나누는 것이다.

동적계획법은 〈그림 5.29〉처럼 각 시간구간마다 N^2개의 단계를 고려하여야 한다.

만약 저수량의 단계를 나타내는 수가 작게 유지된다면 이 절차는 복수의 수력발전시스템의 스케줄 문제를 풀기 위한 논리적 방법이다. 그러나 현실적인 스케줄이 작성되려면 이것을 실용적이라고 할 수 없다. 예를 들어, 저수량을 10단계$(N=10)$로 나누었다고 가정한다. 만약 수력발전소가 하나만 존재한다고 가정하면 각 시간구간마다 10개의 스테이트가 존재하고 각 스테이지별로 100개의 경로를 검토해야 한다. 만약 2개의 저수지가 있고 10단계로 저수량을 나눈다면 각 시간구간마다 100개의 스테이트가 존재하고 각 스테이지별로 10,000개의 경로를 조사해야 한다.

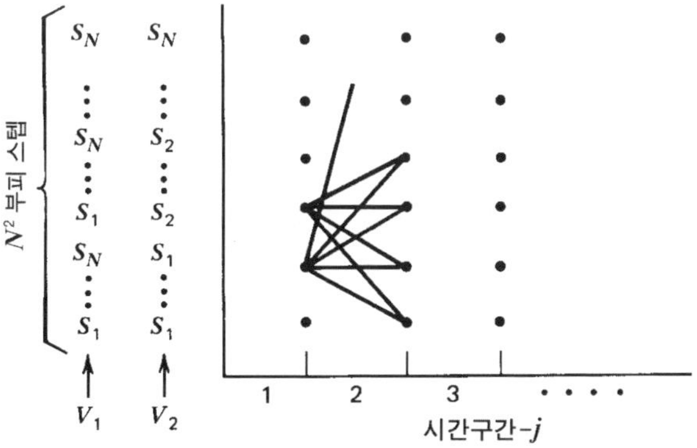

〈그림 5.29〉 결합된 발전기를 위한 궤적의 조합

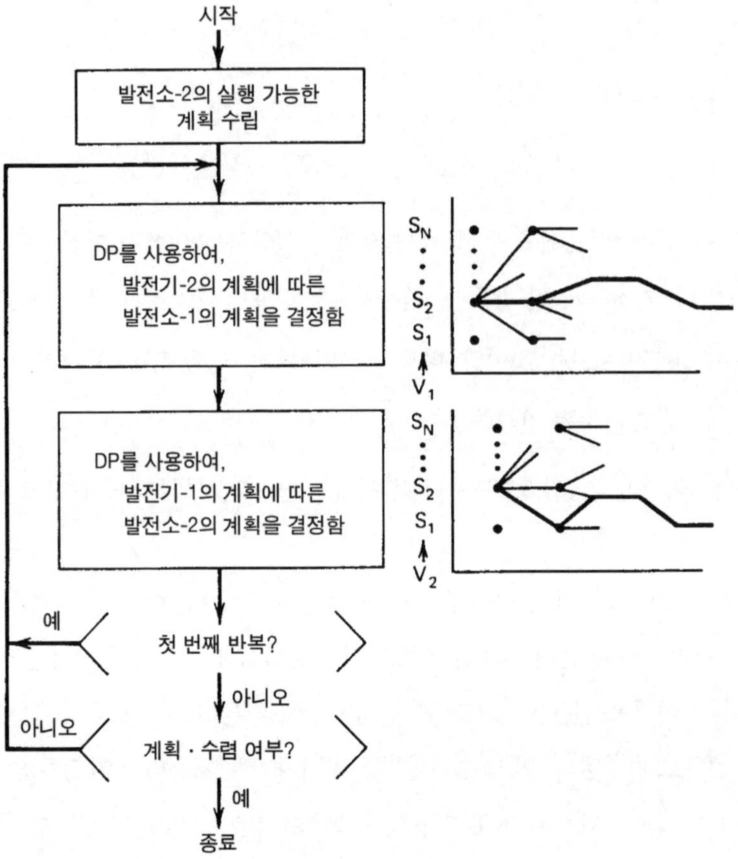

〈그림 5.30〉 계승근사화법에 의한 해

이와 같은 차원문제는 계승근사화법이라는 절차를 사용하여 극복될 수 있다. 이 기법은 그리드의 간격을 크게 한 상태에서 출발하여 해를 구한 다음, 그리드의 간격을 좀 더 조밀하게 하여 위에서 찾은 해를 출발점으로 하여 새로운 해를 구하는 것이다. 이 방법을 이용하여 원하는 오차 범위 내에 들어올 때까지 실행하는 것이다. 이것이 〈그림 5.30〉에 주어진 계승근사화법이다.

문제

5.1 3개의 발전기가 30일 동안 계속하여 운전 중이다. 발전기의 특성은 다음과

같다.

$$H_1 = 225 + 8.47P_1 + 0.0025P_1^2,\ 50 \le P_1 \le 350$$

$$H_2 = 729 + 6.20 + 0.0081P_2^2,\quad 50 \le P_2 \le 350$$

$$H_3 = 400 + 7.20 + 0.0025P_3^2,\quad 50 \le P_3 \le 450$$

위의 식에서, H_i의 단위는 MBtu/h이며 P_i의 단위는 MW이다.

발전기-2와 발전기-3의 연료비는 0.60$/MBtu이다. 그러나 발전기-1은 의무지불 연료공급계약에 의하여 운전되고 있으며 60,000톤의 유연탄이 30일의 기간 동안에 연소되어야 한다. 이 유연탄의 평균열량은 12,500 Btu/파운드(1톤 = 2,000파운드)이며 가격은 12$/t이다.

시스템의 월간 부하지속곡선은 3개의 계단으로서 다음과 같이 근사화된다.

부하(MW)	지속시간(h)	에너지(MWh)
800	50	40,000
500	550	275,000
300	120	36,000
합계	720	351,000

a. 3개의 발전기가 항상 운전되며 유연탄은 모두 소모되어야 한다고 가정하고 경제적 운전스케줄을 수립하시오. 각 발전기에 대하여 출력, 발전량, 그리고 감마(γ, 유사연료비)의 값을 구하시오.

b. 만약 발전기-1이 12$/t의 가격으로 60,000톤을 소모해야 하는 제약조건 없이 운전한다면 스케줄은 어떻게 변동하는가? 유연탄은 현물시장에서 12$/t의 가격으로 구매할 수 있다고 가정하고 a의 질문에 대하여 답을 구하시오. 그리고 이에 추가하여, 발전기에 필요한 유연탄의 양을 계산하시오.

5.2 예제 5C를 참조하시오. 예제 5C의 첫 번째 문제의 해는 3주 기간의 말에 2개의 석탄저장고의 최종 제약조건을 0~200,000톤으로 하였다. 세 번째 주의 발전기-2의 최종 석탄저장량을 최소한 20,000톤 이상으로 유지하는 조건을 추가하여 $V_1(1)=70{,}000$과 $V_2(1)=70{,}000$으로 하고 첫 번째 문제의 해를 구하시오.

5.3 예제 5C를 참조하시오. LP 알고리즘을 사용하여 해를 구한 두 번째의 케이스(발전기-1과 발전기-2에 대하여 초기 저장량은 각각 70,000톤과 50,000톤임)에서 발전기-2의 석탄저장고의 최종 저장량을 8,000톤으로 제약하였다. 최종 저장량에 관한 제약조건을 완화한다면 최적 스케줄은 무엇인가(즉, 발전기-2의 유연탄 저장고의 저장량은 0이 될 것임)?

5.4 예제 5C의 선형계획법 문제를 사용하여 다음의 문제를 선형계획 프로그램을 이용하여 푸시오.

1. 발전기-2의 유연탄 하역설비는 예방정비를 위하여 1주일 동안 운전을 중지한다. 예방보수 작업기간 동안에는 유연탄이 발전기-2로 공급되지 못할 것이다. 발전기 운전원은 이것이 제2주 또는 제3주에 시행되면 어떤가 하고 생각하고 있다. 여기에 관한 의사결정은 3주 전체에 걸쳐 2개 발전기를 운전하고 총 연료비를 구하여 이루어질 것이다.
2. 첫 번째 주에 예방보수를 할 수 있는가? 아니면 왜 하지 못하는 것인가?

이 책에서 실행된 선형계획법 문제의 해에서 주어진 초기조건 $V_1(1)=70{,}000$과 $V_2(1)=70{,}000$을 사용하시오.

5.5 북부 미네소타의 한 제지회사는 2개의 발전기를 소유하고 있다. 한 발전기는 유연탄을 연소하고 또 하나는 텍사스 가스회사가 공급하는 가스를 연소하여 발전한다. 이 제지회사는 노스다코타주의 광산의 풍부한 유연탄을 공

급받고 있으며 의무지불 계약에 의하여 고정기간 동안 가스를 구매한다. 다음에 나타나는 8시간의 기간에 걸쳐서 이 제지회사는 $15.106 ft^3$의 가스를 사용하여야 한다.

가스회사의 연료비는 다음과 같다.

유연탄: 0.60$/MBtu

천연가스: 2.0$/ccf ($1ccf = 1{,}000 ft^3$)

가스의 열량은 $1{,}100\text{Btu}/ft^3$임

발전기의 입력-출력 특성:

발전기-1(유연탄): $H_1(P_1) = 200 + 8.5P_1 + 0.002P_1^2$ MBtu/h

$$50 \le P_1 \le 500$$

발전기-2(가스): $H_2(P_2) = 300 + 6.0P_2 + 0.0025P_2^2$ MBtu/h

$$50 \le P_2 \le 400$$

부하(각 부하의 출현 지속시간은 4시간이다):

기간	부하(MW)
1	400
2	650

2개의 발전기는 8시간 동안 연속 운전하였다고 가정한다. 8시간 동안의 가스사용 요구조건을 만족하는 제지회사의 최적 운용계획을 구하시오.

5.6 유전소화력발전기(〈그림 5.31〉)는 다음과 같은 연료사용곡선을 갖는다.

$$\phi(\text{배럴/시간}) = \begin{cases} 50 + P + 0.005P^2 & 100\text{MW} \le P \le 500\text{MW} \\ 0 & P = 0 \end{cases}$$

이 발전기는 최대저장용량이 4,000배럴인 석유저장탱크와 연결되어 있다.

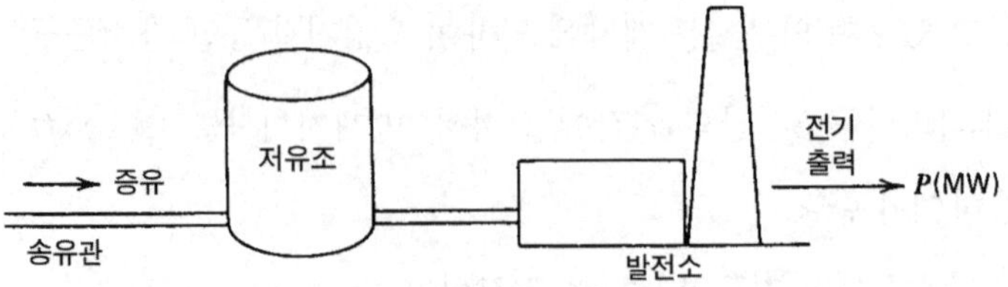

〈그림 5.31〉 문제 5.6의 석유저장탱크를 갖는 유전소 화력발전소

탱크의 초기저장량은 3,000배럴이다. 또한, 발전소에 석유를 공급하는 송유관도 있다. 송유관은 동일한 석유저장탱크까지 연결되어 있으며 계약에 의하여 500배럴/h로 운영되어야 한다. 유전소화력발전소는 다른 발전기와 함께 시스템에 에너지를 공급한다. 기타 발전기의 등가 비용곡선은 다음 식

$$F_{eq} = 300 + 6P_{eq} + 0.0025P_{eq}^2$$

$$50\text{MW} \le P_{eq} \le 700\text{MW}$$

과 같으며 공급하여야 할 시스템부하는 다음 표와 같다.

기간	부하(MW)
1	400
2	900
3	700

각 기간의 지속시간은 2시간이다. 등가화력발전소의 운영비가 최소화되고 석유저장탱크의 제3기간의 최종저장량이 2,000배럴이 되도록 하는 유전소화력발전소의 운전스케줄을 동적계획법에 의하여 구하시오. 문제를 풀이할 때에 저장탱크의 저장량의 스테이트로서 2,000, 3,000, 그리고 4,000배럴을 사용할 수 있다. q와 P의 함수관계는 다음 표에서 구할 수 있다.

q(배럴/h)	P(MW)
0	0
200	100.0
250	123.6
500	216.2
750	287.3
1,000	347.2
1,250	400.0
1,500	447.7
1,800	500.0

발전소는 언제라도 기동비용 또는 정지비용 없이 2시간 동안 정지할 수 있다.

5.7 북부 위스콘신주에서 2개의 화력발전소가 운영되고 있다. 하나의 발전소는 유연탄을 연소하며 또 하나의 발전소는 캐나다에서 공급되는 가스를 연소한다. 석탄의 공급량은 대단히 많으며 가스는 고정된 기간 동안 "의무지불" 계약에 의하여 구매한다. 다음과 같은 24-시간의 기간에 걸쳐서 $60{,}000ft^3$의 가스를 연소하여야 한다.

연료비 자료는 다음과 같다.

유연탄: 2.5$/MBtu

천연가스: 가스의 열량은 $1{,}000\text{Btu}/ft^3$임

발전기의 입력-출력 특성:

발전기-1(유연탄): $H_1(P_1) = 0.01P_1^2 \ \text{MBtu/h}, \ 50 \le P_1 \le 1{,}200$

발전기-2(천연가스): $q(P_2) = 0.005P_2^2 \ ft^3/\text{h}, \ 50 \le P_2 \le 1{,}000$

부하: (2개의 부하는 12시간 지속한다.)

기간	부하(MW)
1	1,200
2	1,500

2개의 발전기는 24시간 동안 운전 중이라고 가정한다.

a. 이 문제를 풀기 위한 모든 방정식을 세우시오.
b. 감마(γ)에 대하여 원하는 값을 택하고 답을 괄호로 표시하기 위하여 다음의 값을 구하시오. 다시 말하면 가스사용량이 60,000 이상으로 되는 감마의 값을 구하고 또한 60,000 이하로 되는 감마의 값을 구하시오.

5.8 문제 5.7의 제지공장에 전력을 공급하는 천연가스연소 발전기를 대체하기 위하여 소규모의 수력발전기를 구입하는 것을 고려하고 있다. 이것을 위하여 유연탄연소 화력과 가스연소 발전기(문제 5.7), 유연탄연소 발전기와 수력발전기의 경제성을 비교하여야 한다.

유연탄의 가격(문제 5.3과 같음): 2.5$/MBtu

유연탄연소 화력발전기의 입력-출력 곡선(문제 5.3과 같음):

발전기-1(유연탄): $H_1(P_1) = 0.01P_1$ MBtu/h $\quad 50 \le P_1 \le 1{,}200$

수력발전기: $Q(P_H) = 50 + 5P_H$, $P_H > 0$일 때

$Q(P_H) = 0$ ($P_H = 0$일 때)

여기에서 $0\text{MW} \le P_H \le 700\text{MW}$

수력발전소 저수지는 50,000에이커-피트의 물을 저장하고 있다. 강의 유입량은 상시적으로 1,500에이커-피트/h를 유지한다.

이 저수지는 24시간구간의 초에 25,000에이커-피트/h의 저수량에서 시작하여 25,000에이커-피트의 저수량으로 끝난다.

부하: (2개의 부하의 지속시간은 각각 12시간이다.) (문제 5.7과 같음)

기간	부하(MW)
1	1,200
2	1,500

동적계획법을 사용하여 24시간 동안 유연탄연소 발전기의 운전비를 최소화하는 수력 운전스케줄을 찾으시오. 동적계획법에서 다음과 같은 저수량의 스테이트를 사용하시오.

$$0, 12{,}500, 25{,}000, 37{,}500, 50{,}000$$

이 수력발전기는 유연탄연소 발전기의 운영비를 절감하는 것인가?

5.9 다음과 같이 화력발전기와 수력발전기의 특성이 주어져 있다.

화력발전기:

$$\text{증분비용} = 2.0 + 0.002P_s \ \$/\text{MWh},\ \ 100\text{MW} \le P_s \le 500\text{MW}$$

수력발전기:

$$\text{증분출수율} = 50 + 0.02P_{\mathrm{H}}\ ft^3/\text{MW-sec},\ \ 0\text{MW} \le P \le 500\text{MW}$$

부하:

시간구간	P_{load}(MW)
24:00~09:00	350
09:00~18:00	700
18:00~24:00	350

가정:

- $P_{\mathrm{H}} = 0$일 경우의 물의 흐름은 0으로 가정한다.
- $P_{\mathrm{H}} = 0$인 경우, $q(P_{\mathrm{H}}) = 0$이다.
- 수두손실은 무시한다.
- 화력발전기는 24시간 동안 정지시키지 않는다.

24시간의 기간에 대하여 물의 총 사용량이 $1.25 \times 10^9 ft^3$으로 되도록 P_s와 P_{H}의 스케줄을 구하시오.. 다시 말하면, 다음 식

$$q_{\mathrm{TOT}} = 1.25 \times 10^9 ft^3$$

을 만족하는 스케줄을 구하는 것이다.

5.10 문제 5.9의 증분출수율은 $60 ft^3$/초/MW로서 상수라고 가정하고 화력발전기는 항상 운전할 필요는 없다고 가정한다. 또한 화력발전기의 비용함수는 다음 식

$$F(P_s) = 250 + 2P_s + \frac{P_s^2}{1{,}000}$$

과 같다고 가정한다. 동일한 출수율 제약을 갖고 문제 5.9의 해를 구하시오.

5.11 동적계획법에 의한 수화력 운전스케줄

절 5.11의 동적계획법 예제를 반복하시오. 다만 수력발전소의 출수율 특성은 가변낙차를 나타내는 것으로 한다. 이 특성은 순낙차에 관련한 최대 용량을 나타내는 것이다. 다시 말하면, 다음과 같은 조건이다.

$P_{\mathrm{H}} = 0$이면 $q = 0$

$0 \le P_{\mathrm{H}} \le 2{,}000\left(0.9 + \dfrac{\overline{V}}{100{,}000}\right)$MW일 때

$q = 260 + 10P_{\mathrm{H}}\left(1.1 - \dfrac{\overline{V}}{100{,}000}\right)$에이커-피트

여기에서 $\overline{V}$= 평균저수지 용량

이 문제에 있어서 다음 식

$$\overline{V} = \frac{1}{2}(V_k + V_i)$$

여기에서 V_k= 기간 말의 저수량

$$V_i = \text{ 기간 초의 저수량}$$

이 성립하도록 하기 위하여 일정한 율을 가정한다.

필요한 데이터는 다음과 같다.

화석연료연소 발전기: 대상기간 동안 정지하지 않는다.

$$\text{비용함수 } F = 770 + 5.28P_s + 0.55 \times 10^{-3} P_s^2 \,\$/\text{h}$$

$$200\text{MW} \le P_s \le 1{,}200\text{MW}$$

저수량과 유입량:

$$r = 1{,}000\text{에이커-피트/h 유입율}$$

$$6{,}000 \le V \le 18{,}000\text{에이커-피트 저수량 제약}$$

$$V = 10{,}000\text{에이커-피트 초기 저수량}$$

$$V = 10{,}000\text{에이커-피트 말기 저수량}$$

4시간 구간별 수요:

J: 기간	P_{load} (MW)
1	600
2	1,000
3	900
4	500
5	400
6	300

저수량이 500에이커-피트로 유지되도록 하는 최적 운전스케줄을 수립하시오.

5.12 양수발전기 운전스케줄 문제

화력발전기의 합성 연료비 특성은 다음과 같다.

$$F = 250 + 1.5P_s + \frac{P_s^2}{200} \$/\text{h}, \;\; 200\text{MW} \le P_s \le 1,200\text{MW}$$

또한, 양수발전기의 운전특성은 다음과 같다.

1. 발전 시 최대출력: 180MW(발전기는 0과 180MW 사이의 출력으로 발전한다)
2. 펌핑부하 = 200MW(펌핑 시의 부하는 100MW 또는 200MW이다)
3. 1사이클의 효율은 70%(즉 70MWh를 생산하기 위하여 100MWh의 펌핑에너지가 필요하다)
4. 상부저수지의 용량은 1,600MWh를 발전할 수 있는 크기이다.

발생시간 순서에 따른 시스템부하는 문제 5.11과 같다.

a. 저수지는 하루의 초기에는 가득 차 있고 하루가 끝날 때 다시 가득 채워져 있어야 한다. 화력발전비용을 최소화하는 양수발전기의 운전스케줄을 세우시오.
b. 저수지의 용량은 주어지지 않았지만 하루의 끝에서는 다시 채워져야 한다는 가정 아래 화력발전의 연료비를 최소화하기 위한 상부저수지의 용량은 얼마인가?

참고: 이 문제를 푸는 데 있어서 양수발전기는 시간구간의 일부분만 운전하여도 좋다고 가정한다. 다시 말하면 4시간의 구간 동안 일정한 발전출력 또는 일정한 펌핑부하를 유지하지 않아도 된다는 것이다.

5.13 수력발전기 기동정지스케줄 문제

"Light Up Your Life"사는 하나의 수력발전기와 4개의 화력발전기를 운전한다. 발전기의 출력 및 기동정지스케줄은 다음의 부하계획에 대하여 작성된다.

화력발전기 데이터(연료가격 = 1.0$/MBtu)

발전기	최대 (MW)	최소 (MW)	증분열소비율 (Btu/kWh)	무부하 에너지 (MBtu/h)	기동용 에너지 (MBtu)	최소운전시간 (h)	최소정지시간 (h)
1	500	70	9,950	300	800	4	4
2	250	40	10,200	210	380	4	4
3	150	30	11,000	120	110	4	8
4	150	30	11,000	120	110	4	16

수력발전소 데이터:

$$Q(P_{\mathrm{H}}) = 1{,}000 + 25P_{\mathrm{H}} \text{ 에이커-피트/h}$$

여기에서

$$0\mathrm{MW} \leq P_{\mathrm{H}} \leq 200\mathrm{MW}$$

수력발전기의 최소운전시간과 최소정지시간은 1시간.

부하 데이터(각 시간구간은 4시간)**:**

시간구간	P_{load} (MW)
1	600
2	800
3	700
4	1,150

초기조건은 다음과 같다. 발전기-1과 발전기-2는 운전 중이며 4시간 동안 운전상태에 있고 발전기-3, 발전기-4, 그리고 수력발전기는 지금까지 16시간 동안 정지해 있었다. 만약 수력발전기가 최대저수량에서 출발하여 운전을 시작하며 16시간의 기간 동안 24,000에이커-피트의 물을 사용해야 한다면 화력발전시스템 운용비를 최소화하는 4개의 화력발전기와 수력발전기의 운전스케줄을 구하시오.

5.14 3-기간 수력 운전스케줄 문제

메인주의 북부에 위치한 "Lost Valley Paper"사는 대규모 제지회사 및 부속 설비를 운영하고 있다. 제지회사에 공급되는 모든 전력은 자체 소유의 수력발전소와 하나의 화력발전소의 그룹으로 묶인 등가발전소로부터 온다. 수력발전설비의 운용은 메인주의 천연자원국에 의하여 관리된다.

수력발전소 데이터:

$$Q(P_{\mathrm{H}}) = 250 + 25P_{\mathrm{H}} \text{ 에이커-피트/h}$$

$$0 \le P_{\mathrm{H}} \le 500\mathrm{MW},\ P_{\mathrm{H}} = 0 \text{이면 } Q(P_{\mathrm{H}}) = 0$$

등가화력발전소 데이터:

$$F(P_s) = 600 + 5P_s + 0.005P_s^2 \text{ \$/h},\ 100\mathrm{MW} \le P_s \le 1{,}000\mathrm{MW}$$

부하 데이터(각 시간구간은 4시간임)**:**

시간대	P_{load} (MW)x
1	800
2	1,000
3	500

메인주의 천연자원국은 12-시간의 구간에 대하여 수력발전소는 20,000에이커-피트의 저수량으로서 운전을 시작하며 마지막에는 저수지를 비워도 좋다고 허가한다. 저수지로의 유입량은 없으며 2개의 발전기 모두 12시간 동안 가동한다.

수력발전소는 모든 시간구간 또는 부분 시간구간에 대하여 발전을 중단할 수 있으며 정지 중에는 물을 사용하지 않는다. 동적계획법을 이용하여 최적스케줄을 수립하시오. 저수량의 스테이트로서 0, 10,000, 그리고 20,000 에이커-피트를 사용하시오.

6

송전시스템의 영향

6.1 서론

전력시스템에 있어서 송전망의 구성요소의 부하부담이 얼마인가를 파악하는 것은 전력망의 조류계산문제의 해를 구하는 것을 말한다. 전력조류(load flow)라는 용어가 처음 사용되기 시작한 것은 컴퓨터가 조류계산문제에 사용되기 이전부터 부하가 실제로 수요가 있는 곳에서 발전기가 있는 장소로 이동하였기 때문이다. 전력산업의 초창기에는 등가저항, 인덕터, 커패시터 등을 사용하여 소규모로 전력시스템의 물리적(실제와 유사한) 모델을 구성하였다. 전력시스템의 어느 한 부분이 모델로 구성되었으므로 조류계산문제의 해는 모델 내부의 전선에 흐르는 전류를 측정하여 찾아냈다. 전체적 해를 구하기 위해서는 회로이론의 중첩정리를 이용하여 각 부분의 전류조류를 합산하였다. 이것은 대단히 지루한 절차이다. 당시에는 120볼트가 건물의 벽에 붙어 있는 소켓으로부터 구하기 쉬운 전압이었으므로 하나의 대안으로서 이 전압이 사용되었다. 부하가 새로이 추가될 경우에는 이것에 대한 등가적인 방법을 통해 발전기가 새로운 부하를 부담하는 정도를 알아보는 것이다. "부하"가 소비자가 있는 곳에서 발전기가 있는 곳으로 어떻게 흘러가는가를 알아보는 셈이 된다. 이것을 정확하게 표현한다면 "조류계산문제의 해가 수치적으로 어떻게 구해지는가?"이다. 이러한 해의 주요 내용은 모든 송전설비 또는 배전설비의 전력조류이다. 각 구성요소에 흐르는 전력조류가 운전의 측면에서 문제가 없는가를 확인하기 위하여 각 구성요소의 전력조류가 허용한계를 벗어나지 않았는가를 파악한다.

일반적으로 조류계산문제는 어떤 하나의 모선만을 제외하고 각 모선에서의

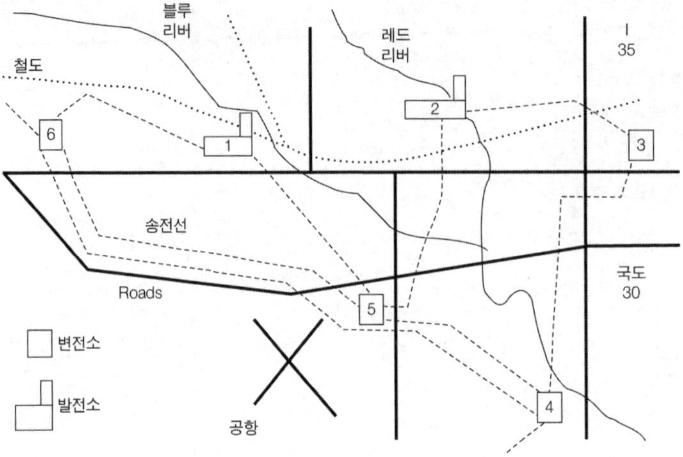

〈그림 6.1〉 작은 도시의 지도

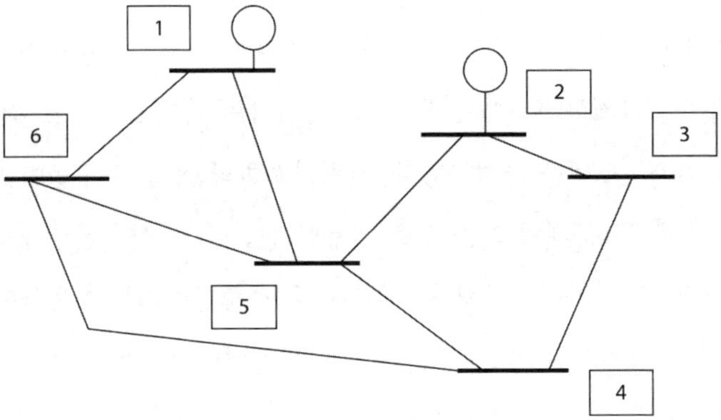

〈그림 6.2〉 그림 6.1의 단선도

부하 또는 발전기의 출력을 알고 있다고 가정한다. 〈그림 6.1〉에는 광역 시스템의 전력조류를 파악하기 위한 정상 상태의 도해가 나타나 있다. 주요 변전소, 발전소 그리고 변전소 사이에 송전선이 나타나며, 급전원에게 전력시스템의 상태를 파악하는 것에 도움을 주기 위하여 변전소의 위치를 지도에 나타낸다. 〈그림 6.2〉는 〈그림 6.1〉에 나타난 지도에 대응하는 단선도를 나타낸다. 단선도는 2개의 발전소, 전력수요를 공급하는 4개의 변전소, 그리고 인접한 전력시스템에 접속하는 2개의

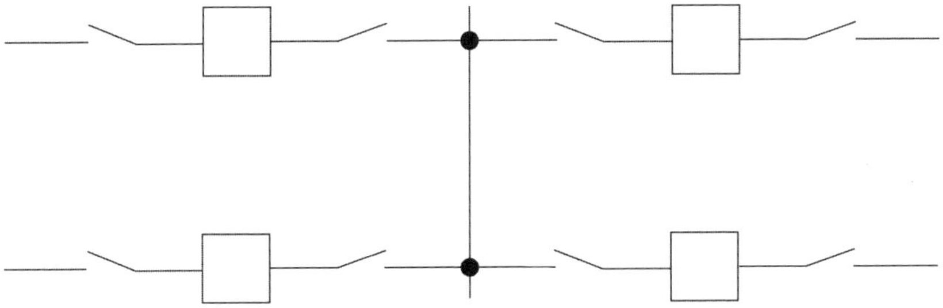

〈**그림 6.3**〉 단일 모선

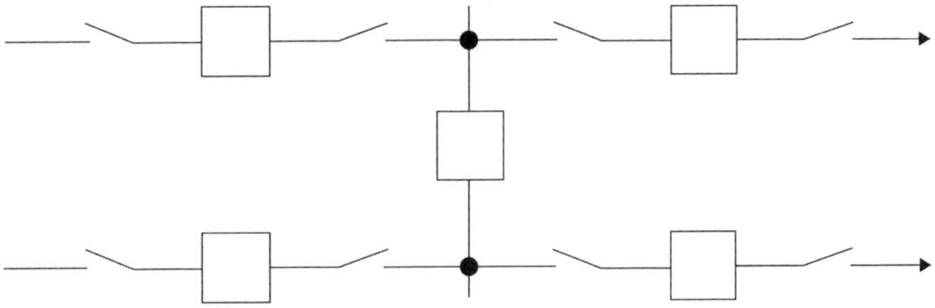

〈**그림 6.4**〉 구분모선

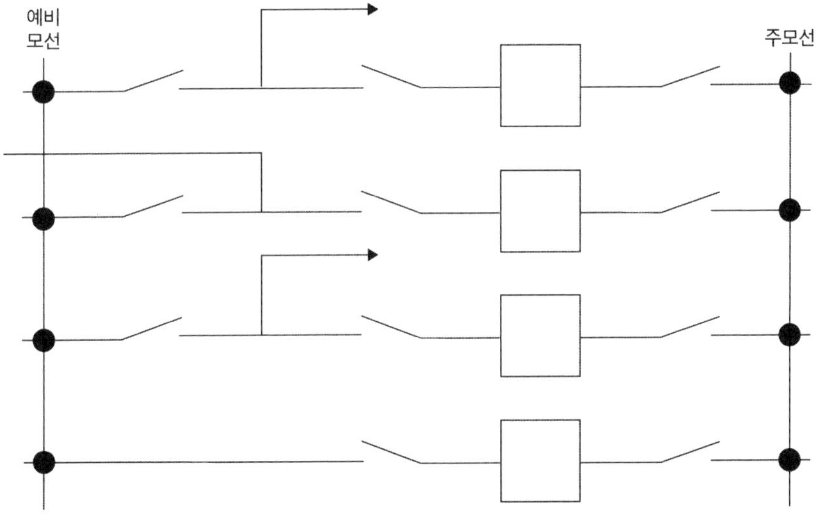

〈**그림 6.5**〉 주모선과 예비모선

연계선을 보여 주고 있다. 인접한 전력시스템과 전력을 융통하는 연계선에 대하여는 제11장에서 설명한다. 이 장에서는 외부 시스템을 등가의 발전기로 취급한다.

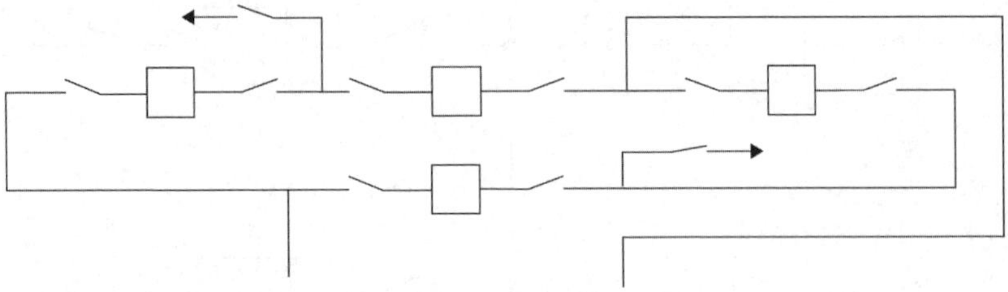

〈**그림 6.6**〉 환상모선

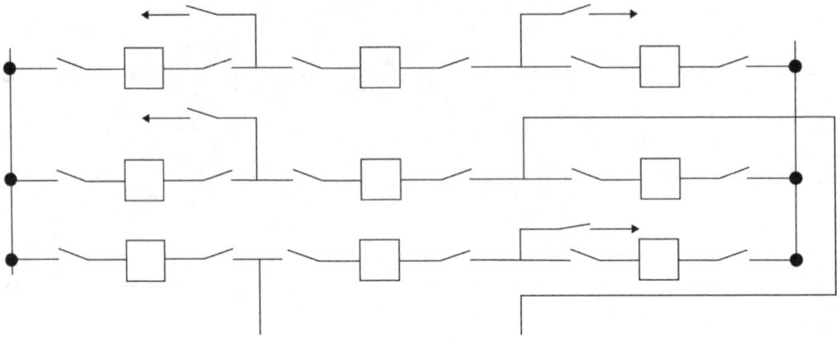

〈**그림 6.7**〉 $1\frac{1}{2}$ 차단기

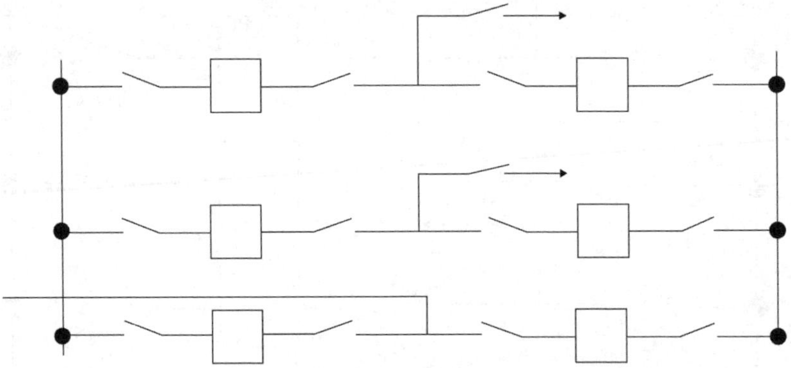

〈**그림 6.8**〉 이중차단기 이중모선

등가발전기는 양(+) 또는 음(−)의 무효전력뿐만 아니라 양 또는 음의 유효전력을 나타낼 수도 있다. 병렬회로가 존재하면 임피던스의 비율에 따라 전력조류가 병렬 회로에 흐르므로 대부분의 해석에 있어서는 외부 시스템의 주요 부분이 나타나 있어야 한다. 변전소의 도해가 〈그림 6.3〉, 〈그림 6.4〉, 〈그림 6.5〉, 〈그림 6.6〉, 〈그림

6.7〉, 그리고 〈그림 6.8〉에 나타나 있으며 각 변전소 내부의 자세한 모선구성이 나타나 있다. 이 그림들은 단로기와 차단기를 동시에 나타내고 있으며 각각의 개방(열림) 및 접속(닫힘)의 상태는 조류계산문제가 모선 및 선로의 연결상태를 파악하기 위하여 미리 처리되어야 한다.

여기의 작업에서 '가지'라는 용어는 직렬로 연결된 장치에 대하여 사용하는 것이다. 하나의 가지는 송전선, 변압기, 고전압 직류송전, 또는 유연교류 송전장치(FACT) 등을 나타낸다(FACT는 전력시스템에 사용되는 고출력 전자장치임).

전력시스템의 연계는 직접적인 해를 구하기 위한 완전한 모델이 아닌 하나의 등가회로로 나타낸다. 조류계산이라는 것은 각 모선의 부하, 각 기기의 모수(종속전류원, 종속전압원, 이상적 변압기, 저항[레지스턴스], 리액턴스, 그리고 커패시턴스) 및 구성요소의 최대용량 등에 관한 정보를 사용하여 전력조류계산 방정식의 해를 구하는 것이다. 조류계산 방정식은 에너지보존의 법칙을 나타내는 또 다른 방법이다. 하나의 모선으로 흘러들어 가는 전력조류의 합은 0이다. 다시 말하면 하나의 모선에서 나오는 전력흐름의 합은 0이다. 이것은 흔히 말하는 '텔리전의 정리'이다.

송전망은 양방향으로 전력이 흐를 수 있는 가능한 모든 기기를 포함한다. 또한 일반적으로 지리적으로 멀어 직접적으로 관심의 대상이 되지 못하는 연계전력시스템의 등가모델도 포함한다. 컴퓨터의 계산능력 및 예산이 허용되는 경우, 30,000개 이상의 모선을 포함하는 송전망의 계산을 하는 것은 아주 흔한 일이다. 등가회로의 노드(node)는 모선(bus)이라고 말하며 〈그림 6.2〉에서 보면 굵은 선으로 나타난다. 모선 사이의 가지는 송전망에서 가장 흔한 송전선을 나타내며 〈그림 6.2〉에서 가느다란 선으로 나타난다. 변압기와 같은 기타 기기들은 다음에 나타나는 바와 같이 변환 표시를 통해 나타내며 중첩되는 원으로 나타낸다.

이 장은 먼저, 전력시스템 구성요소의 상황을 나타내는 데이터베이스를 변환하여 조류계산 해석을 위한 모선과 가지의 모델로 나타내는 방법을 설명한다. 이러한 용도로 사용되는 모델은 검토를 위하여 제시된다. 여기에서는 삼상(3Φ) 전력이 균형을 이루고 있다는 가정 아래에서 단상(1Φ)의 퍼유닛 등가회로를 사용한다.

상(phase) 사이의 불균형이 발생하는 경우에는 3ϕ 회로를 사용하는 것이 일반적이다. 위상자 측정장치를 배치하면 삼상(3Φ) 전력 모델뿐만 아니라 전력시스템의 계획과 운용에 사용되는 송전선 사이의 상호결합(mutual coupling)도 표현할 수 있다. 위상자가 측정되면 대지로 돌아가는 영향도 현저하게 나타난다.

조류계산 방정식의 해는 '텔리전의 정리'를 사용한 회로이론의 연장으로서 나타난다. 여기에 뉴턴-랩슨법을 적용하면 조류계산, 제어문제 등을 풀 수 있다. 좀 더 일반적인 등식의 형태가 제어기기의 모델링, 경제급전 문제 등에 사용될 수 있다. 자코비안 행렬을 근사화할 경우 정밀도를 희생하지 않고 빨리 해를 구할 수 있으며 이것의 한 종류가 브라이언 스톳트의 분할조류계산 기법이다.

6.2 기기 자료에서 모선과 선로 자료로의 전환

〈그림 6.1〉에 나타난 지리적 도면은 전력시스템 운용 제어실의 급전원이 마주하는 화면이다. 이 도면은 시각화 도구가 더해지면 전력시스템 구성요소의 위치, 상대적 거리, 연결 형태, 전력시스템의 상태(state) 등을 보여 준다. 이 도면은 〈그림 6.2〉와 같이 조류계산을 위한 모선 및 선로 모델로 변환된다. 이 과정은 기기의 정적 자료(즉, 다른 기기와의 연결상황)를 SCADA/RTU 네트워크 또는 위상자 측정 네트워크(PMN)로부터 획득한 상황자료(차단기 열림/닫힘 정보)와 합성하는 것을 말한다.

변전소 자료는 변압기, 유연교류 송전장치, 직류/교류 변환장치뿐만 아니라 차단기, 단로기, 직렬장치, 병렬장치를 포함한다. 변전소 자료 가운데 가장 먼저 처리되는 것은 현재 시점에서 단로기와 차단기가 열려 있느냐 또는 닫혀 있느냐를 알려 주는 자료이다. 변전소의 차단기 및 단로기의 구성형태를 알려 주는 것이 〈그림 6.3〉, 〈그림 6.4〉, 〈그림 6.5〉, 〈그림 6.6〉, 〈그림 6.7〉, 〈그림 6.8〉에 나타나 있다. 차단기는 박스의 형태로 표시된다. 단로기는 스위치의 형태로 표시된다. 단로기는 차단기, 직렬장치, 병렬장치 등의 예방보수를 위해 사용되기 때문에 수동으로 조작된다. 단로기는 부하를 공급하고 있는 상태에서 전류를 차단할 수 없다. 전력 수요(부하)는 화살표로써 표시된다. 변압기와 기타의 직렬장치는 모선의 구성요소 간에 연결되어 있다.

6.3 변전소 모선 처리

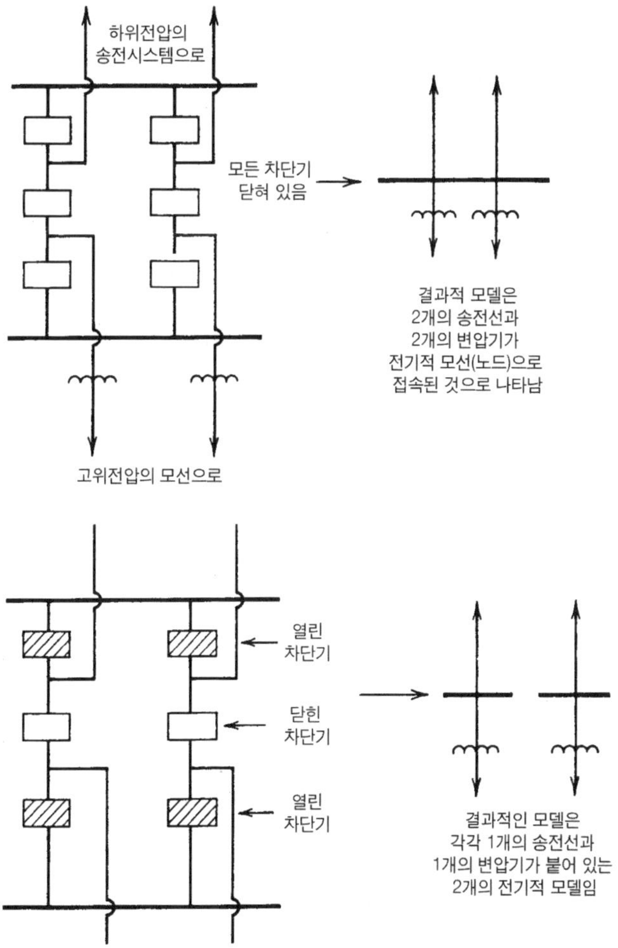

〈그림 6.9〉 차단기의 위상기하(topology) 처리

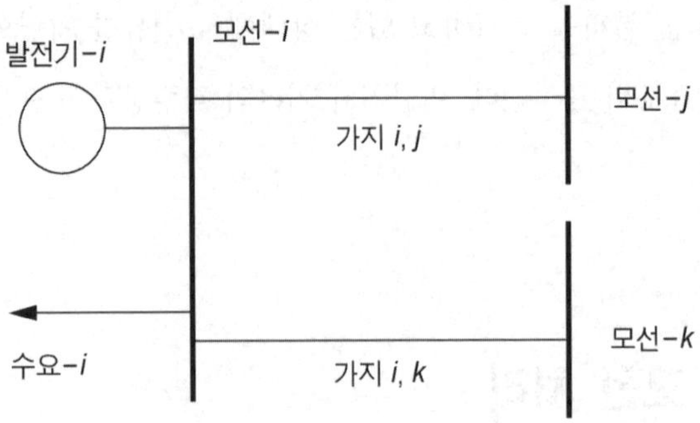

〈**그림 6.10**〉 모선과 가지 모델의 예제

앞 절의 변전소 구성형태는 차단기와 단로기의 열림과 닫힘의 형태에 따라 모선과 선로 모델로 변환된다. 이와 같은 장치들의 운전상태는 SCADA/RTU의 통신장치 또는 위상자 측정 네트워크를 통하여 중앙제어실로 전송된다.

컴퓨터 프로그램은 차단기 연결구조와 실시간으로 전송받은 상황자료에 의하여 닫혀 있는 차단기가 어떻게 변전소 전체에 대한 모선을 구성하는가를 결정한다. 이에 관한 예가 〈그림 6.9〉에 나타나 있다. 여기에서 $1\frac{1}{2}$차단기 구조가 하나 또는 2개의 모선을 구성하는가를 보여 준다.

〈그림 6.10〉은 이러한 과정을 거쳐 구성된 모선과 선로 모델을 보여 준다.

6.4 구성요소의 모델링

일반적으로 3상(3Φ) 교류전력망은 전력을 수송하기 위하여 사용되며 조류계산은 1Φ의 퍼유닛 등가회로를 이용하여 실행된다. 이러한 계산은 전력시스템이 균형 잡힌 모드 즉, 동일한 크기의 전압파형이 120°의 위상차를 갖고 운용되는 것으로 한다. 하나의 상에 대한 계산이 완료되면 나머지 상에 대한 정보는 1Φ의 자료를 갖고 곱하기와 나누기의 변환과정을 거치면 얻어진다. 전력시스템이 균형상태로 운용되므로 정상(正相) 네트워크[1]만이 사용된다. 이 절에서는 퍼유닛 시스템을 사용한다.

이 장에서 사용하는 송전선의 모델은 2개의 병렬 커패시터, 직렬의 실수 임피던스[2]와 유도성 임피던스를 갖는 등가 $-\pi$ 모델로써 표현한다. 송전선은 분포정수의 형태로 존재하는 기기를 집중등가모델[3]로 표현한다. 대지의 컨덕턴스가 변동하면 선로정수가 변동하기 때문에 대지 임피던스의 영향은 무시할 수 없다. 길이가 짧은 선로의 경우, 양단 사이의 전압 차이를 무시할 수 있다면 하나의 모선으로 취급하여도 좋다.

전력시스템은 R, L, C의 회로요소로써 모델링 한다. 그러므로 재래식 루프해석 또는 노드해석을 이용하여 전압과 전류에 대한 해를 구할 수 있다. 또한 기본적 회로요소의 해석은 위상자를 사용하여 실행할 수 있다. 그러나 부하가 복소수 전력으로서 나타나므로 직접적 방법은 실행하기 어렵다. 이것은 독립변수가 풀려고 하는 전압(해)인 문제에서 종속전류원의 특수한 경우이다. 발전기를 전압원으로 모델링하여서는 안 된다. 발전기는 전력원[4]으로서 작용한다. 발전기는 필요한 전압이나 전류에 관계없이 유효전력을 공급하며 출력의 가능범위 내에서 전압을 유지하기 위한 무효전력을 공급한다. 문제를 풀기 위하여 n-모선 시스템에서 $2n$개의 미지수로 구성된 대수방정식의 해를 구하여야 한다. 이 문제를 풀 때 희박행렬 프로그래밍과 효율적인 행렬 연산을 위하여 방정식의 최적 순위결정 기법을 사용하는 고등수치 해석기법이 필요하다.

가장 관심이 많은 분야는 고압교류의 송전선과 변압기로 구성된 시스템이다. 이러한 전력시스템은 대용량 전력을 수송하고 변환할 수 있다. 고압교류 송전선은 4개의 이상적 회로요소(직렬 커패시터, 레지스터, 인덕터, 병렬 커패시터)로 구성된다. 이 모델

1) positive sequence network

2) real impedance

3) lumped equivalence model

4) power source

은 〈그림 6.11〉에 나타나 있다. 변압기 모델은 3개의 이상적 회로요소(레지스터, 인덕터, 그리고 이상적 변압기)로 구성되어 있으며 〈그림 6.12〉에 나타나 있다.

두 번째로 관심을 끄는 분야는 3Φ의 입력전압을 동기스위칭에 의하여 직류전류로서 대규모 전력을 변환하고 수송하는 고전압 전자장치이다. 가장 원시적인 컨버터는 수은아크 튜브장치이었으며 최신의 설비는 사이리스터에 의한 것이다.

고전압 직류 정지형 컨버터는 과거 50여 년 동안 상업용으로 사용되었다. 문헌에 따르면 과도 네트워크 해석기, 아날로그 컴퓨터, 하이브리드 컴퓨터, 디지털 컴퓨터 등이 사용되었다. 교류-직류 연계시스템을 연구하는 데 있어서는 과도 네트워크 해석기가 가장 많이 선호되었다. 이 연구에는 2개의 접근법이 있으며 하나는 전체 컨버터 시스템을 모델링 하는 것이고 또 다른 하나는 시뮬레이션 해야 할 직류시스템의 부하와 하나의 등가전력원으로써 컨버터 시스템을 모델링 하는 것이다. 현재로는 디지털 컴퓨터에 의하여 고전압 직류송전선과 유연교류 송전장치의 모든 측면을 시뮬레이션 하는 연구에 있어서 상당한 진척이 있었다.

과거의 연구에서는 시스템을 독립적으로 해석하였다. 이 방법은 기본적으로 직류시스템이 교류시스템으로부터 얻는 등가부하와 등가전류원을 계산하는 것이다. 디지털 계산기가 없었으므로 등가부하와 등가전류원은 과도 네트워크 해석기를 사용하여 시뮬레이션 하였다.

고전압 직류시스템(HVDC)은 상당히 자세하게 모델링 되었다. 이 방법은 실제기기의 소형등가인 모델의 구성요소를 설계하는 것이다. 일반적인 브릿지(normal bridge) 또는 그랫츠 회로로 표현되는 실리콘제어 정류기가 컨버터를 모델링 하는 데 사용되었다. 제어장치와 밸브의 빠른 시간응동으로 인하여 아날로그 컴퓨터와 하이브리드 컴퓨터가 HVDC를 연구하기 위하여 광범위하게 사용되었다.

50,000개의 모선을 갖는 전력시스템의 정상 상태(steady state) 조류문제의 해를 구하기 위하여 디지털 컴퓨터가 현재 사용되고 있다. 과거 20여 년 동안 미국에서는 HVDC가 대단히 빠르게 보급되었다. 초기의 양극, ±400kV, 1,440MW 퍼시픽 직류연계 시스템의 운전경험을 통하여 HVDC의 경제성과 높은 신뢰도가 입증

되었다. 또한 전 세계적으로 유사한 HVDC가 설치되었다. 해저로 대용량의 전력 수송을 위하여 HVDC가 선택되고 있으며(스웨덴, 뉴질랜드 등) 장거리 대용량 전력수송을 위하여도 HVDC가 채택되고 있다(캐나다, 미국, 서아프리카, 러시아 등).

HVDC의 경제성과 높은 신뢰도의 덕택으로 유연교류 송전장치(FACT)가 각광을 받게 되었다. 경험을 쌓기 위하여 실험적 FACT가 다수 건설되고 있다. 이러한 시스템의 혜택은 다양하다. 이 장치에 유연성을 추가함으로써 좀 더 신뢰도가 높은 서비스가 가능하게 되어 직류시스템의 비용은 경제적 비김점에 접근하고 있다. 그러므로 FACT뿐만 아니라 교류와 직류 설비를 동시에 취급할 수 있는 조류계산 프로그램이 개발되어야 한다.

직류선로 또는 FACT와 같은 설비가 전력변환장치에 사용될 경우, 정류기, 인버터 그리고 직류선로와 같은 직렬장치 등을 취급할 수 있는 조류계산문제의 해법이 개발되어야 한다. 또한 리액터, 선로필터, 상간변압기[5] 등의 보조설비를 취급하는 방법도 개발되어야 한다.

여러 송전제어 및 배전제어를 위하여 전력변환장치가 사용되고 있다. 전력변환장치는 직류선로에 사용되는 교류/직류 변환장치를 포함한다. 그러나 관심의 대상이 되는 것은 송전망이나 배전망에서 전력조류를 조절하는 장치이다. 이러한 장치를 FACT라고 한다. 이 장치는 교류/직류 컨버터에 사용되는 기술과 유사한 것을 사용한다. FACT는 직렬 또는 병렬장치로 구분된다. 직렬장치는 이 장치를 통하여 흐르는 전력조류가 조정될 수 있도록 연결되며 병렬장치는 전력시스템의 각 모선에서의 등가부하를 조정하도록 연결된다. 직렬장치는 송전선의 자연송전 임피던스를 보상하여 송전망에 흐르는 무효전력 또는 유효전력을 제어하는 데 이용된다. 병렬장치는 송전망의 주요 지점에서 등가무효전력을 조정하기 위해 대지로 접속된다. 또한 역률이 1에 가깝지 않은 경우 송전망에서 특이한 전력수요로서 작용하는 소비자부하를 보상하기 위해 사용된다.

---

5) 역자 주: 상간변압기(inter-phase transformer)는 상간의 불균형을 해소하기 위한 용도의 변압기

모든 수치는 퍼유닛으로써 표현된다. 아래첨자 r은 컨버터의 교류단자를 의미한다. 아래 첨자 R은 정류기를 의미하며 I는 인버터를 의미한다. 퍼유닛 시스템은 자료를 정규화(normalize)한다. 퍼유닛 값은 실제의 모수를 기준값으로 나눔으로써 구해진다.

교류시스템의 퍼유닛 기준값에서

S_{base}는 3Φ 전력의 기준값

V_{base}는 선간전압의 기준값

I_{base}는 복소수 전력과 복소수 전압 사이의

공액복소수 값으로 나타난 전류의 기준값

Z_{base}는 '옴의 법칙'에 의한 임피던스 기준값

이며 직류시스템의 퍼유닛 기준값에서

$S_{base\,DC}$는 $S_{base\,AC}$ ($S_{base\,AC}$와 같음)

$V_{base\,DC}$는 V_{base}의 값

$I_{base\,DC}$는 $\sqrt{3}\ I_{base}$

$Z_{base\,DC}$는 '옴의 법칙'에 의한 기준값

이다.

6.5 시스템 운용스케줄 수립을 위한 조류계산

급전원을 위한 조류계산 프로그램의 용도는 첫 번째, 고전압전력설비를 정식화하여 조류계산문제의 해를 찾는 것이며 두 번째로, 원하는 운용상태를 달성하기 위하여 어떻게 설비의 제어기준치를 결정할 것인가 하는 것이다. 시스템 운용을 위한 기준치 설정에 관한 검토는 현재의 운용상태에서 어떤 제어기준치가 설정되어야 하는가에 관한 것이다. 전력시스템 확장스케줄의 단계에서는 어떠한 제어설비가 미래의 시스템 운용의 안전도와 신뢰도를 보장해 줄 것인가를 결정하는 것이다.

시스템 운용스케줄은 운용조건이 명시된 상태에서 실행되는 것이다. 조류계산문제에서 기본적인 질문은 다음과 같다.

- 전력시스템 전체에 대하여 송전선과 변압기의 부하는 얼마인가?
- 전력시스템 전체에 대하여 각 모선의 전압은 얼마인가?
- 과부하로 된 설비의 부하를 경감하는 방법은 어떤 것이 있는가?
- 예상하지 못한 설비고장이 발생하였을 경우, 서비스를 계속할 수 있는 선택은 무엇인가?

도시가 성장하거나 또는 산업체가 설비를 증설 또는 개선하므로 계획수립을 담당하는 엔지니어는 기존 시스템에 변경을 주는 계획을 평가하여야 한다. 다음 사항은 여기에 따라 발생하는 질문이다.

- 새로운 발전소 입지
- 새로운 송전선 경과지
- 어떠한 직류 송전선이 지역 간 전력흐름에 유리한 것인가?
- 예상하지 못한 설비고장이 발생하였을 경우, 서비스를 계속할 수 있는 선택사항은 무엇인가?

6.6 에너지보존법칙(텔리전의 정리)

전력시스템 전체 또는 각 모선에서 에너지보존법칙의 개념은 가장 기본적인 원칙의 하나이다. 이를 설명하기 위하여 가장 먼저 사용되는 방정식은 각 모선에서 복소수 전력의 합

$$\sum_{j=k}^{l} \mathrm{S}_{ij} = 0$$

으로 나타나는 에너지보존법칙이며 여기에서 복소수 전력은 유효전력과 무효전력을 다음 식

$$\mathrm{S} = P + Q\sqrt{-1}$$

으로 나타낸 것이다. 달리 말하면, 에너지보존의 법칙은 유효전력의 합과 무효전력의 합에 대하여 다음 식

$$\sum_{j=k}^{l} P_{ij} = 0$$

$$\sum_{j=k}^{l} Q_{ij} = 0$$

과 같이 나타내는 것이다. 〈그림 6.10〉의 내용을 다시 반복하면서 에너지보존의 법칙을 보여 주기 위하여 모선-i에서의 해석을 보여 준다.

모선-i에 대한 복소수 형태의 방정식은 다음 식

$$\mathrm{S}_{gen_j} - \mathrm{S}_{demand_j} - \mathrm{S}_{ik} - \mathrm{S}_{ij} = 0$$

과 같다. 복소수전력(피상전력)의 유효전력과 무효전력을 이용하여 구성요소별 방정식을 구할 수도 있다. 그러므로 에너지보존법칙은 다음 식

$$P_{gen_i} - P_{demand_i} - P_{ik} - P_{ij} = 0$$

$$Q_{gen_i} - Q_{demand_i} - Q_{ik} - Q_{ij} = 0$$

같이 나타난다. 2개의 모선을 연결하는 가지 사이를 흐르는 전력은 모델 개발을 설명하는 절에서 나타난 바와 같이 송전선의 π-등가회로에서의 직렬흐름과 병렬흐름으로 나타낼 수 있다. 각 모선에서의 보존법칙은 여유모선을 제외하고 모두 조류계산 문제의 정식화에서 중요한 요소이다. 여유모선은 스윙모선이라고도 한다. 여유모선은 전체 시스템의 에너지보존의 법칙을 만족시킨다. 그러므로 여유모선은 발전출력, 부하, 전체 전력시스템 손실 그리고 무효전력의 저장 등에 관한 차이(불일치)에 대하여 유효전력과 무효전력을 공급한다.

6.7 현재의 조류계산문제의 해법

디지털 컴퓨터를 사용하여 전력시스템과 연계전력시스템을 검토하는 데 있어서 여러 기법이 존재한다. 각종 기법에는 몇 가지 공통된 기준이 존재한다. 가장 널리 사용되는 기법은 유효전력 방정식과 무효전력 방정식을 2개의 독립된 방정식의 조합으로 구성하는 것이다. 첫 번째 조합은 유효전력 방정식이다. 두 번째는 무효전력 방정식이다. 몇 개의 해법이란 사실상 연립선형대수 방정식을 푸는 방법 가운데 하나의 변형된 형태이다. 이 해법의 변형 가운데 흔히 사용되는 것은 연립방정식의 해를 완화법에 의하여 구하는 가우스-자이델 기법이다. 해법의 일반적 절차는 전력시스템 내에 깊이 파묻혀 있는(embedded) 제어시스템을 포함하여 해를 구하는 것이다. 이와 같은 제어시스템이란 자동 탭변환 변압기에 의한 무효전력제어 또는 자동 전압조정장치 등을 말한다. 또 다른 내재하는 제어시스템은 이상변압기[6]에 의한 유효전력조류제어 기능이다. 고전압 직류송전에 의한 유효전력제어도 내재하는 제어시스템으로 실행된다. 또한 기타의 유연교류 송전장치도 여기에 포

6) 역자 주: 이상(移相)변압기(quadrature phase shifting transformer), 위상조절변압기

함된다. 전력시스템의 회로방정식을 풀어 해를 구하면 확장된 제어시스템 문제가 해결되고 준최적 상태에서 각 기기를 통한 전력조류가 계산된다. 최근의 조류계산 문제는 최적해를 구하는 알고리즘을 구사한다. 확장된 제어에는 제어지역 내의 시스템 운용비의 최소화를 위한 발전기의 급전, 송전손실 최소화를 위한 지역 간의 발전기출력 재배치(이전), 각 기기에 흐르는 전력을 감소시키기 위한 발전기출력이동 등이 포함된다.

6.8 증강 자코비안 행렬을 사용한 뉴턴-랩슨법

6.8.1 조류계산의 표현

모선이 n개인 전력시스템의 i번째 모선을 예로 들어 본다. 텔리전의 정리에 의하면 각 모선에서의 에너지는 0이 되어야 한다. 즉 다음 식

$$\mathbf{S}_{Gi} = \mathbf{S}_{Li} + \mathbf{S}_{Ti} \tag{6.1}$$

여기에서

$\mathbf{S}_{Gi}$ = 모선으로 들어가는 복소수 발전출력

$\mathbf{S}_{Li}$ = 모선에서 나가는 복소수 부하전력

$\mathbf{S}_{Ti}$ = 해당 모선에서 전력시스템으로 나가는 복소수 전력

(굵은 글씨체는 복소수 변수를 의미한다.)

과 같다.

그런데 복소수 전력은 실수의 유효전력 성분과 허수의 무효전력 성분으로 분해될 수 있으므로 (여기에서 $j=\sqrt{-1}$) 다음의 식

$$\mathbf{S}_{Gi} = P_{Gi} + jQ_{Gi} \tag{6.2a}$$

$$\mathbf{S}_{Li} = P_{Li} + jQ_{Li} \tag{6.2b}$$

$$S_{Ti} = P_{Ti} + jQ_{Ti} \qquad (6.2c)$$

과 같이 나타난다. 그러면 다음의 관계식

$$P_{Gi} = P_{Li} + P_{Ti} \qquad (6.3a)$$

$$Q_{Gi} = Q_{Li} + Q_{Ti} \qquad (6.3b)$$

과 같이 유효전력 성분과 무효전력 성분은 독립적으로 나타낼 수 있다. 그러면 유효전력과 무효전력이 정식화된다. 따라서 하나의 식 6.3a와 식 6.3b에 의하여 정의되는 각 모선에는 6개의 변수가 존재하며 방정식 시스템의 크기가 대단히 커진다. n-모선 시스템에는 $6n$개의 변수가 존재하는 $2n$개의 방정식이 있다. 조류계산문제의 방정식은 모선의 부하가 결정된 상황에서 작성된다. 그러므로 P_{Li}와 Q_{Li}는 알고 있는 변수이다. 그러므로 하나의 모선에는 4개의 변수 P_{Gi}, Q_{Gi}, P_{Ti}, 그리고 Q_{Ti}가 존재한다. 발전에 관련한 항과 부하에 관련한 항은 대부분의 모선에 있어서 간단한 상수이다. 그러나 송전선에 관련한 항은 각 기기별로 독특한 모델링 문제를 갖는 송전선, 변압기, 인덕터, 커패시터, 유연교류 송전장치 등에 흐르는 유효전력과 무효전력으로써 나타낸다. 발전출력과 부하는 송전망의 관계식에서 보면 외부에 속하는 것이다. 전력시스템의 네트워크는 수동적이다. 이것은 n-단자 네트워크로 취급된다.

대부분의 저자들은 임피던스 행렬 혹은 어드미턴스 행렬 표시법을 사용한다. 이 가운데 어드미턴스 방법이 더 적합한 것으로 입증되었다. 그러나 외형적으로 어드미턴스 또는 임피던스 행렬 가운데 하나를 사용할 필요는 없다. 이 책은 각 설비의 전력조류의 관계식으로부터 문제를 직접 구성한다. 아래에서는 '모선 어드미턴스 행렬'이 사용되지 않는다. 그 대신에 '가지 어드미턴스 행렬'이 사용된다. 이 책은 네트워크 구성요소에 대하여 '링크(link)'라는 포괄적인 용어를 사용한다. 각 모선에서의 '텔리전의 정리(에너지보존)'는 미지의 전력흐름과 알고 있는 전력주입을 구분하기 위하여 다음 식

$$P_{Gi} - P_{Li} = P_{Ti} \quad (6.4a)$$

$$Q_{Gi} - Q_{Li} = Q_{Ti} \quad (6.4b)$$

과 같이 다시 작성된다. 하나의 전력시스템 내에서 m개의 링크를 갖고 있는 어떤 모선을 고려하면 다음 식

$$S_{Ti} = \sum_{j=1}^{m} S_{ij} \quad (6.5)$$

이 성립한다. 각 설비에 흐르는 복소수 전력조류는 다음 식

$$S_{ij} = P_{ij} + jQ_{ij} \quad (6.6)$$

과 같이 유효전력 항과 무효전력 항으로 나타난다. 기기에 흐르는 복소수 전력조류는 각 모선에서의 전압과 모선을 떠나는 공액복소수 전력을 곱한 것으로서 다음 식

$$S_{ij} = V_i I_{ij}^* \quad (6.7)$$

과 같이 나타난다. 전류는 이 모선과 여기에 링크된 다른 모든 모선의 어드미턴스, 그리고 병렬 어드미턴스를 통하여 대지로 흐르는 전류의 함수이며 다음 식

$$I_{ij} = Y_{ii} V_i + Y_{ij} (V_i - V_j) \quad (6.8)$$

과 같이 나타낸다. 이 책은 실수인 컨덕턴스와 서셉턴스를 복소수 어드미턴스($Y = g + jb$)에 연결시키는 것으로서 '정상(normal) 어드미턴스' 표현법을 사용한다. Y_{ii}는 노드-i에만 접속된 기기의 어드미턴스를 말하며 Y_{ij}는 모선 사이의 어드미턴스를 의미한다.

$$S_{ij} = V_i Y_{ij} V_i^* + V_i V_i^* Y_{ii}^* - V_i V_j^* Y_{ij}^* \quad (6.9)$$

위의 식은 모선 어드미턴스 행렬의 "자기(self)"와 관련한 항을 포함한다는 사실을 알아야 한다. 다음 식

$$P_{ij} = V_i^2 Y_{ij} cos(-\gamma_{ij}) - V_i V_j Y_{ij} cos(\delta_i - \delta_j - \gamma_{ij}) \quad (6.10a)$$

$$Q_{ij} = V_i^2 Y_{ij} sin(-\gamma_{ij}) - V_i V_j Y_{ij} sin(\delta_i - \delta_j - \gamma_{ij}) - V_i^2 Y_{ii} \quad (6.10b)$$

에서 V_i와 V_j는 모선-i와 모선-j의 전압의 크기이고 Y_{ij} 는 모선-i와 모선-j를 연결하는 링크의 어드미턴스이며 δ_i와 δ_j는 모선-i와 모선-j의 전압 위상각이며 γ_j는 모선-i와 모선-j를 연결하는 링크의 어드미턴스의 각이다. 노드해석에 있어서 요구되는 바와 같이, 하나의 모선에 연결된 링크의 어드미턴스의 합계는 모선 어드미턴스 행렬의 대각선 요소를 구성한다.

위 식에서는 전력조류에 관한 변수(P_{Ti}, Q_{Ti})가 전압 관련 변수(V_i, δ_i)로 대체되었다. 위 식을 보면 조류계산문제의 복잡성을 알 수 있다. 어떤 모선에 전송되는 무효전력과 유효전력은 다른 모든 모선의 전압의 크기와 위상각의 함수이다.

각 모선에는 P_{Gi}, Q_{Gi} P_{Li}, Q_{Li}, V_i, δ_i의 6개 변수가 존재한다. 소비자 수요는 모선별로 지정되어 있고 변동하지 않는다. 이와 같은 모델은 지금까지 전통적으로 정부의 규제 아래에서 공급의무를 가진 전력회사가 사용하던 조류계산 모델이다. 그러나 송전선의 전력조류를 통하여 균형을 이룬 결과가 각 모선에서의 유효전력과 무효전력의 순주입이다. 이것에 의하면 4개의 변수와 2개의 방정식이 남는다. 2개의 변수를 추가해야 한다. 수학적으로 말하면 어떤 2개의 변수라도 선택될 수 있다. 그러나 각 모선을 검토해 알려진 변수만을 선택해야 한다. 여기의 선택은 어떤 특정한 모선에 부착된 설비에 의해 결정된다. 여러 가지 선택 방법이 〈표 6.1〉에 나타나 있다. 선택 방법은 알려진 변수를 나타내기 위하여 모선의 형식을 정의하는 것이다.

첫 번째 형식($V\delta$)은 여유모선 또는 스윙모선이라고 말한다. 이것은 총출력(발전기출력의 합)에 대하여 소비자 수요와 송전손실의 균형을 잡기 위한 것이다. 그러므로 유효전력과 무효전력의 생산에 대한 제약조건은 존재하지 않는다. 교류회로에서 하나의 위상자의 값이 위상각의 기준치로서 지정되어야 한다. 필요한 발전출력은 전압의 위상각을 0으로 지정하고 결정된다. 발전기가 여자기를 이용하여 전압을 조정하므로 전압의 크기는 1.0으로 한다. 그러나 이것이 필수적인 것은 아니다. 만약 무효전력이 고정된다면 전압의 크기는 계산된다. 몇몇 연구에서는 연계선에 속한 모선(tie bus)을 여유모선으로 지정하기도 한다. 연계선에 속한 모선에는 발전출력이나 부하가 지정되지 않는다. 그러므로 해를 찾은 후의 유효전력발전이나 무효전력발전을 확인해 보면 수요와 손실의 합이 발전기출력의 합과 균형을 이루지 않는다는 것을 알 수 있다. 그러면 조류계산문제를 다시 푼다. 하나의 독립시스템에는 하나의 여유모선이 지정되어야 한다.

P_{Gi}와 Q_{Gi}가 지정된 모선은 PQ모선이라고 한다. 이러한 모선에는 발전출력이 없는 것도 포함된다. PQ모선은 가장 흔한 형식의 모선이다. 여기의 모선에 대하여는 V_i와 δ_i 변수가 미지의 변수이며 이 변수의 값을 구하려는 것이다.

마지막의 모선 형식은 '전압이 제어되는' PV모선이며 제어의 차이로 인해 두 가지로 분류한다. PV모선의 전압은 발전기의 여자기, 변압기, 또는 유연교류 송전장치 등에 의하여 제어된다.

여러 종류의 에뮬레이션 계산이 PV모선에서 행해질 수 있다. PV모선은 대표적으로 발전기가 접속되어 있는 모선이다. 발전기에서 제어할 수 있는 두 종류의 작용은 P_i와 V_i를 제어할 수 있다. 이러한 값이 제어되므로 PV모선에서 이 값들은 알고 있는 값으로 명시된다. 발전기 운전 특성곡선에 따라 발전기의 유효전력 및 무효전력의 값이 지정된 범위 내에 존재하게 된다. 달리 말하면 이러한 제약조건 아래에서 기타의 무효전력 제어기기들이 작동한다.

〈표 6.1〉 조류계산문제의 모선 형식

모선 형식	기호	지정되어 있는 내용	지정되지 않는 내용
슬랙발전기	$V\delta$	V_i, δ_i	P_{Gi}, Q_{Gi}
슬랙 수요(slack demand) 또는 tie(tie line)	$Q\delta$	Q_{Gi}, δ_i	P_{Gi}, V_i
모선의 소비자부하	PQ	P_{Gi}, Q_{Gi}	V_i, δ_i
발전기	PV	P_{Gi}, V_i	Q_{Gi}, δ_i
전압크기 제어 대상	CV	P_{Gi}, V_i	δ_i, α

행렬연산 과정 중에서 전압을 유지하기 위한 무효전력의 조정은 실행되지 않는다는 점에서 Q_{Gi}에 관한 제약은 특이한 것이다.[7] 이에 대신하여, 직전의 반복단계에서 계산된 전압의 크기와 위상각에 의하여 Q_{Gi} 자체는 계산되는 것이며 제약은 입력으로 주어지는 것이다. 이 계산 이후에 필요한 무효전력의 크기가 제약의 범위에 속하는가를 검토한다. 만약 제약범위 내에 들어오지 않고 한계에 부딪쳤을 경우, 무효전력의 값을 제약값으로 고정하고 V_i가 고정되어 있는 것이라는 제약을 풀어 놓는다. 다시 말하면 V_i와 Q_{Gi}의 역할을 바꾸는 것이다. 이것은 모선의 형식을 PV모선에서 PQ모선으로 변경하는 것이다. 다음에 오는 반복계산에 있어서는 전압을 유지하기 위하여 필요한 무효전력의 크기를 계속하여 체크한다. 필요한 무효전력의 크기가 받아들일 수 있는 범위 내에 있을 경우에는 항상 모선을 PV모선으로 바꾸어 지정한다. 이 작업은 계산과정에서 한 번 이상 발생할 수 있다.

두 번째 형식의 전압제어는 '운전 시 탭변환 변압기(TCUL)'를 이용한 CV모선이다. 이 모선에서 유효전력과 무효전력은 고정되지만 탭의 위치가 전압을 조정한다. 이렇게 함으로써 제어받는 모선에서 CV모선으로 변경된다. 이 모선은 유효전력 방정식에 대한 것과 같이 모델링 된다. 그러나 무효전력 방정식은 전압의 크기와 변압기 탭의 비율(α)과의 상관관계에 관한 방정식으로 대체된다. 하나의 모선에서는 해를 찾는 반복과정에서 하나의 장치가 전압을 제어하여야 한다. 이와 같은 모델에서는 유연교류 송전장치가 유사한 제어를 할 수 있다.

6.9 수학문제의 개관

교류조류계산 문제를 풀기 위하여 가장 널리 사용되는 방법은 뉴턴-랩슨법(Newton's

7) 역자 주: 무효전력의 한계는 입력자료에서 지정된다.

point form)[8]이다. 이 방법은 다음 식

$$F(X)=0 \tag{6.11}$$

과 같은 벡터-행렬 비선형방정식을 푸는 것이며 여기에서 F는 벡터변수 X의 함수로 구성된 벡터값을 갖는 비선형함수이다. 초깃값 X^0는 X에 있어서 다음 식

$$F(X)=0=F(X^{(0)})+J\Delta X+\text{높은 계(higher order)의 항}$$

$$(J)_{ij}=\frac{\partial F_i}{\partial X_j} \tag{6.12}$$

과 같이 F(X)를 벡터-행렬 테일러 전개식으로 나타내는 데 사용된다. 여기에서 J는 시스템의 자코비안 행렬이며, F_i는 F의 i번째 성분, 그리고 X_j는 X의 j번째 성분이다. 또한 ΔX는 $X^{(0)}$에 대한 1차 수정분이다.

여유모선을 제외하고, 각 노드에는 일반적으로 2개의 방정식이 다음 식

$$\Delta P_i=\sum\frac{\partial P_{ij}}{\partial\delta_j}\Delta\delta_j+\sum V_j\frac{\partial P_{ij}}{\partial V_j}\frac{\Delta V_j}{V_j}$$

$$\Delta Q_i=\sum\frac{\partial Q_{ij}}{\partial\delta_j}\Delta\delta_j+\sum V_j\frac{\partial Q_{ij}}{\partial V_j}\frac{\Delta V_j}{V_j} \tag{6.13}$$

$$\Delta P_i=P_i\,(\text{지정된 크기})-P_i\,(\text{계산된 크기})$$

$$\Delta Q_i=Q_i\,(\text{지정된 크기})-Q_i\,(\text{계산된 크기})$$

과 같이 존재하며 위 식에서 합산은 불일치를 계산하기 위하여 모선-i에 연결된 모든 모선-j에 대하여 실행한다. P_i(계산된 크기)와 Q_i(계산된 크기)는 모선-i에 있어서의 순유효전력과 순무효전력이다. 따라서 계산절차는 각 모선에서 편미분함수를 계산하고, 식 6.13에 의하여 ΔP_i와 ΔQ_i를 계산한 다음, 미리 지정된 허

---

8) Newton's Point form은 Newton's Fixed Point Theorem에서 유래한 것이며, 하나의 점에서 테일러 급수 전개를 하는 표준 뉴턴법을 참조하여도 좋다.

용오차보다 잔차가 큰가를 계산하여 수렴 여부를 판정한다. 식 6.15를 이용하여 식 6.15와 같은 일반 형태의 행렬을 구성하며 $(A)^T$는 A의 전치행렬을 나타내며 A_i는 A의 하위행렬을 나타낸다. 또한 (A_{ij})는 행렬 A의 요소를 나타낸다.

$$Ax = b$$

$$x = A^{-1}b$$

$$b = [\Delta P_2, \Delta P_3, \cdots, \Delta P_n, \Delta Q_2, \Delta Q_3, \cdots, \Delta Q_n]^T$$

$$x = \left[\Delta\delta_2, \Delta\delta_3, \cdots, \Delta\delta_n, \frac{\Delta V_2}{V_2}, \frac{\Delta V_3}{V_3}, \cdots, \frac{\Delta V_n}{V_n}\right]^T \tag{6.14}$$

$$A = \begin{bmatrix} A_{ii} & A_{ij} \\ A_{ji} & A_{jj} \end{bmatrix} \tag{6.15}$$

$$A_{ii} = \begin{bmatrix} \frac{\partial P_{ii}}{\partial \delta_i} & V_i \frac{\partial P_{ii}}{\partial V_i} \\ \frac{\partial Q_{ii}}{\partial \delta_i} & V_i \frac{\partial Q_{ii}}{\partial V_i} \end{bmatrix} \quad A_{ij} = \begin{bmatrix} \frac{\partial P_{ij}}{\partial \delta_j} & V_j \frac{\partial P_{ij}}{\partial V_j} \\ \frac{\partial Q_{ij}}{\partial \delta_j} & V_j \frac{\partial Q_{ij}}{\partial V_j} \end{bmatrix}$$

다음 단계는 증강행렬 $[A \mid b]$를 가우스 소거법에 의하여 푸는 것이다. 해를 구할 때에는 한 번에 각 모선에 대하여 하나의 ΔP_i 방정식과 하나의 ΔQ_i 방정식을 푸는 것이다. 연결링크가 있는 모선의 구조는 계산의 효율과 속도를 증가시킨다. 위의 증강행렬 문제의 해를 빠르게 구하는 것으로서 잘 알려진 것은 후치대입법이다. 이 과정에 의하여 문제의 해(x)가 구해지며 각 모선에서의 전압의 크기와 위상각이 구해지는 것이다.

6.10 교류시스템 제어의 모델링

전력시스템이 정상 상태(steady state)로 운용될 때의 전력시스템 제어를 직접 시뮬레이션 하는 용도로서 뉴턴-랩슨법이 확장되어 사용된다. 뉴턴-랩슨법의 절차는 '반네쓰'에 의하여 제안되었고 브리톤, 페터슨, 마이어 등이 확장개념을 제시하였다. 브리톤의 논문은 조류계산 알고리즘에 있어서 12개의 제어모델에 대하여 거의 완벽한 개발 아이디어를 제안하였다. 시뮬레이션에 사용된 대표적인 제어기법은 발전기의 무효전력 생산, 발전기에 의한 선로조류제어, 운전 시 탭변환 변압기(TCUL)에 의한 지역적 원격 전압제어, 운전 시 탭변환 변압기에 의한 선로 무효전력조류제어, 이상변압기에 의한 송전선의 유효전력조류제어 등이다.

6.11 지역별 전압제어

지역별 전압제어를 위한 제어모델은 발전기가 접속된 전력시스템의 모선에서 지정된 전압크기를 유지할 수 있는가에 대한 발전기의 능력을 시뮬레이션 한다. 따라서 전압의 크기가 상수로 고정되므로 전압의 크기에 관한 편미분계수 $\partial P/\partial V$가 소거된 유효전력 방정식 ΔP만 존재한다.

$$\Delta P_i = \frac{\partial P_{ii}}{\partial \delta_i}\Delta\delta_i + \text{링크된 인접 모선의 편미분값} \tag{6.16}$$

다른 제어모드에 관한 모델은 예제 6A에 주어져 있다.

6.12 송전선과 변압기의 모델링

6.12.1 송전선의 전력조류계산 방정식

송전선은 〈그림 6.11〉과 같이 모델링 된다. 송전선의 양단에서 측정된 전력조류는 다음 식에 의하여 계산된다.

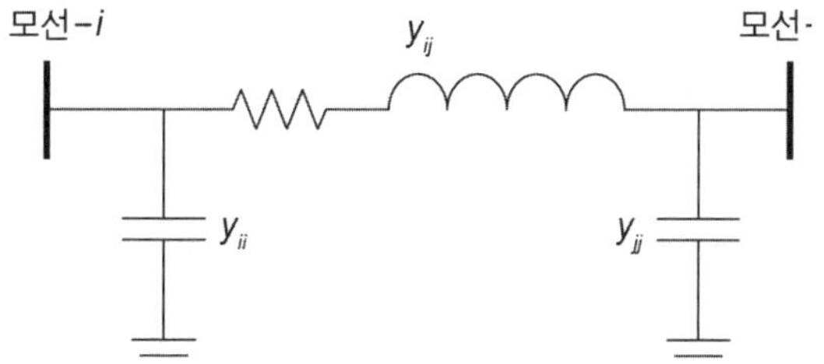

〈**그림 6.11**〉 송전선 모델

송전선로의 양단에 주어진 전압:

$$\text{모선-}i\text{의 전압} : V_i = \| V_i \| \angle \delta_i$$

$$\text{모선-}j\text{의 전압} : V_j = \| V_j \| \angle \delta_j$$

송전선로의 직렬 임피던스와 병렬 임피던스:

$$\text{직렬 임피던스}: \mathbf{y}_{ij} = \| \mathbf{y}_{ij} \| \angle \gamma_{ij}$$

$$\text{병렬 임피던스}: \mathbf{y}_{ii} = \| \mathbf{y}_{ii} \| \angle 90^\circ$$

그러면 모선-i에서 측정된 모선-i부터 모선-j로 흐르는 전류는 다음 식

$$\begin{aligned} I_{ij} &= V_i \mathbf{y}_{ii} + (V_i - V_j)\mathbf{y}_{ij} \\ &= V_i(\mathbf{y}_{ii} + \mathbf{y}_{ij}) - V_j \mathbf{y}_{ij} \end{aligned}$$

과 같다. 모선-i에서 측정된 모선-i부터 모선-j로 흐르는 전류는 다음 식

$$S_{ij} = V_i I_{ij}^* \tag{6.17}$$

과 같다. 전류에 대한 관계식을 대체하면 다음 식

$$S_{ij} = \| V_i \|^2 \mathbf{y}_{ii}^* + \| V_i \|^2 \mathbf{y}_{ij}^* - V_i V_j^* \mathbf{y}_{ij}^* \tag{6.18}$$

을 얻는다. 이 식을 정리하면 다음 식

$$P_{ij} = \| V_i \|^2 \| \mathbf{y}_{ii} \| \cos(\gamma_{ij}) - \| V_i \| \| V_j \| \| \mathbf{y}_{ij} \| \cos(\delta_i - \delta_j - \gamma_{ij}) \tag{6.19a}$$

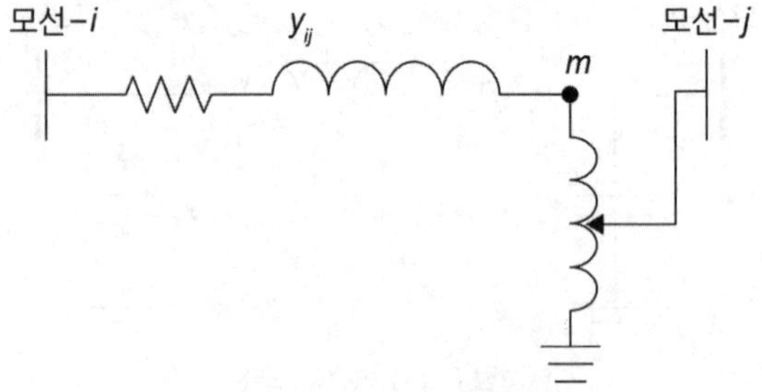

〈그림 6.12〉 변압기 모델

$$Q_{ij} = -\|V_i\|^2\|\mathbf{y}_{ii}\| - \|V_i\|^2\|\mathbf{y}_{ij}\|\sin(\gamma_{ij})$$
$$-\|V_i\|\|V_j\|\|\mathbf{y}_{ij}\|\sin(\delta_i - \delta_j - \gamma_{ij}) \quad (6.19b)$$

이 된다. 위의 2개의 식은 편미분을 계산하는 데 있어서의 출발점이 된다.

6.12.2 변압기의 전력조류계산 방정식

변압기는 〈그림 6.12〉와 같이 모델링 된다. 변압기 양단에 있어서의 측정되는 전력조류는 다음 방정식과 같이 주어진다.

변압기 양단에서 주어진 전압: $V_m = \alpha V_i$

(α는 변압기의 탭 비율이며 이상변압기의 경우에는 복소수이다.)

변압기의 임피던스와 탭:

직렬 임피던스: $y_{ij} = \|\mathbf{y}_{ij}\| \angle\gamma_{ij}$

탭 비율: $\alpha_{ij} = \|\boldsymbol{\alpha}_{ij}\| \angle\theta_t$

그러면 모선-i에서 측정한 모선-i로부터 모선-j에 흐르는 전류는 다음 식

$$I_{ij} = (V_i - V_m)\mathbf{y}_{ij}$$
$$I_{ij} = V_i\mathbf{y}_{ij} - V_m\mathbf{y}_{ij}$$
$$I_{ij} = V_i\mathbf{y}_{ij} - \boldsymbol{\alpha}_{ij}V_j\mathbf{y}_{ij}$$

과 같다. 이 모델에서 α_{ij}는 크기가 $\|\alpha_{ij}\|$이며 위상각은 θ_t이다. 결과적으로 얻는 전력조류는 다음 식

$$S_{ij} = V_i I_{ij}^* = V_i V_i^* y_{ij}^* - \alpha_{ij}^* V_i V_j^* y_{ij}^* \tag{6.20}$$

과 같다. 위의 식을 2개로 분리하면 다음의 2개의 식

$$\begin{aligned} P_{ij} &= \|V_i\|^2 \|y_{ii}\| \cos\gamma_{ij} \\ &\quad - \|\alpha_{ij}\| \|V_i\| \|V_j\| \|y_{ij}\| \cos(\delta_i - \delta_j - \theta_t - \gamma_{ij}) \\ Q_{ij} &= \|V_i\|^2 \|y_{ij}\| \sin\gamma_{ij} \\ &\quad - \|\alpha_{ij}\| \|V_i\| \|V_j\| \|y_{ij}\| \sin(\delta_i - \delta_j - \theta_t - \gamma_{ij}) \end{aligned} \tag{6.21}$$

이 된다. 기타의 모선에 대하여는 다음 식

$$\begin{aligned} P_{ji} &= -\|\alpha_{ij}\| \|V_i\| \|V_j\| \|y_{ij}\| \cos(\delta_j - \delta_i + \theta_t - \gamma_{ij}) \\ &\quad + \|\alpha_{ij}\|^2 \|V_j\|^2 \|y_{ij}\| \cos(\theta_t + \gamma_{ij}) \\ Q_{ji} &= -\|\alpha_{ij}\| \|V_i\| \|V_j\| \|y_{ij}\| \sin(\delta_j - \delta_i + \theta_t - \gamma_{ij}) \\ &\quad + \|\alpha_{ij}\|^2 \|V_j\|^2 \|y_{ij}\| \sin(-\theta_t - \gamma_{ij}) \end{aligned} \tag{6.22}$$

이 성립한다. 변압기의 설계 사양, 가변 탭의 사용 여부, 송전망에 대한 접속형태 등에 따라서 다른 모델이 사용된다. 또한 변압기는 전압제어, 유효전력제어 그리고, 흔하지는 않지만 무효전력조류제어 등에 사용된다.

조류계산 방정식은 산업용 프로그램에서 자코비안 행렬의 편미분값을 구하기 위한 정상적인 출발점으로서 사용된다.

6.13 고전압 직류 송전선 링크

고전압 직류 컨버터는 3Φ 교류전력이 한쪽으로 들어가서, 다른 쪽에서는 하나 또

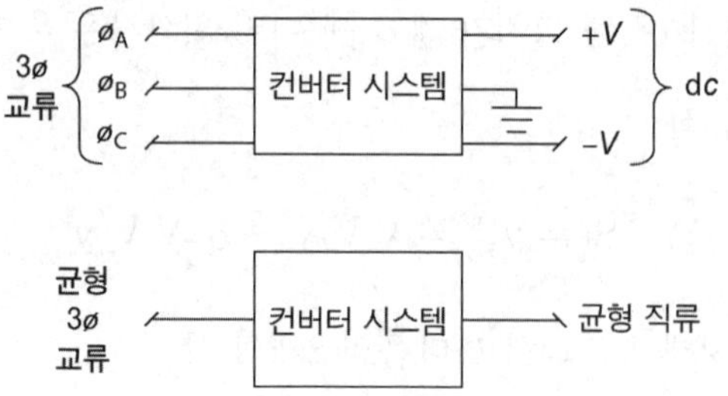

〈**그림 6.13**〉 단선도

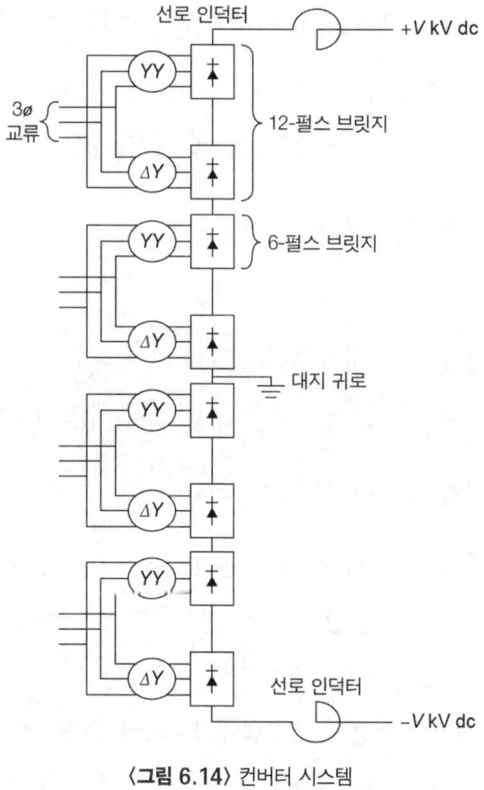

〈**그림 6.14**〉 컨버터 시스템

는 2개의 직류로 나오는 블랙박스로 표현된다(〈그림 6.13〉).

그림의 블랙박스는 정류를 하거나 또는 인버팅을 할 수 있는 6-펄스 또는 12-펄스의 컨버터로 나타낸다. 실제로 사용되는 좀 더 자세한 컨버터는 〈그림 6.14〉와 같이 나타낼 수 있다. 〈그림 6.14〉의 예시는 양극(bipolar) 또는 8-브릿지 시스템을

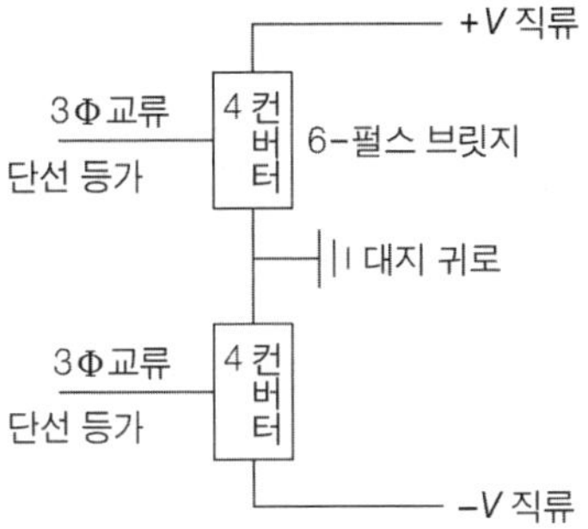

〈그림 6.15〉 단선 양극 모델

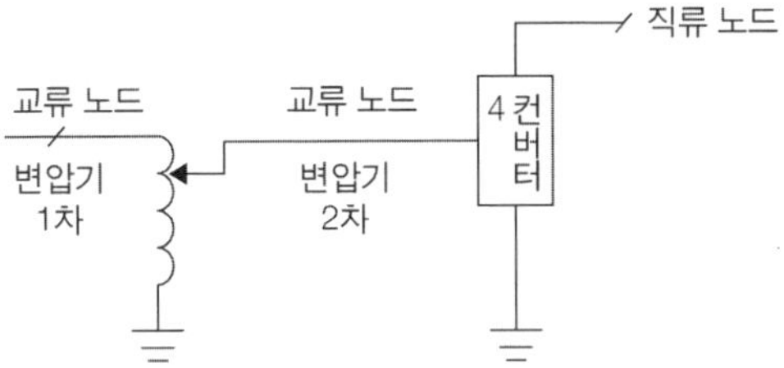

〈그림 6.16〉 단극 모델

나타낸다. 정상 상태(steady state)의 운전에서는 앞에서의 다이어그램을 〈그림 6.15〉에 나타낸 단선 양극 모델로 축소할 수 있다. 이 다이어그램은 대지 귀로를 중심으로 (+)/(−)가 존재하는 대칭구조이다. 이것은 만약에 〈그림 6.15〉의 모델을 좀 더 간단한 모델로 줄이고 싶다면 〈그림 6.16〉과 같은 하나의 단극 모델로 줄일 수 있다. 또 하나의 제안은 〈그림 6.15〉의 양극 모델을 표현하기 위하여 〈그림 6.16〉과 같은 단극 모델 2개를 사용하는 것이다. 이에 대한 가정은 대지 귀로가 조류계산용 모델에서는 모선으로 표현되지 않는다. 직류모선-k에 접속된 교류모선-i에 관한 방정식은 다음 식

$$\Delta P_i = \sum \frac{\partial P_{ij}}{\partial \delta_j}\Delta\delta_j + \sum V_j \frac{\partial P_{ij}}{\partial V_j}\frac{\Delta V_j}{V_j} + V_k \frac{\partial P_{ij}}{\partial V_k}\frac{\Delta V_k}{V_k}$$
+인접한 모선들에 대한 편미분

$$\Delta Q_i = \sum \frac{\partial Q_{ij}}{\partial \delta_j}\Delta\delta_j + \sum V_j \frac{\partial Q_{ij}}{\partial V_j}\frac{\Delta V_j}{V_j} + V_k \frac{\partial Q_{ij}}{\partial V_k}\frac{\Delta V_k}{V_k}$$
+인접한 모선들에 대한 편미분 (6.23)

과 같다. 위의 식에서 V_k는 대지에 대한 평균 직류전압이다. 식 6.23에서, 수학적 인 표현을 살펴보면 일반 교류수식과 비교하였을 때, 모선-k에서의 위상각에 관한 항이 사라졌다는 것이다. 정상 상태에 있어서 고조파가 없는 DC전류를 가정하면 고전압직류 모선에 대하여 무효전력이 존재하지 않는다. 교류 노드-i에 접속된 직류 노드-k에 관한 방정식은 다음 식

$$\Delta P_k = V_i \frac{\partial P_{ki}}{\partial V_i} \frac{\Delta V_i}{V_i} + \frac{\partial P_{ki}}{\partial \delta_i} \Delta \delta_i + V_k \frac{\partial P_{kk}}{\partial V_k} \frac{\Delta V_k}{V_k} + V_k \frac{\partial P_{kj}}{\partial V_j} \frac{\Delta V_j}{V_j} \quad (6.24)$$

과 같다. DC노드는 일반적인 DC회로와 같이 전압의 크기에 의해서 구해진다.

6.13.1 고전압 직류 컨버터와 유연교류 송전장치의 모델링

현재 HVDC 시스템은 컨버터가 상당한 크기의 무효전력을 교류전력시스템에서 끌어들여 소비하는 한계로 인하여 교류전력시스템에서 무효전력을 공급해 주어야 한다. 따라서 소비되는 무효전력은 커패시터에 의해 공급되며, 의도하지 않은 고조파를 제거하기 위해 능동필터와 수동필터가 추가된다.

6.13.2 고전압 직류 컨버터의 위상각에 대한 정의

기본적 개념은 시스템 전압의 크기와 위상각, 그리고 점호각과 정류각 등과 같은 제어변수에 관하여 유효전력과 무효전력 사이의 관계식을 찾아내는 것이다. 전압과 제어변수에 관한 유효전력조류와 무효전력조류의 1계 미분방정식을 찾아낼 수 있어야 한다. 대부분의 이와 같은 기기가 BTB AC/DC/AC 컨버터이므로 유연송전시스템에 대하여도 동일한 사항이 요구된다.

완전한 정상 상태(steady state)에 있어서 컨버터의 내부 동작은 2개의 변수에 의해서 결정된다. 첫째는 점호각 α이며 둘째는 소호각 γ이다. 〈그림 6.17〉은 6극 컨버터 등가회로에 대하여 일반적으로 정의되는 위상각 사이의 관계식을 나타낸다.

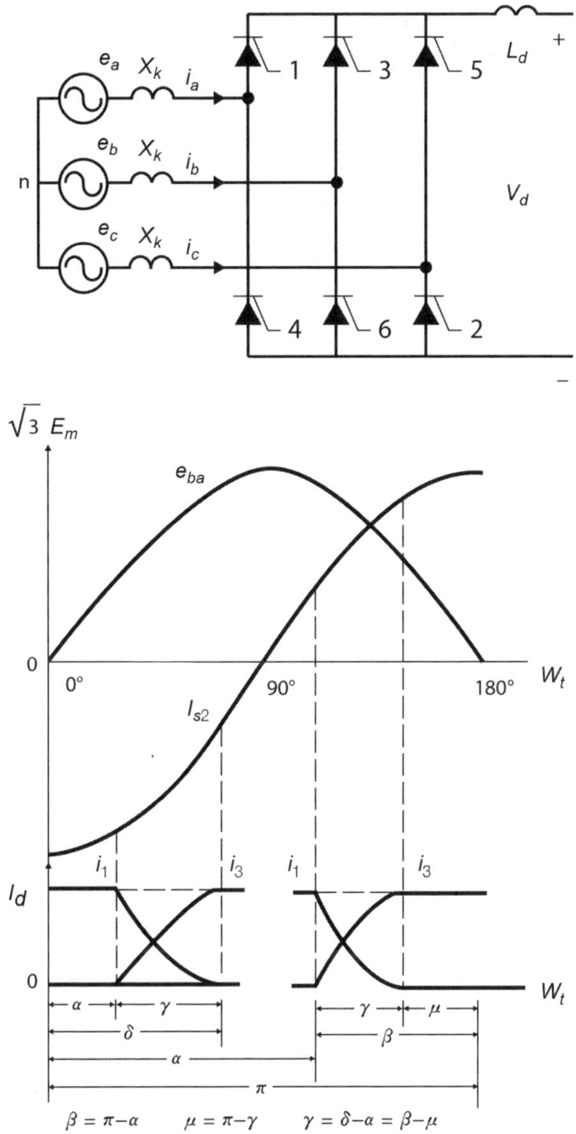

〈그림 6.17〉 컨버터의 위상각 관계식

이 설명은 컨버터의 운전 모드 즉 정류와 인버전을 설명하기 위하여 점호각 α를 사용한다.

6.13.3 6극 고전압 직류 컨버터의 전력방정식

이 절에서는 HVDC 컨버터에 관한 대표적인 자코비안 행렬을 설명한다. 다음의 가정을 사용한다면 해석은 대단히 간략하게 된다. 점호전압과 중첩각 전압 강하는 무시할 수 있다(즉 이상적인 다이오드). 하나의 인접한 브릿지의 운전은 다른 어떤 브릿지에도 영향을 미치지 않는다. 이 내용은 여러 개의 브릿지가 직렬로 연결되어 하나의 설비를 구성할 경우에 적용할 수 있다. 직류는 크기가 일정하며 고주파 리플이 없다. 전력시스템은 대칭 3Φ 정현파 전압으로서 일정한 크기이고 일정한 주파수를 갖는 무한모선이다. 입력 임피던스는 컨버터 변압기와 합쳐서 하나로 나타낼 수 있다. 변압기의 자화전류와 와류는 무시한다. 또한, 사이리스터 밸브의 컨버터에는 유효전력 손실이 없다.

직류 단극 링크의 정상 상태(steady state) 작동을 설명하는 방정식은 다음 식

$$
\begin{aligned}
V_{dR} &= \frac{3\sqrt{2}}{\pi} a_R V_{tR} \cos(\alpha_R) - \frac{3}{\pi} X_C I_d \\
V_{dI} &= \frac{3\sqrt{2}}{\pi} a_I V_{tI} \cos(\gamma_I) - \frac{3}{\pi} X_C I_d \\
V_{dR} &= V_{dI} + R_d I_d \qquad (6.25) \\
P_{dR} &= V_{dR} I_d \\
P_{dI} &= V_{dI} I_d \\
S_{dR} &= k \frac{3\sqrt{2}}{\pi} a_R V_{tR} I_d \\
S_{dI} &= k \frac{3\sqrt{2}}{\pi} a_I V_{tI} I_d \\
Q_{dR} &= \sqrt{S_{dR}^2 - P_{dR}^2} \\
Q_{dI} &= \sqrt{S_{dI}^2 - P_{dI}^2}
\end{aligned}
$$

과 같이 요약할 수 있다. 위의 식에서 k는 상수($k=0.995$)로 가정한 것이다. 확장변

수 통일법(절 6.19 참조)과 같이 컨버터 단자의 교류모선에서 불일치(mismatch)에 관한 방정식은 수정이 필요하다. t는 단자의 번호를 나타내고 R은 교류를 직류로 변환하는 컨버터를 의미하며 I는 직류를 교류로 변환하는 인버터를 나타낸다.

직류에 관한 변수는 직류시스템의 회로방정식

$$R(V_{tR}, V_{tI}, X_{dc}) = 0$$

을 만족하여야 한다. 위의 식에서 X_{dc}는 7개의 직류변수이고 R은 식 6.25의 처음의 3개 방정식에 의하여 정의된 방정식의 집합이다. 소거변수법은 X_{dc}에 관하여 위의 식을 푼다. 컨버터에 의하여 소비되는 유효전력과 무효전력은 V_{tR}과 V_{tI}의 함수로 나타낼 수 있다. 교류 단자전압에 관하여 편미분과 유효전력, 그리고 무효전력이 계산될 수 있도록 하기 위하여 계산 순서를 찾는 것만이 중요한 것이다. 계산 순서는 다음

$$\begin{aligned}
X_{DC} &= f(V_{tR}, V_{tI}) \\
P_{dR} &= P_{dR}(V_{tR}, V_{tI}) \\
P_L &= R_d I_d^2 \\
Q_L &= \frac{3}{\pi} X_C I_d^2 \\
I_{ac} &= \frac{3\sqrt{2}}{\pi} k I_d \\
k &\approx 0.995 \\
k_\alpha &= \frac{k}{\cos(\alpha)} \\
k_\gamma &= \frac{k}{\cos(\gamma)}
\end{aligned} \tag{6.26}$$

과 같이 계산된다. 여기에서 X_C는 정류 리액턴스이며 R_d는 직류선로의 저항이다. 따라서 다음 식과 같은 편미분이 쉽게 유도된다. 교류모선에 관련한 항은 다음 식

$$|V_{LL}|\frac{\partial P_{AC}}{\partial |V_{LL}|}=P_{AC}\,,\quad \frac{\partial P_{AC}}{\partial \delta}=0.0$$

$$|V_{LL}|\frac{\partial Q_{AC}}{\partial |V_{LL}|}=Q_{AC}\,,\quad \frac{\partial Q_{AC}}{\partial \delta}=0.0$$

$$V_{DC}\frac{\partial P_{AC}}{\partial V_{DC}}=P_{AC}\,,\quad V_{DC}\frac{\partial Q_{AC}}{\partial \delta}=Q_{AC}$$

과 같다. 직류모선에 관하여는 다음 식

$$V_{DC}\frac{\partial P_{DC}}{\partial V_{DC}}=P_{DC}$$

$$|V_{LL}|\frac{\partial P_{DC}}{\partial |V_{LL}|}=P_{DC}\,,\quad \frac{\partial P_{DC}}{\partial \delta}=0.0$$

과 같다. 위의 항들은 자코비안 행렬을 위한 편미분의 계산에 사용된다. 결과적으로 풀어야 할 자코비안 행렬 방정식은 다음 식

$$\begin{bmatrix}\Delta P_1\\ \Delta Q_1\\ \Delta P_2\\ \Delta Q_2\\ \vdots\end{bmatrix}=[\mathrm{J}]\begin{bmatrix}\Delta\theta_1\\ \dfrac{\Delta|V_1|}{|V_1|}\\ \Delta\theta_2\\ \dfrac{\Delta|V_2|}{|V_2|}\\ \vdots\end{bmatrix}\tag{6.27}$$

과 같다. 절 6.19는 HVDC 링크의 제어를 논의한다.

6.14 자코비안 행렬 처리절차의 검토

자코비안 행렬에 대한 상세한 계산방법은 관련 문헌에 자세히 소개되어 있으므로 여기에서는 생략한다. 간략한 절차가 〈표 6.2〉에 제시되어 있다.

〈**표 6.2**〉 전력조류계산 절차

단계	입력	과정	출력
1	기기 데이터	표에 합침	표 형태의 자료
2	기기 데이터, 초기해 또는 최근의 해	자코비안 행렬을 구성함	자코비안 행렬
3	기기 데이터, 초기해 또는 최근의 해	모든 모선에서 잔차의 불일치를 계산	모든 모선에 대한 순주입 전력, 모든 전력조류값 그리고 제어상태
4	최대 불일치값	허용오차 수준과 최대 불일치값을 비교하고 반복횟수 점검	다음 반복계산을 위한 의사결정
5	유효전력 및 무효전력 불일치 값과 자코비안 행렬	AJM을 풂	전압크기, 위상각, 제어변숫값의 갱신
6		스텝-2부터 6까지 반복	

AJM, 증강 자코비안 매트릭스(augmented Jacobian matrix)

모선전압 벡터를 수정하는 기초 형태는 유효전력과 무효전력의 잔차를 보강한 자코비안 행렬의 요소를 분해하는 것이다. 요소분해 이후에 전압크기와 위상각의 수정은 잔차가 위치한 열에서 찾아볼 수 있다.

직류링크를 포함시키면 벡터 $\Delta\delta$의 차원을 증가하지 않고 전압크기를 수정하는 벡터의 차원을 증가시키게 된다. 이와 유사하게 ΔP 벡터의 차원은 증가하지만 ΔQ 벡터의 차원은 증가하지 않는다. 그러므로 자코비안 행렬은 정방형으로 존재하며 변동이 없지만 하위행렬은 변한다.
전자계산기에 의하여 해를 구하는 절차는 다음과 같은 절차로 나뉜다.

① 자코비안 행렬을 구성한다.

② 열벡터를 추가하여 자코비안 행렬을 확대한다.

③ 수정 벡터를 위하여 증강 자코비안 행렬(AJM)을 푼다.

④ 해의 벡터를 수정한다.

3개의 함수 SETUP_J, SOLVE_J, 그리고 NEWVAR가 대표적으로 사용된다.
각 함수의 서브루틴을 다음과 같이 설명한다.

SETUP_ J

이 함수는 2개의 주요한 기능을 갖고 있다.

1. 증강 자코비안 행렬을 구성한다.
2. 각 방정식을 검토하여 해가 허용범위 내에 들었는가를 파악한다.

SETUP_ J는 하나의 모선별로 증강 자코비안 행렬을 구축한다. 불일치를 결정하기 위하여 조류계산의 해와 함께 각 모선의 모든 편미분을 계산한다. 사용되는 컴퓨터 공간을 절약하기 위하여 연결링크 자료구조[9]가 사용된다.

SOLVE_ J

이 함수는 희박행렬 기법을 사용하여 증강 자코비안 행렬에 대하여 가우스 소거법과 후치대입법을 적용한다. 일반적 사항과 다른 특징은 한계(limit)에 대한 처리방법이다. 이 함수는 각 모선에 몇 개의 방정식이 관련되어 있는가를 결정하는 실행과정을 포함하고 있다. 수정용 자료는 변수 수정과정을 담당하는 프로그램을 위해 보관된다. 만약 제어변수가 한계에 부딪치면 제어를 완화하고 차후에 다시 설정된다.

NEWVAR

이 함수는 해를 구하는 서브루틴에 의하여 찾은 수정치를 적용함으로써 독립변수(전압의 크기와 위상각)의 값을 수정하는 역할을 한다. 수정된 변수는 다음 반복계산의 자코비안을 구축하고 새로운 불일치 벡터를 계산하는 데 사용된다.

---

9) linked list data structure

6.15 예제 6A: 교류조류계산 케이스

이 예제는 기준 케이스로서 300MW와 45MVAR의 부하를 갖고 있다. 이 시스템의 임피던스 값과 기타 자료가 아래에 주어져 있다:

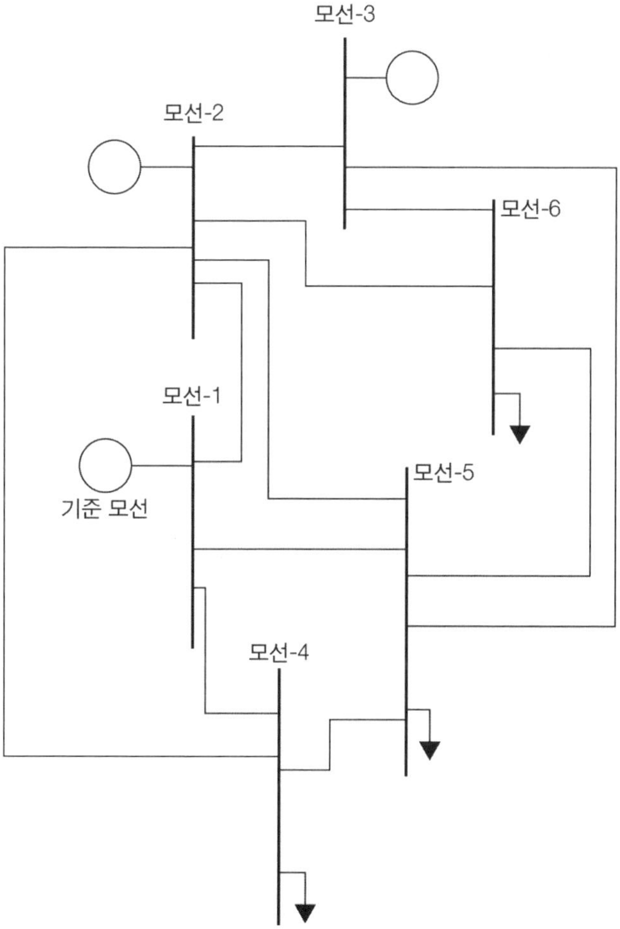

〈그림 6.18〉 6-모선 예제 시스템

모선 자료

모선 번호	형식	P_{load}	Q_{load}	G_s	B_s	제어지역 (area)	V_{mag}	θ	기준 kV	권역 (zone)	$V_{\max}$	$V_{\min}$
1	3	0	0	0	0	1	1	0	230	1	1.07	0.95
2	2	0	0	0	0	1	1	0	230	1	1.07	0.95
3	2	0	0	0	0	1	1	0	230	1	1.07	0.95
4	1	100	15	0	0	1	1	0	230	1	1.07	0.95
5	1	100	15	0	0	1	1	0	230	1	1.07	0.95
6	1	100	15	0	0	1	1	0	230	1	1.07	0.95

발전기 자료

모선	P_{gen}	Q_{gen}	Q_{max}	Q_{min}	V_{gen}	MVA 기준	상태	P_{max}	P_{min}
1	110	0	150	-100	1.07	100	1	200	50
2	50	0	150	-100	1.05	100	1	150	37.5
3	50	0	150	-100	1.05	100	1	180	45

선로 자료

시작 모선	종료 모선	r	x	b	정격-A	정격-B	정격-C	비율	위상각	상태
1	2	0.1	0.2	0.04	100	0	0	0	0	1
1	4	0.05	0.2	0.04	100	0	0	0	0	1
1	5	0.08	0.3	0.06	100	0	0	0	0	1
2	3	0.05	0.25	0.06	60	0	0	0	0	1
2	4	0.05	0.1	0.02	60	0	0	0	0	1
2	5	0.1	0.3	0.04	60	0	0	0	0	1
2	6	0.07	0.2	0.05	60	0	0	0	0	1
3	5	0.12	0.26	0.05	60	0	0	0	0	1
3	6	0.02	0.1	0.02	60	0	0	0	0	1
4	5	0.2	0.4	0.08	60	0	0	0	0	1
5	6	0.1	0.3	0.06	60	0	0	0	0	1

발전기 비용함수 자료

비용함수 형식	기동	정지	계수의 개수 (NUMCOEFF)	c	b	a
2	0	0	3	0.00533	11.669	213.1
2	0	0	3	0.00889	10.333	200
2	0	0	3	0.00741	10.833	400

조류계산 실행 결과

전압크기는 0.95~1.07퍼유닛 사이의 한곗값 사이에 존재하며, 기준모선의 전압크기는 1.07로 계획되어 있으며 상한에 부딪혀 있다.

모든 무효전력은 상한과 하한 사이에 존재하며 모든 선로조류는 MW 범위 이내에 존재한다.

모든 부하는 100MW, 15MVAR 기준으로 나타나 있다.

유효전력 및 무효전력 손실은 무시할 수 있는 수준이다.

```
Newton Raphson Convergence Steps
Iter    MAXDP    MAXDPbus    MAXDQ   MAXDQbus NumVARlim NumVlim
  1   0.825895       6   0.618486      6       0          1
  2   0.097117       2   0.142304      5       0          1
  3   0.001265       2   0.002313      5       0          1

POWER FLOW RESULTS

  Total Pgen     =     328.58  MW     Total Qgen      =     67.74  MVAR
  Total PLoad    =     300.00  MW     Total Qload     =     45.00  MVAR
  Total PLosses  =      28.58  MW     Total QLosses   =     22.74  MVAR

 Bus    Pmin    Pgen   Pmax      Qmin     Qgen       Qmax     Pload    Qload    Vmin    Vbus        Vbus     Vmax
         MW      MW     MW       MVAR     MVAR       MVAR      MW       MVAR     pu      pu          kV       pu
   1    50.0   228.6  450.0    -100.0    -32.2      150.0      0.0      0.0    0.95    1.07 UL    246.1    1.07
   2    37.5    50.0  150.0    -100.0     75.7      150.0      0.0      0.0    0.95    1.05       241.5    1.07
   3    45.0    50.0  180.0    -100.0     24.2      120.0      0.0      0.0    0.95    1.05       241.5    1.07
   4                                                        100.0     15.0    0.95    0.99       228.0    1.07
   5                                                        100.0     15.0    0.95    1.01       233.3    1.07
   6                                                        100.0     15.0    0.95    1.02       235.4    1.07

 Bus  Vmag      angle      Pgen      Qgen       Pload     Qload  To Bus    Pline    Qline         Max
       kV        deg        MW       MVAR        MW        MW               MW      MVAR          Flow MW
  1  246.1      0.00     228.58    -32.18      0.00      0.00
                                                                   2     123.57   -35.59  UL    100
                                                                   5     105.01     3.42  UL    100
  2  241.5    -14.46      50.00     75.71      0.00      0.00
                                                                   1    -109.27    59.71  UL    100
                                                                   3      11.35    -5.42         60
                                                                   4      93.09    17.20  UL     60
                                                                   5      15.60     5.30         60
                                                                   6      39.22    -1.07         60
  3  241.5    -15.99      50.00     24.20      0.00      0.00
                                                                   2     -11.29    -0.89         60
                                                                   5       8.92     7.52         60
                                                                   6      52.37    17.57         60
  4  228.0    -19.08                         100.00     15.00
                                                                   2     -89.01   -11.12  UL     60
                                                                   5     -10.99    -3.88         60
  5  233.3    -16.57                         100.00     15.00
                                                                   1     -97.27    19.08        100
                                                                   2     -15.33    -8.74         60
                                                                   3      -8.72   -12.41         60
                                                                   4      11.23    -3.68         60
                                                                   6      10.08    -9.24         60
  6  235.4    -18.58                         100.00     15.00
                                                                   2     -38.25    -1.51         60
                                                                   3     -51.81   -16.91         60
                                                                   5      -9.95     3.42         60
 limits_indicator
   Bus     Pgen            Qgen          Vgen
   1      228.58         -32.18        1.0700 UL
   2       50.00          75.71        1.0500
   3       50.00          24.20        1.0500

Symbols: UL = Upper Limit Reached or exceeded
         pu = per unit
```

6.16 분할조류계산

현재로서는 뉴턴 조류계산법이 가장 강건한(robust) 해를 구할 수 있는 방법이다. 그러나 사용상에 있어서 하나의 단점은 반복과정마다 자코비안 행렬이 다시 계산되어야 하고 식 6.27의 선형방정식을 반복계산 때마다 다시 풀어야 한다는 것이다.

계획수립이나 시스템 운용을 위하여 수천 번의 조류계산이 실행되어야 하므로 계산시간을 단축하려는 방법을 찾으려고 노력하게 되었다. 속도를 개선하기 위한 하나의 방법을 "고속분할 조류계산법"이라고 한다. 이것은 창안자의 이름을 따서 '스톳트 분할 조류계산법'이라고도 한다.

자코비안 행렬의 계산을 시작할 때 다음과 같은 단순화 작업을 선행한다.

- P_i와 어떤 V_k 사이의 상호작용(전압크기의 변동은 유효전력 출력의 변동에 영향을 미치지 않는다는 것은 전력시스템 엔지니어들이 관찰한 사실임)을 무시한다. 그러므로 다음 식

$$\frac{\partial P_i}{\left(\dfrac{\partial |\mathrm{V}_k|}{|\mathrm{V}_k|}\right)}$$

  과 같은 모든 편미분은 0으로 취급한다.

- Q_i와 θ_k 사이의 어떤 상호작용(유효전력의 경우와 유사하게, 이것은 위상각의 변동이 무효전력 출력의 변동에 영향을 미치지 않는다는 것이다)을 무시한다. 그러므로 다음 식

$$\frac{\partial Q_i}{\partial \theta_k}$$

  과 같은 모든 편미분은 0으로 한다.

- $(\theta_i - \theta_j)$가 일반적으로 무시할 수 있을 정도로 작으므로 $cos(\theta_i - \theta_j) \cong 1$로 근사화한다.

- $G_{ik}\sin(\theta_i - \theta_k) \ll B_{ik}$을 가정한다.

- $Q_i \ll B_{ii}|V_i|^2$을 가정한다.

위의 가정에 따라 편미분은 다음의 식

$$\frac{\partial P_i}{\partial \theta_k} = -|V_i||V_k|B_{ik} \tag{6.28}$$

$$\frac{\partial Q_i}{\left(\dfrac{\partial |E_i|}{|E_k|}\right)} = -|V_i||V_k|B_{ik} \tag{6.29}$$

과 같이 된다. 만약 전력조류 수정을 위한 방정식을 다음의 식

$$\Delta P_i = \left(\frac{\partial P_i}{\partial \theta_k}\right)\Delta\theta_i \tag{6.30}$$

$$\Delta Q_i = \left[\frac{\partial Q_i}{\left(\dfrac{\partial |E_k|}{|E_k|}\right)}\right]\frac{\Delta |V_k|}{|V_k|} \tag{6.31}$$

과 같이 나타내고 식 6.28을 식 6.30에 대입하고 식 6.29를 식 6.31에 대입하면 다음 식

$$\Delta P_i = -|V_i||V_k|B_{ik}\Delta\theta_k \tag{6.32}$$

$$\Delta Q_i = -|V_i||V_k|B_{ik}\frac{\Delta |V_k|}{|V_k|} \tag{6.33}$$

을 얻는다. 더욱 간략화하기 위하여 다음의 단계를 거친다.

- 식 6.32와 식 6.33을 $|V_i|$로 나눈다.
- 식 6.33에서 $|V_k| \cong 1$이라고 가정한다.

그러면 다음의 관계식을 얻는다.

$$\frac{\Delta P_i}{|V_i|} = -B_{ik}\Delta\theta_k \tag{6.34}$$

$$\frac{\Delta Q_i}{|V_i|} = -B_{ik}\Delta|V_k| \tag{6.35}$$

위와 같이 하여 식 6.34와 식 6.35를 2개의 행렬로써 다음 식

$$\begin{bmatrix} \frac{\Delta P_1}{|V_1|} \\ \frac{\Delta P_2}{|V_2|} \\ \vdots \end{bmatrix} = \begin{bmatrix} -B_{11} - B_{12} \cdots \\ -B_{21} - B_{22} \cdots \\ \vdots \end{bmatrix} \begin{bmatrix} \Delta\theta_1 \\ \Delta\theta_2 \\ \vdots \end{bmatrix} \tag{6.36}$$

$$\begin{bmatrix} \frac{\Delta Q_1}{|V_1|} \\ \frac{\Delta Q_2}{|V_2|} \\ \vdots \end{bmatrix} = \begin{bmatrix} -B_{11} - B_{12} \cdots \\ -B_{21} - B_{22} \cdots \\ \vdots \end{bmatrix} \begin{bmatrix} \Delta|V_1| \\ \Delta|V_2| \\ \vdots \end{bmatrix} \tag{6.37}$$

과 같이 구성한다. 위의 식 6.37과 식 6.37은 동일한 행렬을 사용하는 것을 알 수 있다. 그러나 한 번 더 간략화하면 이 식들을 다르게 표현할 수 있다.

먼저 식 6.34의 $\Delta P - \Delta\theta$ 에 관한 관계식을 단순화한다.

- $r_{ik} \ll x_{ik}$라고 가정하면 $-B_{ik}$가 $-1/x_{ik}$로 바뀐다.
- 대지에 대한 병렬 리액턴스를 소거한다.
- 단권변압기로 인하여 형성된 대지에 대한 병렬 리액턴스를 소거한다.

그리고 식 6.35에서 $\Delta Q - \Delta|E|$의 관계식을 간략화한다.

- 이상변압기의 모든 영향을 제거한다.

그러면 결과적으로 얻는 것은 다음 식

$$\begin{bmatrix} \frac{\Delta P_1}{|V_1|} \\ \frac{\Delta P_2}{|V_2|} \\ \vdots \end{bmatrix} = [B'] \begin{bmatrix} \Delta\theta_1 \\ \Delta\theta_2 \\ \vdots \end{bmatrix} \quad (6.38)$$

$$\begin{bmatrix} \frac{\Delta Q_1}{|V_1|} \\ \frac{\Delta Q_2}{|V_2|} \\ \vdots \end{bmatrix} = [B''] \begin{bmatrix} \Delta|V_1| \\ \Delta|V_2| \\ \vdots \end{bmatrix} \quad (6.39)$$

과 같이 된다. 여기에서 행렬의 요소는 다음 식

$$B'_{ik} = -\frac{1}{x_{ik}},$$ i에서 k로 가는 가지가 있다고 가정함(그렇지 않으면 0으로 함)

$$B'_{ii} = \sum_{k=1}^{N_{bus}} \frac{1}{x_{ik}}$$

$$B''_{ik} = -B_{ik} = -\frac{x_{ik}}{r_{ik}^2 + x_{ik}^2}$$

$$B''_{ii} = \sum_{k=1}^{N_{bus}} -B_{ik}$$

과 같다. 분할조류계산법은 뉴턴 조류계산법에 비하여 장점도 있고 단점도 있다(분할조류계산법이 도입된 이후 "뉴턴 조류계산법"은 "완전 뉴턴 조류계산법"이라고 말한다).

장점: B′과 B″는 상수이다. 그러므로 발전기의 무효전력(VAR) 제약으로 인한 변경 이외의 계산은 한 번으로 충분하다. 그런데 B′과 B″가 [J]의 요소의 개수 가운데 약 1/4을 차지하므로(완전조류계산법에서의 자코비안 행렬), 식 6.38과 식 6.39를 풀기 위한 계산이 훨씬 축소된다.

단점: 몇 가지 기본적 가정(예를 들면, $r_{ik} \ll x_{ik}$)이 성립하지 않을 경우, 분할조류계산

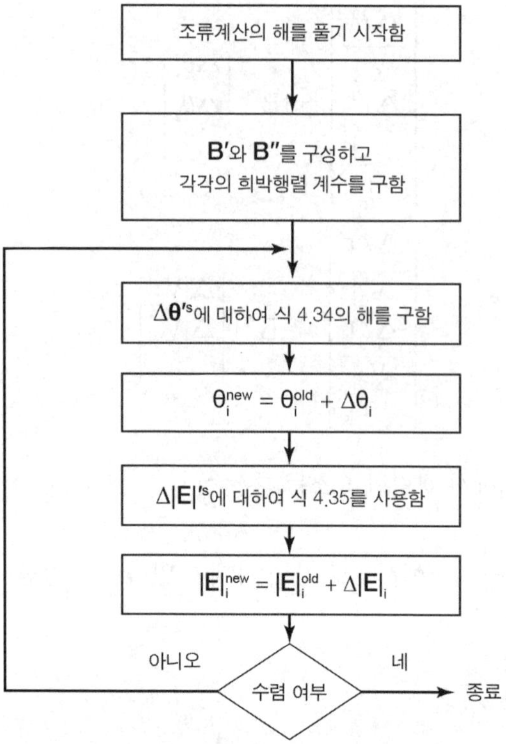

〈그림 6.19〉 분할조류계산 알고리즘

알고리즘은 발산할 수 있다. 그러한 경우, 완전 뉴턴 조류계산으로 전환하여야 한다.

식 6.38은 $P-\theta$ 방정식이라고 하며 식 6.39는 $Q-V$ 방정식이라고 한다.

분할조류계산 알고리즘은 〈그림 6.19〉에 나타나 있다.

6.17 가우스-자이델법

가우스-자이델법은 디지털 계산기를 사용한 첫 번째 교류조류계산 알고리즘이다.

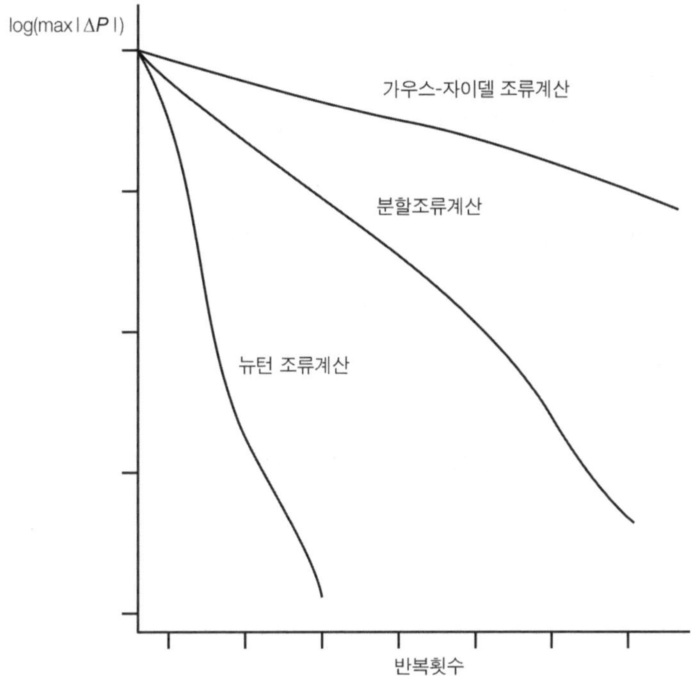

〈**그림 6.20**〉 가우스-자이델, 분할조류계산, 뉴턴 조류계산 알고리즘의 수렴에 관한 그래프

이 방법은 수렴속도가 느리다는 것이 특징이며 리액턴스가 음(−)인 가지가 있는 특이한 네트워크에서는 해를 구하기 어렵다고 알려져 있다.

모선-i에 있어서 순전력 주입 방정식을 다음 식

$$P + j\,Q_k = \mathrm{V}_k \mathrm{I}_k^* = \mathrm{V}_k \left(\sum_{j=1}^{N_{bus}} \mathrm{Y}_{kj} \mathrm{V}_j \right)^*$$

과 같이 나타낼 수 있다. 각 모선에서의 전압은 가우스-자이델법을 이용하여 구할 수 있다. 이 경우의 계산식은 다음 식

$$\mathrm{V}_k^{(\alpha)} = \frac{1}{\mathrm{Y}_{kk}} \frac{(P_k - jQ_k)}{\mathrm{V}_k^{(\alpha-1)^*}} - \frac{1}{\mathrm{Y}_{kk}} \left[\sum_{j<k} \mathrm{Y}_{kj} \mathrm{V}_j^{(\alpha)} + \sum_{j>k} \mathrm{Y}_{kj} \mathrm{V}_j^{(\alpha-1)} \right]$$

과 같다. 여기에서 $V_k^{(\alpha)}$는 반복계산 α에서 모선-k의 수정된 전압이다. 만약 이 모

선이 전압제어모선이라면 수정된 전압은 계획치를 유지하기 위하여 다시 조정된다.

이 알고리즘에서 각 모선의 전압은 한 번에 하나씩 수정된다. 모든 모선에 대한 계산이 완료되면 첫 번째 반복계산과 같은 순서에 의하여 모선전압을 수정한다. 이 알고리즘은 수백 번의 반복과정을 거친다.

가우스-자이델, 분할조류계산, 뉴턴 조류계산 알고리즘의 수렴을 비교하는 내용이 〈그림 6.20〉에 주어져 있다.

6.18 "직류" 또는 선형조류계산법

조류계산 알고리즘을 더욱 간략화하려면 단순히 식 6.39의 $Q-V$방정식을 삭제하면 된다. 결과로 얻는 것은 완전하게 선형이며 반복계산이 없는 조류계산 알고리즘이다. 이것을 실행하기 위하여 $|V_i|=1.0$이라고 가정하면 된다. 그러면 식 6.38은 다음 식

$$\begin{bmatrix}\Delta P_1\\ \Delta P_2\\ \vdots\end{bmatrix}=[\mathrm{B}']\begin{bmatrix}\Delta\theta_1\\ \Delta\theta_1\\ \vdots\end{bmatrix} \tag{6.40}$$

과 같이 된다. 여기에서 B′은 앞에서 소개한 것과 같다. 직류조류계산 프로그램은 송전선과 변압기에서의 전력조류를 계산하기에는 유리하다. 이 방법은 전압의 크기나 무효전력조류가 어떠한가에 대한 정보를 주지 않는다. 직류조류계산에 의한 각 선로의 전력조류는 다음 식

$$P_{ik}=\frac{1}{x_{ik}}(\theta_i-\theta_k) \tag{6.41}$$

과 같으며 모선의 순주입 전력은 다음 식

$$P_i=\sum_{k\text{는 모선-}i\text{에 연결된 모선}} P_k$$

과 같이 주어진다.

6.18.1 직류조류계산

〈그림 6.21〉과 같은 네트워크에 나타난 유효전력조류에 대하여 직류조류계산법을 사용하여 풀어 본다. B′ 행렬은

$$\begin{bmatrix} 7.5 & -5.0 \\ -5.0 & 9.0 \end{bmatrix} \begin{bmatrix} \theta_1 \\ \theta_2 \end{bmatrix} = \begin{bmatrix} P_1 \\ P_2 \end{bmatrix}$$

$$\theta_3 = 0 \text{ 이라고 가정함}$$

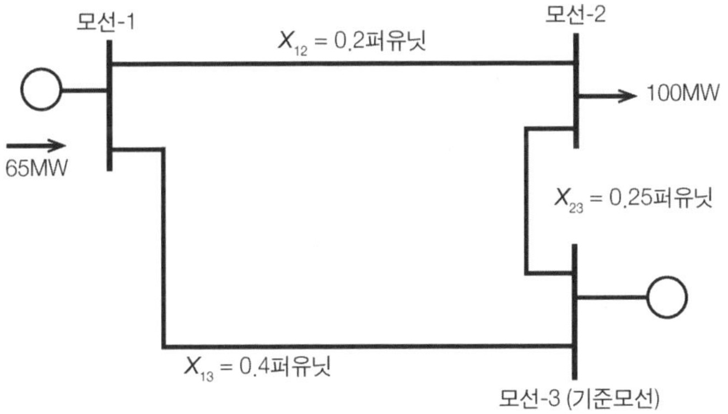

〈그림 6.21〉 3-모선 네트워크

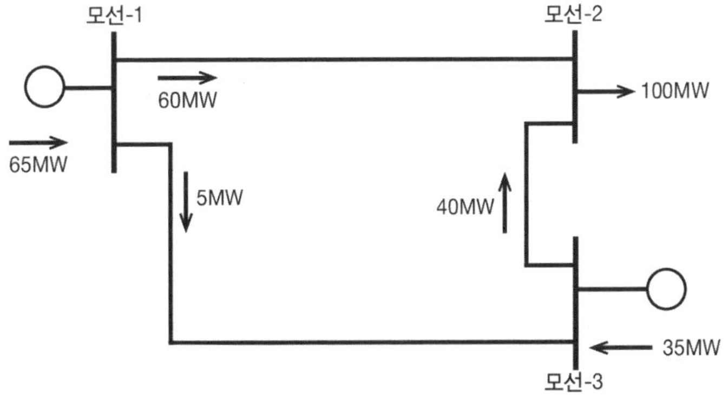

〈그림 6.22〉 3-모선 네트워크에 대하여 직류조류계산법을 사용한 실제 전력조류

이다. 여기에서 유효전력 MW와 네트워크 방정식은 퍼유닛(100MVA의 기준)으로 나타낸 것이다. 모든 위상각은 라디안으로 주어진다.

앞의 행렬 방정식의 해는

$$\begin{bmatrix}\theta_1 \\ \theta_2\end{bmatrix} = \begin{bmatrix}0.2118 & 0.1177 \\ 0.1177 & 0.1765\end{bmatrix}\begin{bmatrix}0.65 \\ -1.00\end{bmatrix} = \begin{bmatrix}0.02 \\ -0.1\end{bmatrix}$$

이다.

이 계산의 결과는 〈그림 6.22〉에 나와 있으며 식 6.39를 사용한 것이다. 〈그림 6.22〉는 퍼유닛 값을 실제 값으로 전환한 것이다.

6.18.2 예제 6B: 6-모선 시스템에 대한 직류조류계산 예제

예제 6B의 네트워크는 직류조류계산법에 의하여 해를 구하였으며 결과적인 전력조류에 대한 상황이 〈그림 6.23〉에 나타나 있다. 실제의 유효전력조류를 빨리 구하려는 목적으로는 직류조류계산법이 유효하며, 다음에 또 설명하는 바와 같이 상정사고해석 용도로는 대단히 유용하다.

6.19 통일 소거변수 HVDC법

고전압 직류링크에 대한 해는 확장변수 통일법에 비하여 가정하는 항목의 개수가 적다. 상태변수의 개수가 증가하는 것이 아니고 교류시스템과 직류시스템의 상호작용이 직접적으로 자코비안을 통해서 풀어지기 때문에 통일 소거변수 고전압직류법은 확장변수 통일법을 간략화한다. 이 방법은 원래의 뉴턴-랩슨 알고리즘보다 갱신작업의 횟수를 상당히 축소하며, 고속분할 조류계산법에서 실행될 수 있다. 이 방법은 링크된 교류전력시스템이 동기운전 하여야 한다는 것을 요구하지도 않는다. 기본적 아이디어는 유효전력과 무효전력이 전압종속적 부하라는 것이다. 직류

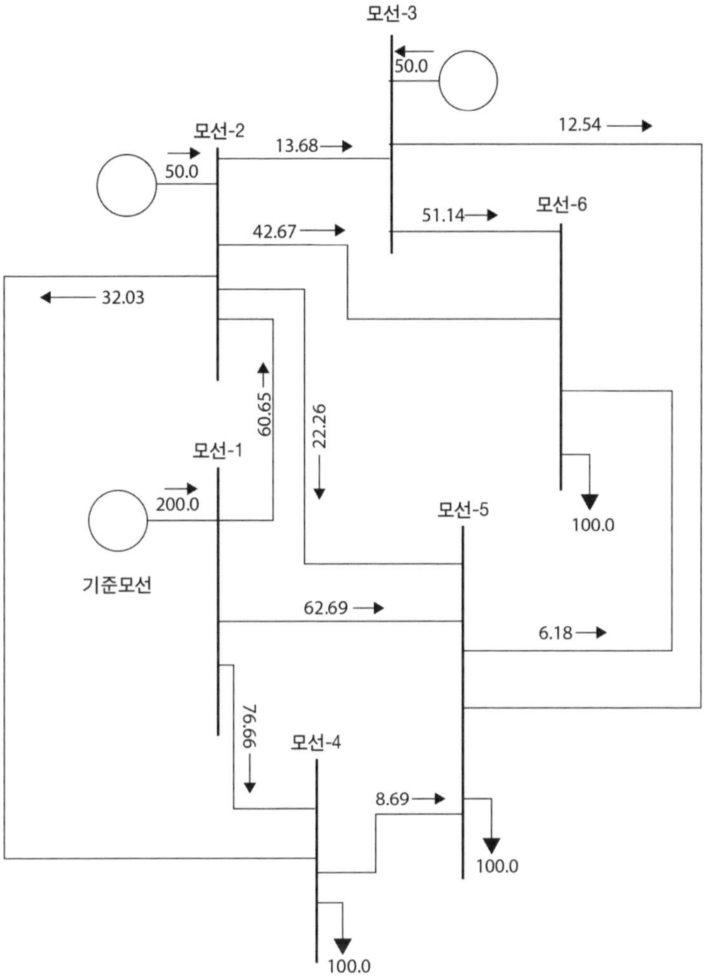

〈**그림 6.23**〉 예제 6A에 대한 6-모선 기준 케이스의 직류조류계산 결과

방정식은 해석적 방법 또는 수치적 방법으로 푼다. 직류 변수는 조류방정식에서 소거된다. 자코비안 민감도가 직류링크의 영향에 의하여 수정되기 때문에 이 방법은 통일된 것이라고 불린다.

6.19.1 축소된 자코비안 행렬의 변경

이것은 뉴턴-랩슨 알고리즘에 있어서 N과 L의 하위행렬을 변경하면 된다.

$$\begin{bmatrix} \triangle P \\ \triangle Q \end{bmatrix} = \begin{bmatrix} H\ N' \\ J\ L' \end{bmatrix} \begin{bmatrix} \triangle\delta \\ \dfrac{\triangle V}{V} \end{bmatrix}$$

편도함수는 다음 식

$$N'(tR, tR) = V_{tR}\frac{\partial P_{tR}^{ac}}{V_{tR}} + V_{tR}\frac{\partial P_{dR}(V_{tR}, V_{tI})}{\partial V_{tR}}$$

$$N'(tR, tI) = V_{tI}\frac{\partial P_{tR}^{ac}}{V_{tI}} + V_{tI}\frac{\partial P_{dR}(V_{tR}, V_{tI})}{\partial V_{tI}}$$

$$N'(tI, tR) = V_{tR}\frac{\partial P_{tI}^{ac}}{V_{tR}} - V_{tR}\frac{\partial P_{dI}(V_{tR}, V_{tI})}{\partial V_{tR}}$$

$$N'(tI, tI) = V_{tI}\frac{\partial P_{tI}^{ac}}{V_{tI}} - V_{tI}\frac{\partial P_{dI}(V_{tR}, V_{tI})}{\partial V_{tI}}$$

에 의하여 구할 수 있다. 일계도함수 이상의 표현은 필요하지 않다.

L′도 유사하게 수정된다. 4개의 불일치 방정식과 최대 8개의 자코비안 행렬의 요소가 수정되어야 한다. 해의 벡터에 대하여 새로운 변수가 추가되지 않는다. 직류 관련 변수들은 상수로 고정되지 않는다. 확장변수 통일법의 자코비안 행렬보다 식 6.19의 자코비안 행렬은 수치해석 측면에서 좀 더 안정적이다(조건이 좋게 주어졌다).

6.19.2 제어모드

하나의 직류링크에 대하여 7개의 변수와 3개의 방정식이 존재하므로 유일한 해를 구하기 위하여서는 4개의 변수에 대하여 값이 지정되어야 한다. 〈표 6.3〉에 나타난 제어모드는 해석적 소거법을 설명하기 위하여 사용된다.

제어모드 A는 전류여유 제어로 잘 알려진 기본적인 경우이며 여기서 하나의 단자는 전압을 제어하고 다른 하나의 단자는 전류(또는 이와 등가적으로 전력)를 제어한

〈표 6.3〉 제어모드와 지정된 변수

제어모드	명시된 변수			
A	αR	γ_I	V_{dI}	P_{dI}
B	αR	γ_I	V_{dI}	P_{dI}
C	αR	γ_I	a_I	P_{dI}
D	αR	γ_I	a_I	P_{dI}
E	αR	γ_I	a_R	P_{dI}
F	αR	α_I	V_{dI}	P_{dI}
G	αR	α_I	a_R	P_{dI}
A_I	αR	γ_I	V_{dI}	Id
B_I	αR	γ_I	V_{dI}	Id
C_I	αR	γ_I	a_I	Id
D_I	αR	γ_I	a_I	Id
E_I	αR	γ_I	a_R	Id
F_I	αR	α_I	V_{dI}	Id
G_I	αR	α_I	a_R	Id

다. 제어각과 직류전압은 명시된다. 변압기 탭의 위치는 명시된 값을 유지하기 위하여 변동한다. 만약 조류계산 과정에서 변수의 값이 한계에 부딪치거나 또는 시간이 짧아서 변압기 탭이 동작할 수 없는 경우에는 〈표 6.3〉의 기타 모드는 모드 A로부터 얻어진다. 고전압 직류 구성(scheme)은 변수가 한계에 부딪쳤을 경우 어떤 모드를 선택하여야 하는가를 결정한다. 정류기 탭각은 발사각을 지정하며 인버터의 탭각은 모드 B~D에 대하여 직류전압을 지정한다. 아래첨자 I는 일정전류 제어를 의미한다. 탭 비율은 연속변수라고 가정한다.

6.19.3 해석적 소거법

제어모드 A에 관하여 해석적 소거법을 상세히 설명한다. 그런데 Q_d는 식 6.25를 이용하여 계산될 수 있으므로 이것은 각 컨버터에서 P_d와 S_d를 찾아내는 것을 설명하는 것으로 충분하다. 여러 모드에 관한 편미분은 다음에 나타난다.

인버터에서 전압과 출력이 명시되어 있으므로 직류전류는 계산될 수 있으며 P_{dR}은 다음 식

$$P_{dR} = P_{dI} + R_d I_d^2$$

과 같이 식 6.25에 있는 방정식을 조합함으로써 얻을 수 있다. S_{dI}는 식 6.25에 있는 항을 조합함으로써 얻을 수 있으며 다음 식

$$S_{dR} = k_\alpha (P_{dI} + P_L + Q_L)$$

과 같다. 이와 유사하게, S_{dI}는 다음 식

$$S_{dI} = k_\gamma (P_{dI} + Q_L)$$

과 같이 주어진다. 그러므로 컨버터에서 소비되는 유효전력과 무효전력은 미리 계산할 수 있다. 제어모드에 있어서 직류링크를 포함하는 것은 간단한 일이다. 이것은 여러 가지 사양에 같이 적용된다.

만약 정류기에서 전압을 관리하는 과정에서 제어모드 A에서 정류기의 텝 변환장치가 한계에 부딪친다면 제어모드 B가 적용된다. P_{dI}와 V_{dI}가 명시되어 있으므로 I_d, V_{dR}, P_{dR}과 S_{dI}는 제어모드 A에 대하여 계산된다. α_R이 명시되어 있으므로, S_{dR}은 앞에서의 식 대신에 식 6.25의 S_{dR}을 이용하여 계산된다. 그러므로 다음 식

$$V_{tR} \frac{\partial S_{dR}}{\partial V_{tR}} = S_{dR}$$

$$V_{tR} \frac{\partial Q_{dR}}{\partial V_{tR}} = \frac{S_{dR}^2}{Q_{dR}}$$

과 같이 된다. 모드 B_I에 대한 공식은 기본적으로 동일하다. 다만 차이점은 I_d보다는 P_{dI}가 식 6.25를 사용하여 계산된다. 만약 변수 2개가 명시되면 나머지 3개는

식 6.25를 이용하여 계산된다.

제어모드 A와 A_I에 관한 편미분은 다음 식

$$\frac{\partial P_{dR}}{\partial V_{tR}} = V_{tR}\frac{Q_{dR}}{V_{tR}} = V_{tI}\frac{\partial P_{dR}}{\partial V_{tI}} = V_{tI}\frac{\partial Q_{dR}}{\partial V_{tI}} = \frac{\partial P_{dI}}{\partial V_{tI}} = \frac{\partial Q_{dI}}{\partial V_{tR}} = V_{tI}\frac{\partial P_{dI}}{\partial V_{tI}}$$

$$= V_{tI}\frac{\partial Q_{dI}}{\partial V_{tI}} = 0$$

과 같다. 제어모드 B와 B_I에 관한 편미분은 다음 식

$$\frac{\partial P_{dR}}{\partial V_{tR}} = V_{tI}\frac{P_{dR}}{V_{tI}} = V_{tI}\frac{\partial Q_{dR}}{\partial V_{tI}} = \frac{\partial P_{dI}}{\partial V_{tI}} = \frac{\partial Q_{dI}}{\partial V_{tR}} = V_{tI}\frac{\partial P_{dI}}{\partial V_{tI}} = V_{tI}\frac{\partial Q_{dI}}{\partial V_{tI}} = 0$$

$$V_{tR}\frac{\partial Q_{dR}}{\partial V_{tR}} = \frac{S_{dR}^2}{Q_{dR}}$$

과 같다. 제어모드 C에 관한 편미분은 다음 식

$$\frac{\partial P_{dR}}{\partial V_{tR}} = V_{tR}\frac{Q_{dR}}{V_{tR}} = V_{tI}\frac{\partial P_{dR}}{\partial V_{tI}} = V_{tI}\frac{\partial Q_{dR}}{\partial V_{tI}} = \frac{\partial P_{dI}}{\partial V_{tI}} = \frac{\partial Q_{dI}}{\partial V_{tR}} = V_{tI}\frac{\partial P_{dI}}{\partial V_{tI}}$$

$$= V_{tI}\frac{\partial Q_{dI}}{\partial V_{tI}} = 0$$

과 같다. 제어모드 C_I에 관한 편미분은 다음 식

$$\frac{\partial P_{dR}}{\partial V_{tR}} = V_{tR}\frac{\partial Q_{dR}}{\partial V_{tR}} = V_{tI}\frac{\partial P_{dR}}{\partial V_{tI}} = V_{tI}\frac{\partial Q_{dR}}{\partial V_{tI}} = \frac{\partial P_{dI}}{\partial V_{tI}} = \frac{\partial Q_{dI}}{\partial V_{tR}} = V_{tI}\frac{\partial P_{dI}}{\partial V_{tI}}$$

$$= V_{tI}\frac{\partial Q_{dI}}{\partial V_{tI}} = 0$$

$$V_{tI}\frac{\partial P_{dR}}{\partial V_{tI}} = 2P_{dI}\,\partial I_I$$

$$V_{tI}\frac{\partial Q_{dR}}{\partial V_{tI}}=\frac{\partial I_I}{\partial Q_{tR}}\left[k_\alpha S_{dI}(P_L+Q_L)-P_{dR}P_L\right]$$

$$V_{tI}\frac{\partial Q_{dI}}{\partial V_{tI}}=\frac{S_{dI}^2}{Q_{dI}}(I+\partial I_I)$$

과 같다. 다른 모드의 편미분도 이와 유사한 방법으로 구할 수 있다. 편미분의 계산을 위한 2개의 예를 아래에 설명한다.

수치적 소거법

해석적 소거법은 공식을 다른 직류시스템 구성형태로부터 가져와야 하거나 또는 다른 사양이 사용된다면 약점이 있다. 수치적 소거법의 절차는 편미분을 구하기 위하여 유한차분을 사용한다. $P_{dR}(V_{tR}, V_{tI})$은 직류방정식을 푸는 함수라고 표기하고 P_{dR} 을 주어진 단자전압이라고 한다. 그러면 다음 식

$$\frac{\partial P_{dR}(V_{tR}, V_{tI})}{\partial V_{tI}}=\frac{P_{dR}(V_{tR}, V_{tI}+h)-P_{dR}(V_{tR}, V_{tI})}{h}$$

이 사용될 수 있다. h의 선택은 절사오차(truncation error)와 계산의 정밀도 사이의 절충에 따른다. 초기 평가치는 $h=\sqrt{toll}$ 이다. 만약 허용오차($toll$)가 10^{-6}이라면 $h=10^{-3}$이다. 이 방법은 어떤 전압종속적 장치에도 적용할 수 있다.

6.19.4 제어모드 절체(switching)

조류계산 도중에 만약 하나의 변수(예를 들면 하나의 탭 변환장치 또는 제어각)의 값이 한계에 부딪치면 다른 모드로 절체하여야 한다. 뉴턴-랩슨 조류계산에서는 해 벡터(solution vector)의 요소가 변하지 않으므로 이것은 소거변수법이 사용된다면 큰 문제가 아니다.

변수의 값이 한계에 부딪치면 고속 분할조류계산의 근사화 자코비안의 무효전력 부분을 재인수분해(refactorization) 해야 한다. 근사화 자코비안의 무효전력 부분에서 많아야 4개 요소가 변경된다는 사실은 자코비안을 다시 인수분해 하도록 만

든다. 만약 지역별 분리계산법이 사용된다면, 만약 불일치 방정식이 마지막에 놓일 경우 절체는 간단한 문제이다. 이 경우 편미분의 근사치가 추가되면 족하고 LU분해법에서 L의 오른쪽 낮은 곳에 있는 요소를 가감해야 한다.

만약 지역분리(area-decoupling)가 실행될 수 없다면 이 책 후반의 상정사고해석을 설명하는 장에서 하나의 선로를 제거하듯이 적절한 근사화를 하여 간단한 인수분해 작업을 유지할 수 있다.

새로운 방법에서 절체를 다루는 것과 고속분할 조류계산에서 확장변수에 근거한 방법에서 절체를 다루는 것과는 약간의 유사성이 있지만 차이점은 다음과 같다. 고속분할 조류계산 기법에서는 모든 직류 관련 방정식을 포함하여 보다 넓은 부분인수분해가 매 반복계산마다 실행되어야 한다. 소거변수법에서는 어떤 변수가 한계에 부딪쳤을 경우에만 부분 인수분해가 필요하다. 만약 지역분리 또는 근사 고속분할 조류계산법이 사용된다면 재인수분해는 간단한 문제이다. 소거변수법에 있어서 해 벡터에 있는 모든 변수는 스위칭 이전과 스위칭 이후에 변동이 없다. 다른 방법에 있어서 제어모드 사이에 절체가 일어난다면 몇 개의 변수 또는 몇 개의 불일치 방정식이 대체되어야 한다.

6.19.5 양극과 12-펄스 컨버터

12-펄스 컨버터의 모델링은 간단하게 설명할 수 있다. 6-펄스 브릿지의 개수를 n_B라고 한다. 그러면, 만약 식 6.25에 있어서 V_d가 V_d/n_B로 대체되고 식 6.25의 우변항은 n_B만큼 곱해지면 앞의 모든 결과는 그대로 유효하다.

대지 귀로의 저항을 통한 결합(coupling)을 제외하고 2극 컨버터는 2개의 독립인 직류링크로 취급되고 다음 식

$$V_{dRI} = V_{dIr} + R_d I_{dI} + R_g (I_{d1} - I_{da})$$

이 성립한다. 대지 귀로 전류가 0이 아닌 일정 출력제어에 있어서 흔하지 않은 불평형 운전에 대해서만 편미분은 다음의 것과 차이가 있다(남아 있는 상[pole]은 단극으로 취

급될 수 있으므로 이것은 하나의 상이 운전 중이 아닌 케이스를 포함하지 않는다). 이를 위한 수정은 대지 저항을 도입함으로써 생기는 추가 항을 고려하는 것이다.

만약 교류전력시스템이 비-동기(asynchronous) 전력시스템이라면 전압지정 단자에서의 조류계산을 먼저 실행하여야 한다.

6.20 송전손실

6.20.1 2-발전기 시스템 예제

〈그림 6.24〉에 예제 전력시스템이 나타나 있다. 송전선의 손실은 전류의 제곱에 비례한다. 2개의 발전기는 동일하며 비용함수는 이차함수의 식으로 모델링 되었다. 만약 2개의 발전기의 출력이 각각 250MW라면 500MW의 부하를 공급하기에는

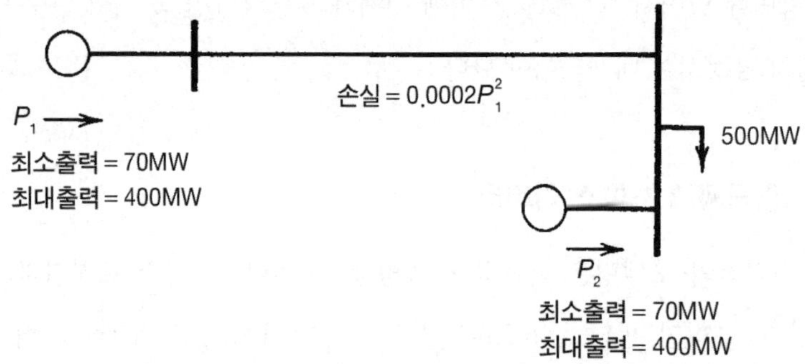

〈그림 6.24〉 2-발전기 시스템(각 발전기출력 250MW)

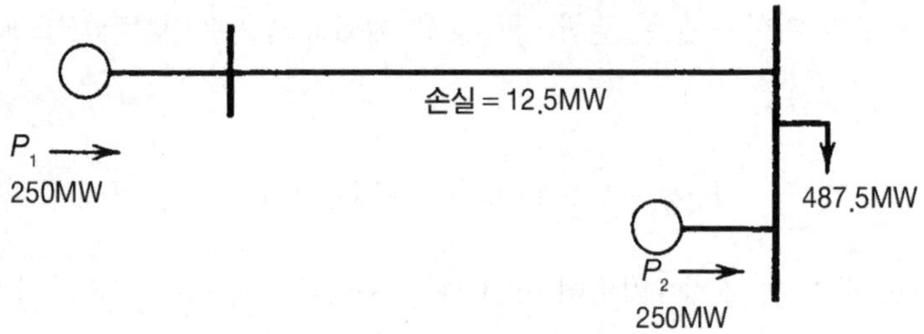

〈그림 6.25〉 2-발전기 시스템(각 발전기출력 250MW)

〈그림 6.25〉에 나타난 것처럼 송전선에서 잃어버리는 12.5MW의 전력까지 공급하기에는 충분하지 않다.

추가적인 12.5MW는 어디에서 공급되어야 하는가? 이 문제를 제3장에서 설명한 라그랑지 방정식을 이용하여 푼다.

$$\mathcal{L} = F_1(P_1) + F_2(P_2) + \lambda(500 + P_{loss} - P_1 - P_2) \tag{6.42}$$

여기에서

$$F_1(P_1) = 400 + 2P_1 + 0.002P_1^2$$

$$F_2(P_2) = 400 + 2P_2 + 0.002P_2^2$$

$$P_{loss} = 0.0002P_1^2$$

라그랑지안 함수를 P_1과 P_2에 관하여 편미분하여 각각을 0으로 하면 다음 식

$$\begin{aligned} \frac{\partial \mathcal{L}}{\partial P_1} &= \frac{dP_1(P_1)}{dP_1} - \lambda\left(1 - \frac{\partial P_{loss}}{\partial P_1}\right) = 0 \\ \frac{\partial \mathcal{L}}{\partial P_2} &= \frac{dP_1(P_2)}{dP_2} - \lambda\left(1 - \frac{\partial P_{loss}}{\partial P_2}\right) = 0 \\ P_1 + P_2 &- 500 - P_{loss} = 0 \end{aligned} \tag{6.43}$$

과 같다. 식 6.43에 대체하여 넣으면 다음의 관계식

$$7.0 + 0.004P_1 - \lambda(1 - 0.0004P_1) = 0$$

$$7.0 + 0.004P_2 - \lambda = 0$$

$$P_1 + P_2 - 500 - 0.0002P_1^2 = 0$$

연립방정식의 해: $P_1 = 178.882$

$P_2 = 327.496$

시스템 운용비: $F_1(P_1) + F_2(P_2) = 4,623.15\$/\mathrm{h}$

손실: 6.378MW

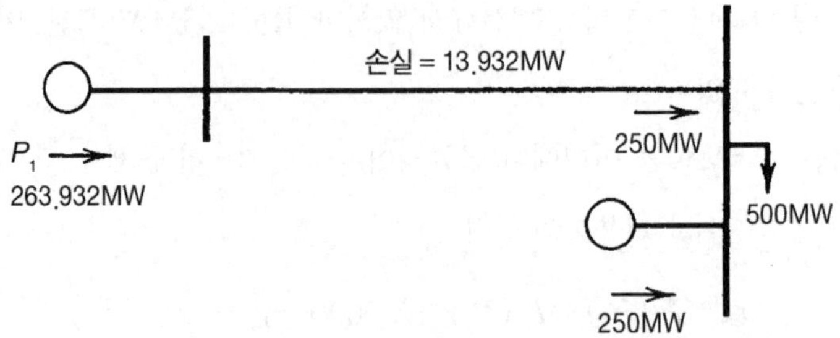

〈**그림 6.26**〉 2-발전기 시스템(발전기-1이 모든 손실을 담당함)

을 얻는다.

손실에 따르는 경제적 영향을 무시하고 발전기-1이 모든 손실을 담당할 때까지 운전한다고 가정한다. 그러면 〈그림 6.26〉에 나타난 것처럼 발전기-1은 263.392MW에서 운전될 것이다. 이 경우 시스템 운용비는 다음

$$F_1(263.932)+F_2(250)=4661.84\$/\mathrm{h}$$

과 같다. 경제급전의 측면에서 보면 부하에 가까운 발전기가 손실을 공급하는 것이 유리하므로 이렇게 한다면 손실을 감소시킬 수 있다. 또한 가장 경제적 급전이라는 것은 송전손실이 가장 작아지는 상태에서 발생하지 않는다는 것도 주목해야 한다. 최소손실 경제급전은 발전기-1의 출력을 낮추고 발전기-2의 출력을 가능한 한, 높이는 것이다. 그 결과는 발전기-2가 출력의 상한에서 운전하는 것이며 다음의 값

$$P_1=102.084\mathrm{MW}$$

$$P_2=400.00\mathrm{MW}\ \text{(상한치)}$$

과 같다. 손실최소화 급전의 시스템 운용비는 다음 값

$$F_1(102.084)+F_2(400)=4,655.43\$/\mathrm{h}$$

$$\text{최소손실}=2.084\mathrm{MW}$$

과 같다.

6.20.2 조율방정식, 증분손실, 페널티 계수

경제급전 문제의 라그랑지 승수 해는 제3장에서 논의되었다. 이 절에서는 다시 반복하면서 그 내용을 다음 식

$$\text{최소화: } \mathcal{L} = F_T + \lambda\phi$$

$$\text{여기에서: } F_T = \sum_{i=1}^{N_{bus}} F_i(P_i)$$

$$\phi = P_{load} + P_{loss}(P_1, P_2, \cdots, P_n) - \sum_{i=1}^{N_{bus}} P_i$$

$$\text{해: } \frac{\partial \mathcal{L}}{\partial P_i} = 0, \text{ (모든 } i\text{에 대하여 } P_i^{\min} \le P_i \le P_i^{\max})$$

과 같이 확장한다. 그러면 다음 식

$$\frac{\partial \mathcal{L}}{\partial P_i} = \frac{dF_i}{dP_i} - \lambda\left(1 - \frac{\partial P_{loss}}{\partial P_i}\right) = 0$$

이 성립한다. 위의 식을 다시 정리하면 다음 식

$$\left(\frac{1}{1 - \dfrac{\partial P_{loss}}{\partial P_i}}\right)\frac{dF_i(P_i)}{dP_i} = \lambda \tag{6.44}$$

이 되며 위의 식에서의 $\dfrac{\partial P_{loss}}{\partial P_i}$는 모선-$i$의 증분손실이다. 그리고 다음 식

$$Pf_i = \left(\frac{1}{1 - \dfrac{\partial P_{loss}}{\partial P_i}}\right)$$

은 모선-i의 페널티 계수라고 한다. 만약 모선-i에서 나오는 전력이 증가할 경우 송전손실이 증가한다면 증분손실은 양(+)이며 페널티 계수는 1보다 크다.

송전손실을 고려하지 않는다면 경제급전 문제는 각 발전기의 증분비용을 모

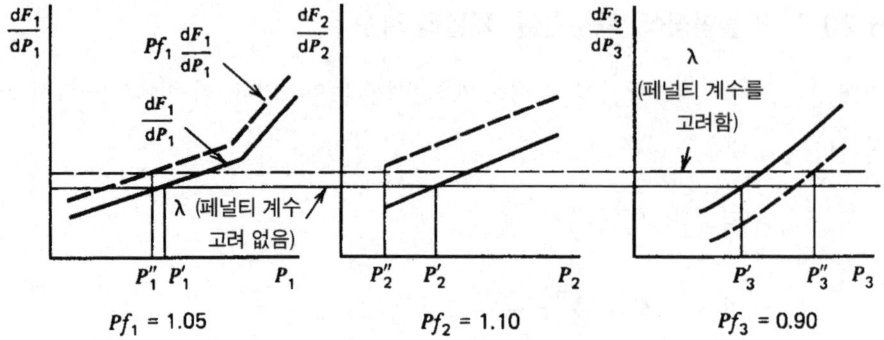

〈그림 6.27〉 페널티 계수를 사용한 경우와 사용하지 않는 경우의 경제급전

두 같게 하는 출력을 해로써 결정하면 된다. 페널티 계수 Pf_i가 다음과 같은 영향을 미친다는 사실을 알면 위의 원칙을 아직도 사용할 수 있다. $Pf_i > 1$인 경우(P_i가 양[+]의 방향으로 증가하면 손실이 증가함), $Pf_i \dfrac{dP_i(P_i)}{dP_i}$은 $\dfrac{dP_i(P_i)}{dP_i}$가 약간 위로 증가한 것처럼 작용한다. $Pf_i < 1$인 경우(P_i가 양의 방향으로 증가하면 손실이 감소함), $Pf_i \dfrac{dP_i(P_i)}{dP_i}$은 $\dfrac{dP_i(P_i)}{dP_i}$가 약간 아래로 감소한 것처럼 작용한다.

결과적으로 각 발전기의 증분비용에 관련된 방정식 조합은 다음 식

$$Pf_i \frac{dP_i(P_i)}{dP_i} = \lambda, \ \forall_i \ P_i^{\min} \le P_i \le P_i^{\max} \tag{6.45}$$

과 같이 나타나며 이것을 조율방정식이라고 한다. 페널티 계수를 사용할 때의 P_i의 값은 손실을 무시한 경우에 비하여 약간 변동한다(Pf_i와 $dP_i(P_i)/dP_i$의 값에 따라). 이것은 〈그림 6.27〉에 나타나 있다.

6.21 기준모선 페널티 계수에 관한 논의

경제급전의 또 하나의 접근법은 다른 발전모선의 출력이 증가하면 항상 이동하는 기준모선을 사용하는 것이다. 모선-i의 발전기출력을 ΔP_i만큼 변동시킨다고 가정한다. 그러면 다음의 관계식

$$P_i^{new} = P_i^{old} + \Delta P_i$$

이 성립한다. 또한 모든 모선의 부하는 상수로서 변동하지 않는다고 가정하며 ΔP_i의 증가를 보상하기 위하여 기준모선의 출력은 ΔP_{ref}만큼 하강한다. 새로운 관계식은 다음 식

$$P_{ref}^{new} = P_{ref}^{old} + \Delta P_{ref}$$

과 같다. 만약 아무런 변동이 없다면 ΔP_{ref}는 $-\Delta P_i$가 될 것이다. 그러나 2개의 발전모선의 출력이 변동하는 결과로써 전력시스템의 전력조류는 변동할 수 있다. 전력조류의 변동은 전력시스템의 손실을 쉽게 변동시키기 때문에 ΔP_{ref}가 ΔP_i와 같게 되지는 않는다. 다시 말하면 다음의 관계

$$\Delta P_{ref} = -\Delta P_i + \Delta P_{loss}$$

가 성립한다. 다음으로 β_i를 ΔP_i에 대한 모선출력변동 비율의 음(−)의 값

$$\beta_i = \frac{-\Delta P_{ref}}{\Delta P_i} = \frac{(\Delta P_i - \Delta P_{loss})}{\Delta P_i}$$

또는 다음의 식

$$\beta_i = 1 - \frac{\partial P_{loss}}{\partial P_i}$$

이라고 정의한다. 기준모선 페널티 계수를 기준모선 그 자신이라고 하는 것이 유용한 경우가 많다는 것을 유념하여야 한다. 이 경우 $\beta_{ref} = 1.0$이다. 경제급전을 정

의하면 다음과 같다.

어떤 하나의 발전기의 출력을 ΔP만큼 기준모선으로 이전하였을 때(ΔP는 대단히 작음) 순시스템 운용비의 변동이 없다면 모든 발전기는 경제급전 상태에 있다고 말한다.

다시 말해, 만약 시스템 운용비를 다음 식

$$\text{시스템 운용비} = \sum F_i(P_i)$$

으로 나타내면 발전기-i의 출력을 ΔP_i만큼 이동하였을 때 총 시스템 운용비의 변동은 다음 식

$$\Delta\text{시스템 운용비} = \frac{dF_i(P_i)}{dP_i}\Delta P_i + \frac{dF_{ref}(P_{ref})}{dP_{ref}}\Delta P_{ref}$$

과 같다. 그러나 $\Delta P_{ref} = -\beta_i \Delta P_i$이므로 시스템 운용비의 변동은 다음 식

$$\Delta\text{시스템 운용비} = \frac{dF_i(P_i)}{dP_i}\Delta P_i - \beta_i \frac{dF_{ref}(P_{ref})}{dP_{ref}}\Delta P_i$$

과 같다. 경제급전의 조건을 만족시키기 위하여 다음 식

$$\Delta\text{시스템 운용비} = 0$$

또는 다음의 조건

$$\frac{dF_i(P_i)}{dP_i} = \beta_i \frac{dF_{ref}(P_{ref})}{dP_{ref}}$$

이 만족되어야 하며 이것은 다음 식

$$\frac{1}{\beta_i}\frac{dF_i(P_i)}{dP_i} = \frac{dF_{ref}(P_{ref})}{dP_{ref}}$$

과 같이 나타낼 수 있다. 경제급전의 해를 구하기 위하여 기준모선의 발전출력 하

나를 선정하고 다른 모든 발전모선의 출력을 앞의 방정식에 따라 지정한 다음, 해를 구할 때까지 총수요를 검증하고 기준모선의 발전출력을 재조정한다.

나아가서, 다음의 관계식

$$\Delta F_{\mathrm{T}} = \left[\frac{dF_i(P_i)}{dP_i} - \beta_i \frac{dF_{ref}(P_{ref})}{dP_{ref}}\right]\Delta P_i$$

을 확인한다. 그러면 다음 식

$$\frac{\Delta F_{\mathrm{T}}}{\Delta P_i} = \left[\frac{dF_i(P_i)}{dP_i} - \beta_i \frac{dF_{ref}(P_{ref})}{dP_{ref}}\right]$$

에서 시스템이 최적경제급전 상태일 때 $\Delta F_T / \Delta P_i$의 값은 0이 될 것이다. 그러므로 다음 식

$$0 = \left[\frac{dF_i(P_i)}{dP_i} - \beta_i \frac{dF_{ref}(P_{ref})}{dP_{ref}}\right], \text{ 모든 모선-}i(i \neq \text{기준모선})\text{에 대하여}$$

또는 다음 식

$$\frac{dF_i(P_i)}{dP_i} = \beta_i \frac{dF_{ref}(P_{ref})}{dP_{ref}} = \left(1 - \frac{\partial P_{loss}}{\partial P_i}\right)\frac{dF_{ref}}{dP_{ref}}$$

이 성립한다. 제8장과 제10장에서 이 값은 기준모선 한계비용과 모선-i의 증분손실의 함수로서 모선-i의 모선한계가격과 같다는 것을 보여 준다. 다음 절은 β_i 계수를 교류뉴턴 조류계산으로부터 직접 구하는 방법을 설명한다.

6.22 교류조류계산으로부터 직접 모선 페널티 계수를 구하는 방법

페널티 계수는 뉴턴-랩슨 조류계산으로부터 직접 구할 수도 있다. 여기에서 구하

고자 하는 것은 ΔP_i가 발생하였을 때 기준모선에 어떤 비율로 변동이 발생하는가이다.

여기에서 P_{ref}는 네트워크의 전압과 위상각에 관한 함수이고, ΔP_i가 발생하였을 때 네트워크의 모든 전압과 위상각은 변동한다. 그러면 다음 식

$$\Delta P_{ref} = \sum_i \frac{\partial P_{ref}}{\partial \theta_i} \Delta\theta_i + \sum_i \frac{\partial P_{ref}}{\partial |\mathrm{V}_i|} \Delta|\mathrm{V}_i| \tag{6.46}$$

$$= \sum_i \frac{\partial P_{ref}}{\partial \theta_i} \frac{\partial \theta_i}{\partial P_i} \Delta P_i + \sum_i \frac{\partial P_{ref}}{\partial |\mathrm{V}_i|} \frac{\partial |\mathrm{V}_i|}{\partial P_i} \Delta \mathrm{P}_i$$

이 성립한다. 행렬연산을 하기 위하여 다음의 관계식

$$\Delta P_{ref} = \sum_i \frac{\partial P_{ref}}{\partial \theta_i} \Delta\theta_i + \sum_i \frac{\partial P_{ref}}{\partial | V_i|} \Delta|\mathrm{V}_i| \tag{6.47}$$

$$= \sum_i \frac{\partial P_{ref}}{\partial \theta_i} \frac{\partial \theta_i}{\partial Q_i} \Delta Q_i + \sum_i \frac{\partial P_{ref}}{\partial |\mathrm{V}_i|} \frac{\partial |\mathrm{V}_i|}{\partial Q_i} \Delta|\mathrm{Q}_i|$$

이 필요하다.

$\partial P_{ref}/\partial\theta_i$와 $\partial P_{ref}/\partial|\mathrm{V}_i|$는 기준모선에 관한 표준 조류계산 방정식을 미분하여 구한다. $\partial\theta_i/\partial P_i$와 $\partial|\mathrm{V}_i|/\partial P_i$는 자코비안 행렬의 역행렬에서 구한다(식 6.15 참고). 모든 모선-i에 대하여 식 6.47의 방정식과 6.48의 방정식을 나타낼 수 있다. 결과로 얻는 식은 다음 식

$$\left[\frac{\partial P_{ref}}{\partial P_1} \; \frac{\partial P_{ref}}{\partial Q_1} \; \frac{\partial P_{ref}}{\partial P_2} \; \frac{\partial P_{ref}}{\partial Q_2} \cdots \frac{\partial P_{ref}}{\partial P_N} \; \frac{\partial P_{ref}}{\partial Q_N} \right] =$$

$$\left[\frac{\partial P_{ref}}{\partial \theta_1} \; \frac{\partial P_{ref}}{\partial |\mathrm{V}_1|} \; \frac{\partial P_{ref}}{\partial \theta_2} \; \frac{\partial P_{ref}}{\partial |\mathrm{V}_2|} \cdots \frac{\partial P_{ref}}{\partial \theta_N} \; \frac{\partial P_{ref}}{\partial |\mathrm{V}_N|} \right] [\mathrm{J}^{-1}] \tag{6.48}$$

과 같다. 위 식을 전치하면 다음 식

$$\begin{bmatrix} \frac{\partial P_{ref}}{\partial P_1} \\ \frac{\partial P_{ref}}{\partial Q_1} \\ \frac{\partial P_{ref}}{\partial P_2} \\ \frac{\partial P_{ref}}{\partial Q_2} \\ \vdots \\ \frac{\partial P_{ref}}{\partial P_N} \\ \frac{\partial P_{ref}}{\partial Q_N} \end{bmatrix} = \left[(\boldsymbol{J}^{\mathrm{T}})^{-1} \right] \begin{bmatrix} \frac{\partial P_{ref}}{\partial \theta_1} \\ \frac{\partial P_{ref}}{\partial |\mathrm{V}_1|} \\ \frac{\partial P_{ref}}{\partial \theta_2} \\ \frac{\partial P_{ref}}{\partial |\mathrm{V}_2|} \\ \vdots \\ \frac{\partial P_{ref}}{\partial \theta_N} \\ \frac{\partial P_{ref}}{\partial |\mathrm{V}_N|} \end{bmatrix} \tag{6.49}$$

을 얻는다.

계산을 실행할 때에는 구체적으로 자코비안을 계산하는 대신에 뉴턴 조류계산에서 $\boldsymbol{J}$에 대하여 연산하는 것과 같이 $\boldsymbol{J}^{\mathrm{T}}$에 대하여 가우스 소거법을 사용하면 된다.

문제

6.1 다음과 같은 단선도가 주어진 경우, 네트워크가 다음과 같다면 각 선로에서 대지로 연결된 선로충전 커패시턴스의 등가 어드미턴스를 구하시오.

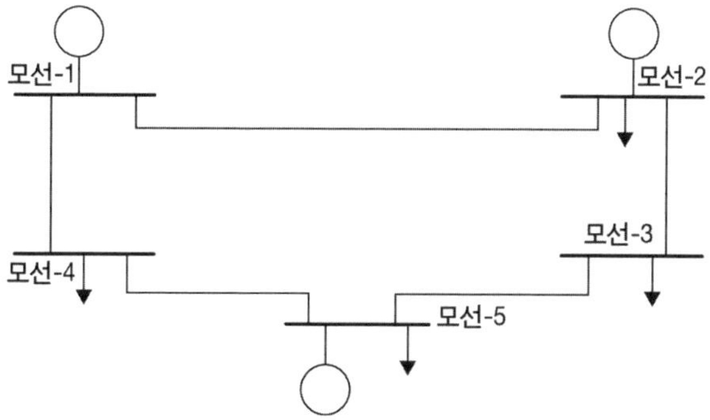

〈그림 6.28〉 문제 6.1의 네트워크

모선	V 크기(퍼유닛)	위상각(도)
1	1	0
2	0.96	-5.91
3	1.1	-13.662
4	1.04	-8.718
5	1.05	-6.36

선로정수(퍼유닛)	모선 데이터(퍼유닛)
$Y_{12} = 2 - j5$	$S_{1\,주입} = 2.1328 - j0.9607$
$Y_{14} = 1 - j10$	$S_{2\,주입} = 2.0 - j1.7111$
$Y_{23} = 1 - j20$	$S_{3\,주입} = -4.0 - j0.50$
$Y_{35} = 3 - j10$	$S_{4\,주입} = -2.0 - j0.40$
$Y_{45} = 3 - j10$	$S_{5\,주입} = 2.0 - j1.35$

6.2 변압기의 π-등가 퍼유닛 모델이 다음과 같이 주어졌다(〈그림 6.29〉):

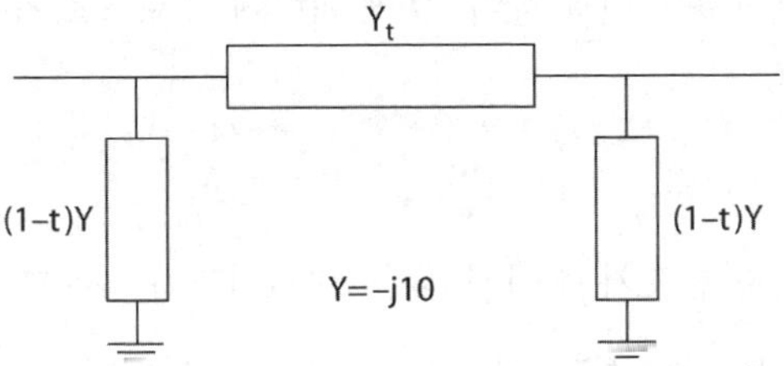

〈그림 6.29〉 문제 6.2의 변압기의 π-등가 퍼유닛 모델

변압기의 권선비는 모선-3의 전압이 1.0퍼유닛이 되도록 하여 선정되었다. 변압기의 권선비 t를 구하기 위하여 뉴턴-랩슨 절차를 개발하고 결과를 제시하시오.

Z_{23}은 이미 알려진 변수라고 가정하고 Z_{23}을 사용하여 답을 구하시오(〈그림 6.30〉). (Z_{23}은 대지로의 충전커패시턴스를 포함하지 않는다고 가정하여도 좋다)

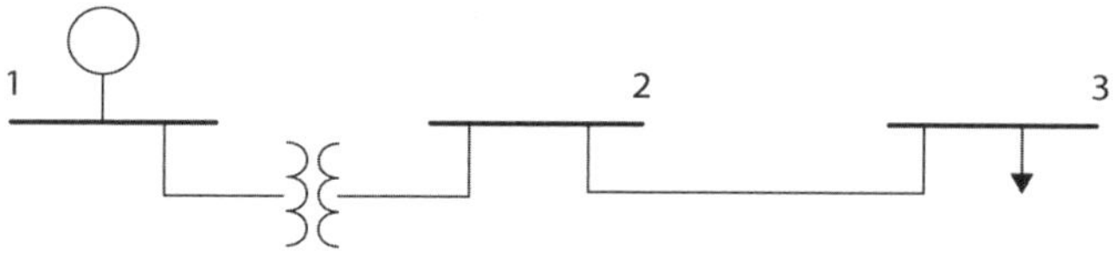

〈**그림 6.30**〉 문제 6.2의 네트워크

문제 6.2의 네트워크에 관한 데이터

$$|V_1| = 1.0$$

$$\delta_1 = 0.0$$

$$P_2 = 0$$

$$Q_2 = 0$$

$$P_{D3} = 2.0$$

$$Q_{D3} = 0$$

6.3 다음에 나타나는 네트워크에 대하여 고속분할 조류계산법을 이용하여 해를 구하고 모선-5의 전압의 크기가 정확하게 1.0퍼유닛이 되기 위한 모선-5의 커패시턴스를 구하시오. 커패시턴스는 해를 구하기 위한 계산에서 PV모선으로 모델링 될 수 있다고 가정하시오(〈그림 6.31〉). 왜 이러한 가정이 옳은 것인지 설명하시오.

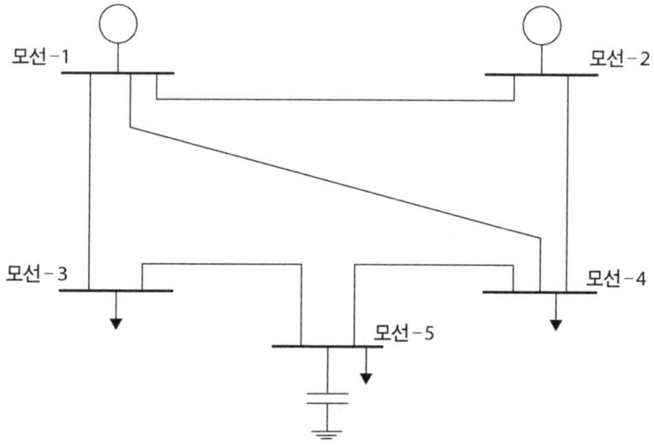

〈**그림 6.31**〉 문제 6.3의 네트워크

문제 6.3의 네트워크 데이터

선로정수	모선데이터
$Y_{12} = 1 - j10$	$\|V_1\| = 0.98$
$Y_{13} = 1 - j10$	$\delta_1 = 0.0$
$Y_{14} = 1 - j10$	$\|V_2\| = 0.97$
$Y_{24} = 2 - j10$	$P_{G2} = 1.0$
$Y_{35} = 1 - j5$	$P_{D3} = 0.5$
$Y_{45} = 1 - j8$	$Q_{D3} = 0.5$
$Y_{S12} = 0$	$P_{D4} = 2.0$
$Y_{S13} = 0$	$Q_{D4} = 0.5$
$Y_{S14} = 0$	$P_{D5} = 0.5$
$Y_{S24} = 0$	$Q_{D5} = 0.1$
$Y_{S35} = 0$	
$Y_{S45} = j0.5$	
$Y_{S54} = j0.5$	
$Y_{S5} = j0.5$ 대지 커패시터	

6.4 변압기 모수가 다음과 같을 때, 변압기의 어드미턴스를 구하시오(〈그림 6.32〉 참조).

권선비 (a)	$10\,e^{-j\pi/6}$
Z_s	$+j20\ \Omega$
Z_m	$+j500\ \Omega$

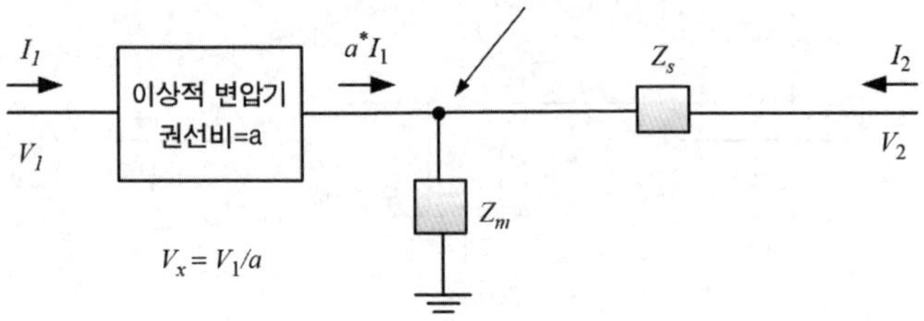

〈그림 6.32〉 문제 6.4의 네트워크

6.5 제3장의 문제를 다시 푸시오. 이 경우, 송전손실은 존재하며 발전기의 증분 손실은 다음과 같다고 가정하시오.

$$\frac{dP_{loss}}{dP_1} = -0.05263$$

$$\frac{dP_{loss}}{dP_2} = -0.04762$$

650MW의 전력을 공급하기 위한 최적스케줄을 세우시오. 650MW는 수요와 송전손실을 합한 것이다.

6.6 2개의 발전기가 1,000MW의 부하를 공급하고 있다(〈그림 6.33〉).

2개의 발전기의 비용함수는 다음과 같이 주어졌다(단위 $/MWh):

발전기-1: $F_1(P_1) = 2,200 + 25P_1 + 0.025 \times P_1^2,\ 220\text{MW} \le P_1 \le 600\text{MW}$

발전기-2: $F_2(P_2) = 1,500 + 11P_2 + 0.02 \times P_2^2,\ 350\text{MW} \le P_2 \le 800\text{MW}$

MW 손실 $= 0.0002 \times P_1^2 + 0.0001 \times P_2^2$, P_1과 P_2의 단위는 MW임

송전손실을 고려하여 1,000MW의 부하를 공급하기 위한 경제급전 문제의 해를 구하시오. $P_1 = 500$MW 및 $P_2 = 500$MW인 상태에서 출발하며, 발전기-1과 발전기-2에 대하여 증분손실과 페널티 계수를 계산하시오.

P_1과 P_2에 관하여 해를 구하고, 손실과 증분손실, 그리고 페널티 계수

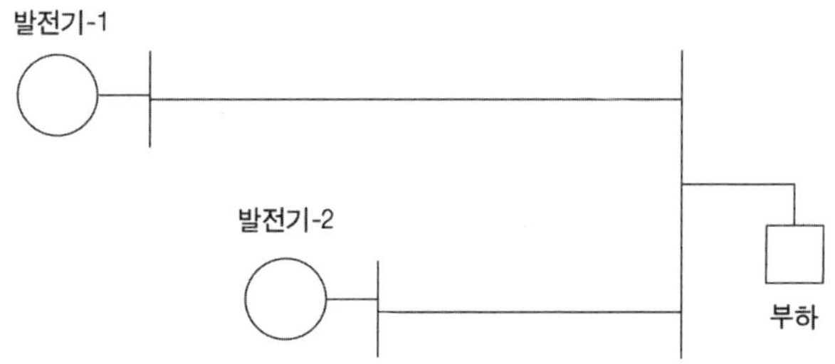

〈그림 6.33〉 문제 6.6의 송전망

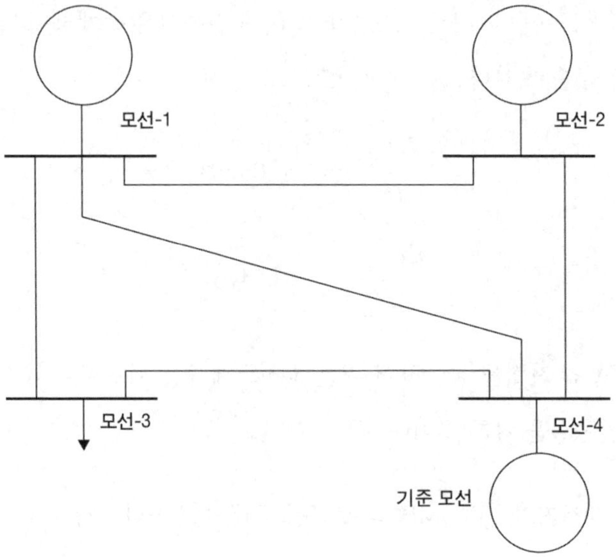

〈그림 6.34〉 문제 6.7의 4-모선

를 다시 계산하시오. 그리고 다시 P_1과 P_2를 구하시오. 이 과정을 P_1과 P_2의 변동이 1MW보다 작아질 때까지 계속하시오.

6.7 4-모선 시스템이 다음과 같이 주어져 있다(〈그림 6.34〉):
문제에 관한 자료는 다음과 같다.

$$x_{12}=0.2;$$

$$x_{14}=0.4;$$

$$x_{13}=0.25;$$

$$x_{24}=0.5;$$

$$x_{34}=0.1;$$

a. 네트워크의 4×4 $\mathrm{B_x}$ 행렬을 구성하시오('Matlab'을 사용하는 것을 권장함).
첫 번째 행은 다음과 같을 것이다.

$$\mathrm{B_x} = \left[(1/x_{12}+1/x_{13}+1/x_{14}) - 1/x_{12} - 1/x_{13} - 1/x_{14}\right]$$

b. B_x 행렬의 역행렬을 구할 수 없다. 그러므로 네 번째 열의 모든 요소를 0으로 대치하여야 하며 네 번째 행의 모든 요소를 0으로 대치하여야 한다. B_x 행렬의 (4,4) 요소를 1.0으로 대치하면 역행렬을 구할 수 있다. 그러면 결과는 X 행렬이라고 하는 것이며 처음의 3개의 행과 열, 그리고 네 번째 행과 열이 변경되지 않은 3×3 행렬이 될 것이다.

c. 시스템의 발전기 용량과 부하는 다음과 같다.

$$\text{모선-1의 } P_{gen} = 100.00\text{MW}$$

$$\text{모선-2의 } P_{gen} = 150.00\text{MW}$$

$$\text{모선-3의 } P_{load} = 350.00\text{MW}$$

모선-4를 기준모선으로 지정하고 모선-4의 위상각 θ를 0으로 한다. S_{base}를 100MVA로 한다.

d. 직류조류계산 또는 선형조류계산법에 의하여 시스템의 문제를 풀려고 한다. 먼저, P_{gen}과 P_{load}의 값을 퍼유닛 값으로 변환하고 모선-1과 모선-2 그리고 모선-3의 위상각을 구하시오. 그다음 송전선로의 전력조류를 구하시오.

7

전력시스템 안전도

7.1 서론

지금까지 우리는 주로 전력시스템 운용의 비용최소화에 관심을 두고 설명하였다. 전력시스템을 운용하는 데 있어서 또 다른 중요한 요소는 안전도를 유지하려는 것이다. 시스템 안전도는 전력시스템을 구성하는 요소 중의 하나가 작동을 실패하더라도 전력시스템 운용을 지속하도록 하는 급전업무도 포함한다. 예를 들면, 어떤 발전기의 운전을 보조하는 설비가 고장정지를 일으키면 발전기는 시스템에서 탈락된다. 이 경우, 적정량의 순동예비력을 보유하고 있다면 나머지 건전한 발전기들은 부족한 총출력[1]을 보충하여 주파수가 너무 하락하거나 아니면 소비자부하를 차단해야 하는 상황이 일어나지 않도록 할 수 있다. 이와 유사하게, 하나의 송전선이 낙뢰로 인해 손상을 입어 보호계전기의 동작으로 인해 탈락될 수 있다. 이때 송전선의 전력조류가 적절하게 유지되도록 각 발전기의 출력이 급전(dispatch)되어 있다면 나머지 건전한 송전선은 탈락한 송전선이 담당하고 있던 전력조류를 추가적으로 감당하여 각각의 송전선 용량의 허용범위 내에서 건전한 운전상태를 유지할 수 있다.

전력시스템 내의 모든 설비는 항상 전력시스템에서 분리될 수 있도록 설계되어 있다. 이렇게 분리되는 원인은 다음과 같이 계획정지와 불시고장정지로 분류된다.

계획정지는 설비의 예방보수 또는 설비의 대체를 위하여 설비를 분리하며 명

1) 역자 주: total generation. 운전 중인 발전기출력의 합계

칭이 말해주듯이 분리의 시기는 전력시스템의 신뢰도에 대한 영향을 최소화하기 위하여 시스템 운용자가 결정한다.

불시고장정지는 확률적으로 발생하며 설비내부의 구성요소의 고장 또는 낙뢰, 폭풍, 송전선의 결빙 등과 같은 외적 요인에 의하여 발생한다.

고장정지가 일어나는 시점을 예측할 수는 없으므로 전력시스템은 항상 어떤 심각한 사고가 발생하더라도 위험한 상태에 놓이지 않도록 운용되어야 한다. 전력시스템의 구성요소는 주어진 범위 내에서 운전되도록 설계되었기 때문에 대부분의 설비는 운전범위를 위반하면 설비를 전력시스템에서 자동으로 분리하도록 하는 장치에 의해 보호를 받고 있다. 만약 시스템 내에서 사고가 발생해 어떤 설비가 운전범위를 벗어나고 이 설비가 탈락되어 다른 구성요소가 운전범위를 벗어나게 된다면 이 사건은 다른 설비의 연쇄탈락을 일으킨다. 만약 이러한 연쇄탈락이 파급되면 전체 전력시스템이 완전히 붕괴할 수 있다. 이것을 시스템 블랙아웃(시스템 붕괴)이라고 말한다.

시스템 붕괴를 일으킬 수 있는 사건순서의 형태에 관한 예는 우선 절연파괴에 의한 단락고장에 의해 하나의 송전선이 탈락(개방)되는 것으로 시작하며, 이 경우 나머지 건전한 선로는 탈락된 송전선에 흐르던 전력을 떠맡아 운전을 계속해야 한다. 만약 남아 있던 선로 가운데 하나가 과부하 상태로 되면 보호계전기가 작동하여 추가로 탈락되며 나머지 건전한 선로는 더욱더 많은 전력조류를 담당하게 된다. 이렇게 선로 과부하가 연속적으로 발생하면서 탈락하는 과정을 연쇄탈락이라고 한다. 대부분의 전력시스템은 하나의 초기 사고가 발생하더라도 연쇄탈락으로 이어지는 것을 예방하기 위하여 남아 있는 다른 구성요소에 과부하가 발생하지 않도록 운용되고 있다.

미국에서 이와 같은 것을 "NERC $(n-1)$ 규칙"[2]이라고 말한다. NERC는 북미 전력신뢰도기관을 의미하며 이 기관에서 미국 모든 전력시스템의 신뢰도 기

---

2) 참조: NERC *Reliability Concepts* v 1.0.2

준을 제정한다. 전력시스템의 구성요소 n개 가운데 하나의 구성요소가 탈락된 상태를 $n-1$이라고 말한다. NERC의 $(n-1)$규칙은 하나의 사고가 발생하더라도 다른 구성요소가 과부하 상태로 되거나 또는 전압크기의 한계를 벗어나지 않아야 한다고 규정하고 있다.

대부분의 전력시스템은 급전원이 신뢰도를 유지할 수 있도록 하기 위하여 기기를 설치하여 전력시스템을 감시하거나 운용할 수 있도록 한다. 이 장에서는 이러한 전력시스템의 안전도 유지에 사용되는 기법과 기기에 관하여 설명한다. 이러한 것을 통틀어 "시스템 안전도"라고 한다.

전력시스템 운용에 있어서 안전도 유지는 급전실에서 수행되는 다음과 같은 3개의 기능으로 분류할 수 있다.

① 전력시스템 감시 기능
② 상정사고해석 기능
③ 안전도-제약 최적조류계산(SCOPF) 기능

시스템 감시는 전력시스템의 상태에 관한 적절한 최신의 정보를 전력시스템 운용자에게 제공한다. 통상적으로 위의 3개의 안전도 유지 기능 가운데 가장 중요한 기능이라고 할 수 있다. 전력회사가 발전기 하나로 여러 소비자에게 전력을 공급하던 시대를 벗어난 때부터 효과적인 전력시스템 운용을 위해 중요한 변수가 측정되고 그 값이 중앙급전실로 전송되는 것은 핵심 요소가 되었다. 자료를 계측하고 전송하는 시스템 즉, EMS[3)]라는 것은 전력시스템의 송전망에 있는 모든 변전소(모선)의 전압, 전류, 전력조류, 그리고 차단기와 단로기의 상태를 감시하는 장치로 발전하였다. 이에 덧붙여서, 주파수, 발전기출력, 변압기 탭 위치 등과 같은 매우 중요한 변수도 원격으로 계측된다. 이렇게 많은 자료가 동시에 계측되므로 급전원만의 노력으로는 적절한 시간 이내에 많은 정보를 검증할 수도 없다. 이러한

---

3) Energy Management System

사유로 인하여 디지털 컴퓨터가 중앙급전소에 설치되어, 원격으로 계측된 자료를 수집하고 처리하고 데이터베이스에 저장하여 모니터에 나타낼 수 있게 되었다.

더욱 중요한 것은 컴퓨터는 들어오는 정보가 미리 지정한 한계를 벗어나는가를 검증하고 과부하 상태로 되거나 전압의 크기가 한계를 벗어나면 급전원에게 알려 준다는 것이다. 지금부터는 앞에서 말한 3개의 안전도 유지 기능에 대하여 설명한다.

첫째, 상태추정 기능은 원격으로 계측된 시스템 자료를 전력시스템 모델과 결합하여 현재 전력시스템의 상태(또는 "state")에 대한 최상의 추정치(통계학의 이론)를 제공하는 것이다. 제9장은 이에 관한 보다 상세한 내용을 다룰 예정이다.

위와 같은 시스템은 급전원이 중앙급전실에서 먼 곳에 위치한 차단기, 단로기, 그리고 변압기 탭을 조정할 수 있도록 하는 감시제어 시스템과 결합해 사용된다. 이와 같은 기능을 SCADA 시스템이라고 하며 '감시제어 및 자료획득 시스템'[4]을 의미한다. SCADA 시스템은 급전원이 발전기와 변압기 또는 변전소를 감시할 수 있도록 해주며 과부하를 해소하거나 전압의 크기가 운전범위를 벗어났을 경우에 조치를 할 수 있도록 도와준다.

독립시스템 운용기관(ISO)과 같은 최상위의 시스템 운용기관이나 아니면 소규모 전력회사의 SCADA 운용자 또는 급전원이 바라보는 전력시스템은 다음과 같은 4개의 모드로 구분할 수 있다.

- 정상 상태(normal state)
- 경고 상태
- 비상 상태
- 복구 상태

위와 같은 분류는 이미 오래전부터 사용되고 있으며 뉴욕 시스템 운용기관

4) Supervisory Control and Data Acquisition System

(NYISO)의 운용 매뉴얼[5]은 다음과 같이 정의하고 있다.

- 정상 상태(normal state)라는 것은 경보가 급전원에게 나타나지 않고 있으며 상정사고해석 결과가 과부하를 일으키거나 전압에 관한 위반상황이 일어난다는 보고가 없는 상황이다.
- 경고 상태는 급전원에게 경보가 나타났거나 상정사고해석 프로그램이 사고발생의 가능성을 알려 준 상태이다.
- 비상 상태는 급전원이 즉시 조치를 해야 한다든가 또는 주요 전력설비를 제거하거나 탈락시켜야 한다는 것을 의미하는 메시지가 나타났음을 말한다.
- 만약 전력시스템의 주요한 설비, 일부분 또는 상당한 부분의 설비의 운전이 중단되거나 기능이 중지되었을 경우에 복구를 하여야 한다. 복구과정에서 운전이 중단된 설비가 운전을 재개할 수 있는지, 또는 전력시스템에 다시 복귀할 수 있는가를 조사하여야 한다. 소비자부하를 다시 접속하여 서비스를 계속해야 하지만 작게 나누어 하나씩 접속하여야 한다.

두 번째로 중요한 안전도 유지 기능은 상정사고해석 기능이다. 이 분석의 결과는 전력시스템이 방어적으로 운용되도록 한다. 전력시스템에서 발생하는 여러 가지 사고는 시스템 운용자가 대응조치를 취할 수 없는 아주 짧은 시간 내에 발생해 심각한 문제를 일으킬 수 있다. 이것의 한 예가 연쇄탈락의 경우이다. 이러한 시스템 운용의 특성 때문에 최신의 EMS는 일어날 가능성이 있는 사고를 가상해 상정사고해석을 하는 기능을 보유하고 있다. EMS 프로그램은 전력시스템 모델에 의거하여 실행되며 사건을 상정하여 검토하고 일어날 가능성이 있는 과부하 상태와 전압크기의 허용범위 이탈에 대하여 급전원에게 경보 메시지를 보낸다. 예를 들면 가장 간단한 상정사고의 형태가 제6장에서 설명한 표준 조류계산과 각각의

---

5) New York Independent System Operator, *Transmission and Dispatching Operations Manual, Manual 12.*

상정사고에 대하여 조류계산을 실행할 수 있도록 하는 입력자료를 준비하는 절차와 결합되어 하나의 프로그램으로 구성되어 있다. 이를 변형한 여러 종류의 상정사고해석 기능에는 고속계산법, 자동 상정사고 선정 기법, 그리고 실시간 시스템 상태에 관한 자료와 상태추정 절차를 사용하여 상정사고해석용 조류계산 프로그램을 자동적으로 시작하는 프로그램 등이 있다.

세 번째 중요한 안전도 유지 기능은 안전도 유지 최적조류계산(SCOPF) 프로그램을 사용하는 것이다. 이 기능은 하나의 상정사고해석 프로그램이 각 발전기에 대하여 출력기준점의 변동을 가하거나 다른 제약을 추가해 상정사고해석을 실행하여 나머지 건전한 선로에 과부하가 발생하지 않도록 하는 조류계산 프로그램과 결합되어 있다. 이 과정은 다음과 같이 4개의 목표로서 구분할 수 있다.

정상 상태 급전: 이것은 시스템 구성요소가 사고를 일으키기 이전의 시스템 상태이다. 경제급전의 측면에서는 최적이지만 안전도 유지 여부에 대하여는 불확실하다.

상정사고 이후: 이것은 사고가 발생한 이후의 상태에 대한 목표이다. 여기에서는 안전도를 위반하는 조건(선로 또는 변압기가 과부하 상태이거나 모선전압의 크기가 한계를 벗어나 있는 상태)이 형성되어 있다고 가정한다.

안전도 유지 급전: 사고가 발생하지 않았지만 안전도 위반상황이 발생하지 않도록 운전조건에 제약을 가하는 것이 목표이다.

상정사고 이후 안전도 유지: 이것은 기준 운용상태에 상정사고해석의 결과를 고려해 제약조건을 수정하는 것이 목표이다.

지금부터 예제를 들어서 4개 목표에 대한 설명을 한다. 먼저 발전기 2개, 소비자부하, 그리고 2개의 선로를 갖는 시스템에서 발전기가 수요를 만족시키는 것을 예로 든다. 여기에서 송전선의 손실은 무시한다.

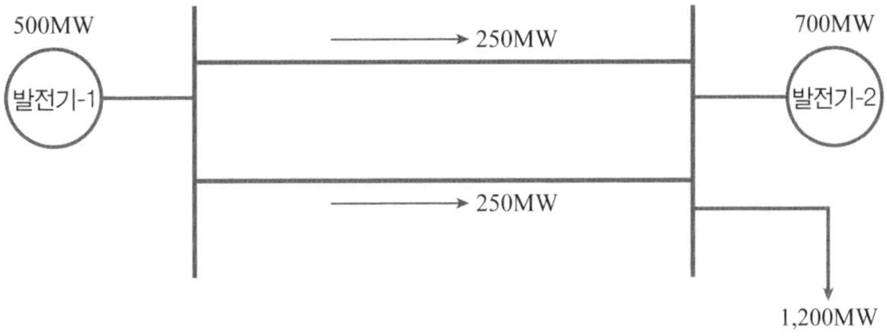

정상 상태(normal state) 급전

여기에서 예로 든 전력시스템이 위의 그림에서처럼 500MW의 출력을 제공하는 발전기-1과 700MW의 출력을 제공하는 발전기-2가 최적급전 상태에 있다고 가정한다. 그리고 2개의 송전선은 각각 400MW의 송전용량을 갖는다고 하면 기준 운용상태에서 전력수송의 문제는 없다.

지금 2개의 송전선 가운데 하나가 사고발생으로 인하여 개방(탈락)되었다고 가정한다. 이 결과 전력조류는 아래 그림과 같이 된다.

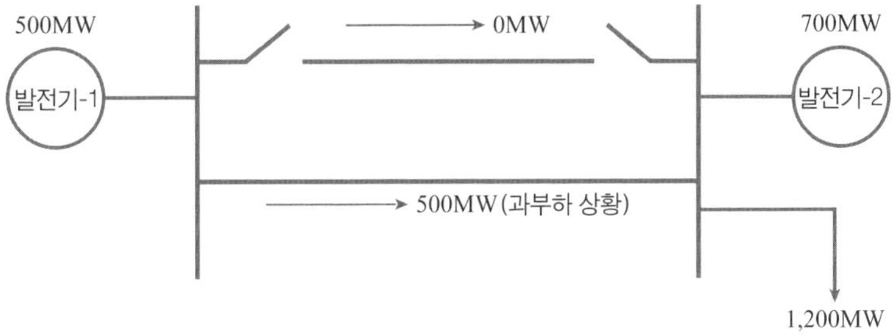

상정사고-이후

위의 그림에 의하면 건전한 나머지 선로에 과부하가 발생했다. 이 예제에서는 이 상황이 일어나는 것이 바람직하지 않으므로 발전기-1의 출력을 400MW로 낮추어 상황을 개선하려고 한다. 그러면 안전도를 유지할 수 있는 급전은 다음 그림과 같다.

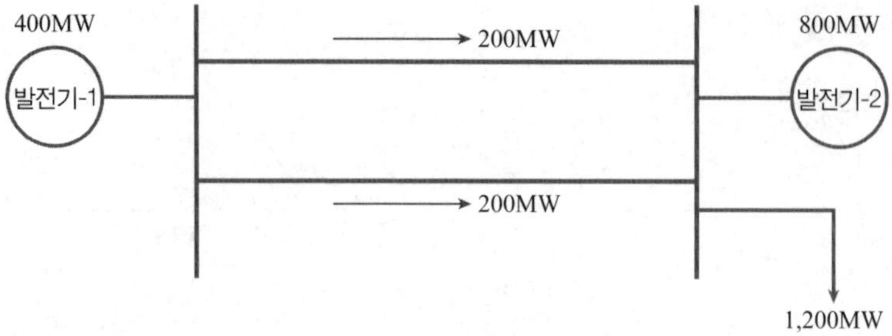

안전도 유지 급전

지금 동일한 상정사고해석을 하면 상정사고-이후의 안전도가 보장되는 상태는 아래의 그림과 같다.

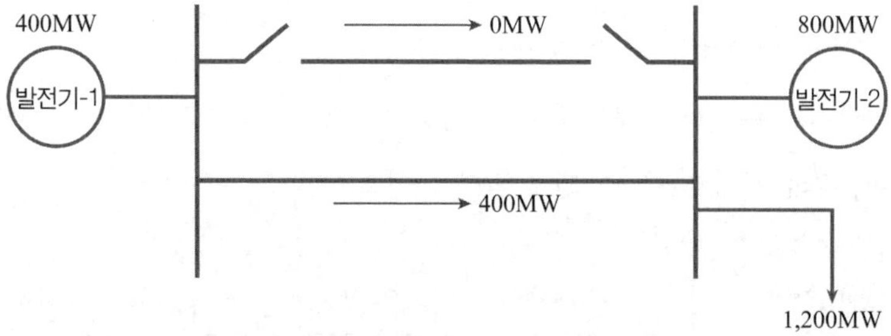

상정사고-이후 안전도 유지

발전기-1과 발전기-2가 출력기준점을 조정해 상정사고-이후의 운용에서 송전선로가 과부하로 되는 것을 방지했다. 이것이 안전도 유지를 위한 정정의 요지이다. 기준 운용상태 또는 상정사고-이전의 제약조건을 수정해 상정사고-이후에 위반상황이 발생하지 않도록 하는 프로그램을 "안전도-제약 최적조류계산" 또는 SCOPF라고 한다. 이 프로그램들은 각종 상정사고를 고려하여 발전기출력, 발전기 전압, 변압기 탭, 연계선 전력조류를 조정한다. SCOPF에 대하여는 제8장에서 설명한다.

전력시스템 감시, 상정사고해석, 그리고 복구동작 검토 등의 기능은 시스템의 안전도 유지를 위해 EMS가 급전원을 지원하는 대단히 복잡한 기능의 집합이다. 이 장에서는 상정사고해석을 집중적으로 설명한다.

7.2 전력시스템 안전도에 영향을 미치는 요소

서로 연계되어 있는 전력시스템에서 구간 시스템 붕괴가 여러 차례 발생한 결과로 인하여 현대 전력시스템 운용의 우선순위는 다음과 같이 진보하였다.

신뢰도를 유지하며 전력이 전달될 수 있도록 전력시스템을 운용한다.

신뢰도를 고려하여 전력시스템 운용에 주어진 제약조건의 한도 내에서 전력시스템이 경제적으로 운용되도록 한다.

이 책의 상당 부분은 가장 경제적으로 전력시스템을 운용하는 방법에 대하여 설명하기 위하여 작성되었다. 그러나 어떠한 요소가 신뢰도 유지의 관점에서 전력시스템 운용에 영향을 미치는가? 발전 및 송전 시스템을 설계하는 엔지니어들은 신뢰도를 염두에 두고 전력시스템을 계획하였다고 가정한다. 이것은 전력수요를 충족하기 위한 적정 규모의 발전기가 건설되었고 발전기가 생산한 전력을 부하지점에 수송하기 위한 적정 규모의 송전망이 건설되었다는 것을 의미한다. 만약 전력시스템이 예기하지 못한 설비의 고장정지 또는 예상하지 못한 상황에 처하지 않고 운용을 지속할 수 있다면 신뢰도의 문제는 없을 것이다. 그러나 전력시스템의 어떤 구성요소라도 내부적 요인이나 뇌격, 외부 물체와 송전선의 접촉, 보호계전기 설정의 실수와 같은 인적 실수 등의 외부적 원인에 의해 사고를 일으킬 수 있다.

전력시스템을 계획하는 데 있어서 어떠한 사고가 발생하더라도 전력수요를 차단할 필요가 없을 정도로 과다한 잉여설비를 건설할 수는 없다(즉, 너무나 여유가 많은 송전설비, 과다한 설비예비력 등). 오히려 소비자부하를 차단할 확률이 허용된 수준보다 낮게 유지되도록 전력시스템의 계획을 수립한다. 대부분의 전력시스템은 주요한 사고 발생 사건에 견딜 수 있는 충분한 여유를 갖도록 계획하지만 그렇다고 하여 전력시스템이 100% 신뢰도를 유지한다는 것을 보증하지는 않는다.

시스템설계와 경제적 한계의 사이에서 급전원은 주어진 어느 시간에서도 신뢰도를 최대화하여야 한다. 일반적으로 불시고장정지가 발생하거나 계획예방보수로 인하여 설비운전을 멈추는 경우가 있기 때문에 전력시스템은 언제라도 모든 설비가 가동된 상태에서 운용되지는 않는다. 그러므로 전력시스템의 신뢰도가 유지되도록 하기 위한 급전원의 역할은 대단히 중요하다.

이 장에서는 전력시스템 운용에 문제를 일으킬 수 있는 사건 모두를 살펴보지는 않겠다. 그 대신, 송전선의 탈락과 발전기의 불시고장정지라는 2개의 주요 사건이 발생할 경우 어떠한 대책을 마련해야 할 것인가 또는 일어날 수 있는 결과가 무엇인가에 대하여 집중하여 설명할 것이다.

송전선의 사고는 송전망에 접속되어 있으나 사고가 일어나지 않은(건전한) 송전설비의 전력조류와 전압에 변동을 유발한다.

그러므로 송전망의 사고해석은 전력조류와 전압크기의 변동이 각각의 설비의 허용한계를 벗어나지 않는가를 예상하는 방법론을 알아야 할 필요가 있다. 발전기의 불시고장정지는 송전망의 각 모선의 전압과 전력조류의 변동을 가져오며 전력시스템의 주파수와 발전기출력에 관한 동태적(dynamic) 문제를 일으킨다.

7.3 상정사고해석: 네트워크 문제의 검출

7.3.1 발전기의 불시고장정지

발전기가 불시에 고장정지를 일으키면 송전망의 전력조류뿐만 아니라 나머지 발전기에도 변동을 일으킨다.

다른 발전기에 대한 영향. 만약 하나의 발전기가 고장정지를 일으키면 출력이 상실되고 그 결과로 총출력과 전체 부하와 손실의 합과의 사이에 불균형이 발생한다. 이러한 불균형으로 인하여 주파수가 하락하며 이 상태는 회복되어야 한다. 주파수를 다시 규정치인 60Hz로 복구하기 위하여 탈락된 발전기의 출력에 해당하는 부분을 남아 있는 발전기들이 보충하여야 한다. 각 발전기별 출력보충량의 비율은 조속기의 드룹 특성(제10장 참조)에 따라 결정된다. 또 다른 방법으로서, 계산의 정밀도를 높이기 위하여 공통정보 모델(CIM)과의 자료교환을 하여 한쪽 끝에 등가시스템을 구성하여 검토할 수 있다. 어림잡아 계산해 보면 발전기 각각의 출력에 비례하여 보충량이 결정된다. 그러나 주파수를 회복하기 위하여 출력증가가 요구되는 때에 어떤 발전기가 최대출력으로 운전하고 있다면 출력을 더 이상 높일 수 없기 때문에 주파수 회복에 참여하지 못한다. 이 경우에, 최대출력으로 발전하고 있지 않은 발전기들은 총출력의 결손 부분이 회복되도록 출력을 증가하여야 한다. 만약 대부분의 발전기들이 최대출력으로 운전하고 있어서 보충량을 채우지 못한다면 주파수를 회복하기 위하여 부하를 차단하여야 한다. 이러한 상황이 발생하지 않도록 하기 위하여 각 발전기들이 최대출력으로 운전하고 있는가에 대하여 항상 감시하여야 한다. 신뢰도를 만족하기 위하여, 결손을 보충할 수 있도록 각 발전기가 "보충할 수 있는 출력"[6]의 합계는 운전 중인 발전기 가운데 가장 큰 발전기의 출력보다 커야 한다. 여기에서 말하는 보충 가능한 출력의 합계가 순동예비력이며 신뢰도 기준을 만족시키기 위하여 충분히 커야 한다.

만약 하나의 전력시스템이 대용량 연계시스템의 일부라면 상실된 발전출력은 시스템의 제어지역 밖에 있는 수많은 발전기에 의하여 보충될 것이다. 이러한 출력보충이 일어날 경우, 이것은 인접한 전력시스템과 연계된 송전선의 전력조류가 증가할 것으로 나타날 것이다. 이것을 모델링 하기 위하여 자신의 전력시스템의 네트워크 모델과 인접한 연계시스템의 등가 네트워크를 구성하여야 하고 여유모선 또는 기준모선을 등가 네트워크에 설정하여야 한다. 또 다른 방안은 계산의 정밀도를 높이기 위하여 공통정보 모델의 자료교환을 통하여 한쪽 끝에 등가시스템을 구성하여 검토하는 것이다. 그러면 발전기의 고장정지는 상실된 출력만큼의 기준모선의 출력증가로 나타나며 이것은 연계시스템이 존재하는 경우, 발전기출력 상실을 개략적으로 모델링 하는 것이 된다. 그러나 전력시스템이 연계되어 있지

---

6) 역자 주: 발전기가 낼 수 있는 최대출력과 현재 운전출력의 차이를 각 발전기의 여유출력(headroom)이라고 하며 이것이 결손을 보충할 수 있는 출력임.

않다면 발전기출력상실은 전력시스템 내부의 발전기들의 출력증가로 나타난다. 이 과정을 개략적으로 계산하는 방법이 절 7.4.1.1에 나타나 있다.

다른 송전선에 대한 영향. 하나의 발전기가 탈락하면 이를 보충하기 위한 전력이 연계선을 통하여 흘러오며 이때 송전선의 용량 또는 모선전압크기의 한계를 위반할 수 있다.

요약하면, 발전기 탈락이 문제를 일으키지 않으려면 전력시스템은 두 가지 항목을 감시해야 한다. 하나는 순동예비력의 적정 확보 여부에 대하여 항상 감시하여야 하는 것이며 또 다른 하나는 발전기 불시고장정지로 인한 송전선의 전력조류와 전압크기의 허용기준의 위반 여부를 모델링 하는 것이다.

7.3.2 송전선의 사고

하나의 송전선 또는 변압기가 사고를 일으키면 송전망에서 분리되고 해당 설비에 흐르던 전력은 0이 되며 근처의 송전선의 전력조류는 영향을 받아 변동한다. 이 결과로 선로의 전력조류가 과부하 상태로 되든가 또는 전압크기가 한계를 벗어난다. 그러나 어떤 송전선이 최악의 위반상황에 처할지는 알아낼 방법이 없기에 급전원은 가능한 한 많이, 그리고 자주 송전선의 상태에 대하여 확인하고 싶을 것이다. 그러므로 급전원은 이러한 계산이 가능한 모델을 찾을 것이며 전력시스템 내의 모든 송전선 또는 변압기의 사고에 의한 영향을 모델링 하려고 한다.

이중사고. 더욱 어려운 해석문제는 2개의 사고가 동시에 일어나는 경우의 수를 모두 열거하는 것이며 이것을 $n-2$라고 한다. 그러므로 2개 발전기의 동시 사고, 2개의 송전선의 사고, 하나의 발전기의 사고와 하나의 송전선의 사고가 동시에 발생하는 사고 등이 모두 분석되어야 한다. 이를 위한 조합은 천문학적으로 많은 경우의 수를 만들어 내므로 이와 같은 $n-2$ 분석은 대단히 어렵다. 일반적인 관행은 경험에 의하여 가장 심각하다고 판단되는 $n-2$ 케이스의 몇 개를 선택하여 이들만을 대상으로 하여 검토하는 것이다.

무효전력 손실. 송전망의 무효전력 손실은 모선전압에 큰 영향을 미친다. 무효전력 손실에는 2개의 성분이 있다. 하나의 성분은 송전선과 변압기의 유도성 리액턴스에서 소모되는 무효전력이며 다음 식

$$\sum_{\text{모든 선로}-\ell} I_\ell^2 \, x_\ell$$

과 같이 계산된다. 송전선에서 소모되는 무효전력은 전류의 제곱에 비례한다는 것을 주목해야 한다. 선로의 부하가 가중되면 이 항이 커지며 더욱 많은 무효전력이 다른 곳으로부터 공급되어야 한다.

또 다른 성분은 송전선의 용량성 충전에 의하여 전력시스템으로 주입되는 무효전력이며 이것은 송전선의 양단에 커패시터가 대지로 연결되어 있는 것으로써 모델링 한다. 이것은 무효전력을 전력시스템으로 주입하는 것이기 때문에 음(−)의 손실로 계산되는 항이다. 계산식은 다음 식

$$-\sum_{\text{모든 선로}-\ell} \left(V^2_{\text{from}-\text{end of 선로}-\ell} \cdot \mathrm{B}_{\text{cap}_i} + V_{\text{to}-\text{end of 선로}-\ell} \cdot \mathrm{B}_{\text{cap}_i} \right)$$

과 같다. 마지막으로 무효전력을 전력시스템에 주입하는 어떠한 고정 커패시터라도 고려해야 하며 이것은 다음 식

$$-\sum_{\text{모든 모선}-i} \mathrm{V}_i^2 \cdot B_{\text{모선}-i\text{의 커패시터}}$$

으로써 계산한다. 그러면 위의 3개 항을 사용하여 무효전력 손실이 다음 식

$$\text{무효전력 손실} = \sum_{\text{모든 선로}-i} I_i^2 x_i - \sum_{\text{모든 선로}-\ell} \left(V^2_{\text{from}-\text{end of 선로}-\ell} \cdot \mathrm{B}_{\text{cap}_i} + V^2_{\text{to}-\text{end of 선로}-\ell} \cdot \mathrm{B}_{\text{cap}_i} \right)$$
$$- \sum_{\text{모든 모선}-i} \mathrm{V}_i^2 \cdot B_{\text{모선}-i\text{에 설치된 커패시터}}$$

과 같이 계산된다. 이 절에서 조류계산 케이스를 검토할 경우 다음 식

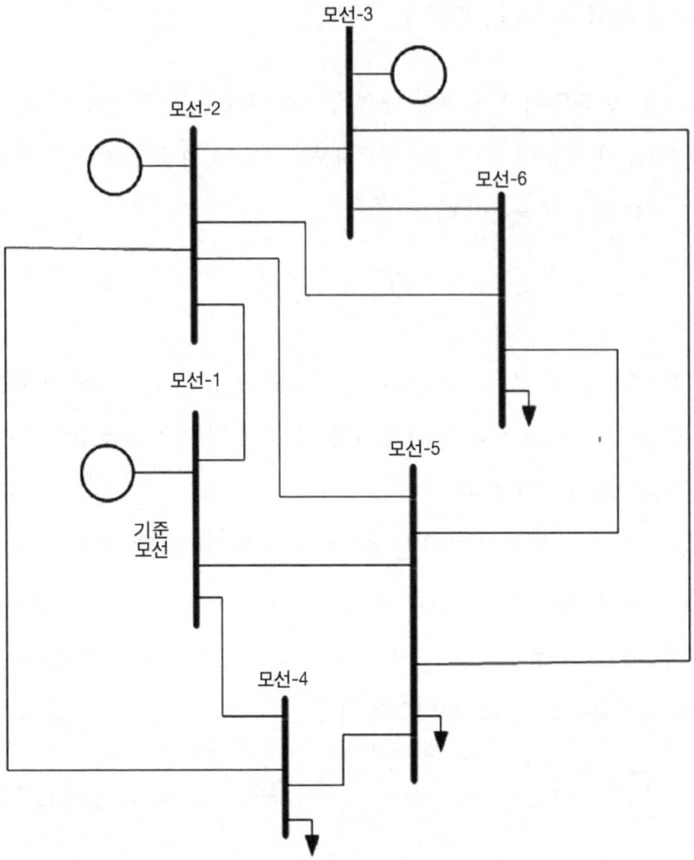

〈**그림 7.1**〉 6-모선 네트워크(제6장 참조)

$$\text{유효전력 손실} = \sum_{\text{모든 선로}-\ell} I_\ell^2 r_\ell$$

과 같이 정의되는 유효전력 손실뿐만 아니라 무효전력 손실도 참조해야 한다.

조류계산 예제. 부록 7A는 몇 가지 예제를 제시하며 이들은 제6장에서 제시한 6-모선 예제 시스템(〈그림 7.1〉)에 근거한 것이다.

독자는 부록 7A의 예제를 검토하기 바란다. 기준 케이스로부터 출발하여 부록의 예제는 부하가 증가하거나 선로 또는 발전기가 탈락하여 저전압이나 과부하가 발생할 때의 현상을 분석한다. 특별히 관심의 대상이 되는 것은 부하가 증가하던 중 선로가 탈락되어 다른 송전선 전력조류가 과도하게 증가하면서 무효전력 손실이 증가하여 발전기의 무효전력 생산능력의 한계를 벗어나 발전기의 단자전압이 하강하며 소비자부하가 접속되어 있는 모선의 전압이 대단히 낮아지는 경우이다.

급전원은 탈락사고 발생이 시스템 운용에 미치는 영향을 파악해야 함. 급전원은 어떤 선로 또는 발전기가 탈락하여 선로조류 또는 전압의 크기가 허용한계를 벗어나는가를 파악해야 한다. 사고발생에 의한 영향을 예상하기 위하여 상정사고해석 기법이 사용된다. 상정사고해석 절차는 단일사고가 일어나는 사건(즉, 하나의 송전선 또는 하나의 발전기 탈락) 또는 다중사고(예를 들면 2개의 송전선의 탈락 또는 하나의 발전기의 고장정지와 하나의 송전선의 탈락 등)를 하나씩 순차적으로 모델링 하여 모든 일어날 수 있는 사건이 검토될 때까지 계속한다. 각각의 검토되는 사고상황에 대하여 상정사고해석 절차는 네트워크의 모든 선로의 전력조류와 전압의 크기를 검토한다. 가장 단순한 상정사고해석 기법이 〈그림 7.2〉에 주어져 있다.

상정사고해석의 방법론에 있어서 가장 어려운 것은 사용되는 모델의 계산 속도이다. 상정사고해석에서 가장 어려운 논리적 문제는 "모든 일어날 수 있는 사고"를 선별하는 문제이다. 만약 하나의 사고 케이스를 검토하는 데 1초가 소요되고 수천 개의 사고 케이스를 검토하여야 한다면 모든 사고를 보고하는 데에는 1시간 이상 계산시간이 소요된다. 만약 1시간 이내에 시스템 상태가 변하지 않는다면 이것은 허용할 수 있는 계산시간이다. 그러나 전력시스템은 항상 변화하며 급전원은 답을 구하는 데 1시간을 기다리지 않고 현재의 시스템이 안전도를 유지할 수 있는가에 대하여 알고 싶어 한다. 2014년 현재의 컴퓨터의 능력 및 해석기술을 고려할 때 수천 개의 상정사고 케이스를 검토하는 데 있어서 1분도 안 걸리게 되었다.

상정사고해석의 해를 구하는 속도를 높이기 위한 하나의 방법은 전력시스템의 간략화 모델을 사용하는 것이다. 많은 전력시스템 운용에 있어서 직류조류계산을 사용하면 속도개선이 가능하며 충분하게 정확한 해를 구할 수 있다. 직류조류

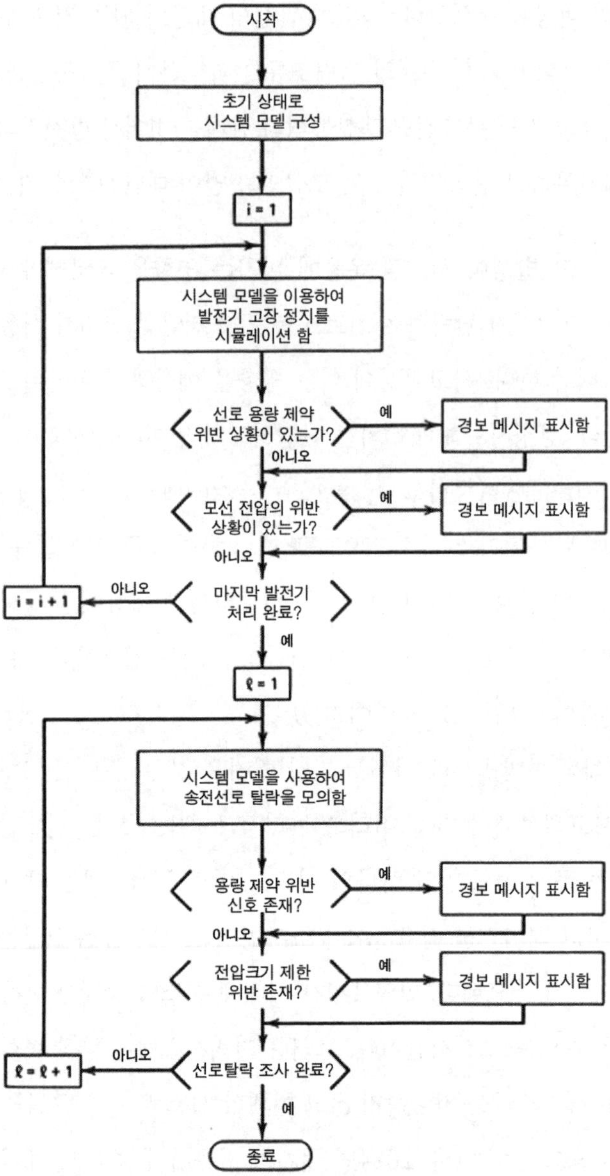

〈그림 7.2〉 완전교류조류계산과 상정사고해석

계산에 있어서 전압의 크기가 주요 관심 대상이며 이 기법은 전력조류까지도 충분한 정밀도를 갖고 계산할 수 있다. 만약 전압의 크기와 위상각을 계산하여야 한다면 교류조류계산 기법을 사용하면 된다.

7.4 안전도 해석의 개관

중앙급전실에서 사용되는 안전도해석 기능이 시스템 운용에 도움이 되려면 계산시간이 대단히 짧아야 한다. 이 목표를 달성하기 위한 방법은 다음과 같이 3개가 있다.

1. 간략계산이 가능하고 계산속도가 빠른 알고리즘을 채택한다.
2. 상세한 분석을 위하여 중요한 케이스만을 선택한다.
3. 속도를 개선하기 위하여 병렬 프로세서 또는 벡터 프로세서를 갖춘 컴퓨터를 사용한다.

첫 번째 방법은 여러 해 동안 사용되어 왔으며 "*D*-계수법", "선형민감도법", "직류조류계산법" 등으로 알려져 있다. 이 기법은 각 상정사고에 대한 간략 분석이 필요하면 사용된다. 이 책에서는 "선형민감도 계수"라는 이름으로 사용되며 제6장에서 "직류조류계산법"이라는 명칭으로 사용된 기법과 동일한 유도방법을 사용한다. 이것은 직류조류계산이 갖고 있는 속성에 의한 모든 한계를 갖고 있으며 선로의 유효전력조류를 계산하는 데 있어서만 사용되고 5% 이내의 오차를 갖는다. 이 기법은 무효전력조류 또는 전압의 크기에 대한 해를 제시하지 않는다. 선형민감도 계수법은 절 7.4.1에서 소개된다.

만약 상정사고가 발생한 이후에 피상전력(MVA)의 흐름과 모선전압의 크기를 알고자 한다면 교류조류계산 프로그램이 실행되어야 한다. 만약 수천 개의 케이스에 대하여 피상전력의 흐름과 모선전압의 크기를 검토하려면 상당한 어려움이 뒤따른다. 그러나 아무리 계산속도가 빠른 컴퓨터라고 하더라도 수천 개의 교류조류계산 문제의 프로그램을 빨리 실행하는 것은 사실상 불가능하다. 다행하게도 대부분의 케이스에 있어서 전력조류는 송전선 과부하 또는 전압크기의 위반상황이 일어나지 않는 결과를 가져오므로 위와 같은 교류조류계산이 필요하지는 않다. 그러므로 위반상황이 발생하지 않는 대부분의 경우를 소거하고 심각한 케이스에 대해서만 교류조류계산을 실행하는 기법이 필요하다. 이러한 기법에는 "상정사고 선택" 또는 "상정사고 선별" 등이 있으며 절 7.6.2에서 소개한다.

마지막으로, 특별한 연산설비가 사용된다면 수천 개의 조류계산을 실행하는 방법이 있다는 것을 알아야 한다. 이러한 설비는 병렬로 동시에 별도의 케이스를 실행하는 여러 개의 컴퓨터를 말하거나 또는 벡터 프로세서를 이용하여 컴퓨터 프로그램 내부의 순환연산 구조를 해체하여 병렬연산을 수행하는 설비를 말한다.

7.4.1 선형민감도 계수법

계산결과를 빠르게 제시하기 위해 발생할 확률이 있는 수천 가지의 사고를 모두 검토하는 것은 대단히 어렵다. 발생할 가능성이 있는 과부하를 빨리 알아내기 위해서는 선형민감도 계수를 사용하는 것이다. 이 계수는 주어진 네트워크 구성 내에서 발전기출력이 변동할 때 선로조류 변동의 근삿값을 나타내며 제6장에서 제시한 직류조류계산 공식에서 유도된다. 이 계수들은 여러 가지 방법으로 유도될 수 있으며 다음과 같은 2개의 형태로 된다.

1. 전력전달 배분계수(PTDF): Power Transfer Distribution Factor
2. 선로탈락 배분계수(LODF): Line Outage Distribution Factor

여기에서는 위의 두 계수가 어떻게 사용되는가에 대하여 설명한다. 민감도 계수의 과정은 부록 7B에 주어진다.

7.4.1.1 전력전달 배분계수(PTDF)

PTDF는 다음 식

$$\mathrm{PTDF}_{i,j,\ell} = \frac{\Delta f_{\ell}}{\Delta P}$$

여기에서 ℓ = 송전선의 첨자

$i=$ 전력이 주입되는 모선의 첨자

$j=$ 전력이 인출되는 모선의 첨자

$\Delta f_{\ell}=$ 모선-i와 모선-j 사이에 ΔP의 전력이 전달되었을 때

선로-ℓ의 유효전력조류의 변동

$\Delta P=$ 모선-i에서 모선-j로 전달된 전력

과 같이 정의된다.

PTDF 계수는 전력이 모선-i에서 모선-j로 전달될 때 선로-ℓ의 전력조류의 민감도를 나타낸다. 만약 하나의 대용량 발전기가 탈락하면 상실된 발전기출력을 기준모선의 발전기가 보충한다고 가정한다(여러 발전기가 출력을 보충하는 케이스에 대하여는 다시 설명한다). 만약 문제로 되는 발전기가 P_i^0의 출력으로 발전하고 있다가 출력이 상실되었다면 이것을 다음

$$\Delta P=-P_i^0$$

과 같이 나타낼 수 있으며 네트워크의 각 선로의 새로운 전력조류는 이미 계산하여 놓은 PTDF 계수를 사용하여 다음 식

$$\hat{f}_{\ell}=f_{\ell}^0+\mathrm{PTDF}_{i,ref,\ell}\,\Delta P,\ \ \ell=1,\cdots,L$$

여기에서 $\hat{f}_{\ell}=$ 모선-i의 발전기가 탈락했을 때 선로-ℓ의 전력조류

$f_{\ell}^0=$ 선로탈락사고 발생 이전의 전력조류

과 같이 계산할 수 있다.

이 경우에 모선-i에서 기준모선으로 출력이 이전되는 것을 나타내기 위하여 첨자 j를 "ref"로 대체하였다는 것을 주목해야 한다.

선로탈락으로 인한 각 선로의 새로운 전력조류 $\hat{f}_{\ell}$는 각 선로의 용량 상한치와 비교되며 이것을 초과하는 선로에 대하여서는 경보를 발생한다. 모선-i의 발전기 탈락으로 인하여 선로-ℓ이 과부하 상태로 된다는 것을 급전원은 알게 된다.

PTDF 계수는 하나의 모선에서 다른 모선으로 출력이 이전될 경우 송전선의 전력조류에 대한 선형변동의 추정치이다. 따라서 여러 발전모선에서 동시에 고장정지가 발생하는 것에 대한 영향은 중첩정리를 이용하면 된다. 예를 들어, 모선-i의 발전기의 탈락이 전체 연계시스템에 속한 발전기의 작용으로 보상된다고 가정한다. 자주 이용되는 기법은 나머지 발전기들이 자신의 최대출력에 비례하여 출력을 높인다고 가정하는 것이다. 그러므로 발전기($j \neq i$)의 출력증가 비율은 다음 식

$$\gamma_{ij} = \frac{P_j^{max}}{\sum_{k,\ k \neq i} P_k^{max}}$$

여기에서

P_k^{max} = 발전기-k의 최대 MW 용량

γ_{ij} = 모선-i의 발전기가 탈락할 때 모선-j의 발전기가 담당하는 출력증가를 나타내는 비례계수

과 같다. 그러면 연계전력시스템 내의 모든 발전기가 상실된 출력을 보충하는 것에 참여한다는 가정 아래에서 선로-ℓ의 전력조류를 계산하기 위하여 다음 식

$$\hat{f}_\ell = f_\ell^0 + \mathrm{PTDF}_{i,ref,\ell}\ \Delta P_i - \sum_{j \neq i} \left[\mathrm{PTDF}_{ref,j,\ell}\ \gamma_{ji} \Delta P_i\right]$$

을 사용한다. 여기에서는 어떤 발전기도 최대출력으로 운전하고 있지 않다고 가정한다는 것을 주목해야 한다. 이것이 자주 발생하는 상황이라면 최대출력으로 운전하는 발전기를 고려하는 새로운 알고리즘이 사용되어야 한다.

7.4.1.2 선로탈락 배분계수(LODF)

LODF 계수도 유사한 방법으로 사용되며 송전선이 탈락되었을 경우에는 건전한 다른 송전선의 과부하를 검사하기 위하여 적용된다. 정의에 의하면 LODF는 다음과 같은 의미를 갖는다.

$$\mathrm{LODF}_{\ell,k} = \frac{\Delta f_\ell}{f_k^0}$$

여기에서

$\mathrm{LODF}_{\ell,k}$ = 선로-k가 탈락사고를 일으킨 이후의 선로-ℓ에 대한 LODF 계수

Δf_ℓ = 선로-ℓ의 전력조류의 변동량

f_k^0 = 선로-k가 탈락사고를 일으키기 이전의 전력조류

만약 선로-ℓ과 선로-k의 전력조류를 알고 있다면 선로-k가 탈락된 후의 선로-ℓ의 전력조류는 LODF 계수를 사용하여 다음 식

$$\hat{f}_\ell = f_\ell^0 + \mathrm{LODF}_{\ell,k}\, f_k^0$$

여기에서

f_ℓ^0, f_k^0 = 선로-ℓ과 선로-k의 탈락사고 이전의 각각의 전력조류

$\hat{f}_\ell$ = 선로-k가 사고로 인하여 탈락된 후의 선로-ℓ의 전력조류

을 사용하여 결정된다.

LODF를 미리 계산하여 놓음으로써 어느 특정한 선로가 사고로 인하여 탈락하였을 때 모든 선로의 과부하 상태를 빠르게 검사할 수 있는 절차가 마련되었다. 더 나아가서 이 절차는 다른 선로의 사고발생에 대하여도 번갈아 영향을 계산할 수 있으며 필요하면 급전원에게 메시지로써 과부하 경보를 보낼 수도 있다.

발전기의 불시고장정지와 송전선의 탈락에 대한 절차를 이용하여 〈그림 7.3〉과 같이 전력시스템의 상정사고해석을 하는 컴퓨터 프로그램을 개발할 수 있다. 선로의 전력조류는 양(+) 또는 음(−)의 방향일 수 있으므로 〈그림 7.3〉에 보인 바와 같이 f_ℓ^{max}뿐만 아니라 $-f_\ell^{max}$에 대하여도 검사하여야 한다. 이 그림에서는 몇 가지 가정을 한다. 첫째, 전력시스템 내에서 발전기의 출력은 항상 사용할 수 있으며 네트워크의 송전선의 전력조류는 항상 구할 수 있다고 가정한다. 둘째, 민감도

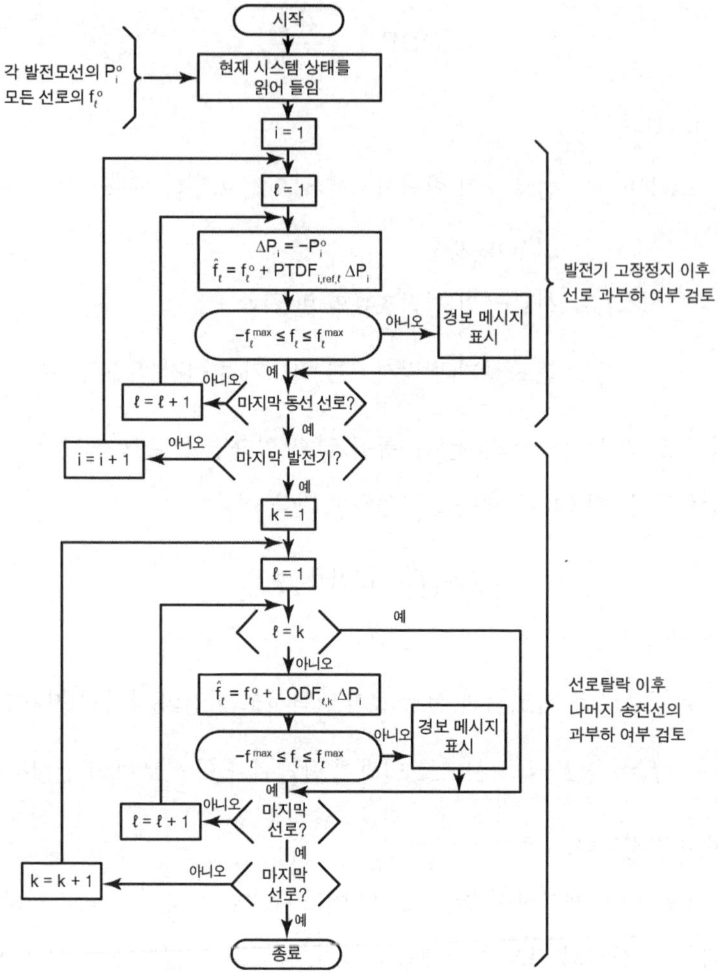

〈**그림 7.3**〉 민감도 계수 기법을 사용한 상정사고해석

계수는 항상 구할 수 있으며 저장되어 있으며 정확하다고 가정한다. 발전기출력과 선로의 전력조류를 파악할 수 있다는 가정은 원격계측 시스템과 상태추정 기법으로 충족된다. 송전네트워크에서 차단기가 작동하여 네트워크 구성에 의미 있는 변화가 발생하지 않는 한, 민감도 계수는 정확하고 유효하다고 가정한다. 이와 같은 이유로, 민감도 계수를 사용하는 제어시스템은 네트워크에 변화가 발생하면 항상 계수를 수정하여 보관하는 절차를 갖고 있어야 한다. 세 번째, 모든 발전기의 보충

용 출력은 기준모선을 중심으로 계산된다고 가정한다. 만약 그렇지 않다면 절 7.4.1.1의 끝에 있는 발전기 불시고장정지의 루프에 나타난 방정식으로 대체하여야 한다.

예제 7A 6-모선 예제 네트워크의 $[X]$ 행렬이 LODF 계수와 함께 〈그림 7.4〉에 나타나 있다. PTDF 계수는 〈그림 7.5〉에 나타나 있다.

LODF 행렬은 각각의 행과 열이 하나의 송전선에 대응하도록 저장되며 각각의 행은 관측하고자 하는 송전선을 나타내고 열은 사고로 탈락된 선로를 나타낸다. 특정한 송전선의 LODF와 관측되는 송전선은 행을 따라 송전선-ℓ에 해당하는 행까지 내려가서 찾으면 되며 탈락사고를 일으킨 송전선-k는 이 선로가 해당하는 열까지 이동하면 된다. 예를 들면 송전선 3-6이 사고로 인하여 탈락되었을 경우 송전선 3-5가 떠맡는 전력조류의 비율을 나타내는 LODF 계수는 송전선 3-6이 나타난 8번 행의 9번째 열이며 크기는 0.4747이다. 부록 7A에 나타난 케이스-2는 모선-3의 발전기가 고장정지로 인하여 탈락하였을 때 모든 보충출력이 모선-1의 기준모선에 접속된 발전기로부터 공급되는 결과를 나타낸다. 모선-3의 발전기가 정지한 이후에 선로 1-4의 전력조류를 계산하기 위하여 부록 7A의 케이스-1에 주어진 기준 케이스 조류계산의 해가 필요하다.

선로 1-4의 기준 케이스 전력조류 = 82.8MW

모선-3의 발전기의 기준 케이스 출력 = 50MW

$PTDF_{3,1,\text{선로}_{1-4}} = -PTDF_{1,3,\text{선로}_{1-4}} = -0.2949$ (〈그림 7.5〉의 표에서 $PTDF_{1,1,\text{선로}_{1-4}} = 0.2949$이므로 -0.2949를 사용함)

그러면 발전기 탈락 이후 선로 1-4의 전력조류는

$= \text{기준 케이스 전력흐름}_{1-4} + PTDF_{3,1,\text{선로}\,1-4}\,\Delta P_{gen_3}$

$= 82.8 + (-0.2949)(-60\text{MW}) = 100.49\text{MW}$ (이 수치는 부록 7A의 케이스-2에 나타난 선로 1-4의 전력조류이다.)

X 행렬

모선 \ 모선	1	2	3	4	5	6
1	0.0000	0.0000	0.0000	0.0000	0.0000	0.0000
2	0.0000	0.0941	0.0805	0.0630	0.0643	0.0813
3	0.0000	0.0805	0.1659	0.0590	0.0908	0.1290
4	0.0000	0.0630	0.0590	0.1009	0.0542	0.0592
5	0.0000	0.0643	0.0908	0.0542	0.1222	0.0893
6	0.0000	0.0813	0.1290	0.0592	0.0893	0.1633

선로탈락 배분계수(LODF) 행렬 매트릭스

선로의 탈락
시작 모선 - 종료 모선

관측대상 선로	1에서 2	1에서 4	1에서 5	2에서 3	2에서 4	2에서 5	2에서 6	3에서 5	3에서 6	4에서 5	5에서 6
1에서 2	0.0000	0.6353	0.5427	-0.1127	-0.5031	-0.2103	-0.1221	-0.1369	0.0135	0.0096	0.1316
1에서 4	0.5948	0.0000	0.4573	-0.0331	0.6121	-0.0618	-0.0359	-0.0403	0.0040	-0.3269	0.0387
1에서 5	0.4052	0.3647	0.0000	0.1458	-0.1090	0.2721	0.1580	0.1772	-0.0174	0.3174	-0.1703
2에서 3	-0.1029	-0.0323	0.1783	0.0000	0.1242	0.2262	0.4662	-0.3995	-0.5253	0.1706	0.1320
2에서 4	-0.5884	0.7647	-0.1708	0.1591	0.0000	0.2969	0.1724	0.1933	-0.0190	-0.6731	-0.1858
2에서 5	-0.1875	-0.0589	0.3250	0.2209	0.2264	0.0000	0.2394	0.2685	-0.0264	0.3110	-0.2580
3에서 5	-0.1213	-0.0381	0.2132	-0.5073	0.1464	0.2667	0.0000	-0.1992	0.5842	0.2011	0.4433
3에서 6	-0.1175	-0.0369	0.2036	-0.3755	0.1418	0.2583	-0.1720	0.0000	0.4747	0.1948	-0.4246
4에서 5	0.0146	0.0046	-0.0253	-0.6245	-0.0176	-0.0321	0.6382	0.6005	0.0000	-0.0242	0.5567
4에서 5	0.0065	-0.2353	0.2855	0.1259	-0.3879	0.2350	0.1365	0.1530	-0.0150	0.0000	-0.1471
5에서 6	0.1067	0.0335	-0.1849	0.1172	-0.1288	-0.2346	0.3618	-0.4013	0.4158	-0.1769	0.0000

〈그림 7.4〉 6-모선 예제의 [X] 행렬과 LODF

전력전달 배분계수(PTDF) 행렬

	전달 전력 시작 모선 - 종료 모선						
관측대상 선로	1에서 2	1에서 3	1에서 4	1에서 5	1에서 6	2에서 3	2에서 4
1 에서 2	0.4706	0.4026	0.3149	0.3217	0.4064	-0.0681	-0.1557
1 에서 4	0.3149	0.2949	0.5044	0.2711	0.2960	-0.0200	0.1895
1 에서 5	0.2145	0.3026	0.1807	0.4072	0.2976	0.0881	-0.0338
2 에서 3	-0.0544	0.3416	-0.0160	0.1057	0.1907	0.3960	0.0384
2 에서 4	-0.3115	-0.2154	0.3790	-0.1013	-0.2208	0.0961	0.6904
2 에서 5	-0.0993	0.0342	-0.0292	0.1927	0.0266	0.1335	0.0701
2 에서 6	-0.0642	0.2422	-0.0189	0.1246	0.4100	0.3064	0.0453
3 에서 5	-0.0622	-0.2890	-0.0183	0.1207	-0.1526	-0.2268	0.0439
3 에서 6	0.0077	-0.3695	0.0023	-0.0150	0.3433	-0.3772	-0.0055
4 에서 5	0.0034	0.0795	-0.1166	0.1698	0.0752	0.0761	-0.1201
5 에서 6	0.0565	0.1273	0.0166	-0.1096	0.2467	0.0708	-0.0399

PTDF 행렬 (계속)

	전달 전력 시작 모선 - 종료 모선							
관측대상 선로	2에서 5	2에서 6	3에서 4	3에서 5	3에서 6	4에서 5	4에서 6	5 에서 6
1 에서 2	-0.1489	-0.0642	-0.0877	-0.0808	0.0039	0.0068	0.0915	0.0847
1 에서 4	-0.0438	-0.0189	0.2095	-0.0238	0.0011	-0.2333	-0.2084	0.0249
1 에서 5	0.1927	0.0831	-0.1218	0.1046	-0.0050	0.2264	0.1168	-0.1096
2 에서 3	0.1601	0.2451	-0.3576	-0.2359	-0.1509	0.1217	0.2067	0.0850
2 에서 4	0.2102	0.0906	0.5944	0.1141	-0.0055	-0.4802	-0.5998	-0.1196
2 에서 5	0.2919	0.1259	-0.0634	0.1585	-0.0076	0.2219	0.0558	-0.1661
2 에서 6	0.1888	0.4742	-0.2611	-0.1176	0.1678	0.1435	0.4289	0.2854
3 에서 5	0.1829	-0.0905	0.2707	0.4097	0.1363	0.1390	-0.1343	-0.2733
3 에서 6	-0.0227	0.3356	0.3718	0.3545	0.7128	-0.0173	0.3410	0.3583
4 에서 5	0.1664	0.0717	-0.1961	0.0903	-0.0043	0.2865	0.1918	-0.0947
5 에서 6	-0.1661	0.1902	-0.1107	-0.2369	0.1194	-0.1262	0.2301	0.3563

〈그림 7.5〉 6-모선 예제의 PTDF 계수

송전선로 탈락과 출력이전 계수(generation shift factor)가 어떻게 사용되는가를 보여 주기 위하여 부록 7A의 케이스-3에 나타난 선로 1-4의 전력조류를 계산한다. 만약 송전선 1-4가 사고로 인하여 탈락된 후에 송전선 1-2의 전력조류를 알고 싶다면 다음과 같이 계산하면 된다.

송전선 1-4의 기준 케이스 전력조류 = 82.8MW(사고로 인하여 탈락될 선로)

송전선 1-2의 기준 케이스 전력조류 = 62.8MW(관측대상 선로)

송전선 탈락 배분계수: $LODF_{1-2,1-4} = 0.6353$

그러면 송전선 1-4가 사고로 인하여 탈락된 이후, 송전선 1-2의 전력조류

$$= \text{기준 케이스 전력조류}_{1-2} + LODF_{1-2,1-4} \times \text{기준 전력조류}_{1-4}$$

$$= 62.8 + (0.6353) \times (82.8) = 115.4\text{MW}$$

이 결과는 교류조류계산에 의한 값과 동일하지는 않지만 급전원에게 '과부하 상태'라고 알려 주기에는 충분히 큰 수치이다.

발전기 불시고장정지와 송전선 탈락의 두 가지 케이스에 있어서 선형민감도 분석에 의한 수치와 완전교류조류계산에 의한 수치가 부록 7A의 케이스-3에 나타나 있다.

7.5 플로게이트를 이용한 전력거래의 관측

"플로게이트"는 전력회사 간의 전력융통을 관찰하기 위한 목적으로 묶어서 사용되는 송전선의 집합이다. 이 용어는 전력을 사고파는 당사자들에게 송전선로의 허용 용량을 제시하기 위하여 사용된다(〈그림 7.6〉).[7)]

---

7) NERC에 근무하는 폴 바버, 캐나다 온타리오사의 시스템 운용기관(ESO, Independent Electricity System Operator)의 급전원 벤 리, 그리고 NERC의 밥 커밍스 등이 처음으로 플로게이트의 개념을 사용하기 시작하였다. "우리는 네트워크의 전력조류의 제약은 하나의 선로에 의한 것이라기보다 부분컷

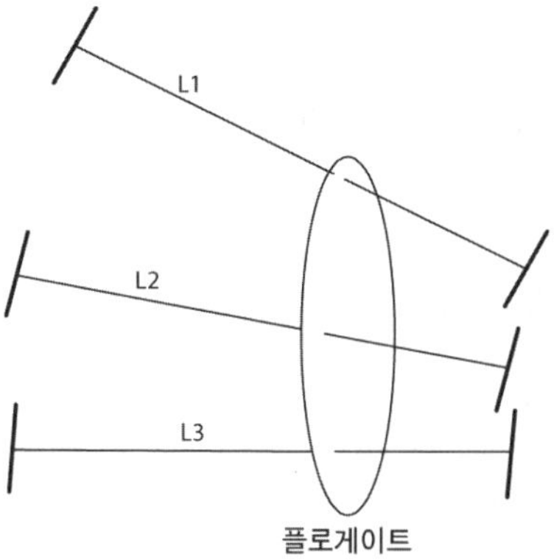

〈**그림 7.6**〉 플로게이트의 예

플로게이트는 단순히 송전선 전력조류의 합이며 플로게이트에 대하여 PTDF 계수와 LODF 계수를 만들어 각 선로에 대하여 계산하는 것과 같은 방법으로 새로운 계수를 적용할 수 있다. 예를 들면 〈그림 7.6〉의 플로게이트 그림을 사용하면 다음 식

$$f_{\text{플로게이트}} = f_{L1} + f_{L2} + f_{L3}$$

을 얻는다. 그러면 모선-i에서 모선-j로의 전력융통이 발생한 이후 플로게이트를 통과하는 총 전력조류는 아래와 같다.

$$\begin{aligned}\hat{f}_{\text{플로게이트}} &= \sum_{\substack{\text{플로게이트의}\\ \text{모든 선로 }\ell}} \hat{f}_\ell = \sum_{\substack{\text{플로게이트의}\\ \text{모든 선로 }\ell}} \hat{f}_\ell \left(f^0_\ell + \text{PTDF}_{ij\ell} \cdot \Delta P_{ij}\right) \\ &= \sum_{\substack{\text{플로게이트의}\\ \text{모든 선로 }\ell}} f^0_\ell + \left(\sum_{\substack{\text{플로게이트의}\\ \text{모든 선로 }\ell}} \text{PTDF}_{ij\ell}\right) \Delta P_{ij} \\ &= f^0_{\text{플로게이트}} + \text{PTDF}_{ij\,\text{플로게이트}}\ \Delta P_{ij}\end{aligned}$$

셋(partial cutset)에 의하여 모델링 될 수 있는 송전선의 그룹에 의한 것이라는 것에 주목하였다. 처음에는 각 전력회사의 송전선 투자비를 보상하기 위하여 고속도로의 '통행료 수익 공유 제도'를 연상하여 '톨게이트'라는 용어를 사용하였으나 반발이 컸고 '수익'이라는 용어에 대한 논쟁을 피하기 위하여 '플로게이트'라고 부르기를 제안하였다."(폴 바버와의 통화)

여기에서

$f^0_{\text{플로게이트}}$: 시스템 내에서 거래가 발생하기 전의 플로게이트의 초기 전력 조류

$\hat{f}_{\text{플로게이트}}$: 거래가 이루어진 후의 플로게이트의 전력조류

$\text{PTDF}_{ij\,\text{플로게이트}}$: 모선-$i$에서 모선-$j$로의 거래가 발생한 후 어떠한 비율로서 플로게이트에 전력이 흐르는가를 나타내는 PTDF 계수

위와 유사하게 선로-k의 탈락이 플로게이트에 미치는 영향을 파악하기 위하여 플로게이트에 속하는 선로 각각에 대하여 LODF를 계산한다.

$$\begin{aligned}\hat{f}_{\text{플로게이트}} &= \sum_{\substack{\text{플로게이트의} \\ \text{모든 선로 } \ell}} \hat{f}_{\ell} = \sum_{\substack{\text{플로게이트의} \\ \text{모든 선로 } \ell}} \left(f^0_{\ell} + \text{LODF}_{\ell,k} \cdot f^0_k\right) \\ &= \sum_{\substack{\text{플로게이트의} \\ \text{모든 선로 } \ell}} f^0_{\ell} + \left(\sum_{\substack{\text{플로게이트의} \\ \text{모든 선로 } \ell}} \text{LODF}_{\ell,k}\right) f^0_k \\ &= f^0_{\text{플로게이트}} + \text{LODF}_{\text{플로게이트},k}\, \Delta f^0_k\end{aligned}$$

여기에서

$f^0_{\text{플로게이트}}$: 시스템 내에서 선로-k의 탈락사고가 발생하기 전에 플로게이트의 초기 전력조류

$\hat{f}_{\text{플로게이트}}$: 선로-k의 탈락사고가 발생한 이후의 플로게이트의 전력조류

$\text{LODF}_{ij\,\text{플로게이트}}$: 송전선-$k$가 사고로 탈락하기 이전에 이 송전선에 흐르던 전력이 어떠한 비율로 플로게이트에 전력이 흐르는가를 나타내는 LODF

플로게이트를 구성하는 개별 선로의 전력조류의 제약을 단순하게 합하여 플로게이트 전력조류 제약이라고 하거나 또는 신뢰도 또는 안정도 측면에서 전력시스템의 중요한 구간(interface)을 통과하는 전력조류로써 제약을 가할 수도 있다. 플로게이트의 전력조류의 제약과 플로게이트의 PTDF 계수와 LODF 계수가 주어

졌다고 하면 단일 송전선에 대한 안전도 검사를 하는 것과 동일한 방법으로 송전선 탈락에 대하여 안전도 검사를 할 수 있다. 이 장의 부록에 나타난 바와 같이 플로게이트의 PTDF 계수와 LODF 계수를 결합하여 하나의 “합성” OTDF 계수를 구성하고 선로탈락에 대하여 플로게이트 PTDF를 계산할 수도 있다.

7.6 전압붕괴

송전망에서 요구되는 무효전력이 적절하지 않을 경우 전력시스템은 “전압붕괴” 과정으로 진행한다고 말한다. 전압붕괴는 〈그림 7.7〉과 같은 간단한 도면으로써 설명할 수 있다.

만약 부하모선에 대하여 조류방정식을 푼다면 다음 2개의 식

$$P(V,\theta) = -V \cdot sin(\theta) \cdot \frac{E}{X}$$

$$Q(V,\theta) = -V \cdot \frac{-\cos(\theta) \cdot E + V}{X}$$

을 얻는다. 마지막으로 Q와 P 관계식을 $Q = tan(\phi) \cdot P$ 라고 놓으면 〈그림 7.8〉과 같이 $tan(\phi)$의 여러 값에 대하여 그림을 그릴 수 있다.

〈그림 7.8〉로부터 여러 내용을 추론할 수 있다. 만약 부하가 무효전력을 흡수한다면($tan(\phi) \geq 0$), P가 증가함에 따라 전압이 급하게 하강한다. 유사하게, 만약 부하가 무효전력을 생산한다면($tan(\phi) \leq 0$), 대부분의 구간에서 전압이 실제적으로 상승하고 1.0퍼유닛에 머문다. 만약 무효전력이 부하지점에서 공급된다면 유효전력 P를 더 많이 공급할 수 있는 것이 무효전력 보상의 현상이다.

송전망에서 심각한 비상상황이 발생하거나 발전기출력이 상실된 경우에서 송전망에서 소비되고 있는 무효전력은 전압을 하강시킬 것이다. 더욱 중요한 사실은 사람의 코와 닮은 곡선(nose curve)으로 축소되어 〈그림 7.9〉와 같은 형태로 된다.

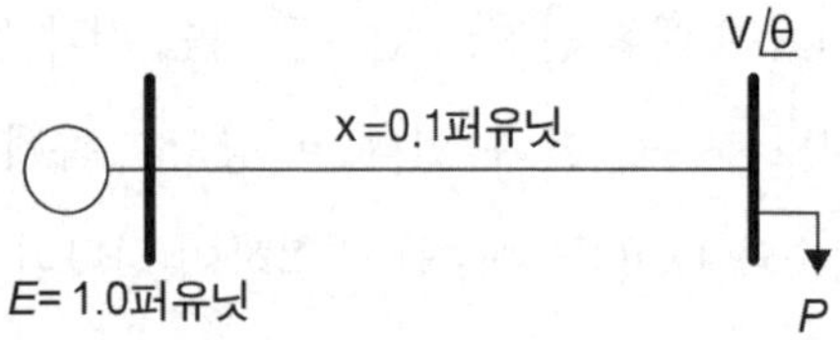

〈**그림 7.7**〉 전압붕괴를 설명하기 위한 예제 시스템

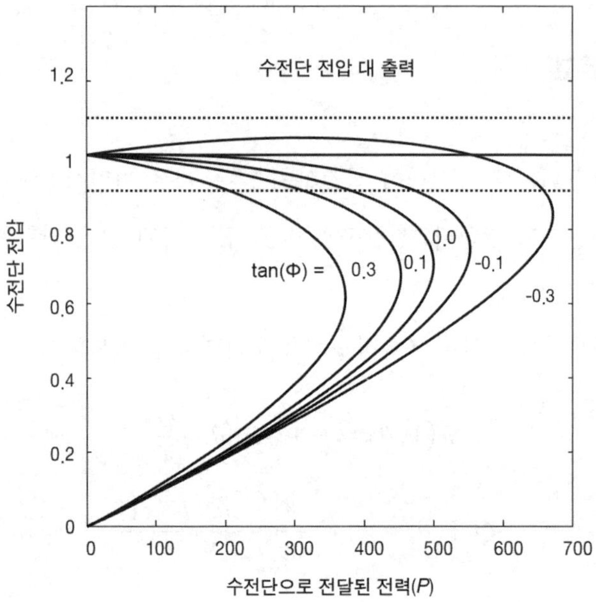

〈**그림 7.8**〉 전달된 전력 vs. 수전단 전압

이 예제에서 전력시스템은 330MW를 공급하고 있었으며 무효전력이 적절하게 공급되어 고장발생 이전의 전압은 허용범위 이내에 있었다. 송전선이 탈락하여 교란이 발생하면 〈그림 7.9〉의 곡선이 330MW의 수직선과 만나지도 못하여 조류계산문제의 해를 구할 수 없게 된다. 이러한 상황에서는 전압이 붕괴하여 전력시스템이 붕괴함을 의미한다. 그러므로 이 경우에는 교류전력시스템에서 교류조류계산을 실행하여 이 상황을 다시 검증할 필요가 있다.

주어진 상정사고 케이스에 대하여 교류조류계산의 해가 도출되지 않을 경우(뉴턴 알고리즘과 같은 기존의 전력조류계산 알고리즘이 실패할 경우) 해를 구할 수 있는 "연결조류

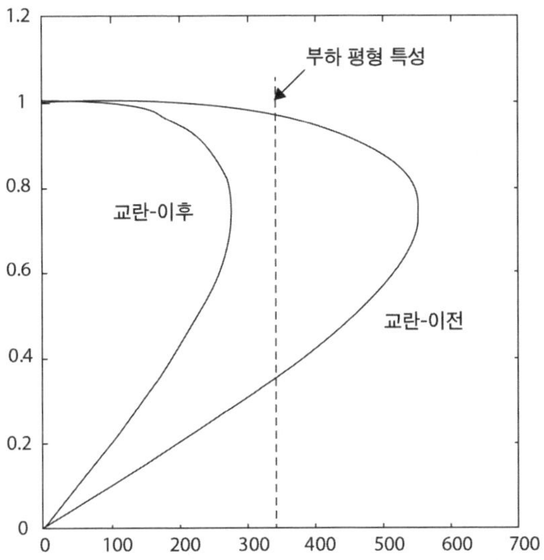

〈그림 7.9〉 송전선 탈락 시의 전압수축의 특성

계산(continuation power flow)" 알고리즘이 사용된다. 뉴턴 알고리즘이 실패하는 이유는 전력시스템이 코형곡선(the nose curve)의 오른쪽 가장자리에 근접하면 뉴턴 알고리즘에 사용되는 자코비안 행렬은 역행렬이 존재하지 않는 특이행렬이 된다는 사실 때문이다. 일반적으로 조류계산이 해를 도출하는 데 실패하는 것은 '전력시스템이 안전하지 못하다'는 징조이며 급전원에게 알려야 한다. 다음 절은 상정사고해석에 사용될 수 있는 현행의 교류조류계산 기법에 대하여 상세히 설명한다.

7.6.1 교류조류계산법

네트워크 민감도법에 의한 계산은 교류조류계산법에 의한 계산보다 속도가 빠르므로 시스템 운용의 제어시스템에 널리 사용된다. 그러나 상정사고를 분석하는 데 있어서 전압크기가 결정적 요인으로 작용하는 전력시스템이 많이 존재한다. 또한, 지중 송전선로처럼 무효전력이 상당 부분을 차지하는 선로가 있는 시스템에서는 유효전력조류 분석만에 의한 과부하 판정은 적합하지 않다. 이러한 경우 네트워크 민감도 분석법은 적절하지 않을 수 있으며 EMS는 완전교류조류계산을 이용한 상

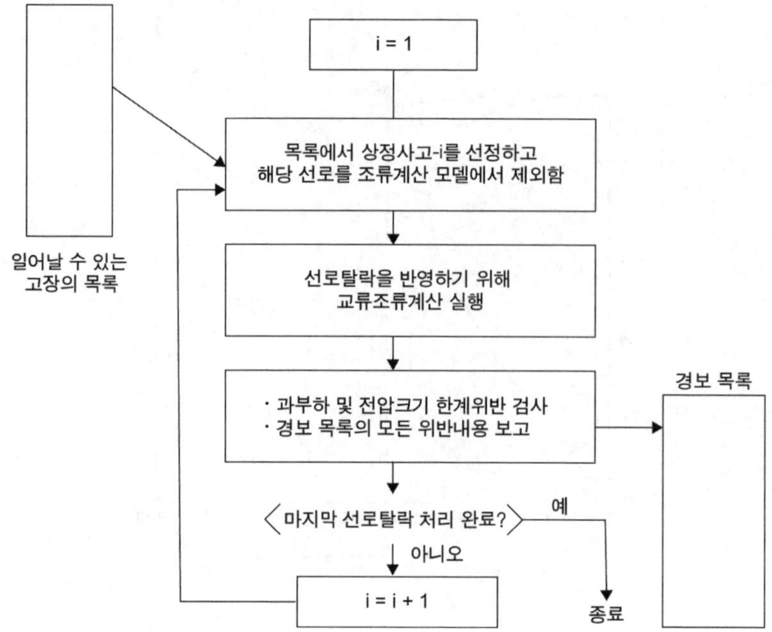

〈**그림 7.10**〉 교류조류계산을 이용한 상정사고해석

정사고해석을 사용하여야 한다.

교류조류계산이 각각의 상정사고 케이스를 분석하기 위하여 사용되는 경우, 계산속도와 케이스의 개수가 매우 중요한 고려요소이다. 다시 한 번 강조하자면, 경보 발령조치를 하기에 너무 늦으며 쓸모없게 된다. 상정사고해석을 위하여 교류조류계산 프로그램을 사용하는 대부분의 급전제어실은 뉴턴-랩슨 또는 분할조류계산 프로그램을 사용한다. 이러한 알고리즘들은 계산속도가 빠르며 상황이 나쁜 경우의 문제를 풀 경우에도 수렴하는 데 안정적이다. 분할조류계산 프로그램은 각 반복계산 때마다 자코비안의 역행렬을 구하지 않고서도 송전선 탈락을 시뮬레이션하기 위하여 행렬을 변경할 수 있는 공식이 포함될 수 있다는 또 다른 장점이 있다.

〈그림 7.10〉에 나타난 것처럼 가장 간단한 교류 안전도 분석절차는 발전기, 송전선, 변압기의 사고에 대하여 교류조류계산 프로그램을 실행하는 것이다. 이 절차를 이용하여 조류계산, 전력시스템 모델의 자료, 조류계산의 초기조건 등의 정확

도 범위 내에서 과부하와 전압크기의 한계위반 여부를 정확하게 판단한다. 그러나 계산속도가 느리면 판단에 차질이 생긴다. 만약 수천 개의 상정사고를 검토해야 한다면 상황을 알려 주는 데에도 너무나 많은 시간이 소요되는 탓이다(〈그림 7.10〉).

한편, 계산속도가 빠르기는 하지만 정확도가 떨어지는 PTDF 또는 LODF 계수를 사용하는 방법은 전력시스템을 신속하게 분석하도록 하지만 무효전력조류 또는 전압의 크기에 관한 정보를 주지 못하고 완전교류조류계산 방법은 계산의 정확도가 높지만 계산시간이 너무나 길다는 문제를 맞이하게 된다.

다행히도 이러한 문제를 해결하는 방법이 있다. 전력시스템이 계획되고 운용되는 데 있어서 실제로 문제를 일으키는 사고는 많지 않다. 교류조류계산을 실행하는 데 있어서 대부분의 계산시간은 실제에 있어서 별로 문제를 일으키지 않는 상정사고를 해석하는 데 사용된다. 과부하 또는 전압크기의 한계위반 상황을 판정하는 조류계산문제의 해는 몇 개의 상정사고해석에 국한된다.

위에서 언급한 딜레마를 해결하기 위한 방법은 실제로 과부하나 전압크기의 한계위반 상황이 나타날 상정사고만을 선정하여 자세하게 분석하고 나머지의 상정사고는 생략하는 방법을 모색하는 것이다.

이와 같은 절차에 대한 흐름도가 〈그림 7.11〉에 나타나 있다.

가장 영향이 큰 상정사고 케이스를 전체 사고 가운데에서 추출하는 것은 정확한 방법은 아니지만 지난 수년 동안 집중적 연구의 대상이 되어 왔다. 여기에 있어서 2개의 오류가 발생할 수 있다.

1. **상정사고 목록에 너무나 많은 케이스의 나열:** 이것은 대단히 보수적 접근 방법이며 상정사고해석을 실행하는 데 너무나 많은 시간을 소요한다.
2. **중요한 케이스 생략:** 이 경우에는 상정사고해석을 하면 문제가 있다고 판단할 만한 케이스가 상정사고 목록에서 누락되어 이 상정사고가 실제로 시스템 운용 중에 발생하였을 때 급전원에게 알리지 못하고 문제를 유발할 수도 있다.

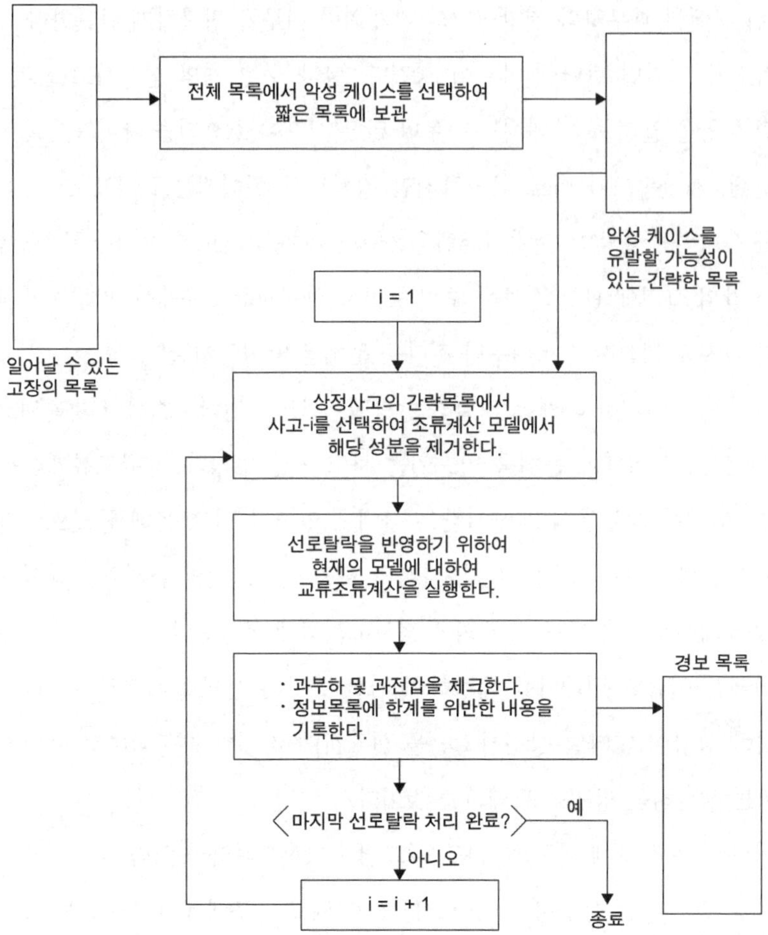

〈**그림 7.11**〉 상정사고 선정을 통한 교류 전력조류 상정사고해석

7.6.2 상정사고 선정

상정사고 선정에 앞서 하나의 사고가 전력시스템에 얼마나 영향을 미치는가를 판단하기 위한 평가측도가 필요하겠다. 송전선-i의 탈락에 대한 수행지수(PI)를 사용한다는 아이디어가 이에 적합하다고 보인다. 전력조류에 대한 수행지수, $\mathrm{PI_flow}_i$에 대한 정의는 다음 식과 같다.

각각의 상정사고-i에 있어서 다음의 관계식이 성립한다.

$$\text{PI\_flow}_i = \sum_{\text{모든 가지 } \ell,\, \ell \neq i} \left(\frac{P_{flow\ \ell, i}}{P_\ell^{max}} \right)^{2n_{\text{PI\_flow}}}, \quad i = 1, 2, \cdots N_{lines}$$

$P_{flow\ \ell, i}$는 선로-i가 탈락하였을 때 선로-ℓ의 전력조류

만약 $n_{\text{PI_flow}}$의 크기가 크다면, 모든 선로의 전력조류가 자체 용량의 한계 이내에 존재할 것이므로 PI_flow_i의 크기는 작을 것이다. 만약 하나 또는 그 이상의 선로가 과부하로 된다면 PI_flow_i의 크기는 커질 것이다. 그러면 수행지수를 어떻게 사용하는 것인가 하는 것이 관심사이다.

하나의 선로를 제거하였을 때 PI_flow_i의 값을 구하기 위하여 여러 종류의 기법이 시도되었다. 만약 $n_{\text{PI_flow}} = 1$이라면 이 계산은 용이하다. 다시 말하면 선로 하나하나에 대하여 하나의 PI_flow_i 값을 구하여 표에 저장해 놓는다면 계산이 빠르게 된다. 그 이후 PI_flow_i가 큰 것부터 제일 작은 것까지 정렬하여 놓아 보면 표 가운데 상위에 나타나는 선로들이 선정목록의 대상이 된다. 예를 들면 하나의 절차로서 PI_flow_i 표를 순서대로 정렬한 다음, 위에서부터 N_c개의 PI_flow_i 값을 선정목록에 등록한다.

그러나 $n_{\text{PI_flow}} = 1$인 경우, 송전선의 용량이 최대용량을 넘어가도 PI_flow_i는 0에서 거의 무한대의 크기까지 급속하게 증가하지 않는다. 그 대신에 이차함수처럼 상승한다. 전력조류가 송전선의 최대용량보다 조금 아래인 송전선은 약간 과부하인 송전선과 거의 동일하게 PI_flow_i의 증가에 기여한다. 결과적으로 전력조류가 최대용량에 조금 못 미친 송전선이 많다면 PI_flow_i가 커지게 된다. 그러므로 $n_{\text{PI_flow}} = 1$인 경우에는 PI_flow_i가 나쁜 케이스를 분별하거나 걸러 내지 못하게 된다. $n_{\text{PI_flow}} = 1$인 경우에 PI_flow_i의 값을 크기순으로 정렬한다면 상위권에 정말로 나쁜 케이스가 오는 것을 보장하지 못한다. $n_{\text{PI\_flow}} = 2$ 또는 그 이상인 경우에 PI_flow_i를 계산하는 알고리즘을 개발하는 것은 대단히 어렵다고 밝혀졌다.

상정사고 케이스를 선정하는 하나의 방법은 1P1Q법이다. 여기에는 분할조류계산기법이 사용된다. 〈그림 7.12〉에 나타난 것처럼 한 번의 반복계산(하나의 $P-\theta$계산과 하나의 $Q-V$계산과정) 후에 해를 구하는 절차를 중지하므로 1P1Q라고 한다.

이 절차를 사용하면 PI_flow_i는 원하는 대로 n(예를 들면 $PI\_flow_i = 5$)까지 큰 값을 사용할 수 있다. 분할조류계산에서 첫 번째 반복계산이 끝난 후의 해에는 PI_flow_i에 대하여 사용할 만한 수준의 충분한 정보가 있다고 보인다. 이 방법의 또 다른 장점은 전압이 PI 계산에 사용될 수 있다는 것이다. 그러므로 또 다른 형태의 PI가 다음 식

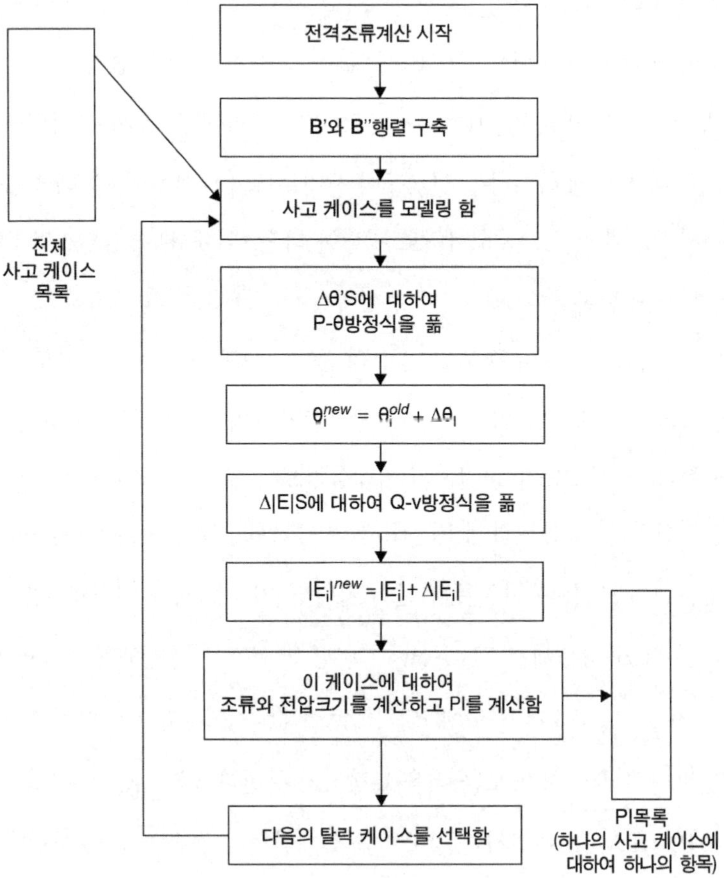

〈그림 7.12〉 1P1Q 상정사고 선정 절차

$$\text{PI\_volt}_i = \sum_{\substack{\text{모든 모선} \\ j}} \left(\frac{V_j^{min}}{V_{j,i}} \right)^{n_{\text{PIV}}} + \sum_{\substack{\text{모든 모선} \\ j}} \left(\frac{V_{j,i}}{V_j^{max}} \right)^{n_{\text{PIV}}}$$

여기에서

$V_{j,i}$= 선로-i가 탈락한 경우의 모선-j의 전압

과 같이 주어진다. 위의 식에 있어서의 착안점은 전압의 크기가 상한과 하한의 경계를 벗어난 것을 PI에 추가하는 것이다.

상정사고해석을 하기 위하여 가장 큰 PI가 맨 위에 나타나도록 순서를 정렬한다. 상정사고해석은 목록 가운데 가장 상위에 있는 케이스에 대하여 완전조류계산을 실행하기 시작하여 목록에 따라 아래로 내려가면서 케이스에 대하여 푼다. 이 계산은 고정된 개수의 케이스만을 푼다든가 아니면 미리 지정한 개수의 상정사고 케이스에 대하여 경보가 발령되지 않는 케이스를 풀 때까지 계속된다.

다음 표에는 부록 7A에 주어진 6-모선 예제 시스템에 대하여 이 과정이 어떻게 작용하는가를 보여 준다. 〈표 7.1a〉와 〈표 7.1b〉는 각각의 상정사고에 대하여 완전조류계산의 결과를 1P1Q법과 비교하여 나타낸다.

〈표 7.1a〉 각 상정사고에 대한 완전교류조류계산의 해

각 상정사고에 대한 완전교류조류계산의 해				PI_flow	PI_V
상정사고-1	모선-1	에서	모선-2	45.342	4.75
상정사고-2	모선-1	에서	모선-4	289.253	30.024
상정사고-3	모선-1	에서	모선-5	47.753	4.8
상정사고-4	모선-2	에서	모선-3	19.312	4.697
상정사고-5	모선-2	에서	모선-4	32.746	18.936
상정사고-6	모선-2	에서	모선-5	20.6	4.717
상정사고-7	모선-2	에서	모선-6	25.227	4.679
상정사고-8	모선-3	에서	모선-5	20.217	4.718
상정사고-9	모선-3	에서	모선-6	22.436	4.93
상정사고-10	모선-4	에서	모선-5	20.948	4.794
상정사고-11	모선-5	에서	모선-6	19.517	4.702

〈표 7.1b〉 각 상정사고에 대하여 1P1Q만을 실행한 경우

1P1Q 상정사고 계산결과				PI_flow	PI_V
상정사고-1	모선-1	에서	모선-2	34.147	7.076
상정사고-2	모선-1	에서	모선-4	180.975	7.574
상정사고-3	모선-1	에서	모선-5	25.874	7.079
상정사고-4	모선-2	에서	모선-3	17.467	7.06
상정사고-5	모선-2	에서	모선-4	21.708	8.34
상정사고-6	모선-2	에서	모선-5	18.915	7.061
상정사고-7	모선-2	에서	모선-6	23.101	7.049
상정사고-8	모선-3	에서	모선-5	16.832	7.062
상정사고-9	모선-3	에서	모선-6	19.847	7.122
상정사고-10	모선-4	에서	모선-5	18.192	7.094
상정사고-11	모선-3	에서	모선-6	17.279	7.058

이 결과들은 먼저 PI_ flow 값만을 사용하여 상정사고 케이스에 대하여 순서를 정렬하여 비교한다.

PI_flow 값에 의하여 순서를 정렬한 것과 PI_V에 의한 것이 서로 다르다는 것을 주목해야 한다. 선로 2-4를 탈락시키는 상정사고-5의 경우, 전압문제가 발생하지만 과부하 문제는 발생하지 않는다는 것이 나타난다(〈그림 7.2b〉).

〈표 7.2a〉 완전교류조류계산에 의한 PI_flow 계산과 상정사고 케이스의 순서 정렬(PI_flow 크기 순서로 정렬)

각 상정사고에 대한 완전교류조류계산의 해				PI_flow	PI_V
상정사고-2	모선-1	에서	모선-4	289.253	30.024
상정사고-3	모선-1	에서	모선-5	47.753	4.8
상정사고-1	모선-1	에서	모선-2	45.342	4.75
상정사고-5	모선-2	에서	모선-4	32.746	18.936
상정사고-7	모선-2	에서	모선-6	25.227	4.679
상정사고-9	모선-3	에서	모선-6	22.436	4.93
상정사고-10	모선-4	에서	모선-5	20.948	4.794
상정사고-6	모선-2	에서	모선-5	20.6	4.717
상정사고-8	모선-3	에서	모선-5	20.217	4.718
상정사고-11	모선-5	에서	모선-6	19.517	4.702
상정사고-4	모선-2	에서	모선-3	19.312	4.697

〈표 7.2b〉 1P1Q 해에 의한 PI_flow의 계산과 상정사고 케이스의 순서 정렬(PI_flow 크기 순서로 정렬)

1P1Q 상정사고 계산결과				PI_flow	PI_V
상정사고-2	모선-1	에서	모선-4	180.975	7.574
상정사고-1	모선-1	에서	모선-2	34.147	7.076
상정사고-3	모선-1	에서	모선-5	25.874	7.079
상정사고-7	모선-2	에서	모선-6	23.101	7.049
상정사고-5	모선-2	에서	모선-4	21.708	8.34
상정사고-9	모선-3	에서	모선-6	19.847	7.122
상정사고-6	모선-2	에서	모선-5	18.915	7.061
상정사고-10	모선-4	에서	모선-5	18.192	7.094
상정사고-4	모선-2	에서	모선-3	17.467	7.06
상정사고-11	모선-5	에서	모선-6	17.279	7.058
상정사고-8	모선-3	에서	모선-5	16.832	7.062

여기에서 가장 나쁜 상정사고 케이스는 1P1Q법을 사용하면 정말로 확인된다는 것은 알 수 있지만 제일 위의 케이스 바로 아랫부분에서는 크기순서의 정렬이 좀 다르다는 것을 알 수 있다. 또한 1P1Q법은 PI_V 열에서는 거의 변동이 없지만 PI_flow 열에서는 아주 유사하다는 것에 주목해야 한다.

마지막으로 〈그림 7.3a〉와 〈그림 7.3b〉에서는 PI_flow와 PI_V의 값을 합산한 것을 크기순서로 정렬하였다.

〈표 7.3a〉 완전교류조류계산에 의한 PI 상정고장 목록(PI_V와 PI_flow의 합을 크기 순서로 정렬)

각 상정사고에 대한 완전교류조류계산의 해				PI_flow	PI_V	합계
상정사고-2	모선-1	에서	모선-4	289.253	30.024	319.277
상정사고-3	모선-1	에서	모선-5	47.753	4.8	52.553
상정사고-5	모선-2	에서	모선-4	32.746	18.936	51.682
상정사고-1	모선-1	에서	모선-2	45.342	4.75	50.092
상정사고-7	모선-2	에서	모선-6	25.227	4.679	29.906
상정사고-9	모선-3	에서	모선-6	22.436	4.93	27.366
상정사고-10	모선-4	에서	모선-5	20.948	4.794	25.742
상정사고-6	모선-2	에서	모선-5	20.6	4.717	25.317
상정사고-8	모선-3	에서	모선-5	20.217	4.718	24.935
상정사고-11	모선-5	에서	모선-6	19.517	4.702	24.219
상정사고-4	모선-2	에서	모선-3	19.312	4.697	24.009

〈표 7.3b〉 1P1Q법에 의한 PI 상정고장 목록(PI_V와 PI_flow의 합을 크기 순서로 정렬)

1P1Q 상정사고 계산결과				PI_flow	PI_V	합계
상정사고-2	모선-1	에서	모선-4	180.975	7.574	188.549
상정사고-1	모선-1	에서	모선-2	34.147	7.076	41.223
상정사고-3	모선-1	에서	모선-5	25.874	7.079	32.953
상정사고-7	모선-2	에서	모선-6	23.101	7.049	30.15
상정사고-5	모선-2	에서	모선-4	21.708	8.34	30.048
상정사고-9	모선-3	에서	모선-6	19.847	7.122	26.969
상정사고-6	모선-2	에서	모선-5	18.915	7.061	25.976
상정사고-10	모선-4	에서	모선-5	18.192	7.094	25.286
상정사고-4	모선-2	에서	모선-3	17.467	7.06	24.527
상정사고-11	모선-5	에서	모선-6	17.279	7.058	24.337
상정사고-8	모선-3	에서	모선-3	16.832	7.062	23.894

7.6.3 동심원 완화법

전력시스템의 안전도 해석을 위한 또 다른 아이디어 가운데 하나는 송전선의 탈락사고만으로는 지리적 영향을 미치는 범위가 크지 않다는 것이다. 하나의 송전선 탈락사고가 멀리 떨어진 곳(예를 들면 1,000km 밖)에서는 문제를 일으킨다고 보지 않아도 된다. 실제로 과부하 상태인 송전선이 초고압 선로일지라도 이 선로의 탈락이 영향을 미치는 범위는 30km를 넘지 않는다는 것이다.

송전선 탈락사고가 미치는 영향이 지리적으로 한계가 있다는 사실에 착안한 효과를 분석하기 위하여 전력시스템을 2개의 지역 즉, 영향을 받는 지역과 영향을 받지 않는 지역으로 분할할 필요가 있다. 이러한 분할을 위하여 탈락된 선로의 양단에 있는 모선은 0-층(layer)으로 한다. 0-층에서 하나의 송전선이나 변압기만큼 격리되어 있는 모선은 1-층으로 한다.

동일한 절차가 층별로 실행되어 모든 모선이 포함될 때 종료한다. 몇 번째 층까지 검토할 것인가를 결정한 다음, 상정사고에 대하여 지정된 번호보다 낮은 층을 대상으로 조류계산을 실행한다. 지정된 층의 번호보다 높은 것에 대하여는 전압과 위상이 고정된 것으로 간주한다.

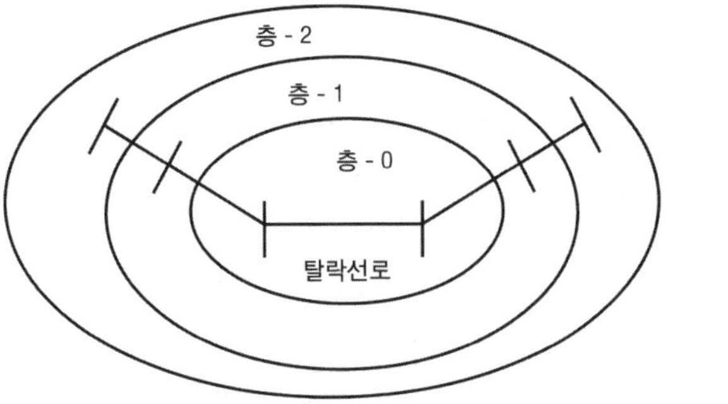

〈그림 7.13〉 상정사고 영향의 층

이 절차는 두 가지로 사용될 수 있다. 첫째, 계산에 포함된 층에 속하는 모선에 대하여 조류계산을 하여 과부하 및 전압크기의 한계위반이 결정된다. 둘째, 이 결과가 단순하게 PI 계산에 사용된다. 〈그림 7.13〉은 각각의 '층'을 작성하는 절차를 보인 것이다. 이 절차는 자보르스키[8]에 의하여 처음으로 제안된 것이다. 동심원 완화법의 문제점은 선로탈락사고의 영향이 미치는 범위가 커지면 많은 층에 대한 계산이 필요하다는 것이다. '층'이라는 용어 대신에 몇 명의 연구자들은 '이웃(neighbour)'이라는 용어를 사용하기도 한다. 사고가 발생한 기기가 존재하는 모선에 직접 연결된 모선은 1차이웃이라고 말한다(Heydt).

7.6.4 경계짓기법[9]

브랜드웬의 논문의 기법은 동심원 완화법을 사용하는 데 있어서 적어도 하나의 문제를 해결한다. 다시 말하면 과부하로 인하여 탈락이 일어난 케이스의 문제를 풀기 위하여 사고가 발생한 모선의 근처의 조정 가능한 지역을 사용한다. 이 장의 참고문헌-1에서 이 기법은 당초 직류조류계산 문제에 대하여만 적용되었으나 결과적으로 교류 네트워크 해석에 사용되기에 이르렀다. 경계짓기법에서 해석을 하기

8) 역자 주: Zaborski, J, Wang, K. W., Prasad, K., K., "Fast Contingency Evaluation using Concentric Relaxation." IEEE Transactions on Power Systems Apparatus and Systems, Vol. PAS-00, January/February 1980, pp. 28-36.

9) bounding

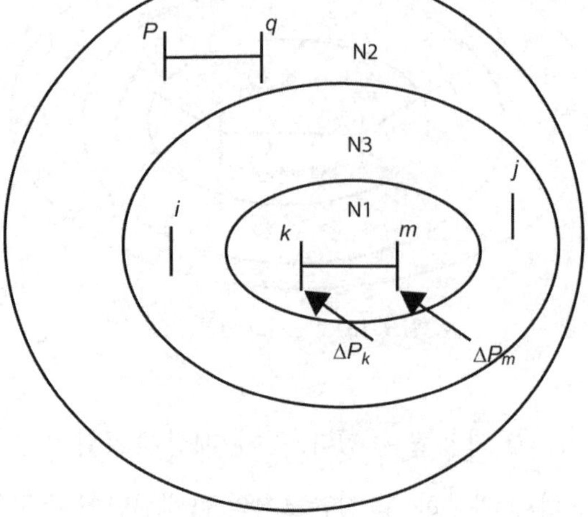

〈**그림 7.14**〉 경계짓기법에서 사용되는 층

위하여 전력시스템을 다음과 같이 3개로 정의한다.

$N_1 =$ 탈락된 선로를 바로 이웃에서 둘러싸고 있는 하위 시스템

$N_2 =$ 상세하게 분석하지 않는 외부의 하위 시스템

$N_3 =$ N_1과 N_2를 분리하는 경계에 있는 모선의 집합

〈그림 7.14〉는 하위시스템에 나타난 것과 같다. N_1집합에 대한 전력주입과 N_3집합의 2개의 모선 사이에 나타나는 최대 위상각 차이가 주어졌다고 가정할 때 N_2집합에 속한 선로 전체에 대한 위상각 파급에 관하여 어떤 가정을 할 수 있다는 사실에 근거하여 경계짓기법이 사용된다.

7.6.5 적응적 국지화법

앞에서 설명한 동심원 완화법과 경계짓기법은 하나의 송전선 탈락으로 모든 모선의 전압, 위상각, 그리고 선로의 전력조류가 모든 모선의 전압에 균등하게 영향을 미치는 것은 아니며 탈락된 송전선에서 먼 거리에 있는 송전선보다 가까운 곳에

있는 송전선에 더 큰 변동을 초래한다는 사실에 기반한 것이다. 이 개념은 조류계산에 있어서 활용할 가치가 많다.

적응적 국지화법(참고문헌-2)은 기준 케이스의 해를 구한 후 상정사고 케이스를 풀기 위하여 아주 유용하게 사용된다. 만약 하나의 조류계산문제의 해를 얻은 후 하나의 송전선은 제거되지만 전압크기와 위상각은 기준 케이스와 같이 변동이 없다면, 조류계산 알고리즘은 탈락된 선로의 끝에 있는 모선에서 상당한 크기의 불일치[10] 오차가 있다는 것을 확인할 것이다. 적응적 국지화법을 개발할 때 모든 모선의 초깃값을 디폴트값으로 놓고(flat start) 전압크기와 위상각을 반복계산 하면서 상정사고해석 시에도 모든 모선전압크기와 위상각을 반복계산 하는 중복작업의 문제를 피해야 한다. 적응적 국지화법에서는 상정사고해석 케이스에 있어서 탈락된 선로 양단의 모선에서만 불일치 오차가 크게 발생한다고 가정하고 불일치 오차가 가장 큰 모선의 전압크기와 위상각의 변동만을 계산하고 기타의 모선에 대하여는 초기해를 유지한다. 만약 첫 번째 반복계산 후에 탈락된 선로의 양단에 있는 모선에서 계산된 전압크기와 위상각으로 인근 모선의 값이 변동하였다면 알고리즘은 인근 모선의 값도 조정한다. 이 방법은 불일치 오차가 상당히 큰 모선만을 조정하는 조류계산이라고 하겠지만, 실제로는 불일치 오차가 나타나 인근 모선에서도 계산을 수행한다. 대체적으로 알고리즘은 탈락된 선로의 모선에서 불일치 오차를 계산하면서 시작하지만 다른 모선에서 오차가 추가로 발생하며, 알고리즘이 새로운 해에 수렴하는 과정을 반복한다. 마지막에는 불일치 오차가 허용치보다 큰 것은 남지 않게 된다.

참고문헌-3은 2,730개의 모선이 있는 시스템의 조류계산을 사용하여 위의 설명 내용을 보여 준다. 〈표 7.4a〉는 모든 모선의 디폴트값에서 풀기 시작하여 일반적 조류계산으로 반복계산 한 결과를 보여 준다(〈그림 7.4a〉와 〈그림 7.4b〉).

---

10) 불일치(mismatch)라는 것은 어떤 모선에서 계획된 P와 Q의 값과 계산에서 얻은 전압과 전류를 이용하여 얻은 모선의 P와 Q 값 사이의 오차를 뜻하며, 여기에서 전류는 해당 모선에 연결되어 있는 모선전압크기와 위상각의 함수이다.

〈표 7.4a〉 2,730-모선 케이스에 대하여 모선의 디폴트값에서 출발한 반복계산

반복계산	불일치 오차가 $10^{-5}\Delta P$보다 큰 모선의 수	불일치 오차가 $10^{-5}\Delta P$보다 큰 모선의 수
1	561	1,282
2	1,672	153
3	1,308	108
4	438	74
5	7	0
6	0	0

〈표 7.4b〉 2,730-모선 케이스에 대하여 적응적 국지화법을 사용하였을 경우의 반복계산

반복계산	불일치 오차가 $10^{-5}\Delta P$보다 큰 모선의 수	불일치 오차가 $10^{-5}\Delta P$보다 큰 모선의 수
1	1	0
2	194	6
3	22	0
4	0	0

다음 〈표 7.4b〉는 '적응적 국지화법'을 사용한 것으로 계산시간이 크게 축소하는 것을 알 수 있다. 여기에서는 동일한 상정사고 케이스의 해를 구하는 과정에서 기본해(base-solved values)로부터 얻은 값에서 출발하였으며 수정이 필요한 모선만을 대상으로 반복계산 하였다.

'적응적 국지화법'은 상정사고로 인한 탈락의 케이스를 신속하게 풀 뿐만 아니라 각 케이스마다 1P1Q법과 같은 방법에 의하여 부분해를 구하여 순서를 정렬하고, 가장 나쁜 케이스에서 출발하여 완결할 때까지 문제를 푸는 목적으로도 사용될 수도 있다.

우리는 송전선 탈락사고가 어떻게 파급되는가를 축차적으로 가우스-자이델법을 사용하여 관찰할 수 있겠다. 먼저 탈락된 기기가 있는 모선에서 출발하여 1-층부터 풀기 시작하여 2-층으로 옮겨 가면서 불일치 오차가 허용범위 내에 들어올 때까지 계속한다. 이 과정에서 영향이 미치는 범위가 드러나게 된다. 탈락된 기기가 있는 모선에서 출발하여 앞의 과정을 반복한다. 미치는 영향이 작다면 반복횟수가 작을 것이고 영향이 심각하다면 반복횟수가 커질 것이다.

부록 7A: 교류조류계산의 예제

이 부록은 〈그림 7.15〉의 6-모선 테스트 시스템에 대하여 서로 다른 사례에 대하여 일곱 가지의 교류조류계산을 실행한 예를 제시한다.

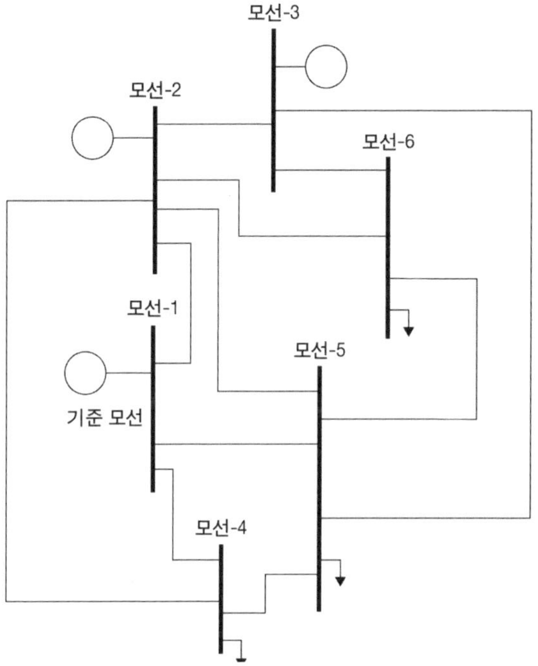

〈그림 7.15〉 6-모선 테스트 시스템

케이스-1: 기준 케이스

전압은 모두 0.95~1.07 사이의 퍼유닛 값을 갖는다. 기준모선은 1.07로 지정되어 있고 상한이라는 의미로 "UL"로서 표시되어 있다. 모든 무효전력은 한계 범위 내에 들어와 있으며 선로 전력조류는 용량의 한계 내에 들어와 있다. 모든 부하는 기준 케이스의 값인 100MW와 15MVAR의 값을 갖는다. 유효전력 손실은 무시할 만하며 무효전력 손실은 음의 값이다(전력시스템으로 주입되는 용량성 무효전력이 송전선에서 잃어버리는 무효전력보다 많다는 것을 의미함).

참고: UL= 변수가 상한보다 클 경우

LL= 변수가 하한보다 낮을 경우

```
Total Pgen    =   312.96  MW    Total Qgen     =    30.01  MVAR
Total PLoad   =   300.00  MW    Total Qload    =    45.00  MVAR
Total PLosses =    12.96  MW    Total QLosses  =   -14.99  MVAR
```

Bus	Pmin MW	Pgen MW	Pmax MW	Qmin MVAR	Qgen MVAR	Qmax MVAR	Pload MW	Qload MVAR	Vmin pu	Vbus pu		Vbus kV	Vmax pu
1	50.0	213.0	450.0	-100.0	-10.8	150.0	0.0	0.0	0.95	1.07	UL	246.1	1.07
2	37.5	50.0	150.0	-100.0	21.8	150.0	0.0	0.0	0.95	1.05		241.5	1.07
3	45.0	50.0	180.0	-100.0	19.0	120.0	0.0	0.0	0.95	1.05		241.5	1.07
4							100.0	15.0	0.95	1.03		236.3	1.07
5							100.0	15.0	0.95	1.02		235.1	1.07
6							100.0	15.0	0.95	1.02		235.7	1.07

Bus	Vmag kV	angle deg	Pgen MW	Qgen MVAR	Pload MW	Qload MW	To Bus	Pline MW	Qline MVAR	Max Flow MW
1	246.1	0.00	212.96	-10.76	0.00	0.00				
							2	62.18	-18.28	100
							4	82.80	5.87	100
							5	67.98	1.65	100
2	241.5	-7.18	50.00	21.76	0.00	0.00				
							1	-58.58	20.99	100
							3	14.76	-5.99	60
							4	28.86	8.66	60
							5	21.94	0.85	60
							6	43.01	-2.74	60
3	241.5	-9.16	50.00	19.02	0.00	0.00				
							2	-14.66	-0.11	60
							5	12.43	2.88	60
							6	52.23	16.25	60
4	236.3	-8.45			100.00	15.00				
							1	-79.77	1.82	100
							2	-28.44	-9.98	60
							5	8.21	-6.85	60
5	235.1	-10.53			100.00	15.00				
							1	-64.73	3.95	100
							2	-21.50	-3.81	60
							3	-12.23	-7.81	60
							4	-8.07	-1.27	60
							6	6.53	-6.07	60
6	235.7	-11.76			100.00	15.00				
							2	-41.84	0.72	60
							3	-51.68	-15.65	60
							5	-6.48	-0.07	60

케이스-2: 발전기 탈락

부하가 기준 케이스의 상태일 때 모선-3의 발전기가 탈락하였다. 발전기출력의 부족분은 모선-1의 기준 발전기(reference generator)의 출력증가로 보충한다. 모선-4, 모선-5, 모선-6의 전압은 약간 하강하며 선로 1-4에 약간의 과부하가 나타난다.

Total Pgen	=	320.41	MW	Total Qgen	=	53.40	MVAR
Total PLoad	=	300.00	MW	Total Qload	=	45.00	MVAR
Total PLosses	=	20.41	MW	Total QLosses	=	8.40	MVAR

Bus	Pmin MW	Pgen MW	Pmax MW	Qmin MVAR	Qgen MVAR	Qmax MVAR	Pload MW	Qload MVAR	Vmin pu	Vbus pu		Vbus kV	Vmax pu
1	50.0	270.4	450.0	-100.0	-14.6	150.0	0.0	0.0	0.95	1.07	UL	246.1	1.07
2	37.5	50.0	150.0	-100.0	68.0	150.0	0.0	0.0	0.95	1.05		241.5	1.07
3							0.0	0.0	0.95	1.02		233.6	1.07
4							100.0	15.0	0.95	1.03		235.9	1.07
5							100.0	15.0	0.95	1.01		231.7	1.07
6							100.0	15.0	0.95	1.00		230.2	1.07

Bus	Vmag kV	angle deg	Pgen MW	Qgen MVAR	Pload MW	Qload MW	To Bus	Pline MW	Qline MVAR		Max Flow MW
1	246.1	0.00	270.41	-14.61	0.00	0.00					
							2	84.85	-25.66		100
							4	100.41	5.22	UL	100
							5	85.15	5.83		100
2	241.5	-9.89	50.00	68.01	0.00	0.00					
							1	-78.08	34.69		100
							3	31.61	5.77		60
							4	16.97	15.95		60
							5	23.53	5.48		60
							6	55.98	6.12		60
3	233.6	-13.90			0.00	0.00					
							2	-31.12	-9.72		60
							5	-2.11	1.70		60
							6	33.23	8.01		60
4	235.9	-10.34			100.00	15.00					
							1	-95.98	8.10		100
							2	-16.70	-17.58		60
							5	12.69	-5.51		60
5	231.7	-13.30			100.00	15.00					
							1	-80.02	6.92		100
							2	-22.97	-8.05		60
							3	2.14	-6.76		60
							4	-12.38	-2.14		60
							6	13.24	-4.97		60
6	230.2	-15.67			100.00	15.00					
							2	-53.94	-5.55		60
							3	-33.00	-8.90		60
							5	-13.06	-0.55		60

케이스-3: 선로탈락 케이스

선로 1-4가 탈락하며 부하모선의 상태는 기준 케이스와 같다. 부하모선인 모선-4, 모선-5, 모선-6의 전압은 하강하지만 하한치보다 더 내려가지 않는다. 선로 1-2, 1-5, 그리고 2-4는 최대용량 이상이다. 무효전력 손실은 −14에서 +22MVAR로 역전하며 유효전력 손실은 선로의 전력조류가 커지므로 유효전력 손실은 100% 증가하였다.

Total Pgen	=	328.58	MW	Total Qgen	=	67.74	MVAR
Total PLoad	=	300.00	MW	Total Qload	=	45.00	MVAR
Total PLosses	=	28.58	MW	Total QLosses	=	22.74	MVAR

Bus	Pmin MW	Pgen MW	Pmax MW	Qmin MVAR	Qgen MVAR	Qmax MVAR	Pload MW	Qload MVAR	Vmin pu	Vbus pu		Vbus kV	Vmax pu
1	50.0	228.6	450.0	-100.0	-32.2	150.0	0.0	0.0	0.95	1.07	UL	246.1	1.07
2	37.5	50.0	150.0	-100.0	75.7	150.0	0.0	0.0	0.95	1.05		241.5	1.07
3	45.0	50.0	180.0	-100.0	24.2	120.0	0.0	0.0	0.95	1.05		241.5	1.07
4							100.0	15.0	0.95	0.99		228.0	1.07
5							100.0	15.0	0.95	1.01		233.3	1.07
6							100.0	15.0	0.95	1.02		235.4	1.07

Bus	Vmag kV	angle deg	Pgen MW	Qgen MVAR	Pload MW	Qload MW	To Bus	Pline MW	Qline MVAR		Max Flow MW
1	246.1	0.00	228.58	-32.18	0.00	0.00					
							2	123.57	-35.59	UL	100
							5	105.01	3.42	UL	100
2	241.5	-14.46	50.00	75.71	0.00	0.00					
							1	-109.27	59.71	UL	100
							3	11.35	-5.42		60
							4	93.09	17.20	UL	60
							5	15.60	5.30		60
							6	39.22	-1.07		60
3	241.5	-15.99	50.00	24.20	0.00	0.00					
							2	-11.29	-0.89		60
							5	8.92	7.52		60
							6	52.37	17.57		60
4	228.0	-19.08			100.00	15.00					
							2	-89.01	-11.12	UL	60
							5	-10.99	-3.88		60
5	233.3	-16.57			100.00	15.00					
							1	-97.27	19.08		100
							2	-15.33	-8.74		60
							3	-8.72	-12.41		60
							4	11.23	-3.68		60
							6	10.08	-9.24		60
6	235.4	-18.58			100.00	15.00					
							2	-38.25	-1.51		60
							3	-51.81	-16.91		60
							5	-9.95	3.42		60

케이스-4: 모선-4의 부하가 2배로 증가

모든 선로는 운전 중이고 발전기는 정상 운전 중이다. 모선-4의 부하가 200MW, 30MVAR로 증가한다. 무효전력 손실은 양(+)의 큰 수로 바뀌며 모선-4, 모선-5, 모선-6은 저전압이다. 선로 1-4, 2-4에서 선로 전력조류가 과부하이다.

Total Pgen	=	428.79	MW	Total Qgen	=	93.04	MVAR
Total PLoad	=	400.00	MW	Total Qload	=	60.00	MVAR
Total PLosses	=	28.79	MW	Total QLosses	=	33.04	MVAR

Bus	Pmin MW	Pgen MW	Pmax MW	Qmin MVAR	Qgen MVAR	Qmax MVAR	Pload MW	Qload MVAR	Vmin pu	Vbus pu		Vbus kV	Vmax pu
1	50.0	328.8	450.0	-100.0	-2.9	150.0	0.0	0.0	0.95	1.07	UL	246.1	1.07
2	37.5	50.0	150.0	-100.0	72.3	150.0	0.0	0.0	0.95	1.05		241.5	1.07
3	45.0	50.0	180.0	-100.0	23.6	120.0	0.0	0.0	0.95	1.05		241.5	1.07
4							200.0	30.0	0.95	0.99		227.2	1.07
5							100.0	15.0	0.95	1.02		233.5	1.07
6							100.0	15.0	0.95	1.02		235.4	1.07

Bus	Vmag kV	angle deg	Pgen MW	Qgen MVAR	Pload MW	Qload MW	To Bus	Pline MW	Qline MVAR		Max Flow MW
1	246.1	0.00	328.79	-2.86	0.00	0.00					
							2	99.40	-29.78		100
							4	138.95	23.82	UL	100
							5	90.44	3.09		100
2	241.5	-11.62	50.00	72.34	0.00	0.00					
							1	-90.11	43.86		100
							3	12.73	-5.66		60
							4	68.54	31.29	UL	60
							5	18.07	4.37		60
							6	40.77	-1.52		60
3	241.5	-13.34	50.00	23.57	0.00	0.00					
							2	-12.66	-0.58		60
							5	10.39	6.62		60
							6	52.27	17.52		60
4	227.2	-14.51			200.00	30.00					
							1	-130.22	6.86	UL	100
							2	-65.93	-28.15	UL	60
							5	-3.85	-8.70		60
5	233.5	-14.18			100.00	15.00					
							1	-84.69	11.93		100
							2	-17.74	-7.63		60
							3	-10.17	-11.49		60
							4	3.92	0.84		60
							6	8.68	-8.64		60
6	235.4	-15.92			100.00	15.00					
							2	-39.71	-0.84		60
							3	-51.71	-16.88		60
							5	-8.58	2.72		60

케이스-5: 모선-4 최대부하 발생

모선-4의 부하는 220MW, 33MVAR이다.

무효전력 손실이 대단히 크며 모선-4의 전압은 0.98퍼유닛이다.

```
Total Pgen     =     453.37  MW     Total Qgen      =     109.62  MVAR
Total PLoad    =     420.00  MW     Total Qload     =      63.00  MVAR
Total PLosses  =      33.37  MW     Total QLosses   =      46.62  MVAR

Bus   Pmin   Pgen   Pmax    Qmin    Qgen    Qmax   Pload   Qload  Vmin   Vbus      Vbus   Vmax
       MW     MW     MW     MVAR    MVAR    MVAR     MW     MVAR   pu     pu        kV     pu
  1   50.0  353.4  450.0  -100.0    0.5    150.0    0.0     0.0  0.95   1.07 UL  246.1   1.07
  2   37.5   50.0  150.0  -100.0   84.4    150.0    0.0     0.0  0.95   1.05     241.5   1.07
  3   45.0   50.0  180.0  -100.0   24.7    120.0    0.0     0.0  0.95   1.05     241.5   1.07
  4                                                220.0    33.0  0.95   0.98     225.1   1.07
  5                                                100.0    15.0  0.95   1.01     233.0   1.07
  6                                                100.0    15.0  0.95   1.02     235.3   1.07

Bus  Vmag    angle    Pgen     Qgen    Pload   Qload  To Bus   Pline    Qline       Max
      kV      deg      MW      MVAR     MW      MW              MW      MVAR      Flow MW
  1  246.1    0.00   353.37    0.49    0.00    0.00
                                                         2    107.61   -31.90  UL   100
                                                         4    150.48    28.71  UL   100
                                                         5     95.27     3.68       100
  2  241.5  -12.59    50.00   84.42    0.00    0.00
                                                         1    -96.73    49.16       100
                                                         3     12.31    -5.58        60
                                                         4     76.89    36.84  UL    60
                                                         5     17.25     5.22        60
                                                         6     40.29    -1.23        60
  3  241.5  -14.24    50.00   24.71    0.00    0.00
                                                         2    -12.23    -0.68        60
                                                         5      9.96     7.53        60
                                                         6     52.28    17.85        60
  4  225.1  -15.82                   220.00   33.00
                                                         1   -140.17     8.32  UL   100
                                                         2    -73.55   -32.23  UL    60
                                                         5     -6.28    -9.09        60
  5  233.0  -14.97                   100.00   15.00
                                                         1    -88.89    13.72       100
                                                         2    -16.93    -8.52        60
                                                         3     -9.73   -12.37        60
                                                         4      6.42     1.43        60
                                                         6      9.14    -9.26        60
  6  235.3  -16.83                   100.00   15.00
                                                         2    -39.26    -1.20        60
                                                         3    -51.72   -17.20        60
                                                         5     -9.02     3.39        60
```

케이스-6: 과부하와 선로탈락의 동시발생

선로 1-4 탈락, 모선-4의 부하는 200MV 30MVAR이다. 선로 1-2, 1-5, 2-4는 과부하이다. 발전기-2의 무효전력이 상한치에 달하였으며 전압이 계획치보다 낮다. 무효전력 손실과 유효전력 손실이 대단히 크다.

Total Pgen	=	489.49	MW	Total Qgen	=	229.51	MVAR
Total PLoad	=	400.00	MW	Total Qload	=	60.00	MVAR
Total PLosses	=	89.49	MW	Total QLosses	=	169.51	MVAR

Bus	Pmin MW	Pgen MW	Pmax MW	Qmin MVAR	Qgen MVAR	Qmax MVAR	Pload MW	Qload MVAR	Vmin pu	Vbus pu	Vbus kV	Vmax pu
1	50.0	389.5	450.0	-100.0	-1.5	150.0	0.0	0.0	0.95	1.07 UL	246.1	1.07
2	37.5	50.0	150.0	-100.0	150.0 UL	150.0	0.0	0.0	0.95	1.01	231.9	1.07
3	45.0	50.0	180.0	-100.0	81.0	120.0	0.0	0.0	0.95	1.05	241.5	1.07
4							200.0	30.0	0.95	0.87 LL	200.1	1.07
5							100.0	15.0	0.95	0.97	223.3	1.07
6							100.0	15.0	0.95	1.00	230.8	1.07

Bus	Vmag kV	angle deg	Pgen MW	Qgen MVAR	Pload MW	Qload MW	To Bus	Pline MW	Qline MVAR		Max Flow MW
1	246.1	0.00	389.49	-1.50	0.00	0.00					
							2	226.22	-26.81	UL	100
							5	163.27	25.31	UL	100
2	231.9	-26.24	50.00	150.00	0.00	0.00					
							1	-181.00	112.94	UL	100
							3	8.60	-21.41		60
							4	182.74	60.47	UL	60
							5	6.16	8.50		60
							6	33.51	-10.50		60
3	241.5	-27.90	50.00	81.01	0.00	0.00					
							2	-8.40	16.06		60
							5	5.44	26.77		60
							6	52.96	38.18		60
4	200.1	-36.22			200.00	30.00					
							2	-164.45	-25.68	UL	60
							5	-35.55	-4.32		60
5	223.3	-26.70			100.00	15.00					
							1	-144.06	40.44	UL	100
							2	-6.01	-11.98		60
							3	-4.46	-29.76		60
							4	38.89	4.21		60
							6	15.64	-17.91		60
6	230.8	-30.35			100.00	15.00					
							2	-32.69	7.78		60
							3	-52.17	-36.35		60
							5	-15.14	13.57		60

케이스-7: 모선-4에 최대부하(220MW, 33MVAR) 발생 및 선로 1-4 탈락

모선-4의 전압은 0.8퍼유닛이며 모선-5의 전압은 0.95퍼유닛으로 하강한다. 발전기-2와 발전기-3은 무효전력의 상한치에 도달하였으며 해당 발전기 모선의 전압은 계획치보다 낮다.

참고: 모선-4의 부하를 증가하면 조류계산의 해가 도출되지 않음.

```
Total Pgen     =    537.44  MW     Total Qgen     =    301.56  MVAR
Total PLoad    =    420.00  MW     Total Qload    =     63.00  MVAR
Total PLosses  =    117.44  MW     Total QLosses  =    238.56  MVAR
```

Bus	Pmin MW	Pgen MW	Pmax MW	Qmin MVAR	Qgen MVAR	Qmax MVAR	Pload MW	Qload MVAR	Vmin pu	Vbus pu	Vbus kV	Vmax pu
1	50.0	437.4	450.0	-100.0	31.6	150.0	0.0	0.0	0.95	1.07 UL	246.1	1.07
2	37.5	50.0	150.0	-100.0	150.0 UL	150.0	0.0	0.0	0.95	0.97	223.4	1.07
3	45.0	50.0	180.0	-100.0	120.0 UL	120.0	0.0	0.0	0.95	1.05	240.6	1.07
4							220.0	33.0	0.95	0.80 LL	185.0	1.07
5							100.0	15.0	0.95	0.94 LL	216.6	1.07
6							100.0	15.0	0.95	0.99	226.6	1.07

Bus	Vmag kV	angle deg	Pgen MW	Qgen MVAR	Pload MW	Qload MW	To Bus	Pline MW	Qline MVAR		Max Flow MW
1	246.1	0.00	437.44	31.56	0.00	0.00					
							2	256.97	-8.21	UL	100
							5	180.47	39.77	UL	100
2	223.4	-30.02	50.00	150.00	0.00	0.00					
							1	-199.26	119.45	UL	100
							3	9.21	-33.49		60
							4	204.29	76.52	UL	60
							5	3.73	6.41		60
							6	32.03	-18.88		60
3	240.6	-32.18	50.00	120.00	0.00	0.00					
							2	-8.67	30.10		60
							5	5.26	37.07		60
							6	53.41	52.83		60
4	185.0	-42.25			220.00	33.00					
							2	-178.99	-27.49	UL	60
							5	-41.01	-5.51		60
5	216.6	-30.20			100.00	15.00					
							1	-156.41	44.36	UL	100
							2	-3.64	-9.81		60
							3	-3.49	-38.19		60
							4	46.23	9.82		60
							6	17.30	-21.18		60
6	226.6	-34.55			100.00	15.00					
							2	-31.07	16.85		60
							3	-52.35	-49.64		60
							5	-16.58	17.78		60

NOTE AT LOAD BUS 4 SET TO 250 Mw AND 37.5 MVAR POWER FLOW WILL NOT CONVERGE

부록 7B: 네트워크 민감도 계산

7B.1 PTDF 계수의 계산

PTDF는 보내는 지점(모선-s)에서 받는 지점(모선-r)으로 전력이 전달되는 것을 가정한다. 다시 말하면 〈그림 7.16〉처럼 모선-s에 주입된 전력(ΔP)이 모선-r에서 빠져나간다. PTDF 계수는 선로-ℓ까지 흘러가는 ΔP의 비례값을 나타낸다.

먼저 다음의 3개의 합을 정의하면 다음과 같다.

$$\mathrm{PTDF}_{s,r,\ell} = \frac{\Delta f_\ell}{\Delta P_{s\,to\,r}}$$

또는

$$\Delta f_\ell = \mathrm{PTDF}_{s,r,\ell}\,\Delta P_{s\,to\,r}$$

또는

$$\Delta \tilde{f}_\ell = f_\ell^0 + \mathrm{PTDF}_{s,r,\ell}\,\Delta P_{s\,to\,r}$$

만약 전력전달이 역방향으로 일어난다면 다음 식

$$\mathrm{PTDF}_{rs,\ell} = -\mathrm{PTDF}_{s,r,\ell}$$

이 성립한다. 수치의 존재범위는 $-1 \leq \mathrm{PTDF}_{s,r,\ell} \leq +1$이다.

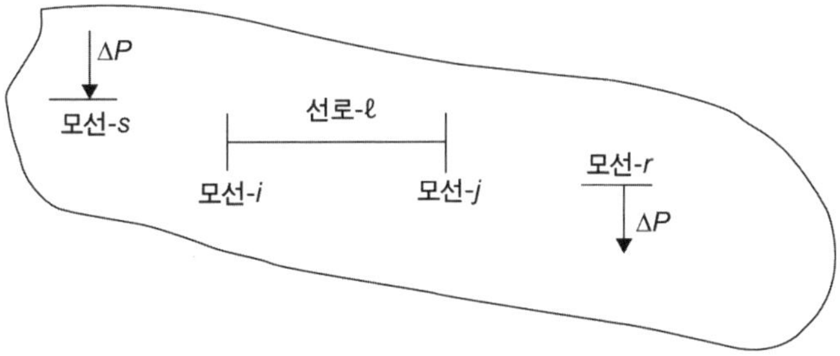

〈그림 7.16〉 모선-s에서 모선-r로 전력이 전달될 때 선로-ℓ에 미치는 전력조류 변동

만약 선형화 조류계산법을 이용하여 모델링 한다면 모선-s에서 모선-r로 1MW의 전력이 전달될 경우 모선-위상각의 변동에 대한 영향은 다음 식

$$\Delta\boldsymbol{\theta} = [\mathrm{X}]\Delta\mathrm{P}_{s\ to\ r}$$

여기에서

$$\Delta\mathrm{P}_{s\ to\ r} = \begin{bmatrix} 0 \\ \vdots \\ +1 \\ -1 \\ \vdots \\ 0 \end{bmatrix} \begin{matrix} \\ \\ s \\ r \\ \\ \\ \end{matrix}$$

과 같은 선형화 조류계산 방정식을 사용하여 계산할 수 있다. 그러면 위상각의 변동은 다음 식과 같다.

$$\begin{bmatrix} \Delta_{\theta_1} \\ \Delta_{\theta_2} \\ \vdots \\ \\ \Delta_{\theta_{nbus}} \end{bmatrix} = \begin{bmatrix} X_{11} & X_{12} & \cdots & X_{1,nbus} \\ X_{21} & X_{22} & & \\ & \vdots & \ddots & \\ & & & \\ X_{nbus,1} & & & X_{nbus,nbus} \end{bmatrix} \begin{bmatrix} 0 \\ \vdots \\ +1 \\ -1 \\ \vdots \\ 0 \end{bmatrix} \begin{matrix} \\ \\ s \\ r \\ \\ \\ \end{matrix}$$

그러면 모선-i와 모선-j의 위상각의 변동은

$$\Delta\theta_i = X_{is} - X_{ir}$$

$$\Delta\theta_j = X_{js} - X_{jr}$$

이다. 선로-ℓ의 전력조류의 변동은

$$\Delta f_\ell = \frac{1}{x_\ell}(\Delta\theta_i - \Delta\theta_j)$$

이므로 이것은 다음 식

$$\Delta f_\ell = \frac{1}{x_\ell}((X_{is} - X_{ir}) - (X_{js} - X_{jr}))$$

과 같다. 그러므로 PTDF는

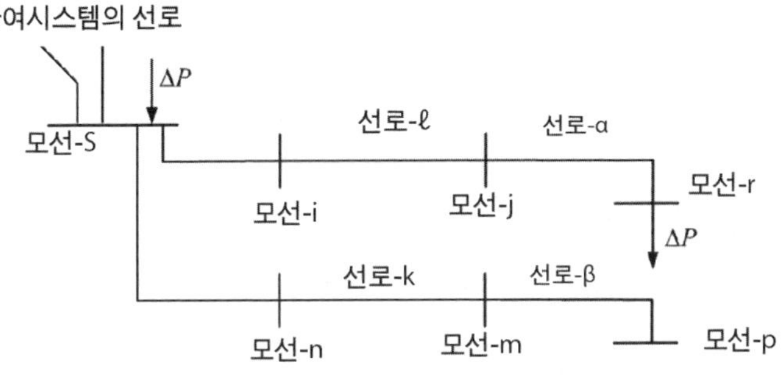

〈그림 7.17〉 다른 송전선을 포함하여 나타냈을 경우 모선-s에서 모선-r로의 전력전달이 송전선-ℓ의 전력조류에 미치는 영향

$$\mathrm{PTDF}_{s,r,\ell} = \frac{1}{x_\ell}((X_{is} - X_{ir}) - (X_{js} - X_{jr}))$$

만약 s가 기준모선이라면, $X_{is} = 0, X_{js} = 0$

만약 r이 기준모선이라면, $X_{ir} = 0, X_{jr} = 0$

만약 i가 기준모선이라면, $X_{is} = 0, X_{ir} = 0$

만약 j가 기준모선이라면, $X_{js} = 0, X_{jr} = 0$

이다. 위의 식을 보면 PTDF는 송전망 정수에 따라 변동하며 모선전압이나 선로의 전력조류에 무관하다는 것을 알 수 있다. 또한 PTDF는 송전망 내에서 기준모선의 위치에도 무관하다.

송전망의 PTDF를 계산하는 데 있어서 몇 개의 특수한 케이스를 〈그림 7.17〉에 예시하였다.

케이스-1: $\mathrm{PTDF}_{s,r,\ell}=1$

PTDF가 정확하게 1이라면 모선-s에서 모선-r로 전달되는 전력은 모두 선로-ℓ을 통하여 흐른다는 것을 말한다. 만약 선로-ℓ이 개방된다면 모선-j와 모선-ℓ은 분리되거나 모선-s, 모선-i, 모선-n, 모선-m 그리고 모선-p와는 고립될 것이므로 PTDF = 1이라는 것은 만약 이 선로를 개방한다면 시스템 고립화를 초래한다는 것을 나타낸다. 이 사실은 다음 절에서 LODF 계수를 설명할 때에 중요한 역할을 할 것이다.

케이스-2: $\mathbf{PTDF}_{s,r,k}$ =0

PTDF가 정확하게 0이라면 모선-s에서 모선-r로 선로-k를 통과하는 전력조류가 존재하지만 흐를 우회선로가 없다는 것을 의미한다. 여기에서 모선-s에서 모선-r로 전달되는 전력이 선로-k를 통과하지 않기 때문에 선로-k에 대한 $\mathrm{PTDF}_{s,r,k}$의 값은 0이 된다.

케이스-3: 방사상 선로

위의 그림에서 선로-α와 선로-β는 방사상 선로이다. 다시 말하면 방사상 선로의 최소한 하나의 선로는 다른 선로와 접속하지 않는 모선을 갖는다. 이 경우에 $\mathrm{PTDF}_{j,r,\alpha}=1$이며 α가 아닌 선로에 대하여 j와 r 사이의 전력전달에 관한 PTDF는 0이 될 것이다. 이와 유사하게 $\mathrm{PTDF}_{m,p,\beta}=1$이며 β가 아닌 선로에 대하여 모선-m에서 모선-p로 전달되는 전력에 관한 PTDF는 0이 될 것이다.

7B.2 LODF 계수의 계산

이 절에서는 다음 식

$$\mathrm{LODF}_{\ell,k}=\frac{\Delta f_\ell}{f_k^0}$$

여기에서

$\mathrm{LODF}_{\ell,k}$= 선로-k의 탈락에 따른 선로-ℓ의 전력조류 감시용의 선로탈락 배분계수

Δf_ℓ= 선로-ℓ의 유효전력조류 변동(MW)

f_k^0= 탈락되기 이전의 선로-k의 전력조류

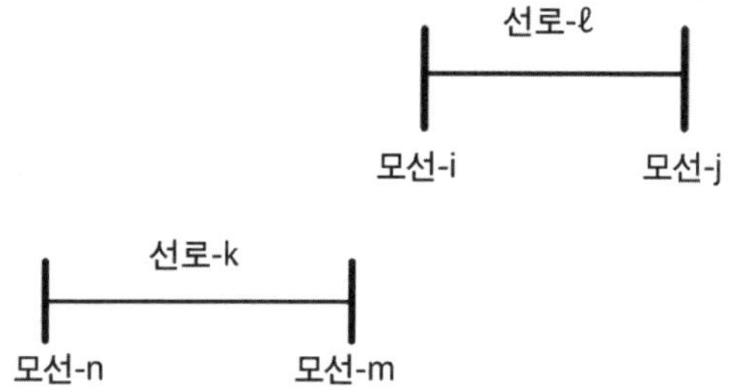

〈그림 7.18〉 선로-k의 탈락이 선로-ℓ에 미치는 영향

과 같이 앞에서 정의된 LODF 계수를 유도한다. 만약 선로-ℓ과 선로-k의 전력조류를 알고 있다면 선로-k가 탈락된 이후의 선로-ℓ의 전력조류는 다음 식과 같이 LODF 계수를 이용하여 계산할 수 있다.

$$\hat{f}_\ell = f_\ell^0 + \mathrm{LODF}_{\ell,k}\, f_k^0$$

여기에서

f_ℓ^0, f_k^0 = 선로-k 탈락 이전의 선로-ℓ과 선로-k의 전력조류(MW)

$\hat{f}_\ell$ = 선로-k가 탈락된 이후의 선로-ℓ의 전력조류

〈그림 7.18〉의 그림을 보면 이 수식을 이해하는 데 도움이 된다.

먼저, 모선-m과 모선-n에 전력을 주입하면서 선로-k의 탈락을 모의하는 방법에 대하여 설명한다. 〈그림 7.19〉에서 선로-k가 각각 차단기를 통하여 시스템의 잔여 부분에 속한 모선-n과 모선-m에 접속되어 있다. 차단기가 개방되면(〈그림 7.19〉의 중앙 부분) 선로-k의 전력조류는 0이 된다.

모선-m과 모선-n을 연결하는 선로-k에 처음부터 흐르던 전력을 P_{nm}이라 한 후 ΔP_n과 ΔP_m이 모선-n과 모선-m에 각각 주입되면 선로-k에 흐르는 전력을 $\tilde{P}_{nm}$이라고 하며 이러한 과정은 〈그림 7.19〉의 아랫부분에 나타나 있다. 선로-k의 개방은 ΔP_n과 ΔP_m이 다음 식

$$\Delta P_n = \tilde{P}_{nm}$$

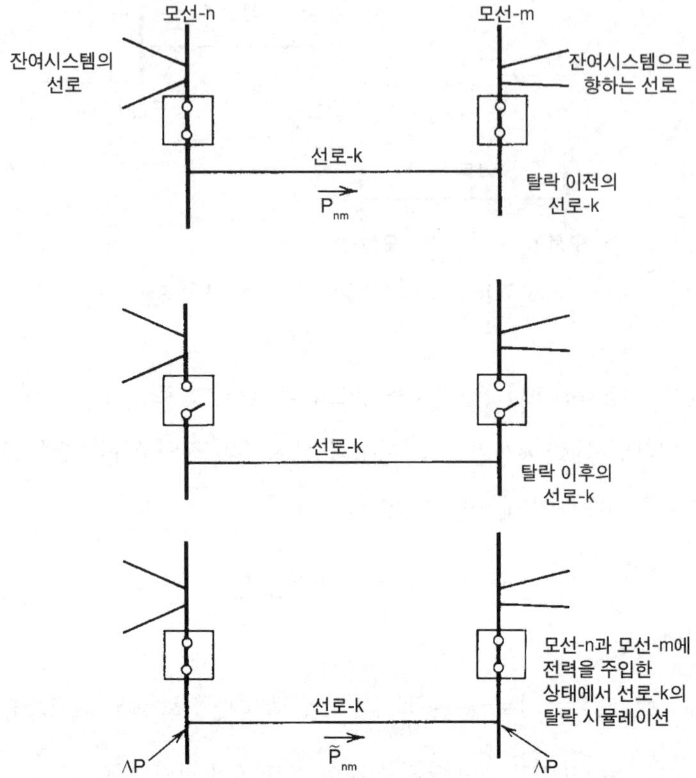

〈**그림 7.19**〉 모선-m과 모선-n에 전력을 주입하는 모델로 볼 때, 선로-k의 탈락이 선로-ℓ에 미치는 영향

과 다음의 식

$$\Delta P_m = -\widetilde{P}_{nm}$$

과 같이 주입되는 것으로 시뮬레이션 될 수 있다. 이것은 모선-n에 주입된 전력이 모두 선로-k로 유입되며 모선-m에서 유출되어 시스템의 잔여 부분과 모선-n을 연결하는 차단기에 흐르는 전력이며 시스템으로 연결하는 모선-m을 연결하는 차단기에 흐르는 전력도 0이라는 것을 의미한다. 양측 차단기에 흐르는 전력이 0이라는 것은 선로가 개방된 것과 동일하다.

모선-n에 전력을 주입하여 모선-m으로부터 유출할 때 선로-ℓ에 흐르는 전력조류가 다음 식

$$\widetilde{P}_{nm} = P_{nm} + \mathrm{PTDF}_{n,m,k}\,\Delta P_n$$

과 같을 경우 $\widetilde{P}_{nm}$을 쉽게 계산할 수 있다. 전력주입을 얼마만큼 하여야 선로-k의 전력조류가 ΔP_n로 될 것인가를 계산하기 위하여 PTDF를 사용한다. 정의에 의하여 $\Delta P_n = \widetilde{P}_{nm}$이므로 다음의 식

$$\widetilde{P}_{nm} = P_{nm} + \mathrm{PTDF}_{n,m,k}\widetilde{P}_{nm}$$

또는 다음의 식

$$\widetilde{P}_{nm}(1 - \mathrm{PTDF}_{n,m,k}) = P_{nm}$$

또는 다음의 식

$$\widetilde{P}_{nm} = \left(\frac{1}{1 - \mathrm{PTDF}_{n,m,k}}\right)P_{nm}$$

이 성립한다. 모선-i에서 모선-j로 연결된 선로-ℓ의 전력조류의 변동은

$$\Delta f_\ell = \mathrm{PTDF}_{n,m,\ell}\,\widetilde{P}_{nm} = \mathrm{PTDF}_{n,m,\ell}\left(\frac{1}{1 - \mathrm{PTDF}_{n,m,k}}\right)P_{nm}$$

이다. 그러므로 선로-ℓ의 전력조류의 변동을 나타내는 LODF는 단순하게

$$\mathrm{LODF}_{\ell,k} = \mathrm{PTDF}_{n,m,\ell}\left(\frac{1}{1 - \mathrm{PTDF}_{n,m,k}}\right)$$

과 같다. 따라서 다음 식

$$\Delta f_\ell = \mathrm{LODF}_{\ell,k}\,P_{nm}$$

이 성립한다. 그러므로 선로-ℓ의 전력조류의 변동을 알아내기 위하여, 탈락 이전의 선로-k의 전력조류와 $\mathrm{LODF}_{\ell,k}$를 곱하면 선로-k의 탈락으로 인한 선로-ℓ의 새로운 전력조류는 다음 식

$$\hat{f}_\ell = f_\ell^0 + \mathrm{LODF}_{\ell,k}\, P_{nm}$$

또는 다음 식

$$\hat{f}_\ell = f_\ell^0 + \mathrm{LODF}_{\ell,k}\, f_k^0$$

과 같다.

7B.2.1 특별한 케이스

케이스-1

〈그림 7.20〉처럼 선로-k는 개방될 경우 전력시스템을 고립시키는 또는 단독 시스템으로 만드는 선로로 가정한다. 이러한 경우에 $\mathrm{PTDF}_{n,m,k} = 1$이며 LODF는 1을 0으로 나눈 수치가 된다. 선형화 조류계산을 이용하여 고립된 시스템이 주어진 선로에 대하여 어떤 영향을 미치는가를 파악하는 것은 불가능하다. 그러므로 이 경우에는 $\mathrm{LODF} = 0$으로 취급하는 것이 최선의 조치가 된다.

케이스-2

선로-k는 방사성 선로이다. 이러한 경우에 선로-k에 대한 PTDF도 0이지만 선로를 개방하는 것이 잔여 부분의 시스템에 어떤 영향을 미치는가를 파악하는 것은 가능하다. 구체적으로, 방사상 선로에 흐르고 있던 전력조류는 전력시스템에 여전히 접속되어 있는 모선에 대하여 전력을 주입하는 것으로 나타난다. 예를 들면, 선로-α가 탈락된 선로라고 하면 모선-j에서 모선-r로 흐르는 전력은 모선-j로 전력을 거꾸로 주입하는 것으로 모델링 될 수 있다. 이와 같은 전력전달이 바로 PTDF이다. 앞에서 제시한 PTDF를 다시 반복하면 아래와 같다.

$$\mathrm{PTDF}_{s,r,\ell} = \frac{1}{x_\ell}\left((X_{is} - X_{ir}) - (X_{js} - X_{jr})\right)$$

만약 s가 기준모선이라면, $X_{is} = 0,\ X_{js} = 0$

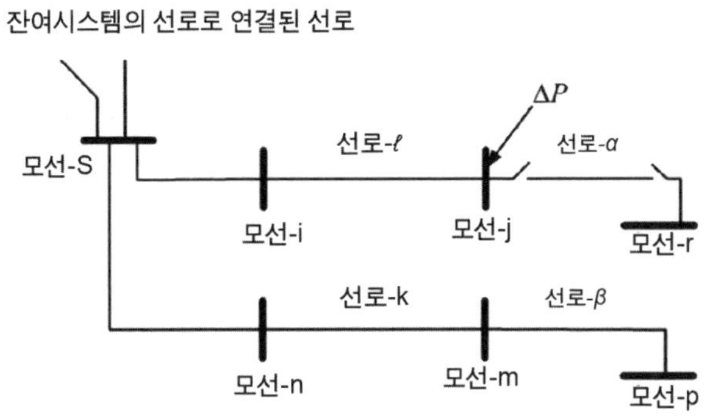

〈그림 7.20〉 선로-α의 개방이 선로-ℓ의 전력조류에 미치는 영향

$$\text{만약 } r\text{이 기준모선이라면, } X_{ir}=0,\ X_{jr}=0$$

$$\text{만약 } i\text{가 기준모선이라면, } X_{is}=0,\ X_{ir}=0$$

$$\text{만약 } j\text{가 기준모선이라면, } X_{js}=0,\ X_{jr}=0$$

〈그림 7.20〉은 방사상 선로-α가 개방된 경우에 대하여 〈그림 7.16〉을 다시 작성한 것이며 모선-j에 전력이 주입되는 것을 표시하였다.

PTDF 계수에 대한 정의가 주어졌으므로, 모선-j로 전력이 주입될 경우의 선로-ℓ의 전력조류는 모선-j에서 기준모선으로 전력이 전달되는 결과를 가져온다.

$$\mathrm{PTDF}_{j,ref,\ell}=\frac{1}{x_\ell}(X_{is}-X_{js})$$

이 책의 제1판과 제2판에서, 하나의 모선에서 기준모선으로 전력이 전달되는 경우의 PTDF 계수를 "a" 계수라고 하였고 그러한 요소를 갖는 행렬을 "a 행렬"이라고 하였다.

지금 방사상 선로-α가 개방되었을 경우 선로-ℓ의 전력조류는 단순하게 다음의 식

$$\hat{f}_\ell=f_\ell^0+\mathrm{PTDF}_{m,ref,\alpha}\,f_\alpha^0$$

과 같이 된다.

7B.3 보상 PTDF 계수

선로-k가 개방됨과 동시에 모선-s에서 모선-r로 전력이 전달될 경우의 PTDF 계수를 계산하는 방법을 알아 두면 유용한 경우가 많다.

$$\hat{f}_\ell = f_\ell^0 + \mathrm{LODF}_{\ell,k} f_k^0$$

여기에서

f_ℓ^0, f_k^0 = 선로-k 탈락 이전의 선로-ℓ과 선로-k의 전력조류(MW)

$\hat{f}_\ell$ = 선로-k가 탈락된 이후의 선로-ℓ의 전력조류

모선-s에서 모선-r로 전력이 전달되기 때문에 선로-ℓ과 선로-k의 전력조류가 어떻게 변하는가를 계산한다면 다음 식

$$\hat{f}_\ell = f_\ell^0 + \mathrm{PTDF}_{s,r,\ell}\,\Delta P_{s\,to\,r}$$

과 다음 식

$$\hat{f}_k = f_k^0 + \mathrm{PTDF}_{s,r,k}\,\Delta P_{s\,to\,r}$$

을 얻는다. 그러면 중첩정리에 의하여 선로-k의 탈락으로 인하여 모선-s에서 모선-r로 전력이 전달되는 것에 대한 영향을 합하면 되고 다음 식

$$\begin{aligned}\hat{f}_\ell &= f_\ell^0 + \mathrm{LODF}_{\ell,k} f_k^0 \\ &= (f_\ell^0 + \mathrm{PTDF}_{s,r,\ell}\,\Delta P_{s\,to\,r}) + \mathrm{LODF}_{\ell,k}(f_k^0 + \mathrm{PTDF}_{s,r,k}\,\Delta P_{s\,to\,r}) \\ &= (f_\ell^0 + \mathrm{LODF}_{\ell,k}\, \mathrm{f}_\mathrm{k}^0) + (\mathrm{PTDF}_{\mathrm{s,r},\ell} + \mathrm{LODF}_{\ell,\mathrm{k}}\,\mathrm{PTDF}_{\mathrm{s,r,k}})\,\Delta \mathrm{P}_{\mathrm{s\,to\,r}}\end{aligned}$$

을 얻는다. 그러면 선로-k가 탈락한 이후 모선-s에서 모선-r로 전달되는 전력에 대한 PTDF는 다음 식

$$\mathrm{PTDF}_{s,r,\ell} + \mathrm{LODF}_{\ell,k}\mathrm{PTDF}_{s,r,k}$$

과 같다는 것을 알 수 있다.

이와 같은 “보상된” PTDF는 “상정사고 제약조건” 또는 “선로탈락 제약조건”을 구성하여 선형 조류계산을 사용하는 OPF에 제약조건을 추가하는 과정에서 중요한 역할을 한다.

문제

7.1 이 문제는 앞 장의 문제 6.7에서 사용된 데이터를 사용한다. 그러므로 문제 6.7의 해를 구한 다음에 아래에 대하여 답하여야 한다.

a. 각 발전기로부터 모선-3의 부하에 관한 거래를 위하여 PTDF 행렬을 구성하시오. 다시 말하면 모선-1의 발전기부터 모선-3의 부하, 모선-2의 발전기부터 모선-3의 부하, 그리고 모선-4의 발전기부터 모선-3의 부하의 변동에 대하여 PTDF 행렬을 구하시오.

b. 선로 1-3의 탈락에 따른 LODF 계수를 계산하시오.

7.2 다음과 같은 전력시스템을 고려한다. 2개의 발전기 모두 출력이 30MW이며 부하는 30MW이다. 모선-1은 기준모선이다.

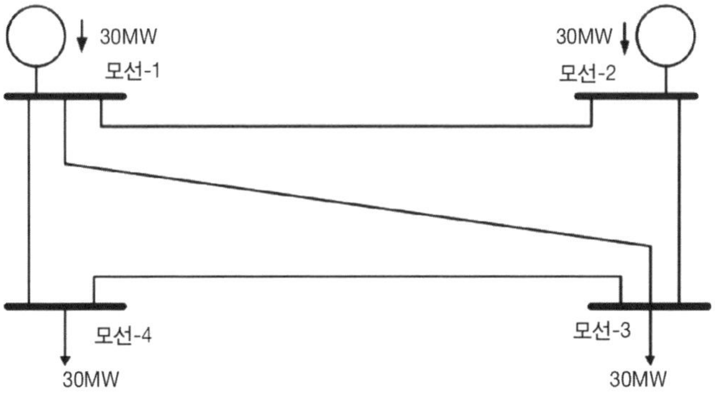

이 네트워크의 데이터는 다음과 같다.

시작 모선	종료 모선	x	MW 한계
1	2	0.20	35.0
1	3	0.30	35.0
1	4	0.30	25.0
2	3	0.30	40.0
3	4	0.40	25.0

초기 전력조류계산은 직류조류계산법에 의하여 실행하였으며 다음과 같은 기준 조류계산 결과를 얻었다. 선로용량의 한계 및 % 부하부담이 나타나 있다.

기준 선로부하

경로	시작 모선	종료 모선	하한	전력조류	상한	% 부하부담
1	1	2	-35.0	-8.87	35.0	25.4
2	1	3	-35.0	15.21	35.0	43.5
3	1	4	-25.0	23.66	25.0	94.6
4	2	3	-40.0	21.13	40.0	52.8
5	3	4	-25.0	6.34	25.0	25.4

이 시스템의 PTDF 계수와 LODF 계수는 다음과 같다.

전력전달계수(PTDF) 행렬

관찰대상 선로	거래 (판매모선)-(구매모선)			
	1에서 3	1에서 4	2에서 3	2에서 4
1에서 2	0.2958	0.1268	-0.4225	-0.5915
1에서 3	0.4930	0.2113	0.2958	0.0141
1에서 4	0.2113	0.6620	0.1268	0.5775
2에서 3	0.2958	0.1268	0.5775	0.4085
3에서 4	-0.2113	0.3380	-0.1268	0.4225

선로탈락 배분계수(LODF) 행렬

관찰대상 선로	하나의 선로탈락(시작-종료)				
	1에서 2	1에서 3	1에서 4	2에서 3	3에서 4
1에서 2	0.0000	0.5833	0.3750	-1.0000	-0.3750
1에서3	0.7000	0.0000	0.6250	0.7000	-0.6250
1에서 4	0.3000	0.4167	0.0000	0.3000	1.0000
2에서 3	-1.0000	0.5833	0.3750	0.0000	-0.3750
3에서 4	-0.3000	-0.4167	1.0000	-0.3000	0.0000

a. 이 문제에서 관심의 대상은 선로 1-2, 1-3, 그리고 1-4이다. 이 가운데 어느 하나가 사고로 탈락한다면 건전한 선로에 과부하가 발생할 것인가? 그렇다면 어느 선로에 얼마만큼의 과부하가 발생할 것인가?

b. 모선-1의 발전기는 출력을 낮추고 이와 동시에 a에서 말한 선로에 과부하가 발생하지 않을 때까지 모선-4의 부하를 낮추려고 한다. 모선-4의 부하와 모선-1의 발전출력을 얼마만큼 낮추어야 모든 과부하가 해소될 것인가?

7.3 다음과 같은 전력시스템을 고려한다(2개 발전기의 출력은 150MW이며 모든 부하는 각각 100MW이다). 모선-1을 기준모선으로 한다.

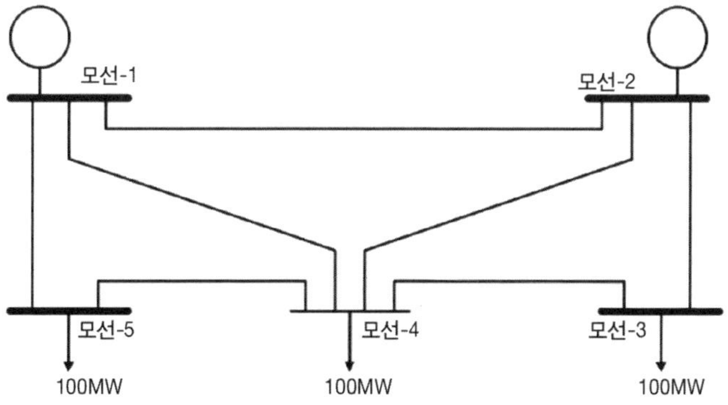

직류조류계산에 의한 초기의 전력조류, LODF, 그리고 PTDF가 다음에 주어져 있다.

a. 초기 송전망의 전력조류가 주어져 있고, 선로 1-2, 1-4, 1-5의 사고만을 고려하여 각각의 사고로 인한 선로 과부하를 계산하시오. 선로 1-2, 1-4, 1-5의 사고 이후 조류만을 검토하시오. 어느 선로가 얼마만큼 과부하로 되었는가를 확인하시오.

b. 모든 선로는 운전 중이라고 가정하시오. 모선-1의 발전기는 초기에 100MW(최대용량은 150MW)를 모선-4의 고객에게 판매하고 있었다. 선로 1-5의 조류는 88.05MW이며 급전원은 모선-1에서 모선-4로의 100MW 거래를 조절하여 75MW로 하려고 한다. 거래크기가 얼마로 조정되어야 하는가? 새로운 거래규모는 얼마인가?

c. 선로 1-5의 조류를 줄이기 위하여 b에서 조정한 결과로서 전력조류가 증가한 선로가 있는가? 만약 그렇다면 어느 선로가 그러하며 조정 후의 조류는 얼마인가?

문제 7.3의 데이터

초기 전력조류

시작 모선	종료 모선	전력조류 하한	전력조류	전력조류 상한	% 부하부담
1	2	-100.0	-6.19	100.0	6.2
1	5	-100.0	88.05	100.0	88.1
1	4	-100.0	68.14	100.0	68.1
2	3	-100.0	89.60	100.0	89.6
2	4	-100.0	54.20	100.0	54.2
3	4	-100.0	-10.40	100.0	10.4
4	5	-100.0	11.95	100.0	11.9

선로탈락 배분계수(LODF) 행렬

관찰대상 선로	하나의 선로의 탈락 시작 모선 - 종료 모선						
	1에서 2	1에서 5	1에서 4	2에서 3	2에서 4	3에서 4	4에서 5
1에서 2	0.0000	0.3913	0.6316	-0.4889	-0.6567	-0.4889	-0.3913
1에서 5	0.2727	0.0000	0.3684	0.1333	0.1791	0.1333	1.0000
1에서 4	0.7273	0.6087	0.0000	0.3556	0.4776	0.3556	-0.6087
2에서 3	-0.3333	0.1304	0.2105	0.0000	0.3433	-1.0000	-0.1304
2에서 4	-0.6667	0.2609	0.4211	0.5111	0.0000	0.5111	-0.2609
3에서 4	-0.3333	0.1304	0.2105	-1.0000	0.3433	0.0000	-0.1304
4에서 5	-0.2727	1.0000	-0.3684	-0.1333	-0.1791	-0.1333	0.0000

전력전달 배분계수(PTDF) 행렬

관찰대상 선로	거래 (판매)-(구매)					
	1에서 3	1에서 4	1에서5	2에서 3	2에서 4	2에서 5
1에서 2	0.5619	0.3186	0.1195	-0.1460	-0.3894	-0.5885
1에서 5	0.1195	0.1858	0.6947	0.0398	0.1062	0.6150
1에서 4	0.3186	0.4956	0.1858	0.1062	0.2832	-0.0265
2에서 3	0.6040	0.1062	0.0398	0.7013	0.2035	0.1372
2에서 4	-0.0420	0.2124	0.0796	0.1527	0.4071	0.2743
3에서 4	-0.3960	0.1062	0.0398	-0.2987	0.2035	0.1372
4에서 5	-0.1195	-0.1858	0.3053	-0.0398	-0.1062	0.3850

7.4 다음과 같이 발전기와 부하가 존재하는 4-모선 시스템을 생각한다. 모선-1은 기준모선이다.

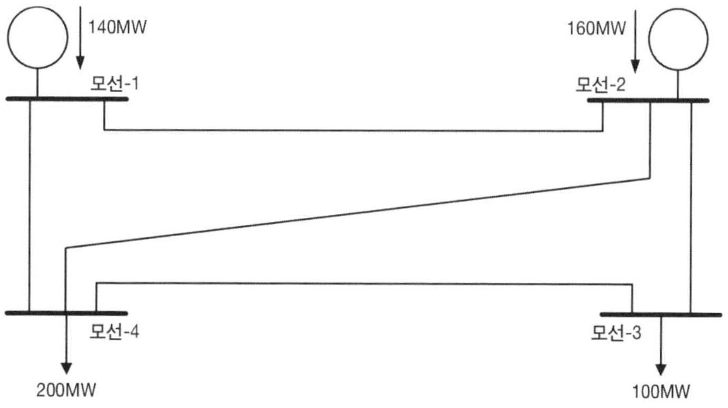

이 문제의 데이터는 여기에 주어져 있다.

기준 송전선로 부하부담

시작	종료	하한	전력조류	상한	% 부하부담
1	2	-200.0	28.73	200.0	14.4
2	4	-200.0	92.11	200.0	46.1
1	4	-300.0	111.27	300.0	37.1
2	3	-250.0	96.62	250.0	38.6
3	3	-300.0	-3.38	300.0	1.1

전력전달 배분계수(PTDF) 행렬

관찰대상 선로	거래 (판매) - (구매)			
	1에서 3	1에서 4	2에서 3	2에서 4
1에서 2	0.5915	0.4225	-0.1268	-0.2958
2에서 4	0.0141	0.2958	0.2113	0.4930
1에서 4	0.4085	0.5775	0.1268	0.2958
2에서 3	0.5775	0.1268	0.6620	0.2113
3에서 4	-0.4225	0.1268	-0.3380	0.2113

선로탈락 배분계수(LODF) 행렬

관찰대상 선로	하나의 선로의 탈락				
	1에서 2	2에서 4	1에서 4	2에서 3	3에서 4
1에서 2	0.0000	-0.5833	1.0000	-0.3750	-0.3750
2에서 4	-0.7000	0.0000	0.7000	0.6250	0.6250
1에서 4	1.0000	0.5833	0.0000	0.3750	0.3750
2에서 3	-0.3000	0.4167	0.3000	0.0000	-1.0000
3에서 4	-0.3000	0.4167	0.3000	-1.0000	0.0000

선로용량의 한계는 다음과 같다.

선로 1 - 2	200MW
선로 2 - 4	200MW
선로 1 - 4	300MW
선로 2 - 3	250MW
선로 3 - 4	300MW

급전실은 선로 2-4의 과부하에 대하여만 관심을 갖는다.

a. 기준 송전선로 부하 상태가 주어져 있고 선로 1-2와 1-4의 사고만 고려하여, 선로탈락 이후의 선로 2-4의 과부하를 계산하시오. 탈락과 이에 따른 과부하의 크기를 계산하시오.

b. 대규모 산업용 소비자는 모선-4에 공장을 건설하려고 한다. 이 경우, 기준 전력조류에 추가하여 모선-2에서 발전하여 모선-4로 보낼 수 있는 가장 큰 크기의 전력은 얼마인가? 선로탈락을 무시하고 선로 2-4의 과부하만을 염려한다.

c. 기준 전력조류에 추가하여 모선-2에서 모선-4로 보낼 수 있는 전력은 얼마인가? 이때에 선로 1-4가 탈락하여 선로 2-4의 과부하를 초래하지 않을 것인가?

7.5 제6장에서 소개한 6-모선 전력시스템을 생각해 본다. 초기에는 40MW 발전기가 있는 모선의 부하는 40MW이다. 모선-1을 기준모선으로 한다.

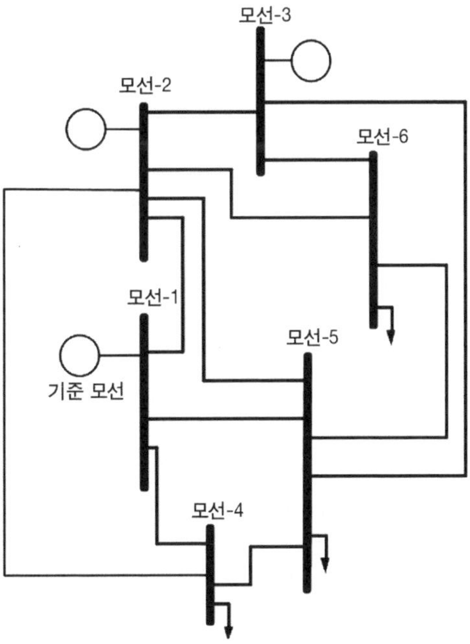

초기의 전력조류는 직류조류계산에 의하여 구하였으며 다음 표에 결과가 나타나 있다. 송전선로의 용량제약 및 % 부하부담이 주어져 있다.

기준 송전선로 부하부담

경로	시작 모선	종료 모선	하한	전력조류	상한	% 부하부담
1	1	2	-40.0	9.24	40.0	23.1
2	1	4	-45.0	17.01	45.0	37.8
3	1	5	-45.0	13.75	45.0	30.5
4	2	3	-45.0	-0.02	45.0	0.0
5	2	4	-45.0	24.79	45.0	55.1
6	2	5	-45.0	10.67	45.0	23.7
7	2	6	-45.0	13.81	45.0	30.7
8	3	5	-45.0	12.32	45.0	27.4
9	3	6	-45.0	27.66	45.0	61.5
10	4	5	-45.0	1.80	45.0	4.0
11	5	6	-45.0	-1.46	45.0	3.2

모선-2의 발전기는 모선-6의 소비자에게 추가로 50MW를 판매하기로 하였다. 이것은 모선-2의 발전기출력을 50MW 증가하는 것이며 모선-6의 부하를 50MW 증가하는 것이다. 시스템 운용에서 판매가 증가하는 전력시스템은 선로 6-2, 6-3, 6-5의 탈락에 대비하여 $(n-1)$ 안전도 검사를 거쳐야 한다.

LODF 계수와 PTDF 계수는 〈그림 7.4〉와 〈그림 7.5〉에 주어져 있다.

a. 기준 케이스에 있어서, 다른 선로에 과부하를 유발하는 탈락사고는 없다(이것을 계산할 필요는 없다).

b. 선로 6-2, 6-3, 6-5를 하나씩 선택하여 탈락시킬 경우, 50MW의 추가적 전달로 인하여 과부하로 되는 선로가 있는가? 만약 그렇다면 어떤 선로에 얼마만큼의 과부하가 발생하는가? 이와 같은 검사를 선로 6-2, 6-3, 6-5에 대하여도 실행하시오.

c. 만약 과부하가 발견되면 b에서 확인한 선로탈락에 대한 과부하가 일어나지 않을 때까지 모선-2의 발전기는 출력을 감소하고 이와 동시에 모선-6의 부하도 감소하여야 한다. 과부하가 일어나지 않도록 하기 위하여 모선-2의 발전기출력과 모선-6의 발전기출력은 얼마가 되어야 하는가?

참고문헌

1. Brandwajn, V., "Efficient Bounding Method for Linear Contingency Analysis," *IEEE Transactions on Power Systems*, Vol. 3, No. 1, February 1988, pp. 38-43.
2. Ejebe, G. C., Paliza, R. F., Tinney, W. F., "An Adaptive Localization Method for Real-Time Security Analysis," *IEEE Transactions on Power Systems*, Vol. 7, No. 2, 1992, pp. 777-783.
3. Alsaffar, M. A., *Voltage Collapse and Power Flow Algorithms*, PhD thesis, University of Minnesota, November 2005.

8

최적조류계산

8.1 서론

경제급전(ED)은 제3장에서 계산방법이 소개되었으며, 이것은 개별 발전기의 운전 제약이 조건식으로 주어진 발전기의 조합에 대하여 비용최소화 급전 즉 총 연료비를 최소화하기 위한 발전기별 출력을 찾아내는 것이며 전체 부하 및 송전손실의 합이 총출력[1]과 같아지는 결과가 도출된다. 경제급전계산[2]에 있어서는 네트워크에 발전기가 접속되는 상세한 내용을 무시하며 네트워크에 대한 영향은 송전손실과 총수요로서 나타낸다. 결과적으로 경제급전계산은 발전기의 출력결정이 송전선의 전력조류 또는 모선전압에 미치는 영향을 무시한다. 실제 시스템 운용에 있어서 발전기의 출력결정은 사실상 송전선의 전력조류에 대하여 중요한 영향을 미치며 몇 가지 종류의 상황에 대해서는 이러한 영향을 고려하여야 한다.

최적조류계산(OPF)은 그 명칭이 의미하는 바와 같이 경제급전계산과 조류계산을 결합한 것이며 2개를 동시에 풀어 해를 구한다. 전력시스템의 전체 손실을 계산하는 것은 조류계산의 일부분을 차지하며 전체 손실은 기준모선에 접속되어 있는 발전기의 출력에 반영된다. 그러므로 송전손실의 계산은 조류계산의 일부분에 원천적으로 포함되어 있으므로 별도로 구체적으로 손실을 계산할 필요는 없다. 더욱 중요한 것은 OPF 문제의 정식화에는 송전선 또는 변압기의 유효전력조류 또는

---

1) 역자 주: total generation, 운전 중인 발전기의 출력의 합.

2) 역자 주: 경제급전(ED, Economic Dispatch)이라는 것은 전력조류계산의 제약식 및 선로용량 제약조건을 포함하지 않은 계산을 의미한다.

무효전력조류에 대한 한계 또는 전압크기에 대한 한계 등과 같은 송전망의 구성요소의 운전한계를 만족시킬 수 있도록 제약조건을 부과할 수 있다는 것이다. 이에 대한 결과는 최적해에서 전체 연료비($/h)가 최소가 되도록 하는 개별 발전기의 출력이며 동시에 이 최적해가 조류계산문제의 해도 되는 것이다.

8.2 경제급전계산 문제의 정식화

경제급전계산에 있어서 다음과 같은 문제를 풀어야 한다.

- 목적함수는 총 연료비($/h)이다.
- 개별 발전기출력은 각각의 하한출력과 상한출력 사이에 존재해야 한다.
- 각 발전기출력의 합은 전체 수요 및 송전손실의 합과 같아야 한다.

목적함수는 다음 식과 같다.

$$\text{최소화} \sum_{j=1}^{N_{gen}} F_j\left(P_{gen_j}\right)$$

여기에서 j는 발전기에 대한 첨자임.

발전기출력에 대한 부등식 제약조건은 다음의 식

$$P_{gen_j}^{min} \le P_{gen_j} \le P_{gen_j}^{max}, \ \ j = 1, \cdots, N_{gen}$$

과 같다. 발전기출력, 전체 부하, 손실은 등식 제약조건으로서 균형의 유지조건을 나타내며 다음의 식

$$P_{total\ load} + P_{total\ loss} - \sum_{j=1}^{N_{gen}} P_{gen_j} = 0$$

여기에서 N_{gen}은 발전기의 개수

을 만족시킨다.

제3장의 부록에 나타난 표기법을 사용하면 경제급전 문제는 다음 식

$$최소화\ f(\mathrm{P}_{gen}, \mathrm{u})$$

여기에서

$$\mathrm{P}_{gen} = \begin{bmatrix} \mathrm{P}_{gen_1} \\ \vdots \\ \mathrm{P}_{gen_{N_G}} \end{bmatrix}, \quad f(\mathrm{P}_{gen}, \mathrm{u}) = \sum_{j=1}^{N_{gen}} F_j(\mathrm{P}_{gen_j})$$

($f(\mathrm{P}_{gen}, \mathrm{u})$에 나타나는 벡터 u는 발전기 비용함수의 변수를 포함하고 있다.)

과 같으며 다음 식과 같은 제약조건을 갖는다.

$$\omega(\mathrm{P}_{gen}, P_{total\,load}, P_{total\,loss}) = 0,\ 여기에서\ \omega = P_{total\,load} + P_{total\,loss} - \sum_{j=1}^{N_{gen}} P_{gen_j}$$

$$g\left(\mathrm{P}_{gen}, P_{gen_j}^{min}, P_{gen_j}^{max}\right) \le 0,\ 여기에서\ g = P_{gen_j}^{min} \le P_{gen_j} \le P_{gen_j}^{max}$$

앞에서 나타난 $P_{total\,load}$, $P_{total\,loss}$, $P_{gen_j}^{min}$, $P_{gen_j}^{max}$는 벡터 u라는 모수로 나타난다.

그러면 경제급전(ED) 계산은 다음과 같은 간결한 형태로 나타난다.

$$최소화\ f(\mathrm{P}_{gen}, \mathrm{u})$$

$$제약조건\ \omega(\mathrm{P}_{\mathrm{gen}}, \mathrm{u}) = 0$$

$$\mathrm{g}(\mathrm{P}_{gen}, \mathrm{u}) \le 0$$

8.3 경제급전과 조류계산을 결합한 최적조류계산

OPF는 다음과 같이 좀 더 복잡한 문제를 푼다.

- 목적함수 = 전체 발전비용($/h)[3)]

- 개별 발전기출력[4]
- 각 모선에 있어서
  - 모선의 발전출력 = 모선에서의 순전력조류.

  이 제약조건은 Y-행렬 조류계산 방정식을 사용하여 계산한다(제2판, 식 4.18).[5] 이 제약조건식은 기준모선을 제외한 모든 모선에 대하여 미지의 변수로서 모선전압의 크기와 위상각을 알려 준다. 이 제약조건식은 Y-행렬 조류계산 방정식에 기준모선을 제외하고 모든 모선에 대하여 $(N_{bus}-1)$개의 복소수 Y-행렬 방정식을 나타내는 문제에 $2(N_{bus}-1)$개의 새로운 등식 제약조건을 추가한다.

지금부터 모선-i의 발전출력을 나타내는 변수 P_{gen_i}의 의미를 조금 바꾸어 설명한다. 이 장부터 출력은 어느 모선에 접속된 출력을 말하며 개별 발전기의 출력을 의미하지 않는다.

OPF의 정식화는 다음과 같다:

목적함수: 최소화 $\sum_{i=1}^{N_{gen}} F_j\left(P_{gen_j}\right)$

여기에서 i는 보는 모선에 대한 첨자이며 $F_j\left(P_{gen_i}\right)$는 모선-$i$의 발전기의 비용함수이다.

---

3) 경제급전 문제(ED)의 목적함수와 같다.

4) 각각의 하한출력과 상한출력 사이에 존재해야 하며 ED에서와 같다

5) 역자 주(제2판 p. 100):

$$P_i + jQ_i = E_i I_i^* \tag{4.18}$$

여기에서

$$I_i = \sum_{k=1}^{N} Y_{ik} E_{ik}$$

그러면

$$P_i + jQ_i = E_i \left\{ \sum_{k=1}^{N} Y_{ik} E_{ik} \right\}^* = |E_i|^2 Y_{ii}^* + \sum_{\substack{k=1 \\ k\neq i}} Y_{ik}^* E_i E_k^*$$

발전기 유효전력 상한과 하한의 부등식 제약조건:

$$P_{gen_i}^{min} \le P_{gen_i} \le P_{gen_i}^{max}, \ i=1, \cdots, N_{bus}$$

발전기 무효전력 상한과 하한의 부등식 제약조건:

$$Q_{gen_i}^{min} \le Q_{gen_i} \le Q_{gen_i}^{max}, \ i=1, \cdots, N_{bus}$$

각 모선-i에 대한 조류계산 Y-행렬 방정식:

$$P_{net_i} + jQ_{net_i} = V_i \left\{ \sum_{k=1}^{N_{bus}} Y_{ik} V_k \right\}^*$$

위의 식에서 P_{net_i}와 Q_{net_i}는 모선-i에서의 순유효전력과 순무효전력이며, V_i는 모선-i의 복소수 전압이고, Y_{ik}는 Y행렬의 i, k 항이다. OPF 문제에 있어서 유효전력과 무효전력의 항은 발전출력에서 부하를 차감한 것으로서 다음 식

$$\left(P_{gen_i} - P_{load_i}\right) + j\left(Q_{gen_i} - Q_{load_i}\right) = V_i \left\{ \sum_{k=1}^{N_{bus}} Y_{ik} V_k \right\}^*$$

으로써 대체되며 이것은 다시 모선-i의 유효전력의 등식 제약조건과 무효전력의 등식 제약조건으로 분리되어 다음 식과 같이 된다.

$$\left(P_{gen_i} - P_{load_i}\right) - Real\left\{ V_i \left\{ \sum_{k=1}^{N_{bus}} Y_{ik} V_{ik} \right\}^* \right\} = 0$$

$$\left(Q_{gen_i} - Q_{load_i}\right) - Imag\left\{ V_i \left\{ \sum_{k=1}^{N_{bus}} Y_{ik} V_k \right\}^* \right\} = 0$$

앞에서 언급한 바와 같이 조류계산문제를 푼다는 사실은 총출력(발전기출력의 합)이 모든 부하와 손실을 합한 것과 같다는 것이 결과적으로 나타난다는 것을 알려 준다. 교류조류계산에서 손실에 대한 부분이 고려되고 있으므로 송전손실 및 발전기

출력과 증분손실에 관한 정보를 OPF의 외부에서 별도로 계산할 필요가 없다. 조류계산에서와 마찬가지로 기준모선에서 전압의 크기와 위상각을 하나의 값으로 고정하여야 한다.

위의 정식화를 간결하게 다시 정리하면 아래와 같다.

$$\text{최소화 } f(\mathrm{P}_{gen}, \mathrm{u})$$

$$\text{제약조건 } \omega(\mathrm{P}_{gen}, \mathrm{u}) = 0$$

$$\mathrm{g}(\mathrm{P}_{gen}, \mathrm{u}) \le 0$$

여기에서 모수 u 벡터는 발전기 비용함수의 모수, 발전기의 유효전력과 무효전력의 한계, 그리고 송전망의 모든 고정 모수를 포함한다. 이 모수 벡터는 Y-행렬, 발전기출력을 조정하는 모선에서의 고정 전압, 기준모선의 고정된 전압크기와 위상각 등을 포함한다.

방정식 $\omega(\mathrm{P}_{gen}, \mathrm{u}) = 0$는 실제로는 조류계산의 Y-행렬 방정식의 $2N_{bus}$개만큼의 등식 제약조건을 나타내는 것이며, $\mathrm{g}(\mathrm{P}_{gen}, \mathrm{u}) \le 0$는 각 발전기의 유효전력 한계와 무효전력 한계를 나타내는 부등호 제약조건의 집합을 나타낸다.

위와 같은 정식화의 커다란 장점은 OPF 프로그램 내부에서 손실을 계산할 수 있다는 것에 더하여 기타의 송전망 관련 제약조건이 부등식 제약조건식의 집합에 추가될 수 있다는 것이다. 예를 들면

- 각각의 송전선 및 변압기에 대하여,
  - 유효전력조류 또는 무효전력조류는 각 가지(branch)의 유효전력조류(MW) 또는 피상전력조류(MVA)보다 작거나 같아야 한다.

$$\mathrm{MW}\ flow_{ij} = Real\left\{ V_i \left[(V_i - V_j)\mathrm{y}_{ij} + V_i^2 \mathrm{y}_{charging\,ij} \right]^* \right\} \le \mathrm{MW}\ flow_{ij}^{max}$$

또는

$$\mathrm{MWA}\ flow_{ij} = abs\left\{ V_i \left[(V_i - V_j)\mathrm{y}_{ij} + V_i^2 \mathrm{y}_{charging\,ij} \right]^* \right\} \le \mathrm{MWA}\ flow_{ij}^{max}$$

이러한 제약조건을 만족하도록 각 발전기의 출력이 결정되면 송전선의 전력조류가 과부하 상태로 되지 않는다는 것이다. 또한 각 전력시스템의 모선전압의 크기는 허용범위 내에 들도록 할 수 있다.

- 전력시스템의 각 모선에 대하여,
  - 각 모선의 전압크기는 각 모선에 있어서 전압크기의 하한과 상한의 사이에 존재하여야 한다.

$$V_i^{min} \le V_i \le V_i^{max},\ \ i=1, \cdots, N_{bus}$$

최종적으로, 다음 식과 같이 다시 간략하게 나타낼 수 있다.

$$\text{최소화 } f(\mathrm{P}_{gen}, \mathrm{u})$$
$$\text{제약조건 } \omega(\mathrm{P}_{gen}, \mathrm{u}) = 0$$
$$\mathrm{g}(\mathrm{P}_{gen}, \mathrm{u}) \le 0$$

위의 식에서 $\mathrm{g}(\mathrm{P}_{gen}, \mathrm{u}) \le 0$는 각 발전기의 유효전력 한계와 무효전력 한계를 나타내는 부등호 제약조건과 선로 전력조류의 한계에 관한 식과 모선전압크기의 한계에 관한 식을 포함한다.

OPF 문제와 교류조류계산 문제의 해법을 설명하기 전에 직류조류계산법을 사용한 OPF의 정식화와 해법을 먼저 설명한다.

8.4 직류조류계산법을 사용한 최적조류계산법

직류조류계산법을 사용할 경우에도 송전선의 용량 제약조건을 포함하는 OPF 문제를 정식화할 수 있다. 이 방법은 각종 연구에 널리 사용되고 있으며 직류조류계산 그 자체로서 활용되는 것과 마찬가지로 직류조류계산법은 교류조류계산의 훌륭한 근사화 기법이며, 계산속도가 빠르며, 입력자료를 작성하는 것도 용이하고 해를 구하는 것도 쉽다.

여기에서 다음과 같은 목적함수에서 출발한다.

$$\text{최소화} \sum_{i=1}^{N_{bus}} F_i\left(P_{gen_i}\right)$$

위의 식에서 i는 모선에 대한 첨자이며 $F_i\left(P_{gen_i}\right)$는 모선-$i$에 접속된 발전기의 비용함수이다.

발전기의 출력 한계에 관한 부등식 제약조건은 다음 식과 같다.

$$P_{gen_i}^{min} \le P_{gen_i} \le P_{gen_i}^{max}, \quad i=1, \cdots, N_{bus}$$

그러나 위의 정식화는 직류조류계산을 위하여 다음 식

$$\left[\mathrm{B_x}\right]\boldsymbol{\theta} = \mathrm{P}_{gen} - \mathrm{P}_{load}$$

여기에서

$$\boldsymbol{\theta} = \begin{bmatrix} \theta_1 \\ \vdots \\ \theta_{N_{bus}} \end{bmatrix}$$ 의 단위는 라디안이며 $\left[\mathrm{B_x}\right]$는 퍼유닛법으로써 나타냄.

과 같이 정식화한다.

계산에 있어서 P_{gen}과 P_{load}는 MW 단위로 나타내며 θ_i는 라디안 값으로 유지하려고 한다. 그러나 $\left[\mathrm{B_x}\right]$에서 사용되는 단위는 퍼유닛이므로 $\left[\mathrm{B_x}\right]\boldsymbol{\theta}$는 모선 전력을 퍼유닛법으로 나타낸 것이다. 모선 전력을 퍼유닛법으로 나타내기 위하여, 100 MVA 시스템 베이스를 사용할 경우, 100을 곱하면 모선전력이 MW 단위로 나타난다. 그러면 직류조류계산은

$$100\left[\mathrm{B_x}\right]\boldsymbol{\theta} = \mathrm{P}_{gen} - \mathrm{P}_{load}$$

과 같이 된다.

직류조류계산법을 사용하기 위하여 문제의 정식화에 사용되는 모수를 정의하

면 여기에서 제시한 간략한 정식화는 계속하여 사용할 수 있게 된다.

지금부터는 제3장에서 소개한 라그랑지 승수법을 사용하여 직류조류계산 문제를 정식화한다. 문제를 정식화하면 라플라스 함수는 다음 식

$$\mathcal{L} = \sum_{i=1}^{N_{bus}} F_i\left(P_{gen_i}\right) + \boldsymbol{\lambda}^T\left(100\left[\mathrm{B_x}\right]\boldsymbol{\theta} - (\mathrm{P}_{gen} - \mathrm{P}_{load})\right) + \lambda_{N_{bus}+1}\left(\theta_{ref\,bus} - 0\right)$$

과 같다. 위 식은 오른쪽 끝의 항에서 기준모선의 위상각을 0으로 지정하고 있다(이 제약조건이 없으면 OPF 문제가 적절한 해를 구할 수 없게 된다). 라그랑지 함수를 구하기 위하여 발전기의 출력에 관한 부등식 제약조건을 추가하면 다음 식

$$\mathcal{L} = \sum_{i=1}^{N_{bus}} F_i\left(P_{gen_i}\right) + \boldsymbol{\lambda}^{\mathrm{T}}\left(100\left[\mathrm{B_x}\right]\boldsymbol{\theta} - (\mathrm{P}_{gen} - \mathrm{P}_{load})\right)$$
$$+ \lambda_{N_{bus}+1}\left(\theta_{ref\,bus} - 0\right) + \boldsymbol{\mu}^{\mathrm{T}}\left[\mathbf{g}\left(\mathrm{P}_{gen}, P_{\mathrm{gen}_j}^{\min}, P_{\mathrm{gen}_j}^{\max}\right)\right]$$

과 같이 된다.

8.5 예제 8A: 직류 최적 조류계산

예제 3A의 발전기가 3개인 경우의 경제급전 문제를 다시 사용하여 발전기 입력자료를 다음 식

$$F_1(P_1) = 561.0 + 7.92P_1 + 0.001562P_1^2$$
$$F_2(P_2) = 310.0 + 7.85P_2 + 0.00194P_2^2$$
$$F_3(P_3) = 78.0 + 7.97P_3 + 0.00482P_3^2$$

발전기출력의 상한과 하한

발전기	P^{min}	P^{max}
1	150	600
2	100	400
3	50	200

과 같이 지정한다. 예제 3A는 손실을 무시하며 각 발전기출력이 다음의 값

$$P_1 = 393.2\mathrm{MW}$$

$$P_2 = 334.6\mathrm{MW}$$

$$P_3 = 122.2\mathrm{MW}$$

과 같이 결정되므로 850MW를 공급한다. 라그랑지 승수는

$$\lambda = 9.148\$/\mathrm{MWh}$$

이다. 지금부터 예제 3A의 발전기를 3-모선 네트워크(〈그림 8.1〉)에 대입하여 사용하며 선로 정수는 다음과 같다.

선로	선로 리액턴스(퍼유닛)
1-2	$\times 12 = 0.1$
1-3	$\times 13 = 0.125$
2-3	$\times 23 = 0.2$

선로 리액턴스를 사용하여 $[\mathrm{B_x}]$ 행렬을 구성하면 다음과 같다.

$$\begin{bmatrix} \mathrm{B}_{x11}\,\mathrm{B}_{x12}\,\mathrm{B}_{x13} \\ \mathrm{B}_{x21}\,\mathrm{B}_{x22}\,\mathrm{B}_{x23} \\ \mathrm{B}_{x31}\,\mathrm{B}_{x32}\,\mathrm{B}_{x33} \end{bmatrix} = \begin{bmatrix} (1/x_{12}+1/x_{13}) & -1/x_{12} & -1/x_{13} \\ -1/x_{12} & (1/x_{12}+1/x_{23}) & -1/x_{23} \\ -1/x_{13} & -1/x_{23} & (1/x_{13}+1/x_{23}) \end{bmatrix}$$

$$= \begin{bmatrix} 18 & -10 & -8 \\ -10 & 15 & -5 \\ -8 & -5 & 13 \end{bmatrix}$$

주입전력의 크기를 MW로 나타내기 위하여 $[\mathrm{B_x}]$에 100을 곱하면 다음의 행렬

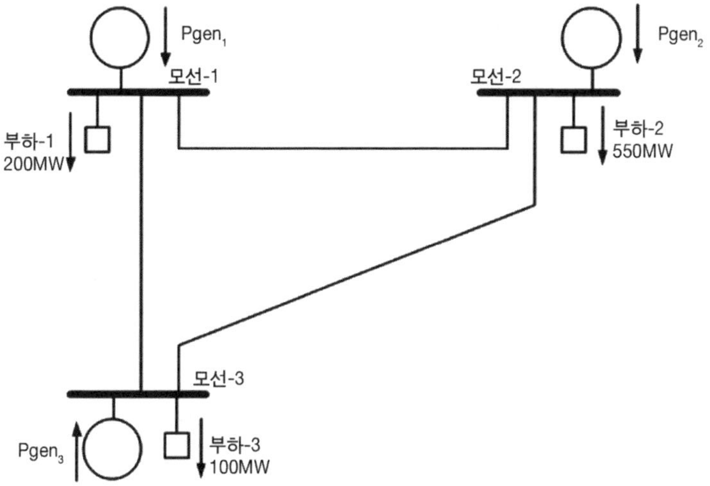

〈그림 8.1〉 3-모선 테스트 시스템

$$\begin{bmatrix} 1,800 & -1,000 & -800 \\ -1,000 & 1,500 & -500 \\ -800 & -500 & 1,300 \end{bmatrix}$$

을 얻는다. 발전기출력의 하한과 상한을 무시하고 라그랑지안을 사용하여 계산을 진행한다. 이렇게 함으로써 등식 제약조건만을 사용하도록 하며 라그랑지안은 단순히 선형방정식의 해이다.

조류계산 방정식을 제약조건으로 나타낸 라그랑지안에 대한 표현은 다음 식

$$\begin{aligned}\mathcal{L} = & \sum_{i=1}^{N_{bus}} \left(a_i + b_i P_{gen_i} + c_i P_{gen_i}^2\right) \\ & + \lambda_1\left(100 B_{x_{11}} \theta_1 + 100 B_{x_{12}} \theta_2 + 100 B_{x_{13}} \theta_3 - P_{gen_1} + P_{load_1}\right) \\ & + \lambda_2\left(100 B_{x_{21}} \theta_1 + 100 B_{x_{22}} \theta_2 + 100 B_{x_{23}} \theta_3 - P_{gen_2} + P_{load_2}\right) \\ & + \lambda_3\left(100 B_{x_{31}} \theta_1 + 100 B_{x_{32}} \theta_2 + 100 B_{x_{33}} \theta_3 - P_{gen_3} + P_{load_3}\right) \\ & + \lambda_4\left(\theta_1 - 0\right)\end{aligned}$$

과 같으며 모선-1을 기준모선으로 지정하였다.

지금부터 위의 식에 나타난 독립변수에 관한 라그랑지안 $\mathcal{L}$ 의 도함수를 계산하여 라그랑지 함수의 해를 구해야 한다. 독립변수는

$$P_{gen_1},\ P_{gen_2},\ P_{gen_3},\ \theta_1,\ \theta_2,\ \theta_3,\ \lambda_1,\ \lambda_2,\ \lambda_3\ ,\ \lambda_4$$

이다. 위의 각각의 독립변수에 관한 $\mathcal{L}$ 의 도함수는 다음 식과 같이 되어야 한다.

$$\frac{d\mathcal{L}}{dP_{gen_1}} = b_1 + 2c_1 P_{gen_1} - \lambda_1 = 0$$

$$\frac{d\mathcal{L}}{dP_{gen_2}} = b_2 + 2c_2 P_{gen_2} - \lambda_2 = 0$$

$$\frac{d\mathcal{L}}{dP_{gen_3}} = b_3 + 2c_3 P_{gen_3} - \lambda_3 = 0$$

$$\frac{d\mathcal{L}}{d\theta_1} = 100B_{x_{11}}\lambda_1 + 100B_{x_{21}}\lambda_2 + 100B_{x_{31}}\lambda_3 + \lambda_4 = 0$$

$$\frac{d\mathcal{L}}{d\theta_2} = 100B_{x_{12}}\lambda_1 + 100B_{x_{22}}\lambda_2 + 100B_{x_{32}}\lambda_3 = 0$$

$$\frac{d\mathcal{L}}{d\theta_3} = 100B_{x_{13}}\lambda_1 + 100B_{x_{23}}\lambda_2 + 100B_{x_{33}}\lambda_3 = 0$$

$$\frac{d\mathcal{L}}{d\lambda_1} = 100B_{x_{11}}\theta_1 + 100B_{x_{12}}\theta_2 + 100B_{x_{13}}\theta_3 - P_{gen_1} + P_{load_1} = 0$$

$$\frac{d\mathcal{L}}{d\lambda_2} = 100B_{x_{21}}\theta_1 + 100B_{x_{22}}\theta_2 + 100B_{x_{23}}\theta_3 - P_{gen_2} + P_{load_2} = 0$$

$$\frac{d\mathcal{L}}{d\lambda_3} = 100B_{x_{31}}\theta_1 + 100B_{x_{32}}\theta_2 + 100B_{x_{33}}\theta_3 - P_{gen_3} + P_{load_3} = 0$$

$$\frac{d\mathcal{L}}{d\lambda_4} = \theta_1 - 0 = 0$$

위의 계산식을 행렬로 나타내면 다음 531페이지와 같다. 행렬의 행은 도함수를 나타내고 행렬의 열은 이에 관련한 독립변수에 대하여 나타낸다.

$$\begin{pmatrix} 2c_1 & 0 & 0 & 0 & 0 & 0 & -1 & 0 & 0 & 0 \\ 0 & 2c_2 & 0 & 0 & 0 & 0 & 0 & -1 & 0 & 0 \\ 0 & 0 & 2c_3 & 0 & 0 & 0 & 0 & 0 & -1 & 0 \\ 0 & 0 & 0 & 0 & 0 & 0 & 100\,B_{x11} & 100\,B_{x21} & 100\,B_{x31} & 1 \\ 0 & 0 & 0 & 0 & 0 & 0 & 100\,B_{x12} & 100\,B_{x22} & 100\,B_{x32} & 0 \\ 0 & 0 & 0 & 0 & 0 & 0 & 100\,B_{x13} & 100\,B_{x23} & 100\,B_{x33} & 0 \\ -1 & 0 & 0 & 100\,B_{x11} & 100\,B_{x12} & 100\,B_{x13} & 0 & 0 & 0 & 0 \\ 0 & -1 & 0 & 100\,B_{x21} & 100\,B_{x22} & 100\,B_{x23} & 0 & 0 & 0 & 0 \\ 0 & 0 & -1 & 100\,B_{x31} & 100\,B_{x32} & 100\,B_{x33} & 0 & 0 & 0 & 0 \\ 0 & 0 & 0 & 1 & 0 & 0 & 0 & 0 & 0 & 0 \end{pmatrix} \begin{pmatrix} Pgen_1 \\ Pgen_2 \\ Pgen_3 \\ \theta_1 \\ \theta_2 \\ \theta_3 \\ \lambda_1 \\ \lambda_2 \\ \lambda_3 \\ \lambda_4 \end{pmatrix} = \begin{pmatrix} -b_1 \\ -b_2 \\ -b_3 \\ 0 \\ 0 \\ 0 \\ -Pload_1 \\ -Pload_2 \\ -Pload_3 \\ 0 \end{pmatrix}$$

위의 행렬의 요소의 값(각 수치의 요소는 위의 행렬의 요소와 같다):

Pg1	Pg2	Pg3	theta1	theta2	theta3	lambda1	lambda2	lambda3	lambda4
0.003124	0	0	0	0	0	-1	0	0	0
0	0.003880	0	0	0	0	0	-1	0	0
0	0	0.009640	0	0	0	0	0	-1	0
0	0	0	0	0	0	1800	-1000	-800	1
0	0	0	0	0	0	-1000	1500	-500	0
0	0	0	0	0	0	-800	-500	1300	0
-1	0	0	1800	-1000	-800	0	0	0	0
0	-1	0	-1000	1500	-500	0	0	0	0
0	0	-1	-800	-500	1300	0	0	0	0
0	0	0	1	0	0	0	0	0	0

우변항의 벡터는 다음과 같다.

$$\begin{bmatrix} -7.92 \\ -7.85 \\ -7.97 \\ 0 \\ 0 \\ 0 \\ -200 \\ -550 \\ -100 \\ 0 \end{bmatrix}$$

위의 방정식의 해는

$$P_{gen_1} = 393.1968$$

$$P_{gen_2} = 334.6083$$

$$P_{gen_3} = 122.2264$$

이며 제3장의 경제급전(ED)의 해와 일치한다. 람다값은

$$\lambda_1 = \lambda_2 = \lambda_3 = 9.1483$$

이며 제3장의 람다값과 일치한다. 마지막으로 모선의 위상각은

$$\theta_1 = 0$$

$$\theta_2 = -0.1582 \text{ 라디안}$$

$$\theta_3 = -0.0437 \text{ 라디안}$$

이며 전력조류는

$$P_{flow\,12} = 158.1776\text{MW}$$

$$P_{flow\,13} = 34.9922\text{MW}$$

$$P_{flow\,23} = -57.2186\text{MW}$$

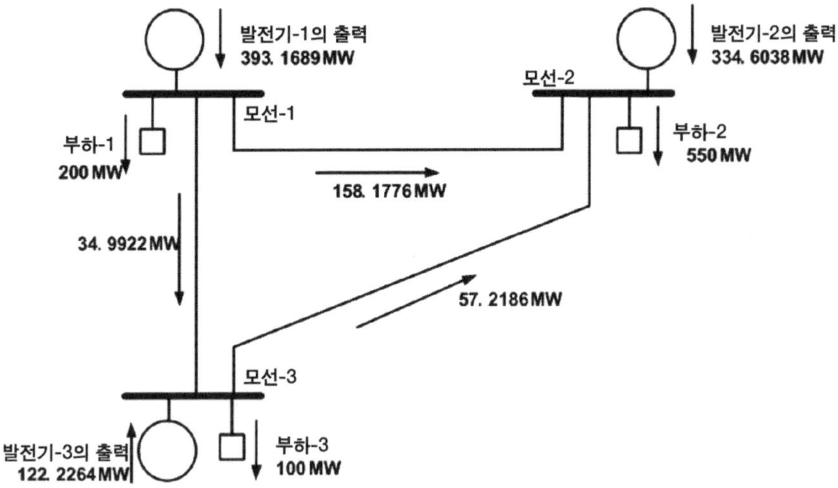

〈**그림 8.2**〉 송전선의 전력조류 제약을 고려하지 않은 경제급전

이다. 전력조류는 단선도로서 〈그림 8.2〉에 나타나 있다.

지금부터 OPF 프로그램을 사용하여 경제급전(ED)의 해와 발전기출력의 상한과 하한을 반영한 네트워크 방정식의 해를 확인할 수 있다.

8.6 예제 8B: 송전선 전력조류 제약이 고려된 직류 OPF

지금부터 3-모선 시스템으로 돌아가서 선로 1-1에 선로용량의 한계에 대한 제약조건을 추가한다. 선로용량의 한계는 150MW이다. 앞의 계산에서 선로 1-2의 전력조류가 158.1776MW이었으므로 150MW의 한계를 제약조건으로 추가함으로써 선로의 전력조류를 150MW로 제한할 것이다. 그러므로 라그랑지 함수에 등식 제약조건을 추가하기로 한다. 실제로 이 제약조건은 부등식으로서 추가하는 것이 일반적이다. 그러나 지금은 내용을 소개하기 위한 것이므로 등식으로서 제약조건을 추가하는 것이다. 절 8.7에서는 직류조류계산을 어떻게 정식화하는가에 대하여 자세하게 설명한다. 추가되는 제약조건은

$$\frac{100}{x_{12}}(\theta_1 - \theta_2) = 150$$

이다. 위의 제약조건을 추가한 라그랑지 함수는 다음 식

$$\begin{aligned}
\mathcal{L} = &\sum_{i=1}^{N_{bus}} (a_i + b_i P_{gen_i} + c_i P_{gen_i}^2) \\
&+ \lambda_1 \left(100 B_{x_{11}} \theta_1 + 100 B_{x_{12}} \theta_2 + 100 B_{x_{13}} \theta_3 - P_{gen_1} + P_{load_1}\right) \\
&+ \lambda_2 \left(100 B_{x_{21}} \theta_1 + 100 B_{x_{22}} \theta_2 + 100 B_{x_{23}} \theta_3 - P_{gen_2} + P_{load_2}\right) \\
&+ \lambda_3 \left(100 B_{x_{31}} \theta_1 + 100 B_{x_{32}} \theta_2 + 100 B_{x_{33}} \theta_3 - P_{gen_3} + P_{load_3}\right) \\
&+ \lambda_4 (\theta_1 - 0) \\
&+ \lambda_5 \left(\frac{100}{x_{12}} \theta_1 - \frac{100}{x_{12}} \theta_2 - 150\right)
\end{aligned}$$

과 같다. 라그랑지안의 도함수는 새로운 제약조건과 라그랑지 승수를 반영하여 다음 식

$$\frac{d\mathcal{L}}{dP_{gen_1}} = b_1 + 2c_1 P_{gen_1} - \lambda_1 = 0$$

$$\frac{d\mathcal{L}}{dP_{gen_2}} = b_2 + 2c_2 P_{gen_2} - \lambda_2 = 0$$

$$\frac{d\mathcal{L}}{dP_{gen_3}} = b_3 + 2c_3 P_{gen_3} - \lambda_3 = 0$$

$$\frac{d\mathcal{L}}{d\theta_1} = 100 B_{x_{11}} \lambda_1 + 100 B_{x_{21}} \lambda_2 + 100 B_{x_{31}} \lambda_3 + \lambda_4 + \lambda_5 \frac{100}{x_{12}} = 0$$

$$\frac{d\mathcal{L}}{d\theta_2} = 100 B_{x_{12}} \lambda_1 + 100 B_{x_{22}} \lambda_2 + 100 B_{x_{32}} \lambda_3 - \lambda_5 \frac{100}{x_{12}} = 0$$

$$\frac{d\mathcal{L}}{d\theta_3} = 100 B_{x_{13}} \lambda_1 + 100 B_{x_{23}} \lambda_2 + 100 B_{x_{33}} \lambda_3 = 0$$

$$\frac{d\mathcal{L}}{d\lambda_1}=100B_{x_{11}}\theta_1+100B_{x_{12}}\theta_2+100B_{x_{13}}\theta_3-P_{gen_1}+P_{load_1}=0$$

$$\frac{d\mathcal{L}}{d\lambda_2}=100B_{x_{21}}\theta_1+100B_{x_{22}}\theta_2+100B_{x_{23}}\theta_3-P_{gen_2}+P_{load_2}=0$$

$$\frac{d\mathcal{L}}{d\lambda_3}=100B_{x_{31}}\theta_1+100B_{x_{32}}\theta_2+100B_{x_{33}}\theta_3-P_{gen_3}+P_{load_3}=0$$

$$\frac{d\mathcal{L}}{d\lambda_4}=\theta_1-0=0$$

$$\frac{d\mathcal{L}}{d\lambda_5}=\frac{100}{x_{12}}\theta_1-\frac{100}{x_{12}}\theta_2-150=0$$

과 같이 된다. 위의 식에는 λ_5에 관한 도함수뿐만 아니라 θ_1과 θ_2에 관한 도함수에 새로운 항이 나타난다는 것을 주목해야 한다.

선형방정식의 조합은 다음 페이지와 같다(536 페이지).

우변항의 벡터는 다음과 같다.

$$\begin{bmatrix} -7.92 \\ -7.85 \\ -7.97 \\ 0 \\ 0 \\ 0 \\ -200 \\ -550 \\ -100 \\ 0 \\ 150 \end{bmatrix}$$

위의 방정식의 해는

$$P_{gen_1}=382.7244$$

$$P_{gen_2}=345.4528$$

$$P_{gen_3}=121.8228$$

이다. 람다값은

$$
\begin{pmatrix}
2c_1 & 0 & 0 & 0 & 0 & 0 & -1 & 0 & 0 & 0 & 0 \\
0 & 2c_2 & 0 & 0 & 0 & 0 & 0 & -1 & 0 & 0 & 0 \\
0 & 0 & 2c_3 & 0 & 0 & 0 & 0 & 0 & -1 & 0 & 0 \\
0 & 0 & 0 & 0 & 0 & 0 & 100B_{x11} & 100B_{x21} & 100B_{x31} & 1 & 100/x_{12} \\
0 & 0 & 0 & 0 & 0 & 0 & 100B_{x12} & 100B_{x22} & 100B_{x32} & 0 & -100/x_{12} \\
0 & 0 & 0 & 0 & 0 & 0 & 100B_{x13} & 100B_{x23} & 100B_{x33} & 0 & 0 \\
-1 & 0 & 0 & 100B_{x11} & 100B_{x12} & 100B_{x13} & 0 & 0 & 0 & 0 & 0 \\
0 & -1 & 0 & 100B_{x21} & 100B_{x22} & 100B_{x23} & 0 & 0 & 0 & 0 & 0 \\
0 & 0 & -1 & 100B_{x31} & 100B_{x32} & 100B_{x33} & 0 & 0 & 0 & 0 & 0 \\
0 & 0 & 0 & 1 & 0 & 0 & 0 & 0 & 0 & 0 & 0 \\
0 & 0 & 0 & 100/x_{12} & -100/x_{12} & 0 & 0 & 0 & 0 & 0 & 0
\end{pmatrix}
\begin{pmatrix}
Pgen_1 \\ Pgen_2 \\ Pgen_3 \\ \theta_1 \\ \theta_2 \\ \theta_3 \\ \lambda_1 \\ \lambda_2 \\ \lambda_3 \\ \lambda_4 \\ \lambda_5
\end{pmatrix}
=
\begin{pmatrix}
-b_1 \\ -b_2 \\ -b_3 \\ 0 \\ 0 \\ 0 \\ -Pload_1 \\ -Pload_2 \\ -Pload_3 \\ 0 \\ 150
\end{pmatrix}
$$

위의 행렬의 요소별 수치

Pg1	Pg2	Pg3	theta1	theta2	theta3	lambda1	lambda2	lambda3	lambda4	Lambda5
0.003124	0	0	0	0	0	–1	0	0	0	0
0	0.003880	0	0	0	0	0	–1	0	0	0
0	0	0.009640	0	0	0	0	0	–1	0	0
0	0	0	0	0	0	1800	–1000	–800	1	1000
0	0	0	0	0	0	–1000	1500	–500	0	-1000
0	0	0	0	0	0	–800	–500	1300	0	0
–1	0	0	1800	–1000	–800	0	0	0	0	0
0	–1	0	–1000	1500	–500	0	0	0	0	0
0	0	–1	–800	–500	1300	0	0	0	0	0
0	0	0	1	0	0	0	0	0	0	0
0	0	0	1000	–1000	0	0	0	0	0	0

$$\lambda_1 = 9.1156$$

$$\lambda_2 = 9.1904$$

$$\lambda_3 = 9.1444$$

이다. 선로 1-2의 전력조류가 한계에 부딪혀 있기 때문에 람다값은 제3장의 제10절에서 설명한 것과 다르게 나타난다. 모선한계가격(LMP)의 값은 위의 람다값과 같다. 마지막으로 모선의 위상각은

$$\theta_1 = 0$$

$$\theta_2 = -0.1500\text{라디안}$$

$$\theta_3 = -0.0409\text{라디안}$$

이며 전력조류는 다음과 같다.

$$P_{flow\,12} = 150.0\text{MW}$$

$$P_{flow\,13} = 32.7244\text{MW}$$

$$P_{flow\,23} = -54.5472\text{MW}$$

8.7 직류 OPF의 정식 해법

앞의 절에서 설명한 직류 OPF의 해는 발전기출력의 상한과 하한을 무시한 것이고 선로 전력조류의 한계를 등식 제약조건으로 부가하였다. 제3장에서 경제급전 문제를 풀 때 발전기출력의 상한과 하한의 제약을 부가할 수 있었으며(부록 3A 참조) 최적해인가를 판정하기 위하여 카루시-쿤-터커(KKT) 조건을 적용하였다. 최적해를 구하기 위하여 먼저 발전기 출력제약을 고려하지 않고 해를 얻은 후 KKT 조건을 테스트한다. 그리고 다시 발전기출력의 제약조건을 부가하여 다시 해를 구한다. 이

절차는 람다탐색법이라고 하는 것이며 정확한 해를 구할 수 있다. 그러므로 발전기출력의 제약조건을 부가한 경제급전의 해는, 발전기출력의 제한범위를 무시하거나 또는 KKT 조건을 위반하는 발전기의 출력에 대하여 제약조건을 부가하여 일련의 해를 구하는 과정으로써 구해진다.

KKT 조건은 직류 OPF의 해를 구할 때에도 만족되어야 한다. 그러나 발전기출력의 제약조건과 선로 전력조류의 제약조건이 존재할 경우, KKT 조건은 어떤 변수에 대하여 제약조건을 부가하여야 하는가에 대하여 분명하지 않다. 그러므로 KKT 조건은 최적해인가를 판정하는 데 있어서 하나의 필요조건일 뿐이며 최적해를 찾기에 충분조건은 아니므로 더욱 강력한 방법이 필요하다. 직류 OPF의 해를 구하는 데 있어서 가장 많이 알려진 방법은 선형계획법과 이차계획법이다.

이 책의 독자는 LP와 이차계획법(QP)에 대한 교과서를 참조하기 바란다.

8.8 선형계획법의 해를 찾기 위한 선로 전력조류 제약조건의 추가

제3장에서 경제급전 문제를 풀기 위한 선형계획법이 소개되었다. 만약 송전망을 모델링 함에 있어서 선형조류계산 또는 직류조류계산으로서 문제를 정식화한다면 선형계획법도 사용될 수 있다.

만약 선로 전력조류의 제약조건을 경제급전 문제에 추가한다면 LP를 이용하여 쉽게 해를 구할 수 있다. 제3장 3.3의 선형계획법을 이용한 경제급전 문제를 들어서 문제를 다시 소개하면 다음과 같다.

$$\text{최소화} \sum_{i=1}^{N_{bus}} \left(F_i\left(P_{gen_i}^{min}\right) + s_{i1} P_{gen_{i1}} + s_{i2} P_{gen_{i2}} + s_{i3} P_{gen_{i3}} \right)$$

$$0 \le P_{gen_{ik}} \le P_{gen_{ik}}^{max}, \quad k = 1, 2, 3$$

해를 구한 후 각 발전기출력의 계산은 다음 식

$$P_i = P_i^{min} + P_{gen_{i1}} + P_{gen_{i2}} + P_{gen_{i3}}$$

과 같으며 제약조건은 다음 식

$$100[\mathrm{B_x}]\boldsymbol{\theta} = \mathrm{P}_{gen} - \mathrm{P}_{load}$$

$$P_{gen_i}^{min} \le P_{gen_i} \le P_{gen_i}^{max},\ i = 1, \cdots, N_{bus}$$

과 같으며 선로 전력조류의 제약조건은 다음 식

$$\frac{100}{x_{ij}}(\theta_i - \theta_j) \le P_{ij}^{max}$$

과 같다. 모선-1에서 모선-2로 흐르는 전력에 제약이 있는 3-모선 시스템에 대하여 다음 식

$$\frac{100}{x_{12}}(\theta_1 - \theta_2) \le 150$$

과 같이 제약조건을 추가할 수 있다. 이 제약조건에 의하여 모선-1에서 모선-2로 흐르는 전력조류는 150MW보다 작거나 또는 같게 되는 것을 보장한다.

실제로 송전선의 전력조류에 대하여는 한 방향에 대하여만 제약이 존재하는 것이 아니고 전력조류가 다른 방향으로 흐를 경우에도 동일한 제약조건이 적용된다. 이것은 앞에서 모선-2에서 모선-1로 흐르는 전력이 150MW보다 작아야 한다는 앞의 제약조건에 또 다른 제약조건을 추가하는 것이며 다음 식에서 보는 바와 같이 간단하게 제약조건식의 앞에 음(−)의 부호를 붙이면 된다.

$$-\frac{100}{x_{12}}(\theta_1 - \theta_2) \le 150$$

송전선에 있어서 양방향의 전력조류에 대하여 제약조건을 부가하는 더 좋은 방법은 다음 식과 같이 제약조건에 여유변수를 추가하는 것이다.

$$\frac{100}{x_{12}}(\theta_1-\theta_2)+S_{12}=150$$

여기에서 $0 \le S_{12} \le 2 \times P_{flow\,12}^{max}$,

또는 여기의 예제에서는 $0 \le S_{12} \le 300$.

만약 선로 1-2의 전력조류가 $+150$에 도달하면 여유변수 S_{12}는 하한치인 0으로 되고, 선로 1-2의 전력조류가 -150(또는 2→1 방향으로 150MW)에 도달하면 여유변수 S_{12}는 상한치 또는 2→1 방향의 2배가 된다. 그러므로 상한치와 하한치를 갖는 여유변수를 추가함으로써 선형계획법 문제에 있어서 하나의 송전선에 대하여 하나의 제약조건만을 추가하여 양방향 전력조류에 대하여 제약조건을 추가하는 목적을 달성할 수 있게 된다.

위에서 설명한 방법을 이용하면, 선형계획법 문제를 풀 경우 변수의 상한 및 하한을 설정하는 선형계획법의 '상한변수 알고리즘'[6]의 장점을 활용할 수 있는 것이다.

앞에서 나타낸 선형계획법에는 모선의 위상각에 대한 선형계획법 문제의 변수까지 포함하여 조류계산 문제 전체가 포함되어 있는 것이다.
10개의 선형구간을 사용하고 송전선 전력조류 제약조건을 포함하는 선형계획법 문제의 해는 다음과 같다.

$$P_{gen\,1}=380.77$$

$$P_{gen\,2}=344.23$$

$$P_{gen\,3}=125.00$$

그리고

$$P_{flow\,12}=150.0\text{MW}$$

6) "upper bounding" feature

선형계획법을 사용하여 문제를 풀이할 경우, 선로 전력조류에 대한 제약조건을 모두 추가하면 심플렉스 행렬이 대단히 크게 되므로 이에 대한 대안으로서 선로 전력조류의 한계에 대한 제약조건을 무시하고 해를 구한 다음 송전선의 전력조류 가운데 제약조건을 위반한 것에 대하여만 선형계획법 문제의 제약조건으로서 추가하는 방법을 사용하는 것이 있다. 이 절차를 반복제약조건 탐색법(ICS)이라고 하며 모든 선로의 제약조건을 사용한 선형계획법의 해와 동일한 결과를 도출한다.

8.8.1 이차계획법을 사용한 직류조류계산의 해법

이차계획법은 각각의 발전기의 비용함수를 이차식으로 나타낼 수 있으며 변수의 상한 및 하한에 대한 제약조건식뿐만 아니라 선형의 등식 및 부등식 제약조건을 사용할 수 있도록 한다. 그러므로 목적함수는 다음과 같다.

$$\sum_{i=1}^{N_{bus}} F_i(P_{gen_i}) = \sum_{i=1}^{N_{bus}} (a_i + b_i P_{gen_i} + c_i P_{gen_i}^2)$$

또는 행렬의 형태로는 다음 식

$$\sum_{i=1}^{N_{bus}} F_i(P_{gen_i}) = \begin{bmatrix} a_1 & a_2 & \cdots \end{bmatrix} \begin{bmatrix} 1 \\ 1 \\ 1 \end{bmatrix} + \begin{bmatrix} b_1 & b_2 & \cdots \end{bmatrix} \begin{bmatrix} P_{gen_1} \\ P_{gen_2} \end{bmatrix}$$

$$+ \begin{bmatrix} P_{gen_1} & P_{gen_2} & \cdots \end{bmatrix} \begin{bmatrix} c_1 & 0 & 0 \\ 0 & c_2 & 0 \\ 0 & 0 & \ddots \end{bmatrix} \begin{bmatrix} P_{gen_1} \\ P_{gen_2} \\ \vdots \end{bmatrix}$$

과 같다. 제약조건의 나머지 부분에 대하여는 선형계획법의 제약조건과 같으며 이것을 식으로 쓰면 아래와 같다.

$$\mathrm{P}_{gen} - \mathrm{P}_{load} - 100[\mathrm{B_x}]\boldsymbol{\theta} = 0$$

$$P_{gen_i}^{min} \le P_{gen_i} \le P_{gen_i}^{max}, \quad i = 1, \cdots, N_{bus}$$

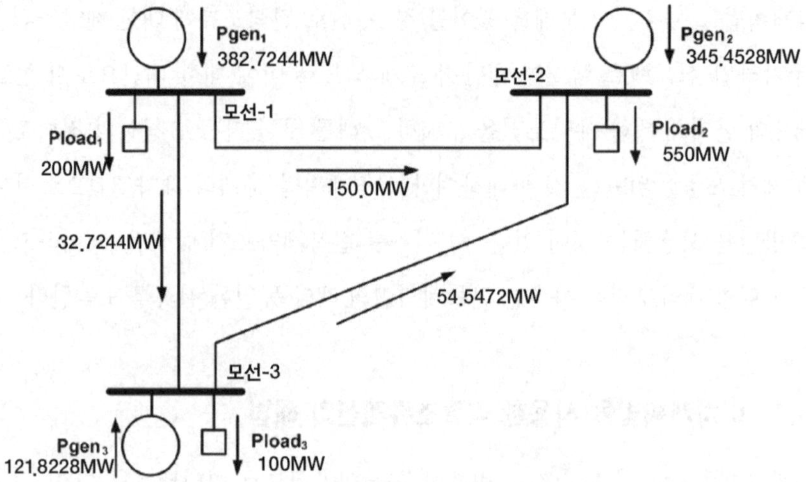

〈그림 8.3〉 선로 1-2의 전력조류 제약이 있는 경우의 발전기출력과 전력조류

$$\frac{100}{x_{12}}(\theta_1 - \theta_2) + S_{12} = 150$$

여기에서 연계선의 전력조류 제약은 $0 \leq S_{12} \leq 2P^{max}_{glow12}$ 이다.

이 결과는 절 8.3에서 얻은 결과와 같으며 〈그림 8.3〉에 나타나 있다.

8.9 교류 OPF 문제의 정식화

교류 OPF 문제를 풀기 위해 유효전력과 무효전력을 고려하기 위한 모선 전력방정식은 복소수 전력의 실수부와 허수부를 분리하여 나타낸 이 장의 앞부분의 정식화로 돌아간다.

목적함수: 이것은 교류 OPF의 목적함수와 같다.

$$최소화 \sum_{i=1}^{N_{bus}} F_i(P_{gen_i})$$

네트워크 모델: 모델링을 위하여 직류 조류계산 방정식을 완전교류조류계산 방정식으로 대체하여야 한다. 기준모선을 제외한 모선-i에 대하여 다음의 2개의 등식

$$\left(P_{gen_i} - P_{load_i}\right) - Real\left\{V_i\left(\sum_{k=1}^{N_{bus}} \boldsymbol{Y}_{ik}\,\boldsymbol{V}_k\right)^*\right\} = 0$$

$$\left(Q_{gen_i} - Q_{load_i}\right) - Imag\left\{V_i\left(\sum_{k=1}^{N_{bus}} \boldsymbol{Y}_{ik}\,\boldsymbol{V}_k\right)^*\right\} = 0$$

을 구성한다.

부등식 제약조건:

- 발전기 유효전력 출력의 부등식 제약조건식:

$$P_{gen_i}^{min} \le P_{gen_i} \le P_{gen_i}^{max},\ \ i = 1, \cdots, N_{bus}$$

- 발전기의 무효전력 출력에 대한 부등식 제약조건:

$$Q_{gen_i}^{min} \le Q_{gen_i} \le Q_{gen_i}^{max},\ \ i = 1, \cdots, N_{bus}$$

- 송전선의 유효전력조류(MW) 부등식 제약조건 또는 피상전력조류(MVA) 부등식 제약조건에 관한 부등식 제약조건:

$$\text{MW}\ flow_{ij} = Real\left\{\boldsymbol{V}_i\left[\left(\boldsymbol{V}_i - \boldsymbol{V}_j\right)\mathbf{y}_{ij} + V_i^2\mathrm{y}_{charging\ ij}\right]^*\right\} \le \text{MW}\ flow_{ij}^{max}$$

또는

$$\text{MVA}\ flow_{ij} = abs\left\{\boldsymbol{V}_i\left[\left(\boldsymbol{V}_i - \boldsymbol{V}_j\right)\mathbf{y}_{ij} + V_i^2\mathrm{y}_{charging\ ij}\right]^*\right\} \le \text{MVA}\ flow_{ij}^{max}$$

- 전압크기에 관한 부등식 제약조건:

$$V_i^{min} \le V_i \le V_i^{max},\ \ i = 1, \cdots, N_{bus}$$

8.10 교류 OPF 문제 해법의 알고리즘

교류 OPF 문제는 직류 OPF 문제에 비하여 변수의 개수가 대략 2배만큼 필요하며 네트워크 방정식은 선형이 아니므로 해를 구하는 것이 더욱 어렵게 된다.

네트워크 방정식의 비교

만약 뉴턴-랩슨법을 이용한 교류조류계산 방정식과 직류조류계산 방정식을 비교하면 다음과 같은 사실을 알게 된다.

직류조류계산

$$[\mathrm{B_x}]\boldsymbol{\theta} = \mathrm{P}_{gen} - \mathrm{P}_{load}$$

이 방정식의 해는 선형방정식의 집합을 풀면 곧바로 얻을 수 있다.

교류조류계산

뉴턴법을 이용하여 다음의 방정식을 푼다:

$$\begin{pmatrix} \frac{\partial P_1}{\partial \theta_1} & \frac{\partial P_1}{\partial V_1} & \frac{\partial P_1}{\partial \theta_2} & \cdots \\ \frac{\partial Q_1}{\partial \theta_1} & \frac{\partial Q_1}{\partial V_1} & \frac{\partial Q_1}{\partial \theta_2} & \cdots \\ \frac{\partial P_2}{\partial \theta_1} & \frac{\partial P_2}{\partial V_1} & \frac{\partial P_2}{\partial \theta_2} & \cdots \\ \cdots & \cdots & \cdots & \ddots \end{pmatrix} \begin{pmatrix} \Delta\theta_1 \\ \Delta V_1 \\ \Delta\theta_2 \\ \vdots \end{pmatrix} = \begin{pmatrix} P_{scheduled_1} - P_1(\mathrm{V},\boldsymbol{\theta}) \\ Q_{scheduled_1} - Q_1(\mathrm{V},\boldsymbol{\theta}) \\ P_{scheduled_2} - P_2(\mathrm{V},\boldsymbol{\theta}) \\ \vdots \end{pmatrix}$$

위의 식에서 자코비안 행렬의 차원은 $\mathrm{B_x}$ 행렬의 차원의 2배이며, 자코비안 행렬의 항은 V와 $\boldsymbol{\theta}$의 값에 따라 변동하므로 연립방정식의 해를 구한 후에 V와 $\boldsymbol{\theta}$의 값을 수정한 다음, 자코비안 행렬을 다시 계산하기 위하여 이 과정을 처음부터 다시 시작해야 한다. 이러한 반복과정은 수렴하지만 직류조류계산 방정식의 해를 구하는 것보다 시간이 더 많이 소요된다.

또한 직류조류계산의 경우에는 제약조건이 선형이지만 교류조류계산일 경우에는 비선형이다.

알고리즘

상당히 오랜 기간 동안 OPF 문제의 해를 구하는 것은 전력시스템 해석에 대한 주요 연구과제의 하나이었다. 성공적으로 해를 구하는 데 있어서 가장 어려운 걸림돌은 제약조건을 처리하는 부분에 관한 것이었다. 사실상 제약조건의 처리가 비선형 방정식의 처리문제보다 더욱 중요하다고 생각되었다. 예를 들면 OPF 문제를 푸는 데 있어서 순수한 뉴턴법을 사용할 수 있다.

$$\text{최소화 } f(\mathbf{x})$$

$$\text{제약조건 } \mathbf{g}(\mathbf{x}) = 0$$

$$\mathrm{h}(\mathbf{x}) \le 0$$

여기에서

$f(\mathbf{x})$는 목적함수 $\sum_{i=1}^{N_{bus}} F_i(P_{gen_i})$임.

$\mathbf{g}(\mathbf{x}) = 0$ 은 네트워크 등호 제약조건식임.

$\mathrm{h}(\mathbf{x}) \le 0$ 는 모든 부등호 제약조건식의 집합임.

알고리즘의 첫 단계는 이 문제의 라그랑지안을 작성하는 것이다. 각각의 부등식 제약조건에 대하여 여유변수를 하나씩 부과하였다. 변수 $\boldsymbol{\lambda}$와 $\boldsymbol{\mu}$는 등호 제약조건식과 부등호 제약조건식에 대한 각각의 라그랑지 승수의 벡터이다.

$$\mathcal{L} = f(\mathbf{x}) + \boldsymbol{\lambda}^{\mathrm{T}}\mathbf{g}(\mathbf{x}) + \boldsymbol{\mu}^{\mathrm{T}}(\mathrm{h}(\mathbf{x}) + \mathrm{s})$$

최적해를 얻기 위한 지금까지의 방법은 $\mathbf{x}$, $\boldsymbol{\lambda}$, $\boldsymbol{\mu}$, 그리고 s에 대하여 라그랑지안의 그레이디언트를 작성하는 것이다:

$$\nabla_{\mathrm{x}} L = \nabla_{\mathrm{x}} f(\mathbf{x}) + \nabla_{\mathrm{x}} \mathrm{g}(\mathbf{x})\boldsymbol{\lambda} + \nabla_{\mathrm{x}} \mathrm{h}(\mathbf{x})\boldsymbol{\mu} = 0$$

$$\nabla_{\lambda}\mathcal{L}=\mathrm{g}(\mathrm{x})=0$$

$$\nabla_{\mu}\mathcal{L}=\mathrm{h}(\mathrm{x})+\mathrm{s}=0$$

$$\nabla_{\mathrm{s}}\mathcal{L}=\mu=0$$

도함수의 벡터(그레이디언트)를 0으로 하는 것은 뉴턴법을 이용하여 쉽게 해결한다. 라그랑지 함수의 그레이디언트에 대하여 뉴턴법을 적용할 때에 만나는 문제는 부등식 제약조건식이며 이것은 어떤 부등식이 작용하고 있을 경우(즉 $s_i=0$)와 작용하고 있지 않을 경우(즉 제약조건의 경계에 부딪치지 않는 경우이며 이때 $s_i>0$)이다. 두 가지의 주요한 알고리즘이 교류 OPF 문제를 풀기 위하여 사용되며 두 알고리즘 모두 제약조건을 잘 처리한다.

반복선형계획법

먼저 비선형 목적함수 및 제약조건식을 선형화하여 선형목적함수와 선형제약조건식을 작성한 다음에 선형계획법 문제를 푼다. 목적함수와 제약조건식이 비선형이므로 기저변수의 변동폭에 대하여 제한을 두어야 한다. 그러므로 선형계획법에 의하여 문제를 풀고 모든 방정식을 다시 선형함수로 한 다음, 변수의 '한계의 창(window of limits)'을 이동하고 선형계획법 문제를 다시 푼다. 선형계획법은 부등식 제약조건을 취급하기 용이하므로 이 과정은 잘 진행된다. 선제의 최적화 문제는 다음과 같은 변수

$$\Delta\mathrm{P}_{gen},\ \Delta\mathrm{Q}_{gen},\ \Delta\mathrm{V}\ \text{그리고}\ \Delta\theta$$

의 값을 사용하여 정식화하며 선형계획법 문제가 구성되어 실행되기 이전에 조류계산 방정식은 다음 값

$$\mathrm{P}_{gen}^{0},\ \mathrm{Q}_{gen}^{0},\ \mathrm{V}^{0},\ \text{그리고}\ \theta^{0}$$

을 이용하여 다시 얻어진다고 가정한다. 문제를 풀기 위하여 각 발전기의 현재의 운전출력에서 목적함수를 선형화한다.

$$최소화 \sum_{j=1}^{N_{gen}} \left[F_j\left(P_{gen_j}^0\right) + \frac{dF_j\left(P_{gen_j}\right)}{dP_{gen_j}} \Delta P_{gen_j} \right]$$

위 식에서 $F_j\left(P_{gen_j}^0\right)$는 상수이며 다음의 식

$$\frac{dF_j\left(P_{gen_j}\right)}{dP_{gen_j}}$$

은 $P_{gen_j}^0$ 에서 계산한 값이다. 따라서 비선형 목적함수는 다음 식

$$최소화 \sum_{j=1}^{N_{gen}} \left[\frac{dF_j\left(P_{gen_j}\right)}{dP_{gen_j}} \Delta P_{gen_j} \right]$$

과 같이 선형함수로 된다. 다음으로, 조류계산 방정식은 자코비안의 모든 행과 열이 포함된다는 사실을 제외하고는 뉴턴 조류계산법

$$\begin{pmatrix} \frac{\partial P_1}{\partial \theta_1} & \frac{\partial P_1}{\partial V_1} & \frac{\partial P_1}{\partial \theta_2} & \cdots \\ \frac{\partial Q_1}{\partial \theta_1} & \frac{\partial Q_1}{\partial V_1} & \frac{\partial Q_1}{\partial \theta_2} & \cdots \\ \frac{\partial P_2}{\partial \theta_1} & \frac{\partial P_2}{\partial V_1} & \frac{\partial P_2}{\partial \theta_2} & \cdots \\ \cdots & \cdots & \cdots & \ddots \end{pmatrix} \begin{pmatrix} \Delta \theta_1 \\ \Delta V_1 \\ \Delta \theta_2 \\ \vdots \end{pmatrix} = \begin{pmatrix} \Delta P_{gen_1} \\ \Delta Q_{gen_1} \\ \vdots \end{pmatrix}$$

과 같이 선형화된다. 이것이 선형 등식 제약조건식의 집합을 구성한다. 이 알고리즘이 적절하게 작동하도록 하기 위하여 여유모선의 전압크기와 위상각은 다음의 식

$$\Delta \mathrm{V}_{swing} = 0, \ \ \Delta \boldsymbol{\theta}_{swing} = 0$$

과 같이 상수로서 지정된다. 또한 모든 모선-i의 P와 Q는 상수가 되도록 다음과 같이

$$\Delta \mathrm{P}_{load} = 0, \ \ \Delta \mathrm{Q}_{load} = 0$$

변수 벡터를 지정한다. 마지막으로 모든 발전기-j의 유효전력과 무효전력의 상한

과 하한에 관한 제약조건식은 다음 식

$$P_{gen_j}^{min} - P_{gen_j} \le P_{gen_j} \le P_{gen_j}^{max} - P_{gen_j} \quad \text{(모든 발전기에 대하여)}$$

$$Q_{gen_j}^{min} - Q_{gen_j} \le Q_{gen_j} \le Q_{gen_j}^{max} - Q_{gen_j} \quad \text{(모든 발전기에 대하여)}$$

과 같이 지정되며 모든 모선-i의 전압크기에 관한 한계는 다음 식

$$|V_i|^{min} - |V_i| \le \Delta|V_i| \le |V_i|^{max} - |V_i| \quad \text{(모든 모선에 대하여)}$$

과 같이 정의한다. 각각의 선형계획법의 변수 ΔP_{gen_j}, ΔQ_{gen_j}, $\Delta|V_i|$에 대하여 앞의 스텝에 있어서의 한계는 적용되어야 하는 최대한계이며 선형화하여 최적해를 구하는 것이 좀 더 정확하게 되기 위하여 변수의 변동범위에 제한을 가하는 것이 최선이다. 어느 선형계획법 프로그램에 사용되더라도 변수가 그 한계 내에서 변동할 수 있는 한계의 작은 집합을 창(window)이라고 말한다. 선형계획법 프로그램이 실행된 이후에 창의 한계는 이동되지만 앞에서 나타낸 한계 이내에서 머문다. 그러므로 선형계획법 프로그램은 시작점을 중심으로 좁은 구역 내에서 해를 구하며 구해진 해를 시작점으로 하여 다시 선형화하여 또 다른 선형계획법 문제를 풀어 간다. '창의 크기'를 조정하는 방법론에서는 이것을 '신뢰구역(trust region)'이라고 말한다.

교류 최적조류계산 문제의 해를 얻기 위한 증분선형계획법의 스텝은 다음과 같다.

스텝-1. 기준 조류계산 방정식을 푼다.

스텝-2. 목적함수를 선형화한다.

스텝-3. 제약조건식을 선형화한다.

스텝-4. 각종 변수의 제한 범위를 지정한다.

스텝-5. 선형계획법을 푼다.

스텝-6. 만약 ΔP, ΔQ, 그리고 $\Delta|V|$의 값의 변동이 미리 정한 크기보다 크다면 스텝-1로 돌아가고, 아니면 종료한다.

예제 8C 직류 OPF와 교류 OPF의 비교

이 예제는 이차계획법 알고리즘과 직류조류계산을 이용한 OPF의 결과와 반복선형계획법을 이용한 교류 최적조류계산의 결과를 비교한다. 최적화의 대상은 〈그림 8.4〉에 나타난 제6장의 테스트 시스템이다.

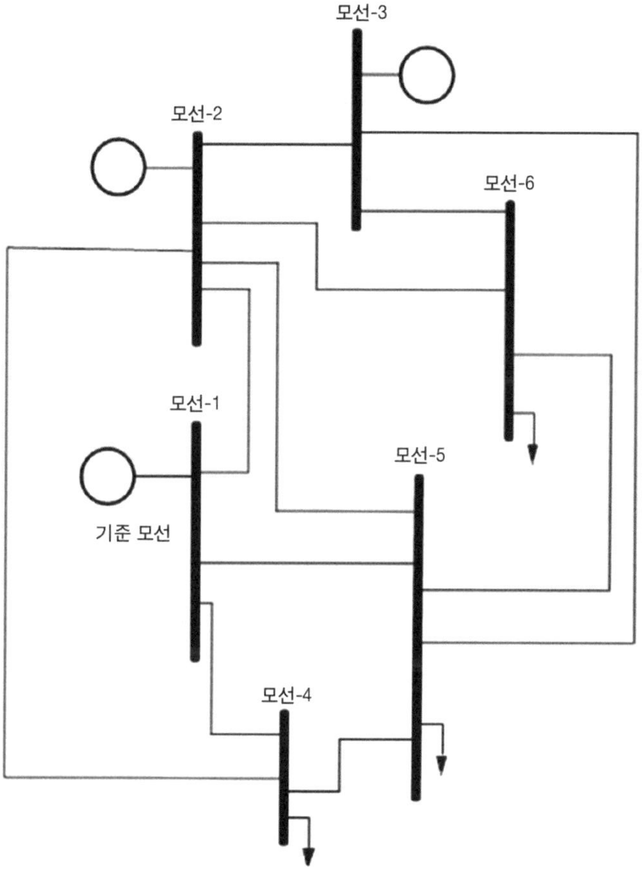

〈그림 8.4〉 6-모선 전력조류계산 시스템

개별 발전기의 비용함수는 이차함수이다.

$$F_i(P_i) = a_i + b_i P_i + c_i P_i^2,\ \ P_i^{min} \le P_i \le P_i^{max}$$

제6장에 주어진 테스트 시스템의 자료는 다음 표와 같다.

발전기 모선	a	b	c	P^{min} (MW)	P^{max} (MW)	Q^{max} (MVAR)	Q^{min} (MVAR)	V_g (퍼유닛 전압)
1	213.1	11.669	0.00533	50.0	200.0	150.0	−100.0	1.07
2	200.0	10.333	0.00889	37.5	150.0	150.0	−100.0	1.05
3	240.0	10.833	0.00741	45.0	180.0	120.0	−100.0	1.05

부하모선의 자료는 다음과 같다.

부하모선	유효전력(P_{load}, MW)	무효전력(Q_{load}, MVAR)
4	100.0	15.0
5	100.0	15.0
6	100.0	15.0

송전선의 임피던스 자료는 다음 표와 같다.

시작 모선	종료 모선	R (퍼유닛)	X (퍼유닛)	B_{cap}(퍼유닛)	전력조류 상한
1	2	0.10	0.20	0.04	100.0
1	4	0.05	0.20	0.04	100.0
1	5	0.08	0.30	0.06	100.0
2	3	0.05	0.25	0.06	60.0
2	4	0.05	0.10	0.02	60.0
2	5	0.10	0.30	0.04	60.0
2	6	0.07	0.20	0.05	60.0
3	5	0.12	0.26	0.05	60.0
3	6	0.02	0.10	0.02	60.0
4	5	0.20	0.40	0.08	60.0
5	6	0.10	0.30	0.06	60.0

모든 모선의 전압크기는 다음과 같은 한계 내에서 변동한다.

$$0.95\text{퍼유닛} \leq |V_i| \leq 1.07\text{퍼유닛}$$

OPF 문제는 교류조류계산 모델뿐만 아니라 직류조류계산(선형조류계산) 모델도 이용하여 푼다.

교류조류계산과 직류조류계산의 실행결과의 첫 번째 집합은 선로의 조류제약을 무시하고 계산한 것이다.

직류 OPF 계산의 결과

모선	P^{min} (MW)	P_{gen} (MW)	P^{max} (MW)	P_{load} (MW)	람다 ($/MWh)
1	50.00	72.64	200	0	12.443
2	75.00	118.69	150	0	12.443
3	45.00	108.66	180	0	12.443
4		0		100	12.443
5		0		100	12.443
6		0		100	12.443

총 발전비용 = 4,145.2$/h

교류 OPF 계산의 결과

총 P_{gen}	=	307	총 Q_{gen}	=	8.56
총 P_{load}	=	300	총 Q_{load}	=	45
총 MW 손실	=	7	총 MVAR 손실	=	-36.44
총 발전비용	=	4,232$/MWh			

모선	P^{min} (MW)	P_{gen} (MW)	P^{max} (MW)	Q^{min} (MVAR)	Q_{gen} (MVAR)	Q^{max} (MW)	P_{load} (MW)	Q_{load} (MVAR)	람다 P ($/MWh)	람다 Q ($/MVARh)
1	50.0	78.5	200	−100	2.3	1,500	0	0	12.506	0
2	37.5	118.8	150	−100	1.0	150	0	0	12.446	0
3	45.0	109.6	180	−100	5.2	120	0	0	12.459	0
4							100	15	13.114	0.084
5							100	15	13.183	0.058
6							100	15	12.892	0.060

V^{min} (퍼유닛 전압)	V_{bus} (퍼유닛 전압)	V^{max} (퍼유닛 전압)
0.95	1.07UL	1.07
0.95	1.07UL	1.07
0.95	1.07UL	1.07
0.95	1.04	1.07
0.95	1.04	1.07
0.95	1.05	1.07

여기에서 "UL"이라는 것은 전압의 크기가 상한에 부딪쳐 있다는 것을 나타낸다.

총발전량에 있어서 직류조류계산은 300MW로 나타나며 교류조류계산은 307MW를 보여 주고 있는데 이것은 교류조류계산의 경우 손실 7MW를 공급해야 하기 때문이다. 또한 모선증분비용에 있어서 람다값은 직류조류계산일 경우 모두 12.443$/MWh인데 비하여 교류조류계산의 경우에는 12.446$/MWh부터 13.183$/MWh까지 변한다. 교류조류계산의 경우 변동의 폭이 크다. 마지막으로, 교류조류계산의 경우 전압제어모선의 전압의 크기는 모두 상한값인 1.07퍼유닛에 도달해 있다.

송전선 전력조류의 한계가 있는 케이스별로 계산을 실행한다.

직류 OPF의 결과

모선	P^{min}(MW)	P_{gen}(MW)	P^{max}(MW)	P_{load}(MW)	람다 ($/MWh)
1	50.00	102.34	200	0	12.760
2	37.50	122.18	150	0	12.505
3	45.00	75.48	180	0	11.952
4		0		100	13.089
5		0		100	12.648
6		0		100	13.149

총 발전비용 = 4,158.2$/h

송전선 전력조류 한계가 있는 계산결과

한계에 부딪친 송전선				
시작 모선	종료 모선	P_{flow} (MW)	$P_{flow\ max}$ (MW)	람다($/MWh)
2	4	60	60	0.860
3	6	60	60	1.690

교류 OPF 계산의 결과

총 P_{gen} = 306.99	총 Q_{gen} = 8.56
총 P_{load} = 300	총 Q_{load} = 45
총 MW 손실 = 6.99	총 MVAR 손실 = −36.44
총 발전비용 = 4232.4$/h	

모선	P^{min} (MW)	P_{gen} (MW)	P^{max} (MW)	Q^{min} (MVAR)	Q_{gen} (MVAR)	Q^{max} (MW)	P_{load} (MW)	Q_{load} (MVAR)	람다 P ($/MWh)	람다 Q ($/MVARh)
1	50.0	78.5	200	−100	2.3	150	0	0	12.506	0
2	37.5	118.8	150	−100	1.0	150	0	0	12.446	0
3	45.0	109.6	180	−100	5.2	150	0	0	12.459	0
4							100	15	13.114	0.084
5							100	15	13.183	0.058
6							100	15	12.892	0.060

V_{min} (퍼유닛 전압)	V_{bus} (퍼유닛 전압)	V_{max} (퍼유닛 전압)
0.95	1.07UL	1.07
0.95	1.07UL	1.07
0.95	1.06	1.07
0.95	1.04	1.07
0.95	1.03	1.07
0.95	1.04	1.07

송전선 조류제약을 적용한 계산결과

전력조류 제약의 한계에 부딪친 송전선				
시작 모선	종료 모선	P_{flow} (MW)	$P_{flow\ max}$ (MW)	람다
2	4	59.98	60	1.036
3	6	59.97	60	2.752

8.11 모선한계가격, 증분손실, 그리고 송전선 조류제약

우선, 어떤 하나의 모선의 발전출력 증가 또는 모선부하의 증가에 대하여 다음 절에서와 같이 처리된다는 것을 염두에 두어야 한다. 만약 증분손실을 다음 식

$$\frac{\partial P_{loss}}{\partial P_i}$$

과 같이 사용한다면 이것은 모선에 주입하는 발전출력을 +1MW만큼 주입하거나 모선에서 부하를 +1MW만큼 더 뽑아 가는 것에 관한 것이다. 그러므로

$$\Delta P_{loss} = \frac{\partial P_{loss}}{\partial P_i} \Delta P_i \text{, 모선-}i\text{가 발전모선인 경우}$$

$$\Delta P_{loss} = -\frac{\partial P_{loss}}{\partial P_i} \Delta P_i \text{, 모선-}i\text{가 부하모선인 경우}$$

이와 유사하게, 기준모선의 출력이 시스템부하와 총출력에 대한 균형을 맞추도록 조정된다고 할 때, 모선-i에서 1MW의 변동이 있으면 선로-ℓ의 전력조류의 민감도는 다음의 식

$$a_{\ell i} = \frac{\partial P_{glow\ell}}{\partial P_i}$$

과 같다. 그러면 앞에서와 같이

$$\Delta flow_{\ell} = a_{\ell i} \Delta P_i, \quad \text{모선-}i\text{가 발전모선인 경우}$$

$$\Delta flow_{\ell} = -a_{\ell i} \Delta P_i, \quad \text{모선-}i\text{가 부하모선인 경우}$$

다음 절에서는 모선에 관하여 다음과 같은 첨자를 지정한다:

$i=$ 모선의 첨자

$g=$ 발전기의 첨자

$ref=$ 기준모선의 첨자

$k=$ 부하모선의 첨자

$j=$ 발전모선의 첨자

$\ell=$ 송전선의 첨자

8.11.1 송전선의 전력조류가 제약조건에 부딪치지 않았을 경우의 모선한계가격

모선한계가격(LMP)의 정의는 다음의 〈그림 8.5〉에 나타난 것처럼 모선-k의 부하가 한 단위 증가하였을 때 이것을 공급하기 위하여 전력시스템에 추가되는 비용이다. 여기에서는 전체 시스템이 OPF에 의해 최소비용으로 운용되고 있으며 한 단위의 부하가 모선-k에서 증가하였을 때 추가적 출력은 기준모선의 발전기가 공급하는 것으로 한다. 그러면 다음 식

$$\Delta P_{ref} = \Delta P_k - \frac{\partial P_{loss}}{\partial P_k} \Delta P_k$$

이 성립하며, 증분손실에 음(−)의 부호가 나타나는 것은 모선-k가 부하모선이기 때문이다. 전체 연료비는

$$T_{\text{cost}} = \sum_{\text{모든 발전기 } g} C_g(P_g)$$

이지만, 부하가 한 단위 증가할 때 기준모선의 발전출력만 변동한다. 그러면 다음 식

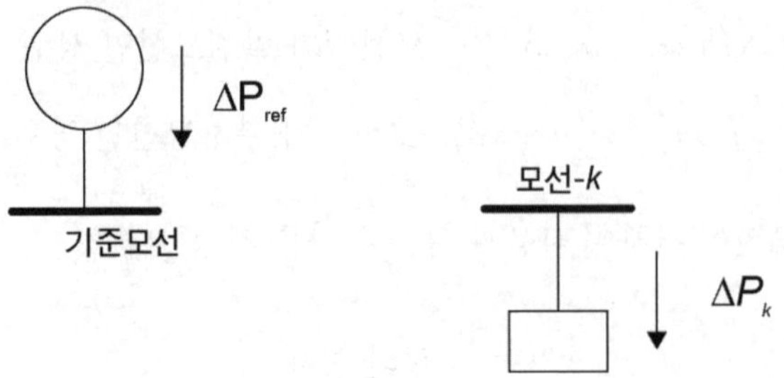

〈**그림 8.5**〉 송전선 전력조류가 제약조건에 부딪치지 않았을 경우의 LMP

$$\Delta T_{\text{cost}} = \frac{\partial C_{ref}(P_{ref})}{\partial P_{ref}} \Delta P_{ref}$$

이 성립하며 이것은 다음 식

$$\Delta T_{\text{cost}} = \frac{\partial C_{ref}(P_{ref})}{\partial P_{ref}} \left(1 - \frac{\partial P_{loss}}{\partial P_k}\right) \Delta P_k$$

과 같다. 정의에 의하면 LMP_k는 다음 식

$$LMP_k = \frac{\Delta T_{\text{cost}}}{\Delta P_k} = \frac{\partial C_{ref}(P_{ref})}{\partial P_{ref}} \left(1 - \frac{\partial P_{loss}}{\partial P_k}\right) = LMP_{ref} - \frac{\partial P_{loss}}{\partial P_k} P_{ref}$$

또는 다음 식

$$LMP_k = LMP_{ref} - \frac{\partial P_{loss}}{\partial P_k} LMP_{ref}$$

이다. 그러므로 어느 송전선도 제약조건에 부딪치지 않았다면 각 모선에서의 모선 한계가격은 두 가지의 성분을 갖는다.

$LMP_k =$ 기준모선에서의 시스템 한계가격 $+$ 시스템 손실의 성분

8.11.2 송전선의 전력조류가 제약조건에 부딪쳤을 경우의 모선한계가격

정의에 의하면 이 경우에 있어서 부하모선-k에서의 모선한계가격은 부하모선-k에 1MW의 부하를 추가할 경우에 송전선-ℓ의 전력조류가 변동하지 않는 상황에서 전력시스템에 추가되는 비용을 나타낸다. 송전선-ℓ의 전력조류의 변동이 없으면서 모선-k에 1MW의 부하를 추가하기 위해서는, 모선-j에 다른 발전기를 도입하여야 한다. 만약 1MW가 모선-k에 추가된다면 기준모선은 추가적인 부하와 손실을 흡수하여야 하고 모선-j의 발전기는 출력을 변동하여 송전선-ℓ의 전력조류를 한계 이내에 존재하도록 하여야 한다. 다시 말하면 송전선-ℓ의 전력조류에 변동이 없어야 한다. 이를 보여 주기 위하여 기준모선, 부하모선 그리고 발전모선과 송전선을 갖는 시스템을 〈그림 8.6〉에 나타냈다.

먼저 송전선 전력조류 제약에 대한 라그랑지 승수를 나타내기 위하여 라그랑지 함수를 다시 나타낸다.

$$\mathcal{L} = C_{ref}(P_{ref}) + C_j(P_j) + \lambda(P_{load} + P_{loss} - P_{ref} - P_j) + \mu(flow_\ell - flow_\ell^+)$$

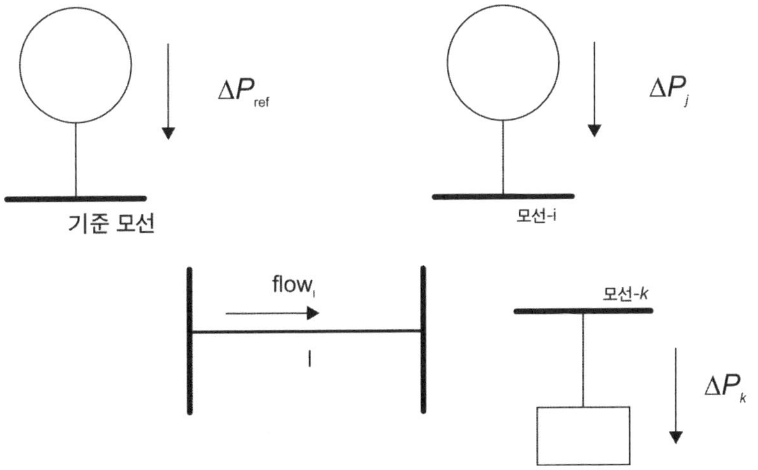

〈**그림 8.6**〉 송전선 전력조류가 제약조건에 부딪쳤을 경우 모선한계가격

여기에서 $flow_\ell^+$는 송전선-ℓ의 최대 전력조류이며 KKT 조건에 의하여 μ는 양(+)이다. 송전선-ℓ의 전력조류를 모델링 하기 위하여 다음의 공식

$$flow_\ell = flow_\ell^0 + \Delta flow_\ell$$

여기에서

$$\Delta flow_\ell = a_{\ell j}\Delta P_j - a_{\ell k}\Delta flow_\ell$$

이 성립하며 최종적으로 다음 식

$$flow_\ell = flow_\ell^0 + a_{\ell j}(P_j - P_j^0) - a_{\ell k}(P_k - P_k^0)$$

이 성립한다. 최적해인 상태에서 제약조건식은 다음의 식

$$\frac{\partial \mathcal{L}}{\partial flow_\ell} = -\mu$$

과 같으며 $\dfrac{\partial \mathcal{L}}{\partial P_{ref}} = \dfrac{\partial C_{ref}(P_{ref})}{\partial P_{ref}} - \lambda = 0$이 성립하여 $\lambda = \dfrac{\partial C_{ref}(P_{ref})}{\partial P_{ref}}$ 이며 다음 식

$$\frac{\partial \mathcal{L}}{\partial P_j} = \frac{\partial C_j(P_j)}{\partial P_j} + \lambda\left(\frac{\partial P_{loss}}{\partial P_j} - 1\right) + \mu\left(\frac{\partial flow_\ell}{\partial P_j}\right) = 0$$

또는 다음 식

$$\frac{\partial \mathcal{L}}{\partial P_j} = \frac{\partial C_j(P_j)}{\partial P_j} + \lambda\left(\frac{\partial P_{loss}}{\partial P_j} - 1\right) + \mu(a_{\ell j}) = 0$$

이 성립하므로 μ는 다음의 식

$$\mu = \left(\frac{\partial C_{ref}(P_{ref})}{\partial P_{ref}}\left(1 - \frac{\partial P_{loss}}{\partial P_j}\right) - \frac{\partial C_j(P_j)}{\partial P_j}\right)\frac{1}{a_{\ell j}}$$

과 같이 된다. 송전선-ℓ의 전력조류는 상수로 유지되고 $\Delta flow_\ell = 0$ 이므로

$\Delta P_j = \frac{a_{\ell k}}{a_{\ell j}} \Delta P_k$이다.

송전선-ℓ의 전력조류가 상한에 부딪쳐 있는 상태에서 모선-k에 추가적으로 1MW를 공급하기 위한 발전출력의 변동에 대한 시스템 총비용의 변동에 관련된 등식으로 돌아간다.

$$\Delta P_{ref} = \Delta P_k - \frac{\partial P_{loss}}{\partial P_k} \Delta P_k - \Delta P_j + \frac{\partial P_{loss}}{\partial P_j} \Delta P_j$$

위의 식은 모선-j의 발전출력의 변동과 손실에 대한 영향뿐만 아니라 모선-k의 부하의 변동과 손실에 대한 영향을 고려한다. 이 식을 다시 정리하면 다음 식

$$\Delta P_{ref} = \left(1 - \frac{\partial P_{loss}}{\partial P_k}\right) \Delta P_k + \left(-1 + \frac{\partial P_{loss}}{\partial P_j}\right) \Delta P_j$$

을 얻는다. 그러나 송전선-ℓ의 전력조류에 변동이 없어야 하므로 $\Delta P_j = \frac{a_{\ell k}}{a_{\ell j}} \Delta P_k$를 이용하여 위의 식을 다시 정리하면 다음 식

$$\Delta P_{ref} = \left(1 - \frac{\partial P_{loss}}{\partial P_k}\right) \Delta P_k + \left(-1 + \frac{\partial P_{loss}}{\partial P_j}\right)\left(\frac{a_{\ell k}}{a_{\ell j}}\right) \Delta P_k$$

또는 다음의 식

$$\Delta P_{ref} = \left(\left(1 - \frac{\partial P_{loss}}{\partial P_k}\right) + \left(-1 + \frac{\partial P_{loss}}{\partial P_j}\right)\left(\frac{a_{\ell k}}{a_{\ell j}}\right)\right) \Delta P_k$$

을 얻는다. 마지막으로 발전비용의 변동에 대한 관계식으로 돌아간다.

$$\Delta T_{\text{cost}} = \frac{\partial C_{ref}(P_{ref})}{\partial P_{ref}} \Delta P_{ref} + \frac{\partial C_j(P_j)}{\partial P_j} \Delta P_j$$

위의 식에서 ΔP_{ref}와 ΔP_j를 앞에서 제시한 공식으로써 대체하면 다음 식

$$\Delta T_{\text{cost}} = \frac{\partial C_{ref}(P_{ref})}{\partial P_{ref}} \left(\left(1 - \frac{\partial P_{loss}}{\partial P_k} \right) + \left(-1 + \frac{\partial P_{loss}}{\partial P_j} \right) \left(\frac{a_{\ell k}}{a_{\ell j}} \right) \right) \Delta P_k + \frac{\partial C_j(P_j)}{\partial P_j} \left(\frac{a_{\ell k}}{a_{\ell j}} \right) \Delta P_k$$

을 얻는다. 이것을 다시 정리하면 다음 식

$$LMP_k = \frac{\Delta T_{\text{cost}}}{\Delta P_k} = \frac{\partial C_{ref}(P_{ref})}{\partial P_{ref}} - \frac{\partial P_{loss}}{\partial P_k} \frac{\partial C_{ref}(P_{ref})}{\partial P_{ref}} - \left(\frac{\partial C_{ref}(P_{ref})}{\partial P_{ref}} \left(1 - \frac{\partial P_{loss}}{\partial P_j} \right) \left(\frac{1}{a_{\ell j}} \right) - \frac{\partial C_j(P_j)}{\partial P_j} \left(\frac{1}{a_{\ell j}} \right) \right) a_{\ell k}$$

과 같은 최종 형태를 얻지만, 마지막 항의 큰 괄호 속의 내용은 μ와 같다. 그러므로 다음 식

$$LMP_k = \frac{\Delta T_{cost}}{\Delta P_k} = \frac{\partial C_{ref}(P_{ref})}{\partial P_{ref}} - \frac{\partial P_{loss}}{\partial P_k} \frac{\partial C_{ref}(P_{ref})}{\partial P_{ref}} - \mu a_{\ell k}$$

또는 다음의 식

$$LMP_k = \frac{\partial C_{ref}(P_{ref})}{\partial P_{ref}} - \frac{\partial P_{loss}}{\partial P_k} \frac{\partial C_{ref}(P_{ref})}{\partial P_{ref}} - \mu a_{\ell k} = LMP_{ref} - \frac{\partial P_{loss}}{\partial P_k} LMP_{ref} - \mu a_{\ell k}$$

과 같이 된다. 만약 여러 개의 송전선의 전력조류가 한계에 부딪친 상황이라면 위의 식은 다음 식

$$LMP_k = LMP_{ref} - \frac{\partial P_{loss}}{\partial P_k} LMP_{ref} - \sum_{\ell=1}^{NLL} \mu_\ell a_{\ell k}$$

과 같이 된다. 여기에서 NLL은 선로 전력조류 제약의 상한에 부딪친 송전선의 개수이며 μ_ℓ는 송전선-ℓ의 라그랑지 승수이다.

이 식으로부터 알 수 있는 것은 선로의 전력조류가 한계에 부딪쳐 있을 경우, 모선-k의 모선한계가격은 다음 식

$LMP_k =$ 기준모선에서의 시스템 한계가격 + 송전손실 성분

+ 혼잡(송전선 전력조류 상한) 성분

과 같이 3개의 성분을 갖고 있다는 것이다.

송전선 전력조류 한계에 부딪치지 않은 6-모선 테스트 시스템에 있어서, 기준모선에서의 모선증분비용(BIC)과 모선한계가격의 관계가 다음 표에 나타나 있다. "LMP Calc" 열은 $LMP_k = LMP_{ref} - \frac{\partial P_{loss}}{\partial P_k} LMP_{ref}$의 공식을 사용하여 계산한 것이며 OPF 알고리즘에 의한 LMP 계산결과와 비교하였다.

				OPF로부터
모선	람다(기준모선)	dP_{loss}/dP_i	LMP Calc	람다 P ($/MWh)
1				12.506
2	12.506	0.0052	12.4409688	12.446
3	12.506	0.0044	12.4509736	12.459
4	12.506	−0.0484	13.1112904	13.114
5	12.506	−0.0538	13.1788228	13.183
6	12.506	−0.0303	12.8849318	12.892

송전선의 전력조류 제약이 있는 경우에도 유사한 결과가 도출된다(여기의 경우, 송전선 2-4와 3-6의 전력조류가 한계에 부딪쳐 있음). "LMP Calc"의 열은 다음 식

$$LMP_k = LMP_{ref} - \frac{\partial P_{loss}}{\partial P_k} LMP_{ref} - \sum_{i=1}^{NLL} \mu_i a_{\ell ik}$$

을 이용하여 계산하였다.

							OPF로부터	
모선	람다 (기준모선)	$\frac{dP_{loss}}{dP_i}$	$\mu(2-4)$	$a_{\ell i}=\frac{dflow(2-4)}{dP_i}$	$\mu(3-6)$	$a_{\ell i}=\frac{dflow(3-6)}{dP_i}$	LMP Calc	람다 P ($/MWh)
1								12.796
2	12.796	−0.0124	1.036	0.3115	2.752	−0.0077	12.65337	12.628
3	12.796	−0.0302	1.036	0.2154	2.752	0.3695	11.94279	11.910
4	12.796	−0.0592	1.036	−0.379	2.752	−0.0023	13.95245	13.950
5	12.796	−0.0726	1.036	0.1013	2.752	0.015	13.57892	13.562
6	12.796	−0.0605	1.036	0.2208	2.752	−0.3433	14.28619	14.293

8.12 안전도-제약 최적조류계산(SCOPF)

제7장에서 안전도 해석의 개념 및 전력시스템이 안전도를 유지하면서 운용되도록 하기 위하여 어떠한 제약조건이 적용되어야 하는가를 설명하였다. 상정사고 발생 이후에 전력시스템의 운용조건을 위반하는 상황이 발생하지 않도록 하기 위하여 상정사고 발생 이전의 운용조건에 상정사고 제약조건을 추가한 것을 SCOPF라고 한다.

OPF가 경제급전(ED)과 다른 점은 목적함수를 최소화하여 가는 과정에서 전력조류를 계속 수정하는 것이다. 전력조류가 수정되도록 하는 것의 장점은 송전망에서 유지되어야 하는 제약조건을 OPF에 반영할 수 있다는 것이다. 그러므로 OPF는 전력시스템의 구성요소의 제약조건을 만족시키면서 최적해에 도달할 수 있도록 한다.

이 절차를 확대하고 보강하는 것은 상정사고 상황에서 구성요소에 대해 제한 범위를 모델링 하는 제약조건을 추가하는 것이다. 이와 같은 새로운 "안전도 유지 제약조건" 또는 "상정사고 제약조건(contingency constraints)"은 상정사고 발생 후의 제약조건뿐만 아니라 상정사고 발생 전의 제약조건에 대해서도 OPF가 이것을 만족하도록 작용한다. 그러나 이렇게 하는 데에 있어서는 대가를 지불하여야 한다. 이것은 교류조류계산으로 OPF를 실행할 때에 관측되는 상정사고마다 조류계산 프로그램을 실행하여야 한다는 것이다. 이것이 〈그림 8.7〉에 나타나 있다.

〈그림 8.7〉의 SCOPF는 $(n-0)$-제약조건만을 가지고 OPF 문제를 풀기 시작한다. 최적이며 제약조건이 고려되었을 경우에 있어서만 상정사고해석이 실행된 것이다. 〈그림 8.7〉에서 상정사고해석은 전력시스템을 검사하고 가장 나쁜 상정사고 케이스를 확인하는 것에서 출발한다. 제7장의 안전도의 설명에서 지적한 바와 같이 모든 상정사고의 케이스가 상정사고 발생 후에 시스템 운용조건의 위반상황으로 결과가 나타나는 것이 아니며, 완전교류조류계산 프로그램의 실행횟수에 제한을 가하는 것이 중요하다. 이것은 각각의 상정사고에 따른 조류계산에 따라 새로운 상정사고 제약이 추가되는 SCOPF에 있어서 대단히 중요하다. 검사 알고리즘을 거친 M개의 가장 나쁜 상정사고 케이스만 추가된다고 가정한다. $M=1$이라고 할 수도 있으며 이 경우 가능하면서도 가장 나쁜 상정사고 케이스만 추가된다.

다음으로, 고려하고 있는 모든 $(n-1)$-상정사고 케이스는 조류계산문제의 제약조건을 수정하는 데 반영된 상정사고 제약조건을 이용하여 조류계산문제의 해를 구하여야 한다. 만약 조류계산의 결과에 안전도 유지에 대한 위반상황이 나타나면 상정사고 제약조건을 만들어 내기 위하여 전력시스템 모델이 사용된다. 실제로 실행되는 것은 상정사고가 반영된 모델에 대하여 네트워크 민감도를 계산하고 (절 7.4.1 참조) 결과적으로 나타나는 제약조건에 대한 민감도 계산결과를 보관한다. 모든 상정사고에 대한 조류계산이 끝나면 모든 상정사고 제약조건이 OPF 모델에 추가되고 이에 대한 해를 구한다.

〈그림 8.7〉을 보면 실행되어야 할 2개의 루프가 있다. "OPF 반복"이라는 순환연산구조는 모든 상정사고 제약조건이 만족되는 OPF의 해를 얻을 때까지 OPF와 모든 상정사고별 조류계산이 실행되도록 한다. 다음으로 "상정사고 선별 반복"이라는 외곽의 순환연산구조가 실행된다. 만약 상정사고 선별 알고리즘이 새로운 상정사고를 찾아내지 않는다면 SCOPF는 종료될 수 있다. 그러나 만약 새로운 상정사고가 발견되면 이것을 명단에 추가하고 실행을 계속한다.

그러면 왜 이러한 모든 계산과정이 필요한 것인가? 전력시스템의 최적 운용조건은 자주 시스템 운용의 안전도 유지를 위한 조건을 위반하기 때문이다. 이것은 대용량의 전력융통의 거래가 좋은 가격으로 성립할 경우이다. 이 경우에, 전력을 송출하는 시스템은 발전가격을 OPF 모델에 지정한 다음에 OPF를 실행하도록 모델링 할 것이며 이에 따라 OPF는 송전망의 구성요소가 한계에 도달할 때까지 연계선의 전력조류를 증가할 것이다. 이 시점에서, 상정사고해석 프로그램이 실행된다면 상정사고 제약조건을 위반하는 많은 경우가 발생할 것이며 상정사고 제약조건이 추가된 것이므로 새로운 상정사고 제약조건을 만족하기 위하여 전력융통

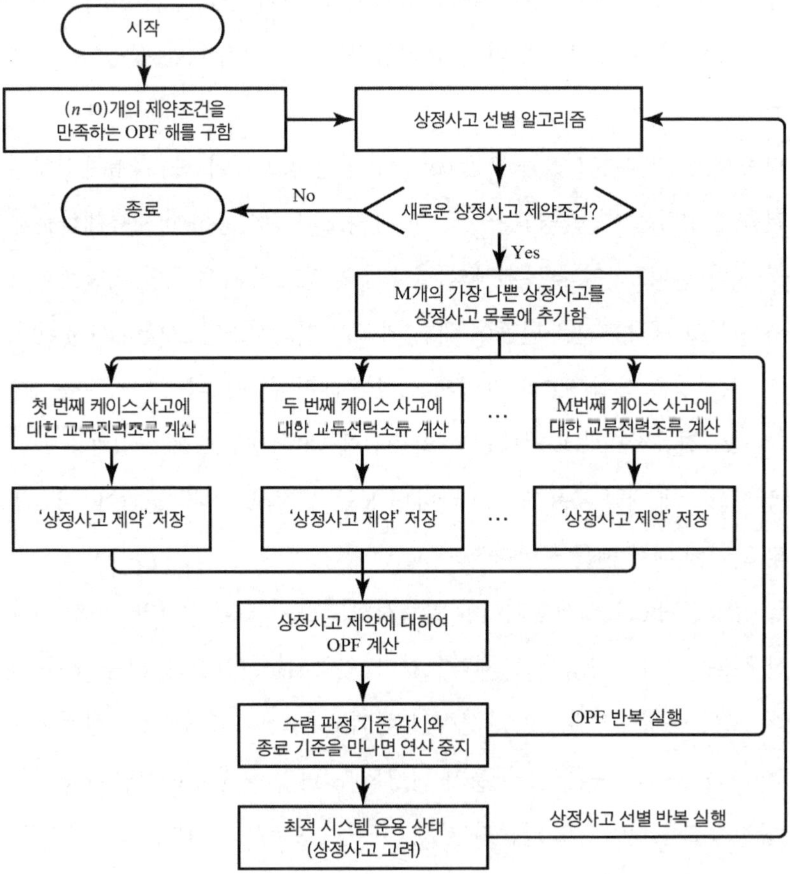

〈그림 8.7〉 SCOPF의 계산 절차

을 취소하여야 할 것이다.

만약 몇 개의 상정사고 제약조건이 OPF에 추가된다면 OPF는 발전기출력을 다시 지정하고, 전압크기의 제한범위, 그리고 변압기 탭을 조정할 것이다. 새로운 선별 알고리즘과 조류계산이 실행되면 이러한 조정절차는 새로운 상정사고 제약조건이 위반되는 경우를 만들어 낼 것이다. 상정사고 검사 알고리즘과 OPF 사이를 오가며 반복하는 것은 가장 심각한 상정사고 케이스를 찾아내기 위한 것이다.

8.12.1 직류 OPF와 이차계획법을 이용한 SCOPF

절 8.8.1에 나타난 바와 같이 목적함수는 다음 식

$$\sum_{\lambda=1}^{N_{gen}}\left(P_{gen_i}\right)=\sum_{i=1}^{N_{gen}}\left(a_i+b_iP_{gen_i}+c_iP_{gen_i}^2\right)$$

과 같고 조류계산 방정식의 집합은 다음 식

$$\mathrm{P_{gen}}-\mathrm{P_{load}}-100\left[\mathrm{B_x}\right]\boldsymbol{\theta}=0$$

$$P_{gen_i}^{min}\le P_{gen_i}\le P_{gen_i}^{max}\ ,\quad i=1,\cdots,N_{gen}$$

으로 표현된다. 모선의 부하를 상수로 취급하는 대신에 여기에서는 변수로서 취급한다. 이후에는 소위 말하는 '부하편익함수'에 반응하여 실제로 변동하도록 할 것이지만 지금으로서는 P_{load} 변수가 이차계획법 문제에서 변수로서 작용하는 것으로 가정하고 하한과 상한의 크기를 동일하게 하여 원하는 크기의 상수로서 작용하도록 한다.

여기의 이차계획법 문제는 P_{gen}과 P_{load}로 구성되어 있다. 다음으로 $\boldsymbol{\theta}$라는 변수를 기준모선을 포함한 각 모선에 추가한다. 차후에는 변수를 또다시 추가한다. 그러면 변수 벡터는 다음과 같다.

$P_{gen_1}\ P_{gen_2}\ \cdots\ P_{load_1}\ P_{load_2}\ \cdots\ \theta_1\ \theta_2\ \cdots$

8.12.2 직류조류계산

이 프로그램은 다음과 같은 2개의 행렬을 작성한다.

$B_x = \sum(1/x_{ij})$, 모선-i에 연결된 모든 선로에 대하여

$B_x = -1/x_{ij}$, 모선-i에 연결된 선로-ij에 대하여

그리고 다음 식

$$P_{net} = [B_x]\theta$$

여기에서

P_{net}: 각 모선에서의 순전력($P_{gen} - P_{load}$)의 벡터

θ: 위상각의 벡터

을 이용하여 직류조류계산 문제를 푼다.

〈그림 8.8〉은 이차계획법 문제(QP)의 제약조건 행렬을 나타낸다.

이차계획법 문제에 있어서 제약조건 행렬의 변수의 개수는 $N_{gen} + N_{loads} + N_{bus}$ 이며 행의 개수는 N_{bus} 이다. 위와 같은 등호 제약조건의 집합을 갖는 이차계획법 문제는 목적함수를 최소화하는 것과 직류조류계산 문제를 푸는 것을 동시에 실행한다.

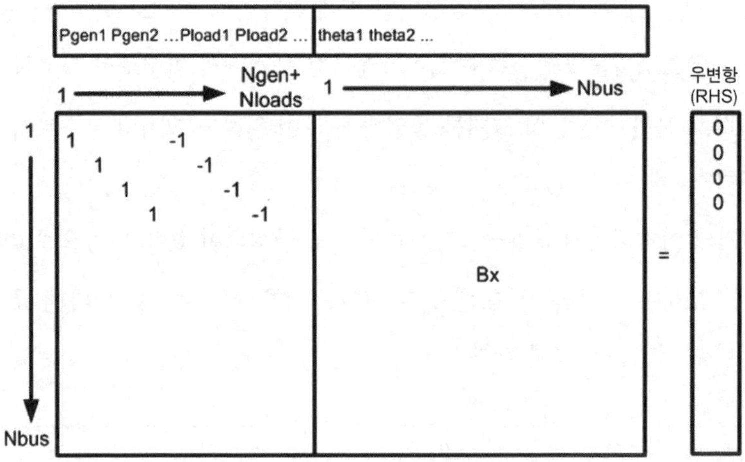

〈그림 8.8〉 직류조류계산과 이차계획법 문제의 제약조건 행렬

"MATLAB"의 이차계획법 프로그램은 각각의 하한 및 상한의 제약조건에 뿐만 아니라 각각의 등식 및 부등식 제약조건에 대한 라그랑지 승수를 계산하여 준다(예제 8D 참조). 앞에서 언급한 제약조건식의 집합에 대한 라그랑지 승수(다시 말하면 직류조류계산에 있어서의 각 모선에 대한 것)는 모선한계가격이다. 그러나 여기에서 선로의 전력조류의 한계에 부딪친 것이 없으므로 모든 모선의 LMP는 동일하다.

8.12.3 송전선 전력조류의 한계

선로 전력조류에 제약조건을 추가하기 위하여 다음과 같은 "Flow" 행렬을 설정한다.

$$\mathrm{FLOW}_{row\,n} = \begin{bmatrix} 1/x_{ij} & -1/x_{ij} \end{bmatrix}$$

$$\text{열-}i \qquad \text{열-}j$$

여기에서 송전선-n은 모선-i와 모선-j를 연결함.

모든 송전선(1부터 n까지)의 전력조류는 다음 식

$$Lineflow = [\mathrm{FLOW}]\boldsymbol{\theta}$$

과 같은 "FLOW" 행렬을 사용하여 계산되고 "Line flow"는 모든 선로의 전력조류 벡터이며 모선-i에서 모선-j로 흐르는 전류를 양(+)으로 나타낸다.

각각의 선로는 "flowmax"라는 상한치를 갖고 있으며 다음의 부등식

$$-flowmax_n \le lineflow_n \le flowmax_n$$

을 만족한다. 이것은 실제로는 2개의 부등식이지만 가변의 한계를 갖는 것으로 표현할 수 있다면 하나의 부등식으로 나타낼 수 있다(MATLAB QP에서의 기법). 그러므로 한 쌍의 부등식 제약조건(여유변수 S_n을 사용하여 선로-n에 대하여 등식으로 표현함)은 다음 식

$$lineflow_n - S_n = flowmax_n$$

과 같이 되며 여유변수 S_n의 상한과 하한은 다음 식

$$0 \le S_n \le 2 \times flowmax_n$$

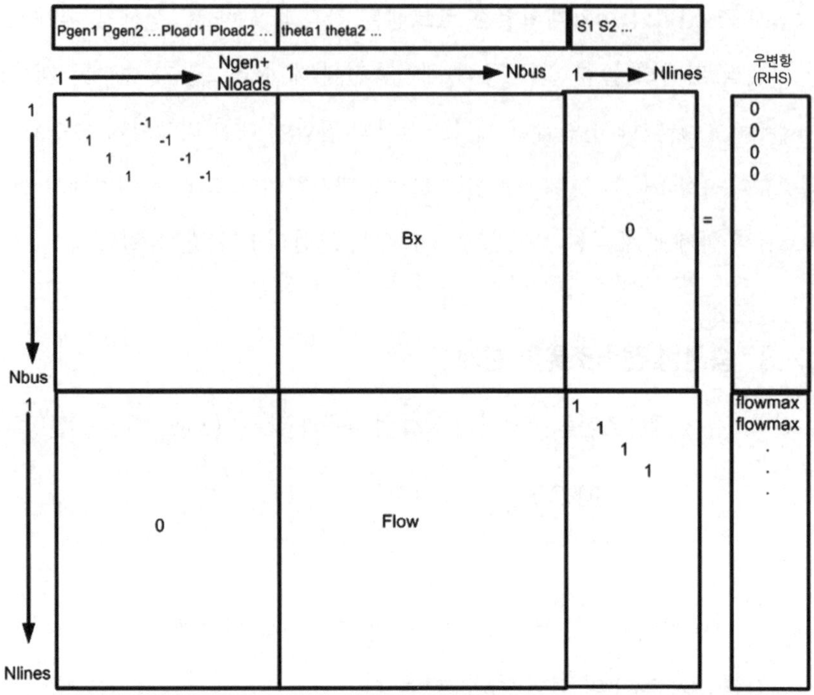

〈그림 8.9〉 이차계획법의 제약조건 행렬(직류조류계산, 모든 선로의 제약조건 포함)

과 같다. 만약 선로 전력조류 한계를 추가한다면 〈그림 8.9〉의 제약조건 행렬에 나타나는 것처럼 선로 전력조류의 제약조건을 추가하면 된다.

그러면 이차계획법 문제의 변수의 개수는 $N_{gen}+N_{loads}+N_{bus}+N_{lines}$ 이며 행렬의 행의 개수는 $N_{bus}+N_{lines}$ 이다.

위의 이차계획법 문제(QP)는 직류조류계산 문제를 풀어 가면서 모든 송전선 용량제약을 고려하여 최소비용의 해를 구한다. 송전선 전력조류가 한계에 부딪쳤다면 모선한계가격은 서로 다르게 나타난다. 또한 전력조류가 한계에 부딪친 송전선의 라그랑지 승수의 값은 혼잡비용(congestion cost)이라고 한다.

8.12.4 상정사고 제약조건식의 처리

제7장의 LODF 표를 다음 식

$$lineflow_n(\text{선로-}m\text{의 사고 이후}) = lineflow_n(\text{사고 이전})$$

$$+\text{LODF}(n, m) \times lineflow_n\,(\text{사고 이전})$$

에 의하여 계산한다. 여기의 계산에 있어서 나머지의 모든 선로에 대하여 모든 가능한 $(n-1)$−상정사고의 영향을 반영하는 행렬을 작성하지는 않는다. 이렇게 한다면 차원이 N_{lines}의 제곱과 같은 크기가 되기 때문이다. 여기에서 가장 좋은 절차는 선로 전력조류 제약조건을 이용하여 기준 선형계획법 프로그램을 실행하고 상정사고 케이스를 검토하여 〈그림 8.10〉과 같이 전력조류가 제약조건에 부딪친 선로에 대하여 제약조건을 구성하는 것이다. 먼저 가장 위반의 크기가 큰 상정사고 케이스에 대하여 이차계획법 문제의 제약조건 행렬에 한 번에 하나씩 추가한다. 일반적으로 상정사고 제약조건식은 구속되는 제약조건식이 되는 결과를 가져오며, 송전선 전력조류의 제약조건식은 제약조건에 부딪치지 않는(즉 해당 제약조건식의 여유변수가 양(+)으로 되는) 상황이 된다. 이차계획법 문제의 해가 구해지면 상정사고해석을 다시 실행하고 어떤 새로운 선로의 상정사고가 위반상황을 일으키면 가장 위험한 상정사고 케이스의 상정사고 제약조건식을 이차계획법 문제에 추가하고 다시 실행한다. 이 과정을 '반복 제약조건 탐색법(ICS)'이라고 말한다. 이 기법은 가장 심하게 제약조건식을 위반하는 상정사고를 찾는 데 있어서 단지 몇 회의 반복계산만을 필요로 하며 추가적인 상정사고 제약조건 위반 상황이 없는 해를 생산한다.
이차계획법 문제에 상정사고 제약조건을 추가하기 위하여 민감도 계산이 필요하다. 이것은 다음 식

$$Flow_{row\,n} + \text{LODF}(n, m) \times Flow_{row\,m}$$

과 같다. 상정사고 제약조건은 선로 전력조류의 제약과 달리 작성할 수 있다. 예를 들면 이차계획법 문제에 있어서 "*flowmax*"를 1.1배로 하여 상정사고 제약의 전력조류 제약조건식을 구성하는 것이다. 이와 같이 변경된 상정사고 선로부하 한계는 〈그림 8.10〉에 "*flowmax*"로 나타나 있다. 이차계획법 문제에 있어서 "작용하

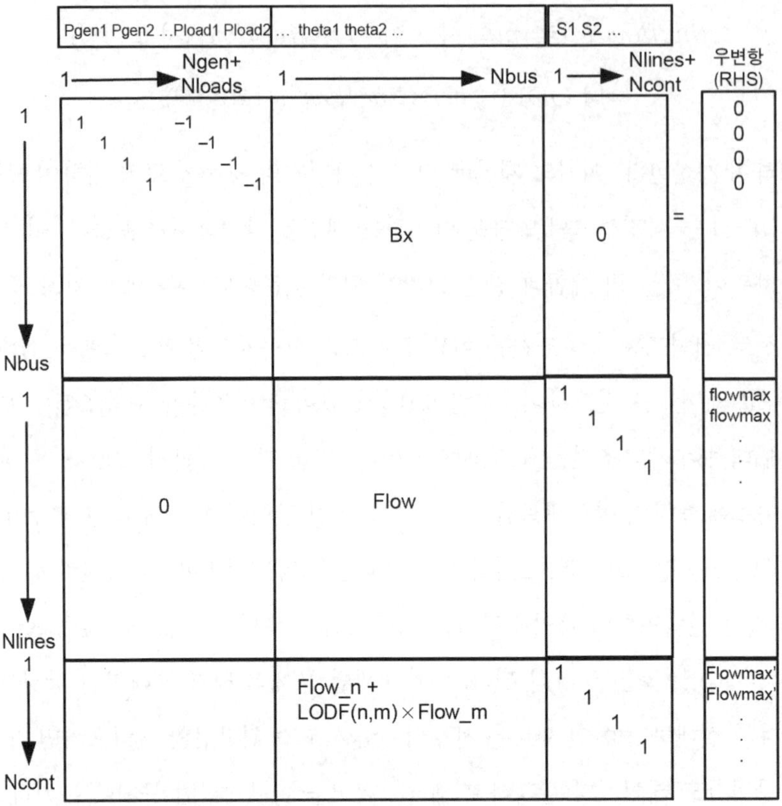

여기에서 N_{cont} = 제약조건 한계에 부딪친("active") 상정사고 제약조건식의 개수

〈그림 8.10〉 직류조류계산, 선로 전력조류 제약조건, 상정사고 제약조건 등이 고려된 이차계획법 문제의 제약조건 행렬

는 상정사고 제약조건"[7]의 개수는 N_{cont}이다.

송전선 전력조류 제약과 상정사고 제약을 고려한 이차계획법 문제는 다음과 같다. 이차계획법 문제의 해는 송전선의 전력조류가 한계에 부딪친 경우의 혼잡비용뿐만 아니라 모선한계가격도 제공한다. 이 문제에서에 있어서 여유변수의 개수는 $N_{lines} + N_{contingency}$이다.

---

7) 역자 주: "active constraint"에서 'active'의 의미는 해를 구한 다음에 부등식 제약조건식을 계산하여 제약조건식의 값이 부등식의 경계를 넘어선 것을 말하며 이때의 제약조건은 active constraint가 된다.

예제 8D 이 예제는 제6장(〈그림 6.14〉)에 나타난 6-모선 시스템을 각각 복사하여 2개로 연결하여 12-모선 시스템을 구성한 다음 SCOPF 프로그램을 실행한 것을 보여 준다. 12-모선 시스템에서 몇 개의 송전선의 용량을 2배로 확대하였으며 3개의 연계선을 추가하여 나타냈다. 또한 발전기 비용함수와 모선부하를 변동하였다. 〈그림 8.11〉은 12-모선 시스템을 나타낸다.

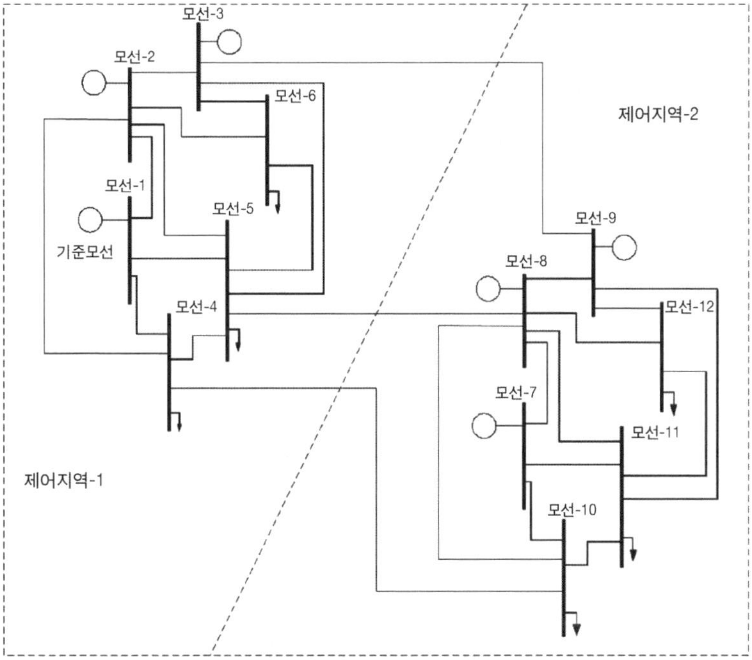

〈그림 8.11〉 12-모선 예제 시스템

12-모선 시스템의 자료는 부록 8B에 주어져 있다. 첫 단계는 부록 8B에 주어진 네트워크, 모선부하 그리고 발전기를 이용하여 OPF 문제를 푸는 것이다. 제어지역-1에 속한 발전기의 연료비는 제어지역-2의 것보다 월등히 높으며 OPF의 결과를 보면 모선-1, 모선-2, 모선-3에 속한 3개의 발전기 모두가 최저출력을 내고 있다. 모선 부하, 발전기출력, 람다 등은 다음 표와 같다.

모선	발전기출력	모선 부하	모선 람다
1	50.00	0.00	12.662
2	37.50	0.00	12.662
3	45.00	0.00	12.662
4	0.00	110.00	12.662
5	0.00	110.00	12.662
6	0.00	110.00	12.662
7	93.13	0.00	12.662
8	130.98	0.00	12.662
9	123.40	0.00	12.662
10	0.00	50.00	12.662
11	0.00	50.00	12.662
12	0.00	50.00	12.662

선로 전력조류가 한계에 부딪치지 않았으므로 각 모선에서의 람다값은 동일하다. 3개의 연계선에 흐르는 전력조류는 다음 표와 같다.

시작 모선	종료 모선	전력조류 하한	전력조류	전력조류 상한	% 전력조류
3	9	-80.0	-64.6	80.0	80.7
5	8	-80.0	-70.3	80.0	87.8
4	10	-80.0	-62.7	80.0	78.3

제어지역-1의 부하는 330MW이지만 발전기출력의 합은 132.5MW뿐이며 197.6MW를 연계선을 통하여 수입하고 있다.

만약 위의 네트워크에 대하여 동일한 모선별 부하, 발전기 비용함수를 사용하여 상정사고해석을 한다면 다음의 사실을 확인할 수 있다. 이 경우에 상정사고 제약조건으로서 평상시의 전력조류 한계의 125%를 상한으로 사용한다. 최악의 $(n-1)-$ 상정사고는 다음의 경우이다.

선로 3-6 탈락, 선로 2-6 과부하, 전력조류=75.06, 한계=75.00

선로 7-10의 상실로 인하여 선로 8-10에 과부하가 발생하였다. 상정사고로 인한 전력조류는 93.22MW이며 이것은 전력조류의 상한을 훨씬 능가한다. 이 상정사고는 〈그림 8.10〉의 보상조류 계수를 사용하여 모델링 하였다. 결과로서 얻은 OPF는 $(n-1)-$ 상정사고 검사를 통한 것이며 다음과 같은 상정사고 과부하를 일으켰다.

선로 7-10 탈락, 선로 8-10 과부하, 전력조류=93.22, 한계=75.00

위의 선로 과부하는 미세하므로 OPF에 그대로 적용하였다. 마지막으로 OPF를 실행하였으며 더 이상의 새로운 $(n-1)-$ 상정사고를 발견하지 못하였다. 2개의 상정사고해석으로 선로의 전력조류에 대하여 상한치가 적용되었으며 새로운 OPF의 결과로 다음의 결과를 얻었다.

모선	모선별 발전기출력	모선 부하	모선 람다
1	50.00	0.00	17.926
2	83.82	0.00	17.735
3	45.00	0.00	17.195
4	0.00	110.00	18.470
5	0.00	110.00	17.395
6	0.00	110.00	18.309
7	92.96	0.00	12.660
8	43.08	0.00	11.099
9	165.14	0.00	13.280
10	0.00	50.00	28.681
11	0.00	50.00	15.007
12	0.00	50.00	12.999

선로 전력조류가 상정사고 제약으로 인하여 한계에 부딪쳐 있으므로 각 모선의 람다값은 모두 다르다. 제어지역-1의 부하는 모선-1, 모선-2, 모선-3의 발전기에 의하여 앞의 경우보다 많이 공급되고 있으며 연계선의 전력조류는 다음 표와 같다.

시작 모선	종료 모선	전력조류 하한	전력조류	전력조류 상한	% 전력조류
3	9	-80.0	-53.0	80.0	66.2
5	8	-80.0	-52.3	80.0	65.4
4	10	-80.0	-45.9	80.0	57.3

제어지역-1은 151.2MW의 전력만을 수입하고 있다. OPF에 적용된 2개의 상정사고 제약조건은 다음 표와 같다.

상정사고	Contflow	Contlimit	용량	과부하 %	람다
선로 3-6 탈락 (선로 2-6 과부하 발생)	75.0	75.0	60.0	100	1.58
선로 7-10 탈락 (선로 8-10 과부하 발생)	75.0	75.0	60.0	100	22.27

여기에서

"Contflow"는 선로가 탈락한 경우의 결과적 전력조류

"Contlimit"는 상정사고 조류의 한계이며 상한×1.25이다.

정격은 일반적 선로 정격용량이다.

과부하 %는 일반적 선로조류 한계에 대한 %이다.

람다는 상정사고 제약조건식의 람다를 뜻한다.

따라서 최종의 해를 얻기 위하여 3회의 OPF 계산을 실행하였으며, 첫 번째 계산은 상정사고 제약조건을 적용하지 않은 것이며, 두 번째는 처음의 상정사고해석 결과를 적용한 것이고, 세 번째는 두 번째 상정사고해석의 결과를 적용한 것이다.

부록 8A: 내부점법(Interior Point Method)

내부점법은 제약조건식에 여유변수를 도입하는 동일한 기법을 사용하여 부등식 제약조건을 등식 제약조건으로 변환한다. 그리고 페널티 함수가 목적함수에 더해져서 다음과 같이 정식화된다.

$$\text{최소화 } f_\mu = \text{최소화 } f(\mathbf{x}) - \mu^k \sum_{i=1}^{N_{ineq}} \ln(s_i)$$

$$\text{제약조건 } \mathbf{g}(\mathbf{x}) = 0$$

$$\mathbf{h}(\mathbf{x}) + \mathbf{s} = 0$$

여기에서 N_{ineq}는 부등호 제약조건식의 개수이며 $\mu^k \geq 0$은 알고리즘이 반복계산을 거쳐 해에 수렴하면 0으로 되도록 하는 배리어 매개변수이다(k는 반복계산의 횟수). 그러면 라그랑지 함수는 다음 식

$$\mathcal{L}_\mu = f(\mathbf{x}) - \mu^k \sum_{i=1}^{N_{ineq}} ln(s_i) + \boldsymbol{\lambda}^{\mathrm{T}} \mathbf{g}(\mathbf{x}) + \boldsymbol{\nu}^{\mathrm{T}} (\mathbf{h}(\mathbf{x}) + \mathbf{s})$$

과 같으며 라그랑지안의 그레이디언트는 다음 식과 같다.

$$\nabla_{\mathbf{x}} \mathcal{L}_\mu = \nabla_{\mathbf{x}} f(\mathbf{x}) + \nabla_{\mathbf{x}} \mathbf{g}(\mathbf{x}) \boldsymbol{\lambda} + \nabla_{\mathbf{x}} \mathbf{h}(\mathbf{x}) \boldsymbol{\nu} = 0$$

$$\nabla_{\lambda} \mathcal{L}_\mu = \mathbf{g}(\mathbf{x}) = 0$$

$$\nabla_{\nu} \mathcal{L}_\mu = \mathbf{h}(\mathbf{x}) + \mathbf{s} = 0$$

$$\nabla_{\mathbf{s}} \mathcal{L}_\mu = -\mu^k \mathrm{S}^{-1} \mathbf{e} + \boldsymbol{\nu} = 0$$

$$\text{여기에서 } \mathrm{S} = \begin{bmatrix} s_1 & & & \\ & s_2 & & \\ & & s_3 & \\ & & & \ddots \end{bmatrix}, \quad \mathbf{e} = \begin{bmatrix} 1 \\ 1 \\ 1 \\ \vdots \end{bmatrix}$$

k번째 반복계산의 알고리즘은 다음과 같은 방정식의 집합의 해를 필요로 한다.

$$\begin{bmatrix} \nabla_{\mathbf{x}}^2 \mathcal{L}_\mu & \nabla_{\mathbf{x}} \mathbf{g}(\mathbf{x}) & \nabla_{\mathbf{x}} \mathbf{h}(\mathbf{x}) & 0 \\ \nabla_{\mathbf{x}} \mathbf{g}(\mathbf{x})^{\mathrm{T}} & 0 & 0 & 0 \\ \nabla_{\mathbf{x}} \mathbf{h}(\mathbf{x})^{\mathrm{T}} & 0 & 0 & \mathrm{I} \\ 0 & 0 & \mathrm{I} & \nabla_s^2 \mathcal{L}_\mu \end{bmatrix} \begin{bmatrix} \Delta \mathbf{x} \\ \Delta \lambda \\ \Delta \boldsymbol{\nu} \\ \Delta \mathbf{s} \end{bmatrix} = \begin{bmatrix} \nabla_{\mathbf{x}} \mathcal{L}_\mu \\ \nabla_{\lambda} \mathcal{L}_\mu \\ \nabla_{v} \mathcal{L}_\mu \\ \nabla_{s} \mathcal{L}_\mu \end{bmatrix}$$

내부점법을 이용한 예제 3A의 최적화 문제의 해법8)

하나의 등식 제약조건과 하나의 부등식 제약조건을 갖는 예제 3A의 최적화 문제는 아래와 같이 주어졌다.

$$\text{최소화 } f(x_1, x_2) = \text{최소화 } 0.25x_1^2 + x_2^2$$
$$\text{제약조건 } g(x_1, x_2) = 5 - x_2 - x_2 = 0$$
$$h(x_1, x_2) = x_1 + 0.2x_2 - 3 \leq 0$$

좀 더 흥미로운 문제로 만들기 위하여 등식 제약조건을 삭제하고 부등호 제약조건식의 방향을 바꾸면 다음 식

$$\text{최소화 } f(x_1, x_2) = \text{최소화 } 0.25x_1^2 + x_2^2$$
$$\text{제약조건 } h(x_1, x_2) = -x_1 - 0.2x_2 + 3 \leq 0$$

과 같이 된다. 먼저 부등호 제약조건식에 여유변수를 추가하고 목적함수에 로그 배리어 함수를 추가한다.

$$\text{최소화 } f(x_1, x_2) = \text{최소화 } 0.25x_1^2 + x_2^2 - \mu^k ln(s)$$
$$\text{제약조건 } h(x_1, x_2) = -x_1 - 0.2x_2 + 3 + s = 0$$

라그랑지 함수는 다음 식과 같다.

$$\mathcal{L}(x_1, x_2, \nu, s) = 0.25x_1^2 + x_2^2 - \mu^k ln(s) + \nu(-x_1 - 0.2x_2 + 3 + s)$$

최적해는 점 $(x_1^*, x_2^*, \nu^*, s^*)$로 확인되었으며 각종 그레이디언트의 값은 다음과 같다.

$$\nabla_{x_1}\mathcal{L}_\mu = 0.5x_1^* - \nu^* = 0$$
$$\nabla_{x_2}\mathcal{L}_\mu = 2x_2^* - 0.2\nu^* = 0$$
$$\nabla_{\lambda}\mathcal{L}_\mu = -x_1^* - 0.2v_2^* + 3 + s^* = 0$$
$$\nabla_{s}\mathcal{L}_\mu = -\frac{\mu^k}{s^*} + \nu^* = 0$$

8) 이 문제의 해법은 Volker Landenberger 학생의 과제물임.

출발점을 $x_1 = 10$, $x_2 = 10$ 과 $\mu = 20$ 으로 하고 한 번 반복계산에서 μ의 값을 앞의 반복계산의 값의 절반으로 축소해 가면 최적해는 다음 값으로 수렴한다.

$$x_1 = 2.9704$$
$$x_2 = 0.1485$$
$$\nu = 1.4852$$
$$\mu = 0.0002$$
$$s = 0.0001$$

부록 8B: 12-모선 시스템의 자료

모선 자료

모선	형식	Pd	Qd	Gs	Bs	제어 지역	Vm	Va	기준 kV	권역	Vmax	Vmin
1	3	0	0	0	0	1	1	0	100	1	1.07	0.95
2	2	0	0	0	0	1	1	0	100	1	1.07	0.95
3	2	0	0	0	0	1	1	0	100	1	1.07	0.95
4	1	110	15	0	0	1	1	0	100	1	1.07	0.95
5	1	110	15	0	0	1	1	0	100	1	1.07	0.95
6	1	110	15	0	0	1	1	0	100	1	1.07	0.95
7	2	0	0	0	0	2	1	0	100	1	1.07	0.95
8	2	0	0	0	0	2	1	0	100	1	1.07	0.95
9	2	0	0	0	0	2	1	0	100	1	1.07	0.95
10	1	50	15	0	0	2	1	0	100	1	1.07	0.95
11	1	50	15	0	0	2	1	0	100	1	1.07	0.95
12	1	50	15	0	0	2	1	0	100	1	1.07	0.95

발전기 자료

모선	Pg	Qg	Qmax	Qmin	Vg	MVA 기준	Status	Pmax	Pmin
1	110	0	150	-100	1.07	100	1	200	50
2	50	0	150	-100	1.05	100	1	150	37.5
3	50	0	120	-100	1.05	100	1	180	45
7	110	0	150	-100	1.07	100	1	200	50
8	50	0	150	-100	1.05	100	1	150	37.5
9	50	0	120	-100	1.05	100	1	180	45

발전기 비용함수

발전기 모선	a	b	c
1	319.65	17.5035	0.007995
2	300	15.4995	0.013335
3	360	16.2495	0.011115
7	213.1	11.669	0.00533
8	200	10.333	0.00889
9	240	10.833	0.00741

여기에서 $f(P_{gen}) = a + b \cdot P_{gen} + c \cdot P_{gen}^2$

송전선 및 연계선 자료

시작 모선	종료 모선	r	x	b	정격 A	정격 B	정격 C	비율	위상각	Status
1	2	0.1	0.2	0.04	100	0	0	0	0	1
1	4	0.05	0.2	0.04	100	0	0	0	0	1
1	5	0.08	0.3	0.06	100	0	0	0	0	1
2	3	0.05	0.25	0.06	60	0	0	0	0	1
2	4	0.05	0.1	0.02	120	0	0	0	0	1
2	5	0.1	0.3	0.04	60	0	0	0	0	1
2	6	0.07	0.2	0.05	60	0	0	0	0	1
3	5	0.12	0.26	0.05	60	0	0	0	0	1
3	6	0.02	0.1	0.02	120	0	0	0	0	1
4	5	0.2	0.4	0.08	60	0	0	0	0	1

5	6	0.1	0.3	0.06	60	0	0	0	0	1
7	8	0.1	0.2	0.04	100	0	0	0	0	1
7	10	0.05	0.2	0.04	100	0	0	0	0	1
7	11	0.08	0.3	0.06	100	0	0	0	0	1
8	9	0.05	0.25	0.06	60	0	0	0	0	1
8	10	0.05	0.1	0.02	60	0	0	0	0	1
8	11	0.1	0.3	0.04	60	0	0	0	0	1
8	12	0.07	0.2	0.05	60	0	0	0	0	1
9	11	0.12	0.26	0.05	60	0	0	0	0	1
9	12	0.02	0.1	0.02	120	0	0	0	0	1
10	11	0.2	0.4	0.08	60	0	0	0	0	1
11	12	0.1	0.3	0.06	60	0	0	0	0	1
3	9	0.4	0.8	0.16	80	0	0	0	0	1
5	8	0.4	0.8	0.16	80	0	0	0	0	0
4	10	0.4	0.8	0.16	80	0	0	0	0	0

부록 8C: 선로조류 민감도 계수

제7장에서 PTDF와 LODF 계수를 소개하였다. PTDF 계수는 모선-s와 모선-r 사이의 전력거래에 대한 선형의 관계식을 측정하기 위하여 사용된다. 그러나 만약 선형계획법 프로그램을 사용하려면 모선-i의 발전출력의 변동에 대한 선로-ℓ의 전력조류의 변동에 대한 영향을 측정하는 또 다른 계수를 사용하는 것이 유용할 수도 있다. 여기에서 모선-i의 발전출력 변동은 기준모선의 발전기출력변경에 의해 보상된다는 것을 가정한다. 그리고 이 책의 제1판과 제2판에서 사용한 표기법과 동일한 것을 사용하며 선로조류 민감도 계수[9] $a_{\ell j}$라고 표현하며 다음과 같이 주어진다.

선로조류 민감도 계수는 $a_{\ell i}$라고 하며 다음과 같이 정의한다.

$$a_{\ell i} = \frac{\Delta f_\ell}{\Delta P_i}$$

9) 이 책의 제1판과 제2판을 읽은 독자는 이것이 "발전기출력 이전계수(generation shift factor)"와 동일하다는 것을 알 것이다.

여기에서

ℓ= 송전선의 첨자

i= 모선의 첨자

Δf_ℓ= 모선-i에서 발전출력의 변동(ΔP_i)이 발생하였을 때

송전선-ℓ의 전력조류의 변동

ΔP_i= 모선-i의 발전출력의 변동

여기의 정의에서 모선-i에서 발전출력의 변동(ΔP_i)은 기준모선에서의 발전출력의 변동과 정확하게 반대방향으로 일어나며 나머지 모든 모선의 출력에는 변동이 없다고 가정한다. 그러면 $a_{\ell i}$ 계수는 모선-i의 발전출력 변동에 대한 선로-ℓ의 민감도를 나타낸다. 각 송전선의 새로운 전력조류는 다음 식과 같이 "a" 계수의 집합을 사용하여 계산될 수 있다.

$$\hat{f}_\ell = f_\ell^0 + a_{\ell i}\Delta P_i,\ \ \ell = 1, \cdots, L$$

여기에서

$\hat{f}_\ell$= 모선-i의 발전출력이 변동한 이후의 송전선로-ℓ의 전력조류

f_ℓ^0= 초기의 송전선-ℓ의 전력조류

선로조류 민감도 계수는 어떤 모선의 출력이 변동한 경우에 있어서 전력조류의 선형변동에 대한 민감도를 나타낸다. 그러므로 여러 모선에 있어서 출력의 변동이 동시에 발생한다면 '중첩정리'를 이용하여 계산할 수 있다.

선로조류 민감도 계수의 계산

선로조류 민감도 계수를 유도하기 위하여, 모선-s에서 모선-r로 전력이 이전될 때 전력조류의 변동은 부록 7B의 유도과정에서 다음 식

$$\Delta f_\ell = \frac{1}{x_\ell}(\Delta\theta_i - \Delta\theta_j)$$

과 같이 주어졌다. 그러면 위의 식은 다음 식

$$\Delta f_\ell = \frac{1}{x_\ell}\left((X_{is} - X_{ir}) - (X_{js} - X_{jr})\right)$$

과 같이 된다. 여기에서 개발하려는 선로조류 민감도 계수의 경우, 모선주입 섭동 벡터는 모선-i에서 1MW를 증가하는 것이며 이것은 기준모선에서 1MW의 출력 감소로써 보상된다. $\Delta\theta$ 값은 모선-i에 모선-위상각 함수를 주입전력의 변동값으로 미분한 값과 같다. 그러면 요구되는 민감도 계수는 다음 식과 같다.

$$a_{\ell i} = \frac{df_\ell}{dP_i} = \frac{d}{dP_i}\left[\frac{1}{x_\ell}(\theta_n - \theta_m)\right]$$

$$= \frac{1}{x_\ell}\left(\frac{d\theta_n}{dP_i} - \frac{d\theta_m}{dP_i}\right) = \frac{1}{x_\ell}(X_{ni} - X_{mi})$$

여기에서

$X_{ni} = \dfrac{d\theta_n}{dP_i}$ =벡터 $\boldsymbol{\Delta\theta}$의 n번째 요소

$X_{mi} = \dfrac{d\theta_m}{dP_i}$ =벡터 $\boldsymbol{\Delta\theta}$의 m번째 요소

x_ℓ = 선로-ℓ의 인덕턴스

그러면 앞에서 나타낸 선로-ℓ의 전력조류의 변동에 관한 공식을 다음 식

$$\hat{f}_\ell = f_\ell^0 + a_{\ell i}\Delta P_i\,, \quad \ell = 1, \cdots, L$$

과 같이 작성할 수 있으며 만약 선형계획법 문제에서 선로 전력조류 자체와 발전기 출력 P_i, $(i = 1, \cdots, N_{gen})$를 포함한다면 다음 식

$$\hat{f}_\ell = f_\ell^0 + \sum_{i=1}^{N_{gen}} a_{\ell i}\Delta P_i$$

과 같이 나타낼 수 있다. 또한 위의 식은 모선-i에서의 발전출력 자체로서 다음 식

$$\hat{f}_\ell = f_\ell^0 + \sum_{i=1}^{N_{gen}} a_{\ell i}(P_i - P_i^0)$$

과 같이 표현될 수 있다. 그리고 선로 전력조류의 제약조건은 다음 식

$$\sum_{i=1}^{N_{gen}} a_{\ell i} P_i \le f_\ell^{max} + \sum_{i=1}^{N_{gen}} a_{\ell i} P_i^0 - f_\ell^0$$

과 같이 나타낼 수 있다. 독자들은 전체 X 행렬, 모든 모선의 위상각 θ를 사용하지 않고도 선로 전력조류 제약조건식으로서 선형계획법 문제(절 8.12의 예제 8A와 예제 8B)에 사용할 수 있다. 이에 대하여 연습문제 8.2를 참고하기 바란다.

부록 8D: 교류조류계산의 선형민감도 해석

선형민감도 계수는 하나의 변수(예를 들면 발전기출력, 변압기 탭 위치 등)가 변동할 때 다른 시스템 변수(예를 들면 유효전력조류, 피상전력조류, 모선 전압 등)의 변동을 알려 주는 지표이다. 이와 같은 선형 관계식은 선형계획법 문제를 풀 경우에 아주 중요하다. 지표는 선형계획법을 사용할 때에 중요한 역할을 한다. 조절할 수 있는 변수가 변동할 경우 조류계산 방정식의 조건이 유시되노록 하는 방향에서 전력시스템이 반응한다고 가정한다. 그러므로 선형민감도 계수는 편미분으로서 표현될 수 있다. 예를 들면 다음 식

$$\frac{\partial \mathrm{MVA}\, flow_{ij}}{\partial \mathrm{MW}\, gen_k}$$

은 모선-k의 발전출력에 대한 선로 $(i-j)$의 전력조류의 민감도를 나타낸다.

몇몇 민감도 계수는 전력조류 조건이 바뀌거나 조절할 수 있는 변수가 조절되면 급격하게 변동할 수도 있다. 왜냐하면 전력시스템 변수는 조절할 수 있는 변수의 변동 또는 조류계산 방정식의 해에 대하여 비선형의 관계를 갖기 때문이다. 이

것은 전압과 무효전력조류에 관한 변수에 대하여 더욱 강하게 작용한다. 발전기출력의 변동에 따른 유효전력조류의 변동은 비록 그 폭이 크더라도 선형관계식이 상당히 유지되므로 직류조류계산 방정식과 제7장에서 설명한 "*PTDF*"와 "*LODF*"의 계산에 있어서도 유용하다.

이러한 이유로 인하여 조절할 수 있는 변수의 변동폭이 작을 경우에만 민감도 계산수치가 유효하므로 민감도 계산은 자주 새롭게 계산되어야 한다.

교류 네트워크 모델의 민감도 계수

다음의 절차는 전력시스템의 교류 송전시스템 모델을 선형화하기 위하여 사용된다. 먼저, 하나의 모선에서 주입되는 전력, 다시 말하면 모선에서 시스템으로 주입되는 순전력을 나타내는 2개의 방정식을 정의한다. 이 관계식은 하나의 모선에서 송전선과 병렬 커패시터로 유입하는 전력조류를 나타낸다.

$$P_i(|V|,\theta)=Real\left[\left(\sum_j V_i\left[(V_i-t_{ij}V_j)y_{ij}\right]^*\right)+V_i\left(V_i\sum_i y_{shunt_i}\right)^*\right]$$

$$Q_i(|V|,\theta)=Imag\left[\left(\sum_j V_i\left[(V_i-t_{ij}V_j)y_{ij}\right]^*\right)+V_i\left(V_i\sum_i y_{shunt_i}\right)^*\right]$$

여기에서

$V_i=|V_i|\angle\theta$

$t_{ij}=$ 가지-ij에 있는 변압기 탭

$y_{ij}=$ 가지의 어드미턴스

$y_{shunt_i}=$ 모선-i의 가지 어드미턴스와 모선 병렬 어드미턴스의 합계

그러면 각 모선에서 다음의 관계가 성립한다.

$$P_i(|\boldsymbol{V}|,\boldsymbol{\theta})=P_{gen_i}-P_{load_i}$$

$$Q_i(|\boldsymbol{V}|,\boldsymbol{\theta})=Q_{gen_i}-Q_{load_i}$$

초기해의 근방에서 교류 네트워크의 선형근사화를 나타내는 방정식의 조합은 뉴턴 조류계산 알고리즘에 사용되는 것과 동일하다. 선형근사화 식은 다음과 같다.

$$\sum \frac{\partial P_i}{\partial |V_j|} \Delta |V_j| + \sum \frac{\partial P_i}{\partial \theta_j} \Delta \theta_j + \sum \frac{\partial P_i}{\partial t_{ij}} \Delta t_{ij} = \Delta P_{gen_i}$$

$$\sum \frac{\partial Q_i}{\partial |V_j|} \Delta |V_j| + \sum \frac{\partial Q_i}{\partial \theta_j} \Delta \theta_j + \sum \frac{\partial Q_i}{\partial t_{ij}} \Delta t_{ij} = \Delta Q_{gen_i}$$

위의 식의 연산을 쉽게 하기 위해 다음 식

$$\begin{pmatrix} \frac{\partial P_1}{\partial |V_1|} & \frac{\partial P_1}{\partial \theta_1} & \cdots \\ \frac{\partial Q_1}{\partial |V_1|} & \frac{\partial Q_1}{\partial \theta_1} & \cdots \\ & \vdots & \end{pmatrix} \begin{pmatrix} \Delta |V_1| \\ \Delta \theta_1 \\ \vdots \end{pmatrix} = \begin{pmatrix} -\frac{\partial}{\partial t_{ij}}(P_i) & 1 & 0 \\ -\frac{\partial}{\partial t_{ij}}(Q_i) & 0 & 1 \end{pmatrix} \begin{pmatrix} \Delta t_{ij} \\ \Delta P_{gen_i} \\ \Delta Q_{gen_i} \end{pmatrix}$$

과 같이 행렬로 나타낼 수 있다. 이 방정식은 벡터 $\mathbf{x}$와 $\mathbf{u}$를 사용하여 더욱 간략하게 나타낼 수 있으며 $\mathbf{x}$는 전압크기와 위상각의 상태변수 벡터이며 $\mathbf{u}$는 제어변수의 벡터이다. 제어변수는 발전기출력, 변압기 탭, 발전기 전압의 크기(또는 발전기 무효전력)이다. 어떤 발전모선에서도 발전기의 무효전력 용량의 한계 이내에서 전압의 크기를 제어할 수 있다. 그러므로 제어변수와 상태변수의 역할이 바뀌는 경우가 있다. 또 다른 제어역할도 정식화에 추가할 수 있다. 이 방정식을 간략하게 나타내면 다음과 같다.

$$[\mathrm{J}_{px}]\Delta \mathrm{x} = [\mathrm{J}_{pu}]\Delta \mathrm{u}$$

지금부터는 예를 들면 무효전력조류, 부하모선의 전압, 송전선의 전류를 나타내는 송전망에 관련된 여러 가지의 종속변수 $\mathbf{h}$가 있다고 가정하고 제어변수의 변동에 따른 각각의 변동량을 찾아야 한다. 변동에 관계된 변수의 양(크기)은 상태변수와 종속변수의 함수이다. 다시 말하면 다음 식

$$\mathrm{h} = \begin{pmatrix} \mathrm{MVA}\, flow_{nm}(|V|, \boldsymbol{\theta}) \\ |V_k| \end{pmatrix}$$

과 같이 표현되며 $[V_k]$는 부하모선의 전압의 크기만을 나타낸다.

앞에서와 같이 운전점 근방에서 이 변수들의 선형 표현은 다음 식

$$\Delta \mathrm{h} = \begin{pmatrix} \dfrac{\partial h_1}{\partial |V_1|} & \dfrac{\partial h_1}{\partial \theta_1} & \cdots \\ \dfrac{\partial h_2}{\partial |V_1|} & \dfrac{\partial h_2}{\partial \theta_1} & \cdots \\ & \vdots & \end{pmatrix} \begin{pmatrix} \Delta |V_1| \\ \Delta \theta_1 \\ \vdots \end{pmatrix} + \begin{pmatrix} \dfrac{\partial h_1}{\partial u_1} & \dfrac{\partial h_1}{\partial u_2} & \cdots \\ \dfrac{\partial h_2}{\partial u_1} & \dfrac{\partial h_2}{\partial u_2} & \cdots \\ & \vdots & \end{pmatrix} \begin{pmatrix} \Delta u_1 \\ \Delta u_2 \\ \vdots \end{pmatrix}$$

여기에서

$h_1 =$ 선로 $n-m$의 피상전력조류

$h_2 =$ 모선-k의 전압크기

과 같다. 이 식을 앞에서 한 것처럼 벡터 x와 u를 사용하여 간략하게 표현하면 다음 식

$$\Delta \mathrm{h} = [\mathrm{J}_{hx}] \Delta \mathrm{x} + [\mathrm{J}_{hu}] \Delta \mathrm{u}$$

과 같다. 위 식의 $\Delta \mathrm{x}$를 소거하기 위하여 다음 식을 사용한다.

$$\Delta \mathrm{x} = [\mathrm{J}_{px}]^{-1} [\mathrm{J}_{pu}] \Delta \mathrm{u}$$

위의 식을 이용하여 대체하면 다음 식

$$\Delta \mathrm{h} = [\mathrm{J}_{hx}] [\mathrm{J}_{px}]^{-1} [\mathrm{J}_{pu}] \Delta \mathrm{u} + [\mathrm{J}_{hu}] \Delta \mathrm{u}$$

을 얻는다. 마지막의 방정식은 송전망에 관한 변수 벡터 h와 제어변수 u 사이의 선형민감도 계수를 나타내는 것이다. 이 방정식이 이 장의 앞부분에서 설명한 교류 OPF 문제를 풀기 위하여 선형계획법 프로그램에서 사용될 수 있다.

문제

8.1 내부점법을 이용하여 다음 최적화 문제의 해를 구하시오:

$$최소화\ f(x_1,x_2)=최소화\ 0.25x_1^2+x_2^2$$

$$h(x_1,x_2)=x_2-0.05x_1^2-0.5x_1+2\leq 0$$

8.2 OPF 문제를 풀기 위하여 선형계획법 프로그램과 조류계산 프로그램을 사용하려고 한다. 선형계획법 프로그램은 제약조건부 경제급전 문제를 풀기 위하여 사용되고 조류계산 프로그램은 계산이 옳게 실행되었는가를 확인하여 줄 것이다. 각각의 문제에 대하여 제4장에 주어진 6-모선 시스템을 사용하시오.

다음의 데이터를 발전기의 비용함수로서 사용하시오.

발전기-1 (모선-1): $F(P)=600.0+6.0P+0.02P^2$

$P_{min}=70\text{MW}$

$P_{max}=250.0\text{MW}$

발전기-2 (모선-2): $F(P)=220.0+7.3P+0.003P^2$

$P_{min}=55\text{MW}$

$P_{max}=135\text{MW}$

발전기-3 (모선-3): $F(P)=100.0+8.0P+0.004P^2$

$P_{min}=60\text{MW}$

$P_{max}=160\text{MW}$

선형계획법을 사용할 경우, 다음과 같이 3개의 직선구간을 갖는 것으로 모델링 하시오. 꺾이는 곳의 점은 다음과 같은 출력점에서 주어진다.

발전기-1: 70, 130, 180, 250MW

발전기-2: 55, 75, 95, 135MW

발전기-3: 60, 80, 120, 160MW

선형계획법을 사용할 경우, 송전손실을 무시한다.
전력조류계산문제의 부하 및 발전기출력은 다음과 같다.

부하: 300MW

모선-2의 발전기출력: 100MW

모선-3의 발전기출력: 100MW

이 계산에 의하면 선로 3-6의 전력조류는 약 67MW이다.
선형계획법 프로그램을 사용하여 앞에 나타난 3개의 발전기를 이용한 선형 구간비용함수와 부록 8C에 나타난 선로조류 민감도 계수 "a"를 사용하여 비용 최소화 LP문제를 구성하시오. 선로 3-6의 조류가 55MW를 초과하지 않도록 제약조건을 부여하시오.
선형계획법에 의하여 해를 구하였을 경우, 여기에서 얻은 P_2와 P_3의 값을 교류조류계산 문제에 대입하고 선로 3-6의 전력조류가 정말로 55MW에 가까운가를 확인하시오(이때에 부하는 300MW를 유지하시오).

8.3 제6장의 부하가 300MW인 경우의 6-모선 전력조류의 예를 이용하여 송전손실을 최소화하는 3개의 발전기의 출력과 전압을 조절하시오. 발전기의 출력이 경제적 한계를 벗어나지 않고 전압은 0.90에서 1.07퍼유닛을 벗어나지 않도록 하시오.
MVAR의 한계로서 다음을 사용하시오.

모선-2의 발전기: 최대 100MVAR

모선-3의 발전기: 최대 60MVAR

8.4 제6장의 6-모선 전력조류계산의 예를 사용하여 문제 8.2의 기준 케이스를 구성하시오(부하는 300MW이며, 모선-2와 모선-3의 발전기출력은 100MW임).

기준 케이스의 해를 구하고 모선-4 모선-5 모선-6의 부하전압이 대단히 낮다는 것을 주목하시오. 모선-2에서 모선-3으로 가는 선로를 탈락시키고 전력조류계산을 새로이 하시오(문제 8.2에서와 같이 모선-2와 모선-3의 무효전력 한계를 동일하게 유지하시오).

이 결과에 의하면 모선-6의 전압강하가 심할 것이다. 이 값이 정상(normal)으로 돌아오기 위하여 전압을 수정할 수 있는가(예: 0.90퍼유닛에서 1.07퍼유닛으로)?

추천할 만한 옵션: 모선-6에 고정 커패시턴스를 추가하고, 하나 또는 그 이상의 발전기의 전압을 높인 후, 모선-6의 부하의 유효전력과 무효전력을 감소하는 것 등.

8.5 OPF 문제를 다른 방법으로 풀려고 한다. 2개의 발전기 P_1과 P_2가 각각 $F_1(P_1)$과 $F_2(P_2)$의 비용함수를 갖는다. 또한 발전모선의 전압은 지정한 수치로 유지되어야 한다.

부하와 총출력의 균형은 선형제약조건으로 조정된다고 가정한다(β에 관하여는 절 6.20 참조):

$$\sum_i \beta_i P = \sum_i \beta_i P_i^0$$

또한 2개의 제약조건은 식별되었으며 민감도가 계산되었다(부록 8D). 첫 번째는 선형제약조건으로서 다음 식

$$\Delta flow_{nm} = \sum_i af_i \Delta P_i + \sum_i av_i \Delta V_i$$

과 같다.

두 번째의 제약조건은 발전기 전압에 대하여만 민감하다고 가정한 모선-k의 전압이다.

$$\Delta V_k = \sum_i \gamma_i \Delta V$$

a. 초기의 발전기출력은 P_1^0, P_2^0이며 전압크기는 V_1^0, V_2^0라고 가정하고 조류계산으로부터 초기의 전력조류는 $flow_{nm}^0$이며 초기의 전압크기는 V_k^0라는 것을 알았다.

또한 전력조류 한계에 대한 제약조건은 $flow_{nm}^+$과 $flow_{nm}^-$이며 전압크기의 한계에 대한 제약조건은 V_k^+와 V_k^- 이다.

선로 $n-m$의 전력조류와 모선-k의 전압을 4개의 제어변수 P_1, P_2, V_1, V_2의 선형함수로써 나타내시오.

b. 발전기의 비용함수를 2개의 선형구간으로 나타내시오. 최소비용급전을 정식화하시오.

9

전력시스템 상태추정

9.1 서론

상태추정은 주어진 기준에 따라서 해당 시스템의 계측자료에 근거하여 미지의 시스템 상태변수에 값을 부여하는 과정이다. 시스템의 상태추정이라는 것은 가외적인 또는 여분의 자료를 획득하는 불완전한 계측과정을 말하며 시스템의 상태(state)를 평가하는 것은, 선택된 판정기준을 최대화 또는 최소화하는 상태변수의 참값(true value)을 추정하는 통계적 판정기준에 근거한 것이다. 자주 사용되며 익숙한 기준은 추정치와 "참값"(즉, 계측된)의 차이를 제곱한 값의 합을 최소화하는 것이다.

최소제곱 추정의 아이디어는 19세기 초부터 알려지고 사용되었다. 이 분야에 대한 이론의 핵심적 진전은 20세기 우주항공 분야에서 이루어졌다. 이 분야의 개발에 있어서 기본적인 문제는 위치와 속도 벡터에 관한 가외적이고 불완전한 계측자료가 주어졌을 때 비행체(미사일, 비행기, 우주선 등)의 공간정위(location) 및 궤적을 파악하는 것이다. 여러 응용사례를 보면, 이러한 계측은 잡음에 오염되거나 시스템 계측오차가 포함되어 있는지도 모르는 광학 관측 또는 레이더 신호 등에 의존하고 있다. 상태추정 프로그램은 정적 또는 동적 추정에 의할 수도 있다. 두 종류의 상태추정 프로그램이 전력시스템의 상태추정을 위하여 개발되었다. 이 장은 정적 상태추정에 대하여 설명한다.

전력시스템에 있어서 상태변수는 각 모선에 대한 전압의 크기와 상대적 위상각이다. 실시간에서 시스템 안전도 제어와 경제급전의 제약조건 만족 여부에 대하여 시스템 수행을 평가하기 위하여 계측이 필요하다. 상태추정 프로그램을 위한 입력자료는 전압의 크기, 무효전력, 또는 전류흐름의 크기 등에 대한 불완전한 전력시스템 계측자료이다. 상태추정 프로그램은 계측된 양에 대하여 오차가 있고 여분의(가외적) 계측자료가 있을 수도 있다는 상황 아래에서 "최상의 추정치"를 생산하기 위하여 설계된다. 상태추정 프로그램의 출력물은 제7장 및 제8장에서 설명한 안전도 유지 급전과 전력시스템 제어를 실행하는 목적으로 사용된다.

9.2 전력시스템 상태추정

제7장에서 소개한 바와 같이 송전망의 전력조류와 전압을 관찰하는 문제는 전력시스템의 안전도를 유지하기 위하여 대단히 중요하다. 각각의 계측된 값이 한계를 벗어났는가를 단순히 검토함으로써 시스템 운용자는 송전망에 문제가 있는가를 파악할 수 있으며 과부하 상태로 된 송전선의 전력조류를 경감하거나 전압크기의 한계에 대한 조치를 할 수 있기를 기대할 수도 있다.

송전시스템을 관찰하는 데 있어서 여러 가지 문제에 부딪칠 수 있다. 이러한 문제는 주로 계측용 변환기의 특성과 계측된 자료를 시스템 제어센터로 전송하는 데 있어서 통신의 문제로부터 발생한다.

전력시스템의 계측에 사용되는 변환기는 다른 일반 측정장치와 같이 오차를 발생한다. 만약 오차가 작다면 이것은 검출되지 않을 수도 있고 계측된 자료를 해독하는 데 있어서 잘못 해석할 수도 있다. 또한, 변환기의 오차가 너무 커서 출력값이 사용될 수 없을 수도 있다. 이와 같은 오차의 하나는 변환기의 입력단자와 출력단자가 역으로 접속된 경우이며 계측장치가 획득한 자료의 값이 음(−)일 수도 있다. 마지막으로 원격계측 및 송수신 장치는 외부통신망이 단절된 기간 동안에 송수신이 두절될 수도 있고 이런 경우에는 시스템 운용자는 전력시스템의 특정 부분에 대한 정보를 얻을 수 없다.

이러한 이유로 인하여 전력시스템에 대한 상태추정 기법이 개발된 것이다. 하나의 상태추정 프로그램은, 다음의 설명에서 밝혀지는 바와 같이 계측기의 측정치를 읽는 과정에서 발견된 작은 확률적 오차를 평활화하거나, 커다란 계측오차를 검출하거나, 통신두절로 인해 누락된 자료를 채워 넣는 등의 역할을 한다.

설명을 시작함에 있어서 상태추정의 원리를 설명하기 위하여 간단한 직류조류계산 문제의 예제를 사용한다. 예제 6A의 3-모선 직류조류계산의 문제는 〈그림 9.1〉의 부하와 발전기출력을 갖고 운용된다고 가정한다. 〈그림 9.2〉에 나타난 것처럼 3개의 유효전력조류 계측기에 의하여 제공되는 정보가 유일하다고 가정한다.

모선의 위상각, 발전기출력, 모선의 소비자부하를 알아내기 위해서는 3개 가운데 2개의 계측자료만 필요하다. 예를 들어 M_{13}와 M_{32}를 사용한다면 M_{13}와 M_{32}는 각 송전선의 전력조류를 다음

$$M_{13} = 5\text{MW} = 0.05\text{퍼유닛}$$

$$M_{32} = 40\text{MW} = 0.40\text{퍼유닛}$$

과 같이 완벽하게 알려 준다고 가정한다.

그러면 선로 1-3과 3-2의 전력조류는 계측기가 읽은 수치

$$f_{13} = \frac{1}{x_{13}}(\theta_1 - \theta_3) = M_{13} = 0.05\text{퍼유닛}$$

$$f_{32} = \frac{1}{x_{32}}(\theta_3 - \theta_2) = M_{32} = 0.40\text{퍼유닛}$$

와 같다고 놓을 수 있다.

여기에서는 $\theta_3 = 0$라디안이라는 것을 알고 있기 때문에 θ_1에 대해 f_{13} 방정식을 풀고, θ_2에 대해 f_{32} 방정식을 풀 수 있으며 다음의 결과

$$\theta_1 = 0.02\text{라디안}$$

$$\theta_2 = -0.10\text{라디안}$$

를 얻는다. 다음은 3개의 계측자료에 약간의 오차가 있는 경우를 조사한다. 계측기를 통해 얻은 자료가 다음

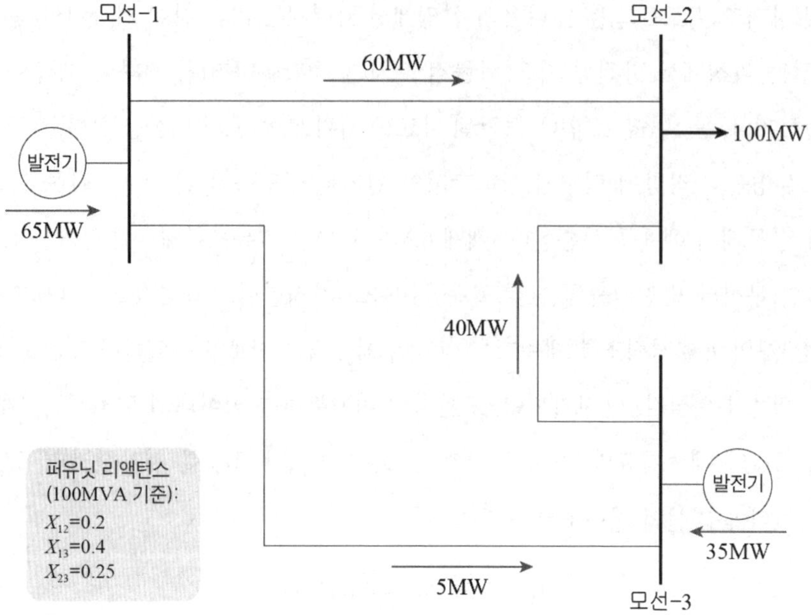

〈그림 9.1〉 제6장의 그림 6.1과 6.2의 3-모선 시스템

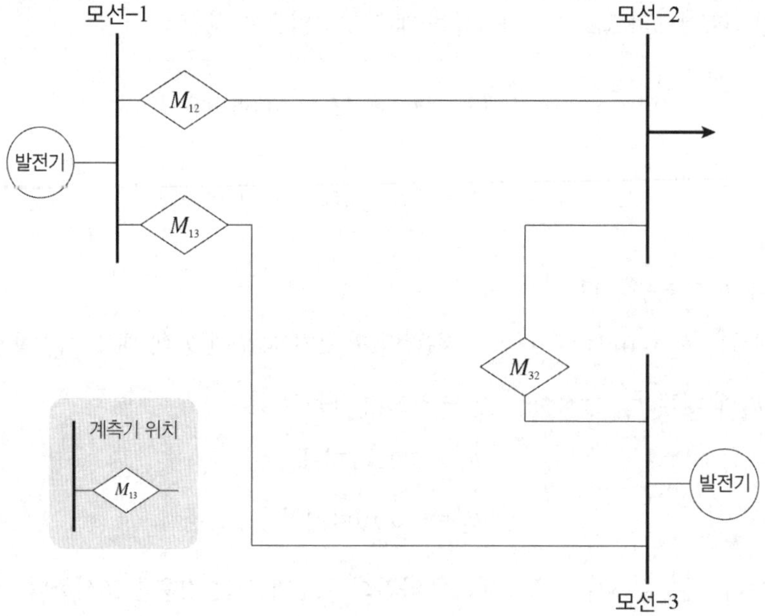

〈그림 9.2〉 계량장치의 위치

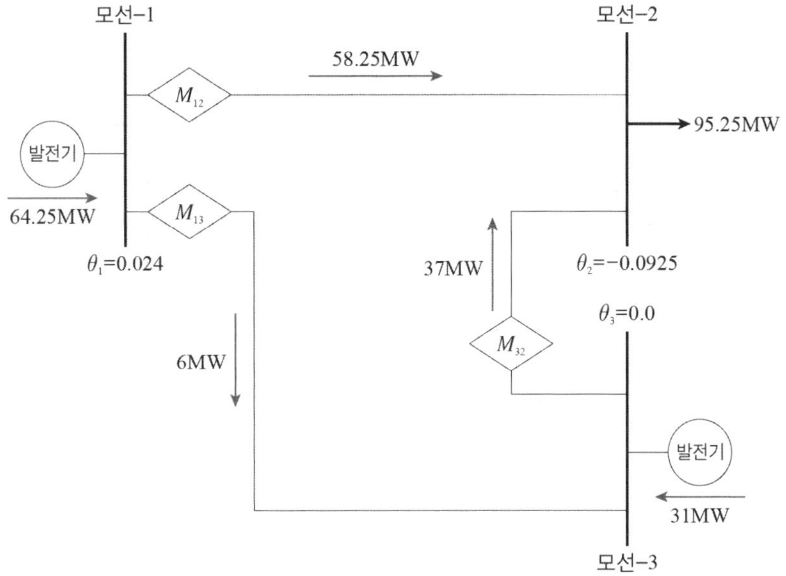

〈**그림 9.3**〉 계측기 M_{13}와 M_{32}를 이용하여 얻은 전력조류

$$M_{12} = 62\text{MW} = 0.62\text{퍼유닛}$$

$$M_{13} = 6\text{MW} = 0.06\text{퍼유닛}$$

$$M_{32} = 37\text{MW} = 0.37\text{퍼유닛}$$

과 같다고 가정한다.

만약 앞에서와 같이 M_{13}와 M_{32}의 계측자료만 사용한다면 다음

$$\theta_1 = 0.024\text{라디안}$$

$$\theta_2 = -0.0925\text{라디안}$$

$$\theta_3 = 0.0\text{라디안}\text{(아직까지는 0이라고 가정함)}$$

과 같이 위상각을 계산할 것이다. 이 결과는 〈그림 9.3〉에 나타난 것과 같다. 예측된 전력조류는 M_{13}와 M_{32}에 나타난 것과 같지만 선로 1-2의 전력흐름은 M_{12}에 나타난 62MW와 일치하지 않는다는 것을 주목해야 한다. 만약 M_{13}의 계측자료를

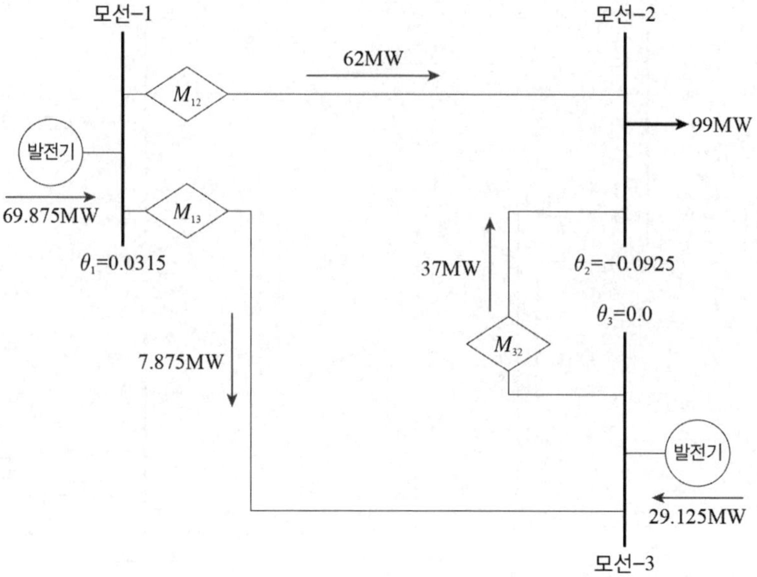

〈그림 9.4〉 계측기 M_{12}와 M_{32}를 사용하여 얻은 전력조류

무시하고 M_{12}와 M_{32}의 계측자료를 이용한다면 〈그림 9.4〉에 나타난 것과 같은 전력조류를 얻을 것이다.

지금까지 실행한 것은 M_{13}의 계측자료와 합치하는 자료를 무시하고 M_{12}에 합치하는 자료를 얻은 것이다. 사실상 필요한 것은 실제의 위상각, 선로의 전력조류, 모선의 부하와 모선의 발전출력의 가장 좋은 추정치를 획득하기 위해 3개의 계측기로부터 얻은 정보를 사용하는 절차이다.

여기에서 우선 지금까지 설명한 것에 대하여 논의한다. 전력시스템으로부터 알아내려고 하는 것은 계측을 통해 얻는 것이므로, 전력시스템의 상태를 추정하기 위해서는 계측자료를 이용해야 한다. 각 경우마다, 모선-1과 모선-2의 위상각을 알아내기 위해 계측자료를 이용했다. 일단 3개의 위상각이 알려지면 계측되지 않은 전력조류, 모선의 부하, 그리고 모선의 발전출력 등이 추정될 수 있다. θ_1과 θ_2를 알면 3-모선 전력시스템의 다른 변수를 모두 알 수 있으므로 이것을 상태변수라고 한다. 일반적으로 전력시스템의 상태변수는 하나의 모선을 제외한 모든 모선의 전압의 크기와 위상각으로서 구성된다. 기준모선의 위상각은 0라디안으로 한다. 만약 원한다면 모선 전압의 실수 성분과 허수 성분을 사용할 수도 있다. 전력시스템의 "상태(전압, 전류의 크기와 위상각)"를 추정하기 위해 계측을 할 수 있다면 전력조류, 모선의 발전출력, 모선의 부하 등 원하는 것을 계산할 수 있다. 이것은 전력시스템의 구성형태(즉 차단기와 단로기의 열림/닫힘 상황)와 송전망의 임피던스를 알고 있는 것을 전제로 한다. 자동위상조절 변압기 또는 위상조절기 등이 자주 시스템 구성에 나타나고 변압기 탭의 위치가 하나의 양으로서 원격으로 계측되어 급전실로 전송된다. 엄밀하게 말한다면 변압기와 이상변압기를 통한 전력조류를 파악하기 위해 변압기 탭의 위치와 위상조절기의 위치는 상태변수로 취급되어야 한다.

다시 3-모선 직류조류계산 모델로 돌아가기 위해, θ_1과 θ_2의 2개의 상태변수를 추정하기 위한 가외적 계측자료 집합을 제공하는 3개의 계측기를 갖고 있다. θ_1과 θ_2를 계산하기 위해서는, 앞에서 본 바와 같이 2개의 계측자료만 필요하므로 나머지의 계측자료는 가외적이라고 말하며 다른 계측자료는 덤(여분)이다. 그러나 가외적 계측자료도 유용한 정보를 제공할 수 있으므로 무시해서는 안 된다.

결론적으로, 상태추정은 전력시스템에 대한 불완전한 계측자료가 있을 때에 정확한 전력시스템의 상태를 추정하는 기술이라는 것을 이와 같은 간단한 예제가 보여 주는 것이다. 여기에서는 정적 상태의 추정(static-state estimation)을 설명하기 위하여 본 줄거리를 벗어난 후, 3-모선 시스템을 설명하기 위하여 절 9.3.4에서 다시 돌아온다.

9.3 최대가능도[1) 가중최소제곱 추정

9.3.1 서론

"통계적 추정"이란 것은 시스템에서 하나 이상의 미지의 모수의 값을 계산하기 위해 표본을 사용하려고 할 때의 절차를 의미한다. 표본(또는 계측된 자료)이 부정확하므로 모르는 모수에 대한 추정치도 역시 부정확하다. 그러므로 전력시스템에 대하여 얻을 수 있는 계측자료가 있을 경우 어떻게 하면 최상의 추정치를 계산하는 수식을 작성할 수 있는가에 대한 문제에 부딪친다.

상태추정에 대한 개념을 개발하는 것은 어떤 통계적 판정기준이 선택되느냐에 따라서 여러 방향으로 진행될 수 있다. 지금까지 검토되고 여러 가지로 응용되는 많은 판정기준 가운데 다음의 세 가지는 가장 많이 나타나는 것이다.

① 최대가능도 판정기준은 상태변수 $\hat{\mathbf{x}}$의 추정치 벡터가 상태변수 벡터 $\mathbf{x}$의 참값일 가능도를 가장 크게 하는 것이 목적이다(즉, $P(\hat{\mathbf{x}}=\mathbf{x})$를 최대화함).

② 가중최소제곱 판정기준은 추정 계측치 $\hat{\mathbf{z}}$와 실제 계측치 $\mathbf{z}$ 사이의 '가중편차제곱'의 합을 최소화하는 것이 목적이다.

③ 최소분산 판정기준은 진실한 상태변수 벡터와 추정된 상태변수 벡터 사이의 각 성분의 편차제곱의 합의 기대치를 최소화하는 것이 목적이다.

만약 오차가 가우시안 분포를 따르고, 계측기의 오차분포는 편의(偏倚)되지 않았다고 가정하면 위의 세 가지 판정기준을 사용한 방법은 동일한 결과를 가져온다. 최대가능도 판정기준은 계측오차 가중행렬 $[R]$을 직접 계산하기 때문에 이 장에서는 최대가능도판정기준을 사용한다.

최대가능도 추정 절차는 "내가 얻은 계측치가 참값일 가능도(likelihood)가 얼마인가?" 하는 질문을 하는 것이다. 계측치가 참값일 가능도는 추정되어야 할 미지의

---

1) 역자 주: likelihood(우도, 尤度)를 이 책에서는 가능도로 번역하였다.

모수뿐만 아니라 계측장치(변환기)의 확률적 오차에 따라서도 변한다. 그러므로 논리적인 절차는 참값일 확률을 최대화하는 값을 추정하는 것이라고 할 수 있다. 바로 알게 되겠지만 최대가능도 추정 프로그램은 계측에 있어서의 확률적 오차의 확률밀도함수가 알려져 있다고 가정한다. 또 다른 추정방법도 사용될 수 있다. '최소제곱' 상태추정 프로그램은 샘플 또는 계측오차의 확률밀도함수를 알아야 할 필요가 없다. 그러나 만약 샘플 또는 계측오차가 가우시안 분포를 한다고 가정한다면, 동일한 추정공식에 도달할 것이다. 이 책에서는 계측오차의 가우시안 분포를 통상적으로 가정하고, 최대가능도 추정 판정기준을 사용해 추정 공식을 전개할 것이다. 그 결과는 '최소제곱' 또는 좀 더 정확하게 '가중최소제곱' 상태추정식이 될 것이다. 이 책에서는 간단한 전기회로를 사용해 위의 방법을 설명할 것이며 최대가능도 추정이 어떻게 구성되느냐에 대해 설명한다.

먼저 '확률적 계측오차'의 개념을 소개한다. 계측의 개념이라는 것이 설명하기에 더 적합하므로 '표본'이라는 용어를 누락시켰다. 계측에는 오차가 따른다고 가정한다. 다시 말하면 계측장치로부터 취득한 값은 현재 측정되고 있는 모수의 참값에 가까우며 미지의 오차만큼의 차이가 있다. 수학적으로 이것은 다음과 같이 정식화할 수 있다.

> z^{meas}를 계측기로부터 얻은 계측치라고 하자. z^{true}를 계측되는 값의 참값이라고 한다. η를 확률적 계측오차라고 하자. 그러면 계측치는 다음과 같이 나타난다.
>
> $$z^{meas} = z^{true} + \eta \tag{9.1}$$

확률변수 η는 계측오차를 정식화하는 데 도움을 준다. 만약 계측오차가 편의(偏倚)되지 않았다고 가정하면, η의 확률밀도함수로는 평균치가 0인 가우시안 분포곡선이 사용된다. 물론 다른 계측치의 확률밀도함수에서도 최대가능도 추정법을 적용할 수 있다. η의 확률밀도함수는 다음 식

PDF(η)

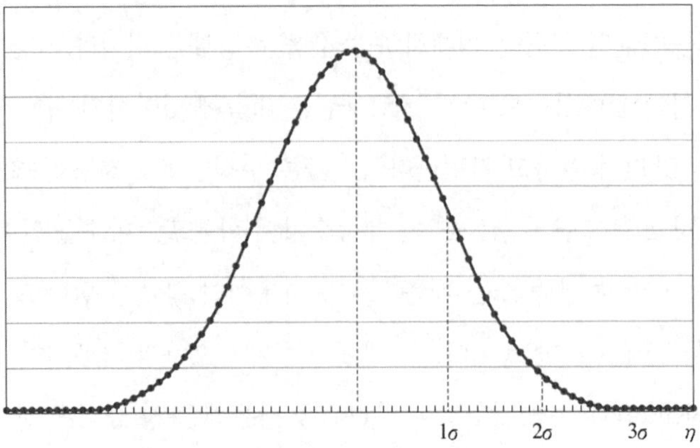

〈그림 9.5〉 가우시안 분포함수

$$\mathrm{PDF}(\eta) = \frac{1}{\sigma\sqrt{2\pi}} exp(\frac{-\eta^2}{2\sigma^2}) \tag{9.2}$$

이며 σ는 표준편차이고, σ^2은 확률변수의 분산이다. PDF(η)는 η의 움직임을 보여 준다. 이것을 나타낸 것이 〈그림 9.5〉이다.

표준편차 σ는 확률적 계측오차의 심각도를 나타내는 척도이다. 만약 σ가 크다면 계측은 상대적으로 부정확하다고 말할 수 있고(즉 저품질 계측장치), σ가 작다면 오차의 퍼짐이 작다고 (즉, 고품질 계측기) 말한다. 여러 요소가 종합적 오차의 발생에 기여할 때 나타나는 분포이므로 계측오차를 모델링 할 때에는 가우시안 분포를 많이 가정한다.

9.3.2 최대가능도의 개념

〈그림 9.6〉과 같은 간단한 직류회로의 예를 사용하여 최대가능도 상태추정의 원리를 설명한다. 이 예제에서는 알려진 표준편차를 갖고 있는 전류계를 가지고 전압원의 값 x^{true}를 추정하려고 한다. 전류계의 지시치는 z_1^{meas}이며 이것은 z_1^{true}의 합(회로에 흐르는 전류의 참값)과 η_1(전류계에 존재하는 오차)의 합이다. 그러면 다음 식

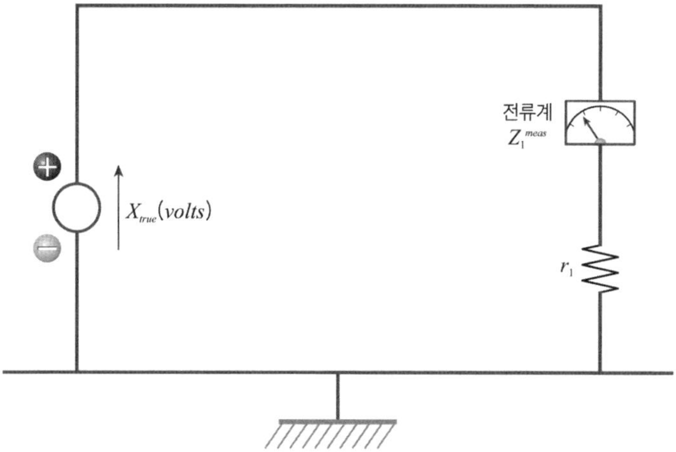

〈**그림 9.6**〉 전류계가 있는 단순한 직류회로

$$z_1^{meas} = z_1^{true} + \eta_1 \tag{9.3}$$

을 얻는다. 그런데 η_1의 평균치는 0이므로 z_1^{meas}의 평균치는 z_1^{true}와 같다. 이것을 이용해 z_1^{meas}의 확률밀도함수는 다음 식

$$\mathrm{PDF}(z_1^{meas}) = \frac{1}{\sigma_1\sqrt{2\pi}} exp\left[\frac{-(z_1^{meas} - z_1^{true})^2}{2\sigma_1^2}\right] \tag{9.4}$$

과 같이 쓸 수 있다. 여기에서 σ_1은 확률적 오차 η_1의 표준편차이다. 만약 r_1의 값을 알고 있다고 한다면 다음 식

$$\mathrm{PDF}(z_1^{meas}) = \frac{1}{\sigma_1\sqrt{2\pi}} exp\left[\frac{-(z_1^{meas} - \frac{1}{r_1}x)^2}{2\sigma_1^2}\right] \tag{9.5}$$

을 세울 수 있다. 최대가능도 추정 프로그램의 정의로 돌아오면, 계측치 z_1^{meas}가 관측될 가능도를 최대화하는 하나의 추정치(x^{est})를 찾아야 한다. 그런데 z_1^{meas}의 확률밀도함수를 알고 있으므로 다음과 같은 식

$$\text{prob}(z_1^{meas}) = \int_{z_1^{meas}}^{z_1^{meas}+dz_1^{meas}} \text{PDF}(z_1^{meas})dz_1^{meas},\ (dz_1^{meas} \rightarrow 0)$$

$$= \text{PDF}(z_1^{meas})dz_1^{meas} \tag{9.6}$$

을 쓸 수 있다. 최대가능도 추정절차는 x의 함수인 $prob(z_1^{meas})$의 값을 최대로 하여야 하는 것이므로 다음 식

$$\max_x \text{prob}(z_1^{meas}) = \max_x \text{PDF}(z_1^{meas})dz_1^{meas} \tag{9.7}$$

과 같이 나타낼 수 있다. $\text{PDF}(z_1^{meas})$에 대해 자연대수Ln를 취한 것을 최대화하는 것은 $\text{PDF}(z_1^{meas})$이므로 여기에서 사용될 수 있는 하나의 편리한 변환은 $\text{PDF}(z_1^{meas})$에 대해 자연대수를 취한 값을 최대화하는 것이다. 그러면 다음 식

$$\max_x Ln[\text{PDF}(z_1^{meas})]$$

또는 다음 식

$$\max_x \left[-Ln(\sigma_1\sqrt{2\pi}) - \frac{(z_1^{meas} - \frac{1}{r_1}x)^2}{2\sigma_1^2} \right]$$

의 값을 구할 수 있다. 그러나 첫 번째 항은 상수이므로 무시할 수 있다. 그러면 괄호 속의 함수는 음(−)의 계수를 가지므로 두 번째 항을 최소화함으로써 괄호 속의 함수를 최대화할 수 있다. 다시 말하면 다음 식

$$\max_x \left[-Ln(\sigma_1\sqrt{2\pi}) - \frac{(z_1^{meas} - \frac{1}{r_1}x)^2}{2\sigma_1^2} \right]$$

은 아래의 식

$$\min_x \left[\frac{(z_1^{meas} - \frac{1}{r_1}x)^2}{2\sigma_1^2} \right] \tag{9.8}$$

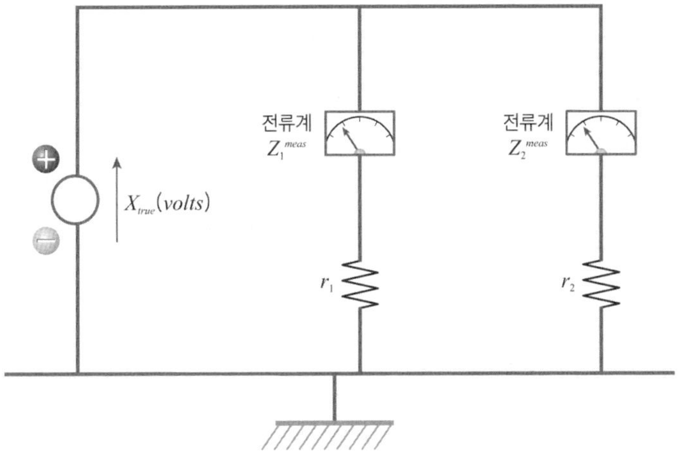

〈**그림 9.7**〉 2개의 계측장치가 있는 직류회로

과 같다. 식 9.8의 일계도함수인 다음의 식

$$\frac{d}{dx}\left[\frac{(z_1^{meas}-\dfrac{1}{r_1}x)^2}{2\sigma_1^2}\right]=\frac{-(z_1^{meas}-\dfrac{1}{r_1}x)}{r_1\sigma_1^2}=0 \tag{9.9}$$

을 0으로 놓으면 오른쪽의 항을 최소화하는 x의 값을 구할 수 있다. 그러면 다음의 결과

$$x^{est}=r_1 z_1^{meas}$$

를 얻는다. 이 결과는 처음부터 예상한 것이었다. 지금까지 유도한 것은 전압의 최대가능도 추정치를 계측된 전류의 값과 알려진 저항의 값을 곱한 것이라고 말하는 것이다. 그러나 두 번째 계측회로를 추가한다면 최대가능도 추정치가 그렇게 확연히 드러나지 않는 전혀 다른 경우를 만난다. 〈그림 9.7〉에서 보는 것과 같이 두 번째의 전류계와 저항을 추가해 본다.

이 경우, r_1과 r_2의 값을 알고 있다고 가정한다. 앞에서와 같이 각 계측기에 의해 읽힌 수치를 참값과 확률적 오차의 합이라고 한다.

$$z_1^{meas}=z_1^{true}+\eta_1 \tag{9.10}$$

$$z_2^{meas} = z_2^{true} + \eta_2$$

여기에서 오차는 독립확률변수이며, 평균치가 0이고 가우시안 분포를 하며 확률밀도함수는 다음 식

$$\mathrm{PDF}(\eta_1) = \frac{1}{\sigma_1 \sqrt{2\pi}} exp\left[\frac{-(\eta_1)^2}{2\sigma_1^2}\right] \tag{9.11}$$

$$\mathrm{PDF}(\eta_2) = \frac{1}{\sigma_2 \sqrt{2\pi}} exp\left[\frac{-(\eta_2)^2}{2\sigma_2^2}\right]$$

과 같다. 그리고 앞에서와 같이 z_1^{meas}과 z_2^{meas}의 확률밀도함수를 다음 식

$$\mathrm{PDF}(z_1^{meas}) = \frac{1}{\sigma_1 \sqrt{2\pi}} exp\left[\frac{-\left(z_1^{meas} - \frac{1}{r_1}x\right)^2}{2\sigma_1^2}\right] \tag{9.12}$$

$$\mathrm{PDF}(z_2^{meas}) = \frac{1}{\sigma_2 \sqrt{2\pi}} exp\left[\frac{-\left(z_2^{meas} - \frac{1}{r_2}x\right)^2}{2\sigma_2^2}\right]$$

과 같이 나타낼 수 있다. 가능도함수는 계측치 z_1^{meas}와 z_2^{meas}를 얻게 될 확률이어야 한다. 그런데 확률적 오차 η_1과 η_2가 독립 확률변수라고 가정하고 있으므로, z_1^{meas}와 z_2^{meas}를 얻게 될 확률은 단순히 다음의 식과 같이 z_1^{meas}를 얻을 확률과 z_2^{meas}를 얻을 확률의 곱이다.

$$\begin{aligned}\mathrm{prob}(z_1^{meas} \ \& \ z_2^{meas}) &= \mathrm{prob}(z_1^{meas}) \times \mathrm{prob}(z_2^{meas}) \\ &= \mathrm{PDF}(z_1^{meas})\mathrm{PDF}(z_2^{meas}) dz_1^{meas} dz_2^{meas} \\ &= \left[\frac{1}{\sigma_1 \sqrt{2\pi}} exp\left[\frac{-\left(z_1^{meas} - \frac{1}{r_1}x\right)^2}{2\sigma_1^2}\right]\right] \end{aligned} \tag{9.13}$$

$$\times\left[\frac{1}{\sigma_2\sqrt{2\pi}}\,exp\left[\frac{-\left(z_2^{meas}-\frac{1}{r_2}x\right)^2}{2\sigma_2^2}\right]\right]dz_1^{meas}\,dz_2^{meas}$$

함수의 값을 최대화하기 위해 다음 식과 같이 자연대수를 취한다.

$$\underset{x}{max}\ \text{prob}(z_1^{meas}\ \&\ z_2^{meas})$$

$$=\underset{x}{max}\left[-Ln(\sigma_1\sqrt{2\pi})-\frac{\left(z_1^{meas}-\frac{1}{r_1}x\right)^2}{2\sigma_1^2}-Ln(\sigma_2\sqrt{2\pi})-\frac{\left(z_2^{meas}-\frac{1}{r_2}x\right)^2}{2\sigma_2^2}\right]$$

$$=\underset{x}{min}\left[\frac{\left(z_1^{meas}-\frac{1}{r_1}x\right)^2}{2\sigma_1^2}+\frac{\left(z_2^{meas}-\frac{1}{r_2}x\right)^2}{2\sigma_2^2}\right] \tag{9.14}$$

그러면 구하려는 최솟값은 다음 식

$$\frac{d}{dx}\left[\frac{\left(z_1^{meas}-\frac{1}{r_1}x\right)^2}{2\sigma_1^2}+\frac{\left(z_2^{meas}-\frac{1}{r_2}x\right)^2}{2\sigma_2^2}\right]$$

$$=\frac{-\left(z_1^{meas}-\frac{1}{r_1}x\right)}{r_1\sigma_1^2}-\frac{\left(z_2^{meas}-\frac{1}{r_2}x\right)}{r_2\sigma_2^2}=0$$

을 만족하며 이 식의 조건을 만족시키는 x^{est}를 다음 식

$$x^{est}=\frac{\left(\frac{z_1^{meas}}{r_1\sigma_1^2}+\frac{z_2^{meas}}{r_2\sigma_2^2}\right)}{\left(\frac{1}{r_1^2\sigma_1^2}+\frac{1}{r_2^2\sigma_2^2}\right)} \tag{9.15}$$

에 의하여 구한다. 만약 전류계 가운데 하나가 고품질 계측기라면 다른 전류계의 계측값보다 분산이 훨씬 작을 것이다. 예를 들어, 만약 $\sigma_2^2 \ll \sigma_1^2$ 이라면, x_{est}에 관

한 식은 다음의 식

$$x^{est} \simeq z_2^{meas} \times r_2$$

과 같이 된다. 그러므로 미지의 모수를 추정하는 최대가능도 추정법은 계측기의 품질에 따라 계측치에 적절한 가중치를 주는 방법을 알려 준다.

이제 추정문제를 확률밀도함수의 곱의 최대치로 나타낼 필요가 없다는 것이 명확해졌다. 그 대신, 식 9.8과 식 9.14를 관찰해 필요한 것을 나타내는 직접적인 방법을 찾아낼 수 있다. 2개의 식을 보면, 미지의 모수에 대한 최대가능도 추정값은 각각의 계측된 값과 계측하려는 참값(미지의 모수의 함수로 표현됨)의 차이를 제곱하여 합한 값을 최소화하는 모수의 값으로 항상 표현된다는 것을 알 수 있으며, 이때 제곱의 합을 구하는 과정에서 잔차의 제곱값은 계측기 오차의 분산에 따라 나누기를 하든가 또는 가중치를 부여한다. 그러므로 우리는 N_m번의 계측을 통해서 하나의 모수 x를 추정한다면 다음 식

$$\min_{\mathbf{x}} J(x) = \min_{\mathrm{x}} \sum_{i=1}^{N_m} \left[z_i^{meas} - f_i(x) \right]^2 \qquad (9.16)$$

여기에서

f_i = i-번째 계측에서 계측되고 있는 값을 계산하는 데 사용되는 함수

σ_i^2 = i-번째 계측의 분산

$J(x)$ = 계측의 잔차

N_m = 독립적 계측의 횟수

z_i^{meas} = i-번째 계측값

과 같이 나타낼 수 있다. 식 9.16은 퍼유닛 또는 MW, MVAR, kV와 같은 실제의 물리적 단위로 나타낼 수도 있다는 것을 주목해야 한다.

만약 우리가 N_m번의 계측을 통해 N_s개의 미지의 모수를 추정하려면 다음과 같은 계산식

$$\begin{aligned} &\min_{(x_1, x_2, \cdots, x_{N_s})} J(x_1, x_2, \cdots, x_{N_s}) \\ &= \min_{(x_1, x_2, \cdots, x_{N_s})} \sum_{i=1}^{N_m} \left[\frac{[z_i - f_i(x_1, x_2, \cdots, x_{N_s})]^2}{\sigma_i^2} \right] \end{aligned} \tag{9.17}$$

을 사용하면 된다. 식 9.16과 9.17에 나타난 상태추정법의 식은 앞에서 설명한 바와 같이, 가중최소제곱 추정이라고 하며 만약 계측오차가 가우시안 분포함수를 따른다면 최대가능도 추정법과 같은 방법이다.

9.3.3 행렬의 구성

만약 $f_i(x_1, x_2, \cdots, x_{Ns})$ 가 선형함수라면 닫힌 형식(closed form)의 해를 갖는다. 함수 $f_i(x_1\ \ x_2, \cdots, x_{Ns})$를 다음 식

$$f_i(x_1, x_2, \cdots, x_{Ns}) = f_i(\mathbf{x}) = h_{i1} x_1 + h_{i2} x_1 + \cdots + h_{iNs} x_{Ns} \tag{9.18}$$

과 같이 나타낸다. 그러면 만약 모든 f_i 함수를 구성요소로 갖는 하나의 벡터로 하여 나타낸다면 다음 식

$$\mathbf{f}(\mathbf{x}) = \begin{bmatrix} f_1(\mathbf{x}) \\ f_2(\mathbf{x}) \\ \vdots \\ f_{Nm}(\mathbf{x}) \end{bmatrix} = [\mathrm{H}]\mathbf{x} \tag{9.19}$$

여기에서

$[\mathrm{H}] =$ 선형함수 $f_i(\mathbf{x})$의 계수를 갖고 있는 $N_m \times N_s$ 행렬

$N_m =$ 계측의 횟수

$N_s =$ 추정하려고 하는 미지의 모수의 개수

과 같이 쓸 수 있다. 계측하려는 변수를 벡터로 다음의 식

$$\mathbf{z}^{meas} = \begin{bmatrix} z_1^{meas} \\ z_2^{meas} \\ \vdots \\ z_{N_m}^{meas} \end{bmatrix} \tag{9.20}$$

과 같이 나타내면 식 9.17은 다음 식과 같이 간결하게 나타낼 수 있다.

$$\underset{\mathbf{x}}{min} J(\mathbf{x}) = \underset{\mathbf{x}}{min} \left[\mathbf{z}^{meas} - \mathbf{f}(\mathbf{x})\right]^T \left[\mathrm{R}^{-1}\right] \left[\mathbf{z}^{meas} - \mathbf{f}(\mathbf{x})\right] \tag{9.21}$$

여기에서

$$[\mathrm{R}] = \begin{bmatrix} \sigma_1^2 & & & \\ & \sigma_2^2 & & \\ & & \ddots & \\ & & & \sigma_{N_m}^2 \end{bmatrix}$$

위 식에서 $[\mathrm{R}]$은 계측오차의 공분산 행렬이다. 식 9.21의 최소화 대상의 일반 표현식을 구하기 위하여 수식을 전개하고 식 9.19의 $\mathbf{f}(\mathbf{x})$를 $[\mathrm{H}]\mathbf{x}$로 대체하면 다음 식을 얻는다.

$$\begin{aligned} \underset{\mathbf{x}}{min} J(\mathbf{x}) = \underset{\mathbf{x}}{min} \{ & \mathbf{z}^{meas\,\mathrm{T}} [\mathrm{R}^{-1}] \mathbf{z}^{meas} - \mathbf{x}^{\mathrm{T}} [\mathrm{H}]^{\mathrm{T}} [\mathrm{R}^{-1}] \mathbf{z}^{meas} \\ & - \mathbf{z}^{meas\,\mathrm{T}} [\mathrm{R}^{-1}] [\mathrm{H}] \mathbf{x} + \mathbf{x}^{\mathrm{T}} [\mathrm{H}]^{\mathrm{T}} [\mathrm{R}^{-1}] [\mathrm{H}] \mathbf{x} \} \end{aligned} \tag{9.22}$$

제3장에서 설명한 절차와 같이 $J(\mathbf{x})$의 최솟값은 $\partial J(\mathbf{x}) / \partial x_i = 0 (i = 1, \cdots, N_s)$를 만족시키는 x_i의 값에서 찾을 수 있다. 이것은 $J(\mathbf{x})$의 그레이디언트인 $\nabla J(\mathbf{x})$가 0이라고 말하는 것과 동일하다.

$J(\mathbf{x})$의 그레이디언트는 다음 식

$$\nabla J(\mathbf{x}) = -2[\mathrm{H}]^{\mathrm{T}}[\mathrm{R}^{-1}]\mathbf{z}^{meas} + 2[\mathrm{H}]^{\mathrm{T}}[\mathrm{R}^{-1}][\mathrm{H}]\mathbf{x}$$

과 같다(이 장의 부록 참조). 그러면 $\nabla J(\mathbf{x}) = \mathbf{0}$ 을 만족하는 $\mathbf{x}^{est}$는 다음 식과 같다.

$$\mathbf{x}^{est} = \left[[\mathrm{H}]^{\mathrm{T}}[\mathrm{R}^{-1}][\mathrm{H}]\right]^{-1}[\mathrm{H}]^{\mathrm{T}}[\mathrm{R}^{-1}]\mathbf{z}^{meas} \tag{9.23}$$

계측의 횟수보다도 모수의 개수가 적을 경우, 즉 $N_s < N_m$ 인 경우, 식 9.23이 성립한다는 것을 유념해야 한다.

$N_s = N_m$ 일 경우, 추정문제는 다음 식

$$\mathbf{x}^{est} = [\mathrm{H}]^{-1}\mathbf{z}^{meas} \tag{9.24}$$

과 같이 축소된다.

이 경우에 있어서 $N_s > N_m$ 이라는 것은 일반적으로 $f_i(\mathbf{x}^{est})$가 z_i^{meas}(모든 $i=1, \cdots, N_m$)와 정확하게 같게 되도록 하는 $\mathbf{x}^{est}$의 값이 복수로 존재할 수 있다는 것을 의미하기 때문에, 비록 가능도함수를 최대화하는 $\mathbf{x}$를 추정하려는 것이 아닐지라도 $N_s > N_m$ 인 경우에는 이 문제에 대하여 '닫힌 형식(closed form)'의 해가 존재한다. 오히려 x_i^{est}의 제곱의 합이 최소화가 되도록 $\mathbf{x}^{est}$를 찾는 것을 목적으로 한다. 다시 말하면 $\mathbf{z}^{est} = [\mathrm{H}]\mathbf{x}$ 의 제약조건 아래에서 다음 식

$$\min_{\mathbf{x}} \sum_{i=1}^{N_s} x_i^2 = \mathbf{x}^{\mathrm{T}}\mathbf{x} \tag{9.25}$$

을 만족하는 $\mathbf{x}$를 찾는 것이다. 이 경우, 닫힌 형식의 해는 다음 식과 같다.

$$\mathbf{x}^{est} = [\mathrm{H}]^{\mathrm{T}}\left[[\mathrm{H}][\mathrm{H}]^{\mathrm{T}}\right]^{-1}\mathbf{z}^{meas} \tag{9.26}$$

〈표 9.1〉 상태추정 공식

케이스	상황	해법	비고
$N_s < N_x$		$\mathbf{x}^{est} = \left[[\mathrm{H}]^{\mathrm{T}}[\mathrm{R}^{-1}][\mathrm{H}]\right]^{-1} \times [\mathrm{H}]^{\mathrm{T}}[\mathrm{R}^{-1}]\mathbf{z}^{meas}$	$\mathbf{z}^{meas}$가 주어진 경우 $\mathbf{x}^{est}$는 $\mathbf{x}$의 최대가능도 추정치이다.
$N_s = N_m$	완전결정 (completely determined)	$\mathbf{x}^{est} = [\mathrm{H}]^{-1}\mathbf{z}^{meas}$	$\mathbf{x}^{est}$는 $\mathbf{z}^{meas}$와 정확하게 일치한다.
$N_s > N_m$	열결정 (underdetermined)	$\mathbf{x}^{est} = [\mathrm{H}]^{\mathrm{T}}\left[[\mathrm{H}][\mathrm{H}]^{\mathrm{T}}\right]^{-1}\mathbf{z}^{meas}$	$\mathbf{x}^{est}$는 계측에 있어서 측정값에 맞는 최소 노름의 벡터이다(노름은 각 성분의 제곱값의 합이다).

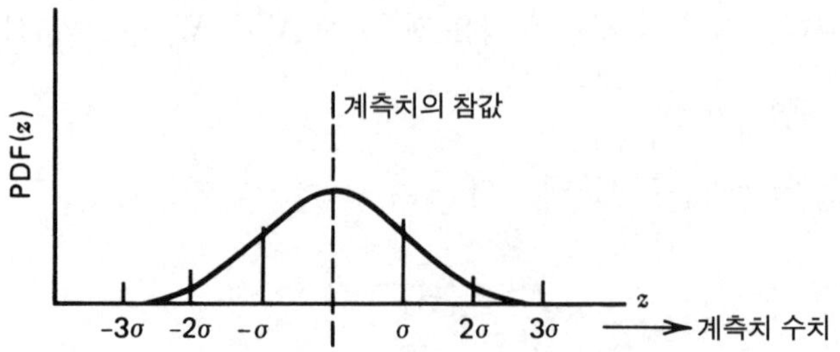

〈그림 9.8〉 계측기 오차의 가우시안 분포

전력시스템 상태추정에 있어서 열결정(underdetermined)의 문제(즉 $N_s > N_m$)는 식 9.26에서와 같이 해를 구하지 못한다. 이것보다는 차라리 완전결정 또는 우결정(overdetermined)의 문제로 만들기 위하여 유사계측치를 추가한다. 절 9.6.3에서는 유사결정에 관하여 설명한다. 〈표 9.1〉은 지금까지의 설명내용을 표로써 요약하였다.

9.3.4 가중최소제곱 상태추정의 예제

앞에서 설명한 3-모선의 예제로 돌아간다. 〈그림 9.2〉를 보면 모선-1과 모선-2에서 θ_1, θ_2, 그리고 위상각을 결정하기 위하여 3개의 계측치가 존재한다는 것을 알 수 있다. 앞 절에서의 전개과정에서 잔차 $J(\theta_1, \theta_2)$를 최소화함으로써 상태변수 θ_1, θ_2를 추정할 수 있다는 것을 알았으며, $J(\theta_1, \theta_2)$는 개별 계측잔차의 제곱값을 개별 분산치로 나눈 것을 합산한 것이다.

예제를 설명하기 위하여 먼저 3개의 계측기가 다음과 같은 특성을 갖는다고 가정한다.

계측기 전체 계측범위: 100MW

계측기의 정밀도: ±3MW

이것이 의미하는 것은 계측을 할 경우 약 99%의 시간에 있어서 참값의 ±3MW의 오차 범위 내에서 계측이 된다는 것이다. 수학적으로 말하면 〈그림 9.8〉과 같이 오차가 표준편차 σ로서 가우시안 분포한다는 것이다.

주목할 것은 오차의 발생확률은 오차가 커짐에 따라 감소한다는 것이다. -3σ와 3σ 사이의 확률밀도함수의 적분값은 대략 0.99에 도달한다. 여기에서는 계측기의 계측오차(±3MW)는 확률밀도함수에서 3σ에 해당하는 점과 같다고 표현한다. 그러면 ±3MW는 계측오차의 표준편차가 $\sigma = 1\text{MW} = 0.01$퍼유닛에 해당한다.

가중최소제곱 추정을 위하여 앞의 절에서 전개된 식 9.23을 다시 반복하면 다음과 같다.

$$\mathbf{x}^{est} = \left[[\mathrm{H}]^{\mathrm{T}}[\mathrm{R}^{-1}][\mathrm{H}]\right]^{-1}[\mathrm{H}]^{\mathrm{T}}[\mathrm{R}^{-1}]\mathbf{z}^{meas}$$

여기에서

$\mathbf{x}^{est} =$ 상태변수의 추정치

$[\mathrm{H}] =$ 계측함수의 계수 행렬

$[\mathrm{R}] =$ 계측치의 공분산 행렬

$\mathbf{z}^{meas} =$ 계측치의 벡터

3-모선 문제에서 계측치는 다음의 식

$$\mathbf{x}^{est} = \begin{bmatrix} \theta_1^{est} \\ \theta_2^{est} \end{bmatrix} \tag{9.27}$$

과 같다. 계측함수의 계수 행렬 $[\mathrm{H}]$를 유도하기 위하여 상태변수 θ_1, θ_2의 함수로써 계측치를 나타낼 필요가 있다. 이 함수를 퍼유닛으로 나타내면 다음 식과 같다.

$$M_{12} = f_{12} = \frac{1}{0.2}(\theta_1 - \theta_2) = 5\theta_1 - 5\theta_2$$

$$M_{13} = f_{13} = \frac{1}{0.4}(\theta_1 - \theta_3) = 2.5\theta_1$$

$$M_{32} = f_{32} = \frac{1}{0.25}(\theta_3 - \theta_2) = -4\theta_2 \tag{9.28}$$

기준모선의 위상각은 여전히 0으로 가정한다. 그러면 계측함수의 계수 행렬은

$$[\mathrm{H}]=\begin{bmatrix}5 & -5\\ 2.5 & 0\\ 0 & -4\end{bmatrix}$$

이다. 계측치의 공분산 행렬 [R]은 다음 식

$$[\mathrm{R}]=\begin{bmatrix}\sigma_{M12}^2 & & \\ & \sigma_{M13}^2 & \\ & & \sigma_{M32}^2\end{bmatrix}=\begin{bmatrix}0.0001 & & \\ & 0.0001 & \\ & & 0.0001\end{bmatrix}$$

과 같다. 위 식에서 [H]는 퍼유닛으로써 표현된 것이므로 [R]과 $\mathbf{x}^{est}$에 관하여도 퍼유닛으로 표현해야 한다는 것을 알아야 한다.

상태변수 θ_1, θ_2에 대한 최소제곱법에 의한 추정치는 다음 식

$$\begin{bmatrix}\theta_1^{est}\\ \theta_2^{est}\end{bmatrix}=\left[\begin{bmatrix}2 & 2.5 & 0\\ -5 & 0 & -4\end{bmatrix}\begin{bmatrix}0.0001 & & \\ & 0.0001 & \\ & & 0.0001\end{bmatrix}^{-1}\begin{bmatrix}5 & -5\\ 2.5 & 0\\ 0 & -4\end{bmatrix}\right]^{-1}$$

$$\times\begin{bmatrix}5 & 2.5 & 0\\ -5 & 0 & -4\end{bmatrix}\begin{bmatrix}0.0001 & & \\ & 0.0001 & \\ & & 0.0001\end{bmatrix}^{-1}\begin{bmatrix}0.62\\ 0.06\\ 0.37\end{bmatrix}$$

$$=\begin{bmatrix}312500 & -250000\\ -25000 & 410000\end{bmatrix}^{-1}\begin{bmatrix}32500\\ 45800\end{bmatrix}$$

$$=\begin{bmatrix}0.028571\\ -0.094286\end{bmatrix}$$

여기에서

$$z^{meas}=\begin{bmatrix}0.62\\ 0.06\\ 0.37\end{bmatrix}$$

과 같이 계산된다. 추정한 위상각 자료로부터 각 송전선의 전력조류, 각 모선의 발전출력과 부하를 추정할 수 있다. 그 결과가 〈그림 9.9〉에 나타나 있다.

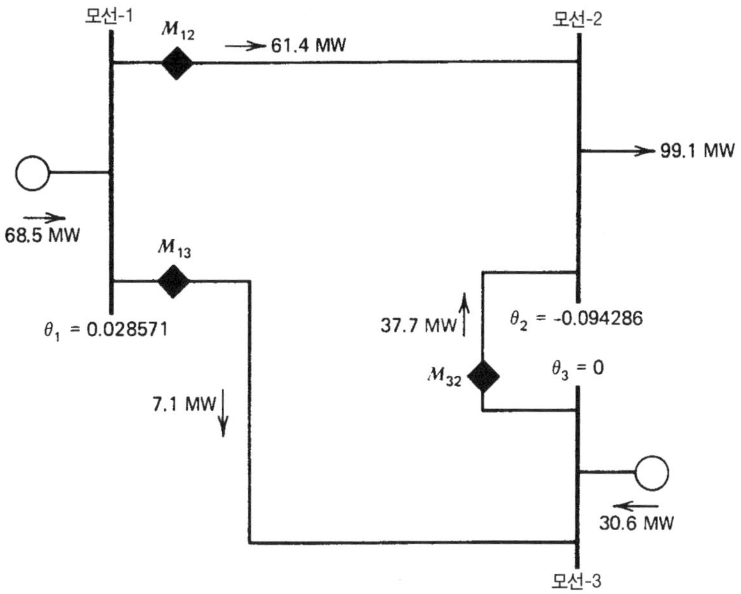

〈그림 9.9〉 θ_1과 θ_2의 최상의 추정치에 의한 3-모선 시스템 예제

만약 잔차 $J(\theta_1^{est}, \theta_2^{est})$를 계산한다면 다음 식

$$
\begin{aligned}
&J(\theta_1^{est}, \theta_2^{est}) \\
&= \frac{\left[z_{12}-f_{12}(\theta_1^{est}, \theta_2^{est})\right]^2}{\sigma_{12}^2} + \frac{\left[z_{13}-f_{13}(\theta_1^{est}, \theta_2^{est})\right]^2}{\sigma_{13}^2} + \frac{\left[z_{32}-f_{32}(\theta_1^{est}, \theta_2^{est})\right]^2}{\sigma_{32}^2} \\
&= \frac{\left[0.62-(5\theta_1-5\theta_2)\right]^2}{0.0001} + \frac{\left[0.06-(2.5\theta_1)\right]^2}{0.0001} + \frac{\left[0.37+(4\theta_2)\right]^2}{0.0001} \\
&= 2.14
\end{aligned}
\tag{9.29}
$$

과 같이 된다. 만약 계측기 M_{13}이 M_{12}와 M_{32}보다 더 품질이 좋은 계측기라고 가정한다. 그렇다면 이것은 상태변수에 어떠한 변동을 줄 것인가? 송전선 1-2와 송전선 3-2를 추정하기 위하여 M_{12}와 M_{32}에서 얻은 계측값을 각각 비교할 경우에 M_{13}에서 얻은 계측치가 송전선 1-3의 전력조류의 참값에 더욱 근접할 것이라고

직관적으로 추론할 수 있다. 그러므로 M_{13}가 더욱 정밀한 계측기라는 사실을 반영하여 계측자료를 준비한다면 상태추정 프로그램의 결과가 이 사실을 반영하여 추정한다고 생각한다. 이것을 보여 주기 위하여 다음과 같은 계측자료를 사용한다.

계측기 M_{12}**와** M_{32}: 100MW까지의 계측범위
±3MW 정밀도
($\sigma = 1\text{MW} = 0.01$퍼유닛)

계측기 M_{13}: 100MW까지의 계측범위
±0.3 MW 정밀도
($\sigma = 0.1\text{MW} = 0.001$퍼유닛)

최소제곱 공식에 사용할 공분산 행렬은 다음 식

$$[\mathrm{R}] = \begin{bmatrix} \sigma_{M12}^2 & & \\ & \sigma_{M13}^2 & \\ & & \sigma_{M32}^2 \end{bmatrix} = \begin{bmatrix} 1\times10^{-4} & & \\ & 1\times10^{-6} & \\ & & 1\times10^{-4} \end{bmatrix}$$

과 같다. 새로 작성된 [R] 행렬을 이용하여 상태추정을 하면 다음의 결과를 얻는다.

$$\begin{bmatrix} \theta_1^{est} \\ \theta_2^{est} \end{bmatrix} = \left[\begin{bmatrix} 2 & 2.5 & 0 \\ -5 & 0 & -4 \end{bmatrix} \begin{bmatrix} 1\times10^{-4} & & \\ & 1\times10^{-6} & \\ & & 1\times10^{-4} \end{bmatrix}^{-1} \begin{bmatrix} 5 & -5 \\ 2.5 & 0 \\ 0 & -4 \end{bmatrix} \right]^{-1}$$

$$\times \begin{bmatrix} 5 & 2.5 & 0 \\ -5 & 0 & -4 \end{bmatrix} \begin{bmatrix} 1\times10^{-4} & & \\ & 1\times10^{-6} & \\ & & 1\times10^{-4} \end{bmatrix}^{-1} \begin{bmatrix} 0.62 \\ 0.06 \\ 0.37 \end{bmatrix}$$

$$= \begin{bmatrix} 6.5\times10^6 & -2.5\times10^5 \\ -2.5\times10^5 & 4.1\times10^5 \end{bmatrix}^{-1} \begin{bmatrix} 1.81\times10^5 \\ -0.458\times10^5 \end{bmatrix}$$

$$= \begin{bmatrix} 0.024115 \\ -0.097003 \end{bmatrix}$$

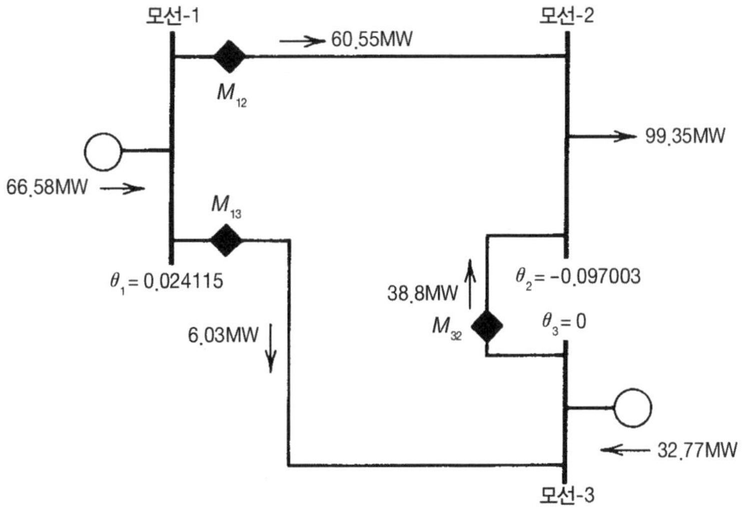

〈**그림 9.10**〉 정밀도가 높은 계측기 M_{13}을 사용한 경우의 3-모선 시스템 예제

여기에서 추정된 위상각으로부터 〈그림 9.10〉과 같은 전력시스템 상태를 확인한다. 여기에서 계산된 송전선 1-3의 전력조류와 앞에서 계산한 송전선 1-3의 전력조류를 비교해 보면, σ_{M13}를 0.1MW로 하면 송전선 1-3의 전력조류가 계측기의 값 6.0MW에 더욱 접근한 것으로 나타난다. 또한, 송전선 1-2와 송전선 3-2의 전력조류는 M_{12}와 M_{32}의 측정값에서 더욱 멀어지는 것을 알 수 있으며 이것은 예상한 결과와 같다.

9.4 교류 네트워크의 상태추정

9.4.1 방법론의 개발

절 9.3.2에서 전개된 최대가능도 추정 방법이 어떻게 선형시스템의 최소제곱법 계산에 사용되는가에 대하여 앞의 절에서 설명하였다. 최소제곱법 계산에 있어서 계측치의 잔차의 제곱합을 다음 식

$$\underset{\mathbf{x}}{min}\ J(\mathbf{x}) = \underset{\mathbf{x}}{min} \sum_{i=1}^{N_m} \frac{\left[z_i^{meas} - f_i(\mathbf{x})\right]^2}{\sigma_i^2} \tag{9.30}$$

과 같이 최소화한다. 선형시스템의 경우, 함수 $f_i(\mathbf{x})$는 자체가 선형이며 $J(\mathbf{x})$의 최솟값을 구하기 위해 직접 풀면 된다. 교류 네트워크에서 계측대상이 되는 변수의 크기는 MW, MVAR, 암페어, 변압기 탭의 위치, 전압크기 등으로 나타난다. 상태변수는 모든 모선의 전압크기, 기준모선을 제외한 모든 모선의 위상각, 그리고 변압기 탭이다. 모선에 주입되는 전력에 대한 방정식은 식 4.21에 주어져 있으며 각 모선의 전압크기와 위상각의 함수이지만 선형함수의 관계가 아니다. 그러므로 $f_i(\mathbf{x})$가 단순히 계측되는 전압크기에 상응하는 x_i의 배수인 경우를 제외하고, $f_i(\mathbf{x})$는 비선형함수이다. 모선-i에서 모선-j로 연결된 송전선의 유효전력조류(MW)와 무효전력조류(MVAR)의 잔차 $J(\mathbf{x})$는 각각 다음 식

$$\frac{\left\{\mathrm{MW}_{\mathrm{ij}}^{\mathrm{meas}} - \left[|\mathrm{E_i}|^2(\mathrm{G_{ij}}) - |\mathrm{E_i}||\mathrm{E_j}|(cos(\theta_i - \theta_j)G_{ij} + sin(\theta_i - \theta_j)B_{ij})\right]\right\}^2}{\sigma_{\mathrm{MW}_{ij}}^2} \tag{9.31}$$

과 다음의 식

$$\frac{\left\{\mathrm{MVAR}_{ij}^{meas} - \left[-|E_i|^2(B_{cap_{ij}} + B_{ij}) - |E_i||E_j|(sin(\theta_i - \theta_j)G_{ij} - cos(\theta_i - \theta_j)B_{ij})\right]\right\}^2}{\sigma_{\mathrm{MVAR}ij}^2} \tag{9.32}$$

과 같다. 위 식에서 $B_{cap_{ij}}$는 선로 충전용량의 서셉턴스의 크기이다.

전압크기의 계측은 잔차의 식 $J(\mathbf{x})$에서 다음의 항

$$\frac{\left(|\mathrm{E}_i|^{meas} - |\mathrm{E}_i|\right)^2}{\sigma_{|E_i|}^2} \tag{9.33}$$

으로서 나타난다. 위의 식과 유사한 공식이 MVA 또는 전류의 계측에 대하여도 유도될 수 있다.

만약 상태변수(|E|의 값과 θ의 값)와 네트워크의 전력조류에 관하여 선형의 관계식을 갖고 있지 않다면 $J(\mathbf{x})$를 최소화하기 위하여 반복법을 사용해야 한다. 전력시스템의 상태추정에 흔히 사용되는 기법은 제6장의 뉴턴 조류계산법의 설명에서와 같이 $J(\mathbf{x})$의 그레이디언트를 계산하고 뉴턴법을 이용하여 그레이디언트가 0이 되도록 하는 것이다. $J(\mathbf{x})$의 최소화 절차를 설명하기 전에 다차원 문제에서 뉴턴법의 적용 예를 검토한다.

$g_i(\mathbf{x})(i=1, \cdots, n)$가 주어졌을 경우, $g_i(\mathbf{x})=g_i^{des}(i=1, \cdots, n)$를 만족하는 $\mathbf{x}$를 찾으려고 한다. 만약 $g_i(\mathbf{x})$를 벡터에 의하여 정리하면 다음 식

$$\mathbf{g}^{des}-\mathbf{g}(\mathbf{x})=0 \tag{9.34}$$

과 같이 나타낼 수 있다. 위 식에서 $\mathbf{x}$를 섭동함으로써 다음 식

$$\mathbf{g}^{des}-\mathbf{g}(\mathbf{x}+\Delta\mathbf{x})=\mathbf{g}^{des}-\mathbf{g}(\mathbf{x})-[\mathbf{g}'(\mathbf{x})]\Delta\mathbf{x}=0 \tag{9.35}$$

을 세울 수 있으며 위 식은 $\mathbf{g}(\mathbf{x}+\Delta\mathbf{x})$을 $\mathbf{x}$ 근방에서 테일러 급수로서 전개한 것이며 높은 계(higher order) 항을 무시하였다. $[\mathbf{g}'(\mathbf{x})]$ 항은 $\mathbf{g}(\mathbf{x})$의 일계도함수의 자코비안 행렬[2)]이다. 그러면 다음의 관계식을 세울 수 있다.

$$\Delta\mathbf{x}=[\mathbf{g}'(\mathbf{x})]^{-1}\left[\mathbf{g}^{des}-\mathbf{g}(\mathbf{x})\right] \tag{9.36}$$

만약 $\mathbf{g}^{des}$가 항등적으로 0이라면 다음의 결과를 얻는다는 것을 주목해야 한다.

$$\Delta\mathbf{x}=[\mathbf{g}'(\mathbf{x})]^{-1}[-\mathbf{g}(\mathbf{x})] \tag{9.37}$$

$\mathbf{g}^{des}$에 대한 해를 구하기 위하여 식 9.38을 이용하여 $\Delta\mathbf{x}$에 대하여 풀고 $\mathbf{x}^{new}$의 값을 $\mathbf{x}^{new}=\mathbf{x}+\Delta\mathbf{x}$에 의하여 수정하고 $\Delta\mathbf{x}$가 아주 작아지거나 $\mathbf{g}(\mathbf{x})$가 $\mathbf{g}^{des}$에

---

2) 역자 주: 만약 f의 f_i가 미분 가능하다면 벡터값을 갖는 f: $R^n \rightarrow R^m$의 그레이디언트 매트릭스는 $\nabla f(x)$로 표시되는 $n \times m$ 매트릭스이며 i번째 열은 $f_i(x)$의 그레이디언트 $\nabla f_i(x)$이다. 그러므로

$$\nabla f(x)=[\nabla f_1(x) \cdots \nabla f_m(x)]$$

∇f의 전치행렬을 f의 자코비안이라고 하며 ij요소는 편미분 $\partial fi/\partial xj$이다.

근접할 때까지 식 9.3을 반복하여 적용한다.

여기에서 식 9.30에 주어진 상태추정 문제

$$\min_{\mathbf{x}} J(\mathbf{x}) = \min_{\mathbf{x}} \sum_{i=1}^{N_m} \frac{\left[z_i^{meas} - f_i(\mathbf{x})\right]^2}{\sigma_i^2}$$

로 돌아가기로 한다. 먼저 $J(\mathbf{x})$의 그레이디언트를 다음 식과 같이 구성한다.

$$\nabla_{\mathrm{x}} \mathrm{J}(\mathbf{x}) = \begin{bmatrix} \dfrac{\partial J(\mathbf{x})}{\partial x_1} \\ \dfrac{\partial J(\mathbf{x})}{\partial x_2} \\ \vdots \end{bmatrix}$$

$$= -2 \begin{pmatrix} \dfrac{\partial f_1}{\partial x_1} & \dfrac{\partial f_2}{\partial x_1} & \dfrac{\partial f_3}{\partial x_1} & \cdots \\ \dfrac{\partial f_1}{\partial x_2} & \dfrac{\partial f_2}{\partial x_2} & \dfrac{\partial f_3}{\partial x_2} & \cdots \\ \vdots & \vdots & \vdots & \end{pmatrix} \begin{bmatrix} \dfrac{1}{\sigma_1^2} & & \\ & \dfrac{1}{\sigma_2^2} & \\ & & \ddots \end{bmatrix} \begin{bmatrix} z_1 - f_1(\mathbf{x}) \\ z_2 - f_2(\mathbf{x}) \\ \vdots \end{bmatrix} \quad (9.38)$$

만약 $f_i(\mathbf{x})$를 $\mathbf{f}(\mathbf{x})$라고 벡터로 나타내고 $\mathbf{f}(\mathbf{x})$의 자코비안을 구성하면 다음 식

$$\frac{\partial \mathbf{f}(\mathbf{x})}{\partial \mathbf{x}} = \begin{pmatrix} \dfrac{\partial f_1}{\partial x_1} & \dfrac{\partial f_1}{\partial x_2} & \dfrac{\partial f_1}{\partial x_3} & \cdots \\ \dfrac{\partial f_2}{\partial x_1} & \dfrac{\partial f_2}{\partial x_2} & \dfrac{\partial f_2}{\partial x_3} & \cdots \\ \vdots & \vdots & \vdots & \end{pmatrix} \quad (9.39)$$

을 얻는다.

위 식을 행렬 $[\mathrm{H}]$라고 한다. 그러면 다음 식

$$[\mathrm{H}] = \begin{pmatrix} \dfrac{\partial f_1}{\partial x_1} & \dfrac{\partial f_1}{\partial x_2} & \dfrac{\partial f_1}{\partial x_3} & \cdots \\ \dfrac{\partial f_2}{\partial x_1} & \dfrac{\partial f_2}{\partial x_2} & \dfrac{\partial f_2}{\partial x_3} & \cdots \\ \vdots & \vdots & \vdots & \end{pmatrix} \quad (9.40)$$

이 된다. 그리고 [H]의 전치행렬은 다음 식과 같이 된다.

$$[\mathrm{H}]^{\mathrm{T}}=\begin{pmatrix} \dfrac{\partial f_1}{\partial x_1} & \dfrac{\partial f_2}{\partial x_1} & \dfrac{\partial f_3}{\partial x_1} \cdots \\ \dfrac{\partial f_1}{\partial x_2} & \dfrac{\partial f_2}{\partial x_2} & \dfrac{\partial f_3}{\partial x_2} \cdots \\ \vdots & \vdots & \vdots \end{pmatrix} \tag{9.41}$$

나아가서 다음과 같이 공분산 행렬

$$\begin{bmatrix} \sigma_1^2 & & \\ & \sigma_2^2 & \\ & & \ddots \end{bmatrix} = [\mathrm{R}] \tag{9.42}$$

을 나타낸다. 식 9.38은 다음 식

$$\nabla_{\mathrm{x}}\,\mathrm{J}(\mathbf{x})=\left\{-2[\mathrm{H}]^{\mathrm{T}}[\mathrm{R}]^{-1}\begin{bmatrix} z_1-f_1(\mathbf{x}) \\ z_2-f_2(\mathbf{x}) \\ \vdots \end{bmatrix}\right\} \tag{9.43}$$

과 같이 쓸 수 있다. $\nabla_{\mathrm{x}}\,\mathrm{J}(\mathbf{x})=\mathbf{0}$이 되기 위하여 식 9.37과 같이 뉴턴법을 적용한다. 그러면 다음 식

$$\Delta\mathbf{x}=\left[\frac{\partial\nabla_{\mathrm{x}}\,J(\mathbf{x})}{\partial\mathbf{x}}\right]^{-1}\left[-\nabla_{\mathrm{x}}\,J(\mathbf{x})\right] \tag{9.44}$$

이 성립한다. $\nabla_{\mathrm{x}}\,\mathrm{J}(\mathbf{x})$의 자코비안은 [H]를 상수의 행렬로 취급하여 계산한다. 즉 다음 식

$$\begin{aligned}\left[\frac{\partial\nabla_{\mathrm{x}}\,J(\mathbf{x})}{\partial\mathbf{x}}\right] &= \frac{\partial}{\partial\mathbf{x}}\left\{-2[\mathrm{H}]^{\mathrm{T}}[\mathrm{R}]^{-1}\begin{bmatrix} z_1-f_1(\mathbf{x}) \\ z_2-f_2(\mathbf{x}) \\ \vdots \end{bmatrix}\right\} \\ &= -2[\mathrm{H}]^{\mathrm{T}}[\mathrm{R}]^{-1}[-\mathrm{H}] \\ &= 2[\mathrm{H}]^{\mathrm{T}}[\mathrm{R}]^{-1}[\mathrm{H}] \end{aligned} \tag{9.45}$$

과 같이 계산한다. 그러면 다음 식이 성립한다.

$$\Delta \mathrm{x} = \frac{1}{2}\left[[\mathrm{H}]^{\mathrm{T}}[\mathrm{R}]^{-1}[\mathrm{H}]\right]^{-1}\left\{2[\mathrm{H}]^{\mathrm{T}}[\mathrm{R}]^{-1}\begin{bmatrix} z_1 - f_1(\mathbf{x}) \\ z_2 - f_2(\mathbf{x}) \\ \vdots \end{bmatrix}\right\}$$

$$= \left[[\mathrm{H}]^{\mathrm{T}}[\mathrm{R}]^{-1}[\mathrm{H}]\right]^{-1}[\mathrm{H}]^{\mathrm{T}}[\mathrm{R}]^{-1}\begin{bmatrix} z_1 - f_1(\mathbf{x}) \\ z_2 - f_2(\mathbf{x}) \\ \vdots \end{bmatrix} \tag{9.46}$$

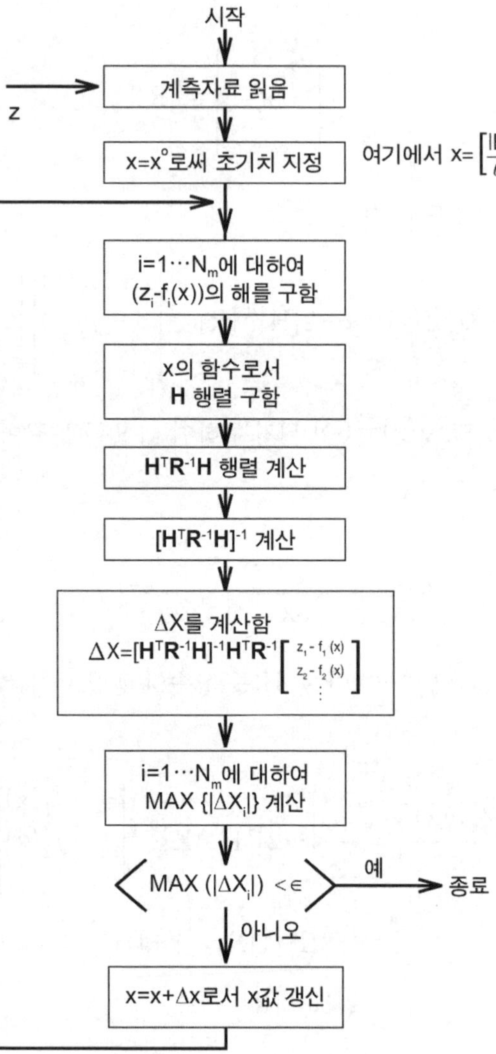

〈**그림 9.11**〉 상태추정의 해를 구하는 알고리즘

식 9.46은 식 9.23과 아주 유사한 계열의 수식이다. 교류 네트워크 상태추정 문제를 풀기 위하여 〈그림 9.11〉과 같이 식 9.46을 반복하여 계산한다. 이 과정은 뉴턴 조류계산 문제의 해를 구하는 것과 유사한 반복계산 절차이다.

9.4.2 교류 네트워크에서 상태추정의 대표적 결과

〈그림 9.12〉는 각 송전선의 양단과 발전모선과 부하모선의 복소수 출력($P+jQ$)을 계측한 것을 나타낸다. 모선전압의 크기도 각 모선에서 계측된다.

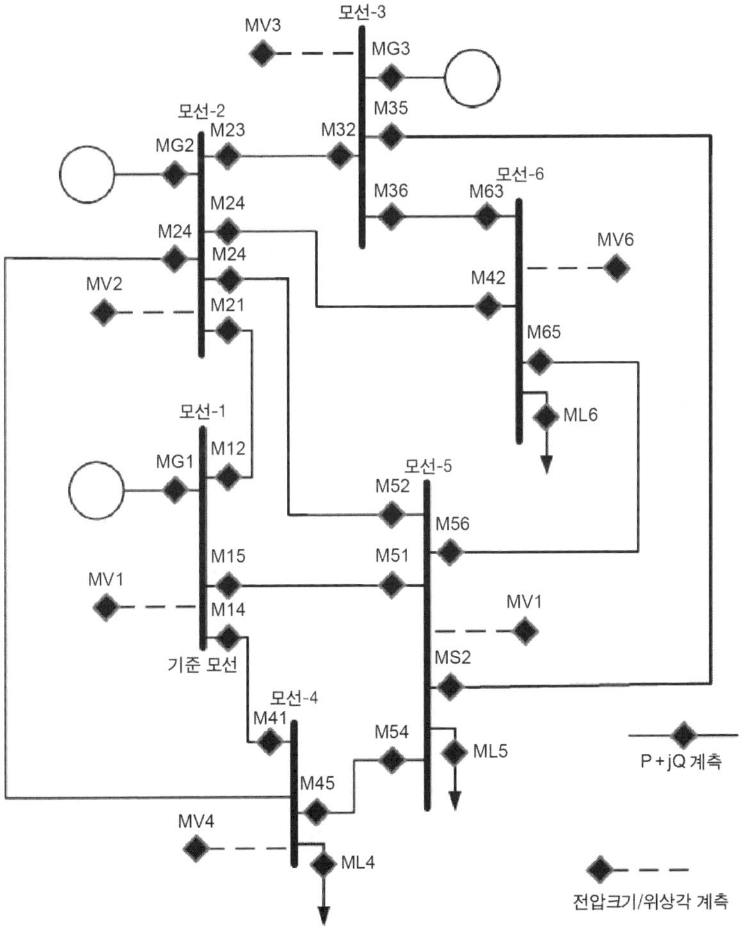

〈그림 9.12〉 6-모선 시스템과 계측장치

〈표 9.2〉 기준 케이스 상태

측정 계기	상황	기준 케이스값 kV	MW	MVAR	계측값 kV	MW	MVAR
		모선-1					
MV1	1	246.1			246.1		
MA1	1	0.0			0.0		
M12	1		123.6	-35.6		123.2	-36.0
M14	1		179.9	23.9		180.4	23.8
M15	1		105.0	3.4		105.4	3.8
		모선-2					
MV2	1	241.5			241.5		
MA2	0	0.0			0.0		
MG2	1		50.0	75.7		51.0	75.5
M21	1		-109.3	59.7		-110.6	60.5
M23	1		11.4	-5.4		11.7	-5.9
M24	1		93.1	17.2		94.1	16.4
M25	1		15.6	5.3		15.3	2.1
M26	1		39.2	-1.1		38.2	-1.3
		모선-3					
MV3	1	241.5			241.5		
MA3	0	0.0			0.0		
MG3	1		50.0	24.2		49.8	24.9
M32	1		-11.3	-0.9		-12.2	-2.1
M35	1		8.9	7.5		8.4	7.3
M36	1		52.4	17.6		51.0	17.6
		모선-4					
MV4	1	228.0			228.0		
MA4	0	0.0			0.0		
ML4	1		-100.0	-15.0		-99.4	-16.1
M41	1		-165.5	29.6		-164.5	28.7
M42	1		-89.0	-11.1		-89.2	-12.3
M45	1		-11.0	-3.9		-11.7	-5.5
		모선-5					
MV5	1	233.3			233.3		
MA5	0	0.0			0.0		
ML5	1		-100.0	-15.0		-101.5	-16.1
M51	1		-97.3	19.1		-96.9	18.3
M52	1		-15.3	-8.7		-16.4	-10.2
M53	1		-8.7	-12.4		-10.3	-12.9
M54	1		11.2	-3.7		12.7	-1.6
M56	1		10.1	-9.2		10.2	-10.2
		모선-6					
MV6	1	235.4			235.4		
MA6	0	0.0			0.0		
ML6	1		-100.0	-15.0		-101.4	-14.9
M62	1		-38.2	-1.5		-38.6	0.4
M63	1		-51.8	-16.9		-51.0	-16.5
M65	1		-9.9	3.4		-8.7	2.8

위의 계측자료에 대하여 상태추정 프로그램을 사용하는 방법을 보여 주는 데 있어서 예제 6A의 기준-케이스 조건과 확률적 오차를 발생하기 위하여 난수발생 알고리즘이 사용되었다.

계측자료를 얻기 위하여 기준-케이스의 전력조류, 부하, 그리고 전압크기에 확률적 난수를 더하였다. 오차는 각 계측기의 형식마다 평균치가 0이며 분산이 주어진 가우시안 분포곡선에 발생되는 난수에 의하여 결정되었다. 사용된 계측치의 분산은 아래와 같다.

$P+jQ$ **계측:** P의 계측에 있어서 $\sigma = 3\text{MW}$

Q의 계측에 있어서 $\sigma = 3\text{MVAR}$

전압의 계측: $\sigma = 3\text{MW}$

〈그림 9.2〉에는 기준조건과 계측치가 나타나 있다. 〈그림 9.1〉의 상태추정 알고리즘을 사용하여 모선전압의 크기와 위상각의 추정치를 얻었으며 〈그림 9.2〉에 나타냈다.

이 과정에서 각 모선의 $\mathbf{x}^0$의 초기치로서 전압크기는 1이며 위상각이 0라디안이라고 각각 지정하였고 4차의 반복계산이 실행되었다. 각 반복계산 초기에 계측값의 잔차 $J(\mathbf{x})$(식 9.30 참조)의 합계가 계산되고 표에 나타난다. 〈표 9.3〉에는 6-모선 시스템의 반복계산 과정에 의한 결과가 능동계측 횟수, 자유도(degree of freedom), 그리고 악성데이터의 역치 t_j(상세한 것은 절 9.6.2 참조) 등과 함께 주어져 있다.

만약 계측치에 오차가 없다든가 계측에 있어서 여분의(가외적인) 계측자료가 없을 경우, 각 반복계산의 끝에 있어서 $J(\mathbf{x})$의 값은 0이다. 만약 오차가 없는 여분의(redundant) 계측자료가 존재할 때, $J(\mathbf{x})$의 값은 일반적으로 0이 되지 않는다. 이 값은 계측치에 대한 추정치의 총체적 적합도의 측도를 나타낸다. $J(\mathbf{x})$의 값은 사실

〈표 9.3〉 상태추정의 반복계산의 해

추정프로그램 반복계산 요약				
반복	잔차 J	계측횟수	자유도	악성데이터 역치
1	26,569.356			
2	314.437			
3	56.580			
4	56.312			
		62	51	63.440

〈표 9.4〉 상태추정 프로그램의 해

측정 계기	상황	기준 케이스값 kV	기준 케이스값 MW	기준 케이스값 MVAR	계측값 kV	계측값 MW	계측값 MVAR	추정값 kV	추정값 MW	추정값 MVAR
		모선-1								
MV1	1	246.1			245.7			247.0		
MA1	1	0.0			0.0			0.0		
MG1	1		228.6	-32.2		225.4	-33.0		226.8	-31.7
M12	1		123.6	-35.6		126.7	-28.3		122.2	-35.2
M14	1		179.9	23.9		181.2	20.8		178.6	22.0
M15	1		105.0	3.4		107.4	0.8		104.6	3.5
		모선-2								
MV2	1	241.5			246.6			242.3		
MA2	0	-14.5			0.0			-10.5		
MG2	1		50.0	75.7		49.7	71.3		49.7	72.3
M21	1		-109.3	59.7		-106.4	58.8		-108.3	58.5
M23	1		11.4	-5.4		10.4	-7.1		11.1	-5.1
M24	1		93.1	17.2		92.5	12.1		91.8	14.3
M25	1		15.6	5.3		17.7	6.1		16.1	5.2
M26	1		39.2	-1.1		36.2	-2.4		39.1	-0.6
		모선-3								
MV3	1	241.5			238.5			242.1		
MA3	0	-16.0			0.0			-12.0		
MG3	1		50.0	24.2		50.6	21.7		51.2	23.1
M32	1		-11.3	-0.9		-14.4	-3.6		-11.0	-1.3
M35	1		8.9	7.5		8.1	11.3		9.6	6.9
M36	1		52.4	17.6		52.7	15.6		52.6	17.5
		모선-4								
MV4	1	228.0			230.7			229.6		
MA4	0	-19.1			0.0			-15.1		
ML4	1		-100.0	-15.0		-100.3	-14.0		-98.2	-12.0
M41	1		-165.5	29.6		-159.9	32.4		-164.5	30.0
M42	1		-89.0	-11.1		-87.2	-11.5		-87.9	-8.6
M45	1		-11.0	-3.9		-8.5	-4.8		-10.4	-3.4
		모선-5								
MV5	1	233.3			234.4			234.1		
MA5	0	-16.6			0.0			-12.7		
ML5	1		-100.0	-15.0		-102.7	-15.9		-102.1	-15.2
M51	1		-97.3	19.1		-96.3	17.4		-96.9	18.5
M52	1		-15.3	-8.7		-13.8	-13.2		-15.8	-8.6
M53	1		-8.7	-12.4		-7.3	-8.9		-9.4	11.9
M54	1		11.2	-3.7		9.6	-4.6		10.6	-4.3
M56	1		10.1	-9.2		6.8	-10.7		9.5	-8.9
		모선-6								
MV6	1	235.4			234.6			236.0		
MA6	0	-18.6			0.0			-14.6		
ML6	1		-100.0	-15.0		-98.9	-20.5		-99.5	-15.9
M62	1		-38.2	-1.5		-37.9	1.9		-38.1	-2.0
M63	1		-51.8	-16.9		-56.3	-16.4		-52.1	-16.9
M65	1		-9.9	3.4		-10.5	3.6		-9.4	3.0

상 악성계측의 존재 여부를 검출하는 데 사용될 수 있다.

상태추정 프로그램을 사용하여 추정한 값이 기준 케이스 값과 계측치와 함께 〈표 9.4〉에 나타나 있다. 주목할 것은 계측할 수 있는 진실한(기준 케이스) 상태를 계산하는 데 있어서 추정치가 훌륭한 역할을 한다는 것을 주목해야 한다. 예를 들면 M_{23}의 계측값은 P의 전력조류를 8.6MW이라고 나타냈으나 진실한 전력조류는

2.9MW이며 상태추정 프로그램이 예측한 것은 3.0MW이다.

위의 예제는 〈표 9.2〉에 주어진 기준 케이스 또는 진실한 상태에서 출발한 것이다. 실제의 상태추정에서 사용할 수 있는 자료는 계측자료와 결과적으로 얻는 상태추정 자료뿐이며, 진실한 값을 정확하게 알 방법은 없으며 계측치와 추정치를 비교할 뿐이다. 그러나 앞으로의 설명에서는 기준 케이스 또는 진실한 상태를 예시하고 독자를 도와주기 위하여 수록한다.

〈표 9.14〉에 나타난 결과는 비록 계측오차가 존재하더라도 상태추정 알고리즘은 진실한 모선전압, 발전출력, 부하, 송전선 유효전력조류, 그리고 무효전력조류 등에 대한 가능한 최상의 추정치를 계산한다는 점에서 상태추정 알고리즘을 사용하는 것의 이점을 보여 주는 것이다.

그러나 상태추정 알고리즘을 사용하는 또 하나의 이점도 있다. 첫 번째는 상태추정 알고리즘의 악성계측을 확인하여 검출하는 능력이고 두 번째는 계측되지 않은 자료 또는 통신시스템에 의하여 전송되지 못한 자료에 대하여도 추정을 할 수 있는 기능이다. 이 내용에 대하여는 이 장의 후반부에서 설명한다.

9.5 직교분해에 의한 상태추정

이 장의 앞부분에서 설명한 표준적 최소제곱법의 문제는 몇 가지의 특수한 상태추정 문제에서 부딪치는 수치해석상의 어려움이다. 이 문제는 계측자료와 거의 일치하도록 상태추정의 결과를 얻으려고 시도할 때에 발생한다. 이것은 〈그림 9.13〉에 나타난 것과 같은 전기회로 문제에서 발생한다. 실제의 모든 전력흐름과 주입전력은 계측을 위하여 가정한 값과 함께 〈그림 9.13〉에 나타나 있다.

여기의 예제 시스템에 있어서 모선-1에서 주입전력의 계측치는 0MW라고 가정한다. 만약 해당 모선에 발전기가 존재하지 않든가 또는 부하가 없다는 사실에 의하여 0MW라고 확실하게 정해졌다면, 0MW라는 사실은 확실하다고 알며,

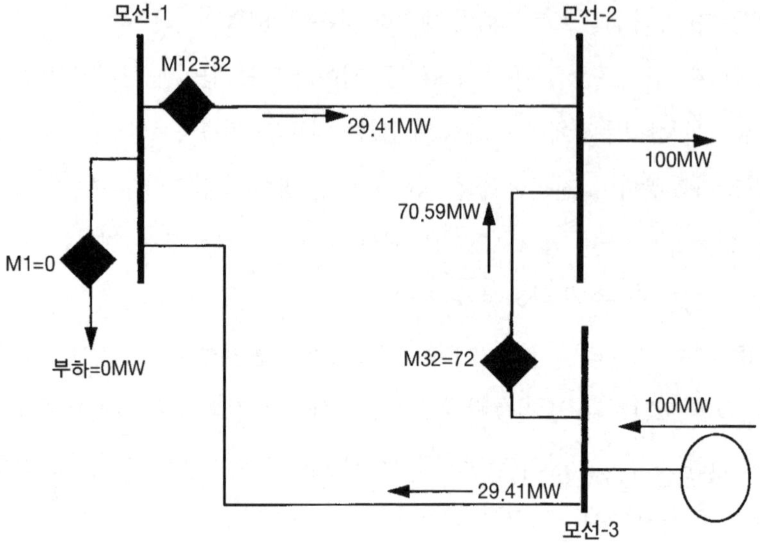

〈그림 9.13〉 주입전력이 0MW인 전력시스템 예제

계측치에 대한 오차의 개념은 무의미하다.

그럼에도 불구하고 표준 상태추정 방정식을 세우고 계측치의 σ를 $\sigma_{M1}=10^{-2}$라고 명시한다. 이렇게 함으로써 식 9.23에 나타난 상태추정 방정식을 사용할 경우 다음과 같은 추정치를 얻는다.

송전선 1-2의 전력조류 P_{flow} 추정치 $=$ 30.76MW

송전선 3-2의 전력조류 P_{flow} 추정치 $=$ 72.52MW

모선-1의 주입전력 추정치 $=$ 0.82MW

상태추정 프로그램은 모선의 주입전력을 정확하게 0MW로 강제하지 않았으며 대신에 0.82MW라고 추정하였다. 이것은 큰 오차라고 보기는 어렵다. 그러나 이러한 모선이 많이 (예를 들면 100개) 존재하고 비슷한 크기의 추정치를 갖는다면 상태추정 프로그램은 0MW의 부하를 갖는 것으로 알려진 모선에 대하여 많은 양의 부하를 할당할 것이다.

초기에는 이런 경우에 있어서 주입전력이 0MW인 모선에 대하여 σ의 값을 아주 작은 값으로 지정하고 상태추정 프로그램을 다시 실행한다. 이런 방안에 대한 문제는 다음과 같다. 이 경우에 0MW의 주입전력에 대하여 σ를 $\sigma_{M1} = 10^{-10}$ 이라고 변경한다고 가정한다. 잘만 되면 상태추정 프로그램에서 0MW의 주입전력이 대부분을 차지하여 상태추정의 결과치가 0MW라고 옳게 추정하게 된다. 이 경우에 예제 시스템의 표준의 최소제곱 상태추정법에 사용된 행렬 $[\mathrm{H^T R^{-1} H}]$는 다음과 같을 것이다.

$$[\mathrm{H}] = \begin{bmatrix} 5.0 & -5.0 \\ 0 & -4.0 \\ 7.5 & -5.0 \end{bmatrix}$$

$$[\mathrm{R}] = \begin{bmatrix} 10^{-4} & & \\ & 10^{-4} & \\ & & 10^{-20} \end{bmatrix}$$

$$[\mathrm{H^T R^{-1} H}] = \begin{bmatrix} 56.25 \times 10^{20} & -37.5 \times 10^{20} \\ -37.5 \times 10^{20} & 25.0 \times 10^{20} \end{bmatrix}$$

불행하게도 이 행렬은 거의 특이행렬에 가깝다. 그 이유는 $[\mathrm{R}]$이 역행렬임으로 인하여 행렬에서 10^{20}의 배수를 곱한 요소가 대부분을 차지하고 다른 요소는 너무나 크기가 작아서 컴퓨터로 계산할 경우 유효숫자의 개수가 대단히 큰 변수, 또는 특별한 배수 정밀도를 갖는 변수를 사용하지 않는 한, 유효숫자를 잃어버리게 되기 때문이다. 만약 위의 행렬계산을 위하여 표준의 역행렬 계산 프로그램을 사용하든가 아니면 가우스 소거법을 곧바로 적용하면 에러 메시지와 함께 쓸모없는 자료만 추정치로서 나타날 것이다.

이와 같은 문제점을 해결하는 방법은 최소제곱법의 해를 구하기 위하여 별도의 알고리즘을 사용하는 것이다. 이 알고리즘은 직교분해 알고리즘이라고 하며 여기에서 설명한다.

9.5.1 직교분해 알고리즘

이 알고리즘은 선형대수 교과서에서 여러 명칭으로서 나타난다. 이 알고리즘은 QR 알고리즘 또는 그람-슈미트 분해법이라고도 한다. 기본적 발상은 식 9.23의 상태추정 최소제곱 방정식에 있어서 $[R^{-1}]$을 소거하여 다음과 같이 나타내는 것이다.

$$[R^{-1}] = [R^{-1/2}][R^{-1/2}] \tag{9.47}$$

여기에서

$$[R^{-1/2}] = \begin{bmatrix} \frac{1}{\sigma_{m1}} & & \\ & \frac{1}{\sigma_{m2}} & \\ & & \frac{1}{\sigma_{m3}} \end{bmatrix} \tag{9.48}$$

그러면 다음 식

$$[H^T R^{-1} H]^{-1} = [H^T R^{-1/2} R^{-1/2} H]^{-1} = [[H'^T]H']^{-1} \tag{9.49}$$

여기에서

$$[H'] = [R^{-1/2}][H] \tag{9.50}$$

이 성립한다. 최종적으로 식 9.23은 다음 식

$$\mathbf{x}^{est} = [[H'^T]H']^{-1}[H'^T]\mathbf{z}'^{meas} \tag{9.51}$$

여기에서

$$\mathbf{z}'^{meas} = [R^{-1/2}]\mathbf{z}^{meas} \tag{9.52}$$

과 같이 된다.

분해 알고리즘의 아이디어는 다음 식

$$[\mathrm{H}'] = [\mathrm{Q}][\mathrm{U}] \tag{9.53}$$

을 만족하는 행렬 [Q]를 찾아내는 것이다(대부분의 선형대수 교과서에서는 인수분해 공식으로서 [H′]=[Q][R]을 사용하지만 여기에서는 [R] 행렬과의 혼동을 피하기 위하여 [Q][U]를 사용한다).

식 9.53의 행렬 [Q]는 독특한 특성이 있다. 이것은 직교행렬이라고 하며 다음 식

$$[\mathrm{Q}^{\mathrm{T}}][\mathrm{Q}] = [\mathrm{I}] \tag{9.54}$$

을 만족하며, [I]는 항등행렬로서, 위의 식에서 [Q]의 전치행렬은 자신의 역행렬이라는 것이다. 행렬 [U]는 구조적으로 상삼각 행렬이며, [H] 행렬은 정방행렬이 아닐 수도 있으므로 [U] 행렬도 정방행렬이 아닐 것이다. 그러므로 [H′] 행렬은 다음과 같다.

$$[\mathrm{H}'] = \begin{bmatrix} h'_{11} & h'_{12} \\ h'_{21} & h'_{22} \\ h'_{31} & h'_{32} \end{bmatrix} = [\mathrm{Q}][\mathrm{U}] = \begin{bmatrix} q_{11} & q_{12} & q_{13} \\ q_{21} & q_{22} & q_{23} \\ q_{31} & q_{32} & q_{33} \end{bmatrix} \begin{bmatrix} u_{11} & u_{12} \\ 0 & u_{22} \\ 0 & 0 \end{bmatrix} \tag{9.55}$$

위 식에서 [H′] 대신에 [Q][U]를 사용하여 상태추정 방정식에 적용하면 다음 식

$$\mathbf{x}^{est} = [\mathrm{U}^{\mathrm{T}}\mathrm{Q}^{\mathrm{T}}\mathrm{Q}\mathrm{U}]^{-1}[\mathrm{U}^{\mathrm{T}}][\mathrm{Q}^{\mathrm{T}}]\mathrm{z}' \tag{9.56}$$

또는 다음 식

$$\mathbf{x}^{est} = [\mathrm{U}^{\mathrm{T}}\mathrm{U}]^{-1}[\mathrm{U}^{\mathrm{T}}]\hat{\mathrm{z}} \tag{9.57}$$

을 얻는다.

그런데 식 9.56에서 다음 식

$$[\mathrm{Q}^{\mathrm{T}}\mathrm{Q}] = \mathrm{I}$$

이며 다음의 관계식

$$\hat{\mathrm{z}} = [\mathrm{Q}]\mathrm{z}' \tag{9.58}$$

이 성립한다.

식을 다시 정리하면 다음 식

$$[\mathrm{U}^{\mathrm{T}}\mathrm{U}]\mathbf{x}^{est} = [\mathrm{U}^{\mathrm{T}}]\hat{\mathbf{z}} \tag{9.59}$$

과 같이 된다. 식의 우변과 좌변에서 U^{T}를 소거할 수 있으므로 다음 식

$$[\mathrm{U}]\mathbf{x}^{est} = \hat{\mathbf{z}} \tag{9.60}$$

또는 다음 식

$$\begin{bmatrix} u_{11} & u_{12} \\ 0 & u_{22} \\ 0 & 0 \end{bmatrix} \begin{bmatrix} x_1^{est} \\ x_2^{est} \end{bmatrix} = \begin{bmatrix} \hat{z}_1 \\ \hat{z}_2 \\ \hat{z}_3 \end{bmatrix} \tag{9.61}$$

과 같이 된다.

행렬 $[\mathrm{U}]$가 상삼각 행렬이므로 위의 식을 직접 풀면 다음 식

$$x_2^{est} = \frac{\hat{z}_2}{u_{22}} \tag{9.62}$$

과 다음 식

$$x_1^{est} = \frac{1}{u_{11}}(\hat{z}_1 - u_{12}x_2^{est}) \tag{9.63}$$

을 얻는다. 행렬 $[\mathrm{Q}]$와 행렬 $[\mathrm{U}]$는 2-상태-3-계측 문제에 있어서 '기븐스 회전법'[3)]을 사용하여 얻는다.

기븐스 회전법에 있어서, 문제를 풀기 위한 단계를 정의한다. 먼저 다음 식

---

3) 역자 주: 기븐스 회전법에 대하여는 다음 2개의 논문을 참조하기 바란다. ①Simoes-Costa, A., Quintana, V., "An Orthogonal Row Processing Algorithm for Power System Sequential Estimation," *IEEE Transactions on Power Apparatus and Systems*, Vol. PAS-100, No. 8, August 1981, pp. 3791-3800. ②Vempati, N., Slutsker, I. W., Tinney, W. F., "Enhancements to Givens Rotation for Power System State Estimation," *IEEE Transactions on Power Systems*, Vol. 6, No. 2, May 1991, pp. 842-849.

$$[Q^T][H'] = [U] \tag{9.64}$$

을 정의한다. 여기에서 [H]는 2×2 행렬로서 다음 식

$$\begin{bmatrix} h_{11} & h_{12} \\ h_{21} & h_{22} \end{bmatrix}$$

과 같으며 [U]는 다음 식

$$\begin{bmatrix} u_{11} & u_{12} \\ 0 & u_{22} \end{bmatrix}$$

과 같다. 행렬 [Q]는 직교행렬이 되어야 하며 [H]를 곱하면 요소 h_{21}가 소거된다. 그러면 행렬 [Q]의 요소는 다음 식

$$\begin{bmatrix} c & s \\ -s & c \end{bmatrix}$$

여기에서

$$c = \frac{h_{11}}{\sqrt{h_{11}^2 + h_{21}^2}} \tag{9.65}$$

$$s = \frac{h_{21}}{\sqrt{h_{11}^2 + h_{21}^2}} \tag{9.66}$$

에 의해 구해진다. 독자는 행렬 [Q]가 직교행렬이라는 사실과 다음의 방정식

$$\begin{bmatrix} u_{11} & u_{12} \\ 0 & u_{22} \end{bmatrix} = \begin{bmatrix} 1 & (ch_{12} + sh_{22}) \\ 0 & (-sh_{12} + ch_{22}) \end{bmatrix} \tag{9.67}$$

이 성립한다는 것은 쉽게 입증할 수 있다. 2-상태-3-계측 문제에서 3×2 [H] 행렬을 풀기 위하여 h_{21}, h_{31}, 그리고 h_{32}를 소거하기 위하여 기븐스 회전법을 3회 적용한다. 다시 말하면 다음의 식

$$[\mathrm{Q}^{\mathrm{T}}] = \begin{bmatrix} h_{11} & h_{12} \\ h_{21} & h_{22} \\ h_{21} & h_{32} \end{bmatrix} = \begin{bmatrix} u_{11} & u_{12} \\ 0 & u_{22} \\ 0 & 0 \end{bmatrix} \tag{9.68}$$

을 풀어야 한다. 이 계산을 3단계에 걸쳐 실행하며 각 단계는 기븐스 회전법으로 나타낼 수 있다. 그 결과는 $[\mathrm{Q}^{\mathrm{T}}]$를 3개의 행렬의 곱하기 형태로 다음 식

$$[\mathrm{Q}^{\mathrm{T}}] = [\mathrm{N}_3]\,[\mathrm{N}_2]\,[\mathrm{N}_1] \tag{9.69}$$

과 같이 나타내는 것이다. 위의 식에서 행렬은 적용순서에 따라 번호를 부여하였다. 3×2 $[\mathrm{H}]$ 행렬의 경우 $[\mathrm{N}_1]$은 다음 식

$$[\mathrm{N}_1] = \begin{bmatrix} c & s & 0 \\ -s & c & 0 \\ 0 & 0 & 1 \end{bmatrix} \tag{9.70}$$

과 같으며 c와 s는 앞에서 정의한 내용과 같다.

다음으로, $[\mathrm{N}_1]\,[\mathrm{H}]$의 계산결과로 나타나는 행렬의 (3,1) 요소를 제거하기 위하여 $[\mathrm{N}_2]$를 계산하여야 한다. 실제의 계산절차는 $[\mathrm{H}]$를 $[\mathrm{U}]$에 대입한 다음 $[\mathrm{U}]$의 내용에 근거하여 각각의 $[\mathrm{N}]$을 결정하는 것이다. $[\mathrm{N}_2]$ 행렬의 내용은 다음 식

$$[\mathrm{N}_2] = \begin{bmatrix} c' & 0 & s' \\ 0 & 1 & 0 \\ -s' & 0 & c' \end{bmatrix} \tag{9.71}$$

과 같으며 c'와 s'은 $[\mathrm{N}_1]\,[\mathrm{H}]$로부터 결정된다. 유사하게 $[\mathrm{N}_3]$에 대하여 다음 식

$$[\mathrm{N}_3] = \begin{bmatrix} 1 & 0 & 0 \\ 0 & c'' & s'' \\ 0 & -s'' & c'' \end{bmatrix} \tag{9.72}$$

으로써 결정한다. 주입전력이 0MW인 경우의 예제에서, 앞에서 나타난 $[\mathrm{H}]$와 $[\mathrm{R}]$ 행렬

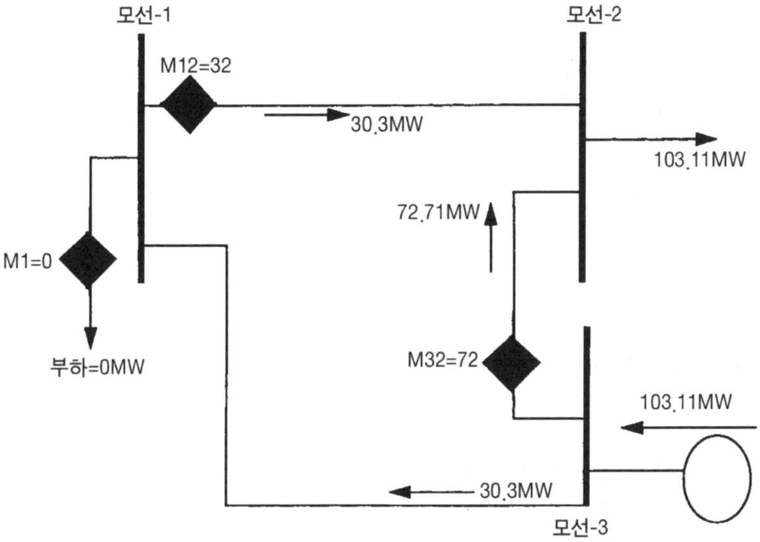

〈**그림 9.14**〉 직교분해 알고리즘에 의한 상태추정의 결과

$$[\mathrm{H}] = \begin{bmatrix} 5.0 & -5.0 \\ 0 & -4.0 \\ 7.5 & -5.0 \end{bmatrix}$$

$$[\mathrm{R}] = \begin{bmatrix} 10^{-4} & & \\ & 10^{-4} & \\ & & 10^{-20} \end{bmatrix}$$

에서 출발한다. 그러면 $[\mathrm{H}']$ 행렬은 다음 식

$$[\mathrm{H}'] = \begin{bmatrix} 5.0\times10^{2} & -5.0\times10^{2} \\ 0 & -4.0\times10^{2} \\ 7.5\times10^{10} & -5.0\times10^{10} \end{bmatrix}$$

과 같으며 계측치 벡터는 다음과 같다.

$$\hat{z} = \begin{bmatrix} 32 \\ 72 \\ 0 \end{bmatrix}$$

결과로서 얻은 상태추정은 〈그림 9.14〉에 나타나 있다. 특히 주목할 것은 원하던 바와 같이, 모선-1의 주입전력은 0MW이다.

직교분해 알고리즘의 장점은, 예제에서 나타난 바와 같이 계측치에 대한 가중치가 극한값으로 조정될 수 있다는 것이다. 이와 같이, 수치해석적인 장점으로 인하여 전력시스템의 상태추정 프로그램에 사용될 수 있다는 것이다.

9.6 상태추정의 고등 논제

9.6.1 상태추정의 오차의 발생원

상태추정에 사용한 계측의 품질은 다양하며 정적 상태추정 프로그램을 사용하면 시스템 운용자가 오차에 대처할 수 있는 수단을 제공한다.
계측에서 발생하는 오차의 몇 가지를 열거하면 다음과 같다.

- **모델링의 에러.** 이것은 시작단계에서부터 전력시스템에 대한 모델링이 잘못되었을 경우에 관계된다. 송전선과 변압기의 임피던스 데이터가 잘못 계산되거나 대지의 습도가 높아지는 것 등과 같은 환경조건으로 인하여 임피던스가 측정할 때의 자료와 다르게 나타날 수 있다. 또한 인적 실수 또는 SCADA 시스템을 통하여 자료가 전송될 때 전송오차의 발생으로 인하여 차단기나 단로기의 상태표시가 잘못될 경우 모델링 오차가 발생한다.
- **자료의 에러.** 여기의 에러가 의미하는 것은 어떤 변류기가 어떤 변환기에 접속되었는가, 또는 계측장치의 양극과 음극이 어느 것인가, 그리고 차단기상황 접촉단자가 변전소의 어떤 단자연결선에 접속되었는가 등에 대하여 부정확하게 자료를 정의한 것을 말한다.
- **변환기의 에러.** 이것은 유효전력과 무효전력의 조류에 비례한 신호를 생산하는 변류기, 변성기, 변환기 등에서 전송된 값에 에러가 있는 것을 말한다. 이것은 계측치를 일정한 값만큼 편향시키는 단순 편의오차(bias error) 또

는 진실한(true) 계측값의 평균에서 확률분포를 하는 확률오차일 수도 있다.

- **표본추출의 에러.** 이것은 SCADA 시스템이 표본을 추출할 경우 동일한 시각에 한꺼번에 하지 않거나 동일한 주파수에 의하여 계측치의 표본이 추출되지 않음으로써 발생한다. 그러므로 서로 다른 시각에 계측한 자료를 사용하거나 계측되는 자료의 크기가 동적인 성격(시간에 따라 값이 변동함)이기 때문에 에러가 발생한다.

9.6.2 악성계측의 검출 및 식별

전력시스템 운용자에게 있어서 악성계측을 검출하고 식별하는 능력은 대단히 중요하다. 변환기의 결선이 잘못되든가 또는 변환기 자체가 오작동을 하여 정확한 계측을 할 수 없을 수도 있다. 악성계측의 검출 및 식별에 대하여 인식하고 분석하기 위하여 통계이론을 사용하는 것은 직접적 방법이지만 상당한 시간을 필요로 한다. 이 장에서는 검출 및 식별에 대하여 소개한다. 흥미를 갖는 독자들은 제1장에 제시한 참고문헌을 통하여 주제를 더 깊게 연구할 수 있다. 그 외의 독자를 위하여 관련 이론의 결과와 적용 분야를 제시한다.

악성계측의 존재 여부를 검출하기 위하여, 주어진 네트워크 구성형태에서 악성계측이 존재하지 않는다면 상태추정 알고리즘이 수렴한 이후에 계산한 잔차 $J(\mathbf{x})$가 최소치일 것이라는 직관적인 개념에 의존할 것이다. 잔차 $J(\mathbf{x})$의 크기가 작을 경우, 계산된 전력조류, 모선의 부하, 발전출력 등이 모든 계측치에 근접하도록 하는 벡터 $\mathbf{x}$(즉, 전압크기와 위상각)가 발견된 것이다. 일반적으로 악성계측이 존재하면, 수렴된 잔차의 값은, $\mathbf{x}=\mathbf{x}^{est}$로 할 경우, 더 크게 될 것이다.

$J(\mathbf{x})$의 크기가 얼마라면 악성계측이 존재하는 것인가?

계측오차가 확률변수이므로 $J(\mathbf{x})$의 값도 확률변수일 것이다. 만약 모든 오차가 각

각의 오차의 가우시안 확률분포함수에 의하여 표현된다면 $J(\mathbf{x})$는 카이-제곱 분포를 한다는 것을 보여 줄 수 있으며 이 분포를 $\chi^2(K)$로 나타낸다. 모수 K(자유도)는 다음 식과 같이 정의된다.

$$K = N_m - N_s$$

여기에서

$N_m =$ 계측의 횟수(한 번의 $P+jQ$의 계측은 2회로 간주한다.)

$N_s =$ 상태변수의 개수$=(2n-1)$

$n =$ 네트워크의 모선의 개수

여기에서 주목할 것은 기준모선(여유모선)의 위상각은 알려진 것으로서 상수이므로 상태변수로서 취급하지 않는다는 것이며 0라디안이라고 지정한다.

$\mathbf{x} = \mathbf{x}^{est}$ 일 경우, $J(\mathbf{x})$의 평균치는 K와 같으며 표준편차 $\sigma_{J(\mathbf{x})}$는 $\sqrt{2K}$와 같다.

하나 또는 그 이상의 계측이 악성계측일 때 이들의 오차는 계측치에 있어서 $\pm 3\sigma$의 오차한계(error bound)보다 대단히 크다. 그러나 정상적인 상황(즉, 모든 오차가 $\pm 3\sigma$ 이내에 있음)에서, 비록 발생확률은 낮지만 $J(\mathbf{x})$는 상당히 큰 값을 가질 수가 있다. 만약 $J(\mathbf{x})$의 역치 t_J를 단순히 지정하면 $J(\mathbf{x}) > t_J$인 경우 악성계측이 존재한다고 선언할 수 있다. 이러한 역치의 검정은 두 가지 상황에서 오류일 수 있다. 만약 t_J의 값을 너무 낮게 지정하면 "잘못된 경보"가 발생한다. 다시 말하면 실제로 악성계측이 없음에도 불구하고 있다고 검정결과가 나오는 것이다. 만약 t_J의 값을 너무 높게 지정하면, 실제로 악성계측이 있음에도 불구하고 없다고 검정결과가 나오는 것이다.

이것은 다음과 같은 수식을 세움으로써 정식화된다.

$$prob(J(\mathbf{x}) > t_J \mid J(\mathbf{x})\text{는 } \chi\text{-제곱}) = \alpha \tag{9.73}$$

여기에서 자유도는 K임.

이 방정식의 의미는 $J(\mathbf{x})$의 확률밀도함수가 자유도 K의 카이-제곱 함수라고 할

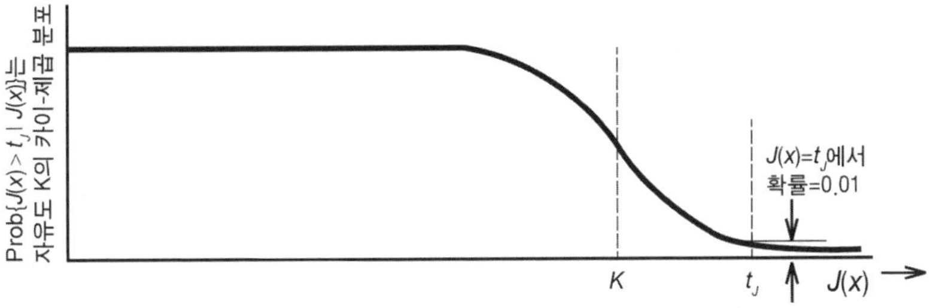

〈**그림 9.15**〉 확률분포함수의 역치 검정

경우 $J(\mathbf{x})$가 t_J보다 크거나 같을 확률은 α라는 것이다.

이러한 형태의 검정절차는 가설검정이라고 하는 것으로서 모수 α는 검정의 유의수준이라고 한다. 유의수준 α에 대하여 하나의 값을 선택하면 검정을 위하여 어떤 역치 t_J를 사용할 것인가를 자동적으로 알게 된다.

이렇게 유도된 t_J를 사용할 때, "잘못된 경보"가 울릴 확률은 α이다. α를 작은 값으로서 지정하면, 예를 들면 $\alpha = 0.01$, 검정의 단지 1%에 대하여만 잘못된 경보가 울린다고 말할 수 있다. 식 9.73의 확률분포함수가 〈그림 9.15〉에 나타나 있다.

〈표 9.3〉을 보면 $J(\mathbf{x})$의 최솟값은 56.312이라는 것을 알 수 있다. 〈그림 9.12〉를 보고 모든 $P+jQ$의 계측을 각각 2회로 세면 N_m은 62(계측횟수는 $6V_{mag}+6P_{inj}+6Q_{inj}+22P_{flows}+22Q_{flows}$)라는 것을 알 수 있다. 그러므로 6-모선 예제 시스템에 있어서 $J(\mathbf{x})$의 카이-제곱 분포의 자유도는 다음 식

$$K = N_m - N_s = N_m - (2n-1) = 51$$

여기에서

$$N_m = 62,\ n = 6$$

이다. 만약 여기에서의 검정의 유의수준을 0.01(즉, 식 9.73에서 $\alpha = 0.01$)로 하면, t_J의 값 63.44[4]를 얻는다. 그러므로 $J(\mathbf{x}) = 56.312$ 로서 악성계측이 없다고 가정하는 것에는 무리가 없다.

〈표 9.5〉 악성데이터의 반복계산 결과

반복	잔차 J	계측횟수	자유도	악성데이터 역치 t_J
1	26,641.718			
2	6,706.949			
3	6,492.852			
4	6,456.845			
5	6,455.592			
		62	51	63.440

그러면, 지금 계측치 가운데 하나가 정말로 악성계측이라고 가정한다. 이 상황을 시뮬레이션 하기 위하여 M_{12} 계측기가 역으로 접속되었다고 가정하여 상태추정 알고리즘을 다시 실행한다. $P = 123.6$와 $Q = -35.6$이라는 계측값을 대신하여 $P = -123$과 $Q = +35$를 입력하고 잡음(오차)을 추가한다.

이 케이스에 있어서 각 반복단계에서 $J(\mathbf{x})$의 값이 〈표 9.5〉에 주어져 있다. 악성데이터가 존재하여도 상태추정 알고리즘은 수렴하지만 이것이 존재하므로 잔차 $J(\mathbf{x})$의 값이 상승한다.

이 상황에서 계산된 전력조류와 전압이 〈표 9.6〉에 나타나 있다. 자유도는 여전히 51이며 계산종료 후의 $J(\mathbf{x})$는 6,455.592이라는 것을 유의해야 한다.

그런데 t_J가 63.44이므로 0.01의 유의수준에서 악성계측이 있다는 것을 바로 알 수 있다. 상태추정 알고리즘을 실행하기 이전에 악성계측이 존재한다는 것을 몰랐더라도, 이렇게 큰 $J(\mathbf{x})$의 값이 도출되었다면 이것은 악성데이터의 존재를 확신할 만한 충분한 이유가 되는 것이다.

지금까지는 $J(\mathbf{x})$를 보아서 악성계측의 존재 여부를 검출할 수 있다고 말할 수 있었다. 그러나 악성계측이 존재한다고 하여도 어떤 계측이 악성이라고 말할 수 있는

4) $\chi^2(K)$의 표준 테이블(Standard tables)은 $K = 30$까지 제공된다. $K > 30$의 경우, 가우시안 분포함수를 이용하여 $\chi^2(K)$에 아주 근접하는 값이 사용될 수 있다. 독자들은 확률 및 통계학 교과서를 통하여 사용방법을 확인하기 바란다.

〈표 9.6〉 M_{12} 계측기가 역으로 연결된 상황에서의 상태추정

측정 계기	상황	기준 케이스 값 kV	기준 케이스 값 MW	기준 케이스 값 MVAR	계측값 kV	계측값 MW	계측값 MVAR	추정값 kV	추정값 MW	추정값 MVAR
		모선-1								
MV1	1	246.1			245.9			247.6		
MA1	1	0.0			0.0			0.0		
MG1	1		228.6	-32.2		226.4	-30.6		179.9	-28.4
M12	1		123.6	-35.6		-125.2	38.7		92.4	-30.1
M14	1		179.9	23.9		184.5	23.8		148.5	20.0
M15	1		105.0	3.4		106.8	3.2		87.5	1.7
		모선-2								
MV2	1	241.5			243.6			244.0		
MA2	0	-14.5			0.0			-8.5		
MG2	1		50.0	75.7		49.2	77.5		77.3	61.3
M21	1		-109.3	59.7		-108.1	57.5		-84.4	41.6
M23	1		11.4	-5.4		13.2	-5.6		9.4	-3.0
M24	1		93.1	17.2		93.8	14.2		95.1	17.4
M25	1		15.6	5.3		21.0	2.1		19.9	4.1
M26	1		39.2	-1.1		37.1	-2.9		37.3	1.1
		모선-3								
MV3	1	241.5			241.9			242.9		
MA3	0	-16.0			0.0			-9.7		
MG3	1		50.0	24.2		51.8	17.6		57.3	15.2
M32	1		-11.3	-0.9		-14.6	-2.8		-9.3	-3.5
M35	1		8.9	7.5		9.8	6.4		14.4	3.1
M36	1		52.4	17.6		52.7	19.3		52.2	15.6
		모선-4								
MV4	1	228.0			234.3			230.4		
MA4	0	-19.1			0.0			-13.1		
ML4	1		-100.0	-15.0		-104.0	-19.3		-99.8	-16.6
M41	1		-165.5	29.6		-160.6	28.3		-138.8	14.5
M42	1		-89.0	-11.1		-86.1	-13.0		-91.0	-11.2
M45	1		-11.0	-3.9		-8.7	-5.9		-8.9	-5.4
		모선-5								
MV5	1	233.3			234.4			235.9		
MA5	0	-16.6			0.0			-11.3		
ML5	1		-100.0	-15.0		-98.8	-10.6		-102.1	-12.9
M51	1		-97.3	19.1		-103.3	16.1		-82.2	11.5
M52	1		-15.3	-8.7		-14.7	-13.3		-19.5	-7.3
M53	1		-8.7	-12.4		-6.3	-10.0		-14.2	-7.9
M54	1		11.2	-3.7		9.4	-3.1		9.0	-2.5
M56	1		10.1	-9.2		9.2	-9.6		4.7	-6.6
		모선-6								
MV6	1	235.4			241.6			237.2		
MA6	0	-18.6			0.0			-12.2		
ML6	1		-100.0	-15.0		-101.0	-12.6		-92.7	-18.8
M62	1		-38.2	-1.5		-37.0	1.3		-36.4	-4.1
M63	1		-51.8	-16.9		-50.6	-19.9		-51.7	-15.1
M65	1		-9.9	3.4		-8.2	6.6		-4.7	0.4

가? 확률론에 의하지 않고서도 이것이 어떻게 가능한 것인가에 대하여 설명한다.

지금 어떤 송전선의 유효전력 계측에 관심이 있다고 한다. 그러면 이것을 계측치 z_i라고 한다. 〈그림 9.16a〉는 가우시안 확률분포를 보여 주는 그림이다. z_i의 오차는 평균치가 0이며 가우시안 분포하는 확률변수라고 가정하였으므로 확률분

포곡선은 z_i의 진실한 값을 중심으로 분포한다. 모든 계측치의 오차가 가우시안 분포하는 확률변수라고 가정하였으므로, 추정치 $\mathbf{x}^{est}$는 근사적으로 가우시안 분포한다고 가정하며 또한 $\mathbf{x}^{est}$의 함수로서 나타난 어떠한 양(quantity)도 또한 근사적으로 가우시안 분포한다고 가정한다. 〈그림 9.16b〉는 계산된 유효전력조류 f_i를 나타내며 이것은 추정된 상태변수 $\mathbf{x}^{est}$의 함수이다. 여분(또는 가외적인)의 계측을 하였기 때문에 추정이 좀 더 정확하다는 것을 나타내기 위하여 f_i의 확률밀도함수는 평균치에서 계측치 z_i보다 좀 더 편차(deviation)를 작게 하였다.

추정치 f_i와 계측치 z_i의 차이는 계측잔차 y_i라고 한다. y_i의 확률분포함수(PDF)는 평균이 0이고 표준편차가 σ_{y_i}인 가우시안 분포함수이며 〈그림 9.16c〉에 나타나 있다. 만약 추정치 f_i와 계측치 z_i의 차이를 σ_{y_i}로 나누면 소위 정규화 계측잔차를 얻는다. 정규화 계측잔차는 y_i^{norm}라고 나타내며 확률분포함수와 함께 〈그림 9.16d〉에 나타나 있으며 가우시안 분포함수이고 표준편차는 1.0이다. 만약 노름 y_i^{norm}의 절대치가 3보다 크면, z_i가 악성계측치라고 의심할 만한 충분한 이유가 있게 된다. 악성계측을 식별하는 일상적인 절차는 일단 상태추정 프로그램으로부터 $\mathbf{x}^{est}$가 구해지면 N_m번의 계측에 대하여 f_i를 구하는 것이다. 상태추정 프로그램에서 사용된 z_i와 f_i의 값을 이용하면, 계측잔차 y_i는 각각의 계측으로부터 구할 수 있다. 또한 상태추정 프로그램에서 나온 정보를 사용하면 σ_{y_i}를 계산할 수 있다(상세한 계산과정은 제1장의 참고문헌 참고). y_i와 σ_{y_i}를 이용하여 각각의 계측에 대하여 정규화 계측잔차를 구할 수 있다. 정규화 계측잔차 가운데 가장 절대치가 큰 것을 가장 의심할 만한 대상이라고 꼬리표를 붙인다. 가장 정규화 계측잔차가 큰 것부터 시작하여 꼬리표가 붙은 것을 상태추정 프로그램에서 하나씩 제거한다. 제거작업이 끝나면 상태추정을 다시 실행한다(〈그림 9.11〉 참조). 그러면 또 다른 $\mathbf{x}^{est}$가 구해지고 $J(\mathbf{x})$도 변동한다. 동일한 유의수준을 사용한다는 가정 아래에서 $J(\mathbf{x})$의 카이-제

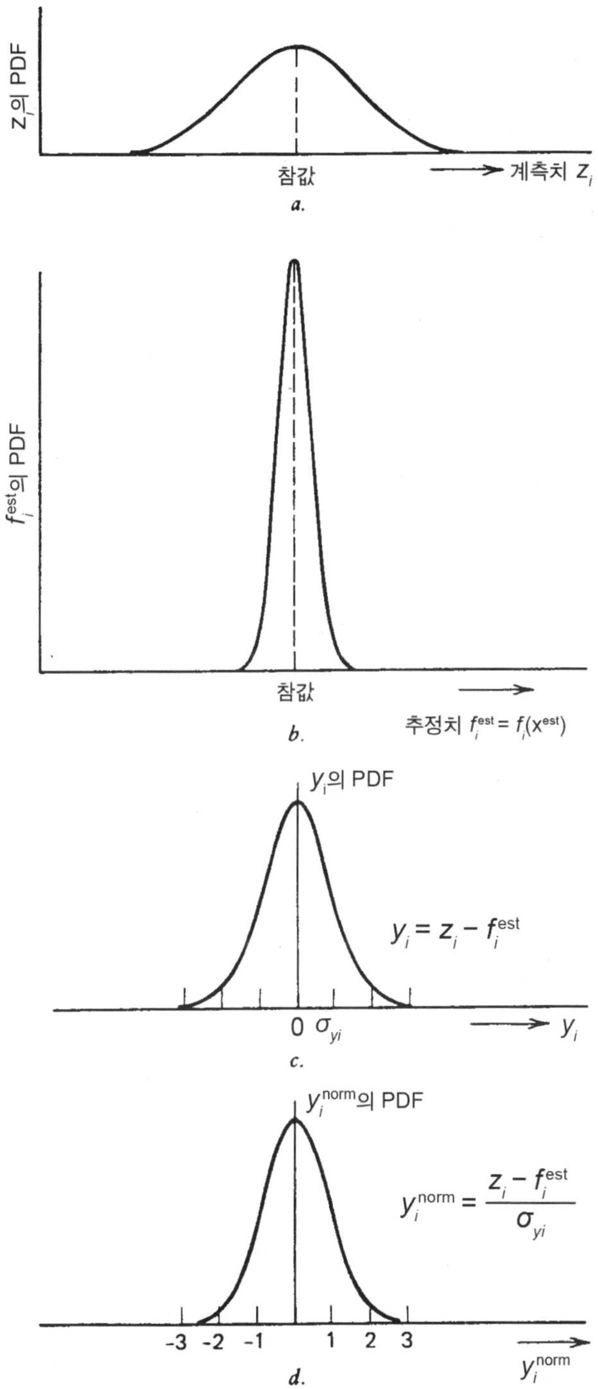

〈**그림 9.16**〉 정규화 계측잔차의 확률밀도함수

〈표 9.7〉 악성데이터를 제거한 후의 상태추정 결과

측정		기준 케이스 값			계측값			추정값		
계기	상황	kV	MW	MVAR	kV	MW	MVAR	kV	MW	MVAR
		모선-1								
MV1	1	246.1			245.9			248.9		
MA1	1	0.0			0.0			0.0		
MG1	1		228.6	-32.2		226.4	-30.6		228.7	-32.4
M12	0		123.6	-35.6		-125.2	38.7		123.3	-35.3
M14	1		179.9	23.9		184.5	23.8		179.6	24.5
M15	1		105.0	3.4		106.8	3.2		105.4	3.0
		모선-2								
MV2	1	241.5			243.6			244.1		
MA2	0	-14.5			0.0			-11.9		
MG2	1		50.0	75.7		49.2	77.5		50.4	75.7
M21	1		-109.3	59.7		-108.1	57.5		-109.4	58.6
M23	1		11.4	-5.4		13.2	-5.6		11.4	-4.8
M24	1		93.1	17.2		93.8	14.2		93.2	18.4
M25	1		15.6	5.3		21.0	2.1		15.9	4.7
M26	1		39.2	-1.1		37.1	-2.9		39.4	-1.2
		모선-3								
MV3	1	241.5			241.9			243.7		
MA3	0	-16.0			0.0			-13.4		
MG3	1		50.0	24.2		51.8	17.6		50.1	20.2
M32	1		-11.3	-0.9		-14.6	-2.8		-11.3	-1.7
M35	1		8.9	7.5		9.8	6.4		9.0	6.2
M36	1		52.4	17.6		52.7	19.3		52.5	15.7
		모선-4								
MV4	1	228.0			234.3			230.5		
MA4	0	-19.1			0.0			-16.4		
ML4	1		-100.0	-15.0		-104.0	-19.3		-100.1	-17.1
M41	1		-165.5	29.6		-160.6	28.3		-165.5	27.5
M42	1		-89.0	-11.1		-86.1	-13.0		-89.2	-12.4
M45	1		-11.0	-3.9		-8.7	-5.9		-10.9	-4.7
		모선-5								
MV5	1	233.3			234.4			236.3		
MA5	0	-16.6			0.0			-14.0		
ML5	1		-100.0	-15.0		-98.8	-10.6		-101.1	-12.5
M51	1		-97.3	19.1		-103.3	16.1		-97.7	18.9
M52	1		-15.3	-8.7		-14.7	-13.3		-15.6	-8.2
M53	1		-8.7	-12.4		-6.3	-10.0		-8.8	-11.2
M54	1		11.2	-3.7		9.4	-3.1		11.2	-3.1
M56	1		10.1	-9.2		9.2	-9.6		9.9	-8.8
		모선-6								
MV6	1	235.4			241.6			238.0		
MA6	0	-18.6			0.0			-15.9		
ML6	1		-100.0	-15.0		-101.0	-12.6		-100.2	-14.0
M62	1		-38.2	-1.5		-37.0	1.3		-38.4	-1.6
M63	1		-51.8	-16.9		-50.6	-19.9		-51.9	-15.2
M65	1		-9.9	3.4		-8.2	6.6		-9.8	2.8

곱 확률분포함수도 새롭게 계산되어야 한다. 만약 새로이 계산된 $J(\mathbf{x})$의 값이 t_J보다 작은 값을 갖는다면 제거된 계측치가 악성계측이라고 식별할 수 있다. 그러나 만약 새로이 계산된 $J(\mathbf{x})$의 값이 t_J보다 큰 값을 갖는다면, 나머지의 각각의 계측에서 $f_i(\mathbf{x}^{est})$와 σ_{y_i}, 그리고 y_i^{norm}를 다시 계산하여야 한다. 노름 y_i^{norm}의 절대

〈표 9.8〉 악성데이터 제거과정을 나타내는 반복계산의 결과

능동계측의 횟수	자유도	악성 데이터 역치 t_J
62	51	63.440
반복	잔차 J	
1	26641.718	
2	6706.949	
3	6492.852	
4	6456.845	
5	6455.592	
검출된 악성데이터		최대 정규화 잔차 = 76.947 M12에서의 악성계측 데이터 제거됨
능동계측의 횟수	자유도	악성 데이터 역치 t_J
60	49	61.182
반복	잔차 J	
1	809.343	
2	37.555	
3	37.481	

치가 가장 큰 계측치는 또다시 제거되고 $J(\mathbf{x})$가 t_J보다 작아질 때까지 전체의 절차는 축차적으로 반복된다. 이것은 식별과정에서 부딪칠 수도 있는 문제이며 이 과정에서 여러 개의 계측치가 하나의 악성계측을 제거하기 위하여 삭제될 수도 있다. 다시 말하면 이것은 식별과정이 어떤 하나의 악성계측을 잡아내지는 못하지만 그 대신에 그룹에 속한 하나의 악성계측이 있을 때 해당 그룹을 식별할 수 있다. 이런 경우에는 악성 계측을 제거하기 위하여 해당 그룹이 삭제되어야 한다.

〈표 9.2〉와 〈표 9.3〉에 주어진 예제는 상태추정 프로그램의 악성데이터 검출 로직을 활성화시켜 재실행된다. 이 결과가 〈표 9.7〉과 〈표 9.8〉에 나타나 있으며 M_{12} 계측자료가 뒤바뀌어 있다. $J(\mathbf{x}) > t_J$일 경우, M_{12}는 정규화 잔차가 가장 큰 것으로 판명되어 제거되었다.

검출기능(카이-제곱 통계자료를 이용)과 식별기능(정규화 잔차를 이용)이 있다는 것은 상태추정 프로그램의 대단히 유용한 특징이다. 전력시스템 계측자료를 활용하여 상태추정 프로그램을 실행하지 않으면 눈에 뜨이게 악성데이터로 나타나지 않는 계

측은 검출되기도 어렵고 식별하지도 못하게 된다. 상태추정 프로그램을 사용하면 시스템 운용자는 급전실의 화면에 나타난 자료가 크게 오차를 갖는 자료가 아니라는 것을 확신할 수 있다.

9.6.3 계측되지 않은 데이터(quantities)의 추정

상태추정 프로그램의 또 다른 유용한 특징은 계측되지 않은 데이터를 계산(추정)할 수 있는 기능이다. 이것은 급전실을 원격자료수집장치와 연결하는 통신채널 또는 원격자료수집장치가 고장을 일으키는 경우에 있어서 가장 유용하다. 몇몇 변전소에 변환기 또는 자료수집장치가 아예 설치되어 있지 않는 경우도 흔히 있을 수 있는 일이다.

이에 대한 하나의 예가 이 책의 6-모선 예제 시스템에 있어서 모선-3, 모선-4, 모선-5, 그리고 모선-6에 있어서 원격계측장치가 고장을 일으키는 경우이다. 이와 같은 계측자료 상실상태에 있어서도 나머지의 모선-1, 모선-2의 계측치를 사용하여 상태추정 프로그램을 실행하여 6개의 모든 모선의 전압크기와 위상각을 추정하고 그다음에 시스템 전체의 발전출력, 부하, 그리고 전력조류를 계산할 수 있다. 이에 대한 결과가 〈표 9.9〉에 나타나 있다. 계측치가 없는 모선에 대한 추정치가 모든 계측자료를 이용하여 얻을 수 있는 기준 케이스 결과에 가깝다는 것을 주목할 필요가 있다(〈표 9.9〉와 〈표 9.4〉를 비교하기 바람).

9.6.4 네트워크 관측가능성과 유사계측

만약 계측치를 계속 상실하게 되어 계측할 수 있는 장소의 수가 점점 작게 된다면 어떤 상황이 발생할 것인가? 궁극적으로 상태추정 과정이 완전히 붕괴한다. 수학적으로 말한다면 식 9.46의 행렬

$$[[H]^T[R]^{-1}[H]]$$

는 특이행렬이 되며 역행렬을 구할 수 없다. 이러한 경우, 상태추정 절차가 불가능

〈표 9.9〉 모선-1과 모선-2의 계측자료만 사용한 경우의 상태추정 결과

측정 계기	상황	기준 케이스 값 kV	기준 케이스 값 MW	기준 케이스 값 MVAR	계측값 kV	계측값 MW	계측값 MVAR	추정값 kV	추정값 MW	추정값 MVAR
		모선-1								
MV1	1	246.1			245.3			246.6		
MA1	1	0.0			0.0			0.0		
MG1	1		228.6	-32.2		229.9	-34.0		229.8	-31.5
M12	1		123.6	-35.6		123.9	-30.4		124.1	-34.5
M14	1		179.9	23.9		174.7	26.6		178.1	26.0
M15	1		105.0	3.4		107.6	3.2		105.8	3.0
		모선-2								
MV2	1	241.5			242.3			241.4		
MA2	0	-14.5			0.0			-13.6		
MG2	1		50.0	75.7		50.8	77.5		53.2	76.0
M21	1		-109.3	59.7		-111.1	57.5		-109.8	58.6
M23	1		11.4	-5.4		14.0	-4.9		11.8	-3.5
M24	1		93.1	17.2		94.0	17.5		90.2	20.1
M25	1		15.6	5.3		16.9	5.6		15.7	4.0
M26	1		39.2	-1.1		47.6	-4.6		45.3	-3.2
		모선-3								
MV3	0	241.5						240.3		
MA3	0	-16.0						-15.1		
MG3	0		50.0	24.2					60.1	11.4
M32	0		-11.3	-0.9					-11.7	-2.8
M35	0		8.9	7.5					7.9	4.5
M36	0		52.4	17.6					63.9	9.8
		모선-4								
MV4	0	228.0						227.5		
MA4	0	-19.1						-18.0		
ML4	0		-100.0	-15.0					-96.8	-20.0
M41	0		-165.5	29.6					-164.0	26.4
M42	0		-89.0	-11.1					-86.3	-14.4
M45	0		-11.0	-3.9					-10.5	-5.5
		모선-5								
MV5	0	233.3						234.1		
MA5	0	-16.6						-15.8		
ML5	0		-100.0	-15.0					-96.5	-8.7
M51	0		-97.3	19.1					-97.9	19.7
M52	0		-15.3	-8.7					-15.4	-7.5
M53	0		-8.7	-12.4					-7.8	-9.5
M54	0		11.2	-3.7					10.7	-2.1
M56	0		10.1	-9.2					14.0	-9.5
		모선-6								
MV6	0	235.4						235.4		
MA6	0	-18.6						-18.4		
ML6	0		-100.0	-15.0					-121.0	-2.6
M62	0		-38.2	-1.5					-44.0	1.5
M63	0		-51.8	-16.9					-63.2	-8.0
M65	0		-9.9	3.4					-13.8	3.9

하게 되지 않도록 하기 위하여 상황을 변경할 수 있도록 하여 주는 공학적으로 아주 흥미 있는 해석이 존재한다.

만약 절 9.2의 초반에서 사용한 3-모선 예제를 들어 본다면, 3개의 계측치가 사용될 경우, 여분의 집합(redundant set)이 있다고 말할 수 있으며 계측치에 대한 최

소제곱피팅(least-squares fit)을 할 수 있다. 만약 계측치 가운데 어떤 하나를 잃어버려도 상태변수를 계산할 수 있을 만큼의 충분한 계측치를 갖고 있다. 그러나 만약 2개의 계측치가 상실되면 문제가 발생한다. 예를 들어, M_{13}와 M_{32}가 상실되고 M_{12}만 남았다고 가정하자. 만약 식 9.23을 그대로 적용하면 다음 식

$$M_{12}=f_{12}=\frac{1}{0.2}(\theta_1-\theta_2)=5\theta_1-5\theta_2$$

을 얻는다.

그러면 다음 식

$$[\mathrm{H}]=[5-5]$$

$$[\mathrm{R}]=\left[\sigma^2_{M12}\right]=[0.0001]$$

이 성립하고 θ_1^{est}과 θ_2^{est}는 다음 식

$$\begin{bmatrix}\theta_1^{est}\\ \theta_1^{est}\end{bmatrix}=\left[\begin{bmatrix}5\\-5\end{bmatrix}[0.0001]^{-1}[5-5]\right]^{-1}[5-5][0.0001]^{-1}(0.55) \quad (9.74)$$

$$=\begin{bmatrix}2,500 & -2,500\\ -2,500 & 2,500\end{bmatrix}[5-5][0.0001]^{-1}(0.55)$$

에 의하여 얻는다. 역행렬을 구하려는 9.74의 행렬은 확실하게 특이행렬이므로 θ_1^{est}과 θ_2^{est}를 구할 방법이 없다. 왜 그러한가? 그 이유는 〈그림 9.17〉에 나타난 네트워크 단선도를 보면 알 수 있다.

M_{12}의 계측자료 하나만 얻을 수 있으므로 네트워크에 대하여 선로 1-2의 양단의 위상각의 차이는 0.11라디안임이 분명하다는 것은 말할 수 있지만 또 다른 정보가 없으므로 위상각이 0라디안인 θ_3에 대하여 θ_1 또는 θ_2가 어떤 관계를 갖는가에 대하여 말할 수 없다. 만약 모선-1과 모선-2의 주입전력에 관한 방정식을 작성하면 다음의 식

$$P_1=7.5\theta_1-5\theta_2 \quad (9.75)$$

$$P_2=-5\theta_1+9\theta_2$$

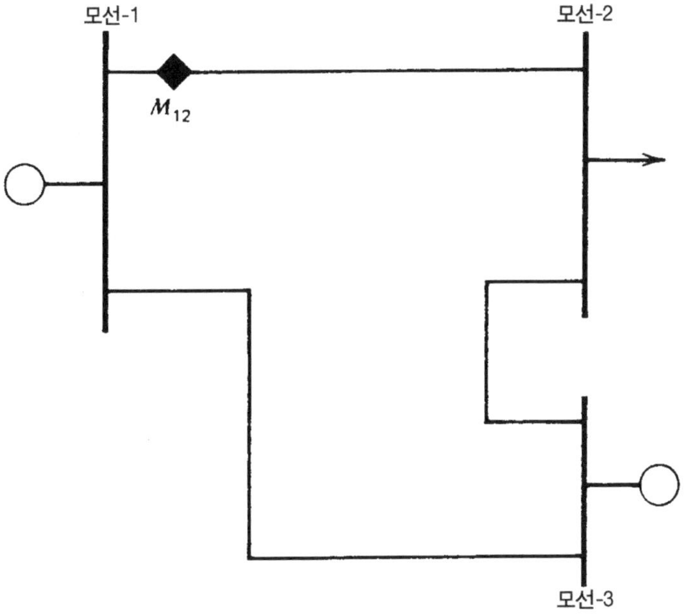

〈**그림 9.17**〉 관측불능인 계측치의 집합

이 성립한다.

만약 M_{12}의 계측치가 55MW(0.55퍼유닛)라면 다음 식

$$\theta_1 - \theta_2 = 0.11 \tag{9.76}$$

이 성립하며 식 9.17을 식 9.55에 대입하고 θ_1을 소거하면 다음 식

$$P_2 = 1.6P_1 - 1.87 \tag{9.77}$$

을 얻는다. 나아가서, 다음 식

$$P_3 = -P_1 - P_2 = -0.6P_1 + 1.87 \tag{9.78}$$

이 성립한다. 식 9.77과 식 9.78은 P_1, P_2, P_3 사이의 관계식을 나타내지만 아직까지 정확한 값을 알 수 없다. 이 현상을 기술논리로써 설명한다면 관측할 수 없다고 말하는 것이고, 이것은 다시 말하면 M_{12} 계측치 하나만 갖고는 시스템의 상태를

계산할 수 없다는 것이다.

이 경우에는 이 문제를 우회적으로 풀어 가는 것이 바람직하다. 대규모 전력 시스템에서는 자료가 누락되어 관측을 불가능하게 만드는 상황이 자주 일어난다. 이런 경우에 계산을 중지하기보다는 상태추정에 관련된 계산을 계속하도록 하는 어떤 하나의 절차가 사용된다. 이 절차에는 소위 유사결정이라는 것이 포함된다. 식 9.77과 9.78을 관찰해 보면, 만약 어느 한 모선(즉, P_1, P_2, 또는 P_3)의 주입전력의 값이 다른 방법이나 또는 직접계측을 통하여 결정될 수 있다면 θ_1과 θ_2의 값이 추정될 수 있다는 것은 명백하다. 이때의 유사계측치는 실제로 계측된 값인 것처럼 하여 상태추정에서 사용된다.

계측을 하지 않고 주입전력의 값을 결정하기 위하여, 현재 진행되고 있는 계측의 범위를 벗어나서 전력시스템에 대한 지식이 필요하다. 예를 들면, 발전기의 유효전력 및 무효전력에 대하여는 원격계측 채널을 통하여도 일상적으로 획득할 수 있다(즉, 상태추정 프로그램은 일반적으로 유효전력과 무효전력 출력을 계측할 수 있다). 만약 이 경우에 있어서 채널에 문제가 발생하였고 관측가능성을 위하여 계측치를 가져야 한다면 발전소 제어실의 운전원과 통화하여 유효전력과 무효전력 출력을 확인하여 상태추정 프로그램에 수동으로 입력할 수도 있다. 유사하게 만약 유사계측을 위하여 모선부하의 유효전력과 무효전력 출력이 필요하다면 개별 부하와 시스템 전체 부하와의 관계에 대한 과거자료를 이용할 수도 있다. 송전망의 손실과 각 발전기의 출력을 알 수 있다면 전체 시스템부하는 상당히 정확하게 추정할 수 있다. 마지막으로 원격계측장치가 고장을 일으킨다면 상태추정이 주기적으로 실행된다는 전제 아래에서 직전의 상태추정의 값을 사용할 수도 있다. 그러므로 만약 필요하다면 시스템의 어느 모선에 대하여도 유사계측치로서 논리적인 값을 상태추정에 사용할 수 있다.

〈그림 9.18〉의 3-모선 시스템에 대하여는 하나의 유사계측이 필요하다. 계측치 M_{12}를 이용하면 모선-2의 전압크기와 위상각을 추정할 수 있다(모선-1의 전압크기

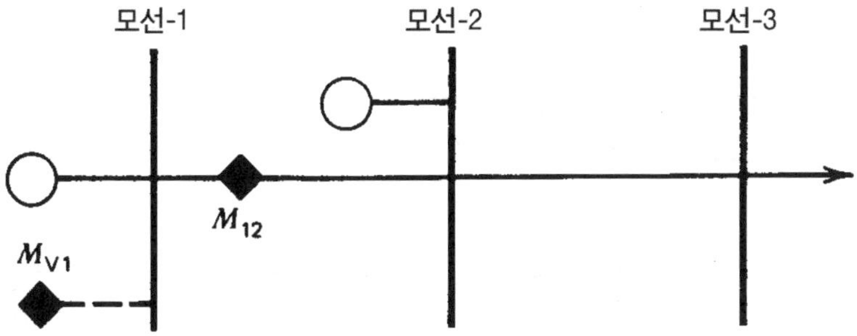

〈그림 9.18〉 유사계측의 위치를 나타내는 관측불능시스템

는 계측되고 위상각은 0라디안으로 한다). 그러나 모선-2에서의 발전출력 또는 모선-3의 부하를 알지 못하고는 모선-3의 전압크기와 위상각을 알아낼 수 없으므로 네트워크는 관측불가능이다. 모선-2 또는 모선-1(모선-1에 대하여 유사계측을 하지 않음)에 대하여 주입되는 순유효전력 및 순무효전력에 대한 유사계측치를 추가함으로써 3-모선 시스템이 관측가능하도록 만들 수 있다. 다시 말하면 이것은 모선-2와 모선-3 사이의 위상각에 대한 관계식에 대한 정보를 주지 않기 때문에 모선-1에서의 유사계측은 쓸모가 없다.

네트워크에 유사계측을 추가할 때, 이 값이 실제로 계측한 값인 것처럼 하여 전압크기와 위상각의 함수로서 주입전력의 유사계측치에 대한 방정식을 세운다. 그러나 이것은 대단히 부정확하며 추측을 하는 것보다 더 나은 것이 없으므로 상태추정 프로그램이 유사계측치를 실제 계측치와 동일하다고 간주할 필요는 없다. 이 문제점을 피해 가기 위하여 여기의 계측치에 대하여는 표준편차를 크게 지정한다. 표준편차를 크게 함으로써 유사계측치를 아주 정밀도가 낮은 저품질 계량장치에 의한 계측치라고 상태추정 알고리즘이 취급하도록 해주는 것이다.

6-모선 시스템에 대한 유사계측치의 사용을 보여 주기 위하여 모선-2, 모선-3, 모선-4, 모선-5, 모선-6에 대한 모든 계측에 있어서 모선-1의 계측치가 유일한 자료가 되도록 한다. 이렇게 하면 네트워크가 관찰불가능한 것으로 되고 모선-2, 모선-3, 모선-6에 대한 유사계측이 필요하게 된다. 이 경우, 기준 케이스의 조류계

〈표 9.10〉 유사계측이 모선-2, 모선-3, 모선-6에서 실행되고 실제계측이 모선-1에서 행해진 경우의 상태추정 프로그램의 결과

측정 계기	상황	기준 케이스 값 kV	MW	MVAR	계측값 kV	MW	MVAR	추정값 kV	MW	MVAR
		모선-1								
MV1	1	246.1			246.3			246.3		
MA1	1	0.0			0.0			0.0		
MG1	1		228.6	-32.2		228.7	-25.5		228.3	-26.1
M12	1		123.6	-35.6		119.9	-34.6		108.4	-39.3
M14	1		179.9	23.9		175.9	20.8		181.2	26.3
M15	1		105.0	3.4		109.0	2.2		119.9	13.2
		모선-2								
MV2	0	241.5						245.0		
MA2	0	-14.5						-12.9		
MG2	1		50.0	75.7	Pseudo	50.0	75.7		46.2	74.1
M21	0		-109.3	59.7					-97.0	57.6
M23	0		11.4	-5.4					-8.4	-11.8
M24	0		93.1	17.2					128.8	23.6
M25	0		15.6	5.3					43.1	12.6
M26	0		39.2	-1.1					-20.4	-7.8
		모선-3								
MV3	0	241.5						250.5		
MA3	0	-16.0						-12.0		
MG3	1		50.0	24.2	Pseudo	50.0	24.0		47.9	23.4
M32	0		-11.3	-0.9					8.5	5.1
M35	0		8.9	7.5					59.2	14.8
M36	0		52.4	17.6					-19.9	3.5
		모선-4								
MV4	0	228.0						227.2		
MA4	0	-19.1						-19.2		
ML4	0		-100.0	-15.0					-121.8	-14.4
M41	0		-165.5	29.6					-166.5	28.2
M42	0		-89.0	-11.1					-121.3	-10.5
M45	0		-11.0	-3.9					-0.5	-3.9
		모선-5								
MV5	0	233.3						227.4		
MA5	0	-16.6						-19.1		
ML5	0		-100.0	-15.0					-260.0	-22.4
M51	0		-97.3	19.1					-109.7	18.8
M52	0		-15.3	-8.7					-41.3	-11.3
M53	0		-8.7	-12.4					-55.4	-11.8
M54	0		11.2	-3.7					0.5	-3.9
M56	0		10.1	-9.2					-54.2	-14.2
		모선-6								
MV6	0	235.4						250.4		
MA6	0	-18.6						-11.0		
ML6	1		-100.0	-15.0	Pseudo	100.0	15.0		97.9	14.4
M62	0		-38.2	-1.5					20.6	2.8
M63	0		-51.8	-16.9					19.9	-5.5
M65	0		-9.9	3.4					57.3	17.1

산 결과로부터 유사계측치를 가져온다. 이 결과가 〈표 9.10〉에 나타나 있다. 이 결과를 보면 모선-1에 대한 추정치가 상당히 계측치에 근접한 것으로 나타나지만 나머지 모선의 대하여는 계측잔차가 대단히 크게 나타난다는 것을 주목해야 한다. 유사계측치에 대한 가중치가 일반적인 계측치보다 낮게 지정되었기 때문에 모선-2,

모선-3, 모선-6의 순주입전력이 유사계측치와 일치하지 않는다.

9.7 위상자계측기(PMU)의 활용

국제전기전자학회(IEEE)는 위상자계측기를 "전압 또는 전류신호와 시각동기신호를 이용하여 동기위상자, 주파수 및 주파수 변동률의 추정치를 생성하는 장치"[5]라고 정의하고 있다.

전압의 정현파의 공통점(같은 위치)에서, 2개의 서로 다른 장소에 대하여 고정밀도 측정을 하면(10^{-3}초 이내의 오차), 〈그림 9.19〉에 나타난 바와 같이 시간차를 이용하여 2개의 전압에 대하여 위상각 차이를 결정할 수 있다.

위상자계측기는 유용한 기능을 많이 갖고 있다. 이것은 전력시스템의 동특성을 파악하기 위하여 사용될 수도 있고, 엔지니어가 교란에 따른 시스템의 응동을 계측하여 동적 모수를 정확하게 계산하는 데 도움을 준다. 위상자계측기는 그 측정이 이루어지는 변전소에서 전지구위치관측위성(GPS)이 보내는 신호를 확보할 수 있도록 하기 위하여 측정이 사실상 동시적으로 이루어져야 한다. 또한 전압파형의 최고치를 정확하게 판정하기 위하여 고속 전압신호 추출에 관한 신호처리 기술을 사용하여야 한다. 위상자계측기에 의한 위상각 및 전압크기가 상태추정에 사용된다면 좋은 결과를 얻을 수 있다. 위상각과 전압크기의 판정에 더하여 위상자계측기는 송전선이나 변압기에 흐르는 전류의 크기와 위상각을 계측할 수 있으므로 상태추정에 있어서 이 자료가 사용되면 정밀도가 향상된다.

이 장에서 상태추정 프로그램은 첫째, 전력시스템 자체를 위한 모델에서도 동시에 사용되는 모델에 대하여 정확한 조류계산의 해를 구하는 수단을 제공하고 둘째, 악성계측을 검출하고 식별하기 위하여 사용된다고 가정한다. 전력시스템의 동적

5) IEEE C37.118-2011 Standard for Synchrophasor

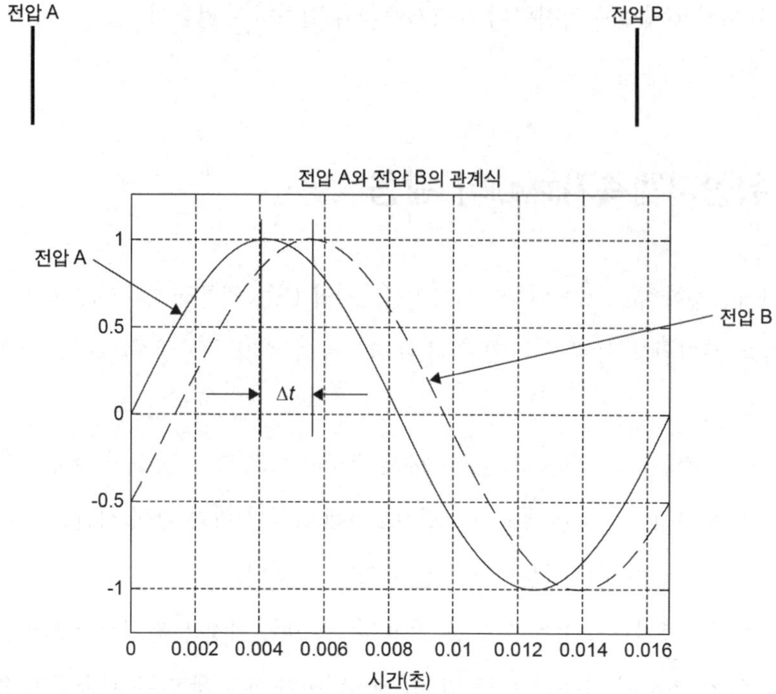

〈**그림 9.19**〉 시간차의 함수로서 위상각의 차이

움직임을 관측하기 위하여 위상자계측기를 사용하는 것에 대하여는 논의하지 않는다. 다음에 제시하는 방법을 실행하면 상태추정 프로그램의 정확도가 향상된다.[6)]

- 위상자계측기의 시간정밀도가 높다는 것은 SCADA에 허용된 시간차가 대부분 제거된다는 것을 의미한다.
- 전압크기와 위상각에 대하여 직접 계측을 함으로써 상태추정 프로그램이 같은 개수의 상태(전압크기와 전압의 위상각)에 대하여 추가적 계측을 할 수 있도록 하여 준다.

---

6) PMU Impact on State Estimation Reliability for Improved Grid Security, Hongxia Wu, and Jay Giri, IEEE Transactions on Power Systems, 2006.
Recent Experience with a Hybrid SCADA/PMU On-line State Estimator, Rene Avila-Rosales, Mark J. Rice, Jay Giri, Lisa Beard, and Floyd Galvan, IEEE Transactions on Power Systems, 2009.

기존의 상태추정 프로그램에 대하여 위상자계측기 자료를 추가하는 것에 대한 경험에 대하여 공학논문(각주 참조)을 통하여 보고되었으며 아래와 같다.

- 상태추정 프로그램의 신뢰도와 강인성이 증가하였다.
- 위상자계측기는 설치된 변전소에서의 유효전력 계측정밀도를 개선할 수 있다.
- 만약 상태추정 프로그램이 위상각 하나만 사용한다면, 위상자계측기는 전압크기와 무효전력 계측에 대한 정밀도 향상에 별로 효과가 없다.
- 위상자계측기가 전력시스템 내에 골고루 분포되어 있다면 성능 향상이 최대화된다.
- 위상자계측기의 자료관측 경향을 관찰해 보면 차단기 또는 단로기의 상태변화가 쉽게 검출되고 확인된다.
- 외부 시스템(즉, 인접한 전력시스템)의 위상자계측기에 의한 자료를 사용할 수 있다면 상태추정 프로그램의 성능이 향상된다.
- 전압위상자뿐만 아니라 전류위상자도 계측하면 인접한 변전소에 대한 악성계측의 검출 및 식별능력도 향상된다.
- 위상자계측기를 사용하면 관측가능성도 개선되고 필수 측정장소의 개수도 감소한다.
- 네트워크 구성형태와 모수추정에 관련한 문제를 검출하는 데 사용되는 정규화 잔차가 감소한다.
- 마지막으로 상태추정 프로그램에서 위상자계측기를 사용하면 위상자계측기 자체의 오차를 검출하고 식별하는 것이 용이해진다.

〈표 9.11〉에 나타난 최종의 교류상태 추정문제의 예제를 보면 전압크기와 위상자계측에 대한 정밀도에 대하여 표준편차가 예제 9.2에 나타난 자료에 사용한 표준편차를 1/10로 축소하여 사용하였다.

〈표 9.11〉 고정밀도의 전압 및 위상각 계측이 사용된 상태추정 프로그램의 결과

측정		기준 케이스 값			계측값			추정값		
계기	상황	kV	MW	MVAR	kV	MW	MVAR	kV	MW	MVAR
		모선-1								
MV1	1	246.1			246.1			246.1		
MA1	1	0.0			0.0			0.0		
MG1	1		228.6	-32.2		227.3	-33.4		230.8	-32.7
M12	1		123.6	-35.6		129.6	-32.7		124.5	-36.0
M14	1		179.9	23.9		178.9	26.0		181.3	23.9
M15	1		105.0	3.4		108.1	7.8		106.3	3.4
		모선-2								
MV2	1	241.5			241.7			241.6		
MA2	1	-14.5			-14.4			-14.4		
MG2	1		50.0	75.7		53.0	74.8		51.8	76.5
M21	1		-109.3	59.7		-110.6	61.7		-110.0	60.6
M23	1		11.4	-5.4		11.8	-9.1		11.8	-5.3
M24	1		93.1	17.2		95.2	18.2		93.8	17.2
M25	1		15.6	5.3		16.0	0.4		16.2	5.2
M26	1		39.2	-1.1		40.8	-1.1		40.0	-1.2
		모선-3								
MV3	1	241.5			241.4			241.5		
MA3	1	-16.0			-16.0			-16.0		
MG3	1		50.0	24.2		53.4	22.6		50.3	23.4
M32	1		-11.3	-0.9		-17.9	-1.9		-11.7	-1.0
M35	1		8.9	7.5		6.9	5.5		9.2	7.3
M36	1		52.4	17.6		53.6	20.2		52.9	17.1
		모선-4								
MV4	1	228.0			228.3			228.1		
MA4	1	-19.1			-19.1			-19.1		
ML4	1		-100.0	-15.0		-97.1	-16.6		-100.4	-15.0
M41	1		-165.5	29.6		-161.3	24.8		-166.6	30.5
M42	1		-89.0	-11.1		-87.8	-12.9		-89.6	-11.0
M45	1		-11.0	-3.9		-8.9	-0.4		-10.8	-4.0
		모선-5								
MV5	1	233.3			233.2			233.4		
MA5	1	-16.6			-16.6			-16.6		
ML5	1		-100.0	-15.0		-99.5	-12.1		-102.2	-13.7
M51	1		-97.3	19.1		-97.1	24.3		-98.4	19.8
M52	1		-15.3	-8.7		-17.6	-11.2		-15.9	-8.6
M53	1		-8.7	-12.4		-6.1	-12.1		-9.0	-12.2
M54	1		11.2	-3.7		12.7	0.6		11.0	-3.6
M56	1		10.1	-9.2		10.2	-9.4		10.0	-9.2
		모선-6								
MV6	1	235.4			235.6			235.4		
MA6	1	-18.6			-18.6			-18.6		
ML6	1		-100.0	-15.0		-101.2	-16.3		-101.1	-14.4
M62	1		-38.2	-1.5		-41.7	-1.5		-39.0	-1.3
M63	1		-51.8	-16.9		-51.3	-15.3		-52.3	-16.4
M65	1		-9.9	3.4		-4.8	1.9		-9.9	3.4

9.8 전력시스템 상태추정의 응용

여기의 마지막 절에서는 현대의 시스템 운용 및 제어센터에서 상태추정, 상정사고 해석, 발전기의 출력 정정작용이 어떻게 구성되어 작용하는지에 설명한다. 〈그림

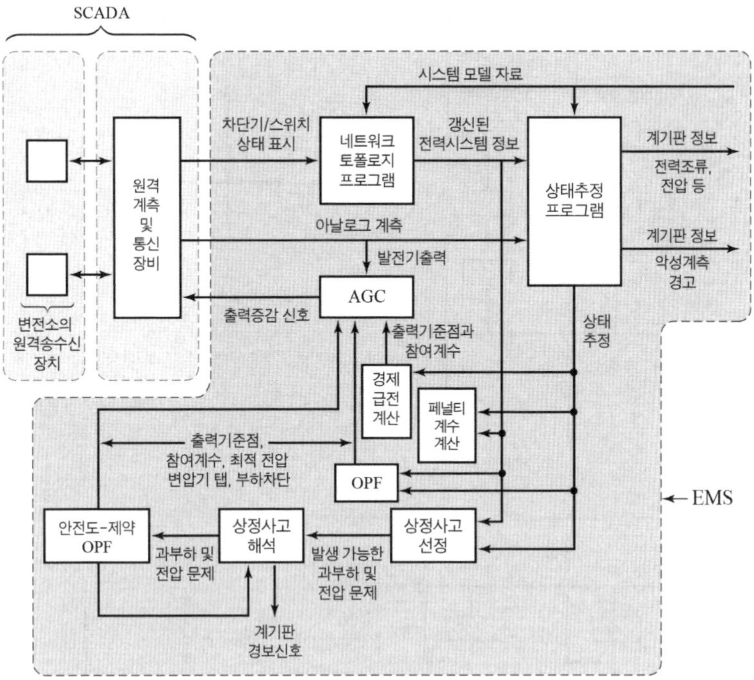

〈그림 9.20〉 시스템 운용센터의 안전도 관련 도면

9.20〉은 시스템 운용 및 제어센터의 컴퓨터 시스템 내부에서 수행되는 각종 기능 사이에 정보흐름을 나타내는 도면이다. 이 시스템은 변환기가 제공하는 각종 정보 및 열림/닫힘에 관한 상황정보를 디지털 신호로 바꾸어 급전실로 보내는 원격송수신 장치로부터 전력시스템의 상태에 대한 정보를 얻는다. 또한, 시스템 운용 및 제어센터의 컴퓨터 시스템은 발전기출력기준점의 증가/감소에 대한 지시와 차단기/개폐기의 열림과 닫힘에 관한 제어명령을 전송할 수 있다. 컴퓨터 시스템은 제어소로 들어오는 차단기/개폐기의 상황표시 정보와 양(크기)에 관한 아날로그 계측 정보로 분류한다. 발전기출력에 관한 아날로그 계측자료는 자동출력제어(AGC)에 직접 사용될 수 있지만(제10장 참조) 다른 자료는 사용되기 전에 상태추정의 과정을 거친다.

상태추정 프로그램을 실행하기 위해서는 송전선이 모선을 통해 부하모선과 발전기 모선에 어떻게 접속되어 있는가를 파악해야 한다. 이 정보를 송전망 토폴

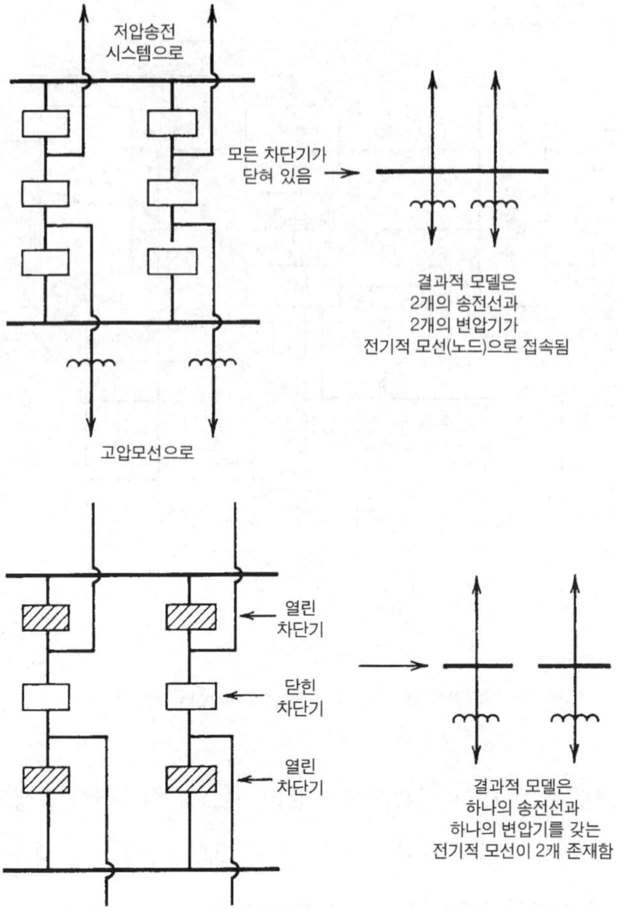

〈그림 9.21〉 네트워크 토폴로지 수정의 예

로지라고 한다. 그런데 변전소의 차단기/개폐기는 송전망 구성형태(topology)를 변화시킬 수 있으므로 컴퓨터 프로그램은 원격장소에서 계측된 차단기/개폐기의 상황지표에 관한 정보를 실시간으로 받아서, 전력시스템의 전기적 모델을 재구성해야 한다. 이것에 관한 예가 〈그림 6.9〉에 나타나 있는데 〈그림 9.21〉은 이것을 다시 반복한 것이며 4개의 차단기를 개방하면 하나의 전기적 모선 대신에 2개의 모선이 필요하다는 것을 알려 준다.

전력시스템 모델을 재구성하는 프로그램을 네트워크 토폴로지 프로그램[7]이라고 한다. 이 프로그램은 각 변전소를 전체적으로 나타낼 수 있어야 하고 송전선이 어떻게 변전소에 접속되어 있는가를 나타내야 한다. 다른 모선구분차단기와 닫힌 차단기를 통해 서로 연결된 모선구분차단기는 동일한 전기적 모선에 연결된 것으로 한다. 전력시스템의 차단기/개폐기의 상황지표의 변화에 대한 정보를 반영해 전기적 모선의 수와 이들이 접속되는 방법이 시스템 모델 내에서 변경된다.

〈그림 9.20〉에 나타난 바와 같이 송전망의 전기적 모델에 관한 정보와 아날로그 계측자료에 대한 정보가 상태추정 프로그램에 전송된다. 상태추정 프로그램의 출력물은 모든 모선의 전압크기, 위상각, 그리고 전압크기 및 위상각에 관한 정보로부터 얻은 송전선의 유효전력조류, 무효전력조류 등이다. 네트워크 토폴로지 프로그램이 구성한 전력시스템 모델과 함께 이 양(quantity)은 경제급전 관련 프로그램, 상정사고해석 프로그램 그리고 발전기출력 수정 프로그램의 기본자료가 된다. 송전망의 완전한 전기적 모델이 구성되었으므로 제6장에서 소개한 페널티 계수도 곧바로 계산된다.

9.9 자료의 검산과 유효성의 중요도

상태추정 프로그램이 처음 설치되었을 때, 설치 엔지니어는 시스템 운용에서 사용되는 계측기의 일부분은 눈금조정이 잘못되어 있다는 것을 발견한다. 예를 들면 어떤 계측기는 역으로 접속되어 있다든가, 접속이 잘못되어 다른 물리량을 계측하기도 한다. 이러한 오류가 모여서 있으므로 엔지니어는 계측기마다 눈금조정이 잘되어 있는가, 극성이 제대로 연결되어 있는가, 그리고 변환기가 원하는 계측대상에 제대로 연결되어 있는가를 확인하는 데 어려움을 겪는다. 엔지니어는 이러한 상황

7) 이에 대한 또 다른 명칭은 "시스템상태 처리기(system state processor)" 또는 "네트워크 구성형태 프로그램(network configurator)"이다.

을 고려하여 상태추정 결과치의 신뢰도가 높아지도록 하기 위하여 시간을 할애하여야 한다. 이것은 비교를 위한 계측을 많이 하여야 하며 다른 계측기에 의한 값도 비교하여야 한다는 것을 의미하고, 예를 들면 송전선의 양단에 계측기가 설치되었을 때 의미가 있는 계측치를 생성하여야 한다는 것이다. 이 기간 동안에는 눈금조정이 잘못된 것이라든가 접속이 잘못된 것을 찾기 위하여 악성계측 검출논리를 사용하면 상당한 성과를 거둘 수 있다.

계측자료가 검증되고 상태추정 프로그램에서 사용되면 출력물은 신뢰도를 갖고 있다고 판단하며 상태추정 프로그램의 출력물을 사용하는 조류계산 프로그램의 결과를 사용하는 최적조류계산, 상정사고해석 등에 적용될 수 있다.

9.10 전력시스템 제어센터

〈그림 9.22〉는 1970년대 초기의 전력시스템 제어센터의 설계를 나타내며 이것을 EMS라고 말한다. 원격계측 및 제어장치(RTU)는 중요도가 높은 자료에 대하여는 매 2초마다 그리고 이보다 중요도가 낮은 자료에 대하여는 매 1분마다 표본을 추출하여 전송한다.

중대한 자료에는 발전기출력, 주파수, 연계선 전력조류, 그리고 차단기상황 지표 등이 포함된다. 위상각 자료는 시간날인(각인, time stamping) 정보가 찍히지 않으므로 획득하기 어려워 여기에 포함되지 않는다. "자료"라는 것은 전압크기, 유효전력, 무효전력 그리고 차단기상황 지표(열림/닫힘) 등이다. 계기반은 시스템 운용자가 자료 및 이 책에서 설명하는 응용프로그램의 출력물을 검토하기 위하여 사람과 컴퓨터를 인터페이스하는 장치이다. 각 변전소에는 하나 또는 그 이상의 RTU가 설치되어 있다. RTU 집중기는 통신비용을 절감하고 자료전송의 질을 검증하기 위한 초기 자료분석을 위하여 사용된다.

〈그림 9.23〉은 위상자계측기의 자료를 포함한 도면을 나타낸다. 전지구 위치

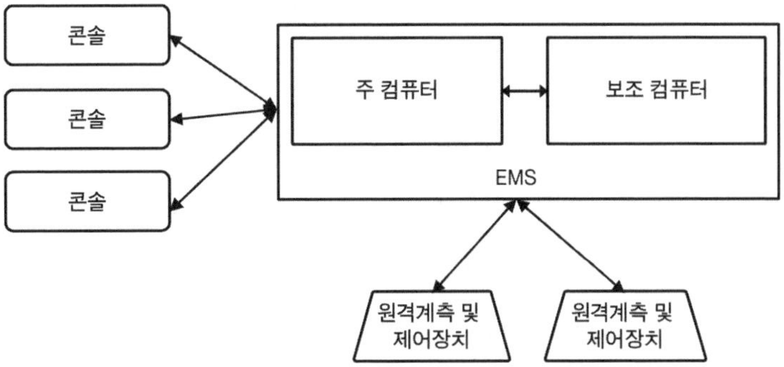

〈**그림 9.22**〉 전력시스템 운용 전산모형(Energy management system)

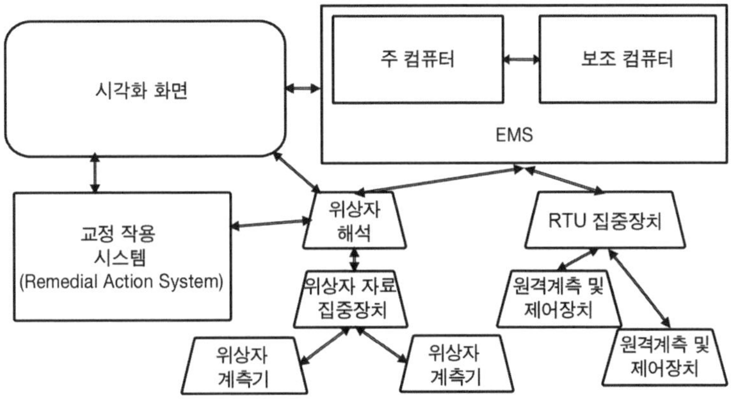

〈**그림 9.23**〉 위상자계측장치가 증강된 EMS

관측위성의 시각동기장치를 사용하면 시간날인을 하므로 각 변수의 위상각을 정확하게 찾아낼 수 있고 위상각 자료는 전류와 전압의 크기와 위상각을 나타낸다. 전지구 위치 관측위성을 사용하는 기법을 응용하면 디지털 보호계전기가 파형의 곡선피팅 기법을 사용하여 각종 변수의 위상각을 계측할 수 있다. 위상자 계측자료는 초당 200회의 관측을 통하여 위상자 자료 집중장치(PDC)로 보낸다. 위상자측정장치는 보호계전기에 추가되거나 독립적 기능으로서 자료를 수집하고 GPS 시간날인 정보를 제공하기 위하여 사용되기도 한다. 위상자 자료 집중장치는 시간날인이 동일한 자료를 수집하여 동기화시키고 자료의 품질에 대하여 분석한다. 상태추정 프로그램의 알고리즘은 전력조류계산 단계에서 고속 자료검증을 위하여 변전소부터 위상자 자료 집중장치를 통하여 EMS에 도달하기까지 다수의 계층으로 분할되어 있다. 비용이 낮아진다면 미래에는 위상자계측기가 RTU를 대체할 것이라고 전망한다. 위상자 자료는 지금까지 이 책에서 소개한 재래식 알고리즘을 보완하기 위하여 위상자 분석 단계에서 새로운 알고리즘을 사용할 수 있게 할 것이다. 시각화 시스템은 광범위한 도식화와 토폴로지 제공기능을 사용하여 개선된 콘솔과 투사장치를 사용하고 시스템 운용자가 전력시스템의 상태(안전/경고 등의 상태)를 파악하도록 도와주는 확장된 인간/기계 인터페이스이다. 교정작업 시스템은 계전기를 이용한 보호시스템을 변전소 단계에서 지역 단계로 확장하기 위한 장치의 집합이다.

부록 9A: 최소제곱방정식의 유도

시스템 운용자는 계측을 통하여 자료가 수집되거나 어떤 하나의 과정이 진행되는 가운데 표본이 추출되는 상황에서 여러 가지 문제에 부딪친다. 이에 더하여 측정하고자 하는 자료 그 자체가 추정하려는 다른 변수의 함수일 수도 있다. 여기의 다른 변수라는 것은 상태변수라고 하며 $\mathbf{x}$로서 표현되며 이 벡터의 상태변수의 개수는 N_s이다. 계측치는 $\mathbf{z}$라고 한다. 관심의 대상이 되는 과정은 선형모델을 사용하여 모델링 될 수 있다고 가정한다. 그렇게 하면 각각의 계측치 z_i는 상태변수 x_i의 선형함수이며 다음 식

$$z_i = h_i(\mathbf{x}) = h_{i1}x_1 + h_{i2}x_2 + \cdots + h_{iN_s}x_{N_s} \tag{9A.1}$$

과 같다. 만약 계수 h_{ij}를 벡터 $\mathbf{h}$로 대치한다면 위의 식은 다음 식

$$\mathbf{h}_i = \begin{bmatrix} h_{i1} \\ h_{i2} \\ \vdots \\ h_{iN_s} \end{bmatrix} \tag{9A.2}$$

과 같이 된다. 그러면 식 9A.1은 다음 식

$$z_i = \mathbf{h}_i^{\mathrm{T}}\mathbf{x} \tag{9A.3}$$

여기에서

$$\mathbf{x} = \begin{bmatrix} x_1 \\ x_2 \\ \vdots \\ x_{N_s} \end{bmatrix} \tag{9A.4}$$

과 같이 된다. 마지막으로 계측방정식을 조밀한(compact) 형태로 나타내면 다음 식

$$\mathbf{z} = [\mathrm{H}]\mathbf{x}$$

여기에서

$$\mathbf{z} = \begin{bmatrix} z_1 \\ z_2 \\ \vdots \\ z_{N_m} \end{bmatrix}$$

$$[\mathrm{H}] = \begin{bmatrix} h_{11} & h_{12} \cdots h_{1N_s} \\ h_{21} & h_{22} \cdots h_{2N_s} \\ \vdots & \\ h_{m1} & h_{m2} \cdots h_{N_mN_s} \end{bmatrix}$$

과 같으며, 여기에서 $[\mathrm{H}]$의 행-i는 벡터 $\mathbf{h}_i^T$와 같다(식 9A.2 참조).

N_m개의 계측으로 다음과 같은 3개의 가능한 케이스에 대하여 풀어야 한다. 다시 말하면 상태변수의 개수 N_s는 N_m보다 작거나, 같거나 또는 클 수 있다. 따라서 3개의 케이스에 대하여 개별적으로 다룬다.

9A.1 우결정의 케이스(N_m>N_s)

이 경우는 상태변수의 개수보다 계측치 또는 표본의 개수가 더 많은 경우이다. 그러므로 미지의 변수 x_j보다 더 많은 방정식 $h_i(\mathbf{x})$을 갖는다. x_i의 값을 추정하는

하나의 방법은 계측치 z_i와 추정치 z_i(x_i의 추정치의 함수)와의 제곱차의 합을 최소화하는 것이다. 즉 다음 식

$$J(\mathbf{x}) = \sum_{i=1}^{N_m} \left[z_i - h_i(x_1, x_2, \cdots, x_{N_s}) \right]^2 \tag{9A.5}$$

을 최소화하는 것이다. 식 9A.5는 다음 식

$$J(\mathbf{x}) = \sum_{i=1}^{N_m} \left(z_i - \mathbf{h}_i^{\mathrm{T}} \mathbf{x} \right)^2 \tag{9A.6}$$

과 같이 쓸 수 있으며 위 식을 좀 더 조밀하게 나타내면 다음 식

$$J(\mathbf{x}) = (\mathbf{z} - [\mathrm{H}]\mathbf{x})^{\mathrm{T}} (\mathbf{z} - [\mathrm{H}]\mathbf{x}) \tag{9A.7}$$

과 같이 나타낼 수 있다. 만약 $J(\mathbf{x})$를 최소화하는 $\mathbf{x}$를 찾으려면, x_j $(j = 1, \cdots, N_s)$에 관하여 일계도함수를 계산하고 이 값들을 0으로 놓는다. 즉 다음 식

$$\frac{\partial J(\mathbf{x})}{\partial x_j} = 0, \ \ j = 1, \cdots, N_s \tag{9A.8}$$

을 만족하는 x_j를 구하는 것이다. 만약 위의 도함수를, $J(\mathbf{x})$의 그레이디언트라고 하는 벡터, $\nabla_{\mathbf{x}} \mathrm{J}(\mathbf{x})$로 나타내면 다음 식

$$\nabla_{\mathbf{x}} J(\mathbf{x}) = \begin{bmatrix} \dfrac{\partial J(\mathbf{x})}{\partial x_1} \\ \dfrac{\partial J(\mathbf{x})}{\partial x_2} \\ \vdots \end{bmatrix} \tag{9A.9}$$

을 얻는다. 그러면 각각의 도함수를 0이 되도록 한다는 것은 다음 식

$$\nabla_{\mathbf{x}} J(\mathbf{x}) = \mathbf{0} \tag{9A.10}$$

을 만족한다는 것으로서 나타낼 수 있으며 $\mathbf{0}$은 요소의 개수가 N_s인 벡터로서 요소가 모두 0의 값을 갖는다. 이 문제를 풀려면 먼저 식 9A.7을 전개한다.

$$J(\mathrm{x}) = (\mathrm{z} - [\mathrm{H}]\mathrm{x})^{\mathrm{T}}(\mathrm{z} - [\mathrm{H}]\mathrm{x})$$
$$= \mathrm{z}^{\mathrm{T}}\mathrm{z} - \mathrm{x}^{\mathrm{T}}[\mathrm{H}]^{\mathrm{T}}\mathrm{z} - \mathrm{z}^{\mathrm{T}}[\mathrm{H}]\mathrm{x} + \mathrm{x}^{\mathrm{T}}[\mathrm{H}]^{\mathrm{T}}[\mathrm{H}]\mathrm{x} \qquad (9A.11)$$

식 9A.11의 둘째와 셋째 항은 동일하므로 다음 식

$$J(\mathrm{x}) = \mathrm{z}^{\mathrm{T}}\mathrm{z} - 2\mathrm{z}^{\mathrm{T}}[\mathrm{H}]\mathrm{x} + \mathrm{x}^{\mathrm{T}}[\mathrm{H}]^{\mathrm{T}}[\mathrm{H}]\mathrm{x} \qquad (9A.12)$$

과 같이 쓸 수 있다. 더 진행하기 전에 몇 가지 단순한 관계식을 유도한다.

그레이디언트는 스칼라 함수의 일계도함수의 벡터이며 스칼라 함수 자체는 변수 벡터의 함수이다. 그러므로 $F(\mathrm{y})$가 스칼라 함수라고 정의하면, 이 함수의 그레이디언트 $\nabla_{\mathrm{y}}\mathrm{F}$는

$$\nabla_{\mathrm{y}}\mathrm{F}(\mathrm{x}) = \begin{bmatrix} \dfrac{\partial F}{\partial y_1} \\ \dfrac{\partial F}{\partial y_2} \\ \vdots \\ \dfrac{\partial F}{\partial y_n} \end{bmatrix} \qquad (9A.13)$$

이다. 그러면 만약 F를 다음의 식

$$F = \mathrm{y}^{\mathrm{T}}\mathrm{b} = \begin{bmatrix} y_1\, y_2 \cdots \end{bmatrix} \begin{bmatrix} b_1 \\ b_2 \\ \vdots \end{bmatrix} \qquad (9A.14)$$

여기에서 b는 상수의 벡터 성분$(b_i,\ i = 1, \cdots, n)$

과 같이 정의하면, F는 다음 식

$$F = y_1 b_1 + y_2 b_2 + y_3 b_3 + \cdots \qquad (9A.15)$$

과 같이 전개될 수 있으며 F의 그레이디언트는 다음 식

$$\nabla_y F = \begin{bmatrix} \dfrac{\partial F}{\partial y_1} \\ \dfrac{\partial F}{\partial y_2} \\ \vdots \\ \dfrac{\partial F}{\partial y_n} \end{bmatrix} = \begin{bmatrix} b_1 \\ b_2 \\ \vdots \\ b_n \end{bmatrix} = \mathrm{b} \tag{9A.16}$$

과 같다. F의 값은 y와 b를 순서를 바꾸어도 변동하지 않는다.

그러므로 다음 식

$$F = \mathrm{b}^T \mathrm{y} = \mathrm{y}^T \mathrm{b} \tag{9A.17}$$

이 성립하며, 따라서 $\nabla_y(\mathrm{b}^T\mathrm{y}) = \mathrm{b}$이다. 위 식에서 벡터 b를 행렬 [A]와 벡터 u의 곱으로 나타낸다면 다음 식이 성립한다.

$$\mathrm{b} = [\mathrm{A}]\mathrm{u} \tag{9A.18}$$

그러면 아래의 F의 식

$$F = \mathrm{y}^T \mathrm{b} = \mathrm{y}^T [\mathrm{A}]\mathrm{u} \tag{9A.19}$$

을 9A.14와 같이 나타낸다면 F의 그레이디언트는 다음 식

$$\nabla_y \mathrm{F} = [\mathrm{A}]\mathrm{u} \tag{9A.20}$$

과 같이 나타낼 수 있다. 이와 유사하게, 다음을 정의할 수 있다.

$$\mathrm{b}^T = \mathrm{u}^T [\mathrm{A}] \tag{9A.21}$$

만약 F를 식 9A.17에서와 같이 나타낸다면 다음 식과 같다.

$$F = \mathrm{b}^T \mathrm{y} = \mathrm{u}^T [\mathrm{A}]\mathrm{y}$$

그러면 다음의 관계식

$$\nabla_y \mathrm{F} = [\mathrm{A}]^T \mathrm{u} \tag{9A.22}$$

이 성립한다. 마지막으로, 이차식으로 나타난 스칼라 함수

$$F = \mathbf{y}^{\mathrm{T}}[\mathrm{A}]\mathbf{y}$$

$$= \begin{bmatrix} y_1 \, y_2 \cdots y_n \end{bmatrix} \begin{bmatrix} a_{11} \; a_{12} \cdots \\ a_{21} \; a_{22} \cdots \\ \vdots \quad \vdots \end{bmatrix} \begin{bmatrix} y_1 \\ y_2 \\ \vdots \\ y_n \end{bmatrix} \tag{9A.23}$$

$$= \sum_{i=1}^{n} \sum_{j=1}^{n} y_i a_{ij} y_j$$

를 검토한다. 그러면 다음 식이 성립한다.

$$\nabla_{\mathrm{y}} \mathrm{F} = \begin{bmatrix} \dfrac{\partial F}{\partial y_1} \\ \dfrac{\partial F}{\partial y_2} \\ \vdots \\ \dfrac{\partial F}{\partial y_n} \end{bmatrix} = \begin{bmatrix} 2a_{11}y_1 + 2a_{12}y_2 + \cdots \\ 2a_{21}y_1 + 2a_{22}y_2 + \cdots \\ \vdots \end{bmatrix} \tag{9A.24}$$

$$= 2[\mathrm{A}]\mathbf{y}$$

지금까지 전개한 식을 요약하면 다음과 같다.

(1) $F = \mathbf{y}^{\mathrm{T}}\mathbf{b}$	$\nabla_{\mathrm{y}}\mathrm{F} = \mathbf{b}$	
(2) $F = \mathbf{b}^{\mathrm{T}}\mathbf{y}$	$\nabla_{\mathrm{y}}\mathrm{F} = \mathbf{b}$	
(3) $F = \mathbf{y}^{\mathrm{T}}[\mathrm{A}]\mathbf{u}$	$\nabla_{\mathrm{y}}\mathrm{F} = [\mathrm{A}]\mathbf{u}$	(9A.25)
(4) $F = \mathbf{u}^{\mathrm{T}}[\mathrm{A}]\mathbf{y}$	$\nabla_{\mathrm{y}}\mathrm{F} = [\mathrm{A}]^{\mathrm{T}}\mathbf{u}$	
(5) $F = \mathbf{y}^{\mathrm{T}}[\mathrm{A}]\mathbf{y}$	$\nabla_{\mathrm{y}}\mathrm{F} = 2[\mathrm{A}]\mathbf{y}$	

여기에서 $J(\mathbf{x})$의 그레이디언트 $\nabla_{\mathrm{x}} J(\mathbf{x})$를 구하기 위하여 식 9A.5를 이용한다. $J(\mathbf{x})$는 식 9A.12에 나타나 있다. 식 9A.12의 첫 번째 항, $\mathbf{z}^{\mathrm{T}}\mathbf{z}$은 $\mathbf{x}$의 함수가 아니

므로 무시한다. 두 번째 항은 식 9A.25의 (4)와 같은 형태이며, 다음 식

$$\nabla_{\mathbf{x}}(-2\mathbf{z}^{\mathrm{T}}[\mathrm{H}]\mathbf{x}) = -2[\mathrm{H}]^{\mathrm{T}}\mathbf{z} \tag{9A.26}$$

이 성립한다. 세 번째 항은 식 9A.25의 (5)와 같으며 $[[\mathrm{H}^T][\mathrm{H}]]$를 $[\mathrm{A}]$로써 나타낸 것이다. 그러면 다음 식

$$\nabla_{\mathbf{x}}(\mathbf{x}^{\mathrm{T}}[\mathrm{H}]^{\mathrm{T}}[\mathrm{H}]\mathbf{x}) = 2[\mathrm{H}]^{\mathrm{T}}[\mathrm{H}]\mathbf{x} \tag{9A.27}$$

이 성립한다. 그러면 식 9A.26과 식 9A.27로부터 다음 식

$$\nabla_{\mathbf{x}}J = -2[\mathrm{H}]^{\mathrm{T}}\mathbf{z} + 2[\mathrm{H}]^{\mathrm{T}}[\mathrm{H}]\mathbf{x} \tag{9A.28}$$

을 얻는다. 그러나 식 9A.10에서 설명한 바와 같이, $\nabla_{\mathbf{x}} J(\mathbf{x})$가 $\mathbf{0}$이 되도록 한다. 그러면 다음 식

$$-2[\mathrm{H}]^{\mathrm{T}}\mathbf{z} + 2[\mathrm{H}]^{\mathrm{T}}[\mathrm{H}]\mathbf{x} = \mathbf{0}$$

을 만족하는 $\mathbf{x}$를 다음 식

$$\mathbf{x} = [[\mathrm{H}]^{\mathrm{T}}[\mathrm{H}]]^{-1}[\mathrm{H}]^{\mathrm{T}}\mathbf{z} \tag{9A.29}$$

에 의하여 구한다. 만약 각각의 계측에 대하여 서로 다른 가중치 w_i를 부여하면, 식 9A.6를 다음 식

$$J(\mathbf{x}) = \sum_{i=1}^{N_m} w_i\left(z_i - \mathbf{h}_i^{\mathrm{T}}\mathbf{x}\right)^2 \tag{9A.30}$$

과 같이 나타낼 수 있으며 다음 식

$$J(\mathbf{x}) = (\mathbf{z} - [\mathrm{H}]\mathbf{x})^{\mathrm{T}}[\mathrm{W}](\mathbf{z} - [\mathrm{H}]\mathbf{x})$$

과 같이 된다. 여기에서 $[\mathrm{W}]$는 대각선 행렬이다. 그러면 다음 식

$$J(\mathbf{x}) = \mathbf{z}^{\mathrm{T}}[\mathrm{W}]\mathbf{z} - \mathbf{x}^{\mathrm{T}}[\mathrm{H}]^{\mathrm{T}}[\mathrm{W}]\mathbf{z} - \mathbf{z}^{\mathrm{T}}[\mathrm{W}][\mathrm{H}]\mathbf{x} + \mathbf{x}^{\mathrm{T}}[\mathrm{H}]^{\mathrm{T}}[\mathrm{W}][\mathrm{H}]\mathbf{x}$$

이 성립한다. 만약 식 9A.25를 다시 이용하면 다음의 식

$$\nabla_x J = -2[H]^T[W]z + 2[H]^T[W][H]x$$

을 얻으며, 다음 식의 그레이디언트

$$\nabla_x J = 0$$

가 0이 됨을 만족하는 x를 다음 식

$$x = \left([H]^T[W][H]\right)^{-1}[H]^T\ [W]z \quad (9A.31)$$

에 의하여 얻는다.

9A.2 완전결정의 케이스($N_m = N_s$)

이 경우에는, 계측의 수와 상태변수의 수가 같으므로 다음 식

$$x = [H]^{-1}z \quad (9A.32)$$

과 같이 [H]의 역행렬을 구하면 x를 직접 구할 수 있다.

9A.3 열결정의 케이스($N_m < N_s$)

이 경우에는, 상태변수의 수보다도 계측의 수가 작다. 이러한 경우에, $J(x)$가 0으로 되는 x^{est}의 개수는 대단히 많다. 이때 사용되는 기법은 해의 제곱값의 합을 최소화하는 x^{est}을 찾는 것이 일반적이다.

다시 말하면 다음 식

$$\sum_{j=1}^{N_S} x_j^2 \quad (9A.33)$$

을 최소화하는 해를 구하는 것이며 이때의 조건은 계측에 대한 해가 정확하게 구해져야 한다는 것이다. 이를 위하여 문제를 조건부 최소화 문제로 정식화하는 것이며 부록 3A에서 설명한 라그랑지 승수를 사용한다.

문제를 정식화하면 다음 식

$$\text{최소화: } \sum_{j=1}^{N_S} x_j^2 \tag{9A.34}$$

$$\text{제약조건: } z_i = \sum_{j=1}^{N_s} h_{ij} x_j, \quad i = 1, \cdots . N_m$$

과 같다. 위의 문제를 벡터로써 나타내면 다음 식과 같다.

$$\text{최소화: } \mathbf{x}^{\mathrm{T}}\mathbf{x}$$

$$\text{제약조건: } \mathbf{z} = [\mathrm{H}]\mathbf{x} \tag{9A.35}$$

위 문제의 라그랑지 함수는 다음 식

$$\mathcal{L} = \mathbf{x}^{\mathrm{T}}\mathbf{x} + \boldsymbol{\lambda}^{\mathrm{T}}(\mathbf{z} - [\mathrm{H}]\mathbf{x}) \tag{9A.36}$$

과 같다. 부록 3A에서 정해진 규칙에 따라, $\mathcal{L}$의 $\mathbf{x}$와 λ에 관한 그레이디언트를 구하여야 한다. 식 9A.25에 주어진 식을 사용하여 다음 식

$$\nabla_{\mathbf{x}} \mathcal{L} = 2\mathbf{x} - [\mathrm{H}]^{\mathrm{T}}\boldsymbol{\lambda} = \mathbf{0}$$

을 얻으며 이 식을 만족하는 $\mathbf{x}$를 다음 식

$$\mathbf{x} = \frac{1}{2}[\mathrm{H}]^{\mathrm{T}}\boldsymbol{\lambda}$$

과 같이 구하며 라그랑지 함수의 $\boldsymbol{\lambda}$에 관한 그레이디언트를 구하여 $\mathbf{0}$으로 놓으면 다음 식

$$\nabla_{\boldsymbol{\lambda}} \mathcal{L} = \mathbf{z} - [\mathrm{H}]\mathbf{x} = 0$$

과 같고 이 식을 만족하는 $\mathbf{z}$를 다음 식

$$\mathbf{z} = [\mathrm{H}]\mathbf{x}$$

에 의하여 구할 수 있다. 그러면 다음 식

$$z = \frac{1}{2}[H][H]^T\lambda$$

또는 다음 식

$$\lambda = 2\left[[H][H]^T\right]^{-1} z$$

이 성립하며 최종으로 다음 식

$$x = [H]^T\left[[H][H]^T\right]^{-1} z \quad (9A.37)$$

을 얻는다. 독자들은 식 9A.29, 9A.32, 그리고 9A.37에 나타난 역행렬의 계산이 가능하지 못할 수도 있다는 것을 알아야 한다. 다시 말하면 식 9A.32의 $[H^T][H]$ 행렬은 특이행렬일 수 있고, 또는 $[H]$는 식 9A.37에서 특이행렬일 수도 있다. 식 9A.29에 의해 해가 주어지는 우결정의 경우($N_m > Ns$), 그리고 해가 식 9A.32인 우결정의 경우($N_m = N_s$)에 있어서 특이행렬이라는 것은 관측불가능 시스템이라는 것을 말한다. 관측불가능이라는 것은 계측자료가 시스템의 상태를 결정하기에 충분하지 않다는 것을 말한다. 해가 식 9A.37에 의하여 주어지는 열결정의 경우($N_m < N_s$), 특이행렬이 나타나는 것은 유일한 해가 존재하지 않는다는 것을 말한다.

문제

9.1 〈그림 9.1〉의 3-모선 예제 시스템을 사용하고, 3개의 계측기는 다음과 같은 특성을 갖는다고 가정한다.

계측기	최대 눈금	정밀도	σ (퍼유닛)
M_{12}	100	± 6	0.02
M_{13}	100	± 3	0.01
M_{32}	100	± 0.6	0.002

a. 다음과 같은 계측자료가 주어진 경우, 위상각 θ_1과 θ_2의 가장 가능도가

높은 추정치를 구하시오.

계측기	계측치(MW)
M_{12}	60.0
M_{13}	4.0
M_{32}	40.5

b. 잔차 $J(\mathbf{x})$를 계산하시오. 유의수준 α가 0.01이라면 $J(\mathbf{x})$는 악성데이터가 존재한다고 말할 수 있는가? 설명하시오.

9.2 발전기가 한쪽 끝에 존재하고 부하가 다른 한쪽 끝에 존재할 경우, 〈그림 9.24〉와 같이 2개의 계측이 가능하다. 선로의 리액턴스가 나타나 있으며, 이 회로를 직류조류계산 문제로 구성할 수 있다. 또한 모선-1의 위상각은 0 라디안이라고 가정한다. 계측기로부터 전송된 계측치와 계측기의 특성이 주어진 경우, 송전선로의 전력조류에 대한 최상의 추정치를 구하시오.

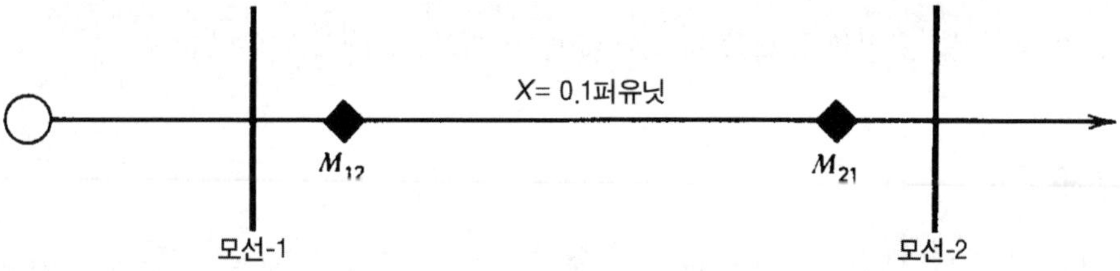

〈그림 9.24〉 문제 9.2의 계측기 구성도

계측기	최대 눈금(MW)	계측기 표준편차(σ)	계측치(MW)
M_{12}	200	1	62
M_{21}	200	5	−52

주: M_{12}은 모선-1에서 모선-2로의 전력조류를 계측하고 M_{21}는 모선-2에서 모선-1로의 전력조류를 계측한다. 100MVA를 기준으로 하시오.

9.3 〈그림 9.25〉와 같은 네트워크와 계측기가 주어져 있다.

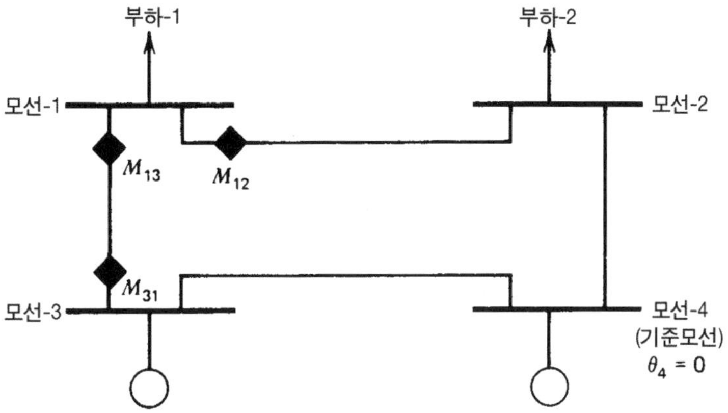

〈그림 9.25〉 문제 9.3에 있어서 4-모선 시스템의 계측자료

가지의 임피던스(퍼유닛)
$X_{12}=0.25$
$X_{13}=0.50$
$X_{24}=0.40$
$X_{34}=0.10$

계측치	계측오차
$M_{13}=-70.5$	$\sigma_{13}=0.01$
$M_{31}=\ \ 72.1$	$\sigma_{31}=0.01$
$M_{12}=\ \ 21.2$	$\sigma_{12}=0.02$

a. 위의 네트워크는 관찰 가능한 것인가?

최소제곱방정식을 세우고 $[H^TR^{-1}H]$의 역행렬을 구하시오.

b. 모선-3의 출력에 대한 계측자료가 있고 이곳이 계측치의 집합에 포함되어 있다고 가정한다. 계측자료는 다음과 같다.

$$M_{3gen}=92\text{MW},\ \ \sigma=0.015$$

이번 계측을 포함하여 문제 a를 반복하시오.

9.4 〈그림 9.26〉과 같은 하나의 네트워크가 주어져 있을 경우, 이것이 직류조류계산을 위하여 모델링 된다고 가정하며 리액턴스는 다음과 같다(100-MVA 기준):

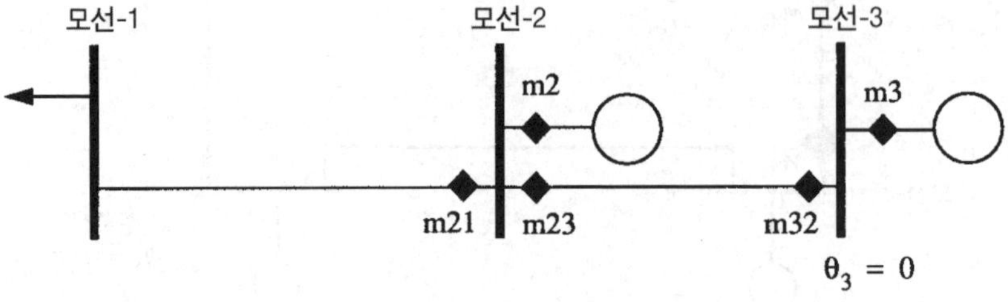

〈그림 9.26〉 문제 9.4의 네트워크

$$x_{12} = 0.1\text{퍼유닛}$$

$$x_{23} = 0.25\text{퍼유닛}$$

계측기는 모두 동일한 형식이며 표준편차 σ는 0.01이다. 계측치는 다음과 같다.

$$M_3 = 105\text{MW}$$

$$M_{32} = 98\text{MW}$$

$$M_{23} = -135\text{MW}$$

$$M_2 = 49\text{MW}$$

$$M_{21} = 148\text{MW}$$

a. 계측자료에 가장 적합한 위상각을 찾으시오.

b. 잔차함수 J의 값을 구하시오.

c. 각 발전기의 추정된 출력을 계산하고 각 선로의 전력조류의 추정치를 구하시오.

d. 계측에 있어서 잘못된 것이 있는가? 그렇게 생각한다면 어떤 계측기에 무슨 문제가 있는가에 대하여 설명하시오. 악성계측을 제어하고 상태추정 프로그램을 다시 실행하시오.

9.5 당신이 어떤 전력회사의 시스템안전도 유지를 위하여 프로그램을 구입하고 시스템 관측을 한다고 가정하시오. 당신이 컴퓨터 프로그램 제작회사로부터 판매제안을 받아 각각의 비드에 대하여 검토한다고 가정한다. 제작회사 가운데 하나가 〈그림 9.27〉과 같은 플로우차트와 설명서를 제시하였다.

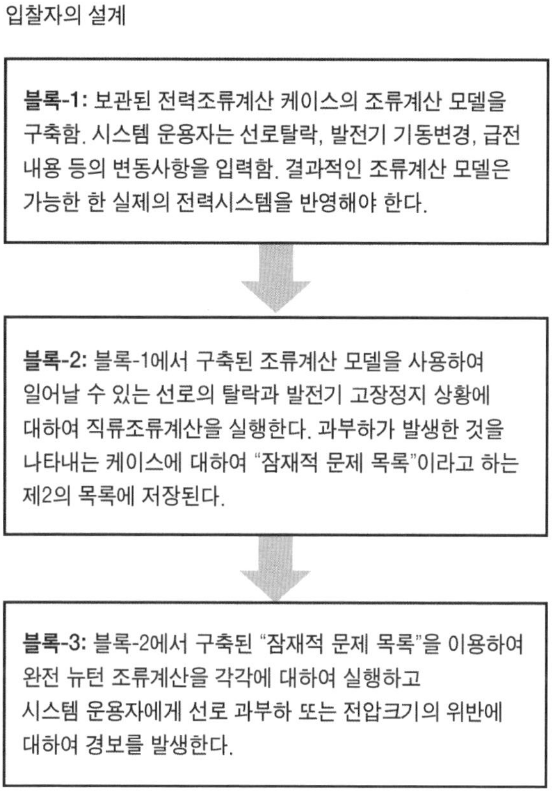

〈**그림 9.27**〉 문제 9.5의 도면

입찰회사의 설계사양:

a. 입찰자의 설계상의 문제점에 대하여 확인한 것이 있으면 서술하시오.

b. 현재의 기술 수준에서 가장 좋은 설계를 하시오.

10

발전기출력의 제어

10.1 서론

지금까지 발전기의 기동정지스케줄과 최적급전을 중심으로 설명하였다. 발전기가 전력을 생산하는 데 있어서 초기에 성공을 거둘 수 있었던 요인은 통신설비 또는 제어를 위한 기반시설이 없이도 소비자의 부하변동을 고유의 기능에 의하여 검출할 수 있었기 때문이다. 빛의 속도로 작용하는 생산과 소비에 대한 균형을 유지하기 위한 첫 번째의 응동메커니즘은 소비되는 전력에 기계동력(mechanical power)을 일치시킴으로써 발전기가 에너지보존법칙을 동시적으로 만족시킬 수 있는 능력이다. 실제로 초기의 전력시스템 설계에 있어서 부딪친 첫 번째 문제는 발전기출력의 제어이었다. 개별 발전기의 출력을 제어하고 궁극적으로 대규모 연계시스템을 제어하기 하기 위하여 개발된 기법은 현대의 급전센터에서 핵심적인 역할을 하고 있다.

증기터빈에 의하여 구동되는 발전기는 2개의 서로 반대방향으로 토크가 작용하는 커다란 회전체로 나타낼 수 있다. 〈그림 10.1〉에 보인 바와 같이 기계적 토크 T_{mech}는 회전속도를 증가하려고 작용하지만 전기적 토크 T_{elec}는 이를 감소시키려고 작용한다. 만약 T_{mech}와 T_{elec}의 크기가 같다면 회전각 속도 ω는 일정하게 유지될 것이다. 만약 전기적 부하가 증가하여 T_{elec}이 T_{mech}보다 크게 되면 전체 회전시스템의 회전속도는 감소한다. 이와 같은 원천적인 에너지 균형의 유지는 전력시스템이 부하감소 또는 부하증가에 대하여 미리 알지 못하더라도 가능하도록

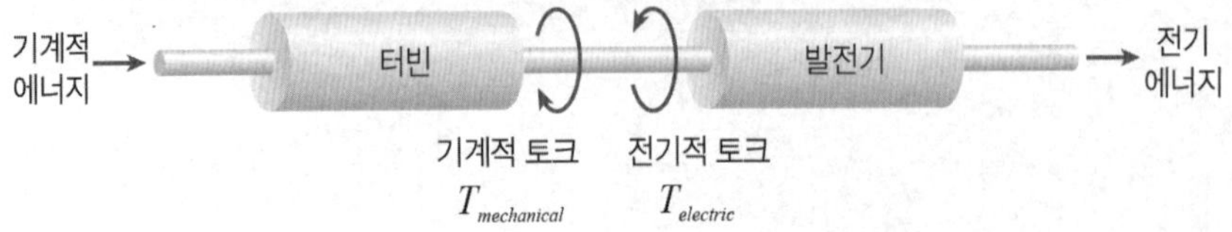

〈**그림 10.1**〉 발전기의 기계적 토크와 전기적 토크

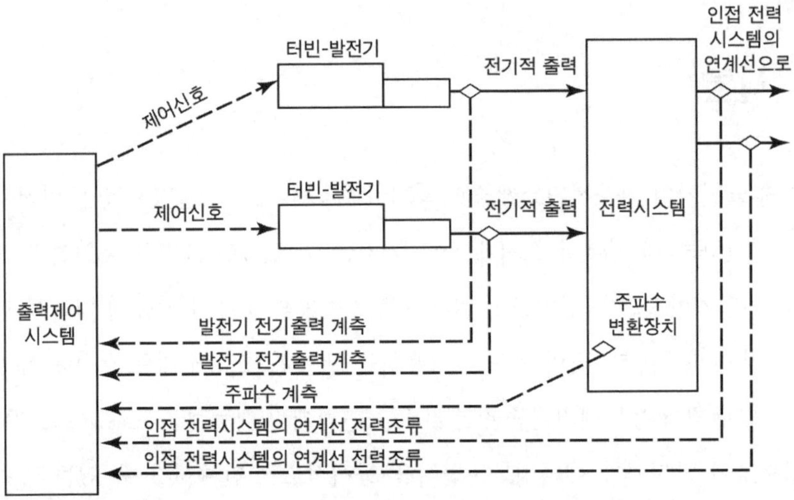

〈**그림 10.2**〉 출력제어 문제의 개관

하였다. 이것은 수요가 변동함에 따라 전력시스템이 안정적으로 운용되게 하여 주는 시스템관성의 작용이다. 그런데 회전속도가 너무 낮아지게 되면 기기에 손상이 오므로 원하는 회전속도에서의 균형을 회복하기 위하여 기계적 토크 T_{mech}를 증가시키려는 어떤 작용이 행해져야 한다. 다시 말하면 회전속도를 허용수준 이내로 회복하고 원하는 회전속도에서 에너지 균형이 유지되기 위하여 토크의 균형을 유지하는 것이다.

전력수요는 항상 변동하므로 이 과정은 항상 끊임없이 반복되어야 하는 것이다. 나아가서 수많은 발전기가 송전망에 전력을 공급하고 있으므로 부하의 변동분에 대하여 각각의 발전기에게 이것을 할당하는 방법이 있어야 한다. 이 목적을 위하여 개별 발전기에 여러 층의 제어시스템이 연결되어 있다. 각각의 발전기에 장착된 조속기는 각 발전기의 주파수를 유지하는 한편, 멀리 떨어진 제어센터에서 오는 보충적 제어(supplementary control)는 각 발전기에 출력을 할당한다. 에너지 균형을 유지하기 위하여, 조속기의 작용에 따라 증기의 생산을 증가하는 보일러 제어시스템도 존재한다. 그러나 조속기와 보일러 제어시스템의 기능의 조율에 대한 설명은 이 책의 범위를 벗어난다.

전력시스템의 제1단계 응동이 분석되는 것은 과도안정도의 영역이다. 부하변동에 따른 과도안정도에 관해서는 다른 교과서를 참조하기 바란다. 이 장에서는 조속기가 응동할 수 있는 시간적 여유가 있을 만큼 전력시스템이 안정하다고 가정한다.

10.2 발전기 모델

설명을 시작하기 전에 전기적-기계적 시스템에 사용되는 용어를 다음과 같이 정의한다.

$\omega =$ (회전)각속도(라디안/sec)

$\alpha =$ 회전각 가속도(rotational acceleration)

$\delta =$ 회전기의 위상각

$T_{net} =$ 기기의 가속토크

$T_{mech} =$ 터빈에 의하여 기계에 가해지는 기계적 토크

$T_{elec} =$ 발전기에 의하여 기기에 가해지는 전기적 토크

$P_{net} =$ 순가속 기계동력

$P_{mech} =$ 입력되는 기계동력

$P_{elec} =$ 전기적 출력(electrical power output)

$I =$ 기기의 관성모멘트

$M =$ 기기의 각 모멘텀

여기에서 모든 물리량(위상각 제외)의 단위는 기기의 용량을 기준으로 하여 퍼유닛법으로 나타내며 ω의 경우, 표준 시스템주파수를 기준으로 하여 퍼유닛법으로 나타낸다. 그러므로 예를 들면 M의 단위는 (퍼유닛 출력)/(퍼유닛 주파수)/sec이다.

앞으로 설명을 진행함에 있어서, 물리량이 정상 상태의 값을 벗어나는 크기(편차)가 관심의 대상이 된다. 모든 정상 상태의 값 또는 정격치는 첨자를 "0"으로써 나타내며(예: ω_0, T_{net_0}), 정격치 또는 정상 상태의 값에서 벗어난 편차는 "Δ"(예: $\Delta\omega$, ΔT_{net})로써 나타낸다. 몇 가지의 기본적 관계식은 다음과 같다.

$$I\alpha = T_{net} \tag{10.1}$$

$$M = \omega I \tag{10.2}$$

$$P_{net} = \omega T_{net} = \omega(I\alpha) = M\alpha \tag{10.3}$$

설명을 시작하기 위하여, 하나의 회전기기를 중심으로 하여 논의를 진행한다. 기기는 정상 상태의 각속도 ω_0로 회전한다고 가정하며 위상각은 δ_0이라고 한다. 여러 종류의 전기적 또는 기계적 교란으로 인하여 기기에 대하여 전기적 토크와 기계적 토크의 차이가 발생하고, 이로 인하여 가속하거나 감속한다. 관심의 대상이 되는 중요한 것은 정상 상태의 값에 대한 각속도편차 $\Delta\omega$, 그리고 위상각편차 $\Delta\delta$이다.

위상각편차 $\Delta\delta$는 기기가 회전각 가속도 α에 처하여 회전하고 있는 기기의 위상각과, 정확하게 ω_0의 각속도로 회전하고 있는 기준축의 위상각과의 차이와 같다. 만약 가속되는 상태에 있는 기기의 각속도가 다음 식

$$\omega = \omega_0 + \alpha t \tag{10.4}$$

과 같다면 위상각편차는 다음 식

$$\Delta\delta = \underbrace{\int(\omega_0 + \alpha t)dt}_{\text{기기의 절대위상각}} - \underbrace{\int \omega_0 dt}_{\text{기준축의 위상각}} \tag{10.5}$$

$$= \omega_0 t + \frac{1}{2}\alpha t^2 - \omega_0 t$$

$$= \frac{1}{2}\alpha t^2$$

과 같다. 규정된 각속도에서 벗어난 편차 $\Delta\omega$는 다음 식

$$\Delta\omega = \alpha t = \frac{d}{dt}(\Delta\delta) \tag{10.6}$$

과 같다. 위상각편차, 각속도편차, 그리고 순가속토크는 다음 식

$$T_{net} = I\alpha = I\frac{d}{dt}(\Delta\omega) = \frac{d^2}{dt^2}(\Delta\delta) \tag{10.7}$$

과 같다. 다음으로 회전속도와 기계적 토크의 편차에 대한 기계적 출력과 전기적 출력의 편차의 관계식을 설정한다. 순가속기계동력(net accelerating power)과 전기적 출력과 기계동력 사이의 관계식은 다음 식

$$P_{net} = P_{mech} - P_{elec} \tag{10.8}$$

과 같으며 이것은 다음 식과 같이 정상 상태(steady state)의 값과 편차의 항으로 나타낼 수 있다.

$$P_{net} = P_{net_0} + \Delta P_{net} \tag{10.9}$$

여기에서

$$P_{net_0} = P_{mech_0} - P_{elec_0}$$

$$\Delta P_{net} = \Delta P_{mech} - \Delta P_{elec}$$

그러면 다음 식

$$P_{net} = (P_{mech_0} - P_{elec_0}) + (\Delta P_{mech} - \Delta P_{elec}) \tag{10.10}$$

이 성립한다. 이와 유사한 방법으로 토크에 대하여도 다음 식

$$T_{net} = (T_{mech_0} - T_{elec_0}) + (\Delta T_{mech} - \Delta T_{elec}) \tag{10.11}$$

이 성립한다. 식 10.3을 이용하면 다음 식

$$P_{net} = P_{net_0} + \Delta P_{net} = (\omega_0 + \Delta\omega)(T_{net_0} + \Delta T_{net}) \tag{10.12}$$

이 성립하는 것을 알 수 있다. 식 10.10과 식 10.11을 대입하면 다음 식

$$\begin{aligned}&(P_{mech_0} - P_{elec_0}) + (\Delta P_{mech} - \Delta P_{elec}) = \\ &(\omega_0 + \Delta\omega)\left[(T_{mech_0} - T_{elec_0}) + (\Delta T_{mech} - \Delta T_{elec})\right]\end{aligned} \tag{10.13}$$

을 얻는다. 그런데 정상 상태(steady state)에서는 다음 식

$$P_{mech_0} = P_{elec_0}$$

과 다음 식

$$T_{mech_0} = T_{elec_0}$$

이 성립하므로 정상 상태의 양을 뽑아낼 수 있다고 가정하며, 또한 $\Delta\omega$를 ΔT_{mech}와 ΔT_{elec}와 곱한 항을 포함하는 2계(second order)의 항을 무시할 수 있다고 가정한다. 그러면 다음 식

$$\Delta P_{mech} - \Delta P_{elec} = \omega_0(\Delta T_{mech} - \Delta T_{elec}) \tag{10.14}$$

이 성립한다. 식 10.7에 나타난 바와 같이 순토크는 다음 식

$$(T_{mech_0} - T_{elec_0}) + (\Delta T_{mech} - \Delta T_{elec}) = I\frac{d}{dt}(\Delta\omega) \tag{10.15}$$

과 같이 각속도의 변동과 관계된다. 그러면, $T_{mech_0} = T_{elec_0}$ 이므로, 식 10.14와 식 10.15를 결합하여 다음 식

$$\begin{aligned}\Delta P_{mech} - \Delta P_{elec} &= \omega_0 I\frac{d}{dt}(\Delta\omega) \\ &= M\frac{d}{dt}(\Delta\omega)\end{aligned} \tag{10.16}$$

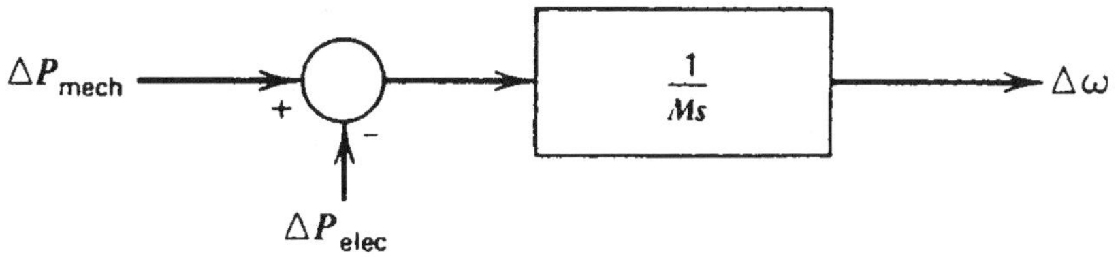

〈그림 10.3〉 기계동력(power), 전기적 출력(power), 각속도 변동과의 관계

을 얻을 수 있다. 라플라스 연산자를 이용하여 위의 식을 표기하면 다음 식

$$\Delta P_{mech} - \Delta P_{elec} = Ms\Delta\omega \tag{10.17}$$

과 같다. 〈그림 10.3〉은 이 관계식의 블록다이어그램을 나타낸다.

M의 단위는 와트/라디안/sec이다. 수식의 유도에서는 항상 퍼유닛 출력(power)을 초당 퍼유닛 속도로써 나눈 것을 사용하며 퍼유닛은 기기의 정격출력을 기준으로 한 것이다(예제 10A 참조).

10.3 부하 모델

전력시스템의 부하는 전기를 사용하는 다양한 기기로 구성된다. 일부의 부하는 순수한 저항으로 구성되어 있고 일부의 부하는 가변의 사용전력-주파수특성을 갖는 모터부하이며 또 다른 부분은 전혀 다른 특성을 나타내는 부하이다. 그러나 모터부하가 전기적 부하의 상당한 부분을 차지하므로 시스템에서 빠져나가는 순부하에 대하여 주파수 변동의 영향을 모델링 할 필요가 있다. 주파수 변동으로 인한 부하변동의 관계식은 다음 식

$$\Delta P_{L(freq)} = D\Delta\omega \quad \text{또는} \quad D = \frac{\Delta P_{L(freq)}}{\Delta\omega}$$

으로써 주어지며 여기에서 D는 % 부하변동을 % 주파수 변동으로 나눈 것이다. 예를 들면, 만약 1% 주파수 변동에 대하여 부하가 1.5%만큼 변동하였다면 D는

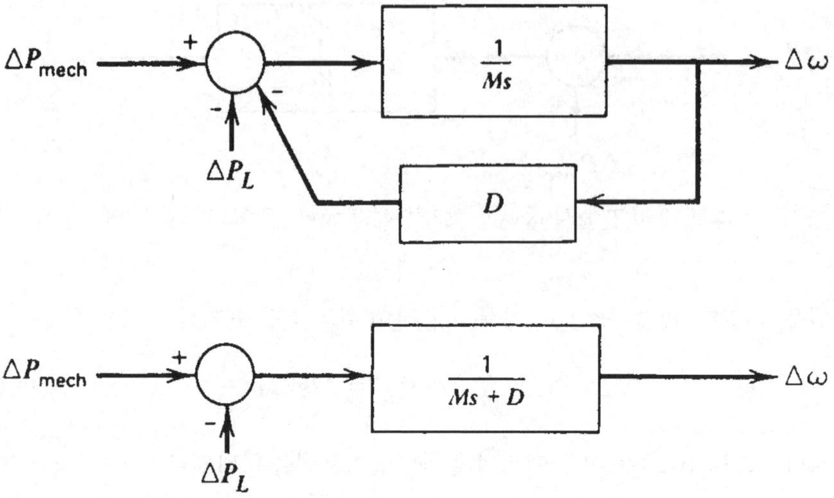

〈**그림 10.4**〉 원동기의 기계동력에서 본 회전체와 부하의 블록다이어그램

1.5이다. 그러나 만약 시스템의 기준 MVA가 부하의 정격치와 다르다면 시스템의 동적 응동특성을 파악하기 위하여 사용되는 D의 값은 변동되어야 한다. 여기에서 언급한 D가 시스템에 접속된 1,200MVA의 부하에 대한 수치이며 전체적인 다이내믹스의 문제는 1,000-MVA 시스템 기준에 대하여 작성된 것이라고 가정한다. 여기에서 $D=1.5$ 라는 것은 1.0퍼유닛 주파수 변동에 대하여 부하는 1.5퍼유닛만큼 변동한다는 것이다. 다시 말하면 1.0퍼유닛 주파수 변동에 대하여 부하는 1.5×1200MVA 또는 1800MVA만큼 변동한다는 것이다. 만약 1,000MVA 기준으로 나타낸다면 D는 다음 식

$$D_{1000-\mathrm{MVA}\text{기준}} = 1.5 \times \left(\frac{1200}{1000}\right) = 1.8$$

과 같게 된다. 〈그림 10.3〉(식 10.15)의 P_{elec}의 순변동량은 다음 식

$$\Delta P_{elec} = \underbrace{\Delta P_L}_{\substack{\text{주파수 변동에 민감한} \\ \text{부하의 변동}}} + \underbrace{D\Delta\omega}_{\substack{\text{주파수 변동에 민감하지 않은} \\ \text{부하의 변동}}} \tag{10.18}$$

과 같다. 이것을 블록다이어그램에 포함시키면 새로운 블록다이어그램은 〈그림

10.4〉와 같이 된다.

예제 10A 고립된 전력시스템에 있어서 기기의 각 모멘텀 M이 기기 기준으로서 7.6(퍼유닛 MW)/(퍼유닛 주파수)/sec인 600MW의 발전기가 주어졌다. 발전기는 400MVA의 부하를 공급하고 있다. 1% 주파수 변동에 대하여 부하는 2%만큼 변동한다. 먼저 등가 발전기-부하 시스템의 블록다이어그램을 나타낸다. 모든 물리량은 1,000MVA 기준으로써 나타낸다.

$$M = 7.6 \times \frac{600}{1000} = 4.56 \quad \text{(1,000MVA 기준)}$$

$$D = 2 \times \frac{400}{1000} = 0.8 \quad \text{(1,000MVA 기준)}$$

그러면 블록다이어그램은 〈그림 10.5〉와 같다.

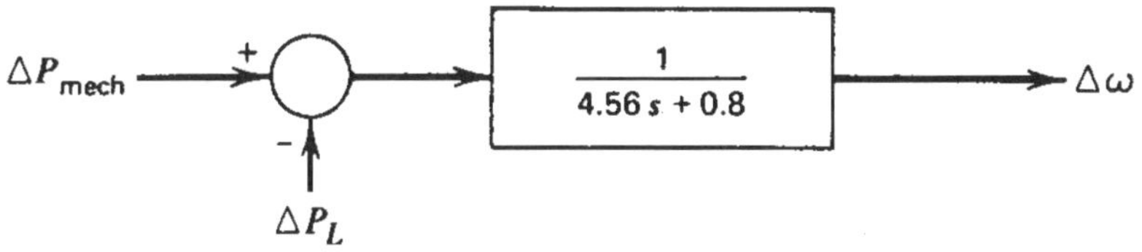

〈그림 10.5〉 예제 10A의 시스템에 대한 블록다이어그램

지금 부하가 갑자기 10MVA(또는 0.01퍼유닛)만큼 증가한다고 가정한다. 다시 말하면

$$\Delta P_L(s) = \frac{0.01}{s}$$

이다. 그러면 다음 식

$$\Delta\omega(s) = -\frac{0.01}{s}\left(\frac{1}{4.56s + 0.8}\right)$$

이 성립하며 역-라플라스 변환을 하면 다음 식

$$\Delta\omega(t) = \left(\frac{0.01}{0.8}\right)e^{-(0.9/4.56)t} - \left(\frac{0.01}{0.8}\right)$$

$$= 0.0125\,e^{-0.175t} - 0.0125$$

이 성립한다. $\Delta\omega$의 최종값은 -0.0125퍼유닛이며, 이것은 시스템에서 주파수가 0.75Hz만큼 감소하는 것을 나타낸다.

2개 또는 그 이상의 발전기가 송전시스템에 접속되어 있을 때, 주파수 변동을 분석하기 위하여서는 네트워크 전체에 걸친 위상각의 차이를 고려해야 한다. 그러나 이 장에서는 조속기에 대하여 설명하므로, 이에 관한 해석을 위하여 긴밀하게 연계된 송전망에 있어서의 주파수는 일정하다고 가정한다. 이러한 가정을 할 경우에는 터빈-발전기라는 회전체를 하나로 묶어서 개별 터빈의 기계출력의 합에 의하여 구동되는 하나의 등가회전체로서 나타낼 수 있다. 이것이 〈그림 10.6〉에 나타나 있으며 여기에서는 모든 터빈-발전기가 하나의 등가회전체 M_{equiv}로 표현된다.

이와 유사하게 시스템의 개별 부하는 부하제동 계수가 D_{equiv}인 하나의 등가부하로 표현된다.

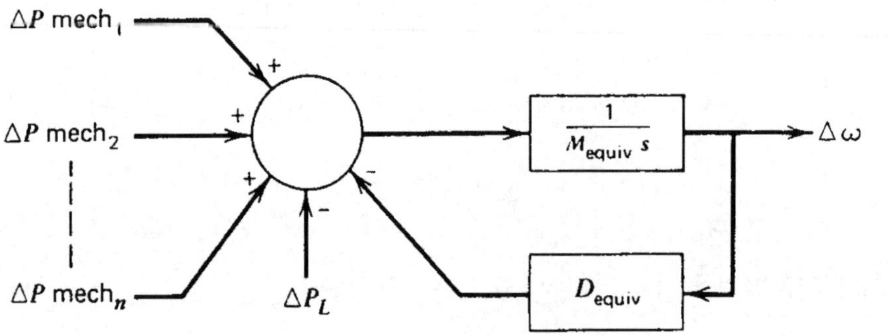

〈그림 10.6〉 복수의 터빈-발전기 시스템의 등가 블록다이어그램

10.4 원동기 모델

발전기를 구동하는 원동기는 증기터빈 또는 수력터빈이다. 원동기 모델을 작성할 때에는 화력발전기 터빈의 경우, 증기공급과 제어시스템의 특성을 고려하여야 하며, 수력터빈의 경우에는 수압관의 특성을 고려하여야 한다. 이 장의 나머지 부분에서는 가장 단순한 원동기 모델인 재열시스템이 없는 증기터빈을 대상으로 설명한다. 수력터빈을 포함한 더욱 복잡한 원동기에 대한 것은 참고문헌에 나타나 있다(참고문헌 목록 참조).

〈그림 10.7〉에 나타난 비-재열 터빈의 모델은 터빈에 주입하는 스팀을 제어하는 밸브의 위치와 터빈의 기계출력과의 관계를 나타내며 여기에서 변수는

$T_{ch}=$ "장전시간" 시정수

$\Delta P_{valve}=$ 정상 위치로부터 벗어난 밸브위치의 퍼유닛 변동

이다. 단독 발전기에 대한 원동기-발전기-부하 모델은 〈그림 10.8〉에 나타난 것과 같이 〈그림 10.4〉와 〈그림 10.7〉을 결합하여 나타낼 수 있다.

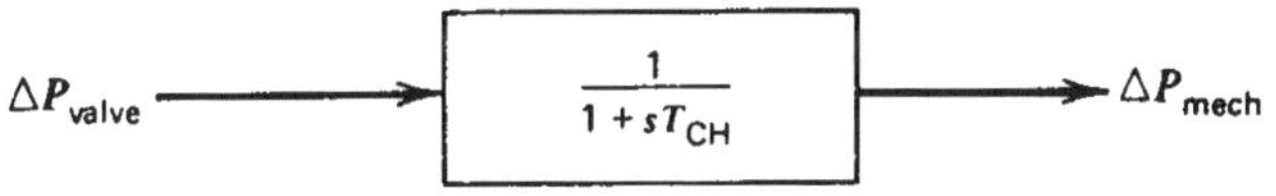

〈그림 10.7〉 원동기 모델

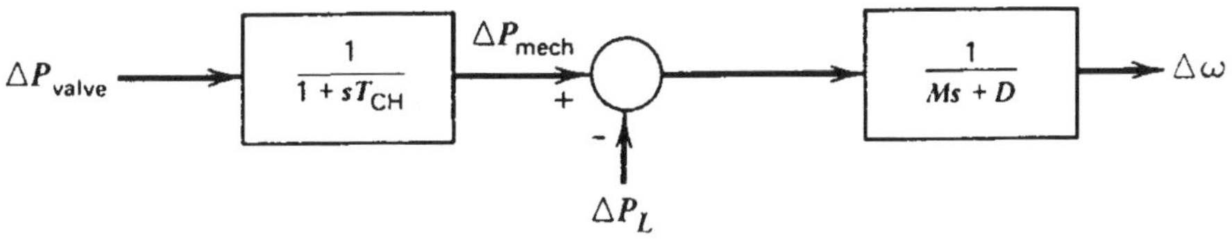

〈그림 10.8〉 원동기-발전기-부하 모델

10.5 조속기 모델

하나의 발전기가 터빈의 고정된 기계동력[1]에 의하여 운전되고 있다고 가정한다. 어떠한 부하변동이 발생한다 하더라도 주파수-민감 부하가 부하변동을 정확하게 보상하도록 하는 충분한 회전속도의 변동이 그 결과로 될 것이다(예제 10A에서와 같이). 이러한 조건은 시스템주파수가 허용한계를 벗어나서 표류하게 만든다. 이 문제는 조속기 메커니즘을 추가함으로써 해결되는데, 이것은 기기의 회전속도를 검출하고, 부하변동을 보상하고 주파수를 규정치로 회복하기 위해 터빈에 들어가는 기계동력을 바꾸는 입력밸브를 조정하는 기능을 한다. 초기에 사용한 메커니즘은 회전속도를 감지하고 속도변동에 응하여 기계적 작용을 일으키기 위하여 회전플라이볼을 사용하는 것이었다. 현대식 조속기는 회전속도의 변동을 감지하기 위하여 전자장치를 사용하고 필요한 만큼의 밸브위치를 변경하기 위하여 전자식, 기계식 그리고 유압식을 조합한 장치를 주로 사용한다. 가장 간단한 조속기는 등속조속기라는 것으로서 주파수를 규정치로 회복시키는 위치에 이르도록 입력밸브를 조정한다. 만약 회전속도 검출 메커니즘의 출력을 직결막대를 통하여 단순하게 연결하면 조속기는 주파수를 규정치로 회복할 수 없다. 주파수 오차를 0으로 하기 위하여 제어 엔지니어가 말하는 적분기능을 설치하여야 한다. 적분기능은 실세 주파수와 원하는 또는 기준 주파수의 차이인 주파수 오차를 적분하는 것이다.

〈그림 10.9〉의 다이어그램을 이용하여 회전속도 조정 메커니즘을 설명한다. 회전속도 계측장치의 출력 ω는 오차신호 $\Delta\omega$를 생산하기 위하여 기준 각속도 ω_{ref}와 비교한다. 오차 $\Delta\omega$는 제어신호 ΔP_{valve}를 생성하기 위하여 음(−)의 부호가 붙여져서 이득 K_G에 의하여 증폭되고 ΔP_{valve}는 $\Delta\omega$가 음(−)인 경우, 주증기 공급밸브가 열리도록 한다(ΔP_{valve} 위치). 만약, 예를 들어, 기기가 기준 각속도로 회전하고 있을 때 전기적 부하가 증가한다면 각속도 ω는 ω_{ref} 이하로 하락하고 $\Delta\omega$

1) fixed mechanical power output

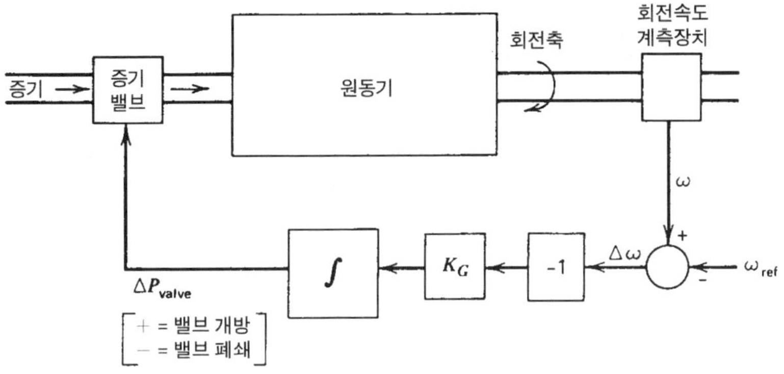

〈그림 10.9〉 등속조속기

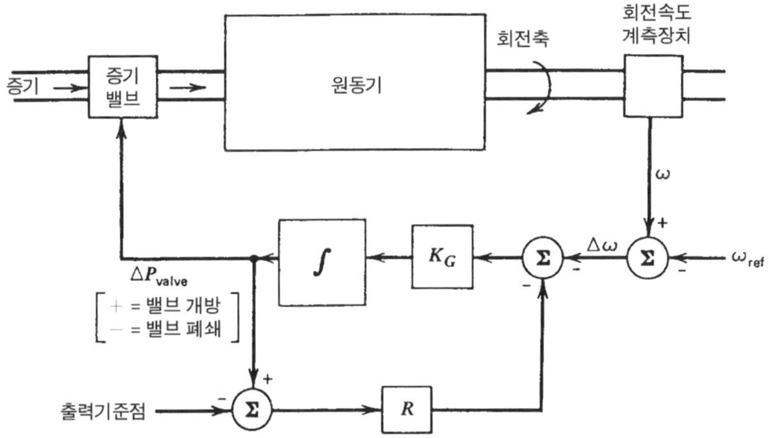

〈그림 10.10〉 회전속도-드룹 피드백 루프를 갖는 조속기

는 음(−)이 된다. 이득(gain)과 적분기능의 작용은 증기밸브를 열게 하는 것이며 그럼으로써 터빈의 기계동력을 증가시키고 이에 따라 발전기의 전기적 출력을 증가시키고 회전속도 ω를 증가시킨다. 그리고, ω가 ω_{ref}와 정확하게 일치할 때, 증기밸브는 새로운 위치(더 열린 상태)에 머물러서 터빈발전기가 증가한 전기적 부하를 공급하도록 한다.

〈그림 10.9〉에 나타난 등속(isochronous)조속기는 2개 또는 그 이상의 발전기가 동일한 전력시스템에 접속되어 있는 경우에는 각각의 발전기가 동일한 주파수 설

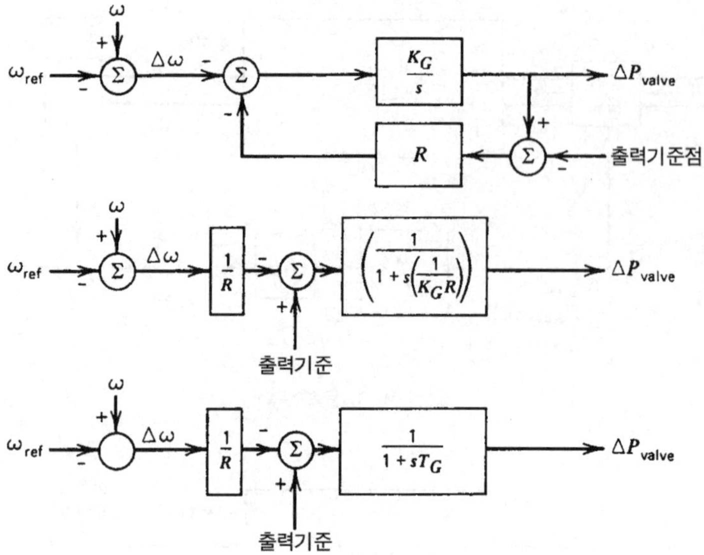

〈그림 10.11〉 드룹조속기의 블록다이어그램

정치를 가지려고 노력하거나 또는 서로 시스템의 주파수를 자기가 갖고 있는 설정치로 끌어들이려고 싸움을 벌이게 되므로 사용될 수 없다. 발전시스템에서 병렬로 2개 이상의 발전기를 운전하기 위해서 각 발전기의 서로 다른 출력값에서 회전속도오차를 0이 되도록 하는 피드백 신호에 의하여 작용하는 조속기를 설치하여야 한다.

이것은 〈그림 10.10〉에 나타난 바와 같이 적분기능의 주위에 피드백 루프를 추가하면 된다. 이렇게 함으로써 출력기준(load reference)이라고 하는 새로운 입력을 삽입하는 것이며 이에 대하여 곧 설명할 것이다. 이와 같은 조속기의 블록다이어그램이 〈그림 10.11〉(2개의 그림)에 나타나 있으며 여기에서 조속기는 $1/R$의 순이득을 가지며 시정수는 T_G 이다.

위의 그림에서 $\frac{1}{K_G R} = T_G$ 라고 하면(여기서 T_G 는 조속기 시정수) 다음과 같이 된다.

〈그림 10.12〉는 이득 R을 갖는 피드백 루프를 추가한 조속기 특성을 보여 준다. R의 값은 특성곡선의 기울기를 나타낸다. 다시 말하면 R은 주어진 주파수 변

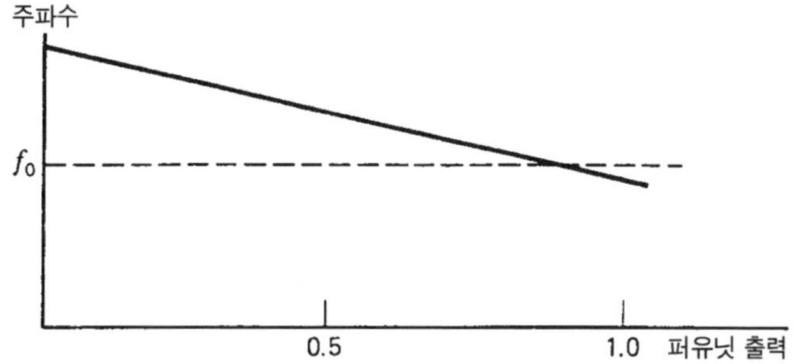

〈그림 10.12〉 회전속도-드룹 특성

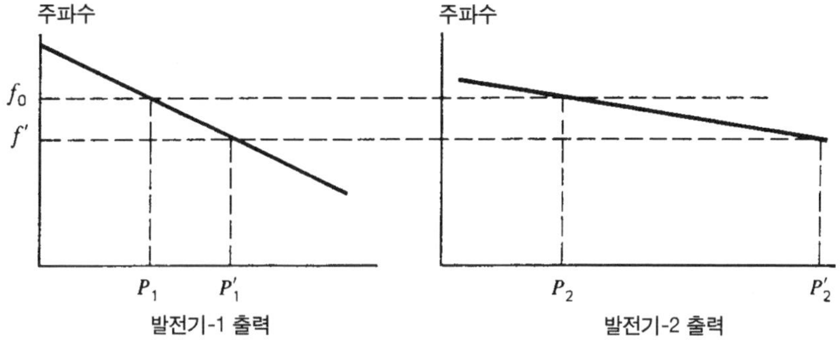

〈그림 10.13〉 조속기 드룹에 의한 발전기출력의 할당

동에 대한 발전기출력의 변동을 결정한다. 일반적 관행은 0에서 100%(즉, 정격출력)로 출력이 변동하면 각 발전기의 주파수 변동이 같아지도록 각 발전기의 R을 지정하는 것이다. 결과적으로, 시스템의 전기적 부하에 변동이 일어나면 각 발전기는 정격출력에 비례하는 출력변동으로써 이를 보상하는 것이다.

드룹조속기의 특성을 갖춘 2개의 발전기가 전력시스템에 접속되어 있으면, 어떤 유일한 주파수가 항상 존재하며, 이 주파수에서 각 발전기 사이에 부하변동에 해당하는 출력이 분담된다. 이것이 〈그림 10.13〉에 나타나 있으며 여기에서는 드룹특성을 갖는 2개의 발전기가 하나의 공통부하에 접속되어 있는 것을 보여 준다.

〈그림 10.13〉이 나타난 바와 같이 2개의 발전기는 정격주파수 f_0의 상태에서 시작한다. 부하의 증가 ΔP_L로 인하여 발전기가 감속하면, 조속기는 각 발전기가 새로운 공통 운전주파수 f'를 찾을 때까지 발전기의 출력을 증가시킨다. 각 발전기

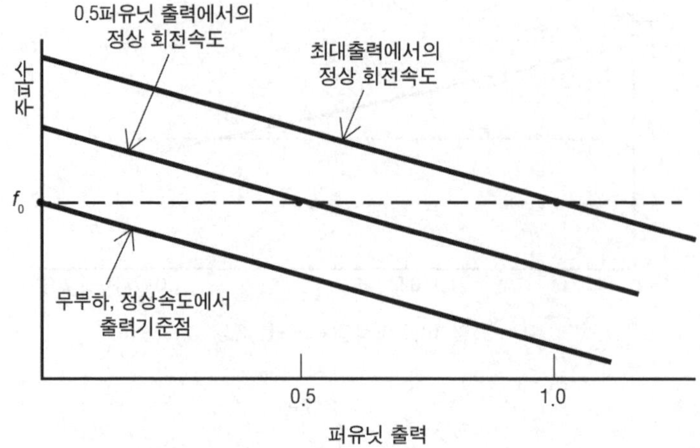

〈그림 10.14〉 회전속도 변환기(Speed-changer) 지정값(setting)

의 부하증가 부분에 대한 출력변동량은 각각의 조속기의 드룹 특성의 기울기에 비례한다. 발전기-1은 P_1에서 P_1'으로 출력을 변경하고 발전기-2는 P_2에서 P_2'으로 출력을 변경하여, 순출력은 증가하여 $P_1' - P_1 + P_2' - P_2$가 ΔP_L과 같게 된다. 여기에서 주목할 것은, 찾으려고 하는 실제 주파수는 부하의 주파수특성과도 관계가 있다는 것이다. 오늘날에는 산업체와 가정에서 전력전자 제어를 많이 사용함으로써 부하로부터 시스템 전체의 관성에 대한 기여도가 낮아졌다. 그러므로 시스템관성이 작아지게 되었다. 또한 새로이 제작되는 현대의 터빈은 무게가 가벼워지므로 시스템관성을 더욱 작게 한다.

〈그림 10.10〉은 "출력기준점"이라고 하는 입력신호를 보여 준다. 출력기준을 변경함으로써 발전기의 조속기 특성에 의하여 원하는 출력에서도 기준 주파수를 유지할 수 있게 하는 것이다. 이것이 〈그림 10.14〉에 나타나 있다. 발전기에 대한 기본적 제어입력은, 출력제어에 관한 한, 출력기준점이다. 각 발전기의 출력기준점을 조정함으로써, 시스템주파수를 원하는 정격치로서 유지하면서 발전기에 대하여 원하는 출력을 지시(unit dispatch)할 수 있다. 이것이 응동능력과 경제급전에 의한 경제적 출력분담의 경계선이다.

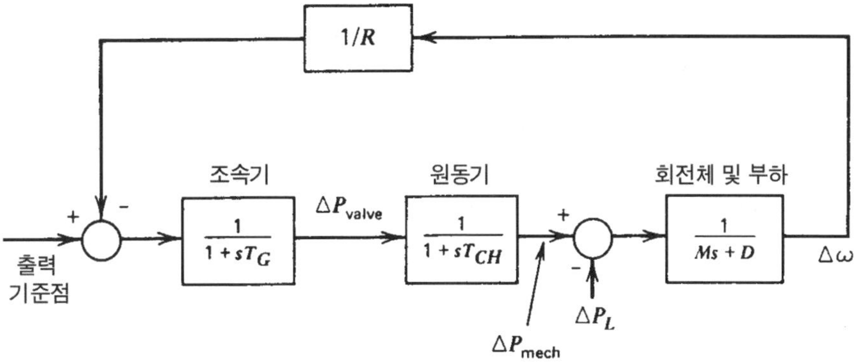

〈그림 10.15〉 조속기, 원동기, 회전체의 블록다이어그램

정상 상태(steady state)에서의 1.0퍼유닛의 출력변동 ΔP_{valve}는 R 퍼유닛의 주파수 변동 $\Delta\omega$의 값을 필요로 한다는 것을 주목해야 한다. 일반적으로 "유닛 레귤레이션"은 %로써 말한다. 예를 들면 어떤 발전기에 대하여 "3% 레귤레이션"이라고 말하면 이것은 밸브위치가 100%(1.0퍼유닛)만큼 변동(또는 등가적으로 발전기출력의 100% 변동)하면 3%의 주파수 변동을 가져온다는 것을 의미한다.

그러므로 R은 퍼유닛 주파수 변동을 퍼유닛 출력변동으로써 나눈 값이다. 즉 다음 식

$$R = \frac{\Delta\omega}{\Delta P} \text{ 퍼유닛}$$

과 같다. 지금에서는 〈그림 10.15〉에 나타난 것과 같이 조속기-원동기-회전체/부하 모델의 블록다이어그램을 구성할 수 있다. 이 발전기가 다음 식

$$\Delta P_L(s) = \frac{\Delta P_L}{s} \tag{10.19}$$

과 같은 부하의 스텝 증가를 경험한다고 가정한다. 주파수 변동 $\Delta\omega$에 대한 부하변동 ΔP_L의 관계를 나타내는 전달함수는 다음 식과 같다.

$$\Delta\omega(s)=\Delta P_{\mathrm{L}}(s)\left[\frac{\frac{-1}{Ms+D}}{1+\frac{1}{R}\left(\frac{1}{1+sT_{\mathrm{G}}}\right)\left(\frac{1}{1+sT_{\mathrm{CH}}}\right)\left(\frac{1}{Ms+D}\right)}\right] \tag{10.20}$$

그러면 $\Delta\omega(s)$의 정상 상태에서의 값은 다음 식

$$\Delta\omega \text{ steady state} = \lim_{s\to 0}[s\Delta\omega(s)]$$

$$=\frac{-\Delta P_{\mathrm{L}}\left(\frac{1}{D}\right)}{1+\left(\frac{1}{R}\right)\left(\frac{1}{D}\right)}=\frac{-\Delta P_{\mathrm{L}}}{\frac{1}{R}+D} \tag{10.21}$$

에 의하여 구할 수 있다. 만약 D가 0이라면 각속도의 변동은 단순하게 다음 식

$$\Delta\omega=-R\,\Delta P_{\mathrm{L}} \tag{10.22}$$

과 같게 될 것이다. 만약 여러 개의 발전기(각각은 자체로서 조속기와 원동기를 보유)가 시스템에 접속되어 있다면 주파수 변동은 다음 식

$$\Delta\omega=\frac{-\Delta P_{\mathrm{L}}}{\frac{1}{R_1}+\frac{1}{R_2}+\cdots+\frac{1}{R_n}+D} \tag{10.23}$$

과 같이 될 것이다.

10.6 연계선 모델

송전선의 양단 사이의 전력조류는 제6장에서 설명한 직류조류계산법을 사용하여 다음 식과 같이 나타낼 수 있다.

$$P_{tie\,flow} = \frac{1}{X_{tie}}(\theta_1 - \theta_2) \tag{10.24}$$

위 식의 연계선 전력조류는 정상 상태(steady state)의 값이다. 여기에서의 분석을 위하여서는 정상 상태의 값에서의 위상각편차의 함수로써 정상 상태의 전력조류로부터의 편차를 구하기 위하여 식 10.24를 섭동하여 다음 식을 제시한다.

$$\begin{aligned} P_{tie\,flow} + \Delta P_{tie\,flow} &= \frac{1}{X_{tie}}[(\theta_1 + \Delta\theta_1) - (\theta_2 + \Delta\theta_2)] \\ &= \frac{1}{X_{tie}}(\theta_1 - \theta_2) + \frac{1}{X_{tie}}(\Delta\theta_1 - \Delta\theta_2) \end{aligned} \tag{10.25}$$

그러면 다음 식

$$\Delta P_{tie\,flow} = \frac{1}{X_{tie}}(\Delta\theta_1 - \Delta\theta_2) \tag{10.26}$$

이 성립하며 $\Delta\theta_1$과 $\Delta\theta_2$는 식 10.6에서 정의된 $\Delta\delta_1$과 $\Delta\delta_2$와 등가이다. 그러면 식 10.6의 관계식을 사용하여 다음 식,

$$\Delta P_{tie\,flow} = \frac{T}{s}(\Delta\omega_1 - \Delta\omega_2) \tag{10.27}$$

을 나타낼 수 있으며 여기에서 $T = 377 \times \frac{1}{X_{tie}}$ (60-Hz 시스템에서)이다.

여기에서 ΔP_{tie}를 퍼유닛 전력(MW)으로써 나타내기 위하여 $\Delta\theta$는 라디안의 단위로 나타내야 한다는 것을 유념하여야 하는데, $\Delta\omega$는 퍼유닛 각속도 변동으로 나타나 있다. 그러므로 $\Delta\omega$에 377라디안/sec(60Hz에서의 기준 주파수)를 곱하여야 한다. 위의 식에서 T를 "연계선의 경직도"를 나타내는 계수라고 생각하여도 좋다.

지금 2개의 제어지역이 존재하며 하나의 제어지역에는 하나의 발전기만 존재하는 연계시스템이 있다고 가정한다. 2개의 제어지역은 하나의 송전선으로 연결되어 있다고 가정한다. 송전선의 전력조류를 보면 전력조류의 방향에 따라서 하나의

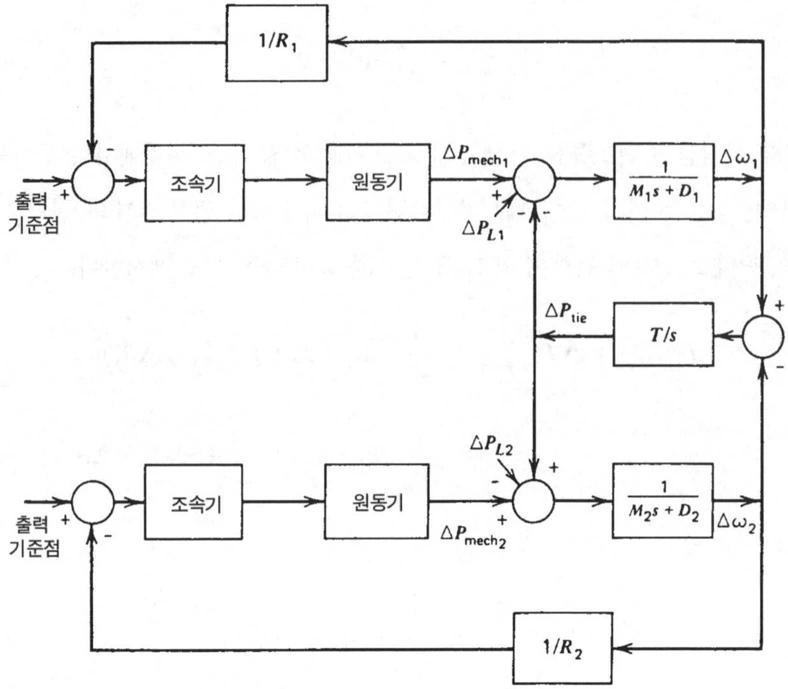

〈그림 10.16〉 연계 전력시스템의 블록다이어그램

제어지역으로 양(+)의 전력조류가 있으며 다른 제어지역에서 보면 음(−)의 전력조류가 있다고 볼 수 있다. 전력조류의 방향은 2개의 제어지역 사이의 상대적 위상각에 의하여 좌우되며 이것은 제어지역의 상대적 각속도편차에 의하여 결정된다. 이와 같은 연계된 전력시스템을 나타내는 다이어그램이 〈그림 10.16〉에 나타나 있다.

연계선 전력조류는 제어지역-1에서 제어지역-2로 흐르는 것으로 정의된다는 것을 주목할 필요가 있다. 그러므로 제어지역-1에서 보면 해당 전력조류는 부하로서 나타나고 제어지역-2에게는 전력공급원(음(−)의 부하)으로서 나타난다. 만약 기계적 출력이 일정하다고 가정하면 회전체와 연계선은 동기진동이라는 감쇄진동 특성을 나타낸다(이 장의 마지막 부분의 문제 10.3 참조).

부하변동이 나타난 이후의 연계시스템 내의 제어지역의 정상 상태(steady state) 주파수편차, 연계선 전력조류편차 그리고 발전기출력 등을 분석하는 것은 대단히 중요하다. 제어지역-1에서 부하변동 ΔP_L이 발생하였다고 가정한다. 정상 상태에서 모든 동기진동이 감쇄한 이후의 정상 상태에 있어서 주파수는 일정하게 유지될 것이며 2개의 제어지역에 대하여 동일한 값이다. 그러면 다음의 관계식

$$\Delta\omega_1 = \Delta\omega_2 = \Delta\omega, \quad \frac{d(\Delta\omega_1)}{dt} = \frac{d(\Delta\omega_2)}{dt} = 0 \tag{10.28}$$

이 성립하며, 다음 식

$$\Delta P_{mech_1} - \Delta P_{tie} - \Delta P_{L_1} = \Delta\omega D_1$$

$$\Delta P_{mech_2} + \Delta P_{tie} = \Delta\omega D_2$$

$$\Delta P_{mech_1} = \frac{-\Delta\omega}{R_1} \tag{10.29}$$

$$\Delta P_{mech_2} = \frac{-\Delta\omega}{R_2}$$

도 성립한다. 식 10.29에 적절한 대체를 하면 다음 식

$$-\Delta P_{tie} - \Delta P_{L_1} = \Delta\omega\left(\frac{1}{R_1} + D_1\right) \tag{10.30}$$

$$+\Delta P_{tie} = \Delta\omega\left(\frac{1}{R_2} + D_2\right)$$

이 성립하며, 또한 최종적으로 다음 식

$$\Delta\omega = \frac{-\Delta P_{L_1}}{\dfrac{1}{R_1} + \dfrac{1}{R_2} + D_1 + D_2} \tag{10.31}$$

과 같이 나타난다. 이것으로부터 연계선 전력조류의 변동을 다음 식

$$\Delta P_{tie} = \frac{-\Delta P_{L_1}\left(\dfrac{1}{R_2} + D_2\right)}{\dfrac{1}{R_1} + \dfrac{1}{R_2} + D_1 + D_2} \tag{10.32}$$

을 유도할 수 있다. 식 10.28부터 식 10.32까지 나타낸 상태는 부하가 변동한 이후의 새로운 정상 상태(steady state)에 대한 것이라는 것을 주목해야 한다. 새로운 연계선 전력조류는 각 제어지역의 순부하와 순발전의 변동에 의하여 결정된다. 비록 "연계선의 경직도"가 연계선 양단의 위상각의 차이가 얼마만큼의 새로운 연계선 전력조류를 발생시킬 것인가를 결정하기는 하지만, 새로운 연계선 전력조류를 결정하기 위하여 "연계선의 경직도"를 파악할 필요는 없다.

예제 10B 2개의 시스템이 다음과 같은 특성을 갖는 연계선에 의하여 연결되어 있다.

제어지역-1	제어지역-2
R = 0.01퍼유닛	R = 0.02 퍼유닛
D = 0.8퍼유닛	D = 1.0퍼유닛
기준 MVA = 500	기준 MVA = 500

100MW(0.2퍼유닛)의 부하변동이 제어지역-1에서 발생한다. 그러면 새로운 정상 상태 주파수와 연계선 전력조류의 변동은 얼마인가? 초기에는 2개의 제어지역이 정격주파수를 유지하고 있었다고 가정한다.

$$\Delta\omega = \frac{-\Delta P_{L_1}}{\frac{1}{R_1}+\frac{1}{R_2}+D_1+D_2}$$

$$= \frac{-0.2}{\frac{1}{0.01}+\frac{1}{0.02}+0.8+1} = -0.00131752\text{퍼유닛}$$

$$f_{new} = 60-0.00132(60) = 59.92\text{Hz}$$

$$\Delta P_{tie} = \Delta\omega\left(\frac{1}{R_2}+D_2\right) = -0.00131752\left(\frac{1}{0.02}+1\right)$$

$$= -0.06719368\text{퍼유닛} = -33.6\text{MW}$$

원동기출력의 변동은 다음 식과 같다.

$$\Delta P_{mech_1} = \frac{-\Delta\omega}{R_1} = -\left(\frac{-0.00131752}{0.01}\right) = 0.13175231\text{퍼유닛}$$

$$= 65.876\text{MW}$$

$$\Delta P_{mech_2} = \frac{-\Delta\omega}{R_2} = -\left(\frac{-0.00131752}{0.02}\right) = 0.0687615\text{퍼유닛}$$

$$= 32.938\text{MW} = 98.814\text{MW}$$

총출력의 변동은 98.814MW이며 이것은 100MW의 부하변동에 비하여 1.186MW 만큼 부족하다. 주파수 강하에 의한 제어지역의 부하변동은 다음 식

$$\text{제어지역-1} = \Delta\omega D_1 = -0.0010540\text{퍼유닛} = -0.527\text{MW}$$

$$\text{제어지역-2} = \Delta\omega D_2 = -0.00131752\text{퍼유닛} = -0.6588\text{MW}$$

과 같다. 그러므로 총부하변동은 1.186MW이며 이것은 총출력의 변동과 총부하의 변동의 차이를 나타낸다(이 문제의 변형에 대하여서는 문제 10.2 참조).

만약 2-제어지역 시스템의 다이내믹스를 분석한다면, 부하의 스텝변동은 항상 주파수 변동을 일으킨다는 것을 알게 된다. 이것은 〈그림 10.17〉에 나타나 있으며, 스텝 부하변동에 대한 시스템의 주파수 응동을 보여 준다. 〈그림 10.17〉은 평균주파수(발생 가능한 고주파수 공진을 제외하고)만을 나타낸다.

10.7 출력제어

자동출력제어(AGC)는 다음과 같은 3개의 주요 목적을 갖고 있는 제어시스템에 주어지는 명칭이다.

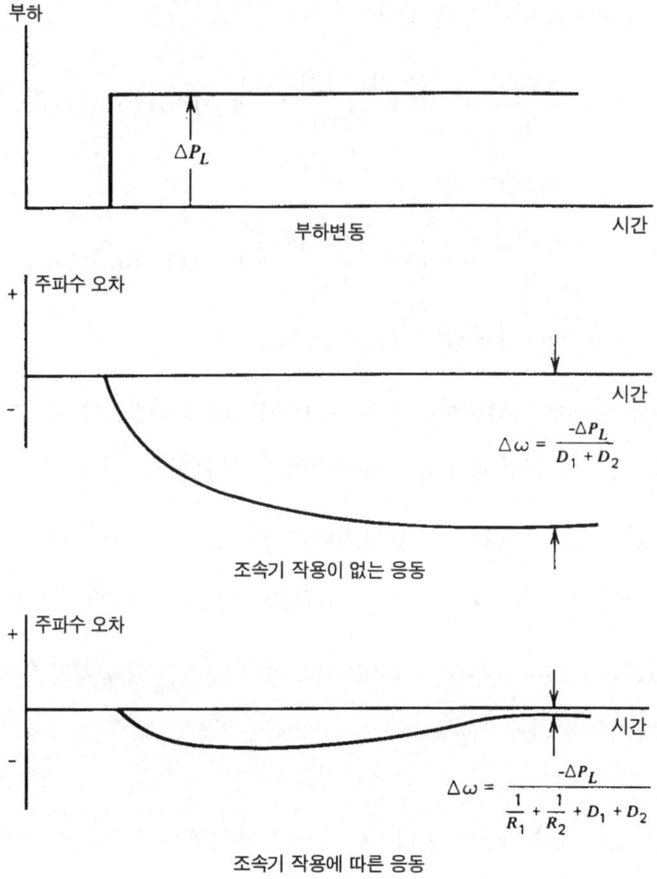

〈그림 10.17〉 부하변동에 대한 주파수 응동

1. 시스템주파수를 지정한 규정치에 아주 근접하도록 유지한다(예: 50 또는 60Hz).
2. 제어지역 사이의 연계선 전력조류를 옳은 값으로 유지한다.
3. 개별 발전기의 출력을 시스템 전체로 보아서 가장 경제적인 값으로 유지한다.

10.7.1 보충적 제어작용

위에서 열거한 3개의 목적을 이해하기 위하여 먼저 고립된 전력시스템에 대하여 하나의 발전기가 부하를 공급하는 상황을 가정한다. 절 10.5에 나타난 것처럼 하나의 부하변동은 조속기의 드룹 특성과 시스템부하의 주파수 특성에 따라 주파수 변

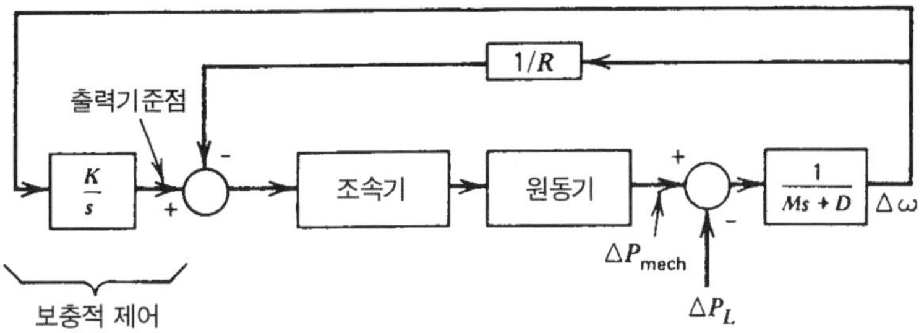

〈그림 10.18〉 발전기에 추가되는 보충적 제어

동을 일으킨다. 일단 부하변동이 일어났다면, 보충적 제어는 주파수를 정상치로 회복하기 위하여 작용하여야 한다. 이것은 〈그림 10.18〉에 나타난 것처럼 조속기에 대한 리셋(integral)제어를 추가함으로써 가능하다. 이 책에서는 적분제어를 사용하는 것을 검토하지만 비례-적분-미분제어(PID)[2]처럼 더욱 완벽한 제어를 함으로써 가능하게 된다. 적응적 상태공간 제어기에 대한 연구는 많이 진행되었지만 널리 사용되지는 않고 있다.

보충적 제어의 적분제어작용은 속도기준점(speed reference set point)을 조정하여 주파수 오차를 0이 되도록 작용할 것이다. 예를 들면 〈그림 10.17〉의 맨 아랫부분의 다이어그램에 나타난 오차를 0이 되도록 할 것이다.

10.7.2 연계선 제어

2개의 전력회사가 각자의 전력시스템을 서로 연계하는 데에는 몇 가지 이유가 있다. 첫째는 제11장에서 분석하는 것처럼 두 전력회사의 발전기의 변동비가 서로 달라서 전력융통이 가능한 인접 전력시스템과 서로 이득이 되도록 전력을 융통할 수 있기 때문이다. 둘째, 연계선을 통해 인접 전력시스템과 융통할 전력이 없다고 하더라도 하나의 시스템에 속한 발전기가 불시고장정지를 일으켜 탈락하면 2개의 시스템에 속한 발전기가 모두 주파수 하락을 느끼기 때문에 주파수를 회복하는 데

---

2) proportional, integral, and derivative

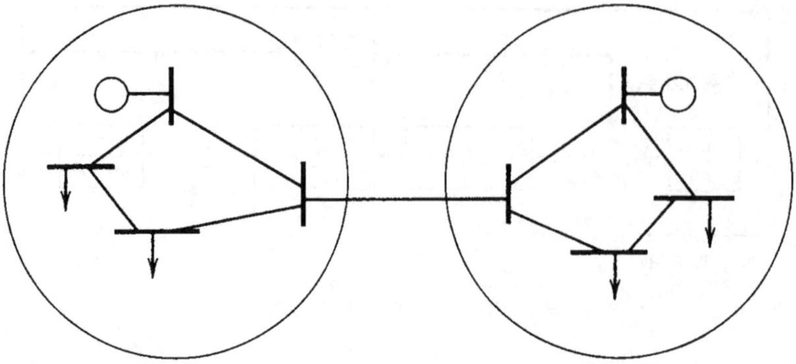

〈그림 10.19〉 2-제어지역 시스템

있어서 도움을 요청할 수 있기 때문이다.

시스템수요를 만족시키기 위해 발전기에게 출력을 할당하는 경우에 연계된 시스템에는 흥미로운 제어문제가 발생한다. 〈그림 10.19〉와 같은 두 연계시스템에서 발생할 수 있는 가상적 상황을 이용해 이 문제를 설명한다. 2개의 시스템은 모두 동일한 특성을 가진 발전기와 부하로 구성되어 있다고($R_1 = R_2$, $D_1 = D_2$) 가정하고 연계선 운전협약에 의해 100MW의 전력을 시스템-1에서 시스템-2로 보내기로 되어 있다. 지금 시스템-2에서 30MW의 부하가 갑자기 증가했다고 가정한다. 그러면 2개의 시스템은 동일한 발전기 특성을 갖고 있으므로 두 시스템은 각각 15MW의 부하증가를 느끼게 되어 연계선 전력조류는 100MW에서 115MW로 변동할 것이다. 따라서 시스템-2의 30MW의 부하증가는 시스템-2에서의 15MW의 총출력의 증가와 시스템-2로 유입되는 전력의 증가로써 만족될 것이다. 그러면 전력시스템-1이 115MW가 아닌 100MW를 팔게 되어 있으며 제11장에서 설명하는 것처럼 시스템-1의 발전비용은 상승할 것이며 이에 해당하는 추가적 변동비를 청구할 곳이 없다는 사항을 제외하고는 별로 문제가 없는 것으로 보인다. 이 시점에서 필요한 것은 30MW의 부하가 시스템-2에서 증가하였고 이곳에서 30MW의 총출력을 증가하고 주파수를 60Hz로 유지하는 것이다. 이렇게 하면 전력시스템-1의 발전기출력은 부하증가 이전의 상태로 회복된다.

이와 같은 제어시스템은 주파수와 연계선에 흐르는 순전력에 대한 정보, 즉 시스템주파수와 연계선에 드나드는 순전력조류의 두 가지를 활용해야 한다. 이러한 제어전략을 위해서는 다음 사항을 인지해야 한다.

① 만약 주파수가 감소했고 자기 시스템을 떠나가는 순융통전력이 증가했다면 자기 시스템의 외부에서 부하가 증가한 것이다.
② 만약 주파수가 감소했고 자신의 시스템을 떠나가는 순융통전력이 감소했다면 자기 시스템의 내부에서 부하가 증가한 것이다.

위의 내용은 주파수가 상승하는 경우에도 적용된다. 먼저, 다음과 같은 정의를 한다.

$$P_{net\ int} = \text{ 실제의 순융통전력}$$

(+: 전력이 시스템을 떠나는 경우, −: 전력이 시스템에 들어오는 경우) (10.33)

$$P_{net\ int\ sched} = \text{ 계획된 또는 원하는 융통전력}$$

$$\Delta P_{net\ int} = P_{net\ int} - P_{net\ int\ sched}$$

그러면 연계선 주파수 제어전략은 〈그림 10.20〉과 같이 요약할 수 있다.

제어지역(control area)이라는 것은 부하와 총출력이 〈그림 10.20〉에 나타난 규칙에 의하여 제어되는 연계시스템의 한 부분이라고 정의한다. 이 전략에서, 각 전력시스템의 제어지역의 경계선은 전력조류가 계측되는 연계선이 설치되어 있는 지점이다. 하나의 제어지역의 순연계선 전력조류의 총합계를 계산하기 위하여 경계선을 가로지르는 모든 선로의 전력조류는 계측되어야 한다.

〈그림 10.20〉에 나타난 규칙은 주파수 편차 $\Delta\omega$와 순연계선 융통전력 $\Delta P_{net\ int}$에 가중치를 부과하는 제어전략에 따라 실행된다. 〈그림 10.16〉의 부하변동 ΔP_L에 의하여 발생하는 주파수 응동과 연계선 전력조류는 식 10.28부터 식 10.32까지의 수식에 의하여 유도된다. 이 결과를 다시 반복하면 다음과 같다.

$\Delta\omega$	$\Delta P_{\text{net int}}$	부하 변화	결과적 제어작용
−	−	ΔP_{L_1} + ΔP_{L_2}	시스템-1에서의 P_{gen} 증가
+	+	ΔP_{L_1} − ΔP_{L_2}	시스템-1에서의 P_{gen} 감소
−	+	ΔP_{L_1} ΔP_{L_2} +	시스템-2에서의 P_{gen} 증가
+	−	ΔP_{L_1} ΔP_{L_2} −	시스템-2에서의 P_{gen} 감소

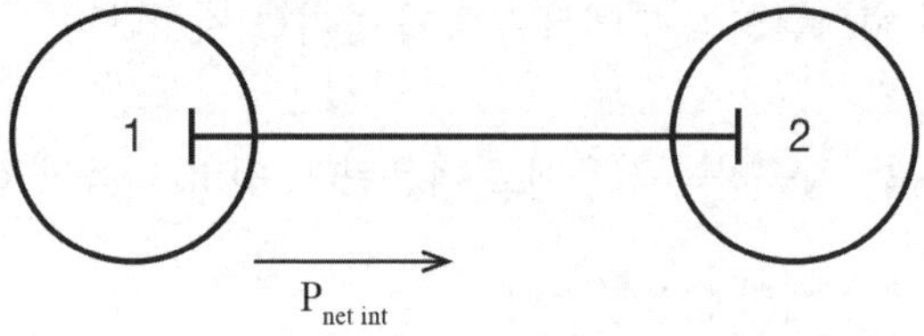

ΔP_{L1} = 제어지역-1의 부하 변화
ΔP_{L2} = 제어지역-2의 부하 변화

〈그림 10.20〉 2-제어지역에 대한 연계선 주파수제어 작용

부하변동	주파수 변동	순융통전력의 변동
ΔP_{L_1}	$\Delta\omega = \dfrac{-\Delta P_{L_1}}{\dfrac{1}{R_1}+\dfrac{1}{R_2}+D_1+D_2}$	$\Delta P_{net\,int_1} = \dfrac{-\Delta P_{L_1}\left(\dfrac{1}{R_2}+D_2\right)}{\dfrac{1}{R_1}+\dfrac{1}{R_2}+D_1+D_2}$

(10.34)

위의 표는 〈그림 10.20〉의 첫 번째 줄의 내용과 일치하며 다음의 식

$$\Delta P_{gen_1} = \Delta P_{\mathrm{L}_1}$$

$$\Delta P_{gen_2} = 0$$

이 성립한다. 과거부터 제어지역의 연계선 조류제어오차 또는 ACE(area control error)라고 하는 총출력 변동의 필요량은 주파수와 순연계선조류를 정상치로 회복하기 위하여 필요한 제어지역의 총출력의 변동량이다. 각 제어지역에 대한 ACE는 다음 식

$$ACE_1 = -\Delta P_{net\ int_1} - B_1 \Delta\omega$$

$$ACE_2 = -\Delta P_{net\ int_2} - B_2 \Delta\omega \tag{10.35}$$

과 같으며 여기에서 B_1과 B_2는 주파수 편의 계수라고 한다. 식 10.34를 보면 주파수 편의 계수는 다음 식

$$B_1 = \left(\frac{1}{R_1} + D_1\right)$$

$$B_2 = \left(\frac{1}{R_2} + D_2\right) \tag{10.36}$$

과 같으므로 식 10.35는 다음 식과 같이 된다.

$$ACE_1 = \left(\frac{+\Delta P_{L_1}\left(\frac{1}{R_2} + D_2\right)}{\frac{1}{R_1} + \frac{1}{R_2} + D_1 + D_2}\right) - \left(\frac{1}{R_1} + D_1\right)\left(\frac{-\Delta P_{L_1}}{\frac{1}{R_1} + \frac{1}{R_2} + D_1 + D_2}\right) = \Delta P_{L_1}$$

$$ACE_2 = \left(\frac{-\Delta P_{L_1}\left(\frac{1}{R_2} + D_2\right)}{\frac{1}{R_1} + \frac{1}{R_2} + D_1 + D_2}\right) - \left(\frac{1}{R_2} + D_2\right)\left(\frac{-\Delta P_{L_1}}{\frac{1}{R_1} + \frac{1}{R_2} + D_1 + D_2}\right) = 0$$

ACE를 조정하기 위한 제어는 〈그림 10.21〉의 도면과 같은 전략을 사용하여 실행될 수 있다. B_1과 B_2의 값은 식 10.26에 사용되는 값을 정확하게 구하기 위하여 발전기가 기동/정지를 할 때마다 변경되어야 한다. 실제로 시스템 운용에서 보충적 제어기능에 있어서의 적분작용은 B_1과 B_2가 조정되지 않은 경우에 있어서도 ACE를 0으로 복구한다.

10.7.3 출력의 할당

연계시스템에 속한 각 제어지역에 하나의 발전기만 존재한다면, 〈그림 10.21〉과 같은 제어시스템은 안정적인 주파수와 계획된 연계선 융통전력을 유지할 것이다.

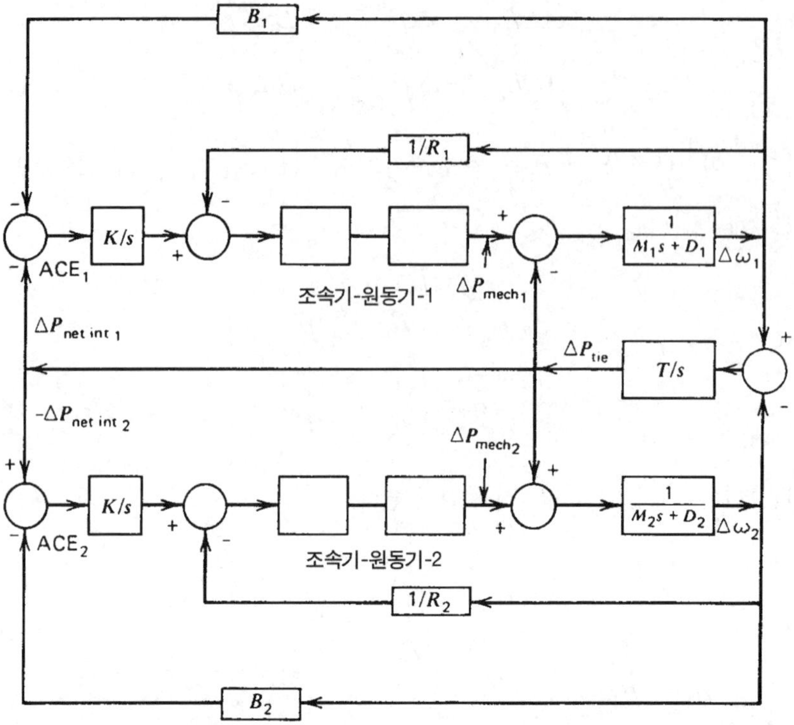

〈그림 10.21〉 2개의 제어지역에 대한 연계선 조류편의를 위한 보충적 제어

그러나 전력시스템은 경제성에 의하여 출력이 조정되는 수많은 발전기를 갖고 있는 복수의 제어지역으로 구성되어 있다. 다시 말하면 각 제어지역의 총출력이 얼마나 필요한지 알도록 제어메커니즘과 경제급전계산을 결합해야 한다.

개인과 산업체가 전기적 부하를 개별적으로 사용하므로 전력시스템의 부하는 시시각각으로 변동하기 때문에 어떤 제어지역의 총출력의 크기는 장시간 그대로 유지될 수 없다. 그러므로 제어지역별로 총출력을 파악하고, 각 발전기의 출력결정을 위한 경제급전을 실행하고, 그리고 각 발전기의 제어메커니즘에게 출력기준점(MW)을 전달해 주는 등의 역할을 수행하는 것은, 이러한 계산이 아주 신속하게 이루어지지 않는 한, 거의 불가능하다. 디지털 컴퓨터에 의거한 제어시스템이 널리 사용되기 이전에는 아날로그 컴퓨터를 사용한 제어메커니즘을 구성하여 사용하는 것이 일반적이었다. 비록 오늘날의 제어센터에는 아날로그 컴퓨터가 설치되지는 않지만 몇몇 분야에 있어서는 여전히 활발하게 사용되고 있다. 아날로그 컴퓨터는 발전기의 증분열소비율 곡선과 일치하도록 하는 함수생산기(function generator)의 조합을 사용하여 하나의 제어지역 내에서 순시적으로 발전기출력을 배분하여 경제급전을 할 수 있게 한다. 고정밀도 전압계에 행렬계수를 지정함으로써 "B 행렬 손실공식"을 아날로그 컴퓨터에 입력시킬 수 있다. 아날로그 컴퓨터 다이어그램을 사용하는 것은 상태공간 기법이 분석과 설계에 사용되는 것만큼 중요성을 갖는다. 디지털 컴퓨터 제어기법은 아날로그 컴퓨터에 의한 제어를 좀 더 정교하게 모사(emulate)하기 위하여 상태공간 방정식을 사용한다는 것을 주목해야 한다.

디지털 컴퓨터를 사용하는 경우에는 경제급전계산을 수 분의 시간 단위로 실행하는 것이 좋다. 경제급전계산의 결과물이 아날로그 컴퓨터로 전달되거나 (즉, "디지털 제어를 직접 받는 아날로그 제어시스템")[3] 또는 결과물이 제어기능을 하는 또 다른 컴퓨터(즉, "직접 디지털" 제어시스템)[4]로 전달된다. 제어가 아날로그이든 또는 디지털이든 간에 제어지역의 총출력이 변동하면 해당하는 변동분이 개별 발전기에 할당되어야 한다. 경제급전계산이 수 분마다 실행되므로 경제급전을 위한 총출력의 값의 배분이 아닌 또 다른 총출력을 어떻게 배분할 것인가에 대하여도 방안이 강구되어야 한다.

제3장에서 설명한 바와 같은 출력기준점과 참여계수를 사용하여 총출력의 값의 변동 부분을 위하여 개별 발전기에 대한 출력을 할당한다. 총출력이 현재 측정된 개별 발전기출력의 합과 같은 상태에서 경제급전계산이 실행된다. 이 계산의 결과는 출력기준점이며 이것은 전체 운용비를 가장 경제적인 값이 되도록 하는 개별 발전기의 출력기준점이다. 총출력의 변동에 대한 개별 발전기의 출력변동의 비율을 발전기의 참여계수 p_f라고 한다. 출력기준점과 참여계수는 다음 식과 같이 사용된다.

---

3) "digitally directed analog" control system

4) "direct digital" control system

$$P_{i_{des}} = P_{i_{base}} + pf_i \times \Delta P_{total} \quad (10.37)$$

여기에서

$$\Delta P_{total} = P_{new\,total} - \sum_{\substack{\text{모든} \\ \text{발전기}}} P_{i_{base}} \quad (10.38)$$

$P_{i_{des}}$ = 발전기-i의 원하는 출력기준점

$P_{i_{base}}$ = 발전기-i의 출력기준점

pf_i = 발전기-i의 참여계수

ΔP_{total} = 총출력의 변동량

$P_{new\,total}$ = 새로운 총출력

정의에 의하면 참여계수는 모두 합하면 1.0이 된다는 것을 주목할 필요가 있다. "직접 디지털제어 구조"5)의 경우, 발전기출력은 식 10.37과 식 10.38에 의한 컴퓨터 프로그램의 실행결과에 의하여 할당된다.

10.7.4 자동출력제어의 실행

현대의 자동출력제어 구조는 시스템에 관한 정보가 원격으로 계측되는 중앙의 하나의 지점에서 실행된다. 제어작용은 디지털 컴퓨터에 의하여 결정되며 동일한 원격채널을 통하여 발전기에 전달된다. 자동출력제어 시스템을 작동하기 위하여 제어센터는 다음과 같은 정보를 필요로 한다.

1. 운전 중인 개별 발전기의 MW 출력
2. 인접한 시스템의 연계선을 통하여 흐르는 전력조류(MW)
3. 시스템주파수

---

5) direct digital control scheme

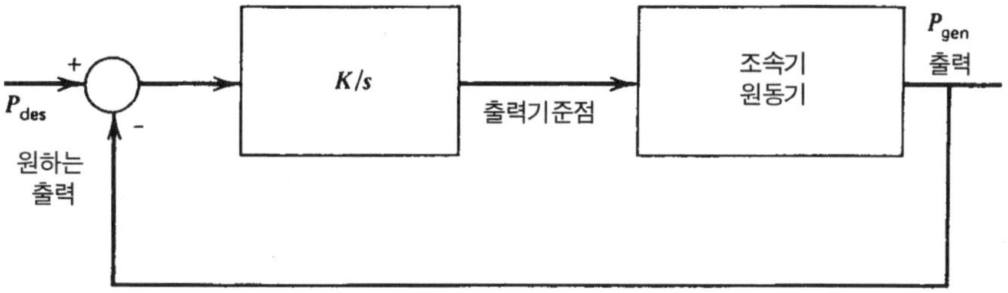

〈그림 10.22〉 기본적 출력제어 루프

자동출력제어 프로그램을 실행한 결과물은 각 발전기에 전달되어야 한다. 원천적인 제어는 각 발전기에게 '길이가 서로 달리' 전달되는 상승/하강 펄스신호이다. 그러면 각 발전기의 제어기기는 펄스의 길이에 따라 발전기의 출력기준점을 높이거나 낮춘다. 디지털 원격채널을 통해 전달되는 제어펄스의 길이는 디지털 워드의 비트(bit)로 코드화되어 있다. 현대의 전력시스템에는 감시제어(변전소 차단기의 개폐작용), 원격계측정보(MW, MVAR, MVA 전압, 등의 계측)와 제어정보(출력 증가/감소 지시신호) 등을 위한 모두 동일한 채널을 통하여 전송되는 디지털 원격계측이 일상적으로 사용된다.

하나의 발전기에 대한 기본적 '적분제어 루프'[6]는 〈그림 10.22〉에 나타난 것과 같이 이득 K를 갖는 하나의 적분기(integrator)로서 구성된다. 이러한 제어루프는 〈그림 10.23〉에 나타난 것과 같이 실행된다. 〈그림 10.22〉와 〈그림 10.23〉에 사용되는 제어용 입력 P_{des}는 시스템주파수 편차, 융통오차, 그리고 경제급전에 의하여 계획된 출력과의 편차 등의 함수이다.

앞으로 전개하려는 전체적인 제어전략은 ACE로부터 출발하며 이것은 원하는 총출력에서 현재의 총출력이 얼마나 오차를 포함하는가를 나타내는 척도이다. ACE는 식 10.24에 의하여 계산한다. ACE는 하나의 제어지역 내에서 총출력이 증가되어야 하는가 또는 하강되어야 하는가를 나타내는 데 사용된다. 그러나

6) reset control loop

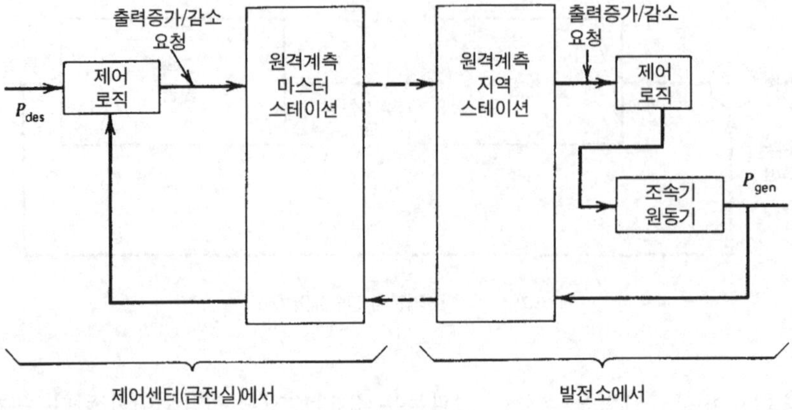

〈**그림 10.23**〉 원격계측을 통한 기본적 출력제어

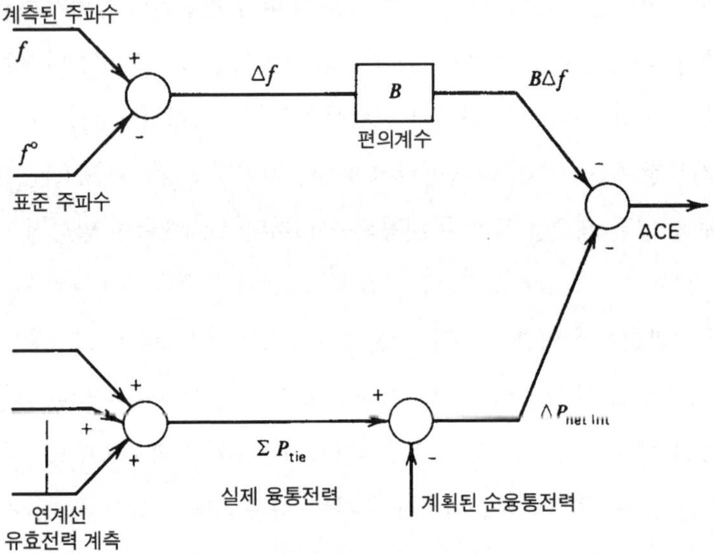

〈**그림 10.24**〉 ACE의 계산

ACE는 제어기를 구동하는 유일한 오차신호는 아니다. 개별 발전기는 출력기준점에 의하여 결정되는 경제적 출력과 참여계수 계산으로부터 벗어날 수 있다.

AGC의 제어로직은 발전기가 경제급전의 계산결과를 따르도록 하기 위하여 발전기출력의 오차에 의하여 구동되어야 한다. 그렇게 하기 위하여 전체 제어시스템을 구동하는 합성오차를 구성하도록 하기 위하여 각 발전기출력의 오차의 합계가 ACE에 합해져야 한다.

이러한 제어시스템이 〈그림 10.25〉에 도식화되어 있으며, ACE 계산, 발전기 출력 할당, 발전기 제어루프를 '전력시스템 운용 컴퓨터시스템(EMS)'이라고 하는 중앙의 컴퓨터 시스템 내에 구성하였다.

〈그림 10.25〉를 검토해 보면 각 발전기의 출력을 경제적 출력으로 유지할 뿐만 아니라 ACE를 0이 되도록 하는 전체적 제어시스템이라는 것을 알 수 있다. 독자들은 〈그림 10.25〉에 관하여 여러 가지의 변형된 형태가 있다는 것을 알아야 한다. 등가의 상태공간 제어기를 이용하여 자동출력제어를 디지털 컴퓨터로 실행할 수 있도록 하기 위하여 대단히 복잡한 컴퓨터 프로그램이 사용되는 경우에 더욱더 변형된 형태가 많다는 것이다.

자주 거론되는 의문은 무엇이 "만족할 만한" 자동출력제어 설계인가 하는 것이다. 이것은 하나의 시스템이 다른 시스템과 서로 다르기 때문에 일반적으로 말하는 것 이외에는 별다른 답이 없다. 여기에 대하여 3개의 일반적 판정기준을 말할 수 있다.

1. ACE 신호는 너무 크면 안 된다. ACE는 확률적 부하변동으로부터 직접 영향을 받기 때문에, ACE의 표준편차는 작아야 한다고 말함으로써 이 기준은 통계학적으로 처리되어야 한다는 것이다.
2. ACE가 표류하도록 하여서는 안 된다. 이것을 달리 말하면 ACE를 적절한 시간구간에 대하여 적분한 값이 작아야 한다는 것이다. ACE가 표류하면 시스템의 시계오차 또는 고의가 아닌 우발적 연계선 전력융통 오차라는 것이 발생한다.
3. 자동출력제어가 요구하는 제어작용의 요구량은 최소한도로 유지되어야 한다. 예를 들면, ACE의 대부분의 오차는 제어작용을 일으키지 않아도 되는 단순한 확률적 부하변동이다. 이러한 확률적 부하변동을 추적하려고 노력하는 것은 발전기의 조속기 및 부속품을 마모시킬 뿐이다.

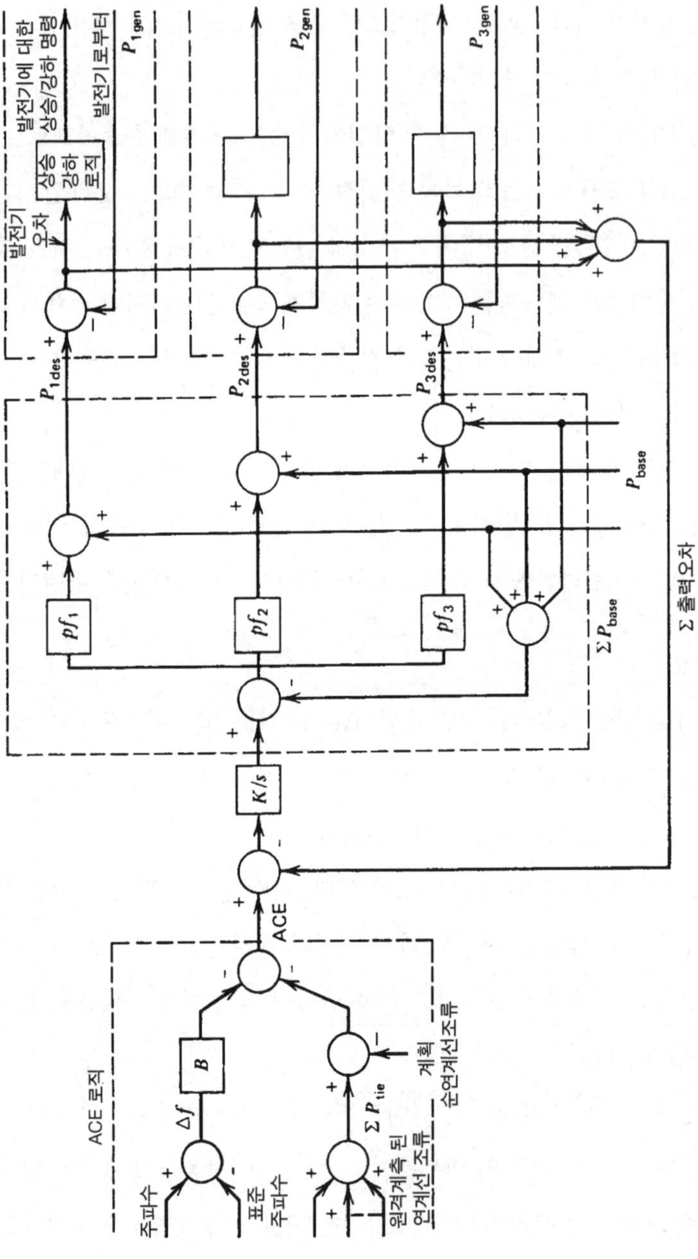

〈그림 10.25〉 자동출력제어 로직의 개관

"만족할 만한" 자동출력제어의 목적을 달성하기 위하여 많은 기능들이 추가되고 있으며 다음 절에서 간략하게 기술한다.

10.7.5 자동출력제어의 각종 기능

이 절은 대부분의 자동출력제어 시스템에서 찾아볼 수 있는 기능을 수록한다.

- **도움작용**(Assist action): ACE가 과도하게 커지면 흔히 발전기의 증분열소비율 곡선은 자동출력제어의 작용에 대하여 문제를 일으킨다. 만약 하나의 발전기의 참여계수가 주도적이라면(거의 1.0에 가깝다면), 이 발전기가 제어작용을 대부분 차지할 것이며 나머지 발전기의 출력은 상대적으로 고정된다. 이것은 경제적 측면에서는 바람직하지만 ACE가 클 경우에 변동을 빨리 하도록 요구되는데 모든 작용을 책임진 발전기는 출력을 재빨리 변동하지 못한다. 도움작용은 ACE를 축소하기 위하여 더 많은 발전기의 출력을 수정하도록 작용한다. ACE가 수정된 후 자동출력제어 작용은 발전기출력을 원래의 경제적 출력으로 회복시킨다.
- **ACE 필터링**: 앞에서 지적한 바와 같이 ACE의 변동량의 대부분은 발전기가 추적할 필요가 없는 확률적인 잡음(noise)일 수 있다. 대부분의 AGC 프로그램은 정교하고, 적응적인 비선형 여과장치를 사용하여 제어작용이 필요한 ACE 편차를 확률적 잡음으로부터 여과시킨다.
- **원격계측 실패 로직**: 원격으로 계측하여 사용하고 있는 값에 문제가 발생할 경우, 자동출력제어 기능의 오작동을 예방하기 위하여 로직이 제공되어야 한다. 일반적 관행은 이러한 조건이 발생하면 자동출력제어 작용을 모두 중지시키는 것이다.
- **발전기 제어 검출**: 시스템 운용 중에 어떤 하나의 발전기가 제어작용에 대하여 응동하지 않을 수 있다. 전체적 제어를 위하여, 자동출력제어 시스템은 이것을 고려하여야 한다. 이러한 로직은 발전기의 제어작용을 따르지 않는

발전기를 검출하여 이에 대한 제어를 중지해야 하며 이렇게 함으로써 출력 제어를 받고 있는 발전기에 대하여 제어작용을 다시 할당하여야 한다.

- **출력증가 제어:** 별도의 로직은 자동출력제어 기능이 발전기의 출력을 어떤 하나의 출력에서 다른 출력으로 미리 지정한 출력증가율의 한도 내에서 이동할 수 있게 하는 것이다. 이것은 발전기를 시스템에 병입(동기)시키고 최대 출력까지 출력을 상승시킬 때 가장 중요하다.
- **출력증가율 상한 지정**(Rate limiting): 모든 자동출력제어의 설계에 있어서 발전기는 출력을 너무나 빠르게 변동시킬 수 없다는 사실을 고려하여야 한다. 이것은 기계적 응력과 열적 응력에 대하여 견딜 수 있는 한계가 있는 화력발전기인 경우에 중요한 고려사항이다. 자동출력제어 기능은 급격한 부하변동이 발생하였을 때 발전기가 출력을 변경하라는 지시를 따라야 할 경우에 출력변동을 제한하여야 한다.
- **발전기의 제어모드:** 전력시스템 내의 많은 발전기는 완전한 AGC의 지시를 받지 않는다. 수동모드, 기저부하용 모드, 기저부하용 및 조정용 모드 등과 같은 다양하고 특별한 제어모드가 필요하다. 예를 들면, 기저부하용 발전기와 주파수조정용 발전기는 각각의 기준출력치(base load value)에 고정되어 있으나 도움작용이 지시하면 출력이 변동하고 이것이 끝나면 원래의 기준출력치로 복구한다.

10.7.6 북미 신뢰도기관의 출력제어 판정기준

북미 신뢰도기관(NERC)은 북미 전력시스템의 신뢰도 유지 및 운용을 위하여 표준을 설계하고 관리한다. 이 기구는 다음의 2개의 출력제어 수행표준을 개발하였다.

1. 제어수행표준
2. 교란제어표준

앞의 표준에 대하여는 참고문헌-1에 나타난 북미 신뢰도기관의 문서를 참고하면 좋다. 또한 북미 신뢰도기관의 자동출력제어 수행표준에 관하여는 참고문헌-2에 나타난 논문에 상세하기 기록되어 있으며 참고문헌-3은 논문에 대한 토론의 내용을 수록하고 있다.

북미 신뢰도기관의 표준은 제어지역이 주파수와 연계선조류제어의 업무수행을 측정하는 표준을 설정하며 준수되어야 할 구체적 목표를 제시한다. 이것은 다음의 두 가지 부등식 CPS1과 CPS2로써 나타난다.

$$\textbf{CPS1:}\ \mathrm{AVG}_{Period}\left[\left(\frac{\mathrm{ACE}_i}{-10B_i}\right)\times \Delta F_1\right] \le \varepsilon_1^2$$

이것은 12개월 동안 1분 평균값에 대하여 지수 i로써 이동평균으로 표시한 것이다.

여기에서

ACE_i는 ACE의 1분-평균값이며 i는 분 단위,

B_i는 해당 분 동안 사용된 평균 주파수편의,

ΔF_1는 연계전력시스템의 1분 평균 주파수 오차,

ε_1^2은 명시된 주파수 범위를 만족시키기 위하여 각 연계지역이 결정하는 상수이다.

$$\textbf{CPS2:}\ \mathrm{AVG}_{10-minute}(\mathrm{ACE}_i) \le L_{10}$$

이것은 달력의 한 달 기간 중에 10분 기간의 최소 90%에 대한 평균 ACE를 나타낸 것이며 여기에서 L_{10}은 다음의 식

$$L_{10} = 1.65\varepsilon_{10}\sqrt{(-10B_i)(-10B_s)}$$

과 같고 ε_{10}은 주어진 연도의 10분-평균 주파수 오차의 제곱평균치이고 연계선에 속한 모든 제어지역에 대하여 동일하게 적용된다.

참고문헌-3의 논의내용에 따르면, CSP1과 CSP2 표준은 ACE의 값에 대하

여 최대허용치를 제시함으로써 제어지역이 발전기의 제어작용을 최소화하거나 교묘한 조작을 방지하려는 것이다. ACE의 허용치가 크면 클수록, 발전기가 이를 반전하거나 술책을 사용할 기회는 더욱더 적어진다.

문제

10.1 하나의 제어지역 내에 〈그림 10.26〉과 같이 3개의 발전기가 존재한다.

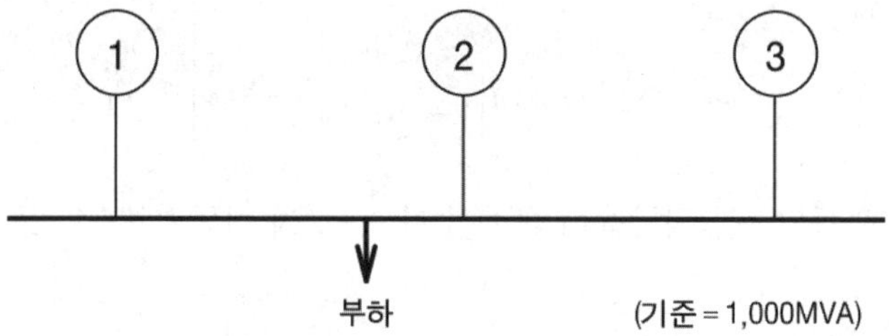

〈그림 10.26〉 문제 10.1의 3-발전기 시스템

문제 10.1의 3-발전기 시스템

발전기	정격용량	속도 드룹 R
1	100	0.01
2	500	0.015
3	500	0.015

발전기의 초기 출력은 다음과 같다.

$$P_1 = 80\text{MW}$$

$$P_2 = 300\text{MW}$$

$$P_3 = 400\text{MW}$$

$D = 0$이라고 가정한다. 50MW의 부하가 증가한다면 각 발전기의 새로운 출력은 얼마인가? $D = 1.0$퍼유닛(즉, 1.0퍼유닛 부하를 기준하여)인 경우에 대하여 동일한 계산을 하시오. 문제를 풀이할 때 동일한 기준으로 계산하시오.

10.2 예제 10B에 대하여 각 제어지역의 R과 D의 값을 사용하여, 다음과 같은 조건 아래에서 제어지역-1의 100MW 부하변동에 대하여 문제를 푸시오.

제어지역-1: 기준 MVA 2,000MVA

제어지역-2: 기준 MVA 500MVA

그리고 각 지역의 기준 MVA와 예제 10B의 R 값과 D 값을 사용하여 제어지역-2의 100MW의 부하변동에 대하여 문제를 푸시오.

10.3 〈그림 10.27〉과 같은 연계지역의 블록다이어그램이 주어졌다(원동기의 출력은 상수라고 가정한다. 즉 폐색된[blocked] 조속기이다).

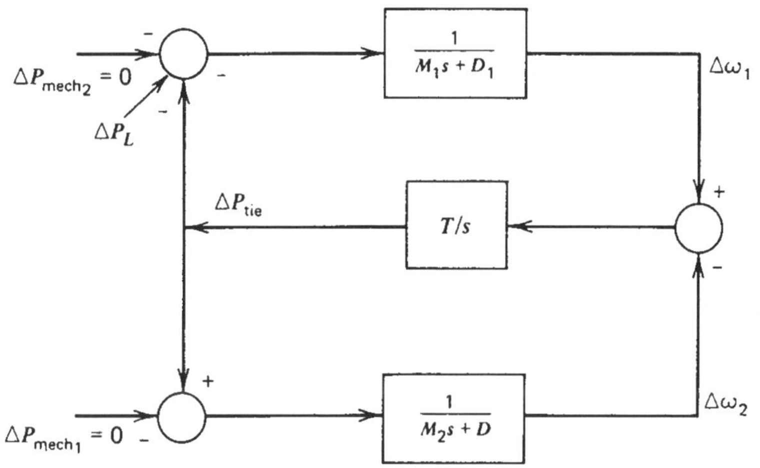

〈그림 10.27〉 문제 10.3의 2-제어지역 시스템

a. 부하변동 $\Delta P_L(s)$에 대한 $\Delta\omega_1(s)$와 $\Delta\omega_2(s)$의 관계를 알려 주는 전달함수를 구하시오.

b. 다음의 데이터(모든 수치는 1,000MVA 기준에 의한 것이다)

$$M_1 = 3.5\text{퍼유닛} \quad D_1 = 1.00$$

$$M_2 = 4.0\text{퍼유닛} \quad D_2 = 0.75$$

$$T = 377 \times 0.02\text{퍼유닛} = 7.54\text{퍼유닛}$$

를 사용하여, 제어지역-1의 0.2퍼유닛의 스텝-부하변동(즉, 200MW)에 대하여 최종 주파수를 구하시오. 주파수는 규정치이었고 연계선전력조류는 0이었다.

c. 연계선전력조류 $\Delta P_{tie}(s)$와 $\Delta P_L(s)$에 관련한 전달함수를 유도하시오. 앞의 b에서의 데이터에 대하여 연계선전력조류의 주파수 진동을 계산하시오. 만약 연계선 강직도가 증가한다면(즉, $T \rightarrow \infty$) 어떤 현상이 일어나는가?

10.4 2개의 발전기의 데이터가 다음과 같다.

발전기-1: 연료비: $F_1 = 1.0\$/\text{MBtu}$

$$H_1(P_1) = 500 + 7P_1 + 0.002P_1^2 \ \text{MBtu/h}$$

$$150 \le P_1 \le 600$$

출력증가율 상한 $= 2\text{MW/min}$

발전기-2: 연료비: $F_2 = 0.98\$/\text{MBtu}$

$$H_2(P_2) = 200 + 8P_2 + 0.0025P_2^2 \ \text{MBtu/h}$$

$$150 \le P_1 \le 600$$

출력증가율 상한 $= 2\text{MW/min}$

a. 총출력이 500MW인 2개의 발전기의 참여계수를 계산하시오. 참여계수를 계산하기 위하여 식 3.8을 이용하시오.

b. 10MW의 부하변동이 발생하였다고 가정하고 연계선 조류제어 오차(ACE)를 5분 이내에 0으로 조정하려고 한다. 발전기의 출력기준점과 참여계수를 조정하여 이것을 달성할 수 있는가?

c. b와 동일한 부하변동을 가정하며 발전기-1의 출력증가율 상한은 0.5MW/min

이라고 가정한다.

이 문제는 식 10.35를 사용하여 참여계수를 구하는 데 있어서의 결함을 보여 준다. 이에 대한 다른 방법은 다음과 같이 참여계수를 구하는 것이다.

t를 경제급전계산의 시간 단위라고 하자. 각 발전기는 경제급전을 실행하는 동안 준수하여야 할 범위가 주어진다.

$$P_1^{max} = P_i^0 + t \times (\text{발전기-}i\text{의 출력증가율})$$

$$P_1^{min} = P_i^0 - t \times (\text{발전기-}i\text{의 출력증가율}) \qquad (10.39)$$

이렇게 정의된 범위는 발전기의 출력이 t 분 동안에 변동할 수 있는 최대 및 최소 이동거리이다. 만약 기술된 2개 가운데 하나의 한계가 발전기출력의 경제적 범위를 벗어난다면 경제적 한계치를 사용한다. 참여계수는 높은 값에서 경제급전계산을 재실행함으로써 계산되고 앞에서 정의한 새로운 한계를 적용하여 결정된다.

d. $T = 5$분이라고 가정하고 510MW의 총출력에 대하여 섭동경제급전을 다시 실행한다. 다음과 같이 새로운 참여계수를 구하시오.

$$pf_i = \frac{P_i^{\Delta} - P_{i\,base\,pt}}{\Delta P_{total}}$$

여기에서

$P_{i\,base\,pt} =$ 기준 경제급전의 해

$P_{1\,base} + P_{2\,base} = 500\text{MW}$

$P_i^{\Delta} =$ 섭동해(perturbed solution)

$P_1^{\Delta} + P_2^{\Delta} = 510\text{MW}$

이때 식 10.35에서 계산된 초기 발전기출력 P_i^0은 a에서 계산된 출력기준

점과 같다고 가정한다. 또한 출력증가율 한계는 c(즉, 발전기-1의 출력증가율 상한은 0.5MW/min, 발전기-2의 출력증가율 상한은 2MW/min이다)의 발전기-1의 값과 다른가를 검토하시오.

10.5 미국 동부와 캐나다 사이의 연계시스템의 총 발전설비 용량은 약 5×10^5MW 이다. 등가관성과 제동상수는 개략적으로

$$M = 8\text{퍼유닛 MW/퍼유닛 주파수/sec}$$
$$D = 1.5$$

이며 시스템 용량을 기준으로 한 수치이다. 수시로 시계오차를 수정하여야 한다. 여기에 관계된 전기에너지는 무시할 수 있는 정도이다.

a. 1시간마다 발전기출력과 총수요의 균형을 약간 이탈하여 1초의 시계오차는 수정된다고 가정한다. 필요한 불균형 오차를 계산하고 크기를 MWh로 나타내시오.

b. 이 에너지 요구량이 출력불균형의 함수인가? "ΔT"시간 동안 출력불균형이 시스템에 가해진다고 가정하시오. 이 기간 동안에 출력불균형은 상수이며 이 기간이 지나면 0이 된다. 이 적용기간이 길거나 짧으면 어떤 차이가 있는가? 시간편차는 주파수 편차를 적분한 것이다.

10.6 〈그림 10.16〉에서 시스템-2는 무한모선이라고 가정할 수 있을 만큼 대단히 커다란 시스템을 나타낸다. M_2는 M_1보다 대단히 크며 시스템-2의 주파수 편차는 0이다.

a. 제어지역-1과 제어지역-2 사이의 연계선을 포함하여 블록다이어그램을 그리시오. 제어지역-1의 부하변동과 연계선 전력조류의 전달함수는 무엇인가?

b. 연계선의 리액턴스는 1,000MW 기준으로 1퍼유닛이다. 초기에 전력조

류는 0이었다. 시스템-1의 관성정수(M_1)는 동일한 기준에 의하여 10이다. 부하제동과 조속기작용은 무시한다.

갑자기 제어지역-1의 단락고장으로 인하여 출력이 0.02퍼유닛(2%) 하락하였지만 즉시 회복된 경우의 연계선 전력조류 스윙에 관한 방정식을 결정하시오. $\Delta P_{L_1} = -0.02$이라고 가정하고 진동의 주기와 제어지역-1과 제어지역-2의 최대 위상각편차를 구하시오.

참고문헌

1. Policy 1 - Generation Control and Performance, version 2, October 8, 2002, NERC.
2. Yao, M., Shoults, R. R., Kelm, R., "AGC Logic Based on NERC's New Control Performance Standard and Disturbance Control Standard," *IEEE Transactions on Power Systems*, Vol. 15, No. 2, May 2000, pp. 852-57.
3. Jaleeli, N., VanSlyck, L. S., Discussion of "AGC Logic Based on NERC's New Control Performance Standard and Disturbance Control Standard", published with ref 2 above. *IEEE Transactions on Power Systems*, Vol. 15 No. 4, 2000, pp. 1455-1456.

11

전력융통, 풀링, 중개, 옵션

11.1 서론

이 장은 복수의 전력회사가 존재하고, 교류연계선을 연결하여 병렬운용 하고 있고, 몇 개의 장소에 직류링크가 보강되어 있는 미국, 캐나다 등의 전력회사에 있어서 에너지 및 전력의 교환에 대하여 검토한다. 세계의 여러 국가에서는 유사한 상업적 구조가 개발되었으며 서로 조금씩 다르게 진화하였다. 세계 각국에는 복수의 배전회사를 소유한 하나 또는 2개 이상의 대규모 발송전회사가 존재한다. 이러한 국가는 전력망을 연계하여 운용하고 있으므로 에너지의 구매와 판매는 거래당사자들이 자신의 경제적 위상을 높이거나 규제를 준수하기를 기대하는 영업행위이므로 산업구조는 에너지 융통을 토의하는 데 있어서 중요한 역할을 한다. '마이크로 그리드'의 도래는 경제성 문제와 신뢰도 유지 문제에 있어서 전력융통의 역할을 더욱 크게 한다.

사업환경을 설명하는 장에서는 다양한 상황 아래에서 에너지를 생산하는 것보다 구입하는 것에 대한 경제적 이득을 설명하였다. 이 장은 직접 제조를 할 것인가 아니면 구매를 할 것인가의 선택구조 아래 여러 기간에 걸친 에너지거래에 대하여 설명한다. 북아메리카의 전력시장은 규모가 대단히 크고 3개의 지역으로 나뉘어 있으며 주요 연계지역의 송전망의 소유와 운영은 복수의 전력회사가 맡고 있다. 이러한 여건으로 인하여 전력회사 간의 전력 및 에너지 융통이 일반적 업무절차로 되는 상황이 발달되었다. 하나의 전력회사가 송전망을 소유하고 있었을 때부터 전력거래[1]에 관한 업무절차가 발달하였으며 현재에도 계속하여 진화하고 있다. 이 책에서는 대략 2012년경의 북미 전력시장의 상업적 현황을 설명하는 것으로 설명을 한정한다.

전력의 거래는 정상적이 아닌 상황이나 비상상황에서도 행해진다. 이와 같은 상황은 신뢰도 기준이 엄격히 준수되어야 하는 상황에서도 중요한 역할을 하지만, 발생확률의 계산은 이 책의 범위를 벗어난다. 확률적 사건은 미래에 대하여 고려하는 것이므로 이것은 사고대비계약으로 간주된다. 그 대신, 다음의 예에서 보듯이 사고 대비용 자원의 크기는 주어진 조건으로써 확정된다.

많은 기업은 공정열 또는 공정용 스팀을 필요로 하며 증기와 전력을 공급하기 위하여 자가용 발전기를 설치하였다(예: 열병합발전기). 몇몇 회사는 자체소비의 한도를 넘는 발전설비 용량을 설치하였으며 잉여의 발전용량을 이용하여 전력을 전력회사에 팔려고 하였다. 당시의 경쟁시장은 전력회사에 대한 도매전력거래만을 허용하였다. 물론 이 전력은 궁극적으로 최종소비자에게 전달된다. 제2장에서 설명한 바와 같이 현재 미국의 경쟁시장은 수요반응관리(DRM)를 포함하도록 되어 있다. 열과 전력을 동시에 생산한다는 아이디어의 등장으로 인하여 현재 많은 산업체가 열병합발전을 채택하는 개념으로 확대되었다.

북아메리카에는 송전망의 소유자가 복수로 존재하며 대규모 송전망(어느 하나의 지역에 대하여도) 전체를 관할하는 회사는 존재하지 않는다. 북미에서는 복수의 송전망 회사가 존재하고 미국 전체의 송전망을 제어하는 의무를 갖는 단일 회사가 존재하지 않기 때문에(지역적으로도 그러함) 시스템 운용 또는 신뢰도 유지의 측면에서 풀어야 할 문제가 많다. 이것은 신뢰도 유지를 위하여 발전기 출력제어, 송전망의 개별 선로의 조류제어, 지역송전망을 벗어난 회사까지를 포함한 시장참여자의 송전선로 사용에 대한 '공정하고 공평한' 요금결정원칙의 확립 등에 관한 문제이다. '코먼웰스 에디슨(COMED)' 회사는 배전망 접속점부터 상위 전압계급의 송전망에 이르기까

---

1) 역자 주: 이 책에서는 전력을 사고파는 일반적 상업행위를 '거래'로 번역하였으며 미국의 전력시스템에서 하나의 전력회사가 연계선을 통하여 인접한 전력회사와 전력을 서로 교환하는 거래를 하는 것(interchange)을 '융통'이라고 하였다.

지 신뢰도를 유지하기 위하여 도매송전망 접속요금제를 시행하고 있다.

공개접속에 참여하는 사업자가 증가하고 있으며 많은 전력회사가 연계전력시스템의 운용에 관계하고 있다. 대부분의 규제면제 시장참여자는 전력회사 또는 대규모 산업용 소비자에게 전력과 에너지를 공급하고 있다. 송전망 소유자가 아닌 제3자가 송전망을 사용하려면 탁송협약이 필요하다. 탁송협약이라는 것은 제3자가 소유한 송전망을 이용하여 거래당사자에게 전기에너지를 전달하는 것이다. 2개 이상의 전력회사 사이에 연계선이 존재하는 한, 탁송협약이 존재하였다. 대개의 경우, 송전서비스(탁송) 요금은 상업적 협약을 용이하게 하기 위하여 간략화한 송전망 모델에 대하여 개발되었다. 전력시장이 몇 개의 거래당사자로 한정된다면 이와 같은 탁송협약은 복잡한 것이 아니었다. 규제면제사업자가 생긴 이후에는 좀 더 현실적인 전력시스템 모델을 대상으로 하여 요금제도를 개발할 필요성이 발생하였다. 송전선로의 전력조류 제약을 유지하여야 하므로 플로게이트, 재무적 송전권 등을 포함한 여러 가지의 계약형태가 개발되었다. 이 장의 후반에서 여기에 대한 방법이 소개된다.

에너지거래의 횟수 및 규모가 커짐에 따라 병렬 송전선로에 흐르는 전력에 대하여 연계시스템의 전력회사 간에 협약이 필요하게 되었다. 인접한 2개의 전력회사 사이에는 전력을 사고 파는 거래를 할 수도 있다. 송전회사들은 전력을 수송함에 있어서 인접한 전력시스템과의 연계선에 필요 이상으로 송전용량을 확보하고 있을 가능성도 있다. 그러나 여러 전력회사의 송전망이 서로 접속된 교류 네트워크에서 상업적 거래가 실제로 이루어질 경우에는 이러한 거래로 인한 전력조류의 상당히 큰 부분이 다른 회사의 송전망에서 흐를 수 있다. 송전망에 있어서 전력조류의 패턴은 상업적 합의에 의하여 결정되는 것이 아니고 물리학의 법칙에 의하여 결정된다. 이로 인한 병렬경로의 전력조류 문제는, 최소한 미국에 있어서는, 전력회사 사이의 협약에 의하여 처리되었다. 과거에는 명시적으로 나타내지 않은 채 전력거래를 수용하려는 일반적 합의가 있었다. 그러나 거래의 횟수 및 규모가 커짐에 따라 원거리에서 체결한 전력거래계약으로 인하여 국부적 송전선이 과부하로 되는 현상이 발생하기에 이르렀다. 최근에는 실제의 전력조류가 어디를 통하여 흐르는 것인가를 기록하기 위하여 꼬리표 부착시스템이 사용되었다.

세계 각국의 전력회사 가운데는 이와 같이 동일한 시스템 운용을 하지 않는 회사도 존재하기 때문에 이 부분에 관한 설명을 추가할 필요가 있다. 송전선로의 사용, 송전망 접속, 병렬경로전력조류 문제 등은 송전망을 여러 회사가 사용하기 때문에 발생하는 결과이다. 이것은 전력시스템의 구조에 관련된 문제이며 물리적인 문제가 아니다. 이와 반면에 이전에는 국가 소유였던 송전망이 규제완화로 인하여 하나의 민영화된 회사의 송전망으로 바뀐 경우, 송전망의 사용 목적은 새로운 수요가 발생하면 "전력을 공급하기 위하여 송전망을 어떻게 설계할 것인가?"라기보다는, 규제를 받는 상황에서 전력을 판매하는 측과 구입하는 측을 연결하기 위한 공개접속을 고려하는 상황으로 변하기 때문에 문제가 있다.

에너지는 태양광발전, 풍력발전 등의 신재생에너지단지(farm), 스마트 그리드 관련 기술뿐만 아니라 규모의 경제, 신규 발전기의 추가 시기, 공동소유발전기, 분산형발전기, 열병합발전기, 독립발전사업자의 발전기(특히 가스터빈) 등에 따라 전달 방법이 변한다. 경제급전, 기동정지스케줄, 에너지제약 발전 등에 관한 이 책의 앞부분의 설명내용을 이용하여 연계선 전력융통의 평가방법을 설명한다.

공동소유발전기는 원거리에 위치한 전력수요를 공급하거나 연계선 조류제어 오차(ACE)를 없애기 위한 동태적 연계선 조류제어에 활용된다. 제10장은 계약에 따른 연계선 전력조류를 계획한 값으로 유지하기 위한 알고리즘을 상세하게 설명하였다.

제10장에서 설명한 바와 같이 계약에 의하여 제어지역 내의 출력만을 조정할 수밖에 없는 부적절한 제어가 일어날 수 있으므로, 고의가 아니고 우발적인 전력조류(inadvertent flow)가 발생한다. 이로 인하여 오차가 발생하고 전력탁송이 일어난다. 이러한 고의가 아닌 우발적 전력흐름은 실제로 일어날 경우에 동일한 가격에 의하여 정산된다.

위상조절용 변압기[2)]뿐만 아니라 유연교류 송전장치, HVDC-링크 등의 기기가 송전망에 설치되면 전력조류가 제어될 수 있다. 그러나 이러한 기기의 설치비용은 대단히 높다. 기존의 설비와 협조하여 운용하기 위한 기반시설 투자비와 운전 유지비도 상당히 크다. 앞의 장에서 송전망에 대한 영향, 안전도 분석, 최적조류계산(OPF) 등에 대하여 설명하였으며 전력조류의 제어에 관하여 내용을 참조하면 된다.

이 장은 전력회사 간의 전력융통협약에 관련된 업무의 발달사에 대하여도 설명한다. 그리고 파워풀(power pool)[3]에 대한 논의와 경제적 전력융통을 촉진하는 기타의 상업적 협약에 대하여도 논의한다. 대규모 전력시스템의 운용, 정의, 상품의 분류, 그리고 송전망서비스 요금 등을 상호 조율하기 위하여 새로운 패턴이 정의되어야만 송전망의 사용에 관한 여러 논제가 해결될 수 있다. 이 책에서는 공학적, 경제적 분석결과를 논의한다.

소비자에 대한 전기요금의 규제가 존재하는 한, 전기요금은 규제기관이 전력회사의 "고정 투자보수율"[4]을 보장하는 전기요금 수준에서 결정되는 수익에 의하여 결정된다. 어떤 항목이 포함되어야 하고 소비자의 요금종별에 따라 어떻게 비용을 할당하느냐에 대하여는 논의가 진행되고 있지만 비용적상요금제는 여전히 전기요금제도의 확고한 기준으로서 자리를 잡고 있다.

대부분의 경쟁시장에서는 정부의 규제에 의하여 가격이 결정되기보다는 시장의 작용에 의하여 결정된다. 비용을 초과하여 적정한 이윤을 보장하는 전기요금 수준에서 가격이 결정되어야 한다는 것이 일반적으로 말하는 요금결정의 원칙이라고 말할 수 있다. 이것을 상한가격이라고 한다. 투자에 대한 수익률을 보장하지

---

2) 역자 주: "quadrature phase shifting transformer", phase-shifting transformer, phase shifter(미국 서부지역의 용어), quadrature booster(quad booster, 영국의 용어)는 3상 전력시스템에서 유효전력의 흐름을 조절하기 위하여 전압의 위상을 조절하는 변압기이다. "quadrature"는 90°의 위상각을 의미한다.

3) 역자 주: 경쟁전력시장에서 사용하는 "pool"과 미국 전력시스템이 사용하는 "power pool"을 구분하기 위하여 미국의 "power pool"을 "파워풀"로 표기한다.

4) 역자 주: 고정된다는 의미는 공정한 수익률(fair rate of return)을 지정한다는 것이다.

못하는 경우가 발생하지 않도록 하기 위하여 하한가격을 지정하는 경우도 존재한다. 전력회사가 다른 전력회사 또는 규제면제 발전사업자와 거래하는 경우, 비용적 상원칙[5]에 의무적으로 따르지 않을 수도 있다. 여러 경우에 있어서 시장의 힘이 가격수준을 결정한다. 전력의 거래는 협상당사자가 유리하다고 판단하거나, "이 정도라면 만족할 만하다"라는 조건 아래에서 협상에 의하여 결정된다.

11.2 연계선 전력융통계약

이 장에서 다루는 연계선 전력융통계약의 형태는 에너지 계약, 동태적 에너지 계약, 사고대비 에너지 계약, 시장기준 계약, 송전선 사용계약, 신뢰도 유지 계약 등을 포함한다.

11.2.1 에너지 계약

'이코노미 A' 계약

이러한 형태의 연계선 전력융통계약은 비용계산에 있어서 경제급전 프로그램의 결과만이 필요하다는 것을 명확하게 나타내기 위하여 정의되었다. 이 계약의 경제적 이득은 다른 제어지역에서의 낮은 시스템 운용비 때문이다.

'이코노미 B' 계약

이러한 형태의 연계선 전력융통계약은 비용계산에 있어서 기동정지스케줄 프로그램의 결과만이 필요하다는 것을 명확하게 나타내기 위하여 정의되었다. 이 계약의 경제적 이득이 발생하는 것은 다른 제어지역에서의 낮은 시스템 운용비 때문이다.

---

5) 역자 주: 비용에 근거하여 전기요금을 결정하는 의무규정(an obligation to base prices on costs)

발전량 판매 계약(Unit Sales)

이러한 형태의 연계선 전력융통계약은 지정된 시간대에 있어서 일정 부분의 발전량을 판매하는 것을 나타내기 위하여 정의되었다. 이 계약의 경제적 이득은 새로운 발전기의 투자비 및 변동비에 기인한다. 이것은 발전기 수명기간 전체에 대한 것이 아니고 기간이 유한하기 때문에 공동소유발전기의 운전에 대한 하나의 대안이 될 수 있다.

부등성 계약(Diversity Contract)[6)]

하루 중의 부등성 계약의 합의는 2개의 대규모 전력시스템이 최대수요 발생의 시간대가 서로 다른 지역을 서비스하고 있을 경우에 발생할 수 있다. 이러한 조건에서는 2개의 전력시스템은 서로 1시간 이상의 시간차가 발생하며 서로 다른 시간대에 최대수요가 발생하는 상황에 처할 수 있다. 이러한 경우에 2개의 전력회사는 자신의 최대수요 발생시간에 연계선의 전력융통을 이용하여 인접한 회사의 도움을 받을 수 있다. 최대전력이 먼저 발생한 전력회사는 전력을 구입하고 다른 회사의 최대수요가 발생하는 시간대에 전력을 되팔면 된다. 미국 전역에는 4개의 시간대가 존재한다.

이러한 전력융통계약은 1년 중 서로 다른 계절에 2개의 전력시스템에 최대부하가 발생할 경우에도 성립할 수 있다. 일반적으로 하나의 전력시스템에는 냉방용 수요로 인하여 하계에 최대수요가 발생하고 또 다른 시스템은 난방용 수요로 인하여 겨울에 최대수요가 발생한다. 동계피크 시스템은 겨울에 최대수요가 발생하지 않는 하계피크형 시스템으로부터 겨울 동안에 전력을 구매할 수 있다. 여름에는 이 상황이 역전되어 하계피크형 시스템이 동계피크형 시스템으로부터 전력을 구입한다. 세계의 여러 대륙에는 지리적으로 남쪽에 속한 국가와 북쪽에 속한 국가가 존재하며 냉방용 수요 및 난방용 수요가 서로 다르다.

---

6) 역자 주: diversity factor를 부등률이라고 사용하므로 여기에서는 부등성이라는 용어를 사용하였다.

에너지저축계약

에너지저축에 대한 합의는 저장용량이 큰 저수지를 갖고 있는 수력시스템이 "흐르는 강물을 이용하는 수력시스템"[7] 또는 화력발전시스템과 연계되어 있을 경우에 발생한다. 강수량이 많은 계절에 수력시스템은 여유의 물을 갖고 있으며 화력시스템에 전력을 팔려고 한다. 이와 반대로 수력시스템에서 저수량이 부족할 경우 전력을 구입하려고 한다. 이러한 상황에서 합의에 도달하기 위하여서는 계약에 관련한 당사자들이 협상을 한다.

시간대별 시스템 운용비에 의하여 전력융통가격을 결정하는 대신에 몇몇 지역에서는 전력회사가 에너지저축계약을 하는 것이 일반적 관행이며 이때에 하나의 전력시스템은 은행의 역할을 하고 다른 전력시스템은 예치기관의 역할을 한다. 예치기관은 잉여의 에너지를 갖고 있을 때에 저축을 하며 에너지(kWh)에 대한 예치만을 취급한다. 그러면, 예치기관이 에너지를 필요로 할 경우 다른 전력회사의 계정에 저축한 에너지의 한도 이내에서 에너지를 인출하여 사용할 수 있다. 어느 전력시스템이 은행 또는 예치기관의 역할을 하는가에 대하여는 융통계약을 따른다. 이 역할은 계절에 따라 역전된다.

태양광 또는 풍력발전과 같은 분산형 전원은 신재생에너지 발전을 사용할 수 있는 시간대까지 고려하여 에너지를 사용할 수 있도록 하기 위하여 에너지저축계약을 할 수 있으므로 에너지 저장에 영향을 미칠 수 있다.

고의가 아닌 우발적 전력융통(Inadvertent Exchange)

전력회사의 자동출력제어(AGC)시스템은 완전무결한 장치가 아니므로 연계선 전력조류의 제어에 있어서 오차가 발생할 수 있을 경우에 상당한 양의 에너지가 오차로서 누적되는 경우가 주기적으로 발생한다. 이것은 '고의가 아닌 우발적 전력융통'이라고 알려져 있다. 정상 운용상황에서 시스템 운용자는 이와 같은 원인에 의

---

7) 자류식 수력발전소(run-of-the-river hydro): 강물의 유량이 거의 일정할 경우 이를 이용하는 발전소

하여 발전량을 발전량으로 갚아 주며 일반적으로 이번 주의 에너지에 대하여 다음 주의 유사한 시간대에 해당 에너지만큼을 갚아 준다. 가격차이가 나는 시간대의 발전기의 비용함수를 무시하면 안 된다.

가끔, 전력회사는 연료부족 또는 물의 부족을 오랜 시간 겪을 수 있다. 이러한 경우 고의가 아닌 우발적 전력융통에 의한 에너지가 일상적인 관행에 따른 값을 초과할 수 있다. 의도적으로 이러한 상황을 유도하는 것은 연계선에 과도하게 의존하는 것으로 취급된다. 이 상황이 발생하면 오차가 발생한 시간대의 가격으로 지불하여야 한다. 이것은 경제적으로 공평한 전력융통을 실행하기 위한 것이다. 연료가 심각하게 부족한 경우에는 연계시스템의 회원전력회사들은 전력융통에 사용된 발전기의 실제 비용을 반영하여 고의가 아닌 우발적 전력융통에 대하여 시장가격으로 지불하기로 합의한다.

의무지불 계약

의무지불 계약은 앞서 설명한 의무지불연료계약과 유사하다. 선물계약과 동일한 형태로서 한 달 또는 여러 달에 걸친 계약에 의하여 매매된다. 이것의 형태(해)는 의무지불연료계약과 유사한 형태로서 이루어진다. 사용하지 않은 에너지는 기간의 말에 잃게 된다.

기타의 계약

위의 계약들은 계약종료의 조건에 따라 확정계약 또는 비-확정 계약으로 구분할 수 있다. 흔히 발생하는 계약종료의 원인은 비상상황에서의 전력시스템 운용과 수력시스템에서 물의 흐름의 부족 등이다.

11.2.2 동태적 에너지 계약

기타의 전력조류의 함수에 의하여 변하는 동태적 에너지 계약은 다음과 같다.

공동소유발전기 사용계약

대부분의 화력발전기들은 건설 및 운전의 타당성을 확보하기 위하여 '규모의 경제'가 있어야 한다. 인접한 전력회사들이 볼 때, 새로운 발전기를 자체적으로 건설할 만큼 수요증가가 크지 않을 경우, 새로운 공동소유발전기를 건설하기 위하여 풀을 구성할 수도 있다. 이 발전기는 연계전력시스템의 제어지역 전체에 걸쳐서 동태적 연계선 전력융통을 위하여 공동으로 운영되며 각 제어지역의 전력회사는 이 발전기가 자기의 제어지역 내에 있는 것처럼 생각하여 자기 소유분의 전력을 수입할 수 있다. 미국 유타주의 인터마운틴 파워프로젝트(IPP)[8]는 유타주의 '린딜 유연탄 광산'에서 출발하여 캘리포니아의 로스앤젤레스에 이르는 직류송전선에 접속하여 운전되는 예이다. 이 직류송전선로도 공동소유로 운영된다. 이 프로젝트에는 직류송전선과 교류송전선을 사용하는 36개의 전력회사가 참여하고 있다.

원격지에 위치한 소비자부하 공급계약

전력회사를 합병하거나 구매한 이후에 어떤 부하센터는 다른 제어지역 내에 고립될 수도 있다. 이와 같은 부하에 대하여는 공급을 책임지는 전력회사가 서비스해야 한다. 부하와 이의 변동은 제어지역 내의 전력회사의 책임이 아니므로 동태적 전력융통협약에 의하여 공급책임이 있는 전력회사가 부하의 변동을 담당해 주어야 한다. 이 부하는 격리된 제어지역에 속하여 있지만 이 발전기를 소유하는 전력회사와는 제어지역을 통하여 접속되어 있다.

11.2.3 사고대비계약

이 계약은 사건이 발생할 경우에 시행되는 다음과 같은 내용을 포함한다.

---

8) Intermountain Power Project

용량계약

일반적인 상황에서, 예측된 최대수요와 발전기의 불시고장정지를 고려하여 전력시스템에 발전기가 추가된다. 어떠한 이유에서 이러한 판단기준이 지켜지지 못할 경우에 대비하여 인접한 전력시스템이 자기의 수요를 만족시키고 필요한 운용예비력을 넘는 잉여발전설비를 소유하고 있을 경우에 두 회사는 용량계약을 할 수 있다. 용량을 판매할 경우, 잉여발전설비를 보유한 회사는 다른 회사의 운용예비력을 확보해 주기로 합의한다. 이것을 위하여 전력회사는 지정한 시간에는 추가로 발전기를 기동하여야 하며 이것은 판매하는 회사에게 비용부담이 된다. 이와 같은 계약의 이점은 설비용량이 부족하면 용량을 구입하고, 대용량 발전기를 건설하여 잉여설비가 있으면 판매할 수도 있다는 상황을 가정하여 발전설비 확장계획을 수립할 수 있다는 것이다. 구매하는 회사가 비상상황에서 에너지 필요량을 구입하는 것 이외에는 다른 것을 할 수 없다는 것이 순수한 설비예비력 융통계약의 의미이다.

비상상황 대비계약

미래의 어떤 시점에서 1개의 발전기 또는 여러 개의 발전기가 고장을 일으키거나, 연계선을 통하여 전력을 수입해야 하거나, 또는 부하를 차단하여야 할 상황이 발생할 확률은 항상 0보다 크다. 이와 같은 비상상황에서, 인접한 전력시스템과의 계약이 존재한다면 부하차단을 즉시 시행하지 않고 여유를 가질 수 있는 이점이 있다. 이런 상황은 증분비용의 관점에서 편리하지 않다든가 또는 경제적이지 않은 시점에서 일어날 수 있다. 그러므로 이와 같은 협약은 비상상황의 전력가격을 대단히 높게 책정한다. 이와 같은 계약은 주로 사건발생의 확률을 고려하여 결정한다.

순동예비력 계약

순동예비력은 운전 중인 발전기가 불시고장정지를 일으키는 경우에 사용할 수 있는 발전기의 출력을 말한다. 순동예비력은 이미 동기되어 있고 5분(또는 기타의 정해진

시간) 이내에 응동할 수 있는 발전기출력을 말한다. 확보하여야 할 순동예비력의 크기는 발전기의 불시고장정지 또는 연계선의 불시고장정지의 확률을 고려하여 결정한다.

즉응예비력 계약

즉응예비력은 어떤 발전기가 운전 중에 불시고장정지를 일으켰을 때 사용할 수 있는 운용예비력을 말한다. 즉응예비력은 15분 이내에 계통에 병입되어 사용할 수 있는 운용예비력을 말한다. 확보하여야 할 즉응예비력의 크기는 발전기의 불시고장정지확률 또는 연계선의 불시고장정지확률을 고려하여 결정한다.

11.2.4 시장기준계약

연계선 전력융통계약은 미국에서 급격하게 확산되었다. 많은 제어센터들은 매시간 수천 개의 계약을 처리한다. 연방정부와 주정부의 규제기관은 이러한 계약이 시행됨으로 인하여 커다란 경제적 이득이 있음을 확인하였다.

미국에서 새롭게 성장하고 있는 시장기준계약은 1970년대의 석유위기 때 플로리다 전력회사(FP&L)에서 입증된 부하관리제도(DSM)가 진화된 것이다. 플로리다 전력회사는 5분의 간격으로 냉방부하를 원격으로 제어하였다. 이것은 실제적으로 대단히 작은 규모의 국지적 순환정전을 실시하는 것과 같다. 주규제위원회가 상한가격을 지정한 이후에 플로리다 전력회사는 주파수조정을 위하여 발전기출력을 조정하는 대신 부하관리제도를 사용하고, 상한가격이 적용되는 수준 이하로 전력수요를 유지하기 위하여 부하관리제도를 이용하였다. 이러한 성공은 이와 같은 응동이 소비자로 하여금 가격을 제어할 수 있다는 것을 보여 주는 사례이다. 이것은 가격이 상승하고 있던 당시의 상황에서는 매우 중요하였다.

연방에너지규제위원회의 "ORDER 745"로 인하여 미국에서는 수요반응관리(DRM)제도가 시행되었다. 수요를 조정하여 출력(MW)과 전력량(MWh)을 감소한다는 것은 경쟁시장에 있어서 전력수요가 계약의 요구조건을 만족할 수 있는가의 여부에 따라 정태적 또는 동태적 기준에 의하여 전력융통계약을 맺든가 또는 하나의 계약 건으로서 처리된다.

그러나 계약의 건수가 제대로 시행할 수 없을 만큼 커지게 되었다. 미국 동부지역에 있어서 이 문제를 해결하기 위한 하나의 대안은 복수의 전력회사가 하나의 회사인 것처럼 운용되어 모든 전력융통계약이 동태적으로 급전에서 실행되는 '파워풀'을 구성하는 것이다. 피제이엠(PJM) 파워풀은 이와 같은 전력융통계약 형태의 진화에 따른 제일 뛰어난 예이다. 다른 예는 여러 전력회사의 자회사를 조율하는 지주회사로서 운영되는 '서던컴퍼니'사이다. '아메리칸 일렉트릭'사(AEP)도 여러 전력회사를 통합하여 하나처럼 운영하는 유사한 지주회사의 방식[9]이다.

1970년대의 석유위기는 주의 규제기관의 요청으로 중앙집권적 시장이 탄생하는 계기가 되었다. 플로리다 에너지 브로커(FEB)제도는 시간대별로 전력융통의 기회('이코노미 A' 계약)를 찾기 위하여 개발되었다. 이 옥션메커니즘은 전력융통의 기회를 찾는 용도로서는 대단히 유효한 것이었다. 이것에 대한 경제적 이득이 대단히 컸으므로 시간대별로 반복하는 융통계약이 장기간에 대하여 확정융통계약의 형태로 발전하였다. 이로 인하여 계약의 개수는 감소하였지만 경제적 효율성은 증가하였다. 플로리다 에너지 브로커제도는 규제환경에 있어서 최초의 상품시장이었다.

미국 전력산업의 "재규제"는 통신, 가스, 항공산업 등의 규제완화의 산물이었다. 제2장에서 설명한 것과 같은 시장이 설립되었다. 이 장의 후반부는 이와 같은 시장의 에뮬레이션에 대하여 설명한다. 이 작업은 선형계획법에 의한 시장의 시뮬레이션 기법에 대하여 설명하고 라그랑지 완화법을 사용한 기동정지스케줄 작성기법으로 확장한다.

---

9) umbrella holding company approach

11.2.5 송전망 사용계약

에너지 또는 전력의 흐름을 위하여 설비를 사용하는 데 따르는 비용을 위한 요금 제도인 송전망 사용계약은 우편요금, MW-마일당 비용, 그리고 최근에는 모선한계가격의 차이 등을 사용하여 시행된다.

인접한 전력회사가 2개 이상인 경우, 탁송이라는 현상이 발생할 수 있다. 이것은 하나의 송전망에서 중간의 어떤 송전망을 경유하여 제3의 송전망으로 전력을 전달할 경우에 일어난다. 중간에 있는 전력회사의 자동출력제어 시스템은 연계선을 통과하는 전력에 관계없이 순연계선 전력조류를 지정한 값으로 유지할 것이다. 통과하는 전력은 중간의 전력시스템에서의 송전손실을 변동시킬 것이다. 만약 이것이 융통협약에 속한 것이 아니라면 증가한 송전손실은 중간 전력시스템에 속한 발전기들이 부담할 것이기 때문에 송전손실이 증가하면 이것은 중간시스템에 대하여 불공평한 부담으로 나타날 것이다. 결과적으로 송전망을 통과하는 전력에 대하여 탁송요금을 평가한다.

적정한 (또는 받아들일 수 있는) 탁송요금을 결정하기 위해서는 공학이론 및 경제이론을 사용하는 접근방법이 필요하다. 다른 전력회사에게 탁송서비스를 제공하는 전력회사는 전력융통시장의 범위를 확장하고 있다. 과거의 전력회사의 관행은 어떤 지역의 연계시스템 사이에 상호협정을 통하여 해결하는 것이었다. 연계선에 의하여 직접적으로 접속되어 있지 않은 2개의 전력회사 사이의 거래는 중간에 있는 전력회사가 원래 전력을 탁송하려는 전력회사의 전력을 구매하여 궁극적으로 구매하는 전력회사에 재판매하는 형태이다. 이 형태의 거래는 미국에 있어서는 '바꾸어 놓기(displacement)'라고 알려져 있다.

송전서비스를 판매한다는 개념은 새로운 것이 아니다. 여러 종류의 가격체계가 제안되어 사용되고 있다. 대부분은 "계약경로"라고 하는 가상의 경로를 사용하는 간략한 모델을 사용한다. 몇몇 방법은 전력조류를 흉내 내는 방법을 사용하며 직류조류계산법에 의한 증분조류계산을 실행하여 비용을 계산한다. 아주 간단한 요금은 전달되는 1MWh에 대하여 요금을 청구하는 것이며 어떤 송전경로를 통과하는가에 대하여는 고려하지 않는다.

11.2.5.1 우편요금법. 우편요금법이라는 것은 한 지점에서 다른 지점으로 편지를 보낼 때 우표를 구입하는 것과 같은 가장 간단한 형태의 요금제도이다. 송전망 운영에 대한 총비용은 1년에 한 번씩 계산된다. 그러면 1시간의 계약전력흐름을 1년 동안의 계약전력흐름의 기대치로 나눈다. 이 비율에 1년의 총비용을 곱하면 계약 1건당의 비용이 계산된다.

11.2.5.2 MW-마일당 비용법. 이 방법은 개별 송전선로마다 비용이 계산되고 이 선로를 사용하는 연계선 융통계약은 송전선로의 길이와 전력조류(MW)의 크기를 곱한 값에 근거하여 체결되므로 앞의 것보다 좀 더 복잡한 요금제도이다. 여기에서의 문제는 어떤 계약이 어떤 송전선로를 사용하는가에 대한 것이다. 각각의 전력융통계약이 어떤 부분의 송전망의 요소를 사용하였는가를 기록하기 위하여 정교한 꼬리표 부착시스템이 사용된다.

11.2.5.3 모선한계가격요금제(LMP법). 탁송이 개입되면 송전서비스 요금은 거래에 커다란 영향을 미친다. 앞에서 설명한 에너지 거래가격은 절감액 공유의 개념에 근거한 것이었다. 탁송서비스가 개입하면 이와 동일한 아이디어가 사용되어 판매회사와 탁송회사가 합의에 의하여 절감액을 공유할 것이다. 판매회사와 탁송회사 모두 자신의 비용을 회수하고 구매자가 절감한 비용을 공유함으로써 이윤을 얻으려고 할 것이다. 송전서비스의 사용자는 비용적상방식에 의하여 요금을 지불해야 한다고 주장하는 전문가도 있다. 4개 또는 5개의 전력시스템이 개입되는 탁송에 있어서는 절감액이 재분배될 경우에 경제성이 상실될 수도 있다.

모선한계가격에 대하여서는 절 3.11에서 설명하였다. 엄밀하게 말한다면 LMP는 절 11.11에서 설명한 바와 같이, 옥션의 결과를 사용하여 '안전도-제약 최적조류계산(SCOPF)'이 실행된 이후 제8장에서 설명한 바와 같이 "라그랑지 승수는 각 모선에서의 LMP이다"라는 사실을 이용하여 결정된다. 이 수치는 옥션참가자에게 오퍼가격으로 제시되므로 "가격"이다. 만약 발전기의 비용함수를 이용하여 OPF 또는 SCOPF를 푼다면, 여기에서 얻는 각 모선에서의 라그랑지 승수는 모선증분비용(BIC)이라고도 불린다. LMP가 최근에 가장 많이 사용되는 용어이기 때문에 모선가격 또는 모선비용을 거론할 경우에 LMP를 사용한다.

좀 더 복잡한 송전망 사용 요금제도는 LMP를 이용한 송전망의 한계비용 또는 한계가격에 근거하여 결정한다. SCOPF를 사용하여 경제급전을 하는 전력시스템에 있어서 LMP는 직접 도출되는 것이다. 이 경우, 발전기출력이 하한출력 또는 상한출력에 부딪치지 않는다고 가정할 경우, 모선 페널티 계수와 모선증분비용을 곱한 값은 시스템 증분비용과 같게 된다(절 8.11 참조). 이것은 발전모선뿐만 아니라 부하모선에 대하여도 동일하게 적용된다. 이 경우, 발전기의 운전비용은 발전비용, 송전손실비용, 송전망 및 배전망 사용비용을 포함한다. 이 책에서 배전비용은 별도로 취급되는 것으로 가정한다.

경제급전을 하는 전력시스템에 대하여 고려해 본다.

1. 만약 발전기가 하나만 존재한다면 발전기 모선에서 증분출력을 공급하는 비용은 해당 발전기의 증분비용과 동일하다. 이 비용에는 일반적으로 송배전비용이 이미 포함되어 있다.
2. 만약 어떤 모선에 하나 이상의 발전기가 연결되어 있고, 이것이 전력시스템의 유일한 발전모선이며 경제급전 지시를 받는다면(즉, 등증분 시스템 비용[λ]), 이 모선에서 추가적으로 소량의 증분전력을 전송하기 위한 비용은 시스템 증분비용과 같다. 일반적으로 송배전비용은 이 계산에 이미 포함되어 있다고 가정한다.
3. 전력시스템 전체에 걸쳐서 여러 모선에 복수의 발전기가 존재하고, 또한 발전기들이 경제급전 지시를 따른다면, 즉 정확한 페널티 계수가 계산되고 적

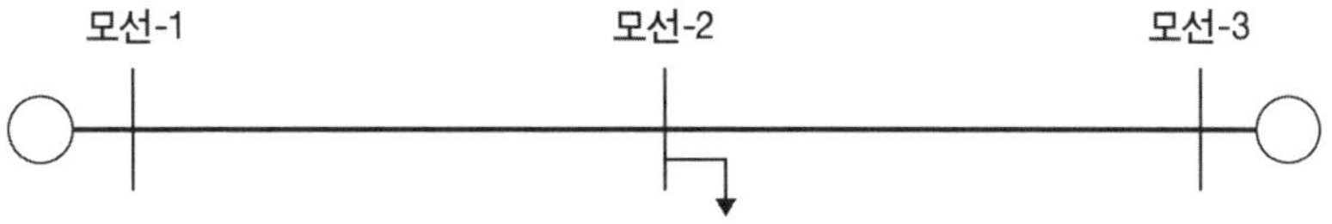

〈그림 11.1〉 3-모선 시스템

용된다면, 각 발전모선에서의 증분출력을 전달하기 위한 비용은 발전기 자신의 증분비용이 될 것이다. 각 발전기의 증분비용은 페널티 계수에 의하여 곱해지므로 이 비용은 전력시스템의 모든 모선에서 서로 다르다.

여기에서 강조하는 것은 증분출력의 크기가 크지 않고 "추가적이고 소량인 증분"을 사용한다는 것이다. 만약 도함수가 선형이라는 것을 가정해야 한다면 도함수를 적용하기 위하여 증분의 크기가 작아야 한다. 만약 출력의 증분이 대단히 작다면 위의 3개의 문장의 내용은 성립한다. 만약 전달되는 출력의 증분이 크다면 OPF를 다시 실행하여야 하며 위의 3개의 설명내용과 다르게 된다.

〈그림 11.1〉의 케이스를 살펴보면, 부하모선은 2개의 발전기와 송전선에 의하여 서로 떨어져 있다. 이 경우, 부하에 전력을 공급하기 위한 증분비용은 어떤 발전기의 출력을 이용한 증분전달비용과도 같지 않다. 그러나 절 8.11에서 설명한 기법을 이용하여 증분비용의 정확한 값을 계산할 수 있다. 어떤 모선에 전력을 전달하기 위한 증분비용은 LMP라고 하며 이것은 현대의 전력시스템 운용에 있어서 중요한 역할을 한다. 송전선로의 용량제약이 없는 전력시스템에 있어서 LMP는 대부분의 모선에서 거의 동일하다. 그러나 송전선로의 용량제약이 있을 경우, 이 내용은 성립하지 않는다.

〈그림 11.1〉에서 다음과 같은 현상이 발생한다고 가정한다.

1. 발전기-1의 증분비용은 크며 출력이 하한에 부딪쳐 있다.
2. 발전기-3의 증분비용은 작으며 출력이 상한 또는 하한에 부딪쳐 있지 않다.

이와 같은 경우, 부하모선에서의 LMP는 모선-3에 접속된 발전기의 낮은 증분비

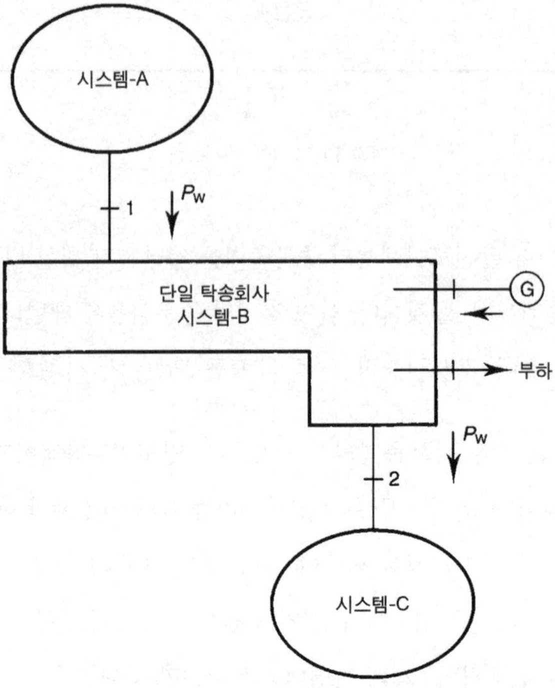

〈그림 11.2〉 간단한 탁송의 예제

용에 근접한다.

여기의 예에서는 모선-3에서 모선-2에 도달하는 송전선에 있어서 용량제약이 있다고 가정하여 모선-3에서 발전출력이 더 이상 크게 되지 않는다고 가정한다. 모선-2에서 부하가 증가하면 여기에 해당하는 출력은 모선-1에서 모두 제공되며 이것은 모선-1의 발전기의 증분비용을 반영하므로 모선-1의 LMP는 상당히 커지게 될 것이다. 그러므로 LMP는 어떠한 경우에 송전망의 선로에서의 부하 부담이 네트워크의 특정 모선에 대한 전력전달비용을 변동시키는가를 알려 주기 위하여 대단히 유용하다.

다음으로 LMP가 탁송의 단기한계비용을 계산하는 데 있어서 어떻게 사용되는가를 생각해 본다. 〈그림 11.2〉는 전력시스템-A가 P_w MW를 전력시스템-C에

팔고 시스템-B는 해당 전력을 탁송하는 3개의 시스템을 보여 준다. 이 그림은 전력을 주입하는 단일 지점(모선-1)과 전력을 받는 단일 지점(모선-2)을 보여 준다. 시스템-B의 시스템 운용자는 OPF 프로그램을 이용하여 2개의 모선에서의 증분비용을 결정할 수 있다. 만약 시스템 운용자가 모선-1에서 해당 증분비용에 의하여 탁송전력을 구입하고 모선-2에서 해당 증분비용에 의하여 시스템-C에 판매한다면 시스템-B는 송전의 단기한계비용을 회수할 수 있을 것이다.

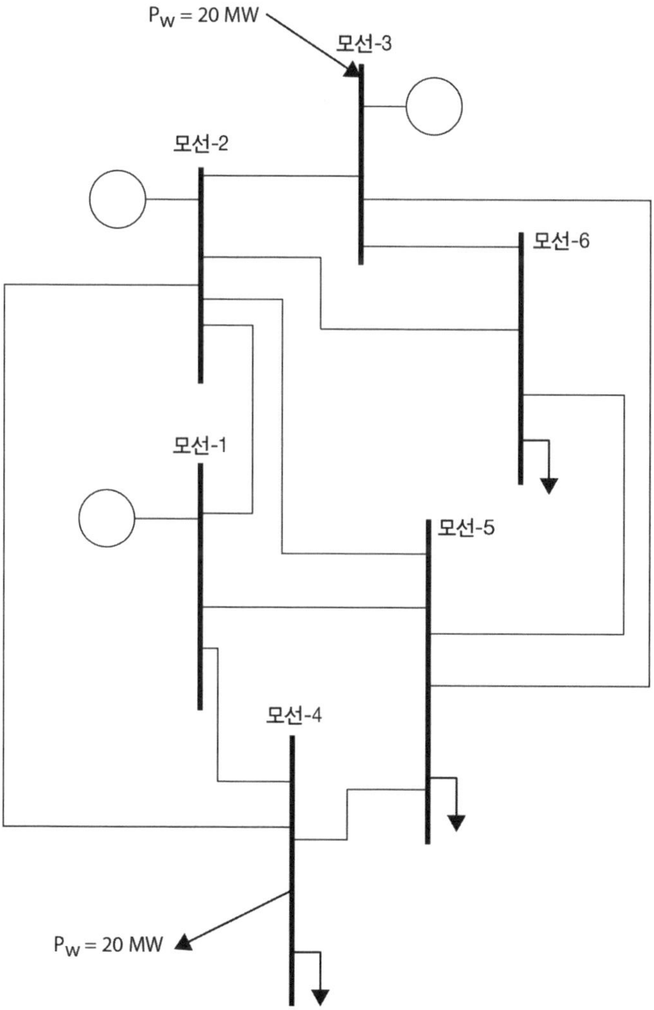

〈그림 11.3〉 모선-3과 모선-4 사이에 20MW가 탁송되는 6-모선 케이스

이와 같은 한계비용이 송전망의 제약조건과 증분송전손실을 포함하고 있기 때문에 대부분의 경제학자와 공학도는 송전서비스가격을 산정할 때에 한계비용에 근거하여야 한다고 주장한다.

위의 한계비용을 결정하기 위한 방정식은 다음 식

$$\Delta F = \left(\frac{\partial F}{\partial P_w}\right)\Delta P_w = \left[\frac{\partial F}{\partial P_i} - \frac{\partial F}{\partial P_j}\right]\Delta P_w$$

과 같으며 여기에서 ΔP_w는 모선-i에서 주입되며 모선-j에서 인출된다. 독립변수와 제약조건에 따른 목적함수의 변동률을 파악하기 위하여 OPF 프로그램을 다양하게 적용할 수 있다. 이 계산은 한계송전비용을 직접 계산하기 위하여서도 사용될 수 있다.

제6장에서 소개한 6-모선 케이스를 사용하여도 위의 아이디어를 실행할 수 있다. 2개의 별도의 탁송에 대한 예제가 실행되었다. 〈그림 11.3〉에 나타난 바와 같이 2개의 예제에 있어서 모선-3에 전력이 주입되었으며 모선-4에서 전력이 인출되었다.

3개의 케이스가 실행되었으며 케이스-1은 거래가 없고 송전선로의 용량제약이 없는 경우의 OPF의 실행결과이다. 이 경우에는 모선-3에서 모선-6의 송전선로의 용량이 두 번째 송전선로를 건설하여 120MW까지 2배로 확상된 것이다. 케이스-2는 동일한 시스템이며 20MW의 송전선로가 추가된 것이지만 선로조류의 과부하 여부는 검토하지 않았고 케이스-3은 20MW의 송전선로가 추가되고 선로용량의 초과 여부에 대하여 검토하였다. 결과는 다음에 나타나 있다.

시작	종료	P_{flow}	$P_{flow\,Max}$	P_{flow}
모선	모선			람다
2	4	60.03	60	5.7068

확인된 단기 송전비용(\$/MWh)은 다음과 같다.

$$13.2494 - 12.376 = 0.8734;\ \text{제약조건 없는 케이스}$$

$$16.4711 - 12.2015 = 4.2696;\ \text{제약조건 있는 케이스}$$

송전선의 용량제약이 없는 예제에 있어서, 한계비용은 증분손실에 대한 영향을 반영한 것이다. 경제급전의 결과는 20MW의 탁송에 따라 발생한 송전손실의 영향을 고려하여 조금 변경되었다. 이로 인한 현저한 발전기출력의 변경은 요구되지 않았다. 모선-2에서 모선-4에 직접 도달하는 송전선로의 용량에 제약이 있을 경우 이 선로의 조류를 감소하기 위하여 OPF 프로그램은 출력패턴을 변경하였다. 이렇게 하는 과정에서 탁송의 한계비용이 증가하였다.

제약조건에 대한 영향은 〈그림 11.2〉에 나타낸 바와 같이 3개의 전력시스템에 대한 탁송상황을 예로 들어서 설명될 수 있다. 송전망의 손실은 없다고 가정한다. 전력조류에 대한 제약조건이 없으므로 전력의 한계비용은 송전망 전체에 걸쳐서 동일하다(한계비용은 시스템-B에서 1MWh의 증분비용과 동일하다). 지금 시스템-B에 제약이 있어서 탁송전력이 주입되기 이전에도 모선-1 근방의 제어지역에서 모선-2의 근방에 있는 부하로 더 이상의 전력이 흐르지 못하고 있었다고 가정한다. "송전선 병목"이라고 명칭이 붙여진 것이 나타난 〈그림 11.4〉를 참조하기 바란다. 그러면 탁송되어야 하는 전력이 모선-1에 주입되고 모선-2에서 인출되려면 전달되는 전력이 모선-1의 근처에서 흡수되고 모선-2의 근방에 있는 발전기가 출력을 내도록 시스템-B의 계획이 조정될 것이다. 제약조건의 한계비용을 반영하여 한계비용의 차이는 커질 것이다. 제약조건을 위반하지 않고 증분손실을 반영하기 위하여 탁송의 한계비용은 서서히 증가할 것이다. 제약조건의 한계에 도달하면 탁송의 한계비용의 변동은 크게 될 것이며 급격하게 변할 것이다.

케이스-1: 탁송거래 없음, 선로용량 제약 없음

모선	P_{min}	P_{gen}	P_{max}	Q_{min}	Q_{gen}	Q_{max}	P_{load}	Q_{load}	V_{min}	V_{bus}	V_{max}	kV	람다 P
1	50	78.1	200	-100	2.5	150	0	0	0.95	1.07UL	1.07	246.1	12.5083
2	37.5	118.7	150	-100	1	150	0	0	0.95	1.07UL	1.07	246.1	12.4572
3	45	110.2	180	-100	5.1	120	0	0	0.95	1.07UL	1.07	246.1	12.4653
4							100	15	0.95	1.04	1.07	238.6	13.1214
5							100	15	0.95	1.04	1.07	238.5	13.1902
6							100	15	0.95	1.05	1.07	240.5	12.8995

총 운용비 = 4,232.4286$/h

케이스-2: 모선-3에서 모선-4로 탁송거래, 선로용량 초과 없음

모선	P_{min}	P_{gen}	P_{max}	Q_{min}	Q_{gen}	Q_{max}	P_{load}	Q_{load}	V_{min}	V_{bus}	V_{max}	kV	람다 P
1	50	83.5	200	-100	4.8	150	0	0	0.95	1.07UL	1.07	246.1	12.5249
2	37.5	119.2	150	-100	5	150	0	0	0.95	1.07UL	1.07	246.1	12.4505
3	45	105.5	180	-100	2.1	120	-20	0	0.95	1.07UL	1.07	246.1	12.376
4							120	15	0.95	1.03	1.07	237.3	13.2494
5							100	15	0.95	1.04	1.07	238.3	13.1763
6							100	15	0.95	1.05	1.07	240.5	12.835

총 운용비 = 4,247.8355$/h

모선-2에서 모선-4로의 선로조류 = 77MW

케이스-3: 탁송거래 있음, 선로 과부하 나타남, 선로 2-4의 전력조류가 상한에 부딪침

모선	P_{min}	P_{gen}	P_{max}	Q_{min}	Q_{gen}	Q_{max}	P_{load}	Q_{load}	V_{min}	V_{bus}	V_{max}	kV	람다 P
1	50	139.8	200	-100	-1.8	150	0	0	0.95	1.07UL	1.07	246.1	13.1639
2	37.5	77.7	150	-100	2.3	150	0	0	0.95	1.06	1.07	243.6	11.731
3	45	91.4	180	-100	15.6	120	-20	0	0.95	1.07UL	1.07	246.1	12.2015
4							120	15	0.95	1.03	1.07	236.2	16.4177
5							100	15	0.95	1.03	1.07	237.5	13.5237
6							100	15	0.95	1.03	1.07	239.6	12.6114

총 운용비 = 4,296.7396$/h

모선-2에서 모선-4로의 선로조류; 상한에 부딪침

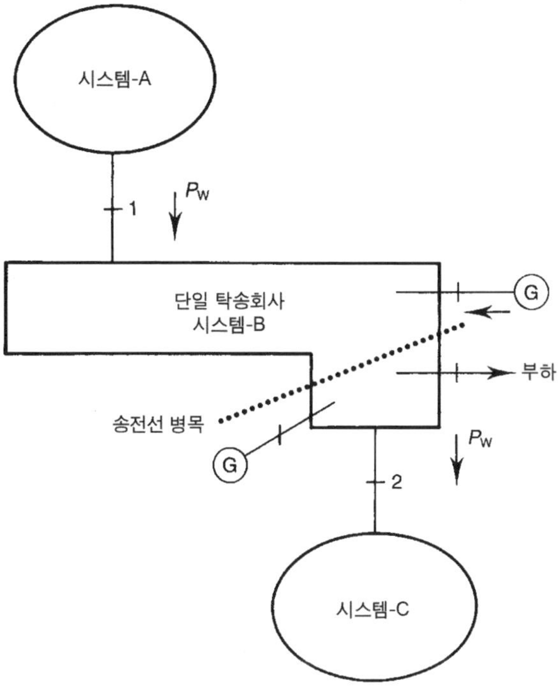

〈**그림 11.4**〉 송전선 병목이 있는 시스템에서의 탁송

경쟁전력시장 내에 제대로 설계되지 못한 송전시스템이 있다면 이것을 활용하는 것도 하나의 전략이라고 볼 수 있다. 이러한 경우에 경쟁을 위하여 자본시장이 진입할 것이다.

한계비용 요금제에 근거한 송전서비스 요금은 이론적으로 설득력이 있는 제도이다. 그러나 모든 송전서비스가 이와 같은 가격에 의하여 결정되어야 한다는 것은 아니다. 만약 탁송이 이루어진 다음에 모든 거래가 한계비용 요금제도에 의하여 결정된다면 탁송을 담당한 전력회사는 운용비의 변동분에 대하여 너무 많이 회수하거나 너무 적게 회수하는 경우도 발생한다. 더욱 중요한 사실은 단기한계운용비용은 탁송에 사용된 설비의 투자에 소요된 비용을 회수하기 위한 수익(revenue)을 반영하지 못한다는 것이다. 고정비용은 상수항이므로 도함수를 구하는 과정에서 이것은 상실된다. 시장가격 또는 공정한 시장가치는 일반적으로 고정비 또는 건설비를 포함한다.

전력을 하나의 시스템에서 다른 시스템으로 흐르게 할 수 있는 송전설비 또는 변전설비는 탁송에 사용될 수 있다(만약 탁송거래로 인하여 탁송시스템의 송전손실을 감소하는 증분전력조류가 발생하면 단기한계탁송비용은 음(−)이 되는 경우도 가능성이 많다). 증가하는 전력수요를 서비스하기 위하여 필요한 설비를 건설하고 운영하기 위한 자금을 마련하기 위하여 송전서비스의 요금제도는 설계되어야 한다. 이것은 장기한계비용이다. 만약 송전네트워크가 별도의 회사로 취급된다면 송전서비스 요금은 단기운용비뿐만 아니라 장기비용도 포함하여야 한다. 추가로 건설되는 자산을 평가하기 위하여서는 시장기준 요금제도에 실물옵션 가치를 포함하는 것이 최선의 방안이다.

11.2.5.4 **공동소유 송전선(JOT) 방법.** '인터마운틴 파워프로젝트'의 HVDC-링크와 같은 장거리의 에너지/전력 수송에 사용되는 프로젝트가 대표적 예이다. 이와 같은 프로젝트에서는 설계에 따라 융통계약이 시행되도록 하기 위하여 제어지역 간의 전력조류가 제어되어야 한다.

11.2.6 신뢰도

전력시스템을 연계하여 운용하는 것은 신뢰도와 안전도를 향상할 수 있기 때문이며 각자 별도로 운용하는 것보다 운용비용이 낮아진다. 앞 장에서 설명한 바와 같이 연계전력시스템은 출력 또는 주파수 조정능력이 개선된다. 어느 하나의 전력시스템에서 부하변동이 일어나면 발생한 지역의 발전기뿐만 아니라 연계된 전력시스템 내의 모든 발전기가 응동한다. 이러한 작용으로 인하여 하나의 발전기가 탈락하면 연계시스템 전체의 순동예비력이 동원되어 총출력을 회복시키므로 신뢰도가 상승한다. 그러므로 어느 한 제어지역의 발전기가 탈락되면 대기 중이던 발전기(대기예비력)가 병입될 때까지 연계지역 전체에 있는 조속기가 출력을 증가하여 결손출력을 보충한다. 만약 전력시스템이 단독으로(고립하여) 운용되고 있을 때 대용량 발전기가 불시고장정지를 일으켜 탈락하면 해당 시스템 내의 발전기가 출력상실을 보충해야만 한다. 이 상황에 대비하여 순동예비력을 더욱 많이 확보하여 운용하여야 하므로 이것은 시스템 운용의 경제적 효과가 낮아지는 것이다. 더구나 연계시스템의 일부로서 하나의 전력시스템이 운용되면 발전시스템의 설비예비력은 단독 시스템의 경우보다 낮게 된다. 연계시스템을 운용하면 연계로 인하여 발전기의 개수가 증가하는 것이 중요한 것이 아니고 관성의 양(amount)이 서로 연계된다는 것이 중요한 내용이다. 관성은 플라이휠, 속응 인버터를 장착한 배터리, 그리고 에너지 저장장치로부터 제공된다. 관성의 요구량이 커지면 품질유지서비스 시장에서 관성의 양이 거래될 수 있다. 전력수송을 통하여 연료원으로부터 전력과 에너지를 생산하는 데 필요하고 다양한 상품시장을 조율하여 움직이게 하기 위하여 여러 국가에서는 시스템 운용계획 전문부서가 설치되었다. 상세한 내용의 설명은 이 책의 범위를 벗어난다.

11.3 전력회사 간의 에너지 융통

인접한 전력회사가 연계를 하는 가장 중요한 이유는 연계운용을 하면 운용비가 절감된다는 사실 때문이다. 2개의 전력시스템이 서로 다른 증분비용에 의하여 운용되고 있을 경우에 비용절감이 가능하다. 만약 2개의 시스템에 있어서 증분비용의 차이가 충분히 크다면 공정한 가격에서 전력을 거래하면 서로 이득이 된다. 이에 대한 이유를 설명하기 위하여 다음과 같은 내용을 논의해 본다. 다음과 같은 상황이 존재한다고 가정한다.

- 전력회사-A는 전력회사-B보다 낮은 증분비용에서 발전하고 있다.
- 만약 전력회사-B가 다음의 부하증분(MW)을 위하여 자체 발전기를 사용하여 증분출력을 생산하는 비용보다 낮은 가격에서 전력회사-A로부터 전력을 구매한다면 부하의 증분을 공급하는 데 있어서 비용을 절감할 수 있다.
- 전력회사-A가 해당 블록의 출력을 사용하여 발전한 비용보다 큰 값을 전

력회사-B가 기꺼이 지불하는 한, 전력회사-A는 전력회사-B에게 전력을 판매함으로써 경제적으로 이득을 볼 수 있다.

서로 혜택을 주는 거래를 성사시키기 위한 열쇠는 "이코노미 융통"의 판매를 위한 합의가격을 마련하는 것이다. 지금까지의 규제받는 사업환경에서는 비용의 차이가 거래의 중요한 요소로서 작용하였다. 경쟁환경에 있어서는 가격의 차이가 작용한다.

연계된 전력회사에 유리한 기타의 장기융통거래도 존재한다. 하나의 시스템이 잉여의 전력과 에너지를 보유하고 있고 장기확정공급의 조건으로 연계된 전력회사에 판매하려고 할 수도 있다. 다른 상황에서는 사용시간과 사용가능성의 기준에 의하여 잉여설비의 사용에 대한 계약을 맺을 수도 있다. 구매자는 두 번째 케이스의 차단가능공급보다 장기확정공급(첫째 케이스)에 대하여 높은 가격을 지불하는데 동의할 수 있을 것이다. 비-확정 공급계약은 가격을 정확하게 책정하기 위하여 신뢰도 측도를 사용하여야 한다. 이것에 대한 논의는 이 책의 범위를 벗어난다.

규제의 규칙에 의하여 운영되는 전력회사는 비용(cost)의 차이를 사용하고 경쟁시장의 규칙에 의하여 운영되는 전력회사는 가격(price)의 차이를 사용한다.

이와 같은 모든 거래에 있어서 "공정하고 공평한 가격"의 문제가 합의에 도달하는 요건으로서 작용한다. 다음에 나오는 "이코노미 융통"의 예제는 전력융통에 참여하는 전력회사가 운용비의 절감액을 반씩 나누는 예를 설명하는 것이다. "공정하고 공평한"이라는 것은 대단히 주관적인 개념이므로 위의 예가 항상 맞는 것은 아니다. 한쪽의 거래자에 대하여 "공정하고 공평한"이라는 것이 다른 편에 대하여는 대단히 "불공정하고 불공평"한 것일 수도 있다. 이 장의 예제에서 절감액을 50:50으로 나누는 사례는 어느 특별한 가격제도를 주창하려고 제시된 것은 아니다. 경쟁이 아닌 사업환경 아래에서 미국의 전력융통 관행에서 흔하게 시행된 것이다. 전력회사 사이의 장기 연계선 전력융통의 가격합의에 대한 내용은 의무구입계약, 절감액 공유, 또는 고정가격계획 등을 포함할 수 있다.

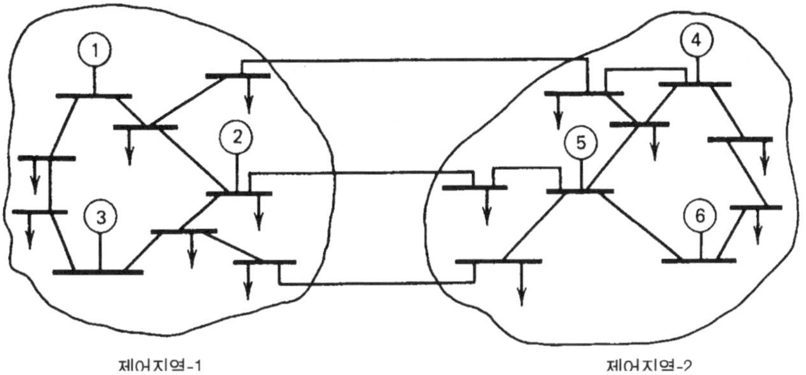

〈그림 11.5〉 예제 11A의 연계지역

융통전력의 가격결정에 대하여 알아보기 전에, 융통전력이 시스템 운용비에 어떤 영향을 미치는가를 보여 주는 예제를 제시한다.

용량이 충분한 연계선에 의하여 2개의 인접한 전력회사의 시스템 운용지역이 서로 연계되어 있다. 2개의 제어지역의 합성 열소비율과 연료비의 자료가 주어져 있다. 하나의 전력회사의 합성비용곡선을 작성하는 방법은 앞에서 이미 정의되었다. 경제적 상황을 명확하게 나타내기 위하여 선형 선분만 사용된다(〈그림 11.5〉).

예제 11A

		비용계수			출력범위	
		$F_i(P_i) = f_i(a_i + b_i P_i + c_i P_i^2)$			$P_{min} < P < P_{max}$	
회사 합성곡선	연료비 f_i ($/MBtu)	a_i	b_i	c_i	P_{min}(MW)	P_{max}(MW)
1	2.0	561	7.92	0.001562	300	1,200
2	2.0	310	7.86	0.00194	360	1,470

제어지역-1:	부하 = 700MW
	최대 총출력 = 1,200MW
	최소 총출력 = 300MW
제어지역-2:	부하 = 1,100MW
	최대 총출력 = 1,470MW
	최소 총출력 = 360MW

먼저, 각 제어지역은 독립적으로 운용된다고 가정한다. 다시 말하면 각 제어지역은 자체의 부하를 자기 제어지역 내의 발전기출력으로써 공급한다. 이것은 경제급전의 계산을 제어지역별로 한다는 것이다. 독립적으로 경제급전을 실행한 결과가 다음의 표에 나타나 있다.

제어지역-1:	PA = 700MW 증분비용 = 20.2136$/MW 운용비 = 13,741$/h
제어지역-2:	PB = 1,100MW 증분비용 = 1,470MW 운용비 = 22,585$/h
합계	2개의 제어지역의 총 운용비 = 36,326$/h

지금 2개의 제어지역이 몇 개의 송전선로로써 연계되어 있어 2개의 제어지역은 송전선의 용량제약이 없이 하나의 시스템으로 운용된다고 말할 수 있다. 만약 각 제어지역의 부하가 앞의 예와 같고 2개의 시스템을 하나인 것처럼 하여 운용한다면 발전기에 대한 급전전략은 변한다.

제어지역-1:	PA = 986MW 증분비용 = 22.00$/MW 운용비 = 19,777$/h
제어지역-2:	PB = 814MW 증분비용 = 22.016$/MW 운용비 = 15,971$/h
연계운용	융통전력 = 286MW (제어지역-1 → 제어지역-2) 전체시스템의 총출력 = 1,800.0MW 2개의 지역의 총 운용비 = 35,748$/h

융통전력은 연계된 선로에 흐르는 순전력에 해당한다. 여기에서 주목할 것은 각각의 시스템이 자신의 부하를 공급하기 위하여 필요한 운용비를 합한 것보다, 하나로 합쳐서 운용한 비용이 적다는 것이다.

예제 11A는 전력이 융통될 수 있다면 2개의 전력시스템을 연계하면 경제적 이득이 대단히 크다는 것을 보여 주었다. 각 제어지역에서 운용비의 순변동을 검토해 보면 제어지역-1의 운용비는 감소하였고 반면에 제어지역-2의 것은 증가하였다는 것을 알 수 있다. 제어지역-1은 제어지역-2에 대하여 연계선을 통하여 흐른 전력에 대하여 비용을 지불하여야 하는 것은 명백하지만 얼마를 지불할 것인가? 이 질문은 제어지역에 따라서 서로 다르게 접근할 것이다.

2개의 제어지역이 1시간 동안 286MW의 전력을 융통하였다고 가정한다. 이 융통전력에 대한 영향을 분석하면 다음 표와 같다.

제어지역-1 비용:	연계하지 않을 경우	$13,741
	연계할 경우	$19,777
	증가액	$6,036
제어지역-2 비용:	연계하지 않을 경우	$22,585
	연계할 경우	$15,971
	감소액	$6,614
합성	순절감액	$578

제어지역-2의 운용비가 $6,614만큼 감소하였으므로 제어지역-2는 제어지역-1에게 이 금액을 지불하여야 한다고 제어지역-1은 주장할 것이다. 만약 이것에 대하여 동의한다면 판매를 통한 수익을 얻으므로 제어지역-1은 운용비가 감소할 것이다.

제어지역-2는 제어지역-1의 운용비가 $6,036만큼 증가하였다고 주장할 수 있다. 그러므로 제어지역-2는 제어지역-1에게 이 금액을 지불하여야 한다고 말할 수 있다. 만약 이것에 대하여 동의한다면 제어지역-2는 구매비용을 지불할 경우 $15,791에서 $6,036을 뺀 금액만큼의 순운용비를 감소하여야 한다.

위의 각각의 접근방법의 문제점은 서로 받아들일 수 있는 가격에 대한 협약이 없다는 것이다. 2개의 케이스에 있어서, 거래의 한편은 모든 경제적 이득을 얻고 다른 한편은 아무것도 얻는 것이 없다는 것이다. 이와 같은 경우에 있어서 일반적인 접근방법은 발전비용과 구매자가 절감한 금액을 합한 비용을 반분한 것을 판매가격으로 하는 것이다. 이것은 2개의 제어지역이 절감액을 동등하게 반분하는 것이다. 이것은, 만약 2개의 지역이 하나의 경제급전 지시를 받는 것처럼 운용된다면 달성할 수 있는 절감액에 가까운 금액을 제어지역-2가 제어지역-1에게 지불한다는 것을 의미한다.

순절감액이 아주 작다면 이와 같은 거래는 실행되지 않는다. 이와 같은 경우, 융통전력을 계측하는 데 있어서 오차가 있다면 거래가 경제적이지 못하게 할 수 있다. 만약 전력회사가 자기가 공급하여야 할 부하를 위하여 1차 연료를 절약하는 데 관심을 갖거나 연료가격의 변동성이 큰 경우에 융통거래는 판매회사에게 경제적이 아닐 수 있다. 발전기의 수명기간 전체에 걸친 대상기간에 있어서 추가로 발생할지도 모를 비용은 많은 계약에 있어서 계약에 제대로 고려되지 않는다. 미국에 있어서 각각의 주가 소비자를 확보하기 위하여 경쟁하고 있다면 연료의 변동성과 소비자 요구의 변화가능성이 클 경우에 주의 경계를 가로지르는 융통전력의 거래는 성사되지 않을 수도 있다.

11.4 전력회사 사이의 '이코노미 에너지'에 대한 평가

모든 '이코노미 에너지'의 가격결정은 계약 이전과 계약 이후의 가격차에 근거한다. 경쟁환경이 아닌 경우에 있어서는 연계할 경우와 연계하지 않는 경우의 계산을 한 후, 혜택을 2개의 회사가 반씩 나누어 가졌다. 경쟁시장의 경우도 가격이 거래발생 당시의 협상가격에 의하여 결정된다는 것을 제외하고는 이와 유사하다. 이 접근방법은 이익을 최대화하기 위하여 가격예측을 잘해야 할 필요가 있다. 연료의 미래가치는 중요한 고려사항이지만 이 책의 범위를 벗어난다.

예제 11A에서, 2개의 전력시스템이 개별적으로 운용되었을 경우보다 연계시스템으로서 운용하면 비용이 어떻게 절감되는가를 알았다. 하나의 장소에서 모든 필요한 정보(입력-출력 곡선, 연료비, 발전기출력의 한계, 온라인 상황 등)를 갖고 있고 제어지역이 전체 시스템의 한 부분인 것처럼 전체 급전에 대한 계산을 할 수 있다고 가정하여 연계시스템의 급전결과를 얻었다. 그러나 2개의 전력시스템 또는 제3의 기관이 파워풀을 형성하거나 서로 정보를 교환하지 않으면 '누가 거래를 성사시킬 것인가' 하는 가정은 옳지 않은 것이다. 가장 흔한 상황은 각 제어지역 내의 시스템 운용자가 유선통화로써 서로 정보를 교환하는 것이다. 이 상황에서 각각의 시스템 운용자는 각 회사의 전력시스템에 대하여 경제급전을 수행하기 위한 자료와 통신설비를 보유하고 있으며 인접한 전력시스템에 관한 모든 정보는 또 다른 통신네트워크로부터 온다고 가정할 수 있다. 그렇다면 2개의 시스템의 최적 경제운용을 위하여 시스템 운용자는 시스템 운용을 어떻게 조율할 것인가?

2개의 전력시스템의 운용을 조율할 가장 간단한 방법은 2개의 시스템을 통합하여 운용하는 것이며 이것을 달성하는 가장 경제적인 방법은 송전손실을 무시할 경우 2개의 시스템 내의 발전기의 증분비용이 같도록 하는 것이다. 2개의 시스템 운용자는 다음과 같은 조치를 함으로써 동일한 결과를 얻을 것이다.

① 2개의 연계시스템 사이에 융통전력은 없다고 가정한다.
② 2개의 연계시스템의 운용자는 독립적으로 경제급전계산을 실행한다.
③ 시스템 운용자는 어느 시스템의 증분비용이 낮은가를 파악할 수 있다. 증분비용이 낮은 전력시스템의 운용자는 경제급전계산을 순차적으로 실행하며 매 실행 단계마다 시스템부하가 증가한다. 이와 유사하게 증분비용이 높은 전력시스템의 운용자는 경제급전계산을 순차적으로 실행하며 매 실행 단계마다 시스템부하가 감소한다.
④ 증분비용이 낮은 시스템의 수요 증가는 이 시스템은 증분비용을 높게 하며 증분비용이 높은 시스템의 수요 감소는 이 시스템의 증분비용을 낮게 한다. 경제급전계산 단계를 거치면서 유선통화를 하면서 2개의 시스템의 운용자

는 가장 경제적인 시스템 운용을 위한 융통전력의 수준을 결정할 수 있다.

2개의 전력회사가 각자의 시스템 운용비를 최소화하려는 이상적인 "자유시장"의 조건 및 전력전달에 대한 물리적 제약조건이 없다는 조건에서 전력융통의 협상(전력교환)은 파워풀의 급전이 단일 제어지역별로 시행되는 것과 동일한 결과를 가져온다. 이 가정은 매우 중요한 것이다. 여러 실제적 상황 아래에서 연계된 전력시스템이 모두 최적경제급전을 달성하는 데 있어서는 물리적 제약조건과 제도상의 제약조건이 존재한다.

1970년대 중반의 플로리다주의 에너지 브로커 시스템은 평가절차를 자동화한 것이다. 각각의 전력회사는 오름차순에 의한 2개의 비드/오퍼와 내림차순에 의한 2개의 비드/오퍼를 제시하도록 요구받았다. 전력융통 요청은 연계선의 용량에 기준하여 평가되었다. 이 결과가 개별 회사에 전달되어 실행되었다. 지속적인 짝짓기가 성사되었고 계약도 지속적으로 진행되었다. 모든 경제적 거래가 성사되면 더 이상의 짝짓기는 중단된다.

11.5 기동정지스케줄 작성을 통한 전력융통의 평가

기동정지스케줄 작성을 위한 계산에 있어서 출력증가율, 기동 소요시간과 최소정지시간 및 기타의 발전기 운전규칙에 대한 평가기준은 융통전력의 경제성을 더 오랜 기간 동안 활용하기 위하여 변경되어야 한다. 제4장에 소개한 해법은 이와 같은 거래를 위한 중요한 해석방법이다.

예제 11A에서, 융통에 대한 평가를 할 때 '평가기준의 변경은 없다'라는 암묵적 가정이 있었다. 일반적으로 이러한 가정은 1시간까지의 융통계약에 대하여는 유효하다. 그러나 융통전력을 수 시간 또는 며칠 동안에 걸쳐 보낼 경우에는 평가기준을 변경할 경제적 이유가 있다. 확장된 대상기간에 대하여 검토할 경우에 2개의 시스템의 상대적 증분비용을 고려하는 것보다 더 많은 요소를 고려하여야 한다.

확장된 융통거래를 위하여서는 개별 시스템의 기동정지스케줄 작성뿐만 아니라 시간의 함수에 의한 부하수준을 고려하는 모델이 포함되어야 한다. 확장된 대상기간에 대한 기동정지스케줄을 검토하는 절차는 다음과 같다.

1. 각 전력시스템은 대상기간에 대하여 기준 케이스 기동정지스케줄을 수립하여야 한다. 기준 케이스 기동정지스케줄은 자기 제어지역의 수요예측을 하여 대상기간 동안의 수요를 만족시키기 위하여 전력융통이 없다는 가정에서 작성된다.
2. 각 전력시스템은 부하가 증가하는 데에 따른 기동정지스케줄과 전력융통을 하여 부하가 감소하는 데에 따른 기동정지스케줄을 별도로 작성한다.
3. 각 전력시스템은 기준 케이스 기동정지스케줄과 전력융통의 영향을 고려한 기동정지스케줄의 시스템 운용비를 계산한다. 각 전력시스템의 비용차이는 융통전력의 비용을 나타낸다(판매하는 측에게는 양(+)의 비용변동이며 구매하는 측에게는 음(−)의 비용변동이다). 그러면 융통전력의 가격에 대한 협상이 진행된다. 만약 절감액을 나누기로 한 계약이 가격정책으로 합의된다면 구매회사의 절감액을 나누고 판매하는 전력회사의 비용변동을 추가하여 가격이 결정될 것이다. 만약 절감액이 음(−)이라면 융통계약을 하지 않는 것이 좋다.

전력회사로서는 경제성이 없는 발전기를 기동하지 않고 그 대신에 필요한 용량에 대하여 최대부하 발생시간에 융통전력을 구매하는 것이 비용절감이 될 것이다.

2개의 제어지역 사이에 있어서 에너지 저장장치를 사용하면 경제적이다. 또 다른 방안은 주일과 주말의 부하수준의 차이를 활용하는 것이다. 주말의 부하를 낮추는 것이 분석대상으로 된다면 양수발전과 같은 에너지 저장장치, 배터리 또는 기타 저장장치를 이용하여 경제적 절약의 효과를 누릴 수 있다.

11.6 복수의 전력회사의 융통거래-탁송

"탁송"이라는 용어에 대한 정의는 여러 종류가 있다. 여기에서는 가장 간단한 정의를 사용한다. 탁송은 다른 기관의 편익을 위하여 제3자의 송전망을 사용하는 것이다. 탁송거래는 2개 이상의 전력회사(또는 2개의 기관)가 존재하는 연계전력시스템에서 일어난다(만약 2개의 전력시스템만이 존재한다면 탁송하여 줄 제3자가 없다). 이 책에서 말하는 기관은 전력회사 또는 규제면제기관[10]을 포함한다.

〈그림 11.6〉에 나타난 6개의 연계된 제어지역을 고려해 보자. 제어지역-A와 제어지역-B가 A→C 방향으로 100MW의 판매에 대하여 협상한다고 가정한다.

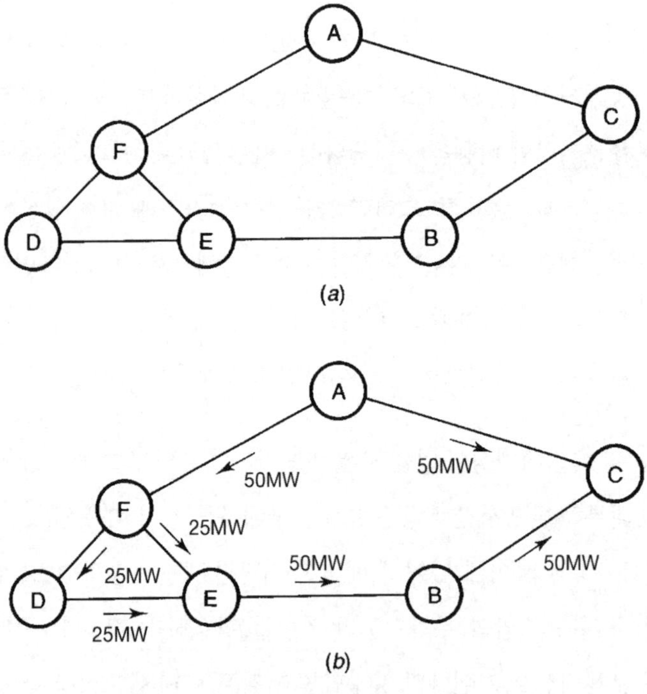

〈그림 11.6〉 6개의 연계 제어지역. (a) 구성형태 (b) 증분전력조류
(제어지역-A가 100MW를 제어지역-C에 판매할 경우)

10) nonutility organization(규제를 받는 전력회사가 아닌 기관)

제어지역-A는 계획된 순융통전력을 100MW만큼 증가하고 제어지역-C는 동일한 양만큼의 순융통계획을 축소할 것이다(손실은 무시한다). 제어지역-A의 출력은 100MW 판매량만큼 증가할 것이며 제어지역-C의 출력은 100MW 구매량만큼 감소할 것이다. 〈그림 11.6b〉은 거래의 이전과 이후의 전력조류의 차이를 확인하여 얻은 결과를 보여 준다. 거래로 인한 전력조류는 2개의 전력시스템 사이에 직접 연결된 연계선을 통하여만 전력이 흐르는 것은 아니라는 것을 주목해야 한다. 다른 전력시스템도 모두 거래의 일부분에 해당하는 전력을 탁송하고 있다(미국에서는 이것을 "병렬경로" 또는 "루프조류"라고 말한다).

가능한 탁송의 개수는 대단히 많으며 결과적으로 나타나는 전력조류 패턴은 송전망의 구성형태, 구매-판매의 조합, 그리고 연계시스템 내의 모든 전력시스템의 운용계획에 의하여 변한다. 미국에 있어서, 탁송이 포함된 전력회사 간의 거래를 용이하게 하기 위하여 서로 다른 지역에 있는 전력회사 사이에 여러 가지의 협약이 형성되었다. 이와 같은 과거의 협약은 2개의 전력시스템이 직접 인접하여 연계선 용량이 충분하여 전력을 전달할 수 있는 경우에 병렬경로에 흐르는 전력조류를 무시하였다(여기에서의 용량은 정격치 또는 명판출력을 기준으로 계산한다). 이런 경우에 탁송거래는 상호 협약에 의하여 일어나지 않는다. 서로 직접 인접하지 않은 전력회사들이 협약을 확대하여 협정을 맺는 경우에는 "계약경로"를 고안하여 사용한다. 탁송협정을 맺기 위하여 2개의 전력회사는 전력회사를 서로 연계하는 경로에 대하여 용량을 임대한다. 그러므로 〈그림 11.6〉에서, 시스템-A와 시스템-D 사이의 하나의 100MW 거래는 100MW를 사용할 수 있는 하나의 경로를 주선해야 한다. 병렬경로의 전력조류는 무시된다. 이와 같은 개념은 인위적인 것처럼 보이지만, 이것은 2개의 전력시스템 사이에 서로 이득이 되는 상업적 거래이다.

탁송으로 인하여 중간의 전력회사의 송전손실이 증가하거나 병렬조류가 발생하여 이것이 탁송하는 전력회사가 이용할 송전망의 용량을 사용하는 경우 어려움에 부딪친다. 증분송전손실은 판매회사가 부담하여 구매하는 측은 순전력을 사는 것이다. 다른 경우에 있어서, 거래비용은 증분손실을 보상하기 위하여 탁송 전력회사에 지불하는 금액도 포함한다. 제3자 송전망의 구성요소에 대하여 탁송으로 인하여 발생한 부하 부담을 경감시키는 것은 해결하기 더욱 어려운 과제이다. 탁송으로 인하여 제3자의 전력시스템을 과부하로 만드는 현상이 주기적으로 발생한다면 거래에 관련한 전력회사는 전력전달을 중단하든가 아니면 다른 회사의 전력시스템에 대한 추가적 비용을 부담하여야 한다.

송전용량의 사용에 대한 요구가 실제의 용량이 증가하는 율보다 높아진다면 루프조류와 병렬경로 보상에 대한 합의가 더욱 중요하게 된다. 이 현상은 선진국에서 많이 발생한다. 새로운 고전압송전설비의 건설은 더욱더 어려워지고 있다. 또 하나의 미결 논제는 기본적으로 소비자인 기관의 참여에 관한 것이다. 이 기관이 있는 지역이 아닌 곳으로부터 에너지를 공급받을 수 있도록 송전네트워크에 접속을 허락하여 주는가에 대한 것이다. 규제완화된 가스사업에서는 이러한 접속요청이 허락된다.

위상조절용 변압기, 유연교류송전장치, 백-투-백 HVDC-링크, 그리고 장거리 HVDC-링크를 이용하면 제어의 능력을 확장할 수 있다. 미국은 HVDC 시스템을 기존의 교류시스템과 겹쳐서 운용할 계획을 갖고 있다. "트레스 아미가 백-투-백 삼각 HVDC 슈퍼스테이션"[11]은 연계선 용량의 제약이 존재하는 3개의 전력시스템을 HVDC 송전선에 의하여 연결하려는 프로젝트이다. 이로 인한 혜택은 거래량의 증가(특히 신재생에너지 발전)이다. 유럽연합과 중국은 교류시스템에 겹쳐서 직류시스템을 사용하고 신재생에너지 발전출력의 제어를 위하여 광범위한 HVDC 송전시스템을 계획하였다.

서부지역 전력조율위원회(WECC)를 통하여 미국 서부지역의 전력시스템에서

---

11) 역자 주: Tres Amigas back to back triangular HVDC superstation. 이것은 북미의 2개의 거대 전력망(동부연계지역과 서부연계지역)과 하나의 소규모 그리드(텍사스 연계지역)를 연계하여 신재생에너지 발전의 보급을 확대하고 미국 전체로 본 신뢰도를 향상시키려는 프로젝트의 명칭이다. 이 프로젝트는 배전용으로 "American Superconductor"사가 개발한 초전도 케이블을 사용할 것이며 교류전력과 직류전력을 상호 변환할 것이다. 이 프로젝트는 2009년 "Tres Amigas, LLC"사가 제안하였으며 자금조달계획은 마무리단계이다.

시행되고 있는 탁송과 같이 전력회사가 인접한 전력시스템을 건너서 계약을 체결할 수 있다면 탁송은 항상 가능한 것이다. 미국 동부해안 지역의 전력융통은 바로 인접한 전력시스템 사이에만 행해졌다. 그러나 송전망이 조밀하고 전력조류제어의 문제가 있었으므로 미국 동부지역에서도 역시 탁송이 원래 존재하였다.

미국 내에서 대부분의 전력시스템은 바로 인접한 전력시스템과 연계되어 있다. 이것은 하나의 시스템이 융통전력을 구입하여 즉시 인접한 전력시스템에 판매한다는 것을 의미한다. 이 경우에, 융통전력의 가격은 기타의 융통전력을 고려하여 결정되어야 한다. 예를 들어, 하나의 전력시스템이 2개의 인접한 전력시스템에 순차적으로 융통전력을 판매한다면 첫 번째의 판매가 증분비용을 상승시켰을 것이므로 두 번째 판매에 대하여는 높은 가격을 제시하였을 것이다. 이와 반대로 만약 판매하는 전력회사가 파워풀의 회원이라면 판매회사가 판매를 위한 발전비용과 모든 구매자의 총혜택의 반을 합한 금액을 받는 수준에서 파워풀 협정 가운데 전력과 에너지 가격체계의 일부분의 규정에 의하여 판매가격은 결정될 것이다. 이 경우에 파워풀 제어소가 존재한다고 가정하면 판매가격은 이곳에서 계산될 것이며 다중 융통계약에서의 가격과 다를 것이다. 파워풀의 중앙급전제어소가 없는 경우에는 융통거래협정이 이루어지는 순서는 전력융통비용을 산정하는 데 있어서 대단히 중요하다. 여러 국가에서 연방기관이나 주정부의 기관이 이와 같은 분석을 요구한다.

예를 들어, 3자 사이의 거래를 고려해 본다. CoA는 CoC의 지역이 전력과 에너지를 공급할 수 있다는 것을 확인하고 이것을 전달받기 위하여 중간에 있는 CoB와 협약을 맺는다. 그러면 CoC는 CoB에게 판매하고 CoB는 CoA에게 판매한다. CoA에 대한 가격수준은 CoC의 발전비용과 CoB의 탁송비용과 CoA의 절감액의 반을 합한 것으로써 가격을 결정한다. 이 가격은 CoB의 순비용과 CoA의 절감액의 반을 합한 수준에서 결정된다. 이러한 종류의 거래에서 가격정책에 대한 사전합의가 없을 때 가격은 협상의 대상이다.

흔히 전력회사는 융통전력의 크기와 스케줄에 관한 융통협약을 하지만 최종가격을 미결로 해놓는다. 가격에 대하여 합의하는 대신에 전력시스템은 융통을 고려하여 운용하고 융통이 발생한 이후에 비용을 결정한다고 계약에 적어 놓는다. 이렇게 함으로써 전력시스템 운용에 있어서 예측한 수요와 기동정지스케줄 수립결과를 사용하기보다는 실제로 발생하는 수요자료와 발전기 기동정지 상태를 사용한다. 융통이 실행되기 이전에 가격협상을 하는 경우에 있어서도 전력회사는 많은 경우에 융통 이후의 시스템 운용비 계산을 하여 예상된 경제적 혜택을 입증하기를 원한다.

만약 계약에 모든 계산이 포함되지 않는다면 계산순서[12]에 대한 영향은 길며, 해석이 필요하다. 송전시스템 사용에 대한 비용의 가정뿐만 아니라 연료의 상대가격에 대한 가정은 피해야 한다.

전력시스템은 흔히 여러 개의 인접한 전력시스템과 연계되어 운용되고 전력융통은 연계시스템 하나에 대하여 이루어진다. 사후 시스템 운용비 계산을 할 경우 시스템 운용기관(ISO)은 융통계약의 우선순위에 대하여 신중을 기해야 한다.

2개의 시스템 사이의 융통계약이 여러 개 성사될 경우 가격결정은 적절한 순서를 따라야 한다. 파워풀의 중앙급전은 주어진 시간구간에 대하여 발생하는 각각의 거래에 대하여 하나의 비용함수를 작성함으로써 이러한 문제를 피할 수 있다.

11.7 파워풀

앞에서 설명한 것처럼 전력시스템 사이의 전력융통은 경제적으로 유리하다. 그러나 전력시스템이 여러 개의 전력시스템과 연계되어 있을 경우 각각의 전력시스템

---

12) 역자 주: 만약 스텝-1에서 CoA가 CoB로부터 전력을 구매하는 계약을 하면 각 전력에 대한 비용을 계산하고 평균값을 계산한다. 스텝-1에서의 결과는 CoB의 비용이 상승하는 것이다. 그러면 스텝-2에서 CoB는 CoC에 대하여 전력을 팔기로 계약한다. 그러면 CoB의 비용은 더 한층 상승한다. 그러나 만약 계약을 스텝-2에서 역순으로 한다면, 스텝-1에서 CoB의 비용은 CoC에 대하여 더 낮을 것이다. 왜냐하면 낮은 점에서 시작하면 CoA에게 높은 값으로 나타날 것이므로 계산의 순서는 계약의 비용에 변동을 가져올 것이다.

과 한 번에 하나의 거래를 하는 것은 상당한 시간을 요하고 최적시스템 운용비를 달성하는 상태를 실현하지 못한다. 이와 같은 부담을 덜기 위하여 여러 개의 전력회사는 중앙급전소를 운용하는 파워풀을 형성한다. 행정상의 업무뿐만 아니라 회원전력회사 간의 융통계약을 성사시키는 의무를 갖고 있는 파워풀은 하나의 중앙제어소에서 관리된다. 파워풀의 회원전력회사는 시스템 운용의 경제적 이득을 얻기 위하여 몇 가지 책임을 파워풀 운용에 넘긴다.

일반적으로 파워풀 회원사가 서명하는 협약의 내용은 대단히 복잡하다. 파워풀 회원사는 파워풀의 운용을 통하여 이득을 취하려고 하며 이것을 회원사 간에 공평하게 나누려고 하기 때문에 복잡도가 증가한다. 파워풀 회원사 사이에 전력융통의 혜택을 최대화하는 것 이외에 파워풀은 회원사의 기동정지스케줄과 예방보수스케줄을 조율하고, 파워풀 급전소에서 시스템 안전도를 평가하고, 회원사가 더 나은 수력 운전스케줄을 수립하도록 도와주는 업무 등을 한다. 파워풀은 각각의 전력시스템에 있어서 발전기가 고장정지를 일으키거나 예방보수를 시행할 때에 운용예비력을 확보하도록 협조할 뿐만 아니라 비상상황 발생 시에 파워풀에서 전력과 에너지를 지원받도록 하여 신뢰도를 향상하도록 한다. 이상적으로 파워풀은 회원사의 전력시스템이 마치 하나의 전력시스템인 것처럼 운용하여 '규모의 경제'를 달성하도록 한다.

회원사의 소유가 독립적이며 대부분이 독립적으로 운영되기 때문에 제휴하지 않은 회사 또는 전력시스템이 포함되는 파워풀을 설립하는 것에는 어려움이 발생한다. 그러므로 파워풀이 하나의 소유권 아래에서 정확하게 하나의 기관이라는 가정을 할 수는 없다. 만약 하나의 회원사의 송전시스템이 과부하 상태로 되어 있고 이것이 다른 회원사에게 도움을 주는 전력조류라면 송전망을 소유한 회원사는 송전설비의 사용에 대하여 비용을 청구할 수 있다. 만약 하나의 회원사가 인접한 전력시스템의 운용예비력 부족을 해소하기 위하여 자기 시스템 내의 발전기를 사용한다면 이에 대한 비용을 요구할 권한이 있을 것이다.

이와 같은 지불에 관한 규정에 대하여 파워풀을 설립할 때 회원사가 작성하고 서명한다. 회원사가 최대한의 경제운용을 추진하면 할수록 이와 같은 규정은 복잡하게 된다. 그럼에도 불구하고 절감액의 규모는 대단히 크며, 세계의 여러 연계시스템은 타당성이 있으면 중앙급전의 파워풀을 구성하는 방향으로 움직인다.

경제적 이득의 순서로 파워풀의 중앙급전이 갖는 운용상의 장점을 열거해 보면 아래와 같다.

1. 운용비를 최소화한다(운용효율을 최대화한다).
2. 시스템 전체에 걸친 기동정지스케줄을 수립한다.
3. 시스템 전체의 운용예비력을 최소화한다.
4. 예방보수기간 동안에 비용을 최소화하고 신뢰도를 최대화하기 위하여 예방보수스케줄을 조율한다.
5. 비상상황에 따른 복구절차의 혜택을 최대화한다.

이와 같은 파워풀에 의한 운용의 이득 및 경제적 이득의 반대편에는 불이익도 존재한다. 비록 중앙급전소를 설치한 파워풀은 전체적인 시스템 운용비를 감소할 것이라는 것이 일반적으로 옳은 것일지라도 몇몇 회원사는 파워풀의 요구사항과 지켜야 할 규칙이 불리하다고 느낄지도 모른다. 거론되고 있는 항목은 다음과 같다.

1. 파워풀의 각종 협약의 복잡성과 파워풀을 관리하고 운영하는 데에 관련한 전력회사 간의 조직을 지원하는 영속적인 비용의 필요성
2. 중앙급전소 및 통신설비, 컴퓨터 설비의 투자 및 운전유지비용
3. 개별 전력회사가 파워풀 외부와 독립적 계약을 할 수 있는 권한을 파워풀 중앙급전소에 양도하는 것과 파워풀 회원사가 지정하는 비용에 근거하여 외부와 거래를 해야 한다는 요구사항을 넣는 것
4. 만약 파워풀이 하나의 주 이상을 대상으로 하여 시스템을 운용할 경우 규제기관과 업무를 처리해야 하는 추가적인 복잡성
5. 파워풀 구조가 자기 회사의 소비자를 서비스하기 위한 요구사항을 처리하

는 데 있어서의 자유로운 행동을 제약하고 개별 회사의 경영책임의 일부분을 파워풀로 이전시켜 놓은 것

6. 전략의 수립

중앙급전에 의한 제어가 없는 파워풀은 회원사 간의 거래를 주선하기 위하여 브로커 사무소 역할을 하는 중앙기구를 통해 관리될 수 있다. 이에 대한 정반대의 예는 시스템 전체로 본 최적경제급전을 계산하고 회원사에게 제어신호를 보내는 중앙컴퓨터에 실시간 자료를 원격으로 전송하는 중앙사무소를 운영하는 것이다.

지금까지 파워풀 운용의 가장 어려운 임무는 모든 경제적 거래와 파워풀에 내재한 특별 지불방법에 대하여 "누가 누구에게 무엇을 지불하느냐?"에 대한 의사결정을 하는 것이다. 여기에는 여러 가지 방법이 있으므로 파워풀을 구성할 때 절차를 규정하는 것이 대단히 중요한 것이다.

PJM 연계시스템은 미국에서 가장 오래된 파워풀의 하나이다. PJM은 파워풀 전체로 본 합성비용곡선을 생성하고, 시스템 람다를 선정하고, 전체 수요를 만족시키는 시스템 람다를 회원사에게 전송한다. 각 회원사는 자체의 수요에 대하여 시스템 증분비용에 의하여 경제급전을 실행한다. PJM의 파워풀 운용 초기에는 통신시스템이 취약하여 광범위한 제어지역에 걸쳐서 발전기출력을 지정하기 위하여 단일 변수를 사용하였다. 이와 같은 실행방법은 경제급전의 장에서 설명한 바와 같은 잉글리쉬 옥션 또는 덧치 옥션 시스템으로 해석되었다.

중앙급전에 의한 시스템 운용비의 절감액을 할당하는 모든 방안은 어떤 파워풀 회원사라도 자체의 수요를 만족시키기 위한 발전시스템 운용비를 초과하는 비용이 사용되면 안 된다는 전제 아래에서 작성된 것이다.

파워풀 브로커 시스템에서 보았듯이 파워풀 절감액의 할당방법 중의 하나는 거래기간 동안의 순융통전력의 크기에 비례하여 절감액을 분배하는 것이다. 증분비용과 감분비용에 근거하여 구매자와 판매자의 짝을 찾는 '브로커 방법'에서 합의된 증분비용과 에너지의 크기는 거래를 시작할 때에 브로커에게 전달되어야 하므

로 절감액을 계산하기는 용이하다. 중앙급전방식을 사용할 때에는 판매하는 전력회사가 파워풀에 전력을 팔고 구매하는 시스템에 의하여 전력이 팔려 가는 것처럼 하여 운용하면 더욱 용이하다. 이에 더하여, 파워풀 거래를 위하여 하나의 전력시스템의 송전망이 다른 시스템의 송전망에 비하여 더 많이 활용된다면 이에 대한 고려를 하여야 한다.

미국 파워풀의 제어센터에서 사용되어 온 할당방법에는 두 가지가 존재한다. 첫 번째 방법은 증분비용과 감분비용을 사용하여 주기적으로 비용계산과 절감액 할당을 실시간 모드에서 실행하는 것이다. 이 접근방법에서는, 전력이 파워풀 회원사 사이에서 판매되고 구매되며 참여회사의 계정은 항상 최신의 상태로 수정된다. 두 번째 방법에서는 비용과 절감액의 할당이 전체 시스템 운용비를 평가하여 사후에 시행되는 것이다.

절감액 할당방법의 두 번째 형태는 각각의 전력회사가 자체의 개별 부하를 서비스하기 위하여 철저하게 운용하는 것처럼 하여 개별 회원사의 비용을 사후에 계산하여 실행되는 것이다. 이러한 형태의 계산에 있어서, 기동정지스케줄 작성, 수력 운전스케줄, 그리고 개별 회원사의 경제급전은 파워풀 수요가 서비스된 후 일정시간이 지나면 다시 계산된다. 이와 같은 "자체부하 급전(own load dispatch)"은 개별 시스템의 시스템 운용의 경제성을 최대한으로 추구하기 위하여 공동소유발전기와 자체소유발전기를 사용하여 실행된다.

개별 시스템에 대하여 계산한 비용이 합해지고, 파워풀 전체의 절감액은 이렇게 합산한 비용과 파워풀 중앙급전에서 계산된 실제비용의 차이에 의하여 결정된다.

이러한 절감액은 파워풀 협정에 명시된 구체적 규칙에 따라서 회원사에게 할당된다. 앞에서 설명한 규칙과 유사한 규칙에 근거하여 하나의 방법이 사용될 수 있다. 다시 말하면 절감액이 분배되는 시간대에 대하여 구매자와 판매자가 절감액을 균등하게 나누어 갖는 것이다.

구체적 계산절차는 파워풀마다 조금씩 다르다. 자기가 공급하여야 할 수요를 초과하여 에너지를 공급하는 파워풀 회원사는 초과로 발전한 부분에 대하여 비용을 보상받을 것이며 파워풀 전체로서 시스템 운용을 하여 얻은 전체 절감액의 일부분에 대하여도 할당받을 것이다. 개별 전력회사의 시스템 운용비를 계산할 필요가 있기 때문에 이 절차는 복잡하다. 파워풀의 협정은 에너지를 공급하는 데 뿐만 아니라 설비예비력을 공급하는 회사에 대하여도 비용지불에 대한 조항을 포함할 수 있다. 파워풀 회원사가 해답을 제시하라고 요구하는 논리적 질문은 수요예측자료를 사용할 수밖에 없는 파워풀 급전에서 알려진 부하패턴을 사용하는 사후적 시스템 운용비 분석을 비교함에 있어서의 공정성을 비교하는 문제에 관한 것이다. 100%의 확실성이 있다고 알고 있는 부하패턴이 있으면 파워풀 급전소는 기동정지스케줄 작성을 더욱 최적화할 수 있다.

현재의 전자계산기의 능력을 이용하면 시간마다의 계산 또는 5분마다의 계산을 원하는 대로 할 수 있다. 뉴질랜드는 1시간에 걸쳐서 필요한 계약의 개수를 간략하게 하기 위하여 5분의 구간을 사용한다.

자체 발전기를 이용하여 비용과 절감액을 할당하기 위한 완전한 급전계산은 1주일 단위로 시행된다. 시간대별 부하와 발전기 기동정지의 상황이 필요하므로 시행은 대단히 복잡할 수 있다. 온라인 실시간 할당구조는 이와 같은 복잡성을 제거한 것이다.

이와 같은 절감액이 어떻게 할당되든 간에 독자들은 "절감액"을 평가하는 것이 실제적으로 알려진 비용과 "그러하였을 것이다"라고 하는 비용의 차이를 찾아내야 하는 과정을 거쳐야 한다는 사실을 확실하게 알아야 한다. 후자의 가상적인 비용을 평가하는 방법에는 합의하기 어려운 부분이 많다.

11.8 에너지 브로커 시스템

상품 또는 재무적 도구(예: 증권)의 구매 또는 판매에서와 마찬가지로 당사자끼리 직접 거래를 하는 대신 에너지의 구입과 판매를 주선하는 브로커를 통하여 연계전력시스템이 거래를 하는 것이 유리한 경우가 많다. 이러한 협약은 브로커가 모든 구매-판매를 한꺼번에 관찰할 수 있고 시스템 운용의 경제적 효율을 높일 수 있기 때문이다. 전력회사가 전력과 에너지를 한 쌍으로 하여 거래협상을 할 때, "시장"이라는 것은 바자(bazaar)처럼 약간은 우연히 발생하는 형태를 보인다. 판매에 대한 가격제안을 받아들이고 구매에 대한 제안을 받아들이기 위하여 중앙의 브로커를 이용하는 것은 수요, 공급, 그리고 가격이 동시에 알려지는 질서있는 시장을 조성한다.

가장 간단한 형태의 "브로커" 제도는 "게시판"이다. 이와 같은 구조에서 회원 전력회사는 오퍼를 공시한다. 규칙적인 시간 간격으로 자주 전력과 에너지의 구매와 판매에 대한 오퍼를 공시한다. 회원사는 게시판에 항상 자유롭게 접속할 수 있으며 (몇 개의 자료교환 네트워크를 통하여) 매력적인 오퍼를 확인한 회원사는 오퍼를 공시한 회사와 자유롭게 접촉하며 직접 거래를 성사시킬 수 있다. 이와 같이 비공식적으로 구성된 시장처럼 많은 거래가 시장의 밖에서 이루어진다. 좀 더 복잡한 일을 하는 브로커는 직접 구매자와 판매자를 짝지어주고 거래가격을 결정하여 준다.

플로리다 에너지그룹의 방법은 성공적으로 시행되어 소비자에게 경제적 혜택을 가져다 준 전력브로커제도의 하나이다. 브로커 시스템의 회원이었던 전력회사는 지정된 규칙에 따라 짝을 맺어 주는 브로커에게 구매-판매 오퍼를 시간대별로 보낸다. 매시간마다 각 회원사는 증분비용과 판매의향이 있는 전력 또는 감분비용과 판매의향이 있는 전력을 전송한다. 브로커는 최저비용을 제시한 판매자와 최대비용을 제시한 구매자의 짝을 지어 거래를 성사시키며 모든 오퍼가 처리될 때까지 진행한다. 짝을 이룬 구매자와 판매자는 전력브로커 규칙을 만들 때 작성한 규칙에 의하여 거래가격을 결정한다. 가장 흔한 협약은 판매자의 증분발전비용을 보상해 주고 구매자와 동등하게 절감액을 나누는 것이다. 이와 같은 협약을 위한 가격계산 공식은 다음과 같다. 먼저 비용을 다음 식

F_s = 구매회사의 증분비용($/MWh)

F_b = 판매회사의 감분비용($/MWh)

$$F_c = \text{거래의 비용함수}$$

과 같이 정의한다. 그러면, 비용함수는 다음 식

$$F_c = F_s + \frac{1}{2}(F_b - F_s)$$

$$= \frac{1}{2}(F_s + F_b)$$

과 같이 된다. 간략히 말하면, 거래의 비용함수는 판매자의 증분비용과 구매자의 감분비용의 평균이다. 이 책에서, 감분비용은 발전기출력이 소량 감소할 경우에 있어서 시스템 운용비의 감소액을 말한다. 예제 11B는 전력브로커의 중개절차를 보여 준다. 흔히 구매/판매 오퍼는 "구매하기 위한 비드"와 "판매하기 위한 애스크"라고 말한다. 비드/애스크는 판매/구매와 등가이다.

예제 11B 이 예제에서, 2개의 전력시스템은 비드/애스크 오퍼를 브로커에게 보냈다. 아래의 표에는 이 자료가 나타나 있고 달성할 수 있는 최대한의 절감액이 계산되어 있다. 경제급전과 전력융통과의 관계를 보여 주기 위하여 예제 11A의 자료가 사용되었다.

다음과 같은 비드/애스크 자료가 브로커에게 전달된다.

회사	증분비용 ($/MWh)	판매량 (MWh)	총비용증가 ($)
판매에 대한 비드(오퍼)			
A	20.526	50	14,759−13,741=1,018
B	24.624	50	23,806−22,585=1,221

회사	증분비용 ($/MWh)	판매량 (MWh)	총비용증가 ($)
구매에 대한 애스크(오퍼)			
A	19.900	50	12,738−13,741=−1,003
B	23.848	50	21,383−22,584=−1,201

브로커는 다음 표에 나타난 것과 같이 거래를 주선한다. 구매자와 판매자 사이에서 증분비용이 증가하므로 비용이 절감된다. 절감액을 나누어 갖는 협약에 의한 비용 및 단기 계산은 용이하다.

거래	가격계산	거래로 인한 총 절감액
A는 B에게 50MWh 판매	(20.526+19.90)/2=20.213$/MWh 20.213×50=1,010.65	1,018−1,201=−183
성사 안 됨		
성사 안 됨		
	합계	183

회사-A는 회사-B로부터 $1,010.65를 받는다. 거래의 양측에게 모두 이득이 있다. 회사-A는 자기의 비용 이상으로 지불받으며 회사-B는 회피비용으로 인한 절감액을 받는다.

이 예제는 전력융통의 예에서와 같은 결과를 얻을 때까지 반복되어야 한다. 비드/애스크의 양은 OPF의 해에 수렴하는 수준까지 감소되어야 한다는 것을 주목해야 한다. 추가적으로, 수요-공급 곡선은 반복적으로 해를 도출하는 절차로부터 구해야 한다. 각 회마다의 해는 일회의 경제급전의 해와 등가이다.

브로커 시스템의 가장 큰 장점은 이것이 단순하다는 것이다. 브로커 시스템이 작동하도록 하는 데 있어서 필요한 것은 각 회원사의 시스템 운용센터 사무실에 이르는 통신설비와 거래를 성사시킬 수 있는 몇 가지 수단이다. 거래는 수동으로 성립될 수도 있고 "구매/판매" 오퍼에 대한 정보가 입력되고 거래를 자동적으로 성사시키는 컴퓨터 프로그램에 의한 현대적인 중개도구에 의하여 성립될 수도 있다. 브로커의 형식에 따라서, 가격을 제시하는 시스템은 브로커가 제시한 짝짓기 정보를 통하여 알 수도 있고 거래당사자가 적합하다고 생각하면 거래를 성사시킬 수 있다.

경쟁은 대부분의 상품의 계약에 대하여 의사결정을 요구하는 차별가격제를 요구한다. 낮은 가격이라도 판매하겠다는 공격적인 판매회사에 있어서 이와 같은 가격제도는 판매회사의 수익을 감소시킬 것이다. 차별가격제는 대부분의 전력시장에서는 사용되지 않는다.

경제학자들은 '브로커 가격제도'는 각 시간대별로 하나의 유일한 청산가격을 지정하여야 한다고 주장하며 이것이 단일가격제(하나의 가격을 사용함)이다. 이것의 뒤에 숨은 논리는 시장이 결정하는 가격수준은 참여자의 필요와 구매/판매에 대하여 자의적 결정에 근거하여야 한다는 것이다. 이렇게 함으로써 비용에 근거한 가격을 사용하지 않아도 된다. 전력회사는 원하는 가격수준에서 오퍼를 제시할 수 있지만 (제안된 대부분의 규칙 아래에서) 시장청산가격으로 제시된 에너지를 의무적으로 구매하거나 전달해야 한다. 계약에 대한 거래시장은 증권시장과 유사하다. 이와 같은 가격시스템에 대한 반대의견은 공급이 부족할 경우 가격수준은 제어하지 못할 정도로 급격하게 상승한다는 것이다.

계약의 개별 반복과정에서의 가격을 사용하는 대신에 마지막으로 성사된 계약에 사용된 것과 동일한 가격이 사용될 것이므로 이것은 앞에서 언급한 브로커 가격제도에 의한 가격을 변경할 것이다.

단일가격 옥션방식에서 단일가격제는 대부분의 판매자와 구매자의 위험을 제거한다. 이는 마지막에 성사된 비드가격과 애스크가격이 정확해야 하기 때문이다. 만약 옥션이 일회반복법에 의한 것이라면 이것은 적절하다. 그러나 대부분의 상품이 그렇듯이 거래가 연속적으로 일어나면 차별가격제는 시장가격의 해 또는 합의를 빨리 구할 수 있도록 한다.

전력브로커제도는 장기 "이코노미 융통" 및 용량 판매제도와 같은 융통계약까지 확대될 수 있다. 이렇게 확대되면 연계시스템의 순동예비력 확보에 필요한 비용을 절감하고 기동정지스케줄을 조율하는 것을 브로커가 도와줄 수도 있게 된다. 건설비를 포함시켜서 계산할 수도 있으나 일반적으로는 별도로 계산된다. 건설비는 열소비율 곡선 내에 포함될 수 있다.

예제 11C 이 예제에서, 4개의 전력시스템은 구매/판매 오퍼를 브로커에게 제시하였다. 아래의 표에 이에 관한 자료가 제시되어 있고 파워풀이 최대로 절약할 수 있는 금액이 단일 가격제를 이용하여 계산되었다.

에너지 판매 전력회사	증분비용($/MWh)	판매에너지	판매자의 총비용증가($)
A	25	100	2,500
B	30	100	3,000

에너지 구매 전력회사	감분비용($/MWh)	구매에너지	구매자의 총비용증가($)
C	35	50	1,750
D	45	150	6,750

파워풀의 순절감액 =(1,750$+6,750$)−(2,500$+3,000$)
=8,500$−5,500$=3,000$

브로커는 다음 표와 같이 거래를 성사시켰다.

거래	절감액 계산	거래의 총 절감액($)
1. A는 100MWh를 D에게 판매함	100MWh(45−25)$/MWh=	2,000
2. B는 50MWh를 D에게 판매함	50MWh(45−30)$/MWh=	750
3. B는 50MWh를 C에게 판매함	50MWh(35−30)$/MWh=	250
	합계	3,000

가격($/MWh)과 총판매액은 마지막에 성사된 가장 높은 거래가격을 사용하여 단일 가격제 아래에서 쉽게 계산된다. 이것은 다음의 표에 나타나 있다. 앞의 예제에서 낮은 "차별가격 옥션"[13] 짝짓기[14]에 대한 혜택을 주목할 필요가 있다.

13) Wikipedia의 웹사이트 https://en.wikipedia.org/wiki/Multiunit auction을 참조하고 "균일가격 옥션" 또는 "청산가격 옥션"이라는 것과 전력이 판매될 때 가격이 변동하는 "차별가격 옥션(discriminatory price auction)"의 차이점을 주목할 필요가 있다.
예제 11C의 다음에 나타나는 표에 있어서 판매가 이루어지면 가격이 변하므로 이것은 차별가격 옥션이며 다음에 나타나는 표의 청산가격은 37.5$/MWh로서 각 판매에 대하여 변동하지 않는다.

14) lower discriminatory priced auctions match

거래	가격($/MWh)	총비용($)
1. A는 100MWh를 D에게 판매함	37.5	3,750
2. B는 50MWh를 D에게 판매함	37.5	1,875
3. B는 50MWh를 C에게 판매함	37.5	1,875
	합계	7,500

회사-A는 회사-D로부터 $3,750를 받는다. 회사-B는 회사-D와 회사-C로부터 $1,875를 받는다. 각각의 참여회사는 모두 이득을 취한다는 것을 주목해야 한다. 회사-A는 비용보다 더 큰 금액을 받으며 "비용절감액을 나누는 협약"에서보다 더 많은 금액을 받는다.

11.9 송전용량의 일반 논제

가용융통전력 용량에 관하여서는 1970년대부터 논의가 시작되었고 COMED사는 송전시스템에 전달되는 전력 또는 송전시스템을 관통하는 전력을 최대화하기 위하여 융통전력의 한계를 계산한 최초의 회사 가운데 하나였다.

초기의 전력융통 가능량은 송전시스템이 유효전력을 하나의 전력회사로부터 다른 전력회사로 전송할 수 있는 능력에 근거하여 계산되었다. 이것은 송전망의 열적 용량한계에 기초한 것이다. 일차 상정사고가 발생한 이후 송전망이 전력융통을 계속할 수 있는가를 확인하기 위하여 첫 번째 상정사고를 가정하여 본다. 이 작업은 파이와 사우어 등에 의하여 확장되었으며 이들은 과도안정도 한계를 계산과정에 포함하였다. 이 책의 공저자인 셰블레는 하나의 계약이 추가되더라도 공급지장시간(LOLP)과 공급지장 전력량의 기대치가 원하는 수준 이내로 유지될 수 있을 확률을 계산하는 과정을 위의 계산과정에 추가하였다.

이 절은 이와 같은 개념에서 출발하여 전력융통계약평가와 인가 서비스로 확대하는 계산과정을 설명한다. 다음의 내용은 대부분 미국 중서부 시스템 운용기관

(MISO)의 실행절차에 근거한 것이다.

전력전송은 융통을 가능하게 하지만 또한 거래될 수 있는 용량에 제약을 가한다. 이 논제는 기술 관련 문제와 구조적 문제를 포함한다. 조직상의 시장구조 논의를 넘어서는 기술 관련 논제도 존재하지만 이들의 대부분은 연계전력시스템을 여러 개의 전력회사가 소유하기 때문에 발생한다. 신뢰도와 안전도를 유지하면서 전력조류 문제를 해결할 수 있는 물리적 능력이 있는 전력을 전달할 수 있는 네트워크의 능력의 정의에 관한 기본적인 문제가 존재한다. 여기에는 네트워크의 허용할 수 있는 신뢰도 수준을 정의하는 데 있어서 기술적 고려사항이 아닌 문제도 포함된다. 송전망에 다중병렬경로를 건설하기 위한 투자비 조달이 가능한 환경에서 시스템 안전도를 엄격하게 유지하려는 전력회사 및 정부기관의 요구에 따라 송전용량은 제약을 받는다. 광역정전과 지속적인 전력공급 부족 상황은 피해야 한다. 네트워크는 상당한 여유용량을 갖도록 설계되기 때문에 구성요소는 보수적인 관점에서 부하를 담당하게 된다. 하나의 중요한 구성요소가 고장을 일으켜도 이로 인하여 부하가 상실되는 사건은 일어나지 않도록 한다. 2개의 고장이 동시에 발생하더라도 부하차단은 일어나지는 않을 것이다. 예상할 수 있는 대부분의 경우에도 연계시스템 전체로 파급되는 연쇄탈락은 일어나지는 않을 것이다. 하나의 고장이 지속됨으로 인하여 송전선로가 탈락하고 병렬회로가 과부하 상태로 되면 연쇄탈락이 일어날 수도 있다. 이러한 상태에서는 보호계전기 시스템이 작동하여 과부하로 된 선로를 개방한다. 그러므로 하나의 사고가 전체 시스템에 지역적으로 차례로 전달되어 전체 시스템의 블랙아웃으로 이어진다.

투자비와 자금조달이 어려운 경제환경 아래에서 그리고 환경제약으로 인하여 송전망을 확장하기 어려운 상황 아래에서 송전망은 신뢰도 기준을 조금 완화하여 설계될 수 있고 송선망 구성요소가 사고를 일으켰을 때 부하를 차단할 수 있도록 운용될 수 있다. 계획부하 차단은 "공급실패"로 간주하지 않는다는 것을 제외하고는 안전도 유지 및 신뢰도 기준에 대한 표준의 내용은 앞의 상황과 유사하다. "방어적 운용계획"의 관행이 시행되는 시스템에서조차도(즉, 하나 또는 2개의 중요한 구성요소가 탈락하여도 연쇄탈락으로 이어지지 않음), 특수한 시스템 제어를 사용하는 것이 좀 더 경제적인 경우도 존재한다. 이때에는 원거리에 있는 발전기에 접속된 송전선이 탈락할 때 즉시 부하를 자동적으로 차단하는 것이다. 이것은 간단한 예이며 지금까지 사용되는 것 가운데에는 더욱 복잡한 것도 있다. 여러 종류의 특수한 제어시스템이 사용될 경우 여러 시스템의 작동내용을 기록할 필요가 있으며 연계시스템 내의 모든 제어시스템은 변화와 진행내용에 대하여 모든 사항을 항상 알고 있어야 한다. 미국의 여러 전력회사는 고전압 교류송전망에 직렬 및 병렬 무효전력 보상장치를 설치하였다. 이와 같은 복잡한 시스템은 교정작용시스템(RAS)을 사용하여 광범위한 운용 및 단락고장 보호조치를 하여야 한다. 이러한 체계는 운전원의 개입이 없이 운용되는 지역 컴퓨터 시스템의 국지보호계전기 시스템에 확대 적용되어야 한다.

어떠한 연계전력시스템에 있어서도, 정량적인 항목으로써 주어진 신뢰도와 안전도의 유지기준을 고려하여 전달될 수 있는 최대전력의 크기를 정의할 필요가 있다. 그러므로 교류전력시스템에 존재하는 여러 종류의 운전한계를 고려하여야 한다. 이것은 송전망의 구성요소에 흐르는 전류에 의하여 발생하는 열을 흡수하고 발산시키는 장치와 송전선로의 용량에 의하여 규정되는 열적 한계를 포함한다. 이와 같은 한계치는 주위 온도를 초과하는 허용할 수 있는 최대온도 상승치로써 표시된다. 이러한 의도는 고온상태가 지속되어 송전선이 이완되고(처지고) 손상되는 것을 방지하기 위한 것이다. 이와 같은 직접적인 열적 한계문제 이외에도 가변적인 주위의 조건이 동계보다 하계에 전력전달 용량을 낮게 하는 실제적인 위험을 일으킬 수 있다. 또 다른 것은 시스템의 각종 한계가 상호작용하여 발생하는 제약조건, 기기의 용량제약, 경제성, 서비스신뢰도("안전도") 표준 등이 전달용량의 한계를 짓는 것이다. 이것에는 전압-무효전력에 관계된 조건과 안정도 유지에 대한 고려가 포함된다.

시스템 내의 전압크기는 전력시스템과 컴퓨터 장치에 의하여 지정된 범위 이내로 유지되어야 하기 때문에 전압과 무효전력에 관한 조건이 발생한다. 대용량의 고전압기기와 소비자 사용기기(모터, 변압기 등)는 정격전압에서 ±5%의 변동폭으로써 유지되어야 한다. 전력시스템에서 전압크기의 허용변동폭은 기기에 적합하도록 전압을 회복시키는 각종 전압수정장치의 능력에 따라 영향을 받는다(그리고 확장되기도 한다). 주요한 제어장치로서는 탭변환 변압기와 각종 형식의 무효전력 공급장치가 있다. 송전거리가 짧은 경우에는(예를 들면 50마일 또는 100km), 열적 한계와 전압-무효전력의 한계가 시스템 상태에 제약을 가한다. 물론, 이론적으로는 추가적으로 선로 또는 무효전력 지원장치를 건설할 수 있으나 송전용량을 증가하는 데 있어서 경제적 고려가 실제적으로 제약을 가하는 요소로서 작용할 수 있다.

송전선로의 용량은 전압안정도(voltage instability), 정상 상태(steady state) 안정도 문제, 그리고 과도안정도 등에 의하여 제약을 받는다. 모든 경우에 있어서 네트워크는 불안정 상태에 도달할 수 있는 잠재적인 상태에서 벗어나 이를 감당할 수 있어야 한다. 이와 같은 불안정 상태로 이끄는 조건은 송전망의 부하 부담이 커질수록 강해진다. 이러한 상황을 회피하기 위하여서는 전송될 수 있는 전력의 크기에 대하여 운전상의 용량제약을 가하는 것이다. 장거리 송전의 경우 제약을 가하는 가장 큰 원인은 과도안정도의 문제이다. 점차적으로 과부하 상태로 되는 네트워크를 시험해 보거나 불안정한 상태를 경감하거나 예방하는 방안을 강구하는 과정에서 여러 종류의 한계치를 찾을 수 있다. 어떤 지점에서는 송전용량의 한계를 넓히는 것이 불가능하거나 비경제적인 수도 있다. 경제적 고려 이외에도 실제적인 전력전달 한계는 활용되는 검증기준에 따라서도 변한다. 단락고장을 성공적으로 해소하고, 재폐로 할 수 있는 단상단락고장을 견디어 낼 수 있는 네트워크의 능력만 검증하면 충분한 것인가? 그렇지 않으면 선로를 개폐해야 하는 완전 3Φ 단락고장에 대하여 능력을 검증하여야 하는가?

11.10 가용전달용량과 플로게이트

가용전달용량(ATC)은 얼마나 중요한 것인가? 전력시스템 신뢰도 유지는 전력시장의 효율에 제약을 가하는 분야이다. ATC는 전력시장의 작동결과 및 시스템 신뢰도에 커다란 영향을 미치므로 ATC의 결과는 모든 시장참여자에게 커다란 재무적 영향을 미친다.

COMED사는 대규모의 원자력발전소를 운영하고 있다. 본느빌 전력공사(BPA)도 대규모의 수력발전소를 운영하고 있다. '그랜드 쿨리 댐'에는 하나의 발전소의 용량이 6,765MW가 되는 설비가 한 장소에 설치되어 있다. BPA사의 대부분의 수력발전소는 캐나다에서 발원하는 컬럼비아강에 건설되어 있다. 결과적으로 캐나다가 어떻게 컬럼비아강을 이용하느냐에 따라 BPA가 자체 소유의 수력발전소를 활용할 수 있는 능력은 크게 영향을 받는다. 미국과 캐나다는 협정을 하여 컬럼비아강을 사용한다. 협정의 내용을 아주 간략하게 설명한다면, 캐나다는 컬럼비아댐을 건설하였고 미국(즉, BPA의 수력발전소)에 혜택이 가도록 컬럼비아댐을 운용한다는 것이다. BPA는 캐나다가 미국의 전력시장에 접속할 수 있도록 모든 노력을 하여 협력하며 전력에너지가 부족한 캘리포니아의 시장이 대상이다. 이것은 BPA가 캐나다와 캘리포니아 사이의 전력시스템을 관통하여 전력을 수송하려고 노력한다는 것을 의미한다. 이와 동시에 미국에서 생산된 전력에너지가 차후에 미국에서 다시 사용되기 위하여 캐나다에 전력에너지를 저장할 수도 있게 하는 협정도 존재한다. 이 경우에 캐나다 수력시스템은 그동안에 여수로를 통하여 방류하지 않아야 한다.

2개의 케이스 모두 대규모의 자금이 걸려 있다. COMED사는 8억 달러 이상에 해당하는 전력을 한 달 동안에 인접한 전력시스템에 판매하였다. 또한 COMED사는 대규모의 전력에너지를 동쪽에서 서쪽으로 탁송하였다. 2000년 1월 캐나다의 '하이드로 퀘벡'사는 3억 5,000만 달러의 전력에너지를 캘리포니아에 판매하였다. 그러므로 원자력발전과 수력발전에 의한 전기가 낮은 전기요금으로 판매되어 소비자에게 혜택을 주었다.

ISO는 송전서비스 요청(TSR)을 평가하기 위하여 조류계산에 근거한 방법[15]을

---

15) flow-based approach

사용하기로 하였다. 사용된 가용플로게이트 용량법(AFCM)은 NERC의 신뢰도 표준[16]의 요구사항에 따라 가용플로게이트 용량(AFC)을 계산하여야 한다.

11.10.1 관련 용어의 정의

플로게이트(절 7.5 참조)는 송전시스템에 있어서 대부분의 시간에 있어서 최대용량의 전력조류가 흐를 것이라고 예상되는 송전선로의 제약조건의 집합이다. 조류계산을 이용하는 계산절차에 있어서 이 제약조건은 송전시스템의 계약내용(commitment)[17]을 측정하는 용도로서 사용된다. 플로게이트는 2개의 형태로 분류되며 하나는 전력전달 배분계수(PTDF)이며 또 하나는 탈락전달 배분계수(OTDF)이다. PTDF 플로게이트는 사고가 없는 경우의 단일 또는 복수의 송전망 요소의 전력조류를 감시하는 플로게이트이다. OTDF 플로게이트는 송전망의 다른 구성요소가 탈락되었을 경우의 단일 또는 복수의 송전망 요소의 전력조류를 감시하는 플로게이트이다. 송전망 요소는 변압기, 송전선로 또는 발전기를 말한다.

플로게이트에 있어서 **가용플로게이트 용량**(AFC)이라는 것은 송전시스템의 사용을 허가받고 이미 사용 중인 송전서비스를 초과하는 추가적 송전서비스를 위하여 사용될 수 있는 플로게이트의 MW전달용량을 말한다. 사용 중인 송전시스템은 플로게이트의 부하 부담에 영향을 주는 발전기로부터 부하로 흐르는 전력과 이미 판매된 송전서비스를 포함한다. AFC의 크기는 시간과 서비스 형태에 따라 변한다. ISO[18]는 다음 시간부터 향후 3년에 이르는 대상기간에 대하여 확정AFC 및 비-확정 AFC 값을 계산한다.

배분계수는 특정한 송전경로를 위한 하나의 플로게이트에 대한 전력전달의 증분영향을 정량화하고 %로써 표현된다. 배분계수는 제7장에서 설명한 바와 같이

16) North American Reliability Council (NERC) "Reliability Standard MOD-030"

17) 역자 주: 여기에서의 commitment란 것은 전력을 전달해 주는 약속을 의미하며 계약된 전력조류가 송전망에 어떻게 영향을 미치는가에 대하여서는 플로게이트의 전력조류로써 측정된다.

18) 미국에서는 하나의 ISO가 시장과 송전시스템을 동시에 관리한다.

계산된다.

하나의 AFC권역은 AFC를 계산할 때 모델이 되는 가장 작은 낟알(granular)모양의 제어지역이다. 모든 것이 포함된 송전서비스예약의 내용은 영향과 평가를 모델링 하기 위하여 AFC권역에 매핑(mapping) 된다. 일반적으로, AFC권역은 연계지역 신뢰도평가그룹(IRAG)[19]과 복수지역 모델링 작업반(MMWG) 모델에서 대상으로 사용되는 '균형유지기관의 제어지역(BAA)'이다.

AFC 경로(AFC Path)[20]는 AFC권역으로 모델링 되는 유일한 '근원과 싱크'에 의하여 정의된다. ISO의 공개접속 실시간 정보시스템(OASIS)[21]은 AFC 계산에서의 낟알 모양과 다를 수도 있는 '근원과 싱크'의 명단을 사용하므로 '근원과 싱크'의 조합을 AFC권역에 사상하기 위하여 전기 등가표가 사용된다. 또한 송전서비스를 좀 더 정확하게 평가하기 위하여 전기 등가표는 '근원과 싱크'를 복수의 AFC권역의 조합인 하나의 검토권역에 매핑하기 위하여 사용될 수도 있다.

용량혜택 여유(CBM)는 판매사업자가 발전신뢰도를 만족시키기 위하여 연계지역으로부터 발전출력을 접속하도록 하기 위하여 ISO가 판매사업자(LSE)를 위하여 균형유지기관의 제어지역(BAA) 내에 확보하고 있는 확정송전 전달용량의 크기이다. CBM은 관련된 플로게이트에 제한을 가하는 요소에 대하여 총 플로게이트 용량(TFC)의 감소로서 적용된다.

송전신뢰도 여유(TRM)는 연계된 송전망이 안전도를 유지할 수 있다는 합당한 보장을 해주기 위하여 필요한 송전전달용량의 크기이다. TRM은 시스템 상태에 대한 내재적인 불확실성과, 시스템 상태가 변할 경우 시스템 운용의 신뢰도를 보장하기 위하여 운용의 유연성의 필요성을 설명해 주는 것이다.

---

19) 역자 주: IRAG는 회원전력회사의 바로 인접한 연계시스템을 담당하고 MMWG는 수백 마일 이내의 연계지역 전력조류를 검토한다.

20) Available Flowgate Capability Path

21) "OASIS"는 Open Access Same-Time Information System의 약어로서 공개접속 실시간 정보시스템의 약어이다. 이것은 등록한 사업자가 네트워크의 서로 다른 지점 사이의 송전용량에 대한 정보를 구하는 것을 도와주기 위한 웹-페이지 서비스이다.

총 플로게이트용량(TFC)은 플로게이트의 어떤 요소에 대하여도 과부하(실제 운용 중 또는 상정사고 계산 도중)를 일으키지 않고 플로게이트를 통하여 흐를 수 있는 최대 전력을 말한다. 하나의 MW로 나타나는 대리변수는 전압유지 또는 안정도 유지를 위한 충분한 여유를 보장하기 위한 대체물로서 작용할 수 있다. NERC 신뢰도 표준[22]에 따르면 TFC는 정의된 플로게이트의 연계시스템 신뢰도 운용한계(IROL) 또는 시스템 운용한계(SOL)를 나타낸다.

총 플로게이트용량의 몫(STFC)은 어느 기관에게 할당되어 있는 TFC의 몫과 각종 "seams 협정"[23] 아래 CMP[24]에 규정되어 있는 여러 가지의 규칙을 사용하여 결정되는 TFC의 몫이다. 이것은 미래의 시간구간에 대한 확정송전서비스에 제한을 가하기 위하여 사용된다.

총 플로게이트용량의 가용 몫(ASTFC)은 플로게이트에서 확정송전서비스로서 사용할 수 있는 회사 또는 기관을 위한 TFC의 가용한 몫이다. 이것은 TFC의 몫에서 전력사업자가 플로게이트에서 갖고 있는 기존의 확정계약의 몫을 공제한 것을 의미한다.

지역균형유지기관(LBA)은 하나의 운영기관 또는 공동등록기관[25]으로서 다음의 기관 ① 균형유지기관의 제어지역 내에서 각 기관의 제어지역을 위한 균형유지기관 협정[26]에 정의되어 있는 NERC의 균형유지기관 신뢰도 표준[27]의 하위 문서의 규정에 의하여 NERC에 의무적으로 따라야 하는 기관,[28] ② ISO를 제외하

---

22) NERC Reliability Standard MOD-030, R2.4

23) 역자 주: "Seams agreements"는 전력시장활동을 관리하고 이것이 인접 송전서비스 제공자에게 미치는 영향을 관리하기 위한 협정이다.
https://www.misoenergy.org/Pages/Home.aspx

24) 역자 주: CMP(Congestion Management Process)는 TFC의 몫을 계산하는 방법을 기록한 것으로서 미국 정부 문서에서 사용되는 용어이다.

25) Joint Registration Organization

26) Balancing Authority Agreement

27) Balancing Authority Reliability Standards

28) Joint Registration Organization

고 균형유지기관 협정에 따르는 기관, ③ FERC, NERC, 그리고 주 규제기관이 명시한 요구에 따르는 기관 등을 말한다. FERC, NERC 등과 같은 규제기관에 대하여서는 절 2.2.1을 참조하기 바란다. ISO와 송전망 소유회사는 플로게이트 목록에 추가하거나 삭제하거나 수정하기 위한 "$N-1$" 판정기준을 활용한다. ISO는 플로게이트가 AFC 절차에 포함되어야 하는가를 결정하기 위하여 다음과 같은 기준을 사용한다.

- 1년에 한 번씩, ISO는 플로게이트를 감정하기 위하여 일차 상정사고 전달해석을 실시한다. 일차 상정사고 전달 해석은 ISO의 시장관할구역 내에 있는 10,000MW까지의 ATC 경로에 대하여 실행되며 이것은 검토대상의 어떠한 경로에도 최대전달용량을 초과하는 것이며, 나아가서, 처음의 3개의 제약을 가하는 요소와 최악의 상정사고조합으로서 ISO의 시장관할구역 내에 존재하며 OTDF가 최소한 5%인 것 등이 플로게이트로서 포함되도록 하여 실행된다. ISO는 이와 같은 해석 내용에 모든 인접 균형유지기관(BA)의 '근원과 싱크'의 조합을 대상으로 한 결과도 포함시킨다. 운용계획팀은 여기에 사용된 일차 상정사고 기준이 특별보호시스템(special protection system)의 사용을 포함하여 시스템 운용계획에 사용된 것과 일치하는 것을 보장하기 위하여 이 분석의 결과를 사용한다.

나아가서, 만약 기타의 플로게이트가 한계 이내에서 유지되도록 시스템 운용을 함으로써, 어느 하나의 '한계 짓는(limiting)' 요소가 이와 관련한 최악의 상정사고에 대하여 한계 이내에 유지된다면, 이러한 한계 짓는 요소 또는 상정사고에 대하여 새로운 플로게이트가 지정될 필요가 없다. 이와 유사하게, 직렬구성에서 가장 제약을 많이 가하는 요소만이 플로게이트에 포함될 필요가 있다.

ISO는 한계 짓는 요소/상정사고의 조합을 송전모델 내에 포함한다. 이것은 다른 송전서비스 제공자(TSP)가 플로게이트법을 사용하여 모델 내에 포함하도록 요구한 것이다. 요청받은 플로게이트는 만약 이것이 최소한 5% PTDF 또는 ISO의 시장관할구역의 발전기로 인하여 OTDF 영향을 받을 경우, 또는 ISO의 시장관할구역의 균형유지기관의 제어지역으로부터 인접한 균형유지기관의 제어지역으로 5% PTDF 또는 OTDF 영향을 줄 경우, ISO의 AFC 절차에 포함될 것이다.

ISO는 과거 12개월 동안 연계지역 전체에 걸친 송전선로 혼잡관리 절차의 대상이었던 어떠한 플로게이트라도 임시 운용상태를 알려 주기 위한 것이 아니라면 신뢰도 조율기관의 제어지역 내에 역시 포함시킬 것이다.

만약 어떤 플로게이트가 과거 24개월 동안 연계지역 전체에 걸친 송전선로 혼잡관리 절차의 대상이 아니었다면, ISO는 AFC 절차에서 플로게이트를 제거할 수 있다.

ISO는 시장관할구역 내에 있으면서 ISO의 실시간 시스템 운용자가 포함하도록 요청한 것으로서 한계 짓는 요소/상정사고의 조합을 송전선 혼잡관리를 위하여 플로게이트에 포함시킬 것이다. 요청받은 플로게이트는 만약 이것이 최소한 5% PTDF 또는 ISO의 시장관할구역의 발전기로 인하여 OTDF 영향을 받을 경우, 또는 ISO의 시장구역의 균형유지기관의 제어지역으로부터 인접한 균형유지기관의 제어지역으로 5% PTDF 또는 OTDF 영향을 줄 경우, ISO의 AFC 절차에 포함될 것이다.

ISO는 ISO의 "SOL/IROL 방법론 문서"[29]에 의하여 플로게이트의 TFC를 지정하기 위하여 송전망 소유/운영회사가 제공한 설비의 정격용량을 이용할 것이다. 플로게이트의 정의와 TFC는 송전망 소유/운영회사(SOL 플로게이트), 또는 ISO 신뢰도 조율기관(IROL 플로게이트)에 의하여 제공되며 이것은 하계 최대수요와 동계 최대수요 발생 시의 주위 온도와 앞서 설명한 플로게이트 선정기준에 근거하여 결정된다. 이러한 플로게이트의 TFC는 정의된 플로게이트의 IROL 또는 SOL을 나타낸다. 플로게이트의 목록은 정의 및 자료와 함께 ISO의 웹-기반 데이터베이스에 보관된다. 이것은 ISO에 의하여 관리되며, 1년에 최소한 한 번 이상 수정되거

29) ISO SOL/IROL Methodology document

나, 또는 플로게이트를 신청한 이후 30일 이내에는 요청하는 데로 수정된다.

1년마다 일어나는 수정작업에 따르는 플로게이트 목록의 추가적 내용은 확인을 위하여 ISO의 송전망 소유회사/운용자에게 전달된다.

나아가서, ISO는 개별 플로게이트에 대하여 매년 TFC를 검토하며 송전망 소유/운영회사의 의견을 받아들여 수정한다. 연간 검토작업 이외에도 송전망 소유/운영회사는 AFC 절차에 사용되는 TFC에 영향을 미칠 수 있는 용량변경에 대하여 ISO에게 통고하여야 한다. 만약 변동이 일시적 시스템 상황에 관련된 것이라면 송전망 소유회사/운영회사는 임시 TFC를 위하여 시간의 크기를 명시할 필요가 있다. 한 번 통고한 이후 1주일 이내에 ISO는 TFC 변동사항을 기재할 것이다.

또한, ISO는 대상기간에 대한 운용계획에 사용되는 수치보다 더욱 엄격한 수치를 가정하지 않는다. 좀 더 구체적으로 말하면, ISO는 내용을 검토하고 다음 날의 운용조건에 대하여 일간보고서를 작성한다. AFC 절차에 있는 기존의 플로게이트에 관계된 일일 보고서에 의한 IROL과 SOL의 변경내용도 AFC 절차에 포함된다.

ISO는 컴퓨터 시스템의 한계로 인하여 AFC 계산에 사용되는 플로게이트 목록을 한 달에 한 번 수정한다. 송전선 탈락으로 인하여 시스템의 변화가 발생하거나 한 달 후의 수정절차를 기다릴 수 없는 새로운 영구 플로게이트가 지정되면 플로게이트 목록은 수정된다. 그러므로 ISO의 수정작업에는 여유가 있으며 AFC 절차 내에서 임시 플로게이트를 모델링 한다. 임시 플로게이트가 작용하지 않을 경우, TFC는 무한대(∞)로 지정되며 이와 같은 지정은 관할구역에서 멀리 떨어진 장소에 소용량의 변압기를 장치하여 대응하는 것과 등가이다. 만약 플로게이트가 작용하고 있다면, 플로게이트를 구성하는 선로와 고장이 일어나 탈락할 수도 있는 선로에 대한 정의가 포함되어야 하며 이러한 정의에 속한 내용은 모델링 된 제약조건을 반영하기 위하여 수정되며 TFC는 제약조건이 작용하고 있는 동안에 플로게이트의 값으로써 지정된다.

11.10.2 과정

전력융통은 인터넷 기반의 데이터베이스와 ISO의 OASIS 웹사이트를 통하여 송전서비스요청서(TSR)로서 접수되고 검토된다. 접수된 TSR은 ISO의 요금관리부서가 평가하며 결과는 소비자를 위하여 OASIS에 공지된다.

TSR은 하나의 수령지점(POR)과 전송지점(POD)에 의하여 정의되는 하나의 융통계약이다. POR과 POD는 요청한 서비스에 대한 송전경로를 확인하여 주는 '근원과 싱크'이다. POR과 POD의 유효목록은 모든 유자격참여자를 포함한다. POR과 POD의 유효목록은 ISO 시장책임지역[30]과 (필요하면 비-ISO 시장책임지역) 내의 모든 기관과 상업적 모선(발전기와 부하지역)을 포함한다. 서비스증분은 송전서비스 요청의 시간증분에 대하여 나타낸다. 서비스증분[31]은 시간대별, 일별, 주별, 월별 또는 연도별로 나타낼 수 있다. 서비스종별은 지정할 수 있는 서비스의 종류(확정 또는 비-확정 서비스)를 나타낸다. 서비스의 형태는 지정할 수 있는 서비스의 형식(네트워크 또는 지점-지점)을 나타낸다.

TSR은 상황에 의하여 분류된다. 이것은 '검토', '허가', '거절' 그리고 '확인'을 포함하지만 여기에 한정하는 것은 아니다. 일단 TSR이 ISO에 의하여 접수되고 평가 중이라면 TSR은 '검토'의 단계에 있는 것이다. 만약 TA 팀[32]이 요청서를 평가하고 요청을 허가할 수 없다면 요청서는 '허가' 단계를 얻는 것이다. 만약 요청이 허락될 수 없다면 이 요청에 대하여 일부분의 서비스만을 허가할 수 있는가를 평가한다. 만약 부분서비스도 가능하지 않다면 송전서비스는 거절된다. 만약 요청서가 "허가" 상태를 얻고 소비자가 서비스를 접수한다면 소비자는 요청내용을 확인한다. TSR은 ISO 관할지역(footprint)에 대하여 경로에 관련한 속성을 가질 수 있다.

---

30) 역자 주: "ISO business areas(BAS)"를 ISO 책임지역이라고 함. ISO는 책임지는 지역(business area)을 갖는다. 그렇지만 책임지는 지역 밖에 있는 발전기와 소비자는 책임지는 지역 내에 있는 발전기 및 부하와 융통계약을 맺을 수 있다.

31) 역자 주: 서비스증분(Service Increment)은 "Service time increment"와 같은 의미이다.

32) 역자 주: Transmission Analysis Team

개별 확정 TSR 요청서는 ATC 검토과정을 거친다. 만약 하나의 확정송전서비스가 상호 간의 전력조류에 대하여 제약을 받고 ATC의 크기가 허가된 값보다 작다면 ATC 값은 서비스를 승인하거나 거절하기 위한 목적으로 사용되어야 한다. 이 경우, 할당절차는 해당 기관이 할당절차를 통하여 어떤 특정한 전력조류에 대한 권한을 갖는다고 선언해 줄 수 있지만 그 전력조류에 대한 현재의 상태는 그러한 권리를 팔면 부족한 ATC 때문에 신뢰도 유지에 문제가 발생하는 결과를 낳게 된다고 말할 수 있다.

만약 하나의 상대기관이 확정 할당량을 모두 사용하고, 여유를 갖고 있는 또 다른 상대기관으로부터 추가적인 용량을 구입하고 싶다면 그러한 추가적 용량은 사용되지 않은 할당량을 공유하거나, 전달받고자 하는 요청을 하여 획득할 수 있다.

접수된 송전서비스는 서비스의 종류마다 별도로 평가된다. 만약 요청내용이 비-확정 서비스에 관한 것이라면, 요청된 서비스를 위하여 '한계 짓는' 플로게이트에 대하여 비-확정 AFC가 어떤 영향을 받는가에 대하여 평가한다. 만약 요청내용이 확정서비스에 관한 것이라면, 요청된 서비스를 위하여 '한계 짓는' 플로게이트에 대하여 확정 AFC와 ASTFC가 어떤 영향을 받는가에 대하여 평가한다.

11.10.3 ATC 계산의 방법론

ISO는 송전서비스 요청을 평가하는 데 있어서 ATC를 결정하기 위하여 조류계산에 근거한 접근방식을 사용한다. '근원과 싱크'에 의하여 정의된 송전경로에 대하여 조류계산 접근방법은 송전경로에 영향을 미치는 '가장 크게 한계 짓는 조류' 즉, 최대로 영향을 미치는 전력조류를 확인한다. 플로게이트에 있어서 거래의 증분영향은 %로 표시된 배분계수에 의하여 정량화된다. 하나의 송전서비스가 어떤 경로에 대하여 허가를 받기 위하여, 요청한 유효전력의 크기에 대한 증분영향은 이 경로에 의하여 영향을 받는 모든 "가장 크게 '한계 짓는' 플로게이트"에 있어서의 ATC보다 작아야 한다.

TSR을 평가할 때에 ISO는 각각의 송전경로에 대하여 "가장 크게 '한계 짓는' 플로게이트"의 목록에서 지정된 전력조류의 개수만큼을 사용한다. 이와 같은 플로게이트는 이용 가능한 용량과 송전경로의 응동률[33]을 사용하여 이들의 가용 증분 전달에 의하여 결정된다.

ISO는 서비스시간 증분에 의하여 각 시간구간의 최대부하 발생상태에 대하여 조류계산모델을 구성한다. 이 모델에 의한 기준 조류계산 결과는 확정과 비-확정 송전서비스를 위한 AFC 값을 구하기 위하여 사용된다. 각각의 한 주기의 계산은 하나의 '지평'이라고 한다.

조류계산 케이스는 기준 네트워크 토폴로지 모델, 수요예측, 발전기와 송전선의 고장정지, 그리고 ISO 제어지역과 제1계층의 제어지역 각각에 대한 순융통전력으로 구성된다. 개별 부하는 해당 시간에 대한 수요예측자료와 합치하기 위하여 비례적으로 수정된다. '네트워크 토폴로지 처리' 프로그램에서 발전기의 고장정지와 송전선의 사고를 반영하여 네트워크 구성형태를 수정한다. ISO의 시장운영 역사에 근거하여 '발전기출력에 대한 지시'[34]가 결정된다.

순융통을 실행하면서 기준 케이스에 대한 조류계산이 실행된다. 조류계산의 해는 기준 케이스의 전력조류를 알려 준다. 배분계수는 케이스에 대한 조류계산에서 계산된다. 배분계수는 영향을 받는 지점에서 근원으로부터 싱크에 도달하는 경로의 거래의 %를 나타낸다. 배분계수는 네트워크 구성형태에 따라 변하며 시스템 상태에 따라서 변한다. 송전서비스 제공자는 하나의 거래가 심각한 영향을 미치는가에 대하여 이에 따라 정의된 역치를 사용한다.

믿을 수 있는 제약을 갖는 설비의 ATC를 파악하기 위하여, 송전서비스 제공자는 시스템 상태에 대한 영향과 다른 송전서비스 제공자가 판매한 송전서비스의 영향을 고려하여야 한다.

---

33) 역자 주: 응동률(response factor)이란 것은 어떤 선로의 탈락에 따른 플로게이트의 민감도를 나타낸다.

34) generation dispatch order

ISO는 모든 지평에 대하여 모선-가지 표현방법을 사용한다. 유효전력흐름을 제어하는 직류송전선로와 위상조절기에 대한 특별한 처리과정은 ATC와 배분계수를 정확하게 계산하기 위하여 필요하다.

순융통전력은 다른 제어지역으로 보내거나 다른 제어지역으로부터 받아들이는 전력을 나타낸다. 순융통량은 MW 단위로 표시되며 소수점 이하 한 자리로서 ±의 부호를 가진 값이다. 양(+)의 값은 제어지역이 융통전력을 보내고 있다는 것을 의미하고 음(−)의 값은 융통전력을 받고 있다는 것을 나타낸다.

조류계산 절차는 시간증분의 각 지평에서의 실행에 있어서 개별 시간증분에 대한 절차의 모든 조류계산을 위한 기준 전력조류와 배분계수의 조합을 생성한다. 실시간에 있어서 예약조류는 최대크기의 MW로 흐른다고 계획할 수 없기 때문에 순방향 조류영향규칙(PIRULE)[35]과 역방향 조류영향규칙(CIRULE)[36]은 필요하다. 하나의 예가 여러 계절 동안에 초기의 예약 용량보다 작게 연간 예약거래가 계획되어 있거나 또는 시간대별 예약 또는 일일 예약이 계획되지 못하는 상황일 것이다.

이와 유사하게, 하나의 경로에 대하여 송전서비스를 판매할 때에, 요청된 경로에서의 플로게이트에 영향을 미치는 역방향의 예약은 동시에 흐르지 않는다고 가정한다. 현실에서 몇 개의 역방향조류(counter flow) 예약은 계획될 것이며 동시에 흐를 것이다.

이 과정에서의 ATC는 다음의 식

$$ATC = TTC - CBM - TRM - ETC$$

과 같이 정의된다.

위의 항목 가운데 CBM, TRM, 그리고 ETC는 안정도 유지, 신뢰도 유지, 그리고 이미 허가한 서비스를 위한 여유용량이다. 여기에서는 TTC 계산에 대하여만 설명한다. ATC는 '2개의 전력시스템 사이에서 추가적으로 일어날 수 있는 유효전

35) Positive Impact (PIRULE)

36) Counterflow Impact (CIRULE)

력 전달량의 최대치'라고 일반적으로 정의된다. '추가적'이라는 말은 기존의 전력 전달이 기준 케이스의 일부분임을 인정하는 것이라는 사실을 주목해야 한다. 일반적으로 전력이 들어가고 나가는 2개의 지점은 서로 다른 지역에 존재한다. 전송지점은 실제로 전력주입의 어떤 조합도 될 수 있다.
무엇이 최대주입을 정의하는가? 이 규칙은 다음의 내용을 포함한다.

- 전력전달이 실행되는 동안에 과부하가 발생하여서는 안 된다.
- 전력전달이 실행되는 동안에 사고가 발생하여 과부하가 발생하여서는 안 된다.

증분전력전달을 실행하고 ATC를 계산한 후 전력조류계산의 해를 다시 구하고 이와 같은 방법을 반복하기를 원한다고 가정한다. 이것은 제7장의 해를 얻는 과정의 설명과 유사하다.

이 수치를 달성하기 위한 컴퓨터의 계산량을 계측해 본다. ATC를 결정하기 위하여 필요한 반복계산의 횟수를 10이라고 가정한다. 이 절차는 하나의 상정사고 계산에서 처리되어야 한다. 1,000개의 상정사고가 존재한다고 가정하자. 이것은 10×1000회의 조류계산이 필요하다는 것을 의미한다. 만약 각각의 조류계산의 해를 구하는 데 10초가 소요된다면(이 책을 집필할 당시의 평가임), 그러면 하나의 전달요청에 대한 계산을 마치려면 28시간이 필요하다.

전력조류계산에 관련한 개관과 수학적 전개는 제6장에서 다루었다. 선형화 분석기법에 대한 설명은 안전도 분석의 제7장에서 설명하였다. 완전교류조류 방정식의 해를 구하기 위하여서는 수천 개의 방정식을 반복계산에 의하여 풀어야 한다. 대형 행렬 (J)은 시스템 상태에 대한 전력조류 민감도인 '자코비안'이라는 것을 기억할 필요가 있다. 유효전력 도함수 방정식과 무효전력 도함수 방정식은 조류계산을 설명하는 장에서 소개되었다. '브라이언 스톳트'의 가정에 의하여 도함수는 하나의 분할방정식의 고정된 조합으로 간략화된다는 것을 기억해야 한다. 이 기법은 변압기, HVDC-링크 등과 같은 제어장치가 포함되더라도 반복계산을 가속시킨다. B′와 B″는 다음과 같다는 것을 알아야 한다.

- B'는 모든 '병렬 항'이 제거된 'Y-Bus' 행렬의 허수부이다.
- B''는 모든 '병렬 항'이 이중으로 계산된 'Y-Bus' 행렬의 허수부이다.

또한 하나의 가능한 간략화 방법으로서, "직류조류계산" 방정식은 전압과 무효전력이 무시된다면 단순하게 분할조류계산 방정식의 실수 부분이 된다는 사실이다. 그러면 반복계산에 의하여 위상각과 유효전력만이 해로서 구해진다.

완전교류조류계산은 다음 식

$$\begin{bmatrix} \Delta\delta \\ \Delta V \end{bmatrix} = [\mathrm{J}]^{-1} \begin{bmatrix} \Delta P \\ \Delta Q \end{bmatrix}$$

을 반복해 가면서 계산되었다는 것을 주목해야 한다.

안전도 분석에 관한 제7장의 설명과 같이, 전력전달은 구매자와 판매자를 위한 ΔP의 주입의 변동으로 모델링 될 수 있다.

$$\Delta \mathrm{T_B} = [0 \quad 0 \quad \mathrm{PF}_{\mathrm{B}f} \quad 0 \quad \mathrm{PF}_{\mathrm{B}g} \quad 0]^{\mathrm{T}}, \ \sum_{h=1}^{N} \mathrm{PF}_{\mathrm{B}h} = 1$$

$$\Delta \mathrm{T_S} = [0 \quad \mathrm{PF}_{\mathrm{S}z} \quad 0 \quad \mathrm{PF}_{\mathrm{S}y} \quad 0 \quad 0]^{\mathrm{T}}, \ \sum_{z=1}^{N} \mathrm{PF}_{\mathrm{S}z} = 1$$

하나의 예로서, 구매자는 85%를 모선-3으로부터 그리고 모선-5로부터 15%를 구매한다고 가정한다. 그리고 판매자는 65%를 모선-2에서 그리고 35%를 모선-4에서 판매한다고 가정한다. 그러면 벡터는 다음의 내용

$$\Delta \mathrm{T_B} = [0 \quad 0 \quad 0.65 \quad 0 \quad 0.35 \quad 0]^{\mathrm{T}}$$

$$\Delta \mathrm{T_S} = [0 \quad 0.85 \quad 0 \quad 0.15 \quad 0 \quad 0]^{\mathrm{T}}$$

과 같이 구성될 것이다. 그러면 완전교류조류계산의 반복계산으로 전압크기와 위상각의 민감도에 대하여 해를 구한다.

$$\begin{bmatrix} \Delta\delta_s \\ \Delta V_s \end{bmatrix} = [J]^{-1} \begin{bmatrix} \Delta \boldsymbol{T}_s \\ 0 \end{bmatrix}$$

$$\begin{bmatrix} \Delta\delta_B \\ \Delta V_B \end{bmatrix} = [J]^{-1} \begin{bmatrix} \Delta \boldsymbol{T}_B \\ 0 \end{bmatrix}$$

위 식은 여유모선으로 전력을 보내는 구매자와 판매자의 민감도이다.

만약 총민감도를 판매자의 민감도로부터 구매자의 민감도를 뺀 것이라고 가정하면 다음 식

$$\Delta\delta = \Delta\delta_s - \Delta\delta_B$$

$$\Delta V = \Delta V_s - \Delta V_B$$

이 성립한다.

함축적으로, 모든 손실의 변동은 여유모선에 나타난다고 가정한다. 그 대신에 변동량을 다음 식

$$k = \frac{\Delta Slack_S}{\Delta Slack_B} = \frac{\text{판매자가 여유모선으로 전력을 전송하기 위한 모선 발전출력의 변동}}{\text{구매자가 여유모선으로 전력을 전송하기 위한 모선 발전출력의 변동}}$$

과 같은 정의에 의하여 구매자에게 할당한다.

그러면 다음 식

$$\begin{bmatrix} \Delta\delta \\ \Delta V \end{bmatrix} = \begin{bmatrix} \Delta\delta_s \\ \Delta V_s \end{bmatrix} - k \begin{bmatrix} \Delta\delta_B \\ \Delta V_B \end{bmatrix}$$

이 성립한다. 구매자가 전력을 여유모선으로 보내기 위한 여유모선의 출력변동은 판매자가 전력을 여유모선으로 보내기 위한 여유모선의 출력변동과 동일하다.

만약 직류조류계산 방정식을 사용한다면 다음 식

$$\Delta\delta = [B']^{-1} \Delta P$$

이 성립하며 위상각 민감도는 다음 식

$$\Delta\delta_S = [B']^{-1} \Delta T_S$$

$$\Delta\delta_B = [B']^{-1}\Delta T_B$$

과 같다. 직류조류계산은 송전손실을 무시하므로 다음 식이 성립한다.

$$\Delta\delta = \Delta\delta_S - \Delta\delta_B$$

다음의 직류조류계산 방정식

$$\Delta\delta = [B']^{-1}\Delta P$$

은 위상조절 변압기의 조정대상이 되는 선로의 전력조류의 변동을 0으로 지정하는 방정식을 포함하기 위하여 증강되어야 한다. 이것은 안전도 분석의 장에서 설명한 선로탈락 보상과 유사하다.

선로조류 변동은 다음의 식과 같다.

$$P_{k,m} = B_\delta \Delta\delta + B_\alpha \Delta\alpha$$

그러므로 직류조류계산 방정식을 대신하여 제어가 증강된 방정식을 사용한다.

$$\begin{bmatrix}\Delta\delta \\ \Delta\alpha\end{bmatrix} = \begin{bmatrix}B' & 0 \\ B_\delta & B_\alpha\end{bmatrix}^{-1}\begin{bmatrix}\Delta P \\ 0\end{bmatrix}$$

그렇지 않으면, 절차는 동일하다.

위상조절기는 건설비가 고가이며 조정범위도 좁고 주로 저압측(230kV 이하)에 부착된다. 이 기기는 방치하면 과부하가 발생할 수 있는 경로의 전력조류를 조절하기 위하여 설치된다. 이 장치를 민감도 분석에 포함하지 않으면, 선형 ATC 계산 프로그램에서는 항상 "과부하" 상태로 나타난다.

PTDF는 유효전력 전송에 대한 선로 유효전력조류의 민감도를 나타내는 측도이다. 선로조류는 양단의 모선의 전압크기와 위상각의 함수이다. 미분의 연쇄법칙에 따르면 PTDF는 전압과 위상각에 대한 민감도의 함수이다. 만약 완전교류조류 방정식이 사용된다면 $P_{k,m}$은 모선-k에서 모선-m으로 흐르는 전력이다.

$$\text{PTDF} = \Delta P_{k,m} = \left[\frac{\partial P_{k,m}}{\partial V_k}\right]\Delta V_k + \left[\frac{\partial P_{k,m}}{\partial V_m}\right]\Delta V_m + \left[\frac{\partial P_{k,m}}{\partial \delta_k}\right]\Delta \delta_k + \left[\frac{\partial P_{k,m}}{\partial \delta_m}\right]\Delta \delta_m$$

하나의 간략화 기법으로서 무손실 직류근사화를 택하면 다음 관계식

$$\left[\frac{\partial P_{k,m}}{\partial V_k}\right] = 0$$

$$\left[\frac{\partial P_{k,m}}{\partial V_m}\right] = 0$$

$$\left[\frac{\partial P_{k,m}}{\partial \delta_k}\right] = b_{k,m}$$

$$\left[\frac{\partial P_{k,m}}{\partial \delta_m}\right] = -b_{k,m}$$

을 얻는다.

선로탈락 배분계수(LODF)는 전력주입에 대한 전력조류 변동의 함수라고 정의한다. 그러면 $\text{LODF}_{\ell,k}$는 선로-k가 사고를 일으킨 이후에 선로-ℓ에 나타나는 전력조류의 변동을 선로-k의 고장발생 이전의 전력조류에 대한 %로서 나타낸 것이다.

$$\text{LODF}_{\ell,k} = \frac{\Delta P_{\ell,k}}{p_k}$$

선로탈락의 선형 영향은 하나의 선로고장이 안전도 분석에서 모델링 된 것과 같이 선로의 폐로를 선로 양단 사이의 전력전달로서 모델링 함으로써 결정된다.

전력전달 요청은 각 전송지점에서의 변동으로서 정의될 수 있다.

다음 식을 가정한다.

$$\widetilde{P} = \Delta P_n = \Delta P_m$$

그러면 개폐장치에 흐르는 전력조류는 0이다. 그러므로 선로-k의 차단기를 개방

하는 것은 "전달"과 등가이다.

송전선로를 사고로 인하여 차단하는 것과 선형등가로 간주하여 모선-n에서 모선-m으로 P_k MW의 전력을 전달하는 것으로서 LODF를 하나의 전력전달로서 모델링 할 수 있다. P_k가 무엇과 동일한가를 알고 있다고 가정하면 LODF에 관련한 값을 구할 수 있다. 선로-ℓ의 사고 이후 전력조류에 대한 예상치로서 모선-n에서 모선-m으로의 하나의 "전달"에 대한 PTDF를 사용하여 다음의 식을 계산할 수 있다.

$$\Delta P_{\ell,k} = \mathrm{PTDF}_\ell \, \tilde{P}_k$$

그리고 전력전달 이후의 선로-k의 전력조류의 평가치는 다음 식과 같다.

$$\tilde{P}_k = P_k + \mathrm{PTDF}_k \, \tilde{P}_k$$

$$\tilde{P}_k = \frac{P_k}{1-\mathrm{PTDF}_k}$$

그러므로 다음의 식을 제시한다.

$$\mathrm{LODF}_{\ell,k} = \frac{\Delta P_{\ell,k}}{P_k} = \frac{\mathrm{PTDF}_k \, \tilde{P}_k}{P_k} = \frac{\mathrm{PTDF}_\ell \left(\dfrac{P_k}{1-\mathrm{PTDF}_k} \right)}{P_k}$$

$$\mathrm{LODF}_{\ell,k} = \frac{\mathrm{PTDF}_\ell}{1-\mathrm{PTDF}_k}$$

$$\tilde{P}_k = \frac{P_k}{1-\mathrm{PTDF}_k}$$

위 식은 LODF 가 PTDF의 함수라는 것을 나타낸다.

선로폐로 배분계수(LCDF)는 유사한 방법으로 구해진다. $\mathrm{LCDF}_{\ell,k}$는 선로-k를 폐로한 이후에 선로-ℓ에 나타나는 전력조류의 변동을 선로-k의 고장발생 이전의 전력조류에 대한 %로서 나타낸 것이다.

$$\mathrm{LODF}_{\ell,k}=\frac{\Delta P_{\ell,k}}{P_k}$$

폐로의 선형 영향은 하나의 선로고장이 안전도 분석에서 모델링 된 것과 같이 선로의 폐로를 선로 양단 사이의 전력전달로서 모델링 함으로써 결정된다.

전송지점에서의 주입전력의 변동으로 정의되는 하나의 전력전달을 만들어 냄으로써 LCDF를 하나의 전력전달로서 모델링 할 수 있다.

다음 식을 가정한다.

$$\widetilde{P}_k=\Delta P_n=\Delta P_m$$

그러면 네트워크의 잔여 부분의 시스템에서 오고가는 순전력조류는 0이다. 그러므로 선로-k를 폐로하는 것은 "전력전달"과 등가이다. 따라서 모선-n에서 모선-m으로 $-P_k$ MW를 전달하는 것은 송전선을 탈락시키는 것과 선형적으로 등가이다.

$-P_k$가 무엇과 값이 같은가를 알고 있다고 가정하면 LODF에 관련한 값을 계산할 수 있다.[37] 선로-ℓ을 폐로한 이후의 전력조류는 다음 식

$$\Delta P_{\ell,k}=\mathrm{PTDF}_{\ell}(-\widetilde{P}_k)$$

과 같다. 그러므로 다음의 식

$$\mathrm{LCDF}_{\ell,k}=\frac{\Delta P_{\ell,k}}{\widetilde{P}_k}=\frac{-\mathrm{PTDF}_k\widetilde{P}_k}{\widetilde{P}_k}=-\mathrm{PTDF}_{\ell}$$

을 세울 수 있다. 따라서 LCDF는 선로의 양단 사이의 전력전달과 정확하게 같다.

OTDF에 의하여 '사고의 선형 영향'[38]을 평가할 수 있다. 이들은 사고발생 이후의 가지-m에 흐르는 전력의 전달전력의 백분율(%) 값이다. 사고-후 전력조류(Outage Flows) OMW는 사고발생 이후의 가지-m의 예상 전력조류이다.

---

37) 표기가 LODF "전달" 방향과 일치하도록 하기 위하여 음(−)의 부호가 사용되었다.

38) Linear Impact of a Contingency

하나의 송전선로 탈락에 대한 OTDF와 OMW는 다음 식

$$\mathrm{OTDF}_{m,\ell} = \mathrm{PTDF}_m + \mathrm{LODF}_{m,\ell}\mathrm{PTDF}_\ell$$
$$\mathrm{OMW}_{m,\ell} = \mathrm{MW}_m + \mathrm{LODF}_{m,\ell}\,\mathrm{MW}_\ell$$

과 같으며 복수의 선로탈락에 대한 OTDF와 OMW는 다음 식과 같다.

$$\mathrm{OTDF}_{m,\ell} = \mathrm{PTDF}_m + \sum_{k=1}^{n_c}\left[\mathrm{LODF}_{m,k}\mathrm{NetPTDF}_k\right]$$
$$\mathrm{OMWF}_{m,\ell} = \mathrm{MW}_m + \sum_{k=1}^{n_c}\left[\mathrm{LODF}_{m,k}\mathrm{NetMW}_k\right]$$

여기에서 $\mathrm{NetPTDF}_k$와 NetMW_k를 정의하여야 한다. 하나의 선로의 상태의 변동은 다른 모든 송전선에 영향을 미치기 때문에 각각의 $\mathrm{NetPTDF}_k$는 다른 모든 NetPTDF의 함수이다. 첫 번째 NetPTDF를 제외하고 모든 NetPTDF가 알려져 있다고 가정한다.

그러면 다음의 식

$$\mathrm{NetPTDF}_\ell = \mathrm{NetPTDF}_\ell \pm \sum_{k=2}^{n_c}\left[\mathrm{LODF}_{\ell,k}\,\mathrm{NetPTDF}_k\right]$$

을 세울 수 있다.

일반적으로 각각의 상정사고선로 N에 대하여, 다음 식

$$\mathrm{PTDF}_N = \mathrm{NetPTDF}_N - \sum_{\substack{k=1 \\ k\neq N}}^{n_c}\left[\mathrm{LODF}_{N,k}\,\mathrm{NetPTDF}_k\right]$$

을 정의한다. 그러므로 n_c개의 방정식 조합이 존재하며, 상정사고선로의 개수 n_c 만큼의 미지수가 존재한다:

$$\begin{bmatrix} 1 & -\mathrm{LODF}_{1,2} & \cdots & -\mathrm{LODF}_{1,n_c} \\ -\mathrm{LODF}_{2,1} & 1 & \cdots & -\mathrm{LODF}_{2,n_c} \\ \cdots & \cdots & 1 & \cdots \\ -\mathrm{LODF}_{n_c,1} & -\mathrm{LODF}_{n_C,2} & \cdots & 1 \end{bmatrix} \begin{bmatrix} \mathrm{NetPTDF}_1 \\ \mathrm{NetPTDF}_2 \\ \vdots \\ \mathrm{NetPTDF}_{n_c} \end{bmatrix} = \begin{bmatrix} \mathrm{PTDF}_1 \\ \mathrm{PTDF}_2 \\ \vdots \\ \mathrm{PTDF}_{n_c} \end{bmatrix}$$

그러므로 앞의 방정식의 조합은 가우스 소거법에 의하여서도 다음 식

$$\text{NetPTDF}_C = [\text{LODF}_{CC}]^{-1}\text{MW}_C\,\text{PTDF}_C$$

과 같이 유사하게 구해진다. 동일한 유도과정에 의하여 다음 식

$$\text{NetMW}_C = [\text{LODF}_{CC}]^{-1}\text{MW}_C$$

을 얻는다. 전력전달 요청의 개수가 많은 경우, 고속 ATC 해석의 목적은 조류계산의 해를 구하는 것을 피해 가는 것이다. ATC를 완전하게 풀 경우에, 필요한 조류계산 해의 개수는 다음의 개수

- 상정사고의 개수
- ATC를 결정하기 위한 반복계산의 횟수(이것은 일반적으로 상정사고의 개수보다 적다.)
- 전력시스템을 좀 더 원하는 "정상적 상태"로 복귀시키기 위하여 반응하는 제어장치의 개수

를 곱한 것만큼 필요하다. 다음과 같은 세 가지 방법 가운데 2개의 선형화 방법을 고려한다.

첫째, 일회의 조류계산을 실행하는 단일선형스텝(완전 선형화)을 고려한다. 그러면 대단히 빠르게 모든 선형화 해를 구한다. 반복선형스텝(Iterated Linear Step)(대부분 선형화)은 최대전달 수준으로 높이기 위하여 비선형 조류계산을 반복하여야 하지만, 어떠한 상정사고에 대해서도 전력조류계산이 실행되지 않는다.

둘째, 반복선형스텝을 사용하고, 다음으로 반복조류계산을 필요로 하는 완전 교류조류계산을 실행한 후에 상정사고의 완전해를 구한다.

셋째, 단일선형스텝 ATC를 고려한다.

시스템의 개별 선로에 대하여 전달한곗값(Transfer Limiter Value) T_M을 다음 식

$$T_{\mathrm{M}} = \begin{bmatrix} \dfrac{\mathrm{Limit_M} - \mathrm{MW_M}}{\mathrm{PTDF_M}}; & \mathrm{PTDF_M} > 0 \\ \infty; & \mathrm{PTDF_M} = 0 \\ \dfrac{\mathrm{Limit_M} - \mathrm{MW_M}}{\mathrm{PTDF_M}}; & \mathrm{PTDF_M} < 0 \end{bmatrix}$$

과 같이 결정한다.

그러면, 각각의 상정사고 발생에 대하여 각 선로에 대하여 전달한곗값을 결정한다.

OTDF와 OMW의 선형추정치는 현재 네트워크 구성 및 값에 근거하여 상당히 정확하다(일반적으로 2% 이내). 그러나 이것은 ATC 평가에 있어서 큰 오차를 발생시킬 수 있다.

다음과 같은 상황을 고려해 보자.

- 송전선의 현재 조류는 47MW이며 전력조류의 상한은 100MW이다.
- OTDF = 0.5%, 가정; OMW = 95MW 가정
- 그러면 ATC = (100 − 95)/0.005 = 1,000MW
- OMW의 2% 오차를 가정(50MW 가운데 1MW의 변동 추정)
- 실제의 OMW는 96MW이다.
- OTDF에 대하여 0%의 오차를 가정
- 실제의 ATC는 (100−96)/0.005 = 800MW이다.
- OMW 평가에서 2%의 오차가 발생하면 ATC를 25%만큼 과다추정 하게 된다.

전달한곗값은 TM의 최솟값 또는 모든 선로와 사고에 대하여 TM,C의 최솟값이라고 계산될 수 있다.

강건한 시뮬레이터는 개별 전달한계에 대하여 여러 개의 값을 보관할 수 있다.

- TM 또는 TM,C [전달한계]
  - TM은 전달전력 한계치

– TM,C는 상정사고 발생 시의 전달전력 한계치

- 감시대상 선로 [한계 짓는 요소]
- 상정사고 [한계 짓는 사고]

이것은 오차를 여과하기 위하여 필요하다.

- OTDF 또는 PTDF 값
- OMW 또는 MW 값
- 사용된 한곗값(만약 $PTDF_{OTDF} < 0$이라면 음(−)의 한곗값으로 함)
- 초기의 MW 값

선형스텝 ATC에 대하여 단일선형스텝 ATC는 대단히 짧은 시간에 계산된다는 것은 찬성하지만 상정사고와 전력전달의 영향을 모델링 하는 데 있어서 선형화가 대단히 정확해야 한다는 사실에 의존한다는 것이므로 반대한다는 등 찬반논란이 많다. 선형스텝 ATC는 현재의 운전점에서 도함수를 사용한다. 그러므로 도함수는 운전점 부근에서 작은 변동에 대하여만 유효하기 때문에 제어는 변동한다. 그러므로 위상조절기와 HVDC 송전링크에 대한 별도의 기기가 포함되어야 한다. 전력전달에 참여하는 발전기가 한계에 도달할 가능성에 대하여는 항상 모델링 되는 것은 아니지만 전력시스템의 미래의 실제 상황을 포함할 수 있어야 한다.

제어의 변동을 고려하는 반복선형스텝 ATC는 다음과 같이 실행된다.

스텝-1. 단일선형스텝을 사용하여 $StepSize = \mathrm{ATC}$로 지정한다.

스텝-2. 만약 $[abs(StepSize) < Tolerance]$이라면 종료한다.

스텝-3. $StepSize$만큼의 추가적 양을 증가한다.

스텝-4. 조류계산을 다시 실행한다(느린 부분 사용, 그러나 모든 제어작용을 고려한다).

스텝-5. 새로운 운전점에서, 단일선형스텝을 사용하여 $StepSize = \mathrm{ATC}$ 로 지정한다.

스텝-6. 스텝-2로 이동한다.

이것은 모든 전력전달 요청을 고려하기 위하여 충분히 빠른 절차이다. 그러나 불행히도 이것은 단일 선형화 스텝보다 몇 십 배만큼 느리다.

전력전달을 증가하기 위하여 완전교류조류계산을 실행하기 때문에 모든 제어변동을 고려하여야 한다. 인터페이스 전력조류를 실행하기 위하여 OPF 제약조건을 반복스텝에 포함시킨다. 전력전달을 증가할 경우 인터페이스에 지정된 전력조류가 흐르도록 시뮬레이터 내에 지정한다.

이것은 OPF를 이용하여 완전히 새로운 해를 구해야 모델링이 제대로 되는 제어변수의 급격한 변동을 초래한다. OPF를 사용하는 목적은 전체 제어변수의 변동을 최소화하는 것이다(발전기출력 변동량의 합계).

왜 이것이 필요한가? 전력전달이 변동되었을 때 준수되어야 하는 일상적인 운용지침을 나타내기 위하여 필요하다.

미국 퍼시픽 노스웨스트 지역의 전력조류관리에 대한 BPA의 의무를 검토해 본다. BPA의 시스템 운용 절차서에 의하면 구체적 영역에 대하여 시애틀로 흐르는 융통전력의 흐름을 유지하여야 한다고 되어 있다. 이것은 안정도의 유지에 필요한 제약조건이다.

그러면 완전교류조류계산법은 다음 사항을 실행한다.

스텝-1. 반복선형스텝[39]을 실행하고 발견된 ATC 값을 초과하여 전력전달을 시행한다.

스텝-2. 반복선형스텝 과정에서 보관된 선형스텝의 크기의 10% 또는 50MW 가운데 큰 것을 택한다.

스텝-3. 전력전달이 증가된 상태에서 완전교류조류계산을 다시 실행한다.

스텝-4. 만약 위반사항이 발견되면 *Step Size*의 부호를 변경한다.

스텝-5. 만약 $[abs(Step\ Size) < Tolerance]$이라면 종료한다.

---

39) Iterated Linear Step

스텝-6. *Step Size* 만큼의 전력전달의 크기를 증가하여 조류계산을 다시 실행한다.

스텝-7. 새로운 운전점에서 완전 상정사고해석을 실행한다.

스텝-8. 만약 [($Step\ Size > 0$)이며 (위반사항이 발생)] 또는 [($Step\ Size < 0$)이며 (위반사항이 없음)]이라면 $Step\ Size := -Step\ Size/2$(반으로 줄임)

스텝-9. 스텝-5로 이동한다.

이 과정을 처리하기 위한 속도는 대단히 느리므로 몇 개의 전력전달 요청밖에 처리하지 못한다. 이것은 반복선형계산에 비하여 이 시간에 상정사고의 개수를 곱한 만큼의 시간이 소요된다.

많은 수의 요청을 처리해야 한다는 조건 아래에서, 주어진 자료의 정확도를 유지하면서 다음과 같은 건의사항을 사용하는 것이 바람직하다.

단일선형스텝: 모든 예비분석과 대부분의 분석에 사용한다.

반복선형스텝: 한계를 벗어나면 주요한 제어가 변한다는 것을 알고 있다면 이 스텝을 사용한다.

완전교류조류계산 프로그램은 너무나 계산속도가 느리기 때문에 사용할 수 없다.

반복선형화 스텝과 비교할 때 정확도의 한계이득(2% 이하)만으로는 계산시간의 소요량을 정당화시키지 못한다는 것을 주목해야 한다. ATC 수치는 2% 이내에서 정확하지도 않다는 것도 명심해야 한다. 어떤 한곗값이 선택되는가? 어떤 발전기의 출력이 전력전달에 사용되는가? 해당 시간에 대한 수요예측치가 정확한가? 등이 중요한 의미를 갖는가 등을 관찰해야 한다.

완전자동화 과정에 의하여 모든 시장참여자에게 공개접속을 제공하기 위하여 즉석에서 거래를 청산하는 온라인 옥션의 형태가 필요하다는 것은 분명하다. COMED 사가 시행하는 도매시장 분석은 상정사고해석에 확률론적 기법을 사용한 것이었다. 이 요금제도는 1995년부터 시행되었다.

11.11 안전도-제약 기동정지스케줄(SCUC)

SCUC는 매시간의 기동된 발전기의 조합이 $n-1$ 상정사고해석에서 발전기 또는 송전선로가 탈락하여도 안전도 유지에 문제가 없다는 것이 검증되는 기동정지스케줄을 수립하기 위한 방법이다.

11.11.1 현물시장 옥션에서의 수요와 발전

안전도를 유지하며 운용되어야 하는 송전시스템에 접속할 필요가 없다면 발전회사와 판매사업자 또는 회사가 구매-판매의 비드에 참여하는 공개시장은 대단히 단순한 시장이다. 다시 말하면 이러한 송전시스템이 필요하지 않다면 일반 상품시장에서와 같이 하나의 장소에 구매-판매 오퍼의 짝을 지어 주는 거래대표자를 임명해 놓으면 된다. 그러나 이러한 체계로 운영된다면 안전도 유지가 보장되지 않아 송전시스템에서 기본적 안전도 유지의 조건을 만족시키지 못하는 부하/발전기 출력의 패턴을 낳게 되어 거래는 거부될 것이다. 송전시스템의 문제를 해결하면서 공개시장을 열기 위한 가장 좋은 방법은 발전사업자가 요구하는 가격 또는 비드가 발전회사가 \$/MWh 함수로써 시장에 제시하는 함수 $F_i(P_i)$에 의하여 구성되는 옥션을 사용하여 OPF로 실행하는 것이다. 이것은 제3장과 제8장에서 설명한 비용함수가 아니고 발전회사가 요구하는 가격을 대표하는 하나의 함수이라는 것을 주목해야 한다.

만약 전력시스템의 부하가 일정하다고 가정하면 가격-비탄력이라고 말하며 또한 소비자에게 어떤 가격을 청구하여도 모선의 부하는 변동하지 않는다고 말한다. 만약 모든 부하가 비탄력적이라면 OPF는 발전기의 비드함수만을 포함하는 목적함수를 갖는다. 가격탄력적인 수요에 대하여, 판매사업자가 P_j만큼의 부하를 구매하기 위하여 기꺼이 지불할 의사가 있는 가격을 나타내는 하나의 "가치"함수("worth" function) $W_j(P_j)$가 사용된다.

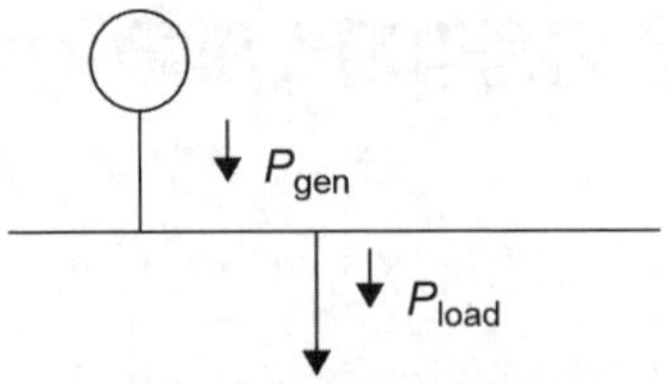

〈그림 11.7〉 간단한 시장 예제

그러면 OPF의 목적은 공급되는 부하의 가치를 최대화하고 발전비용을 최소화하는 것이다. 일반적으로 최소화 문제로서 OPF가 이용되므로, 여기에서의 목적함수는 다음 식

$$\text{최소화} \sum_i F_i(P_i) - \sum_j W_j(P_j)$$

과 같이 된다. 경제학에서는 발전은 공급자가 될 것이며 $F_i(P_i)$는 "공급곡선"이다. 또한 $W_j(P_j)$는 "수요곡선"이다. 결과적으로 나타나는 바와 같이 개별 발전기의 출력이 얼마이어야 하고 소비자부하가 얼마이어야 하는가를 결정하는 시장조율자에게 각각의 비용함수(F_i 함수와 P_i 함수)를 보내는 하나의 발전사업자와 하나의 판매자로 구성되는 대단히 단순한 시장이 구성될 수 있다(〈그림 11.7〉).
최적화 문제는 다음 식

$$\text{최소화 } F_{gen}(P_{gen}) - W_{load}(P_{load})$$
$$\text{제약조건 } P_{gen} - P_{load} = 0$$

과 같이 나타난다. 여기의 단순한 최적화 문제를 위한 라그랑지 함수는 다음 식

$$\mathcal{L} = F_{gen}(P_{gen}) - W_{load}(P_{load}) + \lambda(P_{gen} - P_{load})$$

과 같다. 최적화 문제의 해는 다음 식

$$\frac{d\mathcal{L}}{dP_{gen}} = \frac{dF_{gen}(P_{gen})}{dP_{gen}} + \lambda = 0$$

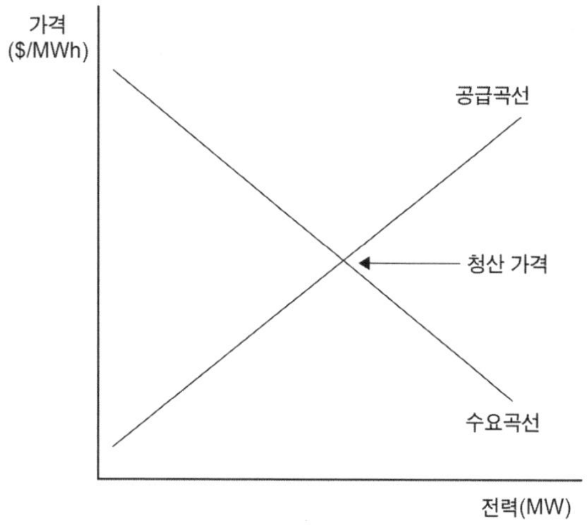

〈그림 11.8〉 공급-수요 균형가격

$$\frac{d\mathcal{L}}{dP_{load}} = \frac{-dW_{load}(P_{load})}{dP_{load}} - \lambda = 0$$

의 해와 같으며 이것은 다음 식

$$\frac{dF_{gen}(P_{gen})}{dP_{gen}} = \frac{dW_{load}(P_{load})}{dP_{load}} = 0$$

과 같은 결과를 나타낸다. 도함수 또는 한계함수 $\frac{dF_{gen}(P_{gen})}{dP_{gen}}$ 와 $\frac{dW_{load}(P_{load})}{dP_{load}}$ 는 각각 공급가격곡선과 수요가격곡선이다. 일반적으로 경제학자는 공급에 대하여는 상승곡선으로 나타내고 수요에 대하여는 하강곡선으로 나타내며 여기에서의 표현과도 일치한다. 출력이 상승함에 따라 발전기의 한계비용(가격)은 상승하며 유사하게, 가격이 최저일 때에 수요가 가장 크며 가격이 하락함에 따라 수요는 하락한다(〈그림 11.8〉). 공급의 한계가격과 수요의 한계가격이 같아지는 점을 청산가격이라고 한다.

11.11.2 2개 함수의 형태

이 책에서는 발전기의 비용함수 또는 가격함수를 나타내기 위하여 다음 식과 같이 이차함수를 사용한다.

$$F_{gen}(P_{gen}) = a + bP_{gen} + cP_{gen}^2$$

또한 수요함수도 이차함수로서 나타낸다(a와 A는 무시할 수 있다).

$$W_{load}(P_{load}) = A + BP_{load} + CP_{load}^2$$

여기의 설명에 있어서 일계도함수에 관심이 있으므로 a와 A의 값은 별로 중요한 것이 아니다. 도함수는 다음 식

$$\frac{dF_{gen}(P_{gen})}{dP_{gen}} = b + 2cP_{gen}$$

$$\frac{dW_{load}(P_{load})}{dP_{load}} = B + 2CP_{load}$$

과 같다. 발전기에 있어서 b와 c는 양수이며 부하함수에 있어서는 B는 양수이며 C는 음수이어야 하고, 그림에서의 수요공급곡선과 같은 모양을 갖기 위하여 $B > b$ 이어야 한다.

11.11.3 라그랑지 승수의 의미

OPF를 설명하는 제8장에 나타난 바와 같이 OPF에 있어서 하나의 등식 제약조건에 대하여 하나의 라그랑지 승수 λ가 존재한다. 그러므로 조류계산문제에 있어서 각 모선별로 라그랑지 승수가 존재하며 만약 OPF 문제가 교류 네트워크 문제를 푸는 것이라면 부하모선에 있어서 유효전력에 대한 하나의 라그랑지 승수가 존재하고 무효전력에 대하여도 하나의 라그랑지 승수가 존재한다. 라그랑지 승수는 부하의 증분에 대한 실시간의 가격이며 이것은 $/MWh의 권역별 가격 또는 해당 모

선에 있어서의 LMP가 된다(절 8.11 참조).

만약 직류조류계산에 의한 OPF 문제를 푼다면 조류용량의 한계에 부딪친 선로 또는 상정사고 제약조건이 없다면 증분손실은 0이며 시스템의 LMP는 모두 동일할 것이다. 선로용량의 한계에 부딪친 선로 또는 상정사고 제약조건이 존재한다면 예제 8C에 나타난 바와 같이 LMP는 서로 다를 것이다.

LMP는 각 부하모선에서의 가격이며 해당 모선의 모든 소비자에게 청구하는 가격이며, 발전모선에서의 LMP는 해당 모선에 전력을 주입하는 발전기에게 지불되는 가격이다. 또한 만약 OPF에 있어서 직류조류계산을 이용한다면 송전선로 혼잡이 없을 경우 시스템 내의 모든 LMP는 동일하고 소비자로부터 받는 요금은 발전사업자에게 지불하는 비용과 일치한다. 만약 송전혼잡이 존재한다면 소비자로부터 받는 요금은 발전사업자에게 지불한 비용보다 크며 이 잉여금은 송전선로 접속권을 가진 사업자에게 지불하는 비용의 기초가 된다.

예제 11D 이 예제에서 6-모선 시스템을 사용하며 흔히 사용되는 발전기 비용함수에 대신하여 다음 표와 같이 발전기 비드 가격함수와 부하 가치함수를 사용한다.

〈표 11.1〉 시장 시뮬레이션을 위한 발전기 함수와 부하함수

	a	b	c	P_{min}	P_{max}
모선-1의 발전출력	213.1	11.669	0.00533	50	200
모선-2의 발전출력	200	10.333	0.00889	37.5	150
모선-3의 발전출력	240	10.833	0.00741	45	180
모선-4의 발전출력	0	16	−0.015	0	100
모선-5의 발전출력	0	16	−0.015	0	100
모선-6의 발전출력	0	16	−0.015	0	100

다음 표에 나타난 바와 같이 선로 전력조류의 한계를 벗어난 것은 없다.

〈표 11.2〉 송전용량의 한계에 부딪치지 않는 기준 케이스

모선 번호	발전출력(MW)	부하(MW)	모선 람다
1	72.6	0	12.44
2	118.7	0	12.44
3	108.7	0	12.44
4	0	100	12.44
5	0	100	12.44
6	0	100	12.44

송전용량의 한계에 부딪치지 않았으므로 모선 람다는 모두 동일하다는 것에 주목해야 한다. 선로용량의 한계에 부딪친 경우 모선 람다가 서로 다른 것은 다음 표에 나타나 있다.

〈표 11.3〉 한계를 검증한 결과

모선 번호	발전출력(MW)	부하(MW)	모선 람다
1	98.6	0	12.72
2	120.7	0	12.48
3	77.4	0	11.98
4	0	98.9	13.03
5	0	100	12.62
6	0	97.9	13.06

모선 람다는 서로 다르며 모선-4와 모선-6에서 소량의 부하가 만족되지 못하는 것을 주목해야 한다. 선로-2와 선로-3은 선로용량의 한계인 60MW의 전력이 흐르고 있다.

11.11.4 익일시장 급전

시장은 일반적으로 자정부터 시작하여 다음 날 오후 11시 59분까지의 24시간에 대하여 각각의 시간대에 대하여 발전사업자로부터 판매비드를 받고 부하로부터 구매비드를 받아 움직이기 시작한다. 일반적으로, 이와 같은 비드는 해당일의 마감

시간 이전까지 제출되어야 하며 24시간 앞선 계산이 행하여지고 시장이 열리는 날이 오기 전에 결과가 공표된다.

다음 날의 계산을 실행하기 위하여, SCOPF가 기동정지스케줄 작성 프로그램에 편성되어 있으며(SCUC), 이것은 기동정지스케줄 작성 프로그램이 안전도를 유지하는 조건에서 해당 시간의 LMP를 계산하기 위한 것이다.

계산이 끝난 후, SCUC 프로그램은 매시간별로 발전기에 지불할 가격과 부하에 청구할 가격에 사용되는 LMP뿐만 아니라 다음 날의 발전기 기동정지스케줄을 출력한다.

11.12 네트워크 선형계획법을 이용한 옥션 에뮬레이션

경제급전에서의 옥션 에뮬레이션에서는 구매자와 판매자의 짝을 찾기 위하여 "발견적 탐색법"이 사용되었다. 여기에 선로의 전력조류 제약조건은 포함되지 않았다. 전력조류의 제약조건은 단순히 개별 구매자로부터 개별 판매자 사이의 제약용량을 합산하여 지점-지점 사이의 유효전력조류의 한계로서 추가될 수 있다. 그 대신에 전압안정도 한계뿐만 아니라 열적 용량한계, 과도안정도 및 동적 안정도(dynamic stability)의 한계 등을 포함하여 검토하기 위하여 교류조류계산 또는 직류조류계산이 실행될 수 있다.

11.13 실드 비드 이산옥션

어느 사회에 있어서도 시장의 종류는 다양하다. 농산물시장, 수산물시장, 채소시장, 그리고 대부분의 가게가 그것의 예이다. 시장은 생산품을 교환하기 위하여 복수의 구매자와 복수의 판매자가 만나는 장소이다. 시장의 종류에는 여러 가지가 있다. 단방향시장에서는 하나의 참여자(예: 판매자)를 위한 대표자가 있으며 이 대표자는 여러 구매자와 거래를 한다. 양방향시장에서는 구매자와 판매자가 하나의 공통장소(거래장)에 있다. 어떤 시장은 공개외침에 의하여 거래가 성립하며 모든 사람들이 들을 수 있도록 소리쳐서 가격을 알린다. 몇몇 시장에서는 실드 비드로 거래가 행해지며 비드가 제출되고 개봉되어 옥션의 승자(낙찰자)를 결정한다. 옥션진행자는 양측을 대표하며 각각의 매매에 있어서 가격과 물량을 결정한다. 이 절에서 논의하는 계약은 장외거래이다.

판매자가 팔려고 하는 상품을 갖고 있는 시장상황

$$a_i > 0, \quad i = 1, \cdots, m$$

과 구매자가 구입하려고 하는 상품이 있는 상황

$$b_i > 0, \quad i = 1, \cdots, n$$

을 고려해 본다. 개별 판매자는 현재 하나의 동질의 상품을 오퍼하고 있다고 가정한다. 따라서 각각의 판매자로부터 공통상품이 존재한다. 판매자 사이에는 혼성상품이 있다고 가정하면, 판매자 사이에는 몇 가지 차이점이 발생한다. 일부의 정보가 숨겨져 있지 않은 한, 판매자가 동일한 품질로서 동일한 상품을 오퍼했다고 하면 가격은 동일할 것이다. 다음의 토의를 위하여 각 판매자로부터 가치의 차이가 존재한다고 가정한다.

다음의 모델은 구매자-j가 판매자-i의 상품에 대하여 실드 비드를 제안한다고 가정한다. 이 경우 다음 조건

$$c_{ij} \geq 0$$

이 성립한다. 이것은 구매자가 판매자의 상품에 대한 가치에 기준하여 판매자-i의 상품 한 단위에 대하여 기꺼이 지불하려는 최대의 금액이다.

판매자-i가 구매자-j에게 x의 물량을 다음의 조건

$$x_{ij} \geq 0$$

으로서 옥션에 근거한 가격으로 판매한다고 하며 최적해에서 판매자의 제약조건에 대한 라그랑지 승수에 의하여 u_i가 다음 식

$$u_i \geq 0$$

과 같이 지정된다. 총 비드 금액은 비드 금액과 거래물량을 곱한 것이다. 총비용은 가격과 거래물량을 곱한 것이다. 그러므로 가격과 물량을 찾아야 한다.

판매자-i는 옥션진행자 또는 거래규칙에 의하여 정해진 가격과 물량에 의하여 판매한다.

수송문제를 풀 때와 마찬가지로 구매자잉여는 최적해에서 다음의 KKT 조건

$$c_{ij} - u_i - \nu_j = 0$$

에 의하여 결정된다.

라그랑지 쌍대변수(ν)는 구매자잉여라는 것에 주목해야 한다. 또한 가격은 양(+)이여야 한다. 즉 다음의 식

$$\nu_j \geq 0$$

이 성립한다. 위에서 언급한 문제가 옥션문제의 해라는 것은 구매자와 판매자가 옥션에 참가하기로 동의하는 공평성에 대한 요구조건의 집합으로서 설명할 수 있다.

이성적인 판단을 하는 판매자(rational seller)는 다음과 같이 행동하여야 한다.

- 가능한 물량 이상을 판매하지 않는다.
- 모든 판매상품에 대하여 동일한 가격을 받는다.
- 만약 가격이 양(+)이라면 더 많은 상품이 판매된다.
- 만약 가격이 0으로 하락하면 더 이상의 상품은 팔리지 않는다.

심플렉스법을 이용하므로, 구매자와 판매자는 꼭짓점(extreme point)에 도달하면 짝을 짓는다. 심플렉스법은 전체적인 구매자잉여가 소진될 때까지 구매자와 판매자의 짝짓기를 계속한다. 등가의 선형계획법의 공식은 다음의 식

$$\sum x_{ij} \le a_i$$

ν_i 상수, 판매되는 모든 x_{ij}에 대하여

$$u_i > 0 \Rightarrow x_{ij} = a_i$$

$$x_{ij} < a_i \Rightarrow \nu_i = 0$$

과 같다. 이성적인 판단을 하는 구매자는 다음과 같이 행동하여야 한다.

- 필요 이상으로 구매하지 않는다.
- 구매하는 모든 상품에 대하여 동일한 잉여를 취한다.
- 만약 잉여가 양(+)이라면 더 많은 상품이 구매된다.
- 만약 잉여가 0으로 내려가면 더 이상의 구매는 없다.

등가의 선형계획법의 공식은 다음의 식

$$\sum x_{ij} \le b_j$$

ν_j 상수, 구매되는 모든 x_{ij}에 대하여

$$\nu_j > 0 \Rightarrow x_{ij} = b_j$$

$$x_{ij} < b_j \Rightarrow \nu_j = 0$$

과 같다. 위의 최적해에서 가격과 잉여는 0의 값을 갖는다는 것을 주목해야 한다. 이것은 공급과 수요가 일치하지 않으면 시장이 붕괴할 수 있다는 것을 보여 준다. 이후에는 최종가격을 0 이상으로 높이는 추가적 조건을 제시한다.

앞에서 언급한 내용에 근거한 LP의 형태는 여기의 정식화가 원하는 옥션의 해에 대하여 적합한 것인가를 결정하기 위하여 제시되었다. 목적함수는 모든 판매자의 잉여가 양(+)으로 되기 위한 거래의 횟수를 최대화하는 것이다.

$$\text{최소화} \sum_{i=1}^{m}\sum_{j=1}^{n} c_{ij}x_{ij}$$

$$제약조건 \sum_{j=1}^{n} x_{ij} \leq a_i, \quad i=1,2,\cdots,m$$

$$\sum_{i=1}^{m} x_{ij} \leq b_j, \quad j=1,2,\cdots,n$$

$$x_{ij} \geq 0, \quad i=1,2,\cdots,m, \quad j=1,2,\cdots,n$$

위의 각각의 제약조건은 앞의 요구조건에 관하여 검증되어야 한다.

목적함수는 최대가능 비드값이 구해진다는 옥션 목표를 나타낸다. 경제학자들은 이것을 "보이지 않는 손"이라고 말한다. 이것은 또한 '경제적 위치함수(economic potential function)'이다. 최적해에서 이것은 최댓값을 갖는다.

선형계획법의 최적해에 대한 조건과 수송문제의 알고리즘에 의하여 결정되듯이, 판매자를 위한 상보적 여분성 조건은 다음의 식

$$\sum_{j=1}^{n} x_{ij}^* - a_i \leq 0, \qquad \forall i$$

$$u_i^* \geq 0, \qquad \forall i$$

$$u_i^* \left(\sum_{j=1}^{n} x_{ij}^* - a_i \right) = 0, \quad \forall i$$

과 같다. 구매자에 대한 상보적 여분성 조건은 다음 식

$$\sum_{i=1}^{m} x_{ij} - b_j \leq 0, \qquad \forall j$$

$$\nu_j^* \geq 0, \qquad \forall j$$

$$\nu_j^* \left(\sum_{i=1}^{m} x_{ij}^* - b_j \right) = 0, \quad \forall j$$

과 같다. 위의 조건들은 앞에서 말한 바와 같이 원하는 옥션규칙을 만족시킨다. 최적해에서 쌍대변수는 "쌍대 상보적 여유성 조건"을 만족시킨다.

$$u_i^* + \nu_j - c_{ij} \geq 0$$

$$x_{ij}^* \geq 0, \qquad \forall i, j$$

$$x_{ij}^*(u_i^* + \nu_j^* - c_{ij}) = 0$$

KKT 조건이 요구하는 바와 같이, 앞에서 말한 것이 개별 거래에 있어서 이들은 거래를 모두 합한 것에 대하여도 성립한다. 그러므로 최적해에서는 분배된 가격이 구매자와 판매자에게 퍼진다.

$$\sum\sum c_{ij} x_{ij}^* = \sum\sum u_i^* x_{ij}^* + \sum\sum \nu_j^* x_{ij}^*$$

여기의 해에 대한 첫 번째 문제는 최적해에서 쌍대변수가 유일하지 않다는 것이다. 하나의 인위적 값 "k"가 첫 번째 쌍대변수(0으로 지정하는 대신)에 더해질 수 있다. 그러므로 가격은 임의적이다. 이것은 옥션의 규칙, 또 다른 옥션의 가능성, 시장의 과잉공급 또는 과소공급 그리고 다른 조건 등에 따라 판매자에 대한 정식화에 관한 문제는 가격이 0으로 하락한다는 것이며 이 상황은 추가적인 옵션이 없다면 판매자가 시장에 진입하지 않는다는 것이다. 추가적인 옵션이라는 것은 어떤 양의 상품(units)을 판매하더라도 최소가격을 지정하는 것이다. 이러한 최소가격이 유보가격이다.

예제 11E 가격이 송전선 사용요금과 운용비에 대한 내용을 포함하는 상황에서 다음과 같은 구매자와 판매자의 짝을 짓는 문제를 고려해 본다.

〈표 11.4〉 비드/애스크 오퍼

판매자	구매자	가격	물량
1	1	25	100
1	2	30	100
1	3	50	200
2	1	30	100
2	2	35	100
2	3	40	200
3	1	50	100
3	2	40	100
3	3	30	200

개별 판매자와 개별 구매자 사이의 송전용량 제약은 다음 표에 나타나 있다.

〈표 11.5〉 판매자와 구매자 사이의 전력조류 제약

판매자/구매자	1	2	3
1	200	200	200
2	100	100	100
3	100	200	200

LP의 해는 심플렉스 또는 수송네트워크 플로법을 사용하여 구할 수 있다.

〈표 11.6〉 비드/애스크 오퍼의 짝짓기

판매자	구매자	가격	물량
1	1	25	0
2	1	30	0
3	1	15	100
1	2	30	200
2	2	35	100
3	2	20	0
1	3	50	5
2	3	40	100
3	3	30	200

이 기법은 ATC와 유보가격을 사용할 수 있도록 수정될 수 있다.

유보가격[40)]

유보가격은 상품을 기꺼이 팔겠다고 하는 가장 낮은 가격이다. 이것은 가격의 경직성을 나타낸다. 이것을 정식화하는 것은 유보가격을 포함하도록 LP의 정식화를 변경하는 것이다.

40) 역자 주: 유보가격(reservation price)은 협상에서 한쪽이 받아들이는 가장 불리한 가격을 말한다. 예를 들어 판매자의 경우에는 받아들일 수 있는 최저가격을 의미하며 구매자의 경우에는 지불할 수 있는 최대가격을 말한다.

$$Max \cdots + \pi_i y_i$$

$$\sum x_{ij} + y_i = a_i$$

쌍대제약조건으로 바꾸기 위한 변경내용은 다음 식

$$u_i^* + \nu_j^* \geq c_{ij}, \quad \forall i,j$$

$$u_i^* \geq \pi_i, \quad \forall i$$

과 같다. 추가적인 상보적 여유성 조건은 다음 식

$$\left(u_i^* - \pi_i\right) y_i^* = 0, \ \ \forall i$$

과 같다. 이때 최적해에서 모든 물량은 판매자에 의하여 판매되거나 또는 재구매되어야 한다.

$$y_i^* > 0 \Rightarrow u_i^* = \pi_i$$

$$u_i^* > 0 \Rightarrow y_i^* = 0$$

문제

11.1 〈그림 11.12〉와 같이 4개의 제어지역이 연계되어 있다. 각각의 제어지역은 총 발전용량이 700MW이며 모든 발전기가 운전 중이다. 발전기의 최소출력은 각 제어지역에서 140MW이다. 해당 시간의 제어지역의 부하는 〈그림 11.12〉에 나타나 있다. 송전선은 필요한 전력을 전달할 수 있을 만큼 여유가 있다(〈그림 11.9〉).

제어지역의 합성 입력–출력 시스템 운용비 특성은 아래와 같다.

$$F_1 = 200 + 2P_1 + 0.005P_1^2 \text{ (g/h)}$$

$$F_2 = 325 + 3P_2 + 0.002143P_2^2 \text{ (ft/h)}$$

$$F_3 = 275 + 2.6P_3 + 0.00309P_3^2 \text{ (g/h)}$$

$$F_4 = 190 + 3.1P4 + 0.00233P_4^2 \text{ (ft/h)}$$

모든 경우에 있어서 $140\text{MW} \ll 700\text{MW}$ 이다. 만약 각 제어지역이 독립적으로 부하를 공급하고 있다면 제어지역별 공급비용과 전체 공급비용을 구하시오.

11.2 문제 10.1의 제어지역-1은 2개의 거래를 하고 있다고 가정한다.

a. 제어지역-1은 제어지역-2로부터 190MW를 구입한다.
b. 제어지역-1은 제어지역-3에 120MW를 판매한다.

각각의 거래에 있어서, 가격은 50:50으로 절감액을 나누어 갖는 협약에 의하여 결정된다. 각각의 거래의 가격과 제어지역의 절감액 양분협약에 의하여 지불하거나 지급받는 금액을 포함하여 순발전비용을 찾으시오. 이 경우 거래(앞에서 주어졌음)의 순서는 다음과 같다.

① a 다음 b
② b 다음 a

두 가지의 경우에 있어서 제어지역-4 파워풀의 총비용을 구하시오.

11.3 문제 11.1의 4개의 제어지역이 파워풀의 제어센터에 의하여 중앙에서 제어된다고 가정한다.

a. 각 제어지역에서의 출력과 시스템 운용비를 확인하시오.
b. 각각의 송출하는 제어지역은 증가한 운전비용의 50%를 공유하고 파워풀 절감액의 50%를 공유하는 절감액 나누기 협약을 가정한다. MWh당 전달에너지의 비용(즉, "파워풀 에너지")과 각 제어지역의 순시스템 운용비를 구하시오.

11.4 문제 11.1의 4개 제어지역은 "전력브로커"의 회원이라고 가정한다. 문제 11.1의 거래 1시간 전에, 각 제어지역은 브로커에게 25MW 또는 50MW의

연속블록을 판매하기로 하여 가격을 견적(quote)한다. 이 자료를 브로커에게 제공할 때에 견적한 가격은 해당 블록의 평균증분비용이다. 브로커 짝짓기 규칙은 다음과 같다:

규칙-1. 판매가격 견적과 구매비드는 제시하는 회사와 비드하는 회사 사이에 직접 연결이 있을 경우에만 성사된다.

규칙-2. 제시하는 제어지역의 남아 있는 증분비용 가운데 가장 낮은 것이 비드하는 제어지역의 가장 높은 감분비용과 짝을 짓는 우선순위법에 따라 정렬된다. 다시 말하면, 판매하려고 하는 에너지 가운데 사용할 수 있으며 가장 낮은 증분비용이 비드하는 지역의 가장 절감가능성이 높은 감분비용과 짝을 짓는다.

규칙-3. 짝짓기는 모든 블록 또는 일부분의 블록에 대하여 이루어진다. 가능하다면 다음 블록이 사용되기 이전에 남아 있는 블록이 사용되어야 한다. 증분비용과 감분비용의 차이가 0.33$/MWh 이하로 떨어지면 짝짓기는 종료된다.

규칙-4. 제어지역은 지역 내의 동일한 다른 회사에 대하여 판매자와 구매자 역할을 동시에 할 수 없다.

규칙-5. 성사된 거래의 MWh당 가격은 증분비용과 감분비용의 절대치의

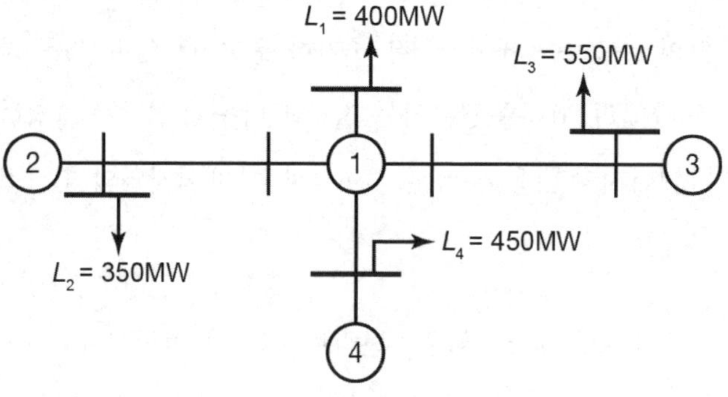

〈그림 11.9〉 문제 11.1의 제어지역-4 시스템

합의 1/2이다.

이 문제에 있어서 견적(guote)과 비드는 각 제어지역에 의하여 브로커에게 다음과 같이 제공된다.

제어지역	판매견적	구매견적
1	25MW 블록으로 100MW	25MW 블록으로 100MW
2	250MW 블록으로 200MW	없음
3	없음	50MW 블록으로 200MW
4	25MW	25MW

a. 전력브로커 짝짓기 시스템을 마련하고, 일어날 수 있는 거래와 가격을 결정하시오.

b. 가능한 모든 계약이 일어날 수 있다는 가정 아래에서 각 제어지역과 파워풀에 있어서 순시스템 운용비를 계산하시오.

11.5 문제 11.4를 대신하여 다음과 같은 가정을 동시에 하여 문제 11.4를 반복하시오.

a. 각 제어지역은 모든 다른 제어지역과 연계되어 있고 제어지역 내의 모든 쌍의 제어지역 사이에 거래가 성사될 수 있다.

b. 성사된 거래는 감분비용의 차이가 0.33$/MWh 대신에 0이 될 때까지 진행된다.

11.6 모든 거래에 적용되며 마지막에 성사된 거래에서 결정된 가격과 같은 가격으로서 문제 11.5를 반복하시오.

11.7 제6장의 6-모선 기준 케이스에 주어진 비용 자료와 모선-3에서 모선-4로 20MW를 탁송하는 〈그림 11.3〉(케이스-1, 케이스-2, 케이스-3)에 주어진 전력조류와 발전기출력자료를 사용하시오. 3개의 모든 케이스에 있어서 전력회사의 순비용을 계산하시오.

순비용 = 모든 발전기에 대한 시스템 운용비 − 탁송비용

각 케이스의 총 시스템 운용비는 〈그림 11.3〉의 바로 다음에 나타나는 표에 주어져 있다.

3개의 케이스에 관하여 각 발전기의 출력과 총 시스템 운용비를 나타내는 표를 작성하시오; 기준 케이스와 2개의 탁송 케이스.

20MW가 탁송되는 2개의 케이스에 있어서 제11장의 탁송설명에 따라 탁송비용(20MW × 단기한계비용)을 계산하시오.

이것은 다음과 같다.

$$13.2494 - 12.376 = 0.8734, \text{ 제약이 없는 경우}$$

$$16.4711 - 12.2015 = 4.2696, \text{ 제약이 있는 경우}$$

이 비용은 전력회사에 대한 수익을 나타내며 총 운용비를 절감한다(이 방정식이 의미하는 것은 "탁송에 있어서 단기한계비용을 사용하는 것이 탁송의 추가적인 변동비만을 회수하는 것인가, 아니면 전력회사에 또 다른 수익을 가져오는 것인가?" 이것은 하나의 예라는 것을 기억해야 한다).

11.8 예제 8D의 모든 주입 발전출력과 수요모선에 대하여 ATC를 구하시오.

11.9 네트워크 플로-옥션 방법을 사용하여 예제 8D의 해를 구하시오.

11.10 3-모선 시스템에 있어서 장외거래와 시장옥션을 대비하여 분석하시오(〈그림 11.10〉):

모선-2의 "그린로드"는 500MW를 구매하려고 하며 모선-1의 수력발전기로부터 구매하려고 한다. 그린로드 거래그룹은 수력발전 거래그룹에게 500MW의 구매에 대한 가격제시를 요구한다. 수력발전그룹은 60$/MWh를 제시한다. 수력발전그룹은 어떠한 거래에 대하여도 송전비용을 지불하여야 한다.

그린로드 거래그룹은 "이 비용이 높다. 시장에서 다른 기회를 찾아야 하겠다"라고 말한다. 그린로드 거래그룹은 비드를 내어 놓는다. 그린로드 거래

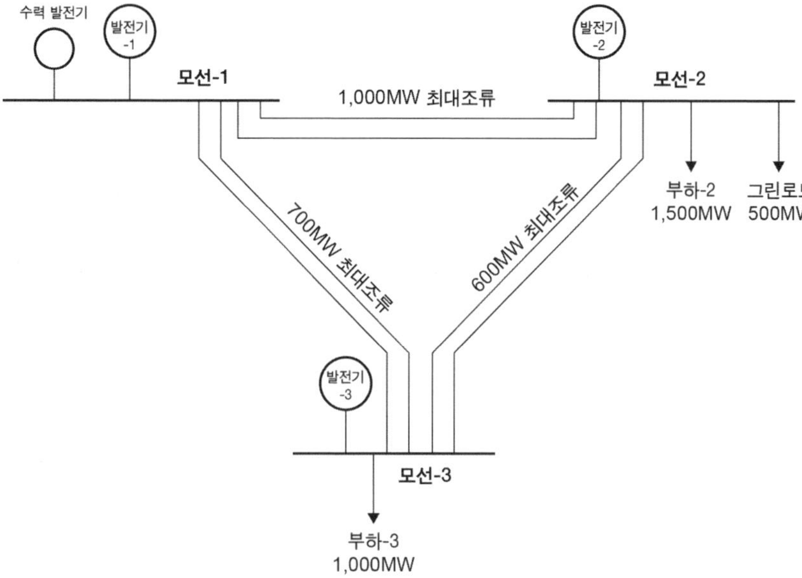

〈그림 11.10〉 문제 11.10의 3-모선 시스템

그룹은 시장분석을 하고 500MW의 전력을 수력발전 거래그룹과의 장외거래가격보다 결과적으로 낮은 가격으로 구매할 수 있다고 판단한다. 그리하여 500MW에 대하여 50$/MWh의 비드를 내놓았다.

장외거래 케이스: 이 경우에 거래는 완전히 장외에서 이루어지며 송전시스템에 대하여 MW 거래만이 중첩된다. 수력발전 거래그룹이 그린로드 거래그룹에 판매하는 가격은 60$/MW이다. 발전회사는 옥션의 결과에 의하여 결정된 송전요금을 지불하여야 한다.

이에 대한 결과가 〈그림 11.11〉에 나타나 있다.

시장 케이스: 여기에서는 수력발전 거래그룹이 전력을 판매하기 위하여 비드를 내놓는다. 이것은 옥션진행자에게 다음과 같은 비용함수를 제공하는 것이다.

$$C(P) = 0 + 60P_{hydro} + 0.002P_{hydro}^2, \ \ 0\text{MW} \le P_{hydro} \le 500\text{MW}$$

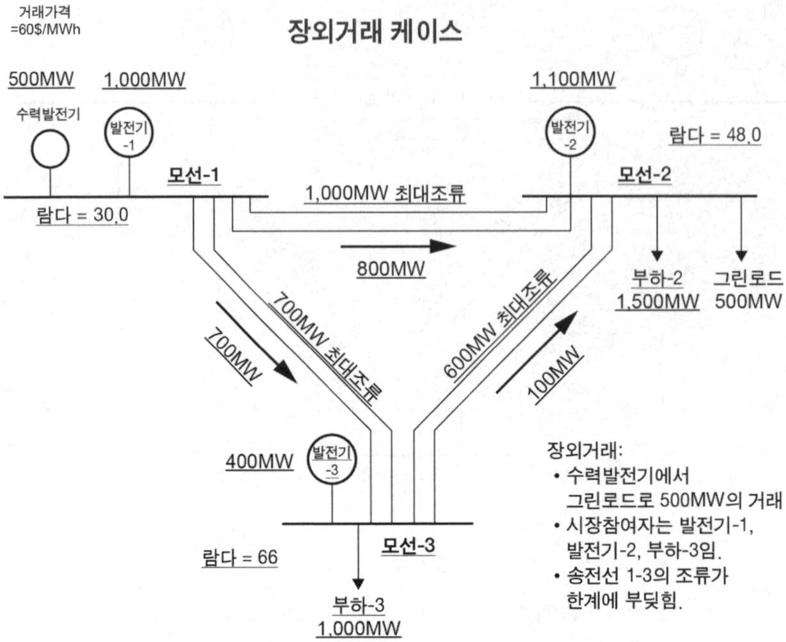

〈그림 11.11〉 문제 11.10의 장외거래 케이스의 결과

그린로드 회사는 구매비드 함수를 다음과 같이 제시하였다.

$$C(P_{green}) = 0 - 50P_{green}, \ \ 0\text{MW} \le P_{green} \le 500\text{MW}$$

기타 발전기의 비용함수와 부하의 비용함수는 다음 표와 같다.

비드	A	B	C	최대(MW)
발전기-1	0	20	0.005	1,100
발전기-2	0	5	0.0025	1,100
발전기-3	0	60	0.02	1,100
부하-2	0	-100	0	1,500
부하-3	0	-100	0	1,500

수력발전사업자와 그린로드 회사가 시장의 일부분인 상황에서 시장옥션 결과는 〈그림 11.12〉와 같다.

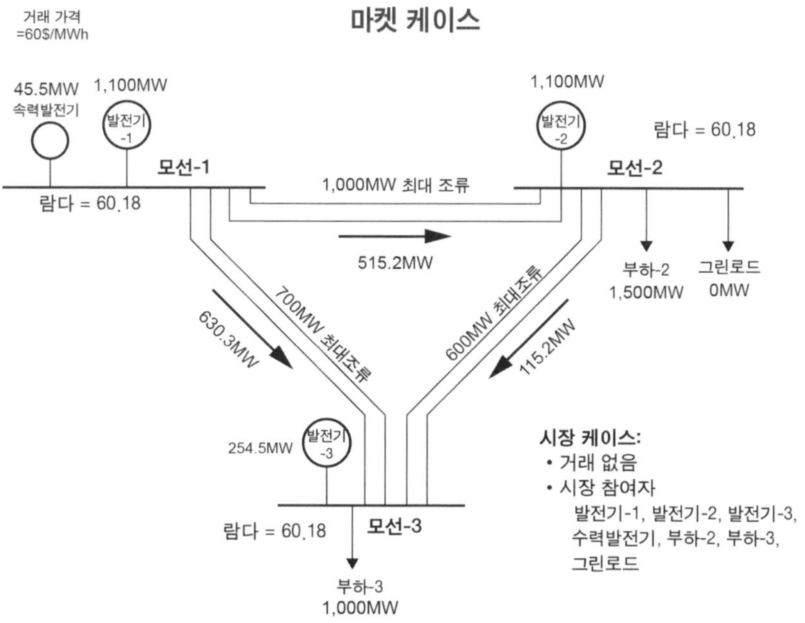

〈**그림 11.12**〉 문제 11.10에 있어서 시장급전의 결과

수력발전기는 45.5MW만을 판매하며 “그린로드”는 아무것도 받지 않는다는 것을 주목해야 한다.

학생은 다음과 같은 사항을 파악해야 한다.

1. 학생은 시장 케이스의 수요공급곡선을 작성하여야 한다. 이렇게 하면 그림과 같은 결과가 나타나는 것을 이해할 수 있는가?
2. 장외거래에 대하여: 수력발전회사의 수익, 송전요금, 수력발전회사의 순수익.
3. 장외거래에 있어서: 그린로드 회사의 지출액.
4. 시장 케이스에 있어서: 수력발전회사의 수익.
5. 이 경우에 있어서 그린로드 회사는 수력발전사업자와 거래를 할 기회를 가졌지만 시장을 선택하기로 하였다. 이 결정이 수력발전회사에 유리한 것인가?

12

단기수요예측

12.1 개관

운용계획은 모든 산업의 재고관리 및 생산이론에 기반을 두고 있다. 재고관리이론은 저장정책에 기반을 두고 있다. 이 저장정책은 송전망의 제약, 생산과 수요 등의 제약조건 하에서 공급목적을 달성하는 것에 기초하여 유도된다. 재고정책은 자원의 현재 및 미래의 가격뿐만 아니라 수요의 예측에도 의존한다. 최적 제조정책을 찾는 데 있어서 예측은 생산관리의 중요한 요소다. 이러한 정책은 생산모델과 수요모델에서 출발하며 수요(판매) 또는 서비스의 소비에 대한 예측에 의존한다. 예측은 성공적인 회사에서 빼놓을 수 없는 과정이며 생산 또는 거래를 주로 하는 기업에서 특히 중요한 의미를 갖는다. 예측은 재고관리 문제에 있어서 OR[1]과 관계된다. 예측이 결정적 역할을 하는 산업은 홍보, 재무계획, 그리고 서비스산업 등이다. 어떠한 형태로서라도 예측을 제외하고 경영의사결정이 행해지는 다른 예를 찾기는 어렵다. 예측은 최종산물이 아니라는 것도 알아야 한다. 정교한 해를 구해야 할 필요가 있으므로 예측은 반복적으로 실행되는 성격을 지닌다. 예측은 상품의 경제 동인, 가격급등, 외생적 사건에 의존하는 예측의 불확실성 등으로 인하여 자주 반복적으로 실행된다.

미래의 사건이나 상태를 추정하는 것을 예측이라고 하며, 이와 같이 추정하는 것을 예측행위라고 한다. 예측은 의사결정의 주요 요소이며 예측의 목적은 의사결

---

1) Operations Research

정에서의 위험을 감소하는 것이며 예상하지 못하는 이익이나 비용을 감소하는 것이다.

전력회사의 주요 목표의 하나는 소비자의 수요를 정확하게 예측하는 것이다. 넓은 의미에서 말한다면 전력시스템의 수요예측은 장기, 중기, 그리고 단기로 분류될 수 있다. 장기수요예측의 대상기간은 1년 단위의 계산으로서 1년부터 10년에 걸치는 기간을 대상으로 하며 장기투자계획을 검토하기 위한 용도로서 사용된다.

중기예측의 개념은 한 달의 계산 단위로서 몇 년 동안의 기간에 대하여 예방보수스케줄이나 연료구매계획을 수립하기 위하여 사용된다.

단기수요예측을 위해서는 1시간 이후부터 몇 주에 걸쳐 수요에 관련된 지식 및 정보가 필요하다. 단기수요예측에서 얻은 정보는 단기 발전기 예방보수스케줄, 주간 및 일간 발전기 기동정지스케줄, 시간대별, 일별, 주일별 발전기 운용스케줄, 그리고 경제적이고 안전도를 유지하는 시스템 운용에 중요하게 사용된다.

본 교재는 수학적 기법을 이용한 단기수요 예측법에 대하여 설명한다. 먼저 몇 개의 기본적 사항을 소개한다.

경제급전 및 발전기 기동정지스케줄은 전력시스템의 생산이론을 찾아내는 것에 근거한다. 전력시스템의 재고관리이론은 연료사용스케줄 및 수력발전소 운전스케줄에 근거하여 수립한다. 연료사용스케줄은 현재 성사된 계약 또는 공개시장에서 각종 1차자원의 최적 탐색을 통하여 달성된다. 이러한 정책수립의 내용은 이 책의 전반부에서 소개되었다. 이와 같은 정책은 에너지와 품질유지서비스의 예측에 의존한다. 생산의 예측이 행해진 다음에 최적운용계획이 수립된다. 최적 연료사용스케줄은 생산계획에 의하여 결정된다. 경쟁시장에서는 판매를 통하여 얻은 수익이 생산비를 초과하여야 하기 때문에 수요예측뿐만 아니라 가격도 예측하여야 한다.

예측은 송전선로 예방보수스케줄, 예방보수를 위한 발전기의 정지스케줄, 원자로 핵연료주기 등을 포함하는 모든 운용기능에 있어서 빼놓을 수 없는 요소이다. 그러나 예측은 계획과 제어에 연결될 필요는 없다. 예측이 중요한 동인이 되는 다른 예로는 판매, 재무계획, 그리고 노무정책 등이다.

예측은 정성적 기법과 정량적 기법을 사용하여 행해진다. 정성적 기법은 몇몇 전문가의 개인적 판단 또는 의견에 근거하여 예측하며 과거 실적자료가 없거나 희소할 경우에 유용하다. 이 방법에는 주관적 곡선피팅, 델파이 방법 및 기술적 비교 방법 등이 포함되며 장기예측에 이용되기도 하고 성격상 주기적이 아닌 현상의 예측에 아주 유용하다. 하나의 예를 들면, 어떤 유명한 영화배우가 저녁 TV프로그램이 진행되는 날에 결혼한다고 하자. 사회적 반응도에 관한 전문가가 수요예측 전문가를 초청하여 유명한 영화배우가 결혼하는 행사가 없을 때 TV프로그램이 진행되었던 날의 수요에 대한 판단자료를 구할 것이다. 이 행사는 시스템 운용과정에서 대단히 중요하였다. 이 예측은 경제전문가들의 오랜 시간에 걸친 토의를 통하여 결정되었어야 하지만 그 당시에는 결혼식 행사의 영향에 대한 충분한 이해가 없었기 때문에 이 행사는 거의 블랙아웃을 일으킬 정도로 전력수요에 영향을 미쳤다. 대부분의 급전원들은 경제적 효과를 충분하게 이해하기 때문에 이 책에서 설명하는 정량적인 방법의 수치보다 높게 수요를 예측한다.

잘 알려진 자문회사들이 주어진 업무할당 범위에 대하여 예상되는 프로젝트에 참여하는 연구원의 업무소요량을 결정할 경우에 앞의 예와 동일한 과정이 사용된다. 이에 관련한 기법은 이 책에서 논의되지 않는다.

정량적 기법 가운데 눈에 띄는 2개의 방법이 예측에 사용된다. 이들은 재래식 통계적 기법에 속하는 것이다. 이것은 시계열 분석과 계량경제 분석이다. 시계열 분석은 하나의 확률변수가 어떤 시간구간에 걸쳐서 취하는 수치에 대한 계열을 축소하여 놓은 것이다. 확률변수의 예는 매일 24시간에 대하여 에너지 수요를 취급하는 것이다. 또 하나의 확률변수의 예는 매일 24시간에 대하여 전기에너지의 거래를 고려하는 것이다. 흔히 거론되는 예는, 1년의 기간에 어떤 연료 상품에 대하여 일별 시장 폐장가격을 고려하는 것이다. 이것은 시계열이다. 시계열 분석은 관심의 대상이 되는 변수가 미래에 취할 값을 예측하는 데 있어서 자료에 들어 있는 패턴을 활용하는 것이다. 많은 시계열은 성격상으로 이산형이다.

이 작업에 있어서 대부분의 결정 또는 제어함수는 미래의 상태를 알아야 하며 가장 중요한 것은 수요이다. 〈표 12.1〉은 현재의 단기수요예측의 사용과 미래의 잠재적 단기수요예측에 대하여 보여 준다.

자동출력제어(AGC) 알고리즘은 시스템 운용의 다음 기간에 대하여 관성, 조속기, 주파수 응동에 관한 정보를 필요로 한다. 수요가 변동함에 따라 충분한 응동능력을 제공하기 위하여 개별 발전기의 응동능력을 파악하여야 한다. 발전기의 참여계수는 수요변동에 가장 경제적으로 추종하기 위하여 경제급전에 근거하여 결정되어야 한다. 다음 몇 분에 대한 수요추세의 정보가 좀 더 최적인 자동출력제어 전략을 제공할 수 있기 때문에 최근의 몇몇 자동출력제어 프로그램은 수요예측자료를 직접 사용한다. 신재생에너지 발전기는 관성, 조속기 또는 주파수 응동 등을 제공하지 못하기 때문에 풍력, 태양광 등과 같은 신재생에너지 발전이 포함되면 수요추세에 대한 정보는 더욱 중요한 의미를 갖는다. 자동출력제어 알고리즘이 다음 몇 분의 수요추세에 관한 정보로써 증강되면 출력증가율, 밸브-점 출력지정, 금지구역운전, 신재생 발전기출력 상실 등을 감안한 피드포워드 또는 추적제어를 사용할 수 있다.

〈표 12.1〉 수요예측의 적용분야

기능	예측 지평(horizon)	예측 구간(interval)
자동출력제어(AGC)	다음 15분	5초
경제급전 (ED)	다음 1시간	30초
조류계산 (PF)	다음 2일	5분
최적조류계산(OPF)		
상정사고해석(CA)	다음 2일	10분
상황인식(SA)	다음 1시간	초당 120 표본
전압안정도(VS)	다음 1시간	초당 120 표본
기동정지스케줄 작성(UC)	다음 14일	1시간
거래평가와 관리(TEM)	다음 14일	1시간
풍력 예측	다음 5~10분	30초
수력운전스케줄	다음 14일	1시간
연료사용스케줄	다음 1개월	1주일

현재의 경제급전은 금지구역을 통과하는 것을 최소화하기 위하여 예측된 수요를 사용한다. 이 책을 집필하는 당시에는 밸브-점 운전은 실행되지 않고 있었다. 경제급전과 밸브-점 운전 분야는 예측에 관한 연구대상으로 떠올랐다.

급전원 또는 OPF 프로그램을 위해서는 다음의 10~60분에 대한 예방보수스케줄과 거래평가(TE) 등과 같은 단기계획을 위하여 모선수요 예측이 필요하다. 모선수요 예측은 검토대상인 전력시스템에 있어서 개별 부하모선에 있어서의 미래의 전력수요의 예측치를 구하는 것이다. 운용계획은 송전설비의 예방보수스케줄을 작성하기 위하여 1~6개월까지를 대상기간으로 할 수 있다.

안전도 분석은 문제가 될 수 있는 기간을 용이하게 예측하기 위하여 다음 1시간부터 24시간까지에 대한 모선수요 예측자료를 필요로 한다. 안전도분석은 예방보수를 위한 계획정지를 고려하기 위해 6개월까지 대상기간을 연장할 수도 있다.

지금까지의 기동정지스케줄 작성은 다음의 168~336시간에 대한 시간대별 시스템수요를 요구하였다. 몇몇 기동정지스케줄 작성 프로그램은 다음 한 달 744시간의 수요를 요구하기도 한다. 최적 발전기 운전스케줄을 찾기 위하여 기동정지스케줄 작성 프로그램은 품질유지서비스도 포함하여 수립하여야 한다.

거래평가 및 관리를 위한 기동정지스케줄을 작성하기 위하여 수요급등 모델과 결합한 24~68시간 수요예측 모델이 필요하며 확장된 모델은 현물가격제도에서 최대수요와 최소수요를 조정하는 데 도움을 준다.

12.2 해석적 방법

이 방법은 정통적인 시계열 분석과 계량경제 분석, 통계적 기법을 사용한다. 정량적 방법은 회귀분석, 분해기법, 지수함수 평활화와 같은 여과기법, 그리고 Box-Jenkins 방법을 포함한다.

시계열 분석은 하나의 확률변수가 어떤 시간구간에 걸쳐서 취하는 수치에 대한 계열을 축소하여 놓은 것이다. 모든 날의 24시간에 대한 수요를 생각해 본다. 또한 모든 날의 24시간에 대한 전기에너지 거래의 청산가격을 생각해 본다. 하나의 흔한 예는 캘리포니아와 오리건주의 경계선에서 1년 동안에 걸쳐 일어난 선물거래의 일일시장 폐장가격이다. 이것은 시계열이다. 시계열 분석은 관심의 대상이 되는 변수가 미래에 취할 값을 예측하는 데 있어서 자료에 내재하는 패턴을 활용하는 것이다. 시계열 분석은 결정론적 구성요소와 확률적 구성요소로 나뉜다.

시계열 분석의 접근방법은 회귀분석문제(곡선피팅 최적화) 또는 시계열문제(주기피팅 최적화)와 같은 분석기법을 사용하여 자료를 분석하는 것이다. 수요를 예측하는 기초가 되는 모델의 형태는 시스템 식별에 기반을 둔 것이다. 시스템 식별은 자료의 형태가 덧셈 형태인가, 곱셈 형태인가 또는 두 가지의 형태를 모두 갖고 있는가를 결정하는 것이다. 첫 번째 단계는 관심의 대상이 되는 시간지평(time horizon)에서 벗어난 수요성분이 제거되거나 모델링 될 때까지 수요추세를 제거하는 것이고, 두 번째 단계는 좀 더 느린 주기진동을 제거하고, 세 번째 단계는 이보다 더 빠른 주기진동을 제거하는 것이다. 단기수요예측은 다음 주를 벗어난 모든 성분이 해석되고 제거되는 것이 요구된다. 결과적으로 얻은 시계열 자료가 식별되고 모수가 추정된 다음에 제거된 성분들이 합쳐진다.

계량경제 분석은 수요를 생성하는 경제동인을 식별한다. 전기의 수요는 경제지표, 기상지표(즉, 온도), 그리고 기타의 사회학적 지표 등의 함수이다. 계량경제 분석은 모든 수요는 원인-결과의 설명에 근거해야 한다고 요구한다. 계량경제 분석은 회귀분석으로 분류되는 최소제곱곡선피팅 기법에 근거한다.

계량경제 분석은 예측되어야 할 변수(종속변수)를 다른 독립변수의 수리적 함수를 이용하여 나타내는 것이다. 동일 기간에 주어진 장소에서 실업률에 함수적으로 관련하여 점심시간 동안에 소비된 햄버거 판매량을 예측하는 문제를 생각해 보라. 지나간 기간에 대한 총수요의 함수로서 소매가게의 수요와 인터넷 우편주문에 의한 자료가 미래의 동일한 기간에 대하여 인터넷주문 판매량이 주어진 경우에 총판매량을 예측하는 데 사용될 수 있다. 예측되어야 할 변수(종속변수)는 회귀분석에 있어서 기타의 독립변수의 수학적 함수로써 표현된다. 예를 들면, 주어진 기간에 대한 햄버거 판매금액을 예측하는 것은 동일한 기간 중의 인접한 제조공장의 생산량에 함수적으로 관계될 수 있다.

계량경제 기법은 일반적으로 덧셈법이다. 개별 소비자의 유형이 식별되면 개별 소비자에 대한 기기 또는 에너지 수요가 식별된다. 일단 모든 에너지 수요 또는 주요한 에너지 수요가 모델링 되면 총수요는 각 소비자의 각종 성분을 합하면 된다.

실내난방기의 총 판매금액을 예측하는 것을 고려해 보자. 주어진 기간 동안에 판매된 실내난방기는 동일한 기간 동안에 증가한 히트펌프의 전기수요와 함수적으로 관계가 있다고 간주한다. 과거의 동일한 기간에 걸친 총수요의 함수로서 소매가게의 히트펌프 수요와 인터넷 우편주문에 관한 자료는 미래에 있어서 해당 기간의 인터넷 판매금액이 주어지면 총 판매금액을 예측하는 목적으로 사용될 수 있다. 히트펌프의 판매금액이 예측되면 천연가스난방을 사용하던 소비자가 전기수요로 전환하는 것에 대한 신호를 줄 수 있다. 가정의 가스소비자가 히트펌프로 전환한 이후에 가스를 훔쳐서 이에 대하여 가스회사가 소송을 한 미국 시카고에서의 소송사건도 있다. 지역의 가스회사는 방문검사를 하여 설비전환을 확인한 것이 아니라 해당 가정에 대한 가스판매액이 감소하였다는 불만사항을 접수하여 알아낸 것이다.

마이크로터빈의 판매는 가정용 전기의 사용이 천연가스(LNG 포함) 또는 신재생에너지(바이오연료)를 사용하는 열병합발전을 이용하는 방식으로 전환된다는 것을 알리는 신호이다. 사실상 에너지 저장장치로서 연료전지를 위한 수소의 생산과 메탄가스의 생산은 가정용 전기에너지를 전력망에서 구하는 방식에서 천연가스(또는 LNG) 또는 지역의 신재생에너지로 전환된다는 것을 알리는 것이다. 정부가 이산화탄소 또는 기타의 환경배출물의 배출을 억제하기 위하여 세금유인정책을 사용한다면 이러한 전환현상은 가속될 것이다.

경제분석은 소비자 소재지의 수요를 만족시키는 기기를 확인하고 기기가 사용하는 수요를 소비자의 형태 및 개수에 근거하여 합산하기 위한 물리적 분류작업이다. 어느 소비자가 어떠한 기기를 소유하고 있는지 그리고 사용기기별 소비자의 수는 얼마인가를 식별하고 배전용 급전선의 수준에서 취합할 수 있는 능력에 따라 경제분석 모델을 활용하는 결과가 달라진다. 하나의 예는 냉장고, 냉동고, 중앙집중냉방기, 에너지 저장장치를 갖는 히트펌프를 이용한 중앙집중난방, 가정용 전기히터, 난방식 수영장, 전기자동차 등과 같은 고소득 가정의 소비자 전기사용기기를 식별하는 것이다. 그러면 고소득 소비자의 수가 식별되고 이것은 주로 공식 기록과 과거의 전기요금청구서를 통하여 알게 된다. 이 절차는 가정용 소비자, 상업용 소비자, 산업용 소비자 등의 종별에 따라 반복하여 실시된다. 정부기관(경찰서, 병원, 소방서 등)을 포함하는 소비자의 종별 구분은 식별되며 기록이 보관된다.

기기의 전력 사용량에 관한 피드백 자료가 보관되는 스마트 계량장치가 도입되면 계량경제 분석에 소요되는 비용은 대단히 낮아진다. 미국 EPRI와 기타의 기관에 의한 표본추출 기법에 의한 접근방식은 경제분석과 통합되어 과거에 광범위하게 연구에 사용되었다. 이 연구는 1974년 석유위기 이후 미국 에너지성(DOE)이 추진한 주요 연구과제의 하나이었다. 이와 같은 경제모형에 대한 설명은 이 책의 범위를 벗어난다.

여러 형태의 예측기법은 서로 연관되어 사용된다. 사실상 특이사건이 발생하면 급전원의 판단기술이 시계열 분석의 결과를 갱신하기도 한다.

예측의 "기술"은 모든 산업체에 걸쳐서 대단히 중요한 것이며 별도의 책으로써 설명할 만한 가치가 있는 것이다. 예측의 구체적인 주제에 대하여 이 책의 범위를 벗어나는 부분에 대해서는 별도의 참고문헌을 참조하기를 바란다.

상태추정에 관하여 설명한 제7장은 가중최소제곱 추정법[2)]을 이용한 시스템 상태에 관한 통계자료와 모수추정에 대한 계산방법을 제공한다. 상태공간 모드의 경우 칼만필터와 같은 대체기법을 사용할 수 있다.

대안으로 되는 기법은 인공신경네트워크(ANN)와 같은 인공생명 기법을 사용

---

2) weighted least squares (WLS) estimation approach

하는 것이다. ANN은 인간 두뇌의 신경 단위인 뉴런(neuron)을 근사화한 것이다. ANN은 Box-Jenkins법에 대한 대체기법이며 곡선피팅 기법을 대체하기에 적합하다. EPRI는 미국 내에 여러 연구기관이 사용하고 있는 프로그램 패키지를 소유하고 있다. ANN법은 여전히 시계열 분석에서 요구되는 사전분석을 필요로 한다.

12.3 수요모델

전력시스템의 수요는 시간종속적이며, 확률법칙에 의하여 진화한다고 가정한다. 출력물이 전력시스템 수요인 선형필터의 입력으로서 백색잡음의 수열을 사용하는 것이 일반적 관행이다. 이것은 수요의 시계열을 예측하기 위한 적절한 모델이다. 잡음에 관한 입력은 평균이 0이며 분산이 σ^2인 가우시안 확률분포함수로서 정의된다. 선형필터를 특징짓는 여러 종류의 모델이 존재한다.

수요를 예측하기 위한 기반으로서 사용되는 모델형태는 시스템 식별에 기초한다. 시스템 식별은 모델의 형태가 덧셈 형태, 곱셈 형태, 또는 두 가지 모두를 포함하는 것인가를 결정한다.

시계열 기법은 덧셈 형태일 수도 있고 곱셈 형태일 수도 있다. 이 책의 작업에서는 전개를 용이하게 하기 위하여 덧셈 형태를 사용한다. 첫 번째 단계는 설명이 되지 않은 잡음성분만 남을 때까지 기준수요를 제거하고, 수요추세를 제거하고, 느린 주기의 진동을 제거하고, 더 빠른 주기의 진동을 제거한다. 관심의 대상이 되는 기간에서 벗어난 모든 수요성분은 제거되거나 모델링 된다는 것을 주목해야 한다.

수요를 모델링 하는 데에는 결정론적 분석과 확률론적 분석의 2개의 단계가 있다. 결정론적 분석은 연간 수요성장, 계절적 수요변동, 기상변화 등의 가장 느리게 변동하는 성분을 찾아내는 것이다. 결정론적 분석은 곡선피팅 최적화(회귀) 분석 또는 주기식별(스펙트럼) 분석 등과 같은 몇 개 형태의 분석을 사용하여 자료를 분석하는 것이다. 스펙트럼 분석은 시스템과 시그널에 관한 교과서에 나타나는 분석과 유사한 푸리에변환 분석 또는 하틀리변환 분석을 사용하여 실행된다. Box-Jenkins가 창안한 시계열 분석 접근방법을 이용하여 확률적 성분이 구해진다.

12.4 원자재 가격예측

가격예측은 수요예측보다 한 차원 높은 복잡도를 갖고 있다. 가격예측은 연료가격, 발전기의 정지(불시고장 및 예방보수), 송전선로 혼잡, 연료네트워크 혼잡(화물열차 및 선박) 등과 같은 경제동인에 대한 지식 및 정보를 필요로 한다. 신재생에너지 자원이 고려되는 경우에는 규제정책도 전기가격 예측을 위한 동인으로 작용한다.

선물시장 및 현물시장을 대신하여 구매계약이 고려될 경우 연료원에 대한 가격예측이 필요하다. 경쟁시장에서는 전기의 선물시장 및 현물시장의 가격에 대한 예측이 필요하다.

경쟁시장거래와 발전량의 비딩에서 전기의 현물시장 가격제는 대단히 중요하다. 이것은 제2장의 경영환경을 설명하는 절에서 논한 바와 같은 계약의 형태이다.

몇 주 또는 몇 달에 걸쳐서 천천히 발생하는 연료가격 변동에 따라 전기가격은 변동한다. 1974년의 석유위기는 에너지시장에 즉시 영향을 미친 급격한 가격변동의 예다. 또한 전기가격은 수송네트워크의 혼잡의 함수이다. 홍수가 발생하면 선박 및 철도수송에 문제가 발생하므로 몇몇 지역에는 전력부족 현상이 발생한다. 이와 같은 송전혼잡 문제는 다른 송전망의 전력조류의 변동을 일으키고, 이로 인한 예상하지 못한 전력조류의 패턴에 의하여 혼잡이 발생한다. 송전망은 경쟁시장의 입찰에 따른 사용가능한 발전출력의 변동 또는 발전기와 송전선의 고장정지로 인하여 혼잡을 일으킬 수 있다. 실제로 동시에 여러 송전설비를 예방보수에 의하여 정지시키면 송전망이 과도한 부담을 갖는 시간이 오래 지속된다. 이러한 혼잡 사건이 발생하면 전기가격은 매우 높은 수준으로 폭등한다.

1994년 미국 중서부에서 원자력발전기용 변압기의 고장으로 인한 발전기 탈락사고가 발생하여 전기가격이 급등하였으며 중서부의 주요 전력회사가 거의 파산지경에 이르렀다. 이 사건으로 변압기의 예방보수의 중요성이 부각되었다. 또한 이 사건은 옥션행위의 특정한 패턴을 일으키는 힘을 결정하기 위하여 '데이터 마이닝'[3]의 필요성을 부각시켰다. 어떤 전력회사가 구매/판매를 위하여 비드를 오퍼할 때(주문할 때), 판매가 아닌 구매를 약속할 때, 하나의 지역에서 자원이 극심하게 부족하다고 거래자에게 경고하여야 한다.

또한 가스터빈 발전기를 많이 설치하면 전기가격은 변동한다. 천연가스 공급이 용이하고 전력망이 가까운 곳에 있는 경우 천연가스 연소터빈은 단시간 내에 건설된다. 2개의 네트워크 사이의 지리적 거리가 가까워서 차익거래[4]의 기회가 발생한다면 천연가스망과 전력의 송전망을 연결하는 것이 엔론(ENRON)사의 정책이었다.

일리노이주의 시카고와 호주의 시드니는 건물의 열병합발전설비에 대한 전환을 시행하였다. 천연가스연소 마이크로터빈은 개별 건물마다 난방 및 냉방을 위하여 전기를 공급한다. 호주의 시드니시는 "지속가능 시드니 2030"[5]의 일환으로서 "제3세대 마스터플랜"[6]을 시작하였으며 이 플랜은 2030년 이후에는 유연탄 화력발전을 사용하지 않겠다는 정책이다. 이와 같은 프로그램은 기타의 발전원에 대한 수요뿐만 아니라 송배전망에 대한 의존도를 엄청나게 바꾸어 놓을 것이다. 미래에 시장보급이 확대되면서 지속가능 시스템이 구축되면 가격 스파이크가 발생할 가능성이 높아진다. 분산형 발전이 이와 같은 프로그램에 포함되고 지역적 자원으로서 수요집중지에 건설된다면 풍력과 태양광의 영향력은 커질 것이다.

---

3) 역자 주: '데이터 마이닝(data mining)'은 대규모로 저장된 데이터 안에서 체계적이고 자동적으로 통계적 규칙이나 패턴을 찾아내는 것이다. 다른 말로는 KDD(데이터베이스 내의 지식 발견, knowledge-discovery in databases)라고도 일컫는다.

4) 역자 주: 차익거래(差益去來, Arbitrage)란 서로 다른 2개 이상의 시장에서의 가격 차이를 이용하여 수익을 내는 거래를 말한다. 주로 대형펀드 등에서 컴퓨터 프로그램을 이용한 알고리즘 트레이딩을 통해 짧은 시간 단위로 꾸준히 수익을 내는 방식으로 사용된다.

5) "Sustainable Sydney 2030"

6) "Trigeneration Master Plan"

12.5 예측오차

모든 예측상황은, 불행하게도, 오차가 발생하는 것을 피하지 못하게 하는 어느 정도의 불확실성이 항상 존재한다.

어떤 특정한 추정치 $\hat{X}_t$에 있어서 실제의 값 X_t에 대한 예측오차는 다음 식

$$e_t = X_t - \hat{X}_t \tag{12.1}$$

과 같이 주어진다. 음(−)의 오차를 양(+)의 오차와 차감하는 것을 막기 위하여, 다음 식

$$|e_t| = |X_t - \hat{X}_t| \tag{12.2}$$

과 같이 절대치를 사용한다. 따라서 다음 식과 같이 평균절대편차(MAD)라고 알려진 척도를 다음 식

$$\mathrm{MAD} = \frac{\sum_{t=1}^{n} |e_t|}{n} = \frac{\sum_{t=1}^{n} |X_t - \hat{X}_t|}{n} \tag{12.3}$$

과 같이 정의할 수 있다. 또 다른 방법은 다음 식과 같이 정의되는 제곱평균오차를 사용하는 것이다.

$$\mathrm{MSE} = \frac{\sum_{t=1}^{n} e_t^2}{n} = \frac{\sum_{t=1}^{n} \left(X_t - \hat{X}_t\right)^2}{n} \tag{12.4}$$

12.6 시스템 식별

시스템 식별이란 것은 예측오차를 축소하기 위하여 모든 성분에 대하여 수식의 형

태를 결정하는 것이다. 식별되어야 할 중요한 항목(차원)은 성분의 개수이다. 모델의 기본형태에는 덧셈의 형태와 곱셈의 형태의 두 종류가 있다. 일반적으로 주간, 월간, 미래의 연간 단위로 발생하는 수요의 증가(감소)의 추세는 제거된다. 일반적으로 단기 수요행태는 다음과 같은 요소에 의하여 영향을 받는다.

① 하루의 시간대
② 1주일 동안의 요일(주별)
③ 기상 상태
④ 파업 또는 기타의 정치적 사건
⑤ 분산형 발전
⑥ 수요반응전략
⑦ 가격전략
⑧ 기타의 경제상황

수요를 모델링 할 때, 위의 요인과 관계되는 전력소비량을 각 요인과 관련하여 측정할 수 있는 변수와 연결한다. 과거자료의 분석은 해당 모델의 모수를 추정하는 데에 도움이 된다. 이러한 모델과 가장 최근의 정보가 예측과정에 사용된다. 이 분석의 일부분은 계량경제 분석이며 나머지는 시계열 분석이라는 것을 주목해야 한다.

12.7 계량경제 모델

수요예측 문제에 계량경제 모델을 적용하는 것은 이 책의 범위를 벗어난다. 그러나 환경제어용 기기는 예측에 대하여 상당한 영향을 미친다. 이러한 장치를 하나의 그룹으로서 모델링 하는 것은 시계열 분석에 포함된다. 그러므로 이와 같은 모델은 이러한 기기의 영향과 최소제곱회귀법에 대한 출발점이다.

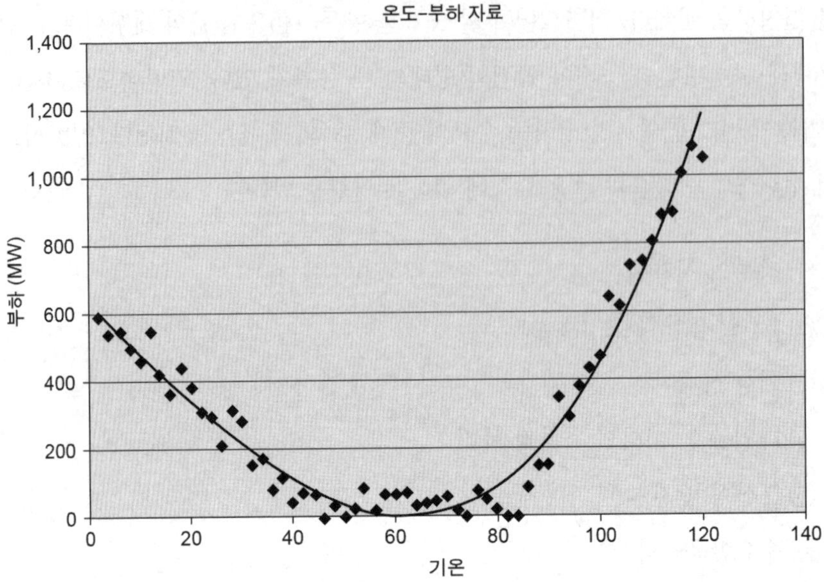

〈그림 12.1〉 계절수요의 변동을 나타내는 1계(first-order) 기상 모델의 예제

12.7.1 선형 환경 관련 모델

이와 관련한 주요 전력수요는 냉방용 전력수요 또는 난방용 전력수요이다. 일반적인 기상-민감도의 연구는 기상, 특히 평균온도가 변함에 따라 수요가 어떻게 변동하는가에 대하여 판단하는 것이다. 좀 더 자세한 연구는 습도, 태양복사(solar radiation), 풍향 그리고 풍속 등에 대한 민감도를 분리하는 것이다. 〈그림 12.1〉은 단순한 1차 온도-민감 모델을 보여 준다. 이 그림에서 하계와 동계의 곡선의 기울기가 관심의 대상이다. 하계를 위한 예제의 모델은 다음 식

$$P_s(k) = A_s(\Delta\theta(k) - T_s) \tag{12.5}$$

$$P_w(k) = (T_W - A_W \Delta\theta(k)) \tag{12.6}$$

과 같으며 여기에서 T_s는 냉방기기 사용 시의 하한온도이며, $\theta(k)$는 시간-k에 있어서 평균온도이다. 기준수요가 근사적으로 상수이며 특이행사(예: 파업 또는 게임)가 없을 경우, 계절별로 수요를 측정한다면, 앞의 관계식을 사용하여 수요를 다음 식

$$P_D(k) = P_B + P_W(k) + \eta(k) \tag{12.7}$$

과 같이 표현할 수 있으며 아래첨자 S는 하계수요, W는 동계수요를 나타낸다. T_W는 난방기기를 사용하기 시작하는 온도를 나타낸다. 그리고 k는 어떤 특정 시간을 나타내는 아래첨자라기보다는 본 모델에서 측정하는 표본에 대한 것을 나타내는 것이다.

위의 모델은 냉방기기가 사용되는 계절과 난방기기가 사용되는 계절을 분리한 것이다. 앞에서 언급한 직선근사화가 자주 사용된다. 다항식, 이차식 또는 학습곡선에 의한 추정은 욕조형 함수를 좀 더 직접적으로 나타낸다. 가중최소제곱 곡선피팅 또는 최소 절대치 곡선피팅은 이와 같은 모델을 찾기 위하여 흔히 사용되는 방법이다.

예제 12A 수요 $P_D(k)$와 온도 $\Delta\Theta(k)$는 〈표 12.2〉의 기상-민감 수요 연구자료로부터 얻는다. $T = 40°F$ 이며 잡음은 "평균이 0이고 상관계수가 0이며(독립이고), 분산은 일정한 값을 갖는다"라고 가정하여 식 12.6과 식 12.7에 나타난 모델에 따라서 P_B와 A의 가장 좋은 추정치를 결정한다. 다음 과정은 기상-민감 부하로 인한 변동을 결정하는 것이다.

해를 구하는 것은 상태추정 방법을 따른다. 첫 번째 단계는 다음과 같은 정의를 하는 것이다.

〈표 12.2〉 예제의 자료

시간	P_D(MW)	T(°F)
1	1,059.4	16
2	1,058.2	18
3	1,057.0	20
4	1,055.8	22
5	1,055.8	22
6	1,054.0	25

$$\mathrm{P_D} = \begin{bmatrix} P_{\mathrm{D1}} \\ \vdots \\ P_{\mathrm{D6}} \end{bmatrix} \tag{12.8}$$

$$\mathbf{x} = \begin{bmatrix} P_{\mathrm{B}} \\ A_{\mathrm{W}} \end{bmatrix} \tag{12.9}$$

$$\mathbf{v} = \begin{bmatrix} v(1) \\ v(2) \\ \vdots \\ v(6) \end{bmatrix} \tag{12.10}$$

$$\mathrm{H} = \begin{bmatrix} 1 & \Delta\theta(1) \\ 1 & \Delta\theta(2) \\ \vdots & \vdots \\ 1 & \Delta\theta(6) \end{bmatrix} \tag{12.11}$$

그러면 방정식은 다음 식

$$\mathrm{P_D} = \mathrm{H}\mathbf{x} + \mathbf{v} \tag{12.12}$$

과 같이 벡터 형태로 나타낼 수 있다. 가중최소제곱추정법을 사용하여 $\mathbf{x}$의 최적 추정치를 구하면, 모든 분산 $v(k)$은 동일하므로, 다음 식

$$\hat{\mathbf{x}} = (\mathrm{H^T H})^{-1}\mathrm{H^T P_D} \tag{12.13}$$

을 얻는다. 결과적으로 다음의 값을 얻는다.

$$P_B = 1{,}005.38\Delta\mathrm{MW}, \quad A_W = -0.58\Delta\mathrm{MW}/\Delta{}^\circ F, \quad R^2 = 0.9945$$

12.7.2 기상-민감 모델

또 다른 접근방법은 하계수요와 동계수요에 대하여 계절별로 차별화된 다항식을 사용하는 것이다. 여기에서 k는 어느 특정한 시간을 나타내는 것이 아니고 계측표본을 나타내는 첨자이다. 이와 같은 좀 더 정교한 기상-민감 모델을 사용하면 추가적인 환경 관련 모델링을 할 수 있다. 타임래그와 포화영향과 같은 두 가지의 중요

〈표 12.3〉 예제의 자료

k	$\Delta P = W(k)$ (MW)	ΔW(°F)
1	206	24
2	208	30
3	205	35
4	203	38
5	197	43
6	191	50
7	188	54
8	186	58
9	184	61

한 요소가 고려될 수 있다.

타임래그 모델에 있어서 수요의 기상-민감 부분은 다음 식

$$W_k = A_0 \Delta\theta_k + A_1 \Delta\theta_k + \cdots + A_m \Delta\theta_k \tag{12.14}$$

과 같이 나타낼 수 있으며 여기에서 m은 실제 자료에서 구할 수 있다. 타임래그가 발생하는 것은 건물의 열체적이 크기 때문이며 온도변화에 따른 난방의 효과 또는 냉방의 효과가 늦게 나타난다. 풍속이 높아지면 타임래그도 커지며 이것은 냉방수요 또는 난방수요를 증가시킨다.

혹서와 같은 극한적 기상조건이 발생하면 설치된 대부분의 냉방기기가 쉬지 않고 연속적으로 작동하기 때문에 포화현상이 일어난다. 하나의 간단한 포화모델은 다음 식과 같다.

$$W_k = min\{W_k^0, \overline{W}\} \tag{12.15}$$

여기에서

$$W_k^0 = A_0 \Delta\theta_k + A_1 \Delta\theta_k + \cdots + A_m \Delta\theta_k \tag{12.16}$$

$\overline{W}$: 포화 한계

이 경우, 기타의 모수와 함께 $\overline{W}$도 식별되어야 한다.

예제 12B 기상민감도 모델링 연구에서, 연속적 사용시간에 대한 자료가 수집되었으며 〈표 12.3〉에는 추출된 기상민감도가 나타나 있다. 1차 래그($m=1$)와 포화영향을 가정하여, 계수의 최적 추정치를 구하시오.

$$W_k = min\{w_k^0, w\} \tag{12.17}$$

일별하면 최대치 부근에서 온도의 변동은 수요의 변동을 크게 일으키지 않으므로 $k=1, \cdots, 4$에 대한 자료점(data point)은 포화에 해당한다. 결과적으로 W는 읽은 값의 평균이며 $W=205.69$이다.

나머지 5개의 자료점은 A_0와 A_1을 추정하는 데 사용된다. 결과를 좌우하는 방정식은 최소제곱법에 의하여 구한 A_0와 A_1의 추정치에 의하여 얻어진다. 이 수치들은 앞의 예제와 동일하므로 결과도 같다.

기타의 기상영향도 직접적으로 또는 간접적으로 포함될 수 있다. 직접적 방법은 기상변수와 관련된 추가적 항을 필요로 한다. 간접적 접근방법에서는 위의 요소를 설명하기 위하여 온도변수가 갱신된다. 결과적으로 $\Delta\theta(k)$는 기상모델에서 사용될 등가온도이다.

12.8 시계열

시간별, 일별, 주별 최대수요 등과 같이 시간에 따라 측정되고 순서에 따르는 자료 집합으로서 정의된다. 예측의 기본적 아이디어는, 가능한 한 정확하게 사용가능한 자료와 일치하는 패턴을 구성하고 이미 확립된 방법을 이용하여 시간에 관한 예측 변수를 구하는 것이다. 일반적으로, 계열이라는 것은 다음과 같은 성분

$$X_t = T_t + S_t + R_t \quad t = \cdots \ -1, 0, 1, 2, \cdots \tag{12.18}$$

을 갖는 것으로 표현된다. 여기에서, T_t는 추세 항, S_t는 계절 항, 그리고 R_t는 불

규칙한 확률성분을 나타낸다. 이 시점에서 수요의 변동은 2년부터 10년 사이의 또는 그 이상 긴 지속시간을 가질 수 있으며, 단기수요예측에 적용할 수 없으므로 주기를 나타내는 항은 고려하지 않는다.

또한 설명을 간단하게 하기 위하여 추세는 일정 수준으로 고정되어 있다고 가정한다.

만약 추세와 평균이 제거되면 계절적 영향은 주기가 s이며, 다시 말하면 s시간구간이 지나면 또다시 반복하며 계절적 성분을 완전한 한 주기에 대하여 합하면 0이 된다.

$$\sum_{j=1}^{s} S(t+j)=0 \tag{12.19}$$

12.8.1 시계열 모델과 계절성분

간단한 예로서 다음 표에 주어진 연료소비량 자료를 생각해 본다.

예제 12C 계열에 대하여 계절값의 평균을 취할 수 있고, 이것을 사용하여 전체적 평균(여기서는 761.65)을 빼고, 다음과 같이 계절평균으로 사용한다.

$$s(1)=888.2-761.65=126.55 \qquad s(2)=709.2-761.65=-52.45$$
$$s(3)=616.4-761.65=-145.25 \quad s(4)=832.8-761.65=71.15$$

이 값을 뺀 후, 원래의 급수는 계절영향을 제거한 상태로 된다. 이 기법은 기울기가 작고 선형추세를 갖는 급수에 대하여 적용하면 효과가 크다는 것을 주목해야 한다.

또한, 전체 기간에 대한 계절영향은 0이므로 각각의 완전계절주기(complete seasonal cycle)에 대한 평균을 알아볼 수 있다. 너무 많은 자료를 잃지 않기 위하여 여기에서는 MA가 사용되며 이것은 평균값의 계열이다.

$$\frac{1}{s}\sum_{j=0}^{s-1}X_{t+j},\ \frac{1}{s}\sum_{j=0}^{s}X_{t+j},\ \frac{1}{s}\sum_{j=0}^{s+1}X_{t+j},\ \cdots \tag{12.20}$$

만약 기간의 수가 짝수이면 조정된 급수의 값은 시점에서 원래의 시계열 값에 해당하지 않으므로 문제가 발생한다. 이 문제를 극복하기 위하여서는 적당한 시간의 점으로 복귀시키기 위하여 중심이동평균(CMA)이 사용된다. 이것이 〈표 12.4〉와 〈표 12.5〉에 나타나 있다.

〈표 12.4〉 1차에너지 소비(연료 등가)

연도	1	2	3	4
1965	874	679	616	816
1966	866	700	603	814
1967	843	719	594	819
1968	906	703	634	844
1969	952	745	635	871
평균	888.2	709.2	616.4	832.8

〈표 12.5〉 이동평균(MA)의 계산

분기	X_t	MA	CMA(차수-2)	차이
1	874			
2	679			
3	616	746.25	745.25	−129.25
4	816	744.25	746.875	69.125
5	866	749.5	747.875	118.125
6	700	746.25	746	−46
7	603	745.75	741.75	−138.75
8	814	737.75	740.125	73.875
9	834	742.5	741.375	92.625
10	719	740.25	740.875	−21.875
11	594	741.5	750.5	−156.5
12	819	759.5	757.5	61.5
13	906	755.5	760.5	145.5
14	703	765.5	768.625	−65.625
15	634	771.75	777.5	−143.5
16	844	783.25	788.5	55.5
17	952	793.75	793.875	158.125
18	745	794	797.375	−52.375
19	635	800.75		
20	871			

〈표 12.6〉 에너지소비량의 예측

분기	추세	계절	예측	실제
t	T	S	P	X
21	789.963	127.340	917.303	981
22	793.610	−47.741	747.123	759
23	797.257	−143.254	654.003	674
24	800.904	63.746	864.650	900

CMA와 원래 계열의 차이를 검토해 보면 단순히 k–번째 분기의 차이의 평균값을 계산함으로써 k–번째 계절영향을 측정할 수 있다.

$$S(1) = 128.954 \quad S(2) = -46.487 \quad S(3) = -142 \quad S(4) = 65$$

그러나 위의 4개의 수치의 평균은 5.107이다. 계절 항의 합은 0이라는 것을 가정하고 있으므로 갱신인자 $-5.107/4 = -1.254$ 를 더하면 다음과 같이 된다.

$$S(1) = 127.34 \quad S(2) = -47.741 \quad S(3) = -143.254 \quad S(4) = 63.746$$

따라서 여기에서는 CMA와 계절영향 모수를 빼서 불규칙 성분을 쉽게 계산할 수 있다.

만약 모델이 적합하다고 가정하면 예측에 이 모델을 사용할 수 있다. 간략히 하기 위하여 확률적 데이터를 생략한다. 그러면 추세 즉, 선형추세를 예측하면 된다.

$$T(t) = a + bt \tag{12.21}$$

이것을 CMA에 적용하면 다음 식

$$\hat{T}(t) = 713.376 + 3.647t \tag{12.22}$$

을 얻는다. 이 예측의 결과가 〈표 12.6〉에 나타나 있다.

12.8.2 자기회귀(AR)

이 모델에서는, 시계열의 현재 값 X_t가 과거 값 $X_{t-1}, X_{t-2}\cdots$ 와 평균이 0이고 분산이 σ^2인 백색잡음 $\{\varepsilon_t\}$의 계열을 사용하여 선형으로 표현된다.

$$X_t = \phi_1 X_{t-1} + \phi_2 X_{t-2} + \cdots + \phi_p X_{t-p} + \varepsilon_t \tag{12.23}$$

$X_{t-1} = BX_t$ 와 $X_{t-m} = B^m X_t$ 를 정의하는 후방이동연산자 B를 도입함으로써 식 12.15는 다음 식

$$\phi(B) X_t = \varepsilon_t \tag{12.24}$$

여기에서

$$\phi(B) = 1 - \phi_1 B - \phi_2 B^2 - \cdots - \phi_p B^p \tag{12.25}$$

의 형태로 나타낼 수 있다. 이 모델은 다중선형회귀 모형과 비슷한 형태를 갖는다는 것을 알아야 한다. 차이점은 회귀분석에서는 관심의 대상이 되는 변수가 다른 알려진 변수(설명변수)의 선형함수로써 회귀된다는 것이지만, 여기에서의 X_t는 자기 자신의 과거의 값의 함수로써 표현된다는 것이다. 그러므로 "자기회귀"라는 표현이 사용된다. p만큼 앞선 시간에서의 값으로서 X_t가 모델에 관계하므로 이것을 $AR(p)$ 모델이라고 한다.

예측을 위하여 모수 ϕ_i를 계산하여야 한다. 이를 위하여 최소제곱추정과 최대가능도 추정(MLE)의 두 가지 방법이 존재한다.

최소제곱법을 이용한 계산을 위하여 다음 식을 ϕ_1과 ϕ_2에 관하여 최소화하여야 한다(여기에서 $p = 2$로 한다).

$$\sum_{t=1}^{N} (X_t - \phi_i X_{t-1} - \phi_2 X_{t-2})^2 \tag{12.26}$$

그러나 $t = 1$ 또는 $t = 2$에 대한 정보를 갖고 있지 않으므로, X_1과 X_2는 고정되어 있다고 가정하고 처음의 2개의 항을 제곱합에서 제외한다. 다시 말하면 다음 식을 최소화해야 한다.

$$\sum_{t=3}^{N} (X_t - \phi_1 X_{t-1} - \phi_2 X_{t-2})^2 \tag{12.27}$$

다음으로, 모수를 구하기 위하여 선형회귀법과 유사한 접근방법이 사용된다.

12.8.3 이동평균(MA)

MA 과정에서, 시계열 X_t의 현재 값은 과거의 값과 백색잡음의 계열(ε_t)로써 선형으로 나타난다. 수요에 대한 관측자료가 있다면 잡음계열은 예측오차 또는 잔차로써 구성될 수 있다. 이 과정의 차수는 X_t가 회귀되는 가장 오래된 잡음의 값에 따른다. 차수가 q인 MA(즉, $MA(q)$)에 대하여 다음 식

$$X_t = \eta_t - \theta_1\eta_{t-1} - \theta_2\eta_{t-2} - \cdots - \theta_q\eta_{t-q} \tag{12.28}$$

과 같이 나타낼 수 있다. 후방이동연산자를 위와 유사하게 백색잡음 계열에 적용하면 다음과 같은 식을 얻는다.

$$X_t = \theta(B)\eta_t \tag{12.29}$$

여기에서

$$\theta(B) = 1 - \theta_1 B - \theta_2 B^2 - \cdots - \theta_q B^q \tag{12.30}$$

AR 모델이 MA 모델로 변환될 수 있듯이 MA 모델도 AR 모델로 변환될 수 있다. 최종결과는 취급하기 더욱 어려운 무한계열이다.

예제 12D 다음과 같은 MA 모델을 생각해 본다.

$$X(k) = \eta(k) - 0.5\eta(k-1) \tag{12.31}$$

등가의 무한AR 모델을 구하는 방법은 무엇인가?

이 문제를 풀기 위한 수리적 도구는 후방이동연산자 B(Box–Jenkins)이며 이것은 다음 식

$$BX(k) = X(k-1) \tag{12.32}$$

과 같이 나타난다. 이에 의하여 B″를 이차계차라고 정의함에 따라 다음 식이 성립

한다.

$$X(k)=\eta(k)-0.5\eta(k-1)=\eta(k)-0.5B\eta(k)=(1-0.5B)\eta(k) \tag{12.33}$$

결과적으로, 다음 식이 성립한다.

$$(1-0.5B)^{-1}X(k)=\eta(k) \tag{12.34}$$

여기에서

$$(1-0.5B)^{-1}=1+0.5B+(0.5B)^2+(0.5B)^3+\cdots=\sum_{i=0}^{\infty}(0.5B)^i \tag{12.35}$$

이것은 무한AR 모델이며 다음 식과 같다.

$$X(k)=\eta(k)-0.5\eta(k-1)-0.25\eta(k-2)-0.5\eta(k-3)-\cdots \tag{12.36}$$

12.8.4 자기회귀 이동평균(ARMA): Box-Jenkins

만약 MA와 AR 모델을 합치면 더 넓은 종류의 ARMA 모델을 다음 식과 같이 나타낼 수 있다.

$$X_t=\phi_1 X_{t-1}+\phi_2 X_{t-2}+\cdots+\phi_p X_{t-p}+\eta_t+\theta_1\eta_{t-1}+\theta_2\eta_{t-2}+\cdots+\theta_q\eta_{t-q} \tag{12.37}$$

여기에서 ϕ_i와 θ_j는 각각 ARMA 모수라고 한다. 이것은 ARMA(p, q) 모델이다.

ARMA 모델의 방법론은 대부분 박스와 젠킨스(1976)에 의하여 개발되었으므로 Box-Jenkins 모델이라고 한다.

하나의 MA 과정은 무한 AR 과정과 동일하다는 것을 상기하여야 한다. 이와 유사하게 ARMA 과정은 무한AR 과정 또는 무한MA 과정으로써 표현될 수도 있다.

예제 12E 다음의 ARMA(1, 1) 과정을 무한AR 과정으로 변환하는 것을 고려해 본다.

$$X(k) = -0.7X(k-1) + \eta(k) - 0.5\eta(k-1) \tag{12.38}$$

항을 다시 정리하고 후방이동연산자 B를 사용하면 앞의 과정은 다음 식과 같이 나타낼 수 있다.

$$(1+0.7B)X(k) = (1-0.5B)\eta(k) \tag{12.39}$$

방정식의 양측을 오른쪽의 이동연산자의 역행렬을 곱하면 다음 식

$$(1-0.5B)^{-1}(1+0.7B)X(k) = \eta(k) \tag{12.40}$$

을 얻는다. 분모를 확장하면 다음 식

$$[1+0.5B+(0.5B)^2+\cdots](1+0.7B)X(k) = \eta(k) \tag{12.41}$$

을 얻는다. 이 식을 확장하면 다음 식

$$(1+0.58+(0.58)^2+\cdots)(1+0.7B)X(k) = \eta(k) \tag{12.42}$$

을 얻는다. 이 식을 확장하면 다음 식

$$X(k)+1.2X(k-1)+0.6X(k-2)+0.518X(k-3)+\cdots = \eta(k) \tag{12.43}$$

을 얻는다.

잘 행동하는(well behaved) AR과 등가인 ARMA 과정은 기하급수적 형태로 0에 수렴하는 계수를 가져야 한다. 그러므로 다음 식과 같은 차수가 1인 무한근사식을 얻는다.

$$X(k) \approx \sum_{i=1}^{p} c_i X(k-i) + \eta(k) \tag{12.44}$$

여기에서 c_i는 등가 AR 모델의 계수이다. 충분히 큰 "p"가 주어진다면 가중최소제곱 추정에 의하여 계수들의 최적 추정치를 구할 수 있다. 이 추정치들은 다음과 같은 $\hat{\eta}(k)$를 추정하는 데 이용될 수 있다.

$$\hat{\eta}(k) = X(k) - \sum_{i=1}^{p} c_i X(k-i) \tag{12.45}$$

다음으로 추정치 $\hat{\eta}(k)$는 원래의 ARMA(n, m)에 사용될 수 있다.

$$X(k) \approx \sum_{i=1}^{n} a_i X(k-i) + \eta(k) + \sum_{j=1}^{m} b_j \hat{\eta}(k-j) \tag{12.46}$$

앞에서의 $\hat{\eta}(k-j)$ 항은 입력으로 주어지므로 가중최소제곱 추정기법은 a_i와 b_j의 최적 추정치를 평가하는 데 이용될 수 있다.

12.8.5 ARIMA: Box-Jenkins

앞에서 AR, MA, 또는 ARMA 과정이라고 정의된 시계열은 정상(定常) 과정(stationary process)이라고 말한다. 이것은 이 과정의 시계열의 평균과 관측치의 공분산이 시간에 따라 변동하지 않는다는 것을 의미한다. 불행하게도, 저녁수요의 경우에는 이 내용이 성립하지 않는 경우가 자주 발생한다. 그러나 비-정상 과정은 몇 가지 작업을 하면 정상 과정으로 변환될 수 있다는 사전 지식이 대단히 중요하다. 이 작업은 평균이 변동하는 비-정상 과정에 대하여 계차를 적용하면 정상 과정으로 변환된다. ∇ 연산자를 도입하여 차수-1의 계차시계열을 구성하면 다음 식과 같다.

$$\nabla X_t = X_t - X_{t-1} = (1-B)X_t \tag{12.47}$$

결과적으로 차수-d인 계차시계열은 다음 식

$$\nabla^d X_t = (1-B)^d X_t \tag{12.48}$$

과 같이 나타낼 수 있다. 계차정상계열은 ARI, IMA, 또는 ARIMA 시계열 과정을 만들어 내기 위하여 AR, MA, 또는 ARMA로서 모델링 될 수 있다. d번 계차를 해야 하고 차수가 p와 q인 AR과 MA 성분(즉, ARIMA(p, d, q))에 대하여, 모델은 다음 식

$$\phi(B)\nabla^d X_t = \theta(B)\eta_t \tag{12.49}$$

과 같이 나타낼 수 있다. 그러나 일간, 주간, 연간 또는 기타의 주기성의 결과로 인하여 대부분의 시계열은 하나 또는 둘 이상의 주기성에 의하여 주기적 행태를 나

타낸다. 그러므로 계절적 ARIMA 모델이 적합하다. 시계열 모델에 대한 일반 곱셈 모델 $(p, d, q)\times(P, D, Q)$은 다음 식과 같이 나타낼 수 있다.

$$\phi(B)\Phi(B^S)\nabla^d\nabla_s^D X_t = \theta(B)\Theta(B^s)\eta_t \tag{12.50}$$

여기에서 $\Phi(B^S)$, ∇_s^D, $\Theta(B^s)$에 대한 정의는 다음과 같이 주어진다.

$$\nabla_s^D = (X_t - X_{t-S})^D = (1 - B^S)^D X_t \tag{12.51}$$

$$\Phi(B^S) = 1 - \Phi_1 B^S - \Phi_2 B^{2S} - \cdots - \Phi_p B^{pS} \tag{12.52}$$

$$\Theta(B^S) = 1 - \Theta_1 B^S - \Theta_2 B^{2S} - \cdots - \Theta_q B^{qS} \tag{12.53}$$

앞에서 제시된 모델은 2개의 계절성이 나타나는 경우에 대해서도 확장될 수 있다. 계절적 시계열 모델링을 보여 주는 예는 흔히 일간 사이클 또는 주기를 갖는 시간대별 수요 자료이다. 이와 같은 모델은 $S = 24$인 모델을 사용하여 나타낼 수 있다.

12.8.6 기타의 모델(ARMAX, ARIMAX, SARMAX, NARMA)

ARMA와 ARIMA는 입력 모수로서 시간과 수요만을 사용한다. 수요는 일반적으로 기상과 하루 중의 시간에 따라 변동하므로, 외생변수(X)는 자주 ARMAX와 ARIMAX 모델에 포함된다. 구간별 ARMA(PARMA), 계절별 ARMA(SARMAX) 등은 ARIMA의 다른 버전이다. 이 개념은 사전처리와 사후처리 대신에 하나로 나타내는 시계열 모델을 식별하기 위한 것이다.

12.9 시계열 모델의 전개

총 실제수요(시스템 전체 또는 어느 특정한 모선의 부하)는 덧셈 또는 곱셈 모델로 표현될 수 있다. 덧셈 모델은 결정론적 성분과 확률론적 성분으로써 다음 식과 같이 나타난다.

$$P_{\mathrm{D}}(t) = B(t) + W(t) + S(t) + \eta(t) \tag{12.54}$$

여기에서

$P_{\mathrm{D}}(t) =$ 시간 t의 시스템 총수요

$W(t) =$ 시간 t의 기상-민감 수요 성분

$B(t) =$ 시간 t의 기준(normal) 수요

$S(t) =$ 특이사건으로 인한 수요의 증가분

$\eta(t) =$ 확률적 수요 성분

적용 대상에 따라서 시간 t는 매시간, 매분, 또는 10분마다 등으로 측정된다. 첨자가 붙은 P는 단순하게 나타내기 위하여 아래첨자를 생략하였다.

Δt를 미리 지정한 시간증분이라고 정의하면 지수 k는 다음 식과 같이 정보의 k번째 표본을 명시하기 위하여 사용된다.

$$t_k = t_0 + k\Delta t \ , \ k = 1, 2, \cdots , \tag{12.55}$$

여기에서 t_0는 명시된 초기시간이다. 앞으로의 모든 설명에서 t는 t_k 또는 단순히 k로 대치된다.

$$P_{\mathrm{D}}(k) = B(k) + W(k) + S(k) + \eta(k) \tag{12.56}$$

수요를 별개의 성분으로 분해하는 것은 모델의 계수를 구하기 위하여 수집된 자료에 의존하는 전체적 모델링 과정에 따르는 것이다. 중요한 모델링 절차는 모델 식별이라고 말한다. 예측이라는 것은 식별된 모델과 추정된 모수를 사용하여 수요를 예측하는 것이다.

12.9.1 기준 수요모델

지난 달 또는 과거의 월별 자료가 주어지면 총수요에서 기상-민감 요소를 제거하고, 특이행사로 인하여 벗어난 수요를 매끄럽게 하면 나머지 부분이 기준수요이다.

모든 것을 고려할 수 있는 슈퍼 수요모델이 없을 경우, 기준수요를 취급할 수 있는 방법은 확률적 시계열로 취급하는 것이다. 그렇게 함으로써 이미 잘 정립되어 있는 기법을 사용할 수 있다.

설명을 위한 하나의 단계로서, $B(k)$를 주어진 표본점의 집합이라고 한다(예를 들면 k는 과거 4주 동안의 매주 목요일 15:00에 해당한다고 함).

먼저 $y(k)$를 다음 식

$$y(k) = B(k) - \overline{B}(k) \tag{12.57}$$

과 같다고 정의하면, 지금 모델링 될 수 있는 $y(k)$의 시계열을 만들 수 있다. 그러면 2개의 긴밀하게 관계되는 시계열 모델 ARMA와 ARMA 모델에 대하여 바로 설명할 수 있다.

12.9.2 추세모델

추세모델은 선형, 이차식, 지수함수식 또는 아주 낮은 주기의 다항식 함수로써 모델링 된다. 첫 번째 절차는 가장 두드러진 주기가 존재하느냐를 결정하기 위하여 푸리에 또는 하틀리변환을 사용하여 시계열의 스펙트럼을 결정하는 것이다. 이와 같은 장기 성분은 전력시스템 계획에서의 관심사이며 이 책에서는 고려하지 않는다. 실제로는 이 성분은 제거되는 것이지만 이와 같은 장기성분은 흔히 기준수요의 성분으로 하나의 덩어리로서 포함된다. 여기의 작업에서는 이와 같은 추세는 제거되며 예측과정에서 추후에 합쳐진다. 다음 절에서 소개되는 바와 같이 푸리에 또는 하틀리 급수분석은 기본적으로 곡선피팅 절차이다.

12.9.3 선형회귀법

이 방법은 수요는 이상고온 및 이상저온, 기상조건, 경제성장 등의 요인에 의하여 영향을 받는다고 가정한다. 이 관계식은 다음과 같으며

$$y = \beta_0 + \beta_1 x_1 + \beta_2 x_2 + \cdots + \beta_k x_k + \eta \tag{12.58}$$

여기에서 y는 수요이고, x_i는 영향을 미치는 요소이며, β_i는 x_i에 관한 회귀모수이며, η는 오차의 항이다.

이 모델에 대하여 오차항 η는 평균값이 0이며 상수의 분산을 갖는다고 가정한다.

모수 β_i는 미지수이므로, y와 x_i의 관측을 통해 추정된다. $b_i(i=0, 1, 2, \cdots, k)$는 $\beta_i(i=0, 1, 2, \cdots, k)$에 관한 추정치라고 하자. 오차 항은 양(+)일 확률과 음(−)일 확률이 각각 50%라는 것을 알아야 하며, 모수를 계산할 때에는 이 항을 생략한다. 이것은 다음 식

$$\hat{y} = b_0 + b_1 x_1 + b_2 x_2 + \cdots + b_k x_k \tag{12.59}$$

을 의미하는 것이다. 그러면 b_i를 구하기 위하여 잔차제곱합 또는 오차제곱합(SSE)을 최소화하는 최소제곱추정법을 사용한다.

$$\mathrm{B} = [b_0\ b_1\ b_2 \cdots b_k]^T = (\mathrm{X}^T\mathrm{X})^{-1}\mathrm{X}^T\mathrm{Y} \tag{12.60}$$

여기에서 Y와 X는 다음과 같은 열벡터와 행렬이다.

$$\mathrm{Y} = \begin{bmatrix} y_1 \\ y_2 \\ \vdots \\ y_n \end{bmatrix},\ \mathrm{X} = \begin{bmatrix} 1 & x_{11} & x_{12} & \cdots & x_{1k} \\ 1 & x_{21} & x_{22} & \cdots & x_{2k} \\ \vdots & \vdots & \vdots & \vdots & \vdots \\ 1 & x_{n1} & x_{n2} & \cdots & x_{nk} \end{bmatrix} \tag{12.61}$$

모수가 계산된 이후, 이 모델은 예측에 사용될 수 있다. 만약 표준편차 s가 작다면 이 모델이 예측한 y의 값은 정확할 것이다.

$$s = \sqrt{\frac{\mathrm{SSE}}{n-(k+1)}},\ \mathrm{SSE} = \sum_{i=1}^{n}(y_i - \hat{y}_i)^2,\ y_i: \text{관측값},\ \hat{y}_i: \text{추정값} \tag{12.62}$$

회귀모델의 유효성을 검증하는 또 다른 방법도 있으며 R_h 비율도 하나의 예이다.

예제 12F 새로운 과정을 이해하는 가장 좋은 방법은 알고리즘을 하나씩 조사하는 것이다. 이 예제는 이 장에서 제시하는 절차를 보여 주는 것이다. 알고리즘을 실행할 경우에 가장 좋은 방법은 출력물이 알려진 입력알고리즘을 주는 것이다. 회귀분석 알고리즘에서 푸리에 급수의 곡선피팅을 고려해 본다. 이 과정은 잡음이 추가되지 않은 상태에서 알려진 푸리에 방정식으로부터 시계열을 생산하는 것이다. 만약 이 절차가 정확한 출력물을 찾아내지 못한다면 오차가 있는 것이다. 다음과 같은 계열을 곡선피팅하는 것을 고려해 본다.

$$x = sin(2 \times \pi \times a \times t) + sin(2 \times \pi \times b \times t) + \eta;$$

$$0 \le t \le 10,\ \Delta t = \frac{1}{100} \tag{12.63}$$

여기에서 $a = 10,\ \ b = 25,\ \ \eta = 0$

그러면 구해진 해는 원래의 수치이다. 잡음이 추가되므로 계수의 값은 잡음의 크기만큼 이동할 것이다.

푸리에 급수는 다음 식과 같다는 것을 상기해야 한다.

$$y = a_0 + \sum_{i=1}^{n} (a_i cos(nwx) + b_i sin(nwx)) \tag{12.64}$$

길이가 N인 입력수열 x에 대하여, 이산푸리에변환(DFT)은 길이가 N인 벡터이며, 속성푸리에변환은 다음 식

$$X(k) = \sum_{n=1}^{N} \left(x(n) exp^{-j2\Pi(k-1)\left(\frac{n-1}{N}\right)} \right),\ \ 1 \le k \le N \tag{12.65}$$

$$x(k) = \sum_{k=1}^{N} \left(X(n) exp^{-j2\Pi(k-1)\left(\frac{n-1}{N}\right)} \right),\ \ 1 \le n \le N$$

을 이용하여 계산한다. 이것은 이산푸리에 급수로서 다음 식

$$x(n) = \frac{1}{N}\sum_{k=1}^{N}\left[a(k)cos\left(\frac{2\Pi(k-1)(n-1)}{N}\right) + b(k)sin\left(\frac{2\Pi(k-1)(n-1)}{N}\right)\right] \quad (12.66)$$

$$a(k) = real(X(k))$$

$$b(k) = -imaginary(X(k)),\ 1 \le n \le N \quad (12.67)$$

과 같이 나타낼 수 있다. 속성푸리에변환 또는 속성하틀리변환을 적용하는 것은 이 책의 범위를 벗어난다. 이와 같은 변환은 시계열 분석 프로그램의 일부분으로서 자주 사용된다.

12.9.4 계절성 모델(Seasonal 모델)

수요는 기상의 함수로서 계절별로 변동하지만 사회적 행태가 바뀌면 변동하기도 한다. 여름에는 방학이 더 많다. 겨울에는 제조산업이 더 활발하다. 계절성 모델은 하루 또는 1주일이 반복되는 것과 같은 주기적으로 발생하는 정보를 제거하기 위하여 사용된다. 이 경우에 계절별 조정은 원래적인 의미에서 사용된다.

12.9.5 징상싱(Stationarity)

동인이 되는 잡음과정이 백색(white)이라는 가정 아래에서 AR, MA, 그리고 ARMA가 사용된다. 어떤 과정이 정상인가를 판정하는 데에는 표준적 기법이 존재한다. 예를 들면, $y(k)$는 선택된 표본의 개수와 관계없이 0 또는 상수의 평균을 가져야 하고, 자기공분산은 시간차의 함수가 되어야 한다. 하나의 과정이 비-정상이라는 것이 입증된다면 되면 어떤 형태라도 자료처리가 필요하다. 박스와 젠킨스는 주기적 행태와 관계된 요인(하루의 시간 또는 1주일의 날)들은 비-정상(nonstationary) 행태를 일으킬지도 모른다고 입증하였다. 결과적으로 박스와 젠킨스는 $y(k)$로부터 새로운 시계열 $x(k)$가 정상(stationary)계열이 되도록 하라고 건의하였다.

이와 같은 구성의 하나의 예는 다음 식과 같다.

$$x_a(k) = y(k) - y(k-1) = (1-B)y(k)$$

$$x_b(k) = y(k) - y(k-24) = (1-B)^{24}y(k) \quad (12.68)$$

$$x_c(k) = y(k) - y(k-168) = (1-B^{168})y(k)$$

1시간부터 그다음의 시간까지 $y(k)$의 계차를 구성하여 $x_a(k)$ 계열을 얻는다. 이 작업과정은 정상계열이 되지 못하게 하는 지속적 추세의 영향을 제거할 것이다.

$x_b(k)$ 계열은 하루 중의 시간대에 대한 영향을 나타내며 $x_c(k)$ 계열은 1주일 동안의 시간대를 나타낸다. 이것을 합성하는 것도 가능하며 예를 들면 다음 식

$$x_d(k) = (1-B)(1-B^{24})y(k) \quad (12.69)$$

과 같으며 이렇게 함으로써 시간대별 추세와 하루 중의 시간대에 대한 영향은 제거된다.

분명하게, 적절한 합성계열을 식별하기 위하여서는 테스트가 필요하다. 그러나 일단 결론적인 정상계열을 얻었다면 모델 식별에 관한 앞서의 기법은 대단히 막강할 것이다. ARMA $x(k)$ 계열을 사용하고 이후의 계열에 통합하는 것을 통합 ARIMA 과정이라고 말한다.

만약 w_k가 평균이 0이고 분산이 상수인 백색 가우스잡음의 행태를 갖는다면, 앞에서 말한 과정은 정상 과정이다. 시계열 $y(k)(k=1, \cdots, N)$에 대하여 정상 과정인가를 판정하는 간단한 테스트는 이동된 평균(shifted mean)

$$\bar{y}_i = \frac{1}{T}\sum_{k=i+1}^{i+T} y(k) \quad (12.70)$$

과 이동된 분산(shifted variance)

$$\sigma_i = \frac{1}{T}\sum_{k=i+1}^{i+T} (y(k) - \bar{y}(k))^2 \quad (12.71)$$

이 $i = 0, 1, 2, \cdots$에 있어서 i에 대하여 독립이라는 것을 보여 주면 된다.

또 다른 테스트는 자기공분산

$$\gamma_i = cov[y(k), y(k+i)] = E[(y(k)-\overline{y})(y(k+i)-\overline{y})] \tag{12.72}$$

이 k에 대하여 독립이며 i의 값에 따라 변한다는 것을 보여 주는 것이다. 만약 시계열 $y(k)$, $k=1, \cdots, N$이 정상 과정이고 AR의 형태를 갖고 있다면 다음에 소개하는 Durbin Levinson법과 같은 모수의 최적 추정치를 구하는 방법이 있다. 그러나 만약 그 계열이 비-정상(nonstationary)이라면 이것을 정상 과정으로 변환하기 위하여 계절성을 제거하기 위한 계차를 하거나 또는 평균과 추세를 제거하는 방법이 실행될 수 있다.

12.9.6 가중최소제곱 추정과정

AR 모델의 차수가 알려져 있다고 가정하면, 가중최소제곱추정은 상태추정 문제의 해를 구하는 과정에서와 같은 방법에 의하여 계수를 추정하는 목적으로 사용될 수 있다.

AR 모델을 벡터 형태로 표현하면 다음의 형태가 된다.

$$\begin{bmatrix} y(n+1) \\ y(n+2) \\ \vdots \\ y(N) \end{bmatrix} = \begin{bmatrix} y(n) & y(n-1) & \cdots & y(1) \\ y(n+1) & y(n) & \cdots & y(2) \\ \vdots & \vdots & \ddots & \vdots \\ y(N-1) & y(N-2) & \cdots & y(N-n) \end{bmatrix} \begin{bmatrix} a_1 \\ a_2 \\ \vdots \\ a_n \end{bmatrix} + \begin{bmatrix} w(n+1) \\ w(n+2) \\ \vdots \\ w(N) \end{bmatrix} \tag{12.73}$$

이것을 행렬의 형태로 나타내면 다음 식과 같다.

$$\mathrm{y} = \mathrm{Hn} + \mathrm{w} \tag{12.74}$$

a의 최적 추정치는 상태추정에서 사용된 것과 방법에 의하여 구해진다.

$$\hat{\mathrm{a}} = (\mathrm{H}^T\mathrm{H})^{-1}\mathrm{H}^T\mathrm{y} \tag{12.75}$$

예제 12G 다음 식과 같은 AR 과정

$$y(k) = a_1 y(k-1) + a_2 y(k-2) + a_3 y(k-3) + w(k) \tag{12.76}$$

은 3차의 차분방정식에 해당한다. 그러므로 다음과 같은 상태변수가 정의될 수 있다.

$$\begin{aligned} x_1(k) &= y(k-2) \\ x_2(k) &= y(k-1) \\ x_3(k) &= y(k) \end{aligned} \tag{12.77}$$

위의 정의에 의하여 다음의 식

$$\begin{aligned} x_1(k+1) &= x_2(k) \\ x_2(k+1) &= x_3(k) \\ x_3(k+1) &= a_1 x_3(k) + a_2 x_2(k) + a_3 x_1(k) + w(k) \end{aligned} \tag{12.78}$$

또는 좀 더 간략하게, 다음의 식

$$\begin{bmatrix} x_1(k+1) \\ x_2(k+1) \\ x_3(k+1) \end{bmatrix} = \begin{bmatrix} 0 & 1 & 0 \\ 0 & 0 & 1 \\ a_3 & a_2 & a_1 \end{bmatrix} \begin{bmatrix} x_1(k) \\ x_2(k) \\ x_3(k) \end{bmatrix} + \begin{bmatrix} 0 \\ 0 \\ 1 \end{bmatrix} w(k) \tag{12.79}$$

$$y(k) = x_3(k)$$

과 같이 나타낼 수 있다. 선형시스템 이론에서 잘 알려진 바와 같이 $p > q$ 이라면 ARMA(p, q)의 n차 상태공간 모델을 구성할 수 있다(Franklin과 Powell).

예제 12H ARMA(2, 1) 과정을 위한 적절한 상태공간 모델을 구성하시오.

$$y(k) = -2y(k-1) - 3y(k-2) + w(k) - w(k-1) \tag{12.80}$$

이 문제를 풀기 위하여 먼저 다음과 같은 상태방정식을 정의한다.

$$\begin{aligned} x_1(k+1) &= x_2(k) \\ x_2(k+1) &= -3x_1(k) - 2x_2(k) + w(k) \end{aligned} \tag{12.81}$$

$$y(k) = -3x_1(k) - 3x_2(k) + w(k)$$

위와 같은 상태공간 표현방식은 예제의 ARMA(2, 1) 모델을 만족시킨다는 것을 보여 줄 수 있다. 일반적으로 다음과 같은 상태공간 표현은 유효하다.

$$\begin{aligned} x_1(k+1) &= x_2(k) \\ x_2(k+1) &= x_3(k) \\ &\vdots \\ x_n(k+1) &= a_n x_1(k) + \cdots + a_1 x_n(k) + w(k) \\ y(k) &= a_n x_1(k) + \cdots + a_{1x_n}(k) + w(k) + b_1 x_n(k) + b_2 x_{n-2} + \cdots + b_m x_{n-m}(k) \end{aligned} \tag{12.82}$$

결과적으로, 확장 칼만필터링법 또는 최대가능도 식별법은 알려진 모든 모수를 추정하기 위하여 사용될 수 있다(Franklin과 Powell).

상태추정은 가중최소제곱 추정법이 사용되는 어떤 경우에 대하여 상태에 관한 통계와 모수추정을 계산하는 일반적인 배경을 제공한다. 상태공간 모드의 경우에 있어서 또 다른 기법이 사용될 수 있다. 상태공간 모델은 확장 칼만필터 또는 최대가능도추정법을 사용하여 미지의 모수를 추정하는 것이 가능한 경우에 대하여 적용하기가 편리하다. 그러나 가중최소제곱법이 실제로 더 자주 이용된다.

12.9.7 차수와 분산의 추정

ARMA 과정의 차수(order) n과 m을 추정하는 데에는 상당히 주의하여야 한다. 모델의 정확도를 해치지 않기 위하여 차수는 되도록 작아야 한다는 것이 예측전문가의 판단이다. 이것은 "인색함(parsimonious)"이라고 불린다. 가정한 모델의 최적 차수를 얻기 위하여 최소화하여야 할 수행지표에 의하여 trade-off가 측정될 수 있다.

2개의 지표는 다음의 2개의 식

$$J_1 = s^2 exp\left(\frac{2\ell}{N}\right) \quad (12.83)$$

$$J_2 = s^2 N^{\frac{l}{N}} \quad (12.84)$$

이다. 여기에서 N은 표본의 개수이며 ℓ은 알려진 계수의 개수(예: ARMA 과정에 있어서 $f = n + m$)이며 S^2은 다음의 식

$$s^2 = \frac{1}{N}\sum_{k=1}^{N}[y(k) - \hat{y}(k)]^2 \quad (12.85)$$

에 의해 결정되며, $\hat{y}(k)$는 가정한 모델에 의한 $y(k)$의 추정치이다. f가 증가함에 따라, J_1 또는 J_2는 증가하는 반면 s^2은 일반적으로 감소한다. 어느 하나의 지수가 최소치에 해당한다면 복잡성(더 큰 i)과 정확도(더 작은 s^2)의 사이에서 받아들일 수 있는 절충을 한다.

분산에 대한 자료는 사용된 특정한 추정프로그램에서 얻는다. 분산의 추정과 추정된 계수의 교차상관관계가 더 결정적이다.

12.9.8 Yule Walker 방정식

Yule Walker 방정식은 유한횟수의 순차적 관찰에 기초한, 평균이 0이고 약-정상(weakly stationary)인 과정 x_t의 선형예측 문제에서 일어난다. x_t가 $AR(p)$ 과정인 케이스를 고려해 본다.

$$\text{AR}(p) = \sum_{k=0}^{p} a_k x_{t-k} = \eta_t \quad (12.86)$$

여기에서 $a_0 = 1$이며 분산은 $var\ \eta_t = \sigma_p^2$이다. 만약 c_k가 자기공분산이라면 다음 식

$$E(x_t \eta_t) = E\left(x_t \sum_{k=0}^{p} a_k x_{t-k}\right) = \sum_{k=0}^{p} a_t c_k \quad (12.87)$$

이 성립한다. 반면, 다음의 식도 성립한다.

$$E(x_t \eta_t) = E\left[\left(\eta_t - \sum_{k=0}^{p} a_t x_{t-k}\right)\eta_t\right] = E\left[\eta_t^2\right] = \sigma_p^2 \tag{12.88}$$

그러므로 다음 식

$$\sum_{k=0}^{p} a_k c_k = \sigma_p^2 \tag{12.89}$$

이 성립한다. $a_i \geq 0$ 인 경우, 다음 식

$$0 = E(x_t \eta_{t+l}) = E\left[x_t\left(\sum_{k=0}^{p} a_k x_{t+l-k}\right)\eta_t\right] = \sum_{k=0}^{p} a_k c_{l-k} \tag{12.90}$$

이 성립한다. $a_i = 1, \cdots, p$에 대하여 위의 식을 행렬의 형태로 작성하면, Yule Walker 방정식을 얻는다.

$$\begin{bmatrix} c_0 & c_1 & \cdots & c_p \\ c_1 & c_0 & \cdots & c_{p-1} \\ \cdots & \cdots & \cdots & \cdots \\ c_p & c_{p-1} & \cdots & c_0 \end{bmatrix} \begin{bmatrix} 1 \\ a_1 \\ \vdots \\ a_p \end{bmatrix} = \begin{bmatrix} \sigma_p^2 \\ 0 \\ \vdots \\ 0 \end{bmatrix} \tag{12.91}$$

Σ_p는 $(p1) \times (p1)$ 퇴플리츠 공분산 행렬을 나타내는 것으로 한다. Σ_p는 비음정부호라는 것을 알아야 한나. 왜냐하년 어떠한 p개의 1차원 벡터 $\mathsf{b} = [b_0, \cdots, b_p]^{\mathrm{T}}$에 대하여 다음 식

$$\mathsf{b}^{\mathrm{T}} \sum_p \mathsf{b} = \sum_{j=0}^{p} \sum_{k=0}^{p} b_j c_{j-k} b_k = \mathrm{var}\left[\sum_{j=0}^{p} b_j x_{t-j}\right] \geq 0 \tag{12.92}$$

이 성립하기 때문이다. 마지막의 결과를 얻기 위하여 x_t가 $\mathrm{AR}(p)$ 과정이었다는 것을 가정할 필요는 없었다.

퇴플리츠 행렬은 왼쪽에서 오른쪽으로 하강하는 대각선의 요소가 상수인 대각선-상수 행렬이라고 하며 이것은 오토 퇴플리츠의 이름을 따온 것이다.

x_t는 자기공분산 수열 $\{c_r\}$을 갖는 약-정상(weakly stationary)이며 평균이 0인 과

정이라고 가정하고, $x_{t-1}, \cdots, x_{t-p}$ 에 의거한 x_t의 최적 선형예측자를 구하려고 한다. (한 스텝) 예측자를 다음의 식

$$\hat{x}_t = -\sum_{k=1}^{p} b_k x_{t-k} \tag{12.93}$$

과 같이 나타내면 제곱평균 예측오차[7]($b=1$)는 다음 식과 같다.

$$E[x_t - \hat{x}_t]^2 = E\left[\sum_{k=0}^{p} b_k x_{t-k}\right]^2 = E\left[\sum_{j=0}^{p} b_j x_{t-j} \sum_{k=0}^{p} b_k x_{t-k}\right]^2 \tag{12.94}$$

$$= \sum_{j=0}^{p}\sum_{k=0}^{p} b_j c_{j-k} b_k = \mathrm{b}^{\mathrm{T}} \sum \mathrm{b}_p$$

그러면 $b \geq a$ 라고 하여 $\mathrm{b}^T \Sigma_p \mathrm{b}$가 최소화되는 것($b_0 = 1$이라는 제약조건 아래에서)을 보여 준다. 여기에서 $\mathrm{a} = (1, a_1, \cdots, a_p)$는 Yule Walker 방정식의 해이며 결과적으로 얻을 수 있는 최소의 제곱평균 예측오차는 σ_p^2이다. 그러므로 Yule Walker 방정식 a_i과 σ_p^2의 해를 구함으로써, 비록 x_i 자체가 $AR(p)$ 과정이 아니더라도 $x_{t-1}, \cdots, x_{t-p}$ 에 근거한 x_i의 최상 선형예측자의 계수와 이에 해당하는 예측의 최소의 제곱평균 오차를 얻는다.

예제 12I AR(2) 과정에 대하여 Yule Walker 방정식과 자기상관 방정식을 찾으시오:

$$X_t = 0.33X_{t-1} + 0.22X_{t-2} + \eta_t \tag{12.95}$$

Yule Walker 방정식은 다음 식과 같다.

$$\rho_k = -0.33\rho_{k-1} + 0.22\rho_{k-2} = 0, \quad k \geq 2 \tag{12.96}$$

---

7) the mean-squared prediction error

다음 식을 가정한다.

$$\rho_k = A\lambda_k \tag{12.97}$$

그리고 다음 식의 근을 구한다.

$$\lambda^2 - 0.33\lambda - 0.22 = 0 \tag{12.98}$$

$$\lambda_1 = 0.66,\ \lambda_2 = -0.33$$

이것을 자기상관함수(ACF)에 대치한다.

$$\rho_k = A(0.66)^{[k]} + B(-0.33)^{[k]}$$

$$\rho_0 = A + B = 1 \tag{12.99}$$

$$\rho_1 = 0.33 + 0.22\rho_1 = 0.43$$

그리고 A와 B를 구한다.

$$0.66A - 0.33B = 0.43$$

$$A = 0.76 \tag{12.100}$$

$$B = 0.24$$

그리므로 ACF는 다음 식

$$\rho_k = 0.76(0.66)^{[k]} + 0.24(0.33)^{[k]}, \quad k \in Z \tag{12.101}$$

과 같다.

12.9.9 Durbin Levinson 알고리즘

$AR(p)$ 모델의 모수를 추정하는 문제를 생각해 보자. Yule Walker 방정식에서 출발한다. Durbin Levinson 알고리즘은 Yule Walker 방정식의 역행렬을 구하지 않아도 되는 대안을 제공한다. 이것은 사실상 예측알고리즘이다. 이것은 또한 $AR(p)$ 모델의 모수추정을 위하여 사용될 수도 있다. Durbin Levinson 알고리즘의 부수

적 효과는 부분자기상관과 예측과 관련된 제곱평균오차가 자동적으로 구해진다는 것이다.

Durbin Levinson 알고리즘은 반복예측 알고리즘의 하나이다. 다음을 예측한다고 가정한다.

$$X_{n+1} = f(X_1, X_2, \cdots, X_n) \tag{12.102}$$

시간은 흐른다고 가정하고 X_{n+1} 을 관찰하지만, 이제 다음을 예측하려고 한다.

$$X_{n+2} = f(X_1, X_2, \cdots, X_{n+1}) \tag{12.103}$$

Yule Walker 방정식으로써 원점에서 출발할 수 있거나, X_{n+1} 를 예측하고 그 함수를 다시 갱신하여 얻은 정보를 다시 이용할 수 있다.

Durbin Levinson 알고리즘을 구성하는 것은 평균이 0이고, 정상 과정(stationary process) $\{X_t\}$이며 공분산 함수가 $X(h)$인 것을 구성하는 것이다. 만약 이것이 유효하지 않다면, 평균을 빼고 예측한 후에 평균을 예측치에 거꾸로 더한다.

과거의 n개의 값이 주어졌을 때 X_{n+1}의 최상 선형예측자는 다음 식

$$\hat{X}_{n+1} = b_{n,n}X_1 + b_{n,n-1}X_2 + \cdots + b_{n,1}X_n = \sum_{i=1}^{n}[b_{n,j}X_{n-i+1}] \tag{12.104}$$

과 같다. 제곱평균 예측오차는 다음 식

$$v_n = E\left[\left(X_{n+1} - \hat{X}_{n+1}\right)^2\right] \tag{12.105}$$

과 같다. "가장 좋은" b는 반복하여 계산되어야 하며 이와 동시에 v를 계산하는 것이다.

Durbin Levinson 알고리즘을 요약하면 아래와 같다.

스텝-0. 초기치를 설정한다.

$$b_{00} = 0 \tag{12.106}$$

$$v_0 = \gamma_X(0)$$

$$n = 1$$

스텝-1. 다음 식을 계산한다.

$$b_{n,n} = \left[\gamma_X(n) - \sum_{i=1}^{n-1} b_{n-1,i}\gamma_X(n-i)\right] v_{n-1}^{-1} \tag{12.107}$$

스텝-2. $n \geq 2$ 에 있어서 다음 식을 계산한다.

$$\begin{bmatrix} b_{n,1} \\ \vdots \\ b_{n,n-1} \end{bmatrix} = \begin{bmatrix} b_{n-1,1} \\ \vdots \\ b_{n-1,n-1} \end{bmatrix} - b_{n,n} \begin{bmatrix} b_{n-1,n-1} \\ \vdots \\ b_{n-1,1} \end{bmatrix} \tag{12.108}$$

스텝-3. 다음 식을 계산한다.

$$v_n = v_{n-1}(1 - b_{n,n}^2) \tag{12.109}$$

$n = n+1$로 한 후에 스텝-1로 돌아간다.

Durbin Levinson 알고리즘은 다음 식의 내용을 필요로 한다.

$$\gamma_X = 0$$

$$\gamma_X \to \infty,\ n \to \infty \text{일 때} \tag{12.110}$$

예제 12J 다음 식과 같은 AR(2) 과정을 고려한다.

$$X_t = \phi_1 X_{t-1} + \phi_2 X_{t-2} + \eta_t$$

$$\eta_t = WN(0, \sigma_\eta^2) \tag{12.111}$$

$$\phi_1 = 0.5$$

$$\phi_2 = 0.3$$

이것은 예측에 대한 연습이며 모수추정 자체만은 아니다. 이 과정은 약식이라는 것을 알아야 한다. 반복법을 이용하여 예측하며 다음의 식

$$\hat{X}_{n+1} \quad n=1,2,\cdots,N \tag{12.112}$$

은 이전의 시간에 대한 값에 의하여 계산되며, 예측의 제곱평균오차(MSE)는 주어져 있다.

필요한 자료는 다음의 식

$$\gamma_X(0), \gamma_X(1), \gamma_X(2), \cdots \tag{12.113}$$

과 같으나 필요에 따라서 문제를 풀 수 있다. AR 방정식에 X_{t-k}를 곱하고 기대치를 구함으로써 표준방정식을 구성한다.

$$\begin{aligned}\gamma_X(0)-\phi_1\gamma_X(1)-\phi_2\gamma_X(2)&=\sigma_\eta^2\\ \gamma_X(1)-\phi_1\gamma_X(0)-\phi_2\gamma_X(1)&=0\\ \gamma_X(2)-\phi_1\gamma_X(1)-\phi_2\gamma_X(0)&=0\end{aligned} \tag{12.114}$$

위의 식에서 다음을 얻는다.

$$\begin{aligned}\gamma_X(0)&=\frac{1-\phi_2}{(1+\phi_2)(1-(\phi_1+\phi_2)(\phi_1+1-\phi_2))}\sigma_\eta^2\\ \gamma_X(1)&=\frac{\phi_1}{(1+\phi_2)(1-(\phi_1+\phi_2)(\phi_1+1-\phi_2))}\sigma_\eta^2\\ \gamma_X(2)&=\frac{\phi_1^2+\phi_2-\phi_2^2}{(1+\phi_2)(1-(\phi_1+\phi_2)(\phi_1+1-\phi_2))}\sigma_\eta^2\end{aligned} \tag{12.115}$$

위의 식을 보면 분모가 모두 같다는 것을 알 수 있다.

다음과 같은 식이 성립하므로 추가적 항은 필요에 의하여 구할 수 있다.

$$\gamma_X(k)=\phi_1\gamma_X(k-1)+\phi_2\gamma_X(k-2),\ \ k\geq 2 \tag{12.116}$$

예제 12K Durbin Levinson 알고리즘이 앞에서 정의된 $AR(2)$ 과정에 적용된다.

$$n = 1$$

$$b_{00} = 0$$

$$v_0 = \gamma_X(0)$$

$$b_{1,1} = \rho_X(1) = \frac{\phi_1}{1-\phi_2} \tag{12.117}$$

$$v_1 = v_0(1 - b_{1,1}^2)$$

그러므로 X_1에 근거한 X_2의 최상 선형예측자는 다음 식

$$\hat{X}_2 = b_{1,1}X_1 = \frac{\phi_1}{1-\phi_2}X_1 \tag{12.118}$$

과 같으며 이 예측자의 제곱평균오차(MSE)는 v_1이다.

두 번째 반복계산에서는 항이 하나 더 추가된다.

$$n = 2$$

$$b_{2,2} = [\gamma_X(2) - b_{1,1}\gamma_X(1)]v_1^{-1}$$

$$= \frac{\rho_X(2) - \rho_X^2(1)}{1 - \rho_X^2(1)} = \phi_2 \tag{12.119}$$

$$b_{2,1} = b_{1,3} - b_{2,2}b_{1,1} = \frac{\phi_1}{1-\phi_2}(1-\phi_2) = \phi_1$$

$$v_2 = v_1(1 - b_{2,2}^2) = \gamma_X(0)\left[1 - \frac{\phi_1^2}{(1-\phi_2)^2}\right](1-\phi_2^2)$$

그러므로 X_1과 X_2에 근거한 X_3의 최상 선형예측자는 다음 식

$$\hat{X}_3 = b_{2,2}X_1 + b_{2,1}X_2 = \phi_2 X_1 + \phi_1 X_2 \tag{12.120}$$

과 같으며 예측과 관련한 MSE는 v_2이다.

반복계산을 한 번 더 실행하면 다음 식을 얻는다.

$n=3$

$$b_{3,3}=\frac{\rho_X(3)-\phi_1\rho_X(2)-\phi_2\rho_X(1)}{1-\phi_1\rho_X(1)-\phi_2\rho_X(2)}=\phi_3\equiv 0 \tag{12.121}$$

여기에서 이와 같은 표현을 위한 변환을 해야 할 이유가 밝혀진다. 이 AR(2) 모델의 분자는 0이다. 이것은 특정된 모델과 일치한다는 것을 나타낸다.

다음 항에 대하여 계속하여 진행한다.

$$\begin{bmatrix} b_{3,1} \\ b_{3,2} \end{bmatrix}=\begin{bmatrix} b_{2,1} \\ b_{2,2} \end{bmatrix}-b_{3,3}\begin{bmatrix} b_{2,2} \\ b_{2,1} \end{bmatrix}=\begin{bmatrix} b_{2,1} \\ b_{2,2} \end{bmatrix}=\begin{bmatrix} \phi_1 \\ \phi_1 \end{bmatrix} \tag{12.122}$$

그러므로 앞의 3개의 예측결과가 주어진 경우, 최상 선형예측자는 다음 식과 같다.

$$\hat{X}_4=b_{3,3}X_1+b_{3,2}X_2+b_{3,1}X_3=\phi_2X_2+\phi_1X_3 \tag{12.123}$$

사실상, 미래의 모든 n에 대하여 b의 값은 0이며 다음 식이 성립한다는 것을 알 수 있다.

$$\hat{X}_n=\phi_1X_n+\phi_2X_{n-1} \tag{12.124}$$

또한 AR(2) 모델의 부분-자기상관함수(PACF)는 다음 식과 같다는 것을 주목해야 한다.

$$\begin{aligned} &\mathrm{PACF}_X(1)=b_{1,1}=\frac{\phi_1}{1-\phi_2} \\ &\mathrm{PACF}_X(2)=b_{2,2}=\phi_2 \\ &\mathrm{PACF}_X(n)=b_{n,n}=0, (\ n\geq 2 \text{ 인 경우}) \end{aligned} \tag{12.125}$$

12.9.10 MA와 ARMA 과정의 혁신추정

MA(q)와 ARMA(p, q) 과정의 계수를 예비적으로 추정하기 위한 혁신 알고리즘은 초기에 "q"라는 계수를 찾기 위하여 선호되는 방안이다. 알고리즘의 명칭을 이해하고 계산과정을 이해하기 위하여, 잠시 여기에서 벗어나, 예측을 위한 여행을 하여야 한다.

MA(q) 과정으로부터 나타나는 $X_i(i=1, n)$의 값을 관측한다고 가정한다.

$$X_t = Z_t + \theta_1 Z_{t-1} + \theta_2 Z_{t-2} + \cdots + \theta_q Z_{t-q} \tag{12.126}$$

처음의 n개의 관측자료가 주어진 경우, 미래 값 X_{n+1}을 예측하고 싶다고 가정한다. 조건부 기대치를 구하면 다음 식과 같다.

$$\begin{aligned} \hat{X}_t &= E(Z_{n+1} + \theta_1 Z_n + \theta_2 Z_{n-1} + \cdots + \theta_q Z_{n+1-q} \,|X_1, \cdots, X_n) \\ &\equiv 0 + \theta_1 Z_n + \theta_2 Z_{n-1} + \cdots + \theta_q Z_{n+1-q} \end{aligned} \tag{12.127}$$

다음의 식이 성립한다는 것을 주목해야 한다.

$$X_{n+1} - \hat{X}_{n+1} = Z_{n+1} \tag{12.128}$$

그러면 일반적으로 다음 식이 성립한다.

$$X_t - \hat{X}_t = Z_t \tag{12.129}$$

관측이 불가능한 충격(Z_t)을 대신하여 위의 계차식을 대체한다.

$$\hat{X}_{n+1} = \theta_1 (X_n - \hat{X}_{n+1}) + \cdots + \theta_q (X_{n+1-q} - \hat{X}_{n+1-q}) \tag{12.130}$$

차이 $(X_{n+1} - \hat{X}_{n+1})$는 혁신이라고 말한다. 예측은 혁신을 통하여 나타난다.

혁신 알고리즘은 모든 시계열(비-정상 시계열 포함)에 적용할 수 있으며 혁신의 계수가 다음과 같은 확장식에 나타난다.

$$\hat{X}_{n+1} = \sum_{j=1}^{n} \theta_{n,j} (X_{n+1-j} - \hat{X}_{n+1-j}), \quad n \geq 1 \tag{12.131}$$

$j=n$ 일 경우, $n+1$에 대한 추정값은 X_1의 기대치이며 0이라는 것을 주목해야 한다.

다음을 가정한다.

$$E(X_t) = 0\,,\; E(X_t X_s) = \kappa(t,s),\;\; E|X_t|^2 < \infty \qquad (12.132)$$

다음의 식과 같이 v_n을 나타낸다.

$$v_n = E\left(X_{t+1} - \hat{X}_{n+1}\right)^2 \qquad (12.133)$$

이것은 혁신분산(innovation variance) 또는 제곱평균 예측오차이다. 그리고 다음의 식

$$v_0 = \kappa(1,1)$$

$$\theta_{n,n-k} = v_k^{-1}\kappa(n+1,k+1) - \sum_{j=0}^{k-1}(\theta_{k,k-j}\theta_{n,n-j}v_j),\;\; 0 \le k \le n, \qquad (12.134)$$

$$v_n = \kappa(n+1,n+1) - \sum_{j=0}^{n-1}\left(\theta_{n,n-j}^2 v_j\right)$$

으로부터 모수 $\theta_{n1}, \cdots, \theta_{nn}$ 를 반복적으로 계산한다. v_0, $\theta_{1,1}$, v_1, $\theta_{2,2}$, $\theta_{2,1}$, v_2, $\theta_{3,3}$, $\theta_{3,2}$, $\theta_{3,1}$, v_3, $\theta_{1,1}$ 등을 반복적으로 푼다. 모든 j에 대하여 $\theta_{0,1} = 0$ 라는 것을 주목할 필요가 있다. 이 알고리즘은 다음 식과 같이 MSE도 계산하여 준다.

$$v_n = E\left(X_{n+1} - \hat{X}_{n+1}\right)^2 \qquad (12.135)$$

표본 $(x_1, \cdots, x_n)$에 대하여 $m < n$ 인 경우에 모수$(\gamma'(0), \gamma'(1), \cdots, \gamma'(m))$를 추정한다. $\gamma'(0) > 0$이고, 순수MA 모델을 피팅한다고 가정한다:

$$X_t = Z_t + \hat{\theta}_{m,1} Z_{t-1} + \cdots + \hat{\theta}_{m,m} Z_{t-m} \qquad (12.136)$$
$$Z_{t-m} \sim WN(0, v_m)$$

앞에서와 같이, 계수들은 예측에서의 계수이다.

$$\hat{X}_{m+1} = \hat{\theta}_{m,1}(X_m - \hat{X}_m) + \cdots + \hat{\theta}_{m,m}(X_{m+1-m} - \hat{X}_{m+1-m}) \qquad (12.137)$$

그러면 혁신 알고리즘은 모수 $\hat{\theta}_{m,1}, \cdots, \hat{\theta}_{m,m}, \hat{v}_m$를 구해 준다. 이론적 자기공분산함수는 표본의 자기공분산 함수로써 대체된다는 것을 명시한다. 이것은 Yule

Walker 추정치에서의 경우와 같이 일반적으로 성립하며 해당하는 R_h가 주어진다.

그러나 불행하게도 계수의 추정치 $(\hat{\theta}_{m,1}, \cdots, \hat{\theta}_{m,m}, \hat{v}_n)^T$는 q가 고정되고 $n \to \infty$이면 $\boldsymbol{\theta}_q = (\theta_q, \cdots, \theta_q)'$에 수렴하지 않는다. 표본의 크기 n의 함수로써 $MA(m)$의 차수가 증가할 때 수렴한다. $m = m(n)$ (MA의 차수 m은 표본의 크기 n에 따라 변한다.) 그러므로 $n \to \infty$ 일 때 $m \to \infty$이며 $n^{-1/3}m(n) \to 0$으로 된다.

계수$(\hat{\theta}_{m,1}, \cdots, \hat{\theta}_{m,m}, \hat{v}_m)$를 추정하기 위하여 실제로는 관심의 대상이 되는 벡터의 부분 $\hat{\theta}_{m,1}, \cdots, \hat{\theta}_{m,g}, \hat{v}_g$이 표준편차 또는 R_h 비율에 비하여 안정화될 때까지 증가하는 m에 대하여 혁신 알고리즘을 실행한다.

$$R_h = \frac{\hat{\theta}_{m,h}}{1.96 \times \hat{\theta}_{m,h}\text{의 추정표준편차}} \tag{12.138}$$

$R_h > 1$이 성립하는 가장 큰 래그 h는 피팅되어야 할 MA의 차수이다. 이것은 필요할 경우 MA의 차수-q를 갱신하기 위한 시그니처이다.

12.9.11 ARIMA 전체 과정

Box–Jenkins 모델 구성과정은 시계열의 수요모델에 적용할 경우 믿기 어려울 만큼 단순하다. Box–Jenkins 모델 구성과정은 다음의 스텝으로 구성된다.

스텝-1. 정상화 식별

① 공분산에 대하여 정상계열이 될 때까지 계차한다("통합한다").

② ARIMA 모델링으로 확장하는 대안을 고려한다.

③ 과정의 평균을 제거하는 것이 일반적으로 첫 번째 스텝이다.

④ 과정의 추세를 제거하는 것이 단기수요예측의 두 번째 스텝이다.

스텝-2. 모델의 식별

① ACF를 추정한다.

② PACF를 추정한다.

스텝-3. 모델의 차원

① (변환된) 계열을 표현할 ARMA(p, q) 모델에 있어서 p와 q의 작은 값에서 초기 추측을 한다.

② 대안의 모델에 대하여 모수를 추정한다. ARMA$(p-1, q-1)$, ARMA$(p-1, q)$, ARMA$(p, q-1)$, ARMA$(p+1, q)$, ARMA$(p, q+1)$, 그리고 ARMA$(p+1, q+1)$.

스텝-4. 모수추정

① 목표는 오차의 제곱합을 최소화하는 것이다.

② 진단분석을 시행하여 모델이 관측된 자료의 형태와 일치하도록 한다.

③ 최소한의 항만을 사용하는 인색한 해[8]를 구하는 목적을 위해 대체항을 고려한다.

스텝-5. 모델 검증

① 모델의 유효성을 검증하기 위하여 진단이 사용된다.

② 이 자료를 사용하여 적용하기 위한 모델이 적정한지 확인한다.

스텝-6. 모델 예측

① 필요한 경우 계열의 미래의 기대치에 대한 예측을 실행한다.

② 미래의 상황이 모델링의 오차를 나타낼 때 필요에 따라 모델링 과정을 반복한다.

ARIMA 모델에 있어서 p는 AR 항의 개수이며 d는 계차의 차수이며, q는 MA 항의 개수인 ARIMA(p, d, q)로 표현된다.

계절성을 제거하기 위하여 차수-d(예: d-차 계차)가 자주 필요하다. 계절성은 일간 사이클, 주간 사이클, 그리고 특히 기상의 계절별 사이클(사계절) 등과 같은 순환

8) "Parsimonious" solution

이 반복되는 것이다.

ARIMA(1, 1, 0)은 계차가 1인 차수-1의 AR 모델이다. 모든 교과서는 동일한 표현법을 사용하여 "정규(regular)" AR, MA, 또는 ARMA 모델이라고 표현한다. ARIMA(1, 0, 0)은 AR(1) 과정, ARIMA(0, 0, 1)은 MA(1) 과정, ARIMA(1, 0, 1)은 합성한 ARMA(1, 1) 과정이다.

스텝-1, 스텝-2, 그리고 스텝-3은 상관관계의 구조에 대한 정보를 필요로 한다. 자기회귀(AR)와 이동평균(MA)은 계산하기가 용이하다. 그러면 무슨 차이가 있는 것인가? AR 모델은 시계열 자체의 래그 항을 포함한다. MA 모델은 잡음 또는 잔차에 대한 래그 항을 포함한다. 어느 것을 사용하느냐를 어떻게 결정하는가? 이에 대한 답은 래그의 수가 증가함에 따라 ACF와 PACF의 값을 검사하는 것이다.

만약 큰 값을 갖는 ACF 항이 존속한다면 비-정상임을 의심하여야 한다. 그리고 계차계열을 생성한다. 일반적으로 한 번 또는 많아야 두 번 계차를 하는 것이 바람직하다. 제일 먼저 얻을 수 있는 정상계차가 사용되어야 한다. 계차 이후에 분산의 증가, MA의 차수의 증가, 'non-invertible MA'(단위근) 등과 같은 현상이 일어나지 않도록 하기 위하여 과도하게 계차하는 것을 주의하야 한다. 이에 대체하는 방안으로서, 주기 스펙트럼을 검사하고 자료 내에 예측되는 기간보다 더 긴 주기를 갖는 진동을 식별하는 것을 선택하는 것이다.

ACF와 PACF는 이 과정 전체에 있어서 중요한 시그니처이다. ACF는 계열 사이의 상관계수의 조합이며 시간의 경과에 따라 자발적으로 래그된다(lags of itself)는 것을 알아야 한다. PACF는 계열 사이의 부분상관계수이며 시간의 경과에 따라 자발적으로 래그된다. 하나의 변수와 자신의 래그 사이의 상관관계의 크기는 하나의 변수와 모든 낮은 차수의 래그에서 상관관계에 의하여 설명되지 않는다. 래그-1에서의 ACF는 래그-2로 "전파"하며 아마도 더 높은 차수의 래그로 전파할 것이다. 래그-2에서의 PACF는 래그-2에서의 실제의 상관관계와 래그-1에서의 상관관계의 전파로 인한 상관관계의 기대치의 차이이다.

만약 시계열이 백색잡음이라면, 모든 ACF 항과 PACF 항은 0이다.

자기회귀 모델은 확정된 시그니처(definitive signature)를 갖고 있다. "차수-p의 AR 모델(AR(p))"이 의미하는 것은 X_t의 현재 값은 과거의 값과 과거의 확률적 충격(잡음)의 합으로써 구할 수 있다는 것이다. 이것은 다중회귀 모델과 유사하지만, X_t는 과거의 X_t 값의 회귀분석에 의하여 구한다.

AR(1) 모델은 단순한 시그니처를 갖는다. 시간에 대한 의존을 모델링 하는 하나의 간단한 방법은 "차수-1의 자기회귀 모델(AR(1))"을 사용하는 것이다. 이것은 래그된 X_{t-1}에 회귀하는 X_t의 가중최소제곱모델이다. 이 모델은 $t+1$ 에서의 관측에 대하여 무엇을 알려 주는가? 이 AR(1) 모델은 시간-t에서 알고 있는 것으로 무엇을 알지 못하는가를 나타내 준다.

만약 a_1이 0이라면, X_t는 순수한 확률성분(h)에 의존하며 일시적 의존성은 없다. 만약 a_1이 0보다 크다면, ACF 성분이 직접적인 지수함수적 감쇄를 나타내므로 X_t의 이전의 값은 X_t의 값에 대하여 영향을 미친다. 만약 a_1이 0보다 작다면, ACF 성분은 진동감쇄를 나타낸다. PACF 성분은 첫 번째 값이 비-영($\neq 0$)이며 a_1의 어떤 값에 대하여도 오차의 항은 0이라는 것을 나타낸다.

만약 제시한 모델이 자료에 있는 의존구조를 파악해 낸다면, 잔차는 확률적인 것으로 나타난다. 잔차에 대한 의존성이 없어야 한다. 그리고 AR(1) 모델을 체크해야 한다. "잔여(leftover)" 의존성에 대하여 회귀분석 결과로부터 잔차를 검토한다.

차수-p의 AR 과정을 식별하는 것은 모든 래그-p를 통하여 모든 높은 차수의 성분이 0으로서 "PACF가 급등하는 시그니처를 갖고 있다. PACF가 급격한 차단을 나타내고, ACF는 좀 더 느리게 0으로 감쇄하므로(즉, 래그가 큰 곳에서의 의미 있는 급등), 이 계열은 AR 시그니처를 갖는다고 말한다. PACF가 차단하는 래그는 지시된 개수의 AR 항이다.

MA 모델은 "정의된 시그니처 보완성"[9]을 갖는다. 차수-q의 MA 모델 MA(q)

---

9) defined signature complementarity

은 확정된 시그니처가 있다. MA는 X_t의 현재 값을 과거의 충격/오차(η)와 새로운 충격/오차(η_n)에서 찾을 수 있다는 것을 의미한다. 이 시계열은 확률적 충격의 계열 η의 MA(계수가 다르기 때문에 균등하게 가중치를 가하지 않음)로 간주된다.

MA(1) 모델은 다음과 같은 시그니처를 갖고 있다. 만약 b_1이 0보다 크다면, X_t ACF는 첫 번째 성분에 대하여 양(+)의 급등을 보여 준다. 그러면 PACF는 진동적 감쇄를 나타낸다. 만약 b_1이 0보다 작으면, 첫 번째 ACF 성분에 있어서 음(−)의 급등이 있다. ACF의 첫 번째 성분은 0이 아니며 높은 차수의 항은 0이다. 그러면 PACF는 등비급수로 감소하는 것을 보여 준다.

MA 과정을 식별하는 것은 AR 과정의 시그니처에 대하여 보완적이다. 만약 계차계열의 ACF가 급격한 차단을 나타내거나 또는 래그-q를 나타낸다면 자기상관 계수는 음(−)이며 모델에 있어서 MA 항을 추가할 것을 고려하여야 한다. ACF가 차단되는 곳의 래그는 MA 항의 지시된 개수이다.

시그니처를 다시 한 번 반복한다. AR(1) 모델에 있어서 ACF와 PACF의 진단패턴은 다음과 같다.

ACF: 등비수열로서 최댓값부터 래그-1에서 하강한다.
PACF: 래그-1 이후에 갑자기 차단(cut-off)된다.

반대되는 패턴의 형태가 MA(1) 과정에 적용된다.

ACF: 래그-1 이후에 갑자기 차단된다.
PACF: 래그-1에서 최댓값으로부터 등비수열로 감쇄한다.

혼합 ARMA 모델은 또다시 시그니처의 식별이다. ARMA(1, 1)의 시그니처는 ACF와 PACF 모두가 지수함수적으로 감쇄한다는 것이다. 만약 a_1이 0보다 크다면, ACF는 비-진동 감쇄를 나타낸다. PACF는 래그-1에서 시작하여 진동하면서 감쇄하는 것을 보여 준다. 만약 a_1이 0보다 작다면, ACF는 감쇄진동 하는 것을 나타낸다. PACF는 래그-1에서 시작하여 지수함수적 감쇄를 나타낸다.

차수 (p, q)의 ARMA 과정은 ACF가 래그-q에서 시작하여 감쇄(직선적으로 또는 진동하면서)하는 것을 보여 준다. PACF는 래그-p에서 감쇄(직선적으로 또는 진동하면서)하는 것을 나타낸다.

ARMA 모델을 피팅하는 것의 대부분은 추측작업과 시행착오의 과정이다. AR(3, 0)을 대신하여 ARMA(1, 1)을 사용하듯이 MA 항과 AR 항을 결합하여 차수가 낮은 모델을 사용할 수도 있다. 차수가 낮은 모델이 더 좋을 수 있다. 차수를 줄이는 것(인색함)이 주요 목적이다.

어떻게 가장 좋은 모델을 선택하는가? 대부분의 경우 가장 좋은 모델이라는 것은 AR 항 또는 MA 항만을 사용하는 모델이라는 것이 판명되었다. 비록 2개의 항이 모두 모델에 있어서 중요한 것으로 보이지만 AR 항과 MA 항은 서로의 영향을 상쇄할 수도 있다. 만약 혼합 ARMA 모델이 자료를 피팅하기에 적합하다면, 하나 낮은 AR 항과 하나 낮은 MA 항의 모델로 시도해 볼 수도 있다. 모든 가중최소제곱법과 마찬가지로 단순한 모델이 더 좋다. 인색함이 필요하다.

12.10 인공신경네트워크(ANN)

ANN 분야는 최근 10년 동안에 다시 각광을 받기 시작하였다. 이것의 부분적인 이유는 예측을 포함하여 다양한 분야에 신경네트워크가 적용되기 때문이다. 정확한 함수관계가 알려져 있지 않은 여러 변수 간의 복잡한 상호작용에 의하여 예측이 행해질 때 신경네트워크는 이 목적에 적합하다.

ANN은 일의 형태, 주의 요일, 기상변수(온도, 습도, 풍속 등), 그리고 월의 일(1 day of month) 등에 따라 푸리에 또는 하틀리 파형을 선택하기 위하여 사용된다. 이 접근방법은 과거의 각각의 일의 스펙트럼을 찾고 반복되는 날을 식별하는 것에 근거한다.

ANN은 일의 형태, 주의 요일, 기상변수(기온, 습도, 풍속 등), 그리고 월의 일에 근거한 함수를 찾기 위하여 사용된다.

ANN을 이용하여 일의 형태, 주의 요일 등에 대한 기준수요를 조정한 이후, ANN은 난방수요 또는 냉방수요에 대한 계량경제 모델을 수립하기 위하여 사용되었다.

단기수요예측 문제에 ANN을 적용하는 데 있어서는 여러 접근방법이 존재한다. 설계의 전체 영역에 대한 조사는 이 책의 범위를 벗어난다.

신경네트워크 훈련에 있어서 가장 흔한 형태(뉴런 사이의 연계에 대한 가중치의 결정)는 후방전파 알고리즘이다. 이 알고리즘은 매끈하고 미분가능한 전달함수를 갖는 네트워크에 적합하다. 불행하게도, 후방전파 알고리즘은 몇몇의 경우 국소최적점에만 수렴하며 또 다른 경우에는 수렴하지도 않는다. 새로운 훈련알고리즘의 개발이 요즈음의 새로운 연구분야이다.

12.10.1 인공신경네트워크의 소개

인간의 뇌는 충분히 여기(excite)되면 전기적 펄스를 생산하는 단순처리요소인 약 1,000억 개의 뉴런으로 구성되어 있다. 각각의 뉴런은 전기화학적으로 10,000개의 다른 뉴런에 엑손이라는 가지로 연결되어 있고 시냅시스라고 하는 화학물질이 채워진 간극으로 구성되어 있다. 뉴런으로부터의 펄스는 다른 뉴런을 자극시키거나 저지하기 위하여 이러한 연결구조를 통하여 이동한다. 이것은 우리의 말과 움직임을 제어하는 것을 포함하여 수많은 임무를 인간이 수행할 수 있도록 하기 위하여 집단적으로 연결된 네트워크이다.

ANN 분야는 생화학적 신경네트워크 내에서 일어나는 화학반응에 대한 단순한 수리모델에 근거한 것이다.

뇌는 또한 인간의 기억이 존재하는 장소이다. 어린아이가 자기 어머니의 목소리를 알아듣는다든가 노인이 고등학교 동창생을 기억할 때 마음은 실제로 뇌에 저장되어 있는 패턴을 가져오는 것이다. 그러면 뇌는 어떻게 데이터를 저장하고 가

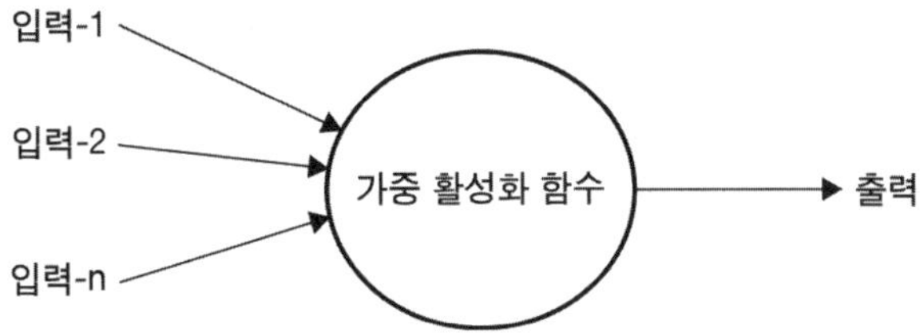

〈그림 12.2〉 인공뉴런의 모델

져오는 것일가? 오늘날의 컴퓨터가 그렇게 하듯이, 즉 하나의 데이터에 대하여 이산적 메모리 저장장소가 할당되어 있고, 그 정보에 대하여 높거나 낮은 가치가 부여되어 있고, 데이터를 불러들이라고 명령하면 저장장소의 값이 읽히고 프로그램이 원하는 장소에 사용되듯이 뇌가 움직이는 것은 아니다. 그 대신에 뇌는 구조 속에 분산형태로서 정보를 저장한다. 이것은 뉴런, 시냅시스 그리고 인간의 기억을 저장하는 전기적 연결고리의 특정한 힘의 네트워크이다.

아주 거칠게 인간의 뇌를 축약한다면 개별 요소가 서로 다른 뉴런 사이의 전기적 연결의 강약을 나타내는 행렬로 표현할 수 있을 것이다. 물론 행렬을 단순히 들여다보면, 그 속에 들어있는 정보를 판독할 수는 없지만 어떤 뉴런이 다른 뉴런에 더욱 잘 연결되어 있는지를 알 수 있다. 이 행렬의 일부분에 대하여 수학계산을 할 수도 있고 그 결과를 해석할 수도 있다. 만약 행렬이 움직이는 것에 대한 것이라면 그 요소는 변하지 않는 것이 아니고, 새로운 기억이 추가되거나 잃게 되면 요소는 변한다(아마도 같은 율로 추가되거나 사라지지는 않을 것임). 이 과정을 미시적으로 관찰한 후, 도널드 올딩 헤브(D. O. Hebb)는 이것을 "하나의 세포 A의 엑손이 세포 B를 충분히 여기시킬 수 있는 상태이고, 반복적으로 그리고 지속적으로 발사과정에 참여하면, 어떠한 성장과정 또는 물질대사의 변화가 하나 또는 양자의 세포에 일어나 B를 발사함으로써 A의 효율이 증가한다"라고 말한다. 이것은 메모리의 변화과정을 말하는 것이다. 사람이 사건에 노출되면 감각을 담당하는 신경은 뇌의 뉴런이 여기되도록 하고 펄스를 일으키게 한다. 만약 이 펄스가 충분히 자주 일어나면 뉴런 사이의 연결력은 변하고 새로운 정보가 메모리에 저장된다.

연구자들이 ANN을 연구하도록 자극을 준 것은 이와 같은 이론이다. 즉, 여러 적용분야 가운데 패턴을 인식한다든가, 항목을 분류한다든가, 예측을 한다는 등을 위하여 훈련될 수 있는 인간의 신경구조의 추상화에 관한 것이다. 이와 같은 네트워크는 1,000개 이상의 뉴런을 가질 수 없으며 인간의 뇌와 같은 기능을 일반화할 수 없다. 일반적으로 신경네트워크는 어떤 모델 또는 여기되면 어떻게 동작하는가에 대한 모델과 함께 연결력을 나타내는 가중치의 집합으로서 수학적으로 표현될 수 있다. 신경네트워크 연구는 뉴런 사이의 연결구조를 변경한다거나, 뉴런의 전달함수를 변경하거나, 시스템을 최적화하는 연결력을 결정하기 위하여 수학적 기법으로 실험을 하거나, 적용에 가장 유효한 네트워크 내의 장소가 어디인가를 결정하는가 등에 관한 것이다.

12.10.2 인공뉴런

ANN에 사용되는 인공뉴런에 대한 상세 모델은 〈그림 12.2〉에 나타나 있다. 입력은 뉴런에 작용하며 조정되고 합해진다. 편의(bias) 항이 합계 항에 추가되고 이것은 출력을 생성하기 위하여 뉴런의 전달함수를 통과한다. 전달함수는 만약 역치(threshold)에 도달하면 역치유인이 작용하는 기능도 포함할 수 있다. 뉴런의 표준 상징은 단순하게 뉴런을 드나드는 연계선을 포함하는 원이다.

12.10.3 인공신경네트워크(ANN)의 적용

인공신경네트워크를 적용할 대상은 대단히 많다. 신경네트워크의 첫 번째 적용대상은 패턴인식 문제이다. 이런 형태의 문제에서, 항목이 하나의 집합에서 택해지고 특징에 따라 별개의 그룹으로 분류된다. 어떤 경우에는, ANN은 기존의 방법보다 이 분야의 적용에 있어서 성능이 뛰어나다. 이것은 ANN을 예측문제에 적용하는 하나의 방법이다.

신경네트워크는 인간의 두뇌에 대한 모델로서 기능을 할 수 있다. 다음의 절에서 설명하는 홉필드 신경네트워크는 훈련된 특정한 2항패턴 또는 양극패턴을 기억할 수 있는 그러한 모델의 하나이다. 이 네트워크는 이것의 상태(state)와 연관된 특별한 에너지함수 때문에 최적화 도구로서 사용될 전망이 밝다.

ANN을 적용하기 위한 분야는 여러 산업체에서 미래 추세를 예측하는 분야이다. ANN을 적용하기 위한 가장 좋은 형태의 문제는 출력에 영향을 미치는 변수가 알려져 있거나 결정될 수 있지만 변수 사이의 함수적 관계가 결정될 수 없는 형태의 것이다. 신경네트워크는 증권시장가격과 여러 종류의 대부의 신청과 관련된 리스크 등과 같은 것에 대한 예측에 적용되고 있다.

이 상태에 맞는 예가 전력시스템의 단기수요예측 문제이다. 함수관계를 결정할 능력이 없으므로 지금까지의 회귀분석은 예측에 사용되기 어렵다. 대단히 비선형인 문제에 있어서 ANN은 중요한 해결도구이다.

하나의 주어진 ANN은 네트워크가 의미 있게 행동을 하도록 하는 일정한 네트워크 모수가 결정되기 이전에는 적용을 할 가치가 없다. 이 과정은 ANN을 훈련하는 것이라고 알려져 있다. 구체적으로 신경네트워크 훈련은 뉴런 사이의 연결에 대하여 가중치를 결정하는 것이다. 일반적으로 훈련의 목표는 주어진 입력집합에 대하여 출력오차의 함수의 합을 최소화하거나 또는 네트워크의 안정한 점이 훈련패턴의 집합과 대응하는 것을 보증하는 것이다. 예를 들면, 훈련용 자료는 입력벡터의 집합과 출력벡터의 집합으로 구성될 수 있으며 각각의 입력패턴은 하나의 출력패턴과 연관되어 있다. 훈련의 목표는 어떤 하나의 수행측도로써 평가할 경우 주어진 입력패턴이 적용될 경우에 나타나는 출력과 실제의 출력패턴이 근접하도록 하는 것이다. 후방전파 알고리즘과 내부점법 선형계획법 알고리즘(IPLP)은 이에 적합한 접근방법이다.

12.10.4 홉필드 신경네트워크(Hopfield Neural Networks)

홉필드 신경네트워크는 단일 뉴런층을 가지며, 단일 층의 각각은 뉴런의 입력에 피드백된다. 뉴런은 양극 또는 2항의 출력과 역치로 특징된다. 각각의 뉴런의 출력은 가중연계를 통하여 각각의 다른 뉴런의 입력에 피드백된다. 이와 같은 피드백 구조에 대칭가중치와 자기피드백-없음과 같은 조건이 부여된다. 가중치에 특정한 제한을 갖는 네트워크에 대하여는 절대안정도가 보장된다. 비-동기 네트워크는 다음과 같이 작동한다. 첫째, 하나의 초기 출력벡터가 선정되고 네트워크의 출력이 이 상태에 고정된다. 그리고 어떤 확률분포에 따라서 갱신용으로서 하나의 뉴런이 선택된다. 만약 뉴런 i가 반복과정 k에서 선택되면 출력은 주어진 규칙에 의하여 갱신된다. 이 규칙은 뉴런의 상태(x), 뉴런 i로부터 뉴런 j $(W_{i,j})$를 연결하는 것의 가중치, 그리고 각 뉴런의 역치(t_i) 등에 근거한다. 남아 있는 뉴런의 출력은 이 단계에서 변동하지 않는다. 이때 네트워크의 안정도를 검사한다. 다시 말하면 어떤 뉴런이 갱신용으로 선택된다면 네트워크에서의 어떤 뉴런이 출력을 변경하는가를 파악하는 것이다. 만약 네트워크가 안정적이면 중단한다. 그렇지 않으면 갱신용 뉴런을 새로 선정하고 과정을 반복한다. 이것은 가우스 조류계산 알고리즘과 유사하다.

홉필드 네트워크를 훈련시키는 일반적인 목표는 작동 중에 훈련패턴의 하나가 안정될 가능성을 증가하는 것이다. 홉필드 네트워크는 가중치에 부여된 제한조건에 따라서 '거짓해'에서 안정화되거나, 한계사이클에 들어가거나 작동 중에 카오스적으로 방황하든가 등의 행동을 할 수 있다. 홉필드 네트워크를 훈련시키는 가장 보편적인 방법은 외부생산 알고리즘의 합[10]이라고 알려져 있다. 또 다른 방법은 훈련패턴에 대하여 수렴영역을 최대화하기 위하여 선형계획법을 사용하는 것이다.

12.10.5 피드포워드 네트워크(Feed-Forward Networks)

피드포워드 네트워크는 가장 흔한 형태의 네트워크 중 하나이다. 입력은 뉴런의 첫째 층에 가해지며 선형전달함수의 형태를 갖는다. 이와 같은 입력층 가중연계를

10) sum of outer products algorithm

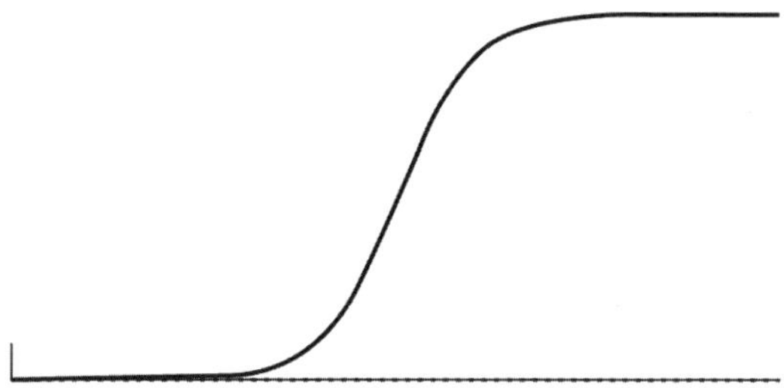

〈그림 12.3〉 *S*-자형 함수

통하여 숨겨진 층[11]에 접속된다. 각각의 숨겨진 층은 또 다른 연관된 전달함수를 갖고 있으며 숨겨진 층의 뉴런의 출력[12]은 다음 층의 뉴런에 대하여 입력으로서 작용한다. 일반적으로 하나의 숨겨진 층만이 나타나고 이것은 가중연계장치에 의하여 출력층으로 접속된다. 피드포워드 ANN은 하나 이상의 숨겨진 층을 가질 수 있으나 이와 같은 토폴로지는 거의 사용되지 않는다. 출력층 뉴런은 네트워크의 설계에 따라 선형 혹은 비선형전달함수를 가질 수 있다. 하나의 주어진 층에 존재하는 뉴런의 개수에는 제한이 없다. 하나의 간단한 피드포워드 네트워크가 〈그림 12.4〉에 나타나 있다.

이 네트워크는 4개의 입력, 2개의 숨은 층의 뉴런, 그리고 하나의 출력을 갖는다. 이 네트워크는 완전하게 연결되어 있으며 이것은 각각의 뉴런이 연속적인 층에 있는 모든 뉴런과 연결되어 있고, 바이어스가 숨은 층과 출력층의 뉴런에 연결되어 있다. 뉴런에 대한 가장 일반적인 비선형활성화함수는 *S*-자형이다. 이에 대한 형태가 〈그림 12.3〉에 나타나 있다.

S-자형 함수는 0에서 출발하여 1까지 다음 식

$$S(t) = \frac{1}{1 + e^{-t}} \tag{12.139}$$

11) hidden layer

12) output of the hidden layer neurons

과 같이 증가한다.

활성화함수의 또 다른 예는 곰페르츠 곡선, 반곡선(Ogee 곡선), 로지스틱 곡선, 그리고 하이퍼볼릭 탄젠트 함수 등이다. 통계적 누적분포에 근거한 시그모이드 곡선(S-자형 곡선)은 로지스틱 분포함수의 적분함수, 가우시안 분포함수 그리고 "스튜던트 t" 확률밀도함수이다. 연구소의 연구논문에 나타나는 공통적인 뉴런전달함수는 학습곡선, 가우시안 함수, 계단함수 등이다.

하나의 대안은 구간선형 등가함수이다. 함수적으로 이것은 다음 식과 같이 표현된다.

$$F(k)=\begin{cases} a & \text{만약 } x>max \\ d & \text{만약 } x<min \\ b+cx & \text{그렇지 않다면} \end{cases} \tag{12.140}$$

여기에서 a, b, c, 그리고 d는 상수이며 S-자형 함수를 흉내 내기 위하여 선택되었다. x가 ∞로 가면 S-자형 함수는 역치함수로 근사화된다는 것을 주목해야 한다. 이와 같은 전달함수가 가정되면 선형계획법이 널리 사용된다.

피드포워드 네트워크는 일반적으로 〈그림 12.4〉에 나타난 바와 같이 입력, 숨겨진 층, 그리고 출력층의 3개의 층으로 구성되어 있다. 하나의 층의 뉴런의 개수는 자료를 피팅할 때 식별해야 할 하나의 보수이다. 이와 같은 예제 네트워크는 하나의 추가과정으로서 과거의 패턴으로부터 필요한 만큼 항을 추가하기 위하여 사용되었다.

피드포워드 네트워크의 훈련용 자료집합은 입력-출력의 집합이다. 하나의 주어진 훈련용 입력패턴이 ANN의 입력층에 가해지면, 오차는 원하는 출력벡터와 실제의 네트워크의 출력과의 차이에 대한 어떠한 측도이다. 연결가중치는 훈련과정에서 출력오차가 최소화되도록 결정된다. 피드포워드 네트워크에 대한 가장 흔한 훈련알고리즘은 후방전파라고 알려진 그레이디언트 기법이다. 이러한 반복법은 개별 패턴에 대하여 연결이 오차에 기여하는 정도에 근거한 가중치를 변경하는 비난-할당 알고리즘[13)]이다. 알고리즘에서 각각의 훈련패턴이 수백(또는 수천) 번 제

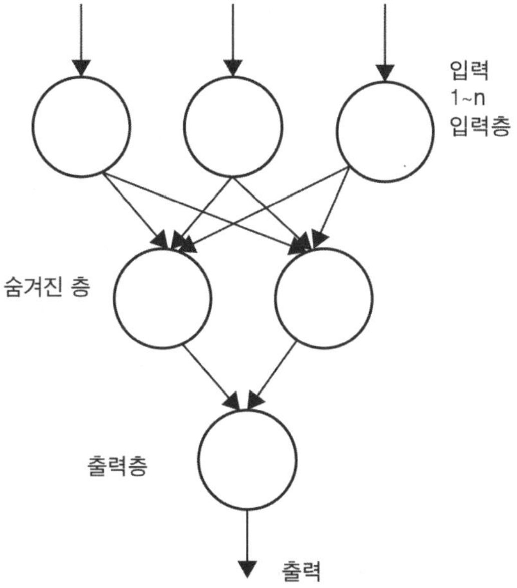

〈**그림 12.4**〉 피드포워드 인공신경네트워크

시된다. 후방전파 알고리즘에 관한 상세 알고리즘은 신경네트워크에 대한 교과서를 참고하면 된다.

부하의 형태는 1년 동안의 매시간에 따라 변동한다. 이것은 계절적 부하(냉방 및 난방)와 수요증가 때문에 발생한다. ANN은 두 가지 방법으로 이와 같은 계절변수를 포함할 수 있다. 첫째, 하나의 주어진 모델은 부하의 추세를 반영하기 위하여 규칙적으로 훈련될 수 있다. 이 경우의 훈련용 데이터는 시간의 제한을 받는 집합에서 선택되므로 계절적 변동에 영향을 받지 않도록 하기 위하여 충분히 최근의 자료를 받는다는 것을 보증한다. 이것은 훈련용 데이터의 선정을 위한 "이동창문(moving window)" 기법이라고 한다. 계절적 변동을 취급하기 위한 다른 방법은 1년의 다른 시기에 대하여 별도의 모델을 사용하는 것이다. 각 모델은 지정된 계절에 대해서만 적절한 변수를 포함한다.

ANN법은 입력변수에 대하여 복잡한 의존관계를 가정하지 않고 다변수예측

---

13) blame-assigning algorithm

문제를 모델링 하지만, 그 대신에 적절한 훈련 및 입력을 입력자료를 선정하는 것에 의존한다. ANN은 네트워크를 훈련하기 위하여 사용되는 실적자료에 근거한 패턴인식함수라고 알려진 기능을 수행한다. 최근의 실적자료를 사용하므로 능력상에 제약을 받지만, ANN은 원래 갱신하기 용이하며 대용량의 데이터베이스를 필요로 하지 않는다. 그러므로 네트워크를 훈련하기 위한 자료의 양은 가장 적다. 검토된 단기 ANN법은 다른 기법으로 처리할 수 있는 계절별 그리고 1년 사이의 증가추세를 파악하는 능력이 없다. 기법을 적절하게 비교하기 위해서는 ANN이 재래식 예측기법에 포함된 모든 모델을 포함하도록 하는 것이다.

단기수요예측에 있어서 ANN을 사용하는 것은 몇 가지 역할로 축소될 수 있다. 이 과정은 예측의 형식과 기간을 결정하는 것에서 시작한다. 예측은 가능한 여러 예측 가운데 일일 예측 또는 1주일 예측이며 기간 중의 시간대별 부하를 예측하거나 최대부하를 예측하는 것이다. 다음으로 훈련용 자료의 적절한 형식과 양이 선정된다. 예측을 위한 구체적 자료는 지역, 인구 구성, 그리고 1년 중의 시간에 따라 변한다. 일반적으로 하나의 지역에 대해 사용되는 신경네트워크는 다른 지역에 있어서는 최적으로 설계된 것이라고 말할 수 없다. 네트워크를 훈련하기 위한 자료의 양은 변동한다. 이동창문 접근방법에서, 예측 대상기간보다 몇 주 이전의 자료를 선정하는 것이 유용하다. 이때 창문의 폭은 계절적 부하변동에 의한 음(-)의 영향을 제거하기 위하여 약 4주 정도를 취한다. 전년도의 동일 기간의 실적자료를 이용하여도 좋지만 연간 수요성장의 영향을 제거하도록 조심하여 처리해야 한다. 다음으로 ANN의 구조가 결정된다. 입력뉴런의 개수는 입력변수의 개수에 의하여 결정되며 출력뉴런의 개수는 이와 유사하게 결정된다. 실험을 하지 않고는 숨겨진 층의 뉴런이 개수를 결정할 방법이 없다. 흔히 사용되는 방법은 훈련기간 동안에 추가적인 이득이 없을 때까지 뉴런을 추가하는 것이다. 또 하나의 방법은 연결선을 출입하는 뉴런 중에서 값이 작은 뉴런을 잘라내는 것이다. 왜냐하면 이와 같은 뉴런은 훈련시간을 증가시킬 뿐이고 예측에 있어서 큰 역할을 하지 않기 때문이다. 이러한 과정이 완성되면 신경네트워크는 선택의 알고리즘으로 훈련받은 것이며 하나의 예측이 행해지고 이 과정은 또다시 시작한다.

12.10.6 후방전파 알고리즘

후방전파 알고리즘(맥크렐랜드와 루멜하트, 1988, 참고문헌-1)은 계층구조의 피드포워드[14] ANN에 사용된다. 이것은 인공뉴런이 층으로 구성되는 것이며 신호를 앞으로 보내고 오차가 후방으로 전파된다는 것을 의미한다. 네트워크는 입력층의 뉴런에 의하여 입력을 받으며 네트워크의 출력은 출력층에 있는 뉴런으로부터 받는다. 하나 또는 그 이상의 중간단계의 숨겨진 층[15]이 있을 수 있다.

후방전파 알고리즘은 "감독되는 학습법"[16]을 사용하며, 이것은 알고리즘 내에 네트워크가 계산해야 할 입력과 출력의 예를 심어 놓고 오차(실제의 값과 기대되는 결과치)가 계산되도록 하는 것이다. 후방전파 알고리즘의 아이디어는 ANN이 훈련용 자료[17]를 배울 때까지 위의 오차를 줄이려는 것이다. 확률적 가중치를 부여함으로써 훈련은 시작하며 목적은 오차가 최소가 되도록 확률적 가중치를 축소하는 것이다.

후방전파 알고리즘을 실행하는 데 있어서 인공뉴런의 활성화함수는 가중합계(입력×가중치 w의 합계)이다.

$$A_j(\overline{x}, \overline{w}) = \sum_{j=0}^{n} x_j w_{j,i} \tag{12.141}$$

활성화는 입력과 가중치에만 의존한다는 것을 알 수 있다.

만약 출력함수가 항등함수라면(출력=활성화), 뉴런은 선형이라고 말한다. 그러나 이러한 함수는 극히 제한적이다.

---

14) layered feed-forward ANNs

15) intermediate hidden layers

16) supervised learning

17) training data

가장 일반적인 출력함수는 앞에서 제시한 S-자형 함수이다. S-자형 함수는 큰 양(+)의 수에서는 1이며 0에서는 0.5이며, 큰 음(−)의 수에서는 0이다. 이렇게 뉴런의 고출력과 저출력 사이의 천이가 부드럽게 이루어질 수 있다(0에 가깝거나 또는 1에 가깝거나). 출력은 활성화에만 의존하고 이것은 또다시 입력과 이에 대한 각각의 가중치에 의존한다는 것을 알 수 있다.

그러면 훈련과정의 목표는 어떤 입력이 주어진 경우에 원하는 출력을 얻는 것이다. 오차는 실제 출력과 원하는 출력과의 차이이므로, 오차는 가중치에 따라 변동하며 오차를 최소화하기 위하여 가중치를 조정할 필요가 있다. 각각의 뉴런의 출력에 대하여 오차함수를 다음 식

$$E_j(\overline{x}, \overline{w}, d) = (O_j(\overline{x}, \overline{w}) - d_j)^2 \tag{12.142}$$

과 같이 작성할 수 있다.

이 값은 항상 양(+)일 것이며, 차이가 커지면 크게 되고 차이가 작으면 작게 될 것이기 때문에, 원하는 목표와 출력 사이의 차이의 제곱값을 취한다. 네트워크의 오차는 간단히 출력층에 있는 모든 뉴런의 오차의 합이다:

$$E(\overline{x}, \overline{w}, \overline{d}) = \sum_{j=1}^{n} (O_j(\overline{x}, \overline{w}) - d_j)^2 \tag{12.143}$$

다음의 후방전파 알고리즘은 오차가 출력, 입력, 그리고 가중치에 따라 어떻게 변동하는가를 계산한다. 이것을 알아낸 다음, 그레이디언트 강하법을 사용하여 가중치를 조정할 수 있다.

$$\Delta w_{j,i} = -\eta \frac{\partial E}{\partial w_{j,i}} \tag{12.144}$$

이 공식은 다음과 같이 해석될 수 있다. 개별 가중치 $w_{j,i}$의 조절은 상수인 η에 네트워크 오차에 있어서 i-번째 앞 가중치의 의존도를 곱한 것에 음(−)의 부호를 붙인 것과 같으며 이것은 w에 관한 E의 도함수이다. 조절량은 O와 함수의 오

차에 대한 가중치의 기여도에 따라 변한다. 다시 말하면, 만약 가중치가 오차발생에 크게 기여한다면 작게 기여할 때보다 조절량이 크게 된다. 가중치의 조정은 적절한 가중치(오차가 최소인)를 발견할 때까지 계속된다. 후방전파 알고리즘의 수학적 증명은 이 교재의 범위를 벗어난다.

여기에서 필요한 것은 가중치(w)에 관한 E의 도함수를 구하는 것이다. 후방전파 알고리즘을 달성하여야 하므로 이것은 후방전파 알고리즘의 목표이다. 먼저 오차가 출력에 대하여 어떻게 변하는가를 계산하여야 하며, 이것은 출력에 관한 E의 도함수이다.

$$\frac{\partial E}{\partial O_j} = 2(O_j - d_j) \tag{12.145}$$

그리고 활성화(activation)에 따라 출력이 얼마나 변동하는지를 계산하여야 하며, 활성화는 가중치에 따라 변한다.

$$\frac{\partial O_j}{\partial w_{j,i}} = \frac{\partial O_j}{\partial A_j}\frac{\partial A_j}{\partial w_{j,i}} \tag{12.146}$$

연쇄법칙을 적용하면

$$\frac{\partial E_j}{\partial w_{j,i}} = \frac{\partial E_j}{\partial O_j}\frac{\partial O_j}{\partial w_{j,i}} \tag{12.147}$$

그러므로 각각의 가중치에 대한 조정은 다음 식

$$\Delta w_{i,j} = -2\eta(O_j - d_j)O_j(1 - O_j)x_t \tag{12.148}$$

과 같다.

이것은 2개의 층으로써 ANN을 훈련시키는 것이므로 위의 공식을 이용할 수 있다. 하나의 층을 더 갖는 네트워크를 훈련하기 위하여 몇 가지 관찰을 하여야 한다. 만약 앞의 층의 가중치(이것을 v라고 함)를 조정하려면, 먼저 가중치에 따라 오차가 어떻게 변동하는가를 계산하여야 하는 것이 아니고 앞에서의 층의 입력에 따라서 어떻게 변하는가를 계산하여야 한다. 앞에서 말한 방정식에서의 w를 이용하여 x를 변동할 필요가 있기 때문에 이 계산은 용이하다. 그러나 네트워크의 오차가 v를 조정함에 따라 어떻게 변동하는가를 알아볼 필요도 있다. 그러므로 다음 식이 성립한다.

$$\Delta v_{l,k} = -\eta \frac{\partial E_j}{\partial v_{j,i}} = -\eta \frac{\partial E_j}{\partial x_l} \frac{\partial x_l}{\partial v_{j,i}} \tag{12.149}$$

여기에서

$$\frac{\partial E}{\partial w_j} = 2(O_j - d_j) O_j (1 - O_j) w_{j,i} \tag{12.150}$$

v로서 뉴런에 대한 입력 u가 있다고 가정하면 다음 식:

$$\frac{\partial x_j}{\partial v_{l,k}} = x_l (1 - x_j) v_{l,k} \tag{12.151}$$

이 성립한다. 만약 또 다른 층이 추가되어야 한다면, 어떻게 하여 입력과 첫 번째 층의 가중치에 의하여 오차가 변동하는가를 계산하여 동일한 작업을 할 수 있다. 각각의 층은 뉴런의 개수가 서로 다르고 혼란시키지 않아야 하기 때문에 인덱스에 대하여 조심해서 다루어야 한다.

실용상의 이유로서, 네트워크를 훈련시키는 시간이 너무나 지수함수적으로 증가하므로 후방전파 알고리즘을 수행하는 ANN은 너무 많은 층을 보유하지 않는다. 또한 빠른 학습을 위하여 후방전파 알고리즘을 정교하게 구성하는 방안도 있다.

예제 12L 비선형방정식의 곡선피팅을 하는 인공신경지능네트워크의 예.

여기의 모델에는 3개의 입력 a, b, 그리고 c가 있으며 출력 y를 생성한다. 실제의 고정은 다음 식과 같이 주어졌다고 가정한다.

$$y = 3a + bc + 8c$$

이 모델을 이용하여 데이터를 생산한다. 실제 문제에 있어서, 수리모델을 갖고 있는 것이 아니고 실제의 시스템을 관찰하여 데이터를 얻는다.

이 경우에 있어서 입력이 하나이고 출력이 하나인 아주 간단한 신경네트워크를 구성해 본다. 입력층의 크기는 5개의 뉴런이라고 가정한다. 3개의 입력 (a, b, c)가 존재하므로, 입력층은 3개의 값을 취하며 이것을 크기가 5인 벡터로 변환한다. 출력층은 여기의 요소가 5인 벡터를 입력으로 취하고, 출력이 하나이므로 이것을 크기가 1인 벡터로 변환한다.

제일 먼저, 크기가 3×2인 훈련벡터 (R)의 행렬을 작성한다. 첫 번째 열은 3개의 입력 가운데 제일 작은 것을 나타내고 두 번째 열은 3개의 입력 가운데 가장 큰 것을 나타낸다. 이 경우에 3개의 입력은 0과 1의 범위 내에 있다. 그러므로 다음 식이 성립한다.

$$R = \begin{bmatrix} 0 & 1 \\ 0 & 1 \\ 0 & 1 \end{bmatrix} \tag{12.152}$$

다음으로, 모든 층에 대하여 뉴런의 노드를 갖고 있는 크기행렬(size matrix)을 구성한다.

$$S = [51] \tag{12.153}$$

훈련된 모델(trained model)의 가중행렬은 다음 식과 같다.

$$W(1) = \begin{bmatrix} -0.368 & 0.031 & -0.540 \\ 0.464 & 0.234 & 0.588 \\ 1.957 & -1.869 & 1.540 \\ 1.114 & 1.084 & 0.244 \end{bmatrix} \tag{12.154}$$

$$W(2) = [-11.20 \quad 9.459 \quad -1.000 \quad -0.914] \tag{12.155}$$

몇 개의 데이터에 대하여 검사해 본다. $a=1$, $b=1$, 그리고 $c=1$ 인 경우에는 어떠한가?

입력행렬은 다음 식과 같다.

$$S = [1\ 1\ 1] \tag{12.156}$$

결과로 얻은 것은 실제의 출력(3×1+1×1+8×1)인 12이다.

12.10.7 내부점법 선형계획법 알고리즘(IPLP)

ANN이 또다시 인기를 얻은 때와 거의 동시에 카마카의 내부점법 알고리즘이 도입된 이후 선형계획법 분야는 커다란 진보를 하였다. 이 알고리즘은 기존의 심플렉스 알고리즘이 할 수 없었던 문제에 대한 다항적 회수 해를 구하는 것을 보장하였다. 심플렉스 알고리즘은 꼭짓점(extreme point)에서 꼭짓점으로 이동하는 반면, 내부점법 알고리즘은 실행 가능 영역의 내부에서 출발하여 최적해로 이동한다. 카마카 알고리즘은 그 이후에 해에 대한 수렴속도를 개선하고 계산의 복잡도를 감소하였다. 개선된 알고리즘 가운데 하나가 아핀 스케일링 알고리즘이다. 이 알고리즘은 모든 변수의 값이 양(+)이어야 한다는 제약조건이 붙는 선형계획법의 최적해에 수렴하는 것을 보장한다. 원래의 알고리즘의 구성은 비음제약조건의 경계로부터 같은 거리에 존재하도록 변수의 스케일을 재조정하고, 이에 따라 해는 사영된 그레이디언트(projected gradient)의 방향으로 이동한다.

IPLP 알고리즘은 다음과 같은 구간선형함수인 선형화 ANN 함수에 적합하다.

$$O_j = \left[min\left(1.0,\ max\left(0.0, \sum_{i=1}^{n} W_i I_i\right)\right)\right] \tag{12.157}$$

최적조류계산을 설명하는 제8장에 여기에 대한 알고리즘이 소개되어 있다.

12.11 모델 통합(INTEGRATION)

요점을 다시 한 번 되풀이하면, 바로 직전의 과거자료(일반적으로, 마지막 5주간의 시간대별 수요 및 기상자료)는 다음 식과 같은 전체 모델을 식별하기 위하여 사용된다.

$$P_D(k) = B(k) + W(k) + S(k) + \nu(k) \tag{12.158}$$

첫 번째 스텝으로서, 특이행사로 인하여 설명이 안 되는 수요는 일반적 수요행태가 아니므로 평활화된다. 다음으로, 기상-민감 부분의 모수는 식별되며 $W(k)$(또는 이것의 추정치)는 기준수요 $B(k)$의 추정치를 얻기 위하여 $P_{\mathrm{D}}(k)$에서 감해진다. 그러면 이것은 사용가능한 여러 종류의 기법에 의하여 모수가 예측되는 ARIMA 과정으로 취급된다. 이들은 예측스텝에 영향을 미칠 것이므로 모든 추정치의 통계도 따라서 계산된다. 다음은 이 절차를 요약한 것이다.

1. 과거자료의 수집
2. 특이사건의 제거
3. '고차수의 주기'[18]를 제거하기 위한 평활화
4. 기상모델의 모수를 식별함
5. 기준 수요모델을 식별함
6. ARMA 모델의 차수를 식별함
7. ARMA 모델의 모수를 추정함
8. 모델을 검증함

12.12 수요예측(PREDICTION)

적용하려는 형태에 따라 이와 같이 식별된 모델은 수요와 이에 관련한 통계자료를 예측하기 위하여 사용될 수 있다. 전체적으로 ① 시간대별 시스템수요 예측, ② 한 스텝 앞선 예측, 그리고 ③ 시간대별, 모선별 등과 같은 수요예측 형태를 고려해 본다.

18) higher-order frequencies

12.12.1 시간대별 시스템수요 예측

다음의 24~168시간에 대한 시간별 시스템수요 예측이 기동정지스케줄 작성, 수력운전스케줄 작성, 단기 예방보수스케줄 작성, 그리고 운용비 계산을 위하여 필요하다. 예측과정은 하루 동안에 한 번 또는 몇 번 실시될 수 있다. 여기에는 2개의 단계가 필요하다. 첫 번째 단계는 과거의 N시간의 고정된 조합에 근거하여 모든 모델 모수를 갱신하는 것이다. 이 절차에 의하여 모든 모델의 모수에 대한 추정값이 구해진다. 두 번째는 예측된 기상과 특별한 행사를 감안하여 예측을 하는 단계이다. 앞서 추정된 모수를 이용하여 수요의 기상성분과 분산이 계산될 수 있다. 특이행사로 인한 수요에 대하여 시스템 운용자는 자신의 경험에 의존하여 추정한다.

기준수요 성분은 다음 식과 같은 관계에 의하여 구해진다.

$$B(k+\ell)=\overline{B}(k+\ell)+\hat{y}(k+\ell) \tag{12.159}$$

$$\hat{y}(k+\ell)=\sum_{i=1}^{n} a_i \hat{y}(k+\ell-i)+\sum_{j=1}^{m} b_j \hat{w}(k+\ell-j) \tag{12.160}$$

여기에서 $\overline{B}(k+\ell)$은 기준수요 하루의 특정된 날에 대하여 과거의 기준수요를 평균한 것에 근거한 $B(k+\ell)$의 수준이며, $\hat{y}(k+\ell)$은 현재 시간 k에서 i시간만큼 떨어진 $y(k+\ell)$의 최적 추정치이다. 또한, 다음 식이 성립한다.

$$\hat{y}(k+\ell-i)=\begin{cases} y(k+\ell-i), & i \geq \ell \\ \hat{y}(k+\ell-i), & \text{그렇지 않으면} \end{cases} \tag{12.161}$$

$$\hat{w}(k+\ell-i)=\begin{cases} \hat{w}(k+\ell-i), & i \geq \ell \\ 0, & \text{그렇지 않으면} \end{cases} \tag{12.162}$$

위의 관계식이 의미하는 것은 미래의 어떤 시간을 고려한다면 y는 추정치로써 대체되어야 한다는 것이다. 이와 유사하게, 과거의 자료에 있어서는 w의 추정치가 사용될 수 있지만, 미래의 자료에 있어서는 w가 이것의 값이 0인 평균으로써 대체된다. 예측된 수요의 분산을 추정하는 데 있어서 다음의 식

$$\sigma^2_{y(k+l)} = \sigma^2(1 + d_1^2 + d_2^2 + \cdots + d_{l-1}^2) \tag{12.163}$$

과 같은 근사식을 사용할 수도 있다. 여기에서 σ^2은 $w(k)$의 분산이며 d_1은 기본 ARMA 과정과 관련한 등가 MA 과정의 계수이다.

12.12.2 한 스텝 앞선 예측

한 스텝 앞선 예측이 필요한 것의 전부인 경우의 응용에 있어서(예: 자동출력제어, 안전도 평가, 또는 최적조류계산), 하나의 단순한 ARMA(또는 ARIMA) 모델이 사용될 수 있다. 사용된 모델의 계수는 하나의 새로운 PD_k가 도입되어 마지막의 N개의 자료기록이 유지될 때마다 주기적으로 갱신된다. 이와 같은 경우, 순차적 갱신알고리즘(행렬 인버전 렘마)이 상당히 유용할 수도 있다.

다음 스텝의 예측을 생산해 내는 여러 종류의 여과기법이 존재한다. 이와 같은 방법은 자동출력제어와 같은 제어알고리즘에 사용하는 목적으로서 적합하다.

12.12.3 시간대별 모선수요 예측

다음의 24시간 또는 그 이상의 시간에 대한 모선별 수요예측은 선로탈락에 따른 예방보수[19], 안전도 평가, 상세 기동정지스케줄 작성, 그리고 기타의 적용을 위하여 대단히 중요하다.

이러한 적용을 위하여 2개의 접근방법이 있다. 첫 번째 접근방법에서는, 각 모선에 참여인자 $p(k)$를 부여한다. 참여인자는 시간 k에 있어서, 수요모선-h에서 제공되는 수요의 비율이다. 전체적으로 시스템수요 예측이 주어지면 다음 관계식을 이용하여 $i-$번째 모선의 수요를 쉽게 계산할 수 있다.

$$P_{\mathrm{D}i}(k) = \rho_i(k) P_{\mathrm{D}}(k) \tag{12.164}$$

19) line outage maintenance

두 번째 접근방법에서, 기상자료와 함께 온라인 상태추정자료는 기준수요와 기상-민감 수요 모델링을 결합한 모델을 이용하여 각 모선별로 독립적 수요예측을 위하여 사용된다. 그 이후, 예측은 전체적 시스템수요 예측에 합치하는 결과를 얻기 위하여 조정된다.

12.13 결론

단기수요예측은 현재와 향후의 전력시스템 제어와 운용의 기능에서 요구된다. 적용대상은 자동출력제어, 안전도 평가, 최적조류계산, 기동정지스케줄 작성, 수력발전기 운전스케줄수립 등이다.

이 장은 수요의 모델링과 모델의 모수의 식별에 대하여 중점적으로 논의하였다. 기상-민감 수요모델에 있어서 가중최소제곱추정 기법이 상당히 효과적이라는 것이 밝혀졌다. 기준수요는 모수가 여러 가지 방법에 의하여 식별될 수 있는 ARMA 과정으로서 모델링 될 수 있다. 식별된 모델은 수요예측 대상기간에 걸쳐서 수요와 수요의 분산을 예측하는 데에 사용될 수 있다.

진화적 프로그래밍(EP)과 퍼지 로직을 재래식 시계열 모델에 포함하여 실행하는 기타의 유용한 방법도 제시되었다. 여기에서는 더 이상의 상세한 모형에 대하여는 논의하지 않는다.

확인된 사실은 어느 하나의 방법이 모든 상황에 적용될 수 없다는 것이다. 타임 프레임, 자료의 패턴, 예측비용, 원하는 정확도, 자료의 수집가능성, 작업과 이해의 용이성 등과 여러 요소를 고려하여 하나의 방법이 선택될 수 있다. 그러므로 앞으로 개선되어야 할 작업이 많이 있다.

특이사건으로 인하여 일어나는 수요는 더욱 예측하기 어렵다. 이 경우에 있어서 시스템 운용자의 판단은 가장 믿을 만한 것이다. 미래에 엑스퍼트 시스템 또는 ANN이 더욱 발전하면 이를 적용하는 것을 고려해 보아야 한다.

문제

12.1 다음의 AR 과정에 대하여:

$$y_k + \frac{1}{3}y(k-1) + \frac{1}{3}y(k-2) = w(k)$$

여기에서

$$var[w(k)] = \sigma^2$$

$y(k)$의 분산을 결정하시오.

12.2 다음의 ARMA(1,1) 과정

$$y(k) + 0.4y(k-1) = w(k) - 0.6w(k-1)$$

에 대하여 다음과 같은

$$y(k) = w(k) + d_1(k-1) + d_2(k-2) + \cdots$$

등가 MA 과정을 결정하고 d_1의 계수를 구하시오.

12.3 가정한 여러 가지의 ARIMA(1,0,0), ARIMA(0,0,1), ARIMA(1,0,1), ARIMA(2,0,0), ARIMA(0,0,2), 그리고 ARIMA(2,0,2)에 대하여 ACF와 PACF를 구하시오. 지수함수적 감쇄의 패턴이 ACF, PACF, 또는 모두에 존재한다는 것을 주목하시오.

12.4 다음의 과정이 주어져 있을 경우

$$y(k) + 0.4y(k-1) = w(k) - 0.6w(k-1)$$

WLS 곡선피팅 과정을 사용하여 시계열 자료를 생성하고 푸리에(하틀리) 급수를 이 자료에 피팅하시오. 몇 개의 표본이 필요한가? 주파수 스펙트럼은 얼마인가? 각각에 대하여 고속 전달알고리즘을 비교하시오.

12.5 절 12.12의 Yule Walker 방법을 증명하시오.

12.6 문제 12.2의 과정에 대하여 ARMA 모수를 찾으시오. 먼저, 잡음을 추가하지 않고 데이터를 생산하기 위하여 ARMA 과정을 시뮬레이션 하시오. 그리고 얼마나 빠르게 추정된 모수가 변동하는가를 결정하기 위하여 잡음을 추가하시오. 가중최소제곱 WLS 알고리즘을 사용하시오.

12.7 문제 12.1의 과정에 대하여 AR 모수를 구하시오. 먼저, 잡음을 추가하지 않고 데이터를 생산하기 위하여 AR 과정을 시뮬레이션 하시오. 그리고 추정된 모수가 얼마나 빨리 변하는가를 결정하기 위하여 잡음을 추가하시오.

12.8 혁신추정 프로그램을 사용하여 다음의 MA 과정의 모수를 구하시오. MA 과정은 $O1=0.5$과 $O2=0.2$인 이차계차이다. 잡음이 없이 데이터를 생성하고 모수를 찾으시오. 그리고 잡음을 추가하시오.

12.9 문제 12.3의 패턴은 ARIMA 과정의 차수를 식별하기 위하여 사용된다. 이러한 정보가 주어졌다고 할 때, 최선의 차수를 구하기 위하여 ANN을 개발하시오.

12.10 푸리에(하틀리) 급수와 속성변환을 곡선피팅하기 위한 알고리즘을 비교하시오.

12.11 다음의 급수에 대하여 예제 12F를 반복하시오:

a. 2-항 지수함수 모델:

$$y=ae^{bx}$$

$$y=ae^{bx}+ce^{dx}$$

b. 가우시안 모델은 최대수요를 피팅하기 위하여 사용되며, 다음 식

$$y=\sum_{i=1}^{n}a_i e^{\left(-\left(\frac{x-b_i}{c_i}\right)^2\right)}$$

과 같이 주어진다. 여기에서 a는 진폭, b는 무게중심(위치), c는 피크의 폭에 관련된 것이며 n은 피팅해야 할 피크의 수이다.

c. 다항식 모델은 다음 식

$$y = \sum_{i=1}^{n+1} \left(p_i x^{n+1-i}\right)$$

과 같이 주어지며 여기에서 $n+1$은 다항식의 order이며 n은 다항식의 degree이다. order는 피팅하여야 할 계수의 수이며 degree는 예측변수의 가장 높은 거듭제곱을 나타낸다.

d. 1-항과 2-항 멱급수 모델:

$$y = ax^b$$

$$y = a + bx^c$$

e. 분수함수 모델은 다항식의 비율로서 정의된다.

$$y = \frac{\sum_{i=1}^{n+1} (p_i x^{n+1-i})}{x^m + \sum_{i=1}^{m} (q_i x^{m-i})}$$

여기에서 n은 분자의 다항식의 차수이며 m은 분모의 다항식의 차수이다. 마지막 차수 m과 관련한 계수는 항상 1이라는 것을 주목해야 한다. 이렇게 하면 다항식의 차수가 같을 경우 분자와 분모가 유일하게 정의된다.

f. $sine$의 합으로 구성된 모델은 주기함수를 추정하기 위하여 사용된다.

$$y = \sum_{i=1}^{n} (a_i sin(b_i x + c_i))$$

여기에서 a는 진폭, b는 주기(frequency), 그리고 c는 각 $sine$파의 항에 있어서 위상각 상수이다. 그리고 n은 급수의 항의 개수이다. $sine$ 함수와

cosine 함수가 90°만큼 이동된 것과 같이 이 함수는 앞에서 설명한 푸리에 급수와 관계된다. 중요한 차이점은 *sine* 방정식의 합은 위상각상수(phase constant)를 포함하며 직류의 오프셋 항을 포함하지 않는다는 것이다.

g. 와이블 분포는 신뢰도와 생명(실패율)자료 분석의 분야에 넓게 이용된다. 툴박스를 이용하면 2-모수 와이블 분포를 알 수 있다.

$$y = abx^{b-1}e^{-ax^b}$$

여기에서 a는 스케일을 나타내는 모수이며 b는 모양을 나타내는 모수이다. 널리 사용되는 3-모수 와이블 분포와 1-모수 와이블 분포도 있다는 것을 주목해야 한다.

12.12 $y(N+1)$을 이용할 수 있다고 가정한다. 새로운 데이터를 갖는 모수 벡터 $\mathrm{a}^{(N+1)}$는 다음 식과 같이 갱신될 수 있다는 것을 보이시오.

$$\hat{\mathrm{a}}^{(N+1)} = \hat{\mathrm{a}} + \frac{\mathrm{P}_N}{1+\mathrm{h}^{\mathrm{T}}\mathrm{P}_N h}(y(N+1) - \mathrm{h}^{\mathrm{T}}\mathrm{a})$$

여기에서

$$\mathrm{P}_N = (\mathrm{H}^{\mathrm{T}}\mathrm{H})^{-1}$$

$$\mathrm{h} = \begin{bmatrix} y(N) \\ y(N-1) \\ \vdots \\ y(N-n+1) \end{bmatrix}$$

참고문헌

1. McClelland, J. L., Rumelhart, D. E., *Explorations in Parallel Distributed Processing – a Handbook of Models, Programs, and Exercises*, MIT Press, Cambridge, 1988.

용어 찾아보기

ㄱ

ㄴ

ㄷ

ㄹ

ㅁ

ㅂ

ㅅ

ㅇ

ㅈ

ㅊ

ㅋ

ㅌ

ㅍ

ㅎ

저자

알렌 J. 우드 Allen J. Wood

1969년부터 대표 엔지니어 및 디렉터로서 파워 테크놀로지사에 합류하였다. 국제전기전자학회(IEEE)의 종신회원이자 렌셀러폴리테크닉대학교(Rensselaer Polytechnic Institute)의 교수였으며, 2011년 타계하였다.

브루스 F. 월렌버그 Bruce F. Wollenberg

1989년부터 미네소타대학에서 수행한 연구로 전력시장 구조의 이해에 크게 기여하였다. 국제전기전자학회의 종신회원이며, 미국국립공학아카데미(National Academy of Engineering)의 회원이다.

제럴드 B. 셰블레 Gerald B. Sheblé

1990년부터 오번대학에서 전력시스템, 우주선의 전력공급시스템, 그리고 전력 옥션시장에 대한 연구를 수행하였으며, 아이오와대학에서는 전력시장과 전력시스템 운용의 상호작용에 대한 연구를 진행하기도 했다. 국제전기전자학회의 회원이며, 전력시스템의 실제 운용에 근거한 전력시장의 작용에 중점을 두고 연구하고 있다.

역자

김영창(공학박사)

서울대학교 전기공학과를 졸업하고 한국전력공사에 입사하여 주로 장기투자계획의 근간을 이루는 발전시스템 확장계획 수립에 대한 일을 수행하였다. 우리나라의 비용최소화 발전기 건설계획을 수립할 때 사용하는 WASP 모형이 도입된 이래 이의 활용에 관한 일을 담당했으며, 국제원자력기구(IAEA)의 컨설턴트로서 IAEA 회원국의 WASP 사용자 훈련 및 모형 개선에 참여하고 있다. 또한 현재 신재생에너지 발전을 포함하는 시뮬레이션/최적화 모형인 WASP-V의 개발 프로젝트를 수행하였다. 1999년 즈음에 시작된 전력산업구조 개편과 관련해서 한국전력공사에서 해당 업무를 맡아 추진하였으며, 구조 개편이 진행되면서 한국전력거래소로 소속을 바꾸어 전력산업구조 개편에 필요한 시장운영시스템 개발을 담당하다가 구조 개편이 중단된 상황에서 2004년에 퇴직하였다. 한국과학기술원 경영과학과에서 박사학위를 받았으며, 이후 아주대학교에서 강의하였고, 현재는 전력사업의 계획과 운용에 최적화 이론을 적용하는 분야에서 꾸준히 연구활동을 하고 있다. 저서로는 《발전설비투자이론》(IECC 에너지시리즈-3, 2006, 에경M&B), 《전력산업의 이해》(2012, 사단법인 대한전기학회), 《블랙아웃과 전력시스템 운용》(공저, 2015, 북코리아) 등이 있다.